I0890960

Examen de l'OCDE des pêcheries : Statistiques nationales 2014

OCDE

DES POLITIQUES MEILLEURES
POUR UNE VIE MEILLEURE

Cet ouvrage est publié sous la responsabilité du Secrétaire général de l'OCDE. Les opinions et les interprétations exprimées ne reflètent pas nécessairement les vues de l'OCDE ou des gouvernements de ses pays membres.

Ce document et toute carte qu'il peut comprendre sont sans préjudice du statut de tout territoire, de la souveraineté s'exerçant sur ce dernier, du tracé des frontières et limites internationales, et du nom de tout territoire, ville ou région.

Merci de citer cet ouvrage comme suit :
OCDE (2015), Examen de l'OCDE des pêcheries : Statistiques nationales 2014, Éditions OCDE.
http://dx.doi.org/10.1787/rev_fish_stat_fr-2014-fr

978-92-64-22559-6 (imprimé)
978-92-64-22560-2 (PDF)

Annuel : Examen de l'OCDE des pêcheries : Statistiques nationales.
ISSN 2306-2320 (imprimé)
ISSN 2306-2347 (en ligne)

Les données statistiques concernant Israël sont fournies par et sous la responsabilité des autorités israéliennes compétentes. L'utilisation de ces données par l'OCDE est sans préjudice du statut des hauteurs du Golan, de Jérusalem-Est et des colonies de peuplement israéliennes en Cisjordanie aux termes du droit international.

Les corrigenda des publications de l'OCDE sont disponibles sur : *www.oecd.org/editions/corrigenda*.

Avant-propos

L'Examen de l'OCDE des pêcheries : Statistiques nationales 2014 *contient des statistiques et des tableaux de synthèse sur les pêcheries pour les pays de l'OCDE et les économies non-membres qui participent au Comité de l'OCDE pour les Pêcheries.*

Les données couvrent les années 2006 à 2013. Les informations fournies concernent la flotte de pêche, l'emploi dans les pêcheries, les débarquements de poissons, la production de l'aquaculture, la pêche de loisir, les transferts financiers publics, et le commerce de poisson et de produits de la mer.

Les données sont collectées par l'OCDE en utilisant les méthodologies établies par le Groupe de travail chargé de coordonner les statistiques des pêches (CWP) (http://www.fao.org/fishery/cwp/search/fr). *Cet organisme inter-agence, créé en 1960 pour développer des procédures communes pour l'assemblage des statistiques, délivre un avis technique sur les aspects statistiques des pêcheries et facilite la publication de documents méthodologiques et de référence. Son* Manuel sur les normes statistiques relatives aux pêches *comprend les définitions des différents concepts utilisés dans les statistiques des pêcheries, à l'exception des Transferts Financiers Publics qui sont propres à l'OCDE. Toutes les autres statistiques sont basées sur les définitions du CWP.*

L'OCDE est la seule organisation à collecter et disséminer des données concernant les Transferts Financiers Publics (TFP). Ces transferts sont définis comme la valeur monétaire des interventions publiques associées aux politiques se rapportant aux pêcheries. Les TFP couvrent les transferts provenant des gouvernements centraux, regionaux et locaux. Les TFP sont des indicateurs de l'aide financière publique apportée aux pêcheries et se classent dans l'une de ces trois catégories :

1. *Paiements directs du gouvernement aux pêcheurs, visant principalement l'augmentation du revenu des pêcheurs.*
2. *Transferts réduisants les coûts, dont l'objectif est de diminuer les coûts du capital fixe et des intrants variables.*
3. *Services généraux, correspondant à des transferts publics pas nécessairement reçus directement par les pêcheurs, mais qui néanmoins abaissent les coûts auxquels sont confrontés les pêcheurs.*

Pour plus d'information sur les TFP, voir OCDE (2008), Les aides financières au secteur de la pêche : Leurs répercussions sur le développement durable, Éditions OCDE, *disponible sur* http://dx.doi.org/10.1787/9789264036666-fr.

Le travail analytique de l'OCDE sur les pêcheries est effectué par le Comité pour les Pêcheries et couvre un large éventail de sujets relatifs à la gestion des pêcheries et de l'aquaculture, à la conservation de la ressource, au commerce et à la croissance verte. Pour des informations supplémentaire sur le travail de l'OCDE sur les pêcheries, voir www.oecd.org/fr/agriculture/pecheries *(version abrégée) et* www.oecd.org/agriculture/fisheries *(en anglais seulement).*

Table des matières

Signes conventionnels et abréviations

Signes et abréviations

|	Rupture de série
..	Non disponible
.	Point décimal
0	Nul ou négligeable

Sources et méthodes

Informations méthodologiques détaillées :

Voir le *Manuel du CWP sur les normes statistiques relatives aux pêches* sur : *www.fao.org/fishery/cwp/search/fr*.

Informations sur les transferts financiers publics :

OCDE (2008), *Les aides financières au secteur de la pêche : Leurs répercussions sur le développement durable*, Éditions OCDE, *http://dx.doi.org/10.1787/9789264036666-fr*.

Travaux de l'OCDE sur les pêcheries :

www.oecd.org/fr/agriculture/pecheries (version française abrégée)
www.oecd.org/agriculture/fisheries (version anglaise complète).

Taux de change de l'OCDE utilisés dans cette publication :

OCDE (2014), « Perspectives économiques de l'OCDE n° 95 », *Perspectives économiques de l'OCDE : Statistiques et projections* (base de données), *http://dx.doi.org/10.1787/data-00688-fr*.

Base de données en ligne

Statistiques de l'OCDE sur les pêcheries : *http://dx.doi.org/10.1787/agr-fish-data-fr*.

Flotte de pêche

Emploi dans les pêcheries

Transferts financiers publics

Débarquements nationaux dans les ports domestiques

Débarquements nationaux dans les ports étrangers

Débarquements étrangers dans les ports nationaux

Production de l'aquaculture

Pêche de loisir

Commerce par produit

Abréviations monétaires ISO

Abréviation		Monnaie
AUD	Australie	dollar
EUR	Belgique	euro
CAD	Canada	dollar
CLP	Chili	peso
CZK	République tchèque	couronne
DKK	Danemark	couronne
EUR	Estonie	euro
EUR	Finlande	euro
EUR	France	euro
EUR	Allemagne	euro
EUR	Grèce	euro
HUF	Hongrie	forint
ISK	Islande	couronne
EUR	Irlande	euro
EUR	Italie	euro
JPY	Japon	yen
KRW	Corée	won
EUR	Luxembourg	euro
MXN	Mexique	peso
EUR	Pays-Bas	euro
NZD	Nouvelle-Zélande	dollar
NOK	Norvège	couronne
PLN	Pologne	zloty
EUR	Portugal	euro
EUR	République slovaque	euro
EUR	Espagne	euro
SEK	Suède	couronne
CHF	Suisse	franc
TRY	Turquie	nouvelle livre
GBP	Royaume-Uni	livre sterling
USD	États-Unis	dollar
ARS	Argentine	peso
COP	Colombie	peso
LVL	Lettonie	lats
TWD	Taipei chinois	dollar
THB	Thaïlande	baht

Examen de l'OCDE des pêcheries : Statistiques nationales 2014

Comparaisons internationales

COMPARAISONS INTERNATIONALES

Tableau 1. Flotte de pêche

	2006	2007	2008	2009	2010	2011	2012	2013
NOMBRE DE NAVIRES								
Australie	477	374	332	332	318	325	318	306
Canada	21 530	21 140	20 484	20 197	19 984	19 520	18 740	..
Chili	..	7 614	8 014	7 544	31 978	25 696	26 805	..
Union européenne								
Belgique	107	102	100	89	89	86	83	80
République tchèque	..	..	..	..	..	..	..	..
Danemark	3 135	2 957	2 890	2 830	2 818	2 785	2 745	2 663
Estonie	993	963	965	1 069	1 047	1 034	1 023	1 460
Finlande	3 196	3 164	3 242	3 271	3 366	3 336	3 249	3 219
France	7 671	7 631	7 941	7 284	7 242	7 237	7 156	7 158
Allemagne	2 015	1 870	1 825	1 769	1 724	1 627	1 596	..
Grèce	18 150	17 547	17 300	17 513	17 378	16 863	16 249	..
Hongrie	..	..	..	..	..	..	..	..
Irlande	1 932	1 941	2 016	2 095	2 132	2 167	2 216	..
Italie	13 955	13 604	13 374	13 609	13 239	13 078	12 783	..
Luxembourg	..	..	..	..	..	..	..	..
Pays-Bas	894	903	887	901	910	882	897	904
Pologne	881	870	833	806	792	817	825	899
Portugal	8 715	8 630	8 585	8 562	8 492	8 380	8 276	8 232
République slovaque	..	..	..	..	..	..	..	..
Espagne	13 398	13 006	11 394	11 116	10 847	10 505	10 116	9 872
Suède	1 551	1 504	1 469	1 409	1 360	1 369	1 378	1 362
Royaume-Uni	6 768	6 775	6 577	6 505	6 477	7 885	6 505	6 481
Islande	1 344	1 333	1 166	1 279	1 314	1 338	1 394	..
Japon	308 877	301 590	294 326	286 638	280 752	257 236	258 718	..
Corée	86 113	85 627	80 766	77 713	76 974	75 629	..	..
Mexique	3 398	3 433	3 398	3 300	3 206	3 181	3 158	..
Nouvelle-Zélande	1 582	1 508	1 435	1 403	1 401	1 416	1 417	1 367
Norvège	7 300	7 038	6 785	6 506	6 310	6 250	6 211	6 126
Suisse	..	..	..	..	..	..	..	..
Turquie	18 790	18 433	17 816	17 584	17 440	17 165	..	..
États-Unis	..	..	..	25 000	26 000	26 500	27 000	..
Argentine	1 095	1 098	1 106	1 149	1 090	896	1 017	902
Colombie	..	..	..	..	..	75	66	69
Lettonie	..	..	..	..	..	731	715	703
Taipei chinois	26 216	25 622	24 889	24 127	23 782	23 557	23 446	..
Thaïlande	12 552	13 056	12 920	16 891	15 381	17 203	..	..
TONNAGE BRUT								
Australie	63 555	53 458	48 828	31 932	36 364	34 931	35 360	35 713
Canada	..	..	..	..	..	..	..	..
Chili	..	197 828	188 443	161 244	106 344	101 109	160 360	..
Union européenne								
Belgique	20 035	19 292	19 007	16 048	15 812	15 326	15 053	14 645
République tchèque	..	..	..	..	..	..	..	..
Danemark	85 716	76 469	73 030	68 192	65 997	64 527	65 943	65 386
Estonie	20 712	19 338	17 418	17 847	14 576	14 713	14 342	15 217
Finlande	19 093	16 113	16 166	16 397	16 698	16 099	16 494	16 524
France	208 493	210 754	199 269	185 535	174 461	173 344	168 745	166 561
Allemagne	61 867	69 080	69 134	68 161	67 757	64 835	64 182	..
Grèce	92 449	90 561	88 897	88 252	88 288	83 739	80 783	..
Hongrie	..	..	..	..	..	..	..	..
Irlande	80 634	70 834	69 724	68 545	68 986	63 972	64 796	..
Italie	192 397	195 099	182 909	193 156	183 776	175 523	..	..
Luxembourg	..	..	..	..	..	..	..	..
Pays-Bas	158 920	164 289	146 925	154 369	147 980	156 741	154 825	148 934
Pologne	31 593	31 212	42 666	37 523	36 542	33 403	33 424	33 949
Portugal	106 920	106 702	106 597	104 018	101 601	101 574	99 836	99 917
République slovaque	..	..	..	..	..	..	..	..
Espagne	480 762	468 040	458 180	438 997	414 267	398 900	384 795	372 617
Suède	43 768	42 929	42 362	38 278	33 553	29 912	30 831	..
Royaume-Uni	214 596	210 167	205 116	205 891	207 425	284 783	199 584	198 560
Islande	167 842	162 827	146 614	144 044	137 863	145 516	213 561	..
Japon	..	..	..	..	..	..	..	..
Corée	673 719	663 869	621 336	594 773	600 622	606 628	..	..
Mexique	224 690	222 394	..	222 688	217 176	215 943	214 125	..
Nouvelle-Zélande	154 095	138 475	130 785	126 821	117 919	116 871	115 169	122 111
Norvège	363 895	354 907	363 147	369 186	366 127	375 614	365 481	381 170
Suisse	..	..	..	..	..	..	..	..
Turquie	189 777	187 101	185 760	176 968	185 807	170 455	..	..
États-Unis	..	..	..	..	..	..	..	..
Argentine	195 349	198 672	193 537	189 652	180 381	179 790	180 189	179 806
Colombie	..	..	..	..	..	20 006	19 645	19 534
Lettonie	..	..	..	..	..	34 725	33 789	29 945
Taipei chinois	766 385	687 884	639 676	622 899	613 187	685 130	604 634	..
Thaïlande	407 589	388 123	359 038	361 280	414 930	378 598	..	..

.. Non disponible

Note : Métadonnées détaillées : http://metalinks.oecd.org/fish/20150108/80ef

Source : OCDE (2014), « Pêcheries : Flotte de pêche », Statistiques agricoles de l'OCDE (base de données). DOI: 10.1787/data-00218-fr

Tableau 2. Emploi dans les pêcheries

Personnes employées

	2011				2012				2013			
	Capture	Aquaculture	Transformation	Total	Capture	Aquaculture	Transformation	Total	Capture	Aquaculture	Transformation	Total
Australie	6 991	3 642	..	10 633	5 783	4 250	..	10 033	5 050	3 558	..	8 608
Canada	49 609	3 292	31 903	84 804	43 250	3 235	33 034	79 519	..	..	..	..
Chili	88 617	12 591	33 980	135 188	93 575	13 854	34 712	142 142	..	..	..	..
Union européenne												
Belgique	587	..	..	587	585	..	..	585	396	..	..	396
République tchèque	..	1 428	135	1 563	..	1 428	135	1 563	..	1 428	..	1 428
Danemark	2 017	430	3 833	6 280	1 942	425	3 733	6 100	1 891	421	3 455	5 767
Estonie	2 579	100	1 916	4 595	2 594	84	1 845	4 523	..	..	..	..
Finlande	2 872	469	930	4 271	2 832	..	..	..	2 652	..	..	..
France	17 216	19 497	15 897	52 610	17 160	20 125	16 184	53 469	16 887	..	..	..
Allemagne	1 426	..	6 856	8 282	1 318	..	6 973	8 291	4 917	..	6 649	11 566
Grèce	37 834	5 919	2 424	46 177	36 384	4 897	2 224	43 505	35 976	4 796	2 210	42 982
Hongrie	1 921	1 343	..	3 264	2 416	1 599	..	4 015	..	..	..	..
Irlande	4 747	1 713	2 867	9 327	..	..	..	..	..	..	..	..
Italie	28 555	..	..	28 555	..	..	..	..	..	..	..	..
Luxembourg	..	..	..	..	..	..	..	..	..	..	..	..
Pays-Bas	2 110	290	5 540	7 940	..	..	..	..	1 975	280	5 500	7 755
Pologne	2 947	4 926	17 800	18 447	..	5 550	17 600	..	..	5 430	17 800	..
Portugal	16 402	..	..	16 402	16 559	..	..	16 559	16 797	..	..	16 797
République slovaque	..	929	726	929	..	..	..	..	..	..	..	..
Espagne	37 493	27 180	..	64 673	35 671	19 892	..	55 563	..	..	..	..
Suède	1 603	392	1 934	3 929	1 572	370	1 895	3 837	1 466	..	..	..
Royaume-Uni	12 405	..	..	12 405	12 445	..	..	12 445	..	3 329	..	..
Islande	5 200	..	3 700	8 900	4 900	..	4 100	9 000	3 600	..	5 000	8 600
Japon	177 870	..	0	177 870	173 660	..	0	173 660	..	..	..	..
Corée	73 918	32 038	..	105 956	..	..	..	..	..	..	..	..
Mexique	222 744	48 687	..	271 431	210 247	56 133	..	266 380	..	..	..	..
Nouvelle-Zélande	1 780	670	5 540	7 990	1 646	665	5 790	8 101	1 746	760	5 370	7 876
Norvège	12 768	5 878	..	18 646	12 048	5 887	..	17 935	11 601	5 950	..	17 551
Suisse	..	..	..	..	..	..	..	..	..	..	..	..
Turquie	45 147	7 520	6 009	58 676	..	..	..	..	..	..	..	..
États-Unis	..	..	..	..	..	..	37 436	37 436	..	..	..	..
Argentine	15 269	2 005	9 005	26 279	14 220	1 240	8 016	23 475	13 884	1 238	7 575	22 697
Colombie	360 447	99 146	72 000	531 593	359 377	106 877	72 000	538 254	359 377	105 234	72 000	536 611
Lettonie	667	341	..	1 008	645	354	..	999	701	355	..	1 056
Taipei chinois	248 838	84 557	..	333 395	240 542	85 969	..	326 511	..	..	..	..
Thaïlande	..	..	..	..	..	..	..	..	..	..	..	..

.. Non disponible

Note : Métadonnées détaillées : http://metalinks.oecd.org/fish/20150108/9e64

Source : OCDE (2014), « Pêcheries : Emploi dans la pêche », Statistiques agricoles de l'OCDE (base de données). DOI: 10.1787/data-00219-fr

Tableau 3. Débarquements de poisson, volume

Tonnes

	2006	2007	2008	2009	2010	2011	2012	2013
Débarquements nationaux dans les ports nationaux								
Australie	188 509	181 635	172 379	172 449	173 357	129 173	121 915	120 256
Canada	1 060 064	1 012 153	937 112	960 231	919 860	858 302	799 574	841 748
Chili	4 133 000	3 687 282	3 460 066	3 379 469	3 048 303	3 465 788	2 675 087	..
Union européenne								
Belgique	17 981	18 976	17 307	15 929	15 871	16 905	17 557	16 357
République tchèque	..	..	..	..	..	..	..	..
Danemark	777 494	569 658	615 463	681 513	699 279	608 964	381 632	540 515
Estonie	71 440	75 824	80 326	79 740	76 983	60 870	51 851	51 309
Finlande	94 755	95 010	90 046	83 942	81 547	77 438	118 970	109 097
France	379 668	..	307 807	321 176	..	364 756	366 007	379 814
Allemagne	98 550	76 263	64 903	56 603	50 162	68 522	62 707	57 572
Grèce	92 415	93 639	86 015	81 530	70 089	62 847	60 725	63 734
Hongrie	..	..	..	..	..	..	..	..
Irlande	187 178	165 038	149 214	159 785	161 874	..	..	..
Italie	285 956	266 505	216 567	234 082	223 007	210 324	..	..
Luxembourg	..	..	..	..	..	..	..	..
Pays-Bas	353 673	362 409	292 719	258 678	167 042	168 857	293 097	296 050
Pologne	80 692	79 283	..	80 080	82 481	82 564	100 891	100 095
Portugal	156 547	172 135	179 649	167 512	173 480	194 131	161 052	155 695
République slovaque	..	..	..	..	..	..	..	..
Espagne	670 314	730 505	785 821	599 354	656 842	801 830	766 801	997 020
Suède	110 462	115 336	90 177	77 340	68 730	59 714	64 169	72 553
Royaume-Uni	416 527	439 804	408 856	394 864	411 662	404 867	401 057	406 188
Islande	1 245 052	1 339 237	1 205 538	1 093 003	1 063 971	1 149 645	1 426 520	1 367 532
Japon	4 511 229	4 435 639	4 415 811	4 200 192	4 171 525	3 858 812	3 798 387	3 758 162
Corée	1 562 456	1 586 343	1 733 411	1 567 075	1 492 170	1 542 929	1 426 493	1 590 878
Mexique	1 270 494	1 349 892	1 461 800	1 483 013	1 357 057	1 397 598	1 433 462	..
Nouvelle-Zélande	442 000	427 000	268 233	258 864	264 392	278 185	284 278	284 507
Norvège	2 172 638	2 274 139	2 292 892	2 487 230	2 518 152	2 199 304	2 007 630	1 926 244
Suisse	..	..	..	..	..	..	..	..
Turquie	488 966	589 129	443 070	429 523	445 680	477 659	..	..
États-Unis	4 301 459	4 222 627	3 776 564	3 643 000	3 734 000	5 030 195	3 472 668	..
Argentine	1 073 585	920 089	933 205	844 416	765 245	774 149	692 072	822 067
Colombie	..	..	..	..	..	54 675	42 744	37 039
Lettonie	142 000	158 000	160 000	165 000	167 000	56 978	55 368	59 528
Taipei chinois	509 047	650 369	372 265	418 719	422 740	480 635	479 026	..
Thaïlande	2 484 803	2 079 351	1 644 832	1 663 846	1 601 320	1 610 418	..	..
Débarquements nationaux dans les ports étrangers								
Australie	..	..	..	..	..	..	..	..
Canada	..	..	..	..	..	..	..	..
Chili	..	..	..	..	..	..	..	..
Union européenne								
Belgique	2 282	2 817	2 705	3 246	3 802	3 232	4 366	6 433
République tchèque	..	..	..	..	..	..	..	..
Danemark	79 136	75 541	70 889	88 302	120 309	98 596	106 093	119 965
Estonie	16 569	20 958	19 272	14 620	15 260	16 824	12 797	13 130
Finlande	6 519	21 689	21 104	32 564	38 962	41 259	29 817	28 823
France	222 435	..	143 960	124 787	..	132 079	149 143	165 940
Allemagne	159 989	185 528	177 829	154 555	160 274	138 154	119 495	147 283
Grèce	1 937	1 205	1 301	1 110	251	719	1 032	794
Hongrie	..	..	..	..	..	..	..	..
Irlande	87 348	53 614	52 718	67 539	130 995	..	..	..
Italie	..	9 282	10 444	8 356	1 751	2 046	..	..
Luxembourg	..	..	..	..	..	..	..	..
Pays-Bas	114 889	101 335	108 456	121 384	98 470	94 093	44 538	44 027
Pologne	44 906	54 089	..	31 573	32 425	33 494	21 765	37 914
Portugal	24 675	25 218	15 301	23 058	27 327	30 173	41 085	36 903
République slovaque	..	..	..	..	..	..	..	..
Espagne	6 277	21 472	16 076	128 195	111 164	58 397	46 390	15 388
Suède	151 512	130 871	128 779	120 063	135 004	109 240	38 770	95 937
Royaume-Uni	197 671	170 585	178 711	189 457	196 653	195 483	231 792	217 249
Islande	78 332	66 839	102 419	69 091	29 063	16 649	29 793	26 436
Japon	..	..	..	..	..	..	..	..
Corée	185 543	225 707	217 661	271 841	232 482	203 189	236 467	210 878
Mexique	757	1 435	..	..	..	..	..	..
Nouvelle-Zélande	..	..	19 037	21 120	13 652	7 814	5 638	10 558
Norvège	228 573	254 065	298 067	210 266	319 520	251 981	273 324	312 701
Suisse	..	..	..	..	..	..	..	..
Turquie	..	..	..	..	..	..	..	..
États-Unis	69 763	71 835	113 886	..	..	204 498	254 500	..
Argentine	..	..	..	..	..	..	..	..
Colombie	..	..	..	..	..	16 100	9 306	15 211
Lettonie	..	..	..	..	..	111 801	31 956	83 297
Taipei chinois	458 258	524 095	432 534	383 812	431 348	413 194	425 645	..
Thaïlande	..	..	..	..	..	..	..	..

Tableau 3. Débarquements de poisson, volume *(suite)*

Tonnes

	2006	2007	2008	2009	2010	2011	2012	2013
Débarquements étrangers dans les ports nationaux								
Australie	..	..	..	..	..	..	..	..
Canada	..	..	..	..	..	..	..	..
Chili	..	..	13 284	6 913	14 719	7 756	10 264	..
Union européenne								
Belgique	444	142	42	86	162	72	88	104
République tchèque	..	..	..	..	..	..	..	..
Danemark	440 731	463 679	364 576	361 733	355 163	292 792	216 076	300 895
Estonie	..	..	..	6 339	7 632	6 670	9 241	8 186
Finlande	..	..	..	..	..	..	..	..
France	13 741	..	8 810	8 423	..	17 247	9 423	7 705
Allemagne	41 647	51 327	50 191	50 394	21 162	9 708	54 146	42 653
Grèce	..	..	..	..	..	..	..	..
Hongrie	..	..	..	..	..	..	..	..
Irlande	21 987	31 790	73 464	64 511	81 341	..	..	..
Italie	..	..	..	..	..	..	..	..
Luxembourg	..	..	..	..	..	..	..	..
Pays-Bas	246 164	206 806	169 055	180 374	112 211	99 353	77 660	6 387
Pologne	1 053	1 611	..	4 868	9 039	8 344	7 597	6 354
Portugal	1 421	882	1 909	1 039	528	450	509	421
République slovaque	..	..	..	..	..	..	..	..
Espagne	107 225	106 266	90 371	146 043	196 036	174 088	69 154	2 127
Suède	7 176	11 406	8 242	18 868	17 587	8 840	7 917	14 496
Royaume-Uni	104 034	100 483	121 199	96 315	105 781	65 384	94 847	59 502
Islande	124 668	105 681	141 942	69 950	118 046	101 172	74 402	92 146
Japon	..	..	..	..	..	..	..	..
Corée	..	..	..	..	..	..	..	..
Mexique	..	..	..	..	..	..	..	..
Nouvelle-Zélande	..	..	..	..	..	..	..	..
Norvège	215 750	284 105	282 439	299 853	294 148	279 762	288 028	263 154
Suisse	..	..	..	..	..	..	..	..
Turquie	..	..	..	..	..	..	..	..
États-Unis	414	357	1 362	..	..	..	..	..
Argentine	..	..	..	..	..	..	..	..
Colombie	..	..	..	..	..	27 113	28 394	33 360
Lettonie	..	..	..	..	..	2 337	4 475	5 830
Taipei chinois	..	..	..	..	..	..	..	..
Thaïlande	8 708	9 417	11 707	..	..	..	..	..

.. Non disponible

Note : Métadonnées détaillées : http://metalinks.oecd.org/fish/20150108/7b5a
http://metalinks.oecd.org/fish/20150108/967f
http://metalinks.oecd.org/fish/20150108/7928

Source : OCDE (2014), « Pêcheries : Débarquements nationaux dans les ports domestiques », Statistiques agricoles de l'OCDE (base de données). DOI: 10.1787/data-00222-fr

OCDE (2014), « Pêcheries : Débarquements nationaux dans les ports étrangers », Statistiques agricoles de l'OCDE (base de données). DOI: 10.1787/data-00223-fr

OCDE (2014), « Pêcheries : Débarquements étrangers dans les ports domestiques », Statistiques agricoles de l'OCDE (base de données). DOI: 10.1787/data-00224-fr

COMPARAISONS INTERNATIONALES

Tableau 4. Débarquements de poisson, valeur

Milliers USD

	2006	2007	2008	2009	2010	2011	2012	2013
Débarquements nationaux dans les ports nationaux								
Australie	1 017 848	1 162 218	1 167 559	1 085 601	1 224 578	904 138	866 033	875 704
Canada	1 607 713	1 839 325	1 784 812	1 491 531	1 772 043	2 122 346	2 115 916	2 189 955
Chili	..	1 562 636	1 634 686	1 507 816	1 046 612	1 136 847	2 406 128	..
Union européenne								
Belgique	102 541	108 843	97 370	79 946	83 614	96 074	82 228	75 593
République tchèque	..	..	..	..	..	..	..	..
Danemark	452 553	431 701	423 042	341 315	419 203	470 629	369 896	396 677
Estonie	13 581	17 957	21 621	18 138	16 060	17 255	18 633	14 142
Finlande	21 007	22 988	26 304	24 143	24 944	32 038	38 255	42 112
France	977 590	..	1 125 149	1 060 472	..	1 216 795	1 037 951	1 083 902
Allemagne	125 011	123 050	127 410	92 387	100 098	102 373	141 943	120 209
Grèce	431 361	458 952	437 301	443 263	383 580	360 407	290 940	310 610
Hongrie	..	..	..	..	..	..	..	..
Irlande	523 747	264 410	240 299	217 318	204 038	..	..	..
Italie	1 877 628	1 805 344	1 582 288	1 637 905	1 460 524	1 516 115	..	..
Luxembourg	..	..	..	..	..	..	..	..
Pays-Bas	473 988	508 181	481 651	400 564	316 890	364 039	463 769	487 502
Pologne	50 328	53 634	..	32 051	36 271	41 702	52 725	47 044
Portugal	203 186	359 738	411 622	337 067	339 806	395 709	347 886	320 246
République slovaque	..	..	..	..	..	..	..	..
Espagne	1 937 267	2 121 076	2 526 768	2 179 883	2 125 221	2 554 090	2 144 213	2 834 064
Suède	92 585	104 287	97 276	81 166	83 248	94 467	93 199	87 974
Royaume-Uni	908 664	1 072 060	948 094	811 373	846 900	992 208	902 499	857 409
Islande	1 071 693	1 233 960	1 092 015	923 336	1 018 254	1 509 160	1 262 213	..
Japon	9 476 351	9 761 181	11 112 647	10 666 031	11 322 341	12 037 337	11 694 076	..
Corée	3 486 489	3 799 236	3 717 670	3 373 318	4 110 139	4 925 064	4 264 353	4 708 670
Mexique	909 624	965 472	875 350	726 347	848 116	863 777	872 117	..
Nouvelle-Zélande	..	..	154 135	206 152	245 026	358 306	410 412	385 789
Norvège	1 726 913	1 949 248	2 046 012	1 715 019	2 093 921	2 749 815	2 331 762	2 048 793
Suisse	..	..	..	..	..	..	..	..
Turquie	1 103 961	918 930	718 644	449 823	630 276	617 928	..	..
États-Unis	4 024 445	4 192 219	4 383 820	3 891 000	4 520 000	5 271 461	4 937 896	..
Argentine	694 088	705 528	739 961	621 161	..	2 287 832	1 549 007	..
Colombie	..	..	..	..	..	102 772	93 736	84 044
Lettonie	..	..	..	..	..	31 736	34 531	39 166
Taipei chinois	796 242	814 020	560 546	746 841	722 818	962 104	1 072 711	..
Thaïlande	1 664 219	1 602 842	1 265 171	1 247 108	1 435 507	1 627 232	..	..
Débarquements nationaux dans les ports étrangers								
Australie	..	..	..	..	..	..	..	..
Canada	..	..	..	..	..	..	..	..
Chili	..	..	..	..	..	..	..	..
Union européenne								
Belgique	11 289 690	14 812 434	14 152 566	12 735 134	14 935 910	14 384 396	15 683 860	21 445 950
République tchèque	..	..	..	..	..	..	..	..
Danemark	59 939 651	59 344 809	71 982 172	65 051 130	99 552 960	111 843 102	123 012 486	132 755 836
Estonie	..	..	..	..	..	..	..	..
Finlande	2 194 135	6 379 135	6 217 737	7 114 844	8 529 218	12 371 876	11 089 590	12 166 691
France	326 589 780	..	288 548 386	225 802 868	..	290 103 425	326 243 730	392 588 955
Allemagne	143 430 901	178 326 624	174 491 543	169 156 097	153 014 984	138 366 200	68 162 226	116 284 323
Grèce	9 884 558	6 936 483	6 891 560	5 109 750	1 152 981	4 002 550	5 191 272	2 825 138
Hongrie	..	..	..	..	..	..	..	..
Irlande	104 770 939	51 632 313	35 018 626	34 916 093	31 296 148	..	..	..
Italie	..	37 362 707	34 190 029	32 016 839	16 025 983	14 885 977	..	..
Luxembourg	..	..	..	..	..	..	..	..
Pays-Bas	97 064 956	87 046 952	107 788 485	115 258 337	83 709 082	85 500 412	59 358 650	63 472 530
Pologne	25 291 000	23 575 564	..	4 091 345	7 975 977	19 841 645	4 456 674	11 769 343
Portugal	..	..	..	..	..	..	..	..
République slovaque	..	..	..	..	..	..	..	..
Espagne	20 759 243	122 608 874	90 784 508	406 937 894	285 373 731	178 346 171	149 399 928	41 583 151
Suède	44 737 862	56 017 478	49 522 328	34 344 254	48 913 166	59 367 673	23 237 406	50 991 862
Royaume-Uni	214 368 495	219 866 762	195 709 223	248 327 038	265 701 166	280 854 083	318 398 114	261 421 867
Islande	17 897 310	20 225 655	34 161 943	9 972 549	..	..	10 765 632	..
Japon	..	..	..	..	..	..	..	..
Corée	328 425 915	321 117 251	415 138 005	394 829 922	456 299 024	416 818 462	635 571 012	419 245 689
Mexique	752	..	..	..	..	..	..	..
Nouvelle-Zélande	..	..	..	..	..	..	..	..
Norvège	98 477 413	112 268 194	112 661 987	83 135 980	114 375 030	116 007 548	114 956 415	111 705 227
Suisse	..	..	..	..	..	..	..	..
Turquie	..	..	..	..	..	..	..	..
États-Unis	61 150 000	62 476 000	89 928 000	..	..	325 639 000	530 000 000	..
Argentine	..	..	..	..	..	..	..	..
Colombie	..	..	..	..	..	43 562 020	25 883 217	40 678 737
Lettonie	..	..	..	..	..	70 055 158	23 127 304	76 593 438
Taipei chinois	962 418 124	1 161 534 773	985 894 030	915 364 035	1 052 437 396	1 209 625 590	1 299 562 540	..
Thaïlande	..	..	..	..	..	..	..	..

Tableau 4. Débarquements de poisson, valeur *(suite)*

Milliers USD

	2006	2007	2008	2009	2010	2011	2012	2013
Débarquements étrangers dans les ports nationaux								
Australie	..	..	..	..	..	..	..	..
Canada	..	..	..	..	..	..	..	..
Chili	..	..	30 830 429	9 566 616	39 611 671	19 691 471	17 575 996	..
Union européenne								
Belgique	2 840 294	1 164 903	309 463	554 705	1 059 144	1 012 753	1 207 220	1 491 462
République tchèque	..	..	..	..	..	..	..	..
Danemark	175 353 707	216 769 438	183 942 828	135 573 693	165 741 300	187 678 473	144 477 844	191 945 848
Estonie	..	..	..	1 487 728	1 342 751	1 526 809	2 310 346	2 420 201
Finlande	..	..	..	..	..	..	..	..
France	33 930 589	..	1 485 418	32 079 726	..	49 328 205	29 544 456	23 611 878
Allemagne	44 140 985	174 824 852	162 710 906	..	24 582 583	12 594 132	42 617 636	41 961 502
Grèce	..	..	..	..	..	..	..	..
Hongrie	..	..	..	..	..	..	..	..
Irlande	51 178 451	65 844 100	72 762 750	98 115 996	72 423 684	..	..	..
Italie	..	..	..	..	..	..	..	..
Luxembourg	..	..	..	..	..	..	..	..
Pays-Bas	236 865 688	234 867 040	222 888 226	218 054 887	150 167 503	147 201 837	90 208 535	14 406 782
Pologne	804 260	3 636 523	..	6 822 662	12 976 522	13 471 892	..	..
Portugal	872 315	835 087	3 625 720	790 276	436 992	420 044	641 880	482 743
République slovaque	..	..	..	..	..	..	..	..
Espagne	170 994 442	167 502 117	185 753 334	309 212 123	347 828 571	395 839 130	224 552 330	7 744 197
Suède	6 518 378	6 602 069	6 143 604	7 640 928	8 055 465	7 980 813	8 483 676	13 206 817
Royaume-Uni	155 581 132	152 822 987	129 426 943	97 493 921	152 598 732	155 800 852	151 318 377	109 959 236
Islande	73 921 184	83 464 734	90 012 730	50 124 812	..	..	56 820 822	..
Japon	..	..	..	..	..	..	..	..
Corée	..	..	..	..	..	..	..	..
Mexique	..	..	..	..	..	..	..	..
Nouvelle-Zélande	..	..	..	..	..	..	..	..
Norvège	290 901 296	356 774 185	383 430 992	307 658 761	288 360 015	425 064 114	398 157 689	317 810 624
Suisse	..	..	..	..	..	..	..	..
Turquie	..	..	..	..	..	..	..	..
États-Unis	936 000	825 000	4 005 000	..	..	..	..	..
Argentine	..	..	..	..	..	..	..	..
Colombie	..	..	..	..	..	..	..	..
Lettonie	..	..	..	..	..	1 532 178	..	3 825 621
Taipei chinois	..	..	..	..	..	..	..	..
Thaïlande	..	..	..	..	..	..	..	..

.. Non disponible

Note : Métadonnées détaillées : http://metalinks.oecd.org/fish/20150108/7b5a
http://metalinks.oecd.org/fish/20150108/967f
http://metalinks.oecd.org/fish/20150108/7928

Source : OCDE (2014), « Pêcheries : Débarquements nationaux dans les ports domestiques », Statistiques agricoles de l'OCDE (base de données). DOI: 10.1787/data-00222-fr

OCDE (2014), « Pêcheries : Débarquements nationaux dans les ports étrangers », Statistiques agricoles de l'OCDE (base de données). DOI: 10.1787/data-00223-fr

OCDE (2014), « Pêcheries : Débarquements étrangers dans les ports domestiques », Statistiques agricoles de l'OCDE (base de données). DOI: 10.1787/data-00224-fr

Tableau 5. Production de l'aquaculture

	2006	2007	2008	2009	2010	2011	2012	2013
MILLIERS DE TONNES								
Australie	61	64	70	70	72	69	74	72
Canada	172	153	145	143	150	149	157	..
Chili	836	804	871	758	713	970	1 105	..
Union européenne	..	1 307	1 247	..	..	..	..	..
Belgique	..	0	0	..	..	..	..	..
République tchèque	20	20	20	20	20	21	21	19
Danemark	38	42	43	42	40	40	42	44
Estonie	1	1	1	1	1	1	1	1
Finlande	13	13	13	14	12	11	13	12
France	238	..	238	236	..	194	205	..
Allemagne	35	45	44	39	41	60	60	..
Grèce	113	155	115	126	123	122	115	113
Hongrie	14	15	15	14	14	16	15	..
Irlande	87	48	45	47	..	..	..	..
Italie	242	247	158	180	189	..	..	..
Luxembourg	..	..	..	..	..	..	..	..
Pays-Bas	41	41	57	73	89	41	27	..
Pologne	35	36	34	36	28	31	36	35
Portugal	8	7	8	8	8	9	10	..
République slovaque	1	1	1	1	1	1	..	..
Espagne	295	285	253	268	254	274	267	..
Suède	9	6	9	10	12	14	15	..
Royaume-Uni	172	174	176	197	201	199	206	171
Islande	10	6	5	5	5	5	7	7
Japon	1 224	1 284	1 187	1 243	1 151	908	1 073	1 032
Corée	1 277	1 407	1 400	1 332	1 376	1 500	1 507	1 533
Mexique	261	268	284	285	263	263	254	..
Nouvelle-Zélande	108	42	101	105	111	117	100	97
Norvège	712	842	848	961	1 020	1 144	1 321	1 247
Suisse	..	..	..	..	..	..	..	..
Turquie	129	140	152	159	167	189	..	..
États-Unis	363	373	355	328	342	277	..	..
Argentine	3	3	3	3	3	3	3	4
Colombie	..	..	..	..	..	63	68	88
Lettonie	..	..	..	..	..	1	1	1
Taipei chinois	316	320	331	288	316	319	348	..
Thaïlande	1 354	1 370	1 331	1 417	1 252	1 201	..	..
MILLIERS DE USD								
Australie	606 980	727 520	724 137	675 979	805 007	1 030 395	978 661	881 397
Canada	797 479	708 887	694 088	626 497	799 286	739 568	731 612	..
Chili	..	2 348 826	2 478 562	1 753 815	2 029 859	3 578 151	5 110 057	..
Union européenne	..	3 955 036	4 628 619	..	..	..	..	..
Belgique	..	403	291	..	..	..	..	..
République tchèque	51 055	56 681	67 397	59 369	60 169	66 602	81 193	62 533
Danemark	137 695	154 368	167 298	163 049	155 385	170 672	150 472	170 203
Estonie	..	..	..	..	..	..	..	..
Finlande	55 479	58 317	61 551	61 684	58 275	66 884	57 326	58 433
France	644 277	..	995 669	969 666	..	970 170	911 210	..
Allemagne	153 930	189 239	135 453	121 267	123 504	184 929	170 942	..
Grèce	480 575	537 117	549 367	580 839	594 802	612 086	596 040	600 599
Hongrie	31 968	38 635	45 029	37 541	35 624	42 103	38 440	..
Irlande	152 231	140 244	137 273	148 050	..	..	..	..
Italie	789 447	896 329	680 721	470 689	499 240	..	..	..
Luxembourg	..	..	..	..	..	..	..	..
Pays-Bas	117 049	90 744	98 501	130 588	161 931	104 517	69 794	..
Pologne	92 316	110 243	..	..	..	45 136	92 528	99 832
Portugal	54 282	55 519	63 169	61 357	62 727	81 038	68 970	..
République slovaque	..	..	4 021	2 453	..	..	..	..
Espagne	530 664	607 783	606 029	550 631	480 096	622 023	558 507	..
Suède	27 844	21 398	33 878	33 897	60 699	66 803	59 916	..
Royaume-Uni	768 116	927 129	971 989	751 246	782 725	1 026 062	941 750	16 496
Islande	..	34 768	28 180	19 831	..	..	..	..
Japon	4 138 331	4 109 588	4 332 895	4 772 733	5 248 434	5 350 387	5 718 257	..
Corée	1 676 041	1 922 242	1 570 935	1 601 176	1 802 070	1 893 402	1 787 157	1 845 452
Mexique	40 418	37 626	13 840	540 100	490 165	566 625	574 354	..
Nouvelle-Zélande	225 085	166 815	185 973	174 589	327 416	320 661	261 175	280 072
Norvège	2 745 829	2 991 881	3 091 712	3 570 144	5 090 483	5 165 760	5 165 809	6 829 342
Suisse	..	..	..	..	..	..	..	..
Turquie	535 843	646 028	654 189	616 042	711 893	759 742	..	..
États-Unis	893 056	842 882	890 136	855 861	1 000 858	1 051 608	..	..
Argentine	14 848	14 021	9 821	7 899	16 114	16 431	17 614	..
Colombie	..	..	..	..	..	144 924	219 086	3 377
Lettonie	..	..	..	..	..	2 522	2 778	3 214
Taipei chinois	881 270	1 001 634	1 069 905	927 311	1 125 788	1 419 254	1 239 954	..
Thaïlande	1 992 530	2 136 833	2 341 947	2 620 937	2 781 241	3 359 372	..	..

.. Non disponible

Note : Métadonnées détaillées : http://metalinks.oecd.org/fish/20150108/c9be

Source : OCDE (2014), « Pêcheries : Production de l'aquaculture », Statistiques agricoles de l'OCDE (base de données). DOI: 10.1787/data-00225-fr

Tableau 6. Pêche de loisir

	2006	2007	2008	2009	2010	2011	2012	2013
PRISES (TONNES)								
Australie	..	..	30 006	..	..	..	..	..
Canada	..	..	..	..	..	..	..	..
Chili	..	..	..	..	..	..	..	..
Union européenne								
Belgique	..	..	..	..	..	..	..	..
République tchèque	4 646	4 276	4 164	4 112	3 990	3 859	4 033	3 760
Danemark	..	..	..	..	..	..	..	..
Estonie	180	186	189	176	192	183	141	167
Finlande	41 987	..	32 865	..	24 036	..	19 551	..
France	..	..	..	..	..	45	..	..
Allemagne	7 186	..	..	..	..	..	..	..
Grèce	..	..	..	..	..	..	..	..
Hongrie	4 725	4 749	5 116	4 682	4 404	4 816	4 742	..
Irlande	49	41	76	60	77	69	..	..
Italie	..	..	..	..	..	..	..	..
Luxembourg	..	..	..	..	..	..	..	..
Pays-Bas	..	..	..	..	..	..	..	..
Pologne	15 200	13 800	12 900	14 900	13 400	13 900	11 700	11 800
Portugal	..	..	..	..	..	..	..	..
République slovaque	1 716	1 674	1 656	1 761	1 608	1 936	..	..
Espagne	..	..	..	..	..	..	..	..
Suède	..	..	11 320	..	10 420	..	..	15 211
Royaume-Uni	..	..	..	..	..	..	..	..
Islande	..	167	233	208	213	163	119	201
Japon	..	..	..	..	..	..	..	..
Corée	..	..	..	..	..	..	..	..
Mexique	13 488	13 831	..	..	..	..	..	..
Nouvelle-Zélande	..	..	..	..	..	..	..	..
Norvège	1 022	848	868	662	705	751	..	..
Suisse	..	..	..	..	..	..	..	..
Turquie	..	..	..	..	..	..	..	..
États-Unis	115 677	116 344	112 310	..	..	91 244	32 139	..
Argentine	..	..	..	..	..	..	..	..
Colombie	..	..	..	..	..	..	..	..
Lettonie	..	..	..	..	..	..	..	..
Taipei chinois	79	73	393	411	360	194	77	..
Thaïlande	..	..	..	..	..	..	..	..
NOMBRE DE PÊCHEURS								
Australie	..	..	3 362 990	..	..	..	..	..
Canada	..	..	..	..	3 235 920	..	..	..
Chili	..	..	..	..	..	..	..	..
Union européenne								
Belgique	..	..	..	..	..	..	..	..
République tchèque	300 000	..	..	..	250 000	..	..	..
Danemark	33 766	33 787	34 703	34 252	33 319	33 808	33 473	..
Estonie	46 000	46 000	50 000	62 000	61 000	69 000	69 000	70 000
Finlande	1 951 000	..	1 779 000	..	1 675 000	..	1 487 000	..
France	..	..	..	..	..	..	..	..
Allemagne	1 502 138	1 570 589	1 568 000	1 565 500	1 540 055	1 449 429	1 449 429	..
Grèce	230 000	..	..	230 000	150 000	150 000	180 000	137 000
Hongrie	..	..	..	378 646	371 774	369 350	367 258	..
Irlande	43	43	76	60	77	69	..	..
Italie	..	..	..	..	..	..	..	..
Luxembourg	..	..	..	..	..	..	..	..
Pays-Bas	..	..	..	..	..	..	..	..
Pologne	..	..	..	..	..	630 000	630 000	630 000
Portugal	..	..	..	..	..	..	..	..
République slovaque	..	109 832	99 843	110 683	..	116 563	..	..
Espagne	..	..	..	..	..	..	..	..
Suède	1 000 000	905 000	975 000	907 607	995 000	..	..	1 388 000
Royaume-Uni	..	..	..	..	..	..	..	..
Islande	..	..	..	..	..	..	..	..
Japon	..	..	3 973 000	..	..	..	..	..
Corée	..	..	..	..	..	..	..	..
Mexique	..	..	..	..	..	..	..	..
Nouvelle-Zélande	..	..	..	..	..	..	..	..
Norvège	..	..	..	..	..	..	..	..
Suisse	..	..	..	..	..	..	..	..
Turquie	..	..	..	..	..	..	..	..
États-Unis	13 000 000	12 000 000	13 267 000	..	..	..	11 000 000	..
Argentine	..	..	..	..	..	..	..	..
Colombie	..	..	..	..	..	..	..	..
Lettonie	..	..	..	..	..	..	..	..
Taipei chinois	..	..	..	..	..	..	..	..
Thaïlande	..	..	..	..	..	..	..	..

.. Non disponible

Note : Métadonnées détaillées : http://metalinks.oecd.org/fish/20150108/283d

Source : OCDE (2014), « Pêcheries : Pêche non commerciale », Statistiques agricoles de l'OCDE (base de données). DOI: 10.1787/data-00226-fr

Tableau 7. Transferts financiers publics à la pêche

Milliers USD

	2006	2007	2008	2009	2010	2011	2012	2013
Australie	45 772	57 954	66 959	26 962	17 027	18 719	14 247	14 251
Canada	595 220	634 525	657 050	699 537	805 543	..	..	..
Chili	..	39 351	48 247	58 610	100 397	107 733	89 470	..
Union européenne								
Belgique	7 132	3 288	1 268	13 579	10 546	2 866	6 178	5 679
République tchèque	..	..	..	..	..	..	..	..
Danemark	89 991	63 717	83 224	80 138	98 079	81 168	77 606	..
Estonie	11 577	9 003	4 051	21 270	23 615	21 156	18 472	27 980
Finlande	17 569	20 877	20 900	14 987	5 715	5 902	4 893	..
France	63 360	..	323 811	327 786	..	295 504	284 683	..
Allemagne	4 899	6 815	5 129	4 817	7 053	3 334	6 268	3 652
Grèce	57 188	56 276	66 744	41 184	6 667	37 360	45 966	25 541
Hongrie	..	..	..	..	..	..	..	..
Irlande	19 824	200 181	245 913	212 712	..	..	..	..
Italie	194 696	123 276	56 855	270 694	286 472	241 055	..	..
Luxembourg	..	..	..	..	..	..	..	..
Pays-Bas	18 501	5 635	42 726	3 206	12 405	..	..	..
Pologne	34 264	28 326	..	38 085	5 407	10 790	..	..
Portugal	..	..	18 025	53 303	38 610	29 893	25 096	40 628
République slovaque	..	..	..	..	..	..	..	..
Espagne	248 490	195 066	102 699	78 979	198 011	144 975	129 115	84 743
Suède	50 057	89 310	92 766	105 327	121 358	115 578	108 969	85 110
Royaume-Uni	103 347	..	30 092	11 381	16 626	32 321	14 884	15 330
Islande	51 331	61 459	45 489	22 844	16 967	5 619	-44 732	..
Japon	1 952 853	1 821 144	2 008 992	2 152 652	1 697 529	1 920 134	1 800 093	..
Corée	641 987	702 990	793 569	490 126	403 345	342 123	..	..
Mexique	88 735	85 277	..	..	33 133	29 724	..	..
Nouvelle-Zélande	37 926	40 545	41 805	38 795	43 723	43 924	37 413	44 289
Norvège	188 488	237 347	261 244	277 890	283 966	316 817	310 435	330 281
Suisse	..	..	..	..	..	..	..	..
Turquie	135 931	144 927	199 858	165 728	179 524	166 561	..	..
États-Unis	1 793 833	1 985 497	2 084 409	1 579 743	1 878 461	2 429 860	2 356 426	765 435
Argentine	..	..	..	..	..	37 851	39 368	..
Colombie	..	..	..	..	..	3 886	5 024	6 086
Lettonie	..	..	..	..	..	..	5 242	3 101
Taipei chinois	85 047	52 027	27 166	23 179	15 944	24 017	24 887	..
Thaïlande	10 277	4 114	4 610	4 619	4 480	6 913	6 956	..

.. Non disponible

Note : Métadonnées détaillées : http://metalinks.oecd.org/fish/20150108/8bf7

Source : OCDE (2014), « Pêcheries : Transferts financiers publics », Statistiques agricoles de l'OCDE (base de données). DOI: 10.1787/data-00220-fr

Tableau 8. Importations et exportations de poisson

Milliers USD

	2006	2007	2008	2009	2010	2011	2012	2013
Importations								
Australie	898 189	1 008 190	1 098 256	1 066 813	1 231 549	1 434 238	1 570 661	1 638 823
Canada	1 791 510	1 971 071	2 011 937	1 974 498	2 225 078	2 606 883	2 684 156	2 815 169
Chili	165 356	182 622	266 950	125 129	265 987	..	387 157	442 192
Union européenne	20 594 226	22 991 601	24 535 317	21 958 057	23 488 292	26 667 569	24 961 161	26 575 542
Belgique	1 900 518	2 097 287	2 238 035	1 914 232	1 968 523	2 287 671	2 055 549	2 301 070
République tchèque	150 649	181 176	220 022	201 585	200 600	255 678	252 709	283 927
Danemark	2 062 850	2 206 218	2 314 800	1 885 382	2 152 889	2 445 672	2 414 304	2 557 462
Estonie	113 153	126 541	141 586	97 459	116 282	150 043	171 162	213 048
Finlande	258 047	314 578	337 283	339 057	388 443	453 413	437 870	518 482
France	5 034 275	5 362 389	5 823 656	5 522 761	5 890 133	6 588 619	6 066 938	6 558 235
Allemagne	3 877 228	4 216 178	4 414 219	4 526 987	4 655 356	5 580 313	5 241 059	5 631 271
Grèce	589 980	738 056	780 565	698 156	643 612	708 163	634 000	622 933
Hongrie	64 370	70 425	81 168	..	..	..	..	..
Irlande	200 204	256 712	234 774	212 878	233 222	271 433	275 398	287 303
Italie	4 707 496	5 240 610	5 401 649	5 098 749	5 381 626	6 245 122	5 486 520	5 718 671
Luxembourg	84 241	93 986	100 730	97 102	..	..	..	..
Pays-Bas	1 731 566	2 000 187	2 336 767	2 301 636	2 427 372	3 215 518	2 970 317	2 972 013
Pologne	841 077	995 506	1 260 500	1 201 515	1 496 095	1 594 870	1 528 881	1 954 066
Portugal	1 524 738	1 843 587	1 881 296	1 578 720	1 788 772	2 020 450	1 872 879	1 908 056
République slovaque	54 494	59 219	75 986	72 166	79 244	91 566	89 087	95 272
Espagne	6 497 911	7 182 386	7 259 223	5 973 441	6 508 639	7 262 645	6 314 478	6 413 261
Suède	2 024 520	2 484 528	2 732 177	2 609 856	3 270 428	3 628 272	3 600 937	4 480 092
Royaume-Uni	3 699 701	4 136 752	4 212 898	3 568 020	3 675 650	4 246 285	4 209 064	1 427 223
Islande	78 980	99 300	109 825	74 047	94 757	119 932	102 778	104 254
Japon	13 707 478	12 950 921	14 115 810	13 439 708	15 075 595	17 629 125	18 232 475	15 523 397
Corée	2 554 883	2 811 134	2 651 055	2 696 571	3 210 490	3 941 767	3 749 839	3 661 789
Mexique	438 360	538 898	588 205	387 951	533 856	636 525	452 804	798 161
Nouvelle-Zélande	91 969	103 847	124 602	105 704	124 624	154 185	155 286	148 779
Norvège	834 123	1 095 229	1 288 655	1 168 272	1 105 211	1 345 582	1 365 565	1 286 403
Suisse	522 956	588 239	644 621	619 835	..	..	..	..
Turquie	128 052	161 183	181 716	177 397	242 409	271 564	314 242	374 006
États-Unis	14 049 892	14 437 387	14 967 413	13 867 556	15 574 461	17 556 210	17 657 968	19 097 581
Argentine	76 940	101 652	100 466	97 765	124 687	158 887	176 089	192 946
Colombie	..	..	..	..	..	..	..	..
Lettonie	76 342	109 526	143 681	117 858	134 394	168 260	190 402	227 144
Taipei chinois	..	..	..	..	..	..	..	..
Thaïlande	1 523 672	1 689 155	2 384 436	1 930 343	2 107 510	2 723 260	3 109 111	3 175 868
Exportations								
Australie	905 140	898 074	895 003	781 696	886 182	1 107 486	1 001 257	1 001 842
Canada	3 564 815	3 584 088	3 635 878	3 168 463	3 755 828	4 090 149	4 138 315	4 382 561
Chili	3 625 996	3 750 496	4 036 561	3 711 185	3 472 891	4 581 769	4 433 674	5 114 081
Union européenne	3 344 865	3 886 238	4 476 839	3 914 541	4 455 756	4 760 567	4 475 158	5 985 676
Belgique	1 126 341	1 174 989	1 245 294	1 063 793	1 109 359	1 277 138	1 058 435	1 170 336
République tchèque	27 356	34 585	43 647	48 153	52 538	124 414	127 620	150 210
Danemark	3 227 441	3 353 348	3 623 057	3 076 237	3 242 392	3 656 776	3 428 257	3 891 616
Estonie	149 280	143 612	152 302	143 703	194 629	224 585	251 331	264 306
Finlande	25 723	44 852	45 078	44 822	40 293	45 892	56 644	56 307
France	1 580 857	1 811 611	1 922 919	1 526 674	1 514 033	1 744 574	1 751 144	1 833 553
Allemagne	1 923 639	2 097 006	2 279 935	2 225 247	2 306 972	2 797 547	2 578 066	2 837 805
Grèce	524 737	603 077	647 259	644 022	700 014	841 435	792 245	749 977
Hongrie	2 405	803	2 790	..	..	..	..	..
Irlande	448 124	494 536	488 581	441 692	503 666	599 885	684 419	688 043
Italie	682 766	736 218	742 172	699 892	692 551	779 555	657 134	731 529
Luxembourg	14 789	15 307	16 144	16 250	..	..	..	..
Pays-Bas	2 401 219	2 738 575	2 906 825	2 694 352	2 811 188	3 581 057	3 455 912	3 495 654
Pologne	780 094	934 118	1 162 230	1 094 716	1 328 114	1 489 819	1 440 969	1 726 732
Portugal	537 906	635 912	713 688	610 000	897 968	1 070 063	1 005 385	1 080 310
République slovaque	7 176	6 439	9 295	8 192	10 042	20 987	9 728	9 775
Espagne	2 791 903	3 249 279	3 462 115	3 136 393	3 280 737	3 959 861	3 822 353	3 866 542
Suède	1 542 909	1 633 031	1 882 249	2 027 851	2 648 073	2 852 409	2 859 303	3 578 110
Royaume-Uni	1 754 445	1 980 241	1 901 043	1 854 918	2 110 083	2 452 422	2 145 533	1 575 363
Islande	1 806 993	2 034 545	1 992 437	1 729 686	1 844 788	2 211 358	2 197 578	2 292 707
Japon	1 355 227	1 603 207	1 584 485	1 610 478	1 970 371	1 884 725	1 835 159	1 997 707
Corée	951 732	1 098 837	1 313 788	1 425 244	1 694 271	2 148 835	2 161 855	1 915 856
Mexique	706 300	825 589	826 979	803 065	773 057	1 111 257	861 396	1 086 783
Nouvelle-Zélande	869 226	924 291	967 724	892 540	1 050 648	1 198 823	1 239 053	1 201 504
Norvège	5 493 072	6 240 534	7 372 697	7 004 015	8 840 858	9 451 453	8 897 103	10 367 018
Suisse	13 766	15 171	23 609	21 239	..	..	..	..
Turquie	259 435	300 742	436 679	344 639	359 239	435 306	452 932	580 205
États-Unis	4 376 192	4 409 857	4 440 027	4 120 106	4 414 365	5 484 056	5 399 637	5 577 125
Argentine	1 251 540	1 108 626	1 306 750	1 131 036	1 346 320	1 482 965	1 341 074	1 517 088
Colombie	..	..	..	..	..	..	..	..
Lettonie	164 148	160 414	214 652	171 103	174 068	208 001	244 358	283 463
Taipei chinois	..	..	..	..	..	..	..	..
Thaïlande	5 245 212	5 687 266	6 495 478	6 221 689	7 134 648	8 200 005	8 135 535	7 103 763

.. Non disponible

Note : Métadonnées détaillées : http://metalinks.oecd.org/fish/20150108/87b0

Source : OCDE (2014), « Pêcheries : Commerce par produit », Statistiques agricoles de l'OCDE (base de données). DOI: 10.1787/data-00677-fr

Tableaux par pays

AUSTRALIE

Tableau 1. Flotte de pêche

	2006	2007	2008	2009	2010	2011	2012	2013
NOMBRE DE NAVIRES								
Total des navires	**477**	**374**	**332**	**332**	**318**	**325**	**318**	**306**
Navires à moteur	477	374	332	332	318	325	318	306
0-5,9 mètres	4	3	2	3	3	2	2	2
6-11,9 mètres	27	23	21	19	18	23	21	16
12-17,9 mètres	130	98	81	79	79	85	80	76
18-23,9 mètres	218	173	156	156	150	152	149	157
24-29,9 mètres	52	39	39	35	34	34	32	35
30-35,9 mètres	19	18	16	11	10	10	10	11
36-44,9 mètres	6	4	2	2	3	3	4	4
45-59,9 mètres	5	6	5	3	4	2	3	3
60-74,9 mètres	1	1	1	1	2	2	2	1
75 mètres et plus	2	1	1	1	1	1	1	1
Longueur inconnue	13	8	8	22	14	11	14	..
Navires sans moteur	..	..	..	..	..	..	..	..
TONNAGE BRUT								
Total des navires	**63 555**	**53 458**	**48 828**	**31 932**	**36 364**	**34 931**	**35 360**	**35 713**
Navires à moteur	63 555	53 458	48 828	31 932	36 364	34 931	35 360	35 713
0-5,9 mètres	64	64	4	63	63	61	61	61
6-11,9 mètres	228	234	209	171	168	260	267	214
12-17,9 mètres	7 227	6 037	5 347	3 083	3 202	3 053	3 453	3 191
18-23,9 mètres	23 342	18 937	17 330	12 921	13 708	13 974	13 607	15 383
24-29,9 mètres	11 289	8 785	9 024	5 174	5 640	5 728	5 432	5 498
30-35,9 mètres	6 176	5 961	5 643	2 940	2 744	2 919	2 856	2 616
36-44,9 mètres	3 700	2 628	1 198	863	1 942	1 942	2 192	2 877
45-59,9 mètres	3 631	5 056	5 387	2 538	3 583	1 679	2 177	3 041
60-74,9 mètres	3 553	3 553	2 483	2 483	3 619	3 619	3 619	1 136
75 mètres et plus	4 345	2 203	2 203	1 696	1 696	1 696	1 696	1 696
Longueur inconnue	0	0	0	..	..	..	..	..
Navires sans moteur	..	..	..	..	..	..	..	..

.. Non disponible

Note : Métadonnées détaillées : http://metalinks.oecd.org/fish/20150108/e445

Source : OCDE (2014), « Pêcheries : Flotte de pêche », Statistiques agricoles de l'OCDE (base de données). DOI: 10.1787/data-00218-fr

AUSTRALIE

Tableau 2. Emploi dans les pêcheries

Personnes employées

	2006	2007	2008	2009	2010	2011	2012	2013
Plein-temps	**7 613**	**10 587**	**6 528**	**8 445**	**8 735**	**8 215**	**7 275**	**5 817**
Secteur de capture	4 949	6 920	2 477	5 558	5 161	4 993	3 875	3 475
Pêche en eaux intérieures	..	..	..	..	..	..	..	..
Homme	..	..	..	..	..	..	..	..
Femme	..	..	..	..	..	..	..	..
Eaux maritimes (pêche côtière)	4 949	6 920	2 477	5 558	5 161	4 993	..	..
Homme	4 602	6 522	2 382	5 139	5 139	4 685	..	..
Femme	347	398	95	419	22	308	..	..
Eaux maritimes (pêche en haute mer)	..	..	..	..	..	..	..	..
Homme	..	..	..	..	..	..	..	..
Femme	..	..	..	..	..	..	..	..
Aquaculture	2 664	3 667	4 051	2 887	3 574	3 222	3 400	2 342
Homme	2 283	3 126	3 611	2 651	2 721	3 124	3 200	2 175
Femme	381	541	440	236	853	99	200	167
Transformation	..	..	..	..	..	..	..	..
Homme	..	..	..	..	..	..	..	..
Femme	..	..	..	..	..	..	..	..
Temps partiel	**2 159**	**3 109**	**2 694**	**2 964**	**2 907**	**2 773**	**2 758**	**2 792**
Secteur de capture	1 343	2 606	2 129	2 070	2 128	1 998	1 908	1 575
Pêche en eaux intérieures	..	..	..	..	..	..	..	..
Homme	..	..	..	..	..	..	..	..
Femme	..	..	..	..	..	..	..	..
Eaux maritimes (pêche côtière)	1 343	2 606	2 129	2 070	2 128	1 998	..	..
Homme	761	1 559	1 313	1 576	1 031	1 555	..	..
Femme	582	1 047	816	494	1 097	442	..	..
Eaux maritimes (pêche en haute mer)	..	..	..	..	..	..	..	..
Homme	..	..	..	..	..	..	..	..
Femme	..	..	..	..	..	..	..	..
Aquaculture	816	503	565	894	779	775	850	1 217
Homme	469	481	184	839	548	550	550	767
Femme	347	22	381	56	232	225	300	450
Transformation	..	..	..	..	..	..	..	..
Homme	..	..	..	..	..	..	..	..
Femme	..	..	..	..	..	..	..	..
Total	**9 772**	**13 696**	**9 222**	**11 409**	**11 642**	**10 633**	**10 033**	**8 608**
Secteur de capture	6 292	9 526	4 606	7 628	7 289	6 991	5 783	5 050
Pêche en eaux intérieures	..	..	..	..	..	..	..	..
Homme	..	..	..	..	..	..	..	..
Femme	..	..	..	..	..	..	..	..
Eaux maritimes (pêche côtière)	6 292	9 526	4 606	7 628	7 289	6 991	..	..
Homme	5 363	8 081	3 695	6 715	6 170	6 240	..	..
Femme	929	1 445	911	913	1 119	750	..	..
Eaux maritimes (pêche en haute mer)	..	..	..	..	..	..	..	..
Homme	..	..	..	..	..	..	..	..
Femme	..	..	..	..	..	..	..	..
Aquaculture	3 480	4 170	4 616	3 781	4 353	3 642	4 250	3 558
Homme	2 752	3 607	3 795	3 490	3 269	3 389	3 750	2 942
Femme	728	563	821	239	1 085	253	500	617
Transformation	..	..	..	..	..	..	..	..
Homme	..	..	..	..	..	..	..	..
Femme	..	..	..	..	..	..	..	..

.. Non disponible

Note : Métadonnées détaillées : http://metalinks.oecd.org/fish/20150108/a6dd

Source : OCDE (2014), « Pêcheries : Emploi dans la pêche », Statistiques agricoles de l'OCDE (base de données). DOI: 10.1787/data-00219-fr

AUSTRALIE

Tableau 3. Débarquements nationaux dans les ports nationaux

	2006	2007	2008	2009	2010	2011	2012	2013
VOLUME (TONNES)								
Total poissons	**128 748**	**122 362**	**118 353**	**118 406**	**119 861**	**50 747**	**55 955**	**54 289**
Saumon	..	..	..	..	..	..	..	..
Saumon rose	..	..	..	..	..	..	..	..
Saumon keta	..	..	..	..	..	..	..	..
Saumon rouge	..	..	..	..	..	..	..	..
Saumon argenté	..	..	..	..	..	..	..	..
Autres saumons	..	..	..	..	..	..	..	..
Poissons plats	..	..	..	..	..	1	1	2
Flétan	..	..	..	..	..	..	..	..
Flétan noir	..	..	..	..	..	..	..	..
Sole	..	..	..	..	..	1	1	2
Plie	..	..	..	..	..	..	..	..
Autres poissons plats	..	..	..	..	..	..	..	..
Poissons de fond	4 123	3 660	3 351	..	..	4 850	4 098	4 234
Morue (Atlantique et Pacifique)	..	..	..	..	..	392	488	530
Églefin	..	..	..	..	..	..	..	..
Lieu	..	..	..	..	..	..	..	..
Morue du Pacifique occidental	..	..	..	..	..	..	..	..
Merlan	4 123	3 660	3 351	..	..	4 002	3 165	3 351
Merlu (toutes espèces)	..	..	..	..	..	..	..	..
Sébaste	..	..	..	..	..	456	444	354
Autres poissons de fond	..	..	..	..	..	..	..	..
Pélagiques	..	..	..	32 978	40 927	37 165	42 601	41 199
Chinchard	..	..	..	..	..	..	..	..
Maquereau	..	..	..	1 320	1 254	3 307	2 938	3 471
Hareng (Atlantique et Pacifique)	..	..	..	..	..	267	267	425
Sardine	..	..	..	31 658	39 673	33 591	39 396	37 303
Autres pélagiques	..	..	..	..	..	..	..	..
Thons	12 448	11 568	11 439	11 439	9 281	8 731	9 255	8 854
Listao	158	857	915	915	10	0	0	6
Thon rouge (nord et sud)	5 351	5 239	5 062	5 062	4 124	3 900	4 659	4 350
Germon	2 825	1 397	1 532	1 532	1 226	680	799	759
Albacore	1 833	1 280	1 662	1 662	1 472	2 380	1 734	1 682
Thon obèse	711	1 296	754	754	761	486	600	735
Autres thons	52	44	6	6	8	..	..	..
Espadon	1 518	1 455	1 508	1 508	1 679	1 285	1 463	1 322
Autres poissons	112 177	107 134	103 563	73 990	69 653	..	..	..
Total crustacés	**31 812**	**34 082**	**32 447**	**37 954**	**37 689**	**39 213**	**32 980**	**32 983**
Homard et langouste	14 317	14 325	12 203	12 045	10 149	9 925	9 146	10 549
Langoustine	..	..	..	..	..	..	..	..
Crevette	17 495	19 757	20 244	20 201	21 995	23 191	18 494	17 403
Autres crustacés	7 049	6 743	6 400	5 708	5 545	6 097	5 340	5 031
Total coquillages et mollusques	**27 817**	**24 793**	**21 241**	**15 751**	**15 082**	**39 213**	**32 980**	**32 983**
Huître	..	..	6	..	..	..	..	..
Moule	..	..	..	..	..	2 113	2 861	2 813
Coquille St-Jacques	10 473	10 300	7 599	7 599	7 609	5 388	1 170	2 187
Bivalves	..	..	..	..	..	..	..	..
Autres coquillages (incl. buccins	6 185	6 136	5 558	..	..	..	..	..
Calmar	3 454	1 606	1 732	1 731	1 659	2 146	3 061	2 929
Seiche	168	166	125	125	118	126	115	94
Poulpe	658	579	429	429	589	657	464	519
Autres mollusques (incl. oursins)	6 879	6 006	5 792	5 868	5 107	28 783	25 309	24 441
Autres animaux marins	**132**	**398**	**338**	**338**	**725**	..	..	..
Plantes aquatiques	**122**	**131**	..	..	..	..	..	..
Algue brune	..	..	..	..	..	..	..	..
Algue rouge	..	..	..	..	..	..	..	..
Autres algues	..	..	..	..	..	..	..	..
Poisson pour transformation	..	..	..	..	..	..	..	..
TOTAL GÉNÉRAL	**188 509**	**181 635**	**172 379**	**172 449**	**173 357**	**129 173**	**121 915**	**120 256**

AUSTRALIE

Tableau 3. Débarquements nationaux dans les ports nationaux *(suite)*

	2006	2007	2008	2009	2010	2011	2012	2013
VALEUR (AUD)								
Total poissons	**403 614 976**	**440 452 000**	**464 888 000**	**464 959 160**	**436 036 430**	**129 995 670**	**138 233 280**	**141 024 780**
Saumon	..	..	..	..	..	..	..	..
Saumon rose	..	..	..	..	..	..	..	..
Saumon keta	..	..	..	..	..	..	..	..
Saumon rouge	..	..	..	..	..	..	..	..
Saumon argenté	..	..	..	..	..	..	..	..
Autres saumons	..	..	..	..	..	..	..	..
Poissons plats	..	..	..	..	..	6 680	6 490	5 120
Flétan	..	..	..	..	..	..	..	..
Flétan noir	..	..	..	..	..	..	..	..
Sole	..	..	..	..	..	6 680	6 490	5 120
Plie	..	..	..	..	..	..	..	..
Autres poissons plats	..	..	..	..	..	..	..	..
Poissons de fond	20 210 000	21 282 000	20 969 000	..	..	24 272 410	24 362 290	24 270 590
Morue (Atlantique et Pacifique)	..	..	..	..	..	1 868 120	3 689 550	3 980 000
Églefin	..	..	..	..	..	..	..	..
Lieu	..	..	..	..	..	..	..	..
Morue du Pacifique occidental	..	..	..	..	..	..	..	..
Merlan	20 210 000	21 282 000	20 969 000	..	..	20 429 280	18 571 870	18 582 450
Merlu (toutes espèces)	..	..	..	..	..	..	..	..
Sébaste	..	..	..	..	..	1 975 010	2 100 870	1 708 140
Autres poissons de fond	..	..	..	..	..	..	..	..
Pélagiques	..	..	..	29 721 520	34 463 540	40 220 850	41 024 510	46 833 590
Chinchard	..	..	..	..	..	..	..	..
Maquereau	..	..	..	8 944 770	8 857 680	18 414 520	17 055 730	23 068 100
Hareng (Atlantique et Pacifique)	..	..	..	..	..	404 330	523 520	615 880
Sardine	..	..	..	20 776 750	25 605 860	21 402 000	23 445 260	23 149 610
Autres pélagiques	..	..	..	..	..	..	..	..
Thons	31 951 976	75 227 000	82 190 000	82 190 000	53 412 900	65 495 730	72 839 990	69 915 480
Listao	143 000	942 000	917 000	917 100	10 200	1 080	220	6 400
Thon rouge (nord et sud)	40 976	44 568 000	45 341 000	45 341 400	24 220 500	30 551 390	40 603 310	38 359 740
Germon	5 933 000	2 793 000	4 585 000	4 584 600	2 463 100	1 830 300	1 854 820	1 897 920
Albacore	11 542 000	7 683 000	14 348 000	14 348 000	10 781 000	20 577 980	15 873 500	14 883 140
Thon obèse	5 307 000	11 240 000	8 462 000	8 462 300	7 080 700	4 996 350	6 706 290	7 332 940
Autres thons	297 000	245 000	36 000	35 900	55 900	..	..	..
Espadon	8 689 000	7 756 000	8 501 000	8 500 700	8 801 500	7 538 630	7 801 850	7 435 340
Autres poissons	351 453 000	343 943 000	361 729 000	353 047 640	348 159 990	..	..	..
Total crustacés	**683 509 000**	**653 248 000**	**648 469 000**	**709 796 360**	**691 646 030**	**704 244 140**	**664 340 780**	**728 250 010**
Homard et langouste	461 158 000	425 125 000	414 828 000	410 882 620	381 306 280	391 815 680	394 257 140	450 972 940
Langoustine	..	..	..	..	..	..	..	..
Crevette	222 351 000	228 123 000	233 641 000	233 167 000	249 336 080	250 736 460	205 998 640	217 016 070
Autres crustacés	69 504 600	69 260 100	65 848 600	65 746 740	61 003 670	61 692 000	64 085 000	60 261 000
Total coquillages et mollusques	**264 483 694**	**293 156 000**	**282 628 000**	**214 983 470**	**202 167 430**	**42 040 329**	**34 014 196**	**41 457 309**
Huître	..	..	113 000	..	..	..	..	..
Moule	..	..	..	..	..	5 927 160	8 147 220	8 190 780
Coquille St-Jacques	29 328 000	32 955 000	26 177 000	26 177 000	23 399 250	22 074 060	8 240 210	14 682 970
Bivalves	..	..	..	..	..	..	..	..
Autres coquillages (incl. buccins)	57 694	58 899 000	61 858 000	..	..	..	..	..
Calmar	10 803 000	6 698 000	7 504 000	7 502 680	9 061 880	9 882 900	13 504 500	12 655 710
Seiche	601 000	541 000	465 000	465 300	412 680	381 690	357 970	418 870
Poulpe	3 878 000	3 484 000	2 777 000	2 777 350	3 465 550	3 610 560	3 616 600	5 344 710
Autres mollusques (incl. oursins)	219 816 000	190 579 000	183 734 000	178 061 140	165 828 070	163 959	147 696	164 269
Autres animaux marins	**1 333**	**2 207 000**	**2 167 000**	**2 173 980**	**5 155 000**	**..**	**..**	**..**
Plantes aquatiques	**1 190 300**	**1 290 100**	**..**	**..**	**..**	**..**	**..**	**..**
Algue brune	..	..	..	..	..	..	..	..
Algue rouge	..	..	..	..	..	..	..	..
Autres algues	..	..	..	..	..	..	..	..
Poisson pour transformation	..	..	..	..	..	..	..	..
TOTAL GÉNÉRAL	**1 351 609 003**	**1 389 063 000**	**1 398 152 000**	**1 391 912 970**	**1 335 004 890**	**876 280 139**	**836 588 256**	**910 732 099**

.. Non disponible

Note : Métadonnées détaillées : http://metalinks.oecd.org/fish/20150108/77f0

Source : OCDE (2014), « Pêcheries : Débarquements nationaux dans les ports domestiques », Statistiques agricoles de l'OCDE (base de données). DOI: 10.1787/data-00222-fr

AUSTRALIE

Tableau 6. Production de l'aquaculture

	2006	2007	2008	2009	2010	2011	2012	2013
VOLUME (TONNES)								
Poissons	**38 530**	**43 422**	**47 651**	**47 653**	**47 653**	**51 441**	**57 991**	**55 700**
Saumon de l'Atlantique	25 336	25 737	29 893	29 893	31 807	36 841	44 151	42 978
Saumon du Pacifique	..	..	..	..	..	..	..	..
Truite arc-en-ciel	267	143	155	155	158	11	4	4
dont : d'eau de mer	..	..	..	..	..	..	..	..
dont : d'eau douce	267	143	155	155	158	11	4	4
Truite de mer	..	..	..	..	..	168	165	198
Poisson plat	..	..	..	..	..	..	..	..
Dorade	..	..	..	..	..	..	..	..
Bar	..	..	..	..	..	..	..	..
Loup	..	..	..	..	..	..	..	..
Carpe	..	..	..	..	..	..	..	..
Tilapia	..	..	..	..	..	..	..	..
Anguille	141	..	..	..	..	63	72	0
Autres poissons	12 786	17 542	17 603	17 606	15 689	14 358	13 599	12 519
Coquillages et crustacés	**22 617**	**20 610**	**22 441**	**22 468**	**24 324**	**17 191**	**16 501**	**16 457**
Huître, comestible	15 370	13 536	14 227	14 227	14 931	13 927	12 559	12 640
Huître, perle	..	..	..	..	..	..	..	..
Moule	3 189	3 259	3 375	3 372	3 465	3 115	3 672	3 584
Coquille St.-Jacques	..	..	..	..	..	..	..	..
Bivalves	..	..	..	..	..	..	..	..
Crevette et bouquet	3 284	3 088	3 985	3 985	5 280	148	270	233
Autres coquillages et crustacés	774	727	854	884	648	673	757	..
Total poissons, coquillages et crustacés	**61 147**	**64 032**	**70 092**	**70 122**	**71 977**	**68 632**	**74 493**	**72 157**
Autres animaux marins	..	..	..	..	..	..	..	..
Plantes aquatiques	..	..	..	..	..	..	..	..
Algue brune	..	..	..	..	..	..	..	..
Algue rouge	..	..	..	..	..	..	..	..
Algue verte	..	..	..	..	..	..	..	..
Autres plantes aquatiques	..	..	..	..	..	..	..	..
TOTAL GÉNÉRAL	**61 147**	**64 032**	**70 092**	**70 122**	**71 977**	**68 632**	**74 493**	**72 157**
VALEUR (AUD)								
Poissons	**489 114 000**	**569 450 000**	**591 018 000**	**590 803 600**	**567 003 500**	**615 625 570**	**730 146 870**	**706 595 070**
Saumon de l'Atlantique	288 665 000	300 910 000	324 542 000	324 542 400	367 786 900	427 433 320	513 638 030	496 863 120
Saumon du Pacifique	..	..	..	..	..	..	..	..
Truite arc-en-ciel	2 069 000	1 535 000	1 676 000	1 676 000	1 703 700	133 250	61 010	63 950
dont : d'eau de mer	..	..	..	..	..	..	..	..
dont : d'eau douce	2 069 000	1 535 000	1 676 000	1 676 000	1 703 700	133 250	61 010	63 950
Truite de mer	..	..	..	..	..	1 964 000	1 839 000	2 189 000
Poisson plat	..	..	..	..	..	..	..	..
Dorade	..	..	..	..	..	..	..	..
Bar	..	..	..	..	..	..	..	..
Loup	..	..	..	..	..	..	..	..
Carpe	..	..	..	..	..	..	..	..
Tilapia	..	..	..	..	..	..	..	..
Anguille	2 138 000	..	..	..	..	839 000	822 830	0
Autres poissons	196 242 000	267 005 000	264 800 000	264 585 200	197 512 900	185 256 000	213 786 000	207 479 000
Coquillages et crustacés	**316 900 000**	**300 069 000**	**276 137 000**	**275 908 800**	**310 595 800**	**383 020 700**	**215 239 880**	**210 058 040**
Huître, comestible	91 088 000	89 128 000	92 875 000	92 874 800	100 917 200	97 323 000	90 071 000	94 539 000
Huître, perle	123 706 000	114 292 000	90 000 000	90 099 000	104 622 000	120 077 000	102 312 000	88 350 000
Moule	8 602 000	8 419 000	8 867 000	8 858 600	10 107 300	163 888 700	19 191 880	23 685 040
Coquille St.-Jacques	..	..	..	..	..	..	..	..
Bivalves	..	..	..	..	..	..	..	..
Crevette et bouquet	45 120 000	44 203 000	56 841 000	56 841 000	75 400 000	1 732 000	3 665 000	3 484 000
Autres coquillages et crustacés	48 384 000	44 027 000	27 554 000	27 235 400	19 549 300	20 384 500	22 513 000	..
Total poissons, coquillages et crustacés	**806 014 000**	**869 519 000**	**867 155 000**	**866 712 400**	**877 599 300**	**998 646 270**	**945 386 750**	**916 653 110**
Autres animaux marins	..	..	..	..	..	..	..	..
Plantes aquatiques	..	..	..	..	..	..	..	..
Algue brune	..	..	..	..	..	..	..	..
Algue rouge	..	..	..	..	..	..	..	..
Algue verte	..	..	..	..	..	..	..	..
Autres plantes aquatiques	..	..	..	..	..	..	..	..
TOTAL GÉNÉRAL	**806 014 000**	**869 519 000**	**867 155 000**	**866 712 400**	**877 599 300**	**998 646 270**	**945 386 750**	**916 653 110**

.. Non disponible

Note : Métadonnées détaillées : http://metalinks.oecd.org/fish/20150108/cdcc

Source : OCDE (2014), « Pêcheries : Production de l'aquaculture », Statistiques agricoles de l'OCDE (base de données). DOI: 10.1787/data-00225-fr

Tableau 7. Transferts financiers publics (TFP)

Milliers AUD

	2006	2007	2008	2009	2010	2011	2012	2013
Total des TFP								
Pêche maritime	**60 781**	**69 266**	**80 183**	**34 570**	**18 562**	**18 142**	**13 763**	**14 821**
Paiements directs	..	..	..	..	..	..	..	..
Désarmement des navires et retrait des licences	..	..	..	..	..	..	..	..
Indemnisation des catastrophes	..	..	..	..	..	..	..	..
Aides : équipement, modernisation, construction de navire	..	..	..	..	..	..	..	..
Aide au revenu et assurance chômage	..	..	..	..	..	..	..	..
Autres paiements directs	..	..	..	..	..	..	..	..
Transferts réduisant les coûts	..	..	..	..	..	..	..	..
Prêts subventionnés : équipement, modernisation, construction de navire	..	..	..	..	..	..	..	..
Bonification d'intérêts	..	..	..	..	..	..	..	..
Exonération de taxe sur carburant	..	..	..	..	..	..	..	..
Ristourne et subvention à l'assurance	..	..	..	..	..	..	..	..
Allègement d'impôt sur le revenu, contrib. sociales impayées	..	..	..	..	..	..	..	..
Autres transferts réduisant les coûts	..	..	..	..	..	..	..	..
Services généraux	60 781	69 266	80 183	47 510	31 501	32 035	27 584	26 550
Gestion des pêcheries	27 484	33 184	43 522	26 610	26 604	26 142	24 597	22 378
Recherche halieutique	17 619	19 032	19 032	20 900	4 897	5 893	2 987	4 172
Police des pêches	..	..	..	..	..	..	..	..
Infrastructure des pêcheries	..	..	..	..	..	..	..	..
Autres services généraux	15 678	17 050	17 629	..	..	..	..	..
Recouvrement des coûts	..	..	..	-12 940	-12 939	-13 893	-13 821	-11 729
Aquaculture	..	..	..	..	..	..	..	..
Paiements directs	..	..	..	..	..	..	..	..
Aides : développement aquacole	..	..	..	..	..	..	..	..
Indemnisation des catastrophes	..	..	..	..	..	..	..	..
Autres paiements directs	..	..	..	..	..	..	..	..
Transferts réduisant les coûts	..	..	..	..	..	..	..	..
Prêts subventionnés : développement aquacole	..	..	..	..	..	..	..	..
Autres transferts réduisant les coûts	..	..	..	..	..	..	..	..
Services généraux	..	..	..	..	..	..	..	..
Gestion, recherche et police de l'aquaculture	..	..	..	..	..	..	..	..
Infrastructure aquacole	..	..	..	..	..	..	..	..
Autres services généraux	..	..	..	..	..	..	..	..
Recouvrement des coûts	..	..	..	..	..	..	..	..
Commercialisation et transformation	..	..	..	..	..	..	..	..
Paiements directs	..	..	..	..	..	..	..	..
Aides : commercialisation et transformation	..	..	..	..	..	..	..	..
Autres paiements directs	..	..	..	..	..	..	..	..
Transferts réduisant les coûts	..	..	..	..	..	..	..	..
Prêts subventionnés : commercialisation et transformation	..	..	..	..	..	..	..	..
Autres transferts réduisant les coûts	..	..	..	..	..	..	..	..
Services généraux	..	..	..	..	..	..	..	..
Aquaculture	..	..	..	..	..	..	..	..
Autres services généraux	..	..	..	..	..	..	..	..
Recouvrement des coûts	..	..	..	..	..	..	..	..
Total	**60 781**	**69 266**	**80 183**	**34 570**	**18 562**	**18 142**	**13 763**	**14 821**

.. Non disponible

Note : Métadonnées détaillées : http://metalinks.oecd.org/fish/20150108/645e

Source : OCDE (2014), « Pêcheries : Transferts financiers publics », Statistiques agricoles de l'OCDE (base de données). DOI: 10.1787/data-00220-fr

AUSTRALIE

Tableau 8. Importations par produit

		2009		2010		2011		2012		2013	
		Tonnes	USD	Tonnes	USD	Tonnes	USD	Tonnes	USD	Tonnes	USD
03	**Poisson, crustacés et mollusques**	..	**542 806 689**	..	**623 731 322**	..	**740 235 265**	..	**820 886 406**	..	**874 945 051**
0302	**Poisson, frais ou réfrigéré, excl. 0304**	**7 792 960**	**46 936 904**	**8 289 359**	**56 366 092**	**7 756 844**	**56 540 993**	**9 116 387**	**62 300 932**	**10 710 925**	**64 087 576**
030211	Truite	..	..	90	996	..	..	1 507	38 093	11 289	86 874
030212	Saumon (Pacifique, Atlantique et Danube)	592 386	4 033 090	1 264 884	9 126 866	471 725	5 622 020	385 763	3 680 196	589 697	6 074 398
030219	Salmonidés nra	2 083	12 969	..	..	..	..	654	2 334	..	..
030221	Flétan	496	6 290	..	..	126	3 363	..	..	..	..
030222	Plie, carrelet	..	..	..	..	..	..	..	..	..	..
030223	Sole	969	5 501	438	2 661	..	..	..	..	108	1 027
030229	Poissons plats nra	56 423	369 986	48 787	339 717	50 995	181 757	75 918	311 102	60 956	310 789
030231	Thon blanc/germon	240	1 267	..	..	..	..	5 052	15 662	6 370	18 654
030232	Albacore (thon jaune)	144 857	954 596	105 929	819 914	73 488	507 972	162 314	1 215 895	161 102	927 214
030233	Listaos/bonite à ventre rayé	..	..	..	..	..	..	..	..	1 125	3 364
030239	Thonidés nra	12 969	75 359	23 967	114 361	41 529	66 240	35 364	135 333	9 970	55 993
030240	Hareng	124	3 048	..	..	1 180	7 357	1 275	3 744	497	3 940
030250	Morue	8 417	47 446	3 985	59 490	3 331	11 536	23 485	325 591	32 988	246 603
030261	Sardines	..	..	2 314	11 146	521	1 304	88 864	63 202	614 176	270 833
030262	Églefin	..	..	..	..	..	..	..	..	..	..
030263	Lieu noir	..	..	..	..	..	..	..	..	..	..
030264	Maquereau	11 474	57 133	3 607	20 685	2 181	4 488	34 528	100 393	40 430	86 400
030265	Aiguillat et autres squalidés	552 741	3 040 279	582 476	3 546 204	1 006 530	3 097 521	1 059 844	3 553 763	1 124 031	3 518 039
030266	Anguille	..	..	..	..	3 036	3 118	75	1 080	249	8 479
030269	Poisson nra	6 392 820	38 129 381	6 239 657	42 274 441	6 071 953	46 874 236	7 233 198	52 816 785	8 034 520	52 396 540
030270	Foies, oeufs et laitances	16 962	200 559	13 226	49 611	30 249	160 082	8 547	37 761	23 418	78 429
0303	**Poisson, congelé, excl. 0304**	**5 649 375**	**16 641 459**	**5 522 969**	**17 999 740**	**7 192 546**	**22 964 444**	**11 382 772**	**27 451 151**	**13 388 854**	**33 302 622**
030319	Saumon, Pacifique	52 273	144 215	..	..	..	..	..	..	..	..
030321	Truite	..	..	240	3 019	..	..	..	..	13 006	48 115
030322	Saumon (Atlantique et Danube)	30 923	147 982	..	..	..	..	..	..	..	..
030329	Salmonidés	..	..	21 614	141 623	36 365	240 773	18 351	201 444	54 237	337 696
030331	Flétan	7 843	63 010	11 088	74 483	52 521	95 901	3 900	46 457	20 281	122 866
030332	Plie, carrelet	..	..	..	..	..	..	..	..	..	..
030333	Sole	83 100	315 459	46 766	190 843	161 364	151 094	449 552	1 199 357	1 179 848	1 165 704
030339	Poisson plat nra	530 841	2 352 450	523 408	2 559 064	644 426	2 579 409	1 220 475	3 029 208	993 096	2 215 545
030341	Thon blanc/germon	..	..	..	..	..	..	..	..	..	..
030342	Albacore (thon jaune)	11 020	108 791	..	..	..	..	9 003	75 738	33 744	309 353
030343	Listao/bonite à ventre rayé	..	..	..	..	13 650	6 561	299 806	144 463	231 634	113 478
030349	Thonidés nra	291	20 335	3 687	57 122	10 461	22 212	..	..	16 132	23 880
030350	Hareng	1 360	2 594	2 948	8 501	151 092	110 094	9 000	2 287	910 364	635 491
030360	Morue	33 135	203 740	23 745	157 217	182 426	664 730	406 607	676 741	372 329	579 902
030371	Sardines, sardinelles	654 433	583 544	967 396	651 721	917 396	504 962	2 879 953	1 616 918	1 706 057	985 872
030372	Églefin	3 612	24 249	444	2 248	38 310	25 698	..	..	..	..
030373	Lieu noir	..	..	..	..	320	2 202	..	..	..	..
030374	Maquereau	343 089	356 513	359 793	512 472	344 848	570 658	496 372	619 491	668 319	1 036 193
030375	Aiguillat et autres squalidés	1 228	3 272	2 361	24 966	208	1 060	35 015	133 130	53 477	358 800
030376	Anguille	69 244	908 961	104 139	1 846 711	67 118	1 858 150	13 746	57 709	28 959	714 516
030377	Bar (loup)	101	963	501	4 961	..	..	..	..	..	..
030378	Merlu	2 040	14 156	6 790	42 738	..	..	32 851	127 084	41 130	175 910
030379	Poisson nra	3 773 745	10 390 916	3 277 288	9 411 825	4 205 454	12 637 022	4 985 167	15 250 603	6 236 682	17 313 561
030380	Foies, oeufs et laitances	102 999	1 000 309	43 369	618 464	146 128	774 468	185 829	1 305 262	205 091	1 111 620
0304	**Filets de poisson et autre chair de poisson**	**44 239 580**	**201 937 984**	**49 206 628**	**236 283 481**	**52 287 945**	**245 520 495**	**56 535 848**	**275 195 860**	**60 278 348**	**269 926 744**
030410	Filets et autre chair de poisson, frais ou réfrigéré	767 359	6 005 907	1 035 727	8 904 114	1 652 034	9 810 292	6 278 143	31 668 914	5 653 961	28 150 079
030420	Filets de poissons, congelé	40 063 096	181 951 013	45 716 950	214 885 278	48 118 065	223 011 078	46 499 311	224 076 858	50 813 807	222 547 186
030490	Chair de poisson nra, congelé	3 409 125	13 981 065	2 453 951	12 494 088	2 517 847	12 699 126	3 758 394	19 450 087	3 810 580	19 229 478
0305	**Poisson, séché, salé, fumé, ou en saumure**	**3 600 599**	**36 483 682**	**3 224 573**	**35 478 656**	**5 310 026**	**51 301 885**	**5 662 390**	**51 824 698**	**6 885 394**	**66 712 253**
030510	Farine de poisson, consommation humaine	28 753	230 458	4 202	91 587	54 574	92 043	62 529	120 861	45 298	200 989
030520	Foies, oeufs et laitances	13 194	200 716	11 570	211 146	13 742	279 658	26 105	388 505	48 536	398 209
030530	Filets de poisson (non fumé)	281 139	1 554 925	173 783	1 071 658	409 013	1 233 763	438 860	1 831 837	304 513	1 527 611
030541	Saumon (Pacifique, Atlantique et Danube), fumé	1 299 302	19 719 864	1 221 362	19 709 914	1 860 634	26 437 247	2 125 380	28 743 086	2 921 760	41 695 446
030542	Hareng, fumé	79 880	374 829	..	..	..	..	..	..	..	..
030549	Poisson nra, fumé	1 170 558	8 144 963	1 079 299	8 103 003	1 730 451	16 234 500	1 302 103	13 129 732	1 907 454	15 642 245
030551	Morue, séché, non fumé	196 434	1 477 737	108 046	1 032 282	102 813	1 118 988	264 610	1 337 073	247 777	1 400 764
030559	Poisson nra, séché, salé, non fumé	287 712	3 533 066	322 625	3 683 848	633 530	4 096 358	914 494	4 218 781	921 069	4 109 545
030561	Hareng, salé ou en saumure	2 068	7 292	661	7 996	18 678	24 603	850	2 579	22 517	54 976
030562	Morue, salé ou en saumure	18 600	163 182	12 165	100 419	86 211	93 674	24 730	61 727	274	5 260
030563	Anchois, salé ou en saumure	27 612	176 029	12 542	84 649	100 016	132 067	201 408	400 787	186 901	453 914
030569	Poisson nra, salé ou en saumure	185 015	900 622	194 592	942 688	185 423	897 269	194 316	1 033 802	160 860	766 989

Tableau 8. Importations par produit *(suite)*

		2009		2010		2011		2012		2013	
		Tonnes	USD	Tonnes	USD	Tonnes	USD	Tonnes	USD	Tonnes	USD
0306	**Crustacés**	**17 802 876**	**142 205 589**	**18 345 066**	**156 184 527**	**25 435 142**	**210 736 806**	**30 528 366**	**247 401 259**	**30 464 956**	**286 743 836**
030611	Langoustes et autres palinuridés, congelé	309 253	5 180 329	420 486	8 000 747	437 948	9 777 797	579 576	11 739 507	508 285	10 713 250
030612	Homard nra	301 880	3 269 573	285 276	3 636 575	401 958	3 997 710	475 918	4 837 741	686 764	8 515 186
030613	Crevettes, congelé	16 238 493	124 303 007	16 689 786	133 788 246	22 962 568	182 192 355	26 964 625	208 074 786	26 058 193	239 677 326
030614	Crabes, congelé	687 547	6 167 563	728 369	7 406 268	1 345 557	10 559 810	1 515 739	13 128 106	2 030 980	17 011 576
030619	Crustacés nra, congelé	183 924	2 533 018	139 913	2 593 636	190 861	3 154 918	896 622	8 629 172	1 055 064	8 899 309
030621	Langoustes et autres palinuridés (non congelé)	75	1 446	307	4 740	..	..	420	10 524	3 780	138 298
030622	Homard nra (non congelé)	438	2 603	..	..	..	..	5 490	51 165	11 250	537 344
030623	Crevettes (non congelé)	79 562	735 647	79 418	732 199	89 250	972 903	83 811	890 449	100 451	1 173 939
030624	Crabes (non congelé)	851	7 161	360	10 338	5 915	69 672	30	1 573	3 277	42 178
030629	Crustacés nra (non congelé)	853	5 243	1 150	11 776	1 085	11 641	6 135	38 235	6 913	35 430
0307	**Mollusques**	**24 041 874**	**94 412 688**	**23 296 888**	**117 653 999**	**25 325 537**	**149 356 543**	**25 653 878**	**152 808 432**	**28 187 387**	**149 871 608**
030710	Huîtres	727 288	6 065 792	592 145	5 784 837	1 080 382	8 998 638	725 025	7 247 029	715 598	8 306 827
030721	St-Jacques, vi, fr, ou ré	19 420	109 963	3 000	29 409	10 200	287 729	10 125	126 344	39 663	574 166
030729	St-Jacques, co, sc, sl, ou sm	2 567 420	26 496 852	2 626 544	28 877 466	3 046 869	39 045 535	3 976 567	47 414 823	3 976 114	46 366 736
030731	Moules, vi, fr, ou ré	1 036	4 580	8 186	70 088	96 603	309 956	15 767	91 266	20 583	112 872
030739	Moules, co, sc, sl, ou sm	2 803 614	9 015 542	2 541 939	8 470 783	2 186 529	9 576 357	2 200 749	8 524 738	2 694 170	10 514 184
030741	Seiches, encornets et calmars, vi, fr, ou ré	..	..	..	..	28 790	174 092	40 500	193 142	175 900	475 935
030749	Seiches, encornets et calmars, co, sc, sl, ou sm	14 314 854	39 494 540	14 209 560	59 682 104	14 671 153	68 740 316	14 849 582	66 799 238	16 623 503	63 341 499
030751	Poulpe, vi, fr, ou ré	57 633	258 134	23 898	142 606	24 971	79 751	4 058	19 258	34 712	132 933
030759	Poulpe, co, sc, sl, ou sm	2 158 486	6 133 651	1 701 652	5 538 761	2 396 570	8 247 492	2 283 322	8 409 393	2 384 788	8 013 069
030760	Escargots (autres que de mer)	1 914	10 952	2 026	16 792	5 505	19 662	4 628	30 042	..	..
030791	Mollusques nra, vi, fr, ou ré	29 143	1 349 256	79 520	3 082 644	130 320	5 113 766	194 518	6 365 526	163 242	2 384 523
030799	Mollusques nra, co, sc, sl, ou sm	1 361 065	5 473 424	1 508 419	5 958 508	1 647 646	8 763 247	1 349 037	7 587 631	1 359 116	9 648 863
121220	**Algues**	**4 893 514**	**13 223 422**	**5 691 929**	**14 735 858**	**6 820 108**	**17 393 700**	**10 483 065**	**20 804 490**	**9 462 064**	**23 019 374**
1504	**Graisses, huiles et leurs fractions**	**..**	**18 923 348**	**..**	**28 608 372**	**13 307 195**	**35 985 312**	**10 975 852**	**42 971 850**	**8 760 666**	**36 939 054**
150410	Huiles de foies de poisson, et fractions	68 765	654 184	125 873	1 149 517	983 200	3 763 844	458 667	2 893 038	366 555	3 156 571
150420	Graisses et huiles de poisson, et fractions	..	18 259 315	..	27 458 855	12 321 840	31 880 070	10 517 185	40 078 812	8 387 518	33 082 922
150430	Graisses et huiles de mammifère marin, et fractions	..	9 849	..	..	..	341 399	..	..	..	699 562
1604	**Préparations et conserves de poisson; caviars et succédanés**	**69 898 373**	**311 323 686**	**78 245 602**	**336 181 062**	**99 178 300**	**408 059 295**	**98 558 114**	**456 289 929**	**108 289 256**	**488 663 250**
160411	Saumon, non haché	7 174 962	46 106 042	7 365 380	45 363 512	9 012 705	52 966 498	8 735 153	59 015 573	9 451 266	60 507 515
160412	Hareng, non haché	928 070	3 786 403	717 464	3 109 280	1 387 473	3 634 496	1 258 652	3 822 542	1 352 609	3 816 097
160413	Sardines, sardinelles, sprats, esprots, non haché	3 974 459	16 301 114	4 204 374	16 018 755	5 169 439	18 004 752	4 771 207	16 700 560	5 055 565	18 272 434
160414	Thons, listaos, sardes, non haché	35 852 221	147 265 981	41 874 665	161 320 026	53 767 186	206 265 554	53 783 542	247 794 983	57 491 157	264 325 786
160415	Maquereau, non haché	1 113 513	3 562 409	1 095 278	3 696 406	1 663 361	4 661 883	1 649 984	4 436 881	2 175 160	5 208 406
160416	Anchois, non haché	855 714	8 314 530	925 925	8 821 745	1 501 189	10 013 773	1 718 794	9 785 513	1 674 520	9 528 048
160419	Poisson nra, non haché	8 356 000	39 885 615	9 759 846	47 627 577	11 724 150	48 849 595	10 657 808	47 863 498	12 677 314	55 891 705
160420	Poisson, haché	11 527 304	43 982 988	12 172 684	48 203 057	14 735 411	60 932 061	15 754 311	64 151 010	18 173 751	67 624 036
160430	Caviar et succédanés	116 129	2 118 605	129 987	2 020 704	217 386	2 730 683	228 662	2 719 369	237 915	3 489 223
1605	**Préparations et conserves de crustacés**	**22 340 137**	**148 101 032**	**24 737 935**	**179 716 780**	**29 707 209**	**193 459 955**	**28 400 030**	**185 677 045**	**29 066 378**	**179 800 316**
160510	Crabes	481 211	3 766 467	426 041	3 221 360	1 039 827	4 028 573	910 393	4 863 066	968 944	6 141 099
160520	Crevettes	14 993 785	107 543 718	17 042 868	134 482 694	18 754 221	139 205 550	18 413 462	135 817 143	15 947 434	123 900 904
160530	Homard	30 920	412 526	41 120	627 683	144 570	958 333	138 154	687 359	8 719	25 810
160540	Crustacés nra	77 855	578 093	69 663	543 728	134 732	461 742	62 399	82 717	56 392	217 745
230120	**Farine de poisson**	**42 892 776**	**36 623 104**	**40 307 006**	**52 339 938**	**29 902 621**	**39 104 480**	**37 388 302**	**44 031 552**	**24 046 876**	**35 456 160**
	TOTAL	**243 152 064**	**1 066 812 898**	**256 867 955**	**1 231 548 505**	**302 223 473**	**1 434 238 007**	**324 685 004**	**1 570 661 272**	**..**	**1 638 823 205**

.. Non disponible

Note : nra : non répertorié ailleurs. vi : vivant. fr : frais. ré : réfrigéré. co : congelé. sc : séché. sl : salé. sm : en saumure.

Métadonnées détaillées : http://metalinks.oecd.org/fish/20150108/d8fd

Source : OCDE (2014), « Pêcheries : Commerce par produit », Statistiques agricoles de l'OCDE (base de données). DOI: 10.1787/data-00677-fr

AUSTRALIE

Tableau 9. Exportations par produit

		2009		2010		2011		2012		2013	
		Tonnes	USD	Tonnes	USD	Tonnes	USD	Tonnes	USD	Tonnes	USD
03	**Poisson, crustacés et mollusques**	**..**	**756 693 427**	**..**	**849 339 301**	**..**	**1 023 238 194**	**..**	**928 839 234**	**..**	**933 559 110**
0302	**Poisson, frais ou réfrigéré, excl. 0304**	**12 149 782**	**108 510 428**	**10 447 029**	**97 703 204**	**12 109 717**	**96 330 881**	**6 541 961**	**67 145 155**	**4 919 614**	**51 049 006**
030211	Truite	250 470	1 677 223	127 127	1 085 715	229 894	1 867 665	130 755	1 595 733	150 800	1 712 333
030212	Saumon (Pacifique, Atlantique et Danube)	4 925 565	26 871 897	5 178 741	36 063 795	7 724 103	50 832 348	3 353 973	24 451 918	2 006 011	16 989 769
030219	Salmonidés nra	55 264	413 767	62 963	548 727	12 080	127 073	7 329	93 654	23 152	240 572
030221	Flétan	..	..	..	..	..	..	..	..	..	..
030222	Plie, carrelet	..	..	..	..	..	..	..	..	..	..
030223	Sole	239	2 319	370	2 445	..	..	197	1 316	88	577
030229	Poissons plats nra	24 346	211 810	20 579	253 561	9 410	124 308	425	2 897	..	..
030231	Thon blanc/germon	408 628	1 717 558	187 739	939 813	67 068	314 566	36 578	185 259	33 074	178 150
030232	Albacore (thon jaune)	415 832	3 489 138	528 430	5 050 725	914 564	7 819 762	330 822	2 468 435	314 530	2 431 184
030233	Listaos/bonite à ventre rayé	..	..	59	530	245	1 342	..	..	..	..
030239	Thonidés nra	4 121 101	56 259 561	2 197 925	33 614 839	1 503 055	20 717 745	1 682 630	30 056 747	1 773 873	24 628 930
030240	Hareng	..	..	..	..	..	..	..	..	..	..
030250	Morue	1 330	9 394	50	509	..	..	..	..	900	4 745
030261	Sardines	700	3 789	..	..	..	..	..	..	..	..
030262	Églefin	..	..	..	..	..	..	..	..	..	..
030263	Lieu noir	..	..	..	..	..	..	..	..	..	..
030264	Maquereau	2 999	23 036	75 801	54 503	..	..	..	..	..	..
030265	Aiguillat et autres squalidés	4 550	38 669	..	..	..	..	..	..	..	..
030266	Anguille	..	..	1 006	12 194	..	..	..	..	1 860	24 911
030269	Poisson nra	1 897 065	17 319 232	2 040 593	19 450 700	1 641 257	14 369 204	996 990	8 190 479	614 869	4 791 838
030270	Foies, oeufs et laitances	41 694	473 034	25 646	625 149	8 041	156 868	2 264	98 717	457	45 998
0303	**Poisson, congelé, excl. 0304**	**8 332 673**	**54 267 162**	**8 046 273**	**91 957 471**	**10 226 289**	**157 972 844**	**10 208 588**	**147 409 454**	**9 703 163**	**114 712 845**
030319	Saumon, Pacifique	10 899	35 208	..	..	..	..	..	..	..	..
030321	Truite	61 086	588 965	77 848	1 061 175	85 017	1 045 892	53 356	666 897	46 630	699 248
030322	Saumon (Atlantique et Danube)	164 135	849 011	..	..	..	..	..	..	..	..
030329	Salmonidés	2 512	108 195	220	2 603	1 631	33 074	100 324	614 362	13 607	101 243
030331	Flétan	..	..	..	..	..	..	..	..	..	..
030332	Plie, carrelet	100	1 561	720	5 834	2 739	28 187	..	..	..	..
030333	Sole	..	..	100	853	110	742	200	2 277	100	1 062
030339	Poisson plat nra	65 132	96 523	30 904	66 127	61 626	86 592	..	..	3 090	14 197
030341	Thon blanc/germon	708 135	1 534 508	438 425	1 109 998	517 118	1 554 118	427 554	1 301 199	230 901	623 471
030342	Albacore (thon jaune)	22 992	71 093	14 048	50 838	17 913	79 129	400	1 239	..	..
030343	Listao/bonite à ventre rayé	1 050	2 265	2 449	13 626	415	1 286	463	2 443	819	1 772
030349	Thonidés nra	4 719 442	43 890 891	4 471 752	79 221 981	6 529 598	141 113 215	6 317 133	129 249 138	6 998 680	101 504 702
030350	Hareng	13 590	6 922	..	..	..	..	..	..	..	..
030360	Morue	1 764	12 835	270	2 128	18 895	41 184	470	3 522	1 719	18 954
030371	Sardines, sardinelles	6 304	7 197	16 488	35 754	14 510	30 557	27 000	6 710	15 670	19 789
030372	Églefin	..	..	..	..	..	..	..	..	..	..
030373	Lieu noir	..	..	..	..	..	..	..	..	..	..
030374	Maquereau	30 010	22 285	81 647	66 104	240	620	250	7 265	100	285
030375	Aiguillat et autres squalidés	60 613	107 681	39 600	30 038	..	..	..	..	350	938
030376	Anguille	..	..	..	..	98 063	1 008 520	31 955	359 286	20 841	121 563
030377	Bar (loup)	550	6 216	60	808	..	..	..	..	..	..
030378	Merlu	360	1 636	240	1 688	..	..	500	4 459	..	..
030379	Poisson nra	2 163 138	4 646 473	2 546 442	6 086 154	2 669 346	8 808 872	3 011 971	10 716 407	2 140 147	6 254 751
030380	Foies, oeufs et laitances	195 015	2 277 699	233 279	3 630 214	171 718	3 793 608	223 342	3 738 246	202 944	5 283 325
0304	**Filets de poisson et autre chair de poisson**	**1 863 049**	**16 083 029**	**1 990 029**	**12 075 278**	**2 208 190**	**13 531 198**	**1 498 379**	**6 227 449**	**1 292 300**	**7 121 141**
030410	Filets et autre chair de poisson, frais ou réfrigéré	124 247	1 440 075	79 291	1 226 313	108 958	766 948	69 224	470 435	66 229	1 282 264
030420	Filets de poissons, congelé	827 896	6 565 497	1 400 707	9 108 149	1 336 651	8 289 386	1 032 292	4 370 366	770 762	3 754 352
030490	Chair de poisson nra, congelé	910 905	8 077 457	510 031	1 740 816	762 581	4 474 864	396 863	1 386 647	455 308	2 084 525
0305	**Poisson, séché, salé, fumé, ou en saumure**	**242 778**	**13 330 589**	**174 424**	**15 052 987**	**176 360**	**17 210 418**	**293 891**	**12 792 723**	**302 586**	**9 834 171**
030510	Farine de poisson, consommation humaine	718	6 242	10	778	..	..	114 690	277 737	163 330	198 956
030520	Foies, oeufs et laitances	9 167	705 311	7 419	635 422	8 393	754 659	15 702	1 118 589	9 525	907 992
030530	Filets de poisson (non fumé)	1 022	7 684	650	9 794	30	50	4 872	11 135	401	5 739
030541	Saumon (Pacifique, Atlantique et Danube), fumé	57 512	667 352	20 165	362 864	22 364	365 120	44 505	692 018	18 924	262 371
030542	Hareng, fumé	..	..	..	..	..	..	..	..	..	..
030549	Poisson nra, fumé	4 880	45 387	6 062	76 350	19 175	282 610	1 754	30 938	1 923	37 464
030551	Morue, séché, non fumé	285	4 919	..	..	..	..	..	..	..	..
030559	Poisson nra, séché, salé, non fumé	161 960	11 791 460	127 603	13 842 939	118 437	15 680 450	101 465	10 546 759	86 611	8 215 187
030561	Hareng, salé ou en saumure	..	..	..	..	..	..	..	..	200	869
030562	Morue, salé ou en saumure	..	..	..	..	..	..	..	..	..	..
030563	Anchois, salé ou en saumure	4 309	76 007	6 726	86 649	5 547	66 633	8 413	91 948	17 577	170 189
030569	Poisson nra, salé ou en saumure	2 924	26 227	1 596	7 546	2 413	60 896	2 490	23 600	4 095	35 405

Tableau 9. Exportations par produit *(suite)*

		2009		2010		2011		2012		2013	
		Tonnes	USD	Tonnes	USD	Tonnes	USD	Tonnes	USD	Tonnes	USD
0306	**Crustacés**	**14 205 126**	**384 567 220**	**14 310 645**	**430 906 849**	**17 019 563**	**528 296 882**	**13 559 988**	**482 651 577**	**15 888 687**	**558 623 511**
030611	Langoustes et autres palinuridés, congelé	2 382 773	66 035 886	1 698 291	65 678 980	1 066 859	42 834 542	600 713	25 423 498	447 850	20 093 591
030612	Homard nra	6 720	162 003	9 841	320 347	44 659	2 424 546	13 082	361 756	12 217	419 676
030613	Crevettes, congelé	4 105 440	46 942 770	5 914 384	67 360 796	7 210 167	73 244 012	4 456 068	49 680 304	6 334 963	74 320 689
030614	Crabes, congelé	518 126	3 472 926	577 528	4 119 542	451 275	3 484 440	287 815	3 353 226	289 902	2 114 162
030619	Crustacés nra, congelé	669	13 891	17 662	138 848	3 324	42 815	31 313	192 388	131 654	909 206
030621	Langoustes et autres palinuridés (non congelé)	6 545 922	259 621 106	5 572 410	285 133 608	7 443 083	385 078 589	7 460 952	373 083 112	8 246 074	441 845 534
030622	Homard nra (non congelé)	531	20 327	720	35 820	171 888	10 861 998	344 897	23 466 787	250 240	15 241 006
030623	Crevettes (non congelé)	13 085	146 251	7 404	107 546	27 382	301 041	48 545	447 839	1 557	31 127
030624	Crabes (non congelé)	616 633	7 742 270	505 661	7 812 813	597 995	9 926 871	314 462	6 571 152	172 226	3 579 656
030629	Crustacés nra (non congelé)	15 227	409 790	6 745	198 548	2 931	98 029	2 141	71 515	2 004	68 863
0307	**Mollusques**	**4 528 611**	**143 152 811**	**4 313 245**	**165 464 093**	**4 881 291**	**177 028 077**	**4 514 199**	**174 126 005**	**4 849 113**	**156 848 581**
030710	Huîtres	314 422	2 232 645	376 680	3 375 894	425 981	4 338 762	598 920	9 249 646	634 016	8 101 787
030721	St-Jacques, vi, fr, ou ré	116	2 416	8	193	323	8 128	1 765	73 820	5 079	196 918
030729	St-Jacques, co, sc, sl, ou sm	1 105 099	24 818 730	823 357	19 500 880	685 381	20 019 694	310 331	11 015 516	585 615	13 268 703
030731	Moules, vi, fr, ou ré	80 468	456 670	65 867	392 201	205 301	1 004 381	271 710	1 292 313	279 196	1 408 489
030739	Moules, co, sc, sl, ou sm	20 478	116 816	26 422	58 507	46 464	219 331	8 737	51 709	24 680	126 211
030741	Seiches, encornets et calmars, vi, fr, ou ré	86 049	86 472	305	2 514	395	3 786	110	1 075	10 100	41 759
030749	Seiches, encornets et calmars, co, sc, sl, ou sm	242 223	264 906	192 369	323 980	410 843	980 449	367 841	1 237 391	345 612	1 076 722
030751	Poulpe, vi, fr, ou ré	309	2 278	165	1 664	98	1 016	102	999	516	4 630
030759	Poulpe, co, sc, sl, ou sm	3 651	20 082	37 415	88 185	6 979	80 586	21 253	141 753	2 537	35 987
030760	Escargots (autres que de mer)	..	..	..	..	..	..	..	..	..	..
030791	Mollusques nra, vi, fr, ou ré	1 902 884	74 373 699	1 810 008	90 973 720	1 896 729	82 949 552	1 798 224	87 562 040	1 685 816	71 260 974
030799	Mollusques nra, co, sc, sl, ou sm	772 910	40 778 097	980 649	50 746 356	1 202 797	67 422 392	1 135 207	63 499 743	1 275 947	61 326 400
121220	**Algues**	..	**1 656 603**	..	**2 656 471**	**1 197 716**	**3 023 548**	**1 293 733**	**2 468 121**	**921 437**	**2 083 614**
1504	**Graisses, huiles et leurs fractions**	..	**4 252 544**	..	**4 092 630**	**2 131 188**	**6 076 919**	**2 845 493**	**9 589 780**	**3 135 756**	**9 963 307**
150410	Huiles de foies de poisson, et fractions	69 389	1 112 853	97 627	1 778 392	139 453	2 088 794	281 229	4 159 690	154 355	3 012 306
150420	Graisses et huiles de poisson, et fractions	1 516 828	3 091 983	1 282 165	2 312 469	1 985 645	3 939 431	2 476 524	4 961 427	2 978 670	6 856 714
150430	Graisses et huiles de mammifère marin, et fractions	3 152	47 708	400	1 769	6 090	48 695	87 740	468 662	2 730	94 287
1604	**Préparations et conserves de poisson; caviars et succédanés**	**1 177 928**	**5 318 367**	**729 032**	**5 877 479**	**735 120**	**5 295 010**	**851 593**	**5 300 925**	**1 711 953**	**6 392 111**
160411	Saumon, non haché	2 692	19 702	2 899	29 364	82 748	330 699	31 740	144 645	192 623	933 596
160412	Hareng, non haché	23	195	23	286	6 678	31 153	19	269	70	655
160413	Sardines, sardinelles, sprats, esprots, non haché	98 896	386 439	61 169	160 351	47 343	101 720	40 404	88 953	45 546	123 514
160414	Thons, listaos, sardes, non haché	187 695	943 967	244 125	1 296 221	243 457	1 018 298	310 871	1 330 316	1 178 108	2 360 543
160415	Maquereau, non haché	121 254	217 059	56 913	120 988	85 958	235 767	68 811	185 790	43 877	119 186
160416	Anchois, non haché	18 394	195 542	19 724	213 001	19 084	213 641	15 595	186 989	7 002	72 443
160419	Poisson nra, non haché	160 445	1 754 072	270 812	3 480 868	161 605	2 721 082	151 807	1 866 733	101 603	754 077
160420	Poisson, haché	588 527	1 801 241	73 364	575 856	88 245	642 576	232 347	1 497 230	143 125	2 028 097
160430	Caviar et succédanés	1	151	3	543	2	73	..	..	..	..
1605	**Préparations et conserves de crustacés**	**1 144 616**	**49 532 245**	**1 140 820**	**58 244 284**	**1 490 951**	**69 002 690**	**1 166 132**	**54 412 735**	**1 252 011**	**49 159 327**
160510	Crabes	22 673	168 621	10 018	106 597	15 602	190 664	3 763	26 429	1 418	3 758
160520	Crevettes	109 079	803 752	74 842	596 573	29 170	237 558	121 513	1 016 258	88 783	850 464
160530	Homard	532	13 678	..	..	..	..	..	..	33	808
160540	Crustacés nra	14	54	396	6 851	18 847	136 684	8	166	..	..
230120	**Farine de poisson**	**798 420**	**1 025 372**	**1 014 940**	**2 151 194**	**428 842**	**849 722**	**462 181**	**646 588**	**454 819**	**684 130**
	TOTAL	**44 442 983**	**781 696 370**	**42 166 437**	**886 181 940**	**52 605 227**	**1 107 486 083**	**43 236 138**	**1 001 257 383**	..	**1 001 841 599**

.. Non disponible

Note : nra : non répertorié ailleurs. vi : vivant. fr : frais. ré : réfrigéré. co : congelé. sc : séché. sl : salé. sm : en saumure.

Métadonnées détaillées : http://metalinks.oecd.org/fish/20150108/d8fd

Source : OCDE (2014), « Pêcheries : Commerce par produit », Statistiques agricoles de l'OCDE (base de données). DOI: 10.1787/data-00677-fr

BELGIQUE

Tableau 1. Flotte de pêche

	2006	2007	2008	2009	2010	2011	2012	2013
NOMBRE DE NAVIRES								
Total des navires	**107**	**102**	**100**	**89**	**89**	**86**	**83**	**80**
Navires à moteur	107	102	100	89	89	86	83	80
0-5,9 mètres	..	..	..	..	..	..	..	..
6-11,9 mètres	0	1	1	1	1	1	1	1
12-17,9 mètres	9	8	8	8	9	8	6	6
18-23,9 mètres	43	40	40	40	40	39	38	36
24-29,9 mètres	3	3	3	4	4	4	5	4
30-35,9 mètres	25	23	21	14	13	14	13	13
36-44,9 mètres	27	27	27	22	22	20	20	20
45-59,9 mètres	..	..	..	..	..	..	..	..
60-74,9 mètres	..	..	..	..	..	..	..	..
75 mètres et plus	..	..	..	..	..	..	..	..
Longueur inconnue	..	..	..	..	..	..	..	..
Navires sans moteur	..	..	..	..	..	..	..	..
TONNAGE BRUT								
Total des navires	**20 035**	**19 292**	**19 007**	**16 048**	**15 812**	**15 326**	**15 053**	**14 645**
Navires à moteur	20 035	19 292	19 007	16 048	15 812	15 326	15 053	14 645
0-5,9 mètres	..	..	..	..	..	..	..	..
6-11,9 mètres	0	21	21	21	21	21	21	21
12-17,9 mètres	278	246	246	246	267	239	171	171
18-23,9 mètres	3 572	3 373	3 373	3 504	3 506	3 442	3 316	3 118
24-29,9 mètres	517	517	517	769	769	769	897	687
30-35,9 mètres	5 847	5 314	5 029	3 426	3 167	3 431	3 168	3 168
36-44,9 mètres	9 821	9 821	9 821	8 082	8 082	7 424	7 480	7 480
45-59,9 mètres	..	..	..	..	..	..	..	..
60-74,9 mètres	..	..	..	..	..	..	..	..
75 mètres et plus	..	..	..	..	..	..	..	..
Longueur inconnue	..	..	..	..	..	..	..	..
Navires sans moteur	..	..	..	..	..	..	..	..

.. Non disponible

Note : Métadonnées détaillées : http://metalinks.oecd.org/fish/20150108/1a34

Source : OCDE (2014), « Pêcheries : Flotte de pêche », Statistiques agricoles de l'OCDE (base de données). DOI: 10.1787/data-00218-fr

BELGIQUE

Tableau 2. Emploi dans les pêcheries

Personnes employées

	2006	2007	2008	2009	2010	2011	2012	2013
Plein-temps	**152**	**158**	**136**	**144**	**125**	**107**	**97**	**86**
Secteur de capture	152	158	136	144	125	107	97	86
Pêche en eaux intérieures	..	..	..	..	..	..	..	..
Homme	..	..	..	..	..	..	..	..
Femme	..	..	..	..	..	..	..	..
Eaux maritimes (pêche côtière)	6	11	13	11	9	8	14	12
Homme	5	11	13	11	9	8	14	12
Femme	1	0	0	0	0	0	0	0
Eaux maritimes (pêche en haute mer)	146	147	123	133	116	99	83	74
Homme	145	147	123	133	116	99	83	74
Femme	1	0	0	0	0	0	0	0
Aquaculture	..	..	..	..	..	..	..	..
Homme	..	..	..	..	..	..	..	..
Femme	..	..	..	..	..	..	..	..
Transformation	..	..	..	..	..	..	..	..
Homme	..	..	..	..	..	..	..	..
Femme	..	..	..	..	..	..	..	..
Temps partiel	**537**	**532**	**599**	**456**	**489**	**480**	**488**	**310**
Secteur de capture	537	532	599	456	489	480	488	310
Pêche en eaux intérieures	..	..	..	..	..	..	..	..
Homme	..	..	..	..	..	..	..	..
Femme	..	..	..	..	..	..	..	..
Eaux maritimes (pêche côtière)	73	91	127	101	96	84	94	48
Homme	72	87	120	101	96	84	94	48
Femme	1	4	7	0	0	0	0	0
Eaux maritimes (pêche en haute mer)	464	441	472	355	393	396	394	262
Homme	464	441	471	353	392	396	394	262
Femme	0	0	1	2	1	0	0	0
Aquaculture	..	..	..	..	..	..	..	..
Homme	..	..	..	..	..	..	..	..
Femme	..	..	..	..	..	..	..	..
Transformation	..	..	..	..	..	..	..	..
Homme	..	..	..	..	..	..	..	..
Femme	..	..	..	..	..	..	..	..
Total	**689**	**690**	**735**	**600**	**614**	**587**	**585**	**396**
Secteur de capture	689	690	735	600	614	587	585	396
Pêche en eaux intérieures	..	..	..	..	..	..	..	..
Homme	..	..	..	..	..	..	..	..
Femme	..	..	..	..	..	..	..	..
Eaux maritimes (pêche côtière)	79	102	140	112	105	92	108	60
Homme	77	98	133	112	105	92	108	60
Femme	2	4	7	..	..	0	0	0
Eaux maritimes (pêche en haute mer)	610	588	595	488	509	495	477	336
Homme	609	588	594	486	508	495	477	336
Femme	1	0	1	2	1	0	0	0
Aquaculture	143	137	150	..	..	..	..	..
Homme	..	..	..	..	..	..	..	..
Femme	..	..	..	..	..	..	..	..
Transformation	1 373	1 350	1 350	..	..	..	..	..
Homme	713	702	..	..	..	..	..	..
Femme	660	648	..	..	..	..	..	..

.. Non disponible

Note : Métadonnées détaillées : http://metalinks.oecd.org/fish/20150108/854d

Source : OCDE (2014), « Pêcheries : Emploi dans la pêche », Statistiques agricoles de l'OCDE (base de données). DOI: 10.1787/data-00219-fr

Tableau 3. Débarquements nationaux dans les ports nationaux

	2006	2007	2008	2009	2010	2011	2012	2013
VOLUME (TONNES)								
Total poissons	**15 972**	**16 334**	**15 325**	**14 319**	**13 865**	**15 322**	**15 525**	**14 498**
Saumon	..	..	..	..	..	..	..	..
Saumon rose	..	..	..	..	..	..	..	..
Saumon keta	..	..	..	..	..	..	..	..
Saumon rouge	..	..	..	..	..	..	..	..
Saumon argenté	..	..	..	..	..	..	..	..
Autres saumons	..	..	..	..	..	..	..	..
Poissons plats	11 506	12 268	10 656	10 761	10 448	11 730	11 429	10 976
Flétan	1	3	3	..	..	..	0	0
Flétan noir	..	..	..	..	..	..	..	..
Sole	3 534	3 337	3 258	3 506	3 419	3 171	2 743	2 499
Plie	4 087	4 504	4 278	3 853	3 929	4 854	4 637	4 647
Autres poissons plats	3 884	4 424	3 117	3 402	3 100	3 705	4 049	3 830
Poissons de fond	4 458	4 062	4 667	3 553	3 395	3 543	4 045	3 429
Morue (Atlantique et Pacifique)	1 211	933	877	808	588	649	848	638
Églefin	185	256	180	187	210	276	265	184
Lieu	11	15	6	23	13	2	2	2
Morue du Pacifique occidental	72	87	73	44	39	40	48	39
Merlan	246	204	231	232	247	191	217	266
Merlu (toutes espèces)	61	53	46	37	48	35	27	28
Sébaste	1	0	0	0	0	0	0	0
Autres poissons de fond	2 671	2 514	3 254	2 222	2 250	2 350	2 638	2 272
Pélagiques	8	4	2	5	22	49	51	93
Chinchard	1	2	0	2	10	20	18	32
Maquereau	3	1	1	3	7	15	3	13
Hareng (Atlantique et Pacifique)	3	1	0	0	1	3	2	11
Sardine	..	..	..	0	0	0	0	0
Autres pélagiques	1	0	0	0	4	11	28	37
Thons	..	..	..	..	..	..	..	..
Listao	..	..	..	..	..	..	..	..
Thon rouge (nord et sud)	..	..	..	..	..	..	..	..
Germon	..	..	..	..	..	..	..	..
Albacore	..	..	..	..	..	..	..	..
Thon obèse	..	..	..	..	..	..	..	..
Autres thons	..	..	..	..	..	..	..	..
Espadon	..	..	..	..	..	..	..	..
Autres poissons	..	..	..	..	..	..	..	..
Total crustacés	**589**	**375**	**424**	**598**	**757**	**507**	**544**	**746**
Homard et langouste	2	2	2	2	2	2	1	1
Langoustine	77	64	61	69	55	68	193	158
Crevette	407	200	266	444	611	336	254	508
Autres crustacés	103	109	95	83	89	101	96	79
Total coquillages et mollusques	**1 420**	**2 267**	**1 558**	**1 012**	**1 249**	**1 076**	**1 488**	**1 113**
Huître	..	..	..	..	..	..	..	..
Moule	..	..	..	..	..	..	..	..
Coquille St-Jacques	508	598	488	494	552	460	391	410
Bivalves	..	..	..	..	..	..	..	..
Autres coquillages (incl. buccins	114	93	101	81	115	102	72	82
Calmar	77	138	98	76	91	72	117	120
Seiche	687	1 392	843	317	422	351	782	392
Poulpe	34	46	28	44	69	91	126	110
Autres mollusques (incl. oursins)	..	..	..	0	0	0	..	..
Autres animaux marins	..	..	..	..	..	..	..	..
Plantes aquatiques	..	..	..	..	..	..	..	..
Algue brune	..	..	..	..	..	..	..	..
Algue rouge	..	..	..	..	..	..	..	..
Autres algues	..	..	..	..	..	..	..	..
Poisson pour transformation	..	..	..	..	..	..	..	..
TOTAL GÉNÉRAL	**17 981**	**18 976**	**17 307**	**15 929**	**15 871**	**16 905**	**17 557**	**16 357**

Tableau 3. Débarquements nationaux dans les ports nationaux *(suite)*

	2006	2007	2008	2009	2010	2011	2012	2013
VALEUR (EUR)								
Total poissons	**76 580 030**	**73 183 502**	**61 849 268**	**54 343 046**	**58 777 560**	**64 891 765**	**58 047 191**	**51 014 872**
Saumon	..	..	..	..	..	..	..	..
Saumon rose	..	..	..	..	..	..	..	..
Saumon keta	..	..	..	..	..	..	..	..
Saumon rouge	..	..	..	..	..	..	..	..
Saumon argenté	..	..	..	..	..	..	..	..
Autres saumons	..	..	..	..	..	..	..	..
Poissons plats	64 439 935	61 501 306	50 451 118	46 275 516	49 967 016	54 904 273	46 105 498	40 749 946
Flétan	16 018	29 912	28 893	..	..	..	2 470	3 722
Flétan noir	..	..	..	..	..	..	..	..
Sole	41 644 060	38 594 523	32 020 319	32 181 871	36 052 186	34 972 743	28 321 999	23 607 450
Plie	8 056 887	8 706 398	7 681 728	5 039 522	4 874 340	6 624 359	6 203 593	5 625 277
Autres poissons plats	14 722 970	14 170 473	10 720 178	9 054 123	9 040 490	13 307 171	11 577 436	11 513 496
Poissons de fond	12 133 591	11 679 068	11 394 624	8 062 680	8 775 782	9 882 838	11 808 053	10 038 751
Morue (Atlantique et Pacifique)	3 632 951	3 187 226	2 798 745	2 187 006	1 914 756	2 116 004	2 492 704	1 808 619
Églefin	369 581	410 636	283 845	241 929	282 939	382 512	374 161	331 924
Lieu	11 881	17 533	8 724	26 029	17 876	3 308	4 310	4 244
Morue du Pacifique occidental	207 076	256 824	197 671	117 625	117 540	133 116	158 667	131 171
Merlan	319 153	296 669	249 204	195 036	224 852	229 728	275 038	284 745
Merlu (toutes espèces)	104 852	88 072	74 497	59 047	80 878	71 793	62 104	56 632
Sébaste	520	151	216	0	0	0	0	0
Autres poissons de fond	7 487 577	7 421 957	7 781 722	5 236 008	6 136 941	6 946 377	8 441 069	7 421 416
Pélagiques	6 504	3 128	3 526	4 850	34 762	104 654	133 640	226 175
Chinchard	227	831	229	720	5 359	7 390	8 974	14 857
Maquereau	3 923	825	2 610	3 913	11 399	25 406	6 504	20 066
Hareng (Atlantique et Pacifique)	1 951	747	217	217	794	1 816	1 565	5 947
Sardine	..	..	..	0	0	0	0	0
Autres pélagiques	403	725	470	0	17 210	70 042	116 597	185 305
Thons	..	..	..	..	..	..	..	..
Listao	..	..	..	..	..	..	..	..
Thon rouge (nord et sud)	..	..	..	..	..	..	..	..
Germon	..	..	..	..	..	..	..	..
Albacore	..	..	..	..	..	..	..	..
Thon obèse	..	..	..	..	..	..	..	..
Autres thons	..	..	..	..	..	..	..	..
Espadon	..	..	..	..	..	..	..	..
Autres poissons	..	..	..	..	..	..	..	..
Total crustacés	**2 338 106**	**1 619 308**	**1 638 373**	**1 700 485**	**1 978 136**	**1 629 292**	**2 468 786**	**3 596 545**
Homard et langouste	19 726	20 424	17 788	20 690	17 304	14 669	9 940	9 863
Langoustine	508 157	406 052	367 451	328 318	290 516	476 781	1 098 656	1 046 056
Crevette	1 644 075	973 999	1 067 472	1 226 914	1 535 635	977 487	1 197 621	2 387 386
Autres crustacés	166 148	218 833	185 662	124 563	134 681	160 355	162 569	153 240
Total coquillages et mollusques	**2 775 960**	**4 705 226**	**3 111 738**	**1 501 751**	**2 376 493**	**2 571 623**	**3 457 307**	**2 310 350**
Huître	..	..	..	..	..	..	..	..
Moule	..	..	..	..	..	..	..	..
Coquille St-Jacques	1 040 188	1 259 574	858 959	718 457	909 956	945 676	896 142	788 812
Bivalves	..	..	..	..	..	..	..	..
Autres coquillages (incl. buccins)	83 258	64 336	60 487	50 479	59 395	59 244	50 031	65 402
Calmar	213 881	601 942	490 341	172 349	290 752	309 381	595 546	654 233
Seiche	1 410 877	2 743 836	1 683 802	541 433	1 110 696	1 176 452	1 817 161	749 754
Poulpe	27 756	35 538	18 149	19 033	5 694	80 870	98 427	52 149
Autres mollusques (incl. oursins)	..	..	..	0	0	0	..	..
Autres animaux marins	..	..	..	..	..	..	..	..
Plantes aquatiques	..	..	..	..	..	..	..	..
Algue brune	..	..	..	..	..	..	..	..
Algue rouge	..	..	..	..	..	..	..	..
Autres algues	..	..	..	..	..	..	..	..
Poisson pour transformation	..	..	..	..	..	..	..	..
TOTAL GÉNÉRAL	**81 694 096**	**79 508 036**	**66 599 379**	**57 545 282**	**63 132 189**	**69 092 680**	**63 973 284**	**56 921 766**

.. Non disponible

Note : Métadonnées détaillées : http://metalinks.oecd.org/fish/20150108/6b40

Source : OCDE (2014), « Pêcheries : Débarquements nationaux dans les ports domestiques », Statistiques agricoles de l'OCDE (base de données). DOI: 10.1787/data-00222-fr

BELGIQUE

Tableau 4. Débarquements nationaux dans les ports étrangers

	2006	2007	2008	2009	2010	2011	2012	2013
VOLUME (TONNES)								
Total poissons	**1 790**	**2 274**	**1 780**	**1 811**	**2 272**	**2 211**	**3 187**	**5 288**
Saumon	..	..	..	..	..	..	..	..
Saumon rose	..	..	..	..	..	..	..	..
Saumon keta	..	..	..	..	..	..	..	..
Saumon rouge	..	..	..	..	..	..	..	..
Saumon argenté	..	..	..	..	..	..	..	..
Autres saumons	..	..	..	..	..	..	..	..
Poissons plats	1 487	1 966	1 515	1 536	1 870	1 786	2 532	4 217
Flétan	1	2	4	0	..	..	0	0
Flétan noir	..	..	..	..	..	..	..	..
Sole	284	339	324	310	284	259	206	268
Plie	798	997	687	877	1 176	1 203	1 757	3 140
Autres poissons plats	404	628	500	349	410	324	569	808
Poissons de fond	300	304	261	270	373	410	555	976
Morue (Atlantique et Pacifique)	115	141	86	97	112	97	193	507
Églefin	9	21	19	23	15	11	14	38
Lieu	2	1	1	1	1	1	1	1
Morue du Pacifique occidental	10	4	4	2	2	2	3	8
Merlan	9	11	31	41	46	31	30	39
Merlu (toutes espèces)	10	14	14	6	17	11	9	17
Sébaste	0	0	0	0	0	0	0	..
Autres poissons de fond	145	112	106	100	180	257	305	366
Pélagiques	3	4	4	5	29	15	100	95
Chinchard	2	3	2	3	8	9	29	33
Maquereau	0	0	1	1	19	6	40	50
Hareng (Atlantique et Pacifique)	0	0	0	0	1	0	2	12
Sardine	..	..	..	0	0	0	..	..
Autres pélagiques	1	1	1	1	1	0	29	1
Thons	..	..	..	..	..	..	..	..
Listao	..	..	..	..	..	..	..	..
Thon rouge (nord et sud)	..	..	..	..	..	..	..	..
Germon	..	..	..	..	..	..	..	..
Albacore	..	..	..	..	..	..	..	..
Thon obèse	..	..	..	..	..	..	..	..
Autres thons	..	..	..	..	..	..	..	..
Espadon	..	..	..	..	..	..	..	..
Autres poissons	..	..	..	..	..	..	..	..
Total crustacés	**431**	**468**	**701**	**1 018**	**1 076**	**549**	**745**	**864**
Homard et langouste	0	0	2	7	9	1	0	0
Langoustine	134	136	124	179	104	188	137	157
Crevette	286	309	553	824	952	353	598	689
Autres crustacés	11	23	22	8	11	7	10	18
Total coquillages et mollusques	**61**	**74**	**224**	**417**	**454**	**472**	**434**	**280**
Huître	..	..	..	..	..	..	..	..
Moule	..	..	..	..	..	..	..	..
Coquille St-Jacques	25	38	186	387	398	406	354	204
Bivalves	..	..	..	..	..	..	..	..
Autres coquillages (incl. buccins	7	5	3	17	5	8	3	4
Calmar	3	9	4	5	11	26	17	35
Seiche	25	20	29	7	38	30	57	36
Poulpe	1	2	2	1	2	2	3	1
Autres mollusques (incl. oursins)	..	..	..	..	..	..	..	..
Autres animaux marins	..	..	..	..	..	..	..	..
Plantes aquatiques	..	..	..	..	..	..	..	..
Algue brune	..	..	..	..	..	..	..	..
Algue rouge	..	..	..	..	..	..	..	..
Autres algues	..	..	..	..	..	..	..	..
Poisson pour transformation	..	..	..	..	..	..	..	..
TOTAL GÉNÉRAL	**2 282**	**2 817**	**2 705**	**3 246**	**3 802**	**3 232**	**4 366**	**6 433**

Tableau 4. Débarquements nationaux dans les ports étrangers *(suite)*

	2006	2007	2008	2009	2010	2011	2012	2013
VALEUR (EUR)								
Total poissons	**7 190 265**	**8 441 556**	**6 541 046**	**5 611 632**	**7 136 429**	**6 902 464**	**7 512 606**	**11 472 449**
Saumon	..	..	..	..	..	..	..	..
Saumon rose	..	..	..	..	..	..	..	..
Saumon keta	..	..	..	..	..	..	..	..
Saumon rouge	..	..	..	..	..	..	..	..
Saumon argenté	..	..	..	..	..	..	..	..
Autres saumons	..	..	..	..	..	..	..	..
Poissons plats	6 426 834	7 587 016	5 907 016	5 073 881	6 125 162	5 737 548	5 759 022	8 760 768
Flétan	5 442	12 514	28 496	..	..	..	0	3 709
Flétan noir	..	..	..	..	..	..	..	..
Sole	3 430 070	3 473 878	2 945 403	2 869 876	3 107 162	2 747 800	1 819 984	2 148 521
Plie	1 680 063	2 109 854	1 352 629	1 213 182	1 611 710	1 764 156	2 353 665	4 017 374
Autres poissons plats	1 311 259	1 990 770	1 580 488	990 823	1 406 290	1 225 592	1 585 373	2 591 164
Poissons de fond	761 814	850 593	629 426	532 042	983 333	1 143 882	1 682 534	2 610 150
Morue (Atlantique et Pacifique)	325 421	496 135	258 293	248 918	389 664	334 288	721 519	1 439 564
Églefin	14 427	29 820	53 865	24 461	19 855	16 122	27 355	60 149
Lieu	2 212	1 652	956	1 070	1 089	2 079	2 004	2 714
Morue du Pacifique occidental	27 678	12 917	9 440	3 260	6 652	6 206	10 090	20 918
Merlan	12 474	14 851	25 342	34 076	48 129	41 591	44 823	55 113
Merlu (toutes espèces)	23 389	21 191	17 369	6 557	21 733	17 224	15 343	35 523
Sébaste	105	291	16	0	0	0	0	..
Autres poissons de fond	356 108	273 736	264 145	213 700	496 211	726 372	861 400	996 169
Pélagiques	1 617	3 947	4 604	5 709	27 934	21 034	71 050	101 531
Chinchard	699	1 295	994	696	4 682	5 749	13 790	16 295
Maquereau	292	379	1 197	1 524	19 245	12 045	54 168	68 165
Hareng (Atlantique et Pacifique)	0	0	0	0	223	..	1 271	6 892
Sardine	..	..	..	0	0	..	..	..
Autres pélagiques	626	2 273	2 413	3 489	3 784	3 240	1 821	10 179
Thons	..	..	..	..	..	..	..	..
Listao	..	..	..	..	..	..	..	..
Thon rouge (nord et sud)	..	..	..	..	..	..	..	..
Germon	..	..	..	..	..	..	..	..
Albacore	..	..	..	..	..	..	..	..
Thon obèse	..	..	..	..	..	..	..	..
Autres thons	..	..	..	..	..	..	..	..
Espadon	..	..	..	..	..	..	..	..
Autres poissons	..	..	..	..	..	..	..	..
Total crustacés	**1 683 226**	**2 219 474**	**2 721 890**	**2 895 376**	**3 230 946**	**2 260 062**	**3 600 828**	**3 784 286**
Homard et langouste	2 413	2 616	8 621	37 511	57 482	3 678	2 720	3 084
Langoustine	756 573	879 056	543 652	612 439	516 517	1 279 299	748 429	876 473
Crevette	908 124	1 306 846	2 138 993	2 231 920	2 631 589	960 611	2 823 468	2 867 827
Autres crustacés	16 116	30 956	30 624	13 506	25 358	16 474	26 211	36 902
Total coquillages et mollusques	**120 974**	**159 237**	**417 169**	**659 747**	**909 887**	**1 182 138**	**1 088 609**	**892 065**
Huître	..	..	..	..	..	..	..	..
Moule	..	..	..	..	..	..	..	..
Coquille St-Jacques	61 372	86 390	344 899	624 889	755 237	913 735	862 879	556 842
Bivalves	..	..	..	..	..	..	..	..
Autres coquillages (incl. buccins)	4 841	2 395	2 170	9 570	2 035	3 665	2 268	2 299
Calmar	8 732	34 501	12 465	12 748	55 457	163 086	88 493	247 120
Seiche	45 264	34 910	56 453	12 074	96 596	100 456	133 274	85 024
Poulpe	765	1 041	1 182	466	562	1 196	1 695	779
Autres mollusques (incl. oursins)	..	..	..	..	..	..	..	..
Autres animaux marins	**..**	**..**	**..**	**..**	**..**	**..**	**..**	**..**
Plantes aquatiques	**..**	**..**	**..**	**..**	**..**	**..**	**..**	**..**
Algue brune	..	..	..	..	..	..	..	..
Algue rouge	..	..	..	..	..	..	..	..
Autres algues	..	..	..	..	..	..	..	..
Poisson pour transformation	..	..	..	..	..	..	..	..
TOTAL GÉNÉRAL	**8 994 465**	**10 820 267**	**9 680 105**	**9 166 755**	**11 277 262**	**10 344 664**	**12 202 043**	**16 148 800**

.. Non disponible

Note : Métadonnées détaillées : http://metalinks.oecd.org/fish/20150108/971e

Source : OCDE (2014), « Pêcheries : Débarquements nationaux dans les ports étrangers », Statistiques agricoles de l'OCDE (base de données). DOI: 10.1787/data-00223-fr

BELGIQUE

Tableau 5. Débarquements étrangers dans les ports nationaux

	2006	2007	2008	2009	2010	2011	2012	2013
VOLUME (TONNES)								
Total poissons	**401**	**115**	**37**	**62**	**122**	**69**	**88**	**101**
Saumon	..	..	..	..	..	..	..	..
Saumon rose	..	..	..	..	..	..	..	..
Saumon keta	..	..	..	..	..	..	..	..
Saumon rouge	..	..	..	..	..	..	..	..
Saumon argenté	..	..	..	..	..	..	..	..
Autres saumons	..	..	..	..	..	..	..	..
Poissons plats	169	72	23	32	51	9	18	37
Flétan	..	..	..	..	..	..	..	..
Flétan noir	..	..	..	..	..	..	..	..
Sole	82	51	14	9	19	4	9	34
Plie	34	10	5	13	11	1	5	1
Autres poissons plats	53	11	4	10	21	4	4	3
Poissons de fond	193	34	13	30	59	60	69	63
Morue (Atlantique et Pacifique)	14	5	2	10	14	8	5	5
Églefin	..	..	..	..	..	..	..	..
Lieu	..	..	..	..	..	..	..	..
Morue du Pacifique occidental	1	..	0	..	..	..	..	0
Merlan	37	7	1	8	16	..	..	0
Merlu (toutes espèces)	..	..	..	..	..	..	..	..
Sébaste	..	..	..	..	..	..	..	..
Autres poissons de fond	141	22	10	12	29	52	64	58
Pélagiques	39	9	1	..	12	..	1	1
Chinchard	27	9	0	..	7	..	..	1
Maquereau	9	0	1	..	5	..	1	0
Hareng (Atlantique et Pacifique)	0	..	0	..	..	..	..	..
Sardine	..	..	..	..	..	..	..	..
Autres pélagiques	3	..	..	..	..	..	..	..
Thons	..	..	..	..	..	..	..	..
Listao	..	..	..	..	..	..	..	..
Thon rouge (nord et sud)	..	..	..	..	..	..	..	..
Germon	..	..	..	..	..	..	..	..
Albacore	..	..	..	..	..	..	..	..
Thon obèse	..	..	..	..	..	..	..	..
Autres thons	..	..	..	..	..	..	..	..
Espadon	..	..	..	..	..	..	..	..
Autres poissons	..	..	..	..	..	..	..	..
Total crustacés	**15**	**6**	**..**	**21**	**18**	**..**	**..**	**3**
Homard et langouste	0	1	..	..	..	..	..	0
Langoustine	12	4	..	21	18	..	..	3
Crevette	1	..	..	..	..	..	..	..
Autres crustacés	2	1	..	..	..	..	..	0
Total coquillages et mollusques	**27**	**21**	**5**	**3**	**22**	**3**	**..**	**..**
Huître	..	..	..	..	..	..	..	..
Moule	..	..	..	..	..	..	..	..
Coquille St-Jacques	0	13	..	..	3	3	..	..
Bivalves	..	..	..	..	..	..	..	..
Autres coquillages (incl. buccins	1	..	..	..	1	..	..	..
Calmar	20	4	4	3	18	..	..	..
Seiche	6	4	1	..	..	..	..	0
Poulpe	..	..	..	..	..	..	..	..
Autres mollusques (incl. oursins)	..	..	..	..	..	..	..	..
Autres animaux marins	..	..	..	..	..	..	..	..
Plantes aquatiques	..	..	..	..	..	..	..	..
Algue brune	..	..	..	..	..	..	..	..
Algue rouge	..	..	..	..	..	..	..	..
Autres algues	..	..	..	..	..	..	..	..
Poisson pour transformation	..	..	..	..	..	..	..	..
TOTAL GÉNÉRAL	**444**	**142**	**42**	**86**	**162**	**72**	**88**	**104**

BELGIQUE

Tableau 5. Débarquements étrangers dans les ports nationaux *(suite)*

	2006	2007	2008	2009	2010	2011	2012	2013
VALEUR (EUR)								
Total poissons	**2 059 160**	**740 093**	**194 984**	**255 492**	**593 659**	**722 728**	**939 217**	**1 103 794**
Saumon	..	..	..	..	..	..	..	..
Saumon rose	..	..	..	..	..	..	..	..
Saumon keta	..	..	..	..	..	..	..	..
Saumon rouge	..	..	..	..	..	..	..	..
Saumon argenté	..	..	..	..	..	..	..	..
Autres saumons	..	..	..	..	..	..	..	..
Poissons plats	1 228 483	614 097	148 785	150 575	267 369	58 723	108 242	271 817
Flétan	897	15	..	..	..	..	..	..
Flétan noir	..	..	..	..	..	..	..	..
Sole	1 058 490	564 240	129 100	80 694	189 623	47 584	88 737	257 676
Plie	69 137	15 457	6 626	22 955	20 962	1 108	6 337	569
Autres poissons plats	99 959	34 385	13 059	46 926	56 784	10 031	13 168	13 572
Poissons de fond	797 716	123 502	45 001	103 959	313 738	663 634	828 502	831 480
Morue (Atlantique et Pacifique)	42 870	12 947	4 592	25 903	49 316	30 915	20 441	19 601
Églefin	3	6	..	..	..	..	..	..
Lieu	..	..	..	..	..	..	..	..
Morue du Pacifique occidental	2 834	227	532	..	724	225	951	304
Merlan	59 175	9 921	1 123	4 170	16 205	331	100	190
Merlu (toutes espèces)	228	..	..	..	31	..	..	..
Sébaste	..	..	..	..	..	..	..	..
Autres poissons de fond	692 606	100 401	38 754	73 886	247 462	632 163	807 010	811 386
Pélagiques	32 961	2 494	1 198	958	12 552	371	2 473	497
Chinchard	14 694	2 147	110	177	3 286	..	..	90
Maquereau	16 319	347	1 004	781	9 266	371	2 473	407
Hareng (Atlantique et Pacifique)	562	..	84	..	..	..	..	..
Sardine	..	..	..	..	..	..	..	..
Autres pélagiques	1 386	..	..	..	..	..	..	..
Thons	..	..	..	..	..	..	..	..
Listao	..	..	..	..	..	..	..	..
Thon rouge (nord et sud)	..	..	..	..	..	..	..	..
Germon	..	..	..	..	..	..	..	..
Albacore	..	..	..	..	..	..	..	..
Thon obèse	..	..	..	..	..	..	..	..
Autres thons	..	..	..	..	..	..	..	..
Espadon	..	..	..	..	..	..	..	..
Autres poissons	..	..	..	..	..	..	..	..
Total crustacés	**87 298**	**54 487**	**327**	**129 275**	**113 620**	**198**	..	**19 263**
Homard et langouste	4 495	22 414	71	91	53	56	..	43
Langoustine	77 598	28 614	..	127 287	113 053	..	..	19 218
Crevette	2 925	..	..	..	..	..	..	..
Autres crustacés	2 280	3 459	256	1 897	514	142	..	2
Total coquillages et mollusques	**116 396**	**56 365**	**16 356**	**14 510**	**92 421**	**5 404**	..	**14**
Huître	..	..	..	..	..	..	..	..
Moule	..	..	..	..	..	..	..	..
Coquille St-Jacques	770	28 176	..	174	4 855	5 386	..	..
Bivalves	..	..	..	..	..	..	..	..
Autres coquillages (incl. buccins	314	..	..	..	181	5	..	..
Calmar	102 858	19 954	15 006	14 236	87 240	..	..	..
Seiche	12 454	8 235	1 350	100	145	13	..	14
Poulpe	..	..	..	..	..	..	..	..
Autres mollusques (incl. oursins)	..	..	..	..	..	..	..	..
Autres animaux marins	..	..	..	..	..	..	..	..
Plantes aquatiques	..	..	..	..	..	..	..	..
Algue brune	..	..	..	..	..	..	..	..
Algue rouge	..	..	..	..	..	..	..	..
Autres algues	..	..	..	..	..	..	..	..
Poisson pour transformation	..	..	..	..	..	..	..	..
TOTAL GÉNÉRAL	**2 262 854**	**850 945**	**211 667**	**399 277**	**799 700**	**728 330**	**939 217**	**1 123 071**

.. Non disponible

Note : Métadonnées détaillées : http://metalinks.oecd.org/fish/20150108/c9da

Source : OCDE (2014), « Pêcheries : Débarquements étrangers dans les ports domestiques », Statistiques agricoles de l'OCDE (base de données). DOI: 10.1787/data-00224-fr

Tableau 6. Production de l'aquaculture

	2006	2007	2008	2009	2010	2011	2012	2013
VOLUME (TONNES)								
Poissons	**128**	**128**	**126**	**576**	..	**50**	**54**	..
Saumon de l'Atlantique	..	..	..	..	..	..	..	..
Saumon du Pacifique	..	..	..	..	..	..	..	..
Truite arc-en-ciel	..	68	46	..	..	..	..	..
dont : d'eau de mer	..	..	..	..	..	..	..	..
dont : d'eau douce	..	68	46	..	..	..	..	..
Truite de mer	..	..	..	..	..	..	..	..
Poisson plat	..	..	..	..	..	..	..	..
Dorade	..	..	..	..	..	..	..	..
Bar	..	..	..	..	..	..	..	..
Loup	..	..	..	..	..	..	..	..
Carpe	..	..	..	..	..	..	..	..
Tilapia	..	..	..	..	..	..	..	..
Anguille	..	..	..	..	..	..	..	..
Autres poissons	..	60	80	..	..	..	..	..
Coquillages et crustacés	..	..	..	..	..	..	..	..
Huître, comestible	..	..	..	..	..	..	..	..
Huître, perle	..	..	..	..	..	..	..	..
Moule	..	..	..	..	..	..	..	..
Coquille St.-Jacques	..	..	..	..	..	..	..	..
Bivalves	..	..	..	..	..	..	..	..
Crevette et bouquet	..	..	..	..	..	..	..	..
Autres coquillages et crustacés	..	..	..	..	..	..	..	..
Total poissons, coquillages et crustacés	..	**128**	**126**	..	..	..	..	..
Autres animaux marins	..	..	..	..	..	..	..	..
Plantes aquatiques	..	..	..	..	..	..	..	..
Algue brune	..	..	..	..	..	..	..	..
Algue rouge	..	..	..	..	..	..	..	..
Algue verte	..	..	..	..	..	..	..	..
Autres plantes aquatiques	..	..	..	..	..	..	..	..
TOTAL GÉNÉRAL	..	**128**	**126**	..	..	..	..	..
VALEUR (EUR)								
Poissons	..	**294 440**	**199 180**	..	..	**218 480**	**263 480**	..
Saumon de l'Atlantique	..	..	..	..	..	..	..	..
Saumon du Pacifique	..	..	..	..	..	..	..	..
Truite arc-en-ciel	..	294 440	199 180	..	..	..	..	..
dont : d'eau de mer	..	..	..	..	..	..	..	..
dont : d'eau douce	..	294 440	199 180	..	..	..	..	..
Truite de mer	..	..	..	..	..	..	..	..
Poisson plat	..	..	..	..	..	..	..	..
Dorade	..	..	..	..	..	..	..	..
Bar	..	..	..	..	..	..	..	..
Loup	..	..	..	..	..	..	..	..
Carpe	..	..	..	..	..	..	..	..
Tilapia	..	..	..	..	..	..	..	..
Anguille	..	..	..	..	..	..	..	..
Autres poissons	..	..	..	..	..	..	..	..
Coquillages et crustacés	..	..	..	..	..	..	..	..
Huître, comestible	..	..	..	..	..	..	..	..
Huître, perle	..	..	..	..	..	..	..	..
Moule	..	..	..	..	..	..	..	..
Coquille St.-Jacques	..	..	..	..	..	..	..	..
Bivalves	..	..	..	..	..	..	..	..
Crevette et bouquet	..	..	..	..	..	..	..	..
Autres coquillages et crustacés	..	..	..	..	..	..	..	..
Total poissons, coquillages et crustacés	..	**294 440**	**199 180**	..	..	..	..	..
Autres animaux marins	..	..	..	..	..	..	..	..
Plantes aquatiques	..	..	..	..	..	..	..	..
Algue brune	..	..	..	..	..	..	..	..
Algue rouge	..	..	..	..	..	..	..	..
Algue verte	..	..	..	..	..	..	..	..
Autres plantes aquatiques	..	..	..	..	..	..	..	..
TOTAL GÉNÉRAL	..	**294 440**	**199 180**	..	..	..	..	..

.. Non disponible

Note : Métadonnées détaillées : http://metalinks.oecd.org/fish/20150108/d816

Source : OCDE (2014), « Pêcheries : Production de l'aquaculture », Statistiques agricoles de l'OCDE (base de données). DOI: 10.1787/data-00225-fr

Tableau 7. Transferts financiers publics (TFP)

Milliers EUR

	2006	2007	2008	2009	2010	2011	2012	2013
Contribution nationale aux TFP								
Pêche maritime	**2 155**	**2 287**	**621**	**2 787**	**1 935**	**2 061**	**2 878**	**3 004**
Paiements directs	2 155	2 287	621	2 787	1 935	2 061	1 437	440
Désarmement des navires et retrait des licences	1 733	1 733	..	1 883	..	..	..	..
Indemnisation des catastrophes	..	..	..	..	..	..	..	..
Aides : équipement, modernisation, construction de navire	79	125	316	903	1 935	2 061	1 437	440
Aide au revenu et assurance chômage	..	..	..	..	..	..	..	..
Autres paiements directs	343	429	305	..	..	..	..	..
Transferts réduisant les coûts	..	..	..	..	..	..	158	..
Prêts subventionnés : équipement, modernisation, construction de navire	..	..	..	..	..	..	..	..
Bonification d'intérêts	..	..	..	..	..	..	158	..
Exonération de taxe sur carburant	..	..	..	..	..	..	..	..
Ristourne et subvention à l'assurance	..	..	..	..	..	..	..	..
Allègement d'impôt sur le revenu, contrib. sociales impayées	..	..	..	..	..	..	..	..
Autres transferts réduisant les coûts	..	..	..	..	..	..	..	..
Services généraux	..	..	..	..	..	..	1 283	2 565
Gestion des pêcheries	..	..	..	..	..	..	1 098	..
Recherche halieutique	..	..	..	..	..	..	95	230
Police des pêches	..	..	..	..	..	..	..	2 138
Infrastructure des pêcheries	..	..	..	..	..	..	90	197
Autres services généraux	..	..	..	..	..	..	..	..
Recouvrement des coûts	..	..	..	..	..	..	..	..
Aquaculture	**..**	**55**	**745**	**326**	**1 329**	**621**	**148**	**77**
Paiements directs	..	55	745	..	..	..	..	77
Aides : développement aquacole	..	55	745	..	..	..	..	77
Indemnisation des catastrophes	..	..	..	..	..	..	..	..
Autres paiements directs	..	..	..	..	..	..	..	..
Transferts réduisant les coûts	..	..	..	..	..	..	..	..
Prêts subventionnés : développement aquacole	..	..	..	..	..	..	..	..
Autres transferts réduisant les coûts	..	..	..	..	..	..	..	..
Services généraux	..	..	..	326	1 329	621	148	..
Gestion, recherche et police de l'aquaculture	..	..	..	290	1 177	435	148	..
Infrastructure aquacole	..	..	..	36	152	186	..	..
Autres services généraux	..	..	..	..	..	..	..	..
Recouvrement des coûts	..	..	..	..	..	..	..	..
Commercialisation et transformation	**160**	**648**	**487**	**..**	**..**	**256**	**..**	**..**
Paiements directs	160	648	487	..	..	256	..	..
Aides : commercialisation et transformation	160	234	326	..	..	256	..	..
Autres paiements directs	..	414	161	..	..	..	..	..
Transferts réduisant les coûts	..	..	..	..	..	..	..	..
Prêts subventionnés : commercialisation et transformation	..	..	..	..	..	..	..	..
Autres transferts réduisant les coûts	..	..	..	..	..	..	..	..
Services généraux	..	..	..	..	..	..	..	..
Aquaculture	..	..	..	..	..	..	..	..
Autres services généraux	..	..	..	..	..	..	..	..
Recouvrement des coûts	..	..	..	..	..	..	..	..
Total	**2 315**	**2 990**	**1 853**	**3 113**	**3 264**	**2 938**	**3 027**	**3 081**

Tableau 7. Transferts financiers publics (TFP) *(suite)*

Milliers EUR

	2006	2007	2008	2009	2010	2011	2012	2013
Contribution européenne aux TFP								
Pêche maritime	**3 527**	**115**	**246**	**6 987**	**6 028**	**..**	**1 928**	**1 272**
Paiements directs	3 527	115	246	6 987	6 028	..	368	411
Désarmement des navires et retrait des licences	3 467	..	..	5 731	..	..	..	..
Indemnisation des catastrophes	..	..	..	..	..	..	..	..
Aides : équipement, modernisation, construction de navire	60	115	246	1 256	6 028	0	368	411
Aide au revenu et assurance chômage	..	..	..	..	..	..	..	..
Autres paiements directs	..	..	..	..	..	..	..	..
Transferts réduisant les coûts	..	..	..	..	..	..	..	..
Prêts subventionnés : équipement, modernisation, construction de navire	..	..	..	..	..	..	..	..
Bonification d'intérêts	..	..	..	..	..	..	..	..
Exonération de taxe sur carburant	..	..	..	..	..	..	..	..
Ristourne et subvention à l'assurance	..	..	..	..	..	..	..	..
Allègement d'impôt sur le revenu, contrib. sociales impayées	..	..	..	..	..	..	..	..
Autres transferts réduisant les coûts	..	..	..	..	..	..	..	..
Services généraux	..	..	..	..	..	..	1 560	861
Gestion des pêcheries	..	..	..	..	..	..	1 414	..
Recherche halieutique	..	..	..	..	..	..	56	13
Police des pêches	..	..	..	..	..	..	..	711
Infrastructure des pêcheries	..	..	..	..	..	..	90	136
Autres services généraux	..	..	..	..	..	..	..	..
Recouvrement des coûts	..	..	..	..	..	..	..	..
Aquaculture	**..**	**..**	**718**	**326**	**1 329**	**621**	**148**	**..**
Paiements directs	..	..	718	..	..	..	..	..
Aides : développement aquacole	..	..	718	..	..	..	..	..
Indemnisation des catastrophes	..	..	..	..	..	..	..	..
Autres paiements directs	..	..	..	..	..	..	..	..
Transferts réduisant les coûts	..	..	..	..	..	..	..	..
Prêts subventionnés : développement aquacole	..	..	..	..	..	..	..	..
Autres transferts réduisant les coûts	..	..	..	..	..	..	..	..
Services généraux	..	..	..	326	1 329	621	148	..
Gestion, recherche et police de l'aquaculture	..	..	..	290	1 177	435	148	..
Infrastructure aquacole	..	..	..	36	152	186	..	..
Autres services généraux	..	..	..	..	..	..	..	..
Recouvrement des coûts	..	..	..	..	..	..	..	..
Commercialisation et transformation	**338**	**1 323**	**595**	**..**	**..**	**256**	**..**	**..**
Paiements directs	338	1 323	595	..	..	256	..	..
Aides : commercialisation et transformation	338	909	434	..	..	256	..	..
Autres paiements directs	..	414	161	..	..	..	..	..
Transferts réduisant les coûts	..	..	..	..	..	..	..	..
Prêts subventionnés : commercialisation et transformation	..	..	..	..	..	..	..	..
Autres transferts réduisant les coûts	..	..	..	..	..	..	..	..
Services généraux	..	..	..	..	..	..	..	..
Aquaculture	..	..	..	..	..	..	..	..
Autres services généraux	..	..	..	..	..	..	..	..
Recouvrement des coûts	..	..	..	..	..	..	..	..
Total	**3 865**	**1 438**	**1 559**	**7 313**	**7 357**	**877**	**2 077**	**1 272**

Tableau 7. Transferts financiers publics (TFP) *(suite)*

Milliers EUR

	2006	2007	2008	2009	2010	2011	2012	2013
Total des TFP								
Pêche maritime	**5 682**	**2 402**	**867**	**9 774**	**7 963**	**2 061**	**4 807**	**4 276**
Paiements directs	5 682	2 402	867	9 774	7 963	2 061	1 805	851
Désarmement des navires et retrait des licences	5 200	1 733	..	7 614	..	..	..	..
Indemnisation des catastrophes	..	..	..	..	..	..	..	..
Aides : équipement, modernisation, construction de navire	139	240	562	2 160	7 963	2 061	1 805	851
Aide au revenu et assurance chômage	..	..	..	..	..	..	..	..
Autres paiements directs	343	429	305	..	..	..	..	..
Transferts réduisant les coûts	..	..	..	..	..	..	158	..
Prêts subventionnés : équipement, modernisation, construction de navire	..	..	..	..	..	..	..	..
Bonification d'intérêts	..	..	..	..	..	..	158	..
Exonération de taxe sur carburant	..	..	..	..	..	..	..	..
Ristourne et subvention à l'assurance	..	..	..	..	..	..	..	..
Allègement d'impôt sur le revenu, contrib. sociales impayées	..	..	..	..	..	..	..	..
Autres transferts réduisant les coûts	..	..	..	..	..	..	..	..
Services généraux	..	..	..	..	..	..	2 844	3 425
Gestion des pêcheries	..	..	..	..	..	..	2 513	..
Recherche halieutique	..	..	..	..	..	..	151	243
Police des pêches	..	..	..	..	..	..	..	2 849
Infrastructure des pêcheries	..	..	..	..	..	..	180	334
Autres services généraux	..	..	..	..	..	..	..	..
Recouvrement des coûts	..	..	..	..	..	..	..	..
Aquaculture	**..**	**55**	**1 463**	**652**	**2 658**	**1 242**	**297**	**77**
Paiements directs	..	55	1 463	..	..	..	..	77
Aides : développement aquacole	..	55	1 463	..	..	..	..	77
Indemnisation des catastrophes	..	..	..	..	..	..	..	..
Autres paiements directs	..	..	..	..	..	..	..	..
Transferts réduisant les coûts	..	..	..	..	..	..	..	..
Prêts subventionnés : développement aquacole	..	..	..	..	..	..	..	..
Autres transferts réduisant les coûts	..	..	..	..	..	..	..	..
Services généraux	..	..	..	652	2 658	1 242	297	..
Gestion, recherche et police de l'aquaculture	..	..	..	579	2 354	870	297	..
Infrastructure aquacole	..	..	..	73	303	372	..	..
Autres services généraux	..	..	..	..	..	..	..	..
Recouvrement des coûts	..	..	..	..	..	..	..	..
Commercialisation et transformation	**498**	**1 971**	**1 082**	**..**	**..**	**512**	**..**	**..**
Paiements directs	498	1 971	1 082	..	..	512	..	..
Aides : commercialisation et transformation	498	1 143	760	..	..	512	..	..
Autres paiements directs	..	828	322	..	..	..	..	..
Transferts réduisant les coûts	..	..	..	..	..	..	..	..
Prêts subventionnés : commercialisation et transformation	..	..	..	..	..	..	..	..
Autres transferts réduisant les coûts	..	..	..	..	..	..	..	..
Services généraux	..	..	..	..	..	..	..	..
Aquaculture	..	..	..	..	..	..	..	..
Autres services généraux	..	..	..	..	..	..	..	..
Recouvrement des coûts	..	..	..	..	..	..	..	..
Total	**6 180**	**4 428**	**3 412**	**10 426**	**10 621**	**3 816**	**5 103**	**4 353**

.. Non disponible

Note : Métadonnées détaillées : http://metalinks.oecd.org/fish/20150108/8e9b

Source : OCDE (2014), « Pêcheries : Transferts financiers publics », Statistiques agricoles de l'OCDE (base de données). DOI: 10.1787/data-00220-fr

BELGIQUE

Tableau 8. Importations par produit

		2009		2010		2011		2012		2013	
		Tonnes	USD	Tonnes	USD	Tonnes	USD	Tonnes	USD	Tonnes	USD
03	**Poisson, crustacés et mollusques**	..	**1 458 468 908**	..	**1 517 042 156**	..	**1 810 931 429**	..	**1 612 375 305**	..	**1 786 480 853**
0302	**Poisson, frais ou réfrigéré, excl. 0304**	**21 728 134**	**155 120 703**	**21 596 802**	**160 520 288**	**21 082 890**	**167 109 590**	**22 935 352**	**157 149 114**	**22 893 646**	**180 020 093**
030211	Truite	334 270	2 071 797	347 886	2 240 491	273 794	1 978 952	235 067	1 539 716	244 976	1 871 464
030212	Saumon (Pacifique, Atlantique et Danube)	5 652 619	33 069 157	5 974 818	41 322 133	6 406 079	42 033 272	7 025 057	38 835 059	6 514 319	49 453 736
030219	Salmonidés nra	727 825	5 361 180	931 181	6 873 554	561 446	4 479 464	394 674	2 561 151	582 152	4 661 905
030221	Flétan	162 437	1 519 011	220 216	2 009 977	201 037	2 105 554	209 112	2 089 371	167 664	1 890 591
030222	Plie, carrelet	607 635	2 467 107	584 719	2 658 014	658 028	3 122 305	704 566	2 726 783	722 399	3 137 050
030223	Sole	1 664 680	25 709 423	1 476 383	24 517 517	1 372 132	25 232 389	1 618 572	24 012 427	1 779 977	23 873 183
030229	Poissons plats nra	769 807	6 703 347	779 044	6 627 280	840 017	7 887 366	1 268 206	8 633 844	1 139 524	9 731 971
030231	Thon blanc/germon	499 733	3 441 779	480 559	2 325 026	529 564	3 251 003	562 084	3 896 858	711 321	4 904 562
030232	Albacore (thon jaune)	219 943	3 743 367	133 316	2 012 760	157 715	2 493 550	160 651	2 883 816	142 251	2 574 702
030233	Listaos/bonite à ventre rayé	3 650	21 192	4 187	19 692	3 904	20 018	4 222	22 621	10 061	58 559
030239	Thonidés nra	149 379	1 958 072	137 797	2 007 314	110 542	1 453 791	256 763	3 157 224	475 803	5 064 486
030240	Hareng	93 711	254 286	73 760	243 249	56 653	259 281	124 413	397 382	131 775	513 607
030250	Morue	2 327 524	16 216 003	2 091 644	14 905 824	2 273 397	17 991 544	2 048 214	14 296 589	2 073 536	14 066 644
030261	Sardines	396 287	1 125 579	392 702	1 087 631	274 743	1 041 216	229 420	811 048	623 922	1 385 350
030262	Églefin	209 486	768 986	147 034	572 836	154 261	682 947	181 354	742 472	177 180	748 127
030263	Lieu noir	162 439	504 894	188 183	641 550	197 705	731 403	459 538	958 551	192 075	641 433
030264	Maquereau	109 204	382 852	121 293	437 248	103 756	466 684	142 001	581 696	217 395	772 598
030265	Aiguillat et autres squalidés	78 630	451 293	98 742	584 739	88 873	580 218	87 629	512 877	88 656	551 343
030266	Anguille	22 719	352 157	17 714	300 715	31 688	541 566	68 579	1 202 872	41 676	743 909
030269	Poisson nra	7 509 774	48 919 382	7 383 932	49 067 432	6 677 605	50 431 368	7 053 611	46 612 899	6 842 563	52 876 181
030270	Foies, oeufs et laitances	26 382	79 841	11 692	65 304	109 951	325 699	101 619	673 859	14 421	498 692
0303	**Poisson, congelé, excl. 0304**	**18 119 690**	**73 677 870**	**15 527 800**	**63 465 366**	**15 358 451**	**66 117 786**	**14 664 567**	**57 017 971**	**18 518 906**	**65 855 431**
030319	Saumon, Pacifique	747 521	2 358 929	..	..	..	..	..	..	..	..
030321	Truite	145 547	968 479	139 528	799 166	105 070	579 517	127 519	679 894	79 134	439 341
030322	Saumon (Atlantique et Danube)	1 785 057	10 801 859	..	..	..	..	..	..	..	..
030329	Salmonidés	25 082	181 751	56 563	305 895	13 200	69 365	61 742	326 765	47 288	340 710
030331	Flétan	581 232	5 218 059	498 729	5 036 408	468 097	5 154 554	461 129	5 077 785	429 842	5 176 317
030332	Plie, carrelet	9 631	81 625	26 671	185 808	46 348	283 447	49 331	233 539	30 430	152 115
030333	Sole	62 140	544 564	122 563	1 213 722	54 338	607 525	72 124	728 845	314 944	2 919 977
030339	Poisson plat nra	105 017	692 079	154 969	912 569	477 728	1 205 739	78 617	484 574	156 026	840 392
030341	Thon blanc/germon	284 273	291 433	12 546	98 019	30 113	131 193	49 741	252 905	5 608	44 790
030342	Albacore (thon jaune)	94 698	513 202	76 842	488 668	72 967	468 874	123 779	1 009 079	89 171	839 807
030343	Listao/bonite à ventre rayé	6 512	9 313	208	538	1 027	9 380	12 222	39 280	27 937	104 119
030349	Thonidés nra	70 637	399 111	40 340	374 332	64 370	354 979	36 520	434 207	70 163	537 660
030350	Hareng	694 349	991 461	711 513	1 163 614	500 609	903 439	512 549	1 003 927	220 542	385 091
030360	Morue	459 519	3 254 138	175 783	1 141 024	218 183	1 582 366	182 358	1 137 247	131 928	811 105
030371	Sardines, sardinelles	573 042	813 288	368 530	629 680	444 612	852 882	493 749	833 736	1 518 799	2 363 066
030372	Églefin	29 361	173 492	21 736	120 794	78 777	243 572	17 024	103 388	14 675	94 158
030373	Lieu noir	246 983	1 035 091	184 207	743 641	3 331	27 241	79 660	220 890	249 089	766 175
030374	Maquereau	244 147	579 781	400 696	868 961	856 251	2 271 601	1 652 039	3 618 750	1 799 592	4 040 955
030375	Aiguillat et autres squalidés	619 931	1 950 687	807 789	2 664 201	457 113	1 521 670	509 538	1 692 167	499 372	1 410 718
030376	Anguille	353 054	3 434 151	254 029	2 587 241	182 818	2 217 736	126 727	1 506 035	165 435	2 187 896
030377	Bar (loup)	30 506	233 506	24 287	191 913	29 599	274 564	18 132	126 106	36 943	272 905
030378	Merlu	73 442	195 908	8 012	33 775	30 305	124 480	36 902	160 035	164 604	496 793
030379	Poisson nra	10 654 507	38 100 179	9 884 248	35 366 664	9 588 289	37 221 772	8 773 448	29 327 670	11 171 455	30 528 364
030380	Foies, oeufs et laitances	6 286	70 829	43 511	701 084	11 434	236 807	27 972	823 715	59 886	2 067 518
0304	**Filets de poisson et autre chair de poisson**	**69 473 246**	**442 829 214**	**74 193 901**	**476 725 028**	**73 530 525**	**535 576 530**	**68 449 418**	**468 181 828**	**74 388 116**	**523 525 322**
030410	Filets et autre chair de poisson, frais ou réfrigéré	24 155 658	214 399 535	24 030 571	223 999 606	24 351 978	242 276 787	23 974 613	215 868 107	26 001 087	254 841 357
030420	Filets de poissons, congelé	42 750 489	214 096 652	46 649 876	235 285 822	47 391 188	283 904 847	42 874 367	245 966 755	45 672 463	254 671 465
030490	Chair de poisson nra, congelé	2 567 099	14 333 027	3 513 454	17 439 601	1 787 359	9 394 896	1 600 438	6 346 966	2 714 566	14 012 500
0305	**Poisson, séché, salé, fumé, ou en saumure**	**7 702 740**	**92 227 146**	**7 432 700**	**94 406 331**	**7 923 788**	**114 150 628**	**8 264 228**	**106 418 958**	**10 031 673**	**141 374 350**
030510	Farine de poisson, consommation humaine	54 440	708 391	54 459	604 626	41 768	458 486	24 314	155 881	39 425	434 529
030520	Foies, oeufs et laitances	3 794	73 025	2 276	29 950	3 441	41 870	67 690	367 803	69 869	357 777
030530	Filets de poisson (non fumé)	72 750	698 623	70 718	678 890	161 972	2 145 264	171 090	1 939 150	172 128	1 870 401
030541	Saumon (Pacifique, Atlantique et Danube), fumé	4 773 404	66 171 584	4 943 859	68 502 213	5 158 843	84 852 984	4 968 131	67 639 020	6 474 728	99 598 927
030542	Hareng, fumé	153 725	613 423	..	..	..	..	..	..	..	..
030549	Poisson nra, fumé	1 745 389	19 506 966	1 667 844	21 094 411	1 784 244	22 510 361	1 250 910	15 172 330	1 162 390	16 431 803
030551	Morue, séché, non fumé	103 251	801 961	80 332	565 742	81 617	794 417	130 822	677 746	202 463	710 749
030559	Poisson nra, séché, salé, non fumé	102 425	483 632	112 556	485 313	95 013	461 376	1 154 912	18 227 612	1 144 363	18 492 149
030561	Hareng, salé ou en saumure	566 278	2 307 771	301 545	1 406 444	367 935	1 652 769	257 893	1 036 679	222 347	1 033 637
030562	Morue, salé ou en saumure	81 039	507 772	89 804	538 350	84 357	496 932	81 990	530 169	102 490	761 966
030563	Anchois, salé ou en saumure	18 135	139 178	2 685	18 231	3 539	24 531	3 148	18 187	9 254	58 725
030569	Poisson nra, salé ou en saumure	26 740	212 298	6 201	33 967	41 259	255 235	29 836	223 788	269 697	1 061 224

Tableau 8. Importations par produit *(suite)*

		2009		2010		2011		2012		2013	
		Tonnes	USD	Tonnes	USD	Tonnes	USD	Tonnes	USD	Tonnes	USD
0306	**Crustacés**	**58 142 828**	**458 125 091**	**59 588 221**	**497 772 667**	**66 947 042**	**635 457 074**	**57 291 457**	**556 616 940**	**54 227 173**	**587 963 294**
030611	Langoustes et autres palinuridés, congelé	694 938	18 772 583	880 375	29 419 361	925 617	32 703 421	709 104	22 283 870	632 298	21 003 246
030612	Homard nra	787 403	8 454 933	909 470	11 513 509	944 522	15 927 813	633 434	9 948 111	818 869	12 159 966
030613	Crevettes, congelé	48 008 105	327 049 837	49 564 637	362 201 211	56 133 978	475 751 429	47 094 268	390 947 282	43 876 146	407 873 673
030614	Crabes, congelé	506 869	6 434 345	528 546	7 465 481	819 802	13 618 154	771 656	13 767 936	738 376	9 124 837
030619	Crustacés nra, congelé	1 206 215	7 524 903	782 055	5 804 339	749 100	6 814 963	506 000	5 749 492	974 690	11 027 252
030621	Langoustes et autres palinuridés (non congelé)	24 353	514 401	21 570	461 308	37 890	896 561	7 438	188 451	5 596	136 617
030622	Homard nra (non congelé)	2 280 290	35 850 202	2 242 200	37 016 918	2 241 928	39 172 802	2 302 069	38 377 943	2 350 681	42 011 168
030623	Crevettes (non congelé)	3 898 115	45 582 920	3 541 473	33 540 468	4 145 386	37 329 590	4 324 943	62 576 984	3 935 648	73 662 281
030624	Crabes (non congelé)	130 227	1 062 207	162 059	1 037 180	152 948	1 151 516	160 289	1 313 608	165 567	1 602 671
030629	Crustacés nra (non congelé)	606 313	6 878 760	955 836	9 312 890	795 871	12 090 825	782 256	11 463 262	729 302	9 361 583
0307	**Mollusques**	**41 404 328**	**205 078 315**	**42 376 058**	**200 049 015**	**42 325 344**	**264 888 938**	**41 809 728**	**236 374 938**	**42 751 412**	**253 070 843**
030710	Huîtres	2 321 557	13 930 690	2 212 961	12 212 308	2 259 428	16 002 065	2 225 245	13 739 643	2 744 721	17 066 950
030721	St-Jacques, vi, fr, ou ré	768 462	11 450 293	745 131	11 043 803	737 358	12 208 043	709 907	11 609 051	899 226	13 983 004
030729	St-Jacques, co, sc, sl, ou sm	3 000 798	36 923 942	4 022 405	51 425 301	4 457 499	78 667 507	3 465 401	52 943 944	4 251 245	59 685 808
030731	Moules, vi, fr, ou ré	26 672 591	110 312 139	26 365 123	90 538 420	24 954 739	112 143 667	25 013 844	108 448 221	25 033 692	119 004 074
030739	Moules, co, sc, sl, ou sm	1 024 755	4 314 222	932 980	2 888 095	1 017 544	4 291 875	1 243 705	6 310 636	1 192 797	6 441 170
030741	Seiches, encornets et calmars, vi, fr, ou ré	165 347	924 655	293 771	1 698 614	255 017	1 685 619	298 840	1 529 252	271 841	1 347 521
030749	Seiches, encornets et calmars, co, sc, sl, ou sm	4 019 068	11 617 728	4 274 363	13 749 381	5 009 942	19 596 399	5 125 212	20 281 628	4 904 142	17 534 926
030751	Poulpe, vi, fr, ou ré	52 044	270 450	47 782	264 724	58 237	336 208	77 065	413 119	94 060	495 331
030759	Poulpe, co, sc, sl, ou sm	630 938	2 361 436	727 710	2 703 409	977 476	5 540 601	1 004 336	5 599 111	620 338	3 158 827
030760	Escargots (autres que de mer)	114 176	1 239 205	125 912	1 223 673	121 823	1 342 427	212 342	1 719 706	130 322	1 331 084
030791	Mollusques nra, vi, fr, ou ré	785 434	5 107 009	730 547	4 806 316	592 095	4 120 816	489 272	3 295 113	436 316	3 071 422
030799	Mollusques nra, co, sc, sl, ou sm	1 849 158	6 626 545	1 897 373	7 494 971	1 884 186	8 953 712	1 944 559	10 485 515	2 172 712	9 950 725
121220	**Algues**	**532 532**	**3 459 053**	**373 831**	**2 897 000**	**417 624**	**2 810 627**	**493 347**	**3 303 773**	**347 567**	**3 038 041**
1504	**Graisses, huiles et leurs fractions**	**26 211 518**	**26 485 330**	**19 513 205**	**21 610 180**	**17 480 943**	**23 605 927**	**14 999 319**	**21 552 231**	**16 681 162**	**18 828 901**
150410	Huiles de foies de poisson, et fractions	188 961	692 510	2 107 701	928 870	4 112 333	789 854	2 624 046	690 833	8 351 547	969 566
150420	Graisses et huiles de poisson, et fractions	25 998 146	25 702 416	17 396 523	20 648 046	13 366 649	22 805 576	12 373 481	20 855 197	8 327 710	17 852 704
150430	Graisses et huiles de mammifère marin, et fractions	24 411	90 404	8 981	33 264	1 961	10 497	1 792	6 202	1 905	6 631
1604	**Préparations et conserves de poisson; caviars et succédanés**	**44 224 277**	**245 037 657**	**44 425 320**	**231 601 959**	**44 372 886**	**246 598 787**	**44 335 565**	**251 286 143**	**48 974 093**	**303 619 232**
160411	Saumon, non haché	2 047 189	20 361 346	2 654 203	25 738 347	1 604 953	18 948 300	1 685 177	17 366 312	1 831 763	21 538 101
160412	Hareng, non haché	1 990 916	6 952 215	2 176 384	7 003 383	2 058 017	7 786 571	1 901 256	8 296 761	1 981 537	9 090 718
160413	Sardines, sardinelles, sprats, esprots, non haché	1 721 752	9 732 206	1 628 118	8 573 562	1 700 399	10 293 848	1 689 234	9 812 503	2 126 412	13 016 551
160414	Thons, listaos, sardes, non haché	14 971 223	71 945 331	14 558 113	62 541 155	17 449 458	84 408 780	17 003 245	92 082 551	18 417 955	115 506 422
160415	Maquereau, non haché	2 443 148	16 103 884	2 631 237	16 270 830	2 814 299	19 325 102	2 663 064	19 772 451	3 258 467	23 245 913
160416	Anchois, non haché	551 625	4 424 073	603 090	4 485 122	717 766	5 557 580	772 092	6 235 266	1 013 927	8 157 633
160419	Poisson nra, non haché	9 258 706	48 184 000	8 688 023	41 480 514	8 510 626	41 720 347	8 160 955	35 534 448	8 694 558	40 671 748
160420	Poisson, haché	11 016 075	60 387 370	11 299 180	57 961 090	9 369 221	52 734 265	10 332 409	55 920 141	11 520 184	66 638 501
160430	Caviar et succédanés	223 643	6 947 231	186 972	7 547 957	148 147	5 823 994	128 133	6 265 711	129 290	5 753 644
1605	**Préparations et conserves de crustacés**	**20 904 017**	**220 408 051**	**20 596 228**	**211 984 237**	**20 814 538**	**226 993 590**	**14 745 359**	**159 788 504**	**16 242 808**	**183 868 884**
160510	Crabes	1 621 813	21 676 460	1 315 572	14 663 729	1 236 633	18 323 016	820 170	13 747 093	1 188 938	20 034 145
160520	Crevettes	13 585 872	163 167 226	13 300 531	161 832 986	13 716 631	169 280 567	9 241 214	119 623 572	9 947 926	136 822 459
160530	Homard	316 387	4 355 968	328 314	4 117 935	169 053	2 505 046	86 005	1 545 648	99 069	1 586 660
160540	Crustacés nra	706 144	7 468 842	743 157	7 702 724	876 932	11 255 222	1 053 526	8 674 094	561 214	3 819 113
230120	**Farine de poisson**	**9 796 981**	**10 649 710**	**7 706 751**	**12 049 745**	**4 295 760**	**5 900 856**	**4 992 762**	**7 242 797**	**2 597 703**	**5 234 256**
	TOTAL	**318 214 459**	**1 914 232 305**	**311 427 720**	**1 968 522 522**	**314 119 383**	**2 287 670 937**	**292 981 102**	**2 055 548 753**	**..**	**2 301 070 167**

.. Non disponible

Note : nra : non répertorié ailleurs. vi : vivant. fr : frais. ré : réfrigéré. co : congelé. sc : séché. sl : salé. sm : en saumure.

Métadonnées détaillées : http://metalinks.oecd.org/fish/20150108/b9f0

Source : OCDE (2014), « Pêcheries : Commerce par produit », Statistiques agricoles de l'OCDE (base de données). DOI: 10.1787/data-00677-fr

BELGIQUE

Tableau 9. Exportations par produit

		2009		2010		2011		2012		2013	
		Tonnes	USD	Tonnes	USD	Tonnes	USD	Tonnes	USD	Tonnes	USD
03	**Poisson, crustacés et mollusques**	..	**821 789 552**	..	**885 299 381**	..	**1 033 289 488**	..	**814 217 213**	..	**880 324 335**
0302	**Poisson, frais ou réfrigéré, excl. 0304**	**14 618 106**	**78 711 328**	**14 058 110**	**79 300 357**	**14 283 430**	**86 886 296**	**14 405 094**	**75 017 373**	**14 854 768**	**76 419 625**
030211	Truite	432 322	2 779 253	490 177	3 283 896	470 114	3 206 299	403 977	2 515 606	569 031	3 611 009
030212	Saumon (Pacifique, Atlantique et Danube)	368 164	2 096 756	131 293	1 417 564	101 535	1 275 587	175 137	1 038 444	127 967	1 162 670
030219	Salmonidés nra	51 277	470 840	60 245	523 657	85 902	770 746	48 724	384 795	46 376	490 130
030221	Flétan	6 232	78 002	5 790	72 637	10 099	152 238	46 141	608 885	43 485	729 675
030222	Plie, carrelet	4 262 243	7 524 650	4 153 393	7 305 182	4 609 242	9 653 828	4 395 836	8 421 189	4 195 348	6 343 839
030223	Sole	2 821 239	36 670 867	2 527 021	35 223 589	2 160 309	32 992 843	1 808 895	24 831 496	1 570 025	21 348 880
030229	Poissons plats nra	1 935 643	7 362 484	1 847 259	7 820 721	2 114 025	10 938 539	2 556 805	9 248 526	2 501 698	9 009 975
030231	Thon blanc/germon	14 599	92 401	16 131	104 761	20 589	111 808	19 869	106 968	18 115	89 959
030232	Albacore (thon jaune)	36 311	583 662	34 480	187 512	13 994	171 213	3 809	48 402	9 812	81 912
030233	Listaos/bonite à ventre rayé	76	811	12	118	..	..	3	26	372	3 003
030239	Thonidés nra	1 350	28 725	594	14 128	1 742	30 667	1 738	23 593	41 799	433 071
030240	Hareng	404	2 693	1 224	4 827	2 933	13 873	5 017	9 957	13 824	11 568
030250	Morue	564 434	2 115 500	437 415	1 795 772	560 593	2 934 840	655 640	2 966 715	563 984	2 593 689
030261	Sardines	10 324	44 075	22 254	64 546	9 604	57 167	4 652	27 244	343 387	506 146
030262	Églefin	61 042	136 935	40 880	131 946	48 559	189 298	60 508	148 536	36 362	77 092
030263	Lieu noir	25 080	80 240	12 564	44 366	4 171	28 996	4 137	24 089	969	3 746
030264	Maquereau	9 461	46 436	31 599	66 456	17 899	45 359	26 084	80 239	97 026	237 088
030265	Aiguillat et autres squalidés	182 420	75 895	157 560	67 210	213 647	93 902	183 895	62 359	157 653	87 946
030266	Anguille	13 309	20 349	11 970	15 061	17 812	52 129	18 897	36 287	21 392	45 122
030269	Poisson nra	3 819 334	18 478 777	4 075 328	21 134 340	3 819 946	24 144 746	3 984 436	24 408 720	4 488 089	29 138 721
030270	Foies, oeufs et laitances	2 842	21 978	921	22 066	715	22 219	894	25 298	8 054	414 384
0303	**Poisson, congelé, excl. 0304**	**11 618 302**	**45 349 955**	**11 216 711**	**45 301 027**	**9 271 279**	**43 444 669**	**8 890 641**	**38 132 100**	**12 020 191**	**39 320 473**
030319	Saumon, Pacifique	790 181	2 259 131	..	..	..	..	..	..	..	..
030321	Truite	4 707	27 994	5 379	36 572	3 940	31 057	6 950	48 532	3 102	26 386
030322	Saumon (Atlantique et Danube)	144 719	1 259 158	..	..	..	..	..	..	..	..
030329	Salmonidés	236 677	464 544	139 867	344 711	103	1 146	17 326	104 681	112 903	690 210
030331	Flétan	51 690	343 713	24 424	257 602	25 565	415 203	8 160	112 356	36 077	254 102
030332	Plie, carrelet	832	10 366	2 899	25 704	1 343	16 544	146	1 938	342	1 932
030333	Sole	439 242	3 739 345	448 961	4 516 425	348 630	3 710 770	272 107	2 540 101	422 952	3 375 300
030339	Poisson plat nra	49 242	275 810	21 171	106 630	62 815	316 480	13 731	93 275	157 569	656 788
030341	Thon blanc/germon	1 942	9 304	47	313	12 261	45 877	23 167	90 810	83	650
030342	Albacore (thon jaune)	54 872	253 430	48 417	472 333	41 743	469 551	13 764	210 746	17 224	224 960
030343	Listao/bonite à ventre rayé	6 686	9 938	..	..	..	..	9 222	8 133	24 079	46 229
030349	Thonidés nra	124 157	94 540	8 121	36 932	43 209	101 097	4 128	64 057	44 143	130 537
030350	Hareng	8 517	11 789	1 369	9 632	1 406	12 439	1 758	17 202	4 764	9 336
030360	Morue	76 715	538 706	20 772	138 016	83 374	623 236	60 424	410 483	52 944	383 212
030371	Sardines, sardinelles	35 037	100 981	15 669	84 679	31 519	120 406	33 576	119 542	768 524	1 115 507
030372	Églefin	..	..	138	898	52 259	84 502	450	2 702	7 507	80 595
030373	Lieu noir	2 133	8 292	2 906	11 577	266	1 973	9	81	114	860
030374	Maquereau	82 864	243 771	48 240	169 640	109 164	205 387	565 284	1 083 251	332 611	804 141
030375	Aiguillat et autres squalidés	521 682	1 609 330	676 282	2 166 436	385 068	1 352 066	423 427	1 323 862	393 214	1 131 906
030376	Anguille	143 475	1 093 929	89 103	639 558	75 602	583 850	61 129	518 259	102 729	1 178 580
030377	Bar (loup)	23 305	210 013	335 339	1 134 704	11 356	126 293	20 357	148 593	26 113	235 795
030378	Merlu	53 644	91 979	254	1 756	10 075	50 644	13 204	63 468	67 424	376 850
030379	Poisson nra	8 772 520	32 607 098	8 348 656	30 522 566	6 799 043	28 252 424	6 924 783	27 713 092	9 003 629	23 773 383
030380	Foies, oeufs et laitances	3 592	111 069	24 977	580 629	7 945	206 059	36 126	871 587	65 986	1 933 971
0304	**Filets de poisson et autre chair de poisson**	**38 290 801**	**279 361 321**	**38 956 792**	**280 660 940**	**34 861 321**	**287 697 281**	**30 072 033**	**234 311 900**	**32 305 783**	**249 903 977**
030410	Filets et autre chair de poisson, frais ou réfrigéré	14 128 508	144 723 047	12 500 943	131 419 661	11 516 174	129 025 085	11 144 682	109 233 502	12 180 896	118 011 149
030420	Filets de poissons, congelé	22 544 735	125 290 897	23 841 921	135 266 498	22 353 368	152 498 092	18 492 531	122 567 526	19 231 887	127 500 408
030490	Chair de poisson nra, congelé	1 617 558	9 347 377	2 613 928	13 974 781	991 779	6 174 104	434 820	2 510 872	893 000	4 392 419
0305	**Poisson, séché, salé, fumé, ou en saumure**	**1 249 523**	**20 672 258**	**1 329 195**	**22 690 922**	**1 400 123**	**25 496 419**	**1 512 398**	**24 819 476**	**2 334 577**	**34 182 287**
030510	Farine de poisson, consommation humaine	8 562	109 121	48 350	318 733	19 885	238 240	7 136	139 932	9 072	237 219
030520	Foies, oeufs et laitances	1 802	6 541	6 570	23 520	..	..	199	7 094	1 034	13 383
030530	Filets de poisson (non fumé)	16 647	338 543	52 528	1 172 629	21 240	512 764	109 470	959 402	252 281	971 383
030541	Saumon (Pacifique, Atlantique et Danube), fumé	803 622	16 964 824	790 429	17 709 198	944 187	20 831 869	1 050 183	19 937 762	1 385 042	27 350 835
030542	Hareng, fumé	61 697	175 089	..	..	..	..	..	..	..	..
030549	Poisson nra, fumé	196 217	2 053 456	239 747	2 531 298	250 602	2 959 865	152 568	1 802 886	201 730	2 317 550
030551	Morue, séché, non fumé	41 417	328 154	33 113	234 645	29 861	268 847	29 463	241 313	29 093	178 845
030559	Poisson nra, séché, salé, non fumé	87 361	435 840	98 890	454 764	81 898	459 765	121 260	1 535 821	137 306	1 889 738
030561	Hareng, salé ou en saumure	12 999	40 670	8 363	22 879	1 995	10 796	2 420	24 535	2 201	13 085
030562	Morue, salé ou en saumure	8 733	87 852	2 076	12 383	3 756	24 410	288	1 261	6 746	46 442
030563	Anchois, salé ou en saumure	10 199	127 345	2 935	35 103	222	3 184	210	3 471	6 864	48 593
030569	Poisson nra, salé ou en saumure	1 111	7 448	19 344	115 820	18 610	110 713	16 905	113 244	275 139	1 053 305

Tableau 9. Exportations par produit *(suite)*

		2009		2010		2011		2012		2013	
		Tonnes	USD	Tonnes	USD	Tonnes	USD	Tonnes	USD	Tonnes	USD
0306	**Crustacés**	**43 577 286**	**333 263 797**	**44 497 952**	**370 838 331**	**49 574 809**	**470 296 121**	**39 994 119**	**359 176 647**	**40 165 261**	**391 207 674**
030611	Langoustes et autres palinuridés, congelé	697 453	18 969 434	853 246	29 958 696	938 043	34 573 250	661 908	21 747 974	638 640	21 036 476
030612	Homard nra	627 049	6 442 276	634 073	7 982 443	707 240	11 807 965	419 890	6 145 141	744 350	10 112 527
030613	Crevettes, congelé	38 658 489	274 784 108	39 195 595	295 183 685	43 243 476	373 398 699	34 267 932	279 692 635	34 691 732	311 780 081
030614	Crabes, congelé	504 147	7 075 472	499 091	7 733 962	539 233	8 059 178	452 598	5 944 288	407 936	4 045 554
030619	Crustacés nra, congelé	340 793	920 424	307 957	1 360 250	718 781	5 312 350	326 394	3 112 127	329 788	2 659 913
030621	Langoustes et autres palinuridés (non congelé)	1 829	34 812	2 190	49 346	5 430	212 268	3 130	85 402	643	19 972
030622	Homard nra (non congelé)	1 205 355	15 806 272	1 118 449	18 707 423	1 115 199	20 044 168	1 343 892	23 303 584	1 249 809	23 155 807
030623	Crevettes (non congelé)	1 323 945	7 926 230	1 506 626	8 648 596	1 790 670	10 300 612	2 130 178	15 262 248	1 679 889	13 660 531
030624	Crabes (non congelé)	21 098	172 134	21 026	81 355	29 774	165 274	18 636	210 087	3 795	42 393
030629	Crustacés nra (non congelé)	197 128	1 132 635	359 699	1 132 576	486 963	6 422 358	369 561	3 673 162	418 679	4 694 420
0307	**Mollusques**	**11 051 963**	**59 977 384**	**12 923 626**	**82 133 875**	**13 674 567**	**114 851 184**	**11 198 779**	**78 092 923**	**11 573 406**	**84 177 190**
030710	Huîtres	57 008	372 727	27 190	190 287	38 150	280 732	76 431	594 456	40 485	357 765
030721	St-Jacques, vi, fr, ou ré	692 321	2 871 348	753 695	2 659 092	852 162	3 649 306	519 337	3 026 740	624 929	5 450 409
030729	St-Jacques, co, sc, sl, ou sm	2 281 483	28 842 626	3 897 389	49 249 902	4 334 697	72 798 523	2 501 707	38 511 860	3 404 209	48 883 102
030731	Moules, vi, fr, ou ré	275 448	998 868	285 585	896 174	268 027	1 105 019	231 087	819 767	279 632	994 901
030739	Moules, co, sc, sl, ou sm	574 157	2 372 847	614 758	1 954 157	839 870	3 246 403	204 333	1 108 433	254 558	1 474 989
030741	Seiches, encornets et calmars, vi, fr, ou ré	379 276	1 134 220	489 867	2 111 398	451 308	2 445 906	421 334	1 757 299	383 709	1 641 263
030749	Seiches, encornets et calmars, co, sc, sl, ou sm	4 817 211	16 305 938	4 838 569	17 241 938	4 564 361	19 304 849	4 995 113	21 172 618	4 451 608	17 479 199
030751	Poulpe, vi, fr, ou ré	29 664	43 677	48 800	32 343	55 922	79 552	104 190	120 014	63 785	45 511
030759	Poulpe, co, sc, sl, ou sm	548 742	1 986 962	648 915	2 314 954	941 190	5 229 571	919 800	5 187 050	518 475	2 554 901
030760	Escargots (autres que de mer)	14 627	55 421	18 394	47 296	14 341	91 680	19 500	87 393	29 579	97 862
030791	Mollusques nra, vi, fr, ou ré	55 375	537 044	58 255	471 416	66 920	656 067	72 356	508 629	31 919	272 190
030799	Mollusques nra, co, sc, sl, ou sm	1 326 651	4 455 706	1 242 209	4 964 917	1 247 619	5 963 575	1 133 591	5 198 664	1 490 518	4 925 098
121220	**Algues**	**267 645**	**1 504 105**	**308 572**	**1 890 484**	**338 081**	**1 478 804**	**288 366**	**1 685 974**	**533 956**	**1 408 851**
1504	**Graisses, huiles et leurs fractions**	**28 364 655**	**25 732 506**	**14 133 600**	**17 459 933**	**11 788 341**	**21 055 004**	**11 055 841**	**19 457 303**	**6 568 543**	**14 808 563**
150410	Huiles de foies de poisson, et fractions	108 486	263 786	47 127	187 983	22 674	117 939	23 871	106 287	45 677	222 920
150420	Graisses et huiles de poisson, et fractions	28 253 451	25 442 213	14 080 027	17 249 785	11 765 667	20 937 066	11 031 970	19 351 016	6 522 866	14 585 643
150430	Graisses et huiles de mammifère marin, et fractions	2 718	26 507	6 446	22 165	..	..	..	..	..	..
1604	**Préparations et conserves de poisson; caviars et succédanés**	**13 265 183**	**94 848 759**	**14 994 933**	**99 135 120**	**13 934 999**	**102 478 425**	**15 478 407**	**107 805 768**	**17 307 692**	**129 737 373**
160411	Saumon, non haché	1 145 261	15 544 877	1 447 620	16 073 865	1 202 930	15 485 728	1 338 018	13 822 460	1 310 627	16 225 340
160412	Hareng, non haché	248 439	1 310 704	297 918	1 392 790	311 150	1 588 033	274 456	1 336 058	267 403	1 527 389
160413	Sardines, sardinelles, sprats, esprots, non haché	129 579	1 028 152	147 689	1 058 786	205 490	1 312 580	165 865	1 241 127	406 464	3 059 401
160414	Thons, listaos, sardes, non haché	2 355 731	13 315 138	3 068 905	14 880 424	3 661 269	19 998 404	4 724 834	28 700 792	4 746 579	31 862 536
160415	Maquereau, non haché	91 335	667 118	106 896	688 971	131 362	920 001	117 701	871 392	142 788	1 056 381
160416	Anchois, non haché	220 620	2 304 749	243 555	2 458 755	291 460	3 117 772	298 340	2 821 065	301 337	3 099 020
160419	Poisson nra, non haché	3 435 910	22 752 870	3 286 026	21 213 483	2 491 998	17 403 989	2 118 462	14 237 918	2 823 554	20 518 507
160420	Poisson, haché	5 498 902	32 224 102	6 319 762	36 418 429	5 557 216	36 706 857	6 358 814	40 752 531	7 193 118	47 260 824
160430	Caviar et succédanés	139 406	5 701 050	76 562	4 949 616	82 124	5 945 062	81 917	4 022 424	115 821	5 127 975
1605	**Préparations et conserves de crustacés**	**15 477 465**	**126 928 751**	**14 298 382**	**114 942 520**	**14 490 618**	**126 179 884**	**12 979 896**	**111 286 361**	**15 567 648**	**143 357 277**
160510	Crabes	1 729 543	26 535 806	1 393 930	22 247 622	1 052 701	21 713 080	902 754	18 530 536	1 288 833	23 754 566
160520	Crevettes	11 192 711	86 511 637	10 088 621	76 601 456	10 256 201	82 766 990	8 979 490	75 593 910	10 808 877	100 209 573
160530	Homard	50 541	792 585	83 795	1 263 256	79 479	1 149 954	47 539	1 013 911	62 271	992 799
160540	Crustacés nra	456 708	3 935 600	550 217	5 015 090	677 959	8 064 583	403 465	4 648 155	319 587	3 032 477
230120	**Farine de poisson**	**5 241 337**	**5 491 615**	**3 460 437**	**6 038 762**	**1 738 436**	**3 080 291**	**2 603 374**	**3 982 221**	**388 733**	**699 903**
	TOTAL	**182 174 059**	**1 063 792 821**	**167 850 379**	**1 109 358 950**	**163 794 677**	**1 277 138 180**	**148 478 948**	**1 058 434 840**	**..**	**1 170 336 302**

.. Non disponible

Note : nra : non répertorié ailleurs. vi : vivant. fr : frais. ré : réfrigéré. co : congelé. sc : séché. sl : salé. sm : en saumure.

Métadonnées détaillées : http://metalinks.oecd.org/fish/20150108/b9f0

Source : OCDE (2014), « Pêcheries : Commerce par produit », Statistiques agricoles de l'OCDE (base de données). DOI: 10.1787/data-00677-fr

CANADA

Tableau 1. Flotte de pêche

	2006	2007	2008	2009	2010	2011	2012	2013
NOMBRE DE NAVIRES								
Total des navires	**21 530**	**21 140**	**20 484**	**20 197**	**19 984**	**19 520**	**18 740**	..
Navires à moteur	..	..	..	..	..	..	..	..
0-5,9 mètres	..	..	..	..	..	..	..	..
6-11,9 mètres	..	..	..	..	..	..	..	..
12-17,9 mètres	..	..	..	..	..	..	..	..
18-23,9 mètres	..	..	..	..	..	..	..	..
24-29,9 mètres	..	..	..	..	..	..	..	..
30-35,9 mètres	..	..	..	..	..	..	..	..
36-44,9 mètres	..	..	..	..	..	..	..	..
45-59,9 mètres	..	..	..	..	..	..	..	..
60-74,9 mètres	..	..	..	..	..	..	..	..
75 mètres et plus	..	..	..	..	..	..	..	..
Longueur inconnue	..	..	..	..	..	..	..	..
Navires sans moteur	..	..	..	..	..	..	..	..
TONNAGE BRUT								
Total des navires	**..**	**..**	**..**	**..**	**..**	**..**	**..**	**..**
Navires à moteur	..	..	..	..	..	..	..	..
0-5,9 mètres	..	..	..	..	..	..	..	..
6-11,9 mètres	..	..	..	..	..	..	..	..
12-17,9 mètres	..	..	..	..	..	..	..	..
18-23,9 mètres	..	..	..	..	..	..	..	..
24-29,9 mètres	..	..	..	..	..	..	..	..
30-35,9 mètres	..	..	..	..	..	..	..	..
36-44,9 mètres	..	..	..	..	..	..	..	..
45-59,9 mètres	..	..	..	..	..	..	..	..
60-74,9 mètres	..	..	..	..	..	..	..	..
75 mètres et plus	..	..	..	..	..	..	..	..
Longueur inconnue	..	..	..	..	..	..	..	..
Navires sans moteur	..	..	..	..	..	..	..	..

.. Non disponible

Note : Métadonnées détaillées : http://metalinks.oecd.org/fish/20150108/19a6

Source : OCDE (2014), « Pêcheries : Flotte de pêche », Statistiques agricoles de l'OCDE (base de données). DOI: 10.1787/data-00218-fr

CANADA

Tableau 2. Emploi dans les pêcheries

Personnes employées

	2006	2007	2008	2009	2010	2011	2012	2013
Plein-temps	..	..	..	..	..	..	..	..
Secteur de capture	..	..	..	..	..	..	..	..
Pêche en eaux intérieures	..	..	..	..	..	..	..	..
Homme	..	..	..	..	..	..	..	..
Femme	..	..	..	..	..	..	..	..
Eaux maritimes (pêche côtière)	..	..	..	..	..	..	..	..
Homme	..	..	..	..	..	..	..	..
Femme	..	..	..	..	..	..	..	..
Eaux maritimes (pêche en haute mer)	..	..	..	..	..	..	..	..
Homme	..	..	..	..	..	..	..	..
Femme	..	..	..	..	..	..	..	..
Aquaculture	..	..	..	..	..	..	..	..
Homme	..	..	..	..	..	..	..	..
Femme	..	..	..	..	..	..	..	..
Transformation	..	..	..	..	..	..	..	..
Homme	..	..	..	..	..	..	..	..
Femme	..	..	..	..	..	..	..	..
Temps partiel	..	..	..	..	..	..	..	..
Secteur de capture	..	..	..	..	..	..	..	..
Pêche en eaux intérieures	..	..	..	..	..	..	..	..
Homme	..	..	..	..	..	..	..	..
Femme	..	..	..	..	..	..	..	..
Eaux maritimes (pêche côtière)	..	..	..	..	..	..	..	..
Homme	..	..	..	..	..	..	..	..
Femme	..	..	..	..	..	..	..	..
Eaux maritimes (pêche en haute mer)	..	..	..	..	..	..	..	..
Homme	..	..	..	..	..	..	..	..
Femme	..	..	..	..	..	..	..	..
Aquaculture	..	..	..	..	..	..	..	..
Homme	..	..	..	..	..	..	..	..
Femme	..	..	..	..	..	..	..	..
Transformation	..	..	..	..	..	..	..	..
Homme	..	..	..	..	..	..	..	..
Femme	..	..	..	..	..	..	..	..
Total	**85 218**	**87 621**	**83 399**	**81 903**	**82 500**	**84 804**	**79 519**	..
Secteur de capture	51 677	53 846	52 317	51 014	49 526	49 609	43 250	..
Pêche en eaux intérieures	..	..	..	..	..	..	..	..
Homme	..	..	..	..	..	..	..	..
Femme	..	..	..	..	..	..	..	..
Eaux maritimes (pêche côtière)	..	..	..	..	..	..	..	..
Homme	..	..	..	..	..	..	..	..
Femme	..	..	..	..	..	..	..	..
Eaux maritimes (pêche en haute mer)	..	..	..	..	..	..	..	..
Homme	..	..	..	..	..	..	..	..
Femme	..	..	..	..	..	..	..	..
Aquaculture	4 105	3 550	3 435	3 584	3 375	3 292	3 235	..
Homme	..	..	..	..	..	..	..	..
Femme	..	..	..	..	..	..	..	..
Transformation	29 436	30 225	27 647	27 305	29 599	31 903	33 034	..
Homme	..	..	..	..	..	..	..	..
Femme	..	..	..	..	..	..	..	..

.. Non disponible

Note : Métadonnées détaillées : http://metalinks.oecd.org/fish/20150108/5287

Source : OCDE (2014), « Pêcheries : Emploi dans la pêche », Statistiques agricoles de l'OCDE (base de données). DOI: 10.1787/data-00219-fr

Tableau 3. Débarquements nationaux dans les ports nationaux

	2006	2007	2008	2009	2010	2011	2012	2013
VOLUME (TONNES)								
Total poissons	**559 490**	**537 103**	**469 640**	**490 208**	**484 846**	**411 048**	**360 126**	**379 722**
Saumon	23 712	20 236	5 391	18 508	23 567	20 671	8 989	17 707
Saumon rose	1 430	11 203	353	13 440	1 273	9 117	1 231	12 864
Saumon keta	9 889	4 864	1 735	2 707	542	5 805	4 050	2 882
Saumon rouge	10 048	1 924	1 959	661	19 997	3 090	2 074	347
Saumon argenté	510	817	379	761	598	1 133	693	1 067
Autres saumons	1 835	1 427	964	939	1 158	1 525	941	547
Poissons plats	40 381	39 770	42 180	36 785	35 248	39 019	35 362	45 449
Flétan	9 071	7 992	6 849	6 458	6 459	6 687	6 580	7 009
Flétan noir	14 622	13 698	12 171	13 709	13 697	13 964	13 432	12 763
Sole	5 400	4 420	4 188	4 235	3 901	5 009	4 884	4 553
Plie	1 431	1 659	1 716	1 923	1 902	998	760	1 592
Autres poissons plats	9 857	12 001	17 256	10 461	9 288	12 361	9 707	19 532
Poissons de fond	206 467	192 120	183 880	167 080	158 522	141 390	135 375	128 730
Morue (Atlantique et Pacifique)	28 266	27 263	27 199	20 912	21 919	14 934	12 262	11 780
Églefin	16 951	19 238	20 539	23 395	23 409	15 196	9 329	8 286
Lieu	8 007	10 126	7 112	8 880	9 166	9 576	10 908	7 305
Morue du Pacifique occidental	..	..	..	..	..	..	..	..
Merlan	12 358	12 059	12 464	10 667	10 667	8 840	9 702	7 941
Merlu (toutes espèces)	86 539	76 751	76 943	58 163	50 287	47 900	48 826	55 216
Sébaste	32 525	23 243	21 225	25 801	30 023	31 846	31 557	26 662
Autres poissons de fond	21 821	23 441	18 398	19 261	13 051	13 100	12 791	11 541
Pélagiques	284 343	276 290	226 065	250 313	245 997	189 925	164 182	182 517
Chinchard	..	..	..	..	..	..	..	..
Maquereau	53 714	53 394	29 672	42 231	41 602	11 535	5 990	8 574
Hareng (Atlantique et Pacifique)	182 500	179 775	151 766	167 504	164 106	142 219	123 379	140 134
Sardine	..	..	..	..	..	..	0	0
Autres pélagiques	48 129	43 120	44 627	40 578	40 288	36 170	34 813	33 810
Thons	3 696	7 459	5 919	6 368	6 956	6 615	3 644	5 258
Listao	..	..	..	0	0	0	0	..
Thon rouge (nord et sud)	732	495	578	533	529	475	477	480
Germon	27	5 196	3 654	4 373	11	28	34	32
Albacore	293	276	170	53	53	50	93	74
Thon obèse	196	144	134	111	111	137	167	199
Autres thons	1 044	0	0	0	4 951	4 372	1 388	2 968
Espadon	1 405	1 348	1 383	1 299	1 300	1 554	1 485	1 505
Autres poissons	892	1 229	6 205	11 154	14 557	13 428	12 575	60
Total crustacés	**337 078**	**345 698**	**336 276**	**309 668**	**305 561**	**315 131**	**324 585**	**331 350**
Homard et langouste	53 368	48 870	58 984	58 342	56 554	66 978	71 528	74 686
Langoustine	..	..	..	..	..	..	0	0
Crevette	181 429	190 633	168 842	141 269	140 002	153 555	150 745	149 895
Autres crustacés	102 281	106 195	108 451	110 057	109 005	94 597	102 312	106 769
Total coquillages et mollusques	**124 662**	**107 130**	**111 020**	**114 287**	**115 335**	**113 140**	**100 803**	**115 400**
Huître	1 651	2 355	1 684	2 168	2 100	2 247	1 796	1 982
Moule	91	318	127	54	478	41	3	2 465
Coquille St-Jacques	63 290	65 351	67 634	62 932	62 880	59 910	53 300	64 685
Bivalves	28 985	25 858	25 092	32 784	32 184	30 539	29 029	29 917
Autres coquillages (incl. buccins	16 126	7 685	8 713	9 129	7 697	8 615	6 609	7 017
Calmar	6 935	244	527	687	696	131	53	40
Seiche	..	..	..	..	..	0	0	0
Poulpe	36	27	19	32	44	38	23	18
Autres mollusques (incl. oursins)	7 548	5 292	7 224	6 501	9 256	11 619	9 990	9 277
Autres animaux marins	**493**	**2 835**	**2 454**	**2 737**	**233**	**127**	**214**	**428**
Plantes aquatiques	**38 330**	**19 382**	**17 715**	**43 300**	**13 876**	**18 844**	**13 833**	**14 835**
Algue brune	..	..	..	..	..	..	..	..
Algue rouge	..	..	..	..	..	..	..	..
Autres algues	38 330	19 382	17 715	43 300	13 876	18 844	13 833	14 835
Poisson pour transformation	11	6	6	31	9	12	14	13
TOTAL GÉNÉRAL	**1 060 064**	**1 012 153**	**937 112**	**960 231**	**919 860**	**858 302**	**799 574**	**841 748**

Tableau 3. Débarquements nationaux dans les ports nationaux *(suite)*

	2006	2007	2008	2009	2010	2011	2012	2013
VALEUR (CAD)								
Total poissons	**457 250 180**	**453 610 902**	**411 921 456**	**405 961 570**	**463 657 431**	**433 558 082**	**404 597 769**	**450 626 681**
Saumon	59 551 817	31 684 303	21 780 340	23 727 184	70 648 844	47 935 524	24 267 851	23 976 000
Saumon rose	507 000	5 126 600	202 630	6 670 974	698 503	8 731 672	991 365	9 202 000
Saumon keta	10 260 000	6 624 829	3 000 474	4 343 873	909 947	10 655 501	4 691 085	3 922 000
Saumon rouge	32 452 000	6 675 154	7 707 822	2 628 551	56 808 000	12 653 354	9 160 546	1 964 000
Saumon argenté	2 234 000	2 631 341	1 924 417	2 956 146	2 620 000	4 891 070	2 543 946	4 493 000
Autres saumons	14 098 817	10 626 379	8 944 996	7 127 641	9 615 000	11 003 928	6 880 910	4 395 000
Poissons plats	108 345 497	115 477 457	96 506 423	107 942 280	131 966 673	135 779 141	130 463 666	167 509 146
Flétan	59 206 776	69 463 556	55 246 602	53 487 312	60 050 266	63 615 688	63 514 724	82 745 074
Flétan noir	35 136 059	32 182 146	24 433 942	41 720 792	57 595 585	59 178 872	56 893 070	56 292 972
Sole	6 228 000	4 587 692	4 288 998	4 030 702	3 434 825	4 413 548	4 116 978	6 458
Plie	1 546 083	1 374 025	1 202 557	1 378 360	1 493 909	802 153	701 945	1 742 479
Autres poissons plats	6 228 579	7 870 037	11 334 324	7 325 114	9 392 088	7 768 880	5 236 949	20 270 621
Poissons de fond	184 283 727	177 672 955	175 864 766	155 458 370	141 276 675	135 628 999	128 881 376	125 844 993
Morue (Atlantique et Pacifique)	38 316 331	43 646 394	45 537 387	26 138 462	21 806 963	19 047 366	15 692 076	13 753 576
Églefin	26 486 661	27 656 313	26 561 035	36 920 968	30 017 471	25 018 899	19 605 762	12 015 473
Lieu	4 932 043	6 182 910	5 183 320	5 663 818	6 340 762	6 092 754	7 301 333	6 183 325
Morue du Pacifique occidental	..	..	..	..	..	..	0	..
Merlan	8 772 897	9 249 304	9 722 297	7 445 304	5 962 413	6 217 599	6 606 340	5 825 680
Merlu (toutes espèces)	23 142 622	24 366 065	27 888 908	16 911 248	14 035 006	13 903 926	13 703 956	17 899 521
Sébaste	33 212 136	24 026 072	20 437 599	22 949 625	27 723 571	28 833 477	28 335 441	34 095 914
Autres poissons de fond	49 421 037	42 545 896	40 534 220	39 428 944	35 390 489	36 514 979	37 636 467	36 071 495
Pélagiques	75 168 491	92 996 622	81 682 857	87 108 268	78 045 203	67 406 764	90 818 580	97 254 713
Chinchard	..	..	..	..	..	..	..	..
Maquereau	20 372 577	17 738 036	11 884 597	15 671 207	18 458 772	10 931 658	5 172 687	5 485 158
Hareng (Atlantique et Pacifique)	53 083 195	56 902 396	47 332 608	60 692 879	50 515 825	40 375 654	49 297 781	53 892 100
Sardine	..	..	..	..	..	..	0	..
Autres pélagiques	1 712 719	18 356 190	22 465 652	10 744 182	9 070 606	16 099 451	36 348 112	37 877 455
Thons	29 551 172	35 512 161	34 663 877	29 399 320	37 165 303	44 446 526	28 120 840	35 920 706
Listao	..	..	..	14	42	..	0	..
Thon rouge (nord et sud)	10 217 904	6 903 840	11 120 330	7 279 663	7 409 721	9 101 654	8 644 098	7 545 465
Germon	313 131	13 632 022	12 004 003	11 987 094	106 680	158 893	78 899	190 946
Albacore	2 067 530	1 948 137	1 199 701	588 137	1 279 723	293 903	868 830	593 927
Thon obèse	2 250 975	1 648 489	1 536 434	1 833 575	1 086 877	960 518	2 020 420	1 671 262
Autres thons	2 805 104	1 340	408	672	16 824 896	23 400 578	6 162 711	13 617 000
Espadon	11 896 528	11 378 333	8 803 001	7 710 167	10 457 364	10 530 981	10 345 882	12 302 107
Autres poissons	349 476	267 405	1 423 193	2 326 148	4 554 734	2 361 128	2 045 457	121 133
Total crustacés	**1 149 445 925**	**1 323 543 677**	**1 298 951 548**	**1 085 098 245**	**1 168 951 415**	**1 448 078 605**	**1 496 540 559**	**1 515 538 254**
Homard et langouste	633 181 449	629 054 980	619 451 232	507 292 230	575 992 373	619 237 658	664 004 439	680 476 403
Langoustine	..	..	..	..	..	..	0	..
Crevette	272 998 310	285 253 877	279 221 282	225 443 240	273 479 117	345 614 363	369 284 671	363 253 041
Autres crustacés	243 266 166	409 234 820	400 279 033	352 362 775	319 479 925	483 226 584	463 251 449	471 808 810
Total coquillages et mollusques	**182 841 595**	**177 959 062**	**177 063 540**	**198 266 057**	**187 835 546**	**215 128 345**	**209 644 760**	**285 248 164**
Huître	5 102 886	6 791 387	4 160 608	5 436 339	4 867 446	5 799 743	5 095 876	7 419 132
Moule	110 751	407 128	192 420	80 789	92 669	84 569	1 562	3 450 730
Coquille St-Jacques	87 753 240	89 608 395	92 901 514	88 087 194	82 810 497	94 298 571	112 305 575	171 080 967
Bivalves	61 812 274	66 156 477	60 239 351	86 539 194	80 076 722	89 121 467	71 404 024	80 784 334
Autres coquillages (incl. buccins	15 811 837	9 650 406	11 390 078	11 771 943	7 864 191	10 851 929	9 081 415	9 521 429
Calmar	2 948 855	107 753	229 955	274 883	62 489	105 633	24 131	22 811
Seiche	..	..	..	..	..	..	0	..
Poulpe	123 750	83 142	55 356	87 402	119 543	106 907	72 527	56 000
Autres mollusques (incl. oursins)	9 178 002	5 154 373	7 894 258	5 988 313	11 941 990	14 759 526	11 659 650	12 912 760
Autres animaux marins	**30 439 644**	**18 454 414**	**14 971 733**	**11 653 902**	**1 357 150**	**735 089**	**1 674 731**	**2 897 291**
Plantes aquatiques	**3 654 370**	**2 448 496**	**2 482 248**	**1 407 887**	**3 813 678**	**1 765 188**	**1 340 044**	**1 487 519**
Algue brune	..	..	..	..	..	..	..	..
Algue rouge	..	..	..	..	..	..	..	..
Autres algues	3 654 370	2 448 496	1 117 000	1 407 887	3 813 678	1 765 188	1 340 044	1 487 519
Poisson pour transformation	26 105	894	958	9 665	1 375	1 958	2 469	75 000
TOTAL GÉNÉRAL	**1 823 657 819**	**1 976 017 445**	**1 905 391 482**	**1 702 397 327**	**1 825 616 596**	**2 099 267 268**	**2 113 800 331**	**2 255 872 910**

.. Non disponible

Note : Métadonnées détaillées : http://metalinks.oecd.org/fish/20150108/9696

Source : OCDE (2014), « Pêcheries : Débarquements nationaux dans les ports domestiques », Statistiques agricoles de l'OCDE (base de données). DOI: 10.1787/data-00222-fr

CANADA

Tableau 6. Production de l'aquaculture

	2006	2007	2008	2009	2010	2011	2012	2013
VOLUME (TONNES)								
Poissons	**132 067**	**115 298**	**112 875**	**108 839**	**109 679**	**109 303**	**115 120**	..
Saumon de l'Atlantique	118 061	31 511	30 810	31 550	30 713	27 184	36 120	..
Saumon du Pacifique	70 178	70 998	73 265	68 662	70 831	74 880	71 998	..
Truite arc-en-ciel	..	..	..	..	..	..	..	..
dont : d'eau de mer	..	..	..	..	..	..	..	..
dont : d'eau douce	..	..	..	..	..	..	..	..
Truite de mer	4 374	5 044	7 932	7 198	6 844	6 511	6 503	..
Poisson plat	..	..	..	..	..	..	..	..
Dorade	..	..	..	..	..	..	..	..
Bar	..	..	..	..	..	..	..	..
Loup	..	..	..	..	..	..	..	..
Carpe	..	..	..	..	..	..	..	..
Tilapia	..	..	..	..	..	..	..	..
Anguille	..	..	..	..	..	..	..	..
Autres poissons	9 632	7 745	868	1 429	1 291	728	499	..
Coquillages et crustacés	**39 562**	**37 178**	**30 929**	**33 264**	**39 568**	**38 646**	**41 301**	..
Huître, comestible	13 200	11 065	8 984	8 813	11 113	10 880	11 191	..
Huître, perle	..	..	..	..	..	..	..	..
Moule	23 876	23 835	19 835	21 461	25 675	25 509	28 124	..
Coquille St.-Jacques	60	168	285	388	697	301	165	..
Bivalves	1 707	1 869	1 634	1 898	1 923	1 641	1 519	..
Crevette et bouquet	..	..	..	..	..	..	..	..
Autres coquillages et crustacés	719	241	191	704	160	315	302	..
Total poissons, coquillages et crustacés	**171 629**	**152 476**	**143 803**	**142 103**	**149 247**	**147 949**	**156 421**	..
Autres animaux marins	..	585	868	805	874	823	805	..
Plantes aquatiques	..	..	..	..	..	..	..	..
Algue brune	..	..	..	..	..	..	..	..
Algue rouge	..	..	..	..	..	..	..	..
Algue verte	..	..	..	..	..	..	..	..
Autres plantes aquatiques	..	..	..	..	..	..	..	..
TOTAL GÉNÉRAL	**171 629**	**153 061**	**144 671**	**142 908**	**150 121**	**148 772**	**157 226**	..
VALEUR (CAD)								
Poissons	**832 760 000**	**683 364 000**	**674 814 000**	**643 511 000**	**740 694 000**	**648 962 000**	**639 289 000**	..
Saumon de l'Atlantique	748 246 000	220 818 000	215 315 000	204 774 000	194 040 000	171 475 000	225 090 000	..
Saumon du Pacifique	407 393	384 099 000	409 267 000	394 151 000	499 608 000	435 300 000	373 755 000	..
Truite arc-en-ciel	..	..	..	..	..	..	..	..
dont : d'eau de mer	..	..	..	..	..	..	..	..
dont : d'eau douce	..	..	..	..	..	..	..	..
Truite de mer	19 743 000	23 570 000	41 358 000	32 899 000	33 251 000	35 300 000	36 691 000	..
Poisson plat	..	..	..	..	..	..	..	..
Dorade	..	..	..	..	..	..	..	..
Bar	..	..	..	..	..	..	..	..
Loup	..	..	..	..	..	..	..	..
Carpe	..	..	..	..	..	..	..	..
Tilapia	..	..	..	..	..	..	..	..
Anguille	..	..	..	..	..	..	..	..
Autres poissons	64 771 000	54 877 000	8 874 000	11 687 000	13 795 000	6 887 000	3 753 000	..
Coquillages et crustacés	**71 835 000**	**69 325 000**	**57 162 000**	**62 935 000**	**73 904 000**	**74 108 000**	**83 226 000**	..
Huître, comestible	19 063 000	16 726 000	13 476 000	16 794 000	18 876 000	18 694 000	23 480 000	..
Huître, perle	..	..	..	..	0	0	..	..
Moule	35 817 000	33 940 000	27 227 000	29 472 000	37 748 000	38 853 000	44 509 000	..
Coquille St.-Jacques	519 000	1 074 000	1 327 000	1 672 000	2 919 000	1 711 000	1 323 000	..
Bivalves	8 906 000	9 713 000	8 635 000	9 464 000	8 349 000	8 596 000	7 704 000	..
Crevette et bouquet	..	..	..	..	..	..	..	..
Autres coquillages et crustacés	7 530 000	7 872 000	6 497 000	5 533 000	6 012 000	6 254 000	6 210 000	..
Total poissons, coquillages et crustacés	**904 595 000**	**752 689 000**	**731 976 000**	**706 446 000**	**814 598 000**	**723 070 000**	**722 515 000**	..
Autres animaux marins	..	8 880 000	9 004 000	8 623 000	8 852 000	8 456 000	8 365 000	..
Plantes aquatiques	..	..	..	..	..	..	..	..
Algue brune	..	..	..	..	..	..	..	..
Algue rouge	..	..	..	..	..	..	..	..
Algue verte	..	..	..	..	..	..	..	..
Autres plantes aquatiques	..	..	..	..	..	..	..	..
TOTAL GÉNÉRAL	**904 595 000**	**761 569 000**	**740 980 000**	**715 069 000**	**823 450 000**	**731 526 000**	**730 880 000**	..

.. Non disponible

Note : Métadonnées détaillées : http://metalinks.oecd.org/fish/20150108/0955

Source : OCDE (2014), « Pêcheries : Production de l'aquaculture », Statistiques agricoles de l'OCDE (base de données). DOI: 10.1787/data-00225-fr

CANADA

Tableau 7. Transferts financiers publics (TFP)

Milliers CAD

	2006	2007	2008	2009	2010	2011	2012	2013
Total des TFP								
Pêche maritime	**675 169**	**681 681**	**701 439**	**798 435**	**829 897**	..	..	..
Paiements directs	314 881	286 763	287 323	293 777	298 357	..	..	..
Désarmement des navires et retrait des licences	62 478	23 094	34 454	37 639	45 365	..	..	..
Indemnisation des catastrophes	..	..	..	..	..	..	..	..
Aides : équipement, modernisation, construction de navire	..	..	..	..	..	..	..	..
Aide au revenu et assurance chômage	252 403	263 669	252 869	256 139	252 992	..	..	..
Autres paiements directs	..	..	..	..	..	..	..	..
Transferts réduisant les coûts	185	13 473	11 943	4 242	1 023	..	..	..
Prêts subventionnés : équipement, modernisation, construction de navire	..	..	..	..	..	..	..	..
Bonification d'intérêts	..	..	..	..	..	..	..	..
Exonération de taxe sur carburant	..	11 313	11 364	..	..	..	..	..
Ristourne et subvention à l'assurance	..	..	..	..	..	..	..	..
Allègement d'impôt sur le revenu, contrib. sociales impayées	..	..	..	..	..	..	..	..
Autres transferts réduisant les coûts	185	2 161	578	4 242	1 023	..	..	..
Services généraux	404 914	425 936	445 400	544 649	570 962	..	..	..
Gestion des pêcheries	100 355	115 837	114 809	119 188	148 008	..	..	..
Recherche halieutique	84 889	101 052	106 772	85 147	101 054	..	..	..
Police des pêches	104 006	107 407	110 138	102 395	106 216	..	..	..
Infrastructure des pêcheries	93 745	92 149	89 839	209 895	183 528	..	..	..
Autres services généraux	21 918	9 490	23 841	28 023	32 156	..	..	..
Recouvrement des coûts	-44 811	-44 491	-43 226	-44 233	-40 445	..	..	..
Aquaculture	**36 064**	**40 734**	**41 469**	**43 650**	**56 031**	..	..	..
Paiements directs	..	..	..	..	..	..	..	..
Aides : développement aquacole	..	..	..	..	..	..	..	..
Indemnisation des catastrophes	..	..	..	..	..	..	..	..
Autres paiements directs	..	..	..	..	..	..	..	..
Transferts réduisant les coûts	8 255	11 288	10 609	11 235	16 460	..	..	..
Prêts subventionnés : développement aquacole	..	..	..	..	..	..	..	..
Autres transferts réduisant les coûts	8 255	11 288	10 609	11 235	16 460	..	..	..
Services généraux	27 808	29 446	30 861	32 415	39 571	..	..	..
Gestion, recherche et police de l'aquaculture	27 808	29 446	30 861	32 415	39 571	..	..	..
Infrastructure aquacole	..	..	..	..	..	..	..	..
Autres services généraux	..	..	..	..	..	..	..	..
Recouvrement des coûts	..	..	..	..	..	..	..	..
Commercialisation et transformation	**5 149**	**5 313**	**5 285**	**9 155**	**10 319**	..	..	..
Paiements directs	3 352	3 566	3 006	2 380	2 783	..	..	..
Aides : commercialisation et transformation	3 352	3 566	3 006	2 380	2 783	..	..	..
Autres paiements directs	..	..	..	..	..	..	..	..
Transferts réduisant les coûts	1 796	1 747	2 279	6 774	7 536	..	..	..
Prêts subventionnés : commercialisation et transformation	..	..	..	..	..	..	..	..
Autres transferts réduisant les coûts	1 796	1 747	2 279	6 774	7 536	..	..	..
Services généraux	..	..	..	..	..	..	..	..
Aquaculture	..	..	..	..	..	..	..	..
Autres services généraux	..	..	..	..	..	..	..	..
Recouvrement des coûts	..	..	..	..	..	..	..	..
Total	**716 381**	**727 728**	**748 194**	**851 239**	**896 247**	..	..	..

.. Non disponible

Note : Métadonnées détaillées : http://metalinks.oecd.org/fish/20150108/8935

Source : OCDE (2014), « Pêcheries : Transferts financiers publics », Statistiques agricoles de l'OCDE (base de données). DOI: 10.1787/data-00220-fr

CANADA

Tableau 8. Importations par produit

		2009		2010		2011		2012		2013	
		Tonnes	USD	Tonnes	USD	Tonnes	USD	Tonnes	USD	Tonnes	USD
03	**Poisson, crustacés et mollusques**	..	**1 413 747 218**	..	**1 606 646 062**	..	**1 887 149 318**	..	**1 876 962 075**	..	**2 015 974 770**
0302	**Poisson, frais ou réfrigéré, excl. 0304**	**41 210 939**	**177 900 644**	**39 758 073**	**223 643 594**	**35 920 608**	**188 603 112**	**34 219 386**	**205 428 350**	**41 850 550**	**230 465 217**
030211	Truite	292 245	1 415 064	240 151	1 336 686	272 933	1 732 397	413 925	2 850 686	389 747	2 619 890
030212	Saumon (Pacifique, Atlantique et Danube)	10 080 278	58 891 195	15 078 232	88 954 518	9 384 959	59 589 371	7 807 203	83 264 909	13 937 878	106 401 778
030219	Salmonidés nra	257 277	1 100 132	233 450	1 255 565	312 442	1 793 107	735 852	2 720 498	692 398	3 347 481
030221	Flétan	5 372 674	42 899 561	4 625 901	52 044 412	2 479 804	35 224 201	1 994 905	26 253 060	2 012 685	24 224 530
030222	Plie, carrelet	13 251	36 229	1 300	4 064	1 686	5 871	6 571	19 048	13 236	38 677
030223	Sole	43 889	348 997	98 168	706 428	62 584	486 419	72 226	606 601	115 122	953 990
030229	Poissons plats nra	249 684	1 219 951	422 547	1 975 332	238 555	1 390 955	898 759	5 493 264	919 052	6 057 599
030231	Thon blanc/germon	14 717	172 121	11 998	153 956	10 000	100 711	13 135	55 113	24 964	176 977
030232	Albacore (thon jaune)	460 920	5 354 547	419 702	4 993 898	515 577	5 849 942	581 614	8 142 556	645 619	8 498 814
030233	Listaos/bonite à ventre rayé	24 923	64 416	111 883	350 947	72 771	277 826	25 208	91 608	8 881	39 163
030239	Thonidés nra	816 197	7 706 718	836 748	9 779 221	790 264	9 253 670	590 545	7 161 168	474 667	7 414 890
030240	Hareng	10 559 854	1 315 448	5 948 324	1 983 351	7 709 145	1 835 752	8 848 424	2 497 695	10 537 282	2 877 052
030250	Morue	702 382	2 390 538	1 307 960	2 008 935	965 320	3 085 528	839 404	2 802 905	1 139 896	4 386 639
030261	Sardines	28 291	100 381	23 585	95 215	32 151	109 342	54 074	208 254	32 823	172 437
030262	Églefin	80 848	209 015	208 131	275 486	712 120	550 669	774 864	477 584	790 219	384 252
030263	Lieu noir	385 466	483 584	191 306	304 601	1 104 492	1 793 968	878 477	1 416 753	205 709	280 852
030264	Maquereau	2 077 994	1 833 310	570 683	2 408 706	524 474	2 214 563	581 722	2 456 030	482 037	1 622 529
030265	Aiguillat et autres squalidés	264 640	923 553	242 960	871 177	272 480	809 438	239 084	705 973	199 273	619 409
030266	Anguille	5 764	57 690	6 745	91 877	7 184	98 592	1 004	13 315	1 519	337 234
030269	Poisson nra	9 350 628	50 324 269	9 086 691	53 245 919	10 367 394	61 626 195	8 788 636	57 534 177	9 119 867	58 922 342
030270	Foies, oeufs et laitances	129 017	1 053 923	91 608	803 302	84 273	774 594	73 754	657 158	107 676	1 088 682
0303	**Poisson, congelé, excl. 0304**	**42 190 437**	**147 258 139**	**38 774 447**	**132 917 816**	**46 221 370**	**169 750 349**	**48 321 006**	**170 846 028**	**51 604 510**	**208 151 022**
030319	Saumon, Pacifique	4 653 630	13 505 369	..	..	..	..	329 000	..	..	..
030321	Truite	348 027	1 688 762	239 038	1 114 709	306 238	1 466 836	329 000	1 685 069	285 939	1 365 360
030322	Saumon (Atlantique et Danube)	630 171	5 767 580	..	..	..	..	785 622	..	..	..
030329	Salmonidés	44 609	155 710	1 312	4 998	22 669	60 836	37 997	139 273	16 572	65 694
030331	Flétan	1 648 395	15 958 136	1 608 344	21 083 225	1 530 790	25 555 734	785 622	12 503 054	674 195	9 854 338
030332	Plie, carrelet	6 658	13 526	3 094	7 122	852	2 041	3 073	7 218	34 176	90 555
030333	Sole	106 464	566 313	77 622	473 523	88 790	532 691	133 582	801 391	93 105	481 923
030339	Poisson plat nra	45 944	200 448	53 336	211 107	96 762	376 889	62 392	263 092	100 874	379 812
030341	Thon blanc/germon	2 415 486	7 212 895	3 239 605	10 699 763	3 496 069	16 966 597	3 035 826	13 321 535	5 067 996	22 851 311
030342	Albacore (thon jaune)	263 817	671 990	201 724	563 017	393 654	1 134 543	153 722	1 095 812	123 693	1 503 518
030343	Listao/bonite à ventre rayé	142 377	254 746	171 940	332 366	167 340	346 460	222 833	460 698	261 910	527 952
030349	Thonidés nra	713 833	1 787 798	434 086	1 152 652	1 538 675	4 817 271	2 796 059	9 040 093	717 649	6 066 218
030350	Hareng	5 495 465	7 902 424	6 167 863	5 568 331	6 507 051	4 218 613	7 935 325	5 857 485	6 406 298	4 750 239
030360	Morue	3 763 964	11 424 096	3 281 064	11 393 238	4 189 511	15 989 492	2 798 486	10 701 797	3 227 118	9 866 496
030371	Sardines, sardinelles	1 146 769	1 577 076	1 117 537	1 669 647	1 060 378	1 669 069	869 060	1 673 111	828 156	1 526 345
030372	Églefin	971 444	2 327 638	844 944	2 294 087	931 822	2 586 286	1 851 652	5 355 635	2 381 230	6 372 485
030373	Lieu noir	355 521	676 993	298 708	577 927	121 493	245 469	120 650	215 882	302 945	501 709
030374	Maquereau	1 362 102	2 634 246	1 147 124	2 204 497	2 081 785	3 788 555	2 028 099	4 593 926	3 846 185	6 157 857
030375	Aiguillat et autres squalidés	171 266	915 368	81 760	484 301	78 652	472 019	188 957	1 148 012	114 574	674 114
030376	Anguille	339 022	2 735 132	267 315	2 204 828	386 237	2 954 223	410 075	4 613 185	170 882	1 416 590
030377	Bar (loup)	53 341	644 636	56 395	510 129	31 202	398 255	40 761	481 306	16 719	287 305
030378	Merlu	114 096	232 763	88 603	240 553	123 887	284 713	220 004	596 616	349 476	836 105
030379	Poisson nra	12 750 516	39 513 716	11 650 540	36 427 969	15 414 073	47 396 553	14 190 243	43 855 931	13 854 163	46 133 125
030380	Foies, oeufs et laitances	349 462	2 669 821	586 754	4 282 997	532 272	3 867 567	756 689	4 008 552	567 480	2 957 877
0304	**Filets de poisson et autre chair de poisson**	**71 776 272**	**410 893 615**	**73 269 875**	**436 654 893**	**81 536 132**	**551 605 134**	**82 223 208**	**537 603 716**	**84 821 121**	**566 518 737**
030410	Filets et autre chair de poisson, frais ou réfrigéré	10 664 984	95 975 854	11 536 379	100 015 700	15 411 239	138 554 860	17 493 281	158 659 677	17 872 477	191 653 746
030420	Filets de poissons, congelé	45 257 232	232 123 011	46 803 539	257 714 797	48 566 836	310 429 260	44 897 359	268 456 649	47 295 063	260 297 537
030490	Chair de poisson nra, congelé	15 854 056	82 794 750	14 929 957	78 924 397	17 558 056	102 621 015	19 832 568	110 487 390	19 653 582	114 567 454
0305	**Poisson, séché, salé, fumé, ou en saumure**	**12 628 032**	**57 623 782**	**13 553 407**	**65 938 406**	**13 183 200**	**74 775 907**	**13 592 612**	**69 650 496**	**12 838 378**	**71 539 387**
030510	Farine de poisson, consommation humaine	1 372 596	1 059 791	2 366 571	2 068 988	2 207 975	1 963 421	2 601 142	2 284 782	1 413 592	1 200 725
030520	Foies, oeufs et laitances	77 206	271 611	120 119	590 119	65 265	262 248	15 122	89 275	87 971	389 659
030530	Filets de poisson (non fumé)	2 681 246	12 664 748	2 876 965	12 969 103	2 975 592	17 059 752	1 910 066	12 159 219	2 541 954	12 889 502
030541	Saumon (Pacifique, Atlantique et Danube), fumé	193 827	2 282 305	218 610	3 352 336	214 306	3 167 304	240 261	3 398 927	306 464	5 047 906
030542	Hareng, fumé	29 667	180 813	..	..	..	..	805 127	..	..	..
030549	Poisson nra, fumé	815 468	10 216 804	952 626	13 509 830	1 088 720	19 541 556	1 018 625	16 032 682	1 055 133	16 518 840
030551	Morue, séché, non fumé	863 836	2 801 336	982 350	3 509 066	1 027 381	3 955 003	1 113 141	4 090 651	1 057 736	3 763 129
030559	Poisson nra, séché, salé, non fumé	576 016	11 312 722	867 621	13 431 276	600 798	10 927 293	805 127	9 938 306	1 149 991	12 752 013
030561	Hareng, salé ou en saumure	366 549	734 406	318 709	796 099	274 294	611 032	287 887	590 561	422 018	914 742
030562	Morue, salé ou en saumure	1 371 544	4 535 981	1 351 580	5 223 037	1 808 823	7 034 533	2 078 358	8 677 896	2 021 537	8 702 730
030563	Anchois, salé ou en saumure	31 034	162 799	16 057	71 784	57 913	456 610	7 631	55 839	24 364	110 061
030569	Poisson nra, salé ou en saumure	4 249 042	11 400 467	3 428 456	10 131 063	2 820 769	9 537 935	3 484 457	12 153 543	2 723 319	9 029 161

Tableau 8. Importations par produit *(suite)*

		2009		2010		2011		2012		2013	
		Tonnes	USD	Tonnes	USD	Tonnes	USD	Tonnes	USD	Tonnes	USD
0306	**Crustacés**	**63 789 112**	**444 866 847**	**73 821 750**	**558 311 638**	**79 787 892**	**676 262 718**	**84 489 458**	**661 747 099**	**76 036 738**	**707 461 805**
030611	Langoustes et autres palinuridés, congelé	467 460	12 594 661	386 909	10 002 033	520 791	14 874 834	327 065	9 879 809	235 680	7 048 654
030612	Homard nra	130 583	2 386 173	202 474	3 760 785	110 101	3 261 302	130 982	3 591 568	447 074	10 322 521
030613	Crevettes, congelé	36 550 680	247 461 753	37 717 759	284 984 588	35 726 581	334 076 528	36 817 829	324 137 218	32 999 452	353 827 482
030614	Crabes, congelé	2 548 528	33 071 472	2 321 324	30 210 480	2 371 834	44 332 563	2 547 447	42 261 822	2 586 017	39 682 162
030619	Crustacés nra, congelé	2 526 479	6 126 111	2 708 674	5 449 830	4 675 598	8 319 031	7 009 667	11 795 749	4 321 837	13 055 611
030621	Langoustes et autres palinuridés (non congelé)	12 249	76 139	3 980	24 452	3 587	25 914	4 596	36 266	29 183	309 299
030622	Homard nra (non congelé)	16 712 608	113 996 825	21 505 024	180 366 590	26 172 654	210 445 108	30 451 616	209 952 577	28 225 566	217 950 158
030623	Crevettes (non congelé)	578 878	3 670 016	3 604 090	8 902 353	3 313 433	9 968 921	752 739	5 427 207	439 412	5 979 723
030624	Crabes (non congelé)	4 257 066	25 460 478	5 368 473	34 593 853	6 890 655	50 943 312	6 442 562	54 635 842	6 747 125	59 240 591
030629	Crustacés nra (non congelé)	4 581	23 218	3 042	16 672	2 658	15 207	4 955	29 042	5 392	45 604
0307	**Mollusques**	**23 794 074**	**145 140 479**	**22 930 768**	**158 305 903**	**23 093 692**	**196 378 154**	**23 799 149**	**201 837 788**	**25 529 642**	**198 794 704**
030710	Huîtres	1 488 194	10 149 712	1 778 385	12 410 274	1 755 778	13 846 545	1 410 180	12 106 807	1 446 491	13 282 383
030721	St-Jacques, vi, fr, ou ré	1 584 552	23 149 980	1 359 424	24 617 589	1 889 211	39 936 949	892 184	16 903 957	879 747	17 817 879
030729	St-Jacques, co, sc, sl, ou sm	3 354 238	29 479 939	2 813 328	28 895 860	3 305 230	41 821 535	3 902 750	66 942 722	4 354 799	65 573 029
030731	Moules, vi, fr, ou ré	276 531	1 007 002	134 113	510 123	289 277	1 193 855	236 621	1 038 540	120 941	484 625
030739	Moules, co, sc, sl, ou sm	1 718 725	6 669 927	1 657 554	5 869 654	1 596 099	6 785 848	1 430 118	6 306 298	1 491 114	6 996 774
030741	Seiches, encornets et calmars, vi, fr, ou ré	115 440	514 951	154 267	635 264	182 456	634 469	516 064	904 357	74 972	476 035
030749	Seiches, encornets et calmars, co, sc, sl, ou sm	10 833 316	36 746 044	10 853 109	45 947 202	10 535 008	53 918 425	11 187 531	57 025 870	12 506 912	56 499 188
030751	Poulpe, vi, fr, ou ré	10 914	83 021	6 892	57 216	9 562	113 258	3 871	56 655	119 315	799 698
030759	Poulpe, co, sc, sl, ou sm	1 011 295	5 587 464	926 704	4 900 305	979 838	7 447 009	1 349 288	10 545 188	996 202	6 534 450
030760	Escargots (autres que de mer)	104 820	441 800	59 930	274 921	64 050	356 750	56 875	304 038	48 180	288 251
030791	Mollusques nra, vi, fr, ou ré	2 029 096	20 957 827	1 813 828	21 783 627	1 451 692	17 528 922	1 536 451	14 189 666	1 920 396	13 781 864
030799	Mollusques nra, co, sc, sl, ou sm	1 266 953	10 352 813	1 373 234	12 403 868	1 035 490	12 794 589	1 277 216	15 513 690	1 570 573	16 260 527
121220	**Algues**	**4 440 626**	**10 935 610**	**4 111 052**	**10 524 689**	**6 557 242**	**12 666 225**	..	**13 850 522**	**1 146 044**	**11 185 767**
1504	**Graisses, huiles et leurs fractions**	**41 669 815**	**61 001 061**	**46 104 956**	**74 199 746**	**47 640 616**	**97 677 058**	**51 006 904**	**120 418 341**	**34 459 635**	**114 657 102**
150410	Huiles de foies de poisson, et fractions	454 839	3 720 132	655 100	6 141 074	736 036	7 386 214	731 834	5 135 067	543 511	4 481 314
150420	Graisses et huiles de poisson, et fractions	40 698 695	55 306 340	45 291 118	67 459 717	46 662 017	89 221 326	50 069 198	114 434 021	33 719 135	109 242 855
150430	Graisses et huiles de mammifère marin, et fractions	516 281	1 974 588	158 738	598 955	242 564	1 069 519	205 873	849 253	196 989	932 933
1604	**Préparations et conserves de poisson; caviars et succédanés**	**69 872 688**	**294 546 822**	**66 726 172**	**291 280 663**	**68 843 887**	**330 070 673**	..	**383 136 726**	**73 354 961**	**389 595 141**
160411	Saumon, non haché	18 609 466	89 600 605	15 409 402	82 710 930	16 159 872	96 829 115	15 841 615	112 379 467	18 199 356	102 144 603
160412	Hareng, non haché	366 991	1 195 210	350 928	1 240 370	355 420	1 296 337	346 585	1 280 652	483 133	1 562 717
160413	Sardines, sardinelles, sprats, esprots, non haché	2 009 570	5 845 094	1 748 843	5 801 900	1 955 977	6 940 826	2 281 696	7 662 737	2 443 968	8 331 009
160414	Thons, listaos, sardes, non haché	34 729 151	125 647 181	34 671 904	127 926 510	34 669 705	139 984 873	33 784 698	168 569 425	35 320 487	183 128 807
160415	Maquereau, non haché	1 204 566	3 372 855	918 621	2 777 546	973 110	3 249 316	1 226 825	4 224 647	1 190 111	4 371 727
160416	Anchois, non haché	706 497	3 418 696	618 791	3 286 110	723 996	3 968 336	664 264	3 481 887	685 201	3 426 551
160419	Poisson nra, non haché	3 938 829	27 835 544	3 582 014	25 807 914	4 097 565	32 335 602	4 284 364	38 166 136	4 630 217	38 946 674
160420	Poisson, haché	8 234 570	34 567 590	9 332 333	38 763 623	9 815 216	41 814 221	9 829 500	43 981 542	10 267 489	44 352 224
160430	Caviar et succédanés	73 048	3 064 048	93 335	2 965 760	93 026	3 652 045	133 040	3 390 235	134 998	3 330 829
1605	**Préparations et conserves de crustacés**	**25 388 045**	**173 596 845**	**25 612 447**	**182 853 931**	**28 098 473**	**229 291 080**	**25 482 949**	**212 684 744**	**23 687 779**	**211 294 533**
160510	Crabes	1 228 647	9 948 045	1 260 970	10 947 850	1 417 654	12 885 624	1 460 026	13 821 562	1 051 434	13 251 415
160520	Crevettes	17 981 026	133 861 287	17 962 127	139 220 182	19 829 961	178 009 823	17 096 130	158 996 257	15 129 496	152 701 771
160530	Homard	73 619	1 015 963	101 137	1 216 950	166 028	2 217 498	234 939	2 941 225	179 478	2 348 978
160540	Crustacés nra	52 883	430 744	35 373	269 937	26 305	247 043	29 369	299 332	40 894	690 848
230120	**Farine de poisson**	**45 686 840**	**50 733 722**	**61 883 663**	**90 447 203**	**52 911 589**	**80 666 151**	**51 189 253**	**77 103 148**	**43 829 779**	**72 461 689**
	TOTAL	**442 446 880**	**1 974 497 566**	**466 546 610**	**2 225 078 482**	**480 276 757**	**2 606 882 570**	**488 716 512**	**2 684 155 556**	..	**2 815 169 002**

.. Non disponible

Note : nra : non répertorié ailleurs. vi : vivant. fr : frais. ré : réfrigéré. co : congelé. sc : séché. sl : salé. sm : en saumure.

Métadonnées détaillées : http://metalinks.oecd.org/fish/20150108/8d66

Source : OCDE (2014), « Pêcheries : Commerce par produit », Statistiques agricoles de l'OCDE (base de données). DOI: 10.1787/data-00677-fr

Tableau 9. Exportations par produit

		2009		2010		2011		2012		2013	
		Tonnes	USD	Tonnes	USD	Tonnes	USD	Tonnes	USD	Tonnes	USD
03	**Poisson, crustacés et mollusques**	**..**	**2 831 201 975**	**..**	**3 324 349 994**	**..**	**3 614 528 065**	**..**	**3 636 037 388**	**..**	**3 864 304 811**
0302	**Poisson, frais ou réfrigéré, excl. 0304**	**115 744 778**	**558 446 780**	**131 111 401**	**657 261 142**	**112 963 400**	**631 272 777**	**..**	**648 840 554**	**102 382 664**	**626 316 887**
030211	Truite	1 259 548	7 816 650	1 603 566	10 101 711	1 698 023	11 808 980	1 120 707	8 324 302	1 276 514	9 505 039
030212	Saumon (Pacifique, Atlantique et Danube)	71 637 188	411 628 865	80 240 362	491 910 014	72 944 583	467 140 319	86 929 914	492 274 989	70 512 737	470 229 120
030219	Salmonidés nra	6 260	64 195	6 215	85 091	1 495	37 436	10 535	103 798	30 067	283 614
030221	Flétan	3 623 031	40 624 463	3 590 973	49 053 535	3 294 627	54 256 096	3 664 350	58 122 055	3 946 454	61 032 017
030222	Plie, carrelet	2 767	5 176	..	..	..	..	306	932	25 878	50 455
030223	Sole	105 883	275 065	20 753	70 684	61 567	139 498	63 220	225 551	255 774	377 114
030229	Poissons plats nra	569 508	1 584 444	1 120 865	3 072 789	867 966	2 940 361	623 631	1 733 301	374 352	1 216 678
030231	Thon blanc/germon	587 231	1 749 221	1 109 689	4 601 317	664 324	3 880 610	306 482	1 405 196	353 886	2 070 329
030232	Albacore (thon jaune)	34 677	390 851	137 988	1 552 803	35 798	398 674	84 478	857 567	53 383	634 013
030233	Listaos/bonite à ventre rayé	..	..	..	..	..	..	..	..	16	233
030239	Thonidés nra	417 645	6 623 309	446 445	7 785 069	464 622	8 295 723	480 727	8 098 012	529 446	9 186 211
030240	Hareng	2 558 361	899 773	6 826 348	2 049 916	3 682 323	1 317 674	1 126 057	770 992	2 935 564	905 349
030250	Morue	1 001 576	3 005 985	1 535 474	5 181 364	871 622	2 995 122	946 508	3 405 052	1 117 733	3 887 830
030261	Sardines	1 007 717	445 372	1 572 149	613 840	2 173 603	793 599	481 140	125 254	..	..
030262	Églefin	10 367 135	24 470 368	9 089 838	21 893 595	6 307 114	17 179 872	3 241 096	9 657 950	1 725 260	4 994 002
030263	Lieu noir	441 475	871 653	517 359	1 168 765	78 443	150 470	19 203	25 031	88 050	19 226
030264	Maquereau	156 658	322 499	124 461	244 141	77 443	250 966	2 164	8 885	236 672	302 157
030265	Aiguillat et autres squalidés	295 485	1 013 351	141 209	707 704	82 706	467 982	34 454	223 676	316 934	265 827
030266	Anguille	..	..	..	..	..	..	49 255	406 191	..	..
030269	Poisson nra	21 440 111	53 372 103	22 891 327	55 814 807	19 562 530	58 453 501	21 024 992	61 734 200	18 530 798	60 858 363
030270	Foies, oeufs et laitances	232 522	3 283 437	136 380	1 353 995	94 611	765 896	106 022	1 337 620	73 146	499 311
0303	**Poisson, congelé, excl. 0304**	**125 105 116**	**268 122 018**	**126 740 255**	**329 080 293**	**124 047 365**	**328 667 394**	**104 279 230**	**299 136 795**	**114 289 020**	**319 590 432**
030319	Saumon, Pacifique	7 372 201	22 241 376	..	..	..	..	..	..	..	..
030321	Truite	164 407	637 088	97 738	323 461	117 385	248 697	390 775	712 037	527 168	1 885 959
030322	Saumon (Atlantique et Danube)	147 393	492 469	..	..	..	..	..	..	..	..
030329	Salmonidés	567	3 408	60 833	232 539	25 421	79 724	594 323	2 061 495	47 975	206 434
030331	Flétan	8 482 022	29 077 189	8 968 403	37 314 206	8 555 727	42 935 749	6 922 916	32 661 291	6 352 118	29 027 784
030332	Plie, carrelet	19 995	21 028	..	..	57 527	78 535	9 079	17 157	280 919	783 789
030333	Sole	604 926	2 034 702	710 053	2 139 925	650 222	2 040 814	595 191	1 782 764	408 373	986 595
030339	Poisson plat nra	1 704 353	3 465 561	977 134	1 875 888	3 226 190	6 803 193	5 755 265	18 602 827	12 739 937	36 891 504
030341	Thon blanc/germon	2 042 538	5 890 094	4 304 263	16 071 449	4 468 437	13 256 942	899 127	4 974 090	2 573 540	7 517 576
030342	Albacore (thon jaune)	1 222	28 447	1 476	21 881	328	818	31 130	68 183	..	..
030343	Listao/bonite à ventre rayé	0	0	..	..	..	..	..	..	..	..
030349	Thonidés nra	68 035	106 113	78 783	133 700	1 718	3 054	63 442	127 928	123 029	214 412
030350	Hareng	2 822 972	3 360 867	3 194 295	3 422 581	6 641 345	6 911 565	4 589 024	5 782 729	5 026 054	6 899 796
030360	Morue	1 793 985	10 569 172	796 299	5 435 207	1 027 429	6 519 971	141 041	955 196	330 718	1 613 880
030371	Sardines, sardinelles	11 314 785	10 530 993	15 549 923	16 162 611	16 005 006	16 621 666	13 343 131	11 972 735	798 809	707 251
030372	Églefin	34 088	75 721	7 969	25 187	10 817	26 907	27 641	103 211	5 476	17 076
030373	Lieu noir	..	..	..	..	..	..	22 775	13 750	28 344	46 593
030374	Maquereau	23 723 599	34 007 060	22 857 132	39 023 305	8 125 916	17 660 487	1 326 382	3 148 595	3 546 825	8 453 264
030375	Aiguillat et autres squalidés	1 210 273	6 106 702	806 287	3 848 703	386 604	1 905 122	301 449	1 299 692	64 048	377 617
030376	Anguille	1 360 132	3 374 843	1 136 094	2 901 363	1 669 326	6 425 854	455 280	1 619 151	575 038	3 836 399
030377	Bar (loup)	16 033	56 256	5 802	33 750	5 067	30 697	1 106	6 259	12 498	73 547
030378	Merlu	23 986 807	34 725 280	26 187 466	43 069 500	26 554 924	52 941 597	24 502 980	50 443 320	29 994 424	58 176 723
030379	Poisson nra	33 694 369	61 922 619	28 229 762	60 457 842	33 311 184	72 231 102	32 821 725	78 096 026	35 217 052	75 226 825
030380	Foies, oeufs et laitances	4 342 187	37 686 870	4 342 578	37 246 992	4 337 950	42 929 283	3 915 365	47 775 714	3 630 061	38 583 488
0304	**Filets de poisson et autre chair de poisson**	**39 848 720**	**253 218 270**	**39 012 779**	**305 319 949**	**36 166 455**	**290 570 756**	**30 959 724**	**252 318 691**	**31 959 663**	**280 660 685**
030410	Filets et autre chair de poisson, frais ou réfrigéré	14 411 137	122 568 880	16 627 477	166 973 957	13 742 243	143 569 599	13 746 784	124 849 682	13 806 297	135 432 534
030420	Filets de poissons, congelé	21 937 702	122 046 035	18 619 811	125 365 070	18 844 987	134 053 451	14 067 670	115 114 635	15 669 351	136 970 467
030490	Chair de poisson nra, congelé	3 499 881	8 603 354	3 765 491	12 980 922	3 579 225	12 947 706	3 145 270	12 354 374	2 484 015	8 257 685
0305	**Poisson, séché, salé, fumé, ou en saumure**	**31 626 674**	**150 443 403**	**31 037 754**	**147 648 072**	**28 989 509**	**136 024 397**	**26 329 716**	**134 274 001**	**24 122 784**	**135 488 196**
030510	Farine de poisson, consommation humaine	13 838	37 704	17 804	41 230	6 940	21 691	..	..	320	971
030520	Foies, oeufs et laitances	2 374 064	47 358 098	2 325 280	39 441 803	1 624 555	23 546 640	1 202 750	20 464 644	1 722 486	29 400 474
030530	Filets de poisson (non fumé)	4 666 012	25 234 576	4 717 798	25 742 209	4 216 328	26 056 485	1 989 590	15 691 449	2 175 924	15 818 354
030541	Saumon (Pacifique, Atlantique et Danube), fumé	147 403	2 580 526	169 165	3 380 012	175 839	3 816 126	171 473	3 967 424	206 396	4 604 502
030542	Hareng, fumé	12 972 177	26 442 274	..	..	..	..	..	..	..	..
030549	Poisson nra, fumé	105 273	809 070	143 249	1 052 757	115 175	980 275	289 478	1 868 052	171 131	1 043 988
030551	Morue, séché, non fumé	714 508	5 912 745	897 128	7 667 014	950 598	9 181 977	821 817	8 029 245	1 128 164	10 194 814
030559	Poisson nra, séché, salé, non fumé	4 262 764	19 105 429	3 914 871	20 997 553	4 526 964	24 821 417	5 145 759	28 683 683	3 146 072	17 413 037
030561	Hareng, salé ou en saumure	354 028	728 691	207 791	383 429	141 920	410 260	368 884	691 133	246 233	523 273
030562	Morue, salé ou en saumure	1 753 891	11 025 745	1 311 266	8 675 631	876 093	6 805 076	691 768	6 729 815	674 415	6 502 143
030563	Anchois, salé ou en saumure	48	246	24	136	24	141	1 269	6 162	..	..
030569	Poisson nra, salé ou en saumure	4 253 415	11 170 729	4 286 932	12 082 046	3 385 581	11 376 911	3 097 657	14 813 039	3 515 028	16 114 338

Tableau 9. Exportations par produit (*suite*)

		2009		2010		2011		2012		2013	
		Tonnes	USD	Tonnes	USD	Tonnes	USD	Tonnes	USD	Tonnes	USD
0306	**Crustacés**	**179 669 184**	**1 361 210 261**	**197 150 560**	**1 599 845 896**	**188 758 201**	**1 888 317 234**	**196 943 675**	**1 921 544 634**	**212 391 204**	**2 081 768 321**
030611	Langoustes et autres palinuridés, congelé	151 549	1 596 385	90 545	854 205	56 561	934 953	197 718	2 152 048	137 152	1 668 150
030612	Homard nra	12 856 998	272 486 978	16 900 967	420 766 145	19 371 048	466 432 691	20 301 672	468 982 947	20 811 169	464 238 406
030613	Crevettes, congelé	71 508 779	239 685 901	90 108 431	293 313 681	77 943 583	298 229 138	77 873 342	313 820 609	84 913 073	361 231 992
030614	Crabes, congelé	62 249 778	463 834 750	55 747 885	485 366 951	55 724 804	672 401 357	62 243 304	662 101 790	64 689 500	689 300 749
030619	Crustacés nra, congelé	16 329	129 213	10 988	232 919	17 486	44 236	0	0	48 540	284 847
030621	Langoustes et autres palinuridés (non congelé)	..	..	1 544	5 021	..	..	4 155	21 543	37 318	187 746
030622	Homard nra (non congelé)	26 692 643	333 594 219	27 061 740	337 118 362	29 854 978	391 509 837	30 799 654	403 473 723	34 650 282	464 544 804
030623	Crevettes (non congelé)	285 554	2 840 793	191 658	1 919 885	136 685	1 848 909	93 641	1 164 290	38 981	290 773
030624	Crabes (non congelé)	5 905 808	47 025 146	7 030 148	60 199 909	5 645 803	56 835 256	5 420 495	69 696 763	7 012 761	99 793 046
030629	Crustacés nra (non congelé)	1 746	16 875	6 654	68 815	7 253	80 856	9 694	130 921	52 428	227 809
0307	**Mollusques**	**32 041 403**	**235 156 974**	**37 659 393**	**280 331 124**	**38 307 752**	**320 333 082**	**42 194 596**	**340 413 501**	**43 890 947**	**390 583 163**
030710	Huîtres	1 783 019	9 102 430	2 350 321	13 017 212	2 615 568	15 874 119	2 954 868	18 791 419	3 726 378	28 351 188
030721	St-Jacques, vi, fr, ou ré	1 248 283	18 148 907	1 444 105	23 378 510	1 774 304	38 419 198	1 648 523	36 499 647	2 533 582	60 173 444
030729	St-Jacques, co, sc, sl, ou sm	4 081 986	65 377 860	4 104 020	69 611 906	3 563 584	75 637 927	3 114 983	70 679 834	4 329 681	92 036 177
030731	Moules, vi, fr, ou ré	10 767 129	26 812 677	12 761 722	32 459 085	13 878 528	36 403 718	15 024 119	39 543 065	14 639 459	40 215 103
030739	Moules, co, sc, sl, ou sm	622 431	2 313 720	834 110	3 203 805	738 543	3 051 609	744 824	3 012 713	833 402	3 807 485
030741	Seiches, encornets et calmars, vi, fr, ou ré	..	..	0	0	0	0	..	..	751	1 843
030749	Seiches, encornets et calmars, co, sc, sl, ou sm	116 114	287 533	23 878	73 480	119 048	371 882	48 480	283 833	122 538	678 475
030751	Poulpe, vi, fr, ou ré	1 100	3 166	21 623	80 290	336	1 111	..	..	1 884	6 021
030759	Poulpe, co, sc, sl, ou sm	25	79	4 234	15 234	45 197	167 711	9 803	63 022	51 903	604 240
030760	Escargots (autres que de mer)	72 140	382 083	146 127	685 833	316 450	2 377 015	1 007 674	7 437 217	967 134	5 688 993
030791	Mollusques nra, vi, fr, ou ré	7 145 759	62 119 256	8 038 050	71 979 756	8 419 793	75 309 693	9 230 451	80 774 778	9 081 131	88 426 849
030799	Mollusques nra, co, sc, sl, ou sm	6 203 417	50 609 263	7 931 203	65 826 011	6 836 401	72 719 100	8 410 871	83 327 974	7 603 104	70 593 346
121220	**Algues**	**..**	**11 556 504**	**..**	**11 625 002**	**..**	**11 878 101**	**..**	**12 334 250**	**6 094 515**	**13 044 920**
1504	**Graisses, huiles et leurs fractions**	**3 113 086**	**21 377 972**	**4 842 534**	**36 626 445**	**7 751 777**	**51 382 901**	**5 658 999**	**36 099 441**	**5 086 363**	**30 625 934**
150410	Huiles de foies de poisson, et fractions	253 242	931 299	355 582	1 734 924	131 151	1 106 667	29 859	386 819	101 536	1 340 040
150420	Graisses et huiles de poisson, et fractions	2 119 618	18 198 530	4 178 321	33 621 519	6 989 360	47 889 965	5 264 306	34 354 066	4 973 570	29 077 929
150430	Graisses et huiles de mammifère marin, et fractions	740 226	2 248 143	308 631	1 270 001	631 266	2 386 270	364 834	1 358 556	11 257	207 965
1604	**Préparations et conserves de poisson; caviars et succédanés**	**24 562 235**	**115 668 944**	**26 235 045**	**119 670 975**	**23 182 835**	**114 238 052**	**..**	**121 980 074**	**22 651 016**	**138 646 029**
160411	Saumon, non haché	3 845 565	25 372 704	5 819 826	35 701 294	3 600 672	28 895 339	3 582 199	30 510 478	5 709 461	52 694 283
160412	Hareng, non haché	6 429 412	18 772 184	6 945 744	20 837 050	7 354 379	22 040 735	7 331 795	24 243 419	7 491 726	26 089 615
160413	Sardines, sardinelles, sprats, esprots, non haché	6 538 062	19 659 307	6 822 073	20 938 680	6 038 431	18 854 125	3 842 186	16 804 811	3 981 983	18 181 159
160414	Thons, listaos, sardes, non haché	79 817	623 508	71 035	552 313	146 586	527 069	116 384	468 377	791 169	2 802 725
160415	Maquereau, non haché	194 147	340 554	336 842	583 542	330 593	707 514	112 728	234 009	152 653	327 311
160416	Anchois, non haché	307	2 720	123	1 163	48	469	218	2 114	47	1 197
160419	Poisson nra, non haché	6 049 379	40 705 445	4 856 667	30 953 993	4 186 801	30 605 707	4 781 585	35 615 124	3 837 695	31 117 086
160420	Poisson, haché	1 148 393	7 417 548	1 238 509	8 104 050	1 342 737	9 710 859	1 078 884	7 956 947	381 817	2 780 607
160430	Caviar et succédanés	277 153	2 774 973	144 226	1 998 891	182 588	2 896 236	378 718	6 144 793	304 465	4 652 047
1605	**Préparations et conserves de crustacés**	**18 384 513**	**186 107 506**	**21 318 009**	**260 664 146**	**23 173 288**	**307 831 244**	**20 575 624**	**322 740 959**	**22 181 302**	**327 495 833**
160510	Crabes	3 037 094	26 207 711	2 548 772	26 123 797	1 320 134	17 465 738	1 954 867	25 374 305	2 570 696	34 264 982
160520	Crevettes	8 614 552	53 102 737	9 976 699	65 887 087	12 169 129	97 883 494	8 297 236	71 850 821	9 441 418	75 965 190
160530	Homard	4 977 315	99 814 549	6 895 586	161 076 143	7 179 578	179 456 667	8 503 731	214 646 169	8 297 188	202 750 728
160540	Crustacés nra	918	138 628	72 833	841 096	140 565	1 407 985	267 622	2 785 599	357 489	3 374 779
230120	**Farine de poisson**	**9 565 667**	**7 153 974**	**9 478 500**	**7 754 959**	**8 792 875**	**9 656 611**	**8 786 576**	**9 122 832**	**6 634 827**	**8 443 528**
	TOTAL	**579 661 376**	**3 168 462 606**	**624 586 230**	**3 755 828 003**	**592 116 039**	**4 090 148 768**	**..**	**4 138 314 944**	**..**	**4 382 561 055**

.. Non disponible

Note : nra : non répertorié ailleurs. vi : vivant. fr : frais. ré : réfrigéré. co : congelé. sc : séché. sl : salé. sm : en saumure.

Métadonnées détaillées : http://metalinks.oecd.org/fish/20150108/8d66

Source : OCDE (2014), « Pêcheries : Commerce par produit », Statistiques agricoles de l'OCDE (base de données). DOI: 10.1787/data-00677-fr

CHILI

Tableau 1. Flotte de pêche

	2006	2007	2008	2009	2010	2011	2012	2013
NOMBRE DE NAVIRES								
Total des navires	..	**7 614**	**8 014**	**7 544**	**31 978**	**25 696**	**26 805**	..
Navires à moteur	..	7 300	7 634	7 218	31 978	25 696	26 805	..
0-5,9 mètres	..	284	314	279	0	0	0	..
6-11,9 mètres	..	5 621	5 931	5 635	14 490	11 505	12 041	..
12-17,9 mètres	..	994	1 014	962	1 409	1 260	1 287	..
18-23,9 mètres	..	216	212	196	25	25	24	..
24-29,9 mètres	..	13	10	9	20	13	12	..
30-35,9 mètres	..	47	44	14	28	29	27	..
36-44,9 mètres	..	43	37	52	14 529	11 542	12 075	..
45-59,9 mètres	..	65	55	51	763	646	658	..
60-74,9 mètres	..	14	14	19	712	674	679	..
75 mètres et plus	..	3	3	1	2	2	2	..
Longueur inconnue	..	..	..	..	0	..	..	..
Navires sans moteur	..	314	380	326	362	429	..	..
TONNAGE BRUT								
Total des navires	..	**197 828**	**188 443**	**161 244**	**106 344**	**101 109**	**160 360**	..
Navires à moteur	..	196 963	187 325	160 225	106 344	101 109	160 360	..
0-5,9 mètres	..	685	848	924	1 051	1 114	..	..
6-11,9 mètres	..	28 550	30 419	30 968	37 133	43 419	..	..
12-17,9 mètres	..	28 260	28 948	26 853	31 811	34 948	..	..
18-23,9 mètres	..	11 035	10 838	10 185	2 119	2 837	2 748	..
24-29,9 mètres	..	2 544	1 984	1 692	3 387	3 387	3 237	..
30-35,9 mètres	..	12 956	12 292	3 954	8 705	8 863	8 175	..
36-44,9 mètres	..	20 907	18 037	16 787	17 169	17 279	79 733	..
45-59,9 mètres	..	60 563	52 496	40 070	60 270	54 049	48 479	..
60-74,9 mètres	..	21 347	21 347	25 806	6 719	6 719	10 011	..
75 mètres et plus	..	10 116	10 116	2 985	7 976	7 976	7 976	..
Longueur inconnue	..	..	..	..	..	..	..	..
Navires sans moteur	..	865	1 118	1 019	1 300	1 738	..	..

.. Non disponible

Note : Métadonnées détaillées : http://metalinks.oecd.org/fish/20150108/4cf0

Source : OCDE (2014), « Pêcheries : Flotte de pêche », Statistiques agricoles de l'OCDE (base de données). DOI: 10.1787/data-00218-fr

Tableau 2. Emploi dans les pêcheries

Personnes employées

	2006	2007	2008	2009	2010	2011	2012	2013
Plein-temps	..	**123 478**	**123 186**	**125 679**	**127 573**	**132 440**	**137 235**	..
Secteur de capture	..	68 138	72 805	79 072	85 800	88 617	93 575	..
Pêche en eaux intérieures	..	..	..	..	..	..	..	..
Homme	..	..	..	..	..	..	..	..
Femme	..	..	..	..	..	..	..	..
Eaux maritimes (pêche côtière)	..	64 037	69 310	79 072	82 685	85 268	91 437	..
Homme	..	56 593	59 293	66 095	68 193	67 276	20 399	..
Femme	..	7 444	10 017	12 977	14 492	17 992	71 038	..
Eaux maritimes (pêche en haute mer)	..	4 101	3 495	..	3 115	3 349	2 138	..
Homme	..	3 850	3 436	..	3 004	3 221	2 133	..
Femme	..	251	59	..	111	128	5	..
Aquaculture	..	19 621	13 256	11 530	11 413	9 843	11 086	..
Homme	..	16 591	13 256	11 530	11 413	9 843	..	..
Femme	..	3 030	..	..	..	..	..	..
Transformation	..	35 719	37 125	35 077	30 359	33 980	34 712	..
Homme	..	18 350	19 200	19 405	16 212	18 287	18 873	..
Femme	..	17 369	17 925	15 672	14 147	15 693	15 838	..
Temps partiel	..	**5 485**	**8 217**	**8 099**	**2 703**	**2 748**	**2 768**	..
Secteur de capture	..	464	276	..	..	..	..	..
Pêche en eaux intérieures	..	..	..	..	..	..	..	..
Homme	..	..	..	..	..	..	..	..
Femme	..	..	..	..	..	..	..	..
Eaux maritimes (pêche côtière)	..	..	..	..	..	..	..	..
Homme	..	..	..	..	..	..	..	..
Femme	..	..	..	..	..	..	..	..
Eaux maritimes (pêche en haute mer)	..	464	276	..	..	..	..	..
Homme	..	444	251	..	..	..	..	..
Femme	..	20	25	..	..	..	..	..
Aquaculture	..	..	3 904	3 193	2 703	2 748	2 768	..
Homme	..	..	3 904	3 193	2 703	2 748	..	..
Femme	..	..	..	..	..	..	..	..
Transformation	..	5 021	4 037	4 906	..	..	..	..
Homme	..	3 424	2 821	3 317	..	..	..	..
Femme	..	1 597	1 216	1 589	..	..	..	..
Total	..	**128 963**	**131 403**	**133 778**	**130 276**	**135 188**	**142 142**	..
Secteur de capture	..	68 602	73 081	79 072	85 800	88 617	93 575	..
Pêche en eaux intérieures	..	..	..	..	..	..	..	..
Homme	..	..	..	..	..	..	..	..
Femme	..	..	..	..	..	..	..	..
Eaux maritimes (pêche côtière)	..	64 037	69 310	79 072	82 685	85 268	91 437	..
Homme	..	56 593	59 293	66 095	68 193	67 276	20 399	..
Femme	..	7 444	10 017	12 977	14 492	17 992	71 038	..
Eaux maritimes (pêche en haute mer)	..	4 565	3 771	..	3 115	3 349	2 138	..
Homme	..	4 294	3 687	..	3 004	3 221	2 133	..
Femme	..	271	84	..	111	128	5	..
Aquaculture	..	19 621	17 160	14 723	14 116	12 591	13 854	..
Homme	..	16 591	17 160	14 723	14 116	12 591	..	..
Femme	..	3 030	..	..	..	..	..	..
Transformation	..	40 740	41 162	39 983	30 359	33 980	34 712	..
Homme	..	21 774	22 021	22 722	16 212	18 287	18 873	..
Femme	..	18 966	19 141	17 261	14 147	15 693	15 838	..

.. Non disponible

Note : Métadonnées détaillées : http://metalinks.oecd.org/fish/20150108/edab

Source : OCDE (2014), « Pêcheries : Emploi dans la pêche », Statistiques agricoles de l'OCDE (base de données). DOI: 10.1787/data-00219-fr

Tableau 3. Débarquements nationaux dans les ports nationaux

	2006	2007	2008	2009	2010	2011	2012	2013
VOLUME (TONNES)								
Total poissons	..	**3 536 910**	**3 269 221**	**3 236 452**	**2 357 044**	**2 778 570**	**2 307 840**	..
Saumon	..	..	..	..	..	..	..	..
Saumon rose	..	..	..	..	..	..	..	..
Saumon keta	..	..	..	..	..	..	..	..
Saumon rouge	..	..	..	..	..	..	..	..
Saumon argenté	..	..	..	..	..	..	..	..
Autres saumons	..	..	..	..	..	..	..	..
Poissons plats	..	73	102	129	55	43	39	..
Flétan	..	..	..	..	..	..	..	..
Flétan noir	..	..	..	..	..	..	..	..
Sole	..	..	..	..	..	..	..	..
Plie	..	..	..	..	..	..	..	..
Autres poissons plats	..	73	102	129	55	43	39	..
Poissons de fond	..	173 422	178 459	180 152	186 128	168 577	151 252	..
Morue (Atlantique et Pacifique)	..	4 975	5 281	5 193	..	..	..	..
Églefin	..	..	..	..	..	..	..	..
Lieu	..	..	..	..	..	..	..	..
Morue du Pacifique occidental	..	..	..	..	..	..	..	..
Merlan	..	..	..	..	..	..	..	..
Merlu (toutes espèces)	..	45 852	47 981	47 152	74 558	66 241	60 008	..
Sébaste	..	..	..	..	234	377	284	..
Autres poissons de fond	..	122 596	125 197	127 807	111 336	101 959	90 960	..
Pélagiques	..	3 359 470	3 087 777	3 052 557	2 163 663	2 602 493	2 147 490	..
Chinchard	..	297 191	133 025	158 454	95 659	26 056	24 319	..
Maquereau	..	1 302 920	896 191	834 929	464 808	247 295	227 460	..
Hareng (Atlantique et Pacifique)	..	..	..	..	755 370	1 191 376	902 578	..
Sardine	..	280 990	805 692	855 267	771 011	905 166	872 358	..
Autres pélagiques	..	1 478 368	1 252 868	1 203 908	76 815	232 600	120 775	..
Thons	..	3 945	2 882	3 614	4 423	4 965	6 447	..
Listao	..	7	14	43	..	..	1	..
Thon rouge (nord et sud)	..	..	..	..	..	..	..	..
Germon	..	..	..	..	1	2	4	..
Albacore	..	79	78	54	30	2	49	..
Thon obèse	..	..	..	..	2	..	1	..
Autres thons	..	..	..	..	27	12	74	..
Espadon	..	3 860	2 789	3 517	4 363	4 949	6 318	..
Autres poissons	..	..	..	..	2 775	2 492	2 612	..
Total crustacés	..	**17 571**	**22 061**	**22 870**	**25 033**	**30 078**	**29 919**	..
Homard et langouste	..	..	..	..	72	106	100	..
Langoustine	..	..	..	..	..	..	..	..
Crevette	..	4 487	4 568	4 652	4 795	4 503	4 311	..
Autres crustacés	..	13 084	17 493	18 218	20 166	25 469	25 508	..
Total coquillages et mollusques	..	**119 710**	**152 504**	**101 042**	**297 646**	**253 644**	**213 590**	..
Huître	..	..	..	..	14	24	11	..
Moule	..	762	1 022	1 295	4 551	2 504	2 221	..
Coquille St-Jacques	..	5	6	324	502	903	825	..
Bivalves	..	8 396	15 220	15 774	39 700	32 545	20 227	..
Autres coquillages (incl. buccins	..	..	..	..	17 492	17 408	13 959	..
Calmar	..	77 183	103 611	45 545	200 446	163 558	145 097	..
Seiche	..	..	..	..	..	..	..	..
Poulpe	..	668	531	502	1 895	3 620	2 123	..
Autres mollusques (incl. oursins)	..	32 696	32 115	37 602	33 046	33 082	29 127	..
Autres animaux marins	..	..	..	..	..	..	..	..
Plantes aquatiques	..	**13 090**	**16 281**	**19 104**	**368 580**	**403 496**	**123 738**	..
Algue brune	..	2 562	5 563	5 922	271 251	313 740	98 072	..
Algue rouge	..	10 528	10 717	13 182	97 329	89 756	25 590	..
Autres algues	..	..	..	..	..	..	76	..
Poisson pour transformation	..	..	..	..	..	..	..	..
TOTAL GÉNÉRAL	**4 133 000**	**3 687 282**	**3 460 066**	**3 379 469**	**3 048 303**	**3 465 788**	**2 675 087**	..

Tableau 3. Débarquements nationaux dans les ports nationaux *(suite)*

	2006	2007	2008	2009	2010	2011	2012	2013
VALEUR (CLP)								
Total poissons	..	**772 833 901 291**	**789 724 539 292**	**777 411 442 190**	**372 811 285 305**	**379 426 429 348**	**1 053 080 247 934**	..
Saumon	..	..	..	..	..	..	..	..
Saumon rose	..	..	..	..	..	..	..	..
Saumon keta	..	..	..	..	..	..	..	..
Saumon rouge	..	..	..	..	..	..	..	..
Saumon argenté	..	..	..	..	..	..	..	..
Autres saumons	..	..	..	..	..	..	..	..
Poissons plats	..	198 809 692	307 138 471	380 292 878	144 515 751	125 826 470	118 103 113	..
Flétan	..	..	..	..	..	..	..	..
Flétan noir	..	..	..	..	..	..	..	..
Sole	..	..	..	..	..	..	..	..
Plie	..	..	..	..	..	..	..	..
Autres poissons plats	..	198 809 692	307 138 471	380 292 878	144 515 751	125 826 470	118 103 113	..
Poissons de fond	..	89 526 580 783	110 750 430 565	108 370 836 759	139 853 173 038	122 030 126 819	115 231 293 082	..
Morue (Atlantique et Pacifique)	..	29 062 724 710	33 944 003 765	32 678 378 612	..	..	..	..
Églefin	..	..	..	..	..	..	..	..
Lieu	..	..	..	..	..	..	..	..
Morue du Pacifique occidental	..	..	..	..	..	..	..	..
Merlan	..	..	..	..	..	..	..	..
Merlu (toutes espèces)	..	21 026 391 967	28 724 335 989	27 636 755 889	67 705 966 910	53 573 150 822	51 226 304 901	..
Sébaste	..	..	..	..	207 818 899	316 995 974	271 966 350	..
Autres poissons de fond	..	39 437 464 106	48 082 090 810	48 055 702 258	71 939 387 229	68 139 980 023	63 733 021 831	..
Pélagiques	..	670 869 222 324	668 556 611 502	656 212 651 805	217 778 546 614	238 712 287 163	913 734 255 417	..
Chinchard	..	25 426 204 495	15 026 024 086	17 523 282 345	10 650 409 998	2 992 837 758	2 890 775 211	..
Maquereau	..	151 601 015 331	114 727 526 284	129 267 475 686	72 450 622 297	39 766 631 053	37 853 119 836	..
Hareng (Atlantique et Pacifique)	..	..	..	..	47 657 130 502	77 544 668 285	60 796 841 760	..
Sardine	..	18 270 540 363	57 638 419 089	56 749 509 023	52 349 842 504	61 215 652 278	347 238 884 901	..
Autres pélagiques	..	475 571 462 135	481 164 642 044	452 672 384 752	34 670 541 313	57 192 497 790	464 954 633 709	..
Thons	..	12 239 288 492	10 110 358 754	12 447 660 748	13 146 640 476	16 215 188 045	21 555 505 022	..
Listao	..	10 831 003	25 836 863	75 810 898	..	..	398 046	..
Thon rouge (nord et sud)	..	..	..	..	..	..	..	..
Germon	..	..	..	..	1 766 551	3 644 946	7 544 219	..
Albacore	..	128 066 143	140 645 657	95 194 834	52 996 531	3 644 946	92 416 685	..
Thon obèse	..	..	..	..	3 533 102	..	1 886 055	..
Autres thons	..	..	..	..	7 688 258	2 084 263	42 790 299	..
Espadon	..	12 100 391 346	9 943 876 234	12 276 655 016	13 080 656 033	16 205 813 890	21 410 469 717	..
Autres poissons	..	..	..	..	1 888 409 427	2 343 000 850	2 441 091 299	..
Total crustacés	..	**21 550 123 855**	**30 789 016 769**	**31 375 780 968**	**25 046 124 693**	**34 024 682 804**	**27 563 874 356**	..
Homard et langouste	..	..	..	..	855 871 708	1 299 921 055	1 269 124 690	..
Langoustine	..	..	..	..	..	..	..	..
Crevette	..	4 176 549 961	4 574 699 799	5 452 910 557	5 658 938 406	4 810 999 334	4 766 554 391	..
Autres crustacés	..	17 373 573 894	26 214 316 970	25 922 870 411	18 531 314 579	27 913 762 415	21 528 195 275	..
Total coquillages et mollusques	..	**20 071 571 266**	**32 494 180 382**	**30 684 770 530**	**84 405 542 838**	**79 985 812 696**	**67 443 515 700**	..
Huître	..	..	..	..	6 390 758	11 302 396	5 360 992	..
Moule	..	91 303 492	138 492 370	171 825 845	785 171 890	482 485 436	557 101 798	..
Coquille St-Jacques	..	5 859 970	7 334 188	430 718 591	672 558 637	1 248 099 262	1 180 071 998	..
Bivalves	..	3 591 514 201	10 830 568 823	10 990 237 159	20 917 598 361	18 840 155 641	11 928 750 849	..
Autres coquillages (incl. buccins	..	..	..	..	21 425 127 155	19 980 037 680	18 303 405 531	..
Calmar	..	6 339 234 630	9 752 899 288	5 876 243 833	26 049 851 014	21 965 410 640	20 227 252 252	..
Seiche	..	..	..	..	..	..	..	..
Poulpe	..	54 863 232	49 961 286	64 767 646	2 236 993 777	4 782 982 944	3 550 332 708	..
Autres mollusques (incl. oursins)	..	9 988 795 742	11 714 924 428	13 150 977 456	12 311 851 245	12 675 338 698	11 691 239 571	..
Autres animaux marins	..	..	..	..	..	..	..	..
Plantes aquatiques	..	**1 971 109 790**	**2 819 776 330**	**3 309 960 767**	**51 489 773 012**	**56 138 667 497**	**21 251 900 896**	..
Algue brune	..	385 787 700	963 525 509	1 026 039 603	37 963 189 489	43 534 968 523	14 950 883 193	..
Algue rouge	..	1 585 322 090	1 856 250 822	2 283 921 164	13 526 583 523	12 603 698 975	6 284 777 187	..
Autres algues	..	..	..	..	..	..	16 240 516	..
Poisson pour transformation	..	..	..	..	..	..	..	..
TOTAL GÉNÉRAL	..	**816 426 706 202**	**855 827 512 774**	**842 781 954 455**	**533 752 725 848**	**549 575 592 345**	**1 169 339 538 885**	..

.. Non disponible

Note : Métadonnées détaillées : http://metalinks.oecd.org/fish/20150108/1a51

Source : OCDE (2014), « Pêcheries : Débarquements nationaux dans les ports domestiques », Statistiques agricoles de l'OCDE (base de données). DOI: 10.1787/data-00222-fr

Tableau 5. Débarquements étrangers dans les ports nationaux

	2006	2007	2008	2009	2010	2011	2012	2013
VOLUME (TONNES)								
Total poissons	..	..	**2 695**	**4 823**	**5 328**	**1 569**	**7 093**	..
Saumon	..	..	..	..	..	..	..	..
Saumon rose	..	..	..	..	..	..	..	..
Saumon keta	..	..	..	..	..	..	..	..
Saumon rouge	..	..	..	..	..	..	..	..
Saumon argenté	..	..	..	..	..	..	..	..
Autres saumons	..	..	..	..	..	..	..	..
Poissons plats	..	..	..	..	..	..	..	..
Flétan	..	..	..	..	..	..	..	..
Flétan noir	..	..	..	..	..	..	..	..
Sole	..	..	..	..	..	..	..	..
Plie	..	..	..	..	..	..	..	..
Autres poissons plats	..	..	..	..	..	..	..	..
Poissons de fond	..	..	2 695	4 823	5 328	1 569	7 093	..
Morue (Atlantique et Pacifique)	..	..	..	..	..	..	..	..
Églefin	..	..	..	..	..	..	..	..
Lieu	..	..	..	..	..	..	..	..
Morue du Pacifique occidental	..	..	..	..	..	..	..	..
Merlan	..	..	..	..	..	..	..	..
Merlu (toutes espèces)	..	..	..	..	..	310	2 411	..
Sébaste	..	..	..	..	..	..	..	..
Autres poissons de fond	..	..	2 695	4 823	5 328	1 259	4 682	..
Pélagiques	..	..	..	..	..	..	0	..
Chinchard	..	..	..	..	..	..	..	..
Maquereau	..	..	..	..	..	..	..	..
Hareng (Atlantique et Pacifique)	..	..	..	..	..	..	..	..
Sardine	..	..	..	..	..	..	..	..
Autres pélagiques	..	..	..	..	..	..	0	..
Thons	..	..	..	..	..	..	..	..
Listao	..	..	..	..	..	..	..	..
Thon rouge (nord et sud)	..	..	..	..	..	..	..	..
Germon	..	..	..	..	..	..	..	..
Albacore	..	..	..	..	..	..	..	..
Thon obèse	..	..	..	..	..	..	..	..
Autres thons	..	..	..	..	..	..	..	..
Espadon	..	..	..	..	..	..	..	..
Autres poissons	..	..	..	..	..	..	..	..
Total crustacés	..	..	**10 589**	**2 090**	**14 719**	**6 188**	**2 586**	..
Homard et langouste	..	..	..	..	..	..	..	..
Langoustine	..	..	..	..	..	..	..	..
Crevette	..	..	..	..	..	..	..	..
Autres crustacés	..	..	10 589	2 090	14 719	6 188	2 586	..
Total coquillages et mollusques	..	..	..	..	..	..	**585**	..
Huître	..	..	..	..	..	..	..	..
Moule	..	..	..	..	..	..	..	..
Coquille St-Jacques	..	..	..	..	..	..	..	..
Bivalves	..	..	..	..	..	..	..	..
Autres coquillages (incl. buccins	..	..	..	..	..	..	..	..
Calmar	..	..	..	..	..	..	585	..
Seiche	..	..	..	..	..	..	..	..
Poulpe	..	..	..	..	..	..	..	..
Autres mollusques (incl. oursins)	..	..	..	..	..	..	..	..
Autres animaux marins	..	..	..	..	..	..	..	..
Plantes aquatiques	..	..	..	..	..	..	..	..
Algue brune	..	..	..	..	..	..	..	..
Algue rouge	..	..	..	..	..	..	..	..
Autres algues	..	..	..	..	..	..	..	..
Poisson pour transformation	..	..	..	..	..	..	..	..
TOTAL GÉNÉRAL	..	..	**13 284**	**6 913**	**14 719**	**7 756**	**10 264**	..

Tableau 5. Débarquements étrangers dans les ports nationaux *(suite)*

	2006	2007	2008	2009	2010	2011	2012	2013
VALEUR (CLP)								
Total poissons	..	..	**1 444 204 697**	**2 281 467 234**	**1 955 458 973**	**597 455 969**	**4 541 086 231**	..
Saumon	..	..	..	..	..	..	..	..
Saumon rose	..	..	..	..	..	..	..	..
Saumon keta	..	..	..	..	..	..	..	..
Saumon rouge	..	..	..	..	..	..	..	..
Saumon argenté	..	..	..	..	..	..	..	..
Autres saumons	..	..	..	..	..	..	..	..
Poissons plats	..	..	..	..	..	..	..	..
Flétan	..	..	..	..	..	..	..	..
Flétan noir	..	..	..	..	..	..	..	..
Sole	..	..	..	..	..	..	..	..
Plie	..	..	..	..	..	..	..	..
Autres poissons plats	..	..	..	..	..	..	..	..
Poissons de fond	..	..	1 444 204 697	2 281 467 234	1 955 458 973	597 455 969	4 540 886 529	..
Morue (Atlantique et Pacifique)	..	..	..	..	..	..	..	..
Églefin	..	..	..	..	..	..	..	..
Lieu	..	..	..	..	..	..	..	..
Morue du Pacifique occidental	..	..	..	..	..	..	..	..
Merlan	..	..	..	..	..	..	..	..
Merlu (toutes espèces)	..	..	..	..	..	91 494 555	835 928 386	..
Sébaste	..	..	..	..	..	..	..	..
Autres poissons de fond	..	..	1 444 204 697	2 281 467 234	1 955 458 973	505 961 414	3 704 958 143	..
Pélagiques	..	..	..	..	..	..	199 702	..
Chinchard	..	..	..	..	..	..	..	..
Maquereau	..	..	..	..	..	..	..	..
Hareng (Atlantique et Pacifique)	..	..	..	..	..	..	..	..
Sardine	..	..	..	..	..	..	..	..
Autres pélagiques	..	..	..	..	..	..	199 702	..
Thons	..	..	..	..	..	..	..	..
Listao	..	..	..	..	..	..	..	..
Thon rouge (nord et sud)	..	..	..	..	..	..	..	..
Germon	..	..	..	..	..	..	..	..
Albacore	..	..	..	..	..	..	..	..
Thon obèse	..	..	..	..	..	..	..	..
Autres thons	..	..	..	..	..	..	..	..
Espadon	..	..	..	..	..	..	..	..
Autres poissons	..	..	..	..	..	..	..	..
Total crustacés	..	..	**14 696 832 405**	**3 065 716 998**	**20 201 223 144**	**8 921 812 065**	**3 909 230 461**	..
Homard et langouste	..	..	..	..	..	..	..	..
Langoustine	..	..	..	..	..	..	..	..
Crevette	..	..	..	..	..	..	..	..
Autres crustacés	..	..	14 696 832 405	3 065 716 998	20 201 223 144	8 921 812 065	3 909 230 461	..
Total coquillages et mollusques	..	..	..	..	..	..	**91 336 287**	..
Huître	..	..	..	..	..	..	..	..
Moule	..	..	..	..	..	..	..	..
Coquille St-Jacques	..	..	..	..	..	..	..	..
Bivalves	..	..	..	..	..	..	..	..
Autres coquillages (incl. buccins	..	..	..	..	..	..	..	..
Calmar	..	..	..	..	..	..	91 336 287	..
Seiche	..	..	..	..	..	..	..	..
Poulpe	..	..	..	..	..	..	..	..
Autres mollusques (incl. oursins)	..	..	..	..	..	..	..	..
Autres animaux marins	..	..	..	..	..	..	..	..
Plantes aquatiques	..	..	..	..	..	..	..	..
Algue brune	..	..	..	..	..	..	..	..
Algue rouge	..	..	..	..	..	..	..	..
Autres algues	..	..	..	..	..	..	..	..
Poisson pour transformation	..	..	..	..	..	..	..	..
TOTAL GÉNÉRAL	..	..	**16 141 037 102**	**5 347 184 232**	**20 201 223 144**	**9 519 268 035**	**8 541 652 979**	..

.. Non disponible

Note : Métadonnées détaillées : http://metalinks.oecd.org/fish/20150108/8b8e

Source : OCDE (2014), « Pêcheries : Débarquements étrangers dans les ports domestiques », Statistiques agricoles de l'OCDE (base de données). DOI: 10.1787/data-00224-fr

Tableau 6. Production de l'aquaculture

	2006	2007	2008	2009	2010	2011	2012	2013
VOLUME (TONNES)								
Poissons	**647 579**	**601 215**	**630 932**	**474 495**	**467 156**	**649 744**	**828 632**	..
Saumon de l'Atlantique	..	331 042	388 847	204 013	123 233	264 354	399 678	..
Saumon du Pacifique	..	105 477	92 317	120 009	122 744	159 585	161 761	..
Truite arc-en-ciel	..	162 406	149 411	149 557	220 244	224 459	265 056	..
dont : d'eau de mer	..	162 406	149 411	149 557	220 244	224 459	265 056	..
dont : d'eau douce	..	..	..	..	..	..	..	..
Truite de mer	..	..	..	..	..	..	..	..
Poisson plat	..	353	282	321	299	252	442	..
Dorade	..	..	..	..	..	..	..	..
Bar	..	..	..	..	..	..	..	..
Loup	..	..	..	..	..	..	..	..
Carpe	..	..	..	..	..	..	..	..
Tilapia	..	..	..	..	..	..	..	..
Anguille	..	..	..	..	..	..	..	..
Autres poissons	..	1 937	75	595	636	1 094	1 695	..
Coquillages et crustacés	**149 881**	**176 583**	**212 210**	**195 325**	**233 906**	**305 298**	**265 672**	..
Huître, comestible	..	965	1 087	218	257	380	306	..
Huître, perle	..	..	..	..	..	..	..	..
Moule	..	153 433	187 064	175 728	224 015	293 058	258 764	..
Coquille St.-Jacques	..	20 072	21 277	16 482	8 840	11 020	5 749	..
Bivalves	..	..	..	..	..	..	..	..
Crevette et bouquet	..	..	..	..	..	..	..	..
Autres coquillages et crustacés	..	2 113	2 782	2 897	794	840	853	..
Total poissons, coquillages et crustacés	..	**777 798**	**843 142**	**669 820**	**701 062**	**955 042**	**1 094 304**	..
Autres animaux marins	..	..	..	..	..	..	..	..
Plantes aquatiques	38 219	26 387	27 703	88 193	12 179	14 535	10 611	..
Algue brune	..	..	1	5	12	..	..	..
Algue rouge	..	23 668	21 686	88 147	12 150	14 508	10 596	..
Algue verte	..	2 712	6 000	3	..	..	..	..
Autres plantes aquatiques	..	7	16	38	17	27	15	..
TOTAL GÉNÉRAL	**836 000**	**804 185**	**870 845**	**758 013**	**713 241**	**969 577**	**1 104 915**	..
VALEUR (CLP)								
Poissons	..	**1 176 485 895 269**	**1 240 099 273 320**	**927 665 552 513**	**989 042 916 394**	**1 669 941 585 388**	**2 433 926 625 193**	..
Saumon de l'Atlantique	..	659 388 821 557	774 528 202 150	406 365 028 161	236 445 974 063	636 631 128 514	1 084 796 235 489	..
Saumon du Pacifique	..	210 095 259 005	183 882 401 145	239 040 946 727	235 507 734 458	384 320 943 296	439 047 743 056	..
Truite arc-en-ciel	..	305 350 158 193	280 917 407 521	281 191 911 684	515 760 175 197	646 258 402 322	905 299 457 146	..
dont : d'eau de mer	..	305 350 158 193	280 917 407 521	281 191 911 684	515 760 175 197	646 258 402 322	905 299 457 146	..
dont : d'eau douce	..	..	..	..	..	..	..	..
Truite de mer	..	..	..	..	..	..	..	..
Poisson plat	..	930 492 044	743 339 254	846 141 491	108 745 582	96 483 240	185 641 680	..
Dorade	..	..	..	..	..	..	..	..
Bar	..	..	..	..	..	..	..	..
Loup	..	..	..	..	..	..	..	..
Carpe	..	..	..	..	..	..	..	..
Tilapia	..	..	..	..	..	..	..	..
Anguille	..	..	..	..	..	..	..	..
Autres poissons	..	721 164 470	27 923 250	221 524 450	1 220 287 094	2 634 628 016	4 597 547 823	..
Coquillages et crustacés	..	**48 637 290 208**	**55 027 075 475**	**46 700 611 772**	**45 375 628 838**	**58 861 541 713**	**48 782 003 055**	..
Huître, comestible	..	441 913 355	497 782 193	99 831 203	117 314 743	178 953 438	149 133 047	..
Huître, perle	..	..	..	..	..	..	..	..
Moule	..	20 564 870 483	25 072 487 222	23 553 105 005	30 097 008 114	39 530 741 709	36 289 528 897	..
Coquille St.-Jacques	..	26 977 552 815	28 597 119 931	22 152 452 446	11 843 329 888	15 231 410 914	8 223 313 835	..
Bivalves	..	..	..	..	..	..	..	..
Crevette et bouquet	..	..	..	..	..	..	..	..
Autres coquillages et crustacés	..	652 953 555	859 686 129	895 223 118	3 317 976 093	3 920 435 652	4 120 027 276	..
Total poissons, coquillages et crustacés	..	**1 225 123 185 477**	**1 295 126 348 795**	**974 366 164 285**	**1 034 418 545 232**	**1 728 803 127 100**	**2 482 708 628 248**	..
Autres animaux marins	..	..	..	..	..	..	..	..
Plantes aquatiques	..	2 061 916 072	2 506 085 626	5 914 751 216	772 155 983	949 877 498	697 331 773	..
Algue brune	..	..	67 016	335 079	2 137 651	..	..	..
Algue rouge	..	1 586 129 954	1 453 304 639	5 907 241 723	766 548 360	944 295 253	694 062 875	..
Algue verte	..	474 561 218	1 049 914 200	524 957	..	..	..	..
Autres plantes aquatiques	..	1 224 900	2 799 771	6 649 457	3 469 972	5 582 245	3 268 898	..
TOTAL GÉNÉRAL	..	**1 227 185 101 549**	**1 297 632 434 421**	**980 280 915 501**	**1 035 190 701 215**	**1 729 753 004 598**	**2 483 405 960 021**	..

.. Non disponible

Note : Métadonnées détaillées : http://metalinks.oecd.org/fish/20150108/ed90

Source : OCDE (2014), « Pêcheries : Production de l'aquaculture », Statistiques agricoles de l'OCDE (base de données). DOI: 10.1787/data-00225-fr

CHILI

Tableau 7. Transferts financiers publics (TFP)

Milliers CLP

	2006	2007	2008	2009	2010	2011	2012	2013
Total des TFP								
Pêche maritime	**..**	**20 559 469**	**25 259 333**	**32 759 366**	**51 200 437**	**52 080 511**	**43 480 958**	**..**
Paiements directs	..	694 506	579 481	8 079 514	5 925 657	6 252 974	6 984 550	..
Désarmement des navires et retrait des licences	..	..	..	..	..	..	..	..
Indemnisation des catastrophes	..	694 506	579 481	533 030	1 300 000	17 245	0	..
Aides : équipement, modernisation, construction de navire	..	..	..	..	1 600 455	2 758 400	2 614 558	..
Aide au revenu et assurance chômage	..	..	..	..	2 955 202	3 327 194	4 105 211	..
Autres paiements directs	..	..	..	8 079 514	70 000	150 135	264 781	..
Transferts réduisant les coûts	..	..	..	..	..	..	..	..
Prêts subventionnés : équipement, modernisation, construction de navire	..	..	..	..	..	..	..	..
Bonification d'intérêts	..	..	..	..	..	..	..	..
Exonération de taxe sur carburant	..	..	..	..	..	..	..	..
Ristourne et subvention à l'assurance	..	..	..	..	..	..	..	..
Allègement d'impôt sur le revenu, contrib. sociales impayées	..	..	..	..	..	..	..	..
Autres transferts réduisant les coûts	..	..	..	..	..	..	..	..
Services généraux	..	19 864 963	24 679 852	24 679 852	45 274 781	45 827 537	36 496 408	..
Gestion des pêcheries	..	4 008 272	8 080 025	8 080 025	5 571 500	5 501 476	6 081 683	..
Recherche halieutique	..	7 392 547	6 195 929	6 195 929	10 404 702	11 388 411	11 776 582	..
Police des pêches	..	8 464 144	10 403 898	10 403 898	14 271 987	15 220 759	17 700 068	..
Infrastructure des pêcheries	..	..	..	..	15 026 592	13 716 892	938 075	..
Autres services généraux	..	..	..	..	..	..	..	..
Recouvrement des coûts	..	..	..	..	..	..	..	..
Aquaculture	**..**	**..**	**..**	**..**	**108 197**	**694 230**	**746 746**	**..**
Paiements directs	..	..	..	..	108 197	694 230	746 746	..
Aides : développement aquacole	..	..	..	..	108 197	694 230	746 746	..
Indemnisation des catastrophes	..	..	..	..	..	..	..	..
Autres paiements directs	..	..	..	..	..	..	..	..
Transferts réduisant les coûts	..	..	..	..	..	..	..	..
Prêts subventionnés : développement aquacole	..	..	..	..	..	..	..	..
Autres transferts réduisant les coûts	..	..	..	..	..	..	..	..
Services généraux	..	..	..	..	..	..	..	..
Gestion, recherche et police de l'aquaculture	..	..	..	..	..	..	..	..
Infrastructure aquacole	..	..	..	..	..	..	..	..
Autres services généraux	..	..	..	..	..	..	..	..
Recouvrement des coûts	..	..	..	..	..	..	..	..
Commercialisation et transformation	**..**	**..**	**..**	**..**	**855 415**	**1 457 176**	**2 088 409**	**..**
Paiements directs	..	..	..	..	855 415	1 457 176	2 088 409	..
Aides : commercialisation et transformation	..	..	..	..	855 415	1 399 001	1 781 424	..
Autres paiements directs	..	..	..	..	..	58 175	306 985	..
Transferts réduisant les coûts	..	..	..	..	..	..	..	..
Prêts subventionnés : commercialisation et transformation	..	..	..	..	..	..	..	..
Autres transferts réduisant les coûts	..	..	..	..	..	..	..	..
Services généraux	..	..	..	..	..	..	..	..
Aquaculture	..	..	..	..	..	..	..	..
Autres services généraux	..	..	..	..	..	..	..	..
Recouvrement des coûts	..	..	..	..	..	..	..	..
Total	**..**	**20 559 469**	**25 259 333**	**32 759 366**	**52 164 049**	**54 231 917**	**46 316 114**	**..**

.. Non disponible

Note : Métadonnées détaillées : http://metalinks.oecd.org/fish/20150108/9479

Source : OCDE (2014), « Pêcheries : Transferts financiers publics », Statistiques agricoles de l'OCDE (base de données). DOI: 10.1787/data-00220-fr

CHILI

Tableau 8. Importations par produit

		2009		2010		2011		2012		2013	
		Tonnes	USD	Tonnes	USD	Tonnes	USD	Tonnes	USD	Tonnes	USD
03	**Poisson, crustacés et mollusques**	**..**	**26 269 703**	**..**	**32 945 605**	**..**	**45 905 745**	**..**	**48 966 981**	**..**	**53 232 797**
0302	**Poisson, frais ou réfrigéré, excl. 0304**	**43 191**	**388 496**	**22 110**	**250 536**	**42 244**	**265 475**	**3 150**	**52 221**	**21 259**	**106 522**
030211	Truite	..	..	100	3 116	..	..	12	627	1	112
030212	Saumon (Pacifique, Atlantique et Danube)	..	..	..	..	..	..	5	204	..	..
030219	Salmonidés nra	..	..	..	..	..	..	..	..	..	..
030221	Flétan	1	34	..	..	..	..	..	..	..	..
030222	Plie, carrelet	..	..	..	..	..	..	..	..	..	..
030223	Sole	..	..	..	..	..	..	..	..	50	251
030229	Poissons plats nra	447	4 050	..	..	..	..	..	..	..	..
030231	Thon blanc/germon	1 626	22 026	..	..	..	..	..	..	700	10 402
030232	Albacore (thon jaune)	33 141	288 409	12 356	117 596	6 074	59 043	318	4 651	..	..
030233	Listaos/bonite à ventre rayé	..	..	..	..	..	..	..	..	..	..
030239	Thonidés nra	3 433	38 078	8 455	93 721	9 471	133 036	1 252	17 970	..	..
030240	Hareng	..	..	..	..	..	..	6	474	..	..
030250	Morue	..	..	..	..	..	..	..	..	..	..
030261	Sardines	..	..	..	..	25 000	45 142	5	236	..	..
030262	Églefin	..	..	..	..	..	..	..	..	..	..
030263	Lieu noir	..	..	..	..	..	..	..	..	..	..
030264	Maquereau	..	..	..	..	..	..	..	..	..	..
030265	Aiguillat et autres squalidés	..	..	..	..	..	..	..	..	..	..
030266	Anguille	..	..	..	..	..	..	..	..	..	..
030269	Poisson nra	4 543	35 899	1 174	10 631	1 137	19 067	1 102	23 135	20 008	90 987
030270	Foies, oeufs et laitances	..	..	25	25 472	562	9 187	450	4 923	500	4 771
0303	**Poisson, congelé, excl. 0304**	**1 872 646**	**6 125 981**	**814 840**	**7 032 506**	**575 726**	**6 757 687**	**786 473**	**3 753 110**	**536 972**	**5 092 240**
030319	Saumon, Pacifique	..	..	..	..	..	..	..	..	..	..
030321	Truite	..	..	11 757	53 024	399	2 607	131 525	982 331	52	199
030322	Saumon (Atlantique et Danube)	..	..	..	..	..	..	..	..	..	..
030329	Salmonidés	..	..	..	..	..	..	..	..	..	..
030331	Flétan	..	..	..	..	..	..	..	..	..	..
030332	Plie, carrelet	..	..	..	..	..	..	..	..	..	..
030333	Sole	..	..	..	..	..	..	544	8 265	..	..
030339	Poisson plat nra	25 946	73 946	14 010	30 841	19 000	36 560	..	..	..	..
030341	Thon blanc/germon	6 110	50 030	2 023	28 945	3 874	42 526	..	..	..	..
030342	Albacore (thon jaune)	4 012	46 739	56 253	167 768	35 257	162 298	29 992	463 966	26 049	328 559
030343	Listao/bonite à ventre rayé	..	..	..	..	..	..	..	..	..	..
030349	Thonidés nra	1 546	7 618	2 498	18 941	3 447	41 190	206 479	276 651	2 726	44 781
030350	Hareng	..	..	..	..	..	..	..	..	..	..
030360	Morue	..	..	..	..	..	..	5 328	71 955	..	..
030371	Sardines, sardinelles	1 440 422	1 918 916	24 300	37 690	678	1 038	192 180	330 482	423	375
030372	Églefin	..	..	..	..	..	..	..	..	..	..
030373	Lieu noir	..	..	..	..	..	..	..	..	..	..
030374	Maquereau	2 161	2 370	25 000	31 575	39 870	57 061	1 687	9 608	114 940	132 351
030375	Aiguillat et autres squalidés	100	106	300	251	80	86	..	..	..	..
030376	Anguille	..	..	..	..	..	..	..	..	..	..
030377	Bar (loup)	..	..	..	..	..	..	..	..	..	..
030378	Merlu	..	..	25 476	20 701	1 005	2 720	1 700	5 240	..	..
030379	Poisson nra	211 558	3 017 203	327 191	4 671 054	425 972	6 191 324	182 410	1 395 471	369 365	4 405 918
030380	Foies, oeufs et laitances	14 127	136 904	18 230	237 615	16 960	113 216	17 244	144 751	23 416	180 057
0304	**Filets de poisson et autre chair de poisson**	**1 317 304**	**5 905 939**	**2 371 571**	**9 094 385**	**4 169 722**	**16 923 048**	**4 620 583**	**17 506 187**	**6 399 040**	**14 629 747**
030410	Filets et autre chair de poisson, frais ou réfrigéré	75 104	764 081	193 655	1 280 915	226 672	1 606 513	380 573	1 440 182	218 039	826 094
030420	Filets de poissons, congelé	945 257	3 687 408	1 996 962	6 721 317	3 682 953	14 037 432	4 098 404	15 156 709	5 925 441	11 972 465
030490	Chair de poisson nra, congelé	296 943	1 454 450	180 954	1 092 152	260 097	1 279 103	141 605	909 296	255 560	1 831 189
0305	**Poisson, séché, salé, fumé, ou en saumure**	**915 263**	**971 312**	**417 806**	**587 788**	**784 142**	**861 660**	**745 995**	**973 722**	**861 646**	**1 323 019**
030510	Farine de poisson, consommation humaine	2 800	12 640	5 042	14 751	6 561	17 706	8 360	22 954	6 502	8 591
030520	Foies, oeufs et laitances	10 500	161 786	15 692	233 016	14 700	198 840	18 380	165 577	350	218 731
030530	Filets de poisson (non fumé)	6 920	39 584	52	173	8	220	17 686	81 672	6 910	51 392
030541	Saumon (Pacifique, Atlantique et Danube), fumé	..	..	576	12 575	3	62	4 050	47 552	4 221	73 074
030542	Hareng, fumé	..	..	..	..	..	..	..	..	..	..
030549	Poisson nra, fumé	5 607	32 628	5 372	25 506	6 742	84 429	2 621	61 181	11 738	147 542
030551	Morue, séché, non fumé	..	..	16	423	..	..	..	..	..	..
030559	Poisson nra, séché, salé, non fumé	1 448	5 082	3 252	33 794	2 962	15 914	4 055	20 625	45 003	147 441
030561	Hareng, salé ou en saumure	..	..	..	..	..	..	..	..	..	..
030562	Morue, salé ou en saumure	50	2 353	50	2 214	157	4 267	..	..	..	..
030563	Anchois, salé ou en saumure	887 779	716 505	387 685	264 919	750 513	519 713	689 623	560 379	666 990	509 111
030569	Poisson nra, salé ou en saumure	160	734	70	416	2 495	20 508	1 220	13 782	119 932	167 138

Tableau 8. Importations par produit *(suite)*

		2009		2010		2011		2012		2013	
		Tonnes	USD	Tonnes	USD	Tonnes	USD	Tonnes	USD	Tonnes	USD
0306	**Crustacés**	**1 880 925**	**11 497 218**	**1 993 854**	**13 666 407**	**2 349 764**	**17 662 224**	**2 916 838**	**22 283 214**	**2 968 415**	**27 352 001**
030611	Langoustes et autres palinuridés, congelé	181	11 600	918	30 818	236	9 127	504	19 106	1 622	54 309
030612	Homard nra	..	..	..	..	..	..	..	..	..	..
030613	Crevettes, congelé	1 836 778	11 284 988	1 948 619	13 362 486	2 308 899	17 487 792	2 844 999	21 870 186	2 898 545	26 860 467
030614	Crabes, congelé	21 610	101 102	23 411	88 494	12 846	14 019	46 979	184 751	47 956	198 627
030619	Crustacés nra, congelé	481	6 605	796	24 851	25 356	136 155	1 345	25 307	53	446
030621	Langoustes et autres palinuridés (non congelé)	1 566	17 570	2 191	42 266	145	5 180	1 042	25 448	2 000	58 538
030622	Homard nra (non congelé)	..	..	..	..	..	..	..	..	..	..
030623	Crevettes (non congelé)	4 844	32 551	13 742	104 358	1 171	4 698	9 338	64 926	15 566	153 868
030624	Crabes (non congelé)	15 461	42 722	4 082	11 924	371	1 110	7 011	36 607	1 888	4 212
030629	Crustacés nra (non congelé)	4	79	95	1 210	740	4 144	5 621	56 883	785	21 534
0307	**Mollusques**	**695 927**	**1 252 662**	**513 577**	**2 173 362**	**706 083**	**3 251 931**	**911 205**	**4 109 298**	**767 412**	**4 277 372**
030710	Huîtres	0	744	..	..	133	231	653	5 641	1 845	6 796
030721	St-Jacques, vi, fr, ou ré	800	5 046	..	..	18 000	191 437	17	344	20 000	230 067
030729	St-Jacques, co, sc, sl, ou sm	11 068	85 985	57 273	602 322	62 120	718 768	205 588	1 571 906	272 041	2 688 662
030731	Moules, vi, fr, ou ré	..	..	..	..	..	..	..	..	..	..
030739	Moules, co, sc, sl, ou sm	210	48	..	..	1	301	314	7 261	5 100	14 765
030741	Seiches, encornets et calmars, vi, fr, ou ré	..	..	..	..	..	..	..	..	..	..
030749	Seiches, encornets et calmars, co, sc, sl, ou sm	525 564	774 861	184 485	364 024	429 407	1 431 504	287 875	766 662	253 779	714 763
030751	Poulpe, vi, fr, ou ré	..	..	..	..	..	..	..	..	1 338	11 254
030759	Poulpe, co, sc, sl, ou sm	2 506	15 339	1 146	6 785	8 799	40 057	40 475	272 522	21 591	105 168
030760	Escargots (autres que de mer)	60	2 092	..	..	..	..	120	3 713	..	..
030791	Mollusques nra, vi, fr, ou ré	..	..	..	..	..	..	67	228	4	76
030799	Mollusques nra, co, sc, sl, ou sm	155 720	368 548	270 673	1 200 232	187 623	869 633	376 095	1 481 021	191 715	505 819
121220	**Algues**	**2 136 338**	**7 033 765**	**4 223 612**	**10 679 862**	**5 257 164**	**9 243 506**	**7 092 317**	**8 629 950**	**40 848 084**	**43 643 548**
1504	**Graisses, huiles et leurs fractions**	**38 313 952**	**31 876 829**	**70 015 564**	**68 720 522**	**69 254 555**	**89 541 823**	**70 306 086**	**104 515 254**	**40 676 277**	**82 386 404**
150410	Huiles de foies de poisson, et fractions	1 920	11 879	4 026	33 138	3 230	17 362	4 561	19 597	702	3 910
150420	Graisses et huiles de poisson, et fractions	38 312 032	31 864 950	70 011 539	68 686 857	69 251 325	89 524 461	70 301 525	104 495 657	40 675 575	82 382 493
150430	Graisses et huiles de mammifère marin, et fractions	..	..	0	528	..	..	..	..	..	..
1604	**Préparations et conserves de poisson; caviars et succédanés**	**12 938 100**	**46 078 223**	**22 973 687**	**73 058 038**	**45 972 317**	**138 159 443**	**34 282 171**	**122 856 903**	**35 066 577**	**133 928 482**
160411	Saumon, non haché	18	397	227	2 198	1 421	14 193	8 709	104 566	3 064	20 849
160412	Hareng, non haché	14 076	85 348	20 950	118 453	15 603	96 361	24 878	159 465	15 424	107 960
160413	Sardines, sardinelles, sprats, esprots, non haché	659 771	1 641 963	663 624	1 820 816	610 476	1 678 078	648 498	1 941 449	873 091	2 411 027
160414	Thons, listaos, sardes, non haché	6 789 753	27 105 660	10 750 581	41 733 126	12 419 184	53 996 031	10 827 699	57 909 878	14 663 307	81 935 217
160415	Maquereau, non haché	233 859	1 036 103	435 841	866 191	1 858 081	3 624 005	199 941	402 447	397 992	679 482
160416	Anchois, non haché	6 832	81 743	5 434	73 793	9 029	118 920	10 234	132 050	5 600	88 265
160419	Poisson nra, non haché	170 260	520 935	2 876 008	5 871 147	19 339 840	42 236 065	14 022 400	30 424 195	9 758 198	17 415 541
160420	Poisson, haché	5 062 370	15 558 927	8 219 764	22 530 105	11 717 134	36 379 238	8 539 793	31 776 618	9 307 557	31 158 430
160430	Caviar et succédanés	1 161	47 146	1 258	42 209	1 549	16 552	19	6 236	42 343	111 712
1605	**Préparations et conserves de crustacés**	**170 836**	**966 142**	**1 244 619**	**6 704 988**	**1 897 549**	**12 720 014**	**2 361 586**	**15 691 682**	**2 285 696**	**16 299 381**
160510	Crabes	15 027	60 461	1 885	22 189	13 889	40 550	68 670	133 805	117 356	178 504
160520	Crevettes	97 738	559 433	1 217 697	6 506 371	1 817 593	12 362 312	2 219 987	15 081 259	2 123 354	15 882 827
160530	Homard	..	..	..	..	..	..	..	..	..	..
160540	Crustacés nra	483	4 191	294	4 845	15	172	5 731	54 607	272	484
230120	**Farine de poisson**	**13 142 901**	**12 075 037**	**50 342 812**	**74 191 877**	**61 638 511**	**85 848 616**	**65 222 110**	**89 921 176**	**66 033 801**	**112 701 036**
	TOTAL	**77 693 947**	**125 129 261**	**155 170 180**	**265 987 220**	**..**	**..**	**..**	**387 156 508**	**..**	**442 191 648**

.. Non disponible

Note : nra : non répertorié ailleurs. vi : vivant. fr : frais. ré : réfrigéré. co : congelé. sc : séché. sl : salé. sm : en saumure.

Métadonnées détaillées : http://metalinks.oecd.org/fish/20150108/c81c

Source : OCDE (2014), « Pêcheries : Commerce par produit », Statistiques agricoles de l'OCDE (base de données). DOI: 10.1787/data-00677-fr

CHILI

Tableau 9. Exportations par produit

		2009		2010		2011		2012		2013	
		Tonnes	USD	Tonnes	USD	Tonnes	USD	Tonnes	USD	Tonnes	USD
03	**Poisson, crustacés et mollusques**	..	**2 661 004 937**	..	**2 540 194 169**	..	**3 565 299 053**	..	**3 469 527 831**	..	**4 097 333 178**
0302	**Poisson, frais ou réfrigéré, excl. 0304**	**45 684 927**	**200 278 603**	**51 223 692**	**271 142 100**	**54 719 486**	**301 370 664**	**64 576 388**	**287 244 447**	**73 587 094**	**442 806 597**
030211	Truite	503 425	2 471 931	3 419 016	19 001 112	1 570 746	9 864 512	390 370	1 774 475	113 005	652 072
030212	Saumon (Pacifique, Atlantique et Danube)	27 875 805	146 544 227	29 050 961	202 089 807	39 674 162	248 665 941	55 830 375	256 684 989	67 398 169	418 802 431
030219	Salmonidés nra	..	..	..	..	..	..	..	..	..	..
030221	Flétan	..	..	..	..	..	..	..	..	..	..
030222	Plie, carrelet	..	..	..	..	..	..	..	..	..	..
030223	Sole	..	..	..	..	..	..	..	..	..	..
030229	Poissons plats nra	250 624	2 353 711	243 921	2 190 737	229 460	2 378 663	272 540	1 491 854	86 560	600 708
030231	Thon blanc/germon	2 873	22 540	..	..	..	..	..	..	..	..
030232	Albacore (thon jaune)	..	..	334	4 008	..	..	..	..	..	..
030233	Listaos/bonite à ventre rayé	..	..	..	..	..	..	..	..	..	..
030239	Thonidés nra	..	..	..	..	..	..	920	736	..	..
030240	Hareng	..	..	..	..	..	..	..	..	..	..
030250	Morue	..	..	..	..	5	105	..	..	..	..
030261	Sardines	..	..	..	..	..	..	..	..	..	..
030262	Églefin	..	..	..	..	..	..	..	..	..	..
030263	Lieu noir	..	..	..	..	..	..	..	..	..	..
030264	Maquereau	105 378	57 037	202 915	130 805	8 859	4 615	2 967	4 836	..	..
030265	Aiguillat et autres squalidés	40	140	..	..	..	..	..	..	..	..
030266	Anguille	..	..	..	..	..	..	..	..	..	..
030269	Poisson nra	16 946 778	48 828 819	18 306 507	47 723 798	13 236 137	40 451 910	8 079 216	27 287 556	5 989 361	22 751 386
030270	Foies, oeufs et laitances	4	198	40	1 832	117	4 919	..	..	..	..
0303	**Poisson, congelé, excl. 0304**	**328 232 513**	**1 041 916 047**	**231 951 478**	**1 030 938 910**	**285 917 067**	**1 439 869 661**	**335 177 500**	**1 303 791 867**	**367 026 352**	**1 355 204 241**
030319	Saumon, Pacifique	..	..	..	..	..	..	..	..	..	..
030321	Truite	59 868 098	268 333 061	71 002 633	400 465 842	74 555 701	477 235 739	84 320 468	391 638 325	65 353 344	327 140 707
030322	Saumon (Atlantique et Danube)	..	..	..	..	..	..	..	..	..	..
030329	Salmonidés	31 025	52 716	5 000	26 902	318	11 082	4 180 400	19 223 855	21 000	105 545
030331	Flétan	..	..	..	..	..	..	..	..	..	..
030332	Plie, carrelet	..	..	..	..	..	..	..	..	..	..
030333	Sole	..	..	..	..	..	..	..	..	..	..
030339	Poisson plat nra	597	5 270	63	785	50	390	103	1 210	3 558	42 628
030341	Thon blanc/germon	..	..	5 775	24 247	819	18 979	204	4 927	29 553	126 776
030342	Albacore (thon jaune)	..	..	252	5 393	23 387	113 425	2 838	86 184	5 874	199 756
030343	Listao/bonite à ventre rayé	2 860	2 288	..	..	..	..	..	..	..	..
030349	Thonidés nra	..	..	..	..	403	8 818	90 704	236 384	117 805	277 359
030350	Hareng	..	..	..	..	..	..	..	..	..	..
030360	Morue	..	..	..	..	62	1 749	..	..	..	..
030371	Sardines, sardinelles	41 840	25 164	40 530	35 989	37 390	36 159	184 180	173 122	46 505	34 950
030372	Églefin	..	..	..	..	..	..	..	..	..	..
030373	Lieu noir	..	..	..	..	..	..	..	..	..	..
030374	Maquereau	690 415	544 619	533 393	598 271	27 040	28 844	73 640	90 962	34 880	31 612
030375	Aiguillat et autres squalidés	16 758	27 657	..	..	52 005	54 348	24 979	26 052	45	724
030376	Anguille	..	..	..	..	..	..	11 600	23 200	61 200	153 098
030377	Bar (loup)	..	..	100	605	..	..	..	..	..	..
030378	Merlu	9 890 014	44 568 628	8 401 958	38 805 519	8 187 296	37 356 225	11 095 563	36 554 704	7 896 146	21 668 097
030379	Poisson nra	118 423 741	142 714 243	57 539 150	104 452 685	69 591 380	150 985 303	87 412 449	165 404 785	120 578 386	197 148 919
030380	Foies, oeufs et laitances	804 350	3 619 951	842 011	4 475 317	624 775	3 482 863	662 214	4 965 323	536 532	3 896 020
0304	**Filets de poisson et autre chair de poisson**	**173 066 037**	**1 152 739 604**	**126 419 727**	**1 008 009 782**	**158 826 164**	**1 449 157 611**	**213 904 173**	**1 548 390 367**	**240 306 423**	**1 986 046 158**
030410	Filets et autre chair de poisson, frais ou réfrigéré	44 114 628	338 302 205	31 039 634	301 232 439	50 899 990	494 672 603	83 561 152	592 205 250	93 673 484	844 471 305
030420	Filets de poissons, congelé	87 484 499	568 856 211	72 433 948	554 336 733	83 793 919	758 851 438	100 367 099	725 953 786	113 210 674	878 727 489
030490	Chair de poisson nra, congelé	41 466 910	245 581 187	22 946 146	152 440 611	24 132 255	195 633 570	29 975 921	230 231 330	33 422 265	262 847 365
0305	**Poisson, séché, salé, fumé, ou en saumure**	**6 331 190**	**78 877 461**	**5 739 242**	**77 748 979**	**7 213 749**	**110 471 465**	**7 315 420**	**105 225 711**	**6 847 628**	**104 292 882**
030510	Farine de poisson, consommation humaine	..	..	..	..	..	..	..	..	..	..
030520	Foies, oeufs et laitances	12 685	196 913	30 319	385 261	829	26 141	16 932	812 950	21 780	328 740
030530	Filets de poisson (non fumé)	130 498	906 373	90 084	563 900	79 313	625 557	46 824	564 659	102 449	1 383 656
030541	Saumon (Pacifique, Atlantique et Danube), fumé	2 755 134	35 546 881	2 434 710	35 321 403	3 345 009	52 661 250	3 102 608	44 936 143	2 885 483	46 667 008
030542	Hareng, fumé	..	..	..	..	..	..	..	..	..	..
030549	Poisson nra, fumé	3 352 955	39 798 949	3 082 907	39 203 292	3 703 041	55 304 073	3 983 385	58 173 904	3 726 825	54 517 775
030551	Morue, séché, non fumé	..	..	..	..	..	..	..	..	..	..
030559	Poisson nra, séché, salé, non fumé	40 409	2 384 890	33 118	2 104 516	24 112	1 784 944	9 038	532 626	47 308	797 011
030561	Hareng, salé ou en saumure	..	..	..	..	..	..	..	..	..	..
030562	Morue, salé ou en saumure	..	..	..	..	..	..	..	..	..	..
030563	Anchois, salé ou en saumure	39 508	43 456	68 104	170 607	61 446	69 501	156 609	205 188	315	580
030569	Poisson nra, salé ou en saumure	..	..	..	..	..	..	24	240	63 466	598 111

CHILI

Tableau 9. Exportations par produit (*suite*)

		2009		2010		2011		2012		2013	
		Tonnes	USD	Tonnes	USD	Tonnes	USD	Tonnes	USD	Tonnes	USD
0306	**Crustacés**	**1 622 535**	**18 074 750**	**2 404 042**	**28 699 997**	**3 055 967**	**44 829 866**	**3 531 902**	**47 848 812**	**3 775 373**	**48 928 516**
030611	Langoustes et autres palinuridés, congelé	1 479	56 663	820	34 460	14 362	383 741	15 271	554 188	12 904	540 996
030612	Homard nra	..	..	..	..	..	..	..	..	..	..
030613	Crevettes, congelé	92 928	1 402 657	91 799	1 287 255	267 479	3 995 661	202 327	3 406 112	249 726	3 921 437
030614	Crabes, congelé	1 504 679	15 747 683	2 238 593	25 575 340	2 648 095	36 766 843	3 092 055	38 735 757	3 439 587	42 273 462
030619	Crustacés nra, congelé	218	3 181	26 185	21 663	21 990	134 358	107	73	1 376	87 518
030621	Langoustes et autres palinuridés (non congelé)	23 232	864 567	46 135	1 769 141	82 098	3 396 958	52 696	2 274 358	47 569	2 033 420
030622	Homard nra (non congelé)	..	..	..	..	..	..	..	..	..	..
030623	Crevettes (non congelé)	..	..	..	..	..	..	165 271	2 833 160	..	..
030624	Crabes (non congelé)	..	..	449	11 838	20 366	143 925	2 909	36 232	24 210	71 683
030629	Crustacés nra (non congelé)	..	..	60	300	1 576	8 380	1 267	8 932	..	..
0307	**Mollusques**	**24 421 819**	**169 115 850**	**41 181 251**	**123 635 853**	**96 508 553**	**219 357 805**	**86 389 909**	**177 021 642**	**71 774 595**	**159 856 933**
030710	Huîtres	385 747	824 370	38 548	394 108	12 168	146 100	11 066	308 803	6 400	374 093
030721	St-Jacques, vi, fr, ou ré	145 315	1 491 320	131 750	1 405 572	178 162	2 155 019	139 073	1 703 437	65 292	754 407
030729	St-Jacques, co, sc, sl, ou sm	2 412 044	19 957 658	1 155 832	12 114 220	1 166 783	16 139 200	631 432	9 579 047	547 598	7 006 848
030731	Moules, vi, fr, ou ré	900	2 109	1 600	4 760	576	1 054	..	..	..	..
030739	Moules, co, sc, sl, ou sm	276 499	593 589	565 884	1 293 768	314 186	728 227	321 316	706 253	27 776	89 409
030741	Seiches, encornets et calmars, vi, fr, ou ré	259	2 741	354 130	231 369	49 435	55 276	45	107	..	..
030749	Seiches, encornets et calmars, co, sc, sl, ou sm	4 468 823	49 924 217	4 146 561	7 274 827	4 739 815	6 142 904	1 406 743	4 455 856	1 291 520	2 035 426
030751	Poulpe, vi, fr, ou ré	14 987	41 214	..	..	17	107	5 964	38 876	678	19 134
030759	Poulpe, co, sc, sl, ou sm	1 994 870	7 087 398	1 599 837	6 148 087	2 747 089	17 494 668	1 061 962	7 850 641	836 149	4 496 320
030760	Escargots (autres que de mer)	128 426	428 319	132 226	483 403	78 584	316 616	29 068	300 145	26 202	182 608
030791	Mollusques nra, vi, fr, ou ré	1 066 662	5 623 196	294 131	5 654 682	221 581	6 003 668	114 137	3 651 587	145 714	2 530 671
030799	Mollusques nra, co, sc, sl, ou sm	13 527 287	83 139 719	32 760 753	88 631 057	87 000 157	170 174 966	82 669 103	148 426 891	68 827 266	142 368 016
121220	**Algues**	**56 193 992**	**60 811 277**	**65 173 733**	**71 210 438**	**67 768 298**	**81 159 892**	**71 198 125**	**96 366 261**	**82 142 414**	**142 380 943**
1504	**Graisses, huiles et leurs fractions**	**80 416 332**	**56 318 820**	**49 913 715**	**50 121 449**	**60 987 438**	**86 922 522**	**70 533 345**	**108 318 783**	**67 126 565**	**108 646 294**
150410	Huiles de foies de poisson, et fractions	..	..	..	..	..	..	..	..	..	..
150420	Graisses et huiles de poisson, et fractions	80 416 332	56 318 820	49 913 715	50 121 449	60 987 438	86 922 522	70 533 345	108 318 783	67 126 565	108 646 294
150430	Graisses et huiles de mammifère marin, et fractions	..	..	..	..	..	..	..	..	..	..
1604	**Préparations et conserves de poisson; caviars et succédanés**	**50 762 282**	**134 573 846**	**28 459 148**	**69 053 693**	**14 410 515**	**56 246 848**	**14 149 089**	**52 597 384**	**13 591 062**	**53 404 049**
160411	Saumon, non haché	4 506 305	36 893 061	1 220 957	10 676 493	1 044 822	13 405 297	1 442 897	14 932 041	1 738 139	16 794 047
160412	Hareng, non haché	..	..	..	..	..	..	..	..	..	..
160413	Sardines, sardinelles, sprats, esprots, non haché	214 874	440 208	121 313	308 360	47 757	142 888	43 757	120 856	6 176	36 693
160414	Thons, listaos, sardes, non haché	74 675	411 859	92 033	398 912	214 711	1 552 555	111 025	495 558	17 193	96 307
160415	Maquereau, non haché	2 010 834	4 063 840	466 273	875 235	74 715	230 998	4 712	13 248	..	..
160416	Anchois, non haché	732 538	5 057 201	608 213	4 066 205	671 508	4 848 925	569 219	4 350 753	372 647	2 905 767
160419	Poisson nra, non haché	42 623 331	84 256 644	25 447 595	48 217 005	11 974 295	34 548 939	11 518 716	31 299 441	11 292 771	32 815 424
160420	Poisson, haché	596 126	3 341 949	495 213	4 265 795	373 651	1 205 968	454 162	1 191 730	158 415	525 292
160430	Caviar et succédanés	3 599	109 083	7 551	245 688	9 058	311 278	4 600	193 758	5 721	230 519
1605	**Préparations et conserves de crustacés**	**49 059 450**	**186 049 133**	**58 652 473**	**211 874 645**	**84 463 891**	**317 236 710**	**74 592 010**	**276 181 741**	**74 099 533**	**295 583 820**
160510	Crabes	615 442	11 547 226	871 552	15 711 079	1 204 665	22 741 043	960 570	20 496 698	833 640	16 108 579
160520	Crevettes	1 068 197	13 521 229	1 365 671	17 321 186	1 233 332	17 306 984	1 112 341	17 984 100	1 498 482	26 006 981
160530	Homard	..	..	..	..	..	..	..	..	71 348	268 811
160540	Crustacés nra	..	..	..	..	3 194	55 794	6 315	106 988	..	..
230120	**Farine de poisson**	**611 696 798**	**613 094 495**	**318 582 230**	**533 594 505**	**331 913 690**	**474 903 996**	**309 242 547**	**441 494 942**	**239 709 773**	**416 732 630**
	TOTAL	**1 427 941 409**	**3 711 185 402**	**980 316 074**	**3 472 891 301**	**..**	**4 581 769 021**	**..**	**4 433 673 714**	**..**	**5 114 080 914**

.. Non disponible

Note : nra : non répertorié ailleurs. vi : vivant. fr : frais. ré : réfrigéré. co : congelé. sc : séché. sl : salé. sm : en saumure.

Métadonnées détaillées : http://metalinks.oecd.org/fish/20150108/c81c

Source : OCDE (2014), « Pêcheries : Commerce par produit », Statistiques agricoles de l'OCDE (base de données). DOI: 10.1787/data-00677-fr

RÉPUBLIQUE TCHÈQUE

Tableau 2. Emploi dans les pêcheries

Personnes employées

	2006	2007	2008	2009	2010	2011	2012	2013
Plein-temps	**1 661**	**1 519**	**1 506**	**1 535**	**1 563**	**1 563**	**1 563**	**1 428**
Secteur de capture	..	..	..	..	..	..	..	..
Pêche en eaux intérieures	..	..	..	..	..	..	..	..
Homme	..	..	..	..	..	..	..	..
Femme	..	..	..	..	..	..	..	..
Eaux maritimes (pêche côtière)	..	..	..	..	..	..	..	..
Homme	..	..	..	..	..	..	..	..
Femme	..	..	..	..	..	..	..	..
Eaux maritimes (pêche en haute mer)	..	..	..	..	..	..	..	..
Homme	..	..	..	..	..	..	..	..
Femme	..	..	..	..	..	..	..	..
Aquaculture	1 521	1 379	1 373	1 400	1 428	1 428	1 428	1 428
Homme	1 286	1 165	1 162	1 176	1 205	1 205	1 205	1 205
Femme	235	214	211	224	223	223	223	223
Transformation	140	140	133	135	135	135	135	..
Homme	75	75	72	72	72	72	72	..
Femme	65	65	61	63	63	63	63	..
Temps partiel	..	..	..	..	..	..	..	..
Secteur de capture	..	..	..	..	..	..	..	..
Pêche en eaux intérieures	..	..	..	..	..	..	..	..
Homme	..	..	..	..	..	..	..	..
Femme	..	..	..	..	..	..	..	..
Eaux maritimes (pêche côtière)	..	..	..	..	..	..	..	..
Homme	..	..	..	..	..	..	..	..
Femme	..	..	..	..	..	..	..	..
Eaux maritimes (pêche en haute mer)	..	..	..	..	..	..	..	..
Homme	..	..	..	..	..	..	..	..
Femme	..	..	..	..	..	..	..	..
Aquaculture	..	..	..	..	..	..	..	..
Homme	..	..	..	..	..	..	..	..
Femme	..	..	..	..	..	..	..	..
Transformation	..	..	..	..	..	..	..	..
Homme	..	..	..	..	..	..	..	..
Femme	..	..	..	..	..	..	..	..
Total	**1 661**	**1 519**	**1 506**	**1 535**	**1 563**	**1 563**	**1 563**	**1 428**
Secteur de capture	..	..	..	..	..	..	..	..
Pêche en eaux intérieures	..	..	..	..	..	..	..	..
Homme	..	..	..	..	..	..	..	..
Femme	..	..	..	..	..	..	..	..
Eaux maritimes (pêche côtière)	..	..	..	..	..	..	..	..
Homme	..	..	..	..	..	..	..	..
Femme	..	..	..	..	..	..	..	..
Eaux maritimes (pêche en haute mer)	..	..	..	..	..	..	..	..
Homme	..	..	..	..	..	..	..	..
Femme	..	..	..	..	..	..	..	..
Aquaculture	1 521	1 379	1 373	1 400	1 428	1 428	1 428	1 428
Homme	1 286	1 165	1 162	1 176	1 205	1 205	1 205	1 205
Femme	235	214	211	224	223	223	223	223
Transformation	140	140	133	135	135	135	135	..
Homme	75	75	72	72	72	72	72	..
Femme	65	65	61	63	63	63	63	..

.. Non disponible

Note : Métadonnées détaillées : http://metalinks.oecd.org/fish/20150108/3557

Source : OCDE (2014), « Pêcheries : Emploi dans la pêche », Statistiques agricoles de l'OCDE (base de données). DOI: 10.1787/data-00219-fr

RÉPUBLIQUE TCHÈQUE

Tableau 6. Production de l'aquaculture

	2006	2007	2008	2009	2010	2011	2012	2013
VOLUME (TONNES)								
Poissons	**20 431**	**20 447**	**20 395**	**20 071**	**20 420**	**21 010**	**20 763**	**19 358**
Saumon de l'Atlantique	..	..	..	..	..	..	..	..
Saumon du Pacifique	..	..	..	..	..	..	..	..
Truite arc-en-ciel	575	623	614	526	476	580	380	445
dont : d'eau de mer	..	..	..	..	..	..	..	..
dont : d'eau douce	575	623	614	..	476	580	380	445
Truite de mer	..	..	..	..	..	..	..	..
Poisson plat	..	..	..	..	..	..	..	..
Dorade	..	..	..	..	..	..	..	..
Bar	..	..	..	..	..	..	..	..
Loup	..	..	..	..	..	..	..	..
Carpe	18 006	17 947	17 507	17 258	17 746	18 198	17 972	16 809
Tilapia	..	..	..	..	..	..	..	..
Anguille	..	..	..	..	..	..	..	..
Autres poissons	1 850	1 877	2 274	2 287	2 198	2 232	2 411	2 104
Coquillages et crustacés	..	..	..	..	..	..	..	..
Huître, comestible	..	..	..	..	..	..	..	..
Huître, perle	..	..	..	..	..	..	..	..
Moule	..	..	..	..	..	..	..	..
Coquille St.-Jacques	..	..	..	..	..	..	..	..
Bivalves	..	..	..	..	..	..	..	..
Crevette et bouquet	..	..	..	..	..	..	..	..
Autres coquillages et crustacés	..	..	..	..	..	..	..	..
Total poissons, coquillages et crustacés	**20 431**	**20 447**	**20 395**	**20 071**	**20 420**	**21 010**	**20 763**	**19 358**
Autres animaux marins	..	..	..	..	..	..	..	..
Plantes aquatiques	..	..	..	..	..	..	..	..
Algue brune	..	..	..	..	..	..	..	..
Algue rouge	..	..	..	..	..	..	..	..
Algue verte	..	..	..	..	..	..	..	..
Autres plantes aquatiques	..	..	..	..	..	..	..	..
TOTAL GÉNÉRAL	**20 431**	**20 447**	**20 395**	**20 071**	**20 420**	**21 010**	**20 763**	**19 358**
VALEUR (CZK)								
Poissons	**1 153 080 000**	**1 150 000 000**	**1 151 000 000**	**1 131 000 000**	**1 148 000 000**	**1 177 000 000**	**1 586 351 000**	**1 223 178 000**
Saumon de l'Atlantique	..	..	..	..	..	..	..	..
Saumon du Pacifique	..	..	..	..	..	..	..	..
Truite arc-en-ciel	51 750 000	52 000 000	52 000 000	45 000 000	40 000 000	49 000 000	49 400 000	47 348 000
dont : d'eau de mer	..	..	..	..	..	..	..	..
dont : d'eau douce	51 750 000	52 000 000	52 000 000	..	40 000 000	49 000 000	49 400 000	47 348 000
Truite de mer	..	..	..	..	..	..	..	..
Poisson plat	..	..	..	..	..	..	..	..
Dorade	..	..	..	..	..	..	..	..
Bar	..	..	..	..	..	..	..	..
Loup	..	..	..	..	..	..	..	..
Carpe	990 330 000	986 000 000	963 000 000	949 000 000	976 000 000	1 001 000 000	1 312 121 000	938 450 000
Tilapia	..	..	..	..	..	..	..	..
Anguille	..	..	..	..	..	..	..	..
Autres poissons	111 000 000	112 000 000	136 000 000	137 000 000	132 000 000	134 000 000	224 830 000	127 380 000
Coquillages et crustacés	..	..	..	..	..	..	..	..
Huître, comestible	..	..	..	..	..	..	..	..
Huître, perle	..	..	..	..	..	..	..	..
Moule	..	..	..	..	..	..	..	..
Coquille St.-Jacques	..	..	..	..	..	..	..	..
Bivalves	..	..	..	..	..	..	..	..
Crevette et bouquet	..	..	..	..	..	..	..	..
Autres coquillages et crustacés	..	..	..	..	..	..	..	..
Total poissons, coquillages et crustacés	**1 153 080 000**	**1 150 000 000**	**1 151 000 000**	**1 131 000 000**	**1 148 000 000**	**1 177 000 000**	**1 586 351 000**	**1 223 178 000**
Autres animaux marins	..	..	..	..	..	..	..	..
Plantes aquatiques	..	..	..	..	..	..	..	..
Algue brune	..	..	..	..	..	..	..	..
Algue rouge	..	..	..	..	..	..	..	..
Algue verte	..	..	..	..	..	..	..	..
Autres plantes aquatiques	..	..	..	..	..	..	..	..
TOTAL GÉNÉRAL	**1 153 080 000**	**1 150 000 000**	**1 151 000 000**	**1 131 000 000**	**1 148 000 000**	**1 177 000 000**	**1 586 351 000**	**1 223 178 000**

.. Non disponible

Note : Métadonnées détaillées : http://metalinks.oecd.org/fish/20150108/6684

Source : OCDE (2014), « Pêcheries : Production de l'aquaculture », Statistiques agricoles de l'OCDE (base de données). DOI: 10.1787/data-00225-fr

RÉPUBLIQUE TCHÈQUE

Tableau 7. Transferts financiers publics (TFP)

Milliers CZK

	2006	2007	2008	2009	2010	2011	2012	2013
Contribution nationale aux TFP								
Pêche maritime	..	..	..	..	..	..	..	..
Paiements directs	..	..	..	..	..	..	..	..
Désarmement des navires et retrait des licences	..	..	..	..	..	..	..	..
Indemnisation des catastrophes	..	..	..	..	..	..	..	..
Aides : équipement, modernisation, construction de navire	..	..	..	..	..	..	..	..
Aide au revenu et assurance chômage	..	..	..	..	..	..	..	..
Autres paiements directs	..	..	..	..	..	..	..	..
Transferts réduisant les coûts	..	..	..	..	..	..	..	..
Prêts subventionnés : équipement, modernisation, construction de navire	..	..	..	..	..	..	..	..
Bonification d'intérêts	..	..	..	..	..	..	..	..
Exonération de taxe sur carburant	..	..	..	..	..	..	..	..
Ristourne et subvention à l'assurance	..	..	..	..	..	..	..	..
Allègement d'impôt sur le revenu, contrib. sociales impayées	..	..	..	..	..	..	..	..
Autres transferts réduisant les coûts	..	..	..	..	..	..	..	..
Services généraux	..	..	..	..	..	..	..	..
Gestion des pêcheries	..	..	..	..	..	..	..	..
Recherche halieutique	..	..	..	..	..	..	..	..
Police des pêches	..	..	..	..	..	..	..	..
Infrastructure des pêcheries	..	..	..	..	..	..	..	..
Autres services généraux	..	..	..	..	..	..	..	..
Recouvrement des coûts	..	..	..	..	..	..	..	..
Aquaculture	**78 624**	**113 257**	**499 249**	**701 904**	**539 158**	**653 020**	**475 589**	**391 697**
Paiements directs	75 525	84 968	499 249	701 904	539 158	653 020	475 589	..
Aides : développement aquacole	..	..	..	..	..	..	..	..
Indemnisation des catastrophes	..	..	..	..	..	..	..	..
Autres paiements directs	75 525	84 968	499 249	701 904	539 158	653 020	475 589	391 697
Transferts réduisant les coûts	..	..	..	..	..	..	..	..
Prêts subventionnés : développement aquacole	..	..	..	..	..	..	..	..
Autres transferts réduisant les coûts	..	..	..	..	..	..	..	..
Services généraux	3 099	28 289	..	..	..	..	..	..
Gestion, recherche et police de l'aquaculture	..	..	..	..	..	..	..	..
Infrastructure aquacole	..	..	..	..	..	..	..	..
Autres services généraux	3 099	28 289	..	..	..	..	..	..
Recouvrement des coûts	..	..	..	..	..	..	..	..
Commercialisation et transformation	**5 144**	**4 466**	**..**	**..**	**..**	**..**	**..**	**..**
Paiements directs	..	..	..	..	..	..	..	..
Aides : commercialisation et transformation	..	..	..	..	..	..	..	..
Autres paiements directs	..	..	..	..	..	..	..	..
Transferts réduisant les coûts	..	..	..	..	..	..	..	..
Prêts subventionnés : commercialisation et transformation	..	..	..	..	..	..	..	..
Autres transferts réduisant les coûts	..	..	..	..	..	..	..	..
Services généraux	5 144	4 466	..	..	..	..	..	..
Aquaculture	..	..	..	..	..	..	..	..
Autres services généraux	5 144	4 466	..	..	..	..	..	..
Recouvrement des coûts	..	..	..	..	..	..	..	..
Total	**83 768**	**117 723**	**499 249**	**701 904**	**539 158**	**653 020**	**475 589**	**..**

Tableau 7. Transferts financiers publics (TFP) *(suite)*

Milliers CZK

	2006	2007	2008	2009	2010	2011	2012	2013
Contribution européenne aux TFP								
Pêche maritime	**..**	**..**	**..**	**..**	**..**	**..**	**..**	**..**
Paiements directs	..	..	..	..	..	..	..	..
Désarmement des navires et retrait des licences	..	..	..	..	..	..	..	..
Indemnisation des catastrophes	..	..	..	..	..	..	..	..
Aides : équipement, modernisation, construction de navire	..	..	..	..	..	..	..	..
Aide au revenu et assurance chômage	..	..	..	..	..	..	..	..
Autres paiements directs	..	..	..	..	..	..	..	..
Transferts réduisant les coûts	..	..	..	..	..	..	..	..
Prêts subventionnés : équipement, modernisation, construction de navire	..	..	..	..	..	..	..	..
Bonification d'intérêts	..	..	..	..	..	..	..	..
Exonération de taxe sur carburant	..	..	..	..	..	..	..	..
Ristourne et subvention à l'assurance	..	..	..	..	..	..	..	..
Allègement d'impôt sur le revenu, contrib. sociales impayées	..	..	..	..	..	..	..	..
Autres transferts réduisant les coûts	..	..	..	..	..	..	..	..
Services généraux	..	..	..	..	..	..	..	..
Gestion des pêcheries	..	..	..	..	..	..	..	..
Recherche halieutique	..	..	..	..	..	..	..	..
Police des pêches	..	..	..	..	..	..	..	..
Infrastructure des pêcheries	..	..	..	..	..	..	..	..
Autres services généraux	..	..	..	..	..	..	..	..
Recouvrement des coûts	..	..	..	..	..	..	..	..
Aquaculture	**7 230**	**66 008**	**..**	**499**	**5 120**	**163 374**	**97 214**	**..**
Paiements directs	..	..	..	499	5 120	163 374	97 214	..
Aides : développement aquacole	..	..	..	..	..	..	..	..
Indemnisation des catastrophes	..	..	..	..	..	..	..	..
Autres paiements directs	..	..	..	499	5 120	163 374	97 214	..
Transferts réduisant les coûts	..	..	..	..	..	..	..	..
Prêts subventionnés : développement aquacole	..	..	..	..	..	..	..	..
Autres transferts réduisant les coûts	..	..	..	..	..	..	..	..
Services généraux	7 230	66 008	..	..	..	..	..	..
Gestion, recherche et police de l'aquaculture	..	..	..	..	..	..	..	..
Infrastructure aquacole	..	..	..	..	..	..	..	..
Autres services généraux	7 230	66 008	..	..	..	..	..	..
Recouvrement des coûts	..	..	..	..	..	..	..	..
Commercialisation et transformation	**12 004**	**10 422**	**..**	**..**	**..**	**..**	**..**	**..**
Paiements directs	..	..	..	..	..	..	..	..
Aides : commercialisation et transformation	..	..	..	..	..	..	..	..
Autres paiements directs	..	..	..	..	..	..	..	..
Transferts réduisant les coûts	..	..	..	..	..	..	..	..
Prêts subventionnés : commercialisation et transformation	..	..	..	..	..	..	..	..
Autres transferts réduisant les coûts	..	..	..	..	..	..	..	..
Services généraux	12 004	10 422	..	..	..	..	..	..
Aquaculture	..	..	..	..	..	..	..	..
Autres services généraux	12 004	10 422	..	..	..	..	..	..
Recouvrement des coûts	..	..	..	..	..	..	..	..
Total	**19 234**	**76 430**	**..**	**499**	**5 120**	**163 374**	**97 214**	**..**

RÉPUBLIQUE TCHÈQUE

Tableau 7. Transferts financiers publics (TFP) *(suite)*

Milliers CZK

	2006	2007	2008	2009	2010	2011	2012	2013
Total des TFP								
Pêche maritime	..	..	..	..	..	..	..	..
Paiements directs	..	..	..	..	..	..	..	..
Désarmement des navires et retrait des licences	..	..	..	..	..	..	..	..
Indemnisation des catastrophes	..	..	..	..	..	..	..	..
Aides : équipement, modernisation, construction de navire	..	..	..	..	..	..	..	..
Aide au revenu et assurance chômage	..	..	..	..	..	..	..	..
Autres paiements directs	..	..	..	..	..	..	..	..
Transferts réduisant les coûts	..	..	..	..	..	..	..	..
Prêts subventionnés : équipement, modernisation, construction de navire	..	..	..	..	..	..	..	..
Bonification d'intérêts	..	..	..	..	..	..	..	..
Exonération de taxe sur carburant	..	..	..	..	..	..	..	..
Ristourne et subvention à l'assurance	..	..	..	..	..	..	..	..
Allègement d'impôt sur le revenu, contrib. sociales impayées	..	..	..	..	..	..	..	..
Autres transferts réduisant les coûts	..	..	..	..	..	..	..	..
Services généraux	..	..	..	..	..	..	..	..
Gestion des pêcheries	..	..	..	..	..	..	..	..
Recherche halieutique	..	..	..	..	..	..	..	..
Police des pêches	..	..	..	..	..	..	..	..
Infrastructure des pêcheries	..	..	..	..	..	..	..	..
Autres services généraux	..	..	..	..	..	..	..	..
Recouvrement des coûts	..	..	..	..	..	..	..	..
Aquaculture	**85 854**	**179 265**	**499 249**	**702 403**	**552 901**	**816 394**	**572 803**	**391 697**
Paiements directs	75 525	84 968	499 249	702 403	544 277	816 394	572 803	..
Aides : développement aquacole	..	..	..	..	..	..	..	..
Indemnisation des catastrophes	..	..	..	..	..	..	..	..
Autres paiements directs	75 525	84 968	499 249	702 403	544 277	816 394	572 803	391 697
Transferts réduisant les coûts	..	..	..	..	..	..	..	..
Prêts subventionnés : développement aquacole	..	..	..	..	..	..	..	..
Autres transferts réduisant les coûts	..	..	..	..	..	..	..	..
Services généraux	10 329	94 297	..	..	8 624	..	..	..
Gestion, recherche et police de l'aquaculture	..	..	..	..	4 780	..	..	..
Infrastructure aquacole	..	..	..	..	..	..	..	..
Autres services généraux	10 329	94 297	..	..	3 844	..	..	..
Recouvrement des coûts	..	..	..	..	..	..	..	..
Commercialisation et transformation	**17 148**	**14 888**	..	..	..	..	..	..
Paiements directs	..	..	..	..	..	..	..	..
Aides : commercialisation et transformation	..	..	..	..	..	..	..	..
Autres paiements directs	..	..	..	..	..	..	..	..
Transferts réduisant les coûts	..	..	..	..	..	..	..	..
Prêts subventionnés : commercialisation et transformation	..	..	..	..	..	..	..	..
Autres transferts réduisant les coûts	..	..	..	..	..	..	..	..
Services généraux	17 148	14 888	..	..	..	..	..	..
Aquaculture	..	..	..	..	..	..	..	..
Autres services généraux	17 148	14 888	..	..	..	..	..	..
Recouvrement des coûts	..	..	..	..	..	..	..	..
Total	**103 002**	**194 153**	**499 249**	**702 403**	**552 901**	**816 394**	**572 803**	..

.. Non disponible

Note : Métadonnées détaillées : http://metalinks.oecd.org/fish/20150108/c7d6

Source : OCDE (2014), « Pêcheries : Transferts financiers publics », Statistiques agricoles de l'OCDE (base de données). DOI: 10.1787/data-00220-fr

RÉPUBLIQUE TCHÈQUE

Tableau 8. Importations par produit

		2009		2010		2011		2012		2013	
		Tonnes	USD	Tonnes	USD	Tonnes	USD	Tonnes	USD	Tonnes	USD
03	**Poisson, crustacés et mollusques**	..	**120 571 124**	..	**119 496 159**	..	**158 411 591**	..	**153 027 709**	..	**187 874 567**
0302	**Poisson, frais ou réfrigéré, excl. 0304**	**2 024 854**	**11 084 104**	**2 533 824**	**17 088 873**	**5 153 437**	**33 606 872**	**6 471 176**	**34 920 349**	**5 823 833**	**42 850 178**
030211	Truite	23 739	112 247	9 233	52 298	13 665	112 619	30 288	200 112	63 272	386 686
030212	Saumon (Pacifique, Atlantique et Danube)	1 277 908	6 533 457	1 990 530	13 576 501	4 488 822	27 735 704	6 104 946	31 098 242	5 358 196	38 386 939
030219	Salmonidés nra	148	1 946	93	1 043	679	8 242	15 665	186 862	27 906	226 344
030221	Flétan	3 444	57 396	940	15 637	3 352	58 438	16 261	228 565	25 967	367 619
030222	Plie, carrelet	4 116	34 091	6 400	47 136	18 365	155 932	22 759	199 988	27 885	238 665
030223	Sole	3 086	70 720	3 419	63 043	3 821	83 846	3 541	75 787	2 037	43 682
030229	Poissons plats nra	7 741	128 118	8 047	135 683	18 431	322 108	12 493	150 180	10 057	148 906
030231	Thon blanc/germon	384	2 783	106	765	136	1 409	315	2 153	278	1 939
030232	Albacore (thon jaune)	2 054	28 021	1 876	27 532	79 313	846 451	11 520	150 936	12 571	152 680
030233	Listaos/bonite à ventre rayé	444	7 805	1 734	27 806	1 879	35 300	66	1 186	251	4 138
030239	Thonidés nra	65 390	735 636	21 215	440 317	59 627	784 956	13 089	247 053	14 420	267 890
030240	Hareng	14 856	40 147	919	4 288	1 301	6 251	1 195	8 727	1 770	17 147
030250	Morue	70 551	184 690	6 043	70 153	12 252	153 230	12 209	136 554	11 436	135 542
030261	Sardines	371 099	1 249 317	349 205	1 123 924	204 344	687 037	23 419	75 903	9 500	43 568
030262	Églefin	172	1 839	3	27	109	1 003	..	..	..	..
030263	Lieu noir	1 312	7 807	1 791	12 670	971	7 431	2 353	20 852	21 902	79 819
030264	Maquereau	6 638	50 920	5 278	30 996	9 989	79 252	8 768	59 002	10 773	73 668
030265	Aiguillat et autres squalidés	1 832	9 458	2 151	10 438	2 781	11 077	760	3 502	839	5 671
030266	Anguille	485	5 345	209	4 516	4 646	54 301	381	3 565	185	2 369
030269	Poisson nra	169 341	1 813 724	124 629	1 443 874	228 954	2 462 285	191 148	2 071 180	224 588	2 266 906
030270	Foies, oeufs et laitances	114	8 637	3	226	..	..	..	..	..	..
0303	**Poisson, congelé, excl. 0304**	**10 440 872**	**16 524 097**	**8 048 141**	**16 416 412**	**7 692 679**	**19 206 351**	**7 993 254**	**19 958 751**	**9 048 668**	**21 430 160**
030319	Saumon, Pacifique	..	..	..	..	..	..	..	..	..	..
030321	Truite	754 915	2 789 459	868 759	3 271 387	1 097 213	4 910 023	1 210 644	4 788 827	1 131 423	4 412 636
030322	Saumon (Atlantique et Danube)	..	..	..	..	..	..	..	..	..	..
030329	Salmonidés	5 475	18 879	580	2 800	16 191	56 177	123 896	494 683	73 211	333 663
030331	Flétan	11 230	61 620	1 316	8 986	3 815	30 827	7 374	50 557	30 682	164 626
030332	Plie, carrelet	1 661	12 252	1 084	6 970	2 909	17 018	1 015	6 003	592	3 195
030333	Sole	13 612	32 452	492	3 865	564	5 161	554	4 831	749	7 154
030339	Poisson plat nra	7 070	30 650	8 215	32 348	2 800	4 874	16 959	38 973	14 680	39 292
030341	Thon blanc/germon	..	..	..	..	..	..	3 134	27 763	2 325	21 343
030342	Albacore (thon jaune)	12 182	123 219	37 457	375 953	300	5 336	17 466	232 365	15 537	203 165
030343	Listao/bonite à ventre rayé	..	..	..	..	..	..	..	..	..	..
030349	Thonidés nra	3 605	55 212	7 271	91 040	4 454	83 687	1 496	20 816	45 681	125 801
030350	Hareng	1 354 574	2 034 010	664 975	833 300	363 674	464 499	394 340	522 130	699 381	1 086 182
030360	Morue	26 216	54 979	17 379	27 005	1 082	147	1 870	20 111	2 025	27 501
030371	Sardines, sardinelles	22 175	12 383	20 469	16 816	39 179	61 877	31 780	48 299	21 504	41 952
030372	Églefin	18 979	44 617	58 988	97 485	8 249	21 337	362	9 701	520	13 775
030373	Lieu noir	24 181	52 415	17 028	19 749	20 405	42 664	21 421	100 800	92 922	242 136
030374	Maquereau	5 771 160	7 378 051	4 827 472	7 077 552	4 508 109	8 435 024	4 347 403	8 196 233	5 034 889	8 277 539
030375	Aiguillat et autres squalidés	114 877	203 599	114 508	268 304	77 767	170 070	223 368	359 942	168 277	342 500
030376	Anguille	10 369	34 228	1 200	10 685	5 096	87 854	1 914	49 120	4 130	42 416
030377	Bar (loup)	40	298	1 269	8 632	9 473	23 444	33	424	16 000	13 503
030378	Merlu	37 405	85 268	133 073	285 910	85 198	219 911	138 486	363 077	113 673	249 287
030379	Poisson nra	828 705	1 958 953	836 942	2 301 034	982 535	2 446 670	1 188 172	3 369 628	1 159 672	3 323 270
030380	Foies, oeufs et laitances	1	52	3	304	22 477	89 749	13 738	33 269	21 893	85 791
0304	**Filets de poisson et autre chair de poisson**	**28 611 177**	**74 761 910**	**27 091 750**	**68 352 748**	**24 877 834**	**78 650 668**	**20 104 690**	**71 522 630**	**22 533 892**	**86 139 801**
030410	Filets et autre chair de poisson, frais ou réfrigéré	278 064	2 790 039	617 868	4 156 497	527 109	5 096 305	1 079 681	7 339 085	1 415 455	11 980 945
030420	Filets de poissons, congelé	21 099 654	59 276 694	20 360 357	55 206 537	19 314 643	62 269 644	15 259 997	53 899 683	16 952 340	63 677 565
030490	Chair de poisson nra, congelé	7 233 459	12 695 177	6 113 525	8 989 714	5 036 082	11 284 719	3 765 012	10 283 862	4 166 097	10 481 291
0305	**Poisson, séché, salé, fumé, ou en saumure**	**1 322 050**	**5 680 952**	**1 208 695**	**5 818 760**	**1 495 741**	**8 338 541**	**9 411 630**	**8 555 699**	**2 383 933**	**14 469 306**
030510	Farine de poisson, consommation humaine	5 284	39 210	545	18 086	135 499	235 394	196 285	266 161	100 859	189 510
030520	Foies, oeufs et laitances	5 124	44 747	4 006	41 291	9 979	87 475	3 776	52 282	9 226	116 320
030530	Filets de poisson (non fumé)	2 787	40 703	4 723	61 851	12 941	149 760	7 958 728	264 015	92 557	568 959
030541	Saumon (Pacifique, Atlantique et Danube), fumé	143 422	2 107 867	148 140	2 241 907	238 299	3 788 446	253 061	3 800 141	636 498	7 119 553
030542	Hareng, fumé	..	..	..	..	..	..	..	..	..	..
030549	Poisson nra, fumé	166 293	805 098	335 782	1 513 718	426 518	2 024 728	449 653	2 338 972	673 351	3 290 619
030551	Morue, séché, non fumé	55	811	34	516	747	6 951	33	318	6 904	5 513
030559	Poisson nra, séché, salé, non fumé	8 235	52 557	684	9 504	587	9 741	325	5 417	713	5 268
030561	Hareng, salé ou en saumure	204 322	514 910	145 538	345 598	8 468	29 536	31 720	113 255	17 513	66 434
030562	Morue, salé ou en saumure	..	..	..	..	526	3 384	..	..	..	..
030563	Anchois, salé ou en saumure	2 215	22 818	2 934	34 856	2 919	30 947	3 806	41 495	4 172	42 665
030569	Poisson nra, salé ou en saumure	373 805	1 295 557	281 799	1 000 306	290 810	1 126 665	269 927	1 085 913	507 658	2 206 842

Tableau 8. Importations par produit *(suite)*

		2009		2010		2011		2012		2013	
		Tonnes	USD	Tonnes	USD	Tonnes	USD	Tonnes	USD	Tonnes	USD
0306	**Crustacés**	**625 408**	**4 226 845**	**552 580**	**4 643 249**	**714 256**	**6 452 059**	**888 136**	**6 595 906**	**1 290 203**	**8 758 563**
030611	Langoustes et autres palinuridés, congelé	2 011	30 223	1 790	20 560	1 867	21 203	2 313	30 740	5 886	60 649
030612	Homard nra	5 324	88 903	8 543	181 945	6 275	174 942	4 341	68 971	1 541	30 126
030613	Crevettes, congelé	549 801	3 001 462	461 980	3 098 758	585 273	3 947 536	663 771	4 328 009	1 012 898	6 532 954
030614	Crabes, congelé	11 444	159 879	8 750	171 959	6 343	217 995	9 314	181 437	6 799	155 343
030619	Crustacés nra, congelé	8 358	78 234	9 427	56 490	5 653	71 826	87 794	230 017	162 985	377 266
030621	Langoustes et autres palinuridés (non congelé)	84	7 659	151	13 356	211	16 258	301	23 495	215	20 622
030622	Homard nra (non congelé)	12 794	265 424	26 207	538 829	50 066	1 123 324	30 654	633 965	14 298	314 560
030623	Crevettes (non congelé)	25 126	427 706	25 231	413 198	37 850	572 375	65 973	766 149	66 140	961 321
030624	Crabes (non congelé)	1 842	25 879	3 882	36 117	2 774	37 032	3 446	45 574	2 437	41 260
030629	Crustacés nra (non congelé)	8 624	141 476	6 619	112 037	17 944	269 568	20 229	287 549	17 004	264 462
0307	**Mollusques**	**1 471 539**	**4 580 012**	**840 880**	**3 147 025**	**1 047 784**	**4 448 419**	**897 977**	**4 326 523**	**1 190 201**	**5 121 208**
030710	Huîtres	137 278	215 349	187 480	201 054	199 384	342 331	172 765	337 380	83 669	244 187
030721	St-Jacques, vi, fr, ou ré	9 086	108 200	6 924	40 458	6 412	67 624	2 703	56 220	2 539	62 544
030729	St-Jacques, co, sc, sl, ou sm	19 133	187 406	17 876	243 254	13 802	315 144	12 358	255 643	19 741	312 721
030731	Moules, vi, fr, ou ré	18 920	117 277	16 723	130 162	77 935	260 922	141 332	369 271	113 754	322 610
030739	Moules, co, sc, sl, ou sm	25 400	129 674	20 261	104 431	52 914	278 194	85 872	361 556	29 954	177 457
030741	Seiches, encornets et calmars, vi, fr, ou ré	11 402	64 701	11 768	66 333	19 093	134 651	25 590	201 680	14 883	100 874
030749	Seiches, encornets et calmars, co, sc, sl, ou sm	125 494	596 720	138 436	607 478	158 242	834 278	185 279	833 504	191 852	934 221
030751	Poulpe, vi, fr, ou ré	6 953	54 329	9 030	65 095	7 479	67 013	11 304	92 513	16 633	123 877
030759	Poulpe, co, sc, sl, ou sm	43 653	272 375	65 846	401 625	91 532	774 440	101 987	800 892	104 099	710 967
030760	Escargots (autres que de mer)	1 006 026	2 393 081	265 820	719 253	309 956	652 984	102 074	580 340	556 350	1 652 787
030791	Mollusques nra, vi, fr, ou ré	8 865	118 367	13 801	113 231	5 854	98 671	5 002	101 998	4 475	103 558
030799	Mollusques nra, co, sc, sl, ou sm	59 329	322 533	86 915	454 651	105 181	622 167	51 711	335 526	52 252	375 405
121220	**Algues**	**169 159**	**996 413**	**162 250**	**925 128**	**227 615**	**1 056 365**	**269 211**	**736 719**	**335 548**	**728 345**
1504	**Graisses, huiles et leurs fractions**	**216 241**	**953 268**	**200 251**	**996 477**	**296 436**	**1 115 652**	**390 443**	**1 126 896**	**409 309**	**1 132 336**
150410	Huiles de foies de poisson, et fractions	12 130	149 884	16 175	187 269	14 077	278 746	20 387	251 260	9 289	259 238
150420	Graisses et huiles de poisson, et fractions	203 752	788 411	183 695	795 869	281 808	813 453	369 598	853 558	399 771	857 383
150430	Graisses et huiles de mammifère marin, et fractions	359	14 973	381	13 339	551	23 453	458	22 078	249	15 715
1604	**Préparations et conserves de poisson; caviars et succédanés**	**24 017 880**	**68 402 661**	**20 418 049**	**70 333 794**	**21 476 731**	**79 574 035**	**21 934 637**	**86 278 398**	**19 325 446**	**83 350 662**
160411	Saumon, non haché	222 591	2 648 882	253 917	2 920 169	185 146	2 293 236	358 442	3 011 096	156 013	1 260 854
160412	Hareng, non haché	8 258 494	9 550 843	2 934 147	8 768 451	3 768 476	12 182 476	2 579 048	9 681 304	2 569 594	9 428 207
160413	Sardines, sardinelles, sprats, esprots, non haché	3 194 037	9 386 276	3 446 472	9 647 824	3 130 246	9 450 872	3 501 185	10 550 259	3 225 496	10 136 382
160414	Thons, listaos, sardes, non haché	1 989 023	11 177 270	2 364 181	11 676 960	2 984 086	16 880 793	3 403 419	20 754 783	3 490 568	23 311 919
160415	Maquereau, non haché	802 662	2 710 635	722 041	2 429 399	1 019 564	3 511 951	550 136	2 311 069	610 274	2 591 116
160416	Anchois, non haché	128 938	802 843	129 227	1 263 561	161 327	1 342 692	919 297	3 769 681	882 764	4 090 686
160419	Poisson nra, non haché	1 383 032	6 231 011	1 659 742	6 909 776	1 809 095	7 720 356	1 529 220	6 209 686	1 290 412	5 610 480
160420	Poisson, haché	7 939 005	24 589 778	8 765 350	25 436 837	8 338 763	25 124 580	8 904 996	28 290 912	7 056 003	26 208 062
160430	Caviar et succédanés	100 098	1 305 123	142 972	1 280 817	80 028	1 067 079	188 894	1 699 608	44 322	712 956
1605	**Préparations et conserves de crustacés**	**1 275 097**	**7 160 813**	**1 080 408**	**5 489 296**	**1 402 722**	**8 706 003**	**835 963**	**6 256 222**	**521 677**	**4 494 841**
160510	Crabes	4 460	46 989	11 234	113 644	15 622	144 002	22 774	133 638	18 356	139 235
160520	Crevettes	286 939	2 759 559	271 812	2 038 004	315 873	2 986 709	317 809	3 120 600	292 125	2 980 779
160530	Homard	156	6 983	..	..	84	3 236	306	917	198	3 593
160540	Crustacés nra	14 649	108 831	12 386	86 918	8 412	63 863	3 588	41 097	4 190	22 269
230120	**Farine de poisson**	**6 314 143**	**7 213 742**	**5 324 842**	**7 388 537**	**4 339 440**	**6 813 950**	**3 683 500**	**5 282 911**	**3 645 388**	**6 346 702**
	TOTAL	**76 488 420**	**201 584 817**	**67 461 670**	**200 600 299**	**..**	**255 677 596**	**..**	**252 708 855**	**..**	**283 927 453**

.. Non disponible

Note : nra : non répertorié ailleurs. vi : vivant. fr : frais. ré : réfrigéré. co : congelé. sc : séché. sl : salé. sm : en saumure.

Métadonnées détaillées : http://metalinks.oecd.org/fish/20150108/cd7a

Source : OCDE (2014), « Pêcheries : Commerce par produit », Statistiques agricoles de l'OCDE (base de données). DOI: 10.1787/data-00677-fr

RÉPUBLIQUE TCHÈQUE

Tableau 9. Exportations par produit

		2009		2010		2011		2012		2013	
		Tonnes	USD	Tonnes	USD	Tonnes	USD	Tonnes	USD	Tonnes	USD
03	**Poisson, crustacés et mollusques**	**..**	**69 950 432**	**..**	**72 182 070**	**..**	**100 278 091**	**..**	**100 483 637**	**..**	**119 508 916**
0302	**Poisson, frais ou réfrigéré, excl. 0304**	**272 269**	**1 374 525**	**570 854**	**4 088 555**	**2 189 434**	**13 596 078**	**3 814 862**	**16 800 463**	**3 263 548**	**23 927 009**
030211	Truite	799	5 175	1 008	6 526	8 884	67 117	8 588	65 776	11 607	82 230
030212	Saumon (Pacifique, Atlantique et Danube)	137 223	701 276	440 413	3 264 128	1 784 320	11 235 304	2 844 097	14 921 831	2 984 649	22 429 424
030219	Salmonidés nra	112	515	..	..	..	..	7 854	109 999	841	14 229
030221	Flétan	2 365	34 997	2 317	32 541	4 780	64 597	2 303	28 760	3 686	50 556
030222	Plie, carrelet	4	28	296	1 679	561	4 382	449	3 976	273	2 509
030223	Sole	238	4 451	260	5 030	88	2 645	71	2 621	78	1 932
030229	Poissons plats nra	531	9 054	222	3 690	937	18 216	331	5 765	640	11 540
030231	Thon blanc/germon	..	..	15	219	..	..	376	2 711	56	482
030232	Albacore (thon jaune)	3 073	52 605	6 851	131 552	22 825	453 896	259	4 290	404	4 219
030233	Listaos/bonite à ventre rayé	..	..	792	14 232	1 087	23 634	86	1 682	10	244
030239	Thonidés nra	1 811	43 603	3 110	77 897	7 630	215 448	9 543	276 971	7 554	224 165
030240	Hareng	..	..	..	..	4	64	15	57	..	..
030250	Morue	3 217	15 836	430	8 345	1 262	28 206	2 089	36 737	2 055	35 903
030261	Sardines	32	132	183	1 513	4 880	18 919	175	1 443	45	309
030262	Églefin	..	..	..	..	..	..	..	..	..	..
030263	Lieu noir	51	394	759	4 881	721	4 995	247	8 562	183	3 491
030264	Maquereau	114	998	342	2 861	651	6 446	608	5 781	1 245	6 853
030265	Aiguillat et autres squalidés	1 021	5 248	884	3 918	896	6 283	563	4 040	175	2 238
030266	Anguille	84	1 396	103	2 163	216	2 270	122	1 250	107	1 313
030269	Poisson nra	120 879	495 462	112 394	525 359	348 772	1 439 464	326 930	1 311 718	249 154	1 050 974
030270	Foies, oeufs et laitances	715	3 355	475	2 021	920	4 192	610 156	6 493	786	4 398
0303	**Poisson, congelé, excl. 0304**	**1 325 979**	**3 401 182**	**982 019**	**3 460 521**	**1 072 205**	**4 340 073**	**1 289 722**	**4 728 097**	**3 885 062**	**5 869 315**
030319	Saumon, Pacifique	..	..	..	..	..	..	..	..	..	..
030321	Truite	213 081	746 056	243 754	900 553	227 542	841 289	285 447	990 174	248 122	877 479
030322	Saumon (Atlantique et Danube)	..	..	..	..	..	..	..	..	..	..
030329	Salmonidés	..	..	8 000	27 751	37 510	193 187	245 335	904 527	416 776	1 430 098
030331	Flétan	..	..	96	1 679	..	..	168	804	..	..
030332	Plie, carrelet	..	..	11	104	12	117	5	36	15	127
030333	Sole	5 200	12 376	..	..	..	..	..	..	154	2 122
030339	Poisson plat nra	567	1 457	252	409	..	..	383	1 991	378	2 070
030341	Thon blanc/germon	..	..	3	22	..	..	..	..	156	2 143
030342	Albacore (thon jaune)	553	4 617	1 134	14 769	394	3 308	3 138	57 211	2 214	44 800
030343	Listao/bonite à ventre rayé	..	..	..	..	..	..	337	3 629	..	..
030349	Thonidés nra	272	3 605	1 267	16 552	1 523	41 178	299	3 891	1 389	20 093
030350	Hareng	61 025	143 296	11 980	24 083	554	1 348	17	45	209	367
030360	Morue	12	50	8 479	19 468	25	121	22	110	114	1 161
030371	Sardines, sardinelles	..	..	5	29	51	164	8	155	1 965	10 372
030372	Églefin	10 445	9 822	2 963	7 919	..	..	43	1 176	101	3 200
030373	Lieu noir	..	..	503	1 443	..	..	822	5 040	74	778
030374	Maquereau	518 630	715 525	234 482	502 192	338 394	839 092	174 243	450 488	218 274	594 139
030375	Aiguillat et autres squalidés	38 783	102 616	25 634	86 379	25 742	97 623	42 400	136 233	27 044	96 290
030376	Anguille	..	..	..	..	..	..	..	..	..	..
030377	Bar (loup)	..	..	184	1 626	195	1 922	36	463	..	..
030378	Merlu	22 507	53 502	19 520	47 510	15 825	47 349	5 982	19 190	16 006	57 136
030379	Poisson nra	332 708	1 031 635	263 230	976 427	232 514	958 149	465 338	1 623 364	452 935	1 735 255
030380	Foies, oeufs et laitances	30	224	..	..	280	2 141	50	366	1	407
0304	**Filets de poisson et autre chair de poisson**	**5 890 684**	**18 354 898**	**6 878 442**	**21 293 233**	**7 259 051**	**26 729 672**	**5 714 353**	**27 701 988**	**7 988 135**	**33 308 061**
030410	Filets et autre chair de poisson, frais ou réfrigéré	193 427	1 249 930	760 699	3 389 806	617 083	4 972 776	683 148	3 665 596	584 714	4 303 414
030420	Filets de poissons, congelé	5 082 617	15 918 193	5 826 657	17 194 771	6 092 677	20 300 764	4 751 728	22 880 598	7 146 457	27 727 550
030490	Chair de poisson nra, congelé	614 640	1 186 775	291 086	708 656	549 291	1 456 132	279 477	1 155 794	256 964	1 277 097
0305	**Poisson, séché, salé, fumé, ou en saumure**	**559 361**	**2 520 158**	**375 409**	**1 859 136**	**332 549**	**2 099 420**	**389 477**	**2 256 468**	**474 883**	**2 741 429**
030510	Farine de poisson, consommation humaine	3	177	11	923	43	3 999	40	3 458	23	1 992
030520	Foies, oeufs et laitances	2 256	15 337	3 936	26 910	..	..	..	..	..	..
030530	Filets de poisson (non fumé)	50	189	42	773	56	1 107	725	10 077	3 497	20 878
030541	Saumon (Pacifique, Atlantique et Danube), fumé	34 743	304 694	16 390	294 255	24 636	463 863	16 230	206 219	15 044	271 663
030542	Hareng, fumé	..	..	..	..	..	..	..	..	..	..
030549	Poisson nra, fumé	480 834	2 039 321	327 388	1 430 958	285 486	1 551 095	341 749	1 940 740	419 755	2 265 813
030551	Morue, séché, non fumé	..	..	..	..	..	..	..	..	271	4 979
030559	Poisson nra, séché, salé, non fumé	59	815	..	..	12	152	34	261	538	2 499
030561	Hareng, salé ou en saumure	3 554	8 759	449	1 314	100	473	125	561	110	495
030562	Morue, salé ou en saumure	7 593	62 099	4 277	33 552	1 285	12 844	339	3 349	238	2 347
030563	Anchois, salé ou en saumure	4	112	4	111	52	1 707	1	4	17	154
030569	Poisson nra, salé ou en saumure	3 173	15 104	1 399	14 783	257	5 146	727	11 037	15 180	117 403

Tableau 9. Exportations par produit (*suite*)

		2009		2010		2011		2012		2013	
		Tonnes	USD	Tonnes	USD	Tonnes	USD	Tonnes	USD	Tonnes	USD
0306	**Crustacés**	**23 836**	**384 023**	**30 018**	**472 360**	**44 615**	**855 719**	**77 715**	**884 051**	**306 921**	**1 613 442**
030611	Langoustes et autres palinuridés, congelé	7	140	..	..	328	3 515	570	4 137	537	3 537
030612	Homard nra	1 469	16 974	793	24 645	914	22 867	218	1 413	426	7 265
030613	Crevettes, congelé	17 603	217 591	25 174	310 207	28 271	384 359	67 318	606 410	291 351	1 218 324
030614	Crabes, congelé	255	2 727	127	4 364	169	6 631	133	6 528	1 270	44 864
030619	Crustacés nra, congelé	360	7 230	121	2 286	264	7 317	517	6 708	1 175	12 361
030621	Langoustes et autres palinuridés (non congelé)	25	2 093	..	..	..	..	..	..	..	..
030622	Homard nra (non congelé)	541	13 236	1 868	54 109	10 645	298 664	2 577	68 811	639	16 998
030623	Crevettes (non congelé)	2 735	96 874	1 370	54 626	3 139	102 266	5 356	152 275	10 197	260 543
030624	Crabes (non congelé)	278	7 840	95	2 251	123	3 854	48	1 146	298	8 742
030629	Crustacés nra (non congelé)	563	19 318	470	19 872	762	26 246	978	36 623	1 028	40 808
0307	**Mollusques**	**576 322**	**3 400 628**	**339 875**	**2 236 039**	**280 744**	**2 289 217**	**280 183**	**2 133 277**	**423 152**	**2 712 584**
030710	Huîtres	4 475	6 632	3 407	5 371	3 296	8 678	5 199	10 799	4 717	7 626
030721	St-Jacques, vi, fr, ou ré	316	9 106	96	3 194	246	5 644	88	1 952	1 127	31 086
030729	St-Jacques, co, sc, sl, ou sm	966	23 099	1 765	38 011	1 907	52 203	3 530	41 908	4 533	36 006
030731	Moules, vi, fr, ou ré	3 071	14 193	947	5 356	11 418	43 134	15 139	51 544	52 066	133 846
030739	Moules, co, sc, sl, ou sm	2 458	18 426	2 836	16 929	3 546	22 890	4 702	27 218	10 157	39 236
030741	Seiches, encornets et calmars, vi, fr, ou ré	6 748	50 809	6 244	47 672	13 833	110 590	10 771	80 141	15 988	121 704
030749	Seiches, encornets et calmars, co, sc, sl, ou sm	16 513	119 834	15 346	104 316	18 954	142 217	39 480	208 650	39 968	184 035
030751	Poulpe, vi, fr, ou ré	5 703	59 727	4 101	40 785	7 923	98 714	10 664	125 865	6 645	56 643
030759	Poulpe, co, sc, sl, ou sm	3 789	34 519	3 976	36 042	6 182	59 160	11 943	81 923	28 500	259 631
030760	Escargots (autres que de mer)	526 904	3 011 875	295 732	1 893 884	209 140	1 695 836	174 624	1 474 132	258 188	1 828 564
030791	Mollusques nra, vi, fr, ou ré	260	8 393	419	4 716	745	9 919	293	4 784	483	6 508
030799	Mollusques nra, co, sc, sl, ou sm	5 119	44 015	5 006	39 763	3 554	40 232	3 750	24 361	780	7 699
121220	**Algues**	**9 294**	**246 289**	**6 637**	**241 373**	**9 947**	**340 387**	**42 812**	**369 260**	**32 025**	**496 591**
1504	**Graisses, huiles et leurs fractions**	**5 842**	**210 217**	**6 585**	**120 620**	**18 398**	**206 482**	**15 505**	**215 236**	**42 366**	**370 263**
150410	Huiles de foies de poisson, et fractions	2 847	132 058	552	18 414	273	25 565	195	19 277	272	19 602
150420	Graisses et huiles de poisson, et fractions	2 995	78 159	6 033	102 206	18 125	180 917	15 310	195 959	42 094	350 661
150430	Graisses et huiles de mammifère marin, et fractions	..	..	..	..	..	..	..	..	..	..
1604	**Préparations et conserves de poisson; caviars et succédanés**	**4 785 711**	**16 253 633**	**5 125 217**	**16 744 814**	**5 766 523**	**21 081 611**	**5 915 026**	**23 404 526**	**5 871 269**	**26 939 068**
160411	Saumon, non haché	14 881	211 410	22 727	307 831	23 507	338 657	28 633	383 221	19 018	261 268
160412	Hareng, non haché	1 328 460	3 869 336	1 054 196	3 062 650	696 681	2 427 124	563 948	2 228 795	816 235	3 148 077
160413	Sardines, sardinelles, sprats, esprots, non haché	474 426	1 677 894	561 535	2 054 434	550 977	2 012 336	700 350	2 549 344	651 632	2 412 790
160414	Thons, listaos, sardes, non haché	249 318	1 482 612	279 372	1 578 786	550 481	3 434 997	730 234	4 401 645	1 190 949	8 014 813
160415	Maquereau, non haché	70 006	187 677	65 623	229 154	72 644	376 750	123 893	564 907	164 436	845 474
160416	Anchois, non haché	9 130	102 491	10 970	110 507	11 462	143 928	46 476	315 936	63 051	271 348
160419	Poisson nra, non haché	198 454	1 000 203	236 331	1 087 287	285 844	1 312 601	210 677	799 258	135 429	608 319
160420	Poisson, haché	2 432 472	7 565 385	2 884 615	8 175 793	3 571 231	10 971 491	3 507 201	12 097 756	2 828 200	11 304 313
160430	Caviar et succédanés	8 564	156 625	9 848	138 372	3 696	63 727	3 614	63 664	2 319	72 666
1605	**Préparations et conserves de crustacés**	**259 577**	**1 997 188**	**219 576**	**1 921 912**	**265 548**	**2 357 130**	**319 075**	**3 002 413**	**289 437**	**2 562 288**
160510	Crabes	298	3 467	1 105	10 585	1 389	18 269	1 782	28 782	1 492	27 221
160520	Crevettes	57 442	555 529	46 769	433 801	61 964	566 572	101 349	1 102 846	59 470	454 776
160530	Homard	67	792	527	2 653	1 229	6 732	1 460	8 148	1 542	8 574
160540	Crustacés nra	6 562	25 634	516	3 721	676	5 480	740	3 000	774	1 972
230120	**Farine de poisson**	**6 260**	**10 567**	**89 935**	**99 020**	**112 054**	**150 725**	**100 611**	**144 820**	**245 006**	**332 963**
	TOTAL	**13 715 135**	**48 153 308**	**14 624 567**	**52 537 583**	**..**	**124 414 426**	**..**	**127 619 892**	**..**	**150 210 089**

.. Non disponible

Note : nra : non répertorié ailleurs. vi : vivant. fr : frais. ré : réfrigéré. co : congelé. sc : séché. sl : salé. sm : en saumure.

Métadonnées détaillées : http://metalinks.oecd.org/fish/20150108/cd7a

Source : OCDE (2014), « Pêcheries : Commerce par produit », Statistiques agricoles de l'OCDE (base de données). DOI: 10.1787/data-00677-fr

DANEMARK

Tableau 1. Flotte de pêche

	2006	2007	2008	2009	2010	2011	2012	2013
NOMBRE DE NAVIRES								
Total des navires	**3 135**	**2 957**	**2 890**	**2 830**	**2 818**	**2 785**	**2 745**	**2 663**
Navires à moteur	3 060	2 881	2 816	2 758	2 746	2 714	2 674	2 595
0-5,9 mètres	1 060	1 034	1 014	1 016	1 017	1 016	1 017	988
6-11,9 mètres	1 283	1 231	1 221	1 221	1 226	1 215	1 202	1 175
12-17,9 mètres	439	380	359	331	323	310	286	271
18-23,9 mètres	137	119	116	103	103	96	95	90
24-29,9 mètres	39	30	30	19	17	18	19	19
30-35,9 mètres	38	30	29	25	23	23	18	16
36-44,9 mètres	43	38	31	29	22	19	18	18
45-59,9 mètres	14	11	8	7	8	10	11	11
60-74,9 mètres	6	7	6	5	5	4	4	4
75 mètres et plus	1	1	2	2	2	2	3	3
Longueur inconnue	..	..	..	..	..	..	..	..
Navires sans moteur	75	76	74	72	72	71	71	67
TONNAGE BRUT								
Total des navires	**85 716**	**76 469**	**73 030**	**68 192**	**65 997**	**64 527**	**65 943**	**65 386**
Navires à moteur	85 656	76 407	72 970	68 134	65 939	64 472	65 888	65 335
0-5,9 mètres	727	713	705	706	710	708	708	688
6-11,9 mètres	6 333	6 007	5 910	5 978	5 950	5 894	5 890	5 761
12-17,9 mètres	12 463	10 981	10 841	10 177	10 038	9 813	9 414	9 099
18-23,9 mètres	11 085	9 710	9 628	9 068	9 415	8 951	9 003	8 582
24-29,9 mètres	7 155	5 453	5 487	3 802	3 556	3 644	3 968	3 968
30-35,9 mètres	8 992	7 095	7 029	6 269	5 952	6 142	4 976	4 564
36-44,9 mètres	17 239	15 506	13 188	12 642	10 258	9 128	8 815	8 815
45-59,9 mètres	11 007	8 882	6 366	5 833	6 401	7 883	8 625	8 634
60-74,9 mètres	8 156	9 561	8 350	8 193	8 193	6 843	6 843	7 579
75 mètres et plus	2 499	2 499	5 466	5 466	5 466	5 466	7 646	7 646
Longueur inconnue	..	..	..	..	..	..	..	..
Navires sans moteur	60	62	60	58	58	55	55	51

.. Non disponible

Note : Métadonnées détaillées : http://metalinks.oecd.org/fish/20150108/6ef5

Source : OCDE (2014), « Pêcheries : Flotte de pêche », Statistiques agricoles de l'OCDE (base de données). DOI: 10.1787/data-00218-fr

Tableau 2. Emploi dans les pêcheries

Personnes employées

	2006	2007	2008	2009	2010	2011	2012	2013
Plein-temps	**7 906**	**7 310**	**5 564**	**5 361**	**5 363**	**5 011**	**4 907**	**4 730**
Secteur de capture	2 612	2 331	1 828	1 673	1 675	1 604	1 531	1 519
Pêche en eaux intérieures	..	..	..	..	..	..	..	..
Homme	..	..	..	..	..	..	..	..
Femme	..	..	..	..	..	..	..	..
Eaux maritimes (pêche côtière)	2 612	2 331	1 828	1 673	1 675	1 604	1 531	1 519
Homme	2 534	2 265	1 770	1 627	1 629	1 560	1 481	1 477
Femme	78	66	58	46	46	44	50	42
Eaux maritimes (pêche en haute mer)	..	..	..	..	..	..	..	..
Homme	..	..	..	..	..	..	..	..
Femme	..	..	..	..	..	..	..	..
Aquaculture	487	479	427	381	381	373	375	380
Homme	435	425	382	343	343	337	344	346
Femme	52	54	45	38	38	36	31	34
Transformation	4 807	4 500	3 309	3 307	3 307	3 034	3 001	2 831
Homme	2 259	2 094	1 731	1 714	1 714	1 615	1 578	1 499
Femme	2 548	2 406	1 578	1 593	1 593	1 419	1 423	1 332
Temps partiel	**692**	**642**	**1 435**	**1 318**	**1 378**	**1 269**	**1 193**	**1 037**
Secteur de capture	285	242	393	387	397	413	411	372
Pêche en eaux intérieures	..	..	..	..	..	..	..	..
Homme	..	..	..	..	..	..	..	..
Femme	..	..	..	..	..	..	..	..
Eaux maritimes (pêche côtière)	285	242	393	387	397	413	411	372
Homme	258	221	370	364	374	388	388	345
Femme	27	21	23	23	23	25	23	27
Eaux maritimes (pêche en haute mer)	..	..	..	..	..	..	..	..
Homme	..	..	..	..	..	..	..	..
Femme	..	..	..	..	..	..	..	..
Aquaculture	66	68	70	62	64	57	50	41
Homme	47	52	58	48	49	44	38	31
Femme	19	16	12	14	15	13	12	10
Transformation	341	332	972	869	917	799	732	624
Homme	198	187	348	348	354	342	318	284
Femme	143	145	624	521	563	457	414	340
Total	**8 598**	**7 952**	**6 999**	**6 679**	**6 741**	**6 280**	**6 100**	**5 767**
Secteur de capture	2 897	2 573	2 221	2 060	2 072	2 017	1 942	1 891
Pêche en eaux intérieures	..	..	..	..	..	..	..	..
Homme	..	..	..	..	..	..	..	..
Femme	..	..	..	..	..	..	..	..
Eaux maritimes (pêche côtière)	2 897	2 573	2 221	2 060	2 072	2 017	1 942	1 891
Homme	2 792	2 486	2 140	1 991	2 003	1 948	1 869	1 822
Femme	105	87	81	69	69	69	73	69
Eaux maritimes (pêche en haute mer)	..	..	..	..	..	..	..	..
Homme	..	..	..	..	..	..	..	..
Femme	..	..	..	..	..	..	..	..
Aquaculture	553	547	497	443	445	430	425	421
Homme	482	477	440	391	392	381	382	377
Femme	71	70	57	52	53	49	43	44
Transformation	5 148	4 832	4 281	4 176	4 224	3 833	3 733	3 455
Homme	2 457	2 281	2 079	2 062	2 068	1 957	1 896	1 783
Femme	2 691	2 551	2 202	2 114	2 156	1 876	1 837	1 672

.. Non disponible

Note : Métadonnées détaillées : http://metalinks.oecd.org/fish/20150108/9faf

Source : OCDE (2014), « Pêcheries : Emploi dans la pêche », Statistiques agricoles de l'OCDE (base de données). DOI: 10.1787/data-00219-fr

DANEMARK

Tableau 3. Débarquements nationaux dans les ports nationaux

	2006	2007	2008	2009	2010	2011	2012	2013
VOLUME (TONNES)								
Total poissons	**200 147**	**158 885**	**143 827**	**132 425**	**128 740**	**128 328**	**137 774**	**134 757**
Saumon	66	27	18	55	114	77	91	15
Saumon rose	..	..	..	..	..	..	..	..
Saumon keta	..	..	..	..	..	..	..	..
Saumon rouge	..	..	..	..	..	..	..	..
Saumon argenté	..	..	..	..	..	..	..	..
Autres saumons	66	27	18	55	114	77	91	15
Poissons plats	24 074	22 047	22 135	20 832	21 945	24 833	25 947	25 874
Flétan	128	106	112	97	70	46	32	50
Flétan noir	2	2	1	1	1	0	0	0
Sole	916	730	821	777	576	500	383	322
Plie	15 904	13 984	14 892	14 071	15 818	18 681	19 438	19 820
Autres poissons plats	7 124	7 225	6 309	5 886	5 480	5 606	6 094	5 682
Poissons de fond	40 568	30 954	31 565	31 705	32 606	31 226	30 548	26 856
Morue (Atlantique et Pacifique)	25 474	20 428	19 067	18 048	19 270	19 165	19 474	14 902
Églefin	1 455	1 427	1 313	1 499	1 580	2 003	2 421	2 319
Lieu	6 144	4 532	6 780	7 418	6 692	5 292	4 170	4 565
Morue du Pacifique occidental	..	..	..	..	..	..	..	..
Merlan	209	244	174	219	231	218	176	176
Merlu (toutes espèces)	1 126	1 006	1 388	1 835	1 963	1 967	2 039	2 666
Sébaste	40	21	3	20	6	11	4	4
Autres poissons de fond	6 120	3 296	2 840	2 666	2 864	2 570	2 264	2 224
Pélagiques	132 736	104 571	89 239	78 948	73 379	71 102	80 279	80 363
Chinchard	4	21	14	1	9	1	1	2
Maquereau	17 637	14 204	14 934	15 170	20 268	21 363	17 403	6 487
Hareng (Atlantique et Pacifique)	110 635	88 577	72 047	60 444	45 530	40 595	61 181	73 634
Sardine	..	..	..	..	..	..	..	..
Autres pélagiques	4 460	1 769	2 244	3 333	7 572	9 143	1 694	240
Thons	..	..	..	..	..	..	..	..
Listao	..	..	..	..	..	..	..	..
Thon rouge (nord et sud)	..	..	..	..	..	..	..	0
Germon	..	..	..	..	..	..	..	..
Albacore	..	..	..	..	..	..	..	..
Thon obèse	..	..	..	..	..	..	..	..
Autres thons	..	..	..	..	..	..	..	..
Espadon	..	..	..	..	..	..	..	..
Autres poissons	2 703	1 286	870	885	696	1 090	909	1 649
Total crustacés	**10 791**	**10 233**	**10 021**	**9 215**	**8 255**	**7 758**	**7 107**	**6 676**
Homard et langouste	8	7	9	17	31	30	26	23
Langoustine	4 044	3 962	3 952	4 113	4 059	3 571	3 502	2 859
Crevette	6 467	5 898	5 700	4 792	3 942	3 917	3 330	3 554
Autres crustacés	272	366	360	293	223	240	249	240
Total coquillages et mollusques	**56 212**	**58 540**	**40 714**	**39 814**	**29 042**	**35 735**	**33 366**	**42 355**
Huître	843	1 122	1 433	1 155	1 050	804	296	142
Moule	54 776	57 335	39 226	38 611	27 872	34 443	32 901	37 218
Coquille St-Jacques	2	1	1	0	0	0	0	..
Bivalves	502	1	..	..	55	442	120	4 952
Autres coquillages (incl. buccins	..	..	..	..	0	0	0	0
Calmar	..	..	..	..	..	..	..	..
Seiche	89	81	54	48	65	46	23	43
Poulpe	..	..	..	..	..	..	..	..
Autres mollusques (incl. oursins)	0	0	0	0	0	0	26	0
Autres animaux marins	..	..	..	..	..	..	..	..
Plantes aquatiques	..	..	..	..	..	..	..	..
Algue brune	..	..	..	..	..	..	..	..
Algue rouge	..	..	..	..	..	..	..	..
Autres algues	..	..	..	..	..	..	..	..
Poisson pour transformation	510 344	342 000	420 901	500 059	533 242	437 143	203 385	356 727
TOTAL GÉNÉRAL	**777 494**	**569 658**	**615 463**	**681 513**	**699 279**	**608 964**	**381 632**	**540 515**

DANEMARK

Tableau 3. Débarquements nationaux dans les ports nationaux *(suite)*

	2006	2007	2008	2009	2010	2011	2012	2013
VALEUR (DKK)								
Total poissons	**1 600 420 000**	**1 365 476 056**	**1 296 450 678**	**1 047 959 815**	**1 168 754 279**	**1 405 714 548**	**1 356 309 276**	**1 154 401 509**
Saumon	1 618 000	1 052 977	737 540	1 946 200	3 414 729	2 685 505	3 468 682	520 466
Saumon rose	..	..	..	..	..	..	..	..
Saumon keta	..	..	..	..	..	..	..	..
Saumon rouge	..	..	..	..	..	..	..	..
Saumon argenté	..	..	..	..	..	..	..	..
Autres saumons	1 618 000	1 052 977	737 540	1 946 200	3 414 729	2 685 505	3 468 682	520 466
Poissons plats	462 124 000	422 938 823	396 418 382	316 200 951	314 345 030	378 523 263	361 837 790	331 985 909
Flétan	7 745 000	6 919 742	6 499 461	5 972 167	5 104 001	4 238 084	3 092 605	4 319 887
Flétan noir	114 000	110 497	80 260	88 412	88 641	5 470	43	268
Sole	85 184 000	71 339 543	67 730 593	57 249 141	50 490 659	45 665 654	34 669 071	24 937 271
Plie	232 912 000	202 791 119	199 458 552	139 737 057	148 988 039	193 729 019	196 632 265	191 762 508
Autres poissons plats	136 169 000	141 777 922	122 649 516	113 154 174	109 673 690	134 885 036	127 443 806	110 965 975
Poissons de fond	626 752 000	556 309 702	527 450 407	430 353 741	501 577 624	522 259 631	493 643 504	453 104 778
Morue (Atlantique et Pacifique)	445 285 000	403 953 135	361 379 835	256 366 577	302 011 954	325 392 286	312 396 579	260 382 042
Églefin	17 996 000	18 407 418	15 145 335	15 378 782	17 847 603	22 244 891	25 958 430	27 242 294
Lieu	45 671 000	36 087 191	53 695 089	63 523 753	74 187 276	68 456 812	52 661 737	49 883 226
Morue du Pacifique occidental	..	..	..	..	..	..	..	..
Merlan	1 226 000	1 735 250	1 566 524	1 183 847	1 409 455	1 646 530	1 396 930	1 432 915
Merlu (toutes espèces)	28 298 000	20 967 739	25 087 793	24 970 483	26 660 544	27 427 318	32 602 905	42 462 893
Sébaste	607 000	345 411	57 029	109 696	103 793	236 979	93 651	109 484
Autres poissons de fond	87 669 000	74 813 558	70 518 802	68 820 603	79 356 999	76 854 815	68 533 272	71 591 924
Pélagiques	463 947 000	343 381 860	345 136 698	273 354 775	323 309 359	470 521 465	463 475 456	333 293 950
Chinchard	13 000	19 174	30 864	9 190	30 574	5 634	4 258	7 107
Maquereau	155 218 000	108 510 374	145 270 393	101 695 396	169 076 749	260 989 688	134 655 158	56 011 077
Hareng (Atlantique et Pacifique)	302 282 000	231 945 626	196 533 275	167 642 661	141 458 780	189 545 143	324 206 244	275 881 452
Sardine	..	..	..	..	..	..	..	..
Autres pélagiques	6 434 000	2 906 686	3 302 166	4 007 528	12 743 256	19 981 000	4 609 796	1 394 314
Thons	3 000	3	3	3	..	..	..	..
Listao	..	..	..	..	..	..	..	..
Thon rouge (nord et sud)	..	..	..	..	..	..	..	0
Germon	..	..	..	..	..	..	..	..
Albacore	..	..	..	..	..	..	..	..
Thon obèse	..	..	..	..	..	..	..	..
Autres thons	..	..	..	..	..	..	..	..
Espadon	3 000	3	3	3	..	..	..	..
Autres poissons	45 976 000	41 792 691	26 707 648	26 104 145	26 107 537	31 724 684	33 883 844	35 496 406
Total crustacés	**437 836 000**	**431 905 122**	**373 463 853**	**274 741 248**	**314 039 436**	**334 935 161**	**303 242 746**	**286 597 790**
Homard et langouste	1 337 000	1 036 975	1 319 268	2 371 427	3 987 056	4 255 110	3 881 689	3 512 700
Langoustine	326 544 000	307 442 843	236 420 632	193 844 582	236 460 845	269 910 178	213 302 592	186 889 434
Crevette	104 199 000	116 249 204	129 669 848	73 961 840	68 611 136	54 770 090	80 084 501	89 816 598
Autres crustacés	5 756 000	7 176 100	6 054 105	4 563 399	4 980 399	5 999 783	5 973 964	6 379 058
Total coquillages et mollusques	**104 219 000**	**139 602 174**	**71 356 843**	**60 596 421**	**50 050 388**	**66 046 486**	**59 559 237**	**75 414 075**
Huître	29 863 000	45 384 712	27 829 957	24 247 455	20 341 788	21 651 472	12 746 083	7 792 926
Moule	69 678 000	91 260 270	42 095 288	35 411 212	28 379 047	38 116 209	43 915 690	51 097 886
Coquille St-Jacques	11 000	12 187	11 800	2 206	7 496	30	0	..
Bivalves	2 236 000	3 309	..	..	435 884	4 962 732	2 030 790	14 811 000
Autres coquillages (incl. buccins)	2 000	947	678	500	57	15	142	1 471
Calmar	..	..	..	..	..	..	..	..
Seiche	2 427 000	2 940 478	1 418 925	934 982	885 892	1 316 022	866 412	1 699 682
Poulpe	..	..	..	..	..	..	..	..
Autres mollusques (incl. oursins)	2 000	271	195	66	224	6	120	11 110
Autres animaux marins	..	..	..	..	..	..	..	..
Plantes aquatiques	..	..	..	..	..	..	..	..
Algue brune	..	..	..	..	..	..	..	..
Algue rouge	..	..	..	..	..	..	..	..
Autres algues	..	..	..	..	..	..	..	..
Poisson pour transformation	547 055 000	412 657 432	415 797 111	445 952 230	823 815 614	716 212 379	422 585 738	712 039 085
TOTAL GÉNÉRAL	**2 689 530 000**	**2 349 640 784**	**2 157 068 485**	**1 829 249 714**	**2 356 659 717**	**2 522 908 574**	**2 141 696 997**	**2 228 452 459**

.. Non disponible

Note : Métadonnées détaillées : http://metalinks.oecd.org/fish/20150108/1b50

Source : OCDE (2014), « Pêcheries : Débarquements nationaux dans les ports domestiques », Statistiques agricoles de l'OCDE (base de données). DOI: 10.1787/data-00222-fr

DANEMARK

Tableau 4. Débarquements nationaux dans les ports étrangers

	2006	2007	2008	2009	2010	2011	2012	2013
VOLUME (TONNES)								
Total poissons	**46 842**	**50 522**	**57 099**	**57 640**	**78 128**	**70 294**	**97 608**	**112 008**
Saumon	83	32	..	7	4	4	3	22
Saumon rose	..	..	..	..	..	..	..	..
Saumon keta	..	..	..	..	..	..	..	..
Saumon rouge	..	..	..	..	..	..	..	..
Saumon argenté	..	..	..	..	..	..	..	..
Autres saumons	83	32	..	7	4	4	3	22
Poissons plats	2 851	1 134	1 295	1 093	1 109	1 102	1 236	3 130
Flétan	3	2	3	3	2	1	2	4
Flétan noir	..	..	..	..	..	..	..	..
Sole	383	200	247	234	264	229	333	373
Plie	1 288	566	798	698	736	750	766	975
Autres poissons plats	1 177	366	247	158	107	122	135	1 778
Poissons de fond	2 638	3 667	3 606	3 296	4 900	4 341	6 090	5 581
Morue (Atlantique et Pacifique)	698	1 352	1 817	2 651	4 173	4 159	5 332	2 809
Églefin	21	12	10	9	6	12	24	24
Lieu	226	87	62	43	52	39	168	238
Morue du Pacifique occidental	..	..	..	..	96	62	48	..
Merlan	219	58	81	54	96	62	48	106
Merlu (toutes espèces)	20	25	15	7	7	4	130	164
Sébaste	9	7	..	16	0	0	6	4
Autres poissons de fond	1 445	2 126	1 621	516	566	65	382	2 236
Pélagiques	41 157	45 547	52 137	53 220	71 941	64 824	90 250	103 228
Chinchard	4 185	2 483	5 263	6 013	5 886	6 044	5 501	7 847
Maquereau	6 597	10 684	11 796	8 060	20 784	13 465	18 828	26 766
Hareng (Atlantique et Pacifique)	29 025	32 082	33 473	31 546	31 916	45 261	64 208	64 705
Sardine	12	48	26	..	48	3	48	40
Autres pélagiques	1 338	250	1 579	7 601	13 307	51	1 665	3 870
Thons	..	..	..	..	..	..	..	..
Listao	..	..	..	..	..	..	..	..
Thon rouge (nord et sud)	..	..	..	..	..	..	..	..
Germon	..	..	..	..	..	..	..	..
Albacore	..	..	..	..	..	..	..	..
Thon obèse	..	..	..	..	..	..	..	..
Autres thons	..	..	..	..	..	..	..	..
Espadon	..	..	..	..	..	..	..	..
Autres poissons	113	142	61	24	174	23	29	47
Total crustacés	**5 867**	**5 095**	**4 206**	**5 969**	**5 782**	**5 323**	**3 582**	**4 111**
Homard et langouste	..	..	..	..	..	..	0	0
Langoustine	154	152	95	29	51	19	26	13
Crevette	5 707	4 939	4 105	5 936	5 727	5 300	3 551	4 093
Autres crustacés	6	4	6	4	4	4	5	5
Total coquillages et mollusques	**4**	**5**	**16**	**25**	..	**2**	**1**	..
Huître	..	..	0	..	0	..	..	..
Moule	..	..	..	..	..	..	..	..
Coquille St-Jacques	0	..	..	..	0	..	..	0
Bivalves	..	..	..	..	..	..	..	..
Autres coquillages (incl. buccins	3	1	0	0	0	0	..	0
Calmar	..	..	..	..	..	..	..	..
Seiche	1	4	16	25	0	2	1	0
Poulpe	..	..	..	..	..	..	..	..
Autres mollusques (incl. oursins)	..	..	..	..	..	..	..	..
Autres animaux marins	..	..	..	..	..	..	..	..
Plantes aquatiques	..	..	..	..	..	..	..	..
Algue brune	..	..	..	..	..	..	..	..
Algue rouge	..	..	..	..	..	..	..	..
Autres algues	..	..	..	..	..	..	..	..
Poisson pour transformation	26 423	19 919	9 568	24 668	36 399	22 977	4 902	3 846
TOTAL GÉNÉRAL	**79 136**	**75 541**	**70 889**	**88 302**	**120 309**	**98 596**	**106 093**	**119 965**

DANEMARK

Tableau 4. Débarquements nationaux dans les ports étrangers *(suite)*

	2006	2007	2008	2009	2010	2011	2012	2013
VALEUR (DKK)								
Total poissons	**232 544 000**	**210 915 670**	**279 856 888**	**218 690 625**	**385 156 685**	**452 627 137**	**573 509 202**	**605 622 885**
Saumon	2 102 000	1 128 389	..	288 985	157 968	172 057	114 296	947 832
Saumon rose	..	..	..	..	..	..	..	..
Saumon keta	..	..	..	..	..	..	..	..
Saumon rouge	..	..	..	..	..	..	..	..
Saumon argenté	..	..	..	..	..	..	..	..
Autres saumons	2 102 000	1 128 389	..	288 985	157 968	172 057	114 296	947 832
Poissons plats	62 438 000	27 053 397	34 270 450	26 212 453	32 616 456	31 216 673	35 047 038	40 130 227
Flétan	176 000	110 384	168 087	159 807	157 747	96 522	136 732	325 947
Flétan noir	..	..	..	..	..	..	..	..
Sole	34 422 000	14 920 715	17 784 268	16 658 044	21 640 992	18 920 905	23 079 684	21 595 211
Plie	19 307 000	8 084 317	10 875 914	6 397 748	7 613 764	8 746 262	8 952 296	8 852 858
Autres poissons plats	8 533 000	3 937 981	5 442 181	2 996 854	3 203 953	3 452 984	2 878 326	9 356 211
Poissons de fond	18 537 000	26 099 108	29 817 322	31 607 748	46 116 070	49 412 097	65 019 563	43 061 264
Morue (Atlantique et Pacifique)	10 464 000	20 506 678	26 623 348	27 282 637	43 707 961	47 837 820	56 238 272	29 361 504
Églefin	233 000	140 086	79 313	75 467	59 267	69 363	246 135	268 368
Lieu	1 178 000	720 375	469 711	331 983	602 983	314 751	2 211 661	2 037 306
Morue du Pacifique occidental	..	..	..	..	245 734	274 913	224 332	..
Merlan	1 473 000	462 210	335 881	297 481	245 734	274 913	224 332	620 857
Merlu (toutes espèces)	281 000	212 426	198 722	78 403	113 772	49 213	1 829 668	2 275 887
Sébaste	139 000	110 373	..	17	25	2 897	137 790	75 940
Autres poissons de fond	4 769 000	3 946 960	2 110 347	3 541 760	1 386 328	863 140	4 131 705	8 421 402
Pélagiques	147 360 000	155 417 468	214 510 284	160 162 415	305 658 916	371 474 204	472 926 040	521 012 425
Chinchard	9 282 000	5 383 762	13 573 189	15 245 212	16 797 524	24 899 026	17 091 312	47 712 523
Maquereau	55 358 000	76 079 729	113 105 301	50 178 561	168 159 070	163 550 752	130 532 179	215 811 241
Hareng (Atlantique et Pacifique)	81 141 000	73 680 433	85 527 114	83 565 105	95 086 224	183 002 462	323 998 874	245 933 103
Sardine	0	0	0	..	36 199	0	268	166 385
Autres pélagiques	1 579 000	273 544	2 304 680	11 173 537	25 579 899	21 964	1 303 407	11 389 173
Thons	..	..	..	..	..	..	..	..
Listao	..	..	..	..	..	..	..	..
Thon rouge (nord et sud)	..	..	..	..	..	..	..	..
Germon	..	..	..	..	..	..	..	..
Albacore	..	..	..	..	..	..	..	..
Thon obèse	..	..	..	..	..	..	..	..
Autres thons	..	..	..	..	..	..	..	..
Espadon	..	..	..	..	..	..	..	..
Autres poissons	2 107 000	1 217 308	1 258 832	419 024	607 275	352 106	402 265	471 137
Total crustacés	**97 914 000**	**87 981 677**	**77 113 565**	**100 595 110**	**111 230 106**	**111 433 327**	**126 434 479**	**131 607 959**
Homard et langouste	..	..	..	..	..	..	616	316
Langoustine	8 066 000	9 169 775	3 780 699	1 441 764	2 987 998	1 248 473	1 369 969	999 257
Crevette	89 726 000	78 715 383	73 187 613	99 084 900	108 156 142	110 103 439	124 941 360	130 475 128
Autres crustacés	122 000	96 519	145 253	68 446	85 966	81 415	122 534	133 258
Total coquillages et mollusques	**55 000**	**84 319**	**42 601**	**40 595**	**12 171**	**45 036**	**15 311**	**13 363**
Huître	..	..	2 125	..	4 113	..	..	..
Moule	..	..	..	..	..	..	..	..
Coquille St-Jacques	0	..	..	..	74	..	..	23
Bivalves	..	..	..	..	..	..	..	..
Autres coquillages (incl. buccins	16 000	1 714	798	705	69	439	..	37
Calmar	..	..	..	..	..	..	..	..
Seiche	39 000	82 605	39 678	39 890	7 915	44 597	15 311	13 303
Poulpe	..	..	..	..	..	..	..	..
Autres mollusques (incl. oursins)	..	..	..	..	..	..	..	..
Autres animaux marins	..	..	..	..	..	..	..	..
Plantes aquatiques	..	..	..	..	..	..	..	..
Algue brune	..	..	..	..	..	..	..	..
Algue rouge	..	..	..	..	..	..	..	..
Autres algues	..	..	..	..	..	..	..	..
Poisson pour transformation	25 709 000	24 017 613	10 020 226	29 309 808	63 263 537	35 454 017	12 283 303	8 551 529
TOTAL GÉNÉRAL	**356 222 000**	**322 999 279**	**367 033 280**	**348 636 138**	**559 662 499**	**599 559 517**	**712 242 295**	**745 795 736**

.. Non disponible

Note : Métadonnées détaillées : http://metalinks.oecd.org/fish/20150108/9ae2

Source : OCDE (2014), « Pêcheries : Débarquements nationaux dans les ports étrangers », Statistiques agricoles de l'OCDE (base de données). DOI: 10.1787/data-00223-fr

DANEMARK

Tableau 5. Débarquements étrangers dans les ports nationaux

	2006	2007	2008	2009	2010	2011	2012	2013
VOLUME (TONNES)								
Total poissons	**168 844**	**191 648**	**180 226**	**168 694**	**130 691**	**107 525**	**94 598**	**87 070**
Saumon	107	125	23	26	22	21	10	..
Saumon rose	..	..	..	..	..	..	..	..
Saumon keta	..	..	..	..	..	..	..	..
Saumon rouge	..	..	..	..	..	..	..	..
Saumon argenté	..	..	..	..	..	..	..	..
Autres saumons	107	125	23	26	22	21	10	..
Poissons plats	1 635	902	1 221	639	1 720	1 388	953	1 727
Flétan	21	21	31	26	15	10	6	10
Flétan noir	838	0	2	0	961	485	604	1 280
Sole	52	58	70	33	34	41	23	19
Plie	486	512	766	402	557	714	232	309
Autres poissons plats	238	311	352	178	153	138	88	109
Poissons de fond	20 701	19 017	23 239	20 054	18 066	15 846	14 341	18 238
Morue (Atlantique et Pacifique)	5 168	5 364	5 737	6 133	5 150	3 649	3 965	3 211
Églefin	990	1 222	920	1 205	920	917	960	1 170
Lieu	12 943	11 289	15 271	11 513	10 768	10 219	8 259	10 223
Morue du Pacifique occidental	..	..	..	..	..	..	..	..
Merlan	66	45	28	41	54	45	45	67
Merlu (toutes espèces)	237	326	514	500	431	539	626	1 009
Sébaste	55	9	20	3	156	20	13	465
Autres poissons de fond	1 242	762	749	659	587	457	473	2 093
Pélagiques	146 358	171 360	155 152	146 956	110 749	89 479	78 528	66 345
Chinchard	1 059	435	82	..	..	..	13	..
Maquereau	8 042	4 005	510	38	2 819	6 932	7 425	7 507
Hareng (Atlantique et Pacifique)	127 279	147 081	131 946	115 740	92 885	67 085	59 401	58 836
Sardine	..	..	..	..	..	..	..	..
Autres pélagiques	9 978	19 839	22 614	31 178	15 045	15 462	11 689	2
Thons	..	..	..	..	..	..	..	..
Listao	..	..	..	..	..	..	..	..
Thon rouge (nord et sud)	..	..	..	..	..	..	..	..
Germon	..	..	..	..	..	..	..	..
Albacore	..	..	..	..	..	..	..	..
Thon obèse	..	..	..	..	..	..	..	..
Autres thons	..	..	..	..	..	..	..	..
Espadon	..	..	..	..	..	..	..	..
Autres poissons	43	244	591	1 019	134	791	766	760
Total crustacés	**4 144**	**5 322**	**3 294**	**1 550**	**2 062**	**1 880**	**940**	**1 891**
Homard et langouste	3	..	1	1	0	0	0	0
Langoustine	89	187	269	139	83	46	18	14
Crevette	4 048	5 130	3 019	1 407	1 975	1 829	918	1 872
Autres crustacés	4	5	5	3	4	5	4	5
Total coquillages et mollusques	**22**	**14**	**8**	**8**	**8**	**7**	**4**	**3**
Huître	..	..	..	..	..	..	..	..
Moule	..	..	..	..	..	..	..	..
Coquille St-Jacques	12	..	..	..	..	..	..	..
Bivalves	..	..	..	..	..	..	..	..
Autres coquillages (incl. buccins	..	..	..	..	..	..	..	..
Calmar	..	..	..	..	..	..	..	..
Seiche	10	14	8	8	8	7	4	3
Poulpe	..	..	..	..	..	..	..	..
Autres mollusques (incl. oursins)	..	..	..	..	..	..	..	..
Autres animaux marins	**..**	**..**	**..**	**..**	**..**	**..**	**..**	**..**
Plantes aquatiques	**..**	**..**	**..**	**..**	**..**	**..**	**..**	**..**
Algue brune	..	..	..	..	..	..	..	..
Algue rouge	..	..	..	..	..	..	..	..
Autres algues	..	..	..	..	..	..	..	..
Poisson pour transformation	267 721	266 695	181 048	191 481	222 402	183 380	120 534	211 931
TOTAL GÉNÉRAL	**440 731**	**463 679**	**364 576**	**361 733**	**355 163**	**292 792**	**216 076**	**300 895**

DANEMARK

Tableau 5. Débarquements étrangers dans les ports nationaux *(suite)*

	2006	2007	2008	2009	2010	2011	2012	2013
VALEUR (DKK)								
Total poissons	**677 028 000**	**693 188 867**	**649 129 011**	**512 018 392**	**566 271 739**	**653 324 106**	**588 312 699**	**577 098 172**
Saumon	2 129 000	3 144 332	849 228	901 744	586 559	591 477	305 264	..
Saumon rose	..	..	..	..	..	..	..	..
Saumon keta	..	..	..	..	..	..	..	..
Saumon rouge	..	..	..	..	..	..	..	..
Saumon argenté	..	..	..	..	..	..	..	..
Autres saumons	2 129 000	3 144 332	849 228	901 744	586 559	591 477	305 264	..
Poissons plats	37 365 000	21 120 254	24 812 723	12 103 803	39 804 062	32 443 704	24 841 078	33 612 022
Flétan	1 315 000	1 530 328	1 873 379	1 596 815	1 103 271	897 755	553 210	779 753
Flétan noir	18 818 000	14 018	49 277	639	26 793 758	16 578 402	17 745 546	26 032 828
Sole	5 047 000	5 740 526	5 247 787	2 436 726	2 790 080	3 457 744	2 036 333	1 288 657
Plie	7 744 000	7 826 686	10 415 799	4 064 090	5 346 345	8 225 045	2 483 158	3 155 076
Autres poissons plats	4 441 000	6 008 696	7 226 481	4 005 533	3 770 608	3 284 758	2 022 831	2 355 708
Poissons de fond	251 020 000	254 559 461	276 006 204	236 295 648	252 146 549	240 809 858	218 127 020	237 361 223
Morue (Atlantique et Pacifique)	119 762 000	127 018 509	121 112 850	104 935 287	101 812 935	83 435 547	87 608 265	75 912 019
Églefin	13 551 000	17 937 425	11 375 922	13 262 949	11 327 668	11 569 397	11 544 471	14 233 735
Lieu	97 687 000	87 500 774	114 776 842	94 622 566	116 675 188	126 002 609	98 580 571	106 660 686
Morue du Pacifique occidental	..	..	..	..	..	..	..	..
Merlan	467 000	505 230	219 799	237 277	355 218	445 294	350 850	623 054
Merlu (toutes espèces)	5 277 000	6 648 827	8 951 193	7 424 435	6 036 691	8 416 421	10 138 246	15 471 974
Sébaste	827 000	117 261	292 561	40 108	2 474 122	319 203	264 887	9 234 451
Autres poissons de fond	13 449 000	14 831 435	19 277 037	15 773 026	13 464 727	10 621 387	9 639 730	15 225 304
Pélagiques	385 972 000	413 500 721	346 437 522	261 313 761	273 174 228	377 941 142	343 530 112	304 204 242
Chinchard	120 000	145 606	999	354	..	..	1 436	..
Maquereau	64 820 000	27 538 950	3 627 984	150 705	19 737 794	86 215 483	56 906 217	71 069 336
Hareng (Atlantique et Pacifique)	308 893 000	347 873 480	318 532 470	232 476 002	232 764 830	259 176 871	266 054 497	233 130 801
Sardine	..	..	..	..	..	..	..	..
Autres pélagiques	12 139 000	37 942 685	24 276 069	28 686 700	20 671 604	32 548 788	20 567 962	4 105
Thons	..	..	..	..	..	..	..	..
Listao	..	..	..	..	..	..	..	..
Thon rouge (nord et sud)	..	..	..	..	..	..	..	..
Germon	..	..	..	..	..	..	..	..
Albacore	..	..	..	..	..	..	..	..
Thon obèse	..	..	..	..	..	..	..	..
Autres thons	..	..	..	..	..	..	..	..
Espadon	..	..	..	..	..	..	..	..
Autres poissons	542 000	864 099	1 023 334	1 403 436	560 341	1 537 925	1 509 225	1 920 685
Total crustacés	**63 061 000**	**113 711 238**	**103 574 142**	**29 629 797**	**38 642 227**	**16 847 878**	**21 174 775**	**38 500 726**
Homard et langouste	235 000	35 161	71 044	52 771	48 683	29 107	45 307	52 991
Langoustine	7 018 000	14 227 996	16 643 155	6 950 283	5 107 912	3 222 747	1 343 360	923 254
Crevette	55 681 000	99 299 292	86 736 579	22 552 842	33 388 358	13 494 606	19 704 478	37 385 736
Autres crustacés	127 000	148 789	123 364	73 901	97 274	101 418	81 630	138 745
Total coquillages et mollusques	**288 000**	**499 175**	**158 865**	**132 396**	**139 545**	**164 574**	**134 893**	**113 789**
Huître	..	..	..	..	..	..	..	..
Moule	..	..	..	..	..	..	..	..
Coquille St-Jacques	..	432	..	..	..	..	..	..
Bivalves	..	..	..	..	..	..	..	..
Autres coquillages (incl. buccins)	..	4	8	..	..	..	..	..
Calmar	..	..	..	..	..	..	..	..
Seiche	288 000	498 739	158 857	132 396	139 545	164 574	134 893	113 789
Poulpe	..	..	..	..	..	..	..	..
Autres mollusques (incl. oursins)	..	..	..	..	..	..	..	..
Autres animaux marins	..	..	..	..	..	..	..	..
Plantes aquatiques	..	..	..	..	..	..	..	..
Algue brune	..	..	..	..	..	..	..	..
Algue rouge	..	..	..	..	..	..	..	..
Autres algues	..	..	..	..	..	..	..	..
Poisson pour transformation	301 752 000	372 423 747	185 052 709	184 815 384	326 703 720	335 755 126	226 904 352	462 600 696
TOTAL GÉNÉRAL	**1 042 129 000**	**1 179 823 027**	**937 914 727**	**726 595 969**	**931 757 231**	**1 006 091 684**	**836 526 719**	**1 078 313 383**

.. Non disponible

Note : Métadonnées détaillées : http://metalinks.oecd.org/fish/20150108/dcfe

Source : OCDE (2014), « Pêcheries : Débarquements étrangers dans les ports domestiques », Statistiques agricoles de l'OCDE (base de données). DOI: 10.1787/data-00224-fr

DANEMARK

Tableau 6. Production de l'aquaculture

	2006	2007	2008	2009	2010	2011	2012	2013
VOLUME (TONNES)								
Poissons	**37 242**	**41 484**	**40 899**	**39 580**	**38 896**	**39 286**	**41 727**	**43 023**
Saumon de l'Atlantique	18	16	12	15	17	16	13	23
Saumon du Pacifique	..	..	..	..	..	..	..	..
Truite arc-en-ciel	34 903	39 057	38 500	37 245	36 863	37 531	39 617	41 200
dont : d'eau de mer	7 523	10 275	10 334	10 468	10 159	10 854	10 491	9 916
dont : d'eau douce	27 380	28 782	28 166	26 777	26 704	26 677	29 126	31 284
Truite de mer	87	81	75	75	78	78	86	81
Poisson plat	8	38	6	4	6	5	2	7
Dorade	..	..	..	..	..	..	..	..
Bar	..	..	..	..	..	..	..	..
Loup	..	..	..	..	..	..	..	..
Carpe	..	..	..	..	..	..	..	..
Tilapia	..	..	..	..	..	..	..	..
Anguille	1 729	1 636	1 729	1 699	1 532	1 154	1 401	1 158
Autres poissons	497	656	577	542	400	502	608	554
Coquillages et crustacés	**411**	**954**	**1 737**	**2 643**	**756**	**540**	**717**	**560**
Huître, comestible	..	..	..	..	..	..	..	..
Huître, perle	..	..	..	..	..	..	..	..
Moule	411	954	1 737	2 643	756	540	717	560
Coquille St.-Jacques	..	..	..	..	..	..	..	..
Bivalves	..	..	..	..	..	..	..	..
Crevette et bouquet	..	..	..	..	..	..	..	..
Autres coquillages et crustacés	..	..	..	..	..	..	..	..
Total poissons, coquillages et crustacés	**37 653**	**42 438**	**42 636**	**42 223**	**39 652**	**39 826**	**42 444**	**43 583**
Autres animaux marins	..	..	..	..	..	..	..	..
Plantes aquatiques	..	..	..	1	1	..	3	181
Algue brune	..	..	..	1	1	..	3	180
Algue rouge	..	..	..	..	..	..	..	..
Algue verte	..	..	..	..	..	..	..	1
Autres plantes aquatiques	..	..	..	..	..	..	..	..
TOTAL GÉNÉRAL	**37 653**	**42 438**	**42 636**	**42 224**	**39 653**	**39 826**	**42 447**	**43 764**
VALEUR (DKK)								
Poissons	**815 296 000**	**834 435 923**	**842 698 297**	**863 970 446**	**870 429 881**	**912 924 933**	**868 489 064**	**951 978 460**
Saumon de l'Atlantique	4 262 000	..	4 063 603	5 785 200	4 418 600	4 381 091	4 243 943	4 593 379
Saumon du Pacifique	..	..	..	..	..	..	..	..
Truite arc-en-ciel	668 065 000	693 364 926	702 974 697	735 367 913	745 787 353	792 438 244	736 169 838	849 124 323
dont : d'eau de mer	160 995 000	177 009 963	213 629 839	230 985 063	237 435 552	237 140 623	220 230 073	219 074 005
dont : d'eau douce	507 070 000	516 354 963	489 344 858	504 382 850	508 351 801	555 297 621	515 939 765	630 050 318
Truite de mer	6 535 000	4 602 960	5 197 558	5 925 819	6 317 861	5 609 697	6 589 073	5 638 819
Poisson plat	..	8 982 830	7 669 911	1 785 572	3 529 140	3 320 300	2 837 489	2 204 000
Dorade	..	..	..	..	..	..	..	..
Bar	..	..	..	..	..	..	..	..
Loup	..	..	..	..	..	..	..	..
Carpe	..	..	..	..	..	..	..	..
Tilapia	..	..	..	..	..	..	..	..
Anguille	120 983 000	107 347 878	103 803 925	97 671 523	92 344 683	84 261 653	96 146 513	67 751 854
Autres poissons	15 451 000	20 137 329	18 988 603	17 434 419	18 032 244	22 913 948	22 502 208	22 666 085
Coquillages et crustacés	**3 028 000**	**5 753 660**	**10 343 234**	**9 874 593**	**3 108 063**	**2 000 860**	**2 746 094**	**4 188 798**
Huître, comestible	..	..	..	..	..	..	..	..
Huître, perle	..	..	..	..	..	..	..	..
Moule	3 028 000	5 753 660	10 343 234	9 874 593	3 108 063	2 000 860	2 746 094	4 188 798
Coquille St.-Jacques	..	..	..	..	..	..	..	..
Bivalves	..	..	..	..	..	..	..	..
Crevette et bouquet	..	..	..	..	..	..	..	..
Autres coquillages et crustacés	..	..	..	..	..	..	..	..
Total poissons, coquillages et crustacés	**818 324 000**	**840 189 583**	**853 041 531**	**873 845 039**	**873 537 944**	**914 925 793**	**871 235 158**	**956 167 258**
Autres animaux marins	..	..	..	..	..	..	..	..
Plantes aquatiques	..	..	..	..	..	..	..	..
Algue brune	..	..	..	..	..	..	..	..
Algue rouge	..	..	..	..	..	..	..	..
Algue verte	..	..	..	..	..	..	..	..
Autres plantes aquatiques	..	..	..	..	..	..	..	..
TOTAL GÉNÉRAL	**818 324 000**	**840 189 583**	**853 041 531**	**873 845 039**	**873 537 944**	**914 925 793**	**871 235 158**	**956 167 258**

.. Non disponible

Note : Métadonnées détaillées : http://metalinks.oecd.org/fish/20150108/e9b8

Source : OCDE (2014), « Pêcheries : Production de l'aquaculture », Statistiques agricoles de l'OCDE (base de données). DOI: 10.1787/data-00225-fr

Tableau 7. Transferts financiers publics (TFP)

Milliers DKK

	2006	2007	2008	2009	2010	2011	2012	2013
Contribution nationale aux TFP								
Pêche maritime	**314 607**	**273 597**	**309 729**	**374 088**	**353 058**	**315 404**	**358 361**	..
Paiements directs	53 300	8 783	23 509	6 210	7 300	8 073	859	..
Désarmement des navires et retrait des licences	52 500	..	2 255	..	6 970	471	..	..
Indemnisation des catastrophes	..	..	..	..	..	..	..	..
Aides : équipement, modernisation, construction de navire	800	8 783	14 627	6 210	330	7 602	859	..
Aide au revenu et assurance chômage	..	..	..	..	..	..	..	..
Autres paiements directs	..	..	6 627	..	..	..	..	..
Transferts réduisant les coûts	1 736	1 242	1 350	2 181	4 950	2 872	4 277	..
Prêts subventionnés : équipement, modernisation, construction de navire	1 736	1 242	..	..	..	..	..	..
Bonification d'intérêts	..	..	822	476	..	..	..	..
Exonération de taxe sur carburant	..	..	..	..	..	..	..	..
Ristourne et subvention à l'assurance	..	..	..	..	..	..	..	..
Allègement d'impôt sur le revenu, contrib. sociales impayées	..	..	..	..	..	..	..	..
Autres transferts réduisant les coûts	..	..	528	1 705	4 950	2 872	4 277	..
Services généraux	259 571	263 572	284 870	365 697	340 808	304 459	353 225	..
Gestion des pêcheries	64 240	64 200	84 088	105 223	85 500	89 100	73 057	..
Recherche halieutique	45 630	43 150	67 695	153 561	139 506	131 232	147 612	..
Police des pêches	127 500	119 300	107 600	84 900	103 700	76 300	127 772	..
Infrastructure des pêcheries	2 400	7 598	..	4 743	12 100	..	..	..
Autres services généraux	19 801	29 324	25 487	17 270	12 102	7 827	4 784	..
Recouvrement des coûts	..	..	..	..	..	..	..	..
Aquaculture	**26 600**	**25 269**	**34 966**	**36 197**	**23 311**	**39 508**	**39 560**	..
Paiements directs	1 500	1 218	3 774	7 070	4 600	8 094	13 235	..
Aides : développement aquacole	..	..	3 774	7 070	4 600	8 094	13 235	..
Indemnisation des catastrophes	..	..	..	..	..	..	..	..
Autres paiements directs	1 500	1 218	..	..	..	..	..	..
Transferts réduisant les coûts	..	..	..	..	..	..	..	..
Prêts subventionnés : développement aquacole	..	..	..	..	..	..	..	..
Autres transferts réduisant les coûts	..	..	..	..	..	..	..	..
Services généraux	25 100	24 051	31 192	29 127	18 711	31 414	26 325	..
Gestion, recherche et police de l'aquaculture	15 500	14 968	18 789	18 789	9 294	22 796	21 540	..
Infrastructure aquacole	..	..	..	..	..	..	..	..
Autres services généraux	9 600	9 083	12 403	10 338	9 417	8 618	4 785	..
Recouvrement des coûts	..	..	..	..	..	..	..	..
Commercialisation et transformation	**55 914**	**55 595**	**63 377**	**77 372**	**34 641**	**35 975**	**12 980**	..
Paiements directs	8 400	14 857	9 131	10 774	2 600	7 477	2 604	..
Aides : commercialisation et transformation	8 400	14 857	9 131	10 774	2 600	7 477	2 604	..
Autres paiements directs	..	..	..	..	..	..	..	..
Transferts réduisant les coûts	8 471	5 283	3 735	7 541	5 150	2 872	3 863	..
Prêts subventionnés : commercialisation et transformation	..	..	..	..	..	..	..	..
Autres transferts réduisant les coûts	8 471	5 283	3 735	7 541	5 150	2 872	3 863	..
Services généraux	39 044	35 455	50 511	59 057	26 891	25 626	6 513	..
Aquaculture	..	..	38 108	52 674	..	..	..	..
Autres services généraux	39 044	35 455	12 403	6 383	26 891	25 626	6 513	..
Recouvrement des coûts	..	..	..	..	..	..	..	..
Total	**397 122**	**354 461**	**408 072**	**487 657**	**411 010**	**390 887**	**410 901**	..

Tableau 7. Transferts financiers publics (TFP) *(suite)*

Milliers DKK

	2006	2007	2008	2009	2010	2011	2012	2013
Contribution européenne aux TFP								
Pêche maritime	**220 207**	**73 202**	**114 625**	**55 403**	**198 319**	**119 714**	**90 980**	**..**
Paiements directs	54 900	10 344	16 050	4 642	135 700	40 274	5 030	..
Désarmement des navires et retrait des licences	52 500	..	2 255	..	132 430	8 946	..	..
Indemnisation des catastrophes	..	..	..	..	..	..	..	..
Aides : équipement, modernisation, construction de navire	2 400	10 344	13 795	4 642	3 270	31 328	5 030	..
Aide au revenu et assurance chômage	..	..	..	..	..	..	..	..
Autres paiements directs	..	..	..	..	..	..	..	..
Transferts réduisant les coûts	..	..	528	1 837	12 649	14 470	8 785	..
Prêts subventionnés : équipement, modernisation, construction de navire	..	..	..	..	..	..	..	..
Bonification d'intérêts	..	..	..	..	..	..	..	..
Exonération de taxe sur carburant	..	..	..	..	..	..	..	..
Ristourne et subvention à l'assurance	..	..	..	..	..	..	..	..
Allègement d'impôt sur le revenu, contrib. sociales impayées	..	..	..	..	..	..	..	..
Autres transferts réduisant les coûts	..	..	528	1 837	12 649	14 470	8 785	..
Services généraux	165 307	62 858	98 047	48 924	49 970	64 970	77 165	..
Gestion des pêcheries	..	..	..	..	..	..	..	..
Recherche halieutique	9 684	13 063	11 423	27 290	24 637	25 558	25 479	..
Police des pêches	8 125	5 800	13 100	5 500	6 200	16 300	23 064	..
Infrastructure des pêcheries	136 100	30 860	..	6 207	12 100	12 276	19 036	..
Autres services généraux	11 399	13 135	73 524	9 927	7 033	10 836	9 586	..
Recouvrement des coûts	..	..	..	..	..	..	..	..
Aquaculture	**15 010**	**14 178**	**26 822**	**20 246**	**18 005**	**21 701**	**24 821**	**..**
Paiements directs	4 400	3 653	11 321	7 389	4 600	8 074	13 235	..
Aides : développement aquacole	..	..	11 321	7 389	4 600	8 074	13 235	..
Indemnisation des catastrophes	..	..	..	..	..	..	..	..
Autres paiements directs	4 400	3 653	..	..	..	..	..	..
Transferts réduisant les coûts	..	..	..	..	..	..	..	..
Prêts subventionnés : développement aquacole	..	..	..	..	..	..	..	..
Autres transferts réduisant les coûts	..	..	..	..	..	..	..	..
Services généraux	10 610	10 525	15 501	12 857	13 405	13 627	11 586	..
Gestion, recherche et police de l'aquaculture	1 010	2 323	2 671	2 671	3 222	2 000	2 000	..
Infrastructure aquacole	..	..	..	..	..	..	..	..
Autres services généraux	9 600	8 202	12 830	10 186	10 183	11 627	9 586	..
Recouvrement des coûts	..	..	..	..	..	..	..	..
Commercialisation et transformation	**39 820**	**56 597**	**42 879**	**23 852**	**19 840**	**25 729**	**17 996**	**..**
Paiements directs	25 300	44 570	27 394	11 591	2 600	7 477	2 604	..
Aides : commercialisation et transformation	..	..	27 394	11 591	2 600	7 477	2 604	..
Autres paiements directs	25 300	44 570	..	..	..	..	..	..
Transferts réduisant les coûts	..	342	342	1 173	4 450	7 416	5 806	..
Prêts subventionnés : commercialisation et transformation	..	..	..	..	..	..	..	..
Autres transferts réduisant les coûts	..	342	342	1 173	4 450	7 416	5 806	..
Services généraux	14 520	12 027	15 143	11 088	12 790	10 836	9 586	..
Aquaculture	4 920	3 825	2 313	4 857	..	..	..	..
Autres services généraux	14 520	12 027	12 830	6 231	12 790	10 836	9 586	..
Recouvrement des coûts	..	..	..	..	..	..	..	..
Total	**275 038**	**143 977**	**184 326**	**99 501**	**236 164**	**167 144**	**133 797**	**..**

DANEMARK

Tableau 7. Transferts financiers publics (TFP) *(suite)*

Milliers DKK

	2006	2007	2008	2009	2010	2011	2012	2013
Total des TFP								
Pêche maritime	**534 815**	**346 799**	**424 354**	**429 491**	**551 377**	**435 118**	**449 341**	..
Paiements directs	108 200	19 127	39 559	10 852	143 000	48 347	5 889	..
Désarmement des navires et retrait des licences	105 000	..	4 510	..	139 400	9 417	..	..
Indemnisation des catastrophes	..	..	..	..	..	..	..	..
Aides : équipement, modernisation, construction de navire	3 200	19 127	28 422	10 852	3 600	38 930	5 889	..
Aide au revenu et assurance chômage	..	..	..	..	..	..	..	..
Autres paiements directs	..	..	6 627	..	..	..	..	..
Transferts réduisant les coûts	1 736	1 242	1 878	4 018	17 599	17 342	13 062	..
Prêts subventionnés : équipement, modernisation, construction de navire	..	..	..	..	..	..	..	..
Bonification d'intérêts	1 736	1 242	822	476	..	..	..	..
Exonération de taxe sur carburant	..	..	..	..	..	..	..	..
Ristourne et subvention à l'assurance	..	..	..	..	..	..	..	..
Allègement d'impôt sur le revenu, contrib. sociales impayées	..	..	..	..	..	..	..	..
Autres transferts réduisant les coûts	..	..	1 056	3 542	17 599	17 342	13 062	..
Services généraux	424 879	326 430	382 917	414 621	390 778	369 429	430 390	..
Gestion des pêcheries	64 240	64 200	84 088	105 223	85 500	89 100	73 057	..
Recherche halieutique	55 314	56 213	79 118	180 851	164 143	156 790	173 091	..
Police des pêches	135 625	125 100	120 700	90 400	109 900	92 600	150 836	..
Infrastructure des pêcheries	138 500	38 457	..	10 950	12 100	12 276	19 036	..
Autres services généraux	31 200	42 459	99 011	27 197	19 135	18 663	14 370	..
Recouvrement des coûts	..	..	..	..	..	..	..	..
Aquaculture	**41 610**	**39 447**	**61 788**	**56 443**	**41 316**	**61 209**	**64 381**	..
Paiements directs	5 900	4 870	15 095	14 459	9 200	16 168	26 470	..
Aides : développement aquacole	5 900	4 871	15 095	14 459	9 200	16 168	26 470	..
Indemnisation des catastrophes	..	..	..	..	..	..	..	..
Autres paiements directs	..	..	..	..	..	..	..	..
Transferts réduisant les coûts	..	..	..	..	..	..	..	..
Prêts subventionnés : développement aquacole	..	..	..	..	..	..	..	..
Autres transferts réduisant les coûts	..	..	..	..	..	..	..	..
Services généraux	35 710	34 576	46 693	41 984	32 116	45 041	37 911	..
Gestion, recherche et police de l'aquaculture	16 510	17 291	21 460	21 460	12 516	24 796	23 540	..
Infrastructure aquacole	..	..	..	..	..	..	..	..
Autres services généraux	19 200	17 285	25 233	20 524	19 600	20 245	14 371	..
Recouvrement des coûts	..	..	..	..	..	..	..	..
Commercialisation et transformation	**95 735**	**112 192**	**106 256**	**101 224**	**54 481**	**61 704**	**30 976**	..
Paiements directs	33 700	59 427	36 525	22 365	5 200	14 954	5 208	..
Aides : commercialisation et transformation	33 700	59 427	36 525	22 365	5 200	14 954	5 208	..
Autres paiements directs	..	..	..	..	..	..	..	..
Transferts réduisant les coûts	8 471	5 283	4 077	8 714	9 600	10 288	9 669	..
Prêts subventionnés : commercialisation et transformation	..	..	..	..	..	..	..	..
Autres transferts réduisant les coûts	8 471	5 283	4 077	8 714	9 600	10 288	9 669	..
Services généraux	53 564	47 482	65 654	70 145	39 681	36 462	16 099	..
Aquaculture	..	..	40 421	57 531	..	..	..	..
Autres services généraux	53 564	47 482	25 233	12 614	39 681	36 462	16 099	..
Recouvrement des coûts	..	..	..	..	..	..	..	..
Total	**672 159**	**498 438**	**592 398**	**587 158**	**647 174**	**558 031**	**544 698**	..

.. Non disponible

Note : Métadonnées détaillées : http://metalinks.oecd.org/fish/20150108/fb8f

Source : OCDE (2014), « Pêcheries : Transferts financiers publics », Statistiques agricoles de l'OCDE (base de données). DOI: 10.1787/data-00220-fr

DANEMARK

Tableau 8. Importations par produit

		2009		2010		2011		2012		2013	
		Tonnes	USD	Tonnes	USD	Tonnes	USD	Tonnes	USD	Tonnes	USD
03	**Poisson, crustacés et mollusques**	..	**1 284 143 427**	..	**1 393 013 388**	..	**1 519 496 437**	..	**1 397 502 849**	..	**1 658 124 119**
0302	**Poisson, frais ou réfrigéré, excl. 0304**	**263 675 357**	**441 441 105**	**202 583 771**	**486 275 320**	**192 760 442**	**533 292 478**	**177 760 197**	**469 020 536**	**218 256 666**	**614 627 084**
030211	Truite	1 355 709	6 520 432	368 312	1 672 358	497 701	2 426 033	496 943	1 606 682	643 096	2 767 443
030212	Saumon (Pacifique, Atlantique et Danube)	51 613 689	258 269 799	49 212 049	310 265 119	52 845 139	299 124 151	55 039 552	255 873 845	49 906 284	335 110 844
030219	Salmonidés nra	47 954	208 561	14 206	125 873	11 036	126 147	28 323	148 559	6 381	40 413
030221	Flétan	366 597	2 588 427	500 403	3 909 340	670 256	5 370 587	653 867	5 302 822	1 332 753	9 505 875
030222	Plie, carrelet	536 955	1 072 687	488 509	957 243	722 485	1 826 112	610 338	1 502 012	630 592	1 647 365
030223	Sole	46 271	558 521	26 978	465 898	9 689	148 994	22 004	206 087	43 283	444 393
030229	Poissons plats nra	354 380	1 466 192	313 840	1 496 488	387 467	1 832 413	244 645	1 187 515	634 115	1 664 644
030231	Thon blanc/germon	286	2 654	331	2 026	11 262	218 887	16 122	250 330	5 675	91 448
030232	Albacore (thon jaune)	184 834	3 920 093	98 569	2 205 205	114 877	2 635 034	95 110	2 054 034	88 018	1 933 885
030233	Listaos/bonite à ventre rayé	..	..	..	..	..	..	12	835	76	444
030239	Thonidés nra	2 224	33 294	70	625	3 228	14 031	7 733	178 546	3 412	65 576
030240	Hareng	76 381 015	39 461 419	55 153 337	33 188 377	38 985 250	39 524 669	46 005 774	43 619 616	47 675 315	38 306 190
030250	Morue	18 297 739	49 510 974	13 626 646	43 624 891	14 890 653	55 667 210	19 188 004	64 619 809	30 296 759	103 811 627
030261	Sardines	89 885 115	13 594 605	54 046 032	13 346 873	35 726 892	12 908 455	20 824 752	6 577 947	32 075 878	13 077 557
030262	Églefin	2 289 790	4 724 158	2 923 559	6 721 296	3 642 136	8 731 754	5 255 069	11 667 427	8 393 677	19 268 414
030263	Lieu noir	12 953 005	20 641 977	13 446 292	26 221 314	13 046 139	30 147 666	12 508 550	26 093 902	16 060 498	29 833 909
030264	Maquereau	976 845	5 061 406	2 317 825	5 413 452	8 688 832	21 776 683	8 181 879	13 326 572	9 605 280	17 226 231
030265	Aiguillat et autres squalidés	394 310	1 039 650	360 580	982 288	156 403	506 030	201 464	536 305	195 904	552 255
030266	Anguille	94 176	903 909	40 503	370 651	9 218	108 453	31 436	437 006	33 079	503 461
030269	Poisson nra	6 743 547	28 906 008	9 286 066	33 952 527	22 052 791	48 993 727	7 947 240	32 104 374	20 162 246	37 132 764
030270	Foies, oeufs et laitances	1 150 916	2 956 335	359 664	1 353 475	288 988	1 205 441	401 380	1 726 310	464 345	1 642 346
0303	**Poisson, congelé, excl. 0304**	**59 444 802**	**193 999 895**	**69 589 637**	**225 611 662**	**64 149 617**	**246 031 921**	**65 213 459**	**252 711 373**	**73 044 543**	**273 431 462**
030319	Saumon, Pacifique	2 250 831	6 018 483	..	..	..	..	..	..	..	..
030321	Truite	2 962 225	13 051 386	655 181	3 403 671	654 470	3 358 252	520 263	1 905 447	972 725	4 448 477
030322	Saumon (Atlantique et Danube)	2 560 704	8 037 059	..	..	..	..	..	..	..	..
030329	Salmonidés	46 404	139 360	109 736	626 610	58 518	314 710	749 731	2 222 356	207 835	1 005 600
030331	Flétan	26 081 458	98 151 848	30 766 378	123 072 957	29 059 151	134 176 491	30 903 144	143 574 395	33 096 046	151 964 875
030332	Plie, carrelet	73 624	381 170	111 655	304 830	146 533	453 121	67 731	201 037	537 737	1 145 003
030333	Sole	23 360	289 465	31 059	429 543	44 139	751 812	66 429	1 034 572	20 550	336 628
030339	Poisson plat nra	30 696	46 210	137 816	334 383	60 627	206 472	66 687	240 330	90 180	376 941
030341	Thon blanc/germon	14 408	99 982	8 693	67 874	24 578	67 263	3 990	28 325	..	..
030342	Albacore (thon jaune)	55 794	292 235	14 645	98 032	5 010	23 670	4 597	27 345	26 352	198 710
030343	Listao/bonite à ventre rayé	7 310	18 201	5 198	23 837	260	1 221	3 312	3 321	24	1 100
030349	Thonidés nra	33 225	284 570	35 604	204 378	23 596	312 347	18 529	106 425	70 644	266 348
030350	Hareng	137 201	157 338	139 555	214 673	141 700	287 419	262 797	472 405	252 145	321 612
030360	Morue	11 419 509	30 871 307	13 954 502	38 979 665	17 925 889	59 153 557	16 782 022	52 139 476	18 781 495	49 473 559
030371	Sardines, sardinelles	128 284	148 085	4 447 094	1 799 204	2 895 122	1 280 111	107 932	125 577	210 634	208 615
030372	Églefin	66 966	89 480	665 266	1 585 276	770 384	2 105 323	767 265	1 830 671	1 330 037	3 905 805
030373	Lieu noir	112 047	262 279	164 804	408 170	78 782	243 654	23 804	78 786	141 383	546 273
030374	Maquereau	8 914 253	18 643 688	9 521 805	18 192 807	4 722 844	11 710 768	5 022 782	10 570 969	5 671 016	10 671 484
030375	Aiguillat et autres squalidés	33 524	122 378	44 736	176 390	83 403	261 007	52 651	217 230	26 451	95 778
030376	Anguille	597 173	4 754 096	307 094	3 323 902	22 387	422 263	37 278	643 180	26 212	377 307
030377	Bar (loup)	77 191	337 964	22 854	112 652	82 868	364 906	17 894	139 741	39 692	338 625
030378	Merlu	2 413	4 671	47 841	98 425	49 654	156 809	200 182	751 980	71 368	261 544
030379	Poisson nra	1 895 928	5 239 777	2 358 226	6 783 326	2 607 530	9 315 277	2 844 922	8 628 579	3 081 046	9 666 280
030380	Foies, oeufs et laitances	1 527 059	4 063 275	1 657 895	3 897 846	1 367 093	4 109 778	1 739 830	3 753 811	2 606 486	5 471 609
0304	**Filets de poisson et autre chair de poisson**	**56 983 802**	**314 117 023**	**56 315 764**	**325 335 821**	**60 819 275**	**363 606 249**	**54 578 416**	**314 648 543**	**58 020 223**	**362 242 101**
030410	Filets et autre chair de poisson, frais ou réfrigéré	9 278 029	65 182 050	10 302 177	57 760 875	10 064 033	65 432 994	10 540 772	61 201 904	13 187 069	93 061 270
030420	Filets de poissons, congelé	39 344 546	224 995 494	39 233 631	243 370 713	41 140 401	266 987 800	37 195 051	227 337 447	38 041 615	243 481 237
030490	Chair de poisson nra, congelé	8 361 227	23 939 479	6 779 956	24 204 233	9 614 841	31 185 456	6 842 593	26 109 192	6 791 539	25 699 593
0305	**Poisson, séché, salé, fumé, ou en saumure**	**9 887 289**	**74 231 526**	**12 888 360**	**97 490 944**	**11 178 664**	**81 219 643**	**13 417 206**	**79 510 038**	**18 466 917**	**100 541 024**
030510	Farine de poisson, consommation humaine	33 988	426 284	45 639	502 905	26 008	294 575	51 882	622 876	7 120	106 655
030520	Foies, oeufs et laitances	830 654	5 880 312	1 348 967	14 265 168	1 382 903	14 267 917	806 642	6 570 533	386 422	2 396 239
030530	Filets de poisson (non fumé)	4 698 832	35 585 093	5 952 229	41 139 881	4 876 336	29 113 319	5 355 521	23 381 958	5 581 060	21 341 236
030541	Saumon (Pacifique, Atlantique et Danube), fumé	1 154 908	10 987 002	1 542 607	16 361 832	1 487 944	17 248 551	1 715 581	16 476 888	2 008 809	20 369 481
030542	Hareng, fumé	1 272	4 858	..	..	..	..	..	..	..	..
030549	Poisson nra, fumé	422 102	4 414 195	1 023 679	7 356 584	1 153 297	5 991 974	1 353 320	5 454 962	628 913	2 910 148
030551	Morue, séché, non fumé	10 744	140 918	8 464	153 976	22 253	231 245	2 353 774	17 018 406	6 062 023	35 719 882
030559	Poisson nra, séché, salé, non fumé	5 300	56 020	5 782	40 307	6 984	78 700	93 644	547 519	815 771	3 545 621
030561	Hareng, salé ou en saumure	116 625	328 324	107 629	219 908	92 756	175 702	201 505	452 732	595 493	976 545
030562	Morue, salé ou en saumure	2 340 086	14 914 124	2 461 810	15 731 834	1 719 631	11 450 788	1 440 071	8 790 898	2 291 397	12 557 423
030563	Anchois, salé ou en saumure	3 730	41 926	5 675	58 420	4 281	57 734	1 156	15 461	..	..
030569	Poisson nra, salé ou en saumure	266 342	1 438 716	376 461	1 619 872	402 715	2 298 064	17 446	114 766	82 579	596 495

DANEMARK

Tableau 8. Importations par produit *(suite)*

		2009		2010		2011		2012		2013	
		Tonnes	USD	Tonnes	USD	Tonnes	USD	Tonnes	USD	Tonnes	USD
0306	**Crustacés**	**70 370 484**	**223 345 282**	**66 273 692**	**218 845 829**	**57 923 168**	**243 420 981**	**55 970 668**	**231 358 201**	**57 762 043**	**261 684 175**
030611	Langoustes et autres palinuridés, congelé	18 492	718 948	8 126	304 007	20 087	820 750	12 808	509 471	11 570	413 570
030612	Homard nra	173 487	2 052 404	222 025	3 609 119	208 085	4 663 547	103 407	1 901 194	160 262	3 401 571
030613	Crevettes, congelé	64 132 193	184 818 933	60 715 420	184 392 997	54 014 306	214 767 769	52 626 471	205 621 857	54 742 701	238 096 293
030614	Crabes, congelé	1 868 392	13 221 917	1 549 186	10 860 046	1 312 940	10 204 393	1 289 353	11 131 972	1 521 757	13 041 241
030619	Crustacés nra, congelé	215 951	2 081 965	256 904	2 050 755	292 360	2 186 933	226 425	2 572 722	220 320	1 950 249
030621	Langoustes et autres palinuridés (non congelé)	13 388	178 104	8 276	110 893	..	..	9	201	..	..
030622	Homard nra (non congelé)	51 169	962 511	57 905	1 089 664	74 774	1 345 888	81 525	1 408 079	98 069	1 819 966
030623	Crevettes (non congelé)	2 217 887	8 383 024	1 811 115	5 899 909	417 369	1 182 798	481 332	2 416 659	114 601	782 552
030624	Crabes (non congelé)	27 946	459 875	27 106	336 138	23 005	344 391	8 236	118 232	10 807	182 726
030629	Crustacés nra (non congelé)	1 651 579	10 467 601	1 617 629	10 192 302	1 560 242	7 904 513	1 141 102	5 677 814	881 956	1 996 007
0307	**Mollusques**	**3 541 042**	**19 954 238**	**4 426 430**	**26 301 712**	**5 917 259**	**38 957 494**	**5 763 307**	**38 051 078**	**5 571 651**	**34 690 290**
030710	Huîtres	126 663	760 924	132 024	753 752	139 047	1 301 663	112 905	1 178 550	144 744	1 343 484
030721	St-Jacques, vi, fr, ou ré	189 720	1 854 889	301 385	2 768 677	285 993	3 001 705	268 363	2 317 274	259 752	2 440 100
030729	St-Jacques, co, sc, sl, ou sm	611 088	7 336 979	1 287 736	11 936 722	1 942 473	18 876 851	2 675 306	22 197 970	2 468 312	19 880 307
030731	Moules, vi, fr, ou ré	66 742	860 944	87 186	488 386	391 399	491 238	66 703	123 637	19 900	158 665
030739	Moules, co, sc, sl, ou sm	761 909	3 383 920	440 686	1 807 158	638 739	3 297 277	372 522	1 650 148	538 021	2 788 670
030741	Seiches, encornets et calmars, vi, fr, ou ré	4 636	13 011	4 845	25 616	11 695	43 506	7 906	54 784	12 429	53 860
030749	Seiches, encornets et calmars, co, sc, sl, ou sm	1 352 638	3 993 036	1 720 497	5 998 600	1 825 014	7 585 649	1 590 555	6 444 178	1 728 571	6 303 695
030751	Poulpe, vi, fr, ou ré	3 801	18 966	7 176	38 545	8 245	49 562	4 348	50 151	4 577	48 392
030759	Poulpe, co, sc, sl, ou sm	225 921	811 359	266 344	1 077 144	589 152	3 864 605	523 377	3 388 560	211 402	1 065 354
030760	Escargots (autres que de mer)	32 796	402 160	169	3 333	301	5 713	347	4 742	304	1 754
030791	Mollusques nra, vi, fr, ou ré	2 749	31 785	6 805	83 048	3 333	81 134	2 322	50 744	6 505	79 053
030799	Mollusques nra, co, sc, sl, ou sm	162 379	486 265	171 577	1 320 730	81 868	358 590	138 653	590 339	177 134	526 956
121220	**Algues**	**3 848 368**	**5 842 816**	**8 850 231**	**13 061 700**	**6 771 596**	**10 037 713**	**7 067 310**	**12 179 068**	**6 931 164**	**14 027 965**
1504	**Graisses, huiles et leurs fractions**	**166 376 190**	**141 068 738**	**98 228 625**	**137 546 797**	**130 340 689**	**211 159 463**	**166 817 453**	**291 316 333**	**98 703 550**	**200 102 952**
150410	Huiles de foies de poisson, et fractions	21 766 232	1 898 596	2 870 950	4 475 528	3 921 466	6 767 007	2 071 418	5 142 561	2 348 231	4 701 762
150420	Graisses et huiles de poisson, et fractions	144 606 605	139 100 516	95 353 354	133 056 606	126 393 821	204 168 319	164 745 530	286 167 100	96 349 176	195 268 992
150430	Graisses et huiles de mammifère marin, et fractions	3 353	69 626	4 321	14 663	25 402	224 138	505	6 672	6 143	132 198
1604	**Préparations et conserves de poisson; caviars et succédanés**	**27 989 109**	**113 005 963**	**27 910 343**	**115 091 079**	**30 073 214**	**146 510 133**	**33 535 156**	**165 767 449**	**36 694 882**	**187 252 455**
160411	Saumon, non haché	380 896	4 204 572	480 272	5 735 689	467 392	6 362 692	227 114	2 773 335	436 521	3 974 786
160412	Hareng, non haché	7 640 887	17 712 222	7 321 618	16 879 529	5 864 491	19 594 637	7 957 004	27 533 019	6 642 223	23 075 073
160413	Sardines, sardinelles, sprats, esprots, non haché	216 680	1 442 095	162 704	981 274	333 643	1 520 380	957 161	2 397 866	346 291	1 015 177
160414	Thons, listaos, sardes, non haché	7 807 618	35 125 890	7 402 578	30 222 441	7 826 339	36 634 427	6 575 074	36 471 747	9 945 839	61 373 405
160415	Maquereau, non haché	252 383	1 357 334	2 558 676	12 443 166	4 232 592	23 906 569	2 967 386	18 293 900	5 368 429	28 326 874
160416	Anchois, non haché	21 481	328 709	7 855	168 605	10 398	324 119	10 304	308 675	8 536	281 433
160419	Poisson nra, non haché	7 440 577	30 227 995	5 342 436	20 933 518	5 302 155	21 174 986	7 085 368	26 116 765	7 744 530	28 139 719
160420	Poisson, haché	3 950 371	18 448 330	4 112 337	19 344 950	5 425 009	28 412 352	6 105 426	33 511 485	4 339 094	24 291 422
160430	Caviar et succédanés	278 216	4 158 817	521 867	8 381 908	611 195	8 579 971	1 650 319	18 360 657	1 863 419	16 774 565
1605	**Préparations et conserves de crustacés**	**48 039 494**	**271 704 386**	**48 887 218**	**297 827 390**	**49 929 474**	**368 735 451**	**46 411 030**	**347 282 580**	**44 175 457**	**337 665 485**
160510	Crabes	39 212	500 687	62 782	872 996	59 181	766 916	73 810	1 151 676	32 547	660 192
160520	Crevettes	41 718 125	237 347 420	43 499 797	263 026 968	44 163 806	327 008 782	40 232 981	300 438 599	38 572 181	286 913 486
160530	Homard	71 730	491 613	287 509	1 393 497	492 033	1 471 424	624 164	1 929 982	175 796	856 700
160540	Crustacés nra	3 168 095	23 244 219	3 242 134	25 508 389	2 421 333	28 544 957	3 213 006	34 819 632	3 224 638	40 205 459
230120	**Farine de poisson**	**87 367 925**	**100 252 675**	**112 426 242**	**177 254 513**	**102 957 578**	**154 787 783**	**151 858 740**	**199 774 189**	**106 374 412**	**160 289 475**
	TOTAL	**757 408 443**	**1 885 382 073**	**714 321 549**	**2 152 888 532**	**..**	**2 445 672 146**	**..**	**2 414 303 505**	**..**	**2 557 462 451**

.. Non disponible

Note : nra : non répertorié ailleurs. vi : vivant. fr : frais. ré : réfrigéré. co : congelé. sc : séché. sl : salé. sm : en saumure.

Métadonnées détaillées : http://metalinks.oecd.org/fish/20150108/8bf5

Source : OCDE (2014), « Pêcheries : Commerce par produit », Statistiques agricoles de l'OCDE (base de données). DOI: 10.1787/data-00677-fr

Tableau 9. Exportations par produit

		2009		2010		2011		2012		2013	
		Tonnes	USD	Tonnes	USD	Tonnes	USD	Tonnes	USD	Tonnes	USD
03	**Poisson, crustacés et mollusques**	..	**1 902 099 112**	..	**2 028 934 952**	..	**2 243 036 539**	..	**2 135 471 632**	..	**2 501 599 848**
0302	**Poisson, frais ou réfrigéré, excl. 0304**	**165 600 907**	**386 845 048**	**190 011 054**	**467 464 957**	**169 221 610**	**511 687 956**	**217 229 976**	**513 341 486**	**260 312 134**	**640 774 777**
030211	Truite	4 648 612	23 556 681	3 876 523	20 480 100	4 825 984	27 159 607	7 423 273	33 243 652	5 804 197	29 818 109
030212	Saumon (Pacifique, Atlantique et Danube)	9 947 339	57 242 358	11 737 938	82 210 576	11 321 757	73 341 755	12 078 249	64 456 522	18 030 821	131 997 003
030219	Salmonidés nra	63 444	446 875	90 389	759 779	118 345	763 333	162 401	1 030 234	51 835	455 804
030221	Flétan	575 065	5 159 664	788 326	7 316 199	899 492	9 701 999	699 697	8 024 962	1 431 854	12 956 157
030222	Plie, carrelet	7 863 150	18 591 758	9 097 606	20 266 243	15 588 314	36 839 904	16 061 914	32 277 505	11 736 787	22 322 065
030223	Sole	1 410 549	19 787 910	1 343 631	18 767 393	1 215 493	18 492 529	1 312 525	15 116 210	1 048 817	11 331 178
030229	Poissons plats nra	3 909 385	21 408 528	2 772 984	17 523 173	3 891 442	22 613 015	4 070 699	18 845 461	6 066 972	19 761 794
030231	Thon blanc/germon	69	1 538	86	931	674	16 369	992	24 332	8 232	134 602
030232	Albacore (thon jaune)	206 447	1 981 083	46 013	521 451	3 375	57 618	24 297	334 003	14 154	360 249
030233	Listaos/bonite à ventre rayé	..	..	..	..	..	..	..	..	..	..
030239	Thonidés nra	19 674	513 433	6 166	147 303	3 515	81 359	4 862	108 786	5 727	125 928
030240	Hareng	67 770 716	39 315 951	60 439 703	36 695 317	58 879 307	49 583 792	91 504 555	84 169 758	107 480 249	75 985 151
030250	Morue	23 242 391	92 582 185	26 820 598	118 288 251	27 619 911	127 532 952	33 712 807	129 037 613	34 618 315	163 434 631
030261	Sardines	7 337 024	2 104 375	13 297 891	4 558 830	46 516	17 310	1 646 143	1 641 127	3 547 989	1 732 397
030262	Églefin	3 348 919	9 950 140	3 629 536	11 350 351	3 593 481	11 328 428	5 275 792	15 880 216	8 799 329	26 588 050
030263	Lieu noir	5 514 292	12 334 067	5 654 636	15 873 506	5 674 231	19 569 287	5 111 334	16 394 613	6 785 393	21 405 794
030264	Maquereau	9 318 037	13 038 550	24 681 267	37 126 827	15 769 725	37 170 579	23 048 152	29 837 704	31 201 134	46 405 559
030265	Aiguillat et autres squalidés	229 980	2 283 673	215 167	2 164 161	108 142	1 217 493	126 080	1 127 989	105 164	1 056 749
030266	Anguille	312 613	4 107 532	453 792	6 262 064	157 133	3 141 028	225 123	4 663 922	175 502	3 652 039
030269	Poisson nra	19 456 642	60 155 596	24 818 537	66 091 586	19 196 872	67 898 435	14 511 959	55 461 545	23 211 606	69 337 948
030270	Foies, oeufs et laitances	426 559	2 283 151	240 265	1 060 917	307 901	5 161 165	229 122	1 665 332	188 057	1 913 571
0303	**Poisson, congelé, excl. 0304**	**57 589 089**	**241 033 500**	**59 654 993**	**280 435 372**	**62 312 301**	**356 161 890**	**59 088 870**	**298 277 006**	**69 150 798**	**326 266 259**
030319	Saumon, Pacifique	1 910 963	5 857 570	..	..	..	..	..	..	..	..
030321	Truite	9 253 434	40 946 504	6 291 018	30 645 939	7 188 933	39 036 851	8 303 833	35 252 586	6 624 238	31 249 956
030322	Saumon (Atlantique et Danube)	3 388 483	13 640 652	..	..	..	..	..	..	..	..
030329	Salmonidés	37 475	126 758	46 262	216 688	128 800	882 074	1 091 388	3 820 238	194 459	692 468
030331	Flétan	24 830 286	119 177 574	28 404 843	143 664 054	29 036 143	183 354 144	25 285 783	153 323 552	34 119 895	198 955 751
030332	Plie, carrelet	26 262	141 765	17 436	88 131	82 840	223 853	621 940	1 463 424	1 342 736	2 872 152
030333	Sole	14 903	226 177	28 579	447 008	25 518	464 579	29 509	495 120	19 953	341 148
030339	Poisson plat nra	124 173	403 709	410 913	562 521	199 356	366 502	83 436	369 702	39 060	271 738
030341	Thon blanc/germon	5 490	58 671	4 525	36 342	4 354	36 662	..	..	..	..
030342	Albacore (thon jaune)	48 267	248 277	7 930	55 298	6 235	54 875	10 093	162 485	32 343	344 339
030343	Listao/bonite à ventre rayé	7 605	25 107	1 770	7 013	910	3 239	4 429	25 105	..	..
030349	Thonidés nra	1 391	28 354	3 371	77 360	3 746	71 008	8 039	61 414	5 639	37 607
030350	Hareng	2 353 568	2 602 586	810 538	849 043	209 250	335 603	802 500	887 741	2 146 953	2 759 699
030360	Morue	6 639 680	18 947 955	6 050 610	13 914 837	7 533 207	21 854 472	7 523 243	21 908 548	6 590 804	15 190 604
030371	Sardines, sardinelles	96 935	143 570	150 117	236 697	101 926	142 219	89 172	106 780	211 158	216 339
030372	Églefin	212 531	596 363	1 659 570	3 838 874	1 375 232	3 828 434	750 142	1 783 508	1 376 526	3 657 661
030373	Lieu noir	13 190	30 373	124 913	640 546	176 375	953 954	98 198	219 500	68 592	372 544
030374	Maquereau	2 685 294	6 558 338	3 307 114	8 276 585	2 265 291	7 352 026	3 027 222	7 976 922	7 163 200	16 771 996
030375	Aiguillat et autres squalidés	13 634	46 701	19 038	90 589	47 245	226 520	39 148	186 597	9 761	30 435
030376	Anguille	695 605	5 856 585	428 998	4 331 231	290 407	3 909 468	259 509	4 373 870	125 950	2 374 626
030377	Bar (loup)	17 591	133 126	16 109	124 747	11 994	105 685	37 955	176 171	54 492	176 193
030378	Merlu	68 975	162 208	383 434	802 659	321 802	792 195	283 322	1 047 939	525 426	1 214 818
030379	Poisson nra	3 878 602	8 518 375	1 937 920	7 928 624	2 542 809	12 658 036	2 737 683	11 309 817	2 934 593	13 240 512
030380	Foies, oeufs et laitances	1 155 744	15 216 027	969 355	12 199 538	1 245 380	15 701 046	1 062 682	14 686 907	1 300 430	17 892 103
0304	**Filets de poisson et autre chair de poisson**	**78 576 804**	**487 440 446**	**68 005 594**	**482 374 068**	**68 358 110**	**532 173 884**	**72 450 304**	**491 458 116**	**78 388 886**	**560 827 475**
030410	Filets et autre chair de poisson, frais ou réfrigéré	42 402 536	271 653 330	33 123 563	263 389 763	31 717 735	284 403 694	36 366 258	276 266 357	36 888 712	300 780 493
030420	Filets de poissons, congelé	26 960 194	173 884 021	27 700 303	181 803 702	27 557 620	201 047 353	27 121 442	173 303 637	34 003 207	227 646 752
030490	Chair de poisson nra, congelé	9 214 074	41 903 096	7 181 728	37 180 603	9 082 755	46 722 837	8 962 604	41 888 121	7 496 967	32 400 230
0305	**Poisson, séché, salé, fumé, ou en saumure**	**27 874 328**	**273 979 833**	**32 408 883**	**304 733 901**	**31 521 335**	**336 509 341**	**31 218 543**	**302 694 923**	**38 581 005**	**336 248 764**
030510	Farine de poisson, consommation humaine	129 479	283 509	58 950	168 680	373	13 883	2 598	55 446	42 413	661 811
030520	Foies, oeufs et laitances	2 688 463	20 567 123	1 768 174	17 190 046	1 875 089	20 020 677	2 123 470	26 767 303	1 499 234	18 964 361
030530	Filets de poisson (non fumé)	6 227 382	41 338 132	11 392 699	75 844 415	9 839 980	71 540 877	8 141 031	52 100 441	11 645 715	64 995 280
030541	Saumon (Pacifique, Atlantique et Danube), fumé	8 069 921	122 145 056	7 963 323	123 715 307	8 977 504	146 313 289	9 250 661	131 905 191	8 626 755	126 959 707
030542	Hareng, fumé	49 970	507 123	..	..	..	..	..	..	..	..
030549	Poisson nra, fumé	5 392 204	74 405 239	4 921 634	65 709 322	4 517 594	68 960 843	4 087 375	57 316 231	4 404 924	64 869 074
030551	Morue, séché, non fumé	257 120	1 226 882	350 150	1 934 827	189 109	1 197 053	1 619 255	10 783 750	6 014 841	36 124 100
030559	Poisson nra, séché, salé, non fumé	1 626	5 363	2 129	7 424	2 110	23 072	139 411	724 883	433 821	1 274 328
030561	Hareng, salé ou en saumure	4 182 046	9 405 449	4 065 673	10 397 783	3 842 899	12 795 336	4 164 132	12 097 394	3 901 341	11 186 684
030562	Morue, salé ou en saumure	665 174	3 527 583	1 391 775	7 672 243	1 617 030	11 578 018	1 545 574	9 868 309	1 893 151	10 349 783
030563	Anchois, salé ou en saumure	..	..	3	86	11	227	20	148	525	7 532
030569	Poisson nra, salé ou en saumure	209 557	553 178	436 110	1 545 493	600 218	3 434 181	85 511	472 415	70 993	355 206

Tableau 9. Exportations par produit (*suite*)

		2009		2010		2011		2012		2013	
		Tonnes	USD	Tonnes	USD	Tonnes	USD	Tonnes	USD	Tonnes	USD
0306	**Crustacés**	**90 155 347**	**383 187 386**	**88 195 047**	**393 195 229**	**76 352 303**	**402 922 688**	**71 685 587**	**433 087 908**	**79 069 529**	**498 648 541**
030611	Langoustes et autres palinuridés, congelé	59 125	984 644	8 949	279 090	15 583	672 880	6 257	226 666	9 068	346 936
030612	Homard nra	98 686	1 394 782	160 894	2 276 480	144 939	2 763 560	154 373	2 726 986	198 883	2 907 379
030613	Crevettes, congelé	72 469 299	257 049 744	69 123 496	253 952 888	57 896 602	259 758 898	57 337 538	291 840 938	66 131 451	380 790 534
030614	Crabes, congelé	1 517 590	12 687 397	2 020 101	18 298 980	1 185 748	15 501 653	1 434 175	16 673 349	1 931 669	21 729 839
030619	Crustacés nra, congelé	2 704 674	36 637 289	2 680 345	35 434 051	2 237 662	37 526 877	1 976 533	31 929 936	2 010 058	27 556 372
030621	Langoustes et autres palinuridés (non congelé)	260 189	3 762 665	203 369	2 951 023	227	7 503	8 575	67 684	8 393	68 643
030622	Homard nra (non congelé)	8 752	165 143	16 500	340 780	18 884	487 038	21 271	446 974	6 130	192 993
030623	Crevettes (non congelé)	10 544 760	38 188 957	11 436 640	42 595 605	12 723 639	49 406 497	7 700 548	57 730 330	6 555 889	41 631 678
030624	Crabes (non congelé)	58 475	411 864	62 318	401 052	58 073	451 454	73 355	481 879	45 439	315 050
030629	Crustacés nra (non congelé)	2 433 797	31 904 900	2 482 435	36 665 280	2 070 946	36 346 326	2 972 962	30 963 166	2 172 549	23 109 117
0307	**Mollusques**	**14 180 948**	**49 565 142**	**15 090 918**	**46 293 415**	**12 313 663**	**54 929 033**	**14 730 560**	**50 841 449**	**46 685 639**	**103 139 022**
030710	Huîtres	1 768 563	11 386 247	1 432 485	7 691 657	986 329	7 067 435	415 258	4 066 011	1 020 606	12 150 188
030721	St-Jacques, vi, fr, ou ré	243 674	2 023 411	284 816	2 085 665	327 662	3 111 302	280 617	2 152 146	223 074	1 954 641
030729	St-Jacques, co, sc, sl, ou sm	648 748	9 129 812	1 228 382	12 062 246	1 482 289	14 779 017	2 031 489	15 682 984	2 024 362	15 699 581
030731	Moules, vi, fr, ou ré	8 503 209	14 292 804	8 559 025	9 937 827	5 954 108	10 737 086	8 718 996	11 783 212	40 366 166	57 948 558
030739	Moules, co, sc, sl, ou sm	526 740	2 864 725	501 051	2 312 356	423 982	2 440 762	478 002	2 554 084	546 354	3 480 505
030741	Seiches, encornets et calmars, vi, fr, ou ré	36 192	82 792	20 951	129 500	18 680	155 975	11 870	99 941	17 591	162 428
030749	Seiches, encornets et calmars, co, sc, sl, ou sm	2 126 437	7 741 505	2 671 754	10 028 231	2 541 861	12 174 118	2 128 205	9 756 051	2 112 995	9 566 093
030751	Poulpe, vi, fr, ou ré	13 424	78 478	12 198	73 746	10 003	71 365	2 839	20 225	3 965	30 100
030759	Poulpe, co, sc, sl, ou sm	148 445	838 932	221 946	1 278 050	490 537	3 944 605	550 318	4 138 541	251 514	1 566 107
030760	Escargots (autres que de mer)	56 048	615 788	257	10 672	65	756	395	8 145	1 124	23 599
030791	Mollusques nra, vi, fr, ou ré	2 642	12 597	9 994	58 309	1 307	10 459	1 126	14 451	621	5 397
030799	Mollusques nra, co, sc, sl, ou sm	106 826	498 051	148 059	625 156	76 840	436 155	111 445	565 656	117 267	551 826
121220	**Algues**	**279 505**	**2 169 157**	**441 552**	**3 258 034**	**543 085**	**4 069 173**	**652 782**	**4 656 166**	**512 668**	**3 744 516**
1504	**Graisses, huiles et leurs fractions**	**167 863 563**	**148 883 513**	**154 611 223**	**152 186 587**	**166 422 375**	**247 446 016**	**149 155 086**	**269 255 691**	**119 064 804**	**264 594 518**
150410	Huiles de foies de poisson, et fractions	32 231	309 565	14 192	743 056	148 648	6 083 431	75 026	3 293 898	169 094	6 940 040
150420	Graisses et huiles de poisson, et fractions	167 824 062	148 563 505	153 606 890	150 302 421	166 112 187	241 131 450	149 080 033	265 960 016	117 395 710	255 266 754
150430	Graisses et huiles de mammifère marin, et fractions	7 270	10 443	990 141	1 141 111	161 540	231 135	27	1 777	1 500 000	2 387 723
1604	**Préparations et conserves de poisson; caviars et succédanés**	**72 874 678**	**373 461 830**	**68 093 278**	**324 762 013**	**63 887 046**	**362 811 657**	**61 113 402**	**352 470 376**	**62 188 476**	**348 502 655**
160411	Saumon, non haché	2 303 651	20 557 470	1 169 741	11 512 646	1 356 405	14 838 336	1 425 185	14 775 298	1 935 383	19 606 780
160412	Hareng, non haché	28 062 108	78 479 217	26 582 832	70 111 311	22 280 196	76 573 235	22 394 926	84 765 117	24 189 785	82 434 550
160413	Sardines, sardinelles, sprats, esprots, non haché	15 073	149 622	23 612	216 483	30 961	184 936	15 003	126 341	7 230	38 764
160414	Thons, listaos, sardes, non haché	263 646	1 344 465	148 280	735 112	123 307	741 421	166 917	902 362	150 470	990 286
160415	Maquereau, non haché	9 957 931	64 170 430	11 377 222	65 307 954	13 111 543	83 923 958	11 559 894	83 161 739	11 192 289	74 993 946
160416	Anchois, non haché	2 979	43 938	1 634	18 604	395	6 292	8 865	58 610	5 338	42 138
160419	Poisson nra, non haché	22 512 137	137 183 868	21 609 992	124 325 449	19 726 908	124 226 750	18 573 532	110 313 367	16 710 589	103 773 588
160420	Poisson, haché	8 649 557	47 599 548	6 407 816	36 281 751	5 966 982	38 897 482	5 652 188	37 702 805	5 803 816	37 580 810
160430	Caviar et succédanés	1 107 596	23 933 273	772 149	16 252 703	1 290 349	23 419 247	1 316 892	20 664 737	2 193 576	29 041 792
1605	**Préparations et conserves de crustacés**	**48 484 653**	**370 188 151**	**45 842 189**	**350 032 520**	**41 947 024**	**391 920 949**	**39 432 492**	**384 623 779**	**43 696 348**	**430 846 890**
160510	Crabes	94 397	1 242 155	48 974	817 393	58 800	1 080 834	38 652	896 862	34 679	760 624
160520	Crevettes	36 817 596	301 157 117	36 144 897	290 846 728	32 543 238	320 216 840	31 661 190	321 169 156	35 116 489	361 430 307
160530	Homard	16 390	265 303	146 573	1 847 899	77 943	1 447 758	114 346	1 818 363	39 247	475 398
160540	Crustacés nra	3 275 284	35 664 995	2 755 337	28 462 186	2 606 089	32 307 485	2 613 248	35 085 944	2 898 795	41 030 873
230120	**Farine de poisson**	**229 641 166**	**285 007 743**	**200 848 438**	**334 417 749**	**237 379 241**	**414 165 929**	**183 276 655**	**272 455 979**	**193 328 785**	**342 327 325**
	TOTAL	**972 058 943**	**3 076 237 019**	**945 175 644**	**3 242 392 236**	**..**	**3 656 775 782**	**..**	**3 428 256 678**	**..**	**3 891 615 752**

.. Non disponible

Note : nra : non répertorié ailleurs. vi : vivant. fr : frais. ré : réfrigéré. co : congelé. sc : séché. sl : salé. sm : en saumure.

Métadonnées détaillées : http://metalinks.oecd.org/fish/20150108/8bf5

Source : OCDE (2014), « Pêcheries : Commerce par produit », Statistiques agricoles de l'OCDE (base de données). DOI: 10.1787/data-00677-fr

ESTONIE

Tableau 1. Flotte de pêche

	2006	2007	2008	2009	2010	2011	2012	2013
NOMBRE DE NAVIRES								
Total des navires	**993**	**963**	**965**	**1 069**	**1 047**	**1 034**	**1 023**	**1 460**
Navires à moteur	..	858	858	962	942	932	923	1 360
0-5,9 mètres	347	347	349	445	443	443	443	841
6-11,9 mètres	408	407	408	415	414	409	411	459
12-17,9 mètres	72	54	53	53	44	40	32	25
18-23,9 mètres	2	2	2	2	3	4	4	4
24-29,9 mètres	46	35	35	34	29	27	24	22
30-35,9 mètres	3	3	3	4	3	3	3	3
36-44,9 mètres	1	0	2	1	1	0	0	0
45-59,9 mètres	4	5	1	3	1	2	2	2
60-74,9 mètres	5	5	5	5	4	4	4	4
75 mètres et plus	0	0	0	0	0	0	0	0
Longueur inconnue	..	..	..	..	..	..	..	..
Navires sans moteur	105	105	107	107	105	102	100	100
TONNAGE BRUT								
Total des navires	**20 712**	**19 338**	**17 418**	**17 847**	**14 576**	**14 713**	**14 342**	**15 217**
Navires à moteur	20 648	19 274	17 353	17 782	14 511	14 651	14 281	15 157
0-5,9 mètres	209	209	210	259	259	259	260	470
6-11,9 mètres	1 333	1 332	1 331	1 319	1 312	1 295	1 320	1 459
12-17,9 mètres	921	652	615	614	511	441	355	292
18-23,9 mètres	282	282	282	282	399	516	516	516
24-29,9 mètres	5 009	3 895	3 895	3 813	3 430	3 260	2 950	2 720
30-35,9 mètres	689	689	689	894	605	599	599	599
36-44,9 mètres	708	0	1 273	270	270	0	0	0
45-59,9 mètres	4 219	4 937	1 780	3 053	1 780	2 335	2 335	2 335
60-74,9 mètres	7 278	7 278	7 278	7 278	5 946	5 946	5 946	6 765
75 mètres et plus	0	0	0	0	0	0	0	0
Longueur inconnue	..	..	..	..	..	..	..	..
Navires sans moteur	64	64	65	65	64	62	61	60

.. Non disponible

Note : Métadonnées détaillées : http://metalinks.oecd.org/fish/20150108/09a0

Source : OCDE (2014), « Pêcheries : Flotte de pêche », Statistiques agricoles de l'OCDE (base de données). DOI: 10.1787/data-00218-fr

Tableau 2. Emploi dans les pêcheries

Personnes employées

	2006	2007	2008	2009	2010	2011	2012	2013
Plein-temps	**5 474**	**5 548**	**4 804**	**4 761**	**4 838**	**4 595**	**4 523**	..
Secteur de capture	2 872	2 945	2 618	2 812	2 977	2 579	2 594	..
Pêche en eaux intérieures	963	701	596	675	771	576	551	..
Homme	948	683	581	670	761	568	532	..
Femme	15	18	15	5	10	8	19	..
Eaux maritimes (pêche côtière)	1 434	1 774	1 557	1 658	1 732	1 529	1 569	..
Homme	1 410	1 732	1 520	1 646	1 721	1 519	1 552	..
Femme	24	42	37	12	11	10	17	..
Eaux maritimes (pêche en haute mer)	475	470	465	479	474	474	474	..
Homme	470	465	460	475	470	470	470	..
Femme	5	5	5	4	4	4	4	..
Aquaculture	95	90	96	118	89	100	84	..
Homme	68	60	63	87	68	74	54	..
Femme	27	30	33	31	21	26	30	..
Transformation	2 507	2 513	2 090	1 831	1 772	1 916	1 845	..
Homme	752	754	627	..	..	..	..	..
Femme	1 755	1 759	1 463	..	..	..	..	..
Temps partiel	**1 138**	**1 236**	**1 170**	..	..	..	..	..
Secteur de capture	1 138	1 236	1 170	..	..	..	..	..
Pêche en eaux intérieures	..	..	..	..	..	..	..	..
Homme	..	..	..	..	..	..	..	..
Femme	..	..	..	..	..	..	..	..
Eaux maritimes (pêche côtière)	1 138	1 236	1 170	..	..	..	..	..
Homme	1 120	1 213	1 150	..	..	..	..	..
Femme	18	23	20	..	..	..	..	..
Eaux maritimes (pêche en haute mer)	..	..	..	..	..	..	..	..
Homme	..	..	..	..	..	..	..	..
Femme	..	..	..	..	..	..	..	..
Aquaculture	..	..	..	..	..	..	..	..
Homme	..	..	..	..	..	..	..	..
Femme	..	..	..	..	..	..	..	..
Transformation	..	..	..	..	..	..	..	..
Homme	..	..	..	..	..	..	..	..
Femme	..	..	..	..	..	..	..	..
Total	**6 612**	**6 784**	**5 974**	**4 761**	**4 838**	**4 595**	**4 523**	..
Secteur de capture	4 010	4 181	3 788	2 812	2 977	2 579	2 594	..
Pêche en eaux intérieures	963	701	596	675	771	576	551	..
Homme	948	683	581	670	761	568	532	..
Femme	15	18	15	5	10	8	19	..
Eaux maritimes (pêche côtière)	2 572	3 010	2 727	1 658	1 732	1 529	1 569	..
Homme	2 530	2 945	2 670	1 646	1 721	1 519	1 552	..
Femme	42	65	57	12	11	10	17	..
Eaux maritimes (pêche en haute mer)	475	470	465	479	474	474	474	..
Homme	470	465	460	475	470	470	470	..
Femme	5	5	5	4	4	4	4	..
Aquaculture	95	90	96	118	89	100	84	..
Homme	68	60	63	87	68	74	54	..
Femme	27	30	33	31	21	26	30	..
Transformation	2 507	2 513	2 090	1 831	1 772	1 916	1 845	..
Homme	752	754	627	..	..	..	..	..
Femme	1 755	1 759	1 463	..	..	..	..	..

.. Non disponible

Note : Métadonnées détaillées : http://metalinks.oecd.org/fish/20150108/49bb

Source : OCDE (2014), « Pêcheries : Emploi dans la pêche », Statistiques agricoles de l'OCDE (base de données). DOI: 10.1787/data-00219-fr

Tableau 3. Débarquements nationaux dans les ports nationaux

	2006	2007	2008	2009	2010	2011	2012	2013
VOLUME (TONNES)								
Total poissons	**71 046**	**74 216**	**78 842**	**79 740**	**76 983**	**60 870**	**51 422**	**51 060**
Saumon	481	602	787	5	4	4	5	7
Saumon rose	..	..	..	..	..	..	..	..
Saumon keta	..	..	..	..	..	..	..	..
Saumon rouge	..	..	..	..	..	..	..	..
Saumon argenté	..	..	..	..	..	..	..	..
Autres saumons	481	602	787	5	4	4	5	7
Poissons plats	337	318	280	288	270	245	243	250
Flétan	..	..	..	..	..	..	..	..
Flétan noir	..	..	..	..	..	..	..	..
Sole	..	..	..	..	..	..	..	..
Plie	337	318	280	288	270	245	243	250
Autres poissons plats	0	0	0	0	0	0	0	0
Poissons de fond	7	11	5	190	211	261	105	6
Morue (Atlantique et Pacifique)	3	7	2	4	4	3	3	6
Églefin	..	..	..	..	..	..	..	..
Lieu	..	..	..	..	..	..	..	..
Morue du Pacifique occidental	..	..	..	..	..	..	..	..
Merlan	..	..	..	..	..	..	..	..
Merlu (toutes espèces)	..	..	..	..	..	..	..	..
Sébaste	..	..	..	..	..	..	..	..
Autres poissons de fond	3	5	3	186	207	257	101	..
Pélagiques	68 969	72 378	76 971	79 257	76 498	60 361	51 069	50 797
Chinchard	..	..	..	..	..	..	..	..
Maquereau	..	..	..	..	..	..	..	..
Hareng (Atlantique et Pacifique)	22 939	24 445	30 231	31 636	27 244	24 781	21 907	21 026
Sardine	..	..	..	..	..	..	..	..
Autres pélagiques	46 030	47 933	46 740	47 621	49 254	35 579	29 162	29 771
Thons	..	..	..	..	..	..	..	..
Listao	..	..	..	..	..	..	..	..
Thon rouge (nord et sud)	..	..	..	..	..	..	..	..
Germon	..	..	..	..	..	..	..	..
Albacore	..	..	..	..	..	..	..	..
Thon obèse	..	..	..	..	..	..	..	..
Autres thons	..	..	..	..	..	..	..	..
Espadon	..	..	..	..	..	..	..	..
Autres poissons	1 251	906	800	..	..	..	..	..
Total crustacés	**..**	**..**	**0**	**0**	**0**	**..**	**..**	**..**
Homard et langouste	..	..	..	..	..	..	..	..
Langoustine	..	..	..	..	..	..	..	..
Crevette	..	..	..	..	..	..	..	..
Autres crustacés	..	..	..	0	0	..	..	..
Total coquillages et mollusques	**..**	**..**	**..**	**..**	**..**	**..**	**..**	**..**
Huître	..	..	..	..	..	..	..	..
Moule	..	..	..	..	..	..	..	..
Coquille St-Jacques	..	..	..	..	..	..	..	..
Bivalves	..	..	..	..	..	..	..	..
Autres coquillages (incl. buccins	..	..	..	..	..	..	..	..
Calmar	..	..	..	..	..	..	..	..
Seiche	..	..	..	..	..	..	..	..
Poulpe	..	..	..	..	..	..	..	..
Autres mollusques (incl. oursins)	..	..	..	..	..	..	..	..
Autres animaux marins	**..**	**..**	**..**	**..**	**..**	**..**	**..**	**..**
Plantes aquatiques	**394**	**1 608**	**1 483**	**..**	**..**	**..**	**430**	**249**
Algue brune	..	..	..	..	..	..	..	..
Algue rouge	394	1 608	1 483	..	..	..	430	249
Autres algues	..	..	..	..	..	..	..	..
Poisson pour transformation	..	..	..	..	..	..	..	..
TOTAL GÉNÉRAL	**71 440**	**75 824**	**80 326**	**79 740**	**76 983**	**60 870**	**51 851**	**51 309**

Tableau 3. Débarquements nationaux dans les ports nationaux *(suite)*

	2006	2007	2008	2009	2010	2011	2012	2013
VALEUR (EUR)								
Total poissons	**10 819 580**	**13 117 052**	**14 788 550**	**13 055 413**	**12 125 975**	**12 409 185**	**14 479 228**	**11 303 320**
Saumon	169 554	217 820	306 500	8 872	9 996	14 928	21 816	30 008
Saumon rose	..	..	..	..	..	..	..	..
Saumon keta	..	..	..	..	..	..	..	..
Saumon rouge	..	..	..	..	..	..	..	..
Saumon argenté	..	..	..	..	..	..	..	..
Autres saumons	169 554	217 820	306 500	8 872	9 996	14 928	21 816	30 008
Poissons plats	151 555	147 101	118 862	121 604	118 291	126 798	128 809	160 042
Flétan	..	..	..	..	..	..	..	..
Flétan noir	..	..	..	..	..	..	..	..
Sole	..	..	..	..	..	..	..	..
Plie	151 515	147 095	118 848	121 581	118 211	126 745	128 765	160 021
Autres poissons plats	40	6	13	23	80	53	43	21
Poissons de fond	6 180	10 049	2 899	86 267	104 896	118 117	104 288	4 302
Morue (Atlantique et Pacifique)	4 458	8 282	2 079	4 272	40 811	3 588	3 239	4 302
Églefin	..	..	..	..	..	..	..	..
Lieu	..	..	..	..	..	..	..	..
Morue du Pacifique occidental	..	..	..	..	..	..	..	..
Merlan	..	..	..	..	..	..	..	..
Merlu (toutes espèces)	..	..	..	..	..	..	..	..
Sébaste	..	..	..	..	..	..	..	..
Autres poissons de fond	1 722	1 767	820	81 995	64 085	114 529	101 049	..
Pélagiques	8 461 443	10 795 464	12 762 228	12 838 670	11 892 792	12 149 342	14 224 315	11 108 968
Chinchard	..	..	..	..	..	..	..	..
Maquereau	..	..	..	..	..	..	..	..
Hareng (Atlantique et Pacifique)	2 697 310	3 499 475	4 834 308	4 258 767	3 410 961	4 044 616	6 133 852	4 559 271
Sardine	..	..	..	..	..	..	..	..
Autres pélagiques	5 764 134	7 295 989	7 927 920	8 579 903	8 481 831	8 104 726	8 090 463	6 549 697
Thons	..	..	..	..	..	..	..	..
Listao	..	..	..	..	..	..	..	..
Thon rouge (nord et sud)	..	..	..	..	..	..	..	..
Germon	..	..	..	..	..	..	..	..
Albacore	..	..	..	..	..	..	..	..
Thon obèse	..	..	..	..	..	..	..	..
Autres thons	..	..	..	..	..	..	..	..
Espadon	..	..	..	..	..	..	..	..
Autres poissons	2 030 847	1 946 619	1 598 061	..	..	..	..	..
Total crustacés	..	..	..	**61**	**2**	..	..	..
Homard et langouste	..	..	..	..	..	..	..	..
Langoustine	..	..	..	..	..	..	..	..
Crevette	..	..	..	..	..	..	..	..
Autres crustacés	..	..	..	61	2	..	..	..
Total coquillages et mollusques	..	..	..	..	..	..	..	..
Huître	..	..	..	..	..	..	..	..
Moule	..	..	..	..	..	..	..	..
Coquille St-Jacques	..	..	..	..	..	..	..	..
Bivalves	..	..	..	..	..	..	..	..
Autres coquillages (incl. buccins	..	..	..	..	..	..	..	..
Calmar	..	..	..	..	..	..	..	..
Seiche	..	..	..	..	..	..	..	..
Poulpe	..	..	..	..	..	..	..	..
Autres mollusques (incl. oursins)	..	..	..	..	..	..	..	..
Autres animaux marins	..	..	..	..	..	..	..	..
Plantes aquatiques	..	..	..	..	..	..	**17 182**	**9 962**
Algue brune	..	..	..	..	..	..	..	..
Algue rouge	..	..	..	..	..	..	17 182	9 962
Autres algues	..	..	..	..	..	..	..	..
Poisson pour transformation	..	..	..	..	..	..	..	..
TOTAL GÉNÉRAL	**10 819 580**	**13 117 052**	**14 788 550**	**13 055 474**	**12 125 977**	**12 409 185**	**14 496 410**	**11 313 282**

.. Non disponible

Note : Métadonnées détaillées : http://metalinks.oecd.org/fish/20150108/be7d

Source : OCDE (2014), « Pêcheries : Débarquements nationaux dans les ports domestiques », Statistiques agricoles de l'OCDE (base de données). DOI: 10.1787/data-00222-fr

Tableau 4. Débarquements nationaux dans les ports étrangers

	2006	2007	2008	2009	2010	2011	2012	2013
VOLUME (TONNES)								
Total poissons	**6 804**	**8 883**	**6 530**	**6 027**	**6 136**	**5 649**	**3 798**	**6 477**
Saumon	1	1	..	..	..	..	..	..
Saumon rose	..	..	..	..	..	..	..	..
Saumon keta	..	..	..	..	..	..	..	..
Saumon rouge	..	..	..	..	..	..	..	..
Saumon argenté	..	..	..	..	..	..	..	..
Autres saumons	1	1	..	..	..	..	..	..
Poissons plats	483	497	472	337	484	380	408	1 364
Flétan	..	..	..	..	3	3	10	11
Flétan noir	373	365	299	300	441	279	266	727
Sole	..	..	..	..	..	..	..	..
Plie	15	17	4	0	15	35	30	34
Autres poissons plats	95	115	169	36	24	62	102	592
Poissons de fond	2 476	2 709	2 061	2 647	3 870	4 000	3 102	2 802
Morue (Atlantique et Pacifique)	754	965	1 043	823	770	1 110	921	927
Églefin	..	..	..	..	..	..	8	19
Lieu	..	..	..	..	..	..	..	..
Morue du Pacifique occidental	..	..	..	..	..	..	..	..
Merlan	0	1	0	..	..	..	..	..
Merlu (toutes espèces)	..	..	..	..	1 279	1 487	1 572	1
Sébaste	1 656	1 724	1 003	1 748	1 340	1 075	368	1 573
Autres poissons de fond	66	20	15	76	481	327	233	282
Pélagiques	2 235	5 071	3 739	3 043	1 782	1 269	289	2 311
Chinchard	..	..	..	..	..	..	..	..
Maquereau	..	..	..	..	..	..	..	1 367
Hareng (Atlantique et Pacifique)	332	1 663	1 608	1 528	1 618	544	141	909
Sardine	..	..	..	..	..	..	..	..
Autres pélagiques	1 903	3 408	2 131	1 515	164	726	148	35
Thons	..	..	..	..	..	..	..	..
Listao	..	..	..	..	..	..	..	..
Thon rouge (nord et sud)	..	..	..	..	..	..	..	..
Germon	..	..	..	..	..	..	..	..
Albacore	..	..	..	..	..	..	..	..
Thon obèse	..	..	..	..	..	..	..	..
Autres thons	..	..	..	..	..	..	..	..
Espadon	..	..	..	..	..	..	..	..
Autres poissons	1 609	604	258	..	..	..	..	..
Total crustacés	**9 242**	**12 076**	**12 742**	**8 587**	**9 037**	**10 777**	**7 576**	**6 653**
Homard et langouste	..	..	..	..	..	..	..	..
Langoustine	..	..	..	..	..	..	..	..
Crevette	9 242	12 076	12 742	8 587	9 037	10 777	7 576	6 653
Autres crustacés	..	..	..	..	..	..	..	..
Total coquillages et mollusques	**523**	..	..	**5**	**87**	**399**	**1 423**	..
Huître	..	..	..	..	..	..	..	..
Moule	..	..	..	..	..	..	..	..
Coquille St-Jacques	..	..	..	..	..	..	..	..
Bivalves	..	..	..	..	..	..	..	..
Autres coquillages (incl. buccins	..	..	..	..	..	..	..	..
Calmar	523	..	..	5	87	399	1 423	..
Seiche	..	..	..	..	..	..	..	..
Poulpe	..	..	..	..	..	..	..	..
Autres mollusques (incl. oursins)	..	..	..	..	..	..	..	..
Autres animaux marins	..	..	..	..	..	..	..	..
Plantes aquatiques	..	..	..	..	..	..	..	..
Algue brune	..	..	..	..	..	..	..	..
Algue rouge	..	..	..	..	..	..	..	..
Autres algues	..	..	..	..	..	..	..	..
Poisson pour transformation	..	..	..	..	..	..	..	..
TOTAL GÉNÉRAL	**16 569**	**20 958**	**19 272**	**14 620**	**15 260**	**16 824**	**12 797**	**13 130**

ESTONIE

Tableau 4. Débarquements nationaux dans les ports étrangers *(suite)*

	2006	2007	2008	2009	2010	2011	2012	2013
VALEUR (EUR)								
Total poissons	..	..	..	..	..	..	..	..
Saumon	..	..	..	..	..	..	..	..
Saumon rose	..	..	..	..	..	..	..	..
Saumon keta	..	..	..	..	..	..	..	..
Saumon rouge	..	..	..	..	..	..	..	..
Saumon argenté	..	..	..	..	..	..	..	..
Autres saumons	..	..	..	..	..	..	..	..
Poissons plats	..	..	..	..	..	..	..	..
Flétan	..	..	..	..	..	..	..	..
Flétan noir	..	..	..	..	..	..	..	..
Sole	..	..	..	..	..	..	..	..
Plie	..	..	..	..	..	..	..	..
Autres poissons plats	..	..	..	..	..	..	..	..
Poissons de fond	..	..	..	..	..	..	..	..
Morue (Atlantique et Pacifique)	..	..	..	..	..	..	..	..
Églefin	..	..	..	..	..	..	..	..
Lieu	..	..	..	..	..	..	..	..
Morue du Pacifique occidental	..	..	..	..	..	..	..	..
Merlan	..	..	..	..	..	..	..	..
Merlu (toutes espèces)	..	..	..	..	..	..	..	..
Sébaste	..	..	..	..	..	..	..	..
Autres poissons de fond	..	..	..	..	..	..	..	..
Pélagiques	..	..	..	..	..	..	..	..
Chinchard	..	..	..	..	..	..	..	..
Maquereau	..	..	..	..	..	..	..	..
Hareng (Atlantique et Pacifique)	..	..	..	..	..	..	..	..
Sardine	..	..	..	..	..	..	..	..
Autres pélagiques	..	..	..	..	..	..	..	..
Thons	..	..	..	..	..	..	..	..
Listao	..	..	..	..	..	..	..	..
Thon rouge (nord et sud)	..	..	..	..	..	..	..	..
Germon	..	..	..	..	..	..	..	..
Albacore	..	..	..	..	..	..	..	..
Thon obèse	..	..	..	..	..	..	..	..
Autres thons	..	..	..	..	..	..	..	..
Espadon	..	..	..	..	..	..	..	..
Autres poissons	..	..	..	..	..	..	..	..
Total crustacés	..	..	..	..	..	..	..	..
Homard et langouste	..	..	..	..	..	..	..	..
Langoustine	..	..	..	..	..	..	..	..
Crevette	..	..	..	..	..	..	..	..
Autres crustacés	..	..	..	..	..	..	..	..
Total coquillages et mollusques	..	..	..	..	..	..	..	..
Huître	..	..	..	..	..	..	..	..
Moule	..	..	..	..	..	..	..	..
Coquille St-Jacques	..	..	..	..	..	..	..	..
Bivalves	..	..	..	..	..	..	..	..
Autres coquillages (incl. buccins	..	..	..	..	..	..	..	..
Calmar	..	..	..	..	..	..	..	..
Seiche	..	..	..	..	..	..	..	..
Poulpe	..	..	..	..	..	..	..	..
Autres mollusques (incl. oursins)	..	..	..	..	..	..	..	..
Autres animaux marins	..	..	..	..	..	..	..	..
Plantes aquatiques	..	..	..	..	..	..	..	..
Algue brune	..	..	..	..	..	..	..	..
Algue rouge	..	..	..	..	..	..	..	..
Autres algues	..	..	..	..	..	..	..	..
Poisson pour transformation	..	..	..	..	..	..	..	..
TOTAL GÉNÉRAL	..	..	..	..	..	..	..	..

.. Non disponible

Note : Métadonnées détaillées : http://metalinks.oecd.org/fish/20150108/c607

Source : OCDE (2014), « Pêcheries : Débarquements nationaux dans les ports étrangers », Statistiques agricoles de l'OCDE (base de données). DOI: 10.1787/data-00223-fr

ESTONIE

Tableau 5. Débarquements étrangers dans les ports nationaux

	2006	2007	2008	2009	2010	2011	2012	2013
VOLUME (TONNES)								
Total poissons	..	..	..	**6 339**	**7 632**	**6 670**	**9 241**	**8 186**
Saumon	..	..	..	..	..	..	..	..
Saumon rose	..	..	..	..	..	..	..	..
Saumon keta	..	..	..	..	..	..	..	..
Saumon rouge	..	..	..	..	..	..	..	..
Saumon argenté	..	..	..	..	..	..	..	..
Autres saumons	..	..	..	..	..	..	..	..
Poissons plats	..	..	..	..	..	..	..	..
Flétan	..	..	..	..	..	..	..	..
Flétan noir	..	..	..	..	..	..	..	..
Sole	..	..	..	..	..	..	..	..
Plie	..	..	..	..	..	..	..	..
Autres poissons plats	..	..	..	..	..	..	..	..
Poissons de fond	..	..	..	..	..	..	..	..
Morue (Atlantique et Pacifique)	..	..	..	..	..	..	..	..
Églefin	..	..	..	..	..	..	..	..
Lieu	..	..	..	..	..	..	..	..
Morue du Pacifique occidental	..	..	..	..	..	..	..	..
Merlan	..	..	..	..	..	..	..	..
Merlu (toutes espèces)	..	..	..	..	..	..	..	..
Sébaste	..	..	..	..	..	..	..	..
Autres poissons de fond	..	..	..	..	..	..	..	..
Pélagiques	..	..	..	6 339	7 632	6 670	9 241	8 186
Chinchard	..	..	..	..	..	..	..	..
Maquereau	..	..	..	..	..	..	..	..
Hareng (Atlantique et Pacifique)	..	..	..	1 691	2 351	3 242	5 066	3 916
Sardine	..	..	..	..	..	..	..	..
Autres pélagiques	..	..	..	4 647	5 280	3 428	4 175	4 270
Thons	..	..	..	..	..	..	..	..
Listao	..	..	..	..	..	..	..	..
Thon rouge (nord et sud)	..	..	..	..	..	..	..	..
Germon	..	..	..	..	..	..	..	..
Albacore	..	..	..	..	..	..	..	..
Thon obèse	..	..	..	..	..	..	..	..
Autres thons	..	..	..	..	..	..	..	..
Espadon	..	..	..	..	..	..	..	..
Autres poissons	..	..	..	..	..	..	..	..
Total crustacés	..	..	..	..	..	..	..	..
Homard et langouste	..	..	..	..	..	..	..	..
Langoustine	..	..	..	..	..	..	..	..
Crevette	..	..	..	..	..	..	..	..
Autres crustacés	..	..	..	..	..	..	..	..
Total coquillages et mollusques	..	..	..	..	..	..	..	..
Huître	..	..	..	..	..	..	..	..
Moule	..	..	..	..	..	..	..	..
Coquille St-Jacques	..	..	..	..	..	..	..	..
Bivalves	..	..	..	..	..	..	..	..
Autres coquillages (incl. buccins	..	..	..	..	..	..	..	..
Calmar	..	..	..	..	..	..	..	..
Seiche	..	..	..	..	..	..	..	..
Poulpe	..	..	..	..	..	..	..	..
Autres mollusques (incl. oursins)	..	..	..	..	..	..	..	..
Autres animaux marins	..	..	..	..	..	..	..	..
Plantes aquatiques	..	..	..	..	..	..	..	..
Algue brune	..	..	..	..	..	..	..	..
Algue rouge	..	..	..	..	..	..	..	..
Autres algues	..	..	..	..	..	..	..	..
Poisson pour transformation	..	..	..	..	..	..	..	..
TOTAL GÉNÉRAL	..	..	..	**6 339**	**7 632**	**6 670**	**9 241**	**8 186**

ESTONIE

Tableau 5. Débarquements étrangers dans les ports nationaux *(suite)*

	2006	2007	2008	2009	2010	2011	2012	2013
VALEUR (EUR)								
Total poissons	..	..	..	**1 070 867**	**1 013 836**	**1 098 018**	**1 797 449**	**1 936 161**
Saumon	..	..	..	..	..	..	..	..
Saumon rose	..	..	..	..	..	..	..	..
Saumon keta	..	..	..	..	..	..	..	..
Saumon rouge	..	..	..	..	..	..	..	..
Saumon argenté	..	..	..	..	..	..	..	..
Autres saumons	..	..	..	..	..	..	..	..
Poissons plats	..	..	..	..	..	..	..	..
Flétan	..	..	..	..	..	..	..	..
Flétan noir	..	..	..	..	..	..	..	..
Sole	..	..	..	..	..	..	..	..
Plie	..	..	..	..	..	..	..	..
Autres poissons plats	..	..	..	..	..	..	..	..
Poissons de fond	..	..	..	..	..	..	..	..
Morue (Atlantique et Pacifique)	..	..	..	..	..	..	..	..
Églefin	..	..	..	..	..	..	..	..
Lieu	..	..	..	..	..	..	..	..
Morue du Pacifique occidental	..	..	..	..	..	..	..	..
Merlan	..	..	..	..	..	..	..	..
Merlu (toutes espèces)	..	..	..	..	..	..	..	..
Sébaste	..	..	..	..	..	..	..	..
Autres poissons de fond	..	..	..	..	..	..	..	..
Pélagiques	..	..	..	1 070 867	1 013 836	1 098 018	1 797 449	1 936 161
Chinchard	..	..	..	..	..	..	..	..
Maquereau	..	..	..	..	..	..	..	..
Hareng (Atlantique et Pacifique)	..	..	..	272 381	305 670	531 706	962 484	931 707
Sardine	..	..	..	..	..	..	..	..
Autres pélagiques	..	..	..	798 486	708 166	566 312	834 965	1 004 454
Thons	..	..	..	..	..	..	..	..
Listao	..	..	..	..	..	..	..	..
Thon rouge (nord et sud)	..	..	..	..	..	..	..	..
Germon	..	..	..	..	..	..	..	..
Albacore	..	..	..	..	..	..	..	..
Thon obèse	..	..	..	..	..	..	..	..
Autres thons	..	..	..	..	..	..	..	..
Espadon	..	..	..	..	..	..	..	..
Autres poissons	..	..	..	..	..	..	..	..
Total crustacés	..	..	..	..	..	..	..	..
Homard et langouste	..	..	..	..	..	..	..	..
Langoustine	..	..	..	..	..	..	..	..
Crevette	..	..	..	..	..	..	..	..
Autres crustacés	..	..	..	..	..	..	..	..
Total coquillages et mollusques	..	..	..	..	..	..	..	..
Huître	..	..	..	..	..	..	..	..
Moule	..	..	..	..	..	..	..	..
Coquille St-Jacques	..	..	..	..	..	..	..	..
Bivalves	..	..	..	..	..	..	..	..
Autres coquillages (incl. buccins)	..	..	..	..	..	..	..	..
Calmar	..	..	..	..	..	..	..	..
Seiche	..	..	..	..	..	..	..	..
Poulpe	..	..	..	..	..	..	..	..
Autres mollusques (incl. oursins)	..	..	..	..	..	..	..	..
Autres animaux marins	..	..	..	..	..	..	..	..
Plantes aquatiques	..	..	..	..	..	..	..	..
Algue brune	..	..	..	..	..	..	..	..
Algue rouge	..	..	..	..	..	..	..	..
Autres algues	..	..	..	..	..	..	..	..
Poisson pour transformation	..	..	..	..	..	..	..	..
TOTAL GÉNÉRAL	..	..	..	**1 070 867**	**1 013 836**	**1 098 018**	**1 797 449**	**1 936 161**

.. Non disponible

Note : Métadonnées détaillées : http://metalinks.oecd.org/fish/20150108/beb7

Source : OCDE (2014), « Pêcheries : Débarquements étrangers dans les ports domestiques », Statistiques agricoles de l'OCDE (base de données). DOI: 10.1787/data-00224-fr

ESTONIE

Tableau 6. Production de l'aquaculture

	2006	2007	2008	2009	2010	2011	2012	2013
VOLUME (TONNES)								
Poissons	**703**	**781**	**814**	**971**	**765**	**741**	**581**	**733**
Saumon de l'Atlantique	..	..	..	..	..	..	..	..
Saumon du Pacifique	..	..	..	..	..	..	..	..
Truite arc-en-ciel	520	622	649	790	584	622	455	466
dont : d'eau de mer	..	..	..	..	..	..	..	..
dont : d'eau douce	520	622	649	790	584	622	455	466
Truite de mer	..	..	..	..	..	..	..	..
Poisson plat	..	..	..	..	..	..	..	..
Dorade	..	..	..	..	..	..	..	..
Bar	..	..	..	..	..	..	..	..
Loup	..	..	..	..	..	..	..	..
Carpe	80	28	70	74	61	82	38	44
Tilapia	..	..	..	..	..	..	..	..
Anguille	40	45	47	30	30	2	..	..
Autres poissons	63	86	49	78	90	35	88	223
Coquillages et crustacés	**..**	**..**	**..**	**11**	**6**	**1**	**0**	**0**
Huître, comestible	..	..	..	..	..	..	..	..
Huître, perle	..	..	..	..	..	..	..	..
Moule	..	..	..	..	..	..	..	..
Coquille St.-Jacques	..	..	..	..	..	..	..	..
Bivalves	..	..	..	..	..	..	..	..
Crevette et bouquet	..	..	..	..	..	..	..	..
Autres coquillages et crustacés	..	..	..	11	6	1	0	0
Total poissons, coquillages et crustacés	**703**	**781**	**814**	**971**	**765**	**751**	**581**	**733**
Autres animaux marins	..	..	..	..	..	..	..	..
Plantes aquatiques	..	..	..	..	..	..	..	..
Algue brune	..	..	..	..	..	..	..	..
Algue rouge	..	..	..	..	..	..	..	..
Algue verte	..	..	..	..	..	..	..	..
Autres plantes aquatiques	..	..	..	..	..	..	..	..
TOTAL GÉNÉRAL	**703**	**781**	**814**	**982**	**770**	**742**	**581**	**733**
VALEUR (EUR)								
Poissons	..	..	..	..	..	..	..	..
Saumon de l'Atlantique	..	..	..	..	..	..	..	..
Saumon du Pacifique	..	..	..	..	..	..	..	..
Truite arc-en-ciel	..	..	..	..	..	..	..	..
dont : d'eau de mer	..	..	..	..	..	..	..	..
dont : d'eau douce	..	..	..	..	..	..	..	..
Truite de mer	..	..	..	..	..	..	..	..
Poisson plat	..	..	..	..	..	..	..	..
Dorade	..	..	..	..	..	..	..	..
Bar	..	..	..	..	..	..	..	..
Loup	..	..	..	..	..	..	..	..
Carpe	..	..	..	..	..	..	..	..
Tilapia	..	..	..	..	..	..	..	..
Anguille	..	..	..	..	..	..	..	..
Autres poissons	..	..	..	..	..	..	..	..
Coquillages et crustacés	..	..	..	..	..	..	..	..
Huître, comestible	..	..	..	..	..	..	..	..
Huître, perle	..	..	..	..	..	..	..	..
Moule	..	..	..	..	..	..	..	..
Coquille St.-Jacques	..	..	..	..	..	..	..	..
Bivalves	..	..	..	..	..	..	..	..
Crevette et bouquet	..	..	..	..	..	..	..	..
Autres coquillages et crustacés	..	..	..	..	..	..	..	..
Total poissons, coquillages et crustacés	..	..	..	..	..	..	..	..
Autres animaux marins	..	..	..	..	..	..	..	..
Plantes aquatiques	..	..	..	..	..	..	..	..
Algue brune	..	..	..	..	..	..	..	..
Algue rouge	..	..	..	..	..	..	..	..
Algue verte	..	..	..	..	..	..	..	..
Autres plantes aquatiques	..	..	..	..	..	..	..	..
TOTAL GÉNÉRAL	..	..	..	..	..	..	..	..

.. Non disponible

Note : Métadonnées détaillées : http://metalinks.oecd.org/fish/20150108/d098

Source : OCDE (2014), « Pêcheries : Production de l'aquaculture », Statistiques agricoles de l'OCDE (base de données). DOI: 10.1787/data-00225-fr

ESTONIE

Tableau 7. Transferts financiers publics (TFP)

Milliers EUR

	2006	2007	2008	2009	2010	2011	2012	2013
Contribution nationale aux TFP								
Pêche maritime	**2 381**	**1 851**	**2 140**	**5 182**	**5 995**	**5 902**	**4 977**	**7 002**
Paiements directs	14	19	47	2 544	1 122	2 535	2 375	2 740
Désarmement des navires et retrait des licences	..	..	..	1 963	..	97	..	740
Indemnisation des catastrophes	..	..	..	..	..	..	..	..
Aides : équipement, modernisation, construction de navire	..	..	..	376	119	172	359	211
Aide au revenu et assurance chômage	..	..	..	85	45	23	..	10
Autres paiements directs	14	19	47	120	957	2 244	2 016	1 779
Transferts réduisant les coûts	347	1	..	..	..	375	344	306
Prêts subventionnés : équipement, modernisation, construction de navire	..	..	..	..	..	..	..	..
Bonification d'intérêts	45	..	..	..	..	..	..	..
Exonération de taxe sur carburant	302	1	..	..	..	365	344	275
Ristourne et subvention à l'assurance	..	..	..	..	..	..	..	..
Allègement d'impôt sur le revenu, contrib. sociales impayées	..	..	..	..	..	..	..	..
Autres transferts réduisant les coûts	..	..	..	..	..	10	..	30
Services généraux	2 020	1 831	2 093	2 638	4 873	2 992	2 258	3 956
Gestion des pêcheries	127	72	22	..	..	..	..	..
Recherche halieutique	573	559	585	..	..	..	..	..
Police des pêches	690	677	1 162	..	..	..	..	..
Infrastructure des pêcheries	..	..	..	..	..	..	..	..
Autres services généraux	629	523	324	2 638	4 873	2 992	2 258	3 956
Recouvrement des coûts	..	..	..	..	..	..	..	..
Aquaculture	**8**	**10**	**24**	**1 721**	**6**	**75**	**526**	**652**
Paiements directs	8	10	24	1 721	6	14	499	652
Aides : développement aquacole	..	..	..	1 700	..	1 278	474	633
Indemnisation des catastrophes	..	..	..	..	..	..	..	..
Autres paiements directs	8	10	24	21	6	14	25	20
Transferts réduisant les coûts	..	..	..	..	..	61	19	..
Prêts subventionnés : développement aquacole	..	..	..	..	..	..	..	..
Autres transferts réduisant les coûts	..	..	..	..	..	61	19	..
Services généraux	..	..	..	..	..	..	7	..
Gestion, recherche et police de l'aquaculture	..	..	..	..	..	..	..	..
Infrastructure aquacole	..	..	..	..	..	..	..	..
Autres services généraux	..	..	..	..	..	..	7	..
Recouvrement des coûts	..	..	..	..	..	..	..	..
Commercialisation et transformation	**..**	**6**	**5**	**2 503**	**1 547**	**204**	**171**	**1 261**
Paiements directs	..	6	5	2 365	1 396	57	4	1 012
Aides : commercialisation et transformation	..	..	..	2 346	1 375	57	..	1 001
Autres paiements directs	..	6	5	19	21	26	4	12
Transferts réduisant les coûts	..	..	..	..	..	2	17	1
Prêts subventionnés : commercialisation et transformation	..	..	..	..	..	..	..	..
Autres transferts réduisant les coûts	..	..	..	..	..	2	17	1
Services généraux	..	..	..	138	151	145	150	247
Aquaculture	..	..	..	..	..	..	..	..
Autres services généraux	..	..	..	138	151	145	150	247
Recouvrement des coûts	..	..	..	..	..	..	..	..
Total	**2 389**	**1 867**	**2 169**	**9 406**	**7 549**	**6 181**	**5 673**	**8 915**

Tableau 7. Transferts financiers publics (TFP) *(suite)*

Milliers EUR

	2006	2007	2008	2009	2010	2011	2012	2013
Contribution européenne aux TFP								
Pêche maritime	**6 843**	**4 726**	**631**	**10 128**	**11 835**	**9 313**	**9 395**	**15 382**
Paiements directs	4 880	2 926	480	7 592	3 351	7 511	7 068	9 206
Désarmement des navires et retrait des licences	3 761	2 637	..	5 890	..	290	..	2 220
Indemnisation des catastrophes	..	..	..	..	..	..	..	..
Aides : équipement, modernisation, construction de navire	981	226	138	1 129	358	516	1 078	633
Aide au revenu et assurance chômage	..	..	..	255	135	68	..	30
Autres paiements directs	138	63	342	318	2 857	6 638	5 990	6 323
Transferts réduisant les coûts	..	..	..	..	..	..	..	..
Prêts subventionnés : équipement, modernisation, construction de navire	..	..	..	..	..	..	..	..
Bonification d'intérêts	..	..	..	..	..	..	..	..
Exonération de taxe sur carburant	..	..	..	..	..	..	..	..
Ristourne et subvention à l'assurance	..	..	..	..	..	..	..	..
Allègement d'impôt sur le revenu, contrib. sociales impayées	..	..	..	..	..	..	..	..
Autres transferts réduisant les coûts	..	..	..	..	..	..	..	..
Services généraux	1 962	1 800	151	2 536	8 485	1 801	2 326	6 176
Gestion des pêcheries	..	..	..	..	..	..	..	..
Recherche halieutique	..	..	..	..	..	..	..	..
Police des pêches	..	..	..	..	..	..	..	..
Infrastructure des pêcheries	1 592	1 480	105	..	..	..	..	..
Autres services généraux	370	320	47	2 536	8 485	1 801	2 326	6 176
Recouvrement des coûts	..	..	..	..	..	..	..	..
Aquaculture	**760**	**693**	**343**	**5 100**	**..**	**3 835**	**1 473**	**1 953**
Paiements directs	760	693	343	5 100	..	3 835	1 473	1 953
Aides : développement aquacole	760	693	343	5 100	..	3 835	1 423	1 898
Indemnisation des catastrophes	..	..	..	..	..	..	..	..
Autres paiements directs	..	..	..	..	..	..	50	55
Transferts réduisant les coûts	..	..	..	..	..	..	..	..
Prêts subventionnés : développement aquacole	..	..	..	..	..	..	..	..
Autres transferts réduisant les coûts	..	..	..	..	..	..	..	..
Services généraux	..	..	..	..	..	..	..	..
Gestion, recherche et police de l'aquaculture	..	..	..	..	..	..	..	..
Infrastructure aquacole	..	..	..	..	..	..	..	..
Autres services généraux	..	..	..	..	..	..	..	..
Recouvrement des coûts	..	..	..	..	..	..	..	..
Commercialisation et transformation	**1 223**	**505**	**1 227**	**9 419**	**7 067**	**3 005**	**2 063**	**5 067**
Paiements directs	671	83	835	8 863	6 522	2 570	1 613	4 326
Aides : commercialisation et transformation	671	..	450	7 038	4 124	172	..	3 002
Autres paiements directs	..	83	385	1 825	2 398	2 398	1 613	1 324
Transferts réduisant les coûts	..	..	..	149	91	73	..	..
Prêts subventionnés : commercialisation et transformation	..	..	..	..	..	..	..	..
Autres transferts réduisant les coûts	..	..	..	149	91	73	..	..
Services généraux	551	422	392	407	453	435	450	741
Aquaculture	..	..	..	..	..	..	..	..
Autres services généraux	551	422	392	407	453	435	450	741
Recouvrement des coûts	..	..	..	..	..	..	..	..
Total	**8 826**	**5 924**	**2 201**	**24 648**	**18 902**	**12 318**	**12 931**	**22 402**

ESTONIE

Tableau 7. Transferts financiers publics (TFP) *(suite)*

Milliers EUR

	2006	2007	2008	2009	2010	2011	2012	2013
Total des TFP								
Pêche maritime	**9 224**	**6 576**	**2 771**	**15 310**	**17 831**	**15 214**	**14 371**	**22 384**
Paiements directs	4 895	2 945	527	10 136	4 472	10 046	9 443	11 946
Désarmement des navires et retrait des licences	3 761	2 637	..	7 853	..	386	..	2 960
Indemnisation des catastrophes	..	..	..	..	..	..	..	..
Aides : équipement, modernisation, construction de navire	981	226	138	1 505	478	688	1 437	844
Aide au revenu et assurance chômage	..	..	..	340	180	90	..	40
Autres paiements directs	152	82	389	438	3 815	8 882	8 006	8 102
Transferts réduisant les coûts	347	1	..	..	..	375	344	306
Prêts subventionnés : équipement, modernisation, construction de navire	..	..	..	..	..	..	..	..
Bonification d'intérêts	45	..	..	..	..	..	..	..
Exonération de taxe sur carburant	302	1	..	..	..	365	344	275
Ristourne et subvention à l'assurance	..	..	..	..	..	..	..	..
Allègement d'impôt sur le revenu, contrib. sociales impayées	..	..	..	..	..	..	..	..
Autres transferts réduisant les coûts	..	..	..	..	..	10	..	30
Services généraux	3 982	3 631	2 244	5 174	13 358	4 793	4 584	10 132
Gestion des pêcheries	127	72	22	..	..	..	..	..
Recherche halieutique	573	559	585	..	..	..	..	..
Police des pêches	690	677	1 162	..	..	..	..	..
Infrastructure des pêcheries	1 592	1 480	105	..	..	..	..	..
Autres services généraux	999	843	371	5 174	13 358	4 793	4 584	10 132
Recouvrement des coûts	..	..	..	..	..	..	..	..
Aquaculture	**768**	**704**	**367**	**6 821**	**6**	**75**	**1 999**	**2 605**
Paiements directs	768	704	367	6 821	6	14	1 972	2 605
Aides : développement aquacole	760	693	343	6 800	..	5 113	1 897	2 531
Indemnisation des catastrophes	..	..	..	..	..	..	..	..
Autres paiements directs	8	10	24	21	6	14	75	75
Transferts réduisant les coûts	..	..	..	..	..	61	19	..
Prêts subventionnés : développement aquacole	..	..	..	..	..	..	..	..
Autres transferts réduisant les coûts	..	..	..	..	..	61	19	..
Services généraux	..	..	..	..	..	..	7	..
Gestion, recherche et police de l'aquaculture	..	..	..	..	..	..	..	..
Infrastructure aquacole	..	..	..	..	..	..	..	..
Autres services généraux	..	..	..	..	..	..	7	..
Recouvrement des coûts	..	..	..	..	..	..	..	..
Commercialisation et transformation	**1 223**	**511**	**1 232**	**11 922**	**8 614**	**3 210**	**2 234**	**6 328**
Paiements directs	671	89	840	11 228	7 918	2 628	1 617	5 339
Aides : commercialisation et transformation	671	..	450	9 384	5 498	230	..	4 003
Autres paiements directs	..	89	390	1 844	2 419	2 398	1 617	1 336
Transferts réduisant les coûts	..	..	..	149	91	2	17	1
Prêts subventionnés : commercialisation et transformation	..	..	..	..	..	..	..	..
Autres transferts réduisant les coûts	..	..	..	149	91	2	17	1
Services généraux	551	422	392	545	605	580	600	988
Aquaculture	..	..	..	..	..	..	..	..
Autres services généraux	551	422	392	545	605	580	600	988
Recouvrement des coûts	..	..	..	..	..	..	..	..
Total	**11 214**	**7 791**	**4 370**	**34 054**	**26 451**	**18 499**	**18 604**	**31 317**

.. Non disponible

Note : Métadonnées détaillées : http://metalinks.oecd.org/fish/20150108/a416

Source : OCDE (2014), « Pêcheries : Transferts financiers publics », Statistiques agricoles de l'OCDE (base de données). DOI: 10.1787/data-00220-fr

ESTONIE

Tableau 8. Importations par produit

		2009		2010		2011		2012		2013	
		Tonnes	USD	Tonnes	USD	Tonnes	USD	Tonnes	USD	Tonnes	USD
03	**Poisson, crustacés et mollusques**	..	**66 311 299**	..	**86 385 175**	..	**120 352 189**	..	**142 735 290**	..	**179 751 134**
0302	**Poisson, frais ou réfrigéré, excl. 0304**	**9 596 464**	**17 495 861**	**7 556 416**	**27 559 299**	**12 599 985**	**52 687 026**	**27 553 638**	**51 181 940**	**21 260 214**	**68 618 898**
030211	Truite	1 458 797	7 043 471	1 873 301	10 820 149	1 659 873	9 488 992	3 657 061	17 150 774	2 170 111	10 950 514
030212	Saumon (Pacifique, Atlantique et Danube)	1 411 709	6 854 557	2 064 286	13 911 028	6 389 839	39 398 339	5 934 886	26 292 470	8 079 351	52 193 182
030219	Salmonidés nra	17 266	186 090	43 176	332 294	24 132	202 712	56 536	432 473	59 149	296 418
030221	Flétan	1 086	12 525	1 926	25 825	4 825	49 163	709	9 249	13 895	116 930
030222	Plie, carrelet	1 064	10 240	7 460	10 942	3 216	11 878	4 865	20 539	6 549	17 946
030223	Sole	..	..	195	2 870	130	930	180	2 793	394	2 640
030229	Poissons plats nra	525	6 458	5 609	21 413	24 472	24 424	42 027	50 287	48 444	51 451
030231	Thon blanc/germon	..	..	..	..	..	..	..	..	..	..
030232	Albacore (thon jaune)	..	..	..	..	..	..	64	1 249	..	..
030233	Listaos/bonite à ventre rayé	..	..	..	..	..	..	..	..	..	..
030239	Thonidés nra	..	..	..	..	..	..	162	1 336	..	..
030240	Hareng	606 061	1 334 408	603 049	1 163 478	1 052 852	932 776	11 798 438	3 957 719	4 939 100	1 679 778
030250	Morue	6 894	31 758	5 629	34 463	38 218	206 395	9 605	47 636	12 004	59 795
030261	Sardines	5 884 019	1 353 810	2 712 871	681 109	3 019 280	919 211	5 679 890	1 868 461	5 715 938	2 236 616
030262	Églefin	966	5 450	832	3 919	19 895	42 304	1 324	6 047	290	438
030263	Lieu noir	6 001	20 210	6 510	22 319	21 533	78 412	6 706	21 977	8 617	28 015
030264	Maquereau	388	2 674	35	167	23 357	95 960	94	523	234	598
030265	Aiguillat et autres squalidés	2 966	13 290	1 940	9 550	534	2 445	298	1 499	292	1 301
030266	Anguille	4 154	39 305	2 800	31 894	16 013	250 369	5 079	97 636	10 565	196 648
030269	Poisson nra	164 966	430 249	223 766	460 107	298 494	971 190	355 698	1 218 982	187 544	645 857
030270	Foies, oeufs et laitances	29 603	151 364	3 031	27 770	3 323	11 526	20	291	7 738	140 773
0303	**Poisson, congelé, excl. 0304**	**10 689 131**	**12 916 164**	**10 686 318**	**13 413 152**	**10 848 743**	**20 810 835**	**14 717 618**	**24 612 850**	**16 686 763**	**28 360 497**
030319	Saumon, Pacifique	..	..	..	..	..	..	..	..	..	..
030321	Truite	613 760	2 622 695	296 842	1 634 612	897 062	5 024 784	1 209 229	5 200 217	986 524	4 395 082
030322	Saumon (Atlantique et Danube)	..	..	..	..	..	..	..	..	..	..
030329	Salmonidés	188 520	394 120	259 921	596 761	383 984	730 973	260 444	383 561	73 877	232 781
030331	Flétan	12 269	65 052	37 735	176 563	19 258	152 433	73 379	469 901	30 354	218 522
030332	Plie, carrelet	12 427	28 576	335	573	439	1 344	..	..	2 610	5 546
030333	Sole	..	..	970	10 606	670	12 763	898	14 262	1 200	18 524
030339	Poisson plat nra	..	..	41 578	82 527	87 717	117 177	250 343	323 489	28 820	54 263
030341	Thon blanc/germon	524	3 106	..	..	..	..	40	321	125	662
030342	Albacore (thon jaune)	24	319	38 350	44 733	..	..	..	..	621	2 509
030343	Listao/bonite à ventre rayé	..	..	..	..	..	..	..	..	..	..
030349	Thonidés nra	52 016	183 020	308	6 068	..	..	4 095	32 964	256	2 600
030350	Hareng	5 987 473	2 476 753	5 138 517	2 272 702	2 239 640	1 644 854	2 549 296	2 066 499	2 491 907	2 350 904
030360	Morue	2 273	4 260	1 579	3 614	31 000	132 444	12 891	30 510	49 315	173 470
030371	Sardines, sardinelles	400 580	280 465	1 078 995	750 434	1 093 681	1 144 147	2 104 832	2 106 173	2 946 130	2 814 353
030372	Églefin	..	..	7 022	25 235	..	..	..	..	..	..
030373	Lieu noir	128 937	238 364	199 543	298 969	465 689	720 921	274 292	469 540	131 550	211 544
030374	Maquereau	280 530	631 827	248 874	551 732	526 710	1 183 598	292 405	557 800	818 826	1 328 538
030375	Aiguillat et autres squalidés	287	618	4 753	9 812	3 327	9 764	27 805	57 454	26 031	56 844
030376	Anguille	1 330	15 863	11 394	102 615	9 904	129 330	1 170	21 377	1 660	32 075
030377	Bar (loup)	..	..	23 960	131 731	2 000	5 790	539	4 904	418	3 643
030378	Merlu	613 478	1 286 414	352 912	612 192	464 456	1 107 085	476 417	1 407 707	286 061	760 199
030379	Poisson nra	980 772	1 175 371	918 023	1 282 346	1 254 341	2 711 343	1 761 392	2 730 398	1 766 215	2 881 818
030380	Foies, oeufs et laitances	66 836	816 396	31 463	378 398	73 886	1 233 531	61 793	1 118 799	67 923	1 112 154
0304	**Filets de poisson et autre chair de poisson**	**5 936 146**	**20 396 883**	**7 580 192**	**26 525 994**	**7 793 715**	**26 764 435**	**8 128 419**	**28 056 955**	**11 916 459**	**48 414 952**
030410	Filets et autre chair de poisson, frais ou réfrigéré	756 921	5 086 069	567 326	4 951 491	469 075	4 423 205	508 875	4 091 487	816 852	8 610 975
030420	Filets de poissons, congelé	3 011 358	12 037 921	4 425 529	17 658 010	4 330 135	16 628 251	3 087 425	15 403 266	5 661 806	29 729 888
030490	Chair de poisson nra, congelé	2 167 867	3 272 893	2 587 337	3 916 493	2 994 504	5 712 980	4 532 120	8 562 201	5 437 800	10 074 088
0305	**Poisson, séché, salé, fumé, ou en saumure**	**420 718**	**1 994 075**	**435 324**	**2 414 615**	**470 927**	**2 651 951**	**1 598 432**	**28 173 579**	**1 668 645**	**20 342 656**
030510	Farine de poisson, consommation humaine	125	2 842	60	1 487	825	27 572	5 360	18 976	264	6 309
030520	Foies, oeufs et laitances	4 958	235 700	25 901	574 694	6 728	284 233	6 942	369 151	4 967	343 463
030530	Filets de poisson (non fumé)	4 938	29 938	18 809	54 722	36 162	103 741	19 470	97 040	574 752	4 051 386
030541	Saumon (Pacifique, Atlantique et Danube), fumé	47 769	454 165	52 551	554 369	59 526	751 826	1 118 662	25 268 676	519 084	11 701 939
030542	Hareng, fumé	..	..	..	..	..	..	..	..	..	..
030549	Poisson nra, fumé	79 185	326 235	152 024	552 915	143 191	604 682	172 628	941 685	263 047	1 932 644
030551	Morue, séché, non fumé	..	..	..	..	33	184	12 299	286 110	24 355	660 029
030559	Poisson nra, séché, salé, non fumé	41 157	269 431	28 432	218 739	29 448	98 353	48 063	279 446	76 867	622 512
030561	Hareng, salé ou en saumure	218 967	499 571	140 192	284 676	164 761	364 528	132 157	365 512	133 964	412 969
030562	Morue, salé ou en saumure	..	..	..	..	..	..	..	..	18 130	9 990
030563	Anchois, salé ou en saumure	130	1 089	..	..	31	479	240	1 060	..	..
030569	Poisson nra, salé ou en saumure	13 731	144 920	15 112	166 608	29 761	414 533	82 077	544 262	53 215	601 414

Tableau 8. Importations par produit *(suite)*

		2009		2010		2011		2012		2013	
		Tonnes	USD	Tonnes	USD	Tonnes	USD	Tonnes	USD	Tonnes	USD
0306	**Crustacés**	**3 651 003**	**10 174 753**	**4 996 547**	**14 961 421**	**4 063 001**	**16 193 424**	**2 046 505**	**9 262 657**	**2 353 273**	**12 052 274**
030611	Langoustes et autres palinuridés, congelé	13 332	126 370	5 930	54 266	934	14 294	3 382	30 023	13 815	175 804
030612	Homard nra	268	9 241	450	4 938	108	2 781	128 735	519 436	1 055	10 924
030613	Crevettes, congelé	3 613 036	9 910 734	4 975 986	14 707 774	4 048 770	15 971 121	1 883 175	8 373 875	2 211 174	10 909 902
030614	Crabes, congelé	21 099	63 684	1 537	58 349	895	27 916	4 737	55 226	1 319	21 783
030619	Crustacés nra, congelé	1 024	8 950	6 709	52 979	7 199	89 334	1 683	16 324	1 106	10 160
030621	Langoustes et autres palinuridés (non congelé)	3	53	620	5 108	..	..	0	16	..	..
030622	Homard nra (non congelé)	17	478	75	1 938	207	5 290	94	2 903	118	3 497
030623	Crevettes (non congelé)	2 206	54 953	5 235	75 941	4 885	82 514	24 647	263 809	124 614	918 855
030624	Crabes (non congelé)	6	54	..	..	3	174	34	415	3	78
030629	Crustacés nra (non congelé)	13	237	5	128	..	..	19	632	70	1 271
0307	**Mollusques**	**1 043 747**	**1 567 850**	**463 790**	**1 059 541**	**207 369**	**932 646**	**430 339**	**1 147 786**	**463 089**	**1 425 992**
030710	Huîtres	6 512	14 832	3 536	13 575	297	1 928	1 582	14 647	2 636	28 974
030721	St-Jacques, vi, fr, ou ré	171	1 738	751	15 179	368	3 201	910	18 134	700	5 917
030729	St-Jacques, co, sc, sl, ou sm	1 883	18 041	3 986	45 591	15 778	324 007	12 893	261 241	10 020	197 741
030731	Moules, vi, fr, ou ré	4 499	18 415	8 953	36 908	6 229	27 654	9 008	35 497	15 688	86 376
030739	Moules, co, sc, sl, ou sm	5 882	30 910	13 091	52 170	15 744	64 950	26 517	107 530	18 700	106 104
030741	Seiches, encornets et calmars, vi, fr, ou ré	3 602	17 183	576	3 410	44	345	14 969	2 444	6	35
030749	Seiches, encornets et calmars, co, sc, sl, ou sm	1 012 584	1 444 050	424 539	852 074	150 813	421 899	314 833	526 721	300 467	421 714
030751	Poulpe, vi, fr, ou ré	4	74	439	2 687	265	2 197	203	1 569	236	1 494
030759	Poulpe, co, sc, sl, ou sm	3 129	11 354	2 942	12 392	5 017	30 285	4 069	21 587	11 512	51 647
030760	Escargots (autres que de mer)	1	64	290	3 505	542	5 518	1 176	8 622	435	2 777
030791	Mollusques nra, vi, fr, ou ré	332	3 920	237	2 210	6	44	88	685	8	33
030799	Mollusques nra, co, sc, sl, ou sm	5 150	7 268	4 451	19 840	12 266	50 619	44 092	149 108	102 683	523 181
121220	**Algues**	**8 061**	**65 930**	**9 820**	**90 295**	**39 232**	**98 347**	**9 323**	**179 358**	**14 077**	**207 824**
1504	**Graisses, huiles et leurs fractions**	**33 185**	**240 771**	**14 607**	**342 105**	**16 380**	**448 885**	**29 892**	**287 830**	**17 192**	**700 874**
150410	Huiles de foies de poisson, et fractions	7 147	197 662	13 223	304 351	15 674	353 093	8 585	150 123	15 663	541 648
150420	Graisses et huiles de poisson, et fractions	26 038	43 109	1 384	37 755	706	95 791	21 307	137 707	1 529	159 226
150430	Graisses et huiles de mammifère marin, et fractions	..	..	..	..	..	..	..	..	..	..
1604	**Préparations et conserves de poisson; caviars et succédanés**	**10 344 497**	**30 205 351**	**10 419 287**	**29 994 167**	**7 927 567**	**27 160 590**	**6 287 162**	**23 702 640**	**6 039 223**	**25 739 316**
160411	Saumon, non haché	85 072	420 374	35 744	197 283	14 280	124 034	20 097	174 048	34 212	489 215
160412	Hareng, non haché	3 371 804	8 805 105	3 165 800	7 736 109	2 374 783	7 295 913	2 146 447	7 055 799	2 190 693	7 493 001
160413	Sardines, sardinelles, sprats, esprots, non haché	2 671 793	6 697 529	2 760 366	6 627 040	2 243 530	6 340 829	1 529 704	4 695 326	1 165 363	3 916 798
160414	Thons, listaos, sardes, non haché	409 344	1 274 552	337 520	1 119 912	408 087	1 366 632	204 897	911 282	221 028	1 159 636
160415	Maquereau, non haché	704 079	1 734 971	903 251	2 171 829	521 317	1 446 635	147 247	505 492	414 036	1 145 358
160416	Anchois, non haché	16	479	889	5 899	258	5 726	682	7 154	688	11 614
160419	Poisson nra, non haché	464 526	1 378 463	864 937	2 623 501	458 031	1 403 743	389 055	1 266 991	387 518	1 423 767
160420	Poisson, haché	2 536 753	7 074 396	2 244 601	6 623 643	1 787 618	6 040 103	1 725 873	5 321 002	1 481 686	5 863 334
160430	Caviar et succédanés	101 111	2 819 481	106 179	2 888 953	119 663	3 136 975	123 159	3 765 545	143 999	4 236 593
1605	**Préparations et conserves de crustacés**	**210 525**	**1 350 405**	**204 329**	**1 237 740**	**955 523**	**4 114 650**	**454 917**	**3 727 173**	**500 613**	**4 497 081**
160510	Crabes	2 327	18 477	3 391	21 939	3 970	85 206	4 634	71 847	8 297	140 240
160520	Crevettes	142 219	1 018 504	135 666	917 194	280 372	2 477 411	359 685	3 197 974	362 572	3 632 388
160530	Homard	40	843	484	6 175	668	8 961	1 584	20 965	2 115	29 732
160540	Crustacés nra	716	10 401	2 886	23 558	3 634	31 670	8 075	76 180	4 615	46 223
230120	**Farine de poisson**	**1 124 390**	**1 050 862**	**699 400**	**753 759**	**670 850**	**828 864**	**838 477**	**1 004 015**	**1 552 209**	**2 151 411**
	TOTAL	**43 057 867**	**97 458 905**	**42 698 661**	**116 281 651**	**44 699 508**	**150 042 858**	**..**	**171 162 490**	**..**	**213 047 640**

.. Non disponible

Note : nra : non répertorié ailleurs. vi : vivant. fr : frais. ré : réfrigéré. co : congelé. sc : séché. sl : salé. sm : en saumure.

Métadonnées détaillées : http://metalinks.oecd.org/fish/20150108/d618

Source : OCDE (2014), « Pêcheries : Commerce par produit », Statistiques agricoles de l'OCDE (base de données). DOI: 10.1787/data-00677-fr

ESTONIE

Tableau 9. Exportations par produit

		2009		2010		2011		2012		2013	
		Tonnes	USD	Tonnes	USD	Tonnes	USD	Tonnes	USD	Tonnes	USD
03	**Poisson, crustacés et mollusques**	**..**	**94 033 846**	**..**	**143 688 457**	**..**	**181 022 701**	**..**	**206 778 818**	**..**	**220 589 608**
0302	**Poisson, frais ou réfrigéré, excl. 0304**	**1 547 280**	**4 443 812**	**2 560 050**	**10 188 901**	**4 054 649**	**17 582 678**	**1 421 533**	**3 953 098**	**2 059 327**	**4 130 405**
030211	Truite	224 892	1 787 202	498 531	2 899 935	726 541	5 207 648	410 536	1 160 279	221 092	598 774
030212	Saumon (Pacifique, Atlantique et Danube)	45 689	186 466	897 108	4 486 985	784 935	4 761 882	116 097	763 453	96 703	693 469
030219	Salmonidés nra	1 051	7 988	382	1 458	..	..	1 630	7 080	632	4 875
030221	Flétan	..	..	46 301	191 881	197 149	1 232 277	50	610	32	402
030222	Plie, carrelet	..	..	..	..	59 912	154 779	800	2 734	2 631	9 526
030223	Sole	..	..	..	..	394	6 786	..	..	..	..
030229	Poissons plats nra	..	..	2 356	16 103	19 160	127 709	5 191	9 456	5 551	6 182
030231	Thon blanc/germon	..	..	..	..	..	..	..	..	..	..
030232	Albacore (thon jaune)	..	..	..	..	..	..	..	..	..	..
030233	Listaos/bonite à ventre rayé	..	..	..	..	..	..	..	..	..	..
030239	Thonidés nra	..	..	..	..	2	77	..	..	..	..
030240	Hareng	824 825	1 221 488	549 475	1 212 031	484 715	938 908	10 730	7 357	387 850	181 566
030250	Morue	168 406	254 520	196 083	315 375	347 717	656 509	142 355	197 844	17 319	50 048
030261	Sardines	100 724	140 611	174 344	213 072	708 748	304 023	354 623	234 389	732 800	268 421
030262	Églefin	..	..	..	..	20 959	112 906	..	..	..	..
030263	Lieu noir	..	..	..	..	32 408	112 420	141	550	138	542
030264	Maquereau	..	..	..	..	26 146	169 155	7	39	10	23
030265	Aiguillat et autres squalidés	..	..	..	..	..	..	..	..	..	..
030266	Anguille	180	2 466	950	6 071	6 711	115 673	2 545	55 950	4 065	86 156
030269	Poisson nra	179 973	837 885	194 466	845 699	626 992	3 657 593	361 921	1 499 292	585 213	2 110 462
030270	Foies, oeufs et laitances	1 539	5 185	56	291	12 160	24 334	14 907	14 066	5 292	119 960
0303	**Poisson, congelé, excl. 0304**	**75 208 251**	**35 624 861**	**79 270 213**	**44 294 413**	**73 610 817**	**64 300 405**	**79 596 768**	**71 008 148**	**74 364 305**	**81 112 320**
030319	Saumon, Pacifique	..	..	..	..	..	..	..	..	..	..
030321	Truite	273 399	1 310 700	1 018 713	4 134 249	1 404 207	16 461 098	667 998	3 174 834	583 284	2 599 107
030322	Saumon (Atlantique et Danube)	..	..	..	..	..	..	..	..	..	..
030329	Salmonidés	73 009	189 237	69 827	227 442	154 829	510 715	24 303	97 814	58 225	212 912
030331	Flétan	111	46	103 467	365 473	2 077	5 018	18 263	29 680	112 841	270 213
030332	Plie, carrelet	..	..	1 252	3 659	3 195	6 045	..	..	..	..
030333	Sole	..	..	1 600	5 370	30	592	10	184	..	..
030339	Poisson plat nra	..	..	66 415	131 901	13 122	21 241	150 282	170 319	103 181	176 472
030341	Thon blanc/germon	..	..	..	..	..	..	..	..	..	..
030342	Albacore (thon jaune)	..	..	32 105	27 290	..	..	..	..	..	..
030343	Listao/bonite à ventre rayé	..	..	10 700	17 641	..	..	..	..	..	..
030349	Thonidés nra	47 704	186 934	2 983	6 132	..	..	64	705	45	440
030350	Hareng	13 311 613	6 004 753	15 529 776	6 778 111	15 213 423	7 354 020	18 469 268	11 526 530	16 767 226	11 416 646
030360	Morue	302 338	454 145	344 939	576 865	534 797	1 166 532	355 744	593 613	310 806	584 801
030371	Sardines, sardinelles	57 373 717	20 568 397	55 193 197	19 260 210	45 050 018	17 932 543	43 039 995	19 049 496	41 420 697	19 559 177
030372	Églefin	..	..	7 022	25 989	2 884	7 165	2 134	4 468	810	2 180
030373	Lieu noir	1 057	2 131	149 289	239 825	410 500	693 711	234 500	414 797	86 117	176 395
030374	Maquereau	123 023	347 737	169 292	473 982	311 924	775 202	126 566	246 810	1 853 106	3 048 423
030375	Aiguillat et autres squalidés	..	..	1 502	6 015	252	889	..	..	1 064	2 218
030376	Anguille	1 190	14 623	..	..	7 115	92 697	1 085	8 562	..	..
030377	Bar (loup)	..	..	40 251	84 545	..	..	1 955	36 317	925	6 026
030378	Merlu	260 769	668 628	30 216	62 837	140 951	300 272	35 974	102 031	18 369	50 976
030379	Poisson nra	1 476 114	2 007 227	3 037 068	5 023 678	4 599 394	11 853 491	4 268 503	6 932 102	2 482 712	4 184 824
030380	Foies, oeufs et laitances	28 793	471 976	52 068	634 012	5 639	85 237	25 288	188 627	7 041	138 555
0304	**Filets de poisson et autre chair de poisson**	**3 624 237**	**31 237 075**	**4 124 146**	**35 509 924**	**3 996 914**	**39 057 841**	**5 437 360**	**50 825 541**	**6 175 921**	**56 881 635**
030410	Filets et autre chair de poisson, frais ou réfrigéré	1 032 673	16 165 556	978 882	15 829 933	976 256	16 401 556	931 563	13 157 346	945 294	15 037 953
030420	Filets de poissons, congelé	1 963 325	13 916 740	2 647 629	18 805 575	2 581 663	21 636 899	3 859 573	36 563 552	4 079 028	39 949 580
030490	Chair de poisson nra, congelé	628 239	1 154 780	497 635	874 417	438 994	1 019 386	646 223	1 104 643	1 151 600	1 894 103
0305	**Poisson, séché, salé, fumé, ou en saumure**	**1 086 408**	**3 368 673**	**2 318 986**	**13 815 426**	**2 155 523**	**14 243 282**	**2 998 847**	**34 654 923**	**3 878 092**	**45 488 513**
030510	Farine de poisson, consommation humaine	3	67	29	208	..	..	109	2 387	1 109	460
030520	Foies, oeufs et laitances	4 274	309 253	20 979	790 460	38 357	1 453 283	41 842	1 462 149	43 989	1 762 518
030530	Filets de poisson (non fumé)	3 564	12 358	107	1 349	247 704	3 102 982	470 861	7 277 728	1 119 661	14 809 311
030541	Saumon (Pacifique, Atlantique et Danube), fumé	21 491	251 562	20 133	233 936	73 290	1 016 076	1 257 461	20 905 267	1 222 727	20 927 076
030542	Hareng, fumé	..	..	..	..	..	..	..	..	..	..
030549	Poisson nra, fumé	189 332	1 760 569	1 334 608	11 918 279	756 313	7 480 640	278 375	3 463 699	435 564	5 678 914
030551	Morue, séché, non fumé	..	..	..	..	..	..	..	..	26 556	896 549
030559	Poisson nra, séché, salé, non fumé	51 117	479 989	48 453	388 346	59 376	533 663	166 620	883 147	213 066	671 978
030561	Hareng, salé ou en saumure	531 841	380 554	346 242	198 094	1 363	3 602	38 289	47 000	233 586	223 398
030562	Morue, salé ou en saumure	..	..	..	..	..	..	..	..	..	..
030563	Anchois, salé ou en saumure	..	..	96 000	38 583	..	..	175	457	41	288
030569	Poisson nra, salé ou en saumure	280 000	141 012	451 142	242 789	978 147	648 303	743 169	604 714	580 007	509 406

ESTONIE

Tableau 9. Exportations par produit *(suite)*

		2009		2010		2011		2012		2013	
		Tonnes	USD	Tonnes	USD	Tonnes	USD	Tonnes	USD	Tonnes	USD
0306	**Crustacés**	**7 901 205**	**19 024 694**	**15 306 740**	**39 465 668**	**12 748 749**	**45 535 392**	**9 953 312**	**45 225 146**	**6 594 437**	**31 945 598**
030611	Langoustes et autres palinuridés, congelé	..	..	..	..	..	..	389	946	6 760	95 437
030612	Homard nra	..	..	5	166	36	999	30	713	178	2 915
030613	Crevettes, congelé	7 901 125	19 024 014	15 301 929	39 328 777	12 743 138	45 432 434	9 952 735	45 221 469	6 587 362	31 844 377
030614	Crabes, congelé	..	..	1 415	61 512	144	7 973	24	473	45	2 072
030619	Crustacés nra, congelé	..	..	3 391	75 213	5 389	93 127	58	794	..	..
030621	Langoustes et autres palinuridés (non congelé)	80	680	..	..	..	..	..	..	..	..
030622	Homard nra (non congelé)	..	..	..	..	35	826	..	..	..	..
030623	Crevettes (non congelé)	..	..	..	..	..	..	76	752	93	797
030624	Crabes (non congelé)	..	..	..	..	6	33	..	..	..	..
030629	Crustacés nra (non congelé)	..	..	..	..	..	..	..	..	..	..
0307	**Mollusques**	**32 200**	**89 689**	**9 538**	**70 341**	**87 494**	**295 904**	**367 563**	**799 746**	**73 670**	**425 142**
030710	Huîtres	..	..	..	..	136	1 306	5	62	..	..
030721	St-Jacques, vi, fr, ou ré	..	..	..	..	203	2 722	240	1 964	320	2 984
030729	St-Jacques, co, sc, sl, ou sm	90	2 147	646	11 256	1 535	36 134	5 694	115 672	4 615	73 107
030731	Moules, vi, fr, ou ré	18	103	72	391	356	2 234	147	785	184	1 001
030739	Moules, co, sc, sl, ou sm	364	2 494	1 020	5 098	4 094	15 920	269 372	368 787	27 054	102 381
030741	Seiches, encornets et calmars, vi, fr, ou ré	3 002	5 045	..	..	..	..	..	..	20	146
030749	Seiches, encornets et calmars, co, sc, sl, ou sm	11 883	37 066	5 411	41 370	73 339	203 232	74 909	229 162	13 542	114 701
030751	Poulpe, vi, fr, ou ré	..	..	..	..	..	..	..	..	..	..
030759	Poulpe, co, sc, sl, ou sm	1 551	5 562	134	679	988	5 322	1 078	5 512	10 799	44 986
030760	Escargots (autres que de mer)	..	..	..	..	..	..	1	27	..	..
030791	Mollusques nra, vi, fr, ou ré	1 327	2 386	..	..	..	..	..	..	..	..
030799	Mollusques nra, co, sc, sl, ou sm	13 965	34 884	2 255	11 548	6 844	29 035	16 117	77 775	17 137	85 836
121220	**Algues**	**18 369**	**18 996**	**74 176**	**74 740**	**272**	**15 756**	**1 563**	**42 874**	**10 330**	**47 596**
1504	**Graisses, huiles et leurs fractions**	**2 376**	**35 861**	**1 834**	**43 549**	**935**	**33 167**	**676**	**32 674**	**1 231**	**55 191**
150410	Huiles de foies de poisson, et fractions	10	1 006	..	..	215	5 806	..	..	..	..
150420	Graisses et huiles de poisson, et fractions	2 366	34 855	1 834	43 549	721	27 361	676	32 674	1 231	55 191
150430	Graisses et huiles de mammifère marin, et fractions	..	..	..	..	..	..	..	..	..	..
1604	**Préparations et conserves de poisson; caviars et succédanés**	**31 239 376**	**42 256 442**	**29 700 226**	**43 088 550**	**24 280 958**	**36 134 065**	**22 486 992**	**35 228 706**	**19 383 768**	**32 367 328**
160411	Saumon, non haché	73 848	578 507	50 292	426 137	41 830	474 775	170 639	1 466 483	117 838	1 534 745
160412	Hareng, non haché	1 897 815	2 123 192	1 855 448	2 053 788	1 064 100	1 605 632	1 038 300	1 857 326	862 394	1 945 546
160413	Sardines, sardinelles, sprats, esprots, non haché	19 512 221	13 250 620	17 231 364	11 978 597	13 687 924	12 246 028	12 384 681	12 163 412	9 751 049	8 631 579
160414	Thons, listaos, sardes, non haché	15 866	14 040	47 699	306 312	32 290	129 583	29 733	86 509	10 903	72 923
160415	Maquereau, non haché	863 354	813 706	987 102	735 047	591 339	619 898	186 588	271 098	196 393	402 986
160416	Anchois, non haché	..	..	524	712	16	45	7 054	36 181	190	3 800
160419	Poisson nra, non haché	1 425 219	7 604 984	2 123 319	9 072 386	1 416 904	4 305 672	871 800	2 709 859	1 265 203	4 031 640
160420	Poisson, haché	7 413 511	16 295 180	7 343 430	15 889 570	7 410 334	15 173 636	7 759 860	14 754 997	7 136 856	13 944 551
160430	Caviar et succédanés	37 542	1 576 212	61 048	2 626 001	36 222	1 578 796	38 337	1 882 841	42 942	1 799 558
1605	**Préparations et conserves de crustacés**	**944 812**	**4 039 842**	**897 586**	**5 328 341**	**702 816**	**7 587 065**	**767 998**	**7 513 258**	**794 469**	**7 911 412**
160510	Crabes	3 332	18 721	2 497	13 359	4 354	94 783	6 113	94 047	7 540	145 713
160520	Crevettes	157 649	2 005 918	305 998	3 782 563	350 000	6 363 026	336 632	6 228 377	386 413	6 758 376
160530	Homard	..	..	19	253	..	..	18	649	43	1 333
160540	Crustacés nra	8	61	14	105	262	3 271	1 202	21 359	362	6 441
230120	**Farine de poisson**	**3 727 000**	**3 562 852**	**3 922 000**	**3 724 911**	**1 969 300**	**1 708 928**	**1 634 400**	**1 742 790**	**2 486 106**	**3 335 098**
	TOTAL	**125 331 514**	**143 702 797**	**138 081 560**	**194 629 285**	**123 526 741**	**224 585 170**	**..**	**251 331 205**	**..**	**264 306 233**

.. Non disponible

Note : nra : non répertorié ailleurs. vi : vivant. fr : frais. ré : réfrigéré. co : congelé. sc : séché. sl : salé. sm : en saumure.

Métadonnées détaillées : http://metalinks.oecd.org/fish/20150108/d618

Source : OCDE (2014), « Pêcheries : Commerce par produit », Statistiques agricoles de l'OCDE (base de données). DOI: 10.1787/data-00677-fr

FINLANDE

Tableau 1. Flotte de pêche

	2006	2007	2008	2009	2010	2011	2012	2013
NOMBRE DE NAVIRES								
Total des navires	**3 196**	**3 164**	**3 242**	**3 271**	**3 366**	**3 336**	**3 249**	**3 219**
Navires à moteur	3 196	3 164	3 242	3 271	3 366	3 336	3 249	3 219
0-5,9 mètres	1 518	1 509	1 543	1 565	1 641	1 620	1 579	1 568
6-11,9 mètres	1 549	1 531	1 583	1 603	1 630	1 633	1 584	1 562
12-17,9 mètres	91	87	80	70	63	53	52	53
18-23,9 mètres	19	21	20	17	13	12	13	15
24-29,9 mètres	3	2	2	2	4	3	5	5
30-35,9 mètres	8	6	6	5	4	4	5	5
36-44,9 mètres	8	7	7	7	9	11	11	11
45-59,9 mètres	..	1	1	2	2	..	..	..
60-74,9 mètres	..	..	..	..	..	..	..	..
75 mètres et plus	..	..	..	..	..	..	..	..
Longueur inconnue	..	..	..	..	..	..	..	..
Navires sans moteur	..	..	..	..	..	..	..	..
TONNAGE BRUT								
Total des navires	**19 093**	**16 113**	**16 166**	**16 397**	**16 698**	**16 099**	**16 494**	**16 524**
Navires à moteur	19 093	16 113	16 166	16 397	16 698	16 099	16 494	16 524
0-5,9 mètres	1 209	1 209	1 248	1 262	1 333	1 321	1 297	1 290
6-11,9 mètres	6 425	6 319	6 447	6 532	6 446	6 547	6 353	6 267
12-17,9 mètres	2 291	2 183	1 990	1 714	1 588	1 367	1 355	1 273
18-23,9 mètres	1 267	1 405	1 352	1 224	958	816	948	1 099
24-29,9 mètres	422	326	326	326	505	415	638	638
30-35,9 mètres	1 962	1 511	1 511	1 401	1 219	1 219	1 466	1 521
36-44,9 mètres	5 517	2 591	2 724	2 724	3 435	4 414	4 437	4 437
45-59,9 mètres	..	568	568	1 214	1 214	..	..	..
60-74,9 mètres	..	..	..	..	..	..	..	..
75 mètres et plus	..	..	..	..	..	..	..	..
Longueur inconnue	..	..	..	..	..	..	..	..
Navires sans moteur	..	..	..	..	..	..	..	..

.. Non disponible

Note : Métadonnées détaillées : http://metalinks.oecd.org/fish/20150108/bc3f

Source : OCDE (2014), « Pêcheries : Flotte de pêche », Statistiques agricoles de l'OCDE (base de données). DOI: 10.1787/data-00218-fr

FINLANDE

Tableau 2. Emploi dans les pêcheries

Personnes employées

	2006	2007	2008	2009	2010	2011	2012	2013
Plein-temps	**2 184**	**2 348**	**..**	**..**	**..**	**..**	**..**	**..**
Secteur de capture	866	921	924	861	865	811	853	847
Pêche en eaux intérieures	264	259	260	265	272	276	291	292
Homme	255	247	248	253	261	266	279	281
Femme	9	12	12	12	11	10	12	11
Eaux maritimes (pêche côtière)	602	662	664	596	593	535	562	555
Homme	538	628	610	545	554	502	526	509
Femme	64	34	54	51	39	33	36	46
Eaux maritimes (pêche en haute mer)	..	..	..	..	..	..	..	..
Homme	..	..	..	..	..	..	..	..
Femme	..	..	..	..	..	..	..	..
Aquaculture	494	491	..	..	..	..	..	..
Homme	382	377	..	..	..	..	..	..
Femme	112	114	..	..	..	..	..	..
Transformation	824	936	..	..	..	..	..	..
Homme	464	540	..	..	..	..	..	..
Femme	360	396	..	..	..	..	..	..
Temps partiel	**1 900**	**1 707**	**1 803**	**1 861**	**1 996**	**2 061**	**1 979**	**1 805**
Secteur de capture	1 900	1 707	1 803	1 861	1 996	2 061	1 979	1 805
Pêche en eaux intérieures	292	295	302	306	339	372	383	269
Homme	279	283	287	291	322	354	364	256
Femme	13	12	15	15	17	18	19	13
Eaux maritimes (pêche côtière)	1 608	1 412	1 501	1 555	1 657	1 689	1 596	1 536
Homme	1 567	1 384	1 447	1 503	1 583	1 621	1 531	1 529
Femme	41	28	54	52	74	68	65	7
Eaux maritimes (pêche en haute mer)	..	..	..	..	..	..	..	..
Homme	..	..	..	..	..	..	..	..
Femme	..	..	..	..	..	..	..	..
Aquaculture	..	..	..	..	..	..	..	..
Homme	..	..	..	..	..	..	..	..
Femme	..	..	..	..	..	..	..	..
Transformation	..	..	..	..	..	..	..	..
Homme	..	..	..	..	..	..	..	..
Femme	..	..	..	..	..	..	..	..
Total	**4 084**	**4 055**	**..**	**4 097**	**4 208**	**4 271**	**..**	**..**
Secteur de capture	2 766	2 628	2 727	2 722	2 861	2 872	2 832	2 652
Pêche en eaux intérieures	556	554	562	571	611	648	674	561
Homme	534	530	535	544	583	620	643	537
Femme	22	24	27	27	28	28	31	24
Eaux maritimes (pêche côtière)	2 210	2 074	2 165	2 151	2 250	2 224	2 158	2 091
Homme	2 105	2 012	2 057	2 048	2 137	2 123	2 057	2 038
Femme	105	62	108	103	113	101	101	53
Eaux maritimes (pêche en haute mer)	..	..	..	..	..	..	..	..
Homme	..	..	..	..	..	..	..	..
Femme	..	..	..	..	..	..	..	..
Aquaculture	494	491	..	490	477	469	..	..
Homme	382	377	..	373	367	346	..	..
Femme	112	114	..	117	110	123	..	..
Transformation	824	936	..	885	870	930	..	..
Homme	464	540	..	536	522	564	..	..
Femme	360	396	..	349	348	366	..	..

.. Non disponible

Note : Métadonnées détaillées : http://metalinks.oecd.org/fish/20150108/3ff6

Source : OCDE (2014), « Pêcheries : Emploi dans la pêche », Statistiques agricoles de l'OCDE (base de données). DOI: 10.1787/data-00219-fr

FINLANDE

Tableau 3. Débarquements nationaux dans les ports nationaux

	2006	2007	2008	2009	2010	2011	2012	2013
VOLUME (TONNES)								
Total poissons	**24 695**	**27 212**	**33 488**	**32 968**	**27 446**	**22 570**	**49 327**	**23 778**
Saumon	193	160	231	240	152	158	255	218
Saumon rose	..	..	..	..	..	..	..	..
Saumon keta	..	..	..	..	..	..	..	..
Saumon rouge	..	..	..	..	..	..	..	..
Saumon argenté	..	..	..	..	..	..	..	..
Autres saumons	193	160	231	240	152	158	255	218
Poissons plats	13	7	6	9	9	7	4	4
Flétan	..	..	..	..	..	..	..	..
Flétan noir	..	..	..	..	..	..	..	..
Sole	..	..	..	..	..	..	..	..
Plie	..	..	..	..	..	..	..	..
Autres poissons plats	13	7	6	9	9	7	4	4
Poissons de fond	1	0	1	10	6	4	6	9
Morue (Atlantique et Pacifique)	1	0	1	10	6	4	6	9
Églefin	..	..	..	..	..	..	..	..
Lieu	..	..	..	..	..	..	..	..
Morue du Pacifique occidental	..	..	..	..	..	..	..	..
Merlan	..	..	..	..	..	..	..	..
Merlu (toutes espèces)	..	..	..	..	..	..	..	..
Sébaste	..	..	..	..	..	..	..	..
Autres poissons de fond	..	..	..	..	..	..	..	..
Pélagiques	21 618	24 631	30 872	30 616	24 964	19 600	46 243	20 692
Chinchard	..	..	..	..	..	..	..	..
Maquereau	..	..	..	..	..	..	..	..
Hareng (Atlantique et Pacifique)	20 520	23 302	27 741	27 600	24 021	18 586	26 216	19 725
Sardine	..	..	..	..	..	..	..	..
Autres pélagiques	1 098	1 328	3 131	3 016	943	1 014	20 027	968
Thons	..	..	..	..	..	..	..	..
Listao	..	..	..	..	..	..	..	..
Thon rouge (nord et sud)	..	..	..	..	..	..	..	..
Germon	..	..	..	..	..	..	..	..
Albacore	..	..	..	..	..	..	..	..
Thon obèse	..	..	..	..	..	..	..	..
Autres thons	..	..	..	..	..	..	..	..
Espadon	..	..	..	..	..	..	..	..
Autres poissons	2 871	2 414	2 378	2 093	2 314	2 802	2 820	2 856
Total crustacés	**..**	**..**	**..**	**..**	**..**	**..**	**..**	**..**
Homard et langouste	..	..	..	..	..	..	..	..
Langoustine	..	..	..	..	..	..	..	..
Crevette	..	..	..	..	..	..	..	..
Autres crustacés	..	..	..	..	..	..	..	..
Total coquillages et mollusques	**..**	**..**	**..**	**..**	**..**	**..**	**..**	**..**
Huître	..	..	..	..	..	..	..	..
Moule	..	..	..	..	..	..	..	..
Coquille St-Jacques	..	..	..	..	..	..	..	..
Bivalves	..	..	..	..	..	..	..	..
Autres coquillages (incl. buccins	..	..	..	..	..	..	..	..
Calmar	..	..	..	..	..	..	..	..
Seiche	..	..	..	..	..	..	..	..
Poulpe	..	..	..	..	..	..	..	..
Autres mollusques (incl. oursins)	..	..	..	..	..	..	..	..
Autres animaux marins	**..**	**..**	**..**	**..**	**..**	**..**	**..**	**..**
Plantes aquatiques	**..**	**..**	**..**	**..**	**..**	**..**	**..**	**..**
Algue brune	..	..	..	..	..	..	..	..
Algue rouge	..	..	..	..	..	..	..	..
Autres algues	..	..	..	..	..	..	..	..
Poisson pour transformation	70 060	67 799	56 558	50 975	54 102	54 868	69 643	85 319
TOTAL GÉNÉRAL	**94 755**	**95 010**	**90 046**	**83 942**	**81 547**	**77 438**	**118 970**	**109 097**

Tableau 3. Débarquements nationaux dans les ports nationaux *(suite)*

	2006	2007	2008	2009	2010	2011	2012	2013
VALEUR (EUR)								
Total poissons	**10 430 803**	**10 690 242**	**12 335 768**	**12 790 775**	**12 882 666**	**14 261 754**	**17 923 210**	**13 793 625**
Saumon	849 141	668 589	889 315	1 058 418	748 740	848 146	892 360	751 997
Saumon rose	..	..	..	..	..	..	..	..
Saumon keta	..	..	..	..	..	..	..	..
Saumon rouge	..	..	..	..	..	..	..	..
Saumon argenté	..	..	..	..	..	..	..	..
Autres saumons	849 141	668 589	889 315	1 058 418	748 740	848 146	892 360	751 997
Poissons plats	23 128	14 792	17 489	26 452	26 573	22 204	11 561	4 226
Flétan	..	..	..	..	..	..	..	..
Flétan noir	..	..	..	..	..	..	..	..
Sole	..	..	..	..	..	..	..	..
Plie	..	..	..	..	..	..	..	..
Autres poissons plats	23 128	14 792	17 489	26 452	26 573	22 204	11 561	4 226
Poissons de fond	930	284	2 992	25 738	14 800	10 552	13 950	21 263
Morue (Atlantique et Pacifique)	930	284	2 992	25 738	14 800	10 552	13 950	21 263
Églefin	..	..	..	..	..	..	..	..
Lieu	..	..	..	..	..	..	..	..
Morue du Pacifique occidental	..	..	..	..	..	..	..	..
Merlan	..	..	..	..	..	..	..	..
Merlu (toutes espèces)	..	..	..	..	..	..	..	..
Sébaste	..	..	..	..	..	..	..	..
Autres poissons de fond	..	..	..	..	..	..	..	..
Pélagiques	4 323 604	4 926 107	6 174 308	5 753 372	5 943 893	6 220 769	10 733 773	6 473 390
Chinchard	..	..	..	..	..	..	..	..
Maquereau	..	..	..	..	..	..	..	..
Hareng (Atlantique et Pacifique)	4 104 073	4 660 436	5 548 168	5 520 044	4 804 222	4 460 544	6 554 022	5 720 131
Sardine	..	..	..	..	..	..	..	..
Autres pélagiques	219 531	265 671	626 139	233 327	1 139 670	1 760 225	4 179 751	753 259
Thons	..	..	..	..	..	..	..	..
Listao	..	..	..	..	..	..	..	..
Thon rouge (nord et sud)	..	..	..	..	..	..	..	..
Germon	..	..	..	..	..	..	..	..
Albacore	..	..	..	..	..	..	..	..
Thon obèse	..	..	..	..	..	..	..	..
Autres thons	..	..	..	..	..	..	..	..
Espadon	..	..	..	..	..	..	..	..
Autres poissons	5 234 000	5 080 470	5 251 664	5 926 796	6 148 660	7 160 082	6 271 566	6 542 750
Total crustacés	..	..	..	..	..	..	..	..
Homard et langouste	..	..	..	..	..	..	..	..
Langoustine	..	..	..	..	..	..	..	..
Crevette	..	..	..	..	..	..	..	..
Autres crustacés	..	..	..	..	..	..	..	..
Total coquillages et mollusques	..	..	..	..	..	..	..	..
Huître	..	..	..	..	..	..	..	..
Moule	..	..	..	..	..	..	..	..
Coquille St-Jacques	..	..	..	..	..	..	..	..
Bivalves	..	..	..	..	..	..	..	..
Autres coquillages (incl. buccins	..	..	..	..	..	..	..	..
Calmar	..	..	..	..	..	..	..	..
Seiche	..	..	..	..	..	..	..	..
Poulpe	..	..	..	..	..	..	..	..
Autres mollusques (incl. oursins)	..	..	..	..	..	..	..	..
Autres animaux marins	..	..	..	..	..	..	..	..
Plantes aquatiques	..	..	..	..	..	..	..	..
Algue brune	..	..	..	..	..	..	..	..
Algue rouge	..	..	..	..	..	..	..	..
Autres algues	..	..	..	..	..	..	..	..
Poisson pour transformation	6 305 396	6 101 869	5 655 757	4 587 707	5 951 175	8 778 891	11 839 242	17 917 045
TOTAL GÉNÉRAL	**16 736 199**	**16 792 111**	**17 991 525**	**17 378 481**	**18 833 842**	**23 040 645**	**29 762 452**	**31 710 671**

.. Non disponible

Note : Métadonnées détaillées : http://metalinks.oecd.org/fish/20150108/4db9

Source : OCDE (2014), « Pêcheries : Débarquements nationaux dans les ports domestiques », Statistiques agricoles de l'OCDE (base de données). DOI: 10.1787/data-00222-fr

Tableau 4. Débarquements nationaux dans les ports étrangers

	2006	2007	2008	2009	2010	2011	2012	2013
VOLUME (TONNES)								
Total poissons	**736**	**947**	**1 845**	**2 906**	**1 015**	**1 023**	**2 110**	**1 260**
Saumon	79	136	39	34	..	..	20	0
Saumon rose	..	..	..	..	..	..	..	..
Saumon keta	..	..	..	..	..	..	..	..
Saumon rouge	..	..	..	..	..	..	..	..
Saumon argenté	..	..	..	..	..	..	..	..
Autres saumons	79	136	39	34	0	0	20	0
Poissons plats	4	20	5	42	18	7	46	16
Flétan	..	..	..	..	..	..	..	..
Flétan noir	..	..	..	..	..	..	..	..
Sole	..	..	..	..	..	..	..	..
Plie	..	..	..	..	..	..	..	..
Autres poissons plats	4	20	5	42	18	7	46	16
Poissons de fond	569	723	702	742	879	942	1 432	377
Morue (Atlantique et Pacifique)	569	723	702	742	879	942	1 432	377
Églefin	..	..	..	..	..	..	..	..
Lieu	..	..	..	..	..	..	..	..
Morue du Pacifique occidental	..	..	..	..	..	..	..	..
Merlan	..	..	..	..	..	..	..	..
Merlu (toutes espèces)	..	..	..	..	..	..	..	..
Sébaste	..	..	..	..	..	..	..	..
Autres poissons de fond	..	..	..	..	..	..	..	..
Pélagiques	84	66	1 097	2 088	118	73	612	867
Chinchard	..	..	..	..	..	..	..	..
Maquereau	..	..	..	..	..	..	..	..
Hareng (Atlantique et Pacifique)	84	66	83	471	25	25	188	114
Sardine	..	..	..	..	..	..	..	..
Autres pélagiques	315	..	1 014	1 617	93	48	424	753
Thons	..	..	..	..	..	..	..	..
Listao	..	..	..	..	..	..	..	..
Thon rouge (nord et sud)	..	..	..	..	..	..	..	..
Germon	..	..	..	..	..	..	..	..
Albacore	..	..	..	..	..	..	..	..
Thon obèse	..	..	..	..	..	..	..	..
Autres thons	..	..	..	..	..	..	..	..
Espadon	..	..	..	..	..	..	..	..
Autres poissons	0	2	2	1	0	0	0	..
Total crustacés	..	..	..	..	..	..	..	..
Homard et langouste	..	..	..	..	..	..	..	..
Langoustine	..	..	..	..	..	..	..	..
Crevette	..	..	..	..	..	..	..	..
Autres crustacés	..	..	..	..	..	..	..	..
Total coquillages et mollusques	..	..	..	..	..	..	..	..
Huître	..	..	..	..	..	..	..	..
Moule	..	..	..	..	..	..	..	..
Coquille St-Jacques	..	..	..	..	..	..	..	..
Bivalves	..	..	..	..	..	..	..	..
Autres coquillages (incl. buccins	..	..	..	..	..	..	..	..
Calmar	..	..	..	..	..	..	..	..
Seiche	..	..	..	..	..	..	..	..
Poulpe	..	..	..	..	..	..	..	..
Autres mollusques (incl. oursins)	..	..	..	..	..	..	..	..
Autres animaux marins	..	..	..	..	..	..	..	..
Plantes aquatiques	..	..	..	..	..	..	..	..
Algue brune	..	..	..	..	..	..	..	..
Algue rouge	..	..	..	..	..	..	..	..
Autres algues	..	..	..	..	..	..	..	..
Poisson pour transformation	5 782	20 742	19 260	29 657	37 947	40 236	27 706	27 563
TOTAL GÉNÉRAL	**6 519**	**21 689**	**21 104**	**32 564**	**38 962**	**41 259**	**29 817**	**28 823**

Tableau 4. Débarquements nationaux dans les ports étrangers *(suite)*

	2006	2007	2008	2009	2010	2011	2012	2013
VALEUR (EUR)								
Total poissons	**1 227 646**	**2 793 059**	**2 326 867**	**2 452 105**	**2 265 741**	**2 459 620**	**3 917 617**	**1 168 373**
Saumon	349 281	568 525	148 275	151 894	..	..	70 434	59
Saumon rose	..	..	..	..	..	..	..	..
Saumon keta	..	..	..	..	..	..	..	..
Saumon rouge	..	..	..	..	..	..	..	..
Saumon argenté	..	..	..	..	..	..	..	..
Autres saumons	349 281	568 525	148 275	151 894	0	0	70 434	59
Poissons plats	6 956	42 273	13 281	126 006	52 963	22 805	138 653	19 703
Flétan	..	..	..	..	..	..	..	..
Flétan noir	..	..	..	..	..	..	..	..
Sole	..	..	..	..	..	..	..	..
Plie	..	..	..	..	..	..	..	..
Autres poissons plats	6 956	42 273	13 281	126 006	52 963	22 805	138 653	19 703
Poissons de fond	853 158	2 162 263	1 938 892	1 883 420	2 196 355	2 421 888	3 580 848	942 335
Morue (Atlantique et Pacifique)	853 158	2 162 263	1 938 892	1 883 420	2 196 355	2 421 888	3 580 848	942 335
Églefin	..	..	..	..	..	..	..	..
Lieu	..	..	..	..	..	..	..	..
Morue du Pacifique occidental	..	..	..	..	..	..	..	..
Merlan	..	..	..	..	..	..	..	..
Merlu (toutes espèces)	..	..	..	..	..	..	..	..
Sébaste	..	..	..	..	..	..	..	..
Autres poissons de fond	..	..	..	..	..	..	..	..
Pélagiques	16 780	13 203	219 395	288 268	16 081	14 257	127 561	206 277
Chinchard	..	..	..	..	..	..	..	..
Maquereau	..	..	..	..	..	..	..	..
Hareng (Atlantique et Pacifique)	16 780	13 203	16 651	94 261	4 919	6 119	47 084	33 076
Sardine	..	..	..	..	..	..	..	..
Autres pélagiques	63 020	..	202 744	194 007	11 162	8 138	80 478	173 201
Thons	..	..	..	..	..	..	..	..
Listao	..	..	..	..	..	..	..	..
Thon rouge (nord et sud)	..	..	..	..	..	..	..	..
Germon	..	..	..	..	..	..	..	..
Albacore	..	..	..	..	..	..	..	..
Thon obèse	..	..	..	..	..	..	..	..
Autres thons	..	..	..	..	..	..	..	..
Espadon	..	..	..	..	..	..	..	..
Autres poissons	1 472	6 794	7 025	2 518	342	669	122	..
Total crustacés	..	..	..	..	..	..	..	..
Homard et langouste	..	..	..	..	..	..	..	..
Langoustine	..	..	..	..	..	..	..	..
Crevette	..	..	..	..	..	..	..	..
Autres crustacés	..	..	..	..	..	..	..	..
Total coquillages et mollusques	..	..	..	..	..	..	..	..
Huître	..	..	..	..	..	..	..	..
Moule	..	..	..	..	..	..	..	..
Coquille St-Jacques	..	..	..	..	..	..	..	..
Bivalves	..	..	..	..	..	..	..	..
Autres coquillages (incl. buccins	..	..	..	..	..	..	..	..
Calmar	..	..	..	..	..	..	..	..
Seiche	..	..	..	..	..	..	..	..
Poulpe	..	..	..	..	..	..	..	..
Autres mollusques (incl. oursins)	..	..	..	..	..	..	..	..
Autres animaux marins	..	..	..	..	..	..	..	..
Plantes aquatiques	..	..	..	..	..	..	..	..
Algue brune	..	..	..	..	..	..	..	..
Algue rouge	..	..	..	..	..	..	..	..
Autres algues	..	..	..	..	..	..	..	..
Poisson pour transformation	520 415	1 866 807	1 925 955	2 669 163	4 174 190	6 437 723	4 710 084	7 993 145
TOTAL GÉNÉRAL	**1 748 061**	**4 659 865**	**4 252 822**	**5 121 268**	**6 439 931**	**8 897 343**	**8 627 701**	**9 161 519**

.. Non disponible

Note : Métadonnées détaillées : http://metalinks.oecd.org/fish/20150108/f288

Source : OCDE (2014), « Pêcheries : Débarquements nationaux dans les ports étrangers », Statistiques agricoles de l'OCDE (base de données). DOI: 10.1787/data-00223-fr

FINLANDE

Tableau 6. Production de l'aquaculture

	2006	2007	2008	2009	2010	2011	2012	2013
VOLUME (TONNES)								
Poissons	**12 891**	**13 031**	**13 440**	**13 627**	**11 772**	**11 275**	**12 659**	**11 772**
Saumon de l'Atlantique	..	..	..	..	..	..	..	..
Saumon du Pacifique	..	..	..	..	..	..	..	..
Truite arc-en-ciel	12 047	12 056	12 639	12 738	10 984	9 945	11 275	10 984
dont : d'eau de mer	10 073	10 081	10 712	10 508	9 269	8 376	9 432	9 269
dont : d'eau douce	1 974	1 975	1 927	2 230	1 715	1 569	1 843	1 715
Truite de mer	23	31	75	41	7	36	57	7
Poisson plat	..	..	..	..	..	..	..	..
Dorade	..	..	..	..	..	..	..	..
Bar	..	..	..	..	..	..	..	..
Loup	..	..	..	..	..	..	..	..
Carpe	..	..	..	..	..	..	..	..
Tilapia	..	..	..	..	..	..	..	..
Anguille	..	..	..	..	..	..	..	..
Autres poissons	821	944	726	848	781	1 294	1 327	781
Coquillages et crustacés	**..**	**..**	**..**	**..**	**..**	**..**	**..**	**..**
Huître, comestible	..	..	..	..	..	..	..	..
Huître, perle	..	..	..	..	..	..	..	..
Moule	..	..	..	..	..	..	..	..
Coquille St.-Jacques	..	..	..	..	..	..	..	..
Bivalves	..	..	..	..	..	..	..	..
Crevette et bouquet	..	..	..	..	..	..	..	..
Autres coquillages et crustacés	..	..	..	..	..	..	..	..
Total poissons, coquillages et crustacés	**12 891**	**13 031**	**13 440**	**13 627**	**11 772**	**11 275**	**12 659**	**11 772**
Autres animaux marins	..	..	..	..	..	..	..	..
Plantes aquatiques	..	..	..	..	..	..	..	..
Algue brune	..	..	..	..	..	..	..	..
Algue rouge	..	..	..	..	..	..	..	..
Algue verte	..	..	..	..	..	..	..	..
Autres plantes aquatiques	..	..	..	..	..	..	..	..
TOTAL GÉNÉRAL	**12 891**	**13 031**	**13 440**	**13 627**	**11 772**	**11 275**	**12 659**	**11 772**
VALEUR (EUR)								
Poissons	**44 200 000**	**42 600 000**	**42 100 000**	**44 400 000**	**44 000 000**	**48 100 000**	**44 600 000**	**44 000 000**
Saumon de l'Atlantique	..	..	..	..	..	..	..	..
Saumon du Pacifique	..	..	..	..	..	..	..	..
Truite arc-en-ciel	39 900 000	37 200 000	36 800 000	37 900 000	37 600 000	37 900 000	36 200 000	37 600 000
dont : d'eau de mer	33 362 057	31 104 000	31 189 303	31 264 971	31 729 279	31 920 603	30 282 785	31 729 279
dont : d'eau douce	6 537 943	6 096 000	5 610 697	6 635 029	5 870 721	5 979 397	5 917 215	5 870 721
Truite de mer	100 000	100 000	400 000	200 000	100 000	200 000	400 000	100 000
Poisson plat	..	..	..	..	..	..	..	..
Dorade	..	..	..	..	..	..	..	..
Bar	..	..	..	..	..	..	..	..
Loup	..	..	..	..	..	..	..	..
Carpe	..	..	..	..	..	..	..	..
Tilapia	..	..	..	..	..	..	..	..
Anguille	..	..	..	..	..	..	..	..
Autres poissons	4 200 000	5 300 000	4 900 000	6 300 000	6 300 000	10 000 000	8 000 000	6 300 000
Coquillages et crustacés	**..**	**..**	**..**	**..**	**..**	**..**	**..**	**..**
Huître, comestible	..	..	..	..	..	..	..	..
Huître, perle	..	..	..	..	..	..	..	..
Moule	..	..	..	..	..	..	..	..
Coquille St.-Jacques	..	..	..	..	..	..	..	..
Bivalves	..	..	..	..	..	..	..	..
Crevette et bouquet	..	..	..	..	..	..	..	..
Autres coquillages et crustacés	..	..	..	..	..	..	..	..
Total poissons, coquillages et crustacés	**44 200 000**	**42 600 000**	**42 100 000**	**44 400 000**	**44 000 000**	**48 100 000**	**44 600 000**	**44 000 000**
Autres animaux marins	..	..	..	..	..	..	..	..
Plantes aquatiques	..	..	..	..	..	..	..	..
Algue brune	..	..	..	..	..	..	..	..
Algue rouge	..	..	..	..	..	..	..	..
Algue verte	..	..	..	..	..	..	..	..
Autres plantes aquatiques	..	..	..	..	..	..	..	..
TOTAL GÉNÉRAL	**44 200 000**	**42 600 000**	**42 100 000**	**44 400 000**	**44 000 000**	**48 100 000**	**44 600 000**	**44 000 000**

.. Non disponible

Note : Métadonnées détaillées : http://metalinks.oecd.org/fish/20150108/8460

Source : OCDE (2014), « Pêcheries : Production de l'aquaculture », Statistiques agricoles de l'OCDE (base de données). DOI: 10.1787/data-00225-fr

FINLANDE

Tableau 7. Transferts financiers publics (TFP)

Milliers EUR

	2006	2007	2008	2009	2010	2011	2012	2013
Contribution nationale aux TFP								
Pêche maritime	**10 839**	**11 752**	**11 154**	**9 346**	**3 073**	**3 011**	**2 871**	..
Paiements directs	..	..	3 520	2 391	1 646	1 623	1 477	..
Désarmement des navires et retrait des licences	..	..	..	943	0	0	0	..
Indemnisation des catastrophes	..	..	..	..	..	0	0	..
Aides : équipement, modernisation, construction de navire	..	..	57	393	557	358	125	..
Aide au revenu et assurance chômage	..	..	..	..	..	0	0	..
Autres paiements directs	..	..	3 463	1 054	1 089	1 265	1 352	..
Transferts réduisant les coûts	2 783	3 813	1 472	1 327	1 427	1 388	1 395	..
Prêts subventionnés : équipement, modernisation, construction de navire	218	95	..	..	4	1	0	..
Bonification d'intérêts	..	..	..	..	..	0	0	..
Exonération de taxe sur carburant	..	..	309	262	..	..	..	..
Ristourne et subvention à l'assurance	1 082	933	1 163	1 065	1 423	1 387	1 395	..
Allègement d'impôt sur le revenu, contrib. sociales impayées	..	..	..	..	..	0	0	..
Autres transferts réduisant les coûts	1 483	2 786	..	..	..	..	..	..
Services généraux	8 056	7 939	6 162	5 628	..	..	..	..
Gestion des pêcheries	2 400	2 400	2 400	2 400	..	..	..	..
Recherche halieutique	3 254	3 397	3 331	2 848	..	..	..	..
Police des pêches	1 000	1 000	431	379	..	..	..	..
Infrastructure des pêcheries	..	..	..	..	..	..	..	..
Autres services généraux	1 402	1 141	..	..	..	..	..	..
Recouvrement des coûts	..	..	..	..	..	..	..	..
Aquaculture	**747**	**1 025**	**579**	**910**	**735**	**2 174**	**2 494**	..
Paiements directs	..	..	579	910	735	2 139	2 494	..
Aides : développement aquacole	..	..	579	910	735	2 139	2 494	..
Indemnisation des catastrophes	..	..	..	..	..	..	..	..
Autres paiements directs	..	..	..	..	..	..	..	..
Transferts réduisant les coûts	747	1 025	..	..	0	35	..	..
Prêts subventionnés : développement aquacole	747	1 025	..	..	0	35	0	..
Autres transferts réduisant les coûts	..	..	..	..	..	..	..	..
Services généraux	..	..	..	..	..	..	..	..
Gestion, recherche et police de l'aquaculture	..	..	..	..	..	..	..	..
Infrastructure aquacole	..	..	..	..	..	..	..	..
Autres services généraux	..	..	..	..	..	..	..	..
Recouvrement des coûts	..	..	..	..	..	..	..	..
Commercialisation et transformation	**1 848**	**3 112**	**4 915**	**3 951**	**4 194**	**5 752**	**1 485**	..
Paiements directs	..	..	4 915	3 951	4 150	5 710	1 471	..
Aides : commercialisation et transformation	..	..	2 801	2 071	2 684	4 110	277	..
Autres paiements directs	..	..	2 115	1 881	1 466	1 600	1 194	..
Transferts réduisant les coûts	1 848	3 112	..	..	43	42	14	..
Prêts subventionnés : commercialisation et transformation	..	..	..	..	43	42	14	..
Autres transferts réduisant les coûts	1 848	3 112	..	..	..	..	..	..
Services généraux	..	..	..	..	..	..	..	..
Aquaculture	..	..	..	..	..	..	..	..
Autres services généraux	..	..	..	..	..	..	..	..
Recouvrement des coûts	..	..	..	..	..	..	..	..
Total	**13 434**	**15 889**	**16 648**	**14 207**	**8 001**	**10 937**	**6 850**	..

Tableau 7. Transferts financiers publics (TFP) *(suite)*

Milliers EUR

	2006	2007	2008	2009	2010	2011	2012	2013
Contribution européenne aux TFP								
Pêche maritime	**3 158**	**3 499**	**3 141**	**1 442**	**1 242**	**1 234**	**935**	..
Paiements directs	..	..	2 586	1 302	1 242	1 234	935	..
Désarmement des navires et retrait des licences	..	..	..	207	0	..	..	..
Indemnisation des catastrophes	..	..	..	..	..	..	..	..
Aides : équipement, modernisation, construction de navire	..	..	33	300	421	271	94	..
Aide au revenu et assurance chômage	..	..	..	..	..	..	..	..
Autres paiements directs	..	..	2 553	795	821	963	841	..
Transferts réduisant les coûts	1 372	1 905	..	..	..	..	..	..
Prêts subventionnés : équipement, modernisation, construction de navire	101	59	..	..	..	..	..	..
Bonification d'intérêts	..	..	..	..	..	..	..	..
Exonération de taxe sur carburant	..	..	..	..	..	..	..	..
Ristourne et subvention à l'assurance	..	..	..	..	..	..	..	..
Allègement d'impôt sur le revenu, contrib. sociales impayées	..	..	..	..	..	..	..	..
Autres transferts réduisant les coûts	1 272	1 846	..	..	..	..	..	..
Services généraux	1 786	1 594	555	140	..	..	..	..
Gestion des pêcheries	..	..	..	..	..	..	..	..
Recherche halieutique	449	509	470	63	..	..	..	..
Police des pêches	0	0	85	77	..	..	..	..
Infrastructure des pêcheries	..	..	..	..	..	..	..	..
Autres services généraux	1 337	1 084	..	..	..	..	..	..
Recouvrement des coûts	..	..	..	..	..	..	..	..
Aquaculture	**657**	**824**	**474**	**719**	**563**	**1 638**	**1 210**	..
Paiements directs	..	..	474	719	563	1 638	1 210	..
Aides : développement aquacole	..	..	474	719	563	1 638	1 210	..
Indemnisation des catastrophes	..	..	..	..	..	..	..	..
Autres paiements directs	..	..	..	..	..	..	..	..
Transferts réduisant les coûts	657	824	..	..	..	..	..	..
Prêts subventionnés : développement aquacole	657	824	..	..	..	..	..	..
Autres transferts réduisant les coûts	..	..	..	..	..	..	..	..
Services généraux	..	..	..	..	..	..	..	..
Gestion, recherche et police de l'aquaculture	..	..	..	..	..	..	..	..
Infrastructure aquacole	..	..	..	..	..	..	..	..
Autres services généraux	..	..	..	..	..	..	..	..
Recouvrement des coûts	..	..	..	..	..	..	..	..
Commercialisation et transformation	**1 393**	**1 845**	**3 664**	**2 987**	**3 264**	**4 242**	**1 114**	..
Paiements directs	..	..	3 664	2 987	3 264	4 242	1 114	..
Aides : commercialisation et transformation	..	..	1 972	1 559	2 085	3 122	207	..
Autres paiements directs	..	..	1 692	1 428	1 179	1 120	907	..
Transferts réduisant les coûts	1 393	1 845	..	..	..	..	..	..
Prêts subventionnés : commercialisation et transformation	..	..	..	..	..	..	..	..
Autres transferts réduisant les coûts	1 393	1 845	..	..	..	..	..	..
Services généraux	..	..	..	..	..	..	..	..
Aquaculture	..	..	..	..	..	..	..	..
Autres services généraux	..	..	..	..	..	..	..	..
Recouvrement des coûts	..	..	..	..	..	..	..	..
Total	**5 209**	**6 168**	**7 279**	**5 148**	**5 070**	**7 114**	**3 259**	..

FINLANDE

Tableau 7. Transferts financiers publics (TFP) *(suite)*

Milliers EUR

	2006	2007	2008	2009	2010	2011	2012	2013
Total des TFP								
Pêche maritime	**13 997**	**15 251**	**14 295**	**10 787**	**4 315**	**4 245**	**3 807**	..
Paiements directs	..	..	6 106	3 692	2 888	2 856	2 412	..
Désarmement des navires et retrait des licences	..	..	..	1 150	0	0	0	..
Indemnisation des catastrophes	..	..	..	..	..	0	0	..
Aides : équipement, modernisation, construction de navire	..	..	90	693	978	629	219	..
Aide au revenu et assurance chômage	..	..	..	..	..	0	0	..
Autres paiements directs	..	..	6 016	1 850	1 910	2 228	2 193	..
Transferts réduisant les coûts	4 155	5 718	1 472	1 327	1 427	1 388	1 395	..
Prêts subventionnés : équipement, modernisation, construction de navire	319	154	..	..	4	1	0	..
Bonification d'intérêts	..	..	..	..	..	0	0	..
Exonération de taxe sur carburant	..	..	309	262	..	0	0	..
Ristourne et subvention à l'assurance	1 082	933	1 163	1 065	1 423	1 387	1 395	..
Allègement d'impôt sur le revenu, contrib. sociales impayées	..	..	..	..	..	0	0	..
Autres transferts réduisant les coûts	2 754	4 632	..	..	..	..	..	..
Services généraux	9 842	9 532	6 717	5 768	..	..	..	..
Gestion des pêcheries	2 400	2 400	2 400	2 400	..	..	..	..
Recherche halieutique	3 702	3 907	3 801	2 912	..	..	..	..
Police des pêches	1 000	1 000	516	456	..	..	..	..
Infrastructure des pêcheries	..	..	..	..	..	..	..	..
Autres services généraux	2 739	2 226	..	..	..	..	..	..
Recouvrement des coûts	..	..	..	..	..	..	..	..
Aquaculture	**1 404**	**1 849**	**1 052**	**1 630**	**1 298**	**3 812**	**3 704**	..
Paiements directs	..	..	1 052	1 630	1 298	3 777	3 704	..
Aides : développement aquacole	..	..	1 052	1 630	1 298	3 777	3 704	..
Indemnisation des catastrophes	..	..	..	..	..	..	..	..
Autres paiements directs	..	..	..	..	..	..	..	..
Transferts réduisant les coûts	1 404	1 849	..	..	0	35	..	..
Prêts subventionnés : développement aquacole	1 404	1 849	..	..	0	35	0	..
Autres transferts réduisant les coûts	..	..	..	..	..	..	..	..
Services généraux	..	..	..	..	..	..	..	..
Gestion, recherche et police de l'aquaculture	..	..	..	..	..	..	..	..
Infrastructure aquacole	..	..	..	..	..	..	..	..
Autres services généraux	..	..	..	..	..	..	..	..
Recouvrement des coûts	..	..	..	..	..	..	..	..
Commercialisation et transformation	**3 241**	**4 957**	**8 579**	**6 938**	**7 458**	**9 995**	**2 599**	..
Paiements directs	..	..	8 579	6 938	7 414	9 952	2 585	..
Aides : commercialisation et transformation	..	..	4 772	3 629	4 769	7 232	484	..
Autres paiements directs	..	..	3 807	3 309	2 645	2 720	2 101	..
Transferts réduisant les coûts	3 241	4 957	..	..	43	42	14	..
Prêts subventionnés : commercialisation et transformation	..	..	..	..	43	42	14	..
Autres transferts réduisant les coûts	3 241	4 957	..	..	..	..	..	..
Services généraux	..	..	..	..	..	..	..	..
Aquaculture	..	..	..	..	..	..	..	..
Autres services généraux	..	..	..	..	..	..	..	..
Recouvrement des coûts	..	..	..	..	..	..	..	..
Total	**18 642**	**22 057**	**23 926**	**19 355**	**13 071**	**18 051**	**10 109**	..

.. Non disponible

Note : Métadonnées détaillées : http://metalinks.oecd.org/fish/20150108/ea3e

Source : OCDE (2014), « Pêcheries : Transferts financiers publics », Statistiques agricoles de l'OCDE (base de données). DOI: 10.1787/data-00220-fr

Tableau 8. Importations par produit

		2009		2010		2011		2012		2013	
		Tonnes	USD	Tonnes	USD	Tonnes	USD	Tonnes	USD	Tonnes	USD
03	**Poisson, crustacés et mollusques**	..	**202 708 538**	..	**243 984 383**	..	**288 673 127**	..	**276 082 136**	..	**338 402 706**
0302	**Poisson, frais ou réfrigéré, excl. 0304**	**29 574 790**	**133 514 433**	**31 062 027**	**175 416 674**	**38 067 210**	**201 232 761**	**40 081 935**	**172 126 858**	..	**234 391 265**
030211	Truite	6 290 231	23 677 296	6 481 853	26 621 245	8 314 316	39 208 149	8 495 787	30 385 646	7 341 327	39 371 080
030212	Saumon (Pacifique, Atlantique et Danube)	21 756 723	105 450 252	23 102 569	143 031 525	28 525 003	155 767 847	29 722 081	131 941 017	32 360 522	184 580 317
030219	Salmonidés nra	316 853	1 708 961	486 481	3 373 045	251 129	2 206 888	604 783	3 984 724	625 494	3 898 623
030221	Flétan	767	9 220	1 766	31 189	3 403	49 370	858	13 040	384	4 778
030222	Plie, carrelet	7 661	40 505	9 105	45 395	18 715	167 538	9 430	60 951	12 955	41 278
030223	Sole	4 885	105 310	3 841	92 753	3 718	95 632	2 708	62 903	2 964	41 890
030229	Poissons plats nra	111 209	810 146	90 147	641 064	27 033	203 006	9 091	72 710	36 260	230 409
030231	Thon blanc/germon	..	..	300	1 696	..	..	..	..	..	..
030232	Albacore (thon jaune)	364	9 060	120	2 915	219	2 767	271	3 917	6	85
030233	Listaos/bonite à ventre rayé	..	..	..	..	..	..	..	..	1 880	6 695
030239	Thonidés nra	77	1 335	268	6 167	2	63	392	5 055	..	2 277
030240	Hareng	1 042 276	1 282 032	836 895	1 126 784	746 587	1 302 633	993 085	1 548 030	..	1 633 774
030250	Morue	3 525	28 925	5 954	34 066	4 865	45 432	8 995	60 457	..	46 559
030261	Sardines	2 080	478	..	..	105	505	365	2 304	..	6 944
030262	Églefin	44	309	26	130	87	756	359	3 229	..	98
030263	Lieu noir	5	22	23	82	108	764	335	2 916	..	118
030264	Maquereau	3 340	16 267	5 666	26 656	5 677	32 367	4 857	25 820	..	35 174
030265	Aiguillat et autres squalidés	589	3 996	380	3 077	137	640	135	2 758	..	4 489
030266	Anguille	92	879	152	2 673	699	17 595	372	9 837	..	265 620
030269	Poisson nra	32 560	314 362	35 292	362 326	86 947	737 879	74 386	648 185	108 133	750 431
030270	Foies, oeufs et laitances	1 509	55 077	1 189	13 884	78 460	1 392 931	153 645	3 293 359	..	3 470 626
0303	**Poisson, congelé, excl. 0304**	**1 352 125**	**5 570 922**	**1 635 720**	**8 481 898**	**2 177 002**	**14 544 129**	**2 161 999**	**12 490 445**	..	**11 480 889**
030319	Saumon, Pacifique	4 607	28 928	..	..	..	..	..	..	..	..
030321	Truite	168 861	646 901	328 795	1 523 537	413 372	2 359 957	969 939	4 212 874	765 690	3 167 528
030322	Saumon (Atlantique et Danube)	5 324	26 450	..	..	..	..	..	..	..	..
030329	Salmonidés	632 275	2 263 709	884 925	3 465 669	732 944	2 892 626	666 974	2 933 741	620 847	2 446 714
030331	Flétan	48 022	383 291	32 946	221 929	45 890	370 932	37 553	271 022	51 623	349 612
030332	Plie, carrelet	8 655	81 229	8 855	87 894	210	658	134	656	92	219
030333	Sole	800	18 609	823	18 079	3 210	68 513	3 529	77 873	2 966	18 215
030339	Poisson plat nra	6 851	20 174	10 622	32 230	40 340	205 410	25 283	50 461	18 810	47 542
030341	Thon blanc/germon	..	..	..	..	..	..	3	80	..	..
030342	Albacore (thon jaune)	188	495	397	1 656	275	2 590	760	3 814	1 445	3 965
030343	Listao/bonite à ventre rayé	660	2 864	700	2 823	175	893	10	24	310	655
030349	Thonidés nra	5 009	28 502	1 263	4 874	..	..	..	..	2 055	3 870
030350	Hareng	23 428	54 131	5 640	15 768	10 013	19 802	9 160	7 831	5 963	7 879
030360	Morue	180	486	680	5 166	363 831	1 102 556	1 964	8 572	..	845
030371	Sardines, sardinelles	39 000	15 166	2 310	4 635	824	3 062	1 675	6 336	4 981	4 412
030372	Églefin	24	88	..	..	..	..	..	..	..	..
030373	Lieu noir	..	..	..	..	..	..	4 947	28 303	..	..
030374	Maquereau	43 603	124 549	54 139	141 765	53 405	193 903	54 862	197 217	..	72 908
030375	Aiguillat et autres squalidés	..	..	14	162	60	249	190	1 931	2 066	2 551
030376	Anguille	42 762	508 189	36 122	430 818	33 494	555 914	15 334	303 322	..	788 151
030377	Bar (loup)	..	..	..	..	..	..	286	1 333	..	246
030378	Merlu	360	1 855	11	36	..	..	228	1 111	..	..
030379	Poisson nra	294 276	686 071	166 716	559 735	184 488	768 397	163 204	768 012	473 553	1 199 597
030380	Foies, oeufs et laitances	27 240	679 235	98 541	1 953 455	288 266	5 946 834	205 964	3 615 932	456 005	3 301 282
0304	**Filets de poisson et autre chair de poisson**	**7 174 964**	**45 437 304**	**7 066 328**	**42 182 356**	**7 264 458**	**48 082 014**	**8 454 438**	**55 031 532**	**8 918 547**	**53 868 779**
030410	Filets et autre chair de poisson, frais ou réfrigéré	1 623 991	13 963 939	1 141 412	10 164 877	1 366 625	13 177 634	2 725 025	20 245 544	1 776 135	17 264 837
030420	Filets de poissons, congelé	4 891 222	28 905 009	5 148 365	29 166 524	5 189 324	31 801 015	5 005 567	31 329 487	5 965 310	32 822 089
030490	Chair de poisson nra, congelé	659 751	2 568 355	776 551	2 850 954	708 509	3 103 365	723 846	3 456 501	1 177 102	3 781 853
0305	**Poisson, séché, salé, fumé, ou en saumure**	**1 486 193**	**7 972 384**	**1 418 060**	**7 553 927**	**1 319 766**	**12 117 946**	**1 723 074**	**18 070 990**	..	**21 710 494**
030510	Farine de poisson, consommation humaine	4 026	170 094	4 032	87 717	4 537	164 690	8 544	102 148	..	80 337
030520	Foies, oeufs et laitances	17 711	377 442	7 643	185 089	11 219	263 580	46 496	1 078 941	75 075	965 689
030530	Filets de poisson (non fumé)	641 310	3 819 904	768 589	3 682 126	815 523	5 738 228	595 622	5 546 378	1 074 178	7 904 779
030541	Saumon (Pacifique, Atlantique et Danube), fumé	155 715	2 330 674	147 245	2 362 348	276 277	4 485 313	332 350	4 801 270	343 374	5 374 241
030542	Hareng, fumé	30 777	176 122	..	..	..	..	..	..	..	..
030549	Poisson nra, fumé	18 425	206 600	40 493	518 671	33 571	521 356	234 939	3 073 097	370 524	5 300 694
030551	Morue, séché, non fumé	123	4 081	1 070	8 440	1 366	18 830	3 816	73 785	1 122	7 868
030559	Poisson nra, séché, salé, non fumé	42 379	119 772	2 268	21 622	13 134	58 284	64 636	1 205 634	7 956	51 913
030561	Hareng, salé ou en saumure	549 052	711 241	412 662	508 252	117 323	329 123	334 725	1 092 514	145 949	426 373
030562	Morue, salé ou en saumure	..	..	4	133	..	..	..	..	33	187
030563	Anchois, salé ou en saumure	..	..	..	..	..	..	..	..	..	..
030569	Poisson nra, salé ou en saumure	26 675	56 454	19 936	84 966	30 402	425 368	77 891	923 388	354 578	1 517 953

Tableau 8. Importations par produit (*suite*)

		2009		2010		2011		2012		2013	
		Tonnes	USD	Tonnes	USD	Tonnes	USD	Tonnes	USD	Tonnes	USD
0306	**Crustacés**	**924 466**	**7 683 746**	**843 683**	**7 390 374**	**893 040**	**8 182 699**	..	**13 102 089**	**1 414 594**	**12 592 548**
030611	Langoustes et autres palinuridés, congelé	2 491	145 395	4 799	126 478	4 266	31 824	121 718	1 195 542	39 189	744 666
030612	Homard nra	8 337	102 891	11 355	222 104	16 168	369 209	37 077	542 540	19 800	371 869
030613	Crevettes, congelé	678 114	5 277 798	690 927	5 439 662	737 832	5 893 433	972 764	8 855 083	1 113 369	8 845 846
030614	Crabes, congelé	6 183	61 213	6 377	66 328	7 377	94 957	10 908	159 814	43 856	440 878
030619	Crustacés nra, congelé	170 648	1 221 130	62 205	653 868	62 161	797 388	64 534	904 396	102 705	927 696
030621	Langoustes et autres palinuridés (non congelé)	..	..	..	..	9 322	83 261	9 102	62 957	1 340	34 889
030622	Homard nra (non congelé)	7 125	184 959	17 185	277 425	12 222	285 578	7 443	149 965	6 215	122 761
030623	Crevettes (non congelé)	29 717	278 458	25 499	202 629	21 655	224 114	86 933	993 667	74 452	949 841
030624	Crabes (non congelé)	3 830	53 412	7 382	112 782	3 244	63 318	1 906	26 776	2 919	30 892
030629	Crustacés nra (non congelé)	18 021	358 491	17 954	289 099	18 793	339 616	14 104	211 348	10 747	123 211
0307	**Mollusques**	**249 743**	**1 744 866**	**296 999**	**2 196 681**	**298 327**	**2 502 825**	**312 399**	**2 463 201**	..	**2 698 057**
030710	Huîtres	6 239	79 553	8 200	95 960	10 153	127 057	29 756	197 401	24 160	206 239
030721	St-Jacques, vi, fr, ou ré	7 082	126 929	11 355	119 889	12 630	262 799	15 432	372 934	18 890	360 063
030729	St-Jacques, co, sc, sl, ou sm	22 230	423 737	31 207	592 275	27 217	611 265	24 187	573 982	36 485	583 906
030731	Moules, vi, fr, ou ré	79 396	291 113	81 565	286 056	85 696	319 943	85 083	302 943	99 190	392 031
030739	Moules, co, sc, sl, ou sm	52 617	255 722	66 264	318 139	54 350	286 831	50 832	253 536	52 465	234 428
030741	Seiches, encornets et calmars, vi, fr, ou ré	766	7 342	261	3 117	1 818	19 358	2 576	13 645	1 782	9 286
030749	Seiches, encornets et calmars, co, sc, sl, ou sm	55 777	242 326	68 682	332 693	66 656	378 136	58 853	332 157	87 103	363 129
030751	Poulpe, vi, fr, ou ré	303	4 125	173	2 405	819	12 577	1 701	27 740	3 937	32 218
030759	Poulpe, co, sc, sl, ou sm	6 678	56 499	8 321	75 377	10 344	124 218	9 704	105 248	15 115	97 393
030760	Escargots (autres que de mer)	3 025	65 843	5 752	95 394	5 157	90 467	4 988	68 631	..	69 591
030791	Mollusques nra, vi, fr, ou ré	1 695	22 786	2 827	37 581	3 136	35 470	2 730	29 144	3 308	26 595
030799	Mollusques nra, co, sc, sl, ou sm	13 934	168 892	12 392	237 795	20 351	234 702	26 557	185 840	71 504	323 179
121220	**Algues**	**182 934**	**735 546**	**183 040**	**726 360**	**159 427**	**844 943**	**156 140**	**609 325**	**81 673**	**797 156**
1504	**Graisses, huiles et leurs fractions**	**4 579 445**	**9 763 984**	**4 339 857**	**10 873 052**	**3 306 228**	**11 803 746**	**3 559 872**	**13 508 129**	..	**14 228 910**
150410	Huiles de foies de poisson, et fractions	35 628	582 959	85 035	1 121 085	70 916	1 195 647	51 994	755 177	76 475	633 991
150420	Graisses et huiles de poisson, et fractions	4 543 409	9 168 000	4 254 810	9 751 607	3 235 312	10 608 098	3 507 330	12 745 038	..	13 584 817
150430	Graisses et huiles de mammifère marin, et fractions	408	13 026	12	360	..	..	548	7 913	..	10 103
1604	**Préparations et conserves de poisson; caviars et succédanés**	**22 044 059**	**87 329 045**	**23 413 228**	**91 053 930**	**22 879 520**	**108 460 755**	**20 343 456**	**102 820 808**	**24 887 723**	**118 914 202**
160411	Saumon, non haché	76 626	470 589	92 636	586 883	131 932	1 110 943	150 424	1 585 232	200 345	1 874 411
160412	Hareng, non haché	4 858 432	9 690 841	4 915 217	10 237 134	4 329 062	13 314 897	3 553 299	14 547 291	3 340 241	13 115 676
160413	Sardines, sardinelles, sprats, esprots, non haché	507 081	3 201 992	714 031	3 559 205	744 897	4 215 934	648 200	3 752 535	925 214	3 034 843
160414	Thons, listaos, sardes, non haché	6 534 570	26 746 650	7 219 457	27 108 458	7 040 056	32 385 285	6 547 278	37 537 479	9 612 444	50 712 669
160415	Maquereau, non haché	109 572	756 670	127 029	805 838	154 486	1 050 839	197 731	1 451 312	395 116	1 259 609
160416	Anchois, non haché	2 523	29 293	3 213	35 462	6 105	58 152	9 051	78 045	19 363	173 437
160419	Poisson nra, non haché	3 829 249	21 905 386	5 042 368	29 215 493	5 377 108	34 719 102	3 675 804	17 485 319	3 432 296	17 457 971
160420	Poisson, haché	5 571 153	21 086 792	4 796 928	16 356 646	4 574 458	17 411 792	5 074 632	21 087 929	6 760 545	26 255 264
160430	Caviar et succédanés	554 853	3 440 833	502 349	3 148 811	521 416	4 193 810	487 037	5 295 666	202 160	5 030 323
1605	**Préparations et conserves de crustacés**	**2 803 590**	**22 898 558**	**3 471 492**	**27 425 256**	**3 493 009**	**33 258 442**	**2 957 961**	**30 123 386**	**3 489 776**	**30 797 330**
160510	Crabes	18 496	190 548	38 208	360 454	25 350	332 108	44 558	614 818	27 960	353 733
160520	Crevettes	2 430 475	19 760 694	2 881 797	22 596 458	2 874 927	27 852 262	2 401 297	24 923 928	2 951 355	26 237 406
160530	Homard	778	19 478	1 087	39 288	1 010	40 476	1 225	45 121	2 028	30 112
160540	Crustacés nra	124 991	1 105 944	331 275	2 661 352	310 836	2 920 503	353 369	2 804 761	229 104	2 450 861
230120	**Farine de poisson**	**13 308 694**	**16 405 763**	**9 096 920**	**15 142 692**	**7 085 907**	**12 382 834**	**9 961 684**	**14 726 669**	**11 420 475**	**15 342 054**
	TOTAL	**83 681 003**	**339 056 551**	**82 827 354**	**388 443 200**	**86 943 894**	**453 413 094**	..	**437 870 453**	..	**518 482 358**

.. Non disponible

Note : nra : non répertorié ailleurs. vi : vivant. fr : frais. ré : réfrigéré. co : congelé. sc : séché. sl : salé. sm : en saumure.
Métadonnées détaillées : http://metalinks.oecd.org/fish/20150108/2cb2

Source : OCDE (2014), « Pêcheries : Commerce par produit », Statistiques agricoles de l'OCDE (base de données). DOI: 10.1787/data-00677-fr

FINLANDE

Tableau 9. Exportations par produit

		2009		2010		2011		2012		2013	
		Tonnes	USD	Tonnes	USD	Tonnes	USD	Tonnes	USD	Tonnes	USD
03	**Poisson, crustacés et mollusques**	**..**	**34 900 732**	**..**	**34 334 169**	**..**	**37 252 005**	**..**	**46 000 797**	**..**	**54 193 241**
0302	**Poisson, frais ou réfrigéré, excl. 0304**	**9 077 981**	**15 449 919**	**19 778 761**	**18 464 942**	**24 765 091**	**19 017 376**	**21 997 637**	**20 988 843**	**..**	**26 381 040**
030211	Truite	357 517	1 612 210	791 692	4 370 032	648 340	3 596 709	1 875 801	7 143 882	1 877 467	10 760 572
030212	Saumon (Pacifique, Atlantique et Danube)	1 990 292	11 055 263	1 395 826	9 362 703	1 416 953	8 788 099	1 711 839	8 262 467	1 356 688	8 064 232
030219	Salmonidés nra	2 700	33 004	40 827	286 325	10 957	61 689	77 069	557 238	125 457	689 033
030221	Flétan	32	742	63	1 892	11	322	280	6 918	666	8 231
030222	Plie, carrelet	267	384	91	34	222	349	180	310	13	41
030223	Sole	95	2 801	23	849	..	..	197	7 269	2 778	40 907
030229	Poissons plats nra	28	272	28	362	57	347	463	9 861	4 644	52 647
030231	Thon blanc/germon	..	..	..	..	..	..	..	..	..	..
030232	Albacore (thon jaune)	..	..	..	..	..	..	33	1 046	29	191
030233	Listaos/bonite à ventre rayé	..	..	..	..	..	..	..	..	..	..
030239	Thonidés nra	..	..	..	..	..	..	2	9	..	..
030240	Hareng	4 872 777	734 217	8 467 776	1 669 499	18 269 750	4 725 466	17 464 547	4 512 248	..	5 506 205
030250	Morue	18 774	44 436	8 372	19 102	10 544	24 334	44 761	83 384	..	277 422
030261	Sardines	1 656 024	289 424	8 994 370	2 292 431	4 362 689	1 292 702	788 136	186 731	..	753 834
030262	Églefin	..	..	..	..	..	..	..	..	..	..
030263	Lieu noir	..	..	..	..	..	..	..	..	..	..
030264	Maquereau	..	..	..	..	..	..	..	..	..	94
030265	Aiguillat et autres squalidés	..	..	..	..	3	29	300	3 401	..	..
030266	Anguille	..	..	..	..	..	..	10	281	..	..
030269	Poisson nra	121 082	308 352	58 215	133 910	14 519	164 655	31 843	86 512	13 152	76 574
030270	Foies, oeufs et laitances	58 393	1 368 815	21 478	327 802	31 046	362 677	2 176	127 287	..	151 057
0303	**Poisson, congelé, excl. 0304**	**28 450 655**	**10 540 748**	**20 326 759**	**9 636 906**	**19 493 614**	**12 163 211**	**27 544 458**	**15 110 672**	**..**	**16 005 184**
030319	Saumon, Pacifique	..	..	..	..	..	..	..	..	..	..
030321	Truite	75 986	188 866	294 147	389 529	340 429	615 447	516 721	1 330 886	..	778 105
030322	Saumon (Atlantique et Danube)	1 290	9 957	..	..	..	..	..	..	..	..
030329	Salmonidés	25 130	24 263	78 957	147 066	142 700	279 473	17 298	72 453	26 758	95 205
030331	Flétan	..	..	..	..	22 223	124 852	..	..	26 992	178 754
030332	Plie, carrelet	..	..	..	..	..	..	..	..	..	..
030333	Sole	106	3 238	313	10 600	261	9 487	137	4 702	1 233	3 792
030339	Poisson plat nra	..	..	..	..	600	4 082	..	..	..	..
030341	Thon blanc/germon	..	..	..	..	473	5 933	32	445	..	..
030342	Albacore (thon jaune)	..	..	..	..	..	..	..	..	..	..
030343	Listao/bonite à ventre rayé	..	..	..	..	..	..	..	..	..	..
030349	Thonidés nra	..	..	..	..	..	..	..	..	..	..
030350	Hareng	6 012 441	2 398 035	6 101 557	2 486 567	6 058 683	3 113 878	9 968 291	5 246 905	5 238 992	6 365 173
030360	Morue	..	..	..	..	141 626	2 282 613	..	..	..	..
030371	Sardines, sardinelles	22 264 725	7 678 615	13 599 118	4 894 309	12 388 122	4 782 997	15 998 417	6 424 267	7 776 880	6 467 169
030372	Églefin	..	..	..	..	..	..	..	..	..	..
030373	Lieu noir	..	..	..	..	..	..	..	..	..	..
030374	Maquereau	..	..	..	..	..	..	..	..	..	..
030375	Aiguillat et autres squalidés	..	..	..	..	..	..	..	..	..	..
030376	Anguille	..	..	..	..	..	..	..	..	..	..
030377	Bar (loup)	..	..	..	..	..	..	..	..	..	..
030378	Merlu	..	..	..	..	..	..	..	..	..	..
030379	Poisson nra	61 676	96 132	57 110	54 599	86 829	135 093	395 936	369 857	466 713	908 825
030380	Foies, oeufs et laitances	9 301	141 642	93 770	1 474 390	29 999	604 575	63 167	1 276 150	64 396	897 589
0304	**Filets de poisson et autre chair de poisson**	**376 389**	**2 072 140**	**396 717**	**1 808 258**	**403 960**	**1 721 756**	**1 091 900**	**6 778 186**	**937 232**	**7 057 248**
030410	Filets et autre chair de poisson, frais ou réfrigéré	208 725	1 310 747	319 146	1 616 467	310 555	1 492 895	742 299	5 672 197	622 212	5 260 876
030420	Filets de poissons, congelé	112 425	669 553	35 805	107 091	67 498	212 195	230 482	977 375	157 777	1 178 822
030490	Chair de poisson nra, congelé	55 239	91 840	41 766	84 699	25 907	16 667	119 119	128 615	157 244	617 550
0305	**Poisson, séché, salé, fumé, ou en saumure**	**493 621**	**4 865 704**	**111 137**	**1 328 539**	**94 910**	**863 360**	**100 321**	**1 529 002**	**..**	**3 362 740**
030510	Farine de poisson, consommation humaine	..	..	5	98	..	..	..	..	..	..
030520	Foies, oeufs et laitances	6 099	130 136	8 230	159 839	1 187	40 461	14 009	550 221	136 538	1 534 458
030530	Filets de poisson (non fumé)	21 316	299 421	1 534	21 216	5 002	48 436	265	5 274	36	290
030541	Saumon (Pacifique, Atlantique et Danube), fumé	2 135	38 358	4 379	80 059	4 538	103 106	9 181	145 464	32 350	484 225
030542	Hareng, fumé	2 724	21 779	..	..	..	..	..	..	..	..
030549	Poisson nra, fumé	460 553	4 372 454	94 314	1 045 836	66 080	632 793	75 068	812 818	90 650	1 243 812
030551	Morue, séché, non fumé	..	..	..	..	..	..	..	..	..	..
030559	Poisson nra, séché, salé, non fumé	..	..	..	..	..	..	707	7 328	..	1 453
030561	Hareng, salé ou en saumure	735	2 055	73	253	16 575	26 904	..	..	8 845	21 575
030562	Morue, salé ou en saumure	..	..	..	..	..	..	..	..	..	..
030563	Anchois, salé ou en saumure	..	..	..	..	..	..	..	..	..	..
030569	Poisson nra, salé ou en saumure	59	1 501	31	1 150	501	2 192	989	6 577	14 947	76 928

FINLANDE

Tableau 9. Exportations par produit *(suite)*

		2009		2010		2011		2012		2013	
		Tonnes	USD	Tonnes	USD	Tonnes	USD	Tonnes	USD	Tonnes	USD
0306	**Crustacés**	**19 619**	**203 169**	**21 434**	**171 723**	**10 073**	**123 365**	**..**	**87 638**	**16 973**	**128 362**
030611	Langoustes et autres palinuridés, congelé	..	..	7	576	410	11 164	157	4 077	..	..
030612	Homard nra	721	14 358	433	9 165	231	6 216	429	9 591	..	..
030613	Crevettes, congelé	18 113	127 226	20 168	132 843	5 571	55 333	6 191	69 988	13 716	99 837
030614	Crabes, congelé	..	..	300	6 096	2 034	19 594	..	..	..	..
030619	Crustacés nra, congelé	28	308	193	2 164	1 700	27 934	24	387	823	8 230
030621	Langoustes et autres palinuridés (non congelé)	..	..	..	..	..	..	..	..	4	179
030622	Homard nra (non congelé)	2	60	..	..	..	..	90	2 892	..	..
030623	Crevettes (non congelé)	755	61 217	332	20 871	127	3 126	..	14	85	958
030624	Crabes (non congelé)	..	..	..	..	..	..	55	689	..	..
030629	Crustacés nra (non congelé)	..	..	1	7	..	..	..	..	2 344	19 158
0307	**Mollusques**	**868**	**4 652**	**652**	**7 114**	**557**	**5 530**	**19 867**	**175 491**	**..**	**339 876**
030710	Huîtres	..	..	36	408	134	1 994	13 535	147 604	35 408	313 846
030721	St-Jacques, vi, fr, ou ré	..	..	..	..	..	..	163	3 351	253	3 400
030729	St-Jacques, co, sc, sl, ou sm	..	..	21	629	12	388	3	127	..	..
030731	Moules, vi, fr, ou ré	97	240	276	1 414	261	1 221	6 066	22 725	3 374	11 158
030739	Moules, co, sc, sl, ou sm	735	4 051	86	785	42	451	13	235	1 915	7 806
030741	Seiches, encornets et calmars, vi, fr, ou ré	..	..	..	..	..	..	..	..	262	1 238
030749	Seiches, encornets et calmars, co, sc, sl, ou sm	..	..	107	1 399	86	987	..	..	199	750
030751	Poulpe, vi, fr, ou ré	..	..	2	46	..	..	..	..	27	191
030759	Poulpe, co, sc, sl, ou sm	24	243	104	1 926	13	327	..	..	..	..
030760	Escargots (autres que de mer)	2	59	15	386	4	136	14	344	74	331
030791	Mollusques nra, vi, fr, ou ré	..	..	5	121	5	25	72	1 091	175	1 140
030799	Mollusques nra, co, sc, sl, ou sm	10	60	..	..	..	..	1	13	6	16
121220	**Algues**	**12 680**	**25 633**	**11 007**	**16 565**	**2 001**	**3 255**	**1 784**	**6 965**	**9 800**	**17 573**
1504	**Graisses, huiles et leurs fractions**	**46 932**	**591 085**	**427 708**	**861 734**	**667 137**	**1 410 078**	**1 123 407**	**1 810 826**	**..**	**759 336**
150410	Huiles de foies de poisson, et fractions	8 363	245 857	8 710	251 536	10 010	339 137	6 614	197 028	5 012	41 562
150420	Graisses et huiles de poisson, et fractions	38 569	345 228	418 998	610 199	657 127	1 070 941	1 116 793	1 613 798	..	717 774
150430	Graisses et huiles de mammifère marin, et fractions	..	..	..	..	..	..	..	..	..	..
1604	**Préparations et conserves de poisson; caviars et succédanés**	**3 397 077**	**11 004 120**	**2 244 731**	**7 741 203**	**2 547 375**	**9 378 862**	**2 208 605**	**8 751 946**	**263 911**	**1 188 090**
160411	Saumon, non haché	3 341	37 425	3 329	33 311	2 497	26 094	3 428	49 515	2 583	26 253
160412	Hareng, non haché	3 256 692	9 630 204	2 061 555	6 240 878	2 352 878	8 167 870	2 010 786	7 678 412	85 984	350 079
160413	Sardines, sardinelles, sprats, esprots, non haché	938	7 057	3 750	10 070	2 091	11 082	1 204	6 859	2 062	7 070
160414	Thons, listaos, sardes, non haché	26 682	149 861	61 904	312 189	60 330	354 292	96 552	428 747	41 483	210 573
160415	Maquereau, non haché	563	5 330	2 829	16 090	211	1 438	272	1 978	1 178	4 115
160416	Anchois, non haché	10	364	27	710	68	1 527	147	2 392	304	2 317
160419	Poisson nra, non haché	38 758	176 092	26 630	217 917	57 187	370 270	12 889	69 774	15 955	69 916
160420	Poisson, haché	32 845	162 190	57 800	274 079	68 339	386 141	65 300	322 844	111 971	402 211
160430	Caviar et succédanés	37 248	835 596	26 907	635 958	3 774	60 148	18 027	191 425	2 391	115 557
1605	**Préparations et conserves de crustacés**	**2 743**	**21 112**	**17 367**	**255 628**	**194 948**	**1 205 491**	**3 054**	**73 655**	**17 337**	**148 784**
160510	Crabes	2	27	11 844	187 379	187 859	1 101 341	35	289	..	..
160520	Crevettes	2 276	16 720	4 689	59 469	6 310	96 438	733	43 703	14 658	136 297
160530	Homard	..	..	..	..	..	..	560	9 900	199	3 528
160540	Crustacés nra	..	..	40	835	2	57	11	171	7	78
230120	**Farine de poisson**	**36 973**	**43 576**	**..**	**..**	**..**	**..**	**23**	**22**	**..**	**..**
	TOTAL	**41 915 538**	**44 821 858**	**43 336 273**	**40 292 612**	**48 179 666**	**45 892 284**	**..**	**56 644 211**	**..**	**56 307 024**

.. Non disponible

Note : nra : non répertorié ailleurs. vi : vivant. fr : frais. ré : réfrigéré. co : congelé. sc : séché. sl : salé. sm : en saumure.

Métadonnées détaillées : http://metalinks.oecd.org/fish/20150108/2cb2

Source : OCDE (2014), « Pêcheries : Commerce par produit », Statistiques agricoles de l'OCDE (base de données). DOI: 10.1787/data-00677-fr

FRANCE

Tableau 1. Flotte de pêche

	2006	2007	2008	2009	2010	2011	2012	2013
NOMBRE DE NAVIRES								
Total des navires	**7 671**	**7 631**	**7 941**	**7 284**	**7 242**	**7 237**	**7 156**	**7 158**
Navires à moteur	7 671	7 631	..	..	..	7 237	7 156	7 158
0-5,9 mètres	1 058	1 027	..	..	..	946	886	862
6-11,9 mètres	5 265	5 252	..	..	5 891	5 245	5 278	5 324
12-17,9 mètres	624	615	..	..	..	501	481	476
18-23,9 mètres	460	474	..	..	1 126	336	316	306
24-29,9 mètres	147	147	..	..	225	116	103	97
30-35,9 mètres	52	51	..	..	..	41	42	44
36-44,9 mètres	26	26	..	..	..	22	21	21
45-59,9 mètres	14	14	..	..	..	9	8	7
60-74,9 mètres	11	11	..	..	..	8	8	8
75 mètres et plus	14	14	..	..	..	13	13	13
Longueur inconnue	..	..	..	..	..	..	..	..
Navires sans moteur	..	..	..	..	..	0	0	0
TONNAGE BRUT								
Total des navires	**208 493**	**210 754**	**199 269**	**185 535**	**174 461**	**173 344**	**168 745**	**166 561**
Navires à moteur	208 493	210 754	..	..	..	173 364	168 745	166 561
0-5,9 mètres	996	985	..	..	..	903	852	823
6-11,9 mètres	23 972	24 305	..	..	..	23 915	24 081	24 220
12-17,9 mètres	25 590	25 490	..	..	..	20 898	20 653	20 741
18-23,9 mètres	51 205	53 127	..	..	..	38 415	36 168	35 078
24-29,9 mètres	22 007	22 111	..	..	..	18 223	16 875	15 767
30-35,9 mètres	13 652	13 355	..	..	..	11 312	11 691	12 419
36-44,9 mètres	9 451	9 760	..	..	..	8 422	8 072	8 072
45-59,9 mètres	13 503	13 503	..	..	..	9 433	8 476	7 564
60-74,9 mètres	17 119	17 119	..	..	..	12 325	12 325	12 325
75 mètres et plus	30 998	30 998	..	..	..	29 518	29 552	29 552
Longueur inconnue	..	..	..	..	..	..	..	..
Navires sans moteur	..	..	..	..	..	0	0	0

.. Non disponible

Note : Métadonnées détaillées : http://metalinks.oecd.org/fish/20150108/202b

Source : OCDE (2014), « Pêcheries : Flotte de pêche », Statistiques agricoles de l'OCDE (base de données). DOI: 10.1787/data-00218-fr

FRANCE

Tableau 2. Emploi dans les pêcheries

Personnes employées

	2006	2007	2008	2009	2010	2011	2012	2013
Plein-temps	**20 417**	..	**27 982**	**35 110**	..	**19 825**	..	..
Secteur de capture	11 599	..	11 355	10 658	10 158	10 914	10 587	10 440
Pêche en eaux intérieures	..	..	..	..	..	..	..	..
Homme	..	..	..	..	..	..	..	..
Femme	..	..	..	..	..	..	..	..
Eaux maritimes (pêche côtière)	8 799	..	8 610	8 078	7 741	8 169	7 871	7 605
Homme	8 726	..	8 516	7 998	7 652	8 082	7 780	7 512
Femme	73	..	94	80	89	87	91	93
Eaux maritimes (pêche en haute mer)	2 800	..	2 745	2 580	2 417	2 745	2 716	2 835
Homme	2 800	..	2 744	2 578	2 413	2 739	2 712	2 831
Femme	..	..	1	2	4	6	4	4
Aquaculture	8 818	..	9 208	9 470	..	8 911	7 885	..
Homme	6 489	..	6 983	7 180	..	6 845	6 180	..
Femme	2 329	..	2 225	2 290	..	2 066	1 705	..
Transformation	..	..	7 419	14 982	..	..	..	..
Homme	..	..	3 687	6 842	..	..	..	..
Femme	..	..	3 732	8 140	..	..	..	..
Temps partiel	**17 060**	..	**23 202**	**19 169**	..	**16 888**	..	..
Secteur de capture	5 358	..	8 269	7 337	7 578	6 302	6 573	6 447
Pêche en eaux intérieures	..	..	..	..	..	..	..	..
Homme	..	..	..	..	..	..	..	..
Femme	..	..	..	..	..	..	..	..
Eaux maritimes (pêche côtière)	3 892	..	5 840	5 096	5 208	4 435	4 651	4 629
Homme	3 828	..	5 741	4 980	5 102	4 332	4 544	4 532
Femme	64	..	99	116	106	103	107	97
Eaux maritimes (pêche en haute mer)	1 466	..	2 429	2 241	2 370	1 867	1 922	1 818
Homme	1 466	..	2 421	2 232	2 365	1 856	1 913	1 809
Femme	..	..	8	9	5	11	9	9
Aquaculture	11 702	..	10 787	11 224	..	10 586	12 240	..
Homme	5 852	..	5 985	6 354	..	6 280	7 173	..
Femme	5 850	..	4 802	4 870	..	4 306	5 067	..
Transformation	..	..	4 146	608	..	..	..	..
Homme	..	..	1 740	17	..	..	..	..
Femme	..	..	2 406	591	..	..	..	..
Total	**37 477**	..	**51 184**	**54 279**	..	**52 610**	**53 469**	..
Secteur de capture	16 957	..	19 624	17 995	17 736	17 216	17 160	16 887
Pêche en eaux intérieures	..	..	..	..	..	..	..	..
Homme	..	..	..	..	..	..	..	..
Femme	..	..	..	..	..	..	..	..
Eaux maritimes (pêche côtière)	12 691	..	14 450	13 174	12 949	12 604	12 522	12 234
Homme	12 554	..	14 257	12 978	12 754	12 414	12 324	12 044
Femme	137	..	193	196	195	190	198	190
Eaux maritimes (pêche en haute mer)	4 266	..	5 174	4 821	4 787	4 612	4 638	4 653
Homme	4 266	..	5 165	4 810	4 778	4 595	4 625	4 640
Femme	..	..	9	11	9	17	13	13
Aquaculture	20 520	..	19 995	20 694	..	19 497	20 125	..
Homme	12 341	..	12 968	13 534	..	13 125	13 353	..
Femme	8 179	..	7 027	7 160	..	6 372	6 772	..
Transformation	..	..	11 565	15 590	..	15 897	16 184	..
Homme	..	..	5 427	6 859	..	7 167	..	..
Femme	..	..	6 138	8 731	..	8 796	..	..

.. Non disponible

Note : Métadonnées détaillées : http://metalinks.oecd.org/fish/20150108/8512

Source : OCDE (2014), « Pêcheries : Emploi dans la pêche », Statistiques agricoles de l'OCDE (base de données). DOI: 10.1787/data-00219-fr

Tableau 3. Débarquements nationaux dans les ports nationaux

	2006	2007	2008	2009	2010	2011	2012	2013
VOLUME (TONNES)								
Total poissons	**225 733**	..	**225 861**	**221 615**	..	**211 127**	**202 758**	**208 843**
Saumon	4	..	5	5	..	12	10	12
Saumon rose	4	..	5	5	..	..	..	..
Saumon keta	..	..	..	..	..	..	..	..
Saumon rouge	..	..	..	..	..	..	..	..
Saumon argenté	..	..	..	..	..	..	..	..
Autres saumons	..	..	..	..	..	12	10	12
Poissons plats	15 903	..	16 460	19 640	..	25 742	24 691	24 456
Flétan	9	..	27	14	..	2	1	1
Flétan noir	42	..	187	46	..	18	19	33
Sole	7 022	..	7 339	9 311	..	8 602	8 197	8 663
Plie	2 315	..	2 113	2 697	..	3 363	3 296	3 227
Autres poissons plats	6 515	..	6 794	7 572	..	13 758	13 179	12 533
Poissons de fond	82 192	..	133 895	115 359	..	107 906	103 587	106 382
Morue (Atlantique et Pacifique)	7 850	..	7 464	4 839	..	..	..	..
Églefin	4 247	..	5 384	5 482	..	8 728	12 284	8 654
Lieu	18 067	..	23 279	10 148	..	10 261	10 124	7 818
Morue du Pacifique occidental	..	..	..	..	..	..	..	..
Merlan	11 699	..	10 478	12 643	..	18 304	13 390	18 873
Merlu (toutes espèces)	5 530	..	10 711	15 368	..	22 348	23 931	25 558
Sébaste	235	..	484	164	..	188	77	82
Autres poissons de fond	34 565	..	76 095	66 715	..	48 077	43 781	45 397
Pélagiques	61 136	..	55 507	64 697	..	50 218	50 427	52 914
Chinchard	4 154	..	3 890	3 775	..	3 135	3 810	5 226
Maquereau	12 917	..	9 808	12 449	..	12 316	11 224	10 059
Hareng (Atlantique et Pacifique)	6 683	..	3 608	3 690	..	3 783	5 759	4 843
Sardine	34 295	..	31 367	40 421	..	24 036	20 404	27 484
Autres pélagiques	3 087	..	6 834	4 362	..	6 949	9 229	5 302
Thons	5 534	..	3 071	3 464	..	6 588	7 253	8 495
Listao	10	..	5	3	..	24	43	9
Thon rouge (nord et sud)	1 922	..	388	1 012	..	713	899	1 042
Germon	3 434	..	1 725	1 567	..	3 837	4 691	5 817
Albacore	..	..	192	94	..	298	200	235
Thon obèse	12	..	229	74	..	270	182	245
Autres thons	59	..	90	228	..	465	500	320
Espadon	96	..	442	486	..	981	738	827
Autres poissons	60 964	..	16 923	18 450	..	20 660	16 790	16 582
Total crustacés	**14 594**	..	**15 752**	**17 797**	..	**18 791**	**15 037**	**15 197**
Homard et langouste	279	..	323	603	..	891	632	625
Langoustine	6 068	..	5 298	5 605	..	4 346	3 039	3 117
Crevette	372	..	1 681	680	..	531	662	746
Autres crustacés	7 875	..	8 450	10 909	..	13 022	10 704	10 709
Total coquillages et mollusques	**69 434**	..	**57 003**	**62 854**	..	**78 804**	**72 556**	**70 783**
Huître	110	..	129	421	..	453	348	200
Moule	5 311	..	2 776	2 322	..	4 077	4 709	3 970
Coquille St-Jacques	21 692	..	22 101	25 197	..	29 031	26 983	28 676
Bivalves	..	..	..	..	..	1 680	1 692	2 482
Autres coquillages (incl. buccins	21 815	..	13 843	18 632	..	22 310	16 301	17 905
Calmar	4 955	..	4 518	5 625	..	5 888	6 398	4 693
Seiche	13 738	..	11 816	8 387	..	13 512	14 242	10 688
Poulpe	1 659	..	1 291	1 535	..	1 723	1 769	2 037
Autres mollusques (incl. oursins)	154	..	529	735	..	130	115	131
Autres animaux marins	**63**	..	**9**	..	..	..	..	..
Plantes aquatiques	**69 843**	..	**9 182**	**18 910**	..	**56 034**	**75 655**	**84 991**
Algue brune	68 143	..	7 408	..	..	52 773	74 337	84 390
Algue rouge	1 621	..	10	..	..	0	0	1
Autres algues	79	..	1 764	18 910	..	3 260	1 317	601
Poisson pour transformation	..	..	..	..	..	..	..	..
TOTAL GÉNÉRAL	**379 668**	..	**307 807**	**321 176**	..	**364 756**	**366 007**	**379 814**

Tableau 3. Débarquements nationaux dans les ports nationaux *(suite)*

	2006	2007	2008	2009	2010	2011	2012	2013
VALEUR (EUR)								
Total poissons	**541 025 955**	..	**544 949 000**	**521 570 000**	..	**581 285 877**	**548 960 607**	**564 806 141**
Saumon	108 000	..	143 000	113 000	..	235 826	277 245	263 949
Saumon rose	108 000	..	143 000	113 000	..	..	..	..
Saumon keta	..	..	..	..	..	..	..	..
Saumon rouge	..	..	..	..	..	..	..	..
Saumon argenté	..	..	..	..	..	..	..	..
Autres saumons	..	..	..	..	..	235 826	277 245	263 949
Poissons plats	120 664 110	..	118 953 000	130 294 000	..	150 572 165	138 242 697	133 788 908
Flétan	55 680	..	174 000	52 000	..	15 580	7 891	7 741
Flétan noir	145 220	..	549 000	113 000	..	66 706	92 778	114 495
Sole	84 418 660	..	81 978 000	95 454 000	..	97 590 335	90 875 158	87 860 544
Plie	4 454 600	..	3 867 000	4 009 000	..	4 708 682	4 373 866	4 371 541
Autres poissons plats	31 589 950	..	32 385 000	30 666 000	..	48 190 862	42 893 005	41 434 588
Poissons de fond	130 803 814	..	344 886 000	303 780 000	..	314 585 931	295 702 422	315 324 181
Morue (Atlantique et Pacifique)	24 738 942	..	21 715 000	11 914 000	..	..	..	..
Églefin	7 732 865	..	8 448 000	6 803 000	..	9 442 214	13 485 716	12 829 686
Lieu	16 834 180	..	31 111 000	18 265 000	..	21 358 000	18 421 510	17 301 597
Morue du Pacifique occidental	..	..	..	..	..	..	..	..
Merlan	19 666 456	..	16 102 000	14 837 000	..	24 560 890	19 615 912	28 864 359
Merlu (toutes espèces)	22 793 393	..	35 870 000	35 936 000	..	64 002 256	62 002 274	63 242 483
Sébaste	546 958	..	1 088 000	341 000	..	440 236	196 535	219 372
Autres poissons de fond	38 491 020	..	230 552 000	215 684 000	..	194 782 335	181 980 476	192 866 685
Pélagiques	39 541 128	..	45 474 000	42 469 000	..	47 310 442	50 538 417	49 165 171
Chinchard	1 677 000	..	3 058 000	2 577 000	..	2 348 640	2 491 032	3 221 431
Maquereau	7 054 480	..	8 347 000	10 030 000	..	16 093 220	13 818 252	13 095 095
Hareng (Atlantique et Pacifique)	1 460 103	..	1 191 000	1 558 000	..	1 680 771	2 308 375	2 069 479
Sardine	16 123 277	..	18 264 000	20 529 000	..	15 679 520	15 822 064	20 844 940
Autres pélagiques	13 226 268	..	14 614 000	7 775 000	..	11 508 292	16 098 694	9 934 226
Thons	14 916 403	..	7 492 000	16 888 000	..	28 519 338	31 046 837	35 236 024
Listao	408 250	..	13 000	7 000	..	19 223	26 281	6 168
Thon rouge (nord et sud)	7 280 559	..	1 925 000	6 219 000	..	5 913 264	11 057 317	12 770 432
Germon	6 487 510	..	3 919 000	4 503 000	..	12 456 891	12 463 975	13 936 298
Albacore	810	..	327 000	369 000	..	1 172 180	786 706	925 375
Thon obèse	20 510	..	277 000	273 000	..	1 635 527	1 023 481	1 610 411
Autres thons	156 688	..	277 000	1 496 000	..	1 050 233	1 224 464	1 282 670
Espadon	562 076	..	754 000	4 021 000	..	6 272 021	4 464 614	4 704 669
Autres poissons	234 992 501	..	28 001 000	28 026 000	..	40 062 175	33 152 989	31 027 907
Total crustacés	**79 543 377**	..	**84 486 000**	**89 022 000**	..	**97 479 220**	**74 519 084**	**75 910 189**
Homard et langouste	6 179 000	..	7 098 000	12 308 000	..	14 237 254	10 931 553	11 061 166
Langoustine	51 059 157	..	43 436 000	43 369 000	..	41 285 271	31 721 238	32 187 666
Crevette	5 478 000	..	13 205 000	11 489 000	..	7 337 530	8 656 333	9 186 042
Autres crustacés	16 827 220	..	20 747 000	21 856 000	..	34 619 165	23 209 960	23 475 314
Total coquillages et mollusques	**155 025 608**	..	**139 748 000**	**148 708 000**	..	**194 808 924**	**182 183 872**	**171 945 082**
Huître	321 284	..	284 000	683 000	..	1 059 465	919 259	677 015
Moule	6 007 244	..	2 523 000	2 300 000	..	3 756 635	4 611 233	3 508 121
Coquille St-Jacques	54 707 570	..	53 376 000	61 123 000	..	72 463 284	68 421 726	72 615 247
Bivalves	..	..	..	..	..	6 260 793	6 317 712	6 753 098
Autres coquillages (incl. buccins	29 105 210	..	22 489 000	30 469 000	..	27 894 907	22 835 461	25 044 011
Calmar	29 533 163	..	29 553 000	27 819 000	..	33 138 928	31 583 700	27 942 732
Seiche	30 666 033	..	25 973 000	21 583 000	..	43 377 244	40 883 836	29 262 899
Poulpe	4 102 901	..	3 849 000	3 856 000	..	6 104 916	6 090 518	5 663 912
Autres mollusques (incl. oursins)	582 203	..	1 701 000	875 000	..	752 752	520 425	478 048
Autres animaux marins	**77 056**	..	**32 000**	..	..	..	..	..
Plantes aquatiques	**3 171 000**	..	**367 000**	**4 028 000**	..	**1 494 456**	**1 862 317**	**3 516 796**
Algue brune	2 759 000	..	296 000	..	..	1 396 649	1 822 795	3 498 759
Algue rouge	376 000	..	..	..	..	0	0	0
Autres algues	36 000	..	71 000	4 028 000	..	97 807	39 522	18 036
Poisson pour transformation	..	..	..	..	..	..	..	..
TOTAL GÉNÉRAL	**778 842 996**	..	**769 582 000**	**763 328 000**	..	**875 068 477**	**807 525 880**	**816 178 207**

.. Non disponible

Note : Métadonnées détaillées : http://metalinks.oecd.org/fish/20150108/7e41

Source : OCDE (2014), « Pêcheries : Débarquements nationaux dans les ports domestiques », Statistiques agricoles de l'OCDE (base de données). DOI: 10.1787/data-00222-fr

FRANCE

Tableau 4. Débarquements nationaux dans les ports étrangers

	2006	2007	2008	2009	2010	2011	2012	2013
VOLUME (TONNES)								
Total poissons	**221 842**	..	**143 538**	**124 502**	..	**131 062**	**148 423**	**165 241**
Saumon	..	..	..	2	..	1	..	0
Saumon rose	..	..	..	2	..	..	..	..
Saumon keta	..	..	..	..	..	..	..	..
Saumon rouge	..	..	..	..	..	..	..	..
Saumon argenté	..	..	..	..	..	..	..	..
Autres saumons	..	..	..	..	..	1	0	0
Poissons plats	1 272	..	170	744	..	1 060	1 560	2 424
Flétan	18	..	..	22	..	5	6	21
Flétan noir	74	..	..	94	..	77	105	296
Sole	67	..	21	13	..	18	22	16
Plie	20	..	16	7	..	39	85	101
Autres poissons plats	1 093	..	133	608	..	922	1 342	1 990
Poissons de fond	27 222	..	9 252	19 884	..	30 567	34 724	44 118
Morue (Atlantique et Pacifique)	65	..	27	103	..	..	..	..
Églefin	538	..	33	329	..	471	700	822
Lieu	6 246	..	976	3 073	..	6 911	8 263	9 823
Morue du Pacifique occidental	..	..	..	..	..	..	..	..
Merlan	411	..	63	100	..	156	191	138
Merlu (toutes espèces)	5 714	..	4 168	5 446	..	14 017	15 367	20 474
Sébaste	270	..	40	183	..	356	316	600
Autres poissons de fond	13 978	..	3 945	10 650	..	8 657	9 886	12 262
Pélagiques	53 791	..	35 084	16 779	..	17 096	38 272	37 485
Chinchard	12 300	..	8 670	524	..	3 632	6 145	2 830
Maquereau	6 888	..	7 103	113	..	4 224	10 378	9 355
Hareng (Atlantique et Pacifique)	32 813	..	17 906	16 014	..	9 096	21 543	25 299
Sardine	1 781	..	1 306	17	..	77	185	1
Autres pélagiques	9	..	99	111	..	67	21	0
Thons	134 916	..	98 925	86 063	..	81 492	73 335	80 616
Listao	55 109	..	34 141	36 148	..	37 236	23 575	29 423
Thon rouge (nord et sud)	6 919	..	2 280	2 439	..	325	21	1 241
Germon	1 341	..	1 002	355	..	374	657	386
Albacore	63 259	..	53 629	39 183	..	38 774	42 259	41 576
Thon obèse	8 287	..	7 872	7 938	..	4 368	6 402	7 347
Autres thons	1	..	1	..	..	202	284	643
Espadon	..	..	0	..	..	214	136	1
Autres poissons	4 641	..	107	1 030	..	846	532	597
Total crustacés	**167**	..	**37**	**25**	..	**340**	**40**	**103**
Homard et langouste	2	..	5	2	..	10	5	1
Langoustine	117	..	14	11	..	265	10	20
Crevette	..	..	..	..	..	11	0	0
Autres crustacés	48	..	18	12	..	54	26	82
Total coquillages et mollusques	**426**	..	**385**	**260**	..	**677**	**680**	**596**
Huître	..	..	..	..	..	..	..	..
Moule	..	..	..	..	..	0	0	0
Coquille St-Jacques	1	..	..	4	..	28	5	3
Bivalves	..	..	..	..	..	0	0	0
Autres coquillages (incl. buccins	..	..	..	16	..	2	0	0
Calmar	169	..	242	168	..	538	494	483
Seiche	86	..	53	46	..	78	123	46
Poulpe	43	..	60	13	..	30	58	63
Autres mollusques (incl. oursins)	127	..	30	13	..	..	..	..
Autres animaux marins	..	..	..	..	..	..	..	..
Plantes aquatiques	..	..	..	..	..	..	..	..
Algue brune	..	..	..	..	..	..	..	..
Algue rouge	..	..	..	..	..	..	..	..
Autres algues	..	..	..	..	..	..	..	..
Poisson pour transformation	..	..	..	..	..	..	..	..
TOTAL GÉNÉRAL	**222 435**	..	**143 960**	**124 787**	..	**132 079**	**149 143**	**165 940**

Tableau 4. Débarquements nationaux dans les ports étrangers *(suite)*

	2006	2007	2008	2009	2010	2011	2012	2013
VALEUR (EUR)								
Total poissons	**257 273 160**	..	**195 356 000**	**161 331 000**	..	**202 969 374**	**250 914 267**	**293 382 037**
Saumon	..	..	..	70 000	..	22 324	..	5 587
Saumon rose	..	..	..	70 000	..	..	..	..
Saumon keta	..	..	..	..	..	..	..	..
Saumon rouge	..	..	..	..	..	..	..	..
Saumon argenté	..	..	..	..	..	..	..	..
Autres saumons	..	..	..	..	..	22 324	0	5 587
Poissons plats	6 513 890	..	938 000	2 430 000	..	3 440 544	4 734 587	6 917 247
Flétan	112 320	..	..	132 000	..	37 890	47 245	151 526
Flétan noir	256 780	..	..	226 000	..	268 402	359 596	893 285
Sole	805 340	..	250 000	141 000	..	203 919	252 215	176 646
Plie	38 400	..	41 000	9 000	..	69 439	122 680	145 054
Autres poissons plats	5 301 050	..	647 000	1 922 000	..	2 860 894	3 952 852	5 550 736
Poissons de fond	47 426 670	..	38 160 000	44 549 000	..	72 090 428	82 546 532	103 468 877
Morue (Atlantique et Pacifique)	204 750	..	103 000	255 000	..	..	..	..
Églefin	979 160	..	54 000	402 000	..	555 492	733 391	1 035 704
Lieu	5 808 780	..	1 053 000	3 325 000	..	9 522 469	10 785 851	11 061 571
Morue du Pacifique occidental	..	..	..	..	..	..	..	..
Merlan	690 480	..	156 000	125 000	..	240 993	261 127	203 978
Merlu (toutes espèces)	23 598 820	..	18 444 000	11 965 000	..	33 077 346	37 289 809	49 354 202
Sébaste	629 100	..	64 000	425 000	..	664 051	710 849	1 257 049
Autres poissons de fond	15 515 580	..	18 286 000	28 052 000	..	28 030 077	32 765 505	40 556 373
Pélagiques	15 606 780	..	3 748 000	2 075 000	..	9 956 178	22 842 859	22 599 798
Chinchard	4 797 000	..	964 000	279 000	..	560 562	65 160	52 835
Maquereau	3 719 520	..	753 000	94 000	..	5 068 085	13 611 499	12 260 579
Hareng (Atlantique et Pacifique)	6 234 470	..	1 791 000	1 605 000	..	3 882 958	8 925 328	10 285 826
Sardine	837 070	..	174 000	9 000	..	43 788	126 733	438
Autres pélagiques	18 720	..	66 000	88 000	..	400 786	114 140	120
Thons	169 811 560	..	152 274 000	110 829 000	..	116 415 208	140 113 679	159 735 346
Listao	41 331 750	..	40 286 000	21 942 000	..	40 907 535	37 791 520	47 165 219
Thon rouge (nord et sud)	26 223 010	..	9 757 000	14 988 000	..	2 162 118	184 055	11 293 544
Germon	2 534 490	..	1 613 000	887 000	..	744 931	1 469 542	845 669
Albacore	89 195 190	..	91 169 000	62 693 000	..	64 823 188	88 703 673	87 222 511
Thon obèse	10 524 490	..	9 446 000	10 319 000	..	5 848 475	10 700 205	12 107 497
Autres thons	2 630	..	1 000	..	..	602 551	461 199	1 093 000
Espadon	..	..	2 000	..	..	1 326 410	803 485	7 907
Autres poissons	17 914 260	..	236 000	1 378 000	..	1 044 691	676 610	655 182
Total crustacés	**1 130 930**	..	**327 000**	**218 000**	..	**3 067 389**	**337 651**	**377 801**
Homard et langouste	44 240	..	171 000	66 000	..	378 863	189 927	25 030
Langoustine	983 970	..	125 000	76 000	..	2 373 900	94 668	186 133
Crevette	0	..	..	..	..	214 253	0	0
Autres crustacés	102 720	..	31 000	76 000	..	100 372	53 056	166 638
Total coquillages et mollusques	**1 789 080**	..	**1 679 000**	**984 000**	..	**2 593 655**	**2 565 703**	**1 859 646**
Huître	..	..	..	..	..	..	..	..
Moule	..	..	..	..	..	54	0	0
Coquille St-Jacques	2 520	..	..	9 000	..	65 916	9 629	9 089
Bivalves	..	..	..	..	..	0	692	0
Autres coquillages (incl. buccins	..	..	..	9 000	..	45 187	0	452
Calmar	1 007 240	..	1 396 000	791 000	..	2 154 064	1 988 091	1 543 257
Seiche	191 780	..	87 000	117 000	..	244 487	383 911	132 458
Poulpe	106 210	..	155 000	44 000	..	83 947	183 380	174 391
Autres mollusques (incl. oursins)	481 330	..	41 000	14 000	..	..	..	..
Autres animaux marins	..	..	..	..	..	..	..	..
Plantes aquatiques	..	..	..	..	..	..	..	..
Algue brune	..	..	..	..	..	..	..	..
Algue rouge	..	..	..	..	..	..	..	..
Autres algues	..	..	..	..	..	..	..	..
Poisson pour transformation	..	..	..	..	..	..	..	..
TOTAL GÉNÉRAL	**260 193 170**	..	**197 362 000**	**162 533 000**	..	**208 630 418**	**253 817 622**	**295 619 483**

.. Non disponible

Note : Métadonnées détaillées : http://metalinks.oecd.org/fish/20150108/62ea

Source : OCDE (2014), « Pêcheries : Débarquements nationaux dans les ports étrangers », Statistiques agricoles de l'OCDE (base de données). DOI: 10.1787/data-00223-fr

FRANCE

Tableau 5. Débarquements étrangers dans les ports nationaux

	2006	2007	2008	2009	2010	2011	2012	2013
VOLUME (TONNES)								
Total poissons	**13 471**	..	..	**7 409**	..	**14 382**	**7 839**	**7 231**
Saumon	..	..	..	..	..	1	..	1
Saumon rose	..	..	..	..	..	..	..	..
Saumon keta	..	..	..	..	..	..	..	..
Saumon rouge	..	..	..	..	..	..	..	..
Saumon argenté	..	..	..	..	..	..	..	..
Autres saumons	..	..	..	..	..	1	0	1
Poissons plats	498	..	..	706	..	1 233	829	724
Flétan	0	..	..	..	..	0	0	0
Flétan noir	0	..	..	..	..	..	..	..
Sole	326	..	..	503	..	243	113	100
Plie	34	..	..	67	..	91	88	116
Autres poissons plats	138	..	..	136	..	899	629	508
Poissons de fond	3 074	..	..	4 950	..	7 611	5 888	5 893
Morue (Atlantique et Pacifique)	14	..	..	172	..	..	..	..
Églefin	43	..	..	81	..	226	196	60
Lieu	1	..	..	643	..	1 464	966	1 790
Morue du Pacifique occidental	..	..	..	..	..	..	..	..
Merlan	160	..	..	221	..	792	790	739
Merlu (toutes espèces)	2 027	..	..	157	..	539	264	252
Sébaste	3	..	..	1	..	3	1	0
Autres poissons de fond	826	..	..	3 675	..	4 587	3 671	3 052
Pélagiques	7 692	..	..	1 096	..	2 691	361	306
Chinchard	4 556	..	..	979	..	1 571	247	144
Maquereau	2 842	..	..	64	..	1 086	109	159
Hareng (Atlantique et Pacifique)	263	..	..	..	..	31	1	0
Sardine	31	..	..	26	..	0	2	1
Autres pélagiques	..	..	..	27	..	2	1	1
Thons	353	..	..	34	..	94	..	..
Listao	..	..	..	..	..	..	..	..
Thon rouge (nord et sud)	2	..	..	1	..	..	..	..
Germon	347	..	..	28	..	93	0	0
Albacore	..	..	..	..	..	..	..	..
Thon obèse	..	..	..	..	..	..	..	..
Autres thons	2	..	..	5	..	1	0	0
Espadon	2	..	..	..	..	..	..	..
Autres poissons	1 854	..	..	623	..	2 752	761	307
Total crustacés	**23**	..	**1**	**54**	..	**115**	**63**	**66**
Homard et langouste	0	..	..	10	..	22	17	21
Langoustine	9	..	1	2	..	11	0	1
Crevette	..	..	..	1	..	1	0	0
Autres crustacés	14	..	..	41	..	81	46	44
Total coquillages et mollusques	**247**	..	**272**	**960**	..	**2 749**	**1 520**	**408**
Huître	..	..	14	..	..	2	0	0
Moule	..	..	28	..	..	..	..	..
Coquille St-Jacques	3	..	160	306	..	168	108	150
Bivalves	..	..	..	..	..	14	0	0
Autres coquillages (incl. buccins	1	..	69	322	..	1 910	807	1
Calmar	201	..	..	215	..	489	397	196
Seiche	30	..	1	107	..	156	205	60
Poulpe	8	..	..	3	..	9	3	1
Autres mollusques (incl. oursins)	4	..	..	7	..	0	0	0
Autres animaux marins	..	..	..	..	..	..	..	..
Plantes aquatiques	..	..	**8 537**	..	..	..	..	..
Algue brune	..	..	..	..	..	..	..	..
Algue rouge	..	..	..	..	..	..	..	..
Autres algues	..	..	8 537	..	..	..	..	..
Poisson pour transformation	..	..	..	..	..	..	..	..
TOTAL GÉNÉRAL	**13 741**	..	**8 810**	**8 423**	..	**17 247**	**9 423**	**7 705**

Tableau 5. Débarquements étrangers dans les ports nationaux *(suite)*

	2006	2007	2008	2009	2010	2011	2012	2013
VALEUR (EUR)								
Total poissons	**25 617 997**	..	..	**20 689 000**	..	**29 318 694**	**18 858 068**	**15 260 872**
Saumon	..	..	..	..	..	7 684	..	5 785
Saumon rose	..	..	..	..	..	..	..	..
Saumon keta	..	..	..	..	..	..	..	..
Saumon rouge	..	..	..	..	..	..	..	..
Saumon argenté	..	..	..	..	..	..	..	..
Autres saumons	..	..	..	..	..	7 684	0	5 785
Poissons plats	4 653 739	..	..	5 447 000	..	5 399 364	2 874 841	2 221 839
Flétan	0	..	..	..	..	312	235	0
Flétan noir	0	..	..	..	..	..	..	..
Sole	3 919 180	..	..	4 907 000	..	2 507 169	1 030 828	798 111
Plie	65 424	..	..	90 000	..	138 804	106 865	124 934
Autres poissons plats	669 135	..	..	450 000	..	2 753 078	1 736 913	1 298 794
Poissons de fond	9 674 265	..	..	13 638 000	..	16 185 103	12 137 724	11 474 597
Morue (Atlantique et Pacifique)	44 121	..	..	353 000	..	..	..	..
Églefin	78 302	..	..	120 000	..	290 399	241 657	96 291
Lieu	932	..	..	1 726 000	..	3 670 683	2 241 410	3 212 226
Morue du Pacifique occidental	..	..	..	0	..	..	..	..
Merlan	268 974	..	..	248 000	..	909 164	976 271	934 279
Merlu (toutes espèces)	8 355 139	..	..	300 000	..	1 509 364	685 877	666 218
Sébaste	6 977	..	..	4 000	..	6 384	1 535	391
Autres poissons de fond	919 821	..	..	10 887 000	..	9 799 108	7 990 975	6 565 192
Pélagiques	3 463 452	..	..	549 000	..	1 095 156	297 770	287 482
Chinchard	1 839 290	..	..	463 000	..	64 626	105 025	69 651
Maquereau	1 552 128	..	..	57 000	..	1 022 121	188 890	214 864
Hareng (Atlantique et Pacifique)	57 460	..	..	..	..	6 273	939	297
Sardine	14 574	..	..	9 000	..	314	2 658	2 021
Autres pélagiques	..	..	..	20 000	..	1 823	258	650
Thons	680 057	..	..	80 000	..	497 883	..	..
Listao	..	..	..	..	..	..	..	..
Thon rouge (nord et sud)	7 575	..	..	4 000	..	..	..	..
Germon	655 552	..	..	69 000	..	496 394	0	0
Albacore	..	..	..	..	..	..	..	..
Thon obèse	..	..	..	..	..	..	..	..
Autres thons	5 269	..	..	7 000	..	1 489	0	0
Espadon	11 662	..	..	..	..	..	..	..
Autres poissons	7 146 484	..	..	975 000	..	6 133 505	3 547 733	1 271 169
Total crustacés	**105 648**	..	**10 000**	**270 000**	..	**643 355**	**388 207**	**482 812**
Homard et langouste	0	..	..	155 000	..	355 626	278 785	371 107
Langoustine	75 734	..	10 000	14 000	..	65 472	0	4 517
Crevette	..	..	..	16 000	..	34 282	0	0
Autres crustacés	29 914	..	..	85 000	..	187 975	109 422	107 187
Total coquillages et mollusques	**1 308 761**	..	**674 000**	**2 132 000**	..	**5 512 762**	**3 739 311**	**2 036 061**
Huître	..	..	31 000	..	..	9 809	0	0
Moule	..	..	32 000	..	..	..	..	..
Coquille St-Jacques	7 566	..	497 000	726 000	..	461 616	288 685	408 433
Bivalves	..	..	..	..	..	97 336	0	0
Autres coquillages (incl. buccins	1 334	..	112 000	103 000	..	1 191 332	515 344	2 340
Calmar	1 197 965	..	..	1 031 000	..	3 184 112	2 359 834	1 452 947
Seiche	66 964	..	2 000	261 000	..	534 824	568 507	171 280
Poulpe	19 789	..	..	10 000	..	33 360	6 942	1 060
Autres mollusques (incl. oursins)	15 143	..	..	1 000	..	372	0	0
Autres animaux marins	..	..	..	..	..	..	..	..
Plantes aquatiques	..	..	**341 000**	..	..	..	..	..
Algue brune	..	..	..	..	..	..	..	..
Algue rouge	..	..	..	..	..	..	..	..
Autres algues	..	..	341 000	..	..	..	..	..
Poisson pour transformation	..	..	..	..	..	..	..	..
TOTAL GÉNÉRAL	**27 032 406**	..	**1 016 000**	**23 091 000**	..	**35 474 811**	**22 985 587**	**17 779 744**

.. Non disponible

Note : Métadonnées détaillées : http://metalinks.oecd.org/fish/20150108/4442

Source : OCDE (2014), « Pêcheries : Débarquements étrangers dans les ports domestiques », Statistiques agricoles de l'OCDE (base de données). DOI: 10.1787/data-00224-fr

Tableau 6. Production de l'aquaculture

	2006	2007	2008	2009	2010	2011	2012	2013
VOLUME (TONNES)								
Poissons	**46 017**	..	**51 324**	**49 964**	..	**47 132**	**45 437**	..
Saumon de l'Atlantique	1 410	..	..	..	..	..	..	..
Saumon du Pacifique	..	..	..	..	..	..	..	..
Truite arc-en-ciel	30 520	..	34 180	35 160	..	30 847	30 737	..
dont : d'eau de mer	20	..	..	8	..	41	110	..
dont : d'eau douce	30 500	..	34 180	35 152	..	30 806	30 627	..
Truite de mer	800	..	794	742	..	1 079	1 081	..
Poisson plat	1 030	..	656	..	..	..	..	..
Dorade	1 620	..	1 182	1 278	..	1 412	1 316	..
Bar	3 100	..	4 163	2 876	..	2 452	2 321	..
Loup	..	..	200	200	..	200	200	..
Carpe	4 230	..	4 200	4 200	..	4 200	4 200	..
Tilapia	..	..	..	..	..	..	..	..
Anguille	..	..	..	..	..	..	..	..
Autres poissons	4 337	..	5 949	5 508	..	6 942	5 582	..
Coquillages et crustacés	**191 735**	..	**186 762**	**186 368**	..	**146 477**	**159 606**	..
Huître, comestible	116 150	..	104 939	97 720	..	78 966	80 353	..
Huître, perle	..	..	..	..	..	..	..	..
Moule	72 000	..	78 527	83 044	..	65 021	77 138	..
Coquille St.-Jacques	..	..	..	..	..	..	..	..
Bivalves	3 520	..	1 221	1 201	..	857	1 020	..
Crevette et bouquet	45	..	68	70	..	44	44	..
Autres coquillages et crustacés	20	..	2 007	4 333	..	1 589	1 051	..
Total poissons, coquillages et crustacés	**237 752**	..	**238 086**	**236 332**	..	**193 609**	**205 043**	..
Autres animaux marins	..	..	..	..	..	..	..	..
Plantes aquatiques	28	..	53	108	..	59	59	..
Algue brune	24	..	52	80	..	59	59	..
Algue rouge	4	..	1	25	..	..	..	..
Algue verte	..	..	..	3	..	..	..	..
Autres plantes aquatiques	..	..	..	..	..	..	..	..
TOTAL GÉNÉRAL	**237 780**	..	**238 139**	**236 440**	..	**193 668**	**205 102**	..
VALEUR (EUR)								
Poissons	**125 179 150**	..	**179 290 300**	**177 171 600**	..	**173 425 000**	**161 756 000**	..
Saumon de l'Atlantique	5 640 000	..	..	..	..	..	..	..
Saumon du Pacifique	..	..	..	..	..	..	..	..
Truite arc-en-ciel	65 939 400	..	105 188 500	117 807 500	..	106 037 000	98 095 000	..
dont : d'eau de mer	59 400	..	..	147 300	..	225 000	435 000	..
dont : d'eau douce	65 880 000	..	105 188 500	117 660 200	..	105 812 000	97 660 000	..
Truite de mer	3 736 000	..	4 763 100	5 262 400	..	7 849 000	7 600 000	..
Poisson plat	11 968 600	..	7 827 600	..	..	..	..	..
Dorade	9 072 000	..	7 765 600	7 316 800	..	8 332 000	8 941 000	..
Bar	22 754 000	..	27 521 300	19 829 500	..	16 257 000	16 570 000	..
Loup	..	..	600 000	600 000	..	600 000	600 000	..
Carpe	4 738 000	..	4 662 000	4 662 000	..	4 662 000	4 662 000	..
Tilapia	..	..	..	..	..	..	..	..
Anguille	..	..	..	..	..	..	..	..
Autres poissons	13 299 750	..	20 962 200	21 693 400	..	29 688 000	25 288 000	..
Coquillages et crustacés	**388 097 500**	..	**501 523 700**	**520 449 400**	..	**524 181 000**	**547 065 000**	..
Huître, comestible	265 841 500	..	340 531 400	344 774 200	..	387 285 000	397 075 000	..
Huître, perle	..	..	..	..	..	..	..	..
Moule	107 090 000	..	142 738 700	149 700 100	..	124 077 000	139 364 000	..
Coquille St.-Jacques	..	..	..	..	..	..	..	..
Bivalves	13 781 000	..	9 867 600	9 616 200	..	6 170 000	6 030 000	..
Crevette et bouquet	1 125 000	..	1 008 500	884 400	..	940 000	940 000	..
Autres coquillages et crustacés	260 000	..	7 377 500	15 474 500	..	5 709 000	3 656 000	..
Total poissons, coquillages et crustacés	**513 276 650**	..	**680 814 000**	**697 621 000**	..	**697 606 000**	**708 821 000**	..
Autres animaux marins	..	..	..	..	..	..	..	..
Plantes aquatiques	17 000	..	206 000	345 000	..	100 000	100 000	..
Algue brune	14 000	..	204 000	214 000	..	100 000	100 000	..
Algue rouge	3 000	..	2 000	123 000	..	..	..	..
Algue verte	..	..	..	8 000	..	..	..	..
Autres plantes aquatiques	..	..	..	..	..	..	..	..
TOTAL GÉNÉRAL	**513 294 000**	..	**681 020 000**	**697 966 000**	..	**697 706 000**	**708 921 000**	..

.. Non disponible

Note : Métadonnées détaillées : http://metalinks.oecd.org/fish/20150108/5d1f

Source : OCDE (2014), « Pêcheries : Production de l'aquaculture », Statistiques agricoles de l'OCDE (base de données). DOI: 10.1787/data-00225-fr

FRANCE

Tableau 7. Transferts financiers publics (TFP)

Milliers EUR

	2006	2007	2008	2009	2010	2011	2012	2013
Contribution nationale aux TFP								
Pêche maritime	**29 228**	..	**210 754**	**218 278**	..	**212 514**	**221 484**	..
Paiements directs	16 034	..	27 753	49 094	..	..	..	..
Désarmement des navires et retrait des licences	2 894	..	9 169	25 483	..	..	..	..
Indemnisation des catastrophes	938	..	..	..	..	..	..	..
Aides : équipement, modernisation, construction de navire	11 641	..	..	605	..	..	..	..
Aide au revenu et assurance chômage	412	..	6 800	6 800	..	..	..	..
Autres paiements directs	149	..	11 785	16 206	..	..	..	..
Transferts réduisant les coûts	..	..	179 000	162 000	..	212 514	221 484	..
Prêts subventionnés : équipement, modernisation, construction de navire	..	..	0	..	..	..	..	..
Bonification d'intérêts	..	..	0	..	..	..	..	..
Exonération de taxe sur carburant	..	..	179 000	162 000	..	212 514	221 484	..
Ristourne et subvention à l'assurance	..	..	0	..	..	..	..	..
Allègement d'impôt sur le revenu, contrib. sociales impayées	..	..	0	..	..	..	..	..
Autres transferts réduisant les coûts	..	..	..	..	..	..	..	..
Services généraux	13 194	..	4 709	7 801	..	..	..	..
Gestion des pêcheries	..	..	..	..	..	..	..	..
Recherche halieutique	401	..	3 846	4 847	..	..	..	..
Police des pêches	0	..	..	..	..	..	..	..
Infrastructure des pêcheries	12 684	..	..	116	..	..	..	..
Autres services généraux	109	..	863	2 838	..	..	..	..
Recouvrement des coûts	..	..	-709	-618	..	..	..	..
Aquaculture	**2 792**	..	**2 000**	**42 028**	**39 055**	..	..	..
Paiements directs	2 792	..	2 000	40 793	39 055	..	..	..
Aides : développement aquacole	2 792	..	0	0	..	..	..	..
Indemnisation des catastrophes	..	..	2 000	40 793	39 055	..	..	..
Autres paiements directs	..	..	..	..	..	..	..	..
Transferts réduisant les coûts	..	..	..	1 190	..	..	..	..
Prêts subventionnés : développement aquacole	..	..	..	1 190	..	..	..	..
Autres transferts réduisant les coûts	..	..	..	..	..	..	..	..
Services généraux	..	..	..	45	..	..	..	..
Gestion, recherche et police de l'aquaculture	..	..	..	45	..	..	..	..
Infrastructure aquacole	..	..	0	..	..	..	..	..
Autres services généraux	..	..	..	..	..	..	..	..
Recouvrement des coûts	..	..	..	..	..	..	..	..
Commercialisation et transformation	**12 530**	..	**101**	**2 458**	..	..	..	..
Paiements directs	6 849	..	..	535	..	..	..	..
Aides : commercialisation et transformation	2 049	..	..	535	..	..	..	..
Autres paiements directs	4 800	..	..	..	..	..	..	..
Transferts réduisant les coûts	9 981	..	987	2 695	..	..	..	..
Prêts subventionnés : commercialisation et transformation	..	..	0	..	..	..	..	..
Autres transferts réduisant les coûts	9 981	..	987	2 695	..	..	..	..
Services généraux	..	..	..	..	..	..	..	..
Aquaculture	..	..	0	..	..	..	..	..
Autres services généraux	..	..	..	..	..	..	..	..
Recouvrement des coûts	-4 300	..	-886	-772	..	..	..	..
Total	**44 550**	..	**212 854**	**262 763**	**39 055**	**212 514**	**221 484**	..

Tableau 7. Transferts financiers publics (TFP) *(suite)*

Milliers EUR

	2006	2007	2008	2009	2010	2011	2012	2013
Contribution européenne aux TFP								
Pêche maritime	**21 251**	..	**10 727**	**17 663**	..	..	..	..
Paiements directs	11 908	..	10 727	17 553	..	..	..	..
Désarmement des navires et retrait des licences	3 047	..	6 112	13 924	..	..	..	..
Indemnisation des catastrophes	938	..	..	..	..	..	..	..
Aides : équipement, modernisation, construction de navire	7 316	..	..	586	..	..	..	..
Aide au revenu et assurance chômage	469	..	..	..	..	..	..	..
Autres paiements directs	138	..	4 615	3 042	..	..	..	..
Transferts réduisant les coûts	..	..	..	..	..	..	..	..
Prêts subventionnés : équipement, modernisation, construction de navire	..	..	..	..	..	..	..	..
Bonification d'intérêts	..	..	..	..	..	..	..	..
Exonération de taxe sur carburant	..	..	..	..	..	..	..	..
Ristourne et subvention à l'assurance	..	..	..	..	..	..	..	..
Allègement d'impôt sur le revenu, contrib. sociales impayées	..	..	..	..	..	..	..	..
Autres transferts réduisant les coûts	..	..	..	..	..	..	..	..
Services généraux	9 343	..	..	110	..	..	..	..
Gestion des pêcheries	..	..	..	..	..	..	..	..
Recherche halieutique	429	..	..	54	..	..	..	..
Police des pêches	..	..	..	..	..	..	..	..
Infrastructure des pêcheries	8 830	..	..	56	..	..	..	..
Autres services généraux	84	..	..	..	..	..	..	..
Recouvrement des coûts	..	..	..	..	..	..	..	..
Aquaculture	**3 165**	..	..	**1 061**	..	..	..	..
Paiements directs	3 165	..	..	..	..	..	..	..
Aides : développement aquacole	3 165	..	..	..	..	..	..	..
Indemnisation des catastrophes	..	..	..	..	..	..	..	..
Autres paiements directs	..	..	..	..	..	..	..	..
Transferts réduisant les coûts	..	..	..	1 034	..	..	..	..
Prêts subventionnés : développement aquacole	..	..	..	1 034	..	..	..	..
Autres transferts réduisant les coûts	..	..	..	..	..	..	..	..
Services généraux	..	..	..	27	..	..	..	..
Gestion, recherche et police de l'aquaculture	..	..	..	27	..	..	..	..
Infrastructure aquacole	..	..	..	..	..	..	..	..
Autres services généraux	..	..	..	..	..	..	..	..
Recouvrement des coûts	..	..	..	..	..	..	..	..
Commercialisation et transformation	**21 682**	..	**8 881**	**10 469**	..	..	..	..
Paiements directs	1 946	..	7 904	8 501	..	..	..	..
Aides : commercialisation et transformation	1 946	..	7 904	8 501	..	..	..	..
Autres paiements directs	..	..	..	..	..	..	..	..
Transferts réduisant les coûts	19 736	..	977	1 969	..	..	..	..
Prêts subventionnés : commercialisation et transformation	..	..	..	..	..	..	..	..
Autres transferts réduisant les coûts	19 736	..	977	1 969	..	..	..	..
Services généraux	..	..	..	..	..	..	..	..
Aquaculture	..	..	..	..	..	..	..	..
Autres services généraux	..	..	..	..	..	..	..	..
Recouvrement des coûts	..	..	..	..	..	..	..	..
Total	**46 098**	..	**19 608**	**29 193**	..	..	..	..

Tableau 7. Transferts financiers publics (TFP) *(suite)*

Milliers EUR

	2006	2007	2008	2009	2010	2011	2012	2013
Total des TFP								
Pêche maritime	**50 479**	..	**221 481**	**235 940**	..	**212 514**	**221 484**	..
Paiements directs	27 942	..	38 481	66 647	..	..	..	..
Désarmement des navires et retrait des licences	5 941	..	15 281	39 407	..	..	..	..
Indemnisation des catastrophes	1 876	..	..	..	..	..	..	..
Aides : équipement, modernisation, construction de navire	18 957	..	..	1 192	..	..	..	..
Aide au revenu et assurance chômage	881	..	6 800	6 800	..	..	..	..
Autres paiements directs	287	..	16 400	19 248	..	..	..	..
Transferts réduisant les coûts	..	..	179 000	162 000	..	212 514	221 484	..
Prêts subventionnés : équipement, modernisation, construction de navire	..	..	..	..	..	..	..	..
Bonification d'intérêts	..	..	..	..	..	..	..	..
Exonération de taxe sur carburant	..	..	179 000	162 000	..	212 514	221 484	..
Ristourne et subvention à l'assurance	..	..	..	..	..	..	..	..
Allègement d'impôt sur le revenu, contrib. sociales impayées	..	..	..	..	..	..	..	..
Autres transferts réduisant les coûts	..	..	..	..	..	..	..	..
Services généraux	22 537	..	4 709	7 911	..	..	..	..
Gestion des pêcheries	..	..	..	..	..	..	..	..
Recherche halieutique	830	..	3 846	4 901	..	..	..	..
Police des pêches	0	..	..	..	..	..	..	..
Infrastructure des pêcheries	21 514	..	..	172	..	..	..	..
Autres services généraux	193	..	863	2 838	..	..	..	..
Recouvrement des coûts	..	..	-709	-618	..	..	..	..
Aquaculture	**5 957**	..	**2 000**	**43 089**	**39 055**	..	..	..
Paiements directs	5 957	..	2 000	40 793	39 055	..	..	..
Aides : développement aquacole	5 957	..	..	..	..	..	..	..
Indemnisation des catastrophes	..	..	2 000	40 793	39 055	..	..	..
Autres paiements directs	..	..	..	..	..	..	..	..
Transferts réduisant les coûts	..	..	..	2 224	..	..	..	..
Prêts subventionnés : développement aquacole	..	..	..	2 224	..	..	..	..
Autres transferts réduisant les coûts	..	..	..	..	..	..	..	..
Services généraux	..	..	..	72	..	..	..	..
Gestion, recherche et police de l'aquaculture	..	..	..	72	..	..	..	..
Infrastructure aquacole	..	..	..	..	..	..	..	..
Autres services généraux	..	..	..	..	..	..	..	..
Recouvrement des coûts	..	..	..	..	..	..	..	..
Commercialisation et transformation	**34 212**	..	**8 982**	**12 927**	..	..	..	..
Paiements directs	8 795	..	7 904	9 036	..	..	..	..
Aides : commercialisation et transformation	3 995	..	7 904	9 036	..	..	..	..
Autres paiements directs	4 800	..	..	..	..	..	..	..
Transferts réduisant les coûts	29 717	..	1 963	4 664	..	..	..	..
Prêts subventionnés : commercialisation et transformation	..	..	..	..	..	..	..	..
Autres transferts réduisant les coûts	29 717	..	1 963	4 664	..	..	..	..
Services généraux	..	..	..	..	..	..	..	..
Aquaculture	..	..	..	..	..	..	..	..
Autres services généraux	..	..	..	..	..	..	..	..
Recouvrement des coûts	-4 300	..	-886	-772	..	..	..	..
Total	**90 648**	..	**232 463**	**291 956**	**39 055**	**212 514**	**221 484**	..

.. Non disponible

Note : Métadonnées détaillées : http://metalinks.oecd.org/fish/20150108/a760

Source : OCDE (2014), « Pêcheries : Transferts financiers publics », Statistiques agricoles de l'OCDE (base de données). DOI: 10.1787/data-00220-fr

FRANCE

Tableau 8. Importations par produit

		2009		2010		2011		2012		2013	
		Tonnes	USD	Tonnes	USD	Tonnes	USD	Tonnes	USD	Tonnes	USD
03	**Poisson, crustacés et mollusques**	..	**4 206 348 818**	..	**4 643 720 727**	..	**5 150 172 587**	..	**4 653 717 059**	..	**4 968 214 150**
0302	**Poisson, frais ou réfrigéré, excl. 0304**	**225 834 360**	**1 111 228 749**	**222 124 218**	**1 234 568 685**	**209 809 623**	**1 260 429 828**	**214 791 408**	**1 127 747 737**	**210 967 655**	**1 296 021 990**
030211	Truite	853 800	4 519 187	865 000	4 977 165	653 000	4 499 870	767 839	4 196 071	929 765	5 490 528
030212	Saumon (Pacifique, Atlantique et Danube)	107 037 300	576 308 811	110 593 700	712 158 636	109 168 500	706 492 169	116 107 654	608 292 923	105 154 663	739 127 215
030219	Salmonidés nra	544 200	2 612 135	542 800	2 620 467	436 200	2 820 420	786 379	5 063 347	825 760	5 364 384
030221	Flétan	2 554 100	12 823 333	2 009 200	11 735 769	1 575 200	10 754 328	1 501 222	8 949 217	1 837 530	10 093 155
030222	Plie, carrelet	376 100	1 186 703	418 200	1 330 779	360 000	1 363 597	410 382	1 406 159	914 600	3 507 978
030223	Sole	2 373 831	34 292 249	1 887 300	27 754 152	1 514 500	23 573 533	1 746 757	21 673 971	2 075 930	24 153 473
030229	Poissons plats nra	5 134 300	46 359 145	5 427 100	49 179 154	5 702 500	53 038 361	5 637 499	66 252 292	4 979 920	66 837 853
030231	Thon blanc/germon	1 242 100	6 059 819	1 464 700	5 877 162	2 020 800	7 811 463	1 704 181	8 250 199	940 349	5 575 867
030232	Albacore (thon jaune)	2 567 000	24 942 972	2 706 733	27 042 371	2 889 700	29 079 403	3 359 532	30 853 287	2 620 093	28 206 476
030233	Listaos/bonite à ventre rayé	337 600	1 243 609	310 200	1 116 051	375 800	1 366 380	441 139	1 717 427	762 585	2 827 279
030239	Thonidés nra	1 358 200	12 111 311	812 000	8 050 944	777 300	6 965 477	730 808	5 526 163	363 651	3 407 489
030240	Hareng	208 800	480 233	403 600	750 220	202 200	498 130	289 348	898 939	195 217	769 672
030250	Morue	15 382 900	71 550 561	15 561 500	78 212 391	14 115 400	84 971 578	11 987 540	64 475 277	15 716 216	80 385 201
030261	Sardines	1 501 200	3 322 769	3 645 500	7 013 096	3 108 200	7 151 928	3 111 666	7 422 794	2 918 536	7 952 795
030262	Églefin	1 491 500	5 346 410	1 606 400	6 175 395	1 260 600	5 852 336	3 880 137	10 042 764	4 101 279	9 937 355
030263	Lieu noir	10 300 500	20 641 694	8 373 100	19 622 354	5 980 000	16 172 539	5 127 929	12 698 119	6 266 882	16 137 121
030264	Maquereau	10 319 100	11 248 002	7 017 600	10 769 496	6 429 300	14 609 969	10 616 395	25 418 064	9 057 100	20 771 232
030265	Aiguillat et autres squalidés	1 143 300	4 505 308	813 096	2 950 511	778 200	3 407 602	847 223	3 359 662	526 288	2 368 363
030266	Anguille	26 018	303 962	13 300	194 845	17 500	262 979	19 378	369 311	13 122	216 332
030269	Poisson nra	59 201 212	264 851 305	56 131 190	252 114 906	50 938 223	274 273 638	45 492 120	237 983 990	50 426 386	258 642 577
030270	Foies, oeufs et laitances	1 881 300	6 519 233	1 522 000	4 922 820	1 506 500	5 464 129	226 281	2 897 762	341 783	4 249 646
0303	**Poisson, congelé, excl. 0304**	**68 984 579**	**205 385 684**	**74 234 916**	**228 908 465**	**78 784 477**	**277 234 591**	**69 993 760**	**235 432 129**	**62 521 449**	**210 438 885**
030319	Saumon, Pacifique	3 693 000	12 000 274	..	..	..	..	..	..	..	..
030321	Truite	68 900	413 611	247 900	1 252 575	397 000	1 897 905	467 240	2 284 471	487 223	2 115 010
030322	Saumon (Atlantique et Danube)	3 346 500	21 181 609	..	..	..	..	..	..	..	..
030329	Salmonidés	343 100	691 202	344 620	894 697	104 700	254 631	39 516	85 723	71 338	214 329
030331	Flétan	170 100	1 199 195	77 900	577 908	57 300	488 390	89 493	638 455	48 675	347 079
030332	Plie, carrelet	127 600	843 878	194 200	1 387 774	42 800	1 639 099	24 740	1 179 765	20 018	505 108
030333	Sole	366 700	4 709 337	412 700	5 833 422	486 600	7 068 442	340 785	4 643 705	301 414	3 435 804
030339	Poisson plat nra	269 000	1 351 870	165 500	780 706	193 700	1 054 701	161 236	1 038 008	202 948	1 302 794
030341	Thon blanc/germon	2 231 100	6 674 684	2 316 400	6 254 924	1 973 200	7 168 625	1 816 476	6 458 342	1 020 360	3 320 889
030342	Albacore (thon jaune)	5 114 900	13 776 859	4 377 600	13 318 387	4 578 152	14 537 615	6 130 785	19 333 307	5 449 417	19 943 031
030343	Listao/bonite à ventre rayé	212 000	365 033	302 600	1 558 760	4 100	6 958	47 055	145 922	12 922	45 985
030349	Thonidés nra	199 900	730 065	235 600	2 286 447	124 500	535 699	110 705	597 786	155 452	745 219
030350	Hareng	1 212 500	1 343 542	1 420 400	1 362 590	1 096 900	1 743 456	1 543 546	2 710 002	1 665 243	2 505 011
030360	Morue	1 895 900	11 915 609	2 438 800	14 911 611	3 793 200	20 782 333	5 578 780	25 150 316	4 811 141	16 701 308
030371	Sardines, sardinelles	6 134 900	7 134 098	10 199 200	10 089 528	10 097 600	12 405 951	11 954 902	15 179 745	9 456 794	13 929 054
030372	Églefin	188 900	641 236	388 100	1 053 754	478 500	1 448 474	575 597	1 458 003	247 581	955 247
030373	Lieu noir	364 200	1 042 356	297 800	984 829	141 700	619 184	156 486	518 716	68 570	196 581
030374	Maquereau	13 967 000	23 202 473	12 419 700	23 382 731	16 914 400	42 304 904	8 443 095	23 337 860	5 135 726	9 877 686
030375	Aiguillat et autres squalidés	2 062 200	6 200 003	2 100 200	6 822 227	1 982 900	6 898 688	1 577 758	4 807 192	1 617 492	4 763 578
030376	Anguille	47 600	778 644	71 300	800 588	79 902	1 095 052	44 185	858 323	45 390	876 383
030377	Bar (loup)	149 900	1 257 489	168 700	1 230 042	125 400	1 455 431	109 624	1 165 103	64 094	560 614
030378	Merlu	977 900	3 224 224	891 600	2 660 232	941 500	3 047 222	799 194	2 501 804	883 544	3 066 587
030379	Poisson nra	25 007 300	76 716 536	26 077 100	81 079 397	26 613 500	98 473 972	24 954 905	87 002 651	25 478 120	92 745 975
030380	Foies, oeufs et laitances	159 679	3 174 257	385 763	3 141 379	932 124	4 004 523	1 358 949	7 946 385	1 104 540	3 908 034
0304	**Filets de poisson et autre chair de poisson**	**234 959 819**	**1 275 217 233**	**248 368 894**	**1 321 643 212**	**261 837 240**	**1 507 698 678**	**253 922 731**	**1 408 132 388**	**258 890 270**	**1 501 105 110**
030410	Filets et autre chair de poisson, frais ou réfrigéré	48 079 311	403 058 491	45 153 594	399 890 955	47 125 840	457 472 906	57 578 329	481 370 084	59 079 600	552 296 045
030420	Filets de poissons, congelé	153 240 300	774 789 408	160 720 200	801 137 872	168 476 400	918 989 293	153 142 554	802 401 183	158 231 385	820 759 214
030490	Chair de poisson nra, congelé	33 640 208	97 369 333	42 495 100	120 614 384	46 235 000	131 236 479	43 201 848	124 361 121	41 579 285	128 049 851
0305	**Poisson, séché, salé, fumé, ou en saumure**	**19 121 283**	**148 943 032**	**22 184 377**	**184 253 162**	**23 615 298**	**215 691 838**	**24 833 017**	**205 102 585**	**27 824 371**	**222 176 234**
030510	Farine de poisson, consommation humaine	1 002 500	2 731 499	1 447 600	3 546 975	1 185 000	3 279 590	690 539	2 052 782	878 991	2 140 073
030520	Foies, oeufs et laitances	264 600	2 265 145	433 500	6 762 581	464 400	7 547 093	605 121	9 016 795	642 000	7 775 667
030530	Filets de poisson (non fumé)	1 435 782	8 043 210	2 203 588	10 155 801	881 900	5 279 069	692 924	4 644 853	835 360	5 233 939
030541	Saumon (Pacifique, Atlantique et Danube), fumé	5 355 700	67 494 951	7 279 400	99 422 666	7 635 184	116 870 010	9 244 509	108 386 853	8 693 759	122 847 092
030542	Hareng, fumé	606 800	2 680 145	..	..	..	..	..	..	..	..
030549	Poisson nra, fumé	754 273	6 034 837	829 600	8 416 776	948 714	11 530 744	960 661	10 192 944	1 276 294	13 041 886
030551	Morue, séché, non fumé	5 621 500	40 324 309	5 210 600	34 302 006	5 416 600	41 826 253	5 958 764	42 050 883	4 807 649	28 880 552
030559	Poisson nra, séché, salé, non fumé	1 419 928	8 635 867	1 203 826	7 072 743	1 598 700	8 874 512	1 996 778	10 613 623	2 868 130	14 282 497
030561	Hareng, salé ou en saumure	119 000	402 507	130 000	410 898	140 100	484 216	103 195	414 663	108 604	459 120
030562	Morue, salé ou en saumure	803 800	4 352 633	1 425 700	6 368 915	1 766 000	7 997 914	1 424 501	6 976 313	1 570 230	7 936 794
030563	Anchois, salé ou en saumure	416 900	1 475 398	243 500	976 876	432 900	1 840 856	492 540	1 490 754	301 528	1 334 819
030569	Poisson nra, salé ou en saumure	1 320 500	4 502 532	1 186 664	4 318 402	711 600	2 837 117	414 368	1 835 694	625 196	2 831 656

Tableau 8. Importations par produit *(suite)*

		2009		2010		2011		2012		2013	
		Tonnes	USD	Tonnes	USD	Tonnes	USD	Tonnes	USD	Tonnes	USD
0306	**Crustacés**	**124 536 356**	**925 986 483**	**130 187 924**	**1 060 010 059**	**124 600 290**	**1 157 156 829**	**125 099 099**	**1 068 292 607**	**121 328 815**	**1 150 953 874**
030611	Langoustes et autres palinuridés, congelé	2 808 500	58 856 308	2 978 000	80 924 317	3 049 948	88 255 342	2 384 170	65 208 240	2 290 622	62 258 990
030612	Homard nra	1 065 300	13 484 000	1 461 000	20 338 111	1 602 880	27 824 338	1 357 580	22 942 806	1 439 326	19 817 601
030613	Crevettes, congelé	91 548 790	582 526 857	95 533 800	669 125 716	92 522 475	735 405 993	92 885 051	688 141 616	90 028 376	767 679 301
030614	Crabes, congelé	3 978 777	31 259 563	3 878 230	39 432 926	3 943 100	39 190 893	3 888 947	36 577 201	3 793 981	34 603 664
030619	Crustacés nra, congelé	3 450 300	27 866 009	4 649 500	29 556 800	3 953 400	39 751 638	4 773 294	43 677 955	4 366 926	42 424 449
030621	Langoustes et autres palinuridés (non congelé)	502 751	13 561 726	421 400	15 018 974	385 613	14 266 286	311 775	10 686 344	301 647	10 762 486
030622	Homard nra (non congelé)	4 110 352	64 684 339	4 110 178	68 130 817	4 274 178	76 325 259	4 084 881	69 494 435	4 258 342	75 398 624
030623	Crevettes (non congelé)	3 281 972	34 481 011	3 713 539	37 489 777	3 299 328	34 896 954	3 844 091	38 862 965	3 575 542	40 947 051
030624	Crabes (non congelé)	7 190 914	33 533 036	6 714 576	32 715 411	6 374 549	32 524 573	6 397 845	30 675 616	6 417 994	33 922 222
030629	Crustacés nra (non congelé)	6 598 700	65 733 634	6 727 700	67 277 211	5 194 819	68 715 553	5 171 465	62 025 431	4 856 059	63 139 487
0307	**Mollusques**	**108 457 335**	**506 271 123**	**118 689 059**	**581 379 172**	**114 220 780**	**704 985 255**	**102 407 794**	**578 555 029**	**101 900 099**	**562 257 940**
030710	Huîtres	5 029 200	18 772 115	5 772 031	23 144 145	4 905 000	27 392 996	4 321 548	27 319 757	5 351 815	35 224 659
030721	St-Jacques, vi, fr, ou ré	5 707 300	98 796 153	4 708 300	88 289 989	4 625 900	100 211 863	4 703 951	97 006 470	5 282 842	100 852 890
030729	St-Jacques, co, sc, sl, ou sm	22 126 400	194 587 379	22 967 900	254 243 622	21 623 300	323 153 027	15 024 301	222 750 697	16 125 029	209 770 179
030731	Moules, vi, fr, ou ré	35 861 600	50 814 487	43 204 600	57 444 826	39 177 100	56 985 835	37 022 722	48 816 561	37 002 310	51 386 663
030739	Moules, co, sc, sl, ou sm	2 159 200	8 551 202	2 219 700	8 170 237	4 153 800	14 366 469	3 405 181	11 076 008	2 712 285	9 360 258
030741	Seiches, encornets et calmars, vi, fr, ou ré	4 853 800	14 341 757	5 273 600	17 117 203	4 235 900	18 500 395	4 682 392	17 014 698	4 133 064	15 532 779
030749	Seiches, encornets et calmars, co, sc, sl, ou sm	13 367 700	39 308 325	12 976 300	43 649 266	13 705 664	56 198 288	12 627 013	54 295 393	11 093 255	44 150 253
030751	Poulpe, vi, fr, ou ré	527 000	2 467 787	626 000	2 715 901	540 600	3 037 482	385 005	2 119 010	358 904	1 974 903
030759	Poulpe, co, sc, sl, ou sm	2 967 200	12 490 223	2 866 900	11 966 402	3 240 700	17 984 176	3 465 874	19 626 197	2 862 229	14 323 647
030760	Escargots (autres que de mer)	2 202 368	15 928 192	2 078 135	15 440 476	2 165 900	17 448 477	2 000 410	14 966 352	2 571 124	21 092 542
030791	Mollusques nra, vi, fr, ou ré	3 997 668	19 009 457	4 760 739	19 725 741	3 864 753	19 460 479	3 710 933	17 480 768	3 757 771	18 437 776
030799	Mollusques nra, co, sc, sl, ou sm	9 657 900	31 204 045	11 234 854	39 471 365	11 982 163	50 245 769	11 058 464	46 083 119	10 649 471	40 151 390
121220	**Algues**	**19 679 805**	**32 753 004**	**15 920 769**	**28 707 170**	**17 813 781**	**31 211 067**	**17 158 627**	**30 678 196**	**14 199 430**	**28 409 704**
1504	**Graisses, huiles et leurs fractions**	**29 754 798**	**33 166 616**	**29 838 241**	**47 746 314**	**25 519 800**	**56 754 858**	**30 693 383**	**68 619 563**	**28 519 558**	**69 322 793**
150410	Huiles de foies de poisson, et fractions	1 330 500	3 918 202	2 164 500	4 221 643	1 630 200	4 677 973	1 244 999	3 760 143	1 167 322	4 404 196
150420	Graisses et huiles de poisson, et fractions	28 424 298	29 248 414	27 673 741	43 524 672	23 889 600	52 076 885	29 436 463	64 846 073	27 352 236	64 918 598
150430	Graisses et huiles de mammifère marin, et fractions	..	..	..	..	..	..	11 921	13 348	..	..
1604	**Préparations et conserves de poisson; caviars et succédanés**	**190 055 458**	**959 951 174**	**180 625 207**	**855 072 837**	**185 255 297**	**973 042 003**	**178 424 108**	**970 666 648**	**195 905 510**	**1 159 488 969**
160411	Saumon, non haché	2 008 800	15 850 466	1 693 000	13 606 016	1 708 300	16 382 644	1 466 688	13 867 024	2 039 652	19 187 769
160412	Hareng, non haché	1 685 900	6 789 885	1 965 800	7 017 073	1 958 300	8 024 351	1 674 667	7 128 933	1 926 194	8 362 443
160413	Sardines, sardinelles, sprats, esprots, non haché	19 250 100	86 854 172	16 780 100	72 449 219	12 322 600	59 239 945	16 458 651	78 250 140	16 525 251	86 266 256
160414	Thons, listaos, sardes, non haché	105 527 600	501 246 719	97 590 100	427 312 413	108 431 200	544 494 054	99 994 389	546 686 878	109 669 085	685 393 734
160415	Maquereau, non haché	3 889 500	21 263 498	5 343 900	29 017 332	5 105 700	32 296 379	5 823 343	38 141 197	5 898 166	38 942 904
160416	Anchois, non haché	6 708 900	57 088 051	6 067 300	49 833 940	2 964 100	26 570 663	3 036 095	24 112 837	3 650 307	31 812 177
160419	Poisson nra, non haché	23 768 666	124 503 889	22 521 500	107 588 927	22 486 000	105 689 905	19 855 152	100 807 535	23 571 194	113 329 596
160420	Poisson, haché	24 525 000	109 269 675	25 091 300	109 761 383	28 299 235	141 982 459	29 105 723	132 856 623	31 697 317	144 661 966
160430	Caviar et succédanés	2 690 992	37 084 818	3 572 207	38 486 535	1 979 862	38 361 604	1 009 400	28 815 482	928 344	31 532 125
1605	**Préparations et conserves de crustacés**	**47 283 500**	**280 381 153**	**50 064 143**	**300 008 349**	**49 803 726**	**332 031 714**	**42 884 647**	**293 560 781**	**40 921 112**	**284 552 256**
160510	Crabes	4 627 300	47 881 733	4 123 019	45 477 099	3 922 900	49 774 076	3 924 001	49 187 371	3 388 650	41 266 099
160520	Crevettes	13 401 900	108 693 673	14 632 062	119 116 596	13 778 600	135 867 143	12 279 457	118 471 059	11 728 500	116 871 200
160530	Homard	320 400	3 504 591	328 700	4 287 917	423 926	4 697 453	252 489	2 799 386	219 971	2 296 019
160540	Crustacés nra	1 127 500	11 393 738	1 203 300	11 803 368	887 400	10 549 789	1 566 610	13 892 194	1 783 335	13 500 783
230120	**Farine de poisson**	**38 568 100**	**43 476 359**	**30 602 500**	**47 835 121**	**28 759 500**	**45 406 391**	**32 544 325**	**49 695 416**	**26 370 942**	**48 247 108**
	TOTAL	**1 107 235 393**	**5 522 760 610**	**1 122 840 248**	**5 890 132 546**	**..**	**6 588 618 620**	**..**	**6 066 937 663**	**..**	**6 558 234 980**

.. Non disponible

Note : nra : non répertorié ailleurs. vi : vivant. fr : frais. ré : réfrigéré. co : congelé. sc : séché. sl : salé. sm : en saumure.
Métadonnées détaillées : http://metalinks.oecd.org/fish/20150108/43a7

Source : OCDE (2014), « Pêcheries : Commerce par produit », Statistiques agricoles de l'OCDE (base de données). DOI: 10.1787/data-00677-fr

FRANCE

Tableau 9. Exportations par produit

		2009		2010		2011		2012		2013	
		Tonnes	USD	Tonnes	USD	Tonnes	USD	Tonnes	USD	Tonnes	USD
03	**Poisson, crustacés et mollusques**	..	**1 246 218 995**	..	**1 286 146 507**	..	**1 384 725 509**	..	**1 402 499 745**	..	**1 473 161 943**
0302	**Poisson, frais ou réfrigéré, excl. 0304**	**46 624 465**	**352 853 824**	**47 560 592**	**356 237 818**	**51 580 036**	**390 283 311**	**55 886 779**	**358 921 930**	**51 915 470**	**369 284 894**
030211	Truite	834 100	4 425 000	654 800	3 514 061	487 200	2 546 088	693 845	3 837 255	1 029 498	6 286 429
030212	Saumon (Pacifique, Atlantique et Danube)	3 698 500	26 625 025	3 472 716	29 172 941	4 012 527	34 148 190	3 794 835	25 551 547	3 362 994	27 926 971
030219	Salmonidés nra	659 000	3 740 063	897 300	5 518 309	1 001 800	6 455 655	1 366 935	6 938 407	667 668	4 643 306
030221	Flétan	59 700	729 396	69 600	937 171	74 200	914 087	45 958	476 030	38 185	367 068
030222	Plie, carrelet	478 100	1 021 154	679 000	1 097 564	716 400	1 018 435	1 033 138	1 301 506	1 008 354	1 740 250
030223	Sole	2 640 900	45 053 032	2 544 977	43 625 529	2 688 877	48 409 066	2 691 726	44 166 490	2 717 117	40 857 199
030229	Poissons plats nra	2 647 100	24 256 226	3 025 400	25 595 252	2 964 000	24 172 533	3 431 928	26 557 986	3 350 084	23 686 774
030231	Thon blanc/germon	506 500	2 581 366	437 000	2 208 384	1 072 600	5 213 220	1 421 765	5 257 730	2 145 428	7 808 667
030232	Albacore (thon jaune)	549 200	8 344 286	669 900	8 947 535	628 200	8 169 743	537 012	7 853 641	527 091	8 682 173
030233	Listaos/bonite à ventre rayé	42 000	212 567	43 000	218 718	45 500	239 304	52 112	247 088	39 044	214 184
030239	Thonidés nra	342 500	4 694 529	430 093	4 590 417	187 500	2 519 653	175 036	2 045 347	147 540	2 144 955
030240	Hareng	368 200	243 132	179 100	200 160	626 400	797 218	2 483 453	1 456 316	1 032 434	633 605
030250	Morue	461 400	3 905 393	576 800	4 065 495	956 800	5 843 481	890 190	4 991 897	1 178 166	6 334 485
030261	Sardines	2 388 900	5 629 545	1 160 406	2 705 469	1 087 700	2 701 914	872 912	2 550 910	947 598	2 480 585
030262	Églefin	60 600	362 614	74 500	373 808	116 200	724 870	853 042	2 506 672	444 307	1 541 359
030263	Lieu noir	1 458 800	2 185 408	1 195 000	2 299 848	2 861 600	6 675 481	3 027 122	5 838 484	3 013 374	5 468 821
030264	Maquereau	4 107 700	8 417 920	4 014 800	8 738 096	2 582 500	8 452 178	2 735 170	7 604 055	2 447 637	7 299 043
030265	Aiguillat et autres squalidés	1 373 600	8 799 985	1 387 300	9 668 640	1 503 600	10 413 918	1 611 795	10 961 185	1 451 418	9 474 604
030266	Anguille	61 300	733 564	6 200	445 388	24 745	756 870	46 956	1 704 795	33 694	418 110
030269	Poisson nra	23 815 465	199 512 632	26 004 987	201 330 140	27 883 388	218 894 014	28 068 409	195 669 207	26 289 190	209 901 223
030270	Foies, oeufs et laitances	70 900	1 380 989	37 714	984 892	58 298	1 217 392	53 440	1 405 382	44 649	1 375 082
0303	**Poisson, congelé, excl. 0304**	**115 298 838**	**210 716 149**	**100 996 574**	**210 358 534**	**88 227 081**	**233 065 847**	**111 526 632**	**312 289 387**	**96 367 402**	**326 350 281**
030319	Saumon, Pacifique	569 900	1 706 091	..	..	..	..	..	..	..	..
030321	Truite	312 000	1 322 637	247 600	1 202 284	433 100	2 137 044	384 042	2 022 801	472 893	2 626 649
030322	Saumon (Atlantique et Danube)	641 500	4 463 901	..	..	..	..	..	..	..	..
030329	Salmonidés	17 700	70 856	139 800	682 664	158 800	660 870	150 453	600 895	169 249	395 116
030331	Flétan	5 500	73 634	8 400	90 138	7 000	164 174	2 285	29 857	10 806	72 466
030332	Plie, carrelet	600	2 779	300	2 651	200	5 565	32	1 108	25	1 798
030333	Sole	26 900	361 225	30 800	381 761	31 600	493 913	28 270	390 704	33 034	515 261
030339	Poisson plat nra	39 600	136 154	28 300	133 882	50 700	304 696	35 214	199 118	75 027	623 502
030341	Thon blanc/germon	578 100	1 351 813	337 500	711 826	261 000	801 392	474 849	1 394 263	361 574	1 017 326
030342	Albacore (thon jaune)	40 650 400	67 746 267	38 403 100	75 432 359	29 221 800	72 934 990	48 488 653	128 712 852	44 007 024	134 105 404
030343	Listao/bonite à ventre rayé	46 770 000	50 461 674	35 221 600	35 090 244	36 925 800	48 552 370	41 330 002	71 223 390	29 741 388	62 686 003
030349	Thonidés nra	5 675 816	6 935 511	3 829 600	5 637 610	4 293 800	7 360 003	4 361 430	8 938 190	4 501 092	10 773 267
030350	Hareng	10 200	11 115	833 300	466 597	9 300	16 696	166 727	163 928	21 266	39 247
030360	Morue	35 900	232 017	42 100	172 323	36 800	262 957	203 091	912 080	119 832	584 679
030371	Sardines, sardinelles	5 725 100	5 853 226	2 279 300	2 476 147	2 227 700	2 880 001	2 727 376	3 601 538	2 082 163	2 961 036
030372	Églefin	..	..	..	..	16 700	29 217	54 159	114 684	895	17 689
030373	Lieu noir	19 200	26 397	188 000	417 552	11 600	98 783	111 229	408 874	60 112	147 970
030374	Maquereau	3 488 900	5 355 848	2 916 500	5 009 294	1 566 600	3 280 697	1 420 142	3 011 610	1 351 374	2 194 477
030375	Aiguillat et autres squalidés	110 500	350 110	41 400	168 346	46 300	203 131	49 583	233 968	272 275	949 500
030376	Anguille	18 400	161 162	15 600	163 044	144 700	1 757 218	18 449	730 648	13 247	570 364
030377	Bar (loup)	49 200	487 653	40 700	406 947	29 100	379 826	101 912	973 640	64 346	662 859
030378	Merlu	72 800	398 736	88 700	283 670	101 800	378 435	46 692	132 870	19 869	71 252
030379	Poisson nra	10 014 600	61 096 958	14 604 700	73 493 064	11 797 500	85 829 605	10 491 493	83 064 125	12 371 833	103 080 688
030380	Foies, oeufs et laitances	138 522	868 328	94 774	918 614	21 891	318 609	42 375	1 046 685	83 512	476 596
0304	**Filets de poisson et autre chair de poisson**	**22 654 032**	**168 172 238**	**19 007 425**	**142 228 690**	**19 117 650**	**165 996 598**	**24 657 854**	**165 424 271**	**28 091 921**	**195 285 850**
030410	Filets et autre chair de poisson, frais ou réfrigéré	14 015 908	125 756 144	9 580 268	97 227 228	9 805 141	109 195 181	11 556 631	98 809 034	11 994 894	122 390 195
030420	Filets de poissons, congelé	6 833 800	35 240 229	7 153 749	36 387 968	7 507 909	47 910 979	8 384 907	48 055 780	10 616 616	55 618 677
030490	Chair de poisson nra, congelé	1 804 324	7 175 864	2 273 409	8 613 494	1 804 600	8 890 439	4 716 316	18 559 458	5 480 411	17 276 978
0305	**Poisson, séché, salé, fumé, ou en saumure**	**5 229 570**	**85 167 014**	**5 441 516**	**83 633 603**	**5 435 912**	**96 669 262**	**5 949 520**	**94 883 622**	**5 865 727**	**97 505 448**
030510	Farine de poisson, consommation humaine	103 800	2 047 865	134 398	3 641 315	125 519	4 420 176	125 236	4 290 980	600 638	5 245 097
030520	Foies, oeufs et laitances	9 659	337 606	28 022	335 367	14 539	517 565	18 303	594 916	20 267	883 855
030530	Filets de poisson (non fumé)	303 900	2 813 383	792 114	6 126 742	762 300	7 262 612	563 505	4 793 109	161 849	1 830 021
030541	Saumon (Pacifique, Atlantique et Danube), fumé	3 838 973	73 439 721	3 543 205	67 463 088	3 657 656	78 081 427	4 388 001	79 736 237	4 366 126	83 193 055
030542	Hareng, fumé	320 700	2 074 262	..	..	..	..	..	..	..	..
030549	Poisson nra, fumé	314 791	2 032 583	279 878	2 062 572	188 893	2 319 305	108 736	1 338 709	121 427	1 421 522
030551	Morue, séché, non fumé	107 500	1 282 347	98 800	832 452	91 560	797 218	225 934	1 690 917	174 424	1 852 986
030559	Poisson nra, séché, salé, non fumé	141 586	687 716	140 100	717 128	93 422	616 348	97 637	660 060	30 583	334 696
030561	Hareng, salé ou en saumure	6 700	86 138	7 400	92 789	5 600	76 522	3 930	50 990	4 975	78 429
030562	Morue, salé ou en saumure	19 700	123 650	47 300	269 089	37 700	219 826	22 311	123 183	94 947	423 123
030563	Anchois, salé ou en saumure	4 500	19 451	54 900	242 578	242 900	933 566	233 641	488 551	16 641	113 924
030569	Poisson nra, salé ou en saumure	57 761	222 292	36 300	160 393	38 724	189 217	5 263	26 483	32 115	453 353

Tableau 9. Exportations par produit (*suite*)

		2009		2010		2011		2012		2013	
		Tonnes	USD	Tonnes	USD	Tonnes	USD	Tonnes	USD	Tonnes	USD
0306	**Crustacés**	**16 152 871**	**162 905 306**	**16 591 602**	**165 862 112**	**13 862 051**	**157 658 508**	**14 852 479**	**157 401 149**	**15 293 401**	**176 791 345**
030611	Langoustes et autres palinuridés, congelé	410 800	8 850 000	618 000	15 141 880	570 292	17 306 443	565 558	17 065 915	452 988	13 687 167
030612	Homard nra	196 377	3 081 523	269 334	4 577 161	140 829	2 978 784	550 103	8 498 921	618 885	10 401 037
030613	Crevettes, congelé	9 246 952	84 762 720	9 704 819	80 669 649	7 670 743	74 445 947	8 366 932	81 770 945	9 594 361	98 319 656
030614	Crabes, congelé	703 461	8 137 277	627 924	9 431 365	565 140	10 201 048	430 761	7 519 492	570 000	9 149 321
030619	Crustacés nra, congelé	359 365	3 023 171	273 853	2 376 730	251 316	1 618 088	209 299	850 650	111 842	1 719 228
030621	Langoustes et autres palinuridés (non congelé)	55 860	2 592 481	56 189	3 347 041	33 844	2 285 914	27 631	1 245 124	10 623	530 111
030622	Homard nra (non congelé)	708 440	14 011 343	616 472	12 028 138	528 183	11 500 527	558 507	11 882 804	581 969	13 418 747
030623	Crevettes (non congelé)	1 697 017	20 170 221	1 734 710	20 861 675	1 608 440	19 767 661	1 321 844	12 935 255	1 150 842	14 721 686
030624	Crabes (non congelé)	2 258 400	12 872 096	2 051 800	11 790 863	1 947 921	12 244 875	1 697 607	9 957 973	1 820 166	10 930 912
030629	Crustacés nra (non congelé)	516 198	5 404 474	638 501	5 637 610	545 343	5 309 220	1 124 237	5 674 070	381 725	3 913 480
0307	**Mollusques**	**35 817 966**	**210 008 982**	**42 407 567**	**242 650 519**	**39 080 952**	**271 485 343**	**36 116 491**	**245 162 826**	**33 502 981**	**234 756 163**
030710	Huîtres	9 868 300	51 414 751	9 696 400	55 922 756	7 970 300	64 829 247	7 438 312	66 519 064	7 964 170	80 318 801
030721	St-Jacques, vi, fr, ou ré	1 823 300	14 729 624	1 916 000	13 409 372	1 757 016	14 209 398	1 226 446	9 498 469	1 017 676	8 467 868
030729	St-Jacques, co, sc, sl, ou sm	1 715 900	13 615 385	2 292 482	19 495 022	1 228 810	15 565 920	1 179 273	17 082 880	1 893 226	17 862 330
030731	Moules, vi, fr, ou ré	3 699 090	10 481 068	3 812 417	12 111 648	2 883 000	10 210 787	2 467 389	7 790 708	3 033 889	8 550 633
030739	Moules, co, sc, sl, ou sm	152 700	759 961	121 700	543 480	76 400	386 783	167 150	714 479	184 914	972 220
030741	Seiches, encornets et calmars, vi, fr, ou ré	7 552 600	50 440 835	10 193 228	64 581 319	10 527 500	79 440 732	10 633 351	69 684 760	8 636 039	61 664 159
030749	Seiches, encornets et calmars, co, sc, sl, ou sm	4 089 200	19 442 214	7 351 900	33 331 225	7 433 100	43 556 194	8 552 506	44 508 431	5 458 885	26 144 879
030751	Poulpe, vi, fr, ou ré	631 300	3 994 309	887 293	4 020 426	757 500	5 015 654	532 805	3 776 826	638 779	3 919 395
030759	Poulpe, co, sc, sl, ou sm	120 243	686 327	140 187	995 496	208 000	1 874 088	288 979	1 439 898	113 888	705 373
030760	Escargots (autres que de mer)	401 832	4 217 991	592 596	5 303 568	559 566	5 017 046	556 226	4 439 544	496 060	4 413 621
030791	Mollusques nra, vi, fr, ou ré	2 611 200	16 694 130	2 156 800	14 382 334	3 033 700	17 246 617	1 940 453	11 623 881	3 260 420	16 594 833
030799	Mollusques nra, co, sc, sl, ou sm	3 152 300	23 532 387	3 246 564	18 553 874	2 646 060	14 132 876	1 133 601	8 083 885	805 035	5 142 051
121220	**Algues**	**2 438 104**	**11 149 333**	**3 354 288**	**11 953 907**	**2 894 439**	**12 596 875**	**2 318 765**	**11 457 474**	**2 733 374**	**12 918 890**
1504	**Graisses, huiles et leurs fractions**	**15 465 974**	**20 670 378**	**19 476 190**	**32 753 280**	**13 366 670**	**39 916 540**	**19 184 251**	**50 262 229**	**17 592 625**	**47 759 864**
150410	Huiles de foies de poisson, et fractions	274 374	973 917	755 000	1 667 555	669 800	2 105 044	359 641	1 260 116	437 534	1 642 689
150420	Graisses et huiles de poisson, et fractions	14 924 500	19 535 299	18 407 390	30 897 495	12 696 870	37 811 496	18 824 605	49 000 969	17 097 392	45 916 733
150430	Graisses et huiles de mammifère marin, et fractions	267 100	161 162	313 800	188 230	..	..	5	1 144	57 699	200 443
1604	**Préparations et conserves de poisson; caviars et succédanés**	**32 317 065**	**213 803 229**	**27 328 893**	**170 382 274**	**30 126 065**	**200 335 397**	**28 677 949**	**191 440 055**	**28 331 650**	**194 350 375**
160411	Saumon, non haché	633 000	6 540 942	478 324	5 123 292	581 300	5 875 481	1 036 141	11 687 267	852 078	8 833 784
160412	Hareng, non haché	16 600	108 367	149 300	491 783	73 100	347 826	36 039	173 798	15 754	122 466
160413	Sardines, sardinelles, sprats, esprots, non haché	745 800	4 789 003	695 000	4 106 587	666 090	4 747 133	570 834	4 263 154	476 056	4 003 477
160414	Thons, listaos, sardes, non haché	11 161 571	64 959 281	5 142 970	25 237 351	6 234 389	34 891 147	3 886 862	25 236 058	4 994 472	31 774 592
160415	Maquereau, non haché	200 600	1 587 999	225 800	1 694 067	205 400	1 730 783	315 565	2 935 871	213 078	1 916 218
160416	Anchois, non haché	1 507 000	14 580 966	1 112 700	10 479 883	1 393 828	15 142 964	907 271	9 088 743	1 100 948	11 480 108
160419	Poisson nra, non haché	7 087 863	37 443 699	5 796 578	28 516 788	6 681 254	33 540 189	7 786 350	40 412 871	7 035 271	40 776 886
160420	Poisson, haché	10 843 736	69 032 782	13 570 980	76 537 877	14 171 560	87 366 997	14 006 584	82 563 750	13 488 046	77 948 321
160430	Caviar et succédanés	120 895	14 760 189	157 241	18 194 647	119 144	16 692 877	132 303	15 078 542	155 946	17 494 523
1605	**Préparations et conserves de crustacés**	**7 012 340**	**70 313 740**	**7 978 899**	**77 085 333**	**7 425 575**	**80 870 994**	**7 074 739**	**70 444 948**	**7 119 950**	**78 531 391**
160510	Crabes	445 983	5 614 262	340 399	3 768 569	317 169	3 877 567	581 244	5 402 881	663 932	7 312 830
160520	Crevettes	2 459 154	26 950 127	3 299 900	32 863 302	2 911 476	35 177 755	2 129 304	26 981 553	2 120 804	29 703 926
160530	Homard	93 700	983 642	98 400	841 731	76 549	715 131	306 976	796 624	273 670	1 208 533
160540	Crustacés nra	120 694	1 778 336	112 500	1 652 974	62 900	933 566	61 138	716 778	44 793	603 573
230120	**Farine de poisson**	**15 077 700**	**20 913 510**	**12 435 178**	**20 886 860**	**14 312 883**	**26 128 708**	**13 901 705**	**25 039 647**	**12 711 619**	**26 830 300**
	TOTAL	**314 088 925**	**1 526 673 703**	**302 578 724**	**1 514 032 930**	**..**	**1 744 574 023**	**..**	**1 751 144 098**	**..**	**1 833 552 763**

.. Non disponible

Note : nra : non répertorié ailleurs. vi : vivant. fr : frais. ré : réfrigéré. co : congelé. sc : séché. sl : salé. sm : en saumure.

Métadonnées détaillées : http://metalinks.oecd.org/fish/20150108/43a7

Source : OCDE (2014), « Pêcheries : Commerce par produit », Statistiques agricoles de l'OCDE (base de données). DOI: 10.1787/data-00677-fr

ALLEMAGNE

Tableau 1. Flotte de pêche

	2006	2007	2008	2009	2010	2011	2012	2013
NOMBRE DE NAVIRES								
Total des navires	**2 015**	**1 870**	**1 825**	**1 769**	**1 724**	**1 627**	**1 596**	..
Navires à moteur	1 895	1 785	1 751	1 713	1 676	1 582	..	..
0-5,9 mètres	870	784	761	730	673	648	..	..
6-11,9 mètres	759	708	692	673	642	612	..	..
12-17,9 mètres	223	218	210	204	200	176	..	..
18-23,9 mètres	100	101	99	100	100	90	..	..
24-29,9 mètres	23	18	21	18	17	14	..	..
30-35,9 mètres	15	14	15	16	16	15	..	..
36-44,9 mètres	15	16	16	17	17	16	..	..
45-59,9 mètres	2	3	3	3	3	3	..	..
60-74,9 mètres	2	1	1	1	1	1	..	..
75 mètres et plus	6	7	7	7	7	7	..	..
Longueur inconnue	..	..	..	..	..	..	..	..
Navires sans moteur	120	85	74	56	48	45	..	..
TONNAGE BRUT								
Total des navires	**61 867**	**69 080**	**69 134**	**68 161**	**67 757**	**64 835**	**64 182**	..
Navires à moteur	61 742	68 990	69 056	68 101	67 705	64 788	..	..
0-5,9 mètres	875	789	766	735	677	653	..	..
6-11,9 mètres	3 048	2 925	2 862	2 817	2 748	2 565	..	..
12-17,9 mètres	6 700	6 572	6 390	6 200	6 100	5 422	..	..
18-23,9 mètres	7 990	7 984	7 570	7 507	7 512	6 501	..	..
24-29,9 mètres	3 443	2 679	3 230	2 926	2 447	1 949	..	..
30-35,9 mètres	3 219	3 068	3 253	3 478	3 478	3 283	..	..
36-44,9 mètres	5 383	5 840	5 840	6 339	6 339	6 003	..	..
45-59,9 mètres	1 942	2 266	2 266	2 266	2 266	2 266	..	..
60-74,9 mètres	3 849	1 906	1 906	1 906	1 906	1 906	..	..
75 mètres et plus	25 418	35 051	35 051	34 287	34 287	34 287	..	..
Longueur inconnue	..	..	..	..	..	..	..	..
Navires sans moteur	125	90	78	60	52	47	..	..

.. Non disponible

Note : Métadonnées détaillées : http://metalinks.oecd.org/fish/20150108/caf8

Source : OCDE (2014), « Pêcheries : Flotte de pêche », Statistiques agricoles de l'OCDE (base de données). DOI: 10.1787/data-00218-fr

Tableau 2. Emploi dans les pêcheries

Personnes employées

	2006	2007	2008	2009	2010	2011	2012	2013
Plein-temps	..	..	..	..	..	..	..	..
Secteur de capture	..	..	..	..	..	..	..	..
Pêche en eaux intérieures	..	..	..	..	..	..	..	..
Homme	..	..	..	..	..	..	..	..
Femme	..	..	..	..	..	..	..	..
Eaux maritimes (pêche côtière)	..	..	..	..	..	..	..	..
Homme	..	..	..	..	..	..	..	..
Femme	..	..	..	..	..	..	..	..
Eaux maritimes (pêche en haute mer)	..	..	..	..	..	..	..	..
Homme	..	..	..	..	..	..	..	..
Femme	..	..	..	..	..	..	..	..
Aquaculture	..	..	..	..	..	..	..	..
Homme	..	..	..	..	..	..	..	..
Femme	..	..	..	..	..	..	..	..
Transformation	..	..	..	..	..	..	..	..
Homme	..	..	..	..	..	..	..	..
Femme	..	..	..	..	..	..	..	..
Temps partiel	..	..	..	..	..	..	..	..
Secteur de capture	..	..	..	..	..	..	..	..
Pêche en eaux intérieures	..	..	..	..	..	..	..	..
Homme	..	..	..	..	..	..	..	..
Femme	..	..	..	..	..	..	..	..
Eaux maritimes (pêche côtière)	..	..	..	..	..	..	..	..
Homme	..	..	..	..	..	..	..	..
Femme	..	..	..	..	..	..	..	..
Eaux maritimes (pêche en haute mer)	..	..	..	..	..	..	..	..
Homme	..	..	..	..	..	..	..	..
Femme	..	..	..	..	..	..	..	..
Aquaculture	..	..	..	..	..	..	..	..
Homme	..	..	..	..	..	..	..	..
Femme	..	..	..	..	..	..	..	..
Transformation	..	..	..	..	..	..	..	..
Homme	..	..	..	..	..	..	..	..
Femme	..	..	..	..	..	..	..	..
Total	**10 657**	**10 222**	**9 971**	**9 098**	**8 742**	**8 282**	**8 291**	**11 566**
Secteur de capture	2 133	2 067	1 932	1 508	1 426	1 426	1 318	4 917
Pêche en eaux intérieures	..	..	..	..	..	..	..	..
Homme	..	..	..	..	..	..	..	..
Femme	..	..	..	..	..	..	..	..
Eaux maritimes (pêche côtière)	1 810	1 728	1 650	1 126	1 105	1 071	992	..
Homme	..	..	..	..	..	..	..	..
Femme	..	..	..	..	..	..	..	..
Eaux maritimes (pêche en haute mer)	323	339	282	382	321	355	326	..
Homme	..	..	..	..	..	..	..	..
Femme	..	..	..	..	..	..	..	..
Aquaculture	..	..	..	..	..	..	..	..
Homme	..	..	..	..	..	..	..	..
Femme	..	..	..	..	..	..	..	..
Transformation	8 524	8 155	8 039	7 590	7 316	6 856	6 973	6 649
Homme	..	..	..	..	..	..	..	..
Femme	..	..	..	..	..	..	..	..

.. Non disponible

Note : Métadonnées détaillées : http://metalinks.oecd.org/fish/20150108/c663

Source : OCDE (2014), « Pêcheries : Emploi dans la pêche », Statistiques agricoles de l'OCDE (base de données). DOI: 10.1787/data-00219-fr

Tableau 3. Débarquements nationaux dans les ports nationaux

	2006	2007	2008	2009	2010	2011	2012	2013
VOLUME (TONNES)								
Total poissons	**83 804**	**64 720**	**51 349**	**42 767**	**35 346**	**54 975**	**50 884**	**44 628**
Saumon	18	17	25	14	8	7	7	10
Saumon rose	..	..	..	..	..	..	..	..
Saumon keta	..	..	..	..	..	..	..	..
Saumon rouge	..	..	..	..	..	..	..	..
Saumon argenté	..	..	..	..	..	..	..	..
Autres saumons	18	17	25	14	8	7	7	10
Poissons plats	3 990	4 424	4 984	4 003	4 015	5 520	5 957	5 630
Flétan	4	4	11	5	6	3	9	8
Flétan noir	1 060	1 156	1 554	1 151	1 639	2 066	2 893	2 377
Sole	15	11	35	14	11	11	3	3
Plie	567	320	360	435	518	604	697	662
Autres poissons plats	2 344	2 933	3 024	2 398	1 842	2 836	2 356	2 580
Poissons de fond	13 901	11 243	10 039	9 322	10 655	10 430	13 061	7 715
Morue (Atlantique et Pacifique)	9 012	8 148	7 292	6 398	7 462	5 906	7 633	4 351
Églefin	250	136	152	369	1 063	576	384	130
Lieu	2 244	2 247	1 925	2 070	1 860	2 807	2 284	1 074
Morue du Pacifique occidental	6	14	..	2	6	12	9	3
Merlan	779	294	527	275	169	419	422	268
Merlu (toutes espèces)	9	15	12	8	12	25	36	11
Sébaste	1 399	263	15	25	25	571	1 572	1 818
Autres poissons de fond	202	126	116	175	59	114	722	60
Pélagiques	64 675	47 710	35 008	28 241	19 618	37 705	30 510	29 811
Chinchard	1 897	2 002	84	6 064	2 059	2 747	282	929
Maquereau	11 447	11 043	5 575	5 538	3 601	10 918	6 885	4 943
Hareng (Atlantique et Pacifique)	44 084	24 569	25 288	15 024	12 107	19 217	19 003	22 099
Sardine	..	..	..	..	8	3 519	..	..
Autres pélagiques	7 247	10 096	4 061	1 615	1 841	1 304	4 339	1 840
Thons	..	..	..	..	..	..	..	..
Listao	..	..	..	..	..	..	..	..
Thon rouge (nord et sud)	..	..	..	..	..	..	..	..
Germon	..	..	..	..	..	..	..	..
Albacore	..	..	..	..	..	..	..	..
Thon obèse	..	..	..	..	..	..	..	..
Autres thons	..	..	..	..	..	..	..	..
Espadon	..	..	..	..	..	..	..	..
Autres poissons	1 220	1 326	1 293	1 187	1 050	1 313	1 350	1 462
Total crustacés	**14 710**	**11 501**	**13 554**	**13 824**	**14 812**	**13 543**	**11 882**	**12 943**
Homard et langouste	..	..	..	..	..	1	0	1
Langoustine	3	2	5	16	5	2	5	26
Crevette	14 678	11 480	13 514	13 787	14 794	13 494	11 868	12 909
Autres crustacés	29	19	35	21	13	46	9	8
Total coquillages et mollusques	..	**0**	**0**	**1**	**0**	**0**	**0**	**0**
Huître	..	..	..	..	..	..	..	..
Moule	..	..	..	..	..	..	..	..
Coquille St-Jacques	..	..	..	..	..	..	..	..
Bivalves	..	..	..	..	..	..	..	..
Autres coquillages (incl. buccins	..	..	..	..	..	..	..	..
Calmar	..	..	..	..	0	0	0	0
Seiche	..	..	..	1	0	0	0	0
Poulpe	..	..	..	..	..	..	..	..
Autres mollusques (incl. oursins)	..	..	..	..	..	..	..	..
Autres animaux marins	..	..	..	..	..	..	..	..
Plantes aquatiques	..	..	..	..	..	..	..	..
Algue brune	..	..	..	..	..	..	..	..
Algue rouge	..	..	..	..	..	..	..	..
Autres algues	..	..	..	..	..	..	..	..
Poisson pour transformation	36	42	..	1	4	4	0	..
TOTAL GÉNÉRAL	**98 550**	**76 263**	**64 903**	**56 593**	**50 162**	**68 522**	**62 767**	**57 572**

ALLEMAGNE

Tableau 3. Débarquements nationaux dans les ports nationaux *(suite)*

	2006	2007	2008	2009	2010	2011	2012	2013
VALEUR (EUR)								
Total poissons	**64 859 000**	**53 260 000**	**45 528 231**	**36 185 648**	**41 073 908**	**48 916 482**	**60 245 526**	**43 261 779**
Saumon	23 000	23 000	28 126	26 179	18 730	17 067	18 705	12 544
Saumon rose	..	..	..	..	..	..	..	..
Saumon keta	..	..	..	..	..	..	..	..
Saumon rouge	..	..	..	..	..	..	..	..
Saumon argenté	..	..	..	..	..	..	..	..
Autres saumons	23 000	23 000	28 126	26 179	18 730	17 067	18 705	12 544
Poissons plats	7 133 000	6 908 000	7 494 165	6 117 911	8 406 600	11 584 977	15 286 576	11 869 992
Flétan	19 000	17 000	55 850	17 943	21 680	10 511	28 377	25 679
Flétan noir	4 362 000	4 307 000	5 888 789	3 835 675	6 453 456	8 834 209	12 739 617	9 280 399
Sole	157 000	92 000	277 062	110 173	96 638	84 644	24 892	35 038
Plie	903 000	440 000	493 618	432 695	506 047	619 659	700 806	632 654
Autres poissons plats	1 692 000	2 052 000	778 846	1 721 425	1 328 778	2 035 954	1 792 884	1 896 222
Poissons de fond	28 517 000	22 836 000	21 509 532	15 566 641	21 375 164	14 286 725	25 907 539	14 167 755
Morue (Atlantique et Pacifique)	19 121 000	17 960 000	17 214 619	10 354 939	14 749 153	10 289 756	16 944 047	8 509 524
Églefin	1 040 000	614 000	713 871	1 097 746	3 184 023	1 947 437	1 336 306	386 716
Lieu	2 767 000	2 775 000	2 581 193	3 368 281	3 187 593	471 198	4 032 592	1 646 600
Morue du Pacifique occidental	10 000	24 000	..	2 806	7 223	18 497	15 451	5 092
Merlan	674 000	312 000	345 760	149 048	113 602	226 272	193 160	127 941
Merlu (toutes espèces)	16 000	21 000	11 794	9 856	14 708	29 156	42 489	11 530
Sébaste	3 978 000	444 000	23 797	33 377	49 682	822 462	3 228 132	3 358 777
Autres poissons de fond	911 000	686 000	618 498	550 588	69 179	481 947	115 362	121 575
Pélagiques	27 715 000	21 614 000	14 882 889	13 118 765	9 363 039	21 100 028	16 170 729	14 300 927
Chinchard	706 000	895 000	37 545	2 701 254	916 529	1 207 211	98 936	378 049
Maquereau	10 293 000	9 939 000	5 022 468	4 984 894	3 243 471	9 828 463	6 418 031	4 887 940
Hareng (Atlantique et Pacifique)	15 001 000	7 741 000	8 594 123	5 116 409	4 805 388	8 470 468	7 906 639	8 436 370
Sardine	..	..	..	..	2 119	1 231 692	..	..
Autres pélagiques	1 715 000	3 039 000	1 228 753	316 208	395 532	362 194	1 747 123	598 568
Thons	..	..	..	..	..	..	..	..
Listao	..	..	..	..	..	..	..	..
Thon rouge (nord et sud)	..	..	..	..	..	..	..	..
Germon	..	..	..	..	..	..	..	..
Albacore	..	..	..	..	..	..	..	..
Thon obèse	..	..	..	..	..	..	..	..
Autres thons	..	..	..	..	..	..	..	..
Espadon	..	..	..	..	..	..	..	..
Autres poissons	1 471 000	1 879 000	1 613 519	1 356 152	1 910 376	1 927 685	2 861 977	2 910 561
Total crustacés	**34 734 000**	**37 288 000**	**41 617 157**	**30 313 264**	**34 503 813**	**24 704 643**	**50 184 364**	**51 773 252**
Homard et langouste	0	0	41	1 057	..	252	5	15
Langoustine	3 000	1 000	6 034	43 515	13 940	8 994	16 381	120 470
Crevette	34 716 000	37 269 000	41 594 721	30 255 706	34 481 807	24 633 598	50 165 361	51 619 427
Autres crustacés	15 000	18 000	16 361	12 986	8 066	61 799	2 617	33 340
Total coquillages et mollusques	**1 000**	**0**	**559**	**1 110**	**379**	**1 385**	**410**	**80**
Huître	..	..	..	..	..	..	..	..
Moule	..	..	..	..	..	..	..	..
Coquille St-Jacques	..	..	..	..	..	..	..	..
Bivalves	..	..	..	..	..	..	..	..
Autres coquillages (incl. buccins	..	..	..	..	..	..	..	..
Calmar	..	0	308	479	158	234	83	30
Seiche	1 000	0	251	631	221	1 151	327	50
Poulpe	..	..	..	..	..	..	..	..
Autres mollusques (incl. oursins)	..	..	..	..	..	..	..	..
Autres animaux marins	**..**	**..**	**..**	**..**	**..**	**..**	**..**	**..**
Plantes aquatiques	**..**	**..**	**..**	**..**	**..**	**..**	**..**	**..**
Algue brune	..	..	..	..	..	..	..	..
Algue rouge	..	..	..	..	..	..	..	..
Autres algues	..	..	..	..	..	..	..	..
Poisson pour transformation	2 000	2 000	..	3	171	5	1 475	..
TOTAL GÉNÉRAL	**99 596 000**	**90 550 000**	**87 145 947**	**66 500 025**	**75 578 272**	**73 622 515**	**110 431 775**	**95 035 111**

.. Non disponible

Note : Métadonnées détaillées : http://metalinks.oecd.org/fish/20150108/93f2

Source : OCDE (2014), « Pêcheries : Débarquements nationaux dans les ports domestiques », Statistiques agricoles de l'OCDE (base de données). DOI: 10.1787/data-00222-fr

Tableau 4. Débarquements nationaux dans les ports étrangers

	2006	2007	2008	2009	2010	2011	2012	2013
VOLUME (TONNES)								
Total poissons	**155 260**	**177 916**	**173 743**	**153 002**	**157 388**	**132 881**	**118 011**	**145 500**
Saumon	1	5	0	..	..	0	..	..
Saumon rose	..	..	..	..	..	..	..	..
Saumon keta	..	..	..	..	..	..	..	..
Saumon rouge	..	..	..	..	..	..	..	..
Saumon argenté	..	..	..	..	..	..	..	..
Autres saumons	1	5	0	..	..	0	..	..
Poissons plats	7 488	7 048	6 686	7 037	7 805	7 543	5 977	7 383
Flétan	18	19	21	20	11	9	4	6
Flétan noir	2 176	3 147	2 692	3 233	3 147	3 156	1 560	1 675
Sole	481	467	367	545	532	336	433	545
Plie	3 088	2 436	2 865	2 669	3 395	3 422	3 447	4 389
Autres poissons plats	1 725	979	741	570	720	620	533	768
Poissons de fond	20 521	17 568	19 920	29 676	27 710	26 592	14 363	14 735
Morue (Atlantique et Pacifique)	3 297	3 344	3 629	6 109	4 881	6 625	5 107	5 064
Églefin	872	1 049	459	999	749	696	585	719
Lieu	10 094	9 743	10 559	9 450	7 967	6 073	4 995	7 512
Morue du Pacifique occidental	72	113	..	47	113	55	85	57
Merlan	245	86	78	111	154	100	25	28
Merlu (toutes espèces)	104	190	175	144	229	226	299	461
Sébaste	1 713	425	12	49	7	2 344	1 106	431
Autres poissons de fond	4 124	2 618	5 008	12 767	13 610	10 473	2 161	463
Pélagiques	127 194	153 248	146 982	115 990	121 486	98 607	97 584	123 320
Chinchard	10 716	47 874	61 378	42 561	34 843	26 513	22 527	27 030
Maquereau	5 206	11 179	11 902	16 869	15 272	21 092	12 062	15 992
Hareng (Atlantique et Pacifique)	35 703	25 396	21 359	22 428	24 929	17 804	32 280	49 697
Sardine	662	348	43	..	437	18 550	10 455	214
Autres pélagiques	74 907	68 451	52 300	34 132	46 005	14 648	20 261	30 388
Thons	25	..	..	..	1	..	..	..
Listao	13	..	..	..	..	..	..	..
Thon rouge (nord et sud)	12	..	..	..	..	..	..	..
Germon	..	..	..	..	..	..	..	..
Albacore	..	..	..	..	..	..	..	..
Thon obèse	..	..	..	..	..	..	..	..
Autres thons	..	..	..	..	1	0	..	..
Espadon	..	..	..	..	..	..	..	..
Autres poissons	31	47	155	299	385	139	87	63
Total crustacés	**1 900**	**2 919**	**2 159**	**1 321**	**1 483**	**2 070**	**1 307**	**1 333**
Homard et langouste	0	0	273	0	1	0	0	0
Langoustine	291	593	157	409	396	559	367	379
Crevette	1 294	2 019	1 679	912	806	1 220	820	821
Autres crustacés	315	307	50	..	280	291	120	133
Total coquillages et mollusques	**2 825**	**4 690**	**1 927**	**228**	**1 398**	**3 202**	**175**	**449**
Huître	..	..	..	..	..	..	..	..
Moule	2 808	4 666	1 913	219	1 374	3 117	169	446
Coquille St-Jacques	1	..	..	0	..	..	..	..
Bivalves	..	..	..	..	..	..	..	..
Autres coquillages (incl. buccins	..	..	..	..	..	..	..	..
Calmar	0	5	3	2	16	81	3	0
Seiche	16	19	11	7	8	4	4	3
Poulpe	..	..	..	..	..	..	..	..
Autres mollusques (incl. oursins)	..	..	..	..	..	0	..	0
Autres animaux marins	..	..	..	..	..	..	..	..
Plantes aquatiques	..	..	..	..	..	..	..	..
Algue brune	..	..	..	..	..	..	..	..
Algue rouge	..	..	..	..	..	..	..	..
Autres algues	..	..	..	..	..	..	..	..
Poisson pour transformation	4	3	..	4	4	1	2	..
TOTAL GÉNÉRAL	**159 989**	**185 528**	**177 829**	**154 555**	**160 274**	**138 154**	**119 495**	**147 283**

ALLEMAGNE

Tableau 4. Débarquements nationaux dans les ports étrangers (*suite*)

	2006	2007	2008	2009	2010	2011	2012	2013
VALEUR (EUR)								
Total poissons	**100 918 000**	**111 008 000**	**106 675 614**	**117 734 602**	**108 706 344**	**88 408 217**	**47 333 292**	**80 688 153**
Saumon	6 000	0	161	..	..	1	..	..
Saumon rose	..	..	..	..	..	..	..	..
Saumon keta	..	..	..	..	..	..	..	..
Saumon rouge	..	..	..	..	..	..	..	..
Saumon argenté	..	..	..	..	..	..	..	..
Autres saumons	6 000	0	161	..	..	1	..	..
Poissons plats	26 149 000	25 621 000	24 858 483	22 689 270	25 288 507	23 878 248	16 141 728	18 047 107
Flétan	147 000	158 000	138 917	131 810	89 225	86 421	47 941	65 079
Flétan noir	9 058 000	12 116 000	10 443 566	10 917 768	11 769 535	12 765 081	4 994 997	5 352 998
Sole	6 233 000	4 785 000	4 800 215	5 590 257	6 228 513	3 958 050	4 274 216	4 478 123
Plie	6 523 000	4 940 000	5 350 330	3 649 533	4 363 688	4 700 964	4 782 013	5 485 641
Autres poissons plats	4 188 000	3 622 000	4 125 455	2 399 902	2 837 546	2 367 732	2 042 561	2 665 266
Poissons de fond	36 027 000	35 055 000	30 425 663	48 615 260	30 060 761	33 631 527	25 304 912	26 866 297
Morue (Atlantique et Pacifique)	13 505 000	14 985 000	14 564 720	13 525 504	11 466 320	13 773 258	11 707 922	12 639 104
Églefin	2 036 000	3 015 000	1 005 423	1 973 567	1 641 849	1 143 440	976 231	1 242 565
Lieu	11 995 000	10 741 000	10 876 812	9 448 238	10 124 697	9 110 343	7 298 715	9 497 420
Morue du Pacifique occidental	202 000	309 000	..	13 094 228	301 202	185 545	274 558	199 450
Merlan	298 000	123 000	62 030	6 430 296	108 765	97 369	27 472	33 108
Merlu (toutes espèces)	364 000	518 000	415 325	312 653	482 098	560 527	766 725	1 089 349
Sébaste	4 926 000	2 253 000	16 832	60 534	8 547	3 168 951	2 405 903	771 507
Autres poissons de fond	2 701 000	3 111 000	3 484 521	3 770 240	5 927 283	5 592 094	1 847 386	1 393 794
Pélagiques	38 683 000	50 294 000	51 322 750	46 347 702	53 194 870	30 837 432	5 812 025	35 732 990
Chinchard	4 822 000	14 945 000	22 311 753	15 942 938	14 190 969	8 516 608	2 583 519	3 895 270
Maquereau	4 837 000	9 284 000	9 866 702	15 185 396	13 739 241	11 107 705	29 490	5 034 221
Hareng (Atlantique et Pacifique)	13 823 000	9 395 000	8 019 545	9 448 851	10 387 369	7 580 126	584 564	19 838 208
Sardine	249 000	97 000	12 821	..	150 257	..	..	39 303
Autres pélagiques	14 952 000	16 573 000	11 111 929	5 770 517	14 727 034	3 632 993	2 614 452	6 925 988
Thons	15 000	..	..	..	301	..	..	..
Listao	8 000	..	..	..	..	..	..	..
Thon rouge (nord et sud)	7 000	..	..	..	..	..	..	..
Germon	..	..	..	..	..	..	..	..
Albacore	..	..	..	..	..	..	..	..
Thon obèse	..	..	..	..	..	..	..	..
Autres thons	..	..	..	..	301	0	..	..
Espadon	..	..	..	..	..	..	..	..
Autres poissons	38 000	38 000	68 557	82 370	161 905	61 009	74 627	41 759
Total crustacés	**7 233 000**	**12 932 000**	**9 927 859**	**3 742 295**	**6 002 832**	**8 126 790**	**5 486 776**	**6 342 774**
Homard et langouste	5 000	3 000	1 397 454	5 392	9 661	2 773	5 409	7 477
Langoustine	1 846 000	3 835 000	115 024	1 581 949	2 165 847	3 782 382	2 036 204	2 195 346
Crevette	3 031 000	6 448 000	8 356 085	2 154 954	1 948 842	3 732 844	2 848 332	3 172 508
Autres crustacés	2 351 000	2 646 000	59 296	..	1 878 482	608 791	596 831	967 443
Total coquillages et mollusques	**6 120 000**	**6 325 000**	**2 745 661**	**281 652**	**823 009**	**2 972 207**	**205 736**	**531 168**
Huître	..	..	..	..	..	..	..	..
Moule	5 498 000	6 212 000	2 708 915	254 031	783 064	2 914 859	180 159	523 228
Coquille St-Jacques	1 000	..	..	39	..	..	..	..
Bivalves	..	..	..	..	..	..	..	..
Autres coquillages (incl. buccins)	..	..	..	..	..	..	..	..
Calmar	1 000	17 000	7 791	6 071	14 019	41 007	8 841	1 187
Seiche	620 000	96 000	28 955	21 511	25 927	16 308	16 736	6 720
Poulpe	..	..	..	..	..	..	..	..
Autres mollusques (incl. oursins)	..	..	..	..	..	33	..	33
Autres animaux marins	..	..	..	..	..	..	..	..
Plantes aquatiques	..	..	..	..	..	..	..	..
Algue brune	..	..	..	..	..	..	..	..
Algue rouge	..	..	..	..	..	..	..	..
Autres algues	..	..	..	..	..	..	..	..
Poisson pour transformation	0	0	..	81	787	50	4 408	..
TOTAL GÉNÉRAL	**114 271 000**	**130 265 000**	**119 349 134**	**121 758 630**	**115 532 972**	**99 507 264**	**53 030 212**	**87 562 095**

.. Non disponible

Note : Métadonnées détaillées : http://metalinks.oecd.org/fish/20150108/9c25

Source : OCDE (2014), « Pêcheries : Débarquements nationaux dans les ports étrangers », Statistiques agricoles de l'OCDE (base de données). DOI: 10.1787/data-00223-fr

ALLEMAGNE

Tableau 5. Débarquements étrangers dans les ports nationaux

	2006	2007	2008	2009	2010	2011	2012	2013
VOLUME (TONNES)								
Total poissons	**40 054**	**49 292**	**48 707**	**48 860**	**21 162**	**9 708**	**52 617**	**42 653**
Saumon	..	..	..	22	0	..	..	..
Saumon rose	..	..	..	22	0	..	..	..
Saumon keta	..	..	..	..	..	..	..	..
Saumon rouge	..	..	..	..	..	..	..	..
Saumon argenté	..	..	..	..	..	..	..	..
Autres saumons	..	..	..	..	..	..	..	..
Poissons plats	872	934	1 396	251	264	2 192	568	426
Flétan	3	10	10	8	4	1 834	3	1
Flétan noir	861	903	1 379	229	254	358	561	425
Sole	1	..	0	1	..	..	..	..
Plie	2	5	5	2	2	..	2	..
Autres poissons plats	5	16	2	11	4	..	2	..
Poissons de fond	9 788	13 222	12 839	10 509	5 129	2 172	13 837	7 869
Morue (Atlantique et Pacifique)	2 687	4 154	5 564	3 833	1 053	1	9 940	5 480
Églefin	276	1 118	428	422	494	866	562	292
Lieu	639	518	1 210	1 321	442	132	403	154
Morue du Pacifique occidental	..	..	..	..	0	..	0	1
Merlan	23	5	109	44	0	..	0	..
Merlu (toutes espèces)	1	..	..	1	0	..	..	..
Sébaste	5 873	6 968	4 532	4 114	3 634	2 039	2 736	1 888
Autres poissons de fond	289	459	996	774	862	41	195	55
Pélagiques	29 326	35 129	34 468	38 078	14 002	7 343	38 212	34 225
Chinchard	16	60	102	18	41	..	..	..
Maquereau	3	1	54	2	11	..	..	..
Hareng (Atlantique et Pacifique)	24 104	32 789	33 096	36 019	14 002	7 343	38 212	34 225
Sardine	..	..	..	..	..	..	..	..
Autres pélagiques	5 203	2 279	1 216	2 039	2 329	..	..	..
Thons	..	..	..	..	..	..	..	..
Listao	..	..	..	..	..	..	..	..
Thon rouge (nord et sud)	..	..	..	..	..	..	..	..
Germon	..	..	..	..	..	..	..	..
Albacore	..	..	..	..	..	..	..	..
Thon obèse	..	..	..	..	..	..	..	..
Autres thons	..	..	..	..	..	..	..	..
Espadon	..	..	..	..	..	..	..	..
Autres poissons	68	7	4	..	2 031	193	0	134
Total crustacés	**1 593**	**2 035**	**1 481**	**1 534**	**969**	**1 003**	**1 529**	..
Homard et langouste	..	..	..	..	..	..	..	..
Langoustine	..	..	..	..	0	..	..	..
Crevette	1 593	2 035	1 481	1 534	969	1 003	1 339	..
Autres crustacés	..	..	..	..	..	..	190	..
Total coquillages et mollusques	..	..	**3**	..	..	..	..	..
Huître	..	..	..	..	..	..	..	..
Moule	..	..	..	..	..	..	..	..
Coquille St-Jacques	..	..	..	..	..	..	..	..
Bivalves	..	..	..	..	..	..	..	..
Autres coquillages (incl. buccins	..	..	..	..	..	..	..	..
Calmar	..	..	..	..	..	..	..	..
Seiche	..	..	3	..	..	..	..	..
Poulpe	..	..	..	..	..	..	..	..
Autres mollusques (incl. oursins)	..	..	..	..	..	..	..	..
Autres animaux marins	..	..	..	..	..	..	..	..
Plantes aquatiques	..	..	..	..	..	..	..	..
Algue brune	..	..	..	..	..	..	..	..
Algue rouge	..	..	..	..	..	..	..	..
Autres algues	..	..	..	..	..	..	..	..
Poisson pour transformation	..	..	..	..	..	..	..	..
TOTAL GÉNÉRAL	**41 647**	**51 327**	**50 191**	**50 394**	**21 162**	**9 708**	**54 146**	**42 653**

Tableau 5. Débarquements étrangers dans les ports nationaux (*suite*)

	2006	2007	2008	2009	2010	2011	2012	2013
VALEUR (EUR)								
Total poissons	**32 172 000**	**122 370 658**	**104 079 590**	..	**18 560 920**	**9 057 180**	**30 098 666**	**31 597 011**
Saumon	..	..	..	..	..	..	..	..
Saumon rose	..	..	..	..	..	..	..	..
Saumon keta	..	..	..	..	..	..	..	..
Saumon rouge	..	..	..	..	..	..	..	..
Saumon argenté	..	..	..	..	..	..	..	..
Autres saumons	..	..	..	..	..	..	..	..
Poissons plats	3 494 000	4 903 000	5 170 000	..	..	463 701	56 479	36 904
Flétan	21 000	1 653 000	..	..	..	..	..	..
Flétan noir	3 442 000	111 000	..	..	..	463 701	53 759	36 904
Sole	21 000	..	..	..	..	..	..	..
Plie	3 000	2 583 000	4 746 000	..	..	..	59	..
Autres poissons plats	7 000	556 000	424 000	..	..	..	2 661	..
Poissons de fond	19 696 000	107 111 000	85 985 000	..	9 062 980	4 992 050	10 075 741	8 464 887
Morue (Atlantique et Pacifique)	6 714 000	23 429 000	38 166 000	..	2 000 700	2 260	3 227 962	3 733 148
Églefin	875 000	..	..	..	..	764 520	504 540	220 978
Lieu	972 000	9 318 000	..	..	702 780	238 920	546 894	164 973
Morue du Pacifique occidental	..	..	..	..	..	..	18	..
Merlan	29 000	175 000	47 819 000	..	..	..	242	..
Merlu (toutes espèces)	4 000	..	..	..	..	..	..	..
Sébaste	10 633 000	70 826 000	..	..	6 359 500	4 750 870	5 451 156	4 285 991
Autres poissons de fond	469 000	3 363 000	..	..	..	18 797	344 929	59 797
Pélagiques	8 944 000	10 356 658	12 924 590	..	8 401 200	3 598 070	19 965 448	22 822 063
Chinchard	3 000	..	..	..	..	..	..	..
Maquereau	1 000	..	..	..	..	..	..	..
Hareng (Atlantique et Pacifique)	7 600 000	10 349 080	12 811 232	..	8 401 200	3 598 070	19 965 448	22 822 063
Sardine	..	..	..	..	..	..	..	..
Autres pélagiques	1 340 000	7 578	113 358	..	..	..	..	..
Thons	..	..	..	..	..	..	..	..
Listao	..	..	..	..	..	..	..	..
Thon rouge (nord et sud)	..	..	..	..	..	..	..	..
Germon	..	..	..	..	..	..	..	..
Albacore	..	..	..	..	..	..	..	..
Thon obèse	..	..	..	..	..	..	..	..
Autres thons	..	..	..	..	..	..	..	..
Espadon	..	..	..	..	..	..	..	..
Autres poissons	38 000	..	..	..	1 096 740	467 060	998	273 157
Total crustacés	**2 995 000**	**5 336 349**	**7 211 796**	..	..	**1 126 893**	**3 057 855**	..
Homard et langouste	..	..	..	..	..	..	..	..
Langoustine	..	..	..	..	0	..	..	..
Crevette	2 995 000	5 336 349	7 211 796	..	0	1 126 893	3 057 855	..
Autres crustacés	..	..	..	..	..	..	..	..
Total coquillages et mollusques	..	..	..	..	..	..	..	..
Huître	..	..	..	..	..	..	..	..
Moule	..	..	..	..	..	..	..	..
Coquille St-Jacques	..	..	..	..	..	..	..	..
Bivalves	..	..	..	..	..	..	..	..
Autres coquillages (incl. buccins)	..	..	..	..	..	..	..	..
Calmar	..	..	..	..	..	..	..	..
Seiche	..	..	..	..	..	..	..	..
Poulpe	..	..	..	..	..	..	..	..
Autres mollusques (incl. oursins)	..	..	..	..	..	..	..	..
Autres animaux marins	..	..	..	..	..	..	..	..
Plantes aquatiques	..	..	..	..	..	..	..	..
Algue brune	..	..	..	..	..	..	..	..
Algue rouge	..	..	..	..	..	..	..	..
Autres algues	..	..	..	..	..	..	..	..
Poisson pour transformation	..	..	..	..	..	..	..	..
TOTAL GÉNÉRAL	**35 167 000**	**127 707 007**	**111 291 386**	..	**18 560 920**	**9 057 180**	**33 156 521**	**31 597 011**

.. Non disponible

Note : Métadonnées détaillées : http://metalinks.oecd.org/fish/20150108/a9a7

Source : OCDE (2014), « Pêcheries : Débarquements étrangers dans les ports domestiques », Statistiques agricoles de l'OCDE (base de données). DOI: 10.1787/data-00224-fr

ALLEMAGNE

Tableau 6. Production de l'aquaculture

	2006	2007	2008	2009	2010	2011	2012	2013
VOLUME (TONNES)								
Poissons	**31 294**	**34 038**	**36 960**	**35 197**	**35 712**	**40 620**	**40 620**	..
Saumon de l'Atlantique	..	..	..	..	..	..	..	..
Saumon du Pacifique	..	..	..	..	..	..	..	..
Truite arc-en-ciel	19 004	23 154	21 983	21 101	19 996	20 666	20 666	..
dont : d'eau de mer	..	..	93	..	14	..	..	..
dont : d'eau douce	19 004	23 154	21 890	21 101	19 982	20 666	20 666	..
Truite de mer	..	..	..	..	526	..	..	..
Poisson plat	..	..	..	..	..	..	..	..
Dorade	..	..	..	..	..	..	..	..
Bar	..	..	..	..	..	..	..	..
Loup	146	207	329	256	502	643	643	..
Carpe	10 584	9 244	10 855	9 887	9 634	10 089	10 089	..
Tilapia	..	..	..	..	..	..	..	..
Anguille	567	440	447	385	398	638	638	..
Autres poissons	993	993	3 346	3 568	4 656	8 584	8 584	..
Coquillages et crustacés	**3 756**	**10 625**	**6 982**	**3 843**	**4 985**	**19 193**	**19 193**	..
Huître, comestible	86	86	86	86	80	..	..	..
Huître, perle	..	..	..	..	..	..	..	..
Moule	3 670	10 539	6 896	3 757	4 905	19 193	19 193	..
Coquille St.-Jacques	..	..	..	..	..	..	..	..
Bivalves	..	..	..	..	..	..	..	..
Crevette et bouquet	..	..	..	..	..	..	..	..
Autres coquillages et crustacés	11	..	..	..	..	..	..	..
Total poissons, coquillages et crustacés	**35 050**	**44 663**	**43 942**	**39 040**	**40 697**	**59 813**	**59 813**	..
Autres animaux marins	..	..	..	..	..	..	..	..
Plantes aquatiques	..	..	..	..	..	..	..	..
Algue brune	..	..	..	..	..	..	..	..
Algue rouge	..	..	..	..	..	..	..	..
Algue verte	..	..	..	..	..	..	..	..
Autres plantes aquatiques	..	..	..	..	..	..	..	..
TOTAL GÉNÉRAL	**35 050**	**44 663**	**43 942**	**39 040**	**40 697**	**59 813**	**59 813**	..
VALEUR (EUR)								
Poissons	**114 925 000**	**123 071 000**	**82 219 400**	**81 751 500**	**88 410 550**	**105 200 530**	**105 200 530**	..
Saumon de l'Atlantique	..	..	..	..	..	..	..	..
Saumon du Pacifique	..	..	..	..	..	..	..	..
Truite arc-en-ciel	66 514 000	81 039 000	54 957 500	58 027 500	54 989 000	57 864 800	57 864 800	..
dont : d'eau de mer	..	..	232 500	..	38 500	..	..	..
dont : d'eau douce	66 514 000	81 039 000	54 725 000	58 027 500	54 950 500	57 864 800	57 864 800	..
Truite de mer	..	..	..	..	1 446 500	..	..	..
Poisson plat	..	..	..	..	..	..	..	..
Dorade	..	..	..	..	..	..	..	..
Bar	..	..	..	..	..	..	..	..
Loup	876 000	1 092 000	1 602 000	870 000	1 614 500	1 980 440	1 980 440	..
Carpe	37 044 000	32 354 000	21 710 000	19 774 000	19 268 000	21 893 130	21 893 130	..
Tilapia	..	..	..	..	..	..	..	..
Anguille	8 505 000	6 600 000	3 129 000	3 080 000	2 786 000	6 380 000	6 380 000	..
Autres poissons	1 986 000	1 986 000	820 900	..	8 306 550	17 082 160	17 082 160	..
Coquillages et crustacés	**7 710 300**	**15 165 210**	**10 428 400**	**5 536 510**	**4 840 200**	**27 792 576**	**27 792 576**	..
Huître, comestible	774 000	516 000	774 000	774 000	720 000	..	..	..
Huître, perle	..	..	..	..	..	..	..	..
Moule	6 936 300	14 649 210	9 654 400	4 762 510	4 120 200	27 792 576	27 792 576	..
Coquille St.-Jacques	..	..	..	..	..	..	..	..
Bivalves	..	..	..	..	..	..	..	..
Crevette et bouquet	..	..	..	..	..	..	..	..
Autres coquillages et crustacés	138 000	..	..	..	..	..	..	..
Total poissons, coquillages et crustacés	**122 635 300**	**138 236 210**	**92 647 800**	**87 288 010**	**93 250 750**	**132 993 106**	**132 993 106**	..
Autres animaux marins	..	..	..	..	..	..	..	..
Plantes aquatiques	..	..	..	..	..	..	..	..
Algue brune	..	..	..	..	..	..	..	..
Algue rouge	..	..	..	..	..	..	..	..
Algue verte	..	..	..	..	..	..	..	..
Autres plantes aquatiques	..	..	..	..	..	..	..	..
TOTAL GÉNÉRAL	**122 635 300**	**138 236 210**	**92 647 800**	**87 288 010**	**93 250 750**	**132 993 106**	**132 993 106**	..

.. Non disponible

Note : Métadonnées détaillées : http://metalinks.oecd.org/fish/20150108/2f8c

Source : OCDE (2014), « Pêcheries : Production de l'aquaculture », Statistiques agricoles de l'OCDE (base de données). DOI: 10.1787/data-00225-fr

ALLEMAGNE

Tableau 7. Transferts financiers publics (TFP)

Milliers EUR

	2006	2007	2008	2009	2010	2011	2012	2013
Contribution nationale aux TFP								
Pêche maritime	**1 785**	**1 576**	**1 932**	**2 155**	**3 389**	**2 181**	**3 094**	**2 210**
Paiements directs	422	4	1 101	1 765	2 022	2 127	2 034	1 903
Désarmement des navires et retrait des licences	10	..	..	..	..	..	..	..
Indemnisation des catastrophes	..	..	..	..	..	..	..	..
Aides : équipement, modernisation, construction de navire	412	4	95	184	129	113	12	124
Aide au revenu et assurance chômage	10	0	1 006	1 581	1 893	2 014	2 022	1 779
Autres paiements directs	..	..	..	..	..	..	..	..
Transferts réduisant les coûts	744	189	3	..	..	54	..	..
Prêts subventionnés : équipement, modernisation, construction de navire	716	170	0	..	..	..	..	..
Bonification d'intérêts	28	19	3	..	..	..	..	..
Exonération de taxe sur carburant	..	..	..	..	..	..	..	..
Ristourne et subvention à l'assurance	..	..	..	..	..	..	..	..
Allègement d'impôt sur le revenu, contrib. sociales impayées	..	..	..	..	..	54	..	..
Autres transferts réduisant les coûts	..	..	..	..	..	..	..	..
Services généraux	619	1 383	828	390	1 367	..	1 060	307
Gestion des pêcheries	..	..	..	..	..	..	..	..
Recherche halieutique	619	1 383	828	..	..	..	..	..
Police des pêches	..	..	..	..	..	..	..	..
Infrastructure des pêcheries	..	..	..	..	1 367	..	1 060	307
Autres services généraux	619	1 383	..	390	..	..	..	..
Recouvrement des coûts	..	..	..	..	..	..	..	..
Aquaculture	**2 134**	**2 181**	**985**	**1 750**	**1 483**	**2 407**	**3 721**	**2 169**
Paiements directs	..	..	..	..	594	1 051	1 000	489
Aides : développement aquacole	..	..	..	..	594	1 051	1 000	489
Indemnisation des catastrophes	..	..	..	..	..	..	..	..
Autres paiements directs	..	..	..	..	..	..	..	..
Transferts réduisant les coûts	2 134	2 181	985	..	..	..	..	..
Prêts subventionnés : développement aquacole	2 134	2 181	985	..	..	..	..	..
Autres transferts réduisant les coûts	2 134	2 181	..	..	..	..	..	..
Services généraux	..	..	..	1 750	889	1 356	2 721	1 681
Gestion, recherche et police de l'aquaculture	..	..	..	..	..	..	..	..
Infrastructure aquacole	..	..	..	..	889	1 356	2 721	1 681
Autres services généraux	..	..	..	1 750	..	..	..	..
Recouvrement des coûts	..	..	..	..	..	..	..	..
Commercialisation et transformation	**4 833**	**5 017**	**326**	**1 800**	**1 751**	**1 886**	**3 059**	**1 794**
Paiements directs	201	134	64	300	1 458	1 666	2 802	1 794
Aides : commercialisation et transformation	201	134	64	300	1 458	1 666	2 802	1 794
Autres paiements directs	..	..	..	..	..	..	..	..
Transferts réduisant les coûts	4 632	4 883	262	1 500	..	..	..	..
Prêts subventionnés : commercialisation et transformation	4 632	4 883	262	..	..	..	..	..
Autres transferts réduisant les coûts	4 632	4 883	..	1 500	..	..	..	..
Services généraux	..	..	..	..	293	..	..	..
Aquaculture	..	..	..	..	..	..	..	..
Autres services généraux	..	..	..	..	293	..	..	..
Recouvrement des coûts	..	..	..	..	..	220	257	..
Total	**8 752**	**8 774**	**3 243**	**3 955**	**6 623**	**6 474**	**9 874**	**6 173**

Tableau 7. Transferts financiers publics (TFP) *(suite)*

Milliers EUR

	2006	2007	2008	2009	2010	2011	2012	2013
Contribution européenne aux TFP								
Pêche maritime	**2 118**	**3 402**	**1 576**	**1 312**	**1 936**	**217**	**1 783**	**540**
Paiements directs	201	174	18	212	155	151	45	233
Désarmement des navires et retrait des licences	30	..	..	..	..	..	..	..
Indemnisation des catastrophes	..	..	..	..	..	..	..	..
Aides : équipement, modernisation, construction de navire	171	174	18	120	137	93	35	187
Aide au revenu et assurance chômage	30	..	..	92	18	58	10	46
Autres paiements directs	..	..	..	..	..	..	..	..
Transferts réduisant les coûts	..	..	..	..	..	66	..	..
Prêts subventionnés : équipement, modernisation, construction de navire	..	..	..	..	..	..	..	..
Bonification d'intérêts	..	..	..	..	..	..	..	..
Exonération de taxe sur carburant	..	..	..	..	..	..	..	..
Ristourne et subvention à l'assurance	..	..	..	..	..	..	..	..
Allègement d'impôt sur le revenu, contrib. sociales impayées	..	..	..	..	..	66	..	..
Autres transferts réduisant les coûts	..	..	..	..	..	..	..	..
Services généraux	1 917	3 228	1 558	1 100	1 781	..	1 738	307
Gestion des pêcheries	..	..	..	..	..	..	..	..
Recherche halieutique	1 917	3 228	1 558	..	..	..	..	..
Police des pêches	..	..	..	..	..	..	..	..
Infrastructure des pêcheries	..	..	..	..	1 781	..	1 738	307
Autres services généraux	1 917	3 228	..	1 100	..	..	..	..
Recouvrement des coûts	..	..	..	..	..	..	..	..
Aquaculture	**3 243**	**2 185**	**840**	**3 800**	**3 037**	**4 518**	**7 355**	**5 354**
Paiements directs	..	..	..	..	982	1 993	2 429	1 796
Aides : développement aquacole	..	..	..	..	982	1 993	2 429	1 796
Indemnisation des catastrophes	..	..	..	..	..	..	..	..
Autres paiements directs	..	..	..	..	..	..	..	..
Transferts réduisant les coûts	3 243	2 185	840	..	..	..	..	..
Prêts subventionnés : développement aquacole	3 243	2 185	840	..	..	..	..	..
Autres transferts réduisant les coûts	3 243	2 185	..	..	..	..	..	..
Services généraux	..	..	..	3 800	2 055	2 525	4 926	3 558
Gestion, recherche et police de l'aquaculture	..	..	..	..	..	..	..	..
Infrastructure aquacole	..	..	..	..	2 055	2 525	4 926	3 558
Autres services généraux	..	..	..	3 800	..	..	..	..
Recouvrement des coûts	..	..	..	..	..	..	..	..
Commercialisation et transformation	**10 379**	**8 613**	**443**	**4 110**	**2 414**	**3 187**	**2 233**	**1 774**
Paiements directs	252	142	64	310	2 112	2 990	1 962	1 774
Aides : commercialisation et transformation	252	142	64	310	2 112	2 990	1 962	1 774
Autres paiements directs	..	..	..	..	..	..	..	..
Transferts réduisant les coûts	10 127	8 471	379	3 800	..	..	..	..
Prêts subventionnés : commercialisation et transformation	10 127	8 471	379	..	..	..	..	..
Autres transferts réduisant les coûts	10 127	8 471	..	3 800	..	..	..	..
Services généraux	..	..	..	..	302	..	..	..
Aquaculture	..	..	..	..	..	..	..	..
Autres services généraux	..	..	..	..	302	..	..	..
Recouvrement des coûts	..	..	..	..	..	197	271	..
Total	**15 740**	**14 200**	**2 859**	**5 422**	**7 387**	**7 922**	**11 370**	**7 668**

Tableau 7. Transferts financiers publics (TFP) *(suite)*

Milliers EUR

	2006	2007	2008	2009	2010	2011	2012	2013
Total des TFP								
Pêche maritime	**3 903**	**4 978**	**3 508**	**3 467**	**5 325**	**2 398**	**4 876**	**2 750**
Paiements directs	623	178	1 119	1 977	2 177	2 278	2 079	2 136
Désarmement des navires et retrait des licences	40	..	..	..	..	..	..	..
Indemnisation des catastrophes	..	..	..	..	..	..	..	..
Aides : équipement, modernisation, construction de navire	583	178	113	304	266	206	47	311
Aide au revenu et assurance chômage	40	0	1 006	1 673	1 911	2 072	2 032	1 825
Autres paiements directs	..	..	..	..	..	..	..	..
Transferts réduisant les coûts	744	189	3	..	..	120	..	..
Prêts subventionnés : équipement, modernisation, construction de navire	716	170	..	..	..	..	..	..
Bonification d'intérêts	28	19	3	..	..	..	..	..
Exonération de taxe sur carburant	..	..	..	..	..	..	..	..
Ristourne et subvention à l'assurance	..	..	..	..	..	..	..	..
Allègement d'impôt sur le revenu, contrib. sociales impayées	..	..	..	..	..	120	..	..
Autres transferts réduisant les coûts	..	..	..	..	..	..	..	..
Services généraux	2 536	4 611	2 386	1 490	3 148	..	2 798	613
Gestion des pêcheries	..	..	..	..	..	..	..	..
Recherche halieutique	2 536	4 611	2 386	..	..	..	..	..
Police des pêches	..	..	..	..	..	..	..	..
Infrastructure des pêcheries	..	..	..	..	3 148	..	2 798	613
Autres services généraux	2 536	4 611	..	1 490	..	..	..	..
Recouvrement des coûts	..	..	..	..	..	..	..	..
Aquaculture	**5 377**	**4 366**	**1 825**	**..**	**4 520**	**6 925**	**11 076**	**7 523**
Paiements directs	..	..	..	..	1 576	3 044	3 429	2 285
Aides : développement aquacole	..	..	..	..	1 576	3 044	3 429	2 285
Indemnisation des catastrophes	..	..	..	..	..	..	..	..
Autres paiements directs	..	..	..	..	..	..	..	..
Transferts réduisant les coûts	5 377	4 366	1 825	..	..	..	..	..
Prêts subventionnés : développement aquacole	5 377	4 366	1 825	..	..	..	..	..
Autres transferts réduisant les coûts	5 377	4 366	..	..	..	..	..	..
Services généraux	..	..	..	..	2 944	3 881	7 647	5 239
Gestion, recherche et police de l'aquaculture	..	..	..	..	..	..	..	..
Infrastructure aquacole	..	..	..	..	2 944	3 881	7 647	5 239
Autres services généraux	..	..	..	..	..	..	..	..
Recouvrement des coûts	..	..	..	..	..	..	..	..
Commercialisation et transformation	**15 212**	**13 630**	**769**	**5 910**	**4 165**	**5 073**	**5 291**	**3 568**
Paiements directs	453	276	128	610	3 570	4 656	4 764	3 568
Aides : commercialisation et transformation	453	276	128	610	3 570	4 656	4 764	3 568
Autres paiements directs	..	..	..	..	..	..	..	..
Transferts réduisant les coûts	14 759	13 354	641	5 300	..	..	..	..
Prêts subventionnés : commercialisation et transformation	14 759	13 354	641	..	..	..	..	..
Autres transferts réduisant les coûts	14 759	13 354	..	5 300	..	..	..	..
Services généraux	..	..	..	..	595	..	..	..
Aquaculture	..	..	..	..	..	..	..	..
Autres services généraux	..	..	..	..	595	..	..	..
Recouvrement des coûts	..	..	..	..	..	417	528	..
Total	**24 492**	**22 974**	**6 102**	**9 377**	**14 010**	**14 396**	**21 244**	**13 841**

.. Non disponible

Note : Métadonnées détaillées : http://metalinks.oecd.org/fish/20150108/47c4

Source : OCDE (2014), « Pêcheries : Transferts financiers publics », Statistiques agricoles de l'OCDE (base de données). DOI: 10.1787/data-00220-fr

ALLEMAGNE

Tableau 8. Importations par produit

		2009		2010		2011		2012		2013	
		Tonnes	USD	Tonnes	USD	Tonnes	USD	Tonnes	USD	Tonnes	USD
03	**Poisson, crustacés et mollusques**	..	**3 350 969 000**	..	**3 449 610 957**	..	**4 184 058 732**	..	**3 789 784 526**	..	**4 113 945 224**
0302	**Poisson, frais ou réfrigéré, excl. 0304**	**108 330 297**	**409 425 000**	**112 388 611**	**474 635 267**	**114 295 212**	**531 124 229**	**120 147 071**	**417 730 142**	**121 071 342**	**538 774 216**
030211	Truite	1 513 600	8 724 000	1 618 700	9 891 409	1 907 655	12 400 159	1 501 056	9 118 243	1 842 456	12 115 892
030212	Saumon (Pacifique, Atlantique et Danube)	47 998 184	250 102 000	49 191 200	311 608 526	51 354 238	319 752 637	43 337 553	218 019 910	46 873 487	320 118 300
030219	Salmonidés nra	350 300	2 657 000	350 200	3 055 128	623 748	6 665 731	370 972	3 073 270	444 132	4 684 668
030221	Flétan	757 419	6 351 000	552 200	5 624 033	599 499	7 401 087	557 897	6 783 149	403 066	5 216 230
030222	Plie, carrelet	1 702 303	8 390 000	1 406 700	6 510 365	1 543 580	7 276 526	1 455 231	6 076 134	1 269 584	5 526 908
030223	Sole	495 000	8 531 000	412 700	7 686 841	416 630	9 365 719	413 678	8 615 183	505 925	9 739 015
030229	Poissons plats nra	612 200	7 612 000	636 600	7 967 711	700 574	10 237 143	995 476	10 666 343	749 754	10 881 855
030231	Thon blanc/germon	118 300	599 000	38 600	283 520	156 226	961 534	193 744	1 125 616	216 281	1 343 443
030232	Albacore (thon jaune)	90 300	1 078 000	90 011	1 131 431	77 207	1 009 603	118 107	1 681 850	132 605	2 284 061
030233	Listaos/bonite à ventre rayé	14 600	126 000	13 900	103 339	10 760	73 973	32 725	250 614	17 662	106 758
030239	Thonidés nra	26 300	452 000	29 700	518 020	14 440	292 541	15 011	268 817	21 827	374 415
030240	Hareng	35 308 600	19 736 000	36 241 800	20 657 226	34 643 963	27 104 272	53 204 829	47 783 931	47 411 812	44 367 050
030250	Morue	2 176 600	11 459 000	2 610 500	12 600 749	3 988 683	21 330 285	3 181 999	15 493 447	3 625 980	14 479 269
030261	Sardines	218 500	675 000	210 300	655 806	372 498	933 786	346 700	902 039	306 338	1 025 418
030262	Églefin	499 300	1 775 000	698 900	2 239 014	925 277	3 266 767	902 479	2 860 876	642 838	2 261 979
030263	Lieu noir	2 106 000	4 424 000	1 767 900	4 248 828	2 011 369	6 186 491	1 451 640	4 758 779	1 473 268	4 079 198
030264	Maquereau	479 500	1 786 000	516 200	1 958 144	344 387	1 655 951	375 130	1 691 138	330 035	1 474 302
030265	Aiguillat et autres squalidés	37 300	173 000	24 700	95 390	26 169	111 610	28 441	131 612	63 863	203 292
030266	Anguille	147 700	2 058 000	105 200	1 493 118	143 395	2 736 314	76 140	1 662 098	106 781	2 283 472
030269	Poisson nra	13 615 391	71 852 000	15 825 700	75 686 634	14 362 259	91 542 364	11 528 852	76 098 206	14 578 825	95 606 654
030270	Foies, oeufs et laitances	62 900	865 000	46 900	620 035	72 655	819 735	59 411	668 888	54 823	602 037
0303	**Poisson, congelé, excl. 0304**	**50 930 442**	**171 784 000**	**52 851 000**	**168 838 904**	**59 651 110**	**227 186 619**	**59 032 855**	**209 566 342**	**65 234 032**	**220 987 248**
030319	Saumon, Pacifique	3 302 800	13 445 298	..	..	..	..	..	..	..	..
030321	Truite	4 421 200	18 088 000	4 974 900	19 845 086	5 821 079	27 105 017	6 712 673	29 185 803	8 880 498	39 271 864
030322	Saumon (Atlantique et Danube)	1 407 242	8 118 179	..	..	..	..	..	..	..	..
030329	Salmonidés	78 000	309 000	51 200	271 596	42 550	334 553	145 034	710 336	294 861	1 850 563
030331	Flétan	2 742 000	16 778 000	3 074 800	19 153 509	3 436 938	25 054 764	3 254 821	23 325 219	2 562 556	16 404 248
030332	Plie, carrelet	1 636 400	9 263 000	1 827 700	8 883 190	1 884 762	9 466 060	1 384 881	6 227 068	1 314 551	5 997 911
030333	Sole	189 800	2 374 000	248 800	3 449 937	249 177	4 059 012	311 985	4 730 366	226 895	3 208 933
030339	Poisson plat nra	201 400	970 000	182 000	796 241	209 957	1 334 225	307 027	1 403 774	284 741	1 865 888
030341	Thon blanc/germon	2 200	17 000	2 300	14 573	69 380	410 873	71 765	443 862	58 027	340 641
030342	Albacore (thon jaune)	156 133	669 000	72 800	300 743	84 853	478 352	122 995	835 999	113 763	798 404
030343	Listao/bonite à ventre rayé	10 700	31 000	9 700	21 198	17 038	43 471	51 727	381 972	8 815	26 702
030349	Thonidés nra	23 800	208 000	45 300	486 224	10 344	79 726	15 063	168 709	8 765	122 856
030350	Hareng	11 236 600	17 013 000	11 965 900	13 223 433	10 302 849	18 240 148	5 379 176	9 730 140	11 073 121	14 423 805
030360	Morue	2 461 600	8 026 000	2 790 000	9 386 637	4 567 332	18 546 221	4 448 824	16 551 754	3 221 838	9 155 360
030371	Sardines, sardinelles	1 059 000	1 601 000	1 448 100	1 686 547	1 822 008	2 418 912	1 613 312	2 046 328	1 883 236	2 268 704
030372	Églefin	113 500	424 000	146 800	502 122	119 431	584 168	546 989	1 094 334	679 734	1 483 605
030373	Lieu noir	1 521 525	2 433 000	860 700	1 874 678	1 661 153	4 725 983	735 613	1 978 226	466 423	1 060 540
030374	Maquereau	8 771 900	17 056 000	10 730 300	19 593 363	14 427 142	31 561 366	16 838 049	37 372 886	11 575 867	25 382 553
030375	Aiguillat et autres squalidés	95 800	307 000	86 000	257 023	80 252	268 380	94 176	331 478	80 566	245 991
030376	Anguille	898 900	8 331 000	443 000	4 569 444	281 598	3 954 206	205 004	3 441 757	226 141	3 318 566
030377	Bar (loup)	156 800	1 223 000	126 200	935 352	163 227	1 249 702	300 274	2 324 773	295 647	2 431 951
030378	Merlu	901 500	2 310 000	1 024 500	2 166 147	601 376	1 516 742	786 564	1 986 693	742 523	2 060 108
030379	Poisson nra	7 461 906	29 591 000	6 601 400	26 119 626	8 357 678	39 333 564	9 394 385	27 242 391	11 629 589	27 304 327
030380	Foies, oeufs et laitances	317 400	1 188 000	265 500	1 722 319	287 241	1 672 230	687 699	4 726 661	481 426	2 239 963
0304	**Filets de poisson et autre chair de poisson**	**411 329 100**	**1 712 638 000**	**426 517 182**	**1 717 879 107**	**457 413 403**	**2 005 424 822**	**424 754 797**	**1 774 006 722**	**428 714 609**	**1 832 795 096**
030410	Filets et autre chair de poisson, frais ou réfrigéré	41 113 900	270 097 000	36 243 382	264 561 403	38 020 173	289 936 947	32 446 652	249 012 646	32 502 301	276 326 943
030420	Filets de poissons, congelé	321 969 900	1 361 456 000	333 097 400	1 363 200 689	354 799 230	1 580 394 774	335 024 710	1 382 422 684	351 344 173	1 449 721 064
030490	Chair de poisson nra, congelé	48 245 300	81 085 000	57 176 400	90 117 015	64 594 000	135 093 100	57 283 435	142 571 392	44 868 135	106 747 089
0305	**Poisson, séché, salé, fumé, ou en saumure**	**55 137 502**	**608 404 000**	**51 422 024**	**601 123 678**	**64 325 450**	**839 254 232**	**72 638 390**	**779 130 261**	**73 720 380**	**894 395 859**
030510	Farine de poisson, consommation humaine	89 605	294 000	16 100	246 424	40 408	706 053	61 171	865 165	40 853	602 982
030520	Foies, oeufs et laitances	188 600	2 434 000	241 400	4 043 474	161 391	1 727 531	226 608	2 797 789	207 893	1 913 343
030530	Filets de poisson (non fumé)	2 646 317	22 677 000	3 263 200	23 469 905	5 415 871	35 168 748	11 151 248	96 657 975	8 756 913	91 765 173
030541	Saumon (Pacifique, Atlantique et Danube), fumé	31 658 000	389 162 000	28 722 100	391 733 443	35 689 160	556 547 632	33 886 010	444 703 667	38 799 946	561 728 055
030542	Hareng, fumé	609 700	2 150 077	..	..	..	..	..	..	..	..
030549	Poisson nra, fumé	9 177 589	103 287 000	8 055 124	85 770 147	9 718 331	113 932 135	9 720 201	105 021 374	11 136 324	127 013 728
030551	Morue, séché, non fumé	5 153 900	64 924 000	4 327 200	67 964 021	4 968 447	85 902 363	4 030 577	67 348 246	4 978 449	68 033 087
030559	Poisson nra, séché, salé, non fumé	883 500	5 566 000	811 200	5 184 179	662 359	5 043 898	4 678 594	16 042 826	916 723	3 940 110
030561	Hareng, salé ou en saumure	2 904 600	7 892 000	2 954 500	7 970 361	2 478 711	8 968 820	2 874 579	11 392 935	2 965 151	11 704 738
030562	Morue, salé ou en saumure	1 422 200	7 796 000	2 000 700	10 675 726	4 189 292	26 884 814	4 672 473	28 267 659	4 522 021	22 346 588
030563	Anchois, salé ou en saumure	40 600	209 000	39 400	241 125	36 775	241 696	36 016	237 264	31 696	182 702
030569	Poisson nra, salé ou en saumure	350 000	2 030 000	282 200	1 539 488	279 376	1 411 117	661 962	2 791 206	741 586	2 526 892

ALLEMAGNE

Tableau 8. Importations par produit (suite)

		2009		2010		2011		2012		2013	
		Tonnes	USD	Tonnes	USD	Tonnes	USD	Tonnes	USD	Tonnes	USD
0306	**Crustacés**	**35 689 339**	**284 381 000**	**37 602 954**	**317 097 423**	**37 353 885**	**366 274 219**	**42 045 947**	**417 115 715**	**38 613 226**	**429 502 397**
030611	Langoustes et autres palinuridés, congelé	66 034	1 971 000	73 050	1 950 195	85 225	3 301 051	67 414	2 056 467	86 291	2 627 314
030612	Homard nra	349 600	5 879 000	369 915	6 828 331	457 842	9 672 802	381 028	8 034 220	478 207	9 374 806
030613	Crevettes, congelé	32 330 800	241 425 000	33 829 168	266 784 519	32 757 340	299 734 860	35 841 368	333 041 894	32 611 674	337 465 319
030614	Crabes, congelé	716 183	7 343 000	743 228	7 688 166	468 880	5 286 158	821 642	10 135 633	678 533	10 264 442
030619	Crustacés nra, congelé	228 499	2 311 000	285 930	2 904 094	614 997	7 468 527	543 189	6 637 041	466 008	6 434 166
030621	Langoustes et autres palinuridés (non congelé)	6 373	221 000	4 137	147 060	3 456	158 666	19 803	487 422	25 644	573 658
030622	Homard nra (non congelé)	706 861	11 610 000	640 200	11 065 235	706 275	13 016 022	677 516	12 015 826	747 748	13 573 792
030623	Crevettes (non congelé)	671 842	8 324 000	1 191 415	15 045 116	1 880 828	22 699 489	2 777 618	35 997 499	3 082 712	41 679 965
030624	Crabes (non congelé)	309 120	2 347 000	143 623	1 526 239	104 878	1 467 540	127 232	2 443 729	133 333	3 115 018
030629	Crustacés nra (non congelé)	304 028	2 950 000	322 287	3 158 468	274 164	3 469 105	789 137	6 265 985	303 076	4 393 917
0307	**Mollusques**	**30 204 759**	**101 700 000**	**27 524 339**	**106 304 161**	**31 063 912**	**139 224 935**	**33 986 054**	**130 294 998**	**29 469 056**	**131 186 971**
030710	Huîtres	627 949	4 227 000	604 400	4 281 949	657 588	5 669 022	664 593	5 070 803	643 758	5 650 189
030721	St-Jacques, vi, fr, ou ré	447 875	5 975 000	398 500	5 417 355	498 425	7 580 273	544 584	8 754 562	420 716	6 704 062
030729	St-Jacques, co, sc, sl, ou sm	810 170	11 569 000	1 020 700	14 658 257	838 460	15 850 449	774 443	14 282 116	945 744	17 884 139
030731	Moules, vi, fr, ou ré	12 138 200	15 229 000	10 145 900	13 778 550	12 253 298	16 775 189	16 588 211	17 038 096	11 207 193	16 221 352
030739	Moules, co, sc, sl, ou sm	1 676 600	7 411 000	1 743 300	7 137 024	1 825 882	8 680 663	1 217 013	6 211 373	1 481 990	7 860 810
030741	Seiches, encornets et calmars, vi, fr, ou ré	360 037	2 637 000	361 600	2 738 487	385 600	3 375 856	568 429	3 952 574	774 904	4 828 041
030749	Seiches, encornets et calmars, co, sc, sl, ou sm	8 511 700	32 060 000	8 462 100	34 650 403	9 469 658	48 378 100	8 944 805	43 480 172	9 060 351	44 160 642
030751	Poulpe, vi, fr, ou ré	179 900	1 716 000	159 200	1 579 234	163 990	1 925 379	147 418	1 773 371	180 936	1 704 047
030759	Poulpe, co, sc, sl, ou sm	1 174 100	5 634 000	1 354 500	6 379 204	1 975 933	13 584 789	1 745 505	11 542 659	1 452 004	7 520 155
030760	Escargots (autres que de mer)	50 951	479 000	81 977	752 521	44 315	547 677	46 866	573 083	34 724	480 433
030791	Mollusques nra, vi, fr, ou ré	173 436	3 100 000	265 700	3 277 705	351 774	4 684 729	230 406	3 276 600	243 657	2 895 112
030799	Mollusques nra, co, sc, sl, ou sm	4 053 843	11 663 000	2 926 462	11 653 473	2 598 989	12 172 808	2 513 781	14 339 590	3 023 079	15 277 988
121220	**Algues**	**859 699**	**10 167 000**	**1 037 693**	**9 380 013**	**3 574 203**	**11 239 572**	**3 359 970**	**9 783 055**	**2 151 204**	**13 798 203**
1504	**Graisses, huiles et leurs fractions**	**4 774 956**	**15 152 000**	**10 565 600**	**23 504 351**	**9 174 120**	**25 456 186**	**11 039 270**	**28 787 682**	**8 395 873**	**22 159 508**
150410	Huiles de foies de poisson, et fractions	400 245	1 798 000	525 300	3 230 010	505 000	2 567 743	527 729	3 460 262	260 119	1 675 026
150420	Graisses et huiles de poisson, et fractions	4 374 710	13 354 000	10 040 300	20 274 341	8 669 120	22 888 442	10 511 541	25 327 420	8 135 754	20 484 482
150430	Graisses et huiles de mammifère marin, et fractions	..	..	..	..	..	..	..	..	..	..
1604	**Préparations et conserves de poisson; caviars et succédanés**	**153 947 806**	**620 956 000**	**158 034 161**	**608 349 467**	**167 452 848**	**748 938 894**	**172 785 898**	**818 809 459**	**185 696 517**	**948 564 083**
160411	Saumon, non haché	2 935 300	22 579 000	2 622 500	19 128 337	2 826 878	26 585 751	2 602 680	22 924 982	3 788 200	39 890 160
160412	Hareng, non haché	44 626 400	115 442 000	44 831 100	119 788 591	44 353 402	136 154 295	46 562 441	153 820 343	46 709 721	152 709 441
160413	Sardines, sardinelles, sprats, esprots, non haché	9 109 300	38 123 000	8 228 200	36 326 351	7 731 631	34 959 754	8 915 177	42 039 863	7 702 211	41 778 572
160414	Thons, listaos, sardes, non haché	67 412 567	252 737 000	65 978 800	221 884 995	72 495 380	297 966 834	72 340 964	355 015 912	77 175 774	427 836 376
160415	Maquereau, non haché	1 913 600	11 255 000	1 978 500	11 164 600	2 236 773	14 037 668	2 104 041	14 554 633	2 187 344	14 127 386
160416	Anchois, non haché	591 700	8 353 000	718 900	7 515 934	611 945	7 760 945	869 212	8 995 647	1 344 082	13 602 970
160419	Poisson nra, non haché	18 867 184	102 569 000	19 926 100	104 980 625	20 942 732	118 455 652	24 582 857	126 778 853	30 932 047	156 030 015
160420	Poisson, haché	6 759 208	32 442 000	11 995 500	48 884 705	14 228 952	68 778 189	13 223 148	56 462 791	12 724 776	53 604 315
160430	Caviar et succédanés	1 732 547	37 456 000	1 754 561	38 675 329	2 025 156	44 239 805	1 585 378	38 216 435	3 132 362	48 984 848
1605	**Préparations et conserves de crustacés**	**34 494 534**	**280 676 000**	**38 535 900**	**318 867 437**	**39 704 019**	**370 448 746**	**32 660 931**	**289 767 819**	**30 650 132**	**296 068 666**
160510	Crabes	1 689 100	14 134 000	2 084 200	16 409 723	1 791 805	16 239 175	2 673 578	27 472 824	2 777 755	28 625 867
160520	Crevettes	23 761 712	212 908 000	27 178 100	249 835 578	27 900 036	292 156 804	20 675 443	210 716 442	18 160 972	213 625 042
160530	Homard	91 700	1 046 000	204 300	1 905 149	89 907	1 172 721	96 329	1 142 318	61 966	909 044
160540	Crustacés nra	1 673 000	18 102 000	1 437 900	14 232 977	1 237 941	14 871 804	811 387	10 302 598	658 552	8 183 260
230120	**Farine de poisson**	**309 726 500**	**311 704 000**	**226 052 900**	**309 376 136**	**166 322 429**	**240 171 009**	**229 828 337**	**304 126 606**	**155 737 080**	**236 735 400**
	TOTAL	**1 195 424 934**	**4 526 987 000**	**1 142 532 364**	**4 655 355 944**	**..**	**5 580 313 139**	**..**	**5 241 059 147**	**..**	**5 631 271 084**

.. Non disponible

Note : nra : non répertorié ailleurs. vi : vivant. fr : frais. ré : réfrigéré. co : congelé. sc : séché. sl : salé. sm : en saumure.

Métadonnées détaillées : http://metalinks.oecd.org/fish/20150108/a9fa

Source : OCDE (2014), « Pêcheries : Commerce par produit », Statistiques agricoles de l'OCDE (base de données). DOI: 10.1787/data-00677-fr

ALLEMAGNE

Tableau 9. Exportations par produit

		2009		2010		2011		2012		2013	
		Tonnes	USD	Tonnes	USD	Tonnes	USD	Tonnes	USD	Tonnes	USD
03	**Poisson, crustacés et mollusques**	..	**1 133 651 000**	..	**1 305 888 680**	..	**1 573 468 599**	..	**1 355 554 332**	..	**1 544 587 441**
0302	**Poisson, frais ou réfrigéré, excl. 0304**	**79 513 631**	**223 782 000**	**106 496 930**	**269 562 706**	**78 820 136**	**241 066 058**	**60 506 548**	**174 247 631**	**73 215 042**	**229 537 439**
030211	Truite	202 200	1 137 000	329 200	2 124 002	289 994	2 158 425	247 933	1 890 685	288 463	2 449 045
030212	Saumon (Pacifique, Atlantique et Danube)	29 725 000	150 531 000	26 362 000	163 742 904	23 238 513	139 416 441	18 160 433	91 364 906	18 285 167	128 364 658
030219	Salmonidés nra	36 800	362 000	22 100	308 729	51 811	624 953	34 142	439 602	30 319	437 694
030221	Flétan	91 303	898 000	112 129	1 295 866	163 945	2 181 738	653 405	2 357 383	86 053	1 283 835
030222	Plie, carrelet	2 146 000	4 146 000	4 882 300	7 723 522	4 177 098	7 431 132	4 230 362	6 951 135	5 592 242	8 562 373
030223	Sole	455 300	6 603 000	732 300	11 497 169	378 684	6 387 369	506 183	6 736 779	1 006 227	8 714 733
030229	Poissons plats nra	1 291 000	3 979 000	1 709 900	6 214 328	1 755 470	5 833 744	1 432 778	5 199 353	2 136 612	6 287 472
030231	Thon blanc/germon	2 400	18 000	5 500	37 100	4 607	36 908	3 343	47 577	1 745	19 276
030232	Albacore (thon jaune)	81 200	551 000	13 400	133 827	5 413	52 754	19 467	177 571	9 632	114 099
030233	Listaos/bonite à ventre rayé	1 000	9 000	600	6 625	343	3 930	773	8 699	286	3 200
030239	Thonidés nra	5 696	101 000	4 859	79 501	59 051	1 324 052	41 181	846 674	749	20 681
030240	Hareng	2 763 500	1 593 000	6 736 300	2 848 786	4 911 522	2 455 334	3 775 735	2 073 212	3 962 667	2 215 992
030250	Morue	6 125 724	18 908 000	8 821 200	28 149 978	9 772 542	29 946 850	6 536 882	19 950 452	7 399 003	23 761 937
030261	Sardines	16 132 600	2 276 000	27 131 800	6 116 277	13 310 329	4 915 392	11 429 649	3 617 361	11 102 550	5 314 712
030262	Églefin	748 900	1 764 000	887 300	1 911 999	986 355	2 398 932	1 005 334	2 249 986	1 240 040	2 690 333
030263	Lieu noir	8 620 300	11 968 000	12 624 300	19 675 172	8 291 384	16 718 282	6 832 430	12 115 347	9 382 472	14 583 735
030264	Maquereau	27 000	135 000	72 100	185 502	36 748	203 447	60 671	225 768	15 878	134 068
030265	Aiguillat et autres squalidés	14 600	46 000	15 400	33 125	10 637	31 860	5 016	16 093	3 126	10 920
030266	Anguille	46 500	562 000	4 413	51 676	15 669	190 287	149	4 318	2 733	51 302
030269	Poisson nra	10 961 207	18 123 000	16 027 522	17 406 743	11 351 341	18 705 156	5 517 801	17 915 504	12 645 220	24 359 289
030270	Foies, oeufs et laitances	35 400	72 000	2 308	19 875	8 680	49 068	12 881	59 226	23 858	158 086
0303	**Poisson, congelé, excl. 0304**	**49 526 758**	**89 637 000**	**96 564 345**	**124 311 734**	**97 535 342**	**161 091 732**	**109 048 365**	**194 901 410**	**131 947 921**	**167 876 341**
030319	Saumon, Pacifique	363 405	1 661 817	..	..	..	..	..	..	..	..
030321	Truite	276 900	1 385 000	235 300	1 236 241	531 766	2 731 795	568 207	2 841 870	1 260 063	5 487 774
030322	Saumon (Atlantique et Danube)	144 200	1 102 297	..	..	..	..	..	..	..	..
030329	Salmonidés	18 700	95 000	2 500	15 900	1 730	9 482	7 988	41 168	7 275	31 319
030331	Flétan	4 114 682	21 538 000	2 633 500	14 959 438	2 764 536	19 144 480	6 914 167	39 926 309	4 051 520	22 858 873
030332	Plie, carrelet	22 500	102 000	74 600	243 803	46 064	240 490	14 233	79 477	12 184	73 686
030333	Sole	7 620	127 000	11 800	193 452	8 133	170 238	21 846	344 663	26 156	461 259
030339	Poisson plat nra	48 996	164 000	9 600	60 951	402 313	652 790	410 485	614 711	41 884	125 136
030341	Thon blanc/germon	500	3 000	754	18 550	..	..	..	..	280	1 425
030342	Albacore (thon jaune)	10 400	77 000	54 600	919 562	152 818	2 409 891	221 519	3 823 152	194 269	3 548 673
030343	Listao/bonite à ventre rayé	4 200	12 000	4 300	15 900	33 336	53 439	3 442	11 651	5 320	17 176
030349	Thonidés nra	8 800	136 000	16 582	278 253	1 460	21 047	435	4 236	314	4 613
030350	Hareng	14 766 700	10 943 000	19 625 400	12 802 311	21 016 230	18 980 829	30 953 704	22 612 127	45 091 405	25 243 320
030360	Morue	2 787 200	7 792 000	5 772 600	17 577 670	6 536 623	23 733 637	6 517 689	21 503 581	5 459 092	15 141 117
030371	Sardines, sardinelles	110 500	126 000	125 000	176 227	5 437 522	5 242 482	5 043 795	13 083 046	738 275	959 831
030372	Églefin	34 100	84 000	125 400	257 053	329 612	635 072	174 092	360 514	349 864	847 987
030373	Lieu noir	1 095 700	1 848 000	523 200	926 187	1 751 956	4 228 377	237 924	574 806	566 034	1 187 172
030374	Maquereau	17 471 300	23 504 000	26 231 700	34 043 652	28 434 849	38 917 112	25 818 057	42 938 556	28 236 386	40 370 373
030375	Aiguillat et autres squalidés	6 100	27 000	13 800	59 626	10 124	48 306	12 649	61 230	8 800	41 642
030376	Anguille	157 200	1 477 000	191 864	1 922 599	88 476	1 247 514	56 711	937 229	65 763	1 197 859
030377	Bar (loup)	64 093	692 000	36 900	374 980	27 312	219 811	74 642	663 633	123 200	1 272 655
030378	Merlu	285 100	757 000	484 400	1 122 289	291 636	842 177	707 049	2 006 914	215 050	678 010
030379	Poisson nra	6 812 700	10 894 000	39 192 500	29 958 626	28 588 396	33 750 983	29 931 353	34 022 133	43 557 887	37 078 048
030380	Foies, oeufs et laitances	772 034	4 131 000	732 345	3 960 475	446 705	2 403 922	750 070	4 090 855	641 164	3 529 227
0304	**Filets de poisson et autre chair de poisson**	**95 581 960**	**497 051 000**	**111 235 983**	**549 383 691**	**120 812 818**	**646 123 625**	**107 221 627**	**538 268 924**	**112 239 364**	**611 357 418**
030410	Filets et autre chair de poisson, frais ou réfrigéré	16 541 060	103 668 000	14 091 400	89 920 928	10 934 712	89 305 796	8 940 403	76 718 485	10 660 962	102 736 889
030420	Filets de poissons, congelé	73 035 300	380 557 000	89 986 283	446 664 428	102 007 233	538 088 875	90 086 741	439 292 925	93 880 555	489 759 507
030490	Chair de poisson nra, congelé	6 005 600	12 826 000	7 158 300	12 798 336	7 870 873	18 728 954	8 194 483	22 257 513	7 697 847	18 861 022
0305	**Poisson, séché, salé, fumé, ou en saumure**	**16 675 274**	**192 737 000**	**15 044 248**	**194 908 620**	**21 643 714**	**311 682 956**	**21 050 566**	**260 083 061**	**25 119 624**	**304 664 245**
030510	Farine de poisson, consommation humaine	429 700	660 000	10 597	84 801	215 335	368 252	105 417	233 881	48 898	184 464
030520	Foies, oeufs et laitances	47 400	557 000	247 065	5 003 263	777 154	13 691 723	273 449	3 702 967	228 378	2 153 861
030530	Filets de poisson (non fumé)	208 973	2 849 000	658 556	5 602 170	524 272	5 630 216	2 539 698	28 169 288	2 763 361	29 869 289
030541	Saumon (Pacifique, Atlantique et Danube), fumé	6 162 013	95 009 000	5 665 617	90 094 505	9 061 979	164 100 214	7 972 973	121 046 977	10 291 573	167 351 312
030542	Hareng, fumé	33 300	185 577	..	..	..	..	..	..	..	..
030549	Poisson nra, fumé	1 092 562	13 207 000	1 112 323	12 004 651	1 273 876	13 861 902	984 612	10 959 832	1 434 034	16 947 233
030551	Morue, séché, non fumé	5 033 266	60 746 000	4 405 400	67 733 525	4 700 066	83 157 733	3 747 203	65 418 564	4 211 967	56 580 341
030559	Poisson nra, séché, salé, non fumé	430 100	2 034 000	463 800	2 202 178	337 867	2 281 675	492 271	1 927 713	235 155	1 394 457
030561	Hareng, salé ou en saumure	519 800	1 300 000	355 700	850 661	393 723	1 013 592	386 976	1 118 306	370 043	1 356 116
030562	Morue, salé ou en saumure	2 402 300	13 725 000	1 971 300	10 408 006	4 154 164	26 329 523	4 316 175	26 399 975	4 815 140	25 641 958
030563	Anchois, salé ou en saumure	560	7 000	1 990	29 150	2 254	38 852	2 211	30 443	2 355	28 985
030569	Poisson nra, salé ou en saumure	314 300	2 454 000	125 200	748 634	174 520	1 036 070	208 730	972 263	683 263	2 963 245

ALLEMAGNE

Tableau 9. Exportations par produit *(suite)*

		2009		2010		2011		2012		2013	
		Tonnes	USD	Tonnes	USD	Tonnes	USD	Tonnes	USD	Tonnes	USD
0306	**Crustacés**	**14 382 138**	**95 592 000**	**19 041 317**	**128 276 184**	**22 637 419**	**148 614 961**	**18 617 484**	**140 767 948**	**22 331 720**	**185 777 292**
030611	Langoustes et autres palinuridés, congelé	7 943	333 000	9 288	392 205	14 118	529 324	37 508	713 029	16 446	767 971
030612	Homard nra	192 656	2 025 000	131 750	1 992 825	122 940	2 104 402	52 631	1 495 333	124 409	3 791 078
030613	Crevettes, congelé	5 525 100	52 153 000	7 827 300	72 898 439	8 951 495	91 802 128	8 001 974	76 491 396	8 116 316	88 996 703
030614	Crabes, congelé	418 143	3 446 000	327 265	3 270 141	251 263	3 074 698	327 540	3 854 750	306 565	4 388 765
030619	Crustacés nra, congelé	71 392	780 000	89 141	836 085	78 256	1 049 715	114 084	1 205 369	77 435	1 027 094
030621	Langoustes et autres palinuridés (non congelé)	783	47 000	400	23 850	375	23 194	15 346	348 677	18 308	422 921
030622	Homard nra (non congelé)	92 073	1 598 000	26 155	628 058	117 959	2 128 333	138 736	2 369 233	236 783	3 730 093
030623	Crevettes (non congelé)	7 170 350	30 177 000	10 067 800	44 503 333	12 283 762	40 963 868	9 400 150	50 673 931	12 659 700	76 624 052
030624	Crabes (non congelé)	526 324	3 013 000	137 128	748 634	144 833	427 497	74 034	419 104	136 318	1 188 101
030629	Crustacés nra (non congelé)	377 374	2 020 000	425 089	2 982 612	672 418	6 511 801	455 481	3 197 126	639 440	4 840 513
0307	**Mollusques**	**3 490 519**	**20 293 000**	**2 966 382**	**16 933 712**	**8 845 471**	**36 691 381**	**7 199 766**	**30 816 620**	**4 696 625**	**28 948 139**
030710	Huîtres	31 900	324 000	40 000	461 106	46 576	611 520	51 359	641 668	44 948	652 777
030721	St-Jacques, vi, fr, ou ré	142 187	2 276 000	97 700	1 433 668	86 031	1 728 944	100 850	2 201 602	100 003	2 422 363
030729	St-Jacques, co, sc, sl, ou sm	131 238	1 907 000	157 100	2 900 461	204 104	4 686 765	209 434	4 752 950	286 677	6 477 561
030731	Moules, vi, fr, ou ré	1 041 400	1 865 000	782 000	686 359	5 676 888	10 024 868	4 392 570	6 780 253	2 085 710	4 689 221
030739	Moules, co, sc, sl, ou sm	315 600	2 598 000	298 100	2 276 379	350 947	2 581 987	329 058	2 275 786	349 359	2 629 420
030741	Seiches, encornets et calmars, vi, fr, ou ré	33 100	192 000	25 900	198 752	70 071	641 933	83 186	685 052	76 007	574 093
030749	Seiches, encornets et calmars, co, sc, sl, ou sm	1 131 700	4 878 000	860 000	4 656 108	1 231 017	7 650 860	1 226 275	7 249 601	1 016 029	6 145 605
030751	Poulpe, vi, fr, ou ré	2 500	35 000	5 100	72 876	8 802	121 423	20 024	268 508	20 242	258 318
030759	Poulpe, co, sc, sl, ou sm	262 165	1 590 000	306 500	1 825 873	701 767	5 376 186	388 720	3 067 312	236 979	1 797 320
030760	Escargots (autres que de mer)	9 798	99 000	7 634	75 526	12 261	125 073	24 722	199 081	7 501	101 550
030791	Mollusques nra, vi, fr, ou ré	8 400	101 000	15 023	161 652	31 642	286 038	53 187	438 959	56 543	466 574
030799	Mollusques nra, co, sc, sl, ou sm	380 531	4 428 000	371 325	2 184 952	425 365	2 855 785	320 381	2 255 848	416 627	2 733 336
121220	**Algues**	**133 248**	**1 414 000**	**228 348**	**2 436 706**	**297 659**	**3 977 643**	**465 307**	**3 885 554**	**937 724**	**7 355 245**
1504	**Graisses, huiles et leurs fractions**	**9 114 784**	**22 290 000**	**11 804 050**	**25 323 718**	**10 589 663**	**33 509 336**	**11 043 320**	**31 699 013**	**11 275 365**	**34 815 307**
150410	Huiles de foies de poisson, et fractions	337 091	1 761 000	378 800	2 018 000	438 411	2 496 390	442 042	2 479 893	364 578	2 654 481
150420	Graisses et huiles de poisson, et fractions	8 777 693	20 529 000	11 425 250	23 305 717	10 151 252	31 012 946	10 595 008	29 188 494	10 910 787	32 160 826
150430	Graisses et huiles de mammifère marin, et fractions	..	..	..	..	..	..	6 270	30 627	..	..
1604	**Préparations et conserves de poisson; caviars et succédanés**	**154 471 962**	**680 741 000**	**147 306 888**	**609 675 922**	**169 842 517**	**779 779 437**	**169 094 313**	**759 126 449**	**184 827 570**	**848 563 933**
160411	Saumon, non haché	630 991	6 920 000	1 114 690	11 358 042	1 938 559	23 728 054	2 487 502	27 096 739	3 646 282	39 229 284
160412	Hareng, non haché	22 382 200	74 527 000	22 752 100	73 859 076	28 531 731	107 164 070	21 459 263	92 121 662	28 506 322	104 374 888
160413	Sardines, sardinelles, sprats, esprots, non haché	2 330 534	9 943 000	1 819 600	6 799 985	2 648 705	10 781 196	2 762 478	10 528 691	2 836 314	11 008 152
160414	Thons, listaos, sardes, non haché	13 077 729	57 033 000	10 700 700	40 076 453	14 329 265	58 649 900	12 940 744	62 940 179	13 636 194	77 936 369
160415	Maquereau, non haché	618 291	3 235 000	1 867 400	8 780 885	6 602 045	36 360 523	6 139 340	38 598 822	7 117 855	42 375 837
160416	Anchois, non haché	156 303	3 037 000	180 100	3 814 723	235 218	4 775 342	379 805	5 137 559	379 897	4 559 339
160419	Poisson nra, non haché	84 551 400	396 271 000	78 661 000	344 925 676	87 728 539	417 155 977	94 111 952	409 089 870	98 914 115	442 417 177
160420	Poisson, haché	30 174 800	110 937 000	29 763 986	102 210 457	27 229 507	95 132 427	28 252 043	88 189 734	29 215 309	96 859 958
160430	Caviar et succédanés	549 713	18 838 000	447 312	17 850 624	598 948	26 031 949	561 186	25 423 193	575 282	29 802 929
1605	**Préparations et conserves de crustacés**	**9 808 769**	**71 672 000**	**9 426 324**	**68 035 628**	**10 127 874**	**87 039 626**	**9 003 240**	**71 234 759**	**10 300 999**	**96 342 665**
160510	Crabes	638 784	4 891 000	548 291	4 436 156	510 963	4 010 200	438 778	3 666 745	575 832	4 921 112
160520	Crevettes	4 115 100	42 703 000	4 199 500	42 935 839	4 912 608	60 041 687	3 971 024	48 034 006	5 154 856	70 371 958
160530	Homard	1 964	48 000	3 011	75 526	1 811	61 838	11 339	98 201	8 544	257 452
160540	Crustacés nra	273 522	4 485 000	233 722	2 542 707	132 678	1 925 563	150 277	1 817 145	192 348	2 930 839
230120	**Farine de poisson**	**286 940 000**	**330 038 000**	**210 631 600**	**318 123 240**	**207 751 915**	**319 772 222**	**241 003 427**	**356 565 462**	**174 016 082**	**306 140 795**
	TOTAL	**719 639 043**	**2 225 247 000**	**730 746 415**	**2 306 971 861**	**..**	**2 797 546 863**	**..**	**2 578 065 569**	**..**	**2 837 805 386**

.. Non disponible

Note : nra : non répertorié ailleurs. vi : vivant. fr : frais. ré : réfrigéré. co : congelé. sc : séché. sl : salé. sm : en saumure.

Métadonnées détaillées : http://metalinks.oecd.org/fish/20150108/a9fa

Source : OCDE (2014), « Pêcheries : Commerce par produit », Statistiques agricoles de l'OCDE (base de données). DOI: 10.1787/data-00677-fr

GRÈCE

Tableau 1. Flotte de pêche

	2006	2007	2008	2009	2010	2011	2012	2013
NOMBRE DE NAVIRES								
Total des navires	**18 156**	**17 547**	**17 368**	**17 513**	**17 378**	**16 863**	**16 249**	..
Navires à moteur	17 837	17 244	17 069	17 226	17 103	16 596	..	..
0-5,9 mètres	6 569	6 398	6 325	6 236	6 120	6 002	..	..
6-11,9 mètres	10 164	10 067	9 977	9 931	9 924	9 591	..	..
12-17,9 mètres	584	570	562	555	559	509	..	..
18-23,9 mètres	283	280	276	278	277	273	..	..
24-29,9 mètres	187	184	182	181	181	180	..	..
30-35,9 mètres	39	38	37	37	37	36	..	..
36-44,9 mètres	8	8	7	7	4	4	..	..
45-59,9 mètres	3	2	2	1	1	1	..	..
60-74,9 mètres	..	..	..	..	..	..	..	..
75 mètres et plus	..	..	..	..	..	..	..	..
Longueur inconnue	..	..	..	..	..	..	..	..
Navires sans moteur	319	303	299	287	275	267	..	..
TONNAGE BRUT								
Total des navires	**92 449**	**90 561**	**88 897**	**88 252**	**88 288**	**83 739**	**80 783**	..
Navires à moteur	92 286	90 411	88 751	88 114	86 821	83 712	..	..
0-5,9 mètres	4 360	4 263	4 201	4 147	4 073	3 985	..	..
6-11,9 mètres	29 416	29 049	28 726	28 561	28 629	27 327	..	..
12-17,9 mètres	10 573	10 249	10 088	9 919	9 918	9 041	..	..
18-23,9 mètres	14 250	14 132	13 946	14 048	13 968	13 613	..	..
24-29,9 mètres	20 782	20 557	20 234	20 119	20 012	19 846	..	..
30-35,9 mètres	8 384	8 232	8 043	8 058	8 029	7 709	..	..
36-44,9 mètres	3 023	3 023	2 602	2 602	1 531	1 531	..	..
45-59,9 mètres	1 498	1 058	1 058	661	661	661	..	..
60-74,9 mètres	..	..	..	..	..	..	..	..
75 mètres et plus	..	..	..	..	..	..	..	..
Longueur inconnue	..	..	..	..	..	..	..	..
Navires sans moteur	164	151	146	138	136	129	..	..

.. Non disponible

Note : Métadonnées détaillées : http://metalinks.oecd.org/fish/20150108/6425

Source : OCDE (2014), « Pêcheries : Flotte de pêche », Statistiques agricoles de l'OCDE (base de données). DOI: 10.1787/data-00218-fr

Tableau 2. Emploi dans les pêcheries

Personnes employées

	2006	2007	2008	2009	2010	2011	2012	2013
Plein-temps	**37 297**	**37 597**	**37 311**	**46 294**	**45 725**	**6 120**	**5 530**	**5 452**
Secteur de capture	29 842	30 887	30 578	39 705	39 706	80	80	80
Pêche en eaux intérieures	190	481	457	343	630	80	80	80
Homme	..	..	..	..	..	..	..	..
Femme	..	..	..	..	..	..	..	..
Eaux maritimes (pêche côtière)	27 279	25 793	25 528	33 660	32 016	31 236	30 354	..
Homme	..	..	..	..	..	..	..	..
Femme	..	..	..	..	..	..	..	..
Eaux maritimes (pêche en haute mer)	2 563	4 613	4 593	5 702	6 968	6 518	6 016	..
Homme	..	..	..	..	..	..	..	..
Femme	..	..	..	..	..	..	..	..
Aquaculture	5 281	4 677	4 633	4 509	4 287	4 236	3 776	3 702
Homme	..	..	..	..	..	..	..	..
Femme	..	..	..	..	..	..	..	..
Transformation	2 174	2 033	2 093	1 777	1 732	1 804	1 674	1 670
Homme	1 068	1 004	1 070	957	964	995	946	950
Femme	1 106	1 029	1 023	820	768	809	728	720
Temps partiel	**2 085**	**2 059**	**2 046**	**2 294**	**2 427**	**2 303**	**1 671**	**1 634**
Secteur de capture	..	78	56	120	2	..	..	..
Pêche en eaux intérieures	..	78	56	120	2	..	..	..
Homme	..	..	..	..	..	..	..	..
Femme	..	..	..	..	..	..	..	..
Eaux maritimes (pêche côtière)	..	..	..	..	..	..	..	..
Homme	..	..	..	..	..	..	..	..
Femme	..	..	..	..	..	..	..	..
Eaux maritimes (pêche en haute mer)	..	..	..	..	..	..	..	..
Homme	..	..	..	..	..	..	..	..
Femme	..	..	..	..	..	..	..	..
Aquaculture	1 341	1 415	1 440	1 474	1 745	1 683	1 121	1 094
Homme	..	..	..	..	..	..	..	..
Femme	..	..	..	..	..	..	..	..
Transformation	744	566	506	542	680	620	550	540
Homme	217	163	163	160	220	191	189	190
Femme	527	403	343	382	460	429	361	350
Total	**39 413**	**39 656**	**39 357**	**48 588**	**47 440**	**46 177**	**43 505**	**42 982**
Secteur de capture	29 842	30 965	30 634	39 825	38 984	37 834	36 384	35 976
Pêche en eaux intérieures	190	559	513	463	632	80	80	80
Homme	..	..	..	..	..	..	..	..
Femme	..	..	..	..	..	..	..	..
Eaux maritimes (pêche côtière)	27 279	25 793	25 528	33 660	32 016	31 236	30 286	29 978
Homme	..	..	..	..	..	..	..	..
Femme	..	..	..	..	..	..	..	..
Eaux maritimes (pêche en haute mer)	2 563	4 613	4 593	5 702	6 968	6 518	6 018	5 918
Homme	..	..	..	..	..	..	..	..
Femme	..	..	..	..	..	..	..	..
Aquaculture	6 653	6 092	6 073	5 983	6 032	5 919	4 897	4 796
Homme	..	..	..	..	..	..	..	..
Femme	..	..	..	..	..	..	..	..
Transformation	2 918	2 599	2 599	2 319	2 424	2 424	2 224	2 210
Homme	1 285	1 167	1 233	1 117	1 186	1 186	1 135	1 140
Femme	1 633	1 432	1 366	1 202	1 238	1 238	1 089	1 070

.. Non disponible

Note : Métadonnées détaillées : http://metalinks.oecd.org/fish/20150108/880c

Source : OCDE (2014), « Pêcheries : Emploi dans la pêche », Statistiques agricoles de l'OCDE (base de données). DOI: 10.1787/data-00219-fr

Tableau 3. Débarquements nationaux dans les ports nationaux

	2006	2007	2008	2009	2010	2011	2012	2013
VOLUME (TONNES)								
Total poissons	**79 458**	**78 927**	**75 504**	**69 798**	**59 634**	**52 530**	**50 870**	**53 303**
Saumon	..	..	..	..	..	..	..	..
Saumon rose	..	..	..	..	..	..	..	..
Saumon keta	..	..	..	..	..	..	..	..
Saumon rouge	..	..	..	..	..	..	..	..
Saumon argenté	..	..	..	..	..	..	..	..
Autres saumons	..	..	..	..	..	..	..	..
Poissons plats	1 425	1 100	875	745	653	606	590	866
Flétan	..	..	..	..	..	..	..	..
Flétan noir	..	..	..	..	..	..	..	..
Sole	1 377	1 019	769	654	574	544	528	799
Plie	48	81	106	..	..	..	..	..
Autres poissons plats	48	81	106	91	79	62	62	67
Poissons de fond	18 950	19 752	18 670	18 074	14 736	13 723	12 831	13 814
Morue (Atlantique et Pacifique)	..	..	..	..	..	..	..	..
Églefin	..	..	..	..	..	..	..	..
Lieu	..	..	..	..	..	..	..	..
Morue du Pacifique occidental	..	..	..	..	..	..	..	..
Merlan	..	..	..	..	..	..	..	..
Merlu (toutes espèces)	4 794	5 192	5 514	5 230	4 602	4 113	4 051	4 694
Sébaste	..	..	..	..	..	..	..	..
Autres poissons de fond	14 156	14 560	13 156	12 844	10 134	9 610	8 780	9 120
Pélagiques	42 786	41 800	41 534	38 422	30 766	25 533	24 687	27 063
Chinchard	3 876	3 364	3 422	3 164	2 764	2 516	2 276	1 810
Maquereau	765	550	327	292	173	127	121	1 938
Hareng (Atlantique et Pacifique)	..	..	..	..	..	..	..	..
Sardine	11 321	9 410	10 545	10 071	6 511	5 809	5 148	6 864
Autres pélagiques	26 824	28 476	27 240	24 895	21 318	17 081	17 142	16 451
Thons	3 203	3 972	2 892	2 751	3 296	3 079	2 306	2 178
Listao	69	72	587	476	..	..	..	..
Thon rouge (nord et sud)	255	285	350	373	224	172	176	178
Germon	402	448	191	116	150	165	126	110
Albacore	..	..	..	..	..	..	..	..
Thon obèse	..	..	..	..	..	..	..	..
Autres thons	1 119	1 280	802	654	1 428	1 436	1 127	950
Espadon	1 358	1 887	962	1 132	1 494	1 306	877	940
Autres poissons	13 094	12 303	11 533	9 806	10 183	9 589	10 456	9 382
Total crustacés	**5 098**	**5 681**	**4 119**	**3 814**	**4 171**	**4 507**	**3 655**	**4 056**
Homard et langouste	124	382	138	149	544	310	125	106
Langoustine	463	555	499	491	398	375	303	299
Crevette	4 486	4 677	3 426	3 098	3 000	3 325	2 753	3 118
Autres crustacés	25	67	56	76	229	497	474	533
Total coquillages et mollusques	**7 859**	**9 031**	**6 392**	**7 918**	**6 284**	**5 810**	**6 200**	**6 375**
Huître	46	122	13	21	0	10	22	43
Moule	223	474	289	708	313	46	67	82
Coquille St-Jacques	32	48	6	3	3	7	4	232
Bivalves	..	..	..	..	..	..	..	..
Autres coquillages (incl. buccins	426	548	504	1 467	631	340	254	111
Calmar	822	944	667	725	728	636	834	1 549
Seiche	1 968	2 038	1 443	1 494	1 448	1 447	1 194	779
Poulpe	2 211	2 637	1 601	1 580	1 679	1 717	1 884	1 906
Autres mollusques (incl. oursins)	2 131	2 220	1 869	1 920	1 482	1 607	1 941	1 673
Autres animaux marins	..	..	..	..	..	..	..	..
Plantes aquatiques	..	..	..	..	..	..	..	..
Algue brune	..	..	..	..	..	..	..	..
Algue rouge	..	..	..	..	..	..	..	..
Autres algues	..	..	..	..	..	..	..	..
Poisson pour transformation	..	..	..	..	..	..	..	..
TOTAL GÉNÉRAL	**92 415**	**93 639**	**86 015**	**81 530**	**70 089**	**62 847**	**60 725**	**63 734**

Tableau 3. Débarquements nationaux dans les ports nationaux *(suite)*

	2006	2007	2008	2009	2010	2011	2012	2013
VALEUR (EUR)								
Total poissons	**285 289 000**	**265 018 000**	**248 358 000**	**257 554 000**	**226 656 675**	**202 934 280**	**179 425 840**	**178 304 980**
Saumon	..	..	..	..	..	..	..	..
Saumon rose	..	..	..	..	..	..	..	..
Saumon keta	..	..	..	..	..	..	..	..
Saumon rouge	..	..	..	..	..	..	..	..
Saumon argenté	..	..	..	..	..	..	..	..
Autres saumons	..	..	..	..	..	..	..	..
Poissons plats	17 280 000	12 089 000	10 768 000	8 554 000	7 409 893	6 766 540	6 444 400	10 682 300
Flétan	..	..	..	..	..	..	..	..
Flétan noir	..	..	..	..	..	..	..	..
Sole	17 061 000	11 719 000	10 274 000	8 110 000	7 175 000	6 582 400	6 283 200	10 508 100
Plie	219 000	370 000	263 000	..	..	..	..	..
Autres poissons plats	219 000	370 000	494 000	444 000	234 893	184 140	161 200	174 200
Poissons de fond	131 077 000	128 789 000	98 041 000	105 037 000	91 547 120	84 624 320	65 705 900	74 604 600
Morue (Atlantique et Pacifique)	..	..	..	..	..	..	..	..
Églefin	..	..	..	..	..	..	..	..
Lieu	..	..	..	..	..	..	..	..
Morue du Pacifique occidental	..	..	..	..	..	..	..	..
Merlan	..	..	..	..	..	..	..	..
Merlu (toutes espèces)	35 524 000	43 613 000	32 919 000	31 955 000	32 769 920	29 366 820	27 951 900	35 388 600
Sébaste	..	..	..	..	..	..	..	..
Autres poissons de fond	95 553 000	85 176 000	65 122 000	73 082 000	58 777 200	55 257 500	37 754 000	39 216 000
Pélagiques	64 925 000	55 209 000	76 011 000	81 734 000	57 808 952	47 809 400	40 355 470	50 801 780
Chinchard	5 892 000	5 113 000	5 167 000	6 138 000	5 555 640	4 981 680	3 960 240	3 149 400
Maquereau	2 012 000	1 436 000	942 000	1 113 000	580 622	412 750	400 510	7 415 780
Hareng (Atlantique et Pacifique)	..	..	..	..	..	..	..	..
Sardine	17 321 000	14 774 000	19 508 000	21 955 000	13 087 110	11 327 550	8 442 720	13 256 960
Autres pélagiques	39 700 000	33 886 000	50 394 000	52 528 000	38 585 580	31 087 420	27 552 000	26 979 640
Thons	20 286 000	26 978 000	19 367 000	20 672 000	26 001 980	22 693 100	15 617 220	15 457 500
Listao	280 000	290 000	2 307 000	2 456 000	..	..	..	..
Thon rouge (nord et sud)	2 060 000	2 303 000	2 870 000	3 972 000	2 576 000	1 840 400	1 848 000	1 869 000
Germon	543 000	605 000	199 000	173 000	228 000	247 500	178 920	156 200
Albacore	..	..	..	..	..	..	..	..
Thon obèse	..	..	..	..	..	..	..	..
Autres thons	3 402 000	3 891 000	4 130 000	3 623 000	8 810 760	8 328 800	6 311 200	5 630 300
Espadon	14 001 000	19 889 000	9 861 000	10 448 000	14 387 220	12 276 400	7 279 100	7 802 000
Autres poissons	51 721 000	41 953 000	44 171 000	41 557 000	43 888 730	41 040 920	51 302 850	26 758 800
Total crustacés	**26 150 000**	**32 797 000**	**22 588 000**	**21 324 000**	**28 756 477**	**26 627 700**	**18 336 130**	**20 166 530**
Homard et langouste	2 402 000	7 392 000	3 284 000	3 531 000	9 019 520	4 898 000	1 800 000	1 826 400
Langoustine	4 547 000	5 450 000	4 930 000	4 763 000	4 410 915	4 162 500	3 272 400	3 229 200
Crevette	19 155 000	19 831 000	14 218 000	12 826 000	14 581 792	16 026 500	11 865 430	13 538 580
Autres crustacés	46 000	124 000	156 000	204 000	744 250	1 540 700	1 398 300	1 572 350
Total coquillages et mollusques	**32 225 000**	**37 443 000**	**28 160 000**	**40 183 000**	**34 206 543**	**29 627 830**	**28 589 340**	**35 418 190**
Huître	300 000	795 000	86 000	168 000	0	75 700	163 900	320 350
Moule	950 000	2 019 000	1 269 000	3 101 000	1 631 434	234 600	341 700	418 200
Coquille St-Jacques	185 000	277 000	51 000	24 000	29 880	70 070	38 440	2 239 540
Bivalves	..	..	..	..	..	..	..	..
Autres coquillages (incl. buccins	3 280 000	4 165 000	4 113 000	13 335 000	5 976 522	3 277 600	2 413 000	1 054 500
Calmar	5 902 000	6 778 000	5 189 000	6 221 000	6 590 615	5 685 840	7 172 400	15 321 400
Seiche	7 557 000	7 826 000	6 638 000	6 125 000	7 831 151	7 741 450	6 328 200	4 128 700
Poulpe	10 812 000	12 209 000	8 197 000	8 137 000	9 732 539	9 907 090	9 608 400	9 760 600
Autres mollusques (incl. oursins)	3 239 000	3 374 000	2 617 000	3 072 000	2 414 402	2 635 480	2 523 300	2 174 900
Autres animaux marins	..	..	..	..	..	..	..	..
Plantes aquatiques	..	..	..	..	..	..	..	..
Algue brune	..	..	..	..	..	..	..	..
Algue rouge	..	..	..	..	..	..	..	..
Autres algues	..	..	..	..	..	..	..	..
Poisson pour transformation	..	..	..	..	..	..	..	..
TOTAL GÉNÉRAL	**343 664 000**	**335 258 000**	**299 106 000**	**319 061 000**	**289 619 695**	**259 189 810**	**226 351 310**	**233 889 700**

.. Non disponible

Note : Métadonnées détaillées : http://metalinks.oecd.org/fish/20150108/6040

Source : OCDE (2014), « Pêcheries : Débarquements nationaux dans les ports domestiques », Statistiques agricoles de l'OCDE (base de données). DOI: 10.1787/data-00222-fr

Tableau 4. Débarquements nationaux dans les ports étrangers

	2006	2007	2008	2009	2010	2011	2012	2013
VOLUME (TONNES)								
Total poissons	**921**	**501**	**315**	**496**	**23**	**318**	**339**	**351**
Saumon	..	..	..	..	..	..	..	..
Saumon rose	..	..	..	..	..	..	..	..
Saumon keta	..	..	..	..	..	..	..	..
Saumon rouge	..	..	..	..	..	..	..	..
Saumon argenté	..	..	..	..	..	..	..	..
Autres saumons	..	..	..	..	..	..	..	..
Poissons plats	1	0	2	..	..	..	..	..
Flétan	..	..	..	..	..	..	..	..
Flétan noir	..	..	..	..	..	..	..	..
Sole	1	..	1	..	..	..	..	..
Plie	..	..	0	..	..	..	..	..
Autres poissons plats	..	..	..	..	..	..	..	..
Poissons de fond	426	305	72	9	..	..	..	..
Morue (Atlantique et Pacifique)	..	..	..	..	..	..	..	..
Églefin	..	..	..	..	..	..	..	..
Lieu	..	..	..	..	..	..	..	..
Morue du Pacifique occidental	..	..	..	..	..	..	..	..
Merlan	..	..	..	..	..	..	..	..
Merlu (toutes espèces)	..	..	..	..	..	..	..	..
Sébaste	35	39	5	..	..	..	..	..
Autres poissons de fond	391	266	67	9	..	..	..	..
Pélagiques	..	..	..	..	..	..	..	..
Chinchard	..	..	..	..	..	..	..	..
Maquereau	..	..	..	..	..	..	..	..
Hareng (Atlantique et Pacifique)	..	..	..	..	..	..	..	..
Sardine	..	..	..	..	..	..	..	..
Autres pélagiques	..	..	..	..	..	..	..	..
Thons	..	..	..	..	..	..	..	..
Listao	..	..	..	..	..	..	..	..
Thon rouge (nord et sud)	..	..	..	..	..	..	..	..
Germon	..	..	..	..	..	..	..	..
Albacore	..	..	..	..	..	..	..	..
Thon obèse	..	..	..	..	..	..	..	..
Autres thons	..	..	..	..	..	..	..	..
Espadon	..	..	..	..	..	..	..	..
Autres poissons	494	196	241	487	23	318	339	351
Total crustacés	**277**	**131**	**81**	**67**	**1**	**16**	**5**	**94**
Homard et langouste	..	..	..	..	..	..	..	..
Langoustine	..	..	..	..	..	..	..	..
Crevette	275	105	79	67	1	16	5	94
Autres crustacés	2	26	2	..	..	..	..	..
Total coquillages et mollusques	**739**	**573**	**905**	**547**	**228**	**386**	**689**	**348**
Huître	..	..	..	..	..	..	..	..
Moule	..	..	..	..	..	..	..	..
Coquille St-Jacques	..	..	..	..	..	..	..	..
Bivalves	..	..	..	..	..	..	..	..
Autres coquillages (incl. buccins	..	..	..	..	..	..	..	..
Calmar	2	60	14	2	2	..	15	3
Seiche	343	66	94	70	6	96	92	134
Poulpe	394	447	797	475	220	290	582	201
Autres mollusques (incl. oursins)	..	..	..	..	..	..	0	11
Autres animaux marins	..	..	..	..	..	..	..	..
Plantes aquatiques	..	..	..	..	..	..	..	..
Algue brune	..	..	..	..	..	..	..	..
Algue rouge	..	..	..	..	..	..	..	..
Autres algues	..	..	..	..	..	..	..	..
Poisson pour transformation	..	..	..	..	..	..	..	..
TOTAL GÉNÉRAL	**1 937**	**1 205**	**1 301**	**1 110**	**251**	**719**	**1 032**	**794**

Tableau 4. Débarquements nationaux dans les ports étrangers *(suite)*

	2006	2007	2008	2009	2010	2011	2012	2013
VALEUR (EUR)								
Total poissons	**2 720 000**	**1 090 000**	**829 505**	**1 056 000**	**62 886**	**906 690**	**791 046**	**528 755**
Saumon	..	..	..	..	..	..	..	..
Saumon rose	..	..	..	..	..	..	..	..
Saumon keta	..	..	..	..	..	..	..	..
Saumon rouge	..	..	..	..	..	..	..	..
Saumon argenté	..	..	..	..	..	..	..	..
Autres saumons	..	..	..	..	..	..	..	..
Poissons plats	3 000	0	5	..	..	..	..	..
Flétan	..	..	..	..	..	..	..	..
Flétan noir	..	..	..	..	..	..	..	..
Sole	3 000	..	3	..	..	..	..	..
Plie	..	..	0	..	..	..	..	..
Autres poissons plats	..	..	..	..	..	..	..	..
Poissons de fond	1 528 000	725 000	205 700	27 000	..	..	..	..
Morue (Atlantique et Pacifique)	..	..	..	..	..	..	..	..
Églefin	..	..	..	..	..	..	..	..
Lieu	..	..	..	..	..	..	..	..
Morue du Pacifique occidental	..	..	..	..	..	..	..	..
Merlan	..	..	..	..	..	..	..	..
Merlu (toutes espèces)	..	..	..	..	..	..	..	..
Sébaste	137 000	100 000	26 200	..	..	..	..	..
Autres poissons de fond	1 391 000	625 000	179 500	27 000	..	..	..	..
Pélagiques	..	..	..	..	..	..	..	..
Chinchard	..	..	..	..	..	..	..	..
Maquereau	..	..	..	..	..	..	..	..
Hareng (Atlantique et Pacifique)	..	..	..	..	..	..	..	..
Sardine	..	..	..	..	..	..	..	..
Autres pélagiques	..	..	..	..	..	..	..	..
Thons	..	..	..	..	..	..	..	..
Listao	..	..	..	..	..	..	..	..
Thon rouge (nord et sud)	..	..	..	..	..	..	..	..
Germon	..	..	..	..	..	..	..	..
Albacore	..	..	..	..	..	..	..	..
Thon obèse	..	..	..	..	..	..	..	..
Autres thons	..	..	..	..	..	..	..	..
Espadon	..	..	..	..	..	..	..	..
Autres poissons	1 189 000	365 000	623 800	1 029 000	62 886	906 690	791 046	528 755
Total crustacés	**2 632 000**	**1 058 000**	**419 000**	**409 000**	**8 590**	**111 997**	**37 010**	**566 172**
Homard et langouste	..	..	..	..	..	..	..	..
Langoustine	..	..	..	..	..	..	..	..
Crevette	2 621 000	920 000	416 200	409 000	8 590	111 997	37 010	566 172
Autres crustacés	11 000	138 000	2 800	..	..	..	..	..
Total coquillages et mollusques	**2 523 000**	**2 919 000**	**3 465 200**	**2 213 000**	**799 075**	**1 859 782**	**3 210 754**	**1 032 402**
Huître	..	..	..	..	..	..	..	..
Moule	..	..	..	..	..	..	..	..
Coquille St-Jacques	..	..	..	..	..	..	..	..
Bivalves	..	..	..	..	..	..	..	..
Autres coquillages (incl. buccins)	..	..	..	..	..	..	..	..
Calmar	6 000	484 000	114 300	16 000	12 055	..	47 815	5 402
Seiche	831 000	164 000	289 900	203 000	17 349	328 222	302 531	333 349
Poulpe	1 686 000	2 271 000	3 061 000	1 994 000	769 671	1 531 560	2 860 408	683 681
Autres mollusques (incl. oursins)	..	..	..	..	..	..	338	9 970
Autres animaux marins	..	..	..	..	..	..	..	..
Plantes aquatiques	..	..	..	..	..	..	..	..
Algue brune	..	..	..	..	..	..	..	..
Algue rouge	..	..	..	..	..	..	..	..
Autres algues	..	..	..	..	..	..	..	..
Poisson pour transformation	..	..	..	..	..	..	..	..
TOTAL GÉNÉRAL	**7 875 000**	**5 067 000**	**4 713 705**	**3 678 000**	**870 551**	**2 878 469**	**4 038 810**	**2 127 329**

.. Non disponible

Note : Métadonnées détaillées : http://metalinks.oecd.org/fish/20150108/660f

Source : OCDE (2014), « Pêcheries : Débarquements nationaux dans les ports étrangers », Statistiques agricoles de l'OCDE (base de données). DOI: 10.1787/data-00223-fr

Tableau 6. Production de l'aquaculture

	2006	2007	2008	2009	2010	2011	2012	2013
VOLUME (TONNES)								
Poissons	**84 764**	**90 570**	**93 372**	**103 603**	**104 809**	**103 483**	**97 114**	**96 447**
Saumon de l'Atlantique	20	8	8	22	10	2	2	2
Saumon du Pacifique	..	..	..	..	..	..	..	..
Truite arc-en-ciel	2 365	2 780	3 390	2 588	2 712	1 910	1 900	1 900
dont : d'eau de mer	..	..	..	..	..	..	..	..
dont : d'eau douce	2 365	2 780	3 390	2 588	2 712	1 910	1 900	1 900
Truite de mer	..	..	..	..	..	..	..	..
Poisson plat	..	..	..	..	..	..	..	..
Dorade	41 766	49 112	51 254	61 325	59 016	58 007	53 286	52 400
Bar	32 964	34 088	34 357	35 177	37 964	38 705	37 347	37 500
Loup	..	..	..	..	..	..	..	..
Carpe	96	93	113	114	123	52	28	30
Tilapia	..	..	..	..	..	..	..	..
Anguille	391	330	396	428	320	212	200	200
Autres poissons	7 162	4 159	3 855	3 949	4 665	4 596	4 351	4 415
Coquillages et crustacés	**28 328**	**22 200**	**21 199**	**22 496**	**18 034**	**18 604**	**17 631**	**17 011**
Huître, comestible	3	18	21	120	83	12	20	10
Huître, perle	..	..	..	..	..	..	..	..
Moule	28 300	22 177	21 178	22 306	17 950	18 590	17 610	17 000
Coquille St.-Jacques	..	..	..	..	..	..	..	..
Bivalves	..	..	..	..	..	..	..	..
Crevette et bouquet	10	4	..	..	..	..	..	..
Autres coquillages et crustacés	15	1	1	71	1	1	1	1
Total poissons, coquillages et crustacés	**113 092**	**112 770**	**114 572**	**126 099**	**122 843**	**122 087**	**114 744**	**113 458**
Autres animaux marins	..	..	..	..	..	..	..	..
Plantes aquatiques	..	42 181	..	..	..	..	..	..
Algue brune	..	..	..	..	..	..	..	..
Algue rouge	..	..	..	..	..	..	..	..
Algue verte	..	42 181	..	..	..	..	..	..
Autres plantes aquatiques	..	..	..	..	..	..	..	..
TOTAL GÉNÉRAL	**113 092**	**154 951**	**114 572**	**126 099**	**122 843**	**122 087**	**114 744**	**113 458**
VALEUR (EUR)								
Poissons	**370 788 000**	**382 407 888**	**366 764 593**	**407 161 831**	**440 456 100**	**431 571 974**	**456 588 916**	**445 405 000**
Saumon de l'Atlantique	178 000	77 040	77 312	178 536	95 400	13 334	10 000	10 000
Saumon du Pacifique	..	..	..	..	..	..	..	..
Truite arc-en-ciel	..	7 614 420	8 814 000	7 275 099	7 568 900	5 672 700	4 864 000	4 864 000
dont : d'eau de mer	..	..	..	..	..	..	..	..
dont : d'eau douce	6 520 000	7 614 420	8 814 000	7 275 099	7 568 900	5 672 700	4 864 000	4 864 000
Truite de mer	..	..	..	..	..	..	..	..
Poisson plat	..	..	..	..	..	..	..	..
Dorade	173 326 000	191 047 000	169 137 000	220 770 000	236 063 000	232 028 000	234 460 000	215 000 000
Bar	145 040 000	154 420 000	161 479 000	151 261 000	167 039 000	170 301 000	194 200 000	202 000 000
Loup	..	..	..	..	..	..	..	..
Carpe	462 000	389 690	488 901	500 960	490 700	179 088	96 992	100 000
Tilapia	..	..	..	..	..	..	..	..
Anguille	3 823 000	3 837 750	3 802 560	3 697 663	3 419 000	2 498 632	2 357 200	2 400 000
Autres poissons	41 439 000	25 021 988	22 965 820	23 478 573	25 780 100	20 879 220	20 600 724	21 031 000
Coquillages et crustacés	**12 085 000**	**9 472 000**	**8 993 000**	**10 926 000**	**8 645 000**	**8 615 000**	**7 130 000**	**6 846 000**
Huître, comestible	14 000	85 000	94 000	360 000	380 000	57 000	81 000	41 000
Huître, perle	..	..	..	..	..	..	..	..
Moule	11 886 000	9 314 000	8 894 000	10 037 000	8 260 000	8 552 000	7 044 000	6 800 000
Coquille St.-Jacques	..	..	..	..	..	..	..	..
Bivalves	..	..	..	..	..	..	..	..
Crevette et bouquet	110 000	66 000	..	..	..	..	..	..
Autres coquillages et crustacés	75 000	7 000	5 000	529 000	5 000	6 000	5 000	5 000
Total poissons, coquillages et crustacés	**382 873 000**	**391 879 888**	**375 757 593**	**418 087 831**	**449 101 100**	**440 186 974**	**463 718 916**	**452 251 000**
Autres animaux marins	..	..	..	..	..	..	..	..
Plantes aquatiques	..	476 000	..	..	..	..	..	..
Algue brune	..	..	..	..	..	..	..	..
Algue rouge	..	..	..	..	..	..	..	..
Algue verte	..	476 000	..	..	..	..	..	..
Autres plantes aquatiques	..	..	..	..	..	..	..	..
TOTAL GÉNÉRAL	**382 873 000**	**392 355 888**	**375 757 593**	**418 087 831**	**449 101 100**	**440 186 974**	**463 718 916**	**452 251 000**

.. Non disponible

Note : Métadonnées détaillées : http://metalinks.oecd.org/fish/20150108/4257

Source : OCDE (2014), « Pêcheries : Production de l'aquaculture », Statistiques agricoles de l'OCDE (base de données). DOI: 10.1787/data-00225-fr

Tableau 7. Transferts financiers publics (TFP)

Milliers EUR

	2006	2007	2008	2009	2010	2011	2012	2013
Contribution nationale aux TFP								
Pêche maritime	**26 534**	**26 677**	**33 071**	**5 424**	**1 898**	**2 995**	**3 981**	**4 300**
Paiements directs	1 977	2 724	2 289	3 377	..	1 123	1 439	1 202
Désarmement des navires et retrait des licences	975	1 834	1 322	1 258	0	1 123	1 439	1 129
Indemnisation des catastrophes	..	..	..	..	..	..	..	..
Aides : équipement, modernisation, construction de navire	665	524	253	336	..	..	..	73
Aide au revenu et assurance chômage	338	366	715	1 783	..	..	..	..
Autres paiements directs	..	..	..	..	..	..	..	..
Transferts réduisant les coûts	21 564	23 533	29 398	..	..	..	..	..
Prêts subventionnés : équipement, modernisation, construction de navire	..	..	..	..	..	..	..	..
Bonification d'intérêts	..	..	..	..	..	..	..	..
Exonération de taxe sur carburant	21 564	23 533	29 398	..	..	..	..	..
Ristourne et subvention à l'assurance	..	..	..	..	..	..	..	..
Allègement d'impôt sur le revenu, contrib. sociales impayées	..	..	..	..	..	..	..	..
Autres transferts réduisant les coûts	..	..	..	..	..	..	..	..
Services généraux	2 993	419	1 385	2 047	1 921	1 872	2 542	3 098
Gestion des pêcheries	..	..	..	..	..	..	..	..
Recherche halieutique	1 201	419	1 385	832	43	0	551	490
Police des pêches	..	..	..	..	..	..	..	..
Infrastructure des pêcheries	1 791	4 648	1 511	1 214	173	133	232	787
Autres services généraux	..	..	2 961	3 050	1 705	1 739	1 759	1 822
Recouvrement des coûts	..	..	..	..	-23	..	..	..
Aquaculture	..	**1 448**	**1 382**	**2 190**	**1 705**	**1 739**	**1 757**	**1 706**
Paiements directs	..	1 149	1 132	1 778	..	..	..	37
Aides : développement aquacole	..	1 140	1 073	1 778	..	..	..	37
Indemnisation des catastrophes	..	..	..	..	..	..	..	..
Autres paiements directs	..	10	59	..	..	..	..	..
Transferts réduisant les coûts	..	..	..	..	..	..	..	..
Prêts subventionnés : développement aquacole	..	..	..	..	..	..	..	..
Autres transferts réduisant les coûts	..	0	..	..	..	..	..	..
Services généraux	..	299	250	411	1 705	1 739	1 757	1 669
Gestion, recherche et police de l'aquaculture	..	32	75	148	..	..	..	..
Infrastructure aquacole	..	267	174	263	..	..	..	..
Autres services généraux	..	..	2 961	3 050	1 705	1 739	1 757	1 669
Recouvrement des coûts	..	..	..	..	..	..	..	..
Commercialisation et transformation	**3 122**	**4 483**	**4 052**	**5 724**	**1 705**	**1 739**	**1 764**	**2 985**
Paiements directs	3 122	1 636	1 091	2 674	..	..	..	1 212
Aides : commercialisation et transformation	3 122	1 636	1 091	2 674	0	0	..	1 212
Autres paiements directs	..	..	..	..	..	..	..	..
Transferts réduisant les coûts	..	..	..	..	..	..	..	..
Prêts subventionnés : commercialisation et transformation	..	..	..	..	..	..	..	..
Autres transferts réduisant les coûts	..	..	..	..	..	..	..	..
Services généraux	..	2 847	2 961	3 050	1 705	1 739	1 764	1 773
Aquaculture	..	..	..	..	..	..	7	104
Autres services généraux	..	2 847	2 961	3 050	1 705	1 739	1 757	1 669
Recouvrement des coûts	..	..	..	..	..	..	..	..
Total	**26 537**	**28 130**	**34 458**	**13 208**	**5 308**	**6 473**	**7 502**	**8 991**

Tableau 7. Transferts financiers publics (TFP) *(suite)*

Milliers EUR

	2006	2007	2008	2009	2010	2011	2012	2013
Contribution européenne aux TFP								
Pêche maritime	**19 027**	**14 432**	**12 580**	**24 220**	**3 136**	**23 872**	**31 781**	**14 932**
Paiements directs	10 035	13 003	10 139	14 449	..	21 343	27 345	10 480
Désarmement des navires et retrait des licences	4 031	7 870	5 570	5 320	0	21 343	27 345	10 248
Indemnisation des catastrophes	..	..	..	..	..	..	..	..
Aides : équipement, modernisation, construction de navire	4 654	3 668	1 711	1 996	..	..	..	232
Aide au revenu et assurance chômage	1 351	1 465	2 859	7 134	..	..	..	..
Autres paiements directs	..	..	..	..	..	..	..	..
Transferts réduisant les coûts	..	..	..	..	..	..	..	..
Prêts subventionnés : équipement, modernisation, construction de navire	..	..	..	..	..	..	..	..
Bonification d'intérêts	..	..	..	..	..	..	..	..
Exonération de taxe sur carburant	..	..	..	..	..	..	..	..
Ristourne et subvention à l'assurance	..	..	..	..	..	..	..	..
Allègement d'impôt sur le revenu, contrib. sociales impayées	..	..	..	..	..	..	..	..
Autres transferts réduisant les coûts	..	..	..	..	..	..	..	..
Services généraux	8 992	1 429	2 441	9 771	3 297	2 529	4 436	4 452
Gestion des pêcheries	..	..	..	..	..	..	..	..
Recherche halieutique	1 782	1 429	2 441	3 263	12	0	0	490
Police des pêches	..	..	..	..	..	..	..	..
Infrastructure des pêcheries	7 210	8 972	6 125	6 508	3 285	2 529	4 407	3 390
Autres services généraux	..	..	..	..	..	0	29	572
Recouvrement des coûts	..	..	..	..	-161	..	..	..
Aquaculture	**..**	**4 851**	**4 317**	**7 468**	**..**	**..**	**..**	**81**
Paiements directs	..	3 952	3 529	6 221	..	..	..	81
Aides : développement aquacole	..	3 938	3 446	6 221	..	..	..	81
Indemnisation des catastrophes	..	..	..	..	..	..	..	..
Autres paiements directs	..	13	83	..	..	..	..	..
Transferts réduisant les coûts	..	..	..	..	..	..	..	..
Prêts subventionnés : développement aquacole	..	..	..	..	..	..	..	..
Autres transferts réduisant les coûts	..	..	..	..	..	..	..	..
Services généraux	..	899	787	1 247	..	..	..	..
Gestion, recherche et police de l'aquaculture	..	97	264	458	..	..	..	..
Infrastructure aquacole	..	802	523	790	..	..	..	..
Autres services généraux	..	..	..	..	..	0	0	0
Recouvrement des coûts	..	..	..	..	..	..	..	..
Commercialisation et transformation	**7 280**	**4 023**	**2 635**	**6 503**	**..**	**..**	**130**	**3 958**
Paiements directs	7 280	4 023	2 635	6 503	..	..	..	3 635
Aides : commercialisation et transformation	7 280	4 023	2 635	6 503	0	0	..	3 635
Autres paiements directs	..	..	..	..	..	..	..	..
Transferts réduisant les coûts	..	..	..	..	..	..	..	..
Prêts subventionnés : commercialisation et transformation	..	..	..	..	..	..	..	..
Autres transferts réduisant les coûts	..	..	..	..	..	..	..	..
Services généraux	..	..	..	..	..	..	130	323
Aquaculture	..	..	..	..	..	..	130	323
Autres services généraux	..	..	..	..	..	0	0	0
Recouvrement des coûts	..	..	..	..	..	..	..	..
Total	**19 034**	**19 287**	**16 900**	**37 812**	**3 136**	**23 872**	**31 911**	**18 972**

Tableau 7. Transferts financiers publics (TFP) *(suite)*

Milliers EUR

	2006	2007	2008	2009	2010	2011	2012	2013
Total des TFP								
Pêche maritime	**45 561**	**41 109**	**45 652**	**29 644**	**5 034**	**26 868**	**35 762**	**19 232**
Paiements directs	12 013	15 727	12 428	17 827	..	22 467	28 784	11 682
Désarmement des navires et retrait des licences	5 006	9 704	6 892	6 578	0	22 467	28 784	11 376
Indemnisation des catastrophes	..	..	..	..	..	..	..	..
Aides : équipement, modernisation, construction de navire	5 318	4 192	1 963	2 332	..	..	..	306
Aide au revenu et assurance chômage	1 688	1 831	3 573	8 917	..	..	..	..
Autres paiements directs	..	..	..	..	..	..	..	..
Transferts réduisant les coûts	21 564	23 533	29 398	..	..	..	..	..
Prêts subventionnés : équipement, modernisation, construction de navire	..	..	..	..	..	..	..	..
Bonification d'intérêts	..	..	..	..	..	..	..	..
Exonération de taxe sur carburant	21 564	23 533	29 398	..	..	..	..	..
Ristourne et subvention à l'assurance	..	..	..	..	..	..	..	..
Allègement d'impôt sur le revenu, contrib. sociales impayées	..	..	..	..	..	..	..	..
Autres transferts réduisant les coûts	..	..	..	..	..	..	..	..
Services généraux	11 985	1 848	3 826	11 818	5 218	4 401	6 978	7 550
Gestion des pêcheries	..	..	..	..	..	..	..	..
Recherche halieutique	2 983	1 848	3 826	4 096	55	0	551	979
Police des pêches	..	..	..	..	..	..	..	..
Infrastructure des pêcheries	9 001	13 621	7 636	7 722	3 457	2 662	4 639	4 177
Autres services généraux	..	..	2 961	3 050	1 705	1 739	1 788	2 394
Recouvrement des coûts	..	..	..	..	-184	..	..	..
Aquaculture	..	**6 299**	**5 699**	**9 658**	**1 705**	**1 739**	**1 757**	**1 787**
Paiements directs	..	5 101	4 662	7 999	..	..	..	118
Aides : développement aquacole	..	5 078	4 519	7 999	..	..	..	118
Indemnisation des catastrophes	..	..	..	..	..	..	..	..
Autres paiements directs	..	23	142	..	..	..	..	..
Transferts réduisant les coûts	..	..	..	..	..	..	..	..
Prêts subventionnés : développement aquacole	..	..	..	..	..	..	..	..
Autres transferts réduisant les coûts	..	..	..	..	..	..	..	..
Services généraux	..	1 198	1 037	1 659	1 705	1 739	1 757	1 669
Gestion, recherche et police de l'aquaculture	..	129	339	606	..	..	..	..
Infrastructure aquacole	..	1 069	698	1 053	..	..	..	..
Autres services généraux	..	..	2 961	3 050	1 705	1 739	1 757	1 669
Recouvrement des coûts	..	..	..	..	..	..	..	..
Commercialisation et transformation	**10 406**	**8 506**	**6 687**	**12 227**	**1 705**	**1 739**	**1 894**	**6 943**
Paiements directs	10 406	5 659	3 726	9 177	..	..	..	4 847
Aides : commercialisation et transformation	10 406	5 659	3 726	9 177	0	0	..	4 847
Autres paiements directs	..	..	..	..	..	..	..	..
Transferts réduisant les coûts	..	..	..	..	..	..	..	..
Prêts subventionnés : commercialisation et transformation	..	..	..	..	..	..	..	..
Autres transferts réduisant les coûts	..	..	..	..	..	..	..	..
Services généraux	..	2 847	2 961	3 050	1 705	1 739	1 894	2 096
Aquaculture	..	..	..	..	..	..	137	427
Autres services généraux	..	2 847	2 961	3 050	1 705	1 739	1 757	1 669
Recouvrement des coûts	..	..	..	..	..	..	..	..
Total	**45 572**	**47 416**	**51 357**	**51 019**	**8 444**	**30 346**	**39 413**	**27 962**

.. Non disponible

Note : Métadonnées détaillées : http://metalinks.oecd.org/fish/20150108/407a

Source : OCDE (2014), « Pêcheries : Transferts financiers publics », Statistiques agricoles de l'OCDE (base de données). DOI: 10.1787/data-00220-fr

GRÈCE

Tableau 8. Importations par produit

		2009		2010		2011		2012		2013	
		Tonnes	USD	Tonnes	USD	Tonnes	USD	Tonnes	USD	Tonnes	USD
03	**Poisson, crustacés et mollusques**	..	**472 178 598**	..	**423 580 031**	..	**485 185 158**	..	**399 113 555**	..	**383 925 389**
0302	**Poisson, frais ou réfrigéré, excl. 0304**	**17 147 425**	**121 303 984**	**15 988 364**	**94 852 805**	**11 812 640**	**88 997 126**	**10 834 470**	**59 561 834**	..	**49 690 312**
030211	Truite	96 078	589 253	1 728 327	141 834	571	42 924	50 610	200 093	39 467	211 658
030212	Saumon (Pacifique, Atlantique et Danube)	1 711 657	10 568 559	1 978 101	14 492 653	1 860 411	12 878 659	1 970 503	10 788 928	2 248 468	13 061 593
030219	Salmonidés nra	1 530 037	8 475 000	978 039	5 924 754	1 495 600	12 756 205	1 813 042	7 746 228	1 777 805	11 080 819
030221	Flétan	12 931	158 352	2 855	43 261	1 224	7 469	21 972	86 924	7 438	92 573
030222	Plie, carrelet	1 931	39 079	767	14 525	3 997	32 915	8 849	59 612	8 856	28 218
030223	Sole	184 099	2 730 190	61 600	1 194 417	44 990	776 259	57 175	1 015 796	65 717	928 729
030229	Poissons plats nra	39 955	539 863	68 221	329 647	60 567	278 059	22 807	117 045	74 186	466 338
030231	Thon blanc/germon	317 263	1 974 326	279 331	1 579 721	74 783	459 463	3 551	59 089	5 726	45 172
030232	Albacore (thon jaune)	17 341	183 205	12 829	121 793	15 072	129 739	10 108	87 345	14 189	191 624
030233	Listaos/bonite à ventre rayé	110 437	550 157	70 024	365 274	9 217	50 163	14 740	66 198	11 443	40 756
030239	Thonidés nra	9 419	110 790	5 123	59 340	10 448	128 838	13 411	162 020	2 708	66 108
030240	Hareng	..	..	195	2 244	1 613	4 894	23 312	34 849	..	3 460
030250	Morue	428 110	1 908 853	551 165	2 192 396	651 965	3 817 214	355 445	1 111 406	..	396 276
030261	Sardines	140 604	268 873	130 199	307 101	104 116	249 938	58 309	98 434	..	83 527
030262	Églefin	..	..	..	..	..	..	..	..	..	..
030263	Lieu noir	9 622	29 201	5 019	12 706	8 009	18 915	..	..	..	..
030264	Maquereau	738 182	1 364 268	649 873	1 534 926	746 513	2 202 054	500 096	1 296 263	..	1 090 391
030265	Aiguillat et autres squalidés	662	5 497	2 244	4 273	68	284	101 546	64 784	..	15 429
030266	Anguille	80	2 454	..	..	..	..	200	3 700	..	..
030269	Poisson nra	11 762 348	91 475 150	9 445 209	66 237 407	6 704 867	54 919 349	5 802 365	36 183 084	3 190 045	21 776 891
030270	Foies, oeufs et laitances	36 669	330 911	19 243	294 532	18 609	243 786	6 429	380 038	..	110 749
0303	**Poisson, congelé, excl. 0304**	**16 244 821**	**49 485 341**	**15 958 851**	**48 868 409**	**16 512 978**	**85 710 827**	**14 218 171**	**73 945 182**	..	**76 771 136**
030319	Saumon, Pacifique	..	..	..	..	..	..	..	..	..	..
030321	Truite	31 012	122 527	..	..	6 087	30 925	1 576	20 604	349 916	1 447 544
030322	Saumon (Atlantique et Danube)	..	..	..	..	..	..	..	..	..	..
030329	Salmonidés	97 825	457 269	26 293	129 824	5 705	49 979	158 915	559 570	240 485	947 736
030331	Flétan	61 786	154 633	28 617	91 094	20 560	53 732	4 800	10 943	4 337	29 370
030332	Plie, carrelet	51	1 199	..	..	..	..	378	3 606	1 762	4 194
030333	Sole	124 621	689 787	295 120	974 276	77 127	332 987	26 064	112 412	13 927	85 536
030339	Poisson plat nra	14 509	106 375	11 907	76 068	4 736	33 193	29 688	197 782	185 822	469 675
030341	Thon blanc/germon	214 263	719 529	154 326	468 583	231 008	946 633	59 996	332 736	..	539 075
030342	Albacore (thon jaune)	55 624	340 868	105 648	512 000	163 709	1 014 797	142 303	1 029 762	1 244 577	3 415 739
030343	Listao/bonite à ventre rayé	2 914	7 851	5 651	11 150	..	..	31 851	87 157	27 467	58 066
030349	Thonidés nra	47 804	152 424	41 543	102 221	11 051	66 354	9 530	49 460	52 854	99 514
030350	Hareng	1 379 173	1 041 741	1 176 065	1 293 186	824 385	945 932	887 571	1 012 656	511 459	675 776
030360	Morue	118 694	279 302	57 091	116 074	97 662	458 022	107 718	354 472	..	510 615
030371	Sardines, sardinelles	1 397 817	1 326 599	1 164 590	1 110 233	914 267	1 060 509	1 070 086	1 232 646	742 387	657 537
030372	Églefin	..	..	..	..	..	..	..	..	..	725
030373	Lieu noir	200 704	816 193	3 560	21 713	23 113	60 624	43 036	85 125	..	55 484
030374	Maquereau	1 455 330	2 774 959	1 022 408	2 648 925	885 131	1 964 167	875 692	1 616 647	..	1 737 134
030375	Aiguillat et autres squalidés	444 183	885 666	577 011	1 190 020	746 916	1 766 875	477 718	846 903	1 133 779	1 399 610
030376	Anguille	161 966	2 320 628	102 964	1 281 989	35 939	849 461	112	2 637	..	297 828
030377	Bar (loup)	3 658	12 149	32	102	978	1 880	76 106	373 657	..	194 409
030378	Merlu	1 675 167	4 050 870	1 774 586	4 110 684	1 876 541	5 602 405	1 313 114	3 757 092	..	5 975 402
030379	Poisson nra	7 287 251	22 701 666	7 552 499	23 267 701	6 853 781	25 322 184	5 237 576	19 305 369	7 455 788	20 981 112
030380	Foies, oeufs et laitances	135 272	583 792	78 824	337 058	118 491	614 292	284 236	1 175 064	79 476	575 371
0304	**Filets de poisson et autre chair de poisson**	**14 935 892**	**62 025 766**	**16 895 290**	**69 919 062**	**14 724 648**	**67 580 681**	**14 630 882**	**54 636 585**	**11 901 276**	**53 492 643**
030410	Filets et autre chair de poisson, frais ou réfrigéré	2 193 175	13 435 128	2 339 020	14 988 886	2 104 697	15 857 448	1 558 460	7 187 626	1 169 721	8 280 464
030420	Filets de poissons, congelé	12 344 782	46 628 289	14 249 524	53 677 808	12 292 605	50 191 925	12 204 068	42 995 332	9 559 532	41 282 578
030490	Chair de poisson nra, congelé	397 935	1 962 348	306 746	1 252 368	327 346	1 531 308	868 354	4 453 627	1 172 023	3 929 600
0305	**Poisson, séché, salé, fumé, ou en saumure**	**6 856 978**	**43 592 042**	**7 121 370**	**45 045 973**	**5 788 892**	**40 307 276**	**6 483 674**	**49 927 822**	..	**46 633 440**
030510	Farine de poisson, consommation humaine	54 606	72 818	377 670	502 825	561 511	897 709	55 786	102 960	..	500 637
030520	Foies, oeufs et laitances	346 723	1 702 559	234 186	942 973	281 676	1 271 573	210 051	841 319	98 068	1 261 445
030530	Filets de poisson (non fumé)	1 159 167	7 497 392	1 174 603	6 581 308	780 073	5 980 078	1 456 979	9 535 879	901 941	6 213 098
030541	Saumon (Pacifique, Atlantique et Danube), fumé	775 889	11 663 745	864 783	13 983 865	572 814	9 997 842	1 253 646	17 131 827	711 536	11 136 424
030542	Hareng, fumé	..	..	..	..	..	..	..	..	..	..
030549	Poisson nra, fumé	486 481	1 523 023	306 718	1 038 497	286 592	923 533	322 173	3 211 095	97 383	904 092
030551	Morue, séché, non fumé	67 868	486 150	82 709	462 594	110 386	819 954	77 128	376 540	477 247	3 345 654
030559	Poisson nra, séché, salé, non fumé	29 751	179 876	19 429	171 067	47 637	114 174	61 540	293 793	21 020	137 273
030561	Hareng, salé ou en saumure	446 199	613 248	296 331	619 692	155 412	375 613	48 866	133 443	33 206	97 009
030562	Morue, salé ou en saumure	2 932 992	17 672 824	2 964 197	17 505 169	2 393 886	17 326 594	2 320 238	15 580 201	3 436 176	19 670 406
030563	Anchois, salé ou en saumure	138 489	555 139	255 235	929 651	122 358	512 402	89 532	342 824	109 320	322 931
030569	Poisson nra, salé ou en saumure	99 950	420 879	263 814	1 237 289	110 651	685 125	140 272	696 195	205 436	879 476

Tableau 8. Importations par produit (*suite*)

		2009		2010		2011		2012		2013	
		Tonnes	USD	Tonnes	USD	Tonnes	USD	Tonnes	USD	Tonnes	USD
0306	**Crustacés**	**6 133 113**	**54 902 889**	**5 525 048**	**47 006 393**	**5 353 422**	**47 472 643**	**5 138 331**	**37 911 599**	**4 876 224**	**45 215 941**
030611	Langoustes et autres palinuridés, congelé	173 429	2 787 359	147 535	2 612 481	102 737	1 510 327	266 847	2 235 074	295 322	5 611 700
030612	Homard nra	153 998	2 147 214	49 404	674 701	89 319	1 653 445	51 395	854 910	67 176	1 261 644
030613	Crevettes, congelé	5 170 589	41 839 368	4 572 949	37 596 486	4 529 235	39 090 289	3 996 185	30 216 501	4 160 624	34 273 824
030614	Crabes, congelé	130 808	1 589 923	108 937	1 524 700	86 449	1 482 769	126 557	1 415 918	155 771	1 565 938
030619	Crustacés nra, congelé	226 684	2 309 612	141 217	1 339 705	97 473	1 176 484	101 271	995 102	101 931	1 007 921
030621	Langoustes et autres palinuridés (non congelé)	2 320	49 429	2 873	36 363	185	5 358	269	9 332	0	1
030622	Homard nra (non congelé)	55 663	1 793 202	291 608	796 261	32 271	694 376	26 727	594 729	45 635	901 392
030623	Crevettes (non congelé)	177 910	1 960 536	132 835	1 570 301	90 792	943 813	82 407	797 799	25 294	319 802
030624	Crabes (non congelé)	29 385	280 894	67 538	749 276	35 586	325 628	17 888	70 881	4 973	52 623
030629	Crustacés nra (non congelé)	12 327	145 351	10 152	106 118	289 375	590 154	468 785	721 353	19 498	221 096
0307	**Mollusques**	**38 649 498**	**129 500 898**	**28 412 753**	**108 238 635**	**28 131 182**	**143 820 086**	**24 758 397**	**113 580 020**	**..**	**105 061 695**
030710	Huîtres	111 279	198 676	315 737	1 407 601	239 832	1 180 560	38 905	246 188	2 883	24 287
030721	St-Jacques, vi, fr, ou ré	189 832	998 640	178 577	842 005	120 577	611 935	8 612	95 186	2 436	46 440
030729	St-Jacques, co, sc, sl, ou sm	54 884	489 321	60 219	526 698	27 142	290 614	21 597	231 558	13 524	216 442
030731	Moules, vi, fr, ou ré	1 768 866	2 117 354	474 578	624 996	156 017	492 780	355 454	693 588	18 998	75 085
030739	Moules, co, sc, sl, ou sm	894 670	3 186 455	864 568	2 597 359	686 557	2 464 852	889 426	3 032 445	661 011	2 953 553
030741	Seiches, encornets et calmars, vi, fr, ou ré	335 984	1 204 429	241 831	1 120 468	227 780	1 396 575	256 538	1 176 944	228 515	1 190 691
030749	Seiches, encornets et calmars, co, sc, sl, ou sm	24 210 605	60 357 804	17 303 022	51 819 056	16 910 139	61 173 636	15 080 122	53 370 296	13 416 874	55 934 158
030751	Poulpe, vi, fr, ou ré	78 444	519 204	36 892	249 751	22 752	186 493	8 055	70 312	1 775	14 525
030759	Poulpe, co, sc, sl, ou sm	9 059 534	52 729 675	6 584 846	40 665 596	7 427 762	64 544 467	5 486 136	44 368 863	5 516 657	35 546 291
030760	Escargots (autres que de mer)	754 427	3 227 310	815 837	2 774 534	258 594	847 053	977 544	1 338 294	..	1 572 575
030791	Mollusques nra, vi, fr, ou ré	651 763	3 155 054	389 790	1 943 798	272 042	2 037 403	233 092	1 834 571	165 883	1 593 347
030799	Mollusques nra, co, sc, sl, ou sm	539 210	1 316 975	1 146 856	3 666 773	1 781 988	8 593 718	1 402 916	7 121 774	1 294 864	5 894 301
121220	**Algues**	**76 047**	**1 667 020**	**77 477**	**1 665 991**	**90 033**	**2 151 501**	**181 313**	**1 932 509**	**172 861**	**1 687 184**
1504	**Graisses, huiles et leurs fractions**	**36 367 828**	**34 140 918**	**31 750 806**	**32 376 919**	**30 933 589**	**43 904 445**	**36 167 216**	**54 273 231**	**..**	**48 023 013**
150410	Huiles de foies de poisson, et fractions	623	4 273	3 304	215 134	24 333	234 012	142 333	277 112	17 736	147 033
150420	Graisses et huiles de poisson, et fractions	36 365 903	34 124 692	31 746 522	32 157 644	30 820 154	43 526 778	36 014 363	53 973 661	..	46 989 343
150430	Graisses et huiles de mammifère marin, et fractions	1 302	11 953	980	4 141	89 102	143 656	10 520	22 458	..	886 637
1604	**Préparations et conserves de poisson; caviars et succédanés**	**11 623 410**	**67 529 869**	**11 645 740**	**62 525 460**	**11 712 081**	**64 593 762**	**10 277 644**	**60 595 785**	**12 958 625**	**63 674 264**
160411	Saumon, non haché	134 525	1 542 869	104 385	913 570	673 754	806 966	82 702	573 791	76 089	711 878
160412	Hareng, non haché	256 049	1 127 877	300 506	1 238 876	372 494	1 357 461	301 923	1 419 283	325 523	1 278 188
160413	Sardines, sardinelles, sprats, esprots, non haché	731 396	3 285 803	769 270	3 265 641	601 608	2 469 447	273 876	1 238 265	656 891	2 154 703
160414	Thons, listaos, sardes, non haché	7 598 213	47 541 913	7 629 165	43 971 590	7 219 341	47 253 409	6 778 690	44 581 374	8 209 036	43 308 665
160415	Maquereau, non haché	408 822	1 692 689	234 225	903 749	268 577	939 502	361 718	1 198 633	348 810	1 111 990
160416	Anchois, non haché	133 284	1 147 230	116 009	963 947	49 065	419 180	97 877	957 850	71 227	637 998
160419	Poisson nra, non haché	691 280	2 566 462	785 032	2 971 147	1 095 340	4 048 633	995 275	3 626 080	1 015 651	4 692 009
160420	Poisson, haché	1 538 935	5 657 643	1 645 119	6 478 026	1 371 304	5 819 679	1 350 832	5 819 737	2 210 283	8 583 861
160430	Caviar et succédanés	130 906	2 967 383	62 029	1 818 914	60 598	1 479 483	34 751	1 180 772	45 115	1 194 972
1605	**Préparations et conserves de crustacés**	**3 755 325**	**23 484 494**	**4 686 926**	**27 275 665**	**4 039 282**	**26 759 786**	**3 433 025**	**22 224 293**	**2 603 120**	**20 145 046**
160510	Crabes	20 820	423 468	14 155	234 223	38 592	378 779	5 240	132 549	9 013	114 031
160520	Crevettes	1 815 061	10 449 323	2 272 758	12 846 438	1 649 548	11 870 258	1 422 999	10 017 659	1 072 001	9 580 023
160530	Homard	1 115	36 636	329	4 518	1 931	9 847	675	7 104	2 175	32 292
160540	Crustacés nra	8 567	96 339	7 561	110 449	16 955	83 691	48 306	212 708	20 239	216 509
230120	**Farine de poisson**	**87 851 696**	**110 522 785**	**70 361 088**	**108 066 217**	**53 960 615**	**85 568 502**	**66 423 566**	**95 860 468**	**78 516 801**	**105 478 018**
	TOTAL	**239 642 033**	**698 156 006**	**207 966 646**	**643 611 937**	**183 059 362**	**708 163 154**	**192 546 689**	**633 999 841**	**..**	**622 932 914**

.. Non disponible

Note : nra : non répertorié ailleurs. vi : vivant. fr : frais. ré : réfrigéré. co : congelé. sc : séché. sl : salé. sm : en saumure.

Métadonnées détaillées : http://metalinks.oecd.org/fish/20150108/86c3

Source : OCDE (2014), « Pêcheries : Commerce par produit », Statistiques agricoles de l'OCDE (base de données). DOI: 10.1787/data-00677-fr

Tableau 9. Exportations par produit

		2009		2010		2011		2012		2013	
		Tonnes	USD	Tonnes	USD	Tonnes	USD	Tonnes	USD	Tonnes	USD
03	**Poisson, crustacés et mollusques**	..	**620 620 847**	..	**680 825 259**	..	**807 921 597**	..	**773 751 751**	..	**730 278 999**
0302	**Poisson, frais ou réfrigéré, excl. 0304**	**95 108 413**	**522 901 866**	**106 369 397**	**562 088 739**	**86 758 180**	**647 256 877**	**94 444 788**	**599 167 034**	..	**582 513 748**
030211	Truite	205 455	1 721 483	333 557	1 961 683	215 728	1 836 574	715 540	2 935 611	575 773	3 300 003
030212	Saumon (Pacifique, Atlantique et Danube)	45 290	301 264	78 831	595 961	76 150	566 418	151 866	722 781	1 360 430	9 629 614
030219	Salmonidés nra	609 383	3 658 320	974 979	5 451 863	512 968	4 205 706	780 662	5 994 190	1 504 859	8 264 976
030221	Flétan	14	253	..	..	..	..	67	505	14	175
030222	Plie, carrelet	..	..	..	..	..	..	..	..	..	..
030223	Sole	73	2 784	4 746	20 116	41 019	53 152	337	2 839	130	1 918
030229	Poissons plats nra	4 058	29 271	11 145	48 378	37 703	304 763	60 778	168 650	16 606	160 529
030231	Thon blanc/germon	31 966	589 230	35 647	451 003	22 275	340 301	35 202	542 773	293 506	1 468 230
030232	Albacore (thon jaune)	223	3 727	206	3 013	540	10 596	..	..	2 772	18 339
030233	Listaos/bonite à ventre rayé	203	1 423	47 730	92 330	3 012	10 911	8 233	102 966	22 856	83 493
030239	Thonidés nra	691 377	15 139 396	937 482	13 549 172	403 418	9 517 306	326 748	6 706 238	299 406	5 789 434
030240	Hareng	..	..	..	..	460	2 783	..	..	..	..
030250	Morue	27	416	597	4 336	2 887	19 558	1 267	3 278	..	3 870
030261	Sardines	593 425	519 665	459 205	366 667	373 512	444 383	157 110	204 199	..	198 439
030262	Églefin	..	..	260	345	..	..	..	..	..	..
030263	Lieu noir	..	..	..	..	..	..	..	..	..	..
030264	Maquereau	65 019	110 221	18 523	52 984	45 179	147 540	26 899	104 458	..	56 261
030265	Aiguillat et autres squalidés	631	1 763	512	1 407	..	..	1 043	7 326	..	2 214
030266	Anguille	28 127	392 420	1 740	18 152	5 757	225 040	52 592	1 644 569	..	13 623
030269	Poisson nra	92 832 615	500 231 446	103 463 977	539 437 881	85 017 365	629 515 465	92 125 030	579 943 952	81 894 583	553 500 626
030270	Foies, oeufs et laitances	527	198 783	260	33 446	207	56 383	1 414	82 699	..	22 002
0303	**Poisson, congelé, excl. 0304**	**3 497 519**	**17 313 420**	**2 914 560**	**16 229 651**	**2 238 925**	**7 236 826**	**1 779 629**	**6 520 178**	..	**6 677 081**
030319	Saumon, Pacifique	..	..	..	..	..	..	..	..	..	..
030321	Truite	..	..	24 835	220 294	..	..	717	10 351	..	323 022
030322	Saumon (Atlantique et Danube)	..	..	..	..	..	..	..	..	..	..
030329	Salmonidés	20 831	72 345	11 468	27 030	227	810	189 185	457 680	102 084	363 212
030331	Flétan	..	..	..	..	..	..	..	..	..	..
030332	Plie, carrelet	..	..	..	..	..	..	..	..	365	1 395
030333	Sole	27 136	74 559	19 349	64 999	19 300	88 001	12 388	49 262	2 131	6 556
030339	Poisson plat nra	2 160	11 250	..	..	..	..	15 806	47 218	20 498	40 925
030341	Thon blanc/germon	..	..	1 822	4 835	..	..	17	108	271	870
030342	Albacore (thon jaune)	3 584	31 260	896	5 411	..	..	2 016	22 613	318	850
030343	Listao/bonite à ventre rayé	..	..	12	52	..	..	..	..	..	..
030349	Thonidés nra	4 886	67 970	2 427	4 831	..	..	7 445	33 425	..	..
030350	Hareng	..	..	33 164	149 100	..	..	59	162	..	..
030360	Morue	..	..	11	62	..	..	1 056	3 870	..	15 832
030371	Sardines, sardinelles	370 636	399 468	100 786	196 254	204 720	313 084	157 590	294 048	533 627	443 758
030372	Églefin	..	..	..	..	..	..	..	..	..	..
030373	Lieu noir	..	..	..	..	4 426	10 518	..	..	..	..
030374	Maquereau	32 520	74 908	35 726	62 861	12 112	35 384	10 021	23 275	11 633	14 365
030375	Aiguillat et autres squalidés	33 330	102 925	62 673	156 432	3 805	13 711	42 219	152 191	..	9 329
030376	Anguille	94 173	1 528 065	58 390	931 797	..	..	4 880	103 689	..	125 463
030377	Bar (loup)	85 069	499 316	15 621	91 512	61 654	363 813	51 883	393 067	..	391 730
030378	Merlu	175 646	512 190	108 051	189 404	80 390	262 588	40 663	150 732	71 068	94 925
030379	Poisson nra	1 880 353	6 323 450	1 539 404	5 035 244	1 838 532	6 109 068	1 209 375	4 519 316	2 219 278	4 688 779
030380	Foies, oeufs et laitances	24	77	790	5 471	351	17 928	33 269	253 152	9 121	127 129
0304	**Filets de poisson et autre chair de poisson**	**1 322 693**	**10 336 200**	**2 515 172**	**22 362 714**	**3 291 033**	**36 685 937**	**4 888 797**	**47 042 202**	**6 399 218**	**30 615 634**
030410	Filets et autre chair de poisson, frais ou réfrigéré	576 043	4 245 915	490 152	3 511 333	582 262	6 035 850	321 086	2 694 791	231 925	2 102 553
030420	Filets de poissons, congelé	253 430	1 137 419	266 924	1 015 326	246 042	893 068	1 754 765	14 088 928	1 596 248	10 572 553
030490	Chair de poisson nra, congelé	493 220	4 952 866	1 758 096	17 836 055	2 462 729	29 757 018	2 812 946	30 258 483	4 571 045	17 940 528
0305	**Poisson, séché, salé, fumé, ou en saumure**	**1 010 931**	**4 432 789**	**1 194 352**	**8 092 167**	**3 070 758**	**48 104 081**	**3 516 560**	**59 101 938**	..	**44 592 645**
030510	Farine de poisson, consommation humaine	19 478	90 479	16 459	68 501	35 951	98 958	8 949	42 371	..	64 916
030520	Foies, oeufs et laitances	11 446	41 450	4 127	7 616	5 120	19 748	487	3 583	603	6 782
030530	Filets de poisson (non fumé)	24 497	94 745	4 106	20 473	11 413	74 932	7 445	64 809	55 390	344 351
030541	Saumon (Pacifique, Atlantique et Danube), fumé	11 373	82 111	375 898	3 617 582	2 511 588	44 566 087	3 010 738	55 781 528	1 404 330	21 020 537
030542	Hareng, fumé	..	..	..	..	..	..	..	..	..	..
030549	Poisson nra, fumé	436 838	2 332 590	504 535	3 156 795	221 540	1 989 413	191 343	1 589 840	713 378	21 475 517
030551	Morue, séché, non fumé	1 669	16 551	2 967	23 069	2 501	23 014	2 604	14 253	..	47 932
030559	Poisson nra, séché, salé, non fumé	1 931	42 936	34 067	143 185	2 178	17 828	9 627	35 361	8 192	48 471
030561	Hareng, salé ou en saumure	5 445	13 670	5 982	12 915	4 516	12 527	5 567	18 623	7 289	17 780
030562	Morue, salé ou en saumure	7 345	35 054	27 250	156 929	1 058	8 513	615	4 416	752	4 943
030563	Anchois, salé ou en saumure	329 191	1 072 565	146 710	465 445	194 016	756 344	158 034	722 250	165 211	453 110
030569	Poisson nra, salé ou en saumure	94 291	189 964	25 788	127 070	14 445	104 045	7 916	49 167	26 404	135 896

GRÈCE

Tableau 9. Exportations par produit *(suite)*

		2009		2010		2011		2012		2013	
		Tonnes	USD	Tonnes	USD	Tonnes	USD	Tonnes	USD	Tonnes	USD
0306	**Crustacés**	**2 501 110**	**10 291 551**	**2 231 433**	**15 203 516**	**2 414 687**	**15 229 276**	**1 492 019**	**9 709 824**	**1 751 005**	**14 784 725**
030611	Langoustes et autres palinuridés, congelé	1 854	19 769	9 313	71 559	12 464	135 002	107 949	893 920	66 546	1 271 991
030612	Homard nra	1 809	38 185	46 757	383 053	3 224	68 843	2 009	34 843	3 463	58 921
030613	Crevettes, congelé	1 094 142	8 868 169	2 037 244	14 418 698	2 014 439	14 474 905	1 170 517	8 142 138	1 535 824	12 108 193
030614	Crabes, congelé	18 197	54 829	19 013	41 591	67 452	177 036	119 226	395 459	106 407	1 015 611
030619	Crustacés nra, congelé	6 838	92 281	872	31 482	468	19 292	1 385	14 745	2 199	24 065
030621	Langoustes et autres palinuridés (non congelé)	1 585	54 452	2 947	56 576	1 691	9 597	9	75	6	250
030622	Homard nra (non congelé)	4	214	59	1 493	155	875	2 038	4 920	..	..
030623	Crevettes (non congelé)	3 374	66 112	5 536	50 419	26 467	130 992	19 702	90 161	14 404	165 232
030624	Crabes (non congelé)	147	1 235	8 554	34 609	8 017	24 474	38 613	101 875	22 144	140 247
030629	Crustacés nra (non congelé)	1 373 160	1 096 304	101 138	114 036	280 310	188 262	30 571	31 688	12	215
0307	**Mollusques**	**18 610 346**	**34 391 016**	**14 428 388**	**35 707 977**	**15 304 002**	**36 212 409**	**18 065 366**	**37 212 116**	**..**	**35 305 861**
030710	Huîtres	5 992	30 951	49 331	341 532	28 341	106 336	28 035	218 922	549	4 870
030721	St-Jacques, vi, fr, ou ré	952 461	3 511 798	715 957	4 195 159	368 414	3 189 127	23 163	128 430	7 435	100 018
030729	St-Jacques, co, sc, sl, ou sm	1 570 415	1 910 221	244 192	603 350	748 307	1 073 451	2 726 623	1 661 933	49 816	753 508
030731	Moules, vi, fr, ou ré	12 063 848	10 292 100	8 360 282	6 636 240	9 933 150	7 423 633	9 876 170	7 368 220	2 336 691	7 727 166
030739	Moules, co, sc, sl, ou sm	76 363	310 395	281 056	462 559	54 241	185 851	97 403	356 463	75 187	306 550
030741	Seiches, encornets et calmars, vi, fr, ou ré	74 450	424 169	83 880	463 464	156 480	924 898	293 206	1 655 330	307 336	1 450 983
030749	Seiches, encornets et calmars, co, sc, sl, ou sm	1 591 119	5 140 676	2 001 045	7 516 616	1 457 657	6 651 673	1 617 039	7 084 889	1 698 093	6 416 402
030751	Poulpe, vi, fr, ou ré	4 090	28 746	5 557	32 750	4 717	33 313	4 834	37 563	7 452	52 882
030759	Poulpe, co, sc, sl, ou sm	859 576	4 930 396	1 482 417	8 299 965	1 323 549	10 472 474	1 549 245	10 976 463	1 059 800	6 574 667
030760	Escargots (autres que de mer)	167 361	1 174 094	182 150	1 060 561	124 610	822 934	156 246	1 118 895	385 915	1 724 233
030791	Mollusques nra, vi, fr, ou ré	903 803	4 963 226	767 203	4 776 480	924 619	4 693 119	1 318 718	5 251 672	1 234 519	5 866 682
030799	Mollusques nra, co, sc, sl, ou sm	340 868	1 674 244	255 318	1 319 300	179 917	635 602	374 684	1 353 336	370 623	4 327 900
121220	**Algues**	**290**	**5 609**	**10 476**	**99 259**	**3 925**	**246 694**	**3 736**	**216 822**	**127 157**	**242 422**
1504	**Graisses, huiles et leurs fractions**	**8**	**259**	**2**	**236**	**5 040**	**80 525**	**6 483**	**329 189**	**..**	**586 490**
150410	Huiles de foies de poisson, et fractions	..	..	..	..	4 960	79 433	4 005	63 570	11 227	93 092
150420	Graisses et huiles de poisson, et fractions	2	189	2	236	72	998	2 478	265 619	..	493 398
150430	Graisses et huiles de mammifère marin, et fractions	6	70	..	..	8	95	..	..	..	..
1604	**Préparations et conserves de poisson; caviars et succédanés**	**3 007 023**	**29 264 303**	**2 890 550**	**27 770 093**	**1 840 569**	**19 289 719**	**869 692**	**5 450 110**	**1 329 800**	**6 791 553**
160411	Saumon, non haché	537	14 333	1 168	31 105	1 572	30 831	1 490	45 765	4 262	43 317
160412	Hareng, non haché	1 686 196	19 398 388	1 785 378	20 362 147	980 206	13 960 195	23 406	193 249	44 010	179 183
160413	Sardines, sardinelles, sprats, esprots, non haché	844 606	6 534 001	555 992	3 891 577	230 107	1 192 867	280 463	1 135 511	343 928	1 179 105
160414	Thons, listaos, sardes, non haché	22 446	191 368	103 827	812 905	216 729	1 426 219	214 908	1 584 163	476 674	2 419 676
160415	Maquereau, non haché	8 226	65 349	22 209	157 508	26 962	223 378	13 573	123 122	33 784	118 012
160416	Anchois, non haché	265 688	1 958 683	105 611	889 164	83 994	825 469	70 781	706 326	125 858	959 265
160419	Poisson nra, non haché	14 060	55 438	40 902	145 710	28 337	83 114	31 381	125 855	86 522	379 135
160420	Poisson, haché	38 267	255 763	120 614	509 635	139 908	710 429	82 021	611 660	173 996	625 012
160430	Caviar et succédanés	126 997	790 981	154 849	970 343	132 754	837 217	151 669	924 460	40 766	888 847
1605	**Préparations et conserves de crustacés**	**1 721 980**	**14 789 227**	**1 972 445**	**15 641 325**	**1 736 630**	**13 519 154**	**1 676 118**	**12 185 819**	**1 400 830**	**12 049 386**
160510	Crabes	200	571	29	675	41	337	..	..	35	400
160520	Crevettes	6 024	37 349	23 891	122 837	20 877	170 355	31 230	200 312	4 208	40 946
160530	Homard	58	230	26	101	864	3 033	25	93	1 466	25 987
160540	Crustacés nra	239	2 244	434	3 652	1 809	31 028	89 888	367 217	8 787	102 554
230120	**Farine de poisson**	**195 050**	**295 361**	**570 364**	**881 673**	**189 114**	**377 139**	**198 700**	**311 158**	**22 344**	**27 716**
	TOTAL	**126 975 363**	**644 021 601**	**134 687 313**	**700 013 893**	**116 852 863**	**841 434 828**	**126 941 888**	**792 244 849**	**..**	**749 976 566**

.. Non disponible

Note : nra : non répertorié ailleurs. vi : vivant. fr : frais. ré : réfrigéré. co : congelé. sc : séché. sl : salé. sm : en saumure.
Métadonnées détaillées : http://metalinks.oecd.org/fish/20150108/86c3

Source : OCDE (2014), « Pêcheries : Commerce par produit », Statistiques agricoles de l'OCDE (base de données). DOI: 10.1787/data-00677-fr

Tableau 2. Emploi dans les pêcheries

Personnes employées

	2006	2007	2008	2009	2010	2011	2012	2013
Plein-temps	**1 578**	**1 643**	**1 467**	**1 535**	**1 435**	**1 536**	**2 417**	..
Secteur de capture	390	390	252	387	323	442	1 068	..
Pêche en eaux intérieures	390	390	252	387	323	442	1 068	..
Homme	350	350	230	382	288	371	908	..
Femme	40	40	22	5	35	71	160	..
Eaux maritimes (pêche côtière)	..	..	..	..	..	..	..	..
Homme	..	..	..	..	..	..	..	..
Femme	..	..	..	..	..	..	..	..
Eaux maritimes (pêche en haute mer)	..	..	..	..	..	..	..	..
Homme	..	..	..	..	..	..	..	..
Femme	..	..	..	..	..	..	..	..
Aquaculture	1 188	1 253	1 215	1 148	1 112	1 094	1 349	..
Homme	1 031	1 081	1 042	985	968	931	1 176	..
Femme	157	172	173	163	144	163	173	..
Transformation	..	..	..	..	..	..	..	..
Homme	..	..	..	..	..	..	..	..
Femme	..	..	..	..	..	..	..	..
Temps partiel	**3 123**	**3 120**	**2 191**	**2 239**	**1 739**	**1 728**	**1 598**	..
Secteur de capture	3 000	3 000	2 070	2 070	1 537	1 479	1 348	..
Pêche en eaux intérieures	3 000	3 000	2 070	2 070	1 537	1 479	1 348	..
Homme	3 000	3 000	2 070	2 070	1 526	1 468	1 300	..
Femme	..	..	..	0	11	11	48	..
Eaux maritimes (pêche côtière)	..	..	..	..	..	..	..	..
Homme	..	..	..	..	..	..	..	..
Femme	..	..	..	..	..	..	..	..
Eaux maritimes (pêche en haute mer)	..	..	..	..	..	..	..	..
Homme	..	..	..	..	..	..	..	..
Femme	..	..	..	..	..	..	..	..
Aquaculture	123	120	121	169	202	249	250	..
Homme	92	92	92	135	165	205	193	..
Femme	31	28	29	34	37	44	57	..
Transformation	..	..	..	..	..	..	..	..
Homme	..	..	..	..	..	..	..	..
Femme	..	..	..	..	..	..	..	..
Total	**4 701**	**4 763**	**3 658**	**3 774**	**3 174**	**3 264**	**4 015**	..
Secteur de capture	3 390	3 390	2 322	2 457	1 860	1 921	2 416	..
Pêche en eaux intérieures	3 390	3 390	2 322	2 457	1 860	1 921	2 416	..
Homme	3 350	3 350	2 300	2 452	1 814	1 839	2 208	..
Femme	40	40	22	5	46	82	208	..
Eaux maritimes (pêche côtière)	..	..	..	..	..	..	..	..
Homme	..	..	..	..	..	..	..	..
Femme	..	..	..	..	..	..	..	..
Eaux maritimes (pêche en haute mer)	..	..	..	..	..	..	..	..
Homme	..	..	..	..	..	..	..	..
Femme	..	..	..	..	..	..	..	..
Aquaculture	1 311	1 373	1 336	1 317	1 314	1 343	1 599	..
Homme	1 123	1 173	1 134	1 120	1 133	1 136	1 369	..
Femme	188	200	202	197	181	207	230	..
Transformation	..	..	..	..	..	..	..	..
Homme	..	..	..	..	..	..	..	..
Femme	..	..	..	..	..	..	..	..

.. Non disponible

Note : Métadonnées détaillées : http://metalinks.oecd.org/fish/20150108/33e5

Source : OCDE (2014), « Pêcheries : Emploi dans la pêche », Statistiques agricoles de l'OCDE (base de données). DOI: 10.1787/data-00219-fr

HONGRIE

Tableau 6. Production de l'aquaculture

	2006	2007	2008	2009	2010	2011	2012	2013
VOLUME (TONNES)								
Poissons	**13 867**	**15 092**	**15 000**	**14 144**	**13 637**	**15 543**	**14 558**	..
Saumon de l'Atlantique	..	..	..	..	..	..	..	..
Saumon du Pacifique	..	..	..	..	..	..	..	..
Truite arc-en-ciel	42	42	62	58	48	44	45	..
dont : d'eau de mer	..	..	..	..	..	..	..	..
dont : d'eau douce	42	42	62	58	48	44	45	..
Truite de mer	..	..	..	..	..	..	..	..
Poisson plat	..	..	..	..	..	..	..	..
Dorade	..	..	..	..	..	..	..	..
Bar	..	..	..	..	..	..	..	..
Loup	148	167	153	175	156	175	225	..
Carpe	9 663	9 570	10 485	9 931	9 927	10 807	9 985	..
Tilapia	..	..	..	..	..	..	..	..
Anguille	..	..	..	..	..	..	..	..
Autres poissons	4 014	5 313	4 300	3 980	3 506	4 517	4 303	..
Coquillages et crustacés	..	..	..	..	..	..	..	..
Huître, comestible	..	..	..	..	..	..	..	..
Huître, perle	..	..	..	..	..	..	..	..
Moule	..	..	..	..	..	..	..	..
Coquille St.-Jacques	..	..	..	..	..	..	..	..
Bivalves	..	..	..	..	..	..	..	..
Crevette et bouquet	..	..	..	..	..	..	..	..
Autres coquillages et crustacés	..	..	..	..	..	..	..	..
Total poissons, coquillages et crustacés	**13 867**	**15 092**	**15 000**	**14 144**	**13 637**	**15 543**	**14 558**	..
Autres animaux marins	..	..	..	..	..	..	..	..
Plantes aquatiques	..	..	..	..	..	..	..	..
Algue brune	..	..	..	..	..	..	..	..
Algue rouge	..	..	..	..	..	..	..	..
Algue verte	..	..	..	..	..	..	..	..
Autres plantes aquatiques	..	..	..	..	..	..	..	..
TOTAL GÉNÉRAL	**13 867**	**15 092**	**15 000**	**14 144**	**13 637**	**15 543**	**14 558**	..
VALEUR (HUF)								
Poissons	**6 726 080 180**	**7 093 244 590**	**7 765 970 400**	**7 585 623 430**	**7 401 343 910**	**8 458 775 755**	**8 642 103 570**	..
Saumon de l'Atlantique	..	..	..	..	..	..	..	..
Saumon du Pacifique	..	..	..	..	..	..	..	..
Truite arc-en-ciel	48 172 350	31 823 250	74 376 000	71 360 910	57 240 000	56 980 300	71 100 000	..
dont : d'eau de mer	..	..	..	..	..	..	..	..
dont : d'eau douce	48 172 350	31 823 250	74 376 000	71 360 910	57 240 000	56 980 300	71 100 000	..
Truite de mer	..	..	..	..	..	..	..	..
Poisson plat	..	..	..	..	..	..	..	..
Dorade	..	..	..	..	..	..	..	..
Bar	..	..	..	..	..	..	..	..
Loup	154 658 700	146 937 120	160 783 350	187 524 990	181 390 360	205 364 150	283 500 000	..
Carpe	5 024 728 280	4 880 579 640	5 661 905 940	5 362 474 860	5 360 563 260	5 835 771 360	6 090 850 000	..
Tilapia	..	..	..	..	..	..	..	..
Anguille	..	..	..	..	..	..	..	..
Autres poissons	1 498 520 850	2 033 904 580	1 868 905 110	1 964 262 670	1 802 150 290	2 360 659 945	2 196 653 570	..
Coquillages et crustacés	..	..	..	..	..	..	..	..
Huître, comestible	..	..	..	..	..	..	..	..
Huître, perle	..	..	..	..	..	..	..	..
Moule	..	..	..	..	..	..	..	..
Coquille St.-Jacques	..	..	..	..	..	..	..	..
Bivalves	..	..	..	..	..	..	..	..
Crevette et bouquet	..	..	..	..	..	..	..	..
Autres coquillages et crustacés	..	..	..	..	..	..	..	..
Total poissons, coquillages et crustacés	**6 726 080 180**	**7 093 244 590**	**7 765 970 400**	**7 585 623 430**	**7 401 343 910**	**8 458 775 755**	**8 642 103 570**	..
Autres animaux marins	..	..	..	..	..	..	..	..
Plantes aquatiques	..	..	..	..	..	..	..	..
Algue brune	..	..	..	..	..	..	..	..
Algue rouge	..	..	..	..	..	..	..	..
Algue verte	..	..	..	..	..	..	..	..
Autres plantes aquatiques	..	..	..	..	..	..	..	..
TOTAL GÉNÉRAL	**6 726 080 180**	**7 093 244 590**	**7 765 970 400**	**7 585 623 430**	**7 401 343 910**	**8 458 775 755**	**8 642 103 570**	..

.. Non disponible

Note : Métadonnées détaillées : http://metalinks.oecd.org/fish/20150108/ef39

Source : OCDE (2014), « Pêcheries : Production de l'aquaculture », Statistiques agricoles de l'OCDE (base de données). DOI: 10.1787/data-00225-fr

HONGRIE

Tableau 7. Transferts financiers publics (TFP)

Milliers HUF

	2006	2007	2008	2009	2010	2011	2012	2013
Contribution nationale aux TFP								
Pêche maritime	..	..	..	..	..	..	..	..
Paiements directs	..	..	..	..	..	..	..	..
Désarmement des navires et retrait des licences	..	..	..	..	..	..	..	..
Indemnisation des catastrophes	..	..	..	..	..	..	..	..
Aides : équipement, modernisation, construction de navire	..	..	..	..	..	..	..	..
Aide au revenu et assurance chômage	..	..	..	..	..	..	..	..
Autres paiements directs	..	..	..	..	..	..	..	..
Transferts réduisant les coûts	..	..	..	..	..	..	..	..
Prêts subventionnés : équipement, modernisation, construction de navire	..	..	..	..	..	..	..	..
Bonification d'intérêts	..	..	..	..	..	..	..	..
Exonération de taxe sur carburant	..	..	..	..	..	..	..	..
Ristourne et subvention à l'assurance	..	..	..	..	..	..	..	..
Allègement d'impôt sur le revenu, contrib. sociales impayées	..	..	..	..	..	..	..	..
Autres transferts réduisant les coûts	..	..	..	..	..	..	..	..
Services généraux	..	..	..	..	..	..	..	..
Gestion des pêcheries	..	..	..	..	..	..	..	..
Recherche halieutique	..	..	..	..	..	..	..	..
Police des pêches	..	..	..	..	..	..	..	..
Infrastructure des pêcheries	..	..	..	..	..	..	..	..
Autres services généraux	..	..	..	..	..	..	..	..
Recouvrement des coûts	..	..	..	..	..	..	..	..
Aquaculture	**59 370**	**80 000**	**80 000**	**82 658**	**433 997**	**423 811**	**907 251**	..
Paiements directs	59 370	80 000	80 000	69 490	420 090	406 360	881 497	..
Aides : développement aquacole	..	..	..	..	..	..	..	..
Indemnisation des catastrophes	..	..	..	..	..	..	..	..
Autres paiements directs	59 370	80 000	80 000	69 490	420 090	406 360	881 497	..
Transferts réduisant les coûts	..	..	..	..	..	..	..	..
Prêts subventionnés : développement aquacole	..	..	..	..	..	..	..	..
Autres transferts réduisant les coûts	..	..	..	..	..	..	..	..
Services généraux	..	..	..	13 168	13 907	17 451	25 755	..
Gestion, recherche et police de l'aquaculture	..	..	..	..	..	..	..	..
Infrastructure aquacole	..	..	..	..	..	..	..	..
Autres services généraux	..	..	..	13 168	13 907	17 451	25 755	..
Recouvrement des coûts	..	..	..	..	..	..	..	..
Commercialisation et transformation	..	..	..	..	..	..	..	..
Paiements directs	..	..	..	..	..	..	..	..
Aides : commercialisation et transformation	..	..	..	..	..	..	..	..
Autres paiements directs	..	..	..	..	..	..	..	..
Transferts réduisant les coûts	..	..	..	..	..	..	..	..
Prêts subventionnés : commercialisation et transformation	..	..	..	..	..	..	..	..
Autres transferts réduisant les coûts	..	..	..	..	..	..	..	..
Services généraux	..	..	..	..	..	..	..	..
Aquaculture	..	..	..	..	..	..	..	..
Autres services généraux	..	..	..	..	..	..	..	..
Recouvrement des coûts	..	..	..	..	..	..	..	..
Total	**59 370**	**80 000**	**80 000**	**82 658**	**433 997**	**423 811**	**907 251**	..

HONGRIE

Tableau 7. Transferts financiers publics (TFP) *(suite)*

Milliers HUF

	2006	2007	2008	2009	2010	2011	2012	2013
Contribution européenne aux TFP								
Pêche maritime	..	..	..	..	..	..	..	..
Paiements directs	..	..	..	..	..	..	..	..
Désarmement des navires et retrait des licences	..	..	..	..	..	..	..	..
Indemnisation des catastrophes	..	..	..	..	..	..	..	..
Aides : équipement, modernisation, construction de navire	..	..	..	..	..	..	..	..
Aide au revenu et assurance chômage	..	..	..	..	..	..	..	..
Autres paiements directs	..	..	..	..	..	..	..	..
Transferts réduisant les coûts	..	..	..	..	..	..	..	..
Prêts subventionnés : équipement, modernisation, construction de navire	..	..	..	..	..	..	..	..
Bonification d'intérêts	..	..	..	..	..	..	..	..
Exonération de taxe sur carburant	..	..	..	..	..	..	..	..
Ristourne et subvention à l'assurance	..	..	..	..	..	..	..	..
Allègement d'impôt sur le revenu, contrib. sociales impayées	..	..	..	..	..	..	..	..
Autres transferts réduisant les coûts	..	..	..	..	..	..	..	..
Services généraux	..	..	..	..	..	..	..	..
Gestion des pêcheries	..	..	..	..	..	..	..	..
Recherche halieutique	..	..	..	..	..	..	..	..
Police des pêches	..	..	..	..	..	..	..	..
Infrastructure des pêcheries	..	..	..	..	..	..	..	..
Autres services généraux	..	..	..	..	..	..	..	..
Recouvrement des coûts	..	..	..	..	..	..	..	..
Aquaculture	..	..	..	**39 503**	**1 098 373**	**1 074 497**	**2 461 802**	..
Paiements directs	..	..	..	..	1 056 653	1 022 145	2 384 538	..
Aides : développement aquacole	..	..	..	..	..	..	..	..
Indemnisation des catastrophes	..	..	..	..	..	..	..	..
Autres paiements directs	..	..	..	..	1 056 653	1 022 145	2 384 538	..
Transferts réduisant les coûts	..	..	..	..	..	..	..	..
Prêts subventionnés : développement aquacole	..	..	..	..	..	..	..	..
Autres transferts réduisant les coûts	..	..	..	..	..	..	..	..
Services généraux	..	..	..	39 503	41 720	52 353	77 264	..
Gestion, recherche et police de l'aquaculture	..	..	..	..	..	..	..	..
Infrastructure aquacole	..	..	..	..	..	..	..	..
Autres services généraux	..	..	..	39 503	41 720	52 353	77 264	..
Recouvrement des coûts	..	..	..	..	..	..	..	..
Commercialisation et transformation	..	..	..	..	..	..	..	..
Paiements directs	..	..	..	..	..	..	..	..
Aides : commercialisation et transformation	..	..	..	..	..	..	..	..
Autres paiements directs	..	..	..	..	..	..	..	..
Transferts réduisant les coûts	..	..	..	..	..	..	..	..
Prêts subventionnés : commercialisation et transformation	..	..	..	..	..	..	..	..
Autres transferts réduisant les coûts	..	..	..	..	..	..	..	..
Services généraux	..	..	..	..	..	..	..	..
Aquaculture	..	..	..	..	..	..	..	..
Autres services généraux	..	..	..	..	..	..	..	..
Recouvrement des coûts	..	..	..	..	..	..	..	..
Total	..	..	..	**39 503**	**1 098 373**	**1 074 497**	**2 461 802**	..

Tableau 7. Transferts financiers publics (TFP) *(suite)*

Milliers HUF

	2006	2007	2008	2009	2010	2011	2012	2013
Total des TFP								
Pêche maritime	..	..	..	..	..	..	..	..
Paiements directs	..	..	..	..	..	..	..	..
Désarmement des navires et retrait des licences	..	..	..	..	..	..	..	..
Indemnisation des catastrophes	..	..	..	..	..	..	..	..
Aides : équipement, modernisation, construction de navire	..	..	..	..	..	..	..	..
Aide au revenu et assurance chômage	..	..	..	..	..	..	..	..
Autres paiements directs	..	..	..	..	..	..	..	..
Transferts réduisant les coûts	..	..	..	..	..	..	..	..
Prêts subventionnés : équipement, modernisation, construction de navire	..	..	..	..	..	..	..	..
Bonification d'intérêts	..	..	..	..	..	..	..	..
Exonération de taxe sur carburant	..	..	..	..	..	..	..	..
Ristourne et subvention à l'assurance	..	..	..	..	..	..	..	..
Allègement d'impôt sur le revenu, contrib. sociales impayées	..	..	..	..	..	..	..	..
Autres transferts réduisant les coûts	..	..	..	..	..	..	..	..
Services généraux	..	..	..	..	..	..	..	..
Gestion des pêcheries	..	..	..	..	..	..	..	..
Recherche halieutique	..	..	..	..	..	..	..	..
Police des pêches	..	..	..	..	..	..	..	..
Infrastructure des pêcheries	..	..	..	..	..	..	..	..
Autres services généraux	..	..	..	..	..	..	..	..
Recouvrement des coûts	..	..	..	..	..	..	..	..
Aquaculture	**59 370**	**80 000**	**80 000**	**122 161**	**1 532 370**	**1 498 308**	**3 369 054**	..
Paiements directs	59 370	80 000	80 000	69 490	1 476 743	1 428 504	3 266 035	..
Aides : développement aquacole	..	..	..	..	..	..	..	..
Indemnisation des catastrophes	..	..	..	..	..	..	..	..
Autres paiements directs	59 370	80 000	80 000	69 490	1 476 743	1 428 504	3 266 035	..
Transferts réduisant les coûts	..	..	..	..	..	..	..	..
Prêts subventionnés : développement aquacole	..	..	..	..	..	..	..	..
Autres transferts réduisant les coûts	..	..	..	..	..	..	..	..
Services généraux	..	..	..	52 671	55 627	69 804	103 018	..
Gestion, recherche et police de l'aquaculture	..	..	..	..	..	..	..	..
Infrastructure aquacole	..	..	..	..	..	..	..	..
Autres services généraux	..	..	..	52 671	55 627	69 804	103 018	..
Recouvrement des coûts	..	..	..	..	..	..	..	..
Commercialisation et transformation	..	..	..	..	..	..	..	..
Paiements directs	..	..	..	..	..	..	..	..
Aides : commercialisation et transformation	..	..	..	..	..	..	..	..
Autres paiements directs	..	..	..	..	..	..	..	..
Transferts réduisant les coûts	..	..	..	..	..	..	..	..
Prêts subventionnés : commercialisation et transformation	..	..	..	..	..	..	..	..
Autres transferts réduisant les coûts	..	..	..	..	..	..	..	..
Services généraux	..	..	..	..	..	..	..	..
Aquaculture	..	..	..	..	..	..	..	..
Autres services généraux	..	..	..	..	..	..	..	..
Recouvrement des coûts	..	..	..	..	..	..	..	..
Total	**59 370**	**80 000**	**80 000**	**122 161**	**1 532 370**	**1 498 308**	**3 369 054**	..

.. Non disponible

Note : Métadonnées détaillées : http://metalinks.oecd.org/fish/20150108/54f2

Source : OCDE (2014), « Pêcheries : Transferts financiers publics », Statistiques agricoles de l'OCDE (base de données). DOI: 10.1787/data-00220-fr

HONGRIE

Tableau 8. Importations par produit

		2009		2010		2011		2012		2013	
		Tonnes	USD	Tonnes	USD	Tonnes	USD	Tonnes	USD	Tonnes	USD
03	**Poisson, crustacés et mollusques**	**..**	**31 194 000**	**..**	**32 600 000**	**..**	**37 545 000**	**..**	**32 679 000**	**..**	**39 721 057**
0302	**Poisson, frais ou réfrigéré, excl. 0304**	**298 399**	**1 748 000**	**382 966**	**2 283 000**	**329 201**	**2 049 000**	**..**	**3 042 000**	**814 720**	**6 274 159**
030211	Truite	3 900	21 000	4 500	26 000	5 600	35 000	10 900	68 000	94 121	568 313
030212	Saumon (Pacifique, Atlantique et Danube)	223 500	1 299 000	214 200	1 502 000	223 100	1 286 000	326 800	1 845 000	557 221	4 341 262
030219	Salmonidés nra	..	..	..	..	..	..	100	1 000	142	2 649
030221	Flétan	300	6 000	300	5 000	500	10 000	2 500	40 000	1 554	27 041
030222	Plie, carrelet	..	..	4 100	19 000	2 400	13 000	3 800	20 000	17 089	86 740
030223	Sole	330	11 000	650	13 000	520	13 000	928	33 000	248	6 017
030229	Poissons plats nra	1 169	17 000	1 900	22 000	2 800	37 000	3 600	43 000	5 406	90 378
030231	Thon blanc/germon	..	..	1 087	25 000	150	3 000	200	2 000	..	..
030232	Albacore (thon jaune)	..	..	94	1 000	531	17 000	300	9 000	917	12 761
030233	Listaos/bonite à ventre rayé	..	..	..	..	100	1 000	..	..	77	1 779
030239	Thonidés nra	..	..	..	..	400	9 000	2 400	46 000	1 881	41 263
030240	Hareng	300	2 000	..	..	500	2 000	400	2 000	63	227
030250	Morue	3 900	33 000	5 700	35 000	3 000	26 000	5 600	54 000	6 409	64 608
030261	Sardines	31 100	68 000	1 600	6 000	1 500	5 000	1 600	9 000	3 418	10 144
030262	Églefin	..	..	..	..	..	..	1 700	7 000	..	..
030263	Lieu noir	..	..	..	..	..	..	..	..	..	..
030264	Maquereau	3 900	18 000	5 500	18 000	5 500	24 000	7 800	38 000	13 835	65 505
030265	Aiguillat et autres squalidés	300	2 000	..	..	100	1 000	300	2 000	88	854
030266	Anguille	..	..	500	3 000	..	..	..	..	..	..
030269	Poisson nra	29 700	271 000	142 535	607 000	82 500	567 000	114 907	823 000	112 037	952 807
030270	Foies, oeufs et laitances	..	..	300	1 000	..	..	..	..	214	1 811
0303	**Poisson, congelé, excl. 0304**	**2 389 667**	**5 269 000**	**2 215 467**	**5 161 000**	**2 786 956**	**7 035 000**	**1 647 116**	**5 064 000**	**1 597 469**	**4 885 065**
030319	Saumon, Pacifique	..	..	..	..	..	..	..	..	..	..
030321	Truite	47 700	211 000	58 700	247 000	85 100	408 000	117 000	492 000	134 885	551 785
030322	Saumon (Atlantique et Danube)	..	..	..	..	..	..	..	..	..	..
030329	Salmonidés	500	4 000	25 600	59 000	27 000	92 000	107 900	383 000	124 354	404 153
030331	Flétan	..	..	..	..	..	..	100	1 000	..	..
030332	Plie, carrelet	..	..	3 200	11 000	200	1 000	9 700	55 000	6 440	43 786
030333	Sole	..	..	1 000	9 000	700	6 000	1 100	7 000	1 186	10 597
030339	Poisson plat nra	..	..	..	..	..	..	900	5 000	1 835	22 165
030341	Thon blanc/germon	1 600	13 000	1 200	10 000	600	9 000	8 700	41 000	13 074	60 374
030342	Albacore (thon jaune)	..	..	..	..	..	..	..	..	10	239
030343	Listao/bonite à ventre rayé	..	..	..	..	..	..	..	..	..	..
030349	Thonidés nra	..	..	52 900	244 000	7 500	37 000	14 900	67 000	13 560	64 238
030350	Hareng	..	..	20 900	21 000	20 900	23 000	19 100	23 000	12 534	15 573
030360	Morue	..	..	..	..	700	3 000	..	..	..	..
030371	Sardines, sardinelles	..	..	..	..	..	..	700	1 000	309	1 336
030372	Églefin	..	..	..	..	..	..	..	..	..	..
030373	Lieu noir	..	..	100	1 000	200	1 000	1 600	8 000	7 275	33 362
030374	Maquereau	48 600	70 000	166 700	269 000	1 025 600	2 024 000	67 100	148 000	12 786	31 629
030375	Aiguillat et autres squalidés	..	..	300	1 000	1 800	6 000	4 300	13 000	8 169	27 840
030376	Anguille	..	..	700	15 000	200	6 000	..	..	1 925	19 743
030377	Bar (loup)	1 615	14 000	1 100	8 000	2 800	23 000	2 700	19 000	28 800	92 736
030378	Merlu	1 435 600	3 333 000	1 222 500	2 561 000	1 053 300	3 004 000	680 200	1 761 000	718 089	1 879 462
030379	Poisson nra	820 451	1 488 000	615 700	1 441 000	527 056	1 157 000	541 216	1 713 000	458 275	1 345 565
030380	Foies, oeufs et laitances	32 100	123 000	32 567	122 000	24 000	79 000	52 200	184 000	28 673	113 668
0304	**Filets de poisson et autre chair de poisson**	**5 584 600**	**18 046 000**	**5 954 100**	**17 961 000**	**5 638 053**	**19 517 000**	**5 088 139**	**17 706 000**	**5 577 789**	**19 262 518**
030410	Filets et autre chair de poisson, frais ou réfrigéré	88 600	476 000	144 300	635 000	128 825	803 000	502 225	2 021 000	405 325	2 084 337
030420	Filets de poissons, congelé	5 445 700	17 349 000	5 747 600	17 026 000	5 477 500	18 574 000	4 527 414	15 433 000	5 091 699	16 812 853
030490	Chair de poisson nra, congelé	50 300	221 000	62 200	300 000	31 728	140 000	58 500	252 000	80 766	365 328
0305	**Poisson, séché, salé, fumé, ou en saumure**	**87 666**	**972 000**	**111 555**	**1 244 000**	**112 071**	**1 421 000**	**176 500**	**1 886 000**	**253 676**	**2 757 033**
030510	Farine de poisson, consommation humaine	900	19 000	2 200	35 000	1 348	28 000	10 700	114 000	13 361	220 358
030520	Foies, oeufs et laitances	..	..	100	1 000	..	..	..	..	..	..
030530	Filets de poisson (non fumé)	6 586	23 000	8 800	54 000	1 700	26 000	9 100	116 000	11 954	195 688
030541	Saumon (Pacifique, Atlantique et Danube), fumé	55 769	813 000	67 300	953 000	64 160	1 071 000	102 400	1 230 000	151 998	1 774 752
030542	Hareng, fumé	..	..	..	..	..	..	..	..	..	..
030549	Poisson nra, fumé	24 112	114 000	24 455	158 000	41 763	256 000	48 800	359 000	56 248	407 702
030551	Morue, séché, non fumé	..	..	3 900	11 000	500	2 000	..	..	236	1 362
030559	Poisson nra, séché, salé, non fumé	..	..	2 000	12 000	..	..	4 400	58 000	566	5 889
030561	Hareng, salé ou en saumure	..	..	700	3 000	..	..	600	4 000	17 292	136 855
030562	Morue, salé ou en saumure	..	..	1 400	12 000	300	3 000	..	..	..	..
030563	Anchois, salé ou en saumure	..	..	..	..	..	..	..	..	..	..
030569	Poisson nra, salé ou en saumure	..	..	..	..	100	1 000	..	..	590	4 277

HONGRIE

Tableau 8. Importations par produit (*suite*)

		2009		2010		2011		2012		2013	
		Tonnes	USD	Tonnes	USD	Tonnes	USD	Tonnes	USD	Tonnes	USD
0306	**Crustacés**	**192 837**	**1 578 000**	**215 244**	**1 709 000**	**302 014**	**2 355 000**	**383 881**	**2 609 000**	**386 379**	**3 388 710**
030611	Langoustes et autres palinuridés, congelé	19 500	173 000	11 200	107 000	6 786	79 000	6 505	62 000	9 167	116 665
030612	Homard nra	..	..	2 800	43 000	2 500	31 000	1 800	21 000	997	17 777
030613	Crevettes, congelé	124 900	876 000	140 100	1 015 000	192 200	1 601 000	172 900	1 522 000	196 746	1 978 014
030614	Crabes, congelé	18 400	144 000	34 900	235 000	76 995	395 000	155 979	559 000	63 056	405 770
030619	Crustacés nra, congelé	4 090	43 000	4 500	49 000	13 400	111 000	7 200	59 000	8 021	84 531
030621	Langoustes et autres palinuridés (non congelé)	..	..	1 000	10 000	300	4 000	12 200	99 000	60 672	323 276
030622	Homard nra (non congelé)	2 300	59 000	3 400	86 000	2 100	59 000	3 300	79 000	2 443	55 517
030623	Crevettes (non congelé)	6 200	57 000	10 900	96 000	2 400	24 000	7 896	90 000	21 832	269 012
030624	Crabes (non congelé)	3 942	93 000	2 000	43 000	1 089	14 000	9 909	49 000	9 096	41 279
030629	Crustacés nra (non congelé)	13 505	133 000	4 444	25 000	4 244	37 000	6 193	69 000	14 349	96 869
0307	**Mollusques**	**535 360**	**3 302 000**	**598 593**	**3 630 000**	**602 407**	**3 884 000**	**..**	**1 339 000**	**362 419**	**1 758 521**
030710	Huîtres	4 100	30 000	2 800	18 000	3 900	33 000	11 500	86 000	22 783	127 959
030721	St-Jacques, vi, fr, ou ré	3 300	39 000	3 400	43 000	3 800	48 000	1 832	57 000	2 386	76 537
030729	St-Jacques, co, sc, sl, ou sm	9 400	65 000	8 800	76 000	28 900	139 000	17 500	134 000	6 842	84 563
030731	Moules, vi, fr, ou ré	285 400	1 759 000	338 800	2 374 000	320 138	2 323 000	13 300	50 000	39 516	203 604
030739	Moules, co, sc, sl, ou sm	23 800	121 000	30 000	117 000	32 100	130 000	42 400	150 000	62 161	233 437
030741	Seiches, encornets et calmars, vi, fr, ou ré	5 700	26 000	3 400	18 000	2 300	10 000	19 385	68 000	8 997	55 711
030749	Seiches, encornets et calmars, co, sc, sl, ou sm	65 860	183 000	42 700	156 000	48 592	253 000	74 400	357 000	94 113	397 496
030751	Poulpe, vi, fr, ou ré	1 200	9 000	2 800	15 000	700	5 000	1 800	12 000	1 564	24 057
030759	Poulpe, co, sc, sl, ou sm	12 300	105 000	15 700	80 000	14 600	102 000	18 400	133 000	16 475	94 678
030760	Escargots (autres que de mer)	59 500	599 000	66 793	340 000	84 700	515 000	267	4 000	16 571	76 773
030791	Mollusques nra, vi, fr, ou ré	38 300	178 000	37 500	171 000	22 465	136 000	6 800	47 000	14 551	51 767
030799	Mollusques nra, co, sc, sl, ou sm	26 500	188 000	45 900	222 000	40 212	190 000	54 400	241 000	76 460	331 939
121220	**Algues**	**286 300**	**416 000**	**450 900**	**823 000**	**562 100**	**1 263 000**	**428 800**	**1 093 000**	**401 866**	**1 246 936**
1504	**Graisses, huiles et leurs fractions**	**270 209**	**1 428 000**	**..**	**1 604 000**	**..**	**1 666 000**	**200 000**	**1 201 000**	**256 531**	**1 360 111**
150410	Huiles de foies de poisson, et fractions	15 866	242 000	10 164	159 000	11 300	91 000	11 500	58 000	8 062	88 935
150420	Graisses et huiles de poisson, et fractions	254 343	1 186 000	274 280	1 445 000	277 352	1 574 000	188 500	1 143 000	248 469	1 271 176
150430	Graisses et huiles de mammifère marin, et fractions	..	..	..	..	..	1 000	..	..	..	..
1604	**Préparations et conserves de poisson; caviars et succédanés**	**8 296 800**	**29 939 000**	**8 590 911**	**31 918 000**	**8 675 268**	**34 476 000**	**..**	**34 416 000**	**9 105 297**	**37 222 384**
160411	Saumon, non haché	61 200	401 000	66 400	552 000	44 900	378 000	36 700	315 000	45 604	399 065
160412	Hareng, non haché	2 184 400	5 388 000	1 794 400	5 054 000	1 935 200	6 379 000	1 654 400	5 595 000	1 611 288	5 288 363
160413	Sardines, sardinelles, sprats, esprots, non haché	1 062 700	3 879 000	1 291 500	4 180 000	1 268 495	4 294 000	1 503 400	5 340 000	1 402 246	5 134 819
160414	Thons, listaos, sardes, non haché	678 700	3 663 000	1 112 758	6 209 000	1 296 200	8 066 000	1 382 100	9 014 000	1 334 860	9 767 346
160415	Maquereau, non haché	243 600	1 063 000	228 000	1 025 000	185 100	854 000	265 100	1 205 000	210 344	997 064
160416	Anchois, non haché	3 700	53 000	5 500	69 000	4 100	52 000	7 900	94 000	5 809	67 725
160419	Poisson nra, non haché	1 195 300	4 663 000	1 429 568	5 343 000	1 652 200	6 083 000	1 834 000	6 133 000	2 361 177	7 804 747
160420	Poisson, haché	2 837 000	10 375 000	2 614 400	8 918 000	2 261 400	7 988 000	1 862 400	6 402 000	2 095 570	7 399 862
160430	Caviar et succédanés	30 200	454 000	48 385	568 000	27 672	382 000	23 582	318 000	38 399	363 393
1605	**Préparations et conserves de crustacés**	**315 864**	**2 352 000**	**448 000**	**2 393 000**	**347 300**	**2 581 000**	**218 039**	**1 775 000**	**240 719**	**1 948 192**
160510	Crabes	33 300	263 000	42 600	245 000	13 000	97 000	10 600	70 000	8 660	51 962
160520	Crevettes	99 400	980 000	93 100	956 000	89 700	1 152 000	80 839	946 000	69 978	1 055 382
160530	Homard	10 764	81 000	11 100	79 000	9 900	77 000	8 200	60 000	6 884	52 128
160540	Crustacés nra	40 900	467 000	7 500	64 000	36 200	394 000	21 600	233 000	25 509	242 794
230120	**Farine de poisson**	**4 562 800**	**5 190 000**	**3 668 000**	**4 868 000**	**3 047 300**	**4 348 000**	**3 209 000**	**4 224 000**	**3 297 189**	**5 136 425**
	TOTAL	**..**	**..**	**..**	**..**	**..**	**..**	**..**	**..**	**..**	**..**

.. Non disponible

Note : nra : non répertorié ailleurs. vi : vivant. fr : frais. ré : réfrigéré. co : congelé. sc : séché. sl : salé. sm : en saumure.

Métadonnées détaillées : http://metalinks.oecd.org/fish/20150108/a189

Source : OCDE (2014), « Pêcheries : Commerce par produit », Statistiques agricoles de l'OCDE (base de données). DOI: 10.1787/data-00677-fr

HONGRIE

Tableau 9. Exportations par produit

		2009		2010		2011		2012		2013	
		Tonnes	USD	Tonnes	USD	Tonnes	USD	Tonnes	USD	Tonnes	USD
03	**Poisson, crustacés et mollusques**	..	**14 068 000**	..	**15 369 000**	..	**19 464 000**	..	**17 956 000**	..	**21 203 314**
0302	**Poisson, frais ou réfrigéré, excl. 0304**	**4 700**	**4 000**	**3 000**	**22 000**	**147 045**	**321 000**	..	**603 000**	**424 400**	**2 899 526**
030211	Truite	..	..	..	..	..	..	1 700	14 000	1 096	9 419
030212	Saumon (Pacifique, Atlantique et Danube)	..	..	2 700	21 000	21 200	152 000	70 300	495 000	319 199	2 593 171
030219	Salmonidés nra	..	..	..	..	..	..	..	..	6	40
030221	Flétan	..	..	..	..	..	..	..	..	..	..
030222	Plie, carrelet	..	..	..	..	..	..	200	1 000	1 158	6 997
030223	Sole	..	..	..	..	..	..	..	..	..	..
030229	Poissons plats nra	..	..	..	..	..	..	800	9 000	2 339	33 808
030231	Thon blanc/germon	..	..	..	..	..	..	..	..	..	..
030232	Albacore (thon jaune)	..	..	..	..	..	..	..	..	29	207
030233	Listaos/bonite à ventre rayé	..	..	..	..	..	..	..	..	..	..
030239	Thonidés nra	..	..	..	..	..	..	..	..	..	..
030240	Hareng	..	..	..	..	..	..	..	..	..	..
030250	Morue	..	..	..	..	..	..	..	..	..	..
030261	Sardines	..	..	..	..	..	..	..	..	..	..
030262	Églefin	..	..	..	..	..	..	..	..	..	..
030263	Lieu noir	..	..	..	..	..	..	..	..	..	..
030264	Maquereau	..	..	..	..	200	1 000	2 000	10 000	5 306	29 851
030265	Aiguillat et autres squalidés	..	..	..	..	..	..	..	..	..	..
030266	Anguille	..	..	..	..	..	..	..	..	..	..
030269	Poisson nra	4 700	4 000	300	1 000	121 200	119 000	8 300	47 000	95 267	226 033
030270	Foies, oeufs et laitances	..	..	..	..	4 445	49 000	..	27 000	..	..
0303	**Poisson, congelé, excl. 0304**	**103 300**	**176 000**	**250 800**	**434 000**	**1 059 400**	**2 265 000**	**134 300**	**415 000**	**65 079**	**268 291**
030319	Saumon, Pacifique	..	..	..	..	..	..	..	..	..	..
030321	Truite	3 100	15 000	3 300	17 000	4 100	25 000	5 300	26 000	5 370	28 391
030322	Saumon (Atlantique et Danube)	..	..	..	..	..	..	..	..	..	..
030329	Salmonidés	..	..	6 500	18 000	6 600	26 000	3 400	15 000	7 010	27 863
030331	Flétan	..	..	..	..	..	..	..	..	..	..
030332	Plie, carrelet	..	..	..	..	..	..	2 700	5 000	..	..
030333	Sole	..	..	..	..	..	..	400	3 000	307	2 504
030339	Poisson plat nra	..	..	..	..	..	..	..	..	150	1 605
030341	Thon blanc/germon	..	..	..	..	..	..	1 400	7 000	..	..
030342	Albacore (thon jaune)	..	..	..	..	..	..	..	..	..	..
030343	Listao/bonite à ventre rayé	..	..	..	..	..	..	..	..	..	..
030349	Thonidés nra	..	..	..	..	600	2 000	13 400	75 000	13 741	75 235
030350	Hareng	..	..	..	..	..	..	400	1 000	..	..
030360	Morue	..	..	..	..	..	..	300	1 000	..	..
030371	Sardines, sardinelles	..	..	..	..	..	..	..	..	..	..
030372	Églefin	..	..	..	..	..	..	..	..	..	..
030373	Lieu noir	..	..	..	..	..	..	..	..	..	..
030374	Maquereau	..	..	145 900	236 000	1 043 000	2 191 000	74 300	158 000	..	..
030375	Aiguillat et autres squalidés	..	..	400	2 000	800	4 000	1 100	5 000	1 569	6 745
030376	Anguille	..	..	..	..	..	..	..	..	..	..
030377	Bar (loup)	..	..	..	..	100	1 000	500	5 000	..	..
030378	Merlu	32 900	88 000	54 100	96 000	2 900	7 000	3 600	11 000	119	405
030379	Poisson nra	67 300	73 000	40 600	65 000	1 300	9 000	26 600	93 000	34 410	102 910
030380	Foies, oeufs et laitances	..	..	..	..	..	..	..	..	..	..
0304	**Filets de poisson et autre chair de poisson**	**72 500**	**223 000**	**76 600**	**303 000**	**73 300**	**412 000**	**706 900**	**4 483 000**	**743 226**	**4 575 748**
030410	Filets et autre chair de poisson, frais ou réfrigéré	1 300	7 000	1 700	7 000	6 500	40 000	11 500	59 000	16 837	204 727
030420	Filets de poissons, congelé	46 200	160 000	31 700	169 000	66 300	371 000	678 700	4 354 000	724 133	4 356 512
030490	Chair de poisson nra, congelé	25 000	56 000	43 200	127 000	500	1 000	16 700	70 000	2 256	14 509
0305	**Poisson, séché, salé, fumé, ou en saumure**	**168**	**2 000**	**3 493**	**22 000**	**1 658**	**19 000**	**5 394**	**59 000**	**23 992**	**213 334**
030510	Farine de poisson, consommation humaine	..	..	300	5 000	900	6 000	3 700	41 000	4 346	49 480
030520	Foies, oeufs et laitances	..	..	..	..	..	..	..	..	..	..
030530	Filets de poisson (non fumé)	..	..	..	..	..	..	..	..	1	6
030541	Saumon (Pacifique, Atlantique et Danube), fumé	61	1 000	100	1 000	..	..	100	1 000	18 759	152 917
030542	Hareng, fumé	..	..	..	..	..	..	..	..	..	..
030549	Poisson nra, fumé	107	1 000	3 093	16 000	758	13 000	1 594	17 000	886	10 931
030551	Morue, séché, non fumé	..	..	..	..	..	..	..	..	..	..
030559	Poisson nra, séché, salé, non fumé	..	..	..	..	..	..	..	..	..	..
030561	Hareng, salé ou en saumure	..	..	..	..	..	..	..	..	..	..
030562	Morue, salé ou en saumure	..	..	..	..	..	..	..	..	..	..
030563	Anchois, salé ou en saumure	..	..	..	..	..	..	..	..	..	..
030569	Poisson nra, salé ou en saumure	..	..	..	..	..	..	..	..	..	..

HONGRIE

Tableau 9. Exportations par produit (*suite*)

		2009		2010		2011		2012		2013	
		Tonnes	USD	Tonnes	USD	Tonnes	USD	Tonnes	USD	Tonnes	USD
0306	**Crustacés**	**500**	**6 000**	**4 700**	**36 000**	**8 300**	**53 000**	**11 400**	**101 000**	**16 674**	**197 632**
030611	Langoustes et autres palinuridés, congelé	100	2 000	..	..	..	..	1 400	16 000	1 229	16 796
030612	Homard nra	..	..	..	..	..	..	100	2 000	48	1 104
030613	Crevettes, congelé	400	4 000	2 400	18 000	1 600	19 000	6 300	39 000	3 408	34 285
030614	Crabes, congelé	..	..	2 200	17 000	6 500	32 000	1 000	13 000	921	10 297
030619	Crustacés nra, congelé	..	..	100	1 000	200	2 000	200	2 000	103	1 097
030621	Langoustes et autres palinuridés (non congelé)	..	..	..	..	..	..	..	..	3	39
030622	Homard nra (non congelé)	..	..	..	..	..	..	..	..	..	..
030623	Crevettes (non congelé)	..	..	..	..	..	..	2 300	27 000	10 604	126 701
030624	Crabes (non congelé)	..	..	..	..	..	..	..	..	..	..
030629	Crustacés nra (non congelé)	..	..	..	..	..	..	100	2 000	358	7 313
0307	**Mollusques**	**1 490 600**	**10 163 000**	**1 083 200**	**9 505 000**	**1 532 000**	**9 837 000**	**..**	**6 441 000**	**989 787**	**6 214 392**
030710	Huîtres	..	..	..	..	..	..	100	1 000	594	9 723
030721	St-Jacques, vi, fr, ou ré	..	..	..	..	..	..	100	2 000	580	8 291
030729	St-Jacques, co, sc, sl, ou sm	..	..	800	5 000	1 900	9 000	..	1 000	115	2 355
030731	Moules, vi, fr, ou ré	..	..	..	..	..	..	500	2 000	2 481	11 248
030739	Moules, co, sc, sl, ou sm	..	..	..	..	..	..	800	6 000	221	1 561
030741	Seiches, encornets et calmars, vi, fr, ou ré	..	..	..	..	..	..	600	4 000	2 800	19 294
030749	Seiches, encornets et calmars, co, sc, sl, ou sm	..	..	..	..	..	..	1 200	13 000	5 744	53 703
030751	Poulpe, vi, fr, ou ré	..	..	..	..	..	..	..	..	..	..
030759	Poulpe, co, sc, sl, ou sm	..	..	..	..	..	..	200	1 000	125	627
030760	Escargots (autres que de mer)	1 459 200	9 835 000	1 030 500	8 998 000	1 490 400	9 449 000	1 404 900	6 080 000	929 979	5 777 688
030791	Mollusques nra, vi, fr, ou ré	31 400	328 000	50 700	496 000	38 100	369 000	30 800	280 000	33 662	270 253
030799	Mollusques nra, co, sc, sl, ou sm	..	..	1 200	6 000	1 600	10 000	11 900	51 000	13 486	59 649
121220	**Algues**	**..**	**..**	**88 700**	**96 000**	**79 800**	**131 000**	**36 500**	**63 000**	**3 000**	**18 082**
1504	**Graisses, huiles et leurs fractions**	**..**	**..**	**..**	**1 000**	**..**	**45 000**	**1 026**	**78 000**	**1 121**	**42 609**
150410	Huiles de foies de poisson, et fractions	..	..	..	..	..	4 000	..	..	..	..
150420	Graisses et huiles de poisson, et fractions	..	..	..	1 000	718	41 000	1 026	78 000	1 121	42 609
150430	Graisses et huiles de mammifère marin, et fractions	..	..	..	..	..	..	..	..	..	..
1604	**Préparations et conserves de poisson; caviars et succédanés**	**59 100**	**238 000**	**161 444**	**470 000**	**162 400**	**495 000**	**..**	**1 305 000**	**208 289**	**818 780**
160411	Saumon, non haché	2 800	23 000	8 500	32 000	6 000	22 000	17 200	22 000	38 316	28 211
160412	Hareng, non haché	10 400	50 000	15 100	57 000	46 900	194 000	80 100	317 000	10 652	32 727
160413	Sardines, sardinelles, sprats, esprots, non haché	9 100	34 000	53 500	133 000	12 000	35 000	25 400	85 000	12 885	48 868
160414	Thons, listaos, sardes, non haché	11 200	45 000	4 800	28 000	5 800	36 000	38 600	230 000	31 803	146 225
160415	Maquereau, non haché	1 500	10 000	..	..	..	..	31 000	120 000	9 916	43 052
160416	Anchois, non haché	..	..	..	..	..	..	..	..	..	..
160419	Poisson nra, non haché	600	2 000	1 300	5 000	3 500	10 000	3 600	12 000	33 452	118 669
160420	Poisson, haché	23 500	74 000	78 200	214 000	88 200	198 000	100 100	518 000	71 254	392 526
160430	Caviar et succédanés	..	..	44	1 000	..	..	..	1 000	11	8 502
1605	**Préparations et conserves de crustacés**	**47 800**	**1 052 000**	**64 000**	**1 092 000**	**59 300**	**1 267 000**	**47 600**	**895 000**	**23 534**	**44 585**
160510	Crabes	..	..	..	..	..	..	100	1 000	4	59
160520	Crevettes	..	..	..	..	1 200	6 000	2 400	27 000	23 430	43 692
160530	Homard	..	..	..	..	..	..	..	..	..	..
160540	Crustacés nra	..	..	..	..	..	..	..	..	5	63
230120	**Farine de poisson**	**..**	**..**	**227 300**	**343 000**	**154 600**	**268 000**	**244 300**	**400 000**	**272 188**	**495 930**
	TOTAL	..	..	..	..	..	..	..	..	..	..

.. Non disponible

Note : nra : non répertorié ailleurs. vi : vivant. fr : frais. ré : réfrigéré. co : congelé. sc : séché. sl : salé. sm : en saumure.

Métadonnées détaillées : http://metalinks.oecd.org/fish/20150108/a189

Source : OCDE (2014), « Pêcheries : Commerce par produit », Statistiques agricoles de l'OCDE (base de données). DOI: 10.1787/data-00677-fr

ISLANDE

Tableau 1. Flotte de pêche

	2006	2007	2008	2009	2010	2011	2012	2013
NOMBRE DE NAVIRES								
Total des navires	**1 344**	**1 333**	**1 166**	**1 279**	**1 314**	**1 338**	**1 394**	..
Navires à moteur	1 344	1 333	1 166	1 279	..	..	1 394	..
0-5,9 mètres	27	23	7	8	..	..	1	..
6-11,9 mètres	949	931	812	934	..	..	987	..
12-17,9 mètres	106	120	118	121	..	..	158	..
18-23,9 mètres	47	47	40	38	..	..	60	..
24-29,9 mètres	51	54	49	49	..	..	55	..
30-35,9 mètres	36	34	25	19	..	..	18	..
36-44,9 mètres	35	38	36	35	..	..	36	..
45-59,9 mètres	52	48	44	40	..	..	40	..
60-74,9 mètres	34	31	29	29	..	..	31	..
75 mètres et plus	7	7	6	6	..	..	8	..
Longueur inconnue	..	..	..	..	..	..	..	..
Navires sans moteur	..	..	..	..	..	..	..	..
TONNAGE BRUT								
Total des navires	**167 842**	**162 827**	**146 614**	**144 044**	**137 863**	**145 516**	**213 561**	..
Navires à moteur	167 842	162 827	146 614	144 044	..	..	213 561	..
0-5,9 mètres	10	10	4	..	..	..	3	..
6-11,9 mètres	6 141	6 111	5 432	6 032	..	..	10 793	..
12-17,9 mètres	2 515	2 659	1 977	2 655	..	..	4 888	..
18-23,9 mètres	3 361	3 365	3 026	2 966	..	..	3 931	..
24-29,9 mètres	9 678	10 998	10 736	11 658	..	..	16 648	..
30-35,9 mètres	9 584	8 812	6 521	4 991	..	..	7 376	..
36-44,9 mètres	14 353	15 612	15 314	15 141	..	..	20 689	..
45-59,9 mètres	48 783	45 111	42 189	38 275	..	..	44 240	..
60-74,9 mètres	49 894	47 112	46 053	46 960	..	..	63 882	..
75 mètres et plus	23 523	23 047	15 366	15 366	..	..	41 111	..
Longueur inconnue	..	..	..	..	..	..	..	..
Navires sans moteur	..	..	..	..	..	..	..	..

.. Non disponible

Note : Métadonnées détaillées : http://metalinks.oecd.org/fish/20150108/f331

Source : OCDE (2014), « Pêcheries : Flotte de pêche », Statistiques agricoles de l'OCDE (base de données). DOI: 10.1787/data-00218-fr

ISLANDE

Tableau 2. Emploi dans les pêcheries

Personnes employées

	2006	2007	2008	2009	2010	2011	2012	2013
Plein-temps	..	**8 300**	**7 200**	**7 800**	**8 600**	**8 900**	**9 000**	**8 600**
Secteur de capture	..	4 500	4 200	4 300	5 300	5 200	4 900	3 600
Pêche en eaux intérieures	..	..	..	..	..	..	..	..
Homme	..	..	..	..	..	..	..	..
Femme	..	..	..	..	..	..	..	..
Eaux maritimes (pêche côtière)	..	..	..	..	..	..	..	..
Homme	..	..	..	..	..	..	..	..
Femme	..	..	..	..	..	..	..	..
Eaux maritimes (pêche en haute mer)	..	4 500	4 200	4 300	5 300	5 200	4 900	3 600
Homme	..	4 300	3 800	4 000	5 000	4 900	4 600	3 200
Femme	..	200	400	300	300	300	300	400
Aquaculture	..	..	..	..	..	..	..	..
Homme	..	..	..	..	..	..	..	..
Femme	..	..	..	..	..	..	..	..
Transformation	..	3 800	3 000	3 500	3 300	3 700	4 100	5 000
Homme	..	2 300	1 900	2 200	1 800	2 100	2 300	2 600
Femme	..	1 500	1 100	1 300	1 500	1 600	1 800	2 400
Temps partiel	**..**	**..**	**..**	**..**	**..**	**..**	**..**	**..**
Secteur de capture	..	..	..	..	..	..	..	..
Pêche en eaux intérieures	..	..	..	..	..	..	..	..
Homme	..	..	..	..	..	..	..	..
Femme	..	..	..	..	..	..	..	..
Eaux maritimes (pêche côtière)	..	..	..	..	..	..	..	..
Homme	..	..	..	..	..	..	..	..
Femme	..	..	..	..	..	..	..	..
Eaux maritimes (pêche en haute mer)	..	..	..	..	..	..	..	..
Homme	..	..	..	..	..	..	..	..
Femme	..	..	..	..	..	..	..	..
Aquaculture	..	..	..	..	..	..	..	..
Homme	..	..	..	..	..	..	..	..
Femme	..	..	..	..	..	..	..	..
Transformation	..	..	..	..	..	..	..	..
Homme	..	..	..	..	..	..	..	..
Femme	..	..	..	..	..	..	..	..
Total	**8 400**	**8 300**	**7 200**	**7 800**	**8 600**	**8 900**	**9 000**	**8 600**
Secteur de capture	4 600	4 500	4 200	4 300	5 300	5 200	4 900	3 600
Pêche en eaux intérieures	..	..	..	..	..	..	..	..
Homme	..	..	..	..	..	..	..	..
Femme	..	..	..	..	..	..	..	..
Eaux maritimes (pêche côtière)	4 300	..	..	..	..	..	..	..
Homme	4 000	..	..	..	..	..	..	..
Femme	300	..	..	..	..	..	..	..
Eaux maritimes (pêche en haute mer)	4 600	4 500	4 200	4 300	5 300	5 200	4 900	3 600
Homme	4 300	4 300	3 800	4 000	5 000	4 900	4 600	3 200
Femme	300	200	400	300	300	300	300	400
Aquaculture	..	..	..	..	..	..	..	..
Homme	..	..	..	..	..	..	..	..
Femme	..	..	..	..	..	..	..	..
Transformation	3 800	3 800	3 000	3 500	3 300	3 700	4 100	5 000
Homme	2 300	2 300	1 900	2 200	1 800	2 100	2 300	2 600
Femme	1 500	1 500	1 100	1 300	1 500	1 600	1 800	2 400

.. Non disponible

Note : Métadonnées détaillées : http://metalinks.oecd.org/fish/20150108/0617

Source : OCDE (2014), « Pêcheries : Emploi dans la pêche », Statistiques agricoles de l'OCDE (base de données). DOI: 10.1787/data-00219-fr

Tableau 3. Débarquements nationaux dans les ports nationaux

	2006	2007	2008	2009	2010	2011	2012	2013
VOLUME (TONNES)								
Total poissons	**1 239 977**	**1 308 027**	**1 169 498**	**1 054 162**	**1 030 604**	**1 120 559**	**1 410 503**	**1 335 861**
Saumon	..	..	..	..	..	..	..	..
Saumon rose	..	..	..	..	0	0	..	..
Saumon keta	..	..	..	..	..	..	..	..
Saumon rouge	..	..	..	..	..	..	..	..
Saumon argenté	..	..	..	..	..	..	..	..
Autres saumons	..	..	..	..	..	..	..	..
Poissons plats	23 242	19 798	21 086	25 649	22 765	23 833	25 477	26 699
Flétan	404	364	408	439	457	519	35	42
Flétan noir	11 732	9 554	11 402	15 387	13 166	13 130	13 672	15 016
Sole	5 822	5 194	5 302	5 092	5 218	5 356	6 469	1 621
Plie	3 611	3 542	2 794	3 162	2 539	2 862	2 730	5 646
Autres poissons plats	1 673	1 144	1 180	1 569	1 385	1 966	2 571	4 374
Poissons de fond	462 360	415 421	406 548	425 185	419 667	393 549	408 054	446 564
Morue (Atlantique et Pacifique)	192 848	167 246	143 772	180 800	175 425	179 821	202 737	234 705
Églefin	78 938	89 740	78 144	63 231	56 212	46 936	44 158	43 881
Lieu	75 219	64 018	69 712	61 079	53 818	50 282	50 811	57 344
Morue du Pacifique occidental	..	..	..	..	..	..	..	..
Merlan	655	1 258	1 040	1 223	8 309	2 307	1 279	858
Merlu (toutes espèces)	..	..	..	..	..	..	..	..
Sébaste	76 473	54 823	69 543	67 363	67 854	66 516	59 045	67 821
Autres poissons de fond	38 227	38 336	44 337	51 489	58 049	47 687	50 024	41 955
Pélagiques	754 375	872 808	741 864	603 328	588 172	703 177	976 972	862 598
Chinchard	..	..	..	..	..	..	..	..
Maquereau	3 359	36 518	111 019	108 403	122 033	158 950	152 329	152 740
Hareng (Atlantique et Pacifique)	3 359	36 518	111 019	108 403	122 033	158 950	152 329	152 740
Sardine	..	..	..	..	..	..	..	..
Autres pélagiques	475 796	537 549	301 753	169 194	217 379	342 256	633 298	552 321
Thons	..	..	..	..	..	2	5	4
Listao	..	..	..	..	..	..	..	..
Thon rouge (nord et sud)	..	..	..	..	..	2	5	4
Germon	..	..	..	..	..	..	..	..
Albacore	..	..	..	..	..	..	..	..
Thon obèse	..	..	..	..	..	..	..	..
Autres thons	..	..	..	..	..	..	..	..
Espadon	..	..	..	..	..	..	..	..
Autres poissons	..	..	..	..	..	..	..	..
Total crustacés	**3 698**	**4 034**	**4 267**	**13 277**	**10 205**	**10 133**	**13 963**	**12 710**
Homard et langouste	..	..	..	15	13	18	..	..
Langoustine	1 876	2 007	2 068	2 464	2 541	2 240	1 914	1 724
Crevette	1 821	2 027	2 198	5 518	7 649	7 871	10 133	10 977
Autres crustacés	1	0	1	1	2	4	2	9
Total coquillages et mollusques	**1 377**	**5 309**	**9 214**	**3 001**	**2 924**	**3 411**	**2 054**	**1 792**
Huître	..	..	..	..	..	..	..	..
Moule	839	0	3	..	78	64	119	115
Coquille St-Jacques	..	..	..	1 576	259	30	..	..
Bivalves	..	..	..	..	..	..	..	..
Autres coquillages (incl. buccins	..	5 174	..	116	143	518	385	109
Calmar	..	0	7	2	51	0	0	14
Seiche	..	..	..	..	..	..	..	..
Poulpe	..	..	..	..	..	..	..	..
Autres mollusques (incl. oursins)	538	134	9 204	1 307	2 393	2 799	1 550	1 554
Autres animaux marins	..	..	..	..	..	..	..	..
Plantes aquatiques	..	**21 867**	**22 559**	**22 563**	**20 238**	**15 542**	..	**17 169**
Algue brune	..	21 867	22 559	22 563	20 238	15 542	..	17 169
Algue rouge	..	..	..	..	..	..	..	..
Autres algues	..	..	..	..	..	..	..	..
Poisson pour transformation	..	..	..	..	..	..	..	..
TOTAL GÉNÉRAL	**1 245 052**	**1 339 237**	**1 205 538**	**1 093 003**	**1 063 971**	**1 149 645**	**1 426 520**	**1 367 532**

Tableau 3. Débarquements nationaux dans les ports nationaux *(suite)*

	2006	2007	2008	2009	2010	2011	2012	2013
VALEUR (ISK)								
Total poissons	**74 167 000 000**	**78 138 371 499**	**94 984 281 760**	**112 297 508 880**	**121 859 745 062**	**172 196 531 917**	**153 856 354 848**	..
Saumon	..	..	..	..	..	..	..	..
Saumon rose	..	..	..	..	0	0	..	..
Saumon keta	..	..	..	..	..	..	..	..
Saumon rouge	..	..	..	..	..	..	..	..
Saumon argenté	..	..	..	..	..	..	..	..
Autres saumons	..	..	..	..	..	..	..	..
Poissons plats	5 229 000 000	4 333 449 390	6 659 812 720	9 811 387 105	9 168 821 044	19 484 378 674	10 586 570 436	..
Flétan	233 000 000	246 273 446	278 349 536	358 948 358	417 302 444	476 767 031	26 215 011	..
Flétan noir	3 004 000 000	2 120 550 448	4 127 763 708	7 142 686 852	6 682 348 559	7 634 614 639	8 395 830 367	..
Sole	..	..	..	..	..	..	..	..
Plie	1 074 000 000	1 013 376 854	1 260 522 896	1 230 264 838	1 163 890 318	1 068 157 203	1 174 164 245	..
Autres poissons plats	918 000 000	953 248 642	993 176 580	1 079 487 057	905 279 723	10 304 839 801	990 360 813	..
Poissons de fond	57 300 000 000	60 087 268 226	69 860 502 501	82 068 520 501	93 598 897 878	97 190 606 427	97 718 203 414	..
Morue (Atlantique et Pacifique)	27 467 000 000	29 373 977 553	32 073 534 768	36 804 611 256	44 581 540 565	46 387 135 456	49 506 202 177	..
Églefin	11 416 000 000	14 510 247 549	15 122 599 304	15 382 842 602	15 235 733 009	11 992 052 099	12 212 171 084	..
Lieu	4 684 000 000	4 260 070 215	6 481 592 163	7 809 714 479	8 480 153 887	9 139 463 398	9 447 990 298	..
Morue du Pacifique occidental	..	..	..	..	..	..	..	..
Merlan	64 000 000	78 444 313	125 542 986	239 935 241	370 305 394	386 838 138	188 729 247	..
Merlu (toutes espèces)	..	..	..	..	..	..	..	..
Sébaste	6 452 000 000	5 695 867 475	9 183 942 762	9 943 543 316	15 665 236 367	19 000 841 316	12 791 859 474	..
Autres poissons de fond	7 217 000 000	6 168 661 121	6 873 290 518	11 887 873 607	9 265 928 656	10 284 276 020	13 571 251 134	..
Pélagiques	11 638 000 000	13 717 653 883	18 463 966 539	20 417 601 274	19 092 026 140	55 518 821 316	45 538 572 889	..
Chinchard	..	..	..	..	..	..	..	..
Maquereau	73 000 000	503 127 926	3 506 250 580	4 263 089 202	7 824 395 514	17 846 041 146	14 420 176 438	..
Hareng (Atlantique et Pacifique)	5 824 000 000	5 055 045 501	9 537 389 548	12 349 397 191	2 598 379 989	4 506 724 358	14 350 645 664	..
Sardine	..	..	..	..	..	..	..	..
Autres pélagiques	5 741 000 000	8 159 480 456	5 420 326 411	3 805 114 881	8 669 250 637	33 166 055 812	16 767 750 787	..
Thons	..	..	..	..	..	2 725 500	13 008 109	..
Listao	..	..	..	..	..	..	..	..
Thon rouge (nord et sud)	..	..	..	..	..	2 725 500	13 008 109	..
Germon	..	..	..	..	..	..	..	..
Albacore	..	..	..	..	..	..	..	..
Thon obèse	..	..	..	..	..	..	..	..
Autres thons	..	..	..	..	..	..	..	..
Espadon	..	..	..	..	..	..	..	..
Autres poissons	..	..	..	..	..	..	..	..
Total crustacés	**706 000 000**	**864 546 396**	**1 019 601 349**	**1 866 529 114**	**2 477 362 412**	**2 741 700 695**	**3 925 298 835**	..
Homard et langouste	..	..	..	..	..	..	..	..
Langoustine	531 000 000	635 540 654	716 445 872	940 670 288	1 018 365 749	993 797 767	1 027 887 596	..
Crevette	175 000 000	229 005 742	303 155 477	925 858 826	1 458 991 690	1 747 902 928	2 897 407 628	..
Autres crustacés	..	..	..	..	4 973	..	3 611	..
Total coquillages et mollusques	**37 000 000**	**62 750 793**	**92 440 094**	**20 092 385**	**136 563 837**	**211 785 760**	**143 872 865**	..
Huître	..	..	..	..	..	..	..	..
Moule	..	..	..	..	267 824	4 880	6 000	..
Coquille St-Jacques	..	..	..	..	..	..	..	..
Bivalves	..	..	..	..	..	..	..	..
Autres coquillages (incl. buccins	..	..	..	..	8 929 490	58 889 425	47 343 721	..
Calmar	..	..	..	..	1 467 060	10 703	1 944	..
Seiche	..	..	..	..	..	..	..	..
Poulpe	..	..	..	..	..	..	..	..
Autres mollusques (incl. oursins)	37 000 000	62 750 793	92 440 094	20 092 385	125 899 463	152 880 752	96 521 200	..
Autres animaux marins	..	..	..	..	..	..	..	..
Plantes aquatiques	..	..	..	..	..	..	..	..
Algue brune	..	..	..	..	..	..	..	..
Algue rouge	..	..	..	..	..	..	..	..
Autres algues	..	..	..	..	..	..	..	..
Poisson pour transformation	..	..	..	..	..	..	..	..
TOTAL GÉNÉRAL	**74 910 000 000**	**79 065 668 688**	**96 096 323 203**	**114 184 130 379**	**124 473 671 311**	**175 150 018 372**	**157 925 526 548**	..

.. Non disponible

Note : Métadonnées détaillées : http://metalinks.oecd.org/fish/20150108/099d

Source : OCDE (2014), « Pêcheries : Débarquements nationaux dans les ports domestiques », Statistiques agricoles de l'OCDE (base de données). DOI: 10.1787/data-00222-fr

Tableau 4. Débarquements nationaux dans les ports étrangers

	2006	2007	2008	2009	2010	2011	2012	2013
VOLUME (TONNES)								
Total poissons	**77 109**	**65 616**	**102 417**	**69 091**	**28 946**	**16 082**	**29 399**	**26 436**
Saumon	..	..	..	..	..	..	..	..
Saumon rose	..	..	..	..	..	..	..	..
Saumon keta	..	..	..	..	..	..	..	..
Saumon rouge	..	..	..	..	..	..	..	..
Saumon argenté	..	..	..	..	..	..	..	..
Autres saumons	..	..	..	..	..	..	..	..
Poissons plats	2 940	2 514	3 951	3 960	2 387	1 004	638	519
Flétan	65	68	94	92	105	30	0	0
Flétan noir	74	40	296	403	143	86	93	4
Sole	1 640	1 436	2 221	2 119	716	302	175	145
Plie	1 113	927	1 268	1 263	1 377	489	317	345
Autres poissons plats	48	43	72	83	46	97	53	25
Poissons de fond	33 688	34 045	44 293	38 441	16 887	11 604	10 111	5 583
Morue (Atlantique et Pacifique)	6 549	7 055	7 730	8 186	3 175	2 535	2 202	1 596
Églefin	17 683	19 588	24 262	18 664	8 723	4 350	3 555	1 683
Lieu	236	223	430	254	79	212	176	59
Morue du Pacifique occidental	..	..	..	..	..	..	..	..
Merlan	397	421	648	1 085	1 296	657	189	127
Merlu (toutes espèces)	..	..	..	..	..	..	..	..
Sébaste	6 199	6 608	6 915	6 036	3 311	2 359	2 362	1 262
Autres poissons de fond	2 624	150	4 308	4 216	303	1 491	1 627	856
Pélagiques	40 481	29 057	54 173	26 690	9 672	3 474	18 650	20 334
Chinchard	..	..	..	..	..	..	..	10 167
Maquereau	863	0	1 330	7 756	0	0	85	1 580
Hareng (Atlantique et Pacifique)	16 153	21 047	41 722	6 635	5 716	542	1 974	..
Sardine	..	..	..	..	..	..	..	..
Autres pélagiques	23 465	8 010	11 121	12 299	3 956	2 932	16 591	8 587
Thons	..	..	50	..	..	..	..	..
Listao	..	..	..	..	..	..	..	..
Thon rouge (nord et sud)	0	0	50	..	..	..	..	..
Germon	..	..	..	..	..	..	..	..
Albacore	..	..	..	..	..	..	..	..
Thon obèse	..	..	..	..	..	..	..	..
Autres thons	..	..	..	..	..	..	..	..
Espadon	..	..	..	..	..	..	..	..
Autres poissons	..	..	..	..	..	..	..	..
Total crustacés	**1 223**	**1 223**	**2**	**0**	**117**	**567**	**395**	**0**
Homard et langouste	..	..	..	..	..	..	..	..
Langoustine	0	0	2	..	..	..	..	..
Crevette	1 223	1 223	0	0	117	567	395	..
Autres crustacés	..	..	..	..	..	..	..	..
Total coquillages et mollusques	..	..	..	..	..	..	..	..
Huître	..	..	..	..	..	..	..	..
Moule	..	..	..	..	..	..	..	..
Coquille St-Jacques	..	..	..	..	..	..	..	..
Bivalves	..	..	..	..	..	..	..	..
Autres coquillages (incl. buccins)	..	..	..	..	..	..	..	..
Calmar	..	..	..	..	..	..	..	..
Seiche	..	..	..	..	..	..	..	..
Poulpe	..	..	..	..	..	..	..	..
Autres mollusques (incl. oursins)	..	..	..	..	..	..	..	..
Autres animaux marins	..	..	..	..	..	..	..	..
Plantes aquatiques	..	..	..	..	..	..	..	..
Algue brune	..	..	..	..	..	..	..	..
Algue rouge	..	..	..	..	..	..	..	..
Autres algues	..	..	..	..	..	..	..	..
Poisson pour transformation	..	..	..	..	..	..	..	..
TOTAL GÉNÉRAL	**78 332**	**66 839**	**102 419**	**69 091**	**29 063**	**16 649**	**29 793**	**26 436**

ISLANDE

Tableau 4. Débarquements nationaux dans les ports étrangers *(suite)*

	2006	2007	2008	2009	2010	2011	2012	2013
VALEUR (ISK)								
Total poissons	**1 139 000 000**	**1 184 272 971**	**3 006 220 192**	**1 233 253 543**	..	..	**1 198 845 640**	..
Saumon	..	..	..	..	..	..	..	..
Saumon rose	..	..	..	..	..	..	..	..
Saumon keta	..	..	..	..	..	..	..	..
Saumon rouge	..	..	..	..	..	..	..	..
Saumon argenté	..	..	..	..	..	..	..	..
Autres saumons	..	..	..	..	..	..	..	..
Poissons plats	1 000 000	1 010 569	380 855	647 468	..	..	..	..
Flétan	0	881 134	153 843	646 781	..	..	..	..
Flétan noir	0	125 286	227 012	0	..	..	..	..
Sole	..	..	..	..	..	..	..	..
Plie	0	4 149	0	687	..	..	..	..
Autres poissons plats	1 000 000	0	0	..	..	..	..	..
Poissons de fond	213 000 000	371 001 434	197 369 688	181 983 133	..	..	..	..
Morue (Atlantique et Pacifique)	122 000 000	211 055 876	162 317 332	96 535 055	..	..	..	..
Églefin	2 000 000	27 307 150	1 307 557	7 911 314	..	..	..	..
Lieu	0	2 745 014	630 913	3 734 849	..	..	..	..
Morue du Pacifique occidental	..	..	..	..	..	..	..	..
Merlan	0	169 343	0	41 964	..	..	..	..
Merlu (toutes espèces)	..	..	..	..	..	..	..	..
Sébaste	85 000 000	112 996 026	30 071 525	63 633 674	..	..	..	..
Autres poissons de fond	4 000 000	16 728 025	3 042 361	10 126 277	..	..	..	..
Pélagiques	925 000 000	812 260 968	2 800 669 649	1 050 622 942	..	..	1 198 845 640	..
Chinchard	..	..	..	..	..	..	..	..
Maquereau	26 000 000	0	41 774 696	270 827 741	..	..	12 472 306	..
Hareng (Atlantique et Pacifique)	523 000 000	644 682 635	2 583 263 793	418 827 022	..	..	234 859 455	..
Sardine	..	..	..	..	..	..	..	..
Autres pélagiques	376 000 000	167 578 333	175 631 160	360 968 179	..	..	951 513 879	..
Thons	..	..	7 800 000	..	..	..	..	..
Listao	..	..	..	..	..	..	..	..
Thon rouge (nord et sud)	0	0	7 800 000	..	..	..	..	..
Germon	..	..	..	..	..	..	..	..
Albacore	..	..	..	..	..	..	..	..
Thon obèse	..	..	..	..	..	..	..	..
Autres thons	..	..	..	..	..	..	..	..
Espadon	..	..	..	..	..	..	..	..
Autres poissons	..	..	..	..	..	..	..	..
Total crustacés	**112 000 000**	**111 681 162**	..	..	..	..	**148 128 753**	..
Homard et langouste	..	..	..	..	..	..	..	..
Langoustine	0	..	0	..	..	..	..	..
Crevette	112 000 000	111 681 162	0	..	..	..	148 128 753	..
Autres crustacés	..	..	..	..	..	..	..	..
Total coquillages et mollusques	..	..	..	..	..	..	..	..
Huître	..	..	..	..	..	..	..	..
Moule	..	..	..	..	..	..	..	..
Coquille St-Jacques	..	..	..	..	..	..	..	..
Bivalves	..	..	..	..	..	..	..	..
Autres coquillages (incl. buccins	..	..	..	..	..	..	..	..
Calmar	..	..	..	..	..	..	..	..
Seiche	..	..	..	..	..	..	..	..
Poulpe	..	..	..	..	..	..	..	..
Autres mollusques (incl. oursins)	..	..	..	..	..	..	..	..
Autres animaux marins	..	..	..	..	..	..	..	..
Plantes aquatiques	..	..	..	..	..	..	..	..
Algue brune	..	..	..	..	..	..	..	..
Algue rouge	..	..	..	..	..	..	..	..
Autres algues	..	..	..	..	..	..	..	..
Poisson pour transformation	..	..	..	..	..	..	..	..
TOTAL GÉNÉRAL	**1 251 000 000**	**1 295 954 133**	**3 006 220 192**	**1 233 253 543**	..	..	**1 346 974 393**	..

.. Non disponible

Note : Métadonnées détaillées : http://metalinks.oecd.org/fish/20150108/a1a2

Source : OCDE (2014), « Pêcheries : Débarquements nationaux dans les ports étrangers », Statistiques agricoles de l'OCDE (base de données). DOI: 10.1787/data-00223-fr

ISLANDE

Tableau 5. Débarquements étrangers dans les ports nationaux

	2006	2007	2008	2009	2010	2011	2012	2013
VOLUME (TONNES)								
Total poissons	**100 623**	**81 348**	**120 373**	**49 681**	**97 266**	**86 389**	**63 500**	**86 589**
Saumon	..	..	..	..	..	..	..	..
Saumon rose	..	..	..	..	..	..	..	..
Saumon keta	..	..	..	..	..	..	..	..
Saumon rouge	..	..	..	..	..	..	..	..
Saumon argenté	..	..	..	..	..	..	..	..
Autres saumons	..	..	..	..	..	..	..	..
Poissons plats	3 850	3 402	5 115	9 473	9 363	9 127	7 497	6 698
Flétan	21	2	35	31	12	11	20	17
Flétan noir	3 829	3 400	5 080	9 442	9 351	9 042	7 477	6 671
Sole	..	..	..	..	..	66	..	9
Plie	..	..	..	..	..	8	..	0
Autres poissons plats	..	0	..	..	..	..	..	0
Poissons de fond	7 116	6 187	18 448	20 609	32 837	21 715	11 297	18 051
Morue (Atlantique et Pacifique)	2 461	1 864	5 352	2 912	2 635	6 281	934	4 236
Églefin	141	79	124	857	490	176	118	125
Lieu	471	518	140	552	238	488	39	405
Morue du Pacifique occidental	..	..	..	..	..	..	..	..
Merlan	1	..	..	..	..	..	..	0
Merlu (toutes espèces)	..	..	..	..	..	..	..	..
Sébaste	4 036	3 705	12 220	15 115	29 186	13 403	9 770	13 113
Autres poissons de fond	6	21	612	1 173	288	1 367	436	172
Pélagiques	89 657	71 759	96 810	19 599	55 066	55 547	44 706	61 840
Chinchard	..	..	..	..	..	..	..	..
Maquereau	..	..	488	5	7 853	529	1 702	13 023
Hareng (Atlantique et Pacifique)	14 792	4 592	12 971	5 466	861	773	..	472
Sardine	..	..	..	..	..	..	..	..
Autres pélagiques	74 865	67 167	83 351	14 128	46 352	54 245	43 004	48 345
Thons	..	..	..	..	..	..	..	..
Listao	..	..	..	..	..	..	..	..
Thon rouge (nord et sud)	..	..	..	..	..	..	..	..
Germon	..	..	..	..	..	..	..	..
Albacore	..	..	..	..	..	..	..	..
Thon obèse	..	..	..	..	..	..	..	..
Autres thons	..	..	..	..	..	..	..	..
Espadon	..	..	..	..	..	..	..	..
Autres poissons	..	..	..	..	..	..	..	..
Total crustacés	**24 045**	**24 333**	**21 569**	**18 569**	**20 706**	**14 783**	**8 766**	**5 557**
Homard et langouste	..	..	..	..	..	..	..	..
Langoustine	..	..	..	..	..	..	..	..
Crevette	24 045	24 333	21 569	18 569	20 706	14 783	8 766	5 557
Autres crustacés	..	..	..	..	..	..	..	..
Total coquillages et mollusques	**0**	**0**	**0**	**1 700**	**74**	**0**	**2 136**	**0**
Huître	..	..	..	..	..	..	..	..
Moule	..	..	..	..	..	..	..	..
Coquille St-Jacques	..	..	..	..	..	..	..	..
Bivalves	..	..	..	..	..	..	..	..
Autres coquillages (incl. buccins	..	..	..	..	..	..	..	..
Calmar	..	..	..	1 700	74	..	2 136	..
Seiche	..	..	..	..	..	..	..	..
Poulpe	..	..	..	..	..	..	..	..
Autres mollusques (incl. oursins)	..	..	..	..	..	..	..	..
Autres animaux marins	..	..	..	..	..	..	..	..
Plantes aquatiques	..	..	..	..	..	..	..	..
Algue brune	..	..	..	..	..	..	..	..
Algue rouge	..	..	..	..	..	..	..	..
Autres algues	..	..	..	..	..	..	..	..
Poisson pour transformation	..	..	..	..	..	..	..	..
TOTAL GÉNÉRAL	**124 668**	**105 681**	**141 942**	**69 950**	**118 046**	**101 172**	**74 402**	**92 146**

Tableau 5. Débarquements étrangers dans les ports nationaux *(suite)*

	2006	2007	2008	2009	2010	2011	2012	2013
VALEUR (ISK)								
Total poissons	**1 438 000 000**	**1 314 893 756**	**2 719 836 226**	**831 370 935**	..	..	**2 161 920 036**	..
Saumon	..	..	..	..	..	..	..	..
Saumon rose	..	..	..	..	..	..	..	..
Saumon keta	..	..	..	..	..	..	..	..
Saumon rouge	..	..	..	..	..	..	..	..
Saumon argenté	..	..	..	..	..	..	..	..
Autres saumons	..	..	..	..	..	..	..	..
Poissons plats	..	..	..	..	..	..	..	..
Flétan	..	..	..	..	..	..	..	..
Flétan noir	..	..	..	..	..	..	..	..
Sole	..	..	..	..	..	..	..	..
Plie	..	..	..	..	..	..	..	..
Autres poissons plats	..	..	..	..	..	..	..	..
Poissons de fond	346 000 000	160 556 957	918 218 045	384 932 284	..	..	787 631 620	..
Morue (Atlantique et Pacifique)	301 000 000	134 214 393	862 603 340	118 312 126	..	..	518 753 612	..
Églefin	10 000 000	813	0	967	..	..	27 265 516	..
Lieu	..	20 961 269	379 818	124 767	..	..	101 449 944	..
Morue du Pacifique occidental	..	..	..	..	..	..	..	..
Merlan	..	..	..	..	..	..	..	..
Merlu (toutes espèces)	..	..	..	..	..	..	..	..
Sébaste	8 000 000	0	3 681 150	113 735	..	..	589 141	..
Autres poissons de fond	27 000 000	5 380 482	51 553 737	266 380 689	..	..	139 573 407	..
Pélagiques	1 092 000 000	1 154 336 799	1 801 618 181	446 438 651	..	..	1 374 288 416	..
Chinchard	..	..	..	..	..	..	..	..
Maquereau	..	0	17 292 202	150 863	..	..	74 096 717	..
Hareng (Atlantique et Pacifique)	306 000 000	84 780 437	426 430 538	228 939 404	..	..	..	..
Sardine	..	..	..	..	..	..	..	..
Autres pélagiques	786 000 000	1 069 556 362	1 357 895 441	217 348 384	..	..	1 300 191 699	..
Thons	..	..	..	..	..	..	..	..
Listao	..	..	..	..	..	..	..	..
Thon rouge (nord et sud)	..	..	..	..	..	..	..	..
Germon	..	..	..	..	..	..	..	..
Albacore	..	..	..	..	..	..	..	..
Thon obèse	..	..	..	..	..	..	..	..
Autres thons	..	..	..	..	..	..	..	..
Espadon	..	..	..	..	..	..	..	..
Autres poissons	..	..	..	..	..	..	..	..
Total crustacés	**3 729 000 000**	**4 033 089 645**	**5 201 202 917**	**5 367 305 105**	..	..	**4 947 387 584**	..
Homard et langouste	..	..	..	..	..	..	..	..
Langoustine	..	..	..	..	..	..	..	..
Crevette	3 729 000 000	4 033 089 645	5 201 202 917	5 367 305 105	..	..	4 947 387 584	..
Autres crustacés	..	..	..	..	..	..	..	..
Total coquillages et mollusques	..	..	..	..	..	..	..	..
Huître	..	..	..	..	..	..	..	..
Moule	..	..	..	..	..	..	..	..
Coquille St-Jacques	..	..	..	..	..	..	..	..
Bivalves	..	..	..	..	..	..	..	..
Autres coquillages (incl. buccins	..	..	..	..	..	..	..	..
Calmar	..	..	..	..	..	..	..	..
Seiche	..	..	..	..	..	..	..	..
Poulpe	..	..	..	..	..	..	..	..
Autres mollusques (incl. oursins)	..	..	..	..	..	..	..	..
Autres animaux marins	..	..	..	..	..	..	..	..
Plantes aquatiques	..	..	..	..	..	..	..	..
Algue brune	..	..	..	..	..	..	..	..
Algue rouge	..	..	..	..	..	..	..	..
Autres algues	..	..	..	..	..	..	..	..
Poisson pour transformation	..	..	..	..	..	..	..	..
TOTAL GÉNÉRAL	**5 167 000 000**	**5 347 983 401**	**7 921 039 143**	**6 198 676 040**	..	..	**7 109 307 620**	..

.. Non disponible

Note : Métadonnées détaillées : http://metalinks.oecd.org/fish/20150108/d818

Source : OCDE (2014), « Pêcheries : Débarquements étrangers dans les ports domestiques », Statistiques agricoles de l'OCDE (base de données). DOI: 10.1787/data-00224-fr

ISLANDE

Tableau 6. Production de l'aquaculture

	2006	2007	2008	2009	2010	2011	2012	2013
VOLUME (TONNES)								
Poissons	**9 953**	**5 611**	**5 019**	**5 116**	**5 018**	**5 263**	**7 368**	**6 877**
Saumon de l'Atlantique	6 894	1 158	292	714	1 068	1 083	2 923	3 018
Saumon du Pacifique	..	..	..	..	..	..	..	..
Truite arc-en-ciel	10	11	6	75	88	226	422	113
dont : d'eau de mer	10	11	6	75	88	226	422	113
dont : d'eau douce	..	..	..	..	..	..	..	..
Truite de mer	..	..	..	..	..	..	..	..
Poisson plat	188	101	90	117	118	53	41	58
Dorade	..	..	..	..	..	..	..	..
Bar	..	..	..	..	..	..	..	..
Loup	..	..	..	..	..	..	..	..
Carpe	..	..	..	..	..	..	..	..
Tilapia	..	..	..	..	..	..	..	..
Anguille	..	..	..	..	..	..	..	..
Autres poissons	2 861	4 341	4 631	4 210	3 744	3 901	3 982	3 688
Coquillages et crustacés	**8**	**11**	**10**	**49**	**32**	**46**	**63**	**166**
Huître, comestible	..	..	..	..	..	..	..	..
Huître, perle	..	..	..	..	..	..	..	..
Moule	7	10	10	49	32	46	63	166
Coquille St.-Jacques	..	..	..	..	..	..	..	..
Bivalves	..	..	..	..	..	..	..	..
Crevette et bouquet	0	1	..	..	..	..	..	..
Autres coquillages et crustacés	0	0	0	..	..	..	..	..
Total poissons, coquillages et crustacés	**9 961**	**5 622**	**5 029**	**5 165**	**5 050**	**5 309**	**7 431**	**7 043**
Autres animaux marins	..	..	..	..	..	..	..	..
Plantes aquatiques	..	..	..	..	..	..	..	..
Algue brune	..	..	..	..	..	..	..	..
Algue rouge	..	..	..	..	..	..	..	..
Algue verte	..	..	..	..	..	..	..	..
Autres plantes aquatiques	..	..	..	..	..	..	..	..
TOTAL GÉNÉRAL	**9 961**	**5 622**	**5 029**	**5 165**	**5 050**	**5 309**	**7 431**	**7 043**
VALEUR (ISK)								
Poissons	**..**	**2 227 740 000**	**2 479 840 000**	**2 452 350 000**	**..**	**..**	**..**	**..**
Saumon de l'Atlantique	..	479 000 000	13 200 000	..	..	..	..	..
Saumon du Pacifique	..	..	..	..	..	..	..	..
Truite arc-en-ciel	..	..	..	..	..	..	..	..
dont : d'eau de mer	..	..	..	..	..	..	..	..
dont : d'eau douce	..	..	..	..	..	..	..	..
Truite de mer	..	..	..	..	..	..	..	..
Poisson plat	..	94 800 000	82 200 000	107 200 000	..	..	..	..
Dorade	..	..	..	..	..	..	..	..
Bar	..	..	..	..	..	..	..	..
Loup	..	..	..	..	..	..	..	..
Carpe	..	..	..	..	..	..	..	..
Tilapia	..	..	..	..	..	..	..	..
Anguille	..	..	..	..	..	..	..	..
Autres poissons	..	1 653 940 000	2 384 440 000	2 345 150 000	..	..	..	..
Coquillages et crustacés	**..**	**..**	**..**	**..**	**..**	**..**	**..**	**..**
Huître, comestible	..	..	..	..	..	..	..	..
Huître, perle	..	..	..	..	..	..	..	..
Moule	..	..	..	..	..	..	..	..
Coquille St.-Jacques	..	..	..	..	..	..	..	..
Bivalves	..	..	..	..	..	..	..	..
Crevette et bouquet	..	..	..	..	..	..	..	..
Autres coquillages et crustacés	..	..	..	..	..	..	..	..
Total poissons, coquillages et crustacés	**..**	**2 227 740 000**	**2 479 840 000**	**2 452 350 000**	**..**	**..**	**..**	**..**
Autres animaux marins	..	..	..	..	..	..	..	..
Plantes aquatiques	..	..	..	..	..	..	..	..
Algue brune	..	..	..	..	..	..	..	..
Algue rouge	..	..	..	..	..	..	..	..
Algue verte	..	..	..	..	..	..	..	..
Autres plantes aquatiques	..	..	..	..	..	..	..	..
TOTAL GÉNÉRAL	**..**	**2 227 740 000**	**2 479 840 000**	**2 452 350 000**	**..**	**..**	**..**	**..**

.. Non disponible

Note : Métadonnées détaillées : http://metalinks.oecd.org/fish/20150108/f9fe

Source : OCDE (2014), « Pêcheries : Production de l'aquaculture », Statistiques agricoles de l'OCDE (base de données). DOI: 10.1787/data-00225-fr

Tableau 7. Transferts financiers publics (TFP)

Milliers ISK

	2006	2007	2008	2009	2010	2011	2012	2013
Total des TFP								
Pêche maritime	**3 588 000**	**3 938 000**	**4 003 000**	**2 825 000**	**2 074 027**	**652 149**	**-5 596 719**	..
Paiements directs	..	..	..	..	..	..	..	..
Désarmement des navires et retrait des licences	..	..	..	..	..	..	..	..
Indemnisation des catastrophes	..	..	..	..	..	..	..	..
Aides : équipement, modernisation, construction de navire	..	..	..	..	..	..	..	..
Aide au revenu et assurance chômage	..	..	..	..	..	..	..	..
Autres paiements directs	..	..	..	..	..	..	..	..
Transferts réduisant les coûts	764 000	1 102 000	1 109 000	1 112 000	1 297 000	1 286 000	985 000	..
Prêts subventionnés : équipement, modernisation, construction de navire	..	..	..	..	..	..	..	..
Bonification d'intérêts	..	..	..	..	..	..	..	..
Exonération de taxe sur carburant	..	..	..	..	..	..	..	..
Ristourne et subvention à l'assurance	..	..	..	..	..	..	..	..
Allègement d'impôt sur le revenu, contrib. sociales impayées	1 185 000	1 102 000	1 109 000	1 112 000	1 297 000	1 286 000	985 000	..
Autres transferts réduisant les coûts	-421 000	-425 000	-180 000	..	..	..	..	..
Services généraux	2 824 000	3 261 000	3 074 000	2 728 000	3 042 000	3 034 000	3 209 000	..
Gestion des pêcheries	773 000	808 000	653 000	430 000	547 000	500 000	542 000	..
Recherche halieutique	1 481 000	1 778 000	1 826 000	1 525 000	1 604 000	1 517 000	1 567 000	..
Police des pêches	550 000	658 000	580 000	758 000	891 000	1 017 000	1 100 000	..
Infrastructure des pêcheries	..	..	..	..	..	..	..	..
Autres services généraux	20 000	17 000	15 000	15 000	..	..	..	..
Recouvrement des coûts	..	-425 000	-180 000	-1 015	-2 264 973	-3 667 851	-9 790 719	..
Aquaculture	**186 000**	**68 000**	**73 000**	**101 000**	**24 000**	**22 000**	**22 000**	..
Paiements directs	..	..	..	..	..	..	..	..
Aides : développement aquacole	..	..	..	..	..	..	..	..
Indemnisation des catastrophes	..	..	..	..	..	..	..	..
Autres paiements directs	..	..	..	..	..	..	..	..
Transferts réduisant les coûts	..	..	..	..	..	..	..	..
Prêts subventionnés : développement aquacole	..	..	..	..	..	..	..	..
Autres transferts réduisant les coûts	..	..	..	..	..	..	..	..
Services généraux	186 000	68 000	73 000	101 000	24 000	22 000	22 000	..
Gestion, recherche et police de l'aquaculture	93 000	68 000	73 000	101 000	24 000	22 000	22 000	..
Infrastructure aquacole	..	..	..	..	..	..	..	..
Autres services généraux	93 000	68 000	73 000	..	..	..	..	..
Recouvrement des coûts	..	..	..	..	..	..	..	..
Commercialisation et transformation	**13 000**	**12 000**	**10 000**	**8 000**	**233 000**	**213 000**	**199 000**	..
Paiements directs	..	..	..	..	233 000	213 000	199 000	..
Aides : commercialisation et transformation	..	..	..	..	..	..	..	..
Autres paiements directs	..	..	..	..	233 000	213 000	199 000	..
Transferts réduisant les coûts	..	..	..	..	..	..	..	..
Prêts subventionnés : commercialisation et transformation	..	..	..	..	..	..	..	..
Autres transferts réduisant les coûts	..	..	..	..	..	..	..	..
Services généraux	13 000	12 000	10 000	8 000	..	..	..	..
Aquaculture	..	..	..	..	..	..	..	..
Autres services généraux	13 000	12 000	10 000	8 000	..	..	..	..
Recouvrement des coûts	..	..	..	..	..	..	..	..
Total	**3 787 000**	**4 018 000**	**4 086 000**	**2 934 000**	**2 331 027**	**887 149**	**-5 375 719**	..

.. Non disponible

Note : Métadonnées détaillées : http://metalinks.oecd.org/fish/20150108/dcc4

Source : OCDE (2014), « Pêcheries : Transferts financiers publics », Statistiques agricoles de l'OCDE (base de données). DOI: 10.1787/data-00220-fr

ISLANDE

Tableau 8. Importations par produit

		2009		2010		2011		2012		2013	
		Tonnes	USD	Tonnes	USD	Tonnes	USD	Tonnes	USD	Tonnes	USD
03	**Poisson, crustacés et mollusques**	..	**63 906 167**	..	**82 873 888**	..	**95 618 026**	..	**71 953 963**	..	**61 005 975**
0302	**Poisson, frais ou réfrigéré, excl. 0304**	**2 906 496**	**1 257 696**	**7 085 147**	**3 296 626**	**3 019 291**	**3 882 830**	**4 740 719**	**6 189 584**	**3 570 486**	**6 690 866**
030211	Truite	..	..	..	..	336	1 778	76 324	377 757	9 164	60 987
030212	Saumon (Pacifique, Atlantique et Danube)	42 243	182 860	49 374	301 083	276 742	1 799 886	18 570	85 577	252 247	1 695 848
030219	Salmonidés nra	..	..	..	..	..	..	..	..	..	..
030221	Flétan	..	..	24 822	113 639	65	311	..	..	314	1 170
030222	Plie, carrelet	..	..	..	..	..	..	..	..	..	..
030223	Sole	..	..	..	..	..	..	..	..	..	..
030229	Poissons plats nra	..	..	..	..	..	..	..	..	..	..
030231	Thon blanc/germon	..	..	..	..	..	..	..	..	..	..
030232	Albacore (thon jaune)	..	..	..	..	..	..	..	..	4 370	142 102
030233	Listaos/bonite à ventre rayé	..	..	..	..	..	..	..	..	..	..
030239	Thonidés nra	172	5 711	199	6 214	359	10 233	4 395	139 233	..	..
030240	Hareng	2 636 968	1 011 647	..	..	523 022	299 628	..	..	..	..
030250	Morue	..	..	..	..	258 786	571 700	974 896	2 566 375	983 763	2 123 521
030261	Sardines	..	..	..	..	..	..	..	..	..	..
030262	Églefin	..	..	..	..	665	1 477	275 121	893 479	38 460	104 608
030263	Lieu noir	..	..	..	..	165 876	335 788	590 195	801 824	307 539	481 673
030264	Maquereau	..	..	15	169	249 212	166 542	..	..	186 780	99 596
030265	Aiguillat et autres squalidés	..	..	..	..	..	..	..	..	..	..
030266	Anguille	..	..	50	1 428	14	209	..	..	..	..
030269	Poisson nra	227 000	29 870	6 406 877	2 533 560	454 670	124 892	637 343	177 059	813 409	465 553
030270	Foies, oeufs et laitances	113	27 608	603 810	340 533	1 089 544	570 387	2 163 875	1 148 280	974 440	1 515 807
0303	**Poisson, congelé, excl. 0304**	**4 024 827**	**8 151 862**	**5 862 416**	**10 137 616**	**8 854 063**	**15 387 389**	**3 547 356**	**9 341 353**	**4 612 425**	**10 448 582**
030319	Saumon, Pacifique	..	..	..	..	..	..	..	..	..	..
030321	Truite	..	..	1 570	19 416	128	1 655	..	..	477	1 625
030322	Saumon (Atlantique et Danube)	..	..	..	..	..	..	..	..	..	..
030329	Salmonidés	..	..	1 010	3 961	..	..	..	..	..	..
030331	Flétan	30 998	260 121	59 058	213 060	13 780	46 671	9 936	95 931	138 158	898 190
030332	Plie, carrelet	..	..	..	..	..	..	190	647	..	..
030333	Sole	..	..	..	..	..	..	..	..	..	..
030339	Poisson plat nra	936	1 928	..	..	..	..	..	..	..	..
030341	Thon blanc/germon	13	94	87	2 371	10	151	..	..	..	..
030342	Albacore (thon jaune)	1 603	27 607	2 105	46 339	1 272	29 250	557	8 796	..	..
030343	Listao/bonite à ventre rayé	250	951	..	..	..	..	150	412	842	2 767
030349	Thonidés nra	1 431	4 245	4 122	3 501	336	1 752	942	7 292	274	3 286
030350	Hareng	..	..	..	..	189	1 092	..	..	..	..
030360	Morue	404 093	1 129 598	390 003	986 231	470 500	1 281 178	762 318	1 803 963	202 057	312 580
030371	Sardines, sardinelles	24 232	36 174	336 870	456 655	202	557	270	932	..	..
030372	Églefin	..	..	22 393	51 804	28 539	78 192	82 335	165 392	1 710	7 945
030373	Lieu noir	..	..	..	..	74 200	143 051	303 599	446 265	..	..
030374	Maquereau	1 024 553	1 342 883	2 067 284	3 123 282	5 012 382	5 761 256	..	..	2 659 399	4 527 182
030375	Aiguillat et autres squalidés	..	..	..	..	..	..	..	..	..	..
030376	Anguille	320	8 164	282	8 337	444	8 176	327	12 521	420	22 111
030377	Bar (loup)	..	..	..	..	..	..	3 705	4 363	..	..
030378	Merlu	..	..	..	..	..	..	..	..	..	..
030379	Poisson nra	2 207 942	3 488 689	2 136 309	3 997 549	2 588 681	6 884 290	1 949 063	4 591 860	1 492 701	3 637 967
030380	Foies, oeufs et laitances	328 456	1 851 409	838 267	1 194 132	661 323	1 105 959	430 542	2 188 107	115 276	1 033 191
0304	**Filets de poisson et autre chair de poisson**	**697 450**	**3 287 873**	**3 573 130**	**5 754 076**	**4 099 450**	**11 570 184**	**877 094**	**3 994 165**	**575 817**	**3 135 745**
030410	Filets et autre chair de poisson, frais ou réfrigéré	205 035	1 104 818	3 102 582	3 310 344	3 884 497	10 368 981	326 745	1 121 671	258	3 386
030420	Filets de poissons, congelé	442 349	1 917 288	391 752	2 001 696	140 567	821 051	387 845	2 316 289	528 759	2 723 591
030490	Chair de poisson nra, congelé	50 066	265 768	78 796	442 036	74 386	380 152	162 504	556 205	46 800	408 767
0305	**Poisson, séché, salé, fumé, ou en saumure**	**222 854**	**1 248 156**	**161 834**	**905 285**	**183 188**	**380 198**	**143 982**	**497 288**	**3 279**	**48 581**
030510	Farine de poisson, consommation humaine	..	..	18	944	148 480	194 072	76	2 263	..	..
030520	Foies, oeufs et laitances	208 125	1 053 010	150 939	806 999	31 170	143 014	143 046	476 622	627	17 129
030530	Filets de poisson (non fumé)	2 285	5 160	194	2 290	261	2 115	73	879	118	1 761
030541	Saumon (Pacifique, Atlantique et Danube), fumé	198	2 862	126	1 848	852	18 216	112	2 395	228	2 683
030542	Hareng, fumé	..	..	..	..	..	..	..	..	..	..
030549	Poisson nra, fumé	11 430	181 919	3 340	46 049	458	13 436	333	11 223	397	13 524
030551	Morue, séché, non fumé	312	1 567	13	423	229	2 756	11	246	100	745
030559	Poisson nra, séché, salé, non fumé	491	3 494	171	1 290	170	1 753	271	3 345	187	2 193
030561	Hareng, salé ou en saumure	..	..	..	..	..	..	60	316	..	..
030562	Morue, salé ou en saumure	..	..	6 625	43 556	..	..	..	..	..	..
030563	Anchois, salé ou en saumure	13	144	384	1 300	267	1 002	..	..	11	132
030569	Poisson nra, salé ou en saumure	..	..	24	585	1 301	3 836	..	..	225	2 525

ISLANDE

Tableau 8. Importations par produit *(suite)*

		2009		2010		2011		2012		2013	
		Tonnes	USD	Tonnes	USD	Tonnes	USD	Tonnes	USD	Tonnes	USD
0306	**Crustacés**	**24 877 128**	**45 906 739**	**29 957 412**	**57 791 616**	**22 469 015**	**59 675 883**	**14 919 311**	**42 849 092**	**11 440 394**	**34 353 196**
030611	Langoustes et autres palinuridés, congelé	..	..	..	..	748	16 183	..	..	592	6 812
030612	Homard nra	475	5 819	367 558	1 415 755	174 561	538 153	755	18 171	1 159	38 094
030613	Crevettes, congelé	24 657 217	45 533 343	29 544 061	56 155 797	22 284 388	58 965 429	14 888 187	42 282 761	11 403 424	33 619 581
030614	Crabes, congelé	3 463	32 350	8 959	101 586	7 475	125 151	4 943	119 058	3 522	81 731
030619	Crustacés nra, congelé	106	1 429	162	1 312	1 167	11 291	23 906	400 302	28 937	538 415
030621	Langoustes et autres palinuridés (non congelé)	..	..	..	..	..	..	..	..	..	..
030622	Homard nra (non congelé)	14 817	34 604	35 598	67 762	..	..	..	..	..	..
030623	Crevettes (non congelé)	110 815	59 252	101	1 655	286	3 893	78	1 631	10	350
030624	Crabes (non congelé)	..	..	315	10 292	90	5 322	250	7 066	..	..
030629	Crustacés nra (non congelé)	90 235	239 943	658	37 457	300	10 461	1 192	20 104	2 750	68 212
0307	**Mollusques**	**3 352 270**	**3 899 045**	**3 001 818**	**4 880 297**	**1 795 175**	**4 580 619**	**4 094 324**	**8 856 692**	**3 108 374**	**5 733 081**
030710	Huîtres	164	1 723	122	3 259	173	3 520	346	6 429	768	22 720
030721	St-Jacques, vi, fr, ou ré	..	..	800	6 658	173	2 738	3 914	61 185	2 518	55 017
030729	St-Jacques, co, sc, sl, ou sm	25 354	406 056	21 523	329 696	25 979	484 522	21 006	397 504	23 051	426 427
030731	Moules, vi, fr, ou ré	..	..	..	..	..	..	..	..	..	..
030739	Moules, co, sc, sl, ou sm	4 265	31 680	5 823	42 658	7 460	42 714	5 602	30 644	6 638	38 770
030741	Seiches, encornets et calmars, vi, fr, ou ré	51 636	60 963	588 917	930 701	..	..	20	110	..	..
030749	Seiches, encornets et calmars, co, sc, sl, ou sm	3 163 783	3 262 238	2 380 924	3 528 448	1 759 127	4 018 630	4 061 676	8 338 854	3 020 733	5 075 377
030751	Poulpe, vi, fr, ou ré	..	..	..	..	..	..	..	..	..	..
030759	Poulpe, co, sc, sl, ou sm	1 161	7 291	266	2 267	534	4 449	150	1 154	28 571	45 078
030760	Escargots (autres que de mer)	462	4 342	495	4 647	406	5 854	419	5 811	1 064	16 735
030791	Mollusques nra, vi, fr, ou ré	1 190	6 133	..	..	262	5 807	4	94	10	84
030799	Mollusques nra, co, sc, sl, ou sm	104 255	118 619	2 948	31 962	1 061	12 385	1 187	14 907	25 021	52 873
121220	**Algues**	**12 482**	**434 816**	**13 341**	**391 346**	**20 831**	**553 177**	**20 885**	**501 257**	**25 075**	**557 249**
1504	**Graisses, huiles et leurs fractions**	**3 123 964**	**7 326 396**	**4 293 226**	**8 887 046**	**8 511 128**	**20 890 103**	**11 017 447**	**27 173 443**	**13 375 318**	**39 028 092**
150410	Huiles de foies de poisson, et fractions	327 453	609 908	1 673 596	2 340 447	3 820 011	7 086 134	3 232 808	6 297 879	385 380	956 893
150420	Graisses et huiles de poisson, et fractions	2 793 511	6 602 084	2 617 659	6 475 761	4 689 790	13 755 490	7 782 887	20 816 607	12 988 883	38 023 898
150430	Graisses et huiles de mammifère marin, et fractions	3 000	114 404	1 971	70 838	1 327	48 480	1 752	58 957	1 055	47 301
1604	**Préparations et conserves de poisson; caviars et succédanés**	**395 968**	**2 134 091**	**453 487**	**2 408 253**	**424 537**	**2 448 966**	**415 204**	**2 765 444**	**509 353**	**3 255 083**
160411	Saumon, non haché	88	1 365	615	6 508	323	6 826	796	12 708	4 383	64 522
160412	Hareng, non haché	8 536	50 028	20 821	98 442	17 117	83 783	23 496	121 788	26 889	144 834
160413	Sardines, sardinelles, sprats, esprots, non haché	29 156	268 366	30 985	308 048	25 155	261 907	33 809	383 302	21 870	236 330
160414	Thons, listaos, sardes, non haché	287 440	1 260 920	289 014	1 217 785	308 677	1 483 461	261 880	1 509 987	370 798	2 188 393
160415	Maquereau, non haché	7 094	52 606	8 679	55 347	6 868	45 675	7 561	69 758	9 056	68 410
160416	Anchois, non haché	654	12 457	626	16 541	1 383	21 647	2 601	20 680	3 134	22 169
160419	Poisson nra, non haché	879	4 914	1 604	8 574	971	7 384	3 111	24 223	2 988	18 052
160420	Poisson, haché	16 171	93 686	56 511	324 500	14 604	90 924	32 146	182 061	24 673	110 817
160430	Caviar et succédanés	45 950	389 748	44 632	372 508	49 439	447 359	49 804	440 937	45 562	401 558
1605	**Préparations et conserves de crustacés**	**29 217**	**239 557**	**22 568**	**195 976**	**39 440**	**421 901**	**30 068**	**384 011**	**29 310**	**407 244**
160510	Crabes	1 292	33 397	507	8 587	1 182	15 695	1 253	26 280	1 655	51 938
160520	Crevettes	6 556	81 013	9 635	114 406	22 695	317 429	21 065	299 981	20 041	281 575
160530	Homard	2	197	..	..	..	..	33	736	..	..
160540	Crustacés nra	3 593	15 979	177	3 887	188	1 520	132	1 343	1 756	28 464
230120	**Farine de poisson**	**248**	**5 548**	..	..	..	..	..	..	..	..
	TOTAL	**39 642 904**	**74 046 575**	**54 424 379**	**94 756 509**	**49 416 118**	**119 932 173**	**39 806 390**	**102 778 118**	**..**	**104 253 643**

.. Non disponible

Note : nra : non répertorié ailleurs. vi : vivant. fr : frais. ré : réfrigéré. co : congelé. sc : séché. sl : salé. sm : en saumure.

Métadonnées détaillées : http://metalinks.oecd.org/fish/20150108/7d42

Source : OCDE (2014), « Pêcheries : Commerce par produit », Statistiques agricoles de l'OCDE (base de données). DOI: 10.1787/data-00677-fr

Tableau 9. Exportations par produit

		2009		2010		2011		2012		2013	
		Tonnes	USD	Tonnes	USD	Tonnes	USD	Tonnes	USD	Tonnes	USD
03	**Poisson, crustacés et mollusques**	..	**1 487 169 714**	..	**1 535 284 477**	..	**1 833 101 383**	..	**1 784 203 164**	..	**1 832 941 409**
0302	**Poisson, frais ou réfrigéré, excl. 0304**	**59 060 001**	**132 610 148**	**38 241 434**	**99 703 037**	**29 725 804**	**95 965 379**	**30 794 015**	**91 271 025**	**28 878 548**	**89 257 119**
030211	Truite	564 256	3 798 750	542 038	3 950 397	670 202	5 074 741	956 582	6 596 887	1 401 817	9 485 665
030212	Saumon (Pacifique, Atlantique et Danube)	1 963	10 628	1 173	13 166	12 185	33 846	729 975	4 751 568	636 528	4 289 298
030219	Salmonidés nra	1 066	6 858	756	4 830	3 500	20 716	1 751	21 512	6 541	61 272
030221	Flétan	955 636	4 007 001	643 585	3 765 479	377 815	2 679 922	249 231	1 115 477	116 284	503 173
030222	Plie, carrelet	2 569 687	5 207 082	1 942 258	4 096 154	1 208 461	3 311 189	1 869 629	4 582 115	2 034 419	4 399 472
030223	Sole	836 859	2 486 194	764 257	2 783 676	752 024	3 663 272	219 899	931 208	25 834	102 653
030229	Poissons plats nra	960 016	2 260 502	463 969	1 292 835	345 032	1 517 673	669 980	2 651 711	1 019 949	3 922 483
030231	Thon blanc/germon	..	..	..	..	..	..	..	..	..	..
030232	Albacore (thon jaune)	..	..	..	..	..	..	..	..	..	..
030233	Listaos/bonite à ventre rayé	..	..	..	..	..	..	..	..	..	..
030239	Thonidés nra	..	..	..	..	..	..	2 030	57 122	..	..
030240	Hareng	5 833	13 726	2 010	6 707	1 255	4 490	115	121	1 792	2 207
030250	Morue	9 373 777	24 281 770	4 450 735	14 935 167	4 142 479	16 312 939	4 713 715	15 588 288	6 445 757	20 205 499
030261	Sardines	..	..	..	..	..	..	..	..	..	..
030262	Églefin	20 408 064	38 919 308	9 600 506	22 999 537	5 588 275	13 963 052	5 424 830	13 320 451	4 219 126	10 996 657
030263	Lieu noir	999 391	1 210 503	626 068	843 440	775 900	1 382 697	643 562	1 306 590	193 083	336 728
030264	Maquereau	15 513	28 782	796	1 448	3 239	6 966	3 090	3 570	26 563	45 451
030265	Aiguillat et autres squalidés	67 767	101 068	61 822	104 150	51 194	139 875	57 023	158 442	7 235	9 747
030266	Anguille	..	..	..	..	..	..	..	..	..	..
030269	Poisson nra	22 176 336	49 845 546	19 110 754	44 626 860	15 707 076	47 112 154	15 139 674	39 579 175	12 596 534	33 846 602
030270	Foies, oeufs et laitances	123 837	432 430	30 707	279 189	87 167	741 847	112 929	606 787	147 086	1 050 213
0303	**Poisson, congelé, excl. 0304**	**115 266 564**	**225 642 848**	**187 419 591**	**345 130 702**	**226 868 167**	**503 075 728**	**268 427 847**	**475 359 285**	**295 879 987**	**524 058 098**
030319	Saumon, Pacifique	..	..	..	..	..	..	..	..	..	..
030321	Truite	34 278	237 281	92 717	667 156	33 827	220 736	28 400	168 868	37 938	240 020
030322	Saumon (Atlantique et Danube)	..	..	..	..	..	..	..	..	..	..
030329	Salmonidés	22 429	44 047	973	2 634	825	2 351	1 172	25 101	3 665	28 543
030331	Flétan	11 198 123	60 326 035	9 394 313	57 399 932	8 770 984	63 662 665	10 724 574	71 338 419	12 997 064	78 042 199
030332	Plie, carrelet	273 397	366 270	186 331	237 931	156 972	190 799	31 300	27 993	72 396	252 431
030333	Sole	34 197	120 271	56 180	145 196	1 412	5 672	2 072	8 527	3 666	5 944
030339	Poisson plat nra	1 239 867	3 583 620	1 008 766	2 657 433	904 043	2 275 441	1 099 124	2 615 477	1 169 646	2 813 589
030341	Thon blanc/germon	..	..	..	..	..	..	..	..	..	..
030342	Albacore (thon jaune)	..	..	..	..	308	8 276	..	..	..	..
030343	Listao/bonite à ventre rayé	..	..	..	..	14	190	14	13 014	..	..
030349	Thonidés nra	..	..	..	..	..	..	152	1 282	9 114	13 169
030350	Hareng	27 695 110	22 855 180	30 594 063	23 303 913	31 257 558	37 788 862	29 226 347	36 955 760	31 736 515	39 224 426
030360	Morue	456 080	834 444	459 632	904 105	204 182	448 637	500 351	688 343	565 457	907 718
030371	Sardines, sardinelles	..	..	8 260	14 851	2 084	2 682	..	..	339 142	677 357
030372	Églefin	468 601	1 017 878	268 186	513 891	254 404	523 564	181 259	351 748	14 842	28 105
030373	Lieu noir	608 406	1 193 088	294 337	754 146	369 567	886 844	81 866	136 047	44 574	70 932
030374	Maquereau	13 190 089	19 768 487	52 951 177	68 208 207	109 434 618	207 387 007	104 538 340	151 608 722	111 575 633	171 783 277
030375	Aiguillat et autres squalidés	..	..	1 100	1 120	192 449	425 369	46	759	80	263
030376	Anguille	..	..	..	..	..	..	..	..	..	..
030377	Bar (loup)	..	..	..	..	..	..	..	..	..	..
030378	Merlu	485	617	..	..	..	..	29 426	52 286	..	..
030379	Poisson nra	57 017 770	100 196 787	80 312 994	129 471 044	63 654 137	141 781 010	107 275 238	163 012 925	119 692 029	177 995 196
030380	Foies, oeufs et laitances	3 027 730	15 098 822	11 789 886	60 847 968	11 630 063	47 460 990	14 686 724	48 287 483	17 598 331	51 851 318
0304	**Filets de poisson et autre chair de poisson**	**165 871 177**	**639 820 711**	**166 095 433**	**677 035 425**	**166 365 061**	**844 762 875**	**162 480 704**	**814 807 404**	**165 050 773**	**847 101 211**
030410	Filets et autre chair de poisson, frais ou réfrigéré	25 937 456	228 072 756	25 420 929	240 564 487	25 115 111	278 439 538	28 199 329	284 243 328	35 261 940	337 180 211
030420	Filets de poissons, congelé	83 527 459	316 456 283	77 032 916	330 784 933	72 865 488	376 496 943	65 620 002	321 821 537	74 745 719	342 966 612
030490	Chair de poisson nra, congelé	56 406 262	95 291 672	63 641 588	105 686 006	68 384 462	189 826 394	68 661 373	208 742 538	55 043 114	166 954 388
0305	**Poisson, séché, salé, fumé, ou en saumure**	**74 033 178**	**376 440 985**	**69 514 610**	**371 838 173**	**58 514 087**	**348 919 900**	**62 590 813**	**364 703 953**	**67 337 356**	**334 635 667**
030510	Farine de poisson, consommation humaine	..	..	..	..	..	..	..	..	..	..
030520	Foies, oeufs et laitances	2 142 987	15 789 004	3 165 668	28 184 668	2 915 871	22 263 843	3 535 711	26 553 581	2 426 453	14 333 598
030530	Filets de poisson (non fumé)	23 156 245	123 152 323	22 705 323	129 390 387	12 346 618	83 009 014	11 446 010	70 755 409	13 675 037	74 362 839
030541	Saumon (Pacifique, Atlantique et Danube), fumé	40 562	661 885	46 684	832 516	43 140	948 097	51 916	1 224 160	59 764	1 495 171
030542	Hareng, fumé	..	..	..	..	..	..	..	..	..	..
030549	Poisson nra, fumé	355 323	2 697 809	486 317	4 040 840	426 143	3 659 463	530 009	4 793 995	580 768	5 446 386
030551	Morue, séché, non fumé	15 109 457	59 677 489	10 633 431	41 814 801	10 341 740	44 155 752	2 502 237	12 701 233	2 855 173	12 000 379
030559	Poisson nra, séché, salé, non fumé	5 179 258	23 873 369	10 159 316	41 182 603	8 790 189	39 152 660	20 859 266	106 561 579	22 208 878	100 275 382
030561	Hareng, salé ou en saumure	400	1 002	14 048	76 447	646	1 860	..	..	27 339	133 056
030562	Morue, salé ou en saumure	24 376 643	138 803 233	19 351 069	114 610 994	20 382 081	142 032 706	19 791 876	125 780 575	21 569 056	111 736 728
030563	Anchois, salé ou en saumure	..	..	..	..	..	..	..	..	..	..
030569	Poisson nra, salé ou en saumure	3 672 303	11 784 870	2 952 742	11 704 736	3 267 562	13 695 360	3 872 216	16 321 168	3 934 875	14 851 936

Tableau 9. Exportations par produit *(suite)*

		2009		2010		2011		2012		2013	
		Tonnes	USD	Tonnes	USD	Tonnes	USD	Tonnes	USD	Tonnes	USD
0306	**Crustacés**	**13 934 705**	**101 596 612**	**2 475 327**	**30 720 395**	**1 866 387**	**29 433 012**	**1 732 558**	**24 028 179**	**2 201 191**	**27 338 942**
030611	Langoustes et autres palinuridés, congelé	23 893	514 959	..	..	..	..	53 296	510 799	10 600	225 077
030612	Homard nra	1 073 785	16 632 723	1 060 022	17 073 980	448 012	8 668 899	237 818	4 601 381	111 543	1 792 538
030613	Crevettes, congelé	12 477 445	79 470 344	722 798	2 052 594	257 940	1 269 382	491 440	2 506 743	934 782	6 684 748
030614	Crabes, congelé	..	..	..	..	45 575	915 108	..	..	..	..
030619	Crustacés nra, congelé	351 997	4 825 081	681 574	11 404 191	1 103 199	18 350 578	949 731	16 402 573	1 025 309	16 640 180
030621	Langoustes et autres palinuridés (non congelé)	749	28 374	3 479	129 900	..	..	..	..	..	..
030622	Homard nra (non congelé)	6 833	125 114	3 585	57 240	10 649	213 116	141	3 228	1 242	18 019
030623	Crevettes (non congelé)	3	18	..	..	..	..	..	..	116 148	1 948 313
030624	Crabes (non congelé)	..	..	..	..	..	..	..	..	..	..
030629	Crustacés nra (non congelé)	..	..	3 869	2 490	1 012	15 929	132	3 453	1 567	30 066
0307	**Mollusques**	**960 239**	**3 621 061**	**1 318 953**	**4 419 311**	**2 174 197**	**5 154 086**	**1 270 692**	**4 032 821**	**799 825**	**2 692 912**
030710	Huîtres	..	..	20	31	..	..	..	..	..	..
030721	St-Jacques, vi, fr, ou ré	..	..	..	..	..	..	..	..	..	..
030729	St-Jacques, co, sc, sl, ou sm	14	366	108	812	4 317	16 888	..	..	..	..
030731	Moules, vi, fr, ou ré	4 543	12 539	16 114	53 939	17 265	50 493	..	..	..	..
030739	Moules, co, sc, sl, ou sm	1 990	6 341	..	..	..	..	808	4 867	..	..
030741	Seiches, encornets et calmars, vi, fr, ou ré	..	..	642	2 865	..	..	..	..	..	..
030749	Seiches, encornets et calmars, co, sc, sl, ou sm	74 247	104 305	280 591	532 790	154 637	423 122	205 038	390 372	65 809	83 925
030751	Poulpe, vi, fr, ou ré	..	..	..	..	..	..	..	..	..	..
030759	Poulpe, co, sc, sl, ou sm	..	..	..	..	..	..	..	..	..	..
030760	Escargots (autres que de mer)	6	324	..	..	..	..	..	..	..	..
030791	Mollusques nra, vi, fr, ou ré	113 156	991 640	118 174	1 000 178	112 961	981 266	112 075	933 503	106 060	920 099
030799	Mollusques nra, co, sc, sl, ou sm	766 283	2 505 546	903 304	2 828 696	1 885 017	3 682 317	952 771	2 704 079	627 956	1 688 888
121220	**Algues**	**5 454 024**	**3 234 337**	**3 298 349**	**2 563 489**	**24 320**	**132 476**	**1 994 100**	**1 872 018**	**4 450 100**	**3 913 946**
1504	**Graisses, huiles et leurs fractions**	**84 939 695**	**79 505 061**	**58 664 078**	**73 229 902**	**60 225 657**	**104 176 530**	**58 918 429**	**117 069 231**	**58 858 749**	**135 507 395**
150410	Huiles de foies de poisson, et fractions	3 032 644	12 813 348	3 626 568	13 644 801	3 965 190	15 832 205	4 237 664	20 540 319	2 978 994	17 234 795
150420	Graisses et huiles de poisson, et fractions	81 906 475	66 663 057	55 037 510	59 585 101	56 260 467	88 344 326	54 680 650	96 527 154	55 878 798	118 239 281
150430	Graisses et huiles de mammifère marin, et fractions	576	28 656	..	..	..	..	115	1 758	957	33 319
1604	**Préparations et conserves de poisson; caviars et succédanés**	**2 714 663**	**23 057 727**	**3 119 944**	**26 763 593**	**3 478 533**	**28 448 484**	**4 098 335**	**28 380 424**	**5 107 104**	**33 651 519**
160411	Saumon, non haché	2 063	22 700	2 905	48 360	1 775	39 257	3 867	56 882	2 464	56 108
160412	Hareng, non haché	20 713	84 261	12 055	72 777	18 335	66 847	8 498	38 549	101 214	462 322
160413	Sardines, sardinelles, sprats, esprots, non haché	..	..	..	..	..	..	..	..	12 491	84 990
160414	Thons, listaos, sardes, non haché	36 841	24 161	..	..	..	..	21	122	..	..
160415	Maquereau, non haché	..	..	13	83	..	..	6 300	8 126	308	1 954
160416	Anchois, non haché	..	..	..	..	..	..	..	..	..	..
160419	Poisson nra, non haché	814	8 062	4 280	36 760	4 540	37 943	1 390	11 628	733	8 842
160420	Poisson, haché	1 445 485	7 397 719	2 096 439	10 081 802	2 625 961	14 307 221	3 422 203	18 478 226	4 411 528	25 503 872
160430	Caviar et succédanés	1 208 747	15 520 825	1 004 252	16 523 810	827 922	13 997 215	656 056	9 786 890	578 366	7 533 431
1605	**Préparations et conserves de crustacés**	**110 544**	**1 547 962**	**13 864 013**	**91 147 176**	**11 969 186**	**98 195 711**	**9 741 457**	**87 754 751**	**8 007 421**	**68 844 182**
160510	Crabes	..	..	..	..	..	..	..	..	..	..
160520	Crevettes	21 138	139 281	13 802 936	90 091 950	11 752 135	96 297 042	9 594 833	85 821 751	7 960 037	68 655 041
160530	Homard	89 354	1 408 521	61 071	1 055 162	73 521	1 496 349	18 266	344 877	..	..
160540	Crustacés nra	..	..	..	..	..	..	68 386	1 397 067	2 175	41 128
230120	**Farine de poisson**	**108 531 512**	**135 170 919**	**67 677 397**	**115 799 271**	**90 819 463**	**147 303 236**	**120 846 017**	**178 298 873**	**121 934 846**	**217 848 347**
	TOTAL	**630 876 302**	**1 729 685 720**	**611 689 129**	**1 844 787 908**	**652 030 862**	**2 211 357 820**	**722 894 967**	**2 197 578 461**	**..**	**2 292 706 798**

.. Non disponible

Note : nra : non répertorié ailleurs. vi : vivant. fr : frais. ré : réfrigéré. co : congelé. sc : séché. sl : salé. sm : en saumure.

Métadonnées détaillées : http://metalinks.oecd.org/fish/20150108/7d42

Source : OCDE (2014), « Pêcheries : Commerce par produit », Statistiques agricoles de l'OCDE (base de données). DOI: 10.1787/data-00677-fr

IRLANDE

Tableau 1. Flotte de pêche

	2006	2007	2008	2009	2010	2011	2012	2013
NOMBRE DE NAVIRES								
Total des navires	**1 932**	**1 941**	**2 016**	**2 095**	**2 132**	**2 167**	**2 216**	..
Navires à moteur	1 926	1 935	2 010	2 089	2 125	2 161	..	..
0-5,9 mètres	490	492	542	589	623	642	..	..
6-11,9 mètres	1 067	1 075	1 149	1 181	1 193	1 213	..	..
12-17,9 mètres	121	121	116	115	108	105	..	..
18-23,9 mètres	122	122	93	95	91	89	..	..
24-29,9 mètres	62	62	53	55	55	59	..	..
30-35,9 mètres	29	29	22	20	21	20	..	..
36-44,9 mètres	18	18	18	17	16	15	..	..
45-59,9 mètres	12	12	12	12	13	13	..	..
60-74,9 mètres	4	4	4	4	4	5	..	..
75 mètres et plus	1	0	1	1	1	0	..	..
Longueur inconnue	..	..	..	..	..	..	..	..
Navires sans moteur	6	6	6	6	7	6	..	..
TONNAGE BRUT								
Total des navires	**80 634**	**70 834**	**69 724**	**68 545**	**68 986**	**63 972**	**64 796**	..
Navires à moteur	80 629	70 829	69 719	68 540	68 982	63 969	..	..
0-5,9 mètres	455	456	506	548	578	601	..	..
6-11,9 mètres	5 276	5 309	5 586	5 760	5 691	5 739	..	..
12-17,9 mètres	4 250	4 203	3 876	3 841	3 670	3 530	..	..
18-23,9 mètres	11 735	16 001	12 075	12 564	11 729	11 570	..	..
24-29,9 mètres	10 963	10 963	9 558	9 905	10 333	11 189	..	..
30-35,9 mètres	6 835	6 835	4 686	4 383	4 662	4 710	..	..
36-44,9 mètres	8 554	8 554	8 390	7 329	6 911	6 532	..	..
45-59,9 mètres	11 934	11 934	11 934	11 102	12 300	12 150	..	..
60-74,9 mètres	6 574	6 574	6 574	6 574	6 574	7 649	..	..
75 mètres et plus	14 055	0	6 534	6 534	6 534	0	..	..
Longueur inconnue	..	..	..	..	..	..	..	..
Navires sans moteur	5	5	5	5	4	3	..	..

.. Non disponible

Note : Métadonnées détaillées : http://metalinks.oecd.org/fish/20150108/5899

Source : OCDE (2014), « Pêcheries : Flotte de pêche », Statistiques agricoles de l'OCDE (base de données). DOI: 10.1787/data-00218-fr

Tableau 2. Emploi dans les pêcheries

Personnes employées

	2006	2007	2008	2009	2010	2011	2012	2013
Plein-temps	**6 280**	**6 356**	**6 772**	**6 258**	**6 340**	**6 383**	..	..
Secteur de capture	3 293	3 456	3 777	3 439	3 499	3 539	..	..
Pêche en eaux intérieures	1 531	1 655	1 718	1 871	1 944	1 991	..	..
Homme	..	..	..	..	..	..	..	..
Femme	..	..	..	..	..	..	..	..
Eaux maritimes (pêche côtière)	912	905	1 048	821	835	791	..	..
Homme	..	..	..	..	..	..	..	..
Femme	..	..	..	..	..	..	..	..
Eaux maritimes (pêche en haute mer)	850	896	1 011	747	721	757	..	..
Homme	..	..	..	..	..	..	..	..
Femme	..	..	..	..	..	..	..	..
Aquaculture	782	695	790	614	636	639	..	..
Homme	..	..	..	..	583	586	..	..
Femme	..	..	..	..	53	53	..	..
Transformation	2 205	2 205	2 205	2 205	2 205	2 205	..	..
Homme	..	..	..	..	..	..	..	..
Femme	..	..	..	..	..	..	..	..
Temps partiel	**2 871**	**2 970**	**2 888**	**3 140**	**2 274**	**2 280**	..	..
Secteur de capture	933	1 005	1 052	1 140	1 185	1 208	..	..
Pêche en eaux intérieures	895	967	1 009	1 105	1 150	1 175	..	..
Homme	..	..	..	..	..	..	..	..
Femme	..	..	..	..	..	..	..	..
Eaux maritimes (pêche côtière)	38	38	43	35	35	33	..	..
Homme	..	..	..	..	..	..	..	..
Femme	..	..	..	..	..	..	..	..
Eaux maritimes (pêche en haute mer)	0	0	0	0	..	..	..	..
Homme	..	..	..	..	..	..	..	..
Femme	..	..	..	..	..	..	..	..
Aquaculture	1 276	1 303	1 174	1 338	427	410	..	..
Homme	..	..	..	..	393	377	..	..
Femme	..	..	..	..	34	33	..	..
Transformation	662	662	662	662	662	662	..	..
Homme	..	..	..	..	..	..	..	..
Femme	..	..	..	..	..	..	..	..
Total	**9 151**	**9 326**	**9 660**	**9 398**	**9 270**	**9 327**	..	..
Secteur de capture	4 226	4 461	4 829	4 579	4 684	4 747	..	..
Pêche en eaux intérieures	2 426	2 622	2 727	2 976	3 094	3 165	..	..
Homme	..	..	..	..	..	..	..	..
Femme	..	..	..	..	..	..	..	..
Eaux maritimes (pêche côtière)	950	943	1 091	856	870	825	..	..
Homme	..	..	..	..	..	..	..	..
Femme	..	..	..	..	..	..	..	..
Eaux maritimes (pêche en haute mer)	850	896	1 011	747	721	757	..	..
Homme	..	..	..	..	..	..	..	..
Femme	..	..	..	..	..	..	..	..
Aquaculture	2 058	1 998	1 964	1 952	1 719	1 713	..	..
Homme	1 828	1 710	1 802	1 807	1 574	1 570	..	..
Femme	230	288	162	145	144	143	..	..
Transformation	2 867	2 867	2 867	2 867	2 867	2 867	..	..
Homme	2 007	2 007	2 007	2 007	2 007	2 007	..	..
Femme	860	860	860	860	860	860	..	..

.. Non disponible

Note : Métadonnées détaillées : http://metalinks.oecd.org/fish/20150108/1a9a

Source : OCDE (2014), « Pêcheries : Emploi dans la pêche », Statistiques agricoles de l'OCDE (base de données). DOI: 10.1787/data-00219-fr

IRLANDE

Tableau 3. Débarquements nationaux dans les ports nationaux

	2006	2007	2008	2009	2010	2011	2012	2013
VOLUME (TONNES)								
Total poissons	**130 872**	**125 119**	**128 082**	**139 960**	**141 458**	..	..	..
Saumon	..	..	..	..	..	..	..	..
Saumon rose	..	..	..	..	..	..	..	..
Saumon keta	..	..	..	..	..	..	..	..
Saumon rouge	..	..	..	..	..	..	..	..
Saumon argenté	..	..	..	..	..	..	..	..
Autres saumons	..	..	..	..	..	..	..	..
Poissons plats	3 667	3 759	3 087	3 189	3 975	..	..	..
Flétan	1	1	1	2	2	..	..	..
Flétan noir	0	0	0	0	0	..	..	..
Sole	173	241	197	184	204	..	..	..
Plie	298	350	265	262	272	..	..	..
Autres poissons plats	3 195	3 167	2 623	2 742	3 498	..	..	..
Poissons de fond	19 600	20 573	15 897	20 059	19 689	..	..	..
Morue (Atlantique et Pacifique)	1 156	1 581	1 405	1 063	1 252	..	..	..
Églefin	2 560	3 483	3 710	3 990	3 469	..	..	..
Lieu	1 374	1 398	1 208	1 467	1 763	..	..	..
Morue du Pacifique occidental	..	..	..	..	0	..	..	..
Merlan	4 908	5 101	2 567	3 000	4 522	..	..	..
Merlu (toutes espèces)	986	1 307	1 321	1 597	2 004	..	..	..
Sébaste	2	54	1	..	10	..	..	..
Autres poissons de fond	8 614	7 649	5 684	8 942	6 670	..	..	..
Pélagiques	107 468	100 244	107 580	114 719	117 035	..	..	..
Chinchard	25 234	27 572	33 610	37 092	37 268	..	..	..
Maquereau	22 347	19 806	25 331	40 150	38 334	..	..	..
Hareng (Atlantique et Pacifique)	27 546	24 202	19 983	15 552	17 471	..	..	..
Sardine	707	68	236	..	0	..	..	..
Autres pélagiques	31 635	28 596	28 419	21 925	23 963	..	..	..
Thons	136	543	1 518	1 993	758	..	..	..
Listao	..	..	..	..	0	..	..	..
Thon rouge (nord et sud)	..	0	1	1	2	..	..	..
Germon	136	540	1 515	1 990	755	..	..	..
Albacore	..	0	..	..	0	..	..	..
Thon obèse	..	3	..	..	0	..	..	..
Autres thons	0	0	..	..	0	..	..	..
Espadon	..	..	2	1	1	..	..	..
Autres poissons	..	..	0	..	0	..	..	..
Total crustacés	**21 881**	**16 527**	**15 921**	**12 147**	**15 519**	..	..	..
Homard et langouste	5 860	306	497	394	475	..	..	..
Langoustine	6 198	9 100	9 070	7 009	7 631	..	..	..
Crevette	318	324	180	216	137	..	..	..
Autres crustacés	9 505	6 796	6 174	4 527	7 276	..	..	..
Total coquillages et mollusques	**34 425**	**23 392**	**5 211**	**7 678**	**4 898**	..	..	..
Huître	433	641	154	2 068	249	..	..	..
Moule	23 813	13 849	0	0	168	..	..	..
Coquille St-Jacques	847	964	1 112	2 646	1 966	..	..	..
Bivalves	722	676	136	134	236	..	..	..
Autres coquillages (incl. buccins)	8 471	7 103	3 474	2 690	2 079	..	..	..
Calmar	122	156	326	138	188	..	..	..
Seiche	1	0	1	0	0	..	..	..
Poulpe	16	3	8	2	12	..	..	..
Autres mollusques (incl. oursins)	0	0	..	0	0	..	..	..
Autres animaux marins	..	..	..	..	**0**	..	..	..
Plantes aquatiques	..	..	..	..	**0**	..	..	..
Algue brune	..	..	..	..	0	..	..	..
Algue rouge	..	..	..	..	0	..	..	..
Autres algues	..	..	..	..	0	..	..	..
Poisson pour transformation	..	..	..	..	..	..	..	..
TOTAL GÉNÉRAL	**187 178**	**165 038**	**149 214**	**159 785**	**161 874**	..	..	..

Tableau 3. Débarquements nationaux dans les ports nationaux *(suite)*

	2006	2007	2008	2009	2010	2011	2012	2013
VALEUR (EUR)								
Total poissons	**322 048 317**	**110 194 737**	**89 316 658**	**98 827 024**	**92 621 337**	..	..	..
Saumon	..	..	..	..	..	..	..	..
Saumon rose	..	..	..	..	..	..	..	..
Saumon keta	..	..	..	..	..	..	..	..
Saumon rouge	..	..	..	..	..	..	..	..
Saumon argenté	..	..	..	..	..	..	..	..
Autres saumons	..	..	..	..	..	..	..	..
Poissons plats	13 596 709	15 333 093	12 629 932	10 043 223	11 772 403	..	..	..
Flétan	12 104	11 494	7 367	15 069	20 460	..	..	..
Flétan noir	405	1 157	383	0	0	..	..	..
Sole	2 203 449	2 767 679	2 387 588	1 686 347	1 979 599	..	..	..
Plie	577 428	761 167	556 799	474 326	484 168	..	..	..
Autres poissons plats	10 803 322	11 791 597	9 677 796	7 867 481	9 288 176	..	..	..
Poissons de fond	36 927 364	62 125 808	34 629 177	35 150 387	35 723 588	..	..	..
Morue (Atlantique et Pacifique)	3 079 538	5 142 331	3 583 043	2 403 833	2 851 501	..	..	..
Églefin	4 099 833	5 882 897	6 246 249	5 142 223	4 716 667	..	..	..
Lieu	1 789 149	21 560 816	1 943 778	1 983 645	2 330 936	..	..	..
Morue du Pacifique occidental	..	..	..	..	0	..	..	..
Merlan	5 839 816	6 714 876	3 478 656	3 650 723	5 591 042	..	..	..
Merlu (toutes espèces)	3 137 027	3 958 523	3 410 474	3 218 827	3 708 259	..	..	..
Sébaste	1 667	26 075	2 045	..	0	..	..	..
Autres poissons de fond	18 980 335	18 840 289	15 964 932	18 751 136	16 525 183	..	..	..
Pélagiques	271 183 608	31 430 454	37 841 645	44 442 373	41 650 960	..	..	..
Chinchard	6 716 251	7 596 383	10 851 827	11 176 910	10 419 326	..	..	..
Maquereau	28 437 355	13 863 500	18 874 633	27 363 452	27 508 019	..	..	..
Hareng (Atlantique et Pacifique)	231 051 662	5 566 414	4 324 206	3 953 199	3 292 951	..	..	..
Sardine	84 792	8 604	29 087	..	3 000	..	..	..
Autres pélagiques	4 893 548	4 395 553	3 761 891	1 948 812	427 664	..	..	..
Thons	340 636	1 305 382	4 215 904	9 191 041	3 474 386	..	..	..
Listao	..	..	..	..	0	..	..	..
Thon rouge (nord et sud)	0	2 100	6 111	7 315	0	..	..	..
Germon	340 500	1 294 981	4 195 377	9 179 117	13 517	..	..	..
Albacore	..	180	..	..	3 454 507	..	..	..
Thon obèse	..	7 881	..	..	0	..	..	..
Autres thons	136	240	..	..	0	..	..	..
Espadon	..	0	14 416	4 609	6 362	..	..	..
Autres poissons	..	..	..	..	0	..	..	..
Total crustacés	**58 196 895**	**56 115 491**	**56 165 356**	**36 302 431**	**41 702 044**	..	..	..
Homard et langouste	9 080 970	4 478 923	6 527 351	4 631 481	5 616 552	..	..	..
Langoustine	30 615 044	38 909 296	37 661 271	22 622 576	23 939 504	..	..	..
Crevette	3 341 415	1 878 388	2 414 015	2 532 724	1 657 359	..	..	..
Autres crustacés	15 159 466	10 848 884	9 562 719	6 515 650	10 488 629	..	..	..
Total coquillages et mollusques	**37 022 809**	**26 837 509**	**18 878 289**	**21 296 307**	**19 734 551**	..	..	..
Huître	1 684 284	1 904 568	592 806	4 773 990	1 333 385	..	..	..
Moule	17 202 799	10 995 042	0	0	0	..	..	..
Coquille St-Jacques	7 647 519	4 801 270	11 549 933	11 074 022	10 415 581	..	..	..
Bivalves	2 524 768	1 837 604	243 164	95 007	674 441	..	..	..
Autres coquillages (incl. buccins	7 434 446	6 625 986	5 204 365	4 858 643	6 793 039	..	..	..
Calmar	515 231	668 300	1 271 848	490 119	500 171	..	..	..
Seiche	662	0	1 682	883	0	..	..	..
Poulpe	13 100	4 739	14 492	3 643	17 934	..	..	..
Autres mollusques (incl. oursins)	..	..	..	..	0	..	..	..
Autres animaux marins	..	..	..	..	..	..	..	..
Plantes aquatiques	..	..	..	..	**0**	..	..	..
Algue brune	..	..	..	..	0	..	..	..
Algue rouge	..	..	..	..	0	..	..	..
Autres algues	..	..	..	..	0	..	..	..
Poisson pour transformation	..	..	..	..	..	..	..	..
TOTAL GÉNÉRAL	**417 268 021**	**193 147 737**	**164 360 303**	**156 425 762**	**154 057 932**	..	..	..

.. Non disponible

Note : Métadonnées détaillées : http://metalinks.oecd.org/fish/20150108/14fd

Source : OCDE (2014), « Pêcheries : Débarquements nationaux dans les ports domestiques », Statistiques agricoles de l'OCDE (base de données). DOI: 10.1787/data-00222-fr

Tableau 4. Débarquements nationaux dans les ports étrangers

	2006	2007	2008	2009	2010	2011	2012	2013
VOLUME (TONNES)								
Total poissons	**86 137**	**51 967**	**51 245**	**65 527**	**128 136**	..	..	..
Saumon	..	..	..	..	..	..	..	..
Saumon rose	..	0	0	0	..	..	..	..
Saumon keta	..	0	0	0	..	..	..	..
Saumon rouge	..	0	0	0	..	..	..	..
Saumon argenté	..	0	0	0	..	..	..	..
Autres saumons	..	0	0	0	..	..	..	..
Poissons plats	253	135	65	8	114	..	..	..
Flétan	3	8	2	0	0	..	..	..
Flétan noir	0	0	0	0	0	..	..	..
Sole	55	38	19	0	1	..	..	..
Plie	38	28	11	0	1	..	..	..
Autres poissons plats	156	61	33	7	113	..	..	..
Poissons de fond	1 024	500	317	267	268	..	..	..
Morue (Atlantique et Pacifique)	438	15	120	1	20	..	..	..
Églefin	91	66	12	3	39	..	..	..
Lieu	35	11	3	16	15	..	..	..
Morue du Pacifique occidental	0	0	0	0	0	..	..	..
Merlan	21	24	0	4	9	..	..	..
Merlu (toutes espèces)	115	121	71	20	44	..	..	..
Sébaste	13	7	0	1	0	..	..	..
Autres poissons de fond	312	257	111	222	142	..	..	..
Pélagiques	84 681	51 327	50 833	65 196	127 734	..	..	..
Chinchard	3 675	2 209	2 910	3 949	6 855	..	..	..
Maquereau	16 304	18 297	19 564	21 270	19 909	..	..	..
Hareng (Atlantique et Pacifique)	5 621	6 622	8 080	10 702	9 192	..	..	..
Sardine	574	14	0	9 241	5	..	..	..
Autres pélagiques	58 507	24 184	20 278	20 033	91 773	..	..	..
Thons	179	6	29	57	19	..	..	..
Listao	0	0	0	0	6	..	..	..
Thon rouge (nord et sud)	1	0	0	0	0	..	..	..
Germon	177	6	7	0	0	..	..	..
Albacore	0	0	0	0	0	..	..	..
Thon obèse	0	0	0	0	0	..	..	..
Autres thons	0	0	23	57	14	..	..	..
Espadon	1	0	0	0	0	..	..	..
Autres poissons	..	..	0	..	..	..	..	..
Total crustacés	**1 019**	**1 529**	**1 468**	**2 010**	**1 950**	..	..	..
Homard et langouste	5	0	1	4	0	..	..	..
Langoustine	154	204	153	104	128	..	..	..
Crevette	1	0	0	0	0	..	..	..
Autres crustacés	859	1 324	1 315	1 902	1 822	..	..	..
Total coquillages et mollusques	**193**	**119**	**5**	**2**	**870**	..	..	..
Huître	0	0	0	0	0	..	..	..
Moule	0	0	0	0	850	..	..	..
Coquille St-Jacques	19	14	3	0	9	..	..	..
Bivalves	0	0	0	0	0	..	..	..
Autres coquillages (incl. buccins)	153	99	0	0	0	..	..	..
Calmar	16	5	2	2	4	..	..	..
Seiche	1	0	0	0	0	..	..	..
Poulpe	4	1	1	0	7	..	..	..
Autres mollusques (incl. oursins)	0	0	0	0	0	..	..	..
Autres animaux marins	..	..	**0**	**0**	**0**	..	..	..
Plantes aquatiques	..	..	..	..	..	..	..	..
Algue brune	..	0	0	0	0	..	..	..
Algue rouge	..	0	0	0	0	..	..	..
Autres algues	..	0	0	0	0	..	..	..
Poisson pour transformation	..	..	..	..	..	..	..	..
TOTAL GÉNÉRAL	**87 348**	**53 614**	**52 718**	**67 539**	**130 995**	..	..	..

Tableau 4. Débarquements nationaux dans les ports étrangers *(suite)*

	2006	2007	2008	2009	2010	2011	2012	2013
VALEUR (EUR)								
Total poissons	**82 231 503**	**34 538 566**	**21 235 853**	**22 008 329**	**20 531 030**	..	..	..
Saumon	..	..	..	..	..	..	..	..
Saumon rose	..	0	0	0	..	..	..	..
Saumon keta	..	0	0	0	..	..	..	..
Saumon rouge	..	0	0	0	..	..	..	..
Saumon argenté	..	0	0	0	..	..	..	..
Autres saumons	..	0	0	0	..	..	..	..
Poissons plats	1 340 363	796 774	403 236	24 120	307 843	..	..	..
Flétan	34 252	78 076	29 517	0	0	..	..	..
Flétan noir	0	0	0	0	0	..	..	..
Sole	704 392	430 477	229 634	2 383	6 789	..	..	..
Plie	74 432	61 398	23 365	561	1 247	..	..	..
Autres poissons plats	527 287	226 824	120 721	21 176	299 807	..	..	..
Poissons de fond	2 446 972	1 361 599	826 835	539 464	561 757	..	..	..
Morue (Atlantique et Pacifique)	1 166 014	47 807	306 308	1 832	45 323	..	..	..
Églefin	145 124	110 635	20 950	3 840	52 491	..	..	..
Lieu	45 448	169 637	4 507	21 716	19 434	..	..	..
Morue du Pacifique occidental	0	0	0	0	0	..	..	..
Merlan	24 866	31 332	0	5 294	10 634	..	..	..
Merlu (toutes espèces)	365 133	366 586	182 507	40 228	81 624	..	..	..
Sébaste	12 431	3 499	278	1 665	0	..	..	..
Autres poissons de fond	687 956	632 104	312 285	464 891	352 290	..	..	..
Pélagiques	77 988 767	32 366 731	19 949 818	21 353 544	19 573 401	..	..	..
Chinchard	978 141	608 521	939 401	1 189 956	1 916 436	..	..	..
Maquereau	20 747 456	12 807 900	14 577 536	14 495 793	14 286 598	..	..	..
Hareng (Atlantique et Pacifique)	47 143 900	15 231 152	1 748 566	2 720 370	1 732 472	..	..	..
Sardine	68 927	1 752	0	1 166 742	0	..	..	..
Autres pélagiques	9 050 342	3 717 407	2 684 315	1 780 683	1 637 895	..	..	..
Thons	455 401	13 461	55 963	91 200	88 029	..	..	..
Listao	0	19	0	0	0	..	..	..
Thon rouge (nord et sud)	7 700	0	0	0	0	..	..	..
Germon	442 501	13 442	18 690	0	0	..	..	..
Albacore	0	0	0	0	0	..	..	..
Thon obèse	0	0	0	0	0	..	..	..
Autres thons	0	0	36 800	91 200	0	..	..	..
Espadon	5 201	0	474	0	0	..	..	..
Autres poissons	..	..	0	..	0	..	..	..
Total crustacés	**858 502**	**2 994 274**	**2 677 747**	**3 117 935**	**3 031 251**	..	..	..
Homard et langouste	49 000	7 192	7 240	44 055	4 727	..	..	..
Langoustine	761 622	873 982	633 545	335 931	400 006	..	..	..
Crevette	12 000	0	0	0	0	..	..	..
Autres crustacés	35 880	2 113 100	2 036 962	2 737 949	2 626 518	..	..	..
Total coquillages et mollusques	**380 711**	**183 812**	**38 522**	**6 355**	**67 673**	..	..	..
Huître	0	0	0	0	0	..	..	..
Moule	0	0	0	0	0	..	..	..
Coquille St-Jacques	175 163	68 551	29 746	0	46 082	..	..	..
Bivalves	0	0	0	0	0	..	..	..
Autres coquillages (incl. buccins	134 214	91 903	0	0	0	..	..	..
Calmar	67 300	20 972	7 858	6 309	11 168	..	..	..
Seiche	966	242	0	0	0	..	..	..
Poulpe	3 069	2 145	918	46	10 423	..	..	..
Autres mollusques (incl. oursins)	0	0	0	0	0	..	..	..
Autres animaux marins	..	..	**0**	**0**	**0**	..	..	..
Plantes aquatiques	..	..	..	..	**0**	..	..	..
Algue brune	..	0	0	0	0	..	..	..
Algue rouge	..	0	0	0	0	..	..	..
Autres algues	..	0	0	0	0	..	..	..
Poisson pour transformation	..	..	..	..	0	..	..	..
TOTAL GÉNÉRAL	**83 470 716**	**37 716 652**	**23 952 122**	**25 132 619**	**23 629 954**	..	..	..

.. Non disponible

Note : Métadonnées détaillées : http://metalinks.oecd.org/fish/20150108/9f46

Source : OCDE (2014), « Pêcheries : Débarquements nationaux dans les ports étrangers », Statistiques agricoles de l'OCDE (base de données). DOI: 10.1787/data-00223-fr

IRLANDE

Tableau 5. Débarquements étrangers dans les ports nationaux

	2006	2007	2008	2009	2010	2011	2012	2013
VOLUME (TONNES)								
Total poissons	**20 181**	**30 215**	**71 892**	**63 091**	**79 693**	..	..	..
Saumon	..	..	..	..	..	..	..	..
Saumon rose	..	..	..	..	..	..	..	..
Saumon keta	..	..	..	..	..	..	..	..
Saumon rouge	..	..	..	..	..	..	..	..
Saumon argenté	..	..	..	..	..	..	..	..
Autres saumons	..	..	..	..	..	..	..	..
Poissons plats	1 277	1 500	1 622	2 258	2 727	..	..	..
Flétan	0	0	0	1	0	..	..	..
Flétan noir	0	..	..	..	0	..	..	..
Sole	17	15	12	19	19	..	..	..
Plie	15	21	18	26	18	..	..	..
Autres poissons plats	1 245	1 464	1 592	2 211	2 690	..	..	..
Poissons de fond	10 777	13 310	13 033	18 005	14 898	..	..	..
Morue (Atlantique et Pacifique)	30	53	38	108	39	..	..	..
Églefin	281	389	350	1 584	616	..	..	..
Lieu	124	117	90	152	115	..	..	..
Morue du Pacifique occidental	..	..	..	..	0	..	..	..
Merlan	209	125	83	63	99	..	..	..
Merlu (toutes espèces)	6 091	7 405	6 263	9 664	8 234	..	..	..
Sébaste	7	12	11	18	103	..	..	..
Autres poissons de fond	4 035	5 209	6 199	6 417	5 692	..	..	..
Pélagiques	8 128	15 335	57 237	42 805	62 024	..	..	..
Chinchard	7	16	2 030	418	1 889	..	..	..
Maquereau	6	1	407	1 850	520	..	..	..
Hareng (Atlantique et Pacifique)	..	1 521	..	..	0	..	..	..
Sardine	..	..	..	..	0	..	..	..
Autres pélagiques	8 115	13 798	54 800	40 537	59 615	..	..	..
Thons	..	70	0	24	44	..	..	..
Listao	..	..	..	..	0	..	..	..
Thon rouge (nord et sud)	..	..	..	..	0	..	..	..
Germon	..	69	0	24	44	..	..	..
Albacore	..	..	..	..	0	..	..	..
Thon obèse	..	..	..	..	0	..	..	..
Autres thons	..	..	..	..	0	..	..	..
Espadon	..	1	0	..	0	..	..	..
Autres poissons	..	..	..	..	0	..	..	..
Total crustacés	**1 548**	**1 410**	**1 034**	**1 054**	**741**	..	..	..
Homard et langouste	6	1	1	1	1	..	..	..
Langoustine	412	270	321	428	250	..	..	..
Crevette	..	0	0	1	0	..	..	..
Autres crustacés	1 130	1 139	711	624	490	..	..	..
Total coquillages et mollusques	**258**	**165**	**538**	**365**	**907**	..	..	..
Huître	..	..	..	..	0	..	..	..
Moule	..	..	..	..	0	..	..	..
Coquille St-Jacques	33	1	212	162	755	..	..	..
Bivalves	..	..	..	12	0	..	..	..
Autres coquillages (incl. buccins	..	..	87	55	26	..	..	..
Calmar	176	107	208	121	104	..	..	..
Seiche	0	0	1	1	0	..	..	..
Poulpe	49	57	30	14	22	..	..	..
Autres mollusques (incl. oursins)	..	..	..	..	0	..	..	..
Autres animaux marins	..	..	..	..	..	..	..	..
Plantes aquatiques	..	..	..	..	..	..	..	..
Algue brune	..	..	..	..	..	..	..	..
Algue rouge	..	..	..	..	..	..	..	..
Autres algues	..	..	..	..	..	..	..	..
Poisson pour transformation	..	..	..	..	..	..	..	..
TOTAL GÉNÉRAL	**21 987**	**31 790**	**73 464**	**64 511**	**81 341**	..	..	..

Tableau 5. Débarquements étrangers dans les ports nationaux *(suite)*

	2006	2007	2008	2009	2010	2011	2012	2013
VALEUR (EUR)								
Total poissons	**34 092 465**	**43 111 834**	**45 562 056**	**67 462 168**	**51 422 406**	..	..	..
Saumon	..	..	..	..	..	..	..	..
Saumon rose	..	..	..	..	..	..	..	..
Saumon keta	..	..	..	..	..	..	..	..
Saumon rouge	..	..	..	..	..	..	..	..
Saumon argenté	..	..	..	..	..	..	..	..
Autres saumons	..	..	..	..	..	..	..	..
Poissons plats	3 702 729	4 269 975	4 267 929	5 470 451	5 992 755	..	..	..
Flétan	1 888	1 466	1 459	12 734	513	..	..	..
Flétan noir	135	..	..	..	0	..	..	..
Sole	193 348	172 251	170 435	179 290	182 554	..	..	..
Plie	28 807	43 788	31 648	59 446	35 133	..	..	..
Autres poissons plats	3 478 551	4 052 470	4 064 387	5 218 981	5 774 555	..	..	..
Poissons de fond	29 132 469	36 015 202	33 954 584	36 225 959	37 822 894	..	..	..
Morue (Atlantique et Pacifique)	83 800	138 749	95 269	249 416	88 842	..	..	..
Églefin	463 662	653 019	565 877	2 068 226	826 752	..	..	..
Lieu	114 843	124 799	97 057	164 982	136 040	..	..	..
Morue du Pacifique occidental	..	..	..	..	0	..	..	..
Merlan	240 163	146 040	105 594	76 516	132 843	..	..	..
Merlu (toutes espèces)	18 104 801	20 944 478	13 253 548	17 166 146	11 802 553	..	..	..
Sébaste	8 423	10 024	10 647	17 427	31 725	..	..	..
Autres poissons de fond	10 116 776	13 998 093	19 826 592	16 483 246	13 179 628	..	..	..
Pélagiques	1 257 268	2 658 596	7 338 657	25 667 430	13 419 099	..	..	..
Chinchard	1 826	4 326	586 695	19 117 080	550 108	..	..	..
Maquereau	5 205	701	248 717	1 363 057	337 242	..	..	..
Hareng (Atlantique et Pacifique)	..	349 830	..	..	0	..	..	..
Sardine	..	..	..	..	0	..	..	..
Autres pélagiques	1 250 237	2 303 740	6 503 245	5 187 293	12 531 749	..	..	..
Thons	..	168 061	885	98 328	180 413	..	..	..
Listao	..	..	..	..	0	..	..	..
Thon rouge (nord et sud)	..	..	..	..	0	..	..	..
Germon	..	160 488	430	98 328	180 413	..	..	..
Albacore	..	..	..	..	0	..	..	..
Thon obèse	..	..	..	..	0	..	..	..
Autres thons	..	..	..	..	0	..	..	..
Espadon	..	7 573	455	..	0	..	..	..
Autres poissons	..	..	..	..	0	..	..	..
Total crustacés	**6 066 400**	**4 471 193**	**3 115 179**	**2 556 065**	**1 943 045**	..	..	..
Homard et langouste	85 985	11 406	13 007	8 315	10 494	..	..	..
Langoustine	4 391 577	2 712 593	2 157 543	1 908 485	1 280 849	..	..	..
Crevette	..	5 388	0	18 360	2 030	..	..	..
Autres crustacés	1 588 838	1 741 806	944 629	620 905	649 672	..	..	..
Total coquillages et mollusques	**614 864**	**515 129**	**1 091 201**	**605 703**	**1 317 582**	..	..	..
Huître	..	..	..	..	0	..	..	..
Moule	..	..	..	..	0	..	..	..
Coquille St-Jacques	39 428	2 000	372 147	197 811	946 463	..	..	..
Bivalves	..	..	..	4 653	0	..	..	..
Autres coquillages (incl. buccins	..	..	113 838	85 657	85 751	..	..	..
Calmar	497 121	418 988	552 587	294 839	250 552	..	..	..
Seiche	330	232	2 200	1 868	28	..	..	..
Poulpe	77 985	93 909	50 429	20 875	34 616	..	..	..
Autres mollusques (incl. oursins)	..	..	..	..	172	..	..	..
Autres animaux marins	..	..	..	..	**0**	..	..	..
Plantes aquatiques	..	..	..	..	**0**	..	..	..
Algue brune	..	..	..	..	0	..	..	..
Algue rouge	..	..	..	..	0	..	..	..
Autres algues	..	..	..	..	0	..	..	..
Poisson pour transformation	..	..	..	..	0	..	..	..
TOTAL GÉNÉRAL	**40 773 730**	**48 098 155**	**49 768 436**	**70 623 935**	**54 683 033**	..	..	..

.. Non disponible

Note : Métadonnées détaillées : http://metalinks.oecd.org/fish/20150108/4dea

Source : OCDE (2014), « Pêcheries : Débarquements étrangers dans les ports domestiques », Statistiques agricoles de l'OCDE (base de données). DOI: 10.1787/data-00224-fr

IRLANDE

Tableau 6. Production de l'aquaculture

	2006	2007	2008	2009	2010	2011	2012	2013
VOLUME (TONNES)								
Poissons	**12 726**	**11 190**	**11 118**	**13 843**	..	..	..	..
Saumon de l'Atlantique	11 174	9 923	9 217	12 210	..	..	..	..
Saumon du Pacifique	..	..	..	..	..	..	..	..
Truite arc-en-ciel	1 516	1 267	1 729	1 374	..	..	..	..
dont : d'eau de mer	546	507	930	478	..	..	..	..
dont : d'eau douce	970	760	799	896	..	..	..	..
Truite de mer	..	..	..	..	..	..	..	..
Poisson plat	36	..	..	..	..	..	..	..
Dorade	..	..	..	..	..	..	..	..
Bar	..	..	..	..	..	..	..	..
Loup	..	..	..	..	..	..	..	..
Carpe	..	..	..	..	..	..	..	..
Tilapia	..	..	..	..	..	..	..	..
Anguille	..	..	..	..	..	..	..	..
Autres poissons	..	..	172	259	..	..	..	..
Coquillages et crustacés	**74 746**	**37 132**	**33 887**	**33 566**	..	..	..	..
Huître, comestible	6 871	7 414	6 577	6 846	..	..	..	..
Huître, perle	..	..	..	..	..	..	..	..
Moule	67 543	29 490	27 060	26 502	..	..	..	..
Coquille St.-Jacques	87	58	59	55	..	..	..	..
Bivalves	245	170	187	162	..	..	..	..
Crevette et bouquet	..	..	..	..	..	..	..	..
Autres coquillages et crustacés	..	0	4	0	..	..	..	..
Total poissons, coquillages et crustacés	**87 472**	**48 322**	**45 005**	**47 408**	..	..	..	..
Autres animaux marins	..	..	..	..	..	..	..	..
Plantes aquatiques	..	..	..	..	..	..	..	..
Algue brune	..	..	3	..	..	..	..	..
Algue rouge	..	..	..	..	..	..	..	..
Algue verte	..	..	..	..	..	..	..	..
Autres plantes aquatiques	..	..	..	..	..	..	..	..
TOTAL GÉNÉRAL	**87 472**	**48 322**	**45 008**	**47 408**	..	..	..	..
VALEUR (EUR)								
Poissons	**58 034 000**	**55 252 000**	**54 704 368**	**71 992 980**	..	..	..	..
Saumon de l'Atlantique	52 711 000	51 294 000	47 117 018	65 368 033	..	..	..	..
Saumon du Pacifique	..	..	..	..	..	..	..	..
Truite arc-en-ciel	5 102 000	3 958 000	5 898 000	4 245 947	..	..	..	..
dont : d'eau de mer	2 444 000	1 931 000	3 675 000	1 667 422	..	..	..	..
dont : d'eau douce	2 658 000	2 027 000	2 223 000	2 578 525	..	..	..	..
Truite de mer	..	..	..	..	..	..	..	..
Poisson plat	221 000	..	..	..	..	..	..	..
Dorade	..	..	..	..	..	..	..	..
Bar	..	..	..	..	..	..	..	..
Loup	..	..	..	..	..	..	..	..
Carpe	..	..	..	..	..	..	..	..
Tilapia	..	..	..	..	..	..	..	..
Anguille	..	..	..	..	..	..	..	..
Autres poissons	..	..	1 689 350	2 379 000	..	..	..	..
Coquillages et crustacés	**63 248 000**	**47 194 000**	**39 187 817**	**34 573 421**	..	..	..	..
Huître, comestible	16 564 000	17 020 000	13 791 219	15 139 715	..	..	..	..
Huître, perle	..	..	..	..	..	..	..	..
Moule	44 901 000	28 690 000	23 712 459	17 926 145	..	..	..	..
Coquille St.-Jacques	200 000	338 000	339 250	385 811	..	..	..	..
Bivalves	1 382 000	1 038 000	1 188 500	1 093 000	..	..	..	..
Crevette et bouquet	..	..	..	..	..	..	..	..
Autres coquillages et crustacés	201 000	108 000	156 389	28 750	..	..	..	..
Total poissons, coquillages et crustacés	**121 282 000**	**102 446 000**	**93 892 185**	**106 566 401**	..	..	..	..
Autres animaux marins	..	..	..	..	..	..	..	..
Plantes aquatiques	..	..	..	..	..	..	..	..
Algue brune	..	..	..	..	..	..	..	..
Algue rouge	..	..	..	..	..	..	..	..
Algue verte	..	..	..	..	..	..	..	..
Autres plantes aquatiques	..	..	..	..	..	..	..	..
TOTAL GÉNÉRAL	**121 282 000**	**102 446 000**	**93 892 185**	**106 566 401**	..	..	..	..

.. Non disponible

Note : Métadonnées détaillées : http://metalinks.oecd.org/fish/20150108/017c

Source : OCDE (2014), « Pêcheries : Production de l'aquaculture », Statistiques agricoles de l'OCDE (base de données). DOI: 10.1787/data-00225-fr

Tableau 7. Transferts financiers publics (TFP)

Milliers EUR

	2006	2007	2008	2009	2010	2011	2012	2013
Contribution nationale aux TFP								
Pêche maritime	**3 904**	**126 501**	**148 530**	**137 575**	..	..	..	..
Paiements directs	3 151	996	7 042	6 021	..	..	..	..
Désarmement des navires et retrait des licences	3 151	0	4 576	4 576	..	..	..	..
Indemnisation des catastrophes	..	..	..	..	..	..	..	..
Aides : équipement, modernisation, construction de navire	..	913	1 363	358	..	..	..	..
Aide au revenu et assurance chômage	..	83	1 103	1 088	..	..	..	..
Autres paiements directs	..	..	..	..	..	..	..	..
Transferts réduisant les coûts	753	..	..	..	..	..	..	..
Prêts subventionnés : équipement, modernisation, construction de navire	117	..	..	..	..	..	..	..
Bonification d'intérêts	..	..	..	..	..	..	..	..
Exonération de taxe sur carburant	..	..	..	..	..	..	..	..
Ristourne et subvention à l'assurance	..	..	..	..	..	..	..	..
Allègement d'impôt sur le revenu, contrib. sociales impayées	..	..	..	..	..	..	..	..
Autres transferts réduisant les coûts	636	..	..	..	..	..	..	..
Services généraux	..	125 505	141 487	131 553	..	..	..	..
Gestion des pêcheries	..	..	..	..	..	..	..	..
Recherche halieutique	..	2 236	2 688	1 848	..	..	..	..
Police des pêches	..	100 000	100 000	100 000	..	..	..	..
Infrastructure des pêcheries	..	3 880	19 147	14 885	..	..	..	..
Autres services généraux	..	19 389	19 653	14 821	..	..	..	..
Recouvrement des coûts	..	..	..	..	..	..	..	..
Aquaculture	**1 172**	**2 840**	**1 978**	**1 790**	..	..	..	..
Paiements directs	..	1 406	676	776	..	..	..	..
Aides : développement aquacole	..	1 406	676	776	..	..	..	..
Indemnisation des catastrophes	..	..	..	..	..	..	..	..
Autres paiements directs	..	..	..	..	..	..	..	..
Transferts réduisant les coûts	1 172	..	..	..	..	..	..	..
Prêts subventionnés : développement aquacole	1 172	..	..	..	..	..	..	..
Autres transferts réduisant les coûts	..	..	..	..	..	..	..	..
Services généraux	..	1 434	1 302	1 014	..	..	..	..
Gestion, recherche et police de l'aquaculture	..	1 434	1 302	1 014	..	..	..	..
Infrastructure aquacole	..	..	..	..	..	..	..	..
Autres services généraux	..	..	..	..	..	..	..	..
Recouvrement des coûts	..	..	..	..	..	..	..	..
Commercialisation et transformation	..	**1 760**	**1 390**	**263**	..	..	..	..
Paiements directs	..	1 760	1 390	263	..	..	..	..
Aides : commercialisation et transformation	..	1 760	1 390	263	..	..	..	..
Autres paiements directs	..	..	..	..	..	..	..	..
Transferts réduisant les coûts	..	..	..	..	..	..	..	..
Prêts subventionnés : commercialisation et transformation	..	..	..	..	..	..	..	..
Autres transferts réduisant les coûts	..	..	..	..	..	..	..	..
Services généraux	..	..	..	..	..	..	..	..
Aquaculture	..	..	..	..	..	..	..	..
Autres services généraux	..	..	..	..	..	..	..	..
Recouvrement des coûts	..	..	..	..	..	..	..	..
Total	**5 076**	**131 101**	**151 897**	**139 628**	..	..	..	..

IRLANDE

Tableau 7. Transferts financiers publics (TFP) *(suite)*

Milliers EUR

	2006	2007	2008	2009	2010	2011	2012	2013
Contribution européenne aux TFP								
Pêche maritime	**11 890**	**19 728**	**19 671**	**15 535**	**..**	**..**	**..**	**..**
Paiements directs	8 712	3 574	19 609	15 501	..	..	..	..
Désarmement des navires et retrait des licences	8 712	..	13 727	13 727	..	..	..	..
Indemnisation des catastrophes	..	..	..	..	..	..	..	..
Aides : équipement, modernisation, construction de navire	..	3 490	5 839	1 747	..	..	..	..
Aide au revenu et assurance chômage	..	83	43	28	..	..	..	..
Autres paiements directs	..	..	..	..	..	..	..	..
Transferts réduisant les coûts	3 178	..	..	..	..	..	..	..
Prêts subventionnés : équipement, modernisation, construction de navire	807	..	..	..	..	..	..	..
Bonification d'intérêts	..	..	..	..	..	..	..	..
Exonération de taxe sur carburant	..	..	..	..	..	..	..	..
Ristourne et subvention à l'assurance	..	..	..	..	..	..	..	..
Allègement d'impôt sur le revenu, contrib. sociales impayées	..	..	..	..	..	..	..	..
Autres transferts réduisant les coûts	2 371	..	..	..	..	..	..	..
Services généraux	..	16 154	62	34	..	..	..	..
Gestion des pêcheries	..	..	..	..	..	..	..	..
Recherche halieutique	..	5	62	34	..	..	..	..
Police des pêches	..	..	..	..	..	..	..	..
Infrastructure des pêcheries	..	16 150	..	..	..	..	..	..
Autres services généraux	..	..	..	..	..	..	..	..
Recouvrement des coûts	..	..	..	..	..	..	..	..
Aquaculture	**3 614**	**5 759**	**2 232**	**3 560**	**..**	**..**	**..**	**..**
Paiements directs	..	5 477	2 126	3 551	..	..	..	..
Aides : développement aquacole	..	5 477	2 126	3 551	..	..	..	..
Indemnisation des catastrophes	..	..	..	..	..	..	..	..
Autres paiements directs	..	..	..	..	..	..	..	..
Transferts réduisant les coûts	3 614	..	..	..	..	..	..	..
Prêts subventionnés : développement aquacole	3 614	..	..	..	..	..	..	..
Autres transferts réduisant les coûts	..	..	..	..	..	..	..	..
Services généraux	..	281	106	10	..	..	..	..
Gestion, recherche et police de l'aquaculture	..	281	106	10	..	..	..	..
Infrastructure aquacole	..	..	..	..	..	..	..	..
Autres services généraux	..	..	..	..	..	..	..	..
Recouvrement des coûts	..	..	..	..	..	..	..	..
Commercialisation et transformation	**..**	**..**	**..**	**..**	**..**	**..**	**..**	**..**
Paiements directs	..	..	..	..	..	..	..	..
Aides : commercialisation et transformation	..	..	..	..	..	..	..	..
Autres paiements directs	..	..	..	..	..	..	..	..
Transferts réduisant les coûts	..	..	..	..	..	..	..	..
Prêts subventionnés : commercialisation et transformation	..	..	..	..	..	..	..	..
Autres transferts réduisant les coûts	..	..	..	..	..	..	..	..
Services généraux	..	..	..	..	..	..	..	..
Aquaculture	..	..	..	..	..	..	..	..
Autres services généraux	..	..	..	..	..	..	..	..
Recouvrement des coûts	..	..	..	..	..	..	..	..
Total	**15 504**	**25 486**	**21 903**	**19 096**	**..**	**..**	**..**	**..**

Tableau 7. Transferts financiers publics (TFP) *(suite)*

Milliers EUR

	2006	2007	2008	2009	2010	2011	2012	2013
Total des TFP								
Pêche maritime	**15 794**	**146 229**	**168 200**	**153 110**	..	..	..	..
Paiements directs	11 863	4 570	26 651	21 523	..	..	..	..
Désarmement des navires et retrait des licences	11 863	0	18 303	18 303	..	..	..	..
Indemnisation des catastrophes	..	..	..	..	..	..	..	..
Aides : équipement, modernisation, construction de navire	..	4 403	7 202	2 105	..	..	..	..
Aide au revenu et assurance chômage	..	167	1 147	1 116	..	..	..	..
Autres paiements directs	..	..	..	..	..	..	..	..
Transferts réduisant les coûts	3 931	..	..	..	..	..	..	..
Prêts subventionnés : équipement, modernisation, construction de navire	924	..	..	..	..	..	..	..
Bonification d'intérêts	..	..	..	..	..	..	..	..
Exonération de taxe sur carburant	..	..	..	..	..	..	..	..
Ristourne et subvention à l'assurance	..	..	..	..	..	..	..	..
Allègement d'impôt sur le revenu, contrib. sociales impayées	..	..	..	..	..	..	..	..
Autres transferts réduisant les coûts	3 007	..	..	..	..	..	..	..
Services généraux	..	141 659	141 549	131 587	..	..	..	..
Gestion des pêcheries	..	..	..	..	..	..	..	..
Recherche halieutique	..	2 240	2 749	1 882	..	..	..	..
Police des pêches	..	100 000	100 000	100 000	..	..	..	..
Infrastructure des pêcheries	..	20 030	19 147	14 885	..	..	..	..
Autres services généraux	..	19 389	19 653	14 821	..	..	..	..
Recouvrement des coûts	..	..	..	..	..	..	..	..
Aquaculture	**4 786**	**8 598**	**4 210**	**5 350**	..	..	..	..
Paiements directs	..	6 883	2 802	4 327	..	..	..	..
Aides : développement aquacole	..	6 883	2 802	4 327	..	..	..	..
Indemnisation des catastrophes	..	..	..	..	..	..	..	..
Autres paiements directs	..	..	..	..	..	..	..	..
Transferts réduisant les coûts	4 786	..	..	..	..	..	..	..
Prêts subventionnés : développement aquacole	4 786	..	..	..	..	..	..	..
Autres transferts réduisant les coûts	..	..	..	..	..	..	..	..
Services généraux	..	1 715	1 408	1 023	..	..	..	..
Gestion, recherche et police de l'aquaculture	..	1 715	1 408	1 023	..	..	..	..
Infrastructure aquacole	..	..	..	..	..	..	..	..
Autres services généraux	..	..	..	..	..	..	..	..
Recouvrement des coûts	..	..	..	..	..	..	..	..
Commercialisation et transformation	**..**	**1 760**	**1 390**	**263**	..	..	..	..
Paiements directs	..	1 760	1 390	263	..	..	..	..
Aides : commercialisation et transformation	..	1 760	1 390	263	..	..	..	..
Autres paiements directs	..	..	..	..	..	..	..	..
Transferts réduisant les coûts	..	..	..	..	..	..	..	..
Prêts subventionnés : commercialisation et transformation	..	..	..	..	..	..	..	..
Autres transferts réduisant les coûts	..	..	..	..	..	..	..	..
Services généraux	..	..	..	..	..	..	..	..
Aquaculture	..	..	..	..	..	..	..	..
Autres services généraux	..	..	..	..	..	..	..	..
Recouvrement des coûts	..	..	..	..	..	..	..	..
Total	**20 580**	**156 587**	**173 800**	**158 723**	..	..	..	..

.. Non disponible

Note : Métadonnées détaillées : http://metalinks.oecd.org/fish/20150108/2751

Source : OCDE (2014), « Pêcheries : Transferts financiers publics », Statistiques agricoles de l'OCDE (base de données). DOI: 10.1787/data-00220-fr

IRLANDE

Tableau 8. Importations par produit

		2009		2010		2011		2012		2013	
		Tonnes	USD	Tonnes	USD	Tonnes	USD	Tonnes	USD	Tonnes	USD
03	**Poisson, crustacés et mollusques**	..	**125 132 795**	..	**148 547 494**	..	**164 865 590**	..	**157 164 983**	..	**162 346 759**
0302	**Poisson, frais ou réfrigéré, excl. 0304**	**18 354 988**	**32 356 764**	**42 033 760**	**48 548 215**	**16 241 982**	**51 992 781**	**40 058 686**	**62 504 775**	**40 058 686**	**64 565 576**
030211	Truite	163 859	1 012 550	243 347	1 667 203	124 413	955 662	559 531	2 912 044	559 531	3 008 055
030212	Saumon (Pacifique, Atlantique et Danube)	1 638 097	11 002 505	1 983 979	14 793 506	2 588 525	18 814 721	2 111 163	16 976 967	2 111 163	17 536 703
030219	Salmonidés nra	60 495	516 753	6 864	36 613	4 016	32 824	384 657	2 089 443	384 657	2 158 333
030221	Flétan	56 932	729 206	84 315	1 111 138	48 741	588 726	39 145	360 704	39 145	372 597
030222	Plie, carrelet	70 771	412 824	47 663	292 752	49 687	262 092	73 151	455 381	73 151	470 395
030223	Sole	35 255	278 914	10 375	97 093	6 908	79 789	58 515	222 885	58 515	230 233
030229	Poissons plats nra	251	1 745	352	2 492	1 905	35 474	303 586	2 512 166	303 586	2 594 993
030231	Thon blanc/germon	100 449	487 377	66 125	287 220	66 093	374 658	61 906	524 036	61 906	541 313
030232	Albacore (thon jaune)	22 013	355 279	53 297	891 739	56 246	1 005 714	41 290	706 446	41 290	729 738
030233	Listaos/bonite à ventre rayé	3 030	20 455	4 466	70 346	127 466	812 597	100 267	755 128	100 267	780 024
030239	Thonidés nra	6 768	38 727	7 841	58 009	3 803	50 175	6 047	75 725	6 047	78 221
030240	Hareng	18 191	69 202	11 596	46 936	44 655	195 237	31 157	136 484	31 157	140 984
030250	Morue	417 102	2 408 976	399 047	2 533 678	532 624	3 158 285	1 147 577	6 140 136	1 147 577	6 342 578
030261	Sardines	66 222	263 724	20 334	64 948	10 244	94 954	15 899	93 611	15 899	96 697
030262	Églefin	125 277	641 852	103 893	584 083	94 994	760 011	100 766	512 196	100 766	529 083
030263	Lieu noir	735	3 492	799	1 720	1 219	5 386	108 363	637 167	..	..
030264	Maquereau	43 355	50 498	28 638	38 831	77 646	481 960	58 801	499 331	58 801	515 795
030265	Aiguillat et autres squalidés	9 812	58 738	9 831	19 399	86 107	71 884	48 392	72 234	48 392	74 616
030266	Anguille	1 002	7 194	..	..	8 297	26 897	3 462	5 668	3 462	5 855
030269	Poisson nra	15 515 372	13 996 753	38 950 998	25 950 510	12 308 141	24 182 612	34 888 881	27 305 170	34 888 881	28 205 430
030270	Foies, oeufs et laitances	..	..	..	..	252	3 123	24 493	149 019	24 493	153 932
0303	**Poisson, congelé, excl. 0304**	**3 953 213**	**15 431 084**	**5 270 243**	**17 458 397**	**4 250 834**	**21 381 410**	**2 962 461**	**14 484 299**	**2 962 461**	**14 961 851**
030319	Saumon, Pacifique	158 715	1 085 633	..	..	..	..	..	..	..	..
030321	Truite	19 332	99 686	1 219	8 424	194	862	378 784	1 323 637	378 784	1 367 278
030322	Saumon (Atlantique et Danube)	174 340	1 365 326	..	..	..	..	..	..	..	..
030329	Salmonidés	53 731	308 221	43 399	252 479	16 404	94 693	245 569	2 280 812	245 569	2 356 011
030331	Flétan	40	533	185	2 386	505	6 999	15 815	90 395	15 815	93 375
030332	Plie, carrelet	48 956	281 383	45 102	256 231	48 799	326 659	51 980	328 957	51 980	339 803
030333	Sole	22 552	212 946	60 557	469 376	60 870	511 982	57 043	403 545	57 043	416 850
030339	Poisson plat nra	234 753	1 198 047	154 895	821 005	108 863	742 187	228 514	1 164 673	228 514	1 203 072
030341	Thon blanc/germon	..	..	..	..	..	..	22 809	184 152	22 809	190 224
030342	Albacore (thon jaune)	..	..	..	..	..	..	2 484	3 114	..	..
030343	Listao/bonite à ventre rayé	..	..	..	..	..	..	..	..	..	..
030349	Thonidés nra	..	..	7 841	8 970	3 536	4 489	2 696	2 829	2 696	2 922
030350	Hareng	1 013 885	1 143 682	704 871	789 601	647 013	878 881	372 884	402 074	372 884	415 330
030360	Morue	166 936	1 182 471	356 225	2 283 582	430 872	3 180 596	93 424	422 358	93 424	436 283
030371	Sardines, sardinelles	896	1 784	16 579	61 640	4 489	17 595	1 044	2 094	1 044	2 163
030372	Églefin	30 394	198 517	68 857	481 165	82 591	583 457	131 262	831 136	131 262	858 539
030373	Lieu noir	40	1 111	828	1 605	602	1 582	..	..	..	..
030374	Maquereau	943 182	1 547 164	1 520 494	1 897 630	895 077	1 686 033	584 105	958 205	584 105	989 798
030375	Aiguillat et autres squalidés	13 054	23 053	5 463	18 352	16 586	19 274	..	..	..	..
030376	Anguille	..	..	..	..	..	..	..	..	..	..
030377	Bar (loup)	62 009	378 509	99 167	754 513	86 688	601 368	17 825	173 485	17 825	179 205
030378	Merlu	18 695	44 779	54 546	160 387	70 819	248 145	16 861	63 937	16 861	66 045
030379	Poisson nra	568 201	2 331 102	1 493 950	3 943 607	782 573	3 002 339	252 560	1 189 300	252 560	1 228 511
030380	Foies, oeufs et laitances	42 881	78 328	..	..	..	..	829	2 723	829	2 813
0304	**Filets de poisson et autre chair de poisson**	**4 604 840**	**26 692 505**	**5 151 829**	**31 188 774**	**5 185 968**	**34 709 024**	**2 861 639**	**18 011 196**	**2 861 639**	**18 605 030**
030410	Filets et autre chair de poisson, frais ou réfrigéré	1 829 791	13 264 316	2 059 856	16 625 575	1 796 311	16 087 954	1 531 480	10 676 315	1 531 480	11 028 317
030420	Filets de poissons, congelé	2 124 631	11 096 987	2 689 934	12 675 140	2 959 119	16 525 733	1 073 262	6 327 358	1 073 262	6 535 973
030490	Chair de poisson nra, congelé	650 418	2 331 202	402 039	1 888 060	430 538	2 095 338	256 897	1 007 523	256 897	1 040 741
0305	**Poisson, séché, salé, fumé, ou en saumure**	**1 277 025**	**9 888 847**	**1 045 680**	**8 532 507**	**1 178 156**	**11 833 011**	**1 208 694**	**14 295 628**	**1 208 694**	**14 766 959**
030510	Farine de poisson, consommation humaine	5 623	32 079	7 159	36 230	5 518	31 241	16 576	35 562	16 576	36 734
030520	Foies, oeufs et laitances	16 634	368 109	17 584	353 485	19 101	436 139	18 602	392 289	18 602	405 223
030530	Filets de poisson (non fumé)	546 562	2 486 457	364 110	1 809 542	367 714	2 652 768	200 970	2 608 484	200 970	2 694 486
030541	Saumon (Pacifique, Atlantique et Danube), fumé	308 482	4 889 196	254 850	4 109 815	277 381	5 013 494	547 538	7 846 522	547 538	8 105 224
030542	Hareng, fumé	4 239	21 490	..	..	..	..	..	..	..	..
030549	Poisson nra, fumé	282 037	1 684 372	225 834	1 516 683	330 142	2 889 571	328 488	2 736 084	328 488	2 826 294
030551	Morue, séché, non fumé	23 213	165 947	3 232	15 354	1 502	22 733	6 481	85 748	6 481	88 575
030559	Poisson nra, séché, salé, non fumé	59 253	110 304	115 793	490 749	25 731	173 343	56 228	351 105	56 228	362 681
030561	Hareng, salé ou en saumure	288	1 316	8 859	7 696	113 203	307 104	31	194	31	201
030562	Morue, salé ou en saumure	2 114	6 808	2 390	6 796	1 018	8 869	14 329	108 249	14 329	111 818
030563	Anchois, salé ou en saumure	2 980	11 412	1 400	3 814	3 246	46 508	2 694	35 863	2 694	37 045
030569	Poisson nra, salé ou en saumure	25 673	111 769	38 814	157 922	23 028	161 659	2 690	21 796	2 690	22 514

Tableau 8. Importations par produit (suite)

		2009		2010		2011		2012		2013	
		Tonnes	USD	Tonnes	USD	Tonnes	USD	Tonnes	USD	Tonnes	USD
0306	**Crustacés**	**5 669 352**	**31 230 208**	**7 577 934**	**32 033 983**	**6 115 387**	**32 170 576**	**5 754 962**	**32 044 782**	**5 754 962**	**33 101 308**
030611	Langoustes et autres palinuridés, congelé	63 252	522 464	163 063	1 519 019	200 740	1 538 533	156 567	1 326 422	156 567	1 370 155
030612	Homard nra	61 580	576 480	157 068	1 757 413	72 892	1 249 002	64 168	905 910	64 168	935 778
030613	Crevettes, congelé	2 337 957	16 622 571	1 607 554	13 968 412	1 512 933	16 140 515	1 481 840	15 859 893	1 481 840	16 382 798
030614	Crabes, congelé	554 112	2 756 531	620 467	2 834 389	315 744	1 883 604	348 800	914 223	348 800	944 365
030619	Crustacés nra, congelé	417 562	3 184 495	310 434	2 377 188	439 906	3 784 554	643 402	6 189 848	643 402	6 393 930
030621	Langoustes et autres palinuridés (non congelé)	363	11 872	179	3 867	81	3 430	50	2 753	..	..
030622	Homard nra (non congelé)	28 972	330 104	25 757	407 505	16 120	241 173	9 506	153 470	9 506	158 530
030623	Crevettes (non congelé)	273 224	3 279 929	279 909	2 881 090	272 688	2 119 141	216 313	2 017 534	216 313	2 084 053
030624	Crabes (non congelé)	1 236 132	1 765 576	1 421 638	2 267 992	1 190 752	2 285 735	1 052 015	2 018 921	1 052 015	2 085 485
030629	Crustacés nra (non congelé)	696 198	2 180 187	2 991 865	4 017 108	2 093 531	2 924 890	1 782 351	2 658 560	1 782 351	2 746 213
0307	**Mollusques**	**2 478 951**	**6 889 307**	**1 658 871**	**7 226 920**	**2 553 691**	**10 347 857**	**2 142 337**	**12 029 492**	**2 142 337**	**12 426 108**
030710	Huîtres	281 472	1 391 550	407 192	2 069 539	712 962	4 798 369	522 261	7 676 656	522 261	7 929 758
030721	St-Jacques, vi, fr, ou ré	302 223	1 818 846	322 458	1 971 388	1 097 950	2 467 327	1 224 359	1 812 801	1 224 359	1 872 569
030729	St-Jacques, co, sc, sl, ou sm	13 266	194 508	9 155	135 289	37 369	348 582	18 594	305 691	18 594	315 770
030731	Moules, vi, fr, ou ré	1 458 559	1 662 678	368 571	728 786	311 013	456 427	24 408	103 622	24 408	107 038
030739	Moules, co, sc, sl, ou sm	43 748	169 281	23 726	85 634	7 192	39 644	7 851	45 589	7 851	47 092
030741	Seiches, encornets et calmars, vi, fr, ou ré	3 493	19 231	9 747	50 914	13 587	60 308	25 421	127 470	25 421	131 673
030749	Seiches, encornets et calmars, co, sc, sl, ou sm	351 663	1 556 052	351 355	1 850 973	345 791	2 006 469	208 789	1 190 649	208 789	1 229 905
030751	Poulpe, vi, fr, ou ré	65	530	952	7 068	1 022	7 306	1 600	10 790	1 600	11 146
030759	Poulpe, co, sc, sl, ou sm	2 225	9 117	14 440	43 983	4 057	11 956	3 087	13 528	3 087	13 974
030760	Escargots (autres que de mer)	17 676	50 515	720	2 664	1	1	1 309	7 150	1 309	7 386
030791	Mollusques nra, vi, fr, ou ré	1 863	1 054	127 799	184 411	6 064	14 474	87 864	145 313	87 864	150 104
030799	Mollusques nra, co, sc, sl, ou sm	2 698	15 946	22 756	96 271	16 683	136 993	16 794	590 233	16 794	609 693
121220	**Algues**	**7 338 155**	**3 246 607**	**14 558 295**	**4 550 771**	**43 599 326**	**5 266 831**	**35 211 645**	**4 725 338**	**35 211 645**	**4 881 134**
1504	**Graisses, huiles et leurs fractions**	**434 150**	**2 496 433**	**279 905**	**1 753 207**	**381 504**	**1 904 592**	**328 312**	**3 713 912**	**328 312**	**3 836 361**
150410	Huiles de foies de poisson, et fractions	54 310	547 906	78 803	144 324	271 310	308 750	42 340	719 579	42 340	743 304
150420	Graisses et huiles de poisson, et fractions	379 381	1 936 207	198 489	1 595 137	110 096	1 593 300	284 723	2 957 702	284 723	3 055 218
150430	Graisses et huiles de mammifère marin, et fractions	459	12 320	2 613	13 747	98	2 542	1 249	36 632	1 249	37 840
1604	**Préparations et conserves de poisson; caviars et succédanés**	**12 221 762**	**68 471 046**	**11 084 388**	**62 372 596**	**14 336 536**	**84 475 137**	**15 603 059**	**97 091 577**	**15 603 059**	**100 292 715**
160411	Saumon, non haché	1 833 230	14 299 335	1 451 183	13 580 041	1 919 211	15 252 940	1 844 810	16 926 023	1 844 810	17 484 079
160412	Hareng, non haché	703 074	1 892 170	633 304	2 288 866	939 306	3 835 264	1 018 520	5 547 220	1 018 520	5 730 113
160413	Sardines, sardinelles, sprats, esprots, non haché	691 155	3 076 857	565 566	2 328 109	417 830	2 074 116	645 821	3 477 100	645 821	3 591 741
160414	Thons, listaos, sardes, non haché	4 908 971	22 760 529	4 649 107	20 397 660	6 360 263	32 836 151	5 859 728	36 238 905	5 859 728	37 433 712
160415	Maquereau, non haché	278 286	1 670 401	352 117	2 664 991	547 520	4 120 604	963 685	6 029 638	963 685	6 228 437
160416	Anchois, non haché	16 234	241 269	42 185	330 509	21 750	302 000	23 559	330 206	23 559	341 093
160419	Poisson nra, non haché	2 701 276	16 039 603	2 468 069	14 103 750	3 052 882	18 101 393	3 238 456	18 203 411	3 238 456	18 803 583
160420	Poisson, haché	1 080 706	8 385 147	859 664	6 253 846	1 052 762	7 630 561	1 870 758	10 042 106	1 870 758	10 373 198
160430	Caviar et succédanés	8 830	105 736	63 193	424 823	25 012	322 106	137 722	296 969	137 722	306 760
1605	**Préparations et conserves de crustacés**	**1 540 799**	**11 908 877**	**1 354 740**	**10 508 233**	**1 718 422**	**14 359 779**	**1 405 944**	**13 452 734**	**1 405 944**	**13 896 274**
160510	Crabes	35 840	573 710	32 609	557 352	35 968	593 270	44 549	478 637	44 549	494 418
160520	Crevettes	932 610	7 989 464	924 281	7 727 967	1 284 338	11 427 918	1 304 728	12 298 108	1 304 728	12 703 580
160530	Homard	252 416	1 203 508	3 507	47 508	4 981	86 696	9 720	157 312	9 720	162 499
160540	Crustacés nra	76 428	577 049	80 319	564 602	69 296	598 732	12 128	137 126	12 128	141 647
230120	**Farine de poisson**	**6 202 743**	**5 634 466**	**3 814 428**	**5 490 016**	**312 723**	**560 859**	**977 979**	**1 984 134**	**977 979**	**2 049 551**
	TOTAL	**59 774 716**	**212 877 643**	**93 830 073**	**233 222 317**	**95 874 529**	**271 432 788**	**148 154 465**	**275 397 869**	**..**	**287 302 794**

.. Non disponible

Note : nra : non répertorié ailleurs. vi : vivant. fr : frais. ré : réfrigéré. co : congelé. sc : séché. sl : salé. sm : en saumure.

Métadonnées détaillées : http://metalinks.oecd.org/fish/20150108/f691

Source : OCDE (2014), « Pêcheries : Commerce par produit », Statistiques agricoles de l'OCDE (base de données). DOI: 10.1787/data-00677-fr

Tableau 9. Exportations par produit

		2009		2010		2011		2012		2013	
		Tonnes	USD	Tonnes	USD	Tonnes	USD	Tonnes	USD	Tonnes	USD
03	**Poisson, crustacés et mollusques**	**..**	**399 838 026**	**..**	**448 586 686**	**..**	**533 547 528**	**..**	**609 982 559**	**..**	**573 747 625**
0302	**Poisson, frais ou réfrigéré, excl. 0304**	**16 426 664**	**44 594 842**	**29 729 077**	**55 193 034**	**21 905 898**	**69 020 534**	**71 286 046**	**126 676 880**	**41 050 259**	**100 352 686**
030211	Truite	12 414	57 069	..	..	1	1	49 122	72 305	366 374	1 919 064
030212	Saumon (Pacifique, Atlantique et Danube)	533 888	5 187 629	676 725	8 078 605	603 048	8 252 284	1 968 887	18 876 955	1 014 142	11 784 394
030219	Salmonidés nra	13 855	92 241	1 176	13 035	..	..	921	12 463	126 143	380 404
030221	Flétan	2 302	25 289	391	5 152	3 171	14 794	..	..	..	..
030222	Plie, carrelet	86 131	146 541	68 747	140 764	76 330	161 410	93 912	132 984	83 099	121 844
030223	Sole	158 236	1 499 600	206 864	1 935 464	163 593	2 115 643	154 712	1 622 891	168 046	1 379 161
030229	Poissons plats nra	1 845 989	8 190 879	2 891 423	9 433 032	1 978 940	10 296 575	2 966 092	14 767 528	3 395 540	17 024 508
030231	Thon blanc/germon	520 613	1 687 757	104 585	250 673	3 163 225	12 100 549	2 316 292	7 556 788	345 192	889 942
030232	Albacore (thon jaune)	..	..	3 759	8 857	..	..	704 056	2 292 109	1 290 828	3 790 913
030233	Listaos/bonite à ventre rayé	..	..	1 495	5 304	..	..	..	..	..	..
030239	Thonidés nra	..	..	..	..	998	8 466	19 332	64 244	34 145	90 612
030240	Hareng	431 499	513 175	637 680	788 865	265 665	389 562	990 101	1 599 532	1 388 564	2 331 063
030250	Morue	481 039	942 846	458 607	961 999	423 373	1 286 220	938 608	2 473 774	410 829	1 168 395
030261	Sardines	191 954	267 744	661 860	1 089 122	523 340	969 328	43 220	35 929	508 128	995 809
030262	Églefin	729 155	1 324 628	922 181	1 538 728	1 243 208	2 201 210	2 359 153	3 788 046	2 653 821	5 366 963
030263	Lieu noir	10 959	17 317	20 050	34 301	28 071	88 652	1 852	3 209	11 329	27 528
030264	Maquereau	1 998 882	2 807 428	3 506 826	5 354 058	518 818	1 161 216	6 157 322	13 907 811	7 801 349	14 215 276
030265	Aiguillat et autres squalidés	70 930	127 106	102 113	147 147	25 786	58 538	193 677	439 417	4 670	18 483
030266	Anguille	8 058	12 455	6 416	9 680	2 660	3 769	4 760	6 652	7 356	10 041
030269	Poisson nra	9 329 033	21 679 657	19 406 619	25 328 310	12 580 133	29 218 267	52 324 027	59 024 243	21 439 453	38 820 170
030270	Foies, oeufs et laitances	1 727	15 481	51 560	69 938	305 538	694 047	..	..	1 251	18 114
0303	**Poisson, congelé, excl. 0304**	**98 644 248**	**129 642 753**	**123 033 672**	**133 049 413**	**90 962 296**	**155 594 795**	**152 531 202**	**213 790 188**	**151 107 838**	**208 015 573**
030319	Saumon, Pacifique	40 409	472 790	..	..	..	..	..	..	..	..
030321	Truite	..	..	..	..	..	..	803 711	6 059 854	750 163	5 746 125
030322	Saumon (Atlantique et Danube)	56 518	664 162	..	..	..	..	..	..	..	..
030329	Salmonidés	28 796	120 880	279 943	1 323 809	12 894	93 120	12 891	167 449	22 743	239 252
030331	Flétan	..	..	..	..	..	..	152 552	1 176 208	67 825	521 064
030332	Plie, carrelet	337	1 874	..	..	..	..	3 071	17 190	247	1 830
030333	Sole	359	2 024	1 710	9 573	1 131	9 167	80	644	135	873
030339	Poisson plat nra	550	1 456	2 387	7 057	3 723	18 514	10 913	90 079	56 472	305 486
030341	Thon blanc/germon	..	..	..	..	..	..	..	..	..	..
030342	Albacore (thon jaune)	42 931	166 970	..	..	..	..	..	..	10 489	28 116
030343	Listao/bonite à ventre rayé	..	..	..	..	940	824	..	..	..	..
030349	Thonidés nra	54 507	75 718	..	..	..	..	17 593	54 234	119 966	205 055
030350	Hareng	7 622 294	9 089 592	6 197 665	6 962 387	9 279 220	13 018 102	12 356 349	15 767 735	16 218 714	17 628 939
030360	Morue	45 133	312 008	65 809	499 164	57 476	450 680	..	..	1 224	7 752
030371	Sardines, sardinelles	334 420	383 221	502 371	724 692	966 957	1 415 003	4 628 670	7 669 100	3 488 791	4 485 020
030372	Églefin	385 578	1 508 121	177 692	877 343	188 693	647 622	69 455	675 638	423 239	1 321 328
030373	Lieu noir	18 765	115 257	23 781	143 692	10 810	74 884	..	..	..	..
030374	Maquereau	28 010 774	56 564 171	26 870 195	48 203 775	42 993 246	85 832 934	29 311 926	64 743 086	41 052 518	78 213 274
030375	Aiguillat et autres squalidés	74 861	146 425	28 145	60 226	4 200	3 085	..	..	12 749	5 708
030376	Anguille	..	..	..	..	..	..	..	..	..	..
030377	Bar (loup)	..	..	..	..	..	..	50 000	97 989	..	..
030378	Merlu	48 616	171 821	176 939	448 084	42 127	530 117	10 887	81 137	13 843	51 117
030379	Poisson nra	61 096 069	58 570 967	87 540 974	71 072 175	37 124 365	52 523 836	105 056 611	117 012 766	88 849 159	99 208 968
030380	Foies, oeufs et laitances	782 929	1 276 190	790 946	1 446 812	210 653	297 356	42 561	144 119	2 769	7 938
0304	**Filets de poisson et autre chair de poisson**	**14 864 072**	**72 585 162**	**20 352 805**	**80 487 850**	**18 768 013**	**90 146 958**	**11 760 905**	**59 974 059**	**8 476 579**	**47 981 706**
030410	Filets et autre chair de poisson, frais ou réfrigéré	6 428 878	47 304 665	11 013 921	57 344 865	12 895 684	70 342 284	6 559 038	44 275 773	4 829 035	35 842 161
030420	Filets de poissons, congelé	6 870 464	23 088 007	8 934 701	22 511 858	5 473 321	18 727 099	3 895 058	12 746 698	2 484 015	9 612 139
030490	Chair de poisson nra, congelé	1 564 730	2 192 490	404 183	631 127	399 008	1 077 575	1 306 809	2 951 588	1 163 529	2 527 406
0305	**Poisson, séché, salé, fumé, ou en saumure**	**669 211**	**10 278 974**	**1 191 061**	**10 480 225**	**1 156 112**	**13 735 693**	**1 522 594**	**13 408 227**	**1 545 674**	**11 014 303**
030510	Farine de poisson, consommation humaine	2 696	4 641	190 400	264 948	..	..	217 747	373 049	378 007	682 466
030520	Foies, oeufs et laitances	1 574	39 417	..	..	8	111	20 956	133 280	281 315	892 197
030530	Filets de poisson (non fumé)	12 893	91 562	5 096	58 445	17 731	233 416	115 887	450 492	59 461	551 617
030541	Saumon (Pacifique, Atlantique et Danube), fumé	313 631	9 017 130	312 816	8 051 257	389 629	10 605 325	330 058	9 395 752	265 847	6 653 820
030542	Hareng, fumé	4 342	27 012	..	..	..	..	..	..	..	..
030549	Poisson nra, fumé	51 094	411 290	120 161	593 752	76 579	654 667	98 593	631 127	79 812	587 781
030551	Morue, séché, non fumé	..	..	..	..	..	..	..	..	..	..
030559	Poisson nra, séché, salé, non fumé	..	..	1 115	1 404	1 359	14 592	73 446	271 658	16 242	80 221
030561	Hareng, salé ou en saumure	258 287	641 356	342 691	842 571	334 016	1 017 904	266 688	839 336	164 700	450 763
030562	Morue, salé ou en saumure	..	..	..	..	..	..	..	..	..	..
030563	Anchois, salé ou en saumure	..	..	..	..	..	..	..	..	..	..
030569	Poisson nra, salé ou en saumure	24 694	46 565	177 972	608 064	335 287	1 199 853	384 255	1 274 077	223 018	889 297

Tableau 9. Exportations par produit *(suite)*

		2009		2010		2011		2012		2013	
		Tonnes	USD	Tonnes	USD	Tonnes	USD	Tonnes	USD	Tonnes	USD
0306	**Crustacés**	**12 197 287**	**86 806 654**	**12 940 249**	**94 467 127**	**13 014 529**	**117 012 838**	**14 183 397**	**116 005 519**	**12 809 411**	**114 676 867**
030611	Langoustes et autres palinuridés, congelé	7 023	54 832	36 044	182 799	532	6 452	64 236	654 436	69 367	684 162
030612	Homard nra	4 687	73 099	15 159	332 525	35 330	779 792	18 250	452 981	34 695	590 793
030613	Crevettes, congelé	393 803	8 718 419	321 487	5 922 452	392 199	8 660 998	1 254 347	12 494 623	1 389 501	15 412 001
030614	Crabes, congelé	3 833 437	22 884 681	4 081 878	24 253 739	3 802 238	25 039 874	4 317 265	25 011 444	3 795 759	25 141 753
030619	Crustacés nra, congelé	3 645 651	26 665 834	3 758 387	30 483 907	3 989 050	41 406 389	3 808 166	38 494 205	3 383 863	38 032 717
030621	Langoustes et autres palinuridés (non congelé)	8 106	392 837	6 850	327 920	8 911	517 235	10 123	429 469	10 092	491 720
030622	Homard nra (non congelé)	303 539	6 143 029	317 551	6 917 841	365 181	8 127 241	421 943	8 470 366	400 126	9 372 042
030623	Crevettes (non congelé)	301 557	3 768 583	334 428	3 610 088	392 594	5 942 230	143 080	3 960 872	208 074	4 743 630
030624	Crabes (non congelé)	3 163 493	14 356 201	3 211 665	15 809 028	3 163 145	17 907 902	3 112 442	15 471 288	2 891 203	13 889 466
030629	Crustacés nra (non congelé)	535 991	3 749 140	856 800	6 626 828	865 349	8 624 726	1 033 545	10 565 835	626 731	6 318 582
0307	**Mollusques**	**19 708 898**	**52 886 434**	**22 523 521**	**69 011 927**	**21 947 469**	**80 446 720**	**21 750 158**	**72 908 798**	**20 207 196**	**89 559 987**
030710	Huîtres	4 868 821	16 804 520	5 535 414	21 903 261	4 285 853	25 199 913	3 763 036	24 190 165	4 908 492	33 152 935
030721	St-Jacques, vi, fr, ou ré	260 751	4 543 289	430 135	6 676 807	453 065	9 085 949	513 312	9 317 497	547 589	10 951 275
030729	St-Jacques, co, sc, sl, ou sm	337 555	1 356 833	443 668	3 959 306	416 749	6 209 017	502 609	7 334 529	419 754	6 423 747
030731	Moules, vi, fr, ou ré	11 319 351	16 325 503	12 389 872	17 337 242	13 764 265	21 987 824	15 124 566	23 885 163	11 450 304	22 712 298
030739	Moules, co, sc, sl, ou sm	617 658	2 056 758	630 520	2 129 825	431 867	1 474 880	622 188	1 758 868	892 397	2 677 781
030741	Seiches, encornets et calmars, vi, fr, ou ré	119 447	485 235	111 696	399 358	36 059	254 582	62 363	459 224	41 954	328 387
030749	Seiches, encornets et calmars, co, sc, sl, ou sm	321 543	1 903 693	274 964	1 790 156	350 160	2 824 007	139 607	1 324 347	107 484	1 060 536
030751	Poulpe, vi, fr, ou ré	25 053	220 994	2 140	18 023	..	..	127	1 038	446	2 100
030759	Poulpe, co, sc, sl, ou sm	..	..	..	..	..	..	2 970	17 732	3 536	13 594
030760	Escargots (autres que de mer)	107 178	539 050	123 686	604 935	133 978	709 427	182 993	1 038 011	447 684	2 689 676
030791	Mollusques nra, vi, fr, ou ré	781 362	3 139 883	889 202	3 447 131	650 776	2 913 773	359 528	1 529 390	468 515	2 383 472
030799	Mollusques nra, co, sc, sl, ou sm	950 179	5 510 677	1 692 224	10 745 884	1 424 697	9 787 350	476 859	2 052 835	919 041	7 164 188
121220	**Algues**	**23 100 594**	**8 693 158**	**24 408 749**	**11 899 963**	**28 833 176**	**14 550 720**	**32 408 285**	**16 681 627**	**38 237 068**	**22 061 761**
1504	**Graisses, huiles et leurs fractions**	**14 244**	**15 244**	**10 883**	**10 854**	**1 094 800**	**1 655 414**	**5 918 571**	**9 662 155**	**7 130 937**	**13 644 074**
150410	Huiles de foies de poisson, et fractions	13 857	13 622	10 883	10 854	3 400	28 046	5 228	33 174	14 093	240 073
150420	Graisses et huiles de poisson, et fractions	387	1 623	..	..	1 091 400	1 627 368	5 913 343	9 628 981	7 116 844	13 404 001
150430	Graisses et huiles de mammifère marin, et fractions	..	..	..	..	..	..	..	..	..	..
1604	**Préparations et conserves de poisson; caviars et succédanés**	**6 404 396**	**30 398 117**	**6 573 091**	**26 931 407**	**6 256 027**	**25 109 483**	**6 473 888**	**37 906 564**	**3 642 613**	**26 444 251**
160411	Saumon, non haché	1 207 693	9 178 021	855 047	6 479 049	187 507	1 520 641	288 682	2 291 505	89 715	771 542
160412	Hareng, non haché	512 216	2 747 707	907 817	2 986 774	832 300	3 687 859	718 275	3 226 151	521 909	3 457 973
160413	Sardines, sardinelles, sprats, esprots, non haché	480	367	48 746	53 809	515 168	854 528	4 207	16 955	983	4 734
160414	Thons, listaos, sardes, non haché	41 970	201 440	98 658	441 890	110 877	803 294	94 607	465 952	63 236	462 191
160415	Maquereau, non haché	725 000	3 181 600	925 758	3 241 088	1 323 044	4 700 428	626 506	2 570 727	412 629	1 830 777
160416	Anchois, non haché	856	11 977	1 471	19 960	1 529	25 747	977	14 779	1 058	15 935
160419	Poisson nra, non haché	3 116 915	11 836 294	2 405 300	9 022 826	2 027 756	7 892 647	2 288 530	9 531 843	1 019 598	4 684 595
160420	Poisson, haché	799 266	3 240 711	1 330 294	4 686 011	1 257 750	5 623 050	2 451 659	19 783 107	1 531 997	15 197 063
160430	Caviar et succédanés	..	..	..	..	96	1 289	445	5 545	1 488	19 440
1605	**Préparations et conserves de crustacés**	**4 541 086**	**20 938 243**	**4 264 244**	**16 235 920**	**5 459 214**	**21 373 899**	**2 827 134**	**25 451 916**	**3 571 519**	**30 158 164**
160510	Crabes	36 364	214 323	1 944	22 039	62 481	279 855	431 494	1 575 420	1 137 075	4 413 811
160520	Crevettes	515 466	4 885 068	532 323	4 888 335	474 609	5 479 418	442 380	4 961 729	417 478	4 422 588
160530	Homard	..	..	..	..	3 469	26 362	297 659	3 588 598	229 810	2 840 415
160540	Crustacés nra	..	..	..	..	..	..	64 866	534 212	8 400	41 144
230120	**Farine de poisson**	**104 449**	**173 034**	**1 069**	**723**	**2 378 980**	**3 648 192**	**9 531 345**	**14 094 876**	**12 878 810**	**21 987 617**
	TOTAL	**188 491 395**	**441 692 250**	**245 028 421**	**503 665 553**	**211 776 514**	**599 885 236**	**322 569 749**	**684 419 353**	**..**	**688 043 492**

.. Non disponible

Note : nra : non répertorié ailleurs. vi : vivant. fr : frais. ré : réfrigéré. co : congelé. sc : séché. sl : salé. sm : en saumure.

Métadonnées détaillées : http://metalinks.oecd.org/fish/20150108/f691

Source : OCDE (2014), « Pêcheries : Commerce par produit », Statistiques agricoles de l'OCDE (base de données). DOI: 10.1787/data-00677-fr

ITALIE

Tableau 1. Flotte de pêche

	2006	2007	2008	2009	2010	2011	2012	2013
NOMBRE DE NAVIRES								
Total des navires	**13 955**	**13 604**	**13 374**	**13 609**	**13 239**	**13 078**	**12 783**	..
Navires à moteur	12 259	11 940	11 732	11 860	11 753	11 567	..	..
0-5,9 mètres	1 840	1 757	1 718	1 721	1 774	1 749	..	..
6-11,9 mètres	6 003	5 919	5 840	5 914	5 828	5 860	..	..
12-17,9 mètres	2 843	2 766	2 719	2 792	2 752	2 658	..	..
18-23,9 mètres	1 035	976	956	929	926	877	..	..
24-29,9 mètres	435	402	399	391	384	342	..	..
30-35,9 mètres	73	75	69	67	53	49	..	..
36-44,9 mètres	26	34	27	36	29	25	..	..
45-59,9 mètres	4	10	4	10	7	7	..	..
60-74,9 mètres	..	1	..	..	..	..	..	..
75 mètres et plus	..	..	..	..	..	..	..	..
Longueur inconnue	..	..	..	..	..	..	..	..
Navires sans moteur	1 696	1 664	1 642	1 749	1 486	1 511	..	..
TONNAGE BRUT								
Total des navires	**192 397**	**195 099**	**182 909**	**193 156**	**183 776**	**175 523**	..	..
Navires à moteur	190 677	193 405	181 235	191 393	182 278	174 000	..	..
0-5,9 mètres	1 874	1 765	1 722	1 725	1 778	1 754	..	..
6-11,9 mètres	16 102	15 799	15 550	16 242	15 266	15 761	..	..
12-17,9 mètres	45 984	44 862	44 542	46 799	45 497	44 643	..	..
18-23,9 mètres	57 368	54 704	53 969	53 960	53 166	51 718	..	..
24-29,9 mètres	48 662	45 232	45 207	44 672	43 741	39 459	..	..
30-35,9 mètres	13 484	14 307	12 815	13 006	10 356	9 781	..	..
36-44,9 mètres	5 945	10 184	6 173	10 952	9 217	8 064	..	..
45-59,9 mètres	1 257	4 414	1 257	4 036	3 257	2 820	..	..
60-74,9 mètres	..	2 137	..	..	..	..	..	..
75 mètres et plus	..	..	..	..	..	..	..	..
Longueur inconnue	..	..	..	..	..	..	..	..
Navires sans moteur	1 720	1 694	1 674	1 763	1 498	1 523	..	..

.. Non disponible

Note : Métadonnées détaillées : http://metalinks.oecd.org/fish/20150108/9966

Source : OCDE (2014), « Pêcheries : Flotte de pêche », Statistiques agricoles de l'OCDE (base de données). DOI: 10.1787/data-00218-fr

ITALIE

Tableau 2. Emploi dans les pêcheries

Personnes employées

	2006	2007	2008	2009	2010	2011	2012	2013
Plein-temps	**36 571**	**30 214**	**29 562**	**28 967**	**28 983**	**28 555**	..	..
Secteur de capture	31 302	30 214	29 562	28 967	28 983	28 555	..	..
Pêche en eaux intérieures	..	..	..	..	..	..	..	..
Homme	..	..	..	..	..	..	..	..
Femme	..	..	..	..	..	..	..	..
Eaux maritimes (pêche côtière)	14 216	13 694	13 722	13 657	14 008	14 007	..	..
Homme	14 216	13 694	13 722	13 657	14 008	14 007	..	..
Femme	..	..	..	..	..	..	..	..
Eaux maritimes (pêche en haute mer)	17 086	16 520	15 840	15 310	14 975	14 548	..	..
Homme	17 086	16 520	15 840	15 310	14 975	14 548	..	..
Femme	..	..	..	..	..	..	..	..
Aquaculture	5 269	..	..	..	..	..	..	..
Homme	5 269	..	..	..	..	..	..	..
Femme	..	..	..	..	..	..	..	..
Transformation	..	..	..	7 550	..	..	..	..
Homme	..	..	..	3 790	..	..	..	..
Femme	..	..	..	3 760	..	..	..	..
Temps partiel	..	..	..	..	..	..	..	..
Secteur de capture	..	..	..	..	..	..	..	..
Pêche en eaux intérieures	..	..	..	..	..	..	..	..
Homme	..	..	..	..	..	..	..	..
Femme	..	..	..	..	..	..	..	..
Eaux maritimes (pêche côtière)	..	..	..	..	..	..	..	..
Homme	..	..	..	..	..	..	..	..
Femme	..	..	..	..	..	..	..	..
Eaux maritimes (pêche en haute mer)	..	..	..	..	..	..	..	..
Homme	..	..	..	..	..	..	..	..
Femme	..	..	..	..	..	..	..	..
Aquaculture	..	..	..	..	..	..	..	..
Homme	..	..	..	..	..	..	..	..
Femme	..	..	..	..	..	..	..	..
Transformation	..	..	..	..	..	..	..	..
Homme	..	..	..	..	..	..	..	..
Femme	..	..	..	..	..	..	..	..
Total	**36 571**	**30 214**	**29 562**	**28 967**	**28 983**	**28 555**	..	..
Secteur de capture	31 302	30 214	29 562	28 967	28 983	28 555	..	..
Pêche en eaux intérieures	..	..	..	..	..	..	..	..
Homme	..	..	..	..	..	..	..	..
Femme	..	..	..	..	..	..	..	..
Eaux maritimes (pêche côtière)	14 216	13 694	13 722	13 657	14 008	14 007	..	..
Homme	14 216	13 694	13 722	13 657	14 008	14 007	..	..
Femme	..	..	..	..	..	..	..	..
Eaux maritimes (pêche en haute mer)	17 086	16 520	15 840	15 310	14 975	14 548	..	..
Homme	17 086	16 520	15 840	15 310	14 975	14 548	..	..
Femme	..	..	..	..	..	..	..	..
Aquaculture	5 269	..	..	..	..	..	..	..
Homme	5 269	..	..	..	..	..	..	..
Femme	..	..	..	..	..	..	..	..
Transformation	..	..	..	7 550	..	..	..	..
Homme	..	..	..	3 790	..	..	..	..
Femme	..	..	..	3 760	..	..	..	..

.. Non disponible

Note : Métadonnées détaillées : http://metalinks.oecd.org/fish/20150108/6864

Source : OCDE (2014), « Pêcheries : Emploi dans la pêche », Statistiques agricoles de l'OCDE (base de données). DOI: 10.1787/data-00219-fr

Tableau 3. Débarquements nationaux dans les ports nationaux

	2006	2007	2008	2009	2010	2011	2012	2013
VOLUME (TONNES)								
Total poissons	**200 749**	**174 346**	**137 517**	**158 934**	**149 523**	**139 412**	..	..
Saumon	..	..	..	..	..	..	..	..
Saumon rose	..	..	..	..	..	..	..	..
Saumon keta	..	..	..	..	..	..	..	..
Saumon rouge	..	..	..	..	..	..	..	..
Saumon argenté	..	..	..	..	..	..	..	..
Autres saumons	..	..	..	..	..	..	..	..
Poissons plats	2 493	2 047	1 518	1 527	1 463	1 338	..	..
Flétan	..	..	..	..	..	..	..	..
Flétan noir	..	..	..	..	..	..	..	..
Sole	2 493	2 047	1 518	1 527	1 463	1 338	..	..
Plie	..	..	..	..	..	..	..	..
Autres poissons plats	..	..	..	..	..	..	..	..
Poissons de fond	77 842	72 689	61 950	67 785	59 942	59 445	..	..
Morue (Atlantique et Pacifique)	..	..	..	..	..	..	..	..
Églefin	..	..	..	..	..	..	..	..
Lieu	..	..	..	..	..	..	..	..
Morue du Pacifique occidental	..	..	..	..	..	..	..	..
Merlan	..	..	..	..	..	..	..	..
Merlu (toutes espèces)	17 856	14 091	12 547	12 038	11 528	10 462	..	..
Sébaste	..	..	..	..	..	..	..	..
Autres poissons de fond	59 986	58 598	49 403	55 746	48 415	48 984	..	..
Pélagiques	101 344	82 874	63 237	76 227	76 861	66 917	..	..
Chinchard	5 470	4 933	4 033	4 218	4 221	4 373	..	..
Maquereau	2 045	2 591	2 141	1 984	2 270	1 930	..	..
Hareng (Atlantique et Pacifique)	..	..	..	..	..	..	..	..
Sardine	13 668	14 134	12 025	15 637	16 274	14 377	..	..
Autres pélagiques	80 161	61 216	45 039	54 388	54 095	46 237	..	..
Thons	19 069	16 736	10 812	13 396	11 257	11 712	..	..
Listao	..	..	..	..	138	45	..	..
Thon rouge (nord et sud)	4 418	4 528	2 069	2 533	549	1 422	..	..
Germon	..	..	..	..	..	..	..	..
Albacore	..	..	..	..	..	..	..	..
Thon obèse	..	..	..	..	..	..	..	..
Autres thons	7 025	5 690	4 209	5 742	4 537	4 889	..	..
Espadon	7 626	6 518	4 534	5 120	6 032	5 357	..	..
Autres poissons	..	..	..	..	..	..	..	..
Total crustacés	**28 799**	**23 874**	**21 933**	**24 667**	**24 947**	**23 091**	..	..
Homard et langouste	..	..	..	..	..	..	..	..
Langoustine	4 389	4 158	3 414	3 576	3 221	2 698	..	..
Crevette	16 974	11 418	11 210	13 187	14 223	13 679	..	..
Autres crustacés	7 437	8 297	7 309	7 904	7 503	6 714	..	..
Total coquillages et mollusques	**56 408**	**68 285**	**57 117**	**50 481**	**48 537**	**47 821**	..	..
Huître	..	..	..	..	..	..	..	..
Moule	..	..	..	..	..	..	..	..
Coquille St-Jacques	..	..	..	..	..	..	..	..
Bivalves	18 760	31 035	27 038	19 570	21 839	21 622	..	..
Autres coquillages (incl. buccins	..	..	..	..	..	..	..	..
Calmar	5 848	5 244	5 600	5 400	5 206	4 587	..	..
Seiche	8 864	13 353	7 991	7 874	5 761	4 617	..	..
Poulpe	3 958	3 745	2 902	3 321	3 208	4 023	..	..
Autres mollusques (incl. oursins)	18 979	14 908	13 586	14 315	12 524	12 972	..	..
Autres animaux marins	..	..	..	..	..	..	..	..
Plantes aquatiques	..	..	..	..	..	..	..	..
Algue brune	..	..	..	..	..	..	..	..
Algue rouge	..	..	..	..	..	..	..	..
Autres algues	..	..	..	..	..	..	..	..
Poisson pour transformation	..	..	..	..	..	..	..	..
TOTAL GÉNÉRAL	**285 956**	**266 505**	**216 567**	**234 082**	**223 007**	**210 324**	..	..

Tableau 3. Débarquements nationaux dans les ports nationaux *(suite)*

	2006	2007	2008	2009	2010	2011	2012	2013
VALEUR (EUR)								
Total poissons	**843 835 739**	**745 792 496**	**589 574 551**	**644 709 659**	**596 379 537**	**597 727 728**	..	..
Saumon	..	..	..	..	..	..	..	..
Saumon rose	..	..	..	..	..	..	..	..
Saumon keta	..	..	..	..	..	..	..	..
Saumon rouge	..	..	..	..	..	..	..	..
Saumon argenté	..	..	..	..	..	..	..	..
Autres saumons	..	..	..	..	..	..	..	..
Poissons plats	40 081 375	39 239 904	24 504 226	24 406 029	23 037 339	23 403 951	..	..
Flétan	..	..	..	..	..	..	..	..
Flétan noir	..	..	..	..	..	..	..	..
Sole	40 081 375	39 239 904	24 504 226	24 406 029	23 037 339	23 403 951	..	..
Plie	..	..	..	..	..	..	..	..
Autres poissons plats	..	..	..	..	..	..	..	..
Poissons de fond	500 400 881	442 839 971	378 360 248	413 427 017	381 859 528	382 321 811	..	..
Morue (Atlantique et Pacifique)	..	..	..	..	..	..	..	..
Églefin	..	..	..	..	..	..	..	..
Lieu	..	..	..	..	..	..	..	..
Morue du Pacifique occidental	..	..	..	..	..	..	..	..
Merlan	..	..	..	..	..	..	..	..
Merlu (toutes espèces)	133 173 803	107 398 489	92 565 279	90 557 701	90 063 691	86 113 140	..	..
Sébaste	..	..	..	..	..	..	..	..
Autres poissons de fond	367 227 078	335 441 483	285 794 969	322 869 316	291 795 838	296 208 671	..	..
Pélagiques	176 907 795	132 604 242	101 446 426	112 637 891	101 729 458	103 756 320	..	..
Chinchard	9 096 342	8 802 630	6 574 075	6 844 850	7 425 630	7 735 299	..	..
Maquereau	5 081 097	6 166 765	4 700 726	5 299 379	5 468 239	4 922 111	..	..
Hareng (Atlantique et Pacifique)	..	..	..	..	..	..	..	..
Sardine	14 274 253	13 511 531	12 971 601	12 693 760	12 881 678	12 664 206	..	..
Autres pélagiques	148 456 103	104 123 315	77 200 025	87 799 901	75 953 912	78 434 704	..	..
Thons	126 445 689	131 108 379	85 263 650	94 238 722	89 753 212	88 245 646	..	..
Listao	1 092	..	..	..	191 319	45 012	..	..
Thon rouge (nord et sud)	18 122 180	25 463 010	14 547 754	10 729 687	5 280 981	9 435 845	..	..
Germon	..	..	..	..	..	..	..	..
Albacore	..	..	..	..	..	..	..	..
Thon obèse	..	..	..	..	..	..	..	..
Autres thons	22 635 861	24 019 860	17 193 894	22 232 698	16 864 933	17 757 503	..	..
Espadon	85 687 647	81 625 509	53 522 002	61 276 337	67 415 979	61 007 285	..	..
Autres poissons	..	..	..	..	..	..	..	..
Total crustacés	**353 595 311**	**291 868 887**	**244 510 002**	**272 354 636**	**269 037 409**	**255 868 086**	..	..
Homard et langouste	..	..	..	..	..	..	..	..
Langoustine	78 353 612	78 092 271	63 649 052	68 181 397	61 862 202	52 934 285	..	..
Crevette	214 110 235	148 901 152	123 274 297	141 125 309	152 617 088	148 169 479	..	..
Autres crustacés	61 131 464	64 875 464	57 586 653	63 047 930	54 558 119	54 764 322	..	..
Total coquillages et mollusques	**298 469 601**	**281 116 211**	**248 172 422**	**261 900 092**	**237 342 271**	**236 731 860**	..	..
Huître	..	..	..	..	..	..	..	..
Moule	..	..	..	..	..	..	..	..
Coquille St-Jacques	..	..	..	..	..	..	..	..
Bivalves	49 427 037	64 068 860	65 548 341	61 574 010	61 742 533	61 465 817	..	..
Autres coquillages (incl. buccins	..	..	..	..	..	..	..	..
Calmar	48 577 612	38 817 821	37 307 021	39 818 818	38 768 436	35 723 860	..	..
Seiche	75 099 044	82 840 341	56 608 661	62 726 290	52 007 195	45 104 887	..	..
Poulpe	29 680 656	25 457 302	20 781 787	23 716 103	22 451 117	28 458 841	..	..
Autres mollusques (incl. oursins)	95 685 253	69 931 888	67 926 612	74 064 872	62 372 991	65 978 454	..	..
Autres animaux marins	..	..	..	..	..	..	..	..
Plantes aquatiques	..	..	..	..	..	..	..	..
Algue brune	..	..	..	..	..	..	..	..
Algue rouge	..	..	..	..	..	..	..	..
Autres algues	..	..	..	..	..	..	..	..
Poisson pour transformation	..	..	..	..	..	..	..	..
TOTAL GÉNÉRAL	**1 495 900 651**	**1 318 777 595**	**1 082 256 975**	**1 178 964 387**	**1 102 759 218**	**1 090 327 673**	..	..

.. Non disponible

Note : Métadonnées détaillées : http://metalinks.oecd.org/fish/20150108/28d8

Source : OCDE (2014), « Pêcheries : Débarquements nationaux dans les ports domestiques », Statistiques agricoles de l'OCDE (base de données). DOI: 10.1787/data-00222-fr

ITALIE

Tableau 4. Débarquements nationaux dans les ports étrangers

	2006	2007	2008	2009	2010	2011	2012	2013
VOLUME (TONNES)								
Total poissons	..	**6 410**	**8 404**	**6 062**	**376**	..	..	..
Saumon	..	..	..	..	..	..	..	..
Saumon rose	..	..	..	..	..	..	..	..
Saumon keta	..	..	..	..	..	..	..	..
Saumon rouge	..	..	..	..	..	..	..	..
Saumon argenté	..	..	..	..	..	..	..	..
Autres saumons	..	..	..	..	..	..	..	..
Poissons plats	..	250	150	93	97	..	..	..
Flétan	..	..	..	..	..	..	..	..
Flétan noir	..	..	..	..	..	..	..	..
Sole	..	250	150	93	97	..	..	..
Plie	..	..	..	..	..	..	..	..
Autres poissons plats	..	..	..	..	..	..	..	..
Poissons de fond	..	5	5	2	..	..	..	..
Morue (Atlantique et Pacifique)	..	..	..	..	..	..	..	..
Églefin	..	..	..	..	..	..	..	..
Lieu	..	..	..	..	..	..	..	..
Morue du Pacifique occidental	..	..	..	..	..	..	..	..
Merlan	..	..	..	..	..	..	..	..
Merlu (toutes espèces)	..	5	5	1	..	..	..	..
Sébaste	..	..	..	0	..	..	..	..
Autres poissons de fond	..	..	..	..	..	..	..	..
Pélagiques	..	..	..	..	..	..	..	..
Chinchard	..	..	..	..	..	..	..	..
Maquereau	..	..	..	..	..	..	..	..
Hareng (Atlantique et Pacifique)	..	..	..	..	..	..	..	..
Sardine	..	..	..	..	..	..	..	..
Autres pélagiques	..	..	..	..	..	..	..	..
Thons	..	4 933	7 645	5 462	..	..	..	..
Listao	..	2 393	4 189	3 491	..	..	..	..
Thon rouge (nord et sud)	..	..	..	..	..	..	..	..
Germon	..	3	45	35	..	..	..	..
Albacore	..	2 297	2 900	1 523	..	..	..	..
Thon obèse	..	240	511	413	..	..	..	..
Autres thons	..	..	..	..	..	..	..	..
Espadon	..	..	..	..	..	..	..	..
Autres poissons	..	1 222	604	505	279	..	..	..
Total crustacés	..	**757**	**301**	**700**	**456**	**619**	..	..
Homard et langouste	..	..	..	..	..	..	..	..
Langoustine	..	..	..	..	..	..	..	..
Crevette	..	675	301	695	455	..	..	..
Autres crustacés	..	82	..	4	2	619	..	..
Total coquillages et mollusques	..	**2 115**	**1 739**	**1 594**	**918**	**1 427**	..	..
Huître	..	..	..	..	..	..	..	..
Moule	..	..	..	..	..	..	..	..
Coquille St-Jacques	..	..	..	..	..	..	..	..
Bivalves	..	..	..	..	..	..	..	..
Autres coquillages (incl. buccins)	..	..	..	..	..	..	..	..
Calmar	..	91	88	83	57	..	..	..
Seiche	..	795	396	178	162	..	..	..
Poulpe	..	1 229	1 255	1 334	699	1 427	..	..
Autres mollusques (incl. oursins)	..	..	..	..	..	..	..	..
Autres animaux marins	..	..	..	..	..	..	..	..
Plantes aquatiques	..	..	..	..	..	..	..	..
Algue brune	..	..	..	..	..	..	..	..
Algue rouge	..	..	..	..	..	..	..	..
Autres algues	..	..	..	..	..	..	..	..
Poisson pour transformation	..	..	..	..	..	..	..	..
TOTAL GÉNÉRAL	..	**9 282**	**10 444**	**8 356**	**1 751**	**2 046**	..	..

Tableau 4. Débarquements nationaux dans les ports étrangers *(suite)*

	2006	2007	2008	2009	2010	2011	2012	2013
VALEUR (EUR)								
Total poissons	..	**7 730 395**	**9 533 224**	**5 549 435**	**559 947**	..	..	..
Saumon	..	..	..	..	..	..	..	..
Saumon rose	..	..	..	..	..	..	..	..
Saumon keta	..	..	..	..	..	..	..	..
Saumon rouge	..	..	..	..	..	..	..	..
Saumon argenté	..	..	..	..	..	..	..	..
Autres saumons	..	..	..	..	..	..	..	..
Poissons plats	..	357 883	270 567	170 399	170 645	..	..	..
Flétan	..	..	..	..	..	..	..	..
Flétan noir	..	..	..	..	..	..	..	..
Sole	..	357 883	270 567	170 399	170 645	..	..	..
Plie	..	..	..	..	..	..	..	..
Autres poissons plats	..	..	..	..	..	..	..	..
Poissons de fond	..	5 238	5 957	1 452	..	..	..	..
Morue (Atlantique et Pacifique)	..	..	..	..	..	..	..	..
Églefin	..	..	..	..	..	..	..	..
Lieu	..	..	..	..	..	..	..	..
Morue du Pacifique occidental	..	..	..	..	..	..	..	..
Merlan	..	..	..	..	..	..	..	..
Merlu (toutes espèces)	..	5 238	5 957	1 387	..	..	..	..
Sébaste	..	..	..	65	..	..	..	..
Autres poissons de fond	..	..	..	..	..	..	..	..
Pélagiques	..	..	..	..	..	..	..	..
Chinchard	..	..	..	..	..	..	..	..
Maquereau	..	..	..	..	..	..	..	..
Hareng (Atlantique et Pacifique)	..	..	..	..	..	..	..	..
Sardine	..	..	..	..	..	..	..	..
Autres pélagiques	..	..	..	..	..	..	..	..
Thons	..	5 919 344	8 368 736	4 581 536	..	..	..	..
Listao	..	2 214 472	3 866 050	2 602 374	..	..	..	..
Thon rouge (nord et sud)	..	..	..	..	..	..	..	..
Germon	..	4 412	62 496	50 915	..	..	..	..
Albacore	..	3 471 392	3 936 397	1 614 343	..	..	..	..
Thon obèse	..	229 068	503 793	313 904	..	..	..	..
Autres thons	..	..	..	..	..	..	..	..
Espadon	..	..	..	..	..	..	..	..
Autres poissons	..	1 447 930	887 964	796 048	389 303	..	..	..
Total crustacés	..	**10 923 088**	**5 471 302**	**9 181 125**	**7 184 711**	**4 975 752**	..	..
Homard et langouste	..	..	..	..	..	..	..	..
Langoustine	..	..	..	..	..	..	..	..
Crevette	..	10 796 318	5 471 302	9 154 899	7 173 086	..	..	..
Autres crustacés	..	126 770	..	26 226	11 625	4 975 752	..	..
Total coquillages et mollusques	..	**8 639 430**	**8 380 850**	**8 315 175**	**4 355 656**	**5 729 628**	..	..
Huître	..	..	..	..	..	..	..	..
Moule	..	..	..	..	..	..	..	..
Coquille St-Jacques	..	..	..	..	..	..	..	..
Bivalves	..	..	..	..	..	..	..	..
Autres coquillages (incl. buccins	..	..	..	..	..	..	..	..
Calmar	..	600 615	595 943	555 803	387 024	..	..	..
Seiche	..	1 427 637	946 464	446 109	388 389	..	..	..
Poulpe	..	6 611 178	6 838 443	7 313 263	3 580 244	5 729 628	..	..
Autres mollusques (incl. oursins)	..	..	..	..	..	..	..	..
Autres animaux marins	..	..	..	..	..	..	..	..
Plantes aquatiques	..	..	..	..	..	..	..	..
Algue brune	..	..	..	..	..	..	..	..
Algue rouge	..	..	..	..	..	..	..	..
Autres algues	..	..	..	..	..	..	..	..
Poisson pour transformation	..	..	..	..	..	..	..	..
TOTAL GÉNÉRAL	..	**27 292 913**	**23 385 376**	**23 045 734**	**12 100 314**	**10 705 381**	..	..

.. Non disponible

Note : Métadonnées détaillées : http://metalinks.oecd.org/fish/20150108/5341

Source : OCDE (2014), « Pêcheries : Débarquements nationaux dans les ports étrangers », Statistiques agricoles de l'OCDE (base de données). DOI: 10.1787/data-00223-fr

ITALIE

Tableau 6. Production de l'aquaculture

	2006	2007	2008	2009	2010	2011	2012	2013
VOLUME (TONNES)								
Poissons	**71 900**	**72 120**	**53 068**	**52 483**	**52 355**	..	..	..
Saumon de l'Atlantique	..	..	..	..	..	..	..	..
Saumon du Pacifique	..	..	..	..	..	..	..	..
Truite arc-en-ciel	40 200	39 700	35 827	367	333	..	..	..
dont : d'eau de mer	..	..	..	..	..	..	..	..
dont : d'eau douce	40 200	39 700	35 827	367	333	..	..	..
Truite de mer	..	..	1 227	97	104	..	..	..
Poisson plat	..	..	..	..	..	..	..	..
Dorade	9 500	9 800	5 594	6 342	6 457	..	..	..
Bar	9 300	9 900	6 771	6 178	6 260	..	..	..
Loup	600	550	215	81	81	..	..	..
Carpe	700	750	77	488	479	..	..	..
Tilapia	..	..	17	261	214	..	..	..
Anguille	1 700	1 700	558	677	647	..	..	..
Autres poissons	9 900	9 720	2 782	37 991	37 781	..	..	..
Coquillages et crustacés	**170 000**	**175 000**	**104 945**	**127 458**	**136 599**	..	..	..
Huître, comestible	..	..	47	38	38	..	..	..
Huître, perle	..	..	..	..	..	..	..	..
Moule	125 000	125 000	76 277	89 051	96 297	..	..	..
Coquille St.-Jacques	..	..	..	..	..	..	..	..
Bivalves	45 000	50 000	28 612	38 368	40 261	..	..	..
Crevette et bouquet	..	..	9	2	3	..	..	..
Autres coquillages et crustacés	..	..	..	..	..	..	..	..
Total poissons, coquillages et crustacés	**241 900**	**247 120**	**158 013**	**179 941**	**188 954**	..	..	..
Autres animaux marins	..	..	..	..	..	..	..	..
Plantes aquatiques	..	..	..	..	..	..	..	..
Algue brune	..	..	..	..	..	..	..	..
Algue rouge	..	..	..	..	..	..	..	..
Algue verte	..	..	..	..	..	..	..	..
Autres plantes aquatiques	..	..	..	..	..	..	..	..
TOTAL GÉNÉRAL	**241 900**	**247 120**	**158 013**	**179 941**	**188 954**	..	..	..
VALEUR (EUR)								
Poissons	**340 700 000**	**348 255 000**	**337 075 000**	**186 583 700**	**195 888 491**	..	..	..
Saumon de l'Atlantique	..	..	..	..	..	..	..	..
Saumon du Pacifique	..	..	..	..	..	..	..	..
Truite arc-en-ciel	132 600 000	132 500 000	216 780 000	1 714 100	1 557 220	..	..	..
dont : d'eau de mer	..	..	..	..	..	..	..	..
dont : d'eau douce	132 600 000	132 500 000	216 780 000	1 714 100	1 557 220	..	..	..
Truite de mer	..	..	5 584 000	414 385	461 553	..	..	..
Poisson plat	..	..	..	..	..	..	..	..
Dorade	64 000 000	63 700 000	38 576 000	43 705 407	44 773 918	..	..	..
Bar	66 000 000	70 300 000	44 272 000	31 061 772	39 282 865	..	..	..
Loup	2 400 000	3 050 000	905 000	477 550	477 000	..	..	..
Carpe	1 900 000	1 975 000	221 000	2 030 832	2 009 185	..	..	..
Tilapia	..	..	47 000	1 258 040	1 032 570	..	..	..
Anguille	15 300 000	15 300 000	4 729 000	7 471 232	7 214 183	..	..	..
Autres poissons	58 500 000	61 430 000	25 961 000	98 450 382	99 079 997	..	..	..
Coquillages et crustacés	**288 250 000**	**306 500 000**	**128 526 000**	**152 218 115**	**181 059 152**	..	..	..
Huître, comestible	..	..	182 000	844 020	312 280	..	..	..
Huître, perle	..	..	..	..	..	..	..	..
Moule	81 250 000	81 500 000	45 674 000	51 049 710	75 085 146	..	..	..
Coquille St.-Jacques	..	..	..	..	..	..	..	..
Bivalves	207 000 000	225 000 000	82 595 000	100 286 385	105 604 726	..	..	..
Crevette et bouquet	..	..	75 000	38 000	57 000	..	..	..
Autres coquillages et crustacés	..	..	..	..	..	..	..	..
Total poissons, coquillages et crustacés	**628 950 000**	**654 755 000**	**465 601 000**	**338 801 815**	**376 947 643**	..	..	..
Autres animaux marins	..	..	..	..	..	..	..	..
Plantes aquatiques	..	..	..	..	..	..	..	..
Algue brune	..	..	..	..	..	..	..	..
Algue rouge	..	..	..	..	..	..	..	..
Algue verte	..	..	..	..	..	..	..	..
Autres plantes aquatiques	..	..	..	..	..	..	..	..
TOTAL GÉNÉRAL	**628 950 000**	**654 755 000**	**465 601 000**	**338 801 815**	**376 947 643**	..	..	..

.. Non disponible

Note : Métadonnées détaillées : http://metalinks.oecd.org/fish/20150108/4204

Source : OCDE (2014), « Pêcheries : Production de l'aquaculture », Statistiques agricoles de l'OCDE (base de données). DOI: 10.1787/data-00225-fr

Tableau 7. Transferts financiers publics (TFP)

Milliers EUR

	2006	2007	2008	2009	2010	2011	2012	2013
Contribution nationale aux TFP								
Pêche maritime	**99 682**	**60 804**	**35 386**	**169 297**	**168 636**	**90 106**	**..**	**..**
Paiements directs	42 091	24 293	6 055	32 019	13 991	51 130	..	..
Désarmement des navires et retrait des licences	24 892	9 059	1 092	4 157	3 018	28 571	..	..
Indemnisation des catastrophes	5 290	3 675	823	..	..	..	..	..
Aides : équipement, modernisation, construction de navire	9 840	9 003	3 401	0	591	1 427	..	..
Aide au revenu et assurance chômage	..	..	..	27 862	10 382	21 107	..	..
Autres paiements directs	2 068	2 556	739	..	..	25	..	..
Transferts réduisant les coûts	..	..	..	113 153	121 944	..	..	..
Prêts subventionnés : équipement, modernisation, construction de navire	..	..	..	..	..	..	..	..
Bonification d'intérêts	..	..	..	..	..	..	..	..
Exonération de taxe sur carburant	..	..	..	113 153	121 944	..	..	..
Ristourne et subvention à l'assurance	..	..	..	..	..	..	..	..
Allègement d'impôt sur le revenu, contrib. sociales impayées	..	..	..	..	..	..	..	..
Autres transferts réduisant les coûts	..	..	..	..	..	..	..	..
Services généraux	57 591	36 511	29 331	24 124	32 700	38 976	..	..
Gestion des pêcheries	32 277	23 663	24 346	17 068	20 020	20 310	..	..
Recherche halieutique	16 996	9 147	4 985	6 913	11 126	8 478	..	..
Police des pêches	500	..	..	0	20	20	..	..
Infrastructure des pêcheries	7 818	3 700	..	142	253	3 164	..	..
Autres services généraux	..	..	..	..	1 282	7 004	..	..
Recouvrement des coûts	..	..	..	..	..	..	..	..
Aquaculture	**4 663**	**4 806**	**417**	**122**	**2 409**	**4 785**	**..**	**..**
Paiements directs	4 663	4 806	417	122	2 409	4 785	..	..
Aides : développement aquacole	..	..	..	122	2 400	4 733	..	..
Indemnisation des catastrophes	..	..	..	..	..	..	..	..
Autres paiements directs	4 663	4 806	417	..	9	51	..	..
Transferts réduisant les coûts	..	..	..	..	..	..	..	..
Prêts subventionnés : développement aquacole	..	..	..	..	..	..	..	..
Autres transferts réduisant les coûts	..	..	..	..	..	..	..	..
Services généraux	..	..	..	..	..	..	..	..
Gestion, recherche et police de l'aquaculture	..	..	..	..	..	..	..	..
Infrastructure aquacole	..	..	..	..	..	..	..	..
Autres services généraux	..	..	..	..	..	..	..	..
Recouvrement des coûts	..	..	..	..	..	..	..	..
Commercialisation et transformation	**15 328**	**15 363**	**4 733**	**4 280**	**10 168**	**18 903**	**..**	**..**
Paiements directs	6 021	5 810	3 974	2 563	5 577	15 518	..	..
Aides : commercialisation et transformation	6 021	5 810	3 974	1 432	1 422	3 509	..	..
Autres paiements directs	..	..	..	1 131	4 156	12 009	..	..
Transferts réduisant les coûts	..	..	..	..	..	..	..	..
Prêts subventionnés : commercialisation et transformation	..	..	..	..	..	..	..	..
Autres transferts réduisant les coûts	..	..	..	..	..	..	..	..
Services généraux	9 308	9 552	759	1 717	4 591	3 385	..	..
Aquaculture	..	..	..	..	..	..	..	..
Autres services généraux	9 308	9 552	759	1 717	4 591	3 385	..	..
Recouvrement des coûts	..	..	..	..	..	..	..	..
Total	**119 673**	**80 972**	**40 536**	**173 699**	**181 213**	**113 794**	**..**	**..**

Tableau 7. Transferts financiers publics (TFP) *(suite)*

Milliers EUR

	2006	2007	2008	2009	2010	2011	2012	2013
Contribution européenne aux TFP								
Pêche maritime	**55 432**	**29 248**	**3 502**	**25 549**	**47 663**	**83 250**	**..**	**..**
Paiements directs	42 282	23 153	2 648	21 680	42 734	72 341	..	..
Désarmement des navires et retrait des licences	24 842	9 058	1 092	4 157	24 589	45 405	..	..
Indemnisation des catastrophes	12 983	11 357	674	..	..	..	..	..
Aides : équipement, modernisation, construction de navire	2 484	356	144	0	601	2 763	..	..
Aide au revenu et assurance chômage	..	..	..	17 523	17 544	23 691	..	..
Autres paiements directs	1 973	2 382	739	..	..	482	..	..
Transferts réduisant les coûts	..	..	..	..	..	..	..	..
Prêts subventionnés : équipement, modernisation, construction de navire	..	..	..	..	..	..	..	..
Bonification d'intérêts	..	..	..	..	..	..	..	..
Exonération de taxe sur carburant	..	..	..	..	..	..	..	..
Ristourne et subvention à l'assurance	..	..	..	..	..	..	..	..
Allègement d'impôt sur le revenu, contrib. sociales impayées	..	..	..	..	..	..	..	..
Autres transferts réduisant les coûts	..	..	..	..	..	..	..	..
Services généraux	13 150	6 095	854	3 868	4 929	10 909	..	..
Gestion des pêcheries	2 470	2 457	828	3 726	4 225	7 017	..	..
Recherche halieutique	3 206	585	26	0	0	0	..	..
Police des pêches	..	..	..	0	387	387	..	..
Infrastructure des pêcheries	7 474	3 053	..	142	253	3 164	..	..
Autres services généraux	..	..	..	..	65	342	..	..
Recouvrement des coûts	..	..	..	..	..	..	..	..
Aquaculture	**4 671**	**4 989**	**446**	**122**	**3 881**	**6 661**	**..**	**..**
Paiements directs	4 671	4 989	446	122	3 881	6 661	..	..
Aides : développement aquacole	..	..	..	122	3 873	6 609	..	..
Indemnisation des catastrophes	..	..	..	..	..	..	..	..
Autres paiements directs	4 671	4 989	446	..	9	52	..	..
Transferts réduisant les coûts	..	..	..	..	..	..	..	..
Prêts subventionnés : développement aquacole	..	..	..	..	..	..	..	..
Autres transferts réduisant les coûts	..	..	..	..	..	..	..	..
Services généraux	..	..	..	..	..	..	..	..
Gestion, recherche et police de l'aquaculture	..	..	..	..	..	..	..	..
Infrastructure aquacole	..	..	..	..	..	..	..	..
Autres services généraux	..	..	..	..	..	..	..	..
Recouvrement des coûts	..	..	..	..	..	..	..	..
Commercialisation et transformation	**14 190**	**16 089**	**3 040**	**2 563**	**5 746**	**20 451**	**..**	**..**
Paiements directs	4 080	5 368	2 280	2 563	5 746	20 451	..	..
Aides : commercialisation et transformation	4 080	5 368	2 280	1 432	1 590	4 537	..	..
Autres paiements directs	..	..	..	1 131	4 156	15 915	..	..
Transferts réduisant les coûts	..	..	..	..	..	..	..	..
Prêts subventionnés : commercialisation et transformation	..	..	..	..	..	..	..	..
Autres transferts réduisant les coûts	..	..	..	..	..	..	..	..
Services généraux	10 110	10 721	759	..	3 590	..	..	..
Aquaculture	..	..	..	..	..	..	..	..
Autres services généraux	10 110	10 721	759	..	3 590	..	..	..
Recouvrement des coûts	..	..	..	..	..	..	..	..
Total	**74 292**	**50 326**	**6 988**	**28 234**	**57 290**	**110 362**	**..**	**..**

Tableau 7. Transferts financiers publics (TFP) *(suite)*

Milliers EUR

	2006	2007	2008	2009	2010	2011	2012	2013
Total des TFP								
Pêche maritime	**155 114**	**90 051**	**38 888**	**194 845**	**216 299**	**173 357**	..	..
Paiements directs	84 373	47 445	8 703	53 700	56 725	123 471	..	..
Désarmement des navires et retrait des licences	49 734	18 117	2 184	8 315	27 607	73 976	..	..
Indemnisation des catastrophes	18 273	15 032	1 497	..	..	..	..	..
Aides : équipement, modernisation, construction de navire	12 324	9 359	3 545	0	1 193	4 190	..	..
Aide au revenu et assurance chômage	..	..	..	45 385	27 925	44 797	..	..
Autres paiements directs	4 042	4 938	1 477	..	..	507	..	..
Transferts réduisant les coûts	..	..	..	113 153	121 944	..	..	..
Prêts subventionnés : équipement, modernisation, construction de navire	..	..	..	..	..	..	..	..
Bonification d'intérêts	..	..	..	..	..	..	..	..
Exonération de taxe sur carburant	..	..	..	113 153	121 944	..	..	..
Ristourne et subvention à l'assurance	..	..	..	..	..	..	..	..
Allègement d'impôt sur le revenu, contrib. sociales impayées	..	..	..	..	..	..	..	..
Autres transferts réduisant les coûts	..	..	..	..	..	..	..	..
Services généraux	70 741	42 606	30 185	27 992	37 629	49 886	..	..
Gestion des pêcheries	34 747	26 120	25 175	20 795	24 244	27 327	..	..
Recherche halieutique	20 202	9 732	5 010	6 913	11 126	8 478	..	..
Police des pêches	500	..	..	0	407	407	..	..
Infrastructure des pêcheries	15 291	6 754	..	284	506	6 327	..	..
Autres services généraux	..	..	..	..	1 347	7 346	..	..
Recouvrement des coûts	..	..	..	..	..	..	..	..
Aquaculture	**9 334**	**9 795**	**863**	**245**	**6 291**	**11 445**	..	..
Paiements directs	9 334	9 795	863	245	6 291	11 445	..	..
Aides : développement aquacole	..	..	..	245	6 273	11 342	..	..
Indemnisation des catastrophes	..	..	..	..	..	..	..	..
Autres paiements directs	9 334	9 795	863	..	18	103	..	..
Transferts réduisant les coûts	..	..	..	..	..	..	..	..
Prêts subventionnés : développement aquacole	..	..	..	..	..	..	..	..
Autres transferts réduisant les coûts	..	..	..	..	..	..	..	..
Services généraux	..	..	..	..	..	..	..	..
Gestion, recherche et police de l'aquaculture	..	..	..	..	..	..	..	..
Infrastructure aquacole	..	..	..	..	..	..	..	..
Autres services généraux	..	..	..	..	..	..	..	..
Recouvrement des coûts	..	..	..	..	..	..	..	..
Commercialisation et transformation	**29 518**	**31 452**	**7 773**	**6 842**	**15 914**	**39 354**	..	..
Paiements directs	10 100	11 178	6 254	5 125	11 323	35 969	..	..
Aides : commercialisation et transformation	10 100	11 178	6 254	2 863	3 012	8 045	..	..
Autres paiements directs	..	..	..	2 262	8 311	27 924	..	..
Transferts réduisant les coûts	..	..	..	..	..	..	..	..
Prêts subventionnés : commercialisation et transformation	..	..	..	..	..	..	..	..
Autres transferts réduisant les coûts	..	..	..	..	..	..	..	..
Services généraux	19 418	20 273	1 519	1 717	4 591	3 385	..	..
Aquaculture	..	..	..	..	..	..	..	..
Autres services généraux	19 418	20 273	1 519	1 717	4 591	3 385	..	..
Recouvrement des coûts	..	..	..	..	..	..	..	..
Total	**193 966**	**131 298**	**47 523**	**201 932**	**238 504**	**224 156**	..	..

.. Non disponible

Note : Métadonnées détaillées : http://metalinks.oecd.org/fish/20150108/25ba

Source : OCDE (2014), « Pêcheries : Transferts financiers publics », Statistiques agricoles de l'OCDE (base de données). DOI: 10.1787/data-00220-fr

ITALIE

Tableau 8. Importations par produit

		2009		2010		2011		2012		2013	
		Tonnes	USD	Tonnes	USD	Tonnes	USD	Tonnes	USD	Tonnes	USD
03	**Poisson, crustacés et mollusques**	..	**3 790 572 562**	..	**4 165 931 517**	..	**4 825 705 117**	..	**4 131 437 696**	..	**4 219 994 674**
0302	**Poisson, frais ou réfrigéré, excl. 0304**	**123 071 117**	**837 438 742**	**131 039 362**	**923 169 265**	**138 153 101**	**1 039 045 712**	**132 211 215**	**862 529 120**	**129 280 943**	**921 492 293**
030211	Truite	739 428	5 040 182	587 325	4 641 865	598 256	4 323 412	1 117 123	6 361 378	645 090	4 171 283
030212	Saumon (Pacifique, Atlantique et Danube)	20 037 205	112 176 083	20 835 918	141 802 321	25 391 260	155 316 090	30 113 535	155 247 201	28 438 695	215 186 298
030219	Salmonidés nra	224 299	1 931 877	1 208 030	7 318 303	1 092 036	8 600 782	1 539 936	10 597 622	1 144 402	10 469 610
030221	Flétan	28 049	216 894	45 044	408 138	38 585	418 752	36 005	231 441	22 307	138 754
030222	Plie, carrelet	107 520	604 163	139 352	819 718	215 462	1 383 183	331 105	1 786 229	237 443	1 416 779
030223	Sole	4 506 620	66 487 173	4 324 550	68 053 019	4 304 633	69 581 448	4 026 228	53 957 727	4 111 566	50 452 844
030229	Poissons plats nra	3 299 531	35 105 310	3 717 473	38 796 986	3 437 485	39 058 721	3 834 492	33 187 119	3 284 622	34 906 877
030231	Thon blanc/germon	216 455	1 756 856	206 933	1 798 482	778 491	6 756 818	719 853	6 155 748	965 454	8 642 761
030232	Albacore (thon jaune)	510 382	5 224 845	503 152	4 366 060	695 722	6 928 730	794 306	8 875 456	893 929	10 543 950
030233	Listaos/bonite à ventre rayé	27 742	178 424	42 877	212 997	104 532	846 564	178 946	1 118 825	151 125	959 859
030239	Thonidés nra	862 314	7 500 449	709 273	7 681 726	469 975	4 469 393	484 784	4 350 439	452 215	4 651 722
030240	Hareng	17 483	64 228	18 031	73 744	35 820	156 170	37 469	192 458	142 310	1 044 660
030250	Morue	1 643 990	10 495 701	1 800 901	13 414 668	1 506 065	12 558 250	1 786 975	11 297 422	1 733 340	11 383 202
030261	Sardines	4 045 424	5 449 299	3 868 748	4 316 095	7 656 054	9 238 890	3 998 436	4 571 654	4 402 714	5 246 811
030262	Églefin	879	4 842	713	5 856	1 191	11 801	692	7 581	185	374
030263	Lieu noir	41 146	282 827	46 290	311 004	93 316	658 352	206 315	1 060 798	72 630	548 835
030264	Maquereau	6 461 131	14 316 813	5 687 118	14 462 410	5 306 512	17 960 129	5 344 808	15 914 470	5 041 040	14 980 515
030265	Aiguillat et autres squalidés	1 621 986	11 807 778	1 707 036	12 147 867	1 964 899	14 036 709	2 190 269	14 270 852	2 303 851	15 583 170
030266	Anguille	139 081	1 638 090	120 683	1 432 408	129 012	2 024 426	13 932	189 971	519	4 772
030269	Poisson nra	78 378 735	555 047 218	85 306 940	599 135 018	84 181 372	682 787 518	75 418 072	532 772 355	75 169 699	530 568 620
030270	Foies, oeufs et laitances	161 717	2 109 692	162 975	1 970 580	152 423	1 929 574	37 934	382 372	67 807	590 596
0303	**Poisson, congelé, excl. 0304**	**83 556 835**	**317 785 380**	**87 675 972**	**339 989 361**	**87 132 465**	**399 974 200**	**81 851 003**	**356 923 368**	**80 670 669**	**346 903 112**
030319	Saumon, Pacifique	..	..	..	..	..	..	..	..	..	..
030321	Truite	20 305	102 829	38 276	203 695	23 084	84 962	120 062	546 380	111 281	626 969
030322	Saumon (Atlantique et Danube)	..	..	..	..	..	..	..	..	..	..
030329	Salmonidés	17 974	124 712	41 355	275 793	72 718	378 241	421 379	2 207 842	159 203	950 554
030331	Flétan	156 590	777 628	95 121	544 550	127 352	1 015 048	126 281	836 399	87 980	672 644
030332	Plie, carrelet	124 570	638 661	128 344	484 827	152 255	592 364	168 833	658 520	209 085	847 819
030333	Sole	2 610 856	21 119 663	2 646 383	23 844 209	2 520 567	23 521 878	2 578 932	19 608 214	2 018 878	13 402 103
030339	Poisson plat nra	710 977	4 488 400	850 074	4 891 126	841 822	4 872 358	989 596	4 706 042	941 182	4 397 003
030341	Thon blanc/germon	404 219	2 430 656	460 885	2 652 516	1 154 223	4 836 057	438 143	2 753 198	398 989	2 859 789
030342	Albacore (thon jaune)	16 725 439	38 470 578	22 355 521	58 106 906	23 984 855	81 793 370	27 178 989	103 640 529	26 239 014	106 207 609
030343	Listao/bonite à ventre rayé	6 048	27 098	3 326	16 842	3 948	7 734	697 277	1 764 605	3 495	16 181
030349	Thonidés nra	396 310	1 384 756	923 622	2 781 575	706 897	2 992 888	279 677	1 609 528	325 079	2 787 098
030350	Hareng	37 872	64 621	41 789	84 802	63 145	131 002	104 326	518 068	114 863	638 292
030360	Morue	503 351	2 716 116	851 347	4 298 818	1 263 636	6 761 156	1 163 384	4 925 259	1 405 732	5 764 434
030371	Sardines, sardinelles	1 801 873	1 991 123	605 817	831 248	2 152 597	2 616 332	1 484 996	1 799 520	1 650 021	2 147 955
030372	Églefin	14 605	103 490	62 993	527 172	54 300	590 406	305	2 824	5 760	48 477
030373	Lieu noir	132 671	413 105	199 883	615 233	190 496	689 688	56 107	321 471	82 517	495 411
030374	Maquereau	4 013 132	4 844 001	4 195 607	6 405 053	3 963 097	8 457 268	3 550 568	6 931 078	2 627 605	4 840 798
030375	Aiguillat et autres squalidés	8 260 185	21 149 361	7 298 584	19 617 431	7 510 343	23 034 028	6 679 352	17 084 756	6 230 734	20 001 548
030376	Anguille	24 058	135 191	25 143	121 800	51 502	297 040	4 782	100 041	15 961	170 351
030377	Bar (loup)	658 675	5 108 284	945 413	7 321 812	844 065	7 451 470	1 340 040	10 059 758	1 093 495	7 047 868
030378	Merlu	8 905 538	22 604 800	8 550 440	21 781 624	8 225 322	25 982 068	6 693 880	19 450 440	6 900 498	19 446 875
030379	Poisson nra	34 754 514	167 287 405	34 506 931	165 644 547	30 419 408	183 084 870	25 659 286	136 472 787	27 270 027	130 800 476
030380	Foies, oeufs et laitances	541 920	7 430 948	499 973	6 131 974	482 435	7 223 176	490 772	9 986 729	512 010	9 854 361
0304	**Filets de poisson et autre chair de poisson**	**99 443 145**	**598 542 069**	**109 838 618**	**634 341 245**	**115 025 433**	**720 929 170**	**111 940 012**	**663 758 922**	**114 911 942**	**688 555 227**
030410	Filets et autre chair de poisson, frais ou réfrigéré	28 463 247	249 934 754	29 200 804	245 935 382	28 020 907	256 449 132	29 722 613	248 546 590	28 359 966	253 787 165
030420	Filets de poissons, congelé	66 561 427	327 223 076	76 428 954	367 809 594	83 022 104	440 138 731	76 414 677	383 205 091	81 043 517	403 820 709
030490	Chair de poisson nra, congelé	4 418 471	21 384 240	4 208 860	20 596 270	3 982 422	24 341 307	5 802 722	32 007 242	5 508 459	30 947 354
0305	**Poisson, séché, salé, fumé, ou en saumure**	**41 665 790**	**398 029 747**	**45 152 332**	**441 593 384**	**43 179 355**	**455 148 535**	**40 694 088**	**398 847 076**	**43 901 677**	**441 988 463**
030510	Farine de poisson, consommation humaine	73 690	1 263 510	97 391	1 277 685	80 053	1 143 225	95 685	955 614	92 429	1 297 439
030520	Foies, oeufs et laitances	60 315	1 241 684	44 784	1 040 145	29 628	606 673	46 346	747 142	65 677	1 324 931
030530	Filets de poisson (non fumé)	10 732 773	75 075 971	12 743 117	89 812 397	12 532 780	94 118 859	11 693 940	79 130 082	13 714 647	96 381 221
030541	Saumon (Pacifique, Atlantique et Danube), fumé	9 932 079	155 006 543	11 213 318	179 085 565	10 707 619	187 058 752	11 660 399	164 158 517	12 565 374	199 903 052
030542	Hareng, fumé	..	..	..	..	..	..	..	..	..	..
030549	Poisson nra, fumé	964 167	17 592 406	1 330 594	20 741 010	1 341 750	21 468 025	1 016 580	15 640 210	621 229	11 475 362
030551	Morue, séché, non fumé	4 378 658	63 612 269	5 056 775	72 582 710	4 121 145	71 480 179	4 548 568	68 071 708	4 257 219	57 890 993
030559	Poisson nra, séché, salé, non fumé	803 226	3 579 261	551 115	2 561 808	526 179	2 634 993	638 141	5 513 027	640 744	3 116 512
030561	Hareng, salé ou en saumure	59 149	220 198	87 416	299 110	45 108	103 707	25 831	69 463	35 764	87 370
030562	Morue, salé ou en saumure	5 546 267	44 497 184	4 806 262	40 423 377	4 314 055	40 968 446	4 718 508	38 482 804	5 482 084	40 505 123
030563	Anchois, salé ou en saumure	7 337 486	28 499 775	7 637 615	27 123 745	8 201 162	29 534 600	4 734 570	18 929 295	5 150 622	23 574 901
030569	Poisson nra, salé ou en saumure	950 162	3 490 181	893 052	3 301 294	650 290	2 676 820	881 044	3 663 600	625 426	2 569 027

ITALIE

Tableau 8. Importations par produit (*suite*)

		2009		2010		2011		2012		2013	
		Tonnes	USD	Tonnes	USD	Tonnes	USD	Tonnes	USD	Tonnes	USD
0306	**Crustacés**	**88 558 403**	**693 607 934**	**92 323 011**	**751 938 199**	**92 660 940**	**815 954 076**	**84 921 587**	**699 341 449**	**83 831 139**	**756 299 529**
030611	Langoustes et autres palinuridés, congelé	1 010 843	13 040 779	975 358	13 762 158	1 161 734	20 921 782	772 304	11 912 911	765 038	12 601 018
030612	Homard nra	419 578	4 825 561	527 173	7 430 006	503 470	8 346 820	388 236	5 841 159	489 956	6 579 480
030613	Crevettes, congelé	61 683 554	402 221 305	63 982 366	444 690 618	64 966 992	474 131 659	58 056 794	404 122 777	57 284 304	456 103 568
030614	Crabes, congelé	1 043 916	5 932 351	842 232	5 208 512	1 055 593	6 720 332	883 226	5 453 415	1 045 771	6 409 726
030619	Crustacés nra, congelé	13 454 970	136 513 819	14 900 566	147 636 048	14 032 262	163 687 115	13 860 984	143 055 533	13 816 374	146 565 831
030621	Langoustes et autres palinuridés (non congelé)	327 572	9 745 718	252 507	8 010 059	242 843	8 483 770	149 177	4 626 171	129 264	4 080 132
030622	Homard nra (non congelé)	4 428 238	60 775 739	4 293 307	60 853 724	4 406 110	66 137 300	3 822 950	54 070 082	3 611 200	52 176 862
030623	Crevettes (non congelé)	1 651 929	15 884 785	1 618 948	14 976 859	1 444 943	14 314 147	2 434 245	25 174 990	2 302 131	26 369 995
030624	Crabes (non congelé)	851 479	5 438 179	888 025	5 992 653	1 200 654	7 448 964	1 095 612	6 504 420	1 148 445	7 393 683
030629	Crustacés nra (non congelé)	3 686 324	39 229 696	4 042 529	43 377 561	3 646 339	45 762 187	3 458 059	38 579 990	3 238 656	38 019 235
0307	**Mollusques**	**252 871 599**	**898 056 175**	**257 121 262**	**1 034 443 896**	**257 274 749**	**1 356 016 839**	**238 204 521**	**1 120 914 700**	**247 006 028**	**1 039 593 697**
030710	Huîtres	6 038 981	22 820 587	6 606 275	26 923 586	5 768 454	31 488 287	5 305 772	28 999 142	5 176 082	29 200 381
030721	St-Jacques, vi, fr, ou ré	2 129 828	17 448 034	2 758 087	20 885 405	2 541 404	23 412 050	2 727 053	24 205 646	2 540 631	23 387 075
030729	St-Jacques, co, sc, sl, ou sm	3 020 325	19 204 150	3 657 564	23 795 197	3 701 420	26 874 078	3 377 601	22 991 132	3 365 135	23 133 751
030731	Moules, vi, fr, ou ré	30 795 692	26 912 308	24 545 286	24 075 599	23 250 365	25 439 100	31 948 968	28 625 124	32 301 468	29 411 123
030739	Moules, co, sc, sl, ou sm	2 939 784	10 410 615	3 156 532	9 747 605	2 420 441	9 538 635	2 326 361	7 999 124	2 605 142	10 320 456
030741	Seiches, encornets et calmars, vi, fr, ou ré	9 335 740	53 335 986	12 064 117	69 580 585	11 074 043	79 454 982	11 860 690	74 765 538	11 442 200	67 655 744
030749	Seiches, encornets et calmars, co, sc, sl, ou sm	94 791 697	338 235 084	105 865 027	431 894 625	99 101 397	509 774 671	90 639 479	445 952 279	93 891 754	447 921 704
030751	Poulpe, vi, fr, ou ré	3 078 816	15 521 045	3 367 753	17 094 109	3 623 174	25 397 511	3 955 299	24 963 730	4 862 425	25 817 536
030759	Poulpe, co, sc, sl, ou sm	55 323 285	256 101 402	47 551 349	244 465 449	52 386 796	401 552 943	43 878 791	293 023 173	42 893 030	210 544 271
030760	Escargots (autres que de mer)	969 867	5 827 232	998 648	5 095 911	989 809	5 796 753	778 381	5 060 636	940 523	5 538 869
030791	Mollusques nra, vi, fr, ou ré	2 429 043	10 096 140	2 397 205	10 674 434	2 500 140	9 678 916	2 305 927	11 136 966	2 885 382	13 017 917
030799	Mollusques nra, co, sc, sl, ou sm	42 018 541	122 143 591	44 153 419	150 211 391	49 917 306	207 608 912	39 100 199	153 192 210	44 102 256	153 644 869
121220	**Algues**	**629 297**	**5 369 318**	**866 979**	**5 254 414**	**1 207 673**	**6 109 393**	**1 312 750**	**6 590 441**	**1 848 642**	**8 459 756**
1504	**Graisses, huiles et leurs fractions**	**16 201 264**	**20 567 676**	**14 602 314**	**21 376 694**	**14 360 147**	**31 975 480**	**13 074 345**	**28 314 146**	**12 094 136**	**29 881 659**
150410	Huiles de foies de poisson, et fractions	356 086	994 959	331 374	1 183 015	382 818	1 759 089	202 347	1 033 401	360 626	1 678 642
150420	Graisses et huiles de poisson, et fractions	15 825 121	19 540 803	14 255 260	20 173 382	13 949 073	30 197 647	12 845 708	27 225 371	11 650 476	28 002 891
150430	Graisses et huiles de mammifère marin, et fractions	20 057	31 913	15 680	20 296	28 256	18 745	26 290	55 374	83 034	200 126
1604	**Préparations et conserves de poisson; caviars et succédanés**	**198 588 049**	**1 096 661 661**	**183 775 906**	**978 061 272**	**191 858 972**	**1 150 695 274**	**185 629 100**	**1 148 990 659**	**189 656 025**	**1 257 814 296**
160411	Saumon, non haché	826 129	7 557 125	658 070	6 475 720	550 207	6 443 663	890 683	10 146 694	1 103 804	13 170 506
160412	Hareng, non haché	678 782	2 957 286	1 087 073	7 683 726	1 026 576	5 118 459	821 968	3 941 621	587 527	2 771 127
160413	Sardines, sardinelles, sprats, esprots, non haché	4 188 585	19 148 130	4 087 730	16 993 030	3 491 047	15 840 433	3 863 595	17 540 361	3 757 047	17 157 673
160414	Thons, listaos, sardes, non haché	110 644 146	676 772 627	101 984 102	594 768 248	108 644 272	719 002 825	105 165 726	738 328 261	105 746 792	802 041 448
160415	Maquereau, non haché	7 171 436	44 325 753	7 883 063	46 331 516	9 570 849	63 876 297	9 270 461	59 162 470	10 449 739	70 628 890
160416	Anchois, non haché	7 136 797	56 681 490	7 957 169	56 836 669	9 233 938	69 232 303	8 387 836	60 939 931	7 280 077	61 304 837
160419	Poisson nra, non haché	37 706 046	157 177 278	28 982 763	118 210 752	26 926 534	122 784 920	26 093 347	121 343 188	28 691 457	139 329 438
160420	Poisson, haché	29 980 561	126 556 084	30 886 065	125 436 188	32 207 188	142 475 201	30 924 526	132 454 129	31 845 215	145 935 738
160430	Caviar et succédanés	255 567	5 485 888	249 871	5 325 423	208 361	5 921 172	210 958	5 134 003	194 367	5 474 640
1605	**Préparations et conserves de crustacés**	**23 986 402**	**127 256 434**	**28 303 293**	**141 553 869**	**32 594 702**	**170 726 624**	**24 526 991**	**117 574 221**	**26 942 719**	**127 890 364**
160510	Crabes	358 111	3 403 525	587 162	4 984 586	590 058	4 951 984	584 913	3 901 845	633 393	4 850 861
160520	Crevettes	6 869 365	62 736 407	8 257 581	68 494 302	7 816 685	74 136 894	4 453 417	40 916 441	4 516 120	42 328 938
160530	Homard	17 922	336 119	37 777	498 715	43 093	1 016 147	10 924	180 515	28 031	713 147
160540	Crustacés nra	294 150	2 205 366	324 111	2 244 338	265 128	2 492 636	209 990	2 230 765	139 698	1 587 376
230120	**Farine de poisson**	**55 226 329**	**58 321 155**	**45 230 003**	**69 448 513**	**40 170 019**	**59 910 221**	**36 850 650**	**53 612 655**	**44 030 580**	**74 629 887**
	TOTAL	**983 798 230**	**5 098 748 806**	**995 929 052**	**5 381 626 279**	**1 013 617 556**	**6 245 122 109**	**..**	**5 486 519 818**	**..**	**5 718 670 636**

.. Non disponible

Note : nra : non répertorié ailleurs. vi : vivant. fr : frais. ré : réfrigéré. co : congelé. sc : séché. sl : salé. sm : en saumure.

Métadonnées détaillées : http://metalinks.oecd.org/fish/20150108/3ece

Source : OCDE (2014), « Pêcheries : Commerce par produit », Statistiques agricoles de l'OCDE (base de données). DOI: 10.1787/data-00677-fr

ITALIE

Tableau 9. Exportations par produit

		2009		2010		2011		2012		2013	
		Tonnes	USD	Tonnes	USD	Tonnes	USD	Tonnes	USD	Tonnes	USD
03	**Poisson, crustacés et mollusques**	..	**474 685 269**	..	**482 636 847**	..	**547 730 888**	..	**411 463 842**	..	**453 602 955**
0302	**Poisson, frais ou réfrigéré, excl. 0304**	**46 253 727**	**165 245 393**	**46 462 826**	**159 085 480**	**39 316 250**	**162 374 655**	**34 476 259**	**131 548 557**	**36 282 990**	**157 168 462**
030211	Truite	1 190 980	5 391 256	1 764 380	8 177 708	2 601 526	13 618 906	2 868 626	14 028 493	3 271 841	16 256 975
030212	Saumon (Pacifique, Atlantique et Danube)	2 166 182	13 491 469	1 933 477	14 559 699	1 778 511	12 617 242	1 465 535	8 698 398	1 191 820	9 789 125
030219	Salmonidés nra	49 896	294 436	45 232	314 871	76 960	570 236	473 803	2 653 455	1 146 180	7 352 268
030221	Flétan	37	691	194	4 782	790	7 975	242	5 635	516	10 691
030222	Plie, carrelet	2 709	15 491	1 361	9 956	2 891	19 456	1 792	13 205	1 693	11 809
030223	Sole	40 527	586 779	25 805	473 674	38 086	637 776	19 970	398 294	32 875	544 770
030229	Poissons plats nra	195 864	1 914 465	173 675	1 887 542	177 281	2 261 297	316 117	2 532 836	191 568	2 402 857
030231	Thon blanc/germon	1 667 655	9 722 998	1 272 050	7 085 325	2 462 272	16 018 556	1 088 394	7 145 036	1 645 748	9 720 748
030232	Albacore (thon jaune)	514 055	1 634 210	222 385	871 194	47 098	587 205	68 159	785 145	66 440	782 733
030233	Listaos/bonite à ventre rayé	45 883	80 855	48 805	120 386	66 384	215 273	305 874	2 057 629	279 098	1 593 271
030239	Thonidés nra	1 062 682	8 206 083	474 233	2 875 392	857 598	5 294 942	769 513	7 099 807	756 123	5 519 995
030240	Hareng	1 885	8 452	2 119	9 740	5 991	11 550	29 217	49 793	30 880	81 568
030250	Morue	259 807	1 678 925	232 095	1 848 890	198 373	1 731 997	94 630	1 029 219	98 262	1 177 709
030261	Sardines	10 657 342	17 342 339	11 292 102	18 178 994	7 606 764	14 206 216	7 940 439	10 824 661	8 879 785	12 893 357
030262	Églefin	350	3 302	..	..	..	..	..	..	1 471	2 772
030263	Lieu noir	165	1 131	54	599	118	878	1 746	13 085	18 410	24 213
030264	Maquereau	743 726	1 697 529	1 319 007	3 077 316	606 089	2 207 975	545 332	2 090 651	440 266	2 099 301
030265	Aiguillat et autres squalidés	30 520	131 520	24 263	102 877	63 151	458 677	164 484	976 349	120 896	742 993
030266	Anguille	492	5 823	431	6 513	852	18 123	1 888	37 233	1 731	29 434
030269	Poisson nra	27 576 164	101 906 644	27 541 746	98 277 232	22 630 505	90 287 181	18 249 985	69 476 724	18 032 799	83 546 074
030270	Foies, oeufs et laitances	46 806	1 130 992	89 412	1 202 793	95 010	1 603 194	70 513	1 632 908	74 588	2 585 798
0303	**Poisson, congelé, excl. 0304**	**10 484 411**	**32 983 782**	**10 162 662**	**28 634 516**	**9 248 824**	**28 115 060**	**8 135 109**	**21 953 686**	**11 457 328**	**26 562 174**
030319	Saumon, Pacifique	..	..	..	..	..	..	..	..	..	..
030321	Truite	429 118	2 264 913	312 769	1 775 631	228 820	1 193 492	206 151	809 125	90 082	465 051
030322	Saumon (Atlantique et Danube)	..	..	..	..	..	..	..	..	..	..
030329	Salmonidés	61 384	340 308	73 542	417 202	53 489	386 557	54 076	286 901	49 729	314 626
030331	Flétan	1 916	9 647	395	1 461	3 771	6 022	928	4 701	365	2 148
030332	Plie, carrelet	2 332	8 028	..	..	171	447	10	63	160	637
030333	Sole	377 222	1 230 878	337 644	1 194 690	223 872	1 499 221	48 769	341 196	246 237	1 177 000
030339	Poisson plat nra	83 149	206 129	143 063	294 551	185 644	517 734	120 712	316 504	120 127	264 701
030341	Thon blanc/germon	51 842	297 428	403 400	1 250 835	419 136	1 167 087	149 731	534 598	131 091	624 556
030342	Albacore (thon jaune)	4 636	53 871	13 890	86 950	99 150	405 680	12 931	97 621	68 832	432 437
030343	Listao/bonite à ventre rayé	1 667	9 029	135	725	22	509	303	2 107	49 726	131 193
030349	Thonidés nra	9 172	71 983	44 615	142 222	20 923	108 480	6 406	54 540	3 049	30 445
030350	Hareng	..	..	..	..	1 210	11 724	35 773	34 815	27	372
030360	Morue	118 555	360 238	146 089	468 717	247 320	889 508	5 880	32 846	5 953	25 898
030371	Sardines, sardinelles	3 463 115	3 911 061	3 829 482	3 943 135	4 583 682	5 323 164	4 773 101	4 945 347	6 946 023	6 858 117
030372	Églefin	..	..	..	..	..	..	..	..	..	..
030373	Lieu noir	1 473	5 332	20	87	4 101	15 893	2 173	8 240	4 563	1 211
030374	Maquereau	427 407	708 089	300 551	552 083	143 976	358 868	116 404	219 179	135 414	286 158
030375	Aiguillat et autres squalidés	254 446	565 417	194 440	512 319	101 322	353 786	139 887	431 002	117 241	431 013
030376	Anguille	352	463	563	11 846	1 015	15 940	696	10 826	124	1 785
030377	Bar (loup)	37 778	273 719	16 226	87 490	4 133	35 974	54 856	254 712	33 858	116 586
030378	Merlu	67 542	189 948	279 246	463 334	85 908	255 997	99 206	381 478	94 377	433 212
030379	Poisson nra	4 629 806	20 563 805	3 781 940	15 954 270	2 682 533	14 459 432	2 195 224	12 468 404	3 146 784	13 703 636
030380	Foies, oeufs et laitances	18 452	103 489	18 268	111 568	10 822	134 292	9 650	152 841	145 731	892 505
0304	**Filets de poisson et autre chair de poisson**	**4 576 380**	**32 171 039**	**4 291 987**	**29 821 662**	**3 301 931**	**25 131 068**	**3 033 327**	**23 505 343**	**3 473 203**	**29 261 381**
030410	Filets et autre chair de poisson, frais ou réfrigéré	2 173 765	18 164 036	2 554 170	18 946 520	2 201 673	16 739 496	1 867 067	14 193 024	2 255 787	20 010 258
030420	Filets de poissons, congelé	2 019 830	11 690 408	1 395 197	8 748 950	893 969	6 653 524	890 489	7 349 218	772 622	6 528 462
030490	Chair de poisson nra, congelé	382 785	2 316 595	342 620	2 126 192	206 289	1 738 047	275 771	1 963 101	444 794	2 722 661
0305	**Poisson, séché, salé, fumé, ou en saumure**	**4 043 986**	**20 160 381**	**4 064 913**	**21 548 524**	**3 853 419**	**21 154 457**	**4 042 998**	**21 710 162**	**4 225 460**	**26 796 079**
030510	Farine de poisson, consommation humaine	19 982	268 003	76 585	968 730	85 534	690 125	78 606	532 707	31 308	460 254
030520	Foies, oeufs et laitances	8 718	475 243	6 926	395 602	7 413	449 133	25 544	1 305 793	46 726	1 547 769
030530	Filets de poisson (non fumé)	114 922	903 385	634 705	4 634 256	697 811	5 116 816	586 038	3 712 517	757 709	6 976 031
030541	Saumon (Pacifique, Atlantique et Danube), fumé	142 294	1 632 976	127 523	1 197 220	68 080	1 233 304	155 695	1 377 172	107 751	1 880 651
030542	Hareng, fumé	..	..	..	..	..	..	..	..	..	..
030549	Poisson nra, fumé	66 360	1 186 019	254 133	2 187 052	108 712	1 224 737	151 241	1 346 011	25 488	559 184
030551	Morue, séché, non fumé	51 173	681 604	63 596	862 586	35 932	801 122	38 258	719 279	35 322	560 472
030559	Poisson nra, séché, salé, non fumé	70 965	277 851	117 765	415 594	128 041	497 673	258 269	1 179 107	143 478	876 130
030561	Hareng, salé ou en saumure	44	210	5	19	495	2 817	11	207	75	1 462
030562	Morue, salé ou en saumure	109 895	846 934	36 050	293 051	2 819	30 878	5 266	55 950	7 901	86 445
030563	Anchois, salé ou en saumure	3 411 422	13 633 883	2 680 585	10 401 859	2 641 671	10 863 110	2 677 263	11 127 399	3 017 324	13 629 704
030569	Poisson nra, salé ou en saumure	44 477	244 418	57 889	161 741	72 121	234 244	61 640	336 860	47 979	203 359

Tableau 9. Exportations par produit *(suite)*

		2009		2010		2011		2012		2013	
		Tonnes	USD	Tonnes	USD	Tonnes	USD	Tonnes	USD	Tonnes	USD
0306	**Crustacés**	**3 914 984**	**42 417 579**	**4 590 098**	**50 452 077**	**4 394 522**	**53 990 258**	**3 978 281**	**40 078 773**	**4 101 331**	**45 982 854**
030611	Langoustes et autres palinuridés, congelé	43 541	402 278	27 648	521 055	55 384	1 241 830	79 287	1 414 341	77 941	1 535 527
030612	Homard nra	83 276	403 497	62 978	922 204	41 237	821 246	77 873	592 823	29 703	647 023
030613	Crevettes, congelé	2 515 038	28 203 768	2 952 430	33 094 698	2 902 023	35 148 829	2 558 449	23 468 686	2 579 695	27 294 540
030614	Crabes, congelé	32 094	235 398	27 470	151 995	31 885	223 692	11 343	118 631	11 277	117 267
030619	Crustacés nra, congelé	776 509	8 335 437	1 001 409	10 333 395	889 975	10 596 115	781 562	8 764 597	850 976	9 678 582
030621	Langoustes et autres palinuridés (non congelé)	4 576	196 688	4 001	201 886	3 691	215 446	6 581	214 019	3 747	144 002
030622	Homard nra (non congelé)	42 377	965 832	52 845	1 199 281	44 415	1 136 389	49 354	1 213 731	60 036	1 413 632
030623	Crevettes (non congelé)	128 956	1 077 731	92 253	817 464	40 526	423 485	62 847	561 010	89 004	889 128
030624	Crabes (non congelé)	22 907	85 187	13 270	73 555	14 451	133 632	38 304	104 538	31 198	125 519
030629	Crustacés nra (non congelé)	265 710	2 511 764	355 794	3 136 543	370 935	4 049 593	312 681	3 626 396	367 754	4 137 634
0307	**Mollusques**	**33 711 568**	**150 880 829**	**36 031 807**	**156 857 690**	**35 385 061**	**181 984 814**	**32 634 010**	**136 430 930**	**33 561 246**	**131 732 611**
030710	Huîtres	198 131	610 991	784 218	3 967 100	1 906 789	10 562 804	873 007	3 174 478	853 197	3 137 153
030721	St-Jacques, vi, fr, ou ré	1 693 502	7 791 313	3 000 684	12 926 275	2 626 552	11 070 700	2 079 286	7 081 856	1 744 194	7 113 700
030729	St-Jacques, co, sc, sl, ou sm	414 156	2 134 525	429 051	2 439 170	531 334	2 620 744	893 755	2 944 116	723 436	2 758 930
030731	Moules, vi, fr, ou ré	4 057 644	5 419 257	6 956 995	8 124 007	7 384 101	9 659 896	7 998 302	9 527 922	10 328 786	13 076 563
030739	Moules, co, sc, sl, ou sm	547 450	1 827 476	438 594	1 521 630	388 716	1 726 271	272 697	1 049 366	346 347	1 080 227
030741	Seiches, encornets et calmars, vi, fr, ou ré	520 256	2 929 710	291 785	2 139 594	434 975	3 100 771	357 424	2 700 404	367 541	2 918 914
030749	Seiches, encornets et calmars, co, sc, sl, ou sm	4 680 978	22 450 308	3 658 104	18 174 985	3 872 222	21 192 485	3 041 654	17 665 649	3 354 215	18 982 115
030751	Poulpe, vi, fr, ou ré	318 149	2 849 346	404 571	3 227 396	495 351	5 629 472	310 166	4 232 425	263 496	3 044 745
030759	Poulpe, co, sc, sl, ou sm	2 294 188	14 773 073	1 761 189	11 484 710	1 661 714	17 135 416	2 329 423	20 620 768	3 102 074	20 404 895
030760	Escargots (autres que de mer)	12 607	113 593	15 489	141 067	14 892	134 705	5 543	65 698	853 153	4 123 591
030791	Mollusques nra, vi, fr, ou ré	7 492 154	35 328 173	6 798 270	32 644 730	7 533 149	41 231 096	10 876 076	46 379 726	9 125 577	40 391 317
030799	Mollusques nra, co, sc, sl, ou sm	11 482 353	54 653 063	11 492 857	60 067 026	8 535 266	57 920 454	3 596 677	20 988 523	2 499 230	14 700 461
121220	**Algues**	**51 164**	**528 113**	**44 285**	**1 201 504**	**43 737**	**425 778**	**34 798**	**227 534**	**37 837**	**217 509**
1504	**Graisses, huiles et leurs fractions**	**39 200**	**441 320**	**36 823**	**568 329**	**109 687**	**1 001 482**	**121 775**	**446 884**	**159 607**	**479 909**
150410	Huiles de foies de poisson, et fractions	13 606	53 981	5 328	39 329	6 500	55 638	14 567	81 486	8 005	35 421
150420	Graisses et huiles de poisson, et fractions	25 061	386 196	31 464	528 846	102 125	942 606	106 808	362 530	151 552	443 126
150430	Graisses et huiles de mammifère marin, et fractions	533	1 144	31	154	1 062	3 238	400	2 868	50	1 362
1604	**Préparations et conserves de poisson; caviars et succédanés**	**23 568 761**	**199 186 346**	**20 824 562**	**179 182 806**	**20 388 893**	**196 336 904**	**23 344 072**	**210 721 973**	**25 249 627**	**239 466 260**
160411	Saumon, non haché	288 974	3 661 225	285 614	3 430 255	216 224	2 934 607	180 706	2 364 294	190 611	2 731 103
160412	Hareng, non haché	69 452	771 887	66 354	690 970	59 055	856 974	38 108	413 631	88 273	514 416
160413	Sardines, sardinelles, sprats, esprots, non haché	720 498	4 926 318	449 350	4 052 586	336 545	3 444 275	437 079	4 079 394	844 211	4 081 679
160414	Thons, listaos, sardes, non haché	16 759 725	130 673 418	14 555 880	108 646 886	14 759 250	119 538 885	17 078 317	137 137 298	18 358 982	154 284 129
160415	Maquereau, non haché	129 504	1 145 477	91 352	728 474	106 300	990 702	115 826	1 108 085	267 761	1 981 417
160416	Anchois, non haché	3 245 252	22 924 604	3 046 429	24 864 960	2 615 324	28 392 606	2 992 190	29 546 381	2 962 286	31 476 996
160419	Poisson nra, non haché	241 954	1 993 381	274 892	1 805 420	425 834	3 017 268	397 035	2 283 689	386 189	2 330 663
160420	Poisson, haché	1 994 505	20 206 477	2 007 323	20 330 197	1 823 098	21 212 000	2 041 687	19 722 773	2 085 708	23 992 526
160430	Caviar et succédanés	118 897	12 883 558	47 368	14 633 058	47 263	15 949 588	63 124	14 066 428	65 606	18 073 332
1605	**Préparations et conserves de crustacés**	**2 363 033**	**23 307 446**	**2 891 329**	**26 943 592**	**3 189 178**	**31 119 416**	**3 426 152**	**30 978 259**	**3 656 916**	**34 230 550**
160510	Crabes	8 001	79 999	7 608	118 279	4 361	79 800	8 443	112 811	35 183	330 156
160520	Crevettes	84 741	876 687	122 780	1 200 463	113 492	1 296 286	114 385	1 205 382	150 057	2 057 335
160530	Homard	34	248	4 464	60 788	2 291	44 893	4 317	54 125	1 784	37 464
160540	Crustacés nra	39 389	345 253	35 961	360 302	3 503	78 711	9 655	107 875	14 536	184 206
230120	**Farine de poisson**	**1 557 164**	**1 743 108**	**1 624 486**	**2 018 362**	**1 859 054**	**2 940 506**	**3 163 467**	**3 295 080**	**2 688 000**	**3 531 322**
	TOTAL	**130 564 378**	**699 891 602**	**131 025 778**	**692 551 440**	**121 090 556**	**779 554 974**	**..**	**657 133 572**	**..**	**731 528 505**

.. Non disponible

Note : nra : non répertorié ailleurs. vi : vivant. fr : frais. ré : réfrigéré. co : congelé. sc : séché. sl : salé. sm : en saumure.

Métadonnées détaillées : http://metalinks.oecd.org/fish/20150108/3ece

Source : OCDE (2014), « Pêcheries : Commerce par produit », Statistiques agricoles de l'OCDE (base de données). DOI: 10.1787/data-00677-fr

JAPON

Tableau 1. Flotte de pêche

	2006	2007	2008	2009	2010	2011	2012	2013
NOMBRE DE NAVIRES								
Total des navires	**308 877**	**301 590**	**294 326**	**286 638**	**280 752**	**257 236**	**258 718**	..
Navires à moteur	303 842	296 576	289 456	281 742	276 074	252 665	254 052	..
0-5,9 mètres	..	..	..	..	..	..	..	..
6-11,9 mètres	..	..	..	..	..	..	..	..
12-17,9 mètres	..	..	..	..	..	..	..	..
18-23,9 mètres	..	..	..	..	..	..	..	..
24-29,9 mètres	..	..	..	..	..	..	..	..
30-35,9 mètres	..	..	..	..	..	..	..	..
36-44,9 mètres	..	..	..	..	..	..	..	..
45-59,9 mètres	..	..	..	..	..	..	..	..
60-74,9 mètres	..	..	..	..	..	..	..	..
75 mètres et plus	..	..	..	..	..	..	..	..
Longueur inconnue	..	..	..	..	..	..	..	..
Navires sans moteur	5 035	5 014	4 870	4 896	4 678	4 571	4 666	..
TONNAGE BRUT								
Total des navires	..	..	..	..	..	..	..	..
Navires à moteur	..	..	..	..	..	..	..	..
0-5,9 mètres	..	..	..	..	..	..	..	..
6-11,9 mètres	..	..	..	..	..	..	..	..
12-17,9 mètres	..	..	..	..	..	..	..	..
18-23,9 mètres	..	..	..	..	..	..	..	..
24-29,9 mètres	..	..	..	..	..	..	..	..
30-35,9 mètres	..	..	..	..	..	..	..	..
36-44,9 mètres	..	..	..	..	..	..	..	..
45-59,9 mètres	..	..	..	..	..	..	..	..
60-74,9 mètres	..	..	..	..	..	..	..	..
75 mètres et plus	..	..	..	..	..	..	..	..
Longueur inconnue	..	..	..	..	..	..	..	..
Navires sans moteur	..	..	..	..	..	..	..	..

.. Non disponible

Note : Métadonnées détaillées : http://metalinks.oecd.org/fish/20150108/acd5

Source : OCDE (2014), « Pêcheries : Flotte de pêche », Statistiques agricoles de l'OCDE (base de données). DOI: 10.1787/data-00218-fr

JAPON

Tableau 2. Emploi dans les pêcheries

Personnes employées

	2006	2007	2008	2009	2010	2011	2012	2013
Plein-temps	**..**	**..**	**..**	**105 564**	**101 110**	**..**	**..**	**..**
Secteur de capture	..	..	..	..	..	..	..	..
Pêche en eaux intérieures	..	..	..	..	..	..	..	..
Homme	..	..	..	..	..	..	..	..
Femme	..	..	..	..	..	..	..	..
Eaux maritimes (pêche côtière)	..	..	..	..	..	..	..	..
Homme	..	..	..	..	..	..	..	..
Femme	..	..	..	..	..	..	..	..
Eaux maritimes (pêche en haute mer)	..	..	..	..	..	..	..	..
Homme	..	..	..	..	..	..	..	..
Femme	..	..	..	..	..	..	..	..
Aquaculture	..	..	..	..	..	..	..	..
Homme	..	..	..	..	..	..	..	..
Femme	..	..	..	..	..	..	..	..
Transformation	..	..	..	..	..	..	..	..
Homme	..	..	..	..	..	..	..	..
Femme	..	..	..	..	..	..	..	..
Temps partiel	**..**	**..**	**..**	**106 246**	**101 770**	**..**	**..**	**..**
Secteur de capture	..	..	..	..	..	..	..	..
Pêche en eaux intérieures	..	..	..	..	..	..	..	..
Homme	..	..	..	..	..	..	..	..
Femme	..	..	..	..	..	..	..	..
Eaux maritimes (pêche côtière)	..	..	..	..	..	..	..	..
Homme	..	..	..	..	..	..	..	..
Femme	..	..	..	..	..	..	..	..
Eaux maritimes (pêche en haute mer)	..	..	..	..	..	..	..	..
Homme	..	..	..	..	..	..	..	..
Femme	..	..	..	..	..	..	..	..
Aquaculture	..	..	..	..	..	..	..	..
Homme	..	..	..	..	..	..	..	..
Femme	..	..	..	..	..	..	..	..
Transformation	..	..	..	..	..	..	..	..
Homme	..	..	..	..	..	..	..	..
Femme	..	..	..	..	..	..	..	..
Total	**212 470**	**204 330**	**221 910**	**211 810**	**202 880**	**177 870**	**173 660**	**..**
Secteur de capture	212 470	..	221 910	211 810	202 880	177 870	173 660	..
Pêche en eaux intérieures	..	..	..	..	..	..	..	..
Homme	..	..	..	..	..	..	..	..
Femme	..	..	..	..	..	..	..	..
Eaux maritimes (pêche côtière)	..	..	..	211 810	202 880	..	..	..
Homme	..	..	..	179 360	172 890	..	..	..
Femme	..	..	..	32 450	29 990	..	..	..
Eaux maritimes (pêche en haute mer)	..	..	..	..	..	..	..	..
Homme	..	..	..	..	..	..	..	..
Femme	..	..	..	..	..	..	..	..
Aquaculture	..	..	..	..	..	..	..	..
Homme	..	..	..	..	..	..	..	..
Femme	..	..	..	..	..	..	..	..
Transformation	..	..	..	..	..	0	0	..
Homme	..	..	..	..	..	..	..	..
Femme	..	..	..	..	..	..	..	..

.. Non disponible

Note : Métadonnées détaillées : http://metalinks.oecd.org/fish/20150108/926d

Source : OCDE (2014), « Pêcheries : Emploi dans la pêche », Statistiques agricoles de l'OCDE (base de données). DOI: 10.1787/data-00219-fr

JAPON

Tableau 3. Débarquements nationaux dans les ports nationaux

	2006	2007	2008	2009	2010	2011	2012	2013
VOLUME (TONNES)								
Total poissons	**3 529 759**	**3 432 808**	**3 396 717**	**3 209 550**	**3 199 277**	**2 940 796**	**2 942 583**	**2 891 263**
Saumon	246 926	249 891	200 645	249 699	202 945	167 288	155 629	182 383
Saumon rose	..	..	..	..	..	..	..	..
Saumon keta	..	..	..	..	..	..	..	..
Saumon rouge	..	..	..	..	..	..	..	..
Saumon argenté	..	..	..	..	..	..	..	..
Autres saumons	..	..	200 645	249 699	202 945	167 288	155 629	182 383
Poissons plats	62 933	64 000	63 346	58 315	56 733	55 471	52 881	53 400
Flétan	7 388	8 100	7 500	7 218	7 701	6 653	6 057	7 700
Flétan noir	..	..	..	..	..	..	..	..
Sole	..	..	55 600	..	..	..	..	..
Plie	55 545	55 900	55 846	51 097	49 032	48 818	46 824	45 700
Autres poissons plats	..	..	..	..	..	..	..	..
Poissons de fond	557 120	529 600	565 373	500 706	530 994	463 858	456 155	442 600
Morue (Atlantique et Pacifique)	47 531	45 700	39 679	47 659	54 606	46 600	50 757	60 800
Églefin	..	..	..	..	..	..	..	..
Lieu	..	..	..	..	..	..	..	..
Morue du Pacifique occidental	206 794	216 600	211 038	227 261	251 166	238 300	229 823	228 200
Merlan	..	..	..	..	..	..	..	..
Merlu (toutes espèces)	..	..	..	..	..	..	..	..
Sébaste	1 271	1 100	1 187	1 462	1 185	1 089	1 262	1 200
Autres poissons de fond	301 524	266 200	313 469	224 324	224 037	177 869	174 313	152 400
Pélagiques	1 744 977	1 631 100	1 691 483	1 591 261	1 560 460	1 502 016	1 480 823	1 487 700
Chinchard	191 165	196 100	207 033	192 122	184 505	193 474	157 898	174 500
Maquereau	652 397	456 600	520 326	470 904	491 813	386 000	443 808	388 500
Hareng (Atlantique et Pacifique)	3 343	6 300	3 461	3 374	3 208	3 700	4 479	4 500
Sardine	554 307	567 100	497 855	509 967	542 234	570 118	527 965	627 800
Autres pélagiques	343 765	405 000	462 808	414 894	338 700	348 724	346 673	292 400
Thons	596 662	635 600	572 036	517 315	557 890	499 536	542 207	498 400
Listao	358 088	357 500	335 876	293 644	331 418	281 843	316 417	305 700
Thon rouge (nord et sud)	20 882	18 600	24 215	19 881	13 205	18 166	11 502	11 100
Germon	50 628	78 600	52 513	65 034	52 853	59 317	75 735	69 800
Albacore	73 769	81 000	75 831	64 412	86 117	69 037	66 475	44 100
Thon obèse	70 742	77 900	62 750	56 971	54 911	53 764	54 388	51 600
Autres thons	13 031	11 200	10 625	8 856	10 543	9 462	9 064	8 500
Espadon	9 522	10 800	10 226	8 517	8 843	7 947	8 626	7 600
Autres poissons	321 141	322 617	303 834	292 254	290 255	252 627	254 888	226 780
Total crustacés	**98 541**	**99 576**	**98 041**	**82 680**	**91 464**	**53 391**	**65 080**	**73 365**
Homard et langouste	1 252	1 300	1 401	1 335	1 193	1 120	1 215	1 200
Langoustine	..	..	..	..	..	..	..	..
Crevette	23 471	24 176	21 832	19 177	18 052	18 959	15 242	16 465
Autres crustacés	73 818	74 100	74 808	62 168	72 219	33 312	48 623	55 700
Total coquillages et mollusques	**717 278**	**758 230**	**761 838**	**768 596**	**740 198**	**733 075**	**656 598**	**689 002**
Huître	..	..	..	..	..	..	..	..
Moule	..	..	..	..	..	..	..	..
Coquille St-Jacques	271 928	258 300	310 205	319 638	327 087	302 990	315 387	349 900
Bivalves	34 984	35 800	39 217	31 655	27 185	28 793	27 300	22 800
Autres coquillages (incl. buccins	62 478	74 230	62 766	64 682	67 339	59 846	55 616	54 702
Calmar	286 289	325 600	289 962	295 837	266 702	298 379	216 404	220 000
Seiche	..	..	..	..	..	..	..	..
Poulpe	50 779	52 600	48 821	45 723	41 667	35 186	33 640	33 400
Autres mollusques (incl. oursins)	10 820	11 700	10 867	11 061	10 218	7 881	8 251	8 200
Autres animaux marins	**51 986**	**41 425**	**54 547**	**35 263**	**43 355**	**43 771**	**35 612**	**20 032**
Plantes aquatiques	**113 665**	**103 600**	**104 668**	**104 103**	**97 231**	**87 779**	**98 514**	**84 500**
Algue brune	84 665	72 800	73 244	80 115	74 052	61 339	73 068	56 900
Algue rouge	..	..	..	..	..	..	..	..
Autres algues	29 000	30 800	31 424	23 988	23 179	26 440	25 446	27 600
Poisson pour transformation	..	..	..	..	..	..	..	..
TOTAL GÉNÉRAL	**4 511 229**	**4 435 639**	**4 415 811**	**4 200 192**	**4 171 525**	**3 858 812**	**3 798 387**	**3 758 162**

Tableau 3. Débarquements nationaux dans les ports nationaux *(suite)*

	2006	2007	2008	2009	2010	2011	2012	2013
VALEUR (JPY)								
Total poissons	**762 249 000 000**	**808 198 000 000**	**827 942 000 000**	**711 287 000 000**	**703 408 000 000**	**661 234 000 000**	**660 451 000 000**	..
Saumon	85 363 000 000	83 480 000 000	80 789 000 000	75 526 000 000	66 156 000 000	71 595 000 000	65 232 000 000	..
Saumon rose	..	..	..	..	..	..	..	..
Saumon keta	..	..	..	..	..	..	..	..
Saumon rouge	..	..	..	..	..	..	..	..
Saumon argenté	..	..	..	..	..	..	..	..
Autres saumons	..	..	80 789 000 000	75 526 000 000	66 156 000 000	71 595 000 000	65 232 000 000	..
Poissons plats	40 181 000 000	39 419 000 000	40 170 000 000	33 807 000 000	31 178 000 000	28 590 000 000	25 967 000 000	..
Flétan	10 157 000 000	10 007 000 000	9 846 000 000	8 462 000 000	8 310 000 000	7 407 000 000	6 734 000 000	..
Flétan noir	..	..	..	..	..	..	..	..
Sole	..	..	..	..	..	..	..	..
Plie	30 024 000 000	29 412 000 000	30 324 000 000	25 345 000 000	22 868 000 000	21 183 000 000	19 233 000 000	..
Autres poissons plats	..	..	..	..	..	..	..	..
Poissons de fond	99 759 000 000	102 924 000 000	110 552 000 000	88 783 000 000	86 813 000 000	74 498 000 000	76 956 000 000	..
Morue (Atlantique et Pacifique)	12 117 000 000	13 239 000 000	12 993 000 000	12 626 000 000	12 008 000 000	11 266 000 000	11 627 000 000	..
Églefin	..	..	..	..	..	..	..	..
Lieu	..	..	..	..	..	..	..	..
Morue du Pacifique occidental	22 242 000 000	22 807 000 000	23 672 000 000	17 583 000 000	16 461 000 000	11 705 000 000	13 538 000 000	..
Merlan	..	..	..	..	..	..	..	..
Merlu (toutes espèces)	..	..	..	..	..	..	..	..
Sébaste	2 798 000 000	2 927 000 000	2 960 000 000	3 146 000 000	2 718 000 000	2 745 000 000	2 981 000 000	..
Autres poissons de fond	62 602 000 000	63 951 000 000	70 927 000 000	55 428 000 000	55 626 000 000	48 782 000 000	48 810 000 000	..
Pélagiques	196 037 000 000	209 323 000 000	220 625 000 000	190 064 000 000	204 304 000 000	194 173 000 000	190 358 000 000	..
Chinchard	40 016 000 000	39 749 000 000	44 091 000 000	37 537 000 000	36 387 000 000	37 722 000 000	35 367 000 000	..
Maquereau	41 255 000 000	39 188 000 000	46 448 000 000	36 352 000 000	41 664 000 000	37 911 000 000	37 493 000 000	..
Hareng (Atlantique et Pacifique)	999 000 000	1 183 000 000	1 083 000 000	1 252 000 000	997 000 000	1 029 000 000	949 000 000	..
Sardine	53 833 000 000	61 809 000 000	58 461 000 000	53 971 000 000	56 797 000 000	50 331 000 000	61 707 000 000	..
Autres pélagiques	59 934 000 000	67 394 000 000	70 542 000 000	60 952 000 000	68 459 000 000	67 180 000 000	54 842 000 000	..
Thons	225 018 000 000	255 993 000 000	255 778 000 000	209 916 000 000	206 836 000 000	196 329 000 000	205 788 000 000	..
Listao	61 962 000 000	76 295 000 000	81 472 000 000	66 276 000 000	69 803 000 000	63 329 000 000	73 996 000 000	..
Thon rouge (nord et sud)	39 166 000 000	36 165 000 000	47 351 000 000	28 152 000 000	20 252 000 000	24 463 000 000	21 243 000 000	..
Germon	17 341 000 000	21 360 000 000	17 785 000 000	18 801 000 000	15 967 000 000	17 210 000 000	22 384 000 000	..
Albacore	36 565 000 000	40 810 000 000	36 104 000 000	31 021 000 000	41 152 000 000	33 351 000 000	30 036 000 000	..
Thon obèse	55 257 000 000	67 919 000 000	59 550 000 000	55 191 000 000	48 153 000 000	47 472 000 000	47 442 000 000	..
Autres thons	7 190 000 000	4 563 000 000	4 756 000 000	3 549 000 000	4 212 000 000	4 002 000 000	3 869 000 000	..
Espadon	7 537 000 000	8 881 000 000	8 760 000 000	6 926 000 000	7 297 000 000	6 502 000 000	6 818 000 000	..
Autres poissons	115 891 000 000	117 059 000 000	120 028 000 000	113 191 000 000	108 121 000 000	96 049 000 000	96 150 000 000	..
Total crustacés	**63 115 000 000**	**64 643 000 000**	**63 328 000 000**	**53 653 000 000**	**53 276 000 000**	**50 012 000 000**	**48 726 000 000**	..
Homard et langouste	6 099 000 000	6 223 000 000	5 600 000 000	5 252 000 000	4 830 000 000	5 147 000 000	4 959 000 000	..
Langoustine	..	..	..	..	..	..	..	..
Crevette	29 399 000 000	29 604 000 000	29 482 000 000	24 485 000 000	22 477 000 000	21 542 000 000	19 222 000 000	..
Autres crustacés	27 617 000 000	28 816 000 000	28 246 000 000	23 916 000 000	25 969 000 000	23 323 000 000	24 545 000 000	..
Total coquillages et mollusques	**231 193 000 000**	**230 621 000 000**	**210 871 000 000**	**188 189 000 000**	**190 282 000 000**	**199 544 000 000**	**177 713 000 000**	..
Huître	..	..	..	..	..	..	..	..
Moule	..	..	..	..	..	..	..	..
Coquille St-Jacques	39 599 000 000	40 883 000 000	36 649 000 000	29 966 000 000	33 302 000 000	42 853 000 000	39 084 000 000	..
Bivalves	14 229 000 000	12 079 000 000	13 803 000 000	11 212 000 000	9 355 000 000	9 560 000 000	9 101 000 000	..
Autres coquillages (incl. buccins	47 630 000 000	47 427 000 000	41 079 000 000	38 780 000 000	37 762 000 000	35 492 000 000	32 979 000 000	..
Calmar	90 177 000 000	86 773 000 000	78 915 000 000	75 484 000 000	80 222 000 000	82 377 000 000	65 253 000 000	..
Seiche	..	..	..	..	..	..	..	..
Poulpe	28 336 000 000	30 113 000 000	28 138 000 000	21 513 000 000	18 987 000 000	20 442 000 000	21 971 000 000	..
Autres mollusques (incl. oursins)	11 222 000 000	13 346 000 000	12 287 000 000	11 234 000 000	10 654 000 000	8 820 000 000	9 325 000 000	..
Autres animaux marins	**19 403 000 000**	**21 499 000 000**	**21 143 000 000**	**18 314 000 000**	**23 288 000 000**	**25 544 000 000**	**20 596 000 000**	..
Plantes aquatiques	**26 655 000 000**	**24 468 000 000**	**25 632 000 000**	**26 594 000 000**	**23 402 000 000**	**23 123 000 000**	**25 865 000 000**	..
Algue brune	19 795 000 000	18 736 000 000	18 897 000 000	20 987 000 000	17 887 000 000	16 697 000 000	19 631 000 000	..
Algue rouge	..	..	..	..	..	..	..	..
Autres algues	6 860 000 000	5 732 000 000	6 735 000 000	5 607 000 000	5 515 000 000	6 426 000 000	6 234 000 000	..
Poisson pour transformation	..	..	..	..	..	..	..	..
TOTAL GÉNÉRAL	**1 102 615 000 000**	**1 149 429 000 000**	**1 148 916 000 000**	**998 037 000 000**	**993 656 000 000**	**959 457 000 000**	**933 351 000 000**	..

.. Non disponible

Note : Métadonnées détaillées : http://metalinks.oecd.org/fish/20150108/d7f0

Source : OCDE (2014), « Pêcheries : Débarquements nationaux dans les ports domestiques », Statistiques agricoles de l'OCDE (base de données). DOI: 10.1787/data-00222-fr

JAPON

Tableau 6. Production de l'aquaculture

	2006	2007	2008	2009	2010	2011	2012	2013
VOLUME (TONNES)								
Poissons	**299 777**	**304 053**	**301 056**	**305 693**	**285 116**	**270 498**	**284 429**	**273 693**
Saumon de l'Atlantique	..	..	..	..	..	..	..	..
Saumon du Pacifique	12 046	13 600	12 809	15 770	14 766	116	9 728	12 200
Truite arc-en-ciel	11 000	10 864	10 864	9 640	9 363	8 221	8 146	7 697
dont : d'eau de mer	..	..	..	..	..	..	..	..
dont : d'eau douce	..	..	..	9 640	9 363	8 221	8 146	7 697
Truite de mer	..	..	..	..	..	..	..	..
Poisson plat	4 613	4 600	4 164	4 654	3 977	3 475	3 125	2 600
Dorade	71 141	66 700	71 588	70 959	67 607	61 186	56 653	56 600
Bar	..	..	..	..	..	..	..	..
Loup	..	..	..	..	..	..	..	..
Carpe	3 306	2 893	2 981	2 910	3 692	3 133	2 964	3 019
Tilapia	..	..	..	..	..	..	..	..
Anguille	20 733	22 241	20 952	22 406	20 543	22 006	17 377	14 200
Autres poissons	176 938	183 155	177 698	179 354	165 168	172 361	186 436	177 377
Coquillages et crustacés	**424 139**	**455 700**	**418 876**	**469 756**	**422 365**	**286 527**	**347 510**	**337 500**
Huître, comestible	208 182	204 500	190 344	210 188	200 298	165 910	161 116	167 400
Huître, perle	..	..	..	..	..	..	..	..
Moule	..	..	..	..	..	..	..	..
Coquille St.-Jacques	212 094	247 500	225 607	256 695	219 649	118 425	184 287	168 000
Bivalves	..	..	..	..	..	..	..	..
Crevette et bouquet	1 745	1 700	1 586	1 657	1 634	1 598	1 596	1 600
Autres coquillages et crustacés	2 118	2 000	1 339	1 216	784	594	511	500
Total poissons, coquillages et crustacés	**723 916**	**759 753**	**719 932**	**775 449**	**707 481**	**557 025**	**631 939**	**611 193**
Autres animaux marins	9 974	10 400	10 982	11 101	10 443	830	748	900
Plantes aquatiques	490 062	514 000	456 337	456 426	432 796	349 737	440 754	420 200
Algue brune	122 223	117 900	117 524	113 520	103 744	56 997	98 753	101 600
Algue rouge	367 678	395 800	338 523	342 620	328 700	292 345	341 580	318 000
Algue verte	..	..	..	..	..	..	..	..
Autres plantes aquatiques	161	300	290	286	352	395	421	600
TOTAL GÉNÉRAL	**1 223 952**	**1 284 153**	**1 187 251**	**1 242 976**	**1 150 720**	**907 592**	**1 073 441**	**1 032 293**
VALEUR (JPY)								
Poissons	**276 167 000 000**	**275 736 000 000**	**269 700 000 000**	**267 850 000 000**	**278 872 000 000**	**276 385 000 000**	**276 231 000 000**	..
Saumon de l'Atlantique	..	..	..	..	..	..	..	..
Saumon du Pacifique	5 538 000 000	5 645 000 000	5 881 000 000	7 163 000 000	6 485 000 000	45 000 000	2 572 000 000	..
Truite arc-en-ciel	9 605 000 000	9 601 000 000	8 715 000 000	8 920 000 000	8 591 000 000	8 126 000 000	8 334 000 000	..
dont : d'eau de mer	..	..	..	..	..	..	..	..
dont : d'eau douce	..	..	..	8 920 000 000	8 591 000 000	8 126 000 000	8 334 000 000	..
Truite de mer	..	..	..	..	..	..	..	..
Poisson plat	8 411 000 000	8 316 000 000	6 106 000 000	5 187 000 000	5 099 000 000	4 035 000 000	3 673 000 000	..
Dorade	62 630 000 000	60 214 000 000	49 568 000 000	45 913 000 000	50 609 000 000	49 398 000 000	48 209 000 000	..
Bar	..	..	..	..	..	..	..	..
Loup	..	..	..	..	..	..	..	..
Carpe	1 716 000 000	1 517 000 000	1 488 000 000	1 455 000 000	1 725 000 000	1 421 000 000	1 366 000 000	..
Tilapia	..	..	..	..	..	..	..	..
Anguille	30 417 000 000	31 672 000 000	38 829 000 000	40 717 000 000	38 345 000 000	50 195 000 000	49 664 000 000	..
Autres poissons	157 850 000 000	158 771 000 000	159 113 000 000	158 495 000 000	168 018 000 000	163 165 000 000	162 413 000 000	..
Coquillages et crustacés	**90 780 000 000**	**89 303 000 000**	**72 103 000 000**	**72 278 000 000**	**76 671 000 000**	**64 424 000 000**	**64 322 000 000**	..
Huître, comestible	37 151 000 000	30 588 000 000	31 791 000 000	29 434 000 000	33 626 000 000	30 552 000 000	30 438 000 000	..
Huître, perle	..	..	..	..	..	..	..	..
Moule	..	..	..	..	..	..	..	..
Coquille St.-Jacques	43 158 000 000	48 475 000 000	30 907 000 000	33 318 000 000	34 467 000 000	25 794 000 000	25 694 000 000	..
Bivalves	..	..	..	..	..	..	..	..
Crevette et bouquet	9 127 000 000	8 974 000 000	8 222 000 000	8 333 000 000	7 416 000 000	7 238 000 000	7 463 000 000	..
Autres coquillages et crustacés	1 344 000 000	1 266 000 000	1 183 000 000	1 193 000 000	1 162 000 000	840 000 000	727 000 000	..
Total poissons, coquillages et crustacés	**366 947 000 000**	**365 039 000 000**	**341 803 000 000**	**340 128 000 000**	**355 543 000 000**	**340 809 000 000**	**340 553 000 000**	..
Autres animaux marins	1 524 000 000	1 967 000 000	2 119 000 000	1 873 000 000	1 902 000 000	616 000 000	625 000 000	..
Plantes aquatiques	113 042 000 000	116 919 000 000	104 048 000 000	104 591 000 000	103 161 000 000	85 037 000 000	115 219 000 000	..
Algue brune	21 322 000 000	20 593 000 000	22 426 000 000	20 237 000 000	17 078 000 000	10 864 000 000	19 850 000 000	..
Algue rouge	91 202 000 000	95 659 000 000	80 789 000 000	83 588 000 000	85 319 000 000	73 426 000 000	94 531 000 000	..
Algue verte	..	..	..	..	..	..	..	..
Autres plantes aquatiques	518 000 000	667 000 000	833 000 000	766 000 000	764 000 000	747 000 000	838 000 000	..
TOTAL GÉNÉRAL	**481 513 000 000**	**483 925 000 000**	**447 970 000 000**	**446 592 000 000**	**460 606 000 000**	**426 462 000 000**	**456 397 000 000**	..

.. Non disponible

Note : Métadonnées détaillées : http://metalinks.oecd.org/fish/20150108/9342

Source : OCDE (2014), « Pêcheries : Production de l'aquaculture », Statistiques agricoles de l'OCDE (base de données). DOI: 10.1787/data-00225-fr

JAPON

Tableau 7. Transferts financiers publics (TFP)

Millions JPY

	2006	2007	2008	2009	2010	2011	2012	2013
Total des TFP								
Pêche maritime	**227 223**	**214 449**	**207 706**	**201 427**	**148 976**	**153 048**	**143 673**	..
Paiements directs	1 538	1 506	1 430	1 648	1 208	517	449	..
Désarmement des navires et retrait des licences	1 538	1 506	1 430	1 648	1 208	517	449	..
Indemnisation des catastrophes	..	..	..	..	..	..	..	..
Aides : équipement, modernisation, construction de navire	..	..	..	..	..	..	..	..
Aide au revenu et assurance chômage	..	..	..	..	..	..	..	..
Autres paiements directs	1 538	1 506	..	..	..	..	..	..
Transferts réduisant les coûts	374	363	285	284	2 447	1 083	2 076	..
Prêts subventionnés : équipement, modernisation, construction de navire	..	..	..	..	..	..	..	..
Bonification d'intérêts	..	..	..	..	..	..	..	..
Exonération de taxe sur carburant	..	..	..	..	..	..	..	..
Ristourne et subvention à l'assurance	..	..	..	..	..	..	..	..
Allègement d'impôt sur le revenu, contrib. sociales impayées	..	..	..	..	..	..	..	..
Autres transferts réduisant les coûts	374	363	285	284	2 447	1 083	2 076	..
Services généraux	225 311	212 580	205 991	199 495	145 313	151 448	141 147	..
Gestion des pêcheries	..	..	..	..	..	..	..	..
Recherche halieutique	..	..	..	..	..	..	..	..
Police des pêches	..	..	..	..	..	..	..	..
Infrastructure des pêcheries	..	..	..	..	..	..	..	..
Autres services généraux	225 311	212 580	205 991	199 495	145 313	151 448	141 147	..
Recouvrement des coûts	..	..	..	..	..	..	..	..
Aquaculture	**1 756**	**1 411**	**1 343**	**1 135**	**943**	**944**	**651**	..
Paiements directs	..	..	..	..	..	..	..	..
Aides : développement aquacole	..	..	..	..	..	..	..	..
Indemnisation des catastrophes	..	..	..	..	..	..	..	..
Autres paiements directs	..	..	..	..	..	..	..	..
Transferts réduisant les coûts	..	..	..	..	181	90	92	..
Prêts subventionnés : développement aquacole	..	..	..	..	..	..	..	..
Autres transferts réduisant les coûts	..	..	..	..	181	90	92	..
Services généraux	1 756	1 411	1 343	1 135	762	854	559	..
Gestion, recherche et police de l'aquaculture	..	..	..	..	..	..	..	..
Infrastructure aquacole	..	..	..	..	..	..	..	..
Autres services généraux	1 756	1 411	1 343	1 135	762	854	559	..
Recouvrement des coûts	..	..	..	..	..	..	..	..
Commercialisation et transformation	**1 992**	**2 042**	**2 241**	**2 961**	**1 634**	**622**	**513**	..
Paiements directs	..	..	..	..	..	..	..	..
Aides : commercialisation et transformation	..	..	..	..	..	..	..	..
Autres paiements directs	..	..	..	..	..	..	..	..
Transferts réduisant les coûts	..	..	..	..	..	..	..	..
Prêts subventionnés : commercialisation et transformation	..	..	..	..	..	..	..	..
Autres transferts réduisant les coûts	..	..	..	..	..	..	..	..
Services généraux	1 992	2 042	2 241	2 961	1 634	622	513	..
Aquaculture	..	..	..	..	..	..	..	..
Autres services généraux	1 992	2 042	2 241	2 961	1 634	622	513	..
Recouvrement des coûts	..	..	..	..	..	..	..	..
Total	**230 971**	**217 902**	**211 290**	**205 523**	**151 544**	**154 614**	**144 837**	..

.. Non disponible

Note : Métadonnées détaillées : http://metalinks.oecd.org/fish/20150108/6e8f

Source : OCDE (2014), « Pêcheries : Transferts financiers publics », Statistiques agricoles de l'OCDE (base de données). DOI: 10.1787/data-00220-fr

JAPON

Tableau 8. Importations par produit

		2009		2010		2011		2012		2013	
		Tonnes	USD	Tonnes	USD	Tonnes	USD	Tonnes	USD	Tonnes	USD
03	**Poisson, crustacés et mollusques**	**..**	**10 524 335 940**	**..**	**11 660 625 460**	**..**	**13 559 427 000**	**..**	**13 940 674 660**	**..**	**11 782 898 830**
0302	**Poisson, frais ou réfrigéré, excl. 0304**	**79 286 695**	**686 463 036**	**70 371 141**	**670 164 115**	**65 377 996**	**679 250 417**	**72 571 803**	**736 234 385**	**60 833 687**	**617 620 906**
030211	Truite	951 703	7 709 337	734 063	7 446 832	645 840	7 042 543	491 894	4 503 336	465 870	5 147 660
030212	Saumon (Pacifique, Atlantique et Danube)	21 349 971	160 753 214	20 808 862	184 471 004	23 034 953	206 746 504	29 243 516	231 071 088	22 777 533	215 125 122
030219	Salmonidés nra	..	..	..	..	..	..	..	..	..	..
030221	Flétan	2 080	22 090	..	..	..	..	..	..	..	..
030222	Plie, carrelet	..	..	..	..	..	..	..	..	..	..
030223	Sole	57	3 023	..	..	163	9 632	109	6 305	151	7 218
030229	Poissons plats nra	79 023	606 955	94 136	617 361	29 301	297 827	245 912	729 150	79 307	259 329
030231	Thon blanc/germon	274 612	1 932 806	253 025	2 114 355	229 028	1 904 472	226 782	2 099 722	155 399	1 128 613
030232	Albacore (thon jaune)	15 603 401	135 013 586	16 204 184	150 700 825	13 697 072	147 545 549	12 236 141	136 690 254	9 887 228	93 034 737
030233	Listaos/bonite à ventre rayé	7 821	24 309	32 300	93 912	4 420	6 204	22 523	39 182	..	..
030239	Thonidés nra	24 490 879	292 405 654	17 716 328	236 011 670	15 993 348	228 109 959	18 153 248	259 772 772	17 149 843	217 642 190
030240	Hareng	..	..	..	..	..	..	..	..	..	..
030250	Morue	..	..	..	..	..	..	..	..	467	2 891
030261	Sardines	5 408	4 684	..	..	..	..	..	..	..	..
030262	Églefin	..	..	..	..	..	..	..	..	..	..
030263	Lieu noir	..	..	..	..	..	..	..	..	..	..
030264	Maquereau	28 688	123 625	164 775	782 158	631 788	3 630 400	907 079	3 929 873	377 238	2 642 125
030265	Aiguillat et autres squalidés	..	..	..	..	..	..	..	..	..	..
030266	Anguille	..	..	..	..	..	..	..	..	..	..
030269	Poisson nra	14 789 554	75 455 555	12 448 438	74 670 893	9 130 055	68 626 553	8 878 250	80 451 534	8 172 201	69 654 031
030270	Foies, oeufs et laitances	1 703 498	12 408 199	1 915 030	13 255 106	1 982 028	15 330 773	2 166 349	16 941 171	1 768 450	12 976 989
0303	**Poisson, congelé, excl. 0304**	**810 897 333**	**3 434 852 529**	**832 598 212**	**3 752 661 949**	**783 188 920**	**4 256 179 204**	**776 140 149**	**4 223 785 277**	**686 870 711**	**3 169 634 925**
030319	Saumon, Pacifique	..	..	..	..	..	..	..	..	..	..
030321	Truite	48 922 752	238 620 114	41 268 554	246 551 748	39 568 925	277 493 236	41 358 048	216 530 221	27 056 092	133 703 215
030322	Saumon (Atlantique et Danube)	..	..	..	..	..	..	..	..	..	..
030329	Salmonidés	10 522	74 578	5 733	46 522	7 295	66 360	..	..	..	..
030331	Flétan	24 596 677	142 747 093	27 592 035	169 625 963	24 846 687	193 524 770	19 534 298	149 803 755	22 395 237	136 672 478
030332	Plie, carrelet	..	..	..	..	..	..	..	..	5 478	17 326
030333	Sole	31 902	134 214	26 779	106 054	39 109	263 416	1 250	6 543	4 139	41 450
030339	Poisson plat nra	25 248 877	58 041 726	27 645 908	64 214 173	25 108 170	64 567 290	25 025 976	73 655 462	19 626 100	49 746 196
030341	Thon blanc/germon	8 486 852	26 030 308	23 207 373	74 517 895	17 980 966	62 658 058	15 186 249	60 193 737	22 135 154	65 237 230
030342	Albacore (thon jaune)	44 063 673	138 694 854	50 072 647	177 710 830	47 817 313	208 988 702	47 972 395	212 193 327	36 518 761	144 317 933
030343	Listao/bonite à ventre rayé	53 279 023	59 974 264	59 579 895	70 067 906	42 243 748	69 115 220	32 016 043	61 826 787	21 190 527	36 944 387
030349	Thonidés nra	87 941 806	743 983 211	82 417 459	785 093 906	72 758 222	906 695 348	87 484 084	908 607 626	82 920 877	637 089 967
030350	Hareng	31 861 313	51 994 216	36 471 120	54 200 536	31 832 330	40 227 726	24 596 200	41 021 373	31 673 068	47 834 253
030360	Morue	14 922 029	45 715 340	12 863 472	44 285 449	16 686 925	66 192 749	15 840 300	58 416 430	14 439 677	43 032 482
030371	Sardines, sardinelles	22 176 870	18 822 468	9 745 432	8 849 697	8 636 427	8 754 154	4 377 298	5 311 626	2 686 367	2 660 251
030372	Églefin	..	..	..	..	..	..	..	..	..	..
030373	Lieu noir	1 074	3 901	..	..	..	..	..	..	..	..
030374	Maquereau	50 787 175	129 734 083	76 204 650	183 371 394	59 379 561	181 089 945	51 645 629	136 546 086	55 102 140	126 656 673
030375	Aiguillat et autres squalidés	616 658	14 230 114	563 545	12 879 881	446 697	17 277 895	507 292	15 262 358	692 177	12 909 837
030376	Anguille	810	7 288	..	..	..	..	..	..	1 002	30 480
030377	Bar (loup)	..	..	..	..	..	..	3 659	13 650	..	..
030378	Merlu	445 634	2 109 207	336 123	1 213 853	21 318	85 599	262 736	929 120	320 917	931 125
030379	Poisson nra	223 643 404	663 124 238	209 223 902	703 177 917	203 058 920	763 378 226	207 401 098	781 649 696	165 880 373	626 455 657
030380	Foies, oeufs et laitances	45 549 417	448 563 716	47 061 916	400 633 425	49 650 322	497 588 277	54 058 857	708 015 680	46 303 640	490 378 361
0304	**Filets de poisson et autre chair de poisson**	**395 887 981**	**2 227 721 849**	**445 541 290**	**2 437 358 107**	**491 489 162**	**3 081 228 066**	**503 266 207**	**3 318 207 158**	**469 872 438**	**2 766 303 874**
030410	Filets et autre chair de poisson, frais ou réfrigéré	4 755 652	52 505 617	5 789 206	66 758 750	7 313 221	93 387 170	9 552 757	113 404 567	10 085 109	119 958 788
030420	Filets de poissons, congelé	176 401 225	1 499 140 432	193 503 238	1 522 732 612	224 771 856	2 080 139 128	235 565 159	2 197 840 414	223 546 088	1 869 304 069
030490	Chair de poisson nra, congelé	214 731 104	676 075 801	246 248 846	847 866 744	259 404 085	907 701 768	258 148 291	1 006 962 177	236 241 241	777 041 017
0305	**Poisson, séché, salé, fumé, ou en saumure**	**17 530 441**	**258 708 807**	**18 215 062**	**252 595 361**	**18 894 565**	**269 510 795**	**19 536 299**	**301 890 282**	**18 657 202**	**270 102 472**
030510	Farine de poisson, consommation humaine	800	13 859	..	..	5 360	31 108	50	3 071	185	9 340
030520	Foies, oeufs et laitances	11 666 262	184 265 583	12 134 616	170 787 698	11 468 868	159 275 674	10 826 989	174 812 551	11 249 337	167 447 050
030530	Filets de poisson (non fumé)	748 149	7 708 780	1 167 390	15 670 557	1 389 527	22 172 253	1 365 028	20 236 790	905 393	12 396 038
030541	Saumon (Pacifique, Atlantique et Danube), fumé	270 327	4 242 853	300 575	4 830 159	417 202	7 790 759	497 569	8 848 465	271 211	4 570 441
030542	Hareng, fumé	..	..	..	..	..	..	..	..	..	..
030549	Poisson nra, fumé	3 727 949	47 816 155	3 521 469	47 292 356	4 291 321	64 093 128	5 252 891	78 962 739	4 829 946	70 110 910
030551	Morue, séché, non fumé	..	..	580	10 029	2 522	38 806	5 520	82 888	171	6 346
030559	Poisson nra, séché, salé, non fumé	882 553	12 547 740	816 779	10 951 488	1 102 885	13 406 257	1 421 367	17 074 196	1 293 725	14 425 050
030561	Hareng, salé ou en saumure	..	..	..	..	..	..	..	..	..	..
030562	Morue, salé ou en saumure	..	..	..	..	..	..	..	..	..	..
030563	Anchois, salé ou en saumure	6 728	40 579	14 592	109 948	12 641	67 063	13 456	85 621	12 772	78 706
030569	Poisson nra, salé ou en saumure	227 673	2 073 258	259 061	2 943 126	204 239	2 635 747	153 429	1 783 962	94 462	1 058 591

Tableau 8. Importations par produit *(suite)*

		2009		2010		2011		2012		2013	
		Tonnes	USD	Tonnes	USD	Tonnes	USD	Tonnes	USD	Tonnes	USD
0306	**Crustacés**	**270 815 375**	**2 363 477 344**	**262 949 638**	**2 629 036 138**	**263 258 941**	**3 108 971 813**	**270 920 654**	**3 071 226 712**	**241 443 728**	**2 817 406 036**
030611	Langoustes et autres palinuridés, congelé	2 175 073	37 997 235	2 201 712	52 678 494	2 225 524	60 902 807	1 983 089	54 902 015	1 937 586	48 578 430
030612	Homard nra	501 087	11 290 411	767 189	18 606 304	711 005	20 225 710	865 094	20 831 009	1 022 408	22 548 043
030613	Crevettes, congelé	197 573 829	1 736 988 165	205 344 682	1 942 524 893	205 216 286	2 194 700 834	200 501 829	2 136 105 765	187 280 356	2 166 906 294
030614	Crabes, congelé	32 170 096	363 120 053	30 648 082	411 675 215	37 092 094	642 630 849	42 813 030	639 500 213	33 762 649	427 142 863
030619	Crustacés nra, congelé	1 633 169	12 812 621	1 152 640	11 554 400	1 592 081	12 303 914	727 991	11 537 907	2 235 934	11 560 001
030621	Langoustes et autres palinuridés (non congelé)	665 026	24 955 093	435 731	22 773 221	338 680	19 644 310	306 827	16 886 497	228 514	11 319 136
030622	Homard nra (non congelé)	876 253	16 659 551	926 161	17 584 352	945 472	19 838 214	1 142 740	23 470 102	1 208 369	24 886 293
030623	Crevettes (non congelé)	3 108 962	23 576 700	2 693 980	23 839 901	2 894 628	28 948 454	2 373 490	30 387 015	1 937 264	23 512 754
030624	Crabes (non congelé)	31 821 235	135 668 987	18 576 336	127 451 968	12 049 932	109 051 499	20 115 501	137 170 663	11 767 390	80 657 605
030629	Crustacés nra (non congelé)	290 645	408 527	203 125	347 390	193 239	725 221	91 063	435 524	63 258	294 617
0307	**Mollusques**	**222 090 769**	**1 231 800 173**	**221 868 951**	**1 342 622 939**	**217 871 873**	**1 584 153 465**	**230 626 183**	**1 752 388 551**	**255 648 756**	**1 528 508 546**
030710	Huîtres	2 900 245	16 874 356	4 200 533	28 283 048	5 230 900	39 912 091	4 451 144	34 856 947	4 893 848	31 569 456
030721	St-Jacques, vi, fr, ou ré	..	..	..	..	..	..	..	..	..	..
030729	St-Jacques, co, sc, sl, ou sm	778 421	3 588 812	818 506	4 682 210	660 349	5 098 373	678 825	5 141 036	455 838	2 974 481
030731	Moules, vi, fr, ou ré	24 735	170 764	13 171	84 283	22 159	150 816	40 820	283 598	11 290	70 925
030739	Moules, co, sc, sl, ou sm	66 206	337 787	41 123	296 927	110 772	698 572	112 774	723 284	125 576	717 900
030741	Seiches, encornets et calmars, vi, fr, ou ré	1 988	31 758	..	..	..	..	..	..	..	..
030749	Seiches, encornets et calmars, co, sc, sl, ou sm	42 677 348	233 412 466	40 272 100	261 830 746	36 206 051	273 773 808	35 704 293	283 079 266	35 330 669	241 756 308
030751	Poulpe, vi, fr, ou ré	3 154	37 685	3 970	39 497	3 860	43 101	3 420	39 783	2 058	21 386
030759	Poulpe, co, sc, sl, ou sm	56 192 639	298 164 907	44 677 603	292 556 064	38 354 922	353 904 181	47 428 239	449 015 300	58 415 825	360 079 245
030760	Escargots (autres que de mer)	6 810	40 987	2 500	57 224	1 385	27 830	1 000	23 865	1 642	56 971
030791	Mollusques nra, vi, fr, ou ré	63 336 841	324 605 575	73 257 403	354 205 271	63 727 862	366 829 858	64 205 621	347 717 966	64 664 278	309 091 999
030799	Mollusques nra, co, sc, sl, ou sm	56 102 382	354 535 075	58 582 042	400 587 668	73 553 613	543 714 836	78 000 047	631 507 505	91 747 732	582 169 875
121220	**Algues**	**48 881 714**	**159 793 199**	**49 945 093**	**176 108 022**	**66 987 013**	**265 518 507**	**53 359 362**	**243 565 151**	**46 547 688**	**214 595 903**
1504	**Graisses, huiles et leurs fractions**	**33 989 657**	**53 504 550**	**22 571 882**	**44 118 527**	**32 162 927**	**66 380 286**	**45 336 635**	**92 139 300**	**18 586 526**	**51 263 676**
150410	Huiles de foies de poisson, et fractions	1 118 701	13 203 367	1 124 065	11 836 615	827 700	9 013 890	759 603	9 927 945	899 045	11 973 678
150420	Graisses et huiles de poisson, et fractions	32 864 176	40 252 415	21 292 430	28 712 985	30 925 260	50 360 059	44 395 868	79 507 135	17 614 463	38 382 925
150430	Graisses et huiles de mammifère marin, et fractions	6 780	48 768	155 387	3 568 927	409 967	7 006 337	181 164	2 704 220	73 018	907 074
1604	**Préparations et conserves de poisson; caviars et succédanés**	**183 872 749**	**1 205 512 305**	**196 246 799**	**1 417 861 998**	**204 908 832**	**1 708 197 987**	**210 469 754**	**1 906 918 537**	**205 497 993**	**1 586 488 274**
160411	Saumon, non haché	10 592 881	79 216 942	11 859 032	95 414 065	10 692 903	103 157 816	12 060 801	124 317 872	13 167 113	106 861 449
160412	Hareng, non haché	2 363 509	9 281 420	2 460 480	9 706 624	2 685 739	11 639 377	2 936 925	14 249 497	2 487 003	13 438 717
160413	Sardines, sardinelles, sprats, esprots, non haché	2 290 812	8 929 871	2 222 777	9 142 204	3 369 418	16 051 799	4 373 883	22 398 494	3 998 552	20 188 468
160414	Thons, listaos, sardes, non haché	49 538 638	239 413 438	47 364 583	227 678 911	52 959 353	305 228 216	55 876 347	366 277 911	53 630 078	339 918 201
160415	Maquereau, non haché	6 470 736	39 665 021	8 139 043	50 476 086	11 060 442	75 938 014	11 778 135	90 611 536	12 450 220	86 871 504
160416	Anchois, non haché	1 129 842	13 299 242	1 081 864	12 838 704	1 325 748	16 707 521	1 457 008	19 023 771	1 024 967	13 354 987
160419	Poisson nra, non haché	93 079 827	603 147 316	103 743 038	808 713 453	99 596 561	912 081 300	96 318 527	939 409 284	95 530 090	736 671 390
160420	Poisson, haché	16 028 998	157 342 764	17 695 098	164 257 358	20 179 101	187 828 834	21 727 602	202 647 511	19 685 602	167 665 053
160430	Caviar et succédanés	2 377 506	55 216 291	1 680 884	39 634 593	3 039 567	79 565 110	3 940 526	127 982 660	3 524 368	101 518 504
1605	**Préparations et conserves de crustacés**	**167 416 576**	**1 214 304 092**	**177 395 478**	**1 315 352 203**	**190 632 861**	**1 682 469 894**	**185 186 801**	**1 693 492 689**	**184 213 282**	**1 570 164 352**
160510	Crabes	13 950 295	231 396 025	13 423 362	209 443 388	14 187 518	267 104 707	15 322 279	295 284 955	15 291 141	257 237 140
160520	Crevettes	64 535 290	552 282 261	70 359 919	615 080 028	76 504 396	775 391 409	77 666 922	808 124 499	72 444 057	772 575 835
160530	Homard	43 334	974 206	45 699	1 508 039	66 475	2 597 832	28 413	889 223	50 420	1 745 386
160540	Crustacés nra	386 502	3 885 259	502 403	5 093 631	483 813	6 787 516	491 388	6 101 629	394 797	5 135 686
230120	**Farine de poisson**	**281 723 000**	**282 257 790**	**324 475 000**	**498 228 994**	**236 710 000**	**347 131 773**	**257 091 872**	**355 684 979**	**199 650 371**	**317 986 336**
	TOTAL	**2 512 392 290**	**13 439 707 875**	**2 622 345 276**	**15 075 594 895**	**2 571 483 090**	**17 629 125 447**	**2 624 505 719**	**18 232 475 316**	**..**	**15 523 397 371**

.. Non disponible

Note : nra : non répertorié ailleurs. vi : vivant. fr : frais. ré : réfrigéré. co : congelé. sc : séché. sl : salé. sm : en saumure.

Métadonnées détaillées : http://metalinks.oecd.org/fish/20150108/5c2a

Source : OCDE (2014), « Pêcheries : Commerce par produit », Statistiques agricoles de l'OCDE (base de données). DOI: 10.1787/data-00677-fr

JAPON

Tableau 9. Exportations par produit

		2009		2010		2011		2012		2013	
		Tonnes	USD	Tonnes	USD	Tonnes	USD	Tonnes	USD	Tonnes	USD
03	**Poisson, crustacés et mollusques**	..	**1 077 410 272**	..	**1 285 346 056**	..	**1 212 238 538**	..	**1 183 528 056**	..	**1 350 287 332**
0302	**Poisson, frais ou réfrigéré, excl. 0304**	**26 418 857**	**106 520 093**	**25 157 239**	**109 607 367**	**16 213 871**	**90 497 037**	**10 962 576**	**68 747 497**	**9 159 934**	**56 908 153**
030211	Truite	..	..	109	2 524	..	..	..	..	..	..
030212	Saumon (Pacifique, Atlantique et Danube)	5 603	35 559	..	..	..	..	646	12 828	488	9 489
030219	Salmonidés nra	..	..	..	..	..	..	..	..	132	2 080
030221	Flétan	..	..	..	..	..	..	..	..	..	..
030222	Plie, carrelet	..	..	..	..	..	..	..	..	..	..
030223	Sole	..	..	..	..	..	..	..	..	163	3 002
030229	Poissons plats nra	1 192	2 391	5 477	92 099	2 346	46 204	6 306	107 000	4 126	72 353
030231	Thon blanc/germon	..	..	6 500	22 271	2 275	13 677	22 100	95 587	35 800	127 266
030232	Albacore (thon jaune)	1 178 491	6 300 646	1 218 109	6 711 414	961 156	5 790 037	669 326	4 023 845	539 514	2 594 779
030233	Listaos/bonite à ventre rayé	..	..	..	..	..	..	..	..	..	..
030239	Thonidés nra	2 280 162	18 303 528	1 598 705	14 948 737	2 188 526	21 261 085	2 036 795	20 542 489	1 623 881	14 134 745
030240	Hareng	..	..	20	3 883	..	..	..	..	..	..
030250	Morue	294 636	1 103 643	250 235	724 985	263 344	859 736	37 457	142 704	1 755	3 146
030261	Sardines	..	..	..	..	..	..	..	..	25	2 183
030262	Églefin	..	..	..	..	..	..	..	..	..	..
030263	Lieu noir	..	..	..	..	..	..	..	..	..	..
030264	Maquereau	1 793 018	3 628 856	1 169 377	2 624 087	141 354	271 621	24 000	24 254	..	..
030265	Aiguillat et autres squalidés	2 521	17 024	..	..	..	..	..	..	..	..
030266	Anguille	..	..	264	8 120	155	7 008	366	24 605	90	5 871
030269	Poisson nra	20 861 574	77 098 066	20 901 638	84 292 255	12 647 823	62 087 519	8 157 736	43 645 763	6 947 649	39 885 497
030270	Foies, oeufs et laitances	1 660	30 381	6 805	176 992	6 892	160 150	7 844	128 423	6 311	67 742
0303	**Poisson, congelé, excl. 0304**	**363 930 521**	**477 433 336**	**425 839 066**	**611 780 182**	**299 830 551**	**467 054 950**	**305 594 791**	**485 532 364**	**407 880 213**	**556 231 161**
030319	Saumon, Pacifique	..	..	..	..	..	..	..	..	..	..
030321	Truite	91 725	363 275	461 751	1 559 417	1 560	23 058	54 828	302 233	2 539	23 025
030322	Saumon (Atlantique et Danube)	..	..	..	..	..	..	..	..	..	..
030329	Salmonidés	154	3 205	492 240	1 608 379	972	15 623	144 144	548 142	21 810	14 674
030331	Flétan	14 688	102 592	91 357	498 985	312 838	2 742 335	197 772	683 630	106 629	212 951
030332	Plie, carrelet	705	5 124	..	..	..	..	..	..	..	..
030333	Sole	500	2 862	..	..	..	..	9 750	10 937	900	8 607
030339	Poisson plat nra	408 085	679 091	464 794	659 919	623 441	1 234 038	1 428 636	2 319 173	3 765 388	5 388 860
030341	Thon blanc/germon	16 254 198	40 556 306	6 968 917	17 125 393	12 719 826	35 690 282	17 178 838	54 897 039	19 483 260	41 618 686
030342	Albacore (thon jaune)	5 696 733	7 593 897	5 370 124	7 986 528	3 071 337	5 341 324	1 926 899	4 782 692	5 651 844	11 843 089
030343	Listao/bonite à ventre rayé	20 921 561	22 823 510	58 618 440	79 810 593	44 885 508	67 652 327	27 286 386	53 449 463	40 910 262	79 470 780
030349	Thonidés nra	5 033 085	9 812 245	1 801 467	2 871 878	3 241 286	5 258 311	1 040 259	3 116 869	2 213 708	6 745 651
030350	Hareng	233 980	287 440	272 733	281 940	143 030	237 650	211 118	321 150	147 213	282 005
030360	Morue	1 752 658	1 855 674	3 603 405	3 931 910	2 039 094	2 714 568	1 734 959	2 367 506	2 802 312	2 224 672
030371	Sardines, sardinelles	646 251	826 794	1 690 895	2 315 764	12 705 000	9 112 010	23 047 371	18 315 295	54 756 366	42 209 604
030372	Églefin	..	..	..	..	..	..	..	..	..	..
030373	Lieu noir	..	..	..	..	..	..	..	..	..	..
030374	Maquereau	77 967 232	73 177 685	115 685 058	109 410 240	95 698 175	107 582 390	104 161 126	112 731 386	112 239 983	121 457 094
030375	Aiguillat et autres squalidés	5 395 851	6 609 162	5 467 266	8 607 638	5 072 606	8 513 748	4 502 474	6 800 308	5 299 845	6 922 317
030376	Anguille	365	8 501	710	20 798	180	14 342	150	8 181	..	..
030377	Bar (loup)	7 360	32 686	80	2 958	12 000	55 146	7 145	28 639	..	..
030378	Merlu	863 640	5 019 413	681 792	2 476 732	495 298	2 073 781	843 963	3 251 656	910 096	1 959 923
030379	Poisson nra	172 946 963	165 329 328	159 625 002	167 949 820	96 364 002	133 339 167	100 492 896	145 603 632	127 036 842	151 276 794
030380	Foies, oeufs et laitances	204 961	2 281 844	330 938	2 504 349	68 285	1 392 065	35 610	828 264	60 250	653 096
0304	**Filets de poisson et autre chair de poisson**	**8 752 671**	**115 167 816**	**10 089 767**	**127 303 880**	**9 177 860**	**140 913 342**	**9 869 410**	**143 404 927**	**9 385 612**	**122 262 172**
030410	Filets et autre chair de poisson, frais ou réfrigéré	1 408 739	24 756 476	1 392 037	25 855 099	1 245 419	25 623 089	1 511 432	29 816 275	1 370 601	25 051 320
030420	Filets de poissons, congelé	4 796 340	73 785 520	5 277 345	85 249 623	5 516 553	100 401 732	5 902 402	98 637 837	6 713 444	89 645 112
030490	Chair de poisson nra, congelé	2 547 592	16 625 820	3 420 385	16 199 158	2 415 888	14 888 522	2 455 576	14 950 814	1 301 567	7 565 740
0305	**Poisson, séché, salé, fumé, ou en saumure**	**866 409**	**13 911 470**	**1 026 644**	**16 038 601**	**752 448**	**15 161 537**	**808 099**	**12 119 779**	**810 671**	**8 526 499**
030510	Farine de poisson, consommation humaine	2 800	100 673	4 520	79 331	4 875	556 467	1 420	213 161	2 040	36 376
030520	Foies, oeufs et laitances	204 338	2 769 891	43 695	965 421	11 977	534 451	28 045	623 998	10 207	351 919
030530	Filets de poisson (non fumé)	68 236	339 133	61 107	283 356	121 553	465 441	78 171	292 963	17 285	132 164
030541	Saumon (Pacifique, Atlantique et Danube), fumé	334	13 443	542	19 085	5 209	90 461	1 100	32 973	1 193	54 042
030542	Hareng, fumé	..	..	..	..	..	..	..	..	..	..
030549	Poisson nra, fumé	5 186	90 457	25 167	505 370	10 851	307 565	18 195	345 993	8 860	326 589
030551	Morue, séché, non fumé	..	..	..	..	317	8 477	971	20 057	572	15 893
030559	Poisson nra, séché, salé, non fumé	575 524	10 504 458	863 912	13 912 791	582 397	13 050 820	537 150	9 985 930	766 453	7 582 330
030561	Hareng, salé ou en saumure	..	..	..	..	..	..	..	..	..	..
030562	Morue, salé ou en saumure	..	..	..	..	..	..	..	..	..	..
030563	Anchois, salé ou en saumure	29	4 974	508	6 898	..	..	50	4 435	..	..
030569	Poisson nra, salé ou en saumure	9 962	88 441	27 193	266 350	15 269	147 855	142 997	600 270	4 061	27 185

JAPON

Tableau 9. Exportations par produit *(suite)*

		2009		2010		2011		2012		2013	
		Tonnes	USD	Tonnes	USD	Tonnes	USD	Tonnes	USD	Tonnes	USD
0306	**Crustacés**	**2 829 826**	**24 056 620**	**2 945 080**	**24 955 144**	**1 790 198**	**17 537 457**	**1 363 449**	**16 864 462**	**1 366 403**	**18 240 059**
030611	Langoustes et autres palinuridés, congelé	1 270	46 697	1 542	47 888	420	24 389	1 872	35 679	442	31 233
030612	Homard nra	372	10 945	467	11 044	672	14 166	60	2 518	..	..
030613	Crevettes, congelé	458 010	5 596 963	392 827	5 679 352	274 600	4 488 734	272 397	3 418 601	431 540	4 475 104
030614	Crabes, congelé	1 198 832	11 008 982	534 739	5 991 523	490 531	6 480 280	547 720	7 164 968	435 011	4 701 847
030619	Crustacés nra, congelé	434 633	576 124	1 097 303	1 807 254	696 623	1 214 296	226 009	353 673	134 314	195 716
030621	Langoustes et autres palinuridés (non congelé)	..	..	748	46 095	10	2 889	..	..	295	16 026
030622	Homard nra (non congelé)	..	..	227	11 855	..	..	..	..	..	..
030623	Crevettes (non congelé)	597	31 174	6 430	76 841	2 647	47 610	9 425	876 984	18 964	1 739 235
030624	Crabes (non congelé)	657 987	5 932 805	808 076	10 469 610	289 427	4 900 009	291 259	4 880 396	331 555	6 928 547
030629	Crustacés nra (non congelé)	78 125	852 930	102 721	813 681	35 268	365 084	14 707	131 642	14 282	152 351
0307	**Mollusques**	**51 754 600**	**272 067 759**	**59 042 567**	**326 239 712**	**57 025 117**	**408 821 080**	**61 071 715**	**390 900 633**	**77 777 937**	**534 140 404**
030710	Huîtres	429 204	3 960 560	546 735	5 867 548	451 840	5 319 334	516 364	5 914 392	730 497	7 036 826
030721	St-Jacques, vi, fr, ou ré	789 434	3 360 573	842 847	4 206 872	759 955	3 929 077	1 751 193	7 346 132	749 040	2 629 905
030729	St-Jacques, co, sc, sl, ou sm	11 662 261	149 683 654	12 865 990	113 269 249	9 494 812	137 601 768	1 556 583	29 335 696	1 120 643	24 018 587
030731	Moules, vi, fr, ou ré	4 485	22 738	2 156	47 157	554	11 077	..	..	..	..
030739	Moules, co, sc, sl, ou sm	11 677	180 935	4 440	76 510	21 563	809 413	1 900	82 821	600	6 517
030741	Seiches, encornets et calmars, vi, fr, ou ré	3 205	12 167	3 936	18 959	177	8 013	164	5 374	..	..
030749	Seiches, encornets et calmars, co, sc, sl, ou sm	2 037 369	5 735 725	2 365 989	6 929 031	4 009 603	13 937 910	3 407 103	10 363 067	3 038 129	10 465 231
030751	Poulpe, vi, fr, ou ré	216 448	1 133 112	125 922	1 066 782	117 529	1 033 751	380	3 808	185 790	1 146 545
030759	Poulpe, co, sc, sl, ou sm	385 857	3 802 105	461 540	3 833 221	391 083	4 184 171	354 642	4 200 963	545 154	4 206 389
030760	Escargots (autres que de mer)	..	..	..	..	..	..	..	..	70	2 080
030791	Mollusques nra, vi, fr, ou ré	9 831 772	23 254 397	10 033 969	25 033 869	2 265 734	8 879 321	2 055 883	11 171 123	7 452 195	30 820 217
030799	Mollusques nra, co, sc, sl, ou sm	26 382 888	80 921 793	31 789 043	165 890 515	39 512 267	233 107 246	51 427 503	322 477 255	63 955 819	453 808 106
121220	**Algues**	**1 897 199**	**24 378 215**	**1 854 749**	**23 996 199**	**1 274 183**	**22 184 570**	**1 103 754**	**20 397 567**	**1 410 487**	**18 364 661**
1504	**Graisses, huiles et leurs fractions**	**358 912**	**8 831 081**	**670 515**	**8 270 603**	**723 189**	**6 637 165**	**810 909**	**11 116 126**	**1 590 731**	**12 687 976**
150410	Huiles de foies de poisson, et fractions	15 944	1 132 576	105 713	2 230 129	42 242	2 376 008	42 957	1 614 008	14 957	794 042
150420	Graisses et huiles de poisson, et fractions	342 968	7 698 504	564 706	6 033 690	680 947	4 261 156	767 952	9 502 118	1 575 774	11 893 934
150430	Graisses et huiles de mammifère marin, et fractions	..	..	96	6 784	..	..	..	..	..	..
1604	**Préparations et conserves de poisson; caviars et succédanés**	**13 991 891**	**125 992 839**	**13 946 153**	**138 524 983**	**11 791 931**	**129 733 152**	**14 186 494**	**148 766 904**	**14 951 829**	**139 158 832**
160411	Saumon, non haché	46 583	625 533	107 225	1 193 693	26 587	487 080	17 968	333 340	34 354	628 667
160412	Hareng, non haché	179 506	2 954 717	246 122	4 442 933	170 279	3 339 756	152 807	2 688 994	251 033	3 494 753
160413	Sardines, sardinelles, sprats, esprots, non haché	156 318	1 072 136	98 977	895 501	26 028	430 427	25 512	522 172	81 957	686 634
160414	Thons, listaos, sardes, non haché	941 708	9 193 937	810 239	9 470 052	858 494	9 508 328	661 409	8 776 345	942 431	9 744 495
160415	Maquereau, non haché	3 557 809	15 788 928	3 018 886	14 533 844	1 715 840	9 070 466	4 099 946	23 225 107	3 237 532	16 474 858
160416	Anchois, non haché	108 676	733 904	138 639	1 462 738	67 754	1 111 527	56 967	1 094 567	72 828	979 316
160419	Poisson nra, non haché	526 579	5 840 065	415 282	6 848 410	251 070	5 005 352	387 279	6 244 900	653 428	7 485 302
160420	Poisson, haché	7 843 108	75 327 918	8 442 870	83 544 394	8 007 884	83 514 204	7 971 878	83 182 829	8 746 312	75 965 903
160430	Caviar et succédanés	631 604	14 455 702	667 913	16 133 418	667 995	17 266 012	812 728	22 698 650	931 954	23 698 905
1605	**Préparations et conserves de crustacés**	**7 906 789**	**367 497 965**	**8 785 800**	**508 485 795**	**7 939 726**	**508 633 428**	**7 914 246**	**464 476 273**	**9 322 553**	**472 726 836**
160510	Crabes	868 408	6 656 160	1 043 671	9 093 581	1 056 580	8 708 421	996 406	8 973 933	863 832	6 691 742
160520	Crevettes	88 099	1 057 889	156 035	1 588 975	66 734	877 645	58 375	919 241	39 012	592 260
160530	Homard	70 516	1 201 239	81 048	1 479 093	89 257	1 870 693	34 499	766 740	39 072	833 041
160540	Crustacés nra	102 502	1 822 506	100 724	1 918 346	131 147	2 884 463	139 241	3 138 054	181 769	3 425 730
230120	**Farine de poisson**	**8 001 000**	**6 367 798**	**6 280 000**	**5 689 026**	**5 199 497**	**5 298 499**	**7 018 256**	**6 873 684**	**3 992 711**	**4 481 621**
	TOTAL	**486 708 675**	**1 610 478 170**	**555 648 431**	**1 970 370 967**	**411 718 571**	**1 884 725 352**	**420 703 699**	**1 835 158 610**	**..**	**1 997 707 258**

.. Non disponible

Note : nra : non répertorié ailleurs. vi : vivant. fr : frais. ré : réfrigéré. co : congelé. sc : séché. sl : salé. sm : en saumure.

Métadonnées détaillées : http://metalinks.oecd.org/fish/20150108/5c2a

Source : OCDE (2014), « Pêcheries : Commerce par produit », Statistiques agricoles de l'OCDE (base de données). DOI: 10.1787/data-00677-fr

CORÉE

Tableau 1. Flotte de pêche

	2006	2007	2008	2009	2010	2011	2012	2013
NOMBRE DE NAVIRES								
Total des navires	**86 113**	**85 627**	**80 766**	**77 713**	**76 974**	**75 629**	..	..
Navires à moteur	83 358	82 796	78 280	75 247	74 669	73 427	..	..
0-5,9 mètres	19 574	19 235	18 188	17 261	17 094	16 724	..	..
6-11,9 mètres	55 372	55 309	52 425	50 849	50 440	49 385	..	..
12-17,9 mètres	5 192	5 057	4 680	4 352	4 352	4 480	..	..
18-23,9 mètres	1 452	1 448	1 356	1 265	1 287	1 335	..	..
24-29,9 mètres	763	750	703	618	589	590	..	..
30-35,9 mètres	302	303	282	256	260	269	..	..
36-44,9 mètres	255	259	242	235	239	245	..	..
45-59,9 mètres	357	346	328	331	324	320	..	..
60-74,9 mètres	56	59	58	58	62	63	..	..
75 mètres et plus	35	30	18	22	22	16	..	..
Longueur inconnue	..	..	..	..	..	..	..	..
Navires sans moteur	2 755	2 831	2 486	2 466	2 305	2 202	..	..
TONNAGE BRUT								
Total des navires	**673 719**	**663 869**	**621 336**	**594 773**	**600 622**	**606 628**	..	..
Navires à moteur	671 299	661 519	619 097	592 445	598 365	604 415	..	..
0-5,9 mètres	13 558	13 519	12 686	11 890	11 895	11 716	..	..
6-11,9 mètres	128 779	127 009	119 338	115 967	116 705	116 208	..	..
12-17,9 mètres	53 293	51 691	47 356	43 672	43 022	43 495	..	..
18-23,9 mètres	53 289	52 555	46 881	42 764	42 970	43 775	..	..
24-29,9 mètres	55 326	54 407	49 841	43 282	41 143	41 012	..	..
30-35,9 mètres	34 562	34 602	31 460	27 780	27 589	28 137	..	..
36-44,9 mètres	52 022	54 391	48 351	46 932	47 318	47 547	..	..
45-59,9 mètres	149 716	142 084	134 476	135 832	132 847	130 900	..	..
60-74,9 mètres	56 226	56 734	59 732	58 867	61 652	60 721	..	..
75 mètres et plus	74 528	74 527	68 976	65 459	73 224	80 904	..	..
Longueur inconnue	..	..	..	..	..	..	..	..
Navires sans moteur	2 420	2 350	2 239	2 328	2 257	2 213	..	..

.. Non disponible

Note : Métadonnées détaillées : http://metalinks.oecd.org/fish/20150108/c680

Source : OCDE (2014), « Pêcheries : Flotte de pêche », Statistiques agricoles de l'OCDE (base de données). DOI: 10.1787/data-00218-fr

CORÉE

Tableau 2. Emploi dans les pêcheries

Personnes employées

	2006	2007	2008	2009	2010	2011	2012	2013
Plein-temps	..	..	..	..	..	..	..	..
Secteur de capture	..	..	..	..	..	..	..	..
Pêche en eaux intérieures	..	..	..	..	..	..	..	..
Homme	..	..	..	..	..	..	..	..
Femme	..	..	..	..	..	..	..	..
Eaux maritimes (pêche côtière)	..	..	..	..	..	..	..	..
Homme	..	..	..	..	..	..	..	..
Femme	..	..	..	..	..	..	..	..
Eaux maritimes (pêche en haute mer)	..	..	..	..	..	..	..	..
Homme	..	..	..	..	..	..	..	..
Femme	..	..	..	..	..	..	..	..
Aquaculture	..	..	..	..	..	..	..	..
Homme	..	..	..	..	..	..	..	..
Femme	..	..	..	..	..	..	..	..
Transformation	..	..	..	..	..	..	..	..
Homme	..	..	..	..	..	..	..	..
Femme	..	..	..	..	..	..	..	..
Temps partiel	..	..	..	..	..	..	..	..
Secteur de capture	..	..	..	..	..	..	..	..
Pêche en eaux intérieures	..	..	..	..	..	..	..	..
Homme	..	..	..	..	..	..	..	..
Femme	..	..	..	..	..	..	..	..
Eaux maritimes (pêche côtière)	..	..	..	..	..	..	..	..
Homme	..	..	..	..	..	..	..	..
Femme	..	..	..	..	..	..	..	..
Eaux maritimes (pêche en haute mer)	..	..	..	..	..	..	..	..
Homme	..	..	..	..	..	..	..	..
Femme	..	..	..	..	..	..	..	..
Aquaculture	..	..	..	..	..	..	..	..
Homme	..	..	..	..	..	..	..	..
Femme	..	..	..	..	..	..	..	..
Transformation	..	..	..	..	..	..	..	..
Homme	..	..	..	..	..	..	..	..
Femme	..	..	..	..	..	..	..	..
Total	**130 387**	**125 061**	**120 776**	**117 459**	**114 957**	**105 956**	..	..
Secteur de capture	84 863	80 110	77 918	74 031	82 677	73 918	..	..
Pêche en eaux intérieures	..	..	..	..	3 334	..	..	..
Homme	..	..	..	..	2 206	..	..	..
Femme	..	..	..	..	1 128	..	..	..
Eaux maritimes (pêche côtière)	82 524	77 965	76 021	72 103	77 451	71 865	..	..
Homme	..	..	..	..	40 872	..	..	..
Femme	..	..	..	..	36 579	..	..	..
Eaux maritimes (pêche en haute mer)	2 339	2 145	1 897	1 928	1 892	2 053	..	..
Homme	2 339	2 145	1 897	1 928	1 892	2 053	..	..
Femme	..	..	..	..	..	..	..	..
Aquaculture	45 524	44 951	42 858	43 428	32 280	32 038	..	..
Homme	..	..	..	..	18 014	..	..	..
Femme	..	..	..	..	14 266	32 038	..	..
Transformation	..	..	..	..	..	..	..	..
Homme	..	..	..	..	..	..	..	..
Femme	..	..	..	..	..	..	..	..

.. Non disponible

Note : Métadonnées détaillées : http://metalinks.oecd.org/fish/20150108/1719

Source : OCDE (2014), « Pêcheries : Emploi dans la pêche », Statistiques agricoles de l'OCDE (base de données). DOI: 10.1787/data-00219-fr

CORÉE

Tableau 3. Débarquements nationaux dans les ports nationaux

	2006	2007	2008	2009	2010	2011	2012	2013
VOLUME (TONNES)								
Total poissons	**966 370**	**1 038 303**	**1 176 666**	**1 064 658**	**1 021 990**	**1 083 539**	**963 280**	**1 099 197**
Saumon	89	102	186	25	177	60	44	129
Saumon rose	..	..	..	..	..	..	..	..
Saumon keta	89	102	186	25	..	..	..	..
Saumon rouge	..	..	..	..	..	..	..	..
Saumon argenté	..	..	..	..	..	..	..	..
Autres saumons	..	..	186	25	177	60	44	129
Poissons plats	25 791	41 639	27 107	27 891	29 203	27 786	26 962	24 882
Flétan	2 298	3 074	4 185	5 439	..	..	..	..
Flétan noir	..	..	..	..	..	..	..	..
Sole	3 612	3 472	2 448	2 736	3 034	3 078	3 025	2 654
Plie	19 881	24 643	20 474	19 716	20 134	20 031	19 727	18 020
Autres poissons plats	..	10 450	4 185	5 439	6 035	4 677	4 210	4 208
Poissons de fond	40 060	41 020	106 763	111 135	131 510	132 923	113 646	95 941
Morue (Atlantique et Pacifique)	9 561	10 954	7 981	9 473	11 677	12 271	12 563	11 389
Églefin	..	..	..	..	..	..	..	..
Lieu	..	..	..	..	..	..	..	..
Morue du Pacifique occidental	26 329	20 144	27 980	38 997	46 795	48 794	39 025	24 341
Merlan	..	..	..	..	..	..	..	..
Merlu (toutes espèces)	3 957	4 113	1 298	778	2 197	2 713	2 039	3 819
Sébaste	213	5 809	319	137	364	263	223	119
Autres poissons de fond	..	..	69 185	61 750	70 477	68 882	59 796	56 273
Pélagiques	149 397	207 268	780 358	696 913	616 790	719 950	583 992	597 240
Chinchard	35 160	30 706	24 131	22 087	19 305	44 210	30 918	25 692
Maquereau	101 712	145 016	190 456	175 329	99 534	150 626	128 441	115 019
Hareng (Atlantique et Pacifique)	12 524	28 356	45 505	37 617	25 005	23 644	28 103	45 155
Sardine	1	106	108	47	97	2 489	769	8 019
Autres pélagiques	..	3 084	520 158	461 833	472 849	498 981	395 761	403 355
Thons	298 112	197 945	200 434	176 710	178 931	141 355	164 858	277 062
Listao	207 936	217 863	125 339	129 494	108 043	83 404	106 223	200 866
Thon rouge (nord et sud)	130	453	504	734	701	427	453	1 306
Germon	3 265	1 822	1 706	2 379	1 908	880	1 284	1 995
Albacore	55 831	53 752	50 367	20 823	39 306	32 050	31 265	44 013
Thon obèse	24 333	22 763	14 027	13 548	17 312	16 255	19 852	21 648
Autres thons	6 617	197 945	7 191	8 145	10 412	6 669	4 353	5 282
Espadon	..	1 300	1 587	..	1 249	1 670	1 428	1 952
Autres poissons	452 921	550 329	61 818	51 984	65 379	61 465	73 778	103 943
Total crustacés	**107 522**	**107 787**	**122 819**	**129 542**	**143 944**	**118 914**	**124 891**	**144 665**
Homard et langouste	..	..	..	..	..	..	..	..
Langoustine	..	..	..	..	..	..	..	..
Crevette	61 383	54 112	63 110	53 969	66 319	46 663	49 411	66 636
Autres crustacés	46 139	53 675	59 709	75 573	77 625	72 251	75 480	78 029
Total coquillages et mollusques	**468 738**	**414 546**	**415 779**	**357 787**	**309 122**	**321 425**	**324 808**	**334 626**
Huître	31 016	29 316	29 185	24 254	22 686	24 985	18 426	12 742
Moule	1 184	1 620	15	50	132	2 226	1 724	1 959
Coquille St-Jacques	23	278	2 448	3 399	3 271	51	136	37
Bivalves	35 368	29 129	37 222	48 893	41 420	32 129	26 302	25 520
Autres coquillages (incl. buccins)	9 100	13 371	12 438	13 596	12 871	12 839	11 250	10 155
Calmar	367 295	309 614	303 144	233 653	200 495	224 515	241 588	259 830
Seiche	2 933	3 252	3 386	3 541	4 385	2 461	3 226	4 739
Poulpe	8 444	27 867	23 783	27 348	20 755	19 462	19 245	16 474
Autres mollusques (incl. oursins)	13 375	99	4 158	3 053	3 107	2 757	2 911	3 170
Autres animaux marins	**6 072**	**7 518**	**4 281**	**4 245**	**4 071**	**4 264**	**3 428**	**3 859**
Plantes aquatiques	**13 754**	**18 189**	**13 866**	**10 843**	**13 043**	**14 787**	**10 086**	**8 531**
Algue brune	6 988	9 084	6 097	7 207	7 585	7 918	4 555	4 409
Algue rouge	3 353	3 618	2 338	1 664	3 850	5 274	3 721	2 993
Autres algues	3 413	5 487	5 431	1 972	1 608	1 595	1 810	1 129
Poisson pour transformation	..	..	..	..	..	..	..	..
TOTAL GÉNÉRAL	**1 562 456**	**1 586 343**	**1 733 411**	**1 567 075**	**1 492 170**	**1 542 929**	**1 426 493**	**1 590 878**

Tableau 3. Débarquements nationaux dans les ports nationaux *(suite)*

	2006	2007	2008	2009	2010	2011	2012	2013
VALEUR (KRW)								
Total poissons	**1 958 646 080 000**	**2 196 911 152 000**	**2 693 960 604 000**	**2 671 144 439 000**	**2 876 440 281 000**	**3 358 062 735 233**	**2 913 954 741 000**	**3 288 959 159 000**
Saumon	800 000 000	101 516 000	387 608 000	42 127 000	423 598 000	243 953 000	201 161 000	459 795 000
Saumon rose	..	..	..	..	..	..	..	..
Saumon keta	800 000 000	101 516 000	387 608 000	42 127 000	..	..	..	..
Saumon rouge	..	..	..	..	..	..	..	..
Saumon argenté	..	..	..	..	..	..	..	..
Autres saumons	..	..	387 608 000	42 127 000	423 598 000	243 953 000	201 161 000	459 795 000
Poissons plats	184 434 000 000	254 956 419 000	184 693 080 000	200 667 027 000	221 194 968 000	219 374 459 000	221 228 761 000	190 978 580 000
Flétan	26 275 000 000	32 467 219 000	44 042 337 000	52 594 156 000	..	..	..	..
Flétan noir	..	..	..	..	..	..	..	..
Sole	15 264 000 000	16 214 959 000	12 225 373 000	12 004 895 000	13 465 591 000	15 086 132 000	16 855 259 000	18 996 994 000
Plie	142 895 000 000	169 638 968 000	128 425 370 000	136 067 976 000	145 754 360 000	152 133 661 000	158 029 455 000	131 418 990 000
Autres poissons plats	..	36 635 273 000	44 042 337 000	52 594 156 000	61 975 017 000	52 154 666 000	46 344 047 000	40 562 596 000
Poissons de fond	70 078 000 000	108 645 660 000	381 007 549 000	405 254 338 000	426 125 881 000	485 510 737 000	364 324 088 000	451 603 230 000
Morue (Atlantique et Pacifique)	24 502 000 000	29 355 628 000	29 697 191 000	32 892 353 000	40 044 400 000	43 447 060 000	47 409 199 000	38 681 182 000
Églefin	..	..	..	..	..	..	..	..
Lieu	..	..	..	..	..	..	..	..
Morue du Pacifique occidental	35 210 000 000	19 822 832 000	38 388 919 000	59 124 484 000	64 378 221 000	67 340 298 000	45 984 735 000	32 671 157 000
Merlan	..	..	..	..	..	..	..	..
Merlu (toutes espèces)	10 149 000 000	11 513 190 000	4 569 495 000	2 891 103 000	5 346 105 000	4 992 216 000	5 643 011 000	10 911 647 000
Sébaste	217 000 000	47 954 010 000	323 470 000	139 466 000	436 800 000	348 846 000	325 780 000	210 273 000
Autres poissons de fond	..	..	308 028 474 000	310 206 932 000	315 920 355 000	369 382 317 000	264 961 363 000	369 128 971 000
Pélagiques	174 597 000 000	252 062 379 000	1 353 296 417 000	1 414 929 539 000	1 470 079 831 000	1 799 317 069 638	1 454 435 083 000	1 491 519 293 000
Chinchard	19 042 000 000	20 690 543 000	24 294 426 000	16 654 639 000	25 053 522 000	42 047 891 000	31 524 212 000	31 051 440 000
Maquereau	147 924 000 000	179 778 628 000	210 082 316 000	280 377 937 000	175 327 691 000	303 517 277 000	263 092 695 000	209 041 858 000
Hareng (Atlantique et Pacifique)	7 630 000 000	14 466 077 000	25 529 411 000	25 020 855 000	23 831 376 000	24 430 511 000	22 591 604 000	34 384 286 000
Sardine	1 000 000	52 936 000	59 278 000	63 955 000	77 033 000	1 568 891 000	318 713 000	5 778 177 000
Autres pélagiques	..	37 074 195 000	1 093 330 986 000	1 092 812 153 000	1 245 790 209 000	1 427 752 499 638	1 136 907 859 000	1 211 263 532 000
Thons	437 565 000 000	312 642 967 000	536 325 718 000	422 764 254 000	510 150 816 000	565 690 971 000	612 806 253 000	755 358 982 000
Listao	181 308 000 000	260 770 000 000	225 276 087 000	179 123 185 000	160 448 070 000	205 385 670 000	282 250 697 000	427 513 416 000
Thon rouge (nord et sud)	1 616 000 000	6 330 000 000	6 243 628 000	12 014 761 000	12 142 698 000	8 636 910 000	10 501 722 000	13 949 841 000
Germon	6 764 000 000	3 253 000 000	14 196 280 000	7 967 137 000	6 357 150 000	3 371 919 000	4 501 867 000	5 707 484 000
Albacore	75 227 000 000	101 468 000 000	137 064 722 000	52 389 428 000	118 024 825 000	126 293 970 000	88 324 532 000	133 169 875 000
Thon obèse	155 334 000 000	139 701 000 000	122 921 303 000	134 363 230 000	179 914 547 000	194 156 810 000	204 922 433 000	155 527 595 000
Autres thons	17 316 000 000	312 642 967 000	23 282 498 000	26 853 869 000	25 554 565 000	15 937 524 000	12 272 461 000	9 951 844 000
Espadon	..	..	7 341 200 000	10 052 644 000	7 708 961 000	11 908 168 000	10 032 541 000	9 538 927 000
Autres poissons	1 091 172 080 000	1 268 502 211 000	238 250 232 000	227 487 154 000	248 465 187 000	287 925 545 475	260 959 395 000	399 039 279 000
Total crustacés	**389 136 000 000**	**412 702 611 000**	**453 962 239 000**	**545 113 808 000**	**575 136 571 000**	**571 871 003 962**	**559 973 195 000**	**577 780 323 000**
Homard et langouste	..	..	..	..	..	..	..	..
Langoustine	..	..	..	..	..	..	..	..
Crevette	136 815 000 000	131 307 871 000	129 392 566 000	129 700 196 000	160 776 171 000	172 124 280 962	163 873 236 000	179 040 185 000
Autres crustacés	252 321 000 000	281 394 740 000	324 569 673 000	415 413 612 000	414 360 400 000	399 746 723 000	396 099 959 000	398 740 138 000
Total coquillages et mollusques	**930 317 000 000**	**858 511 396 000**	**901 341 192 000**	**1 037 075 162 000**	**1 238 810 293 000**	**1 460 375 149 103**	**1 280 486 004 000**	**1 237 810 825 000**
Huître	26 002 000 000	24 875 986 000	23 991 221 000	22 550 696 000	23 479 256 000	27 268 944 000	22 117 925 000	13 221 112 000
Moule	2 135 000 000	2 538 479 000	91 609 000	278 733 000	864 116 000	5 468 818 000	4 595 286 000	6 004 691 000
Coquille St-Jacques	106 000 000	1 048 098 000	3 614 859 000	5 613 807 000	5 954 063 000	448 536 000	1 253 657 000	397 525 000
Bivalves	79 381 000 000	71 641 092 000	92 448 132 000	137 074 504 000	124 977 682 000	110 741 556 000	95 026 145 000	90 888 933 000
Autres coquillages (incl. buccins	44 831 000 000	61 525 318 000	55 832 840 000	67 241 121 000	68 557 174 000	69 502 731 000	68 231 720 000	61 708 033 000
Calmar	522 236 000 000	395 957 474 000	410 164 367 000	454 482 519 000	672 390 284 000	892 557 017 103	705 752 875 000	696 628 942 000
Seiche	13 571 000 000	15 385 232 000	17 995 551 000	21 339 711 000	24 822 707 000	20 675 331 000	26 759 173 000	30 258 203 000
Poulpe	77 465 000 000	285 162 299 000	282 826 473 000	317 076 959 000	305 955 850 000	322 126 041 000	344 516 919 000	324 597 807 000
Autres mollusques (incl. oursins)	164 590 000 000	377 418 000	14 376 140 000	11 417 112 000	11 809 161 000	11 586 175 000	12 232 304 000	14 105 579 000
Autres animaux marins	**35 253 000 000**	**47 042 028 000**	**29 732 662 000**	**33 112 783 000**	**39 378 739 000**	**43 267 469 000**	**32 360 102 000**	**38 516 186 000**
Plantes aquatiques	**15 366 000 000**	**16 034 447 000**	**13 644 748 000**	**14 354 364 000**	**19 217 656 000**	**19 959 083 000**	**14 610 256 000**	**12 576 678 000**
Algue brune	5 525 000 000	7 378 672 000	7 265 326 000	9 814 598 000	12 863 156 000	11 725 721 000	6 849 543 000	6 964 338 000
Algue rouge	7 022 000 000	4 162 441 000	1 512 222 000	1 277 709 000	3 395 594 000	5 427 570 000	4 619 247 000	3 849 724 000
Autres algues	2 819 000 000	4 493 334 000	4 867 200 000	3 262 057 000	2 958 906 000	2 805 792 000	3 141 466 000	1 762 616 000
Poisson pour transformation	..	..	..	..	..	..	..	..
TOTAL GÉNÉRAL	**3 328 718 080 000**	**3 531 201 634 000**	**4 092 641 445 000**	**4 300 800 556 000**	**4 748 983 540 000**	**5 453 535 440 298**	**4 801 384 298 000**	**5 155 643 171 000**

.. Non disponible

Note : Métadonnées détaillées : http://metalinks.oecd.org/fish/20150108/2ae1

Source : OCDE (2014), « Pêcheries : Débarquements nationaux dans les ports domestiques », Statistiques agricoles de l'OCDE (base de données). DOI: 10.1787/data-00222-fr

CORÉE

Tableau 4. Débarquements nationaux dans les ports étrangers

	2006	2007	2008	2009	2010	2011	2012	2013
VOLUME (TONNES)								
Total poissons	**151 479**	**143 921**	**146 677**	**224 701**	**202 363**	**173 049**	**202 725**	**174 921**
Saumon	..	..	..	..	..	..	366	34
Saumon rose	..	..	..	..	..	..	..	..
Saumon keta	..	..	..	..	..	..	..	..
Saumon rouge	..	..	..	..	..	..	..	..
Saumon argenté	..	..	..	..	..	..	..	..
Autres saumons	..	..	..	..	..	..	366	34
Poissons plats	..	381	254	95	99	240	228	116
Flétan	..	..	..	..	..	..	..	..
Flétan noir	..	..	..	..	..	..	..	..
Sole	..	381	254	95	99	240	174	76
Plie	..	0	..	..	..	..	..	..
Autres poissons plats	..	..	..	..	..	..	54	40
Poissons de fond	906	3 948	3 482	5 800	4 429	4 805	4 641	4 376
Morue (Atlantique et Pacifique)	..	54	78	83	91	590	99	..
Églefin	..	..	..	..	..	..	..	..
Lieu	..	..	..	..	..	..	..	..
Morue du Pacifique occidental	906	..	..	..	..	..	..	..
Merlan	..	..	..	..	..	..	..	..
Merlu (toutes espèces)	..	3 282	2 101	3 840	1 942	2 050	1 968	2 218
Sébaste	..	..	..	..	..	..	..	..
Autres poissons de fond	..	612	1 303	1 877	2 396	2 165	2 574	2 158
Pélagiques	..	10 706	14 536	18 637	11 547	10 282	17 604	16 078
Chinchard	..	8 815	12 472	14 718	8 895	8 055	7 845	9 421
Maquereau	..	961	886	997	71	61	231	385
Hareng (Atlantique et Pacifique)	..	..	..	..	..	..	..	..
Sardine	..	..	..	..	14	5	5 276	3 976
Autres pélagiques	..	930	1 178	2 922	2 567	2 161	4 252	2 296
Thons	94 998	83 379	90 157	153 778	145 784	111 940	142 413	118 462
Listao	49 993	51 355	61 938	127 987	108 677	89 930	105 668	90 776
Thon rouge (nord et sud)	771	20	817	339	328	317	659	1 146
Germon	2 436	75	57	73	246	530	667	1 314
Albacore	28 513	20 851	20 411	16 000	27 832	13 686	29 171	17 241
Thon obèse	13 285	9 604	6 065	8 373	7 922	6 730	4 869	6 822
Autres thons	..	1 367	823	859	756	688	1 223	812
Espadon	..	107	46	147	23	59	156	351
Autres poissons	55 575	45 507	38 248	46 391	40 504	45 782	37 473	35 855
Total crustacés	**13 213**	**1 736**	**334**	**172**	**312**	**7 514**	**6 280**	**16 663**
Homard et langouste	..	..	..	..	..	..	2	1
Langoustine	..	..	..	..	..	..	..	..
Crevette	13 213	1 727	281	109	202	7 508	6 276	16 661
Autres crustacés	..	9	53	63	110	6	2	1
Total coquillages et mollusques	**20 851**	**80 050**	**70 650**	**46 968**	**29 807**	**22 626**	**27 462**	**19 294**
Huître	..	..	..	..	..	..	..	..
Moule	..	..	..	..	..	..	..	..
Coquille St-Jacques	..	..	..	..	..	..	..	..
Bivalves	..	..	..	..	..	..	..	..
Autres coquillages (incl. buccins	..	..	..	..	..	..	..	..
Calmar	20 851	78 536	69 687	45 063	28 801	21 418	26 565	18 626
Seiche	..	1 510	958	1 848	1 002	1 197	861	624
Poulpe	..	4	5	57	4	11	36	44
Autres mollusques (incl. oursins)	..	..	..	..	..	..	..	..
Autres animaux marins	..	..	..	..	..	..	..	..
Plantes aquatiques	..	..	..	..	..	..	..	..
Algue brune	..	..	..	..	..	..	..	..
Algue rouge	..	..	..	..	..	..	..	..
Autres algues	..	..	..	..	..	..	..	..
Poisson pour transformation	..	..	..	..	..	..	..	..
TOTAL GÉNÉRAL	**185 543**	**225 707**	**217 661**	**271 841**	**232 482**	**203 189**	**236 467**	**210 878**

Tableau 4. Débarquements nationaux dans les ports étrangers *(suite)*

	2006	2007	2008	2009	2010	2011	2012	2013
VALEUR (KRW)								
Total poissons	**278 764 000 000**	**242 256 831 051**	**384 136 603 000**	**449 219 184 000**	**460 040 325 000**	**386 894 568 569**	**639 777 967 000**	**414 383 277 615**
Saumon	..	..	..	..	..	..	550 020 000	38 095 050
Saumon rose	..	..	..	..	..	..	..	..
Saumon keta	..	..	..	..	..	..	..	..
Saumon rouge	..	..	..	..	..	..	..	..
Saumon argenté	..	..	..	..	..	..	..	..
Autres saumons	..	..	..	..	..	..	550 020 000	38 095 050
Poissons plats	..	1 415 848 100	726 191 000	249 307 000	239 599 000	1 081 522 175	917 435 000	4 831 797 000
Flétan	..	..	..	..	..	..	..	..
Flétan noir	..	..	..	..	..	..	..	..
Sole	..	1 415 803 823	726 191 000	249 307 000	239 599 000	1 081 522 000	705 381 000	517 200 255
Plie	..	44 277	..	..	..	..	..	..
Autres poissons plats	..	..	..	..	..	..	212 054 000	4 314 596 745
Poissons de fond	3 692 000 000	16 567 658 643	11 894 321 000	20 256 044 000	14 313 261 000	21 708 428 265	22 696 172 000	44 478 295 560
Morue (Atlantique et Pacifique)	..	119 118 273	199 582 000	190 714 000	144 310 000	1 510 630 117	212 634 000	..
Églefin	..	..	..	..	..	..	..	..
Lieu	..	..	..	..	..	..	..	..
Morue du Pacifique occidental	3 692 000 000	..	..	..	..	..	..	..
Merlan	..	..	..	..	..	..	..	..
Merlu (toutes espèces)	..	9 187 038 556	7 396 385 000	14 269 714 000	4 725 596 000	8 144 047 669	5 446 515 000	6 346 565 250
Sébaste	..	..	..	..	..	..	..	..
Autres poissons de fond	..	7 261 501 814	4 298 354 000	5 795 616 000	9 443 355 000	12 053 750 479	17 037 023 000	38 131 730 310
Pélagiques	..	5 094 841 978	7 377 261 000	17 878 716 000	16 016 008 000	13 945 455 422	18 053 644 000	15 325 739 355
Chinchard	..	3 280 230 182	5 474 778 000	13 850 298 000	11 313 078 000	10 052 047 124	6 715 464 000	10 096 066 440
Maquereau	..	360 375 000	332 250 000	373 875 000	26 625 000	60 824 959	223 752 000	433 557 585
Hareng (Atlantique et Pacifique)	..	..	..	..	..	..	..	..
Sardine	..	..	..	..	17 352 000	2 053 977	3 162 722 000	2 335 585 725
Autres pélagiques	..	1 454 236 796	1 570 233 000	3 654 543 000	4 658 953 000	3 830 529 362	7 951 706 000	2 460 529 605
Thons	194 718 000 000	151 229 566 783	233 915 371 000	310 469 613 000	337 370 119 000	264 278 786 182	440 364 578 000	287 318 569 860
Listao	39 140 000 000	55 939 827 663	111 323 293 000	177 038 621 000	161 389 584 000	139 384 441 792	280 775 977 000	172 903 695 210
Thon rouge (nord et sud)	3 517 000 000	171 173 423	10 121 118 000	5 549 052 000	6 379 041 000	7 074 270 592	20 155 599 000	16 816 673 835
Germon	5 212 000 000	119 640 696	474 319 000	244 473 000	819 632 000	1 281 029 793	2 338 586 000	3 522 449 655
Albacore	55 789 000 000	35 586 044 267	55 544 861 000	40 255 048 000	83 571 641 000	41 739 813 281	82 408 921 000	43 361 429 505
Thon obèse	91 060 000 000	55 110 194 645	53 148 764 000	83 039 809 000	82 329 196 000	72 044 247 191	50 260 292 000	47 561 949 150
Autres thons	..	3 865 225 241	3 043 250 000	3 411 458 000	2 739 067 000	2 298 716 203	3 329 211 000	1 574 080 020
Espadon	..	437 460 848	259 766 000	931 152 000	141 958 000	456 267 330	1 095 992 000	1 578 292 485
Autres poissons	80 354 000 000	67 948 915 547	130 223 459 000	100 365 504 000	92 101 338 000	85 880 376 525	157 196 118 000	62 390 780 790
Total crustacés	**12 432 000 000**	**1 050 889 759**	**622 954 000**	**214 085 000**	**399 902 000**	**9 946 665 105**	**9 373 628 000**	**1 342 329 840**
Homard et langouste	..	..	..	..	..	..	2 509 000	537 645
Langoustine	..	..	..	..	..	..	..	..
Crevette	12 432 000 000	996 011 037	283 720 000	134 727 000	258 933 000	9 875 544 038	9 368 610 000	1 324 712 385
Autres crustacés	..	54 878 722	339 234 000	79 358 000	140 969 000	71 121 067	2 509 000	17 079 810
Total coquillages et mollusques	**22 368 000 000**	**55 154 821 811**	**72 250 031 000**	**53 953 876 000**	**66 781 931 000**	**64 702 835 492**	**66 460 052 000**	**43 317 229 830**
Huître	..	..	..	..	..	..	..	..
Moule	..	..	..	..	..	..	..	..
Coquille St-Jacques	..	..	..	..	..	..	..	..
Bivalves	..	..	..	..	..	..	..	..
Autres coquillages (incl. buccins	..	..	..	..	..	..	..	..
Calmar	22 368 000 000	50 423 379 611	69 261 992 000	48 704 887 000	63 880 322 000	57 993 323 704	63 590 688 000	38 428 209 225
Seiche	..	4 713 254 921	2 977 703 000	5 151 923 000	2 884 009 000	6 651 922 193	2 764 898 000	4 697 063 820
Poulpe	..	18 187 279	10 336 000	97 066 000	17 600 000	57 589 595	104 466 000	191 956 785
Autres mollusques (incl. oursins)	..	..	..	..	..	..	..	..
Autres animaux marins	..	..	..	..	..	..	..	..
Plantes aquatiques	..	..	..	..	..	..	..	..
Algue brune	..	..	..	..	..	..	..	..
Algue rouge	..	..	..	..	..	..	..	..
Autres algues	..	..	..	..	..	..	..	..
Poisson pour transformation	..	..	..	..	..	..	..	..
TOTAL GÉNÉRAL	**313 564 000 000**	**298 462 542 621**	**457 009 588 000**	**503 387 145 000**	**527 222 158 000**	**461 544 069 166**	**715 611 647 000**	**459 042 837 285**

.. Non disponible

Note : Métadonnées détaillées : http://metalinks.oecd.org/fish/20150108/5ad4

Source : OCDE (2014), « Pêcheries : Débarquements nationaux dans les ports étrangers », Statistiques agricoles de l'OCDE (base de données). DOI: 10.1787/data-00223-fr

CORÉE

Tableau 6. Production de l'aquaculture

	2006	2007	2008	2009	2010	2011	2012	2013
VOLUME (TONNES)								
Poissons	**107 002**	**116 258**	**115 033**	**125 405**	**98 006**	**90 710**	**90 573**	**88 392**
Saumon de l'Atlantique	..	..	..	..	..	..	..	..
Saumon du Pacifique	89	69	92	119	94	110	91	146
Truite arc-en-ciel	1 878	2 882	2 780	2 737	2 652	3 014	3 075	3 411
dont : d'eau de mer	..	..	..	..	..	..	..	..
dont : d'eau douce	1 878	2 882	2 780	2 737	2 652	3 014	3 075	3 411
Truite de mer	..	..	..	..	..	..	..	..
Poisson plat	43 852	41 188	46 592	55 053	41 477	41 886	39 986	37 784
Dorade	7 091	10 054	9 012	10 920	8 554	4 731	4 005	3 673
Bar	1 593	2 387	2 039	2 452	2 004	1 886	1 558	1 285
Loup	2 851	2 139	3 731	3 752	4 322	4 991	3 799	4 074
Carpe	1 296	1 355	1 697	1 331	1 539	1 762	1 960	1 310
Tilapia	272	325	388	336	251	220	185	139
Anguille	7 966	10 557	6 480	6 621	7 902	7 185	4 277	5 161
Autres poissons	40 114	45 302	42 222	42 084	29 211	24 925	31 637	31 409
Coquillages et crustacés	**394 478**	**482 197**	**347 565**	**330 812**	**361 034**	**395 555**	**376 339**	**297 621**
Huître, comestible	283 296	321 276	249 976	240 911	267 776	281 022	284 857	239 782
Huître, perle	..	..	..	..	..	..	..	..
Moule	81 617	98 121	67 442	55 035	54 440	70 416	61 311	34 431
Coquille St.-Jacques	292	286	421	348	253	403	520	486
Bivalves	23 132	54 776	21 055	24 272	27 096	30 652	17 049	8 886
Crevette et bouquet	1 699	1 343	1 928	1 907	2 752	2 862	2 832	3 840
Autres coquillages et crustacés	4 442	6 395	6 743	8 339	8 717	10 200	9 770	10 196
Total poissons, coquillages et crustacés	**501 480**	**598 455**	**462 598**	**456 217**	**459 040**	**486 265**	**466 912**	**386 013**
Autres animaux marins	10 585	15 353	15 463	16 843	15 014	20 985	17 667	16 136
Plantes aquatiques	764 913	792 953	921 589	858 659	901 672	992 283	1 022 340	1 131 312
Algue brune	545 415	580 055	683 998	634 871	656 071	666 584	662 912	713 982
Algue rouge	217 559	210 956	224 242	211 444	235 534	316 428	349 829	405 522
Algue verte	1 766	1 377	12 784	12 344	10 067	9 269	9 599	11 808
Autres plantes aquatiques	173	565	565	..	..	2	..	..
TOTAL GÉNÉRAL	**1 276 978**	**1 406 761**	**1 399 650**	**1 331 719**	**1 375 726**	**1 499 533**	**1 506 919**	**1 533 461**
VALEUR (KRW)								
Poissons	**946 068 357 000**	**977 270 690 000**	**958 355 779 000**	**1 164 361 642 000**	**1 116 684 546 000**	**1 062 708 354 000**	**964 267 879 000**	**1 025 154 999 000**
Saumon de l'Atlantique	..	..	..	..	..	..	..	..
Saumon du Pacifique	799 790 000	656 825 000	941 145 000	1 258 133 000	1 104 299 000	1 174 775 000	1 044 780 000	1 814 440 000
Truite arc-en-ciel	10 697 899 000	14 679 687 000	16 281 014 000	21 420 378 000	18 553 118 000	25 975 221 000	23 667 140 000	25 471 795 000
dont : d'eau de mer	..	..	..	..	..	..	..	..
dont : d'eau douce	10 697 899 000	14 679 687 000	16 281 014 000	21 420 378 000	18 553 118 000	25 975 221 000	23 667 140 000	25 471 795 000
Truite de mer	..	..	..	..	..	..	..	..
Poisson plat	458 932 552 000	439 371 029 000	411 024 806 000	551 003 640 000	497 471 908 000	477 616 664 000	448 261 169 000	446 745 594 000
Dorade	59 845 113 000	83 804 823 000	72 225 053 000	94 994 390 000	86 823 410 000	59 832 901 000	55 516 571 000	47 061 640 000
Bar	15 531 676 000	22 562 708 000	18 764 200 000	22 486 360 000	20 574 682 000	21 204 043 000	17 590 373 000	14 128 703 000
Loup	9 122 430 000	8 631 573 000	12 716 403 000	11 899 218 000	13 462 262 000	18 362 694 000	18 313 889 000	17 786 403 000
Carpe	6 650 267 000	7 213 911 000	9 912 252 000	8 817 750 000	9 708 779 000	11 523 967 000	12 764 605 000	11 441 262 000
Tilapia	1 252 753 000	1 481 665 000	1 818 173 000	1 787 963 000	1 433 219 000	1 390 757 000	1 202 273 000	955 624 000
Anguille	109 999 821 000	130 634 976 000	143 587 434 000	127 256 768 000	193 429 678 000	223 876 269 000	161 923 084 000	206 134 176 000
Autres poissons	273 236 056 000	268 233 493 000	271 085 299 000	323 437 042 000	274 123 191 000	221 751 063 000	223 983 995 000	253 615 362 000
Coquillages et crustacés	**374 970 234 000**	**471 051 884 000**	**404 040 226 000**	**530 407 989 000**	**553 713 190 000**	**610 117 689 000**	**568 120 448 000**	**510 858 693 000**
Huître, comestible	131 410 146 000	130 555 483 000	118 444 544 000	155 128 837 000	169 827 366 000	193 939 856 000	176 998 539 000	139 727 617 000
Huître, perle	..	..	..	..	..	..	..	..
Moule	32 502 727 000	36 024 287 000	24 533 952 000	37 752 736 000	28 681 523 000	32 400 779 000	29 003 392 000	14 834 842 000
Coquille St.-Jacques	1 847 409 000	1 578 902 000	2 433 839 000	2 353 587 000	1 829 187 000	3 525 946 000	4 983 843 000	3 778 494 000
Bivalves	59 035 052 000	117 629 201 000	52 736 668 000	66 182 803 000	80 820 859 000	88 036 430 000	60 873 509 000	36 057 201 000
Crevette et bouquet	25 843 470 000	16 378 739 000	27 938 298 000	28 955 928 000	37 182 529 000	42 864 915 000	46 556 861 000	61 243 279 000
Autres coquillages et crustacés	124 331 430 000	168 885 272 000	177 952 925 000	240 034 098 000	235 371 726 000	249 349 763 000	249 704 304 000	255 217 260 000
Total poissons, coquillages et crustacés	**1 321 038 591 000**	**1 448 322 574 000**	**1 362 396 005 000**	**1 694 769 631 000**	**1 670 397 736 000**	**1 672 826 043 000**	**1 532 388 327 000**	**1 536 013 692 000**
Autres animaux marins	23 475 293 000	29 338 221 000	26 946 065 000	27 457 042 000	32 769 423 000	42 592 594 000	38 987 302 000	40 195 475 000
Plantes aquatiques	255 682 839 000	308 967 936 000	340 040 866 000	319 188 179 000	379 000 881 000	381 150 318 000	440 846 430 000	444 423 496 000
Algue brune	81 947 690 000	109 455 468 000	118 191 990 000	120 381 466 000	130 598 059 000	141 246 111 000	144 777 764 000	146 415 957 000
Algue rouge	169 278 047 000	193 988 184 000	194 373 435 000	178 395 857 000	230 587 950 000	220 792 178 000	277 438 308 000	273 246 612 000
Algue verte	3 589 703 000	2 103 157 000	24 054 314 000	20 410 856 000	17 814 872 000	19 102 494 000	18 630 358 000	24 760 927 000
Autres plantes aquatiques	867 399 000	3 421 127 000	3 421 127 000	..	..	9 535 000	..	..
TOTAL GÉNÉRAL	**1 600 196 723 000**	**1 786 628 731 000**	**1 729 382 936 000**	**2 041 414 852 000**	**2 082 168 040 000**	**2 096 568 955 000**	**2 012 222 059 000**	**2 020 632 663 000**

.. Non disponible

Note : Métadonnées détaillées : http://metalinks.oecd.org/fish/20150108/edea

Source : OCDE (2014), « Pêcheries : Production de l'aquaculture », Statistiques agricoles de l'OCDE (base de données). DOI: 10.1787/data-00225-fr

CORÉE

Tableau 7. Transferts financiers publics (TFP)

Millions KRW

	2006	2007	2008	2009	2010	2011	2012	2013
Total des TFP								
Pêche maritime	**612 936**	**653 394**	**873 610**	**624 884**	**466 038**	**378 834**	..	..
Paiements directs	66 500	131 912	372 763	108 706	77 526	37 214	..	..
Désarmement des navires et retrait des licences	66 500	129 612	368 592	108 706	77 526	37 214	..	..
Indemnisation des catastrophes	..	2 300	4 171	..	..	..	..	..
Aides : équipement, modernisation, construction de navire	..	..	..	..	..	..	..	..
Aide au revenu et assurance chômage	..	..	..	..	..	..	..	..
Autres paiements directs	..	..	..	..	..	..	..	..
Transferts réduisant les coûts	18 970	20 127	26 540	36 355	62 921	51 569	..	..
Prêts subventionnés : équipement, modernisation, construction de navire	970	..	..	..	..	..	..	..
Bonification d'intérêts	..	..	..	..	..	..	..	..
Exonération de taxe sur carburant	..	..	..	..	..	..	..	..
Ristourne et subvention à l'assurance	18 000	20 127	26 540	36 355	62 921	51 569	..	..
Allègement d'impôt sur le revenu, contrib. sociales impayées	..	..	..	..	..	..	..	..
Autres transferts réduisant les coûts	..	..	..	..	..	..	..	..
Services généraux	527 466	501 355	474 307	479 823	325 591	290 051	..	..
Gestion des pêcheries	195 500	174 637	185 903	185 068	155 917	109 690	..	..
Recherche halieutique	38 401	37 446	21 329	27 924	20 206	27 836	..	..
Police des pêches	23 354	1 980	..	..	..	..	..	..
Infrastructure des pêcheries	270 211	287 292	267 075	266 831	149 468	152 525	..	..
Autres services généraux	..	..	..	..	..	..	..	..
Recouvrement des coûts	..	..	..	..	..	..	..	..
Aquaculture	**34 154**	**30 575**	**18 914**	**24 431**	**24 224**	**16 900**	..	..
Paiements directs	..	2 378	..	..	..	..	..	..
Aides : développement aquacole	..	..	..	..	..	..	..	..
Indemnisation des catastrophes	..	2 378	..	..	..	..	..	..
Autres paiements directs	..	..	..	..	..	..	..	..
Transferts réduisant les coûts	0	..	..	..	..	..	..	..
Prêts subventionnés : développement aquacole	0	..	..	..	..	..	..	..
Autres transferts réduisant les coûts	..	..	..	..	..	..	..	..
Services généraux	34 154	28 197	18 914	24 431	24 224	16 900	..	..
Gestion, recherche et police de l'aquaculture	..	..	18 914	24 431	24 224	16 900	..	..
Infrastructure aquacole	23 995	12 538	..	..	..	..	..	..
Autres services généraux	10 159	15 659	..	..	..	..	..	..
Recouvrement des coûts	..	..	..	..	..	..	..	..
Commercialisation et transformation	**67 935**	**51 911**	**75 659**	**71 324**	**85 349**	**80 089**	..	..
Paiements directs	..	..	..	..	..	..	..	..
Aides : commercialisation et transformation	..	..	..	..	..	..	..	..
Autres paiements directs	..	..	..	..	..	..	..	..
Transferts réduisant les coûts	67 935	51 911	75 659	71 324	85 349	80 089	..	..
Prêts subventionnés : commercialisation et transformation	67 935	51 911	75 659	71 324	85 349	80 089	..	..
Autres transferts réduisant les coûts	..	..	..	..	..	..	..	..
Services généraux	..	..	..	..	..	..	..	..
Aquaculture	..	..	..	..	..	..	..	..
Autres services généraux	..	..	..	..	..	..	..	..
Recouvrement des coûts	..	..	..	..	..	..	..	..
Total	**715 025**	**735 880**	**968 183**	**720 639**	**575 611**	**475 823**	..	..

.. Non disponible

Note : Métadonnées détaillées : http://metalinks.oecd.org/fish/20150108/a033

Source : OCDE (2014), « Pêcheries : Transferts financiers publics », Statistiques agricoles de l'OCDE (base de données). DOI: 10.1787/data-00220-fr

CORÉE

Tableau 8. Importations par produit

		2009		2010		2011		2012		2013	
		Tonnes	USD	Tonnes	USD	Tonnes	USD	Tonnes	USD	Tonnes	USD
03	**Poisson, crustacés et mollusques**	..	**2 335 310 371**	..	**2 775 159 090**	..	**3 413 904 191**	..	**3 207 938 732**	..	**3 136 335 946**
0302	**Poisson, frais ou réfrigéré, excl. 0304**	**28 234 295**	**96 740 097**	**26 331 901**	**99 743 755**	**16 031 970**	**71 956 935**	**12 312 704**	**61 195 508**	**12 638 848**	**73 445 836**
030211	Truite	3	3	..	..	49 114	502 072	171	2 457	39	39
030212	Saumon (Pacifique, Atlantique et Danube)	2 162 255	16 365 972	2 399 538	22 112 138	2 711 445	24 632 628	3 546 225	28 701 566	4 305 693	44 820 170
030219	Salmonidés nra	5 438	31 250	50	2 845	7	385	34	1 218	1	31
030221	Flétan	35	1 978	10	132	1	90	609	10 334	103	3 828
030222	Plie, carrelet	2 493	11 099	4 112	8 159	345	2 698	153	813	5	204
030223	Sole	..	..	..	..	..	..	8	46	..	..
030229	Poissons plats nra	..	..	10	41	3	40	171	1 734	..	..
030231	Thon blanc/germon	..	..	114	473	18	58	30	300	..	..
030232	Albacore (thon jaune)	866	6 059	12 132	93 053	23 965	206 145	4 147	42 588	6 213	52 203
030233	Listaos/bonite à ventre rayé	572	8 867	649	14 531	79	2 412	..	..	..	..
030239	Thonidés nra	13 411	317 215	39 657	633 246	27 206	431 382	43 018	1 465 032	45 200	1 564 220
030240	Hareng	..	..	4	143	23	71	..	..	..	..
030250	Morue	959 651	2 319 433	948 701	2 078 584	816 928	2 229 813	874 592	1 944 785	1 548 261	2 899 345
030261	Sardines	..	..	30	541	9	172	..	..	..	..
030262	Églefin	..	..	..	..	..	..	..	..	..	..
030263	Lieu noir	..	..	..	..	..	..	..	..	..	..
030264	Maquereau	1 803 420	3 623 631	1 173 207	2 452 972	98 086	215 367	..	..	..	..
030265	Aiguillat et autres squalidés	2 576	2 312	1 609	1 738	78	97	..	..	..	..
030266	Anguille	..	..	10	81	2	156	148	2 195	10	79
030269	Poisson nra	23 280 130	74 028 241	21 751 120	72 322 149	12 303 519	43 730 434	7 843 386	29 022 355	6 733 302	24 103 828
030270	Foies, oeufs et laitances	3 445	24 037	948	22 929	1 142	2 915	12	85	21	1 889
0303	**Poisson, congelé, excl. 0304**	**573 594 502**	**1 004 287 471**	**587 609 369**	**1 167 012 799**	**678 330 191**	**1 489 947 483**	**625 009 155**	**1 323 365 041**	**587 433 793**	**1 182 607 152**
030319	Saumon, Pacifique	..	..	..	..	..	..	..	..	..	..
030321	Truite	815 695	4 240 530	910 909	5 527 425	917 559	6 659 476	882 056	5 083 194	424 923	2 307 679
030322	Saumon (Atlantique et Danube)	..	..	..	..	..	..	..	..	..	..
030329	Salmonidés	85 195	229 514	192 546	612 982	2 902 499	7 430 730	671 043	3 004 234	55	714
030331	Flétan	375 073	1 933 401	1 325 048	10 005 464	1 040 594	7 882 467	659 888	4 843 858	2 291 034	17 701 087
030332	Plie, carrelet	3 657 980	4 235 357	2 868 042	3 635 719	698 555	1 304 008	759 270	1 408 300	471 912	593 312
030333	Sole	604 741	2 059 531	163 343	723 245	261 714	1 079 984	132 550	393 783	14 533	66 305
030339	Poisson plat nra	18 275 133	27 013 739	15 013 829	29 346 087	24 454 750	65 465 527	26 297 683	63 008 138	24 055 167	52 866 162
030341	Thon blanc/germon	930 416	2 106 369	45 627	102 069	581 360	1 644 352	175 473	630 485	865 563	1 833 679
030342	Albacore (thon jaune)	2 885 586	10 569 944	2 582 702	11 048 770	4 793 383	27 473 097	4 799 120	25 102 577	2 688 975	11 903 870
030343	Listao/bonite à ventre rayé	266 877	276 846	401 399	419 991	906 520	1 658 837	1 150 560	2 163 338	1 988 969	3 471 991
030349	Thonidés nra	3 216 885	39 892 004	2 738 482	31 556 306	4 056 187	50 334 093	6 256 828	63 704 705	4 498 032	33 513 059
030350	Hareng	2 975 999	2 002 805	2 081 115	1 388 757	9 256 085	6 682 694	6 188 512	5 643 261	17 421 173	12 402 925
030360	Morue	11 968 787	21 443 416	15 859 936	35 358 720	22 890 363	60 195 942	20 917 808	47 413 551	25 527 402	48 104 212
030371	Sardines, sardinelles	8 155 307	6 190 170	10 632 910	8 486 521	10 591 235	9 303 838	7 730 452	6 877 127	4 774 613	4 559 037
030372	Églefin	..	..	6	22	..	..	..	..	..	..
030373	Lieu noir	..	..	13 581	70 417	1 907	30 762	2 483	17 355	3 539	46 800
030374	Maquereau	27 506 666	41 640 687	41 021 156	70 107 484	60 606 368	124 021 485	31 454 181	61 248 292	16 346 144	35 604 692
030375	Aiguillat et autres squalidés	3 411 289	7 199 537	2 537 983	5 496 062	1 691 426	3 561 234	1 204 466	2 786 066	1 738 724	5 247 530
030376	Anguille	5 336	47 411	1 195	7 717	22 498	212 235	26 946	320 042	43 167	437 760
030377	Bar (loup)	21 186	199 335	238	8 087	53	407	34 479	111 907	1 501	17 944
030378	Merlu	821 748	938 788	89 049	103 997	563 422	802 773	633	2 945	879 613	626 598
030379	Poisson nra	460 891 996	720 291 225	464 327 385	840 191 251	496 131 486	912 084 933	483 047 522	850 436 654	451 832 444	788 780 803
030380	Foies, oeufs et laitances	17 762 542	63 419 602	18 091 485	67 891 227	23 051 657	112 641 849	22 055 561	124 478 280	19 594 977	96 222 176
0304	**Filets de poisson et autre chair de poisson**	**126 258 800**	**260 895 104**	**149 343 114**	**305 442 782**	**144 217 841**	**355 436 632**	**144 792 403**	**382 413 949**	**153 176 729**	**397 274 227**
030410	Filets et autre chair de poisson, frais ou réfrigéré	365 132	4 550 699	365 380	5 542 403	461 368	6 622 445	956 676	9 081 718	744 463	11 893 409
030420	Filets de poissons, congelé	27 418 633	120 960 921	32 797 813	124 011 103	30 386 025	154 676 677	28 550 701	158 023 617	31 220 726	174 497 514
030490	Chair de poisson nra, congelé	98 475 035	135 383 484	116 179 921	175 889 276	113 370 448	194 137 510	115 285 026	215 308 614	121 211 540	210 883 304
0305	**Poisson, séché, salé, fumé, ou en saumure**	**6 760 671**	**35 134 683**	**11 817 072**	**66 118 774**	**9 872 496**	**69 105 579**	**9 871 061**	**66 090 955**	**9 430 450**	**70 316 673**
030510	Farine de poisson, consommation humaine	11 318	181 286	9 915	97 134	25 237	131 576	5 824	54 146	230	2 854
030520	Foies, oeufs et laitances	62 004	184 584	157 993	368 965	11 111	65 258	6 071	40 557	4 484	40 129
030530	Filets de poisson (non fumé)	636 548	5 528 782	640 600	5 019 975	695 240	5 340 493	576 235	4 517 147	330 418	2 450 488
030541	Saumon (Pacifique, Atlantique et Danube), fumé	23 860	492 856	30 661	672 101	36 879	971 508	37 756	830 896	38 374	884 876
030542	Hareng, fumé	..	..	..	..	..	..	..	..	..	..
030549	Poisson nra, fumé	480 309	2 541 184	531 169	3 186 964	573 269	4 693 792	607 342	5 451 777	550 510	4 603 093
030551	Morue, séché, non fumé	192 534	1 153 147	376 966	2 265 251	478 667	2 810 786	299 999	2 059 313	422 102	3 129 842
030559	Poisson nra, séché, salé, non fumé	5 124 190	24 866 339	9 854 427	54 265 377	7 926 982	54 983 049	8 071 202	52 487 822	7 887 774	58 803 472
030561	Hareng, salé ou en saumure	..	..	..	..	..	..	..	..	..	..
030562	Morue, salé ou en saumure	..	..	..	..	..	..	..	..	9	49
030563	Anchois, salé ou en saumure	688	9 296	1 763	10 229	980	11 770	1 016	13 627	3 428	13 122
030569	Poisson nra, salé ou en saumure	229 220	177 209	200 578	199 123	124 130	97 347	179 993	342 588	106 933	48 398

Tableau 8. Importations par produit *(suite)*

		2009		2010		2011		2012		2013	
		Tonnes	USD	Tonnes	USD	Tonnes	USD	Tonnes	USD	Tonnes	USD
0306	**Crustacés**	**97 407 484**	**421 575 355**	**91 918 384**	**441 474 452**	**97 918 207**	**543 416 573**	**94 314 325**	**567 047 937**	**82 592 592**	**581 591 073**
030611	Langoustes et autres palinuridés, congelé	63 534	1 223 694	40 206	728 624	23 338	665 635	33 778	902 440	39 205	930 277
030612	Homard nra	171 165	4 158 664	325 080	7 247 906	215 326	6 521 092	304 411	9 199 266	382 923	10 221 830
030613	Crevettes, congelé	37 087 747	206 558 884	40 310 152	234 328 295	43 137 517	291 811 545	43 786 196	299 523 521	39 494 007	310 818 062
030614	Crabes, congelé	27 490 900	105 121 164	24 196 460	91 710 203	22 393 975	105 184 866	22 502 974	105 993 822	23 751 035	100 956 262
030619	Crustacés nra, congelé	28 381	305 297	47 731	386 619	58 866	672 130	33 217	345 075	20 839	156 092
030621	Langoustes et autres palinuridés (non congelé)	689	23 923	384	5 450	53	1 565	220	6 822	424	25 448
030622	Homard nra (non congelé)	665 659	11 431 573	855 881	15 055 572	915 102	17 174 037	1 211 644	22 344 747	2 556 165	47 246 696
030623	Crevettes (non congelé)	18 372 266	21 125 184	17 504 192	28 494 848	22 724 327	35 825 917	16 597 852	29 756 673	9 475 570	26 867 562
030624	Crabes (non congelé)	13 492 912	71 452 651	8 622 859	63 412 352	8 408 018	85 396 941	9 821 555	98 803 202	6 844 430	84 014 585
030629	Crustacés nra (non congelé)	34 231	174 321	15 439	104 583	41 685	162 845	22 478	172 369	27 994	354 259
0307	**Mollusques**	**152 898 329**	**347 068 754**	**181 390 703**	**447 194 844**	**224 891 893**	**619 089 364**	**206 307 094**	**555 988 257**	**189 812 403**	**536 134 698**
030710	Huîtres	69 067	287 811	26 908	148 032	147 595	319 129	226 091	1 110 614	231 155	734 578
030721	St-Jacques, vi, fr, ou ré	4 612 475	8 896 436	5 539 143	15 335 359	7 275 987	22 804 457	6 751 805	24 990 243	6 584 090	25 216 198
030729	St-Jacques, co, sc, sl, ou sm	2 481 669	6 975 398	2 596 082	8 257 101	3 362 932	14 479 519	2 214 702	9 537 759	2 125 989	7 572 801
030731	Moules, vi, fr, ou ré	6 349	23 164	2 850	15 414	10	44	..	..	704	2 678
030739	Moules, co, sc, sl, ou sm	37 825	118 534	39 100	82 910	20 888	160 319	10 779	129 546	8 201	93 793
030741	Seiches, encornets et calmars, vi, fr, ou ré	35 757	134 089	11 485	52 153	28 029	184 556	..	..	5	5
030749	Seiches, encornets et calmars, co, sc, sl, ou sm	29 859 707	70 611 382	31 759 175	79 431 590	48 387 661	109 396 377	41 643 493	93 083 708	37 324 862	86 051 131
030751	Poulpe, vi, fr, ou ré	13 210 454	46 551 859	10 395 450	46 979 151	11 399 043	59 006 437	10 539 918	51 491 656	9 760 832	56 072 686
030759	Poulpe, co, sc, sl, ou sm	53 778 726	143 764 326	64 926 446	193 834 910	63 883 615	264 487 561	59 040 945	237 394 665	56 401 255	236 222 633
030760	Escargots (autres que de mer)	291	853	..	..	..	..	16	399	12	308
030791	Mollusques nra, vi, fr, ou ré	37 738 103	39 256 220	49 570 749	52 159 036	69 476 331	69 104 155	66 637 458	61 513 234	60 076 858	58 686 417
030799	Mollusques nra, co, sc, sl, ou sm	11 067 906	30 448 682	16 523 316	50 899 188	20 909 802	79 146 810	19 241 887	76 736 433	17 298 440	65 481 470
121220	**Algues**	**11 069 320**	**14 724 171**	**11 209 685**	**17 331 528**	**18 976 498**	**23 409 075**	**18 176 300**	**22 934 836**	**13 062 369**	**16 114 724**
1504	**Graisses, huiles et leurs fractions**	**17 974 569**	**28 095 925**	**10 156 439**	**22 152 533**	**10 547 887**	**22 761 908**	**14 292 588**	**24 930 343**	**6 784 559**	**17 471 453**
150410	Huiles de foies de poisson, et fractions	167 542	1 784 491	188 353	1 770 287	572 722	2 520 987	215 613	1 859 933	353 427	1 871 049
150420	Graisses et huiles de poisson, et fractions	17 466 297	22 403 983	9 873 060	19 144 229	9 917 478	18 899 070	14 033 324	21 998 462	6 425 357	15 059 870
150430	Graisses et huiles de mammifère marin, et fractions	340 730	3 907 451	95 026	1 238 017	57 687	1 341 851	43 651	1 071 948	5 775	540 534
1604	**Préparations et conserves de poisson; caviars et succédanés**	**15 024 186**	**82 680 459**	**15 183 591**	**94 588 650**	**17 090 026**	**112 203 443**	**16 320 499**	**104 973 235**	**18 526 413**	**113 322 908**
160411	Saumon, non haché	30 258	1 839 802	39 789	592 082	3 870	51 147	10 628	141 290	1 059 636	9 032 372
160412	Hareng, non haché	9 485	39 128	14 080	24 377	2 879	32 955	4 121	49 714	4 560	43 519
160413	Sardines, sardinelles, sprats, esprots, non haché	71 734	189 826	55 532	200 747	60 891	381 453	62 165	287 066	37 463	111 370
160414	Thons, listaos, sardes, non haché	788 787	4 303 816	756 798	4 682 833	1 201 032	7 466 404	613 548	5 326 717	1 210 795	7 307 977
160415	Maquereau, non haché	54 965	166 423	121 268	349 184	94 753	324 071	177 449	545 820	138 514	456 416
160416	Anchois, non haché	76 322	616 086	96 968	810 541	116 150	1 032 078	92 613	845 435	100 645	920 639
160419	Poisson nra, non haché	9 314 256	48 889 408	8 413 607	54 683 538	9 287 374	67 780 018	8 950 732	63 289 289	9 353 170	62 815 686
160420	Poisson, haché	3 148 964	11 701 520	3 741 591	14 242 346	3 967 335	15 575 240	4 050 768	14 861 654	4 561 646	16 639 787
160430	Caviar et succédanés	1 529 415	14 934 450	1 943 958	19 003 002	2 355 742	19 560 077	2 358 476	19 626 250	2 059 985	15 995 142
1605	**Préparations et conserves de crustacés**	**50 331 609**	**186 639 062**	**52 858 688**	**221 116 652**	**59 220 928**	**307 674 570**	**61 788 653**	**320 531 056**	**57 911 213**	**315 134 883**
160510	Crabes	302 895	1 688 605	212 859	1 527 381	149 409	1 698 159	174 282	1 760 927	150 461	1 645 344
160520	Crevettes	8 458 334	54 882 581	9 120 216	60 397 851	11 588 440	85 056 299	12 087 704	99 041 035	11 862 834	99 931 467
160530	Homard	203	2 409	202	2 403	824	47 168	2 560	116 088	4 064	132 030
160540	Crustacés nra	14 239	100 978	18 283	154 161	13 571	271 907	42 255	938 781	24 266	365 083
230120	**Farine de poisson**	**43 310 316**	**49 120 761**	**47 703 946**	**80 141 930**	**36 517 871**	**61 813 868**	**44 175 675**	**68 531 190**	**35 107 779**	**63 408 760**
	TOTAL	**1 122 864 081**	**2 696 570 749**	**1 185 522 892**	**3 210 490 383**	**1 313 615 808**	**3 941 767 055**	**1 247 360 457**	**3 749 839 392**	**..**	**3 661 788 674**

.. Non disponible

Note : nra : non répertorié ailleurs. vi : vivant. fr : frais. ré : réfrigéré. co : congelé. sc : séché. sl : salé. sm : en saumure.

Métadonnées détaillées : http://metalinks.oecd.org/fish/20150108/5418

Source : OCDE (2014), « Pêcheries : Commerce par produit », Statistiques agricoles de l'OCDE (base de données). DOI: 10.1787/data-00677-fr

Tableau 9. Exportations par produit

		2009		2010		2011		2012		2013	
		Tonnes	USD	Tonnes	USD	Tonnes	USD	Tonnes	USD	Tonnes	USD
03	**Poisson, crustacés et mollusques**	**..**	**1 172 065 070**	**..**	**1 395 720 557**	**..**	**1 781 495 106**	**..**	**1 770 291 967**	**..**	**1 538 267 054**
0302	**Poisson, frais ou réfrigéré, excl. 0304**	**7 773 364**	**39 999 097**	**7 022 535**	**43 642 941**	**5 979 883**	**44 223 497**	**6 329 273**	**49 221 292**	**4 516 041**	**36 833 125**
030211	Truite	..	..	..	..	..	..	11	151	2 322	15 196
030212	Saumon (Pacifique, Atlantique et Danube)	..	..	..	..	..	..	..	..	..	..
030219	Salmonidés nra	2	8	112	1 864	..	..	60	12 926	300	16 072
030221	Flétan	95 079	1 096 902	38 617	632 893	63 484	1 074 374	84 863	1 526 740	155 518	2 286 683
030222	Plie, carrelet	8 426	77 113	14 890	83 812	17 862	140 834	27 789	490 438	382	4 976
030223	Sole	920	8 137	..	..	..	..	1 859	8 823	2 035	16 648
030229	Poissons plats nra	1 011	11 564	6 990	112 302	1 683	22 870	10 235	106 163	22 824	269 884
030231	Thon blanc/germon	..	..	2 460	2 313	165	252	979	1 860	771	2 848
030232	Albacore (thon jaune)	..	..	..	..	9	245	..	..	..	..
030233	Listaos/bonite à ventre rayé	143	178	10 862	65 151	9 957	18 811	29 391	88 971	1 640	3 962
030239	Thonidés nra	938 303	4 978 907	1 082 150	6 145 564	519 398	1 744 821	1 376 138	6 007 400	542 361	1 878 510
030240	Hareng	2 770	10 882	640	8 058	70	1 095	50	666	4 019	3 964
030250	Morue	14 647	33 347	241	2 602	72	862	183	2 366	50	660
030261	Sardines	5 408	4 110	..	..	..	..	..	..	..	..
030262	Églefin	..	..	..	..	..	..	17 511	72 738	..	..
030263	Lieu noir	..	..	..	..	..	..	..	..	..	..
030264	Maquereau	35 866	128 451	163 784	839 948	635 419	3 663 509	893 621	3 755 533	384 149	1 705 337
030265	Aiguillat et autres squalidés	..	..	..	..	..	..	..	..	..	..
030266	Anguille	174	3 258	137	939	..	..	148	2 068	29	823
030269	Poisson nra	6 664 775	33 614 170	5 698 408	35 692 891	4 730 435	37 537 856	3 886 351	37 142 658	3 398 584	30 613 724
030270	Foies, oeufs et laitances	5 842	32 070	3 244	54 604	1 329	17 968	84	1 791	1 057	13 838
0303	**Poisson, congelé, excl. 0304**	**361 857 635**	**559 389 716**	**506 679 436**	**681 704 845**	**380 551 548**	**900 713 572**	**425 914 055**	**951 276 285**	**381 192 204**	**810 472 497**
030319	Saumon, Pacifique	..	..	..	..	..	..	..	..	..	..
030321	Truite	123 730	875 295	631 796	749 767	391 720	385 207	387 245	413 483	42 505	51 874
030322	Saumon (Atlantique et Danube)	..	..	..	..	..	..	..	..	..	..
030329	Salmonidés	48 967	114 877	171 146	320 397	2 277 738	5 938 810	1 139 912	4 654 667	63 905	124 092
030331	Flétan	373 780	1 912 347	1 317 431	10 891 245	1 051 845	8 386 291	693 434	5 398 078	2 473 450	18 994 170
030332	Plie, carrelet	80 313	115 219	2 032 382	2 517 769	131 560	223 381	83 838	392 116	11 303	76 433
030333	Sole	205 103	685 686	244 345	985 074	210 456	1 018 206	294 086	981 740	162 301	931 816
030339	Poisson plat nra	655 057	1 662 962	2 585 591	8 075 763	5 017 470	25 338 787	4 441 040	16 772 189	4 715 493	10 176 404
030341	Thon blanc/germon	2 427 153	6 984 024	2 034 338	6 107 290	2 351 084	7 184 132	1 657 893	5 700 871	3 372 681	8 400 130
030342	Albacore (thon jaune)	27 979 867	55 166 397	95 894 139	107 384 553	33 253 526	99 339 199	48 289 266	128 830 192	27 316 196	71 114 470
030343	Listao/bonite à ventre rayé	129 028 681	116 840 378	106 104 195	111 718 773	90 922 571	129 145 280	109 872 771	203 880 580	96 257 224	168 363 583
030349	Thonidés nra	12 379 290	98 457 321	124 343 450	111 866 411	13 397 713	125 018 114	10 863 956	100 939 957	11 247 023	81 206 951
030350	Hareng	7 297 232	4 562 097	3 842 114	2 708 280	11 404 451	9 055 682	10 396 368	7 894 709	19 435 963	15 772 292
030360	Morue	1 652 054	4 579 366	8 577 997	25 519 427	16 476 255	52 751 795	12 053 814	35 308 654	11 978 823	33 670 765
030371	Sardines, sardinelles	116 640	173 458	126 075	143 460	1 131 230	1 015 998	7 349 590	4 342 457	5 057 359	3 065 094
030372	Églefin	..	..	..	..	..	..	..	..	..	..
030373	Lieu noir	..	..	..	..	150	425	2 353	6 458	..	..
030374	Maquereau	52 506 750	33 745 535	18 537 898	18 517 702	34 425 595	35 745 445	60 659 138	61 991 462	39 029 291	40 887 635
030375	Aiguillat et autres squalidés	1 530 875	2 741 049	1 175 336	1 639 527	1 270 858	2 056 639	2 484 054	2 227 747	1 618 730	1 769 527
030376	Anguille	24 083	34 488	73	613	39 044	172 855	11 142	75 437	1 093	31 670
030377	Bar (loup)	256 238	767 310	88 559	370 460	132 532	582 645	132 477	542 638	256 517	1 218 486
030378	Merlu	3 896 215	15 614 904	4 764 823	10 233 630	3 350 959	9 868 078	2 210 113	5 826 205	2 554 993	6 724 450
030379	Poisson nra	119 527 209	202 863 040	131 749 984	243 110 851	157 446 290	333 349 438	147 077 500	309 987 213	151 126 094	310 381 456
030380	Foies, oeufs et laitances	850 230	5 585 413	1 489 749	12 714 051	4 344 424	44 514 669	4 503 900	51 237 360	4 032 322	36 765 344
0304	**Filets de poisson et autre chair de poisson**	**18 042 736**	**197 827 371**	**23 675 364**	**225 072 282**	**17 891 501**	**245 181 033**	**20 707 149**	**257 894 052**	**22 471 974**	**240 714 304**
030410	Filets et autre chair de poisson, frais ou réfrigéré	2 032 254	20 635 860	2 034 359	20 006 577	1 883 266	22 074 084	2 038 635	27 657 585	1 790 836	24 211 723
030420	Filets de poissons, congelé	15 330 762	175 977 319	21 121 518	204 107 817	15 596 671	222 104 905	17 180 821	226 101 382	20 104 202	215 371 504
030490	Chair de poisson nra, congelé	679 720	1 214 192	519 487	957 888	411 564	1 002 044	1 487 693	4 135 085	576 936	1 131 077
0305	**Poisson, séché, salé, fumé, ou en saumure**	**3 154 576**	**17 681 096**	**2 997 874**	**21 490 718**	**3 042 305**	**26 123 095**	**3 511 882**	**24 246 069**	**1 915 378**	**17 756 473**
030510	Farine de poisson, consommation humaine	..	..	..	..	..	..	312	4 782	1 042	39 511
030520	Foies, oeufs et laitances	242 735	1 434 789	169 117	1 701 788	97 285	1 352 174	114 630	1 384 586	105 224	1 227 764
030530	Filets de poisson (non fumé)	17 121	155 637	21 612	233 163	26 009	269 910	14 052	137 148	5 078	130 817
030541	Saumon (Pacifique, Atlantique et Danube), fumé	5 026	69 326	2 216	57 293	2 593	68 018	4 576	120 892	14 996	248 279
030542	Hareng, fumé	..	..	..	..	..	..	..	..	..	..
030549	Poisson nra, fumé	140 191	660 750	84 550	837 472	82 990	1 104 435	26 627	370 204	18 543	280 333
030551	Morue, séché, non fumé	7 464	26 777	21 772	84 604	89 734	287 548	266 700	370 888	32 251	169 878
030559	Poisson nra, séché, salé, non fumé	2 016 723	11 535 882	1 888 973	14 622 600	1 969 935	18 768 371	1 514 877	16 762 359	1 160 431	12 109 398
030561	Hareng, salé ou en saumure	..	..	..	..	..	..	..	..	..	..
030562	Morue, salé ou en saumure	115	189	..	..	..	..	..	..	..	..
030563	Anchois, salé ou en saumure	174 365	659 510	285 836	832 502	148 022	348 655	162 842	315 244	60 413	197 173
030569	Poisson nra, salé ou en saumure	550 832	3 138 207	523 798	3 121 296	625 737	3 923 984	1 407 028	4 772 475	517 400	3 353 320

Tableau 9. Exportations par produit *(suite)*

		2009		2010		2011		2012		2013	
		Tonnes	USD	Tonnes	USD	Tonnes	USD	Tonnes	USD	Tonnes	USD
0306	**Crustacés**	**11 236 070**	**27 983 183**	**9 186 915**	**33 913 756**	**14 648 454**	**68 162 978**	**7 068 146**	**65 630 440**	**3 337 524**	**24 389 708**
030611	Langoustes et autres palinuridés, congelé	8 764	58 830	11 397	62 427	2 412	28 354	20 284	84 130	6 033	66 363
030612	Homard nra	76 928	808 904	148 317	1 531 390	3 926	35 939	2 286	24 555	46 934	720 629
030613	Crevettes, congelé	9 037 481	9 838 731	6 754 000	8 289 451	10 313 481	13 317 709	2 318 815	10 043 271	708 381	3 560 649
030614	Crabes, congelé	1 121 364	6 835 864	1 452 291	10 457 853	3 133 217	32 638 072	3 586 494	32 889 404	2 215 942	16 609 812
030619	Crustacés nra, congelé	10 070	25 695	1 110	8 139	15 170	63 120	8 702	65 004	24 830	137 461
030621	Langoustes et autres palinuridés (non congelé)	..	..	..	..	..	..	..	..	240	2 255
030622	Homard nra (non congelé)	..	..	1 268	29 966	1 316	30 162	382	6 010	754	19 001
030623	Crevettes (non congelé)	431 581	1 382 651	315 388	1 746 275	456 653	2 759 914	227 571	1 731 730	224 765	1 465 235
030624	Crabes (non congelé)	549 402	9 031 838	494 565	11 700 608	711 098	19 179 323	869 688	20 563 842	98 653	1 690 869
030629	Crustacés nra (non congelé)	480	670	8 579	87 647	11 181	110 385	33 924	222 494	10 993	117 434
0307	**Mollusques**	**129 230 855**	**257 600 874**	**90 431 250**	**304 327 309**	**95 233 251**	**418 769 828**	**83 544 200**	**340 526 806**	**97 801 006**	**333 247 338**
030710	Huîtres	5 260 287	31 104 712	7 422 696	53 950 251	8 521 680	66 868 809	6 199 007	47 515 420	7 676 342	57 819 601
030721	St-Jacques, vi, fr, ou ré	1 278	17 966	2 297	36 491	1 684	31 098	1 204	21 194	40 156	137 400
030729	St-Jacques, co, sc, sl, ou sm	7 853	42 470	3 111	31 750	19 158	284 977	26 220	402 003	17 828	108 450
030731	Moules, vi, fr, ou ré	..	..	3	1	..	..	12	13	4 942	6 481
030739	Moules, co, sc, sl, ou sm	115	279	3 375	42 363	5 756	30 149	4 548	56 923	2 892	10 852
030741	Seiches, encornets et calmars, vi, fr, ou ré	497 046	732 261	71 175	177 195	29 575	102 112	4 629	34 009	276 035	657 906
030749	Seiches, encornets et calmars, co, sc, sl, ou sm	102 221 777	107 828 012	60 754 962	112 626 918	65 796 315	180 056 611	56 729 099	116 095 882	72 909 841	134 558 521
030751	Poulpe, vi, fr, ou ré	20 644	424 594	19 162	405 063	14 556	304 955	13 508	354 639	13 350	344 384
030759	Poulpe, co, sc, sl, ou sm	165 191	572 215	213 093	1 201 432	371 326	1 521 942	366 247	2 013 807	333 407	1 702 949
030760	Escargots (autres que de mer)	..	..	..	..	..	..	644	5 842	285	2 749
030791	Mollusques nra, vi, fr, ou ré	19 371 905	99 370 192	19 628 042	109 549 610	15 788 210	125 959 374	17 789 765	141 032 190	14 244 509	111 506 976
030799	Mollusques nra, co, sc, sl, ou sm	1 684 759	17 508 173	2 313 334	26 306 235	4 684 991	43 609 801	2 409 316	32 994 884	2 281 419	26 391 069
121220	**Algues**	**14 634 799**	**79 609 882**	**20 546 366**	**96 918 861**	**27 879 485**	**136 847 819**	**27 338 026**	**158 391 882**	**26 558 298**	**137 078 643**
1504	**Graisses, huiles et leurs fractions**	**2 106 044**	**2 177 330**	**1 968 108**	**3 095 262**	**1 793 302**	**3 611 296**	**2 056 640**	**4 525 259**	**2 084 169**	**4 346 651**
150410	Huiles de foies de poisson, et fractions	1 536 277	1 295 122	307 544	399 034	454 750	1 405 641	1 026 200	2 897 819	972 010	2 375 278
150420	Graisses et huiles de poisson, et fractions	569 767	882 208	1 659 208	2 667 914	1 338 552	2 205 655	1 030 440	1 627 440	1 112 159	1 971 373
150430	Graisses et huiles de mammifère marin, et fractions	..	..	1 356	28 314	..	..	..	..	..	..
1604	**Préparations et conserves de poisson; caviars et succédanés**	**12 427 975**	**74 210 421**	**14 437 377**	**83 764 283**	**15 099 357**	**94 980 638**	**14 053 808**	**102 704 951**	**14 428 398**	**96 556 955**
160411	Saumon, non haché	331	39 116	2 994	20 422	8 610	28 620	2 491	42 001	10 668	154 969
160412	Hareng, non haché	..	..	..	..	..	..	30	696	..	..
160413	Sardines, sardinelles, sprats, esprots, non haché	317	4 997	..	..	..	..	..	..	596	2 206
160414	Thons, listaos, sardes, non haché	888 747	5 892 686	977 163	9 939 785	1 609 916	14 127 171	2 109 415	22 332 328	2 023 231	20 373 416
160415	Maquereau, non haché	1 402 507	2 862 012	2 576 474	6 379 359	2 544 671	7 244 380	957 011	2 722 292	516 639	1 619 512
160416	Anchois, non haché	13 198	150 754	32 664	410 054	47 553	661 591	61 991	923 872	38 553	451 281
160419	Poisson nra, non haché	1 065 039	7 590 198	1 140 523	6 320 814	928 289	6 027 238	791 074	7 678 658	867 971	8 347 858
160420	Poisson, haché	7 448 510	33 144 462	7 652 272	30 297 158	7 960 933	34 845 753	8 088 589	35 763 334	9 474 970	42 756 786
160430	Caviar et succédanés	1 609 326	24 526 196	2 055 287	30 396 691	1 999 385	32 045 885	2 043 206	33 241 770	1 495 769	22 850 927
1605	**Préparations et conserves de crustacés**	**9 620 229**	**79 543 668**	**9 551 962**	**87 211 704**	**10 136 444**	**105 451 057**	**9 142 529**	**99 373 596**	**10 979 223**	**114 007 285**
160510	Crabes	4 610 980	42 125 608	4 955 831	43 099 522	5 272 865	54 520 171	5 643 174	58 969 525	6 353 328	59 910 765
160520	Crevettes	142 802	856 241	40 347	189 757	39 517	157 282	24 431	188 437	63 848	427 638
160530	Homard	..	..	..	..	68	600	8	194	..	..
160540	Crustacés nra	..	..	924	24 936	462	2 998	3 835	15 522	7 557	25 157
230120	**Farine de poisson**	**25 901 785**	**17 637 374**	**36 641 960**	**27 560 022**	**32 818 152**	**26 449 274**	**33 422 784**	**26 567 779**	**30 832 991**	**25 599 085**
	TOTAL	**595 986 068**	**1 425 243 745**	**723 139 147**	**1 694 270 689**	**605 073 682**	**2 148 835 190**	**633 088 492**	**2 161 855 434**	**..**	**1 915 855 673**

.. Non disponible

Note : nra : non répertorié ailleurs. vi : vivant. fr : frais. ré : réfrigéré. co : congelé. sc : séché. sl : salé. sm : en saumure.

Métadonnées détaillées : http://metalinks.oecd.org/fish/20150108/5418

Source : OCDE (2014), « Pêcheries : Commerce par produit », Statistiques agricoles de l'OCDE (base de données). DOI: 10.1787/data-00677-fr

LUXEMBOURG

Tableau 8. Importations par produit

		2009		2010		2011		2012		2013	
		Tonnes	USD	Tonnes	USD	Tonnes	USD	Tonnes	USD	Tonnes	USD
03	**Poisson, crustacés et mollusques**	..	**71 746 267**	..	**74 858 895**	..	**83 566 849**	..	**82 299 821**	..	**89 804 940**
0302	**Poisson, frais ou réfrigéré, excl. 0304**	**4 534 400**	**14 008 400**	**1 538 341**	**15 055 793**	**1 669 418**	**17 741 138**	**1 918 174**	**17 508 125**	**1 937 111**	**19 357 661**
030211	Truite	76 961	471 491	111 575	663 818	115 834	760 561	173 646	942 660	149 281	953 836
030212	Saumon (Pacifique, Atlantique et Danube)	230 536	1 620 607	192 319	1 600 002	234 739	1 965 362	254 422	1 750 811	250 286	2 305 717
030219	Salmonidés nra	38 737	423 860	25 375	287 926	26 177	309 175	34 080	335 340	54 668	544 885
030221	Flétan	1 673	29 750	2 568	40 033	3 420	60 018	4 078	53 794	3 418	51 391
030222	Plie, carrelet	7 920	45 278	9 390	52 394	12 707	58 977	16 402	93 087	16 254	97 999
030223	Sole	94 055	1 748 120	91 404	1 920 925	92 110	2 139 737	103 218	2 015 800	102 643	1 896 578
030229	Poissons plats nra	86 223	1 188 551	98 779	1 422 979	76 508	1 364 589	97 935	1 345 407	72 024	1 260 165
030231	Thon blanc/germon	17 146	146 654	19 940	162 774	21 124	161 137	37 669	416 039	25 017	179 105
030232	Albacore (thon jaune)	10 440	168 806	17 413	411 754	49 776	892 353	50 613	994 395	83 487	1 401 058
030233	Listaos/bonite à ventre rayé	497	3 208	375	2 507	449	2 143	466	3 463	601	3 851
030239	Thonidés nra	10 678	224 724	3 368	36 168	3 177	39 267	1 942	27 301	8 226	101 219
030240	Hareng	344	2 294	529	3 590	591	4 735	2 624	19 709	2 082	15 624
030250	Morue	166 850	1 422 876	206 103	1 727 125	179 911	1 844 430	217 214	2 200 598	206 214	2 006 473
030261	Sardines	25 161	64 650	20 532	50 119	29 167	84 960	33 959	102 148	26 243	78 218
030262	Églefin	52 180	219 836	52 481	223 974	59 879	296 212	55 528	230 656	73 662	394 965
030263	Lieu noir	3 867	36 067	3 133	35 504	8 684	94 125	13 108	78 149	11 408	53 982
030264	Maquereau	21 945	77 490	21 267	75 903	20 920	94 214	19 663	79 164	18 830	86 435
030265	Aiguillat et autres squalidés	2 192	14 873	1 182	6 317	2 606	15 698	4 412	21 234	2 498	17 257
030266	Anguille	243	8 740	915	8 753	333	7 317	313	5 910	816	12 846
030269	Poisson nra	3 681 630	6 017 719	654 733	6 249 245	726 221	7 458 796	793 488	6 725 968	827 124	7 846 802
030270	Foies, oeufs et laitances	5 122	72 807	4 960	73 981	5 085	87 332	3 393	66 490	2 329	49 258
0303	**Poisson, congelé, excl. 0304**	**404 936**	**1 934 769**	**300 068**	**1 806 678**	**416 959**	**1 912 626**	**490 438**	**2 370 684**	**592 751**	**2 644 244**
030319	Saumon, Pacifique	2 097	18 622	..	..	..	..	..	..	..	..
030321	Truite	3 872	27 207	3 603	22 345	3 319	22 251	2 740	21 057	5 276	33 245
030322	Saumon (Atlantique et Danube)	13 947	216 618	..	..	..	..	..	..	..	..
030329	Salmonidés	1 174	10 355	1 270	9 024	928	6 677	625	12 926	645	4 481
030331	Flétan	823	9 984	205	941	113	4 413	138	4 023	511	6 227
030332	Plie, carrelet	4 660	23 169	4 223	20 081	5 126	20 423	4 196	16 128	4 201	15 637
030333	Sole	10 909	106 673	14 491	102 062	12 401	129 186	12 325	109 514	10 353	93 316
030339	Poisson plat nra	7 903	111 390	8 844	69 389	11 408	58 885	33 530	178 407	67 742	254 784
030341	Thon blanc/germon	24 795	104 924	21 740	105 322	19 598	97 274	13 701	96 271	19 033	175 763
030342	Albacore (thon jaune)	694	6 696	1 830	12 869	4 586	157 618	5 601	166 799	3 336	101 780
030343	Listao/bonite à ventre rayé	..	..	..	..	..	..	..	..	..	..
030349	Thonidés nra	12 949	81 592	10 221	50 498	12 604	87 306	18 680	223 844	16 555	338 785
030350	Hareng	19	218	189	897	2	47	64	561	1 606	17 358
030360	Morue	25 346	233 289	14 217	140 764	124 402	73 255	121 572	77 304	224 634	102 314
030371	Sardines, sardinelles	56 840	142 065	114 797	344 248	94 149	302 730	69 851	219 614	63 379	251 414
030372	Églefin	40	239	100	591	268	2 489	588	3 574	159	1 721
030373	Lieu noir	2 123	8 373	2 871	11 448	537	5 052	307	4 778	5 631	40 255
030374	Maquereau	..	..	6	40	780	4 632	45	526	488	1 734
030375	Aiguillat et autres squalidés	79 729	204 221	423	4 888	125	2 031	4 609	15 791	5 622	38 566
030376	Anguille	36	2 241	70	893	39	628	141	2 524	20	347
030377	Bar (loup)	283	7 035	4	34	2	224	233	4 467	1 937	19 727
030378	Merlu	6 388	51 965	5 903	37 953	12 533	96 397	17 875	108 481	20 630	123 053
030379	Poisson nra	145 916	476 310	71 967	517 723	97 025	545 789	121 079	789 927	104 982	710 428
030380	Foies, oeufs et laitances	3 695	65 758	3 529	94 879	246	6 208	210	2 537	3 368	45 033
0304	**Filets de poisson et autre chair de poisson**	**2 023 896**	**20 726 116**	**2 098 108**	**22 157 663**	**1 873 819**	**22 199 318**	**2 232 275**	**21 231 623**	**2 076 566**	**23 628 436**
030410	Filets et autre chair de poisson, frais ou réfrigéré	1 404 164	16 020 563	1 461 751	17 451 799	1 258 059	16 898 157	1 712 970	17 007 205	1 596 086	19 220 436
030420	Filets de poissons, congelé	583 249	4 445 645	601 121	4 445 188	592 355	5 113 262	495 464	4 040 711	459 009	4 230 860
030490	Chair de poisson nra, congelé	36 483	259 907	35 236	260 676	23 405	187 900	23 841	183 707	21 471	177 139
0305	**Poisson, séché, salé, fumé, ou en saumure**	**631 905**	**10 435 350**	**577 121**	**10 004 664**	**631 128**	**11 960 221**	**755 189**	**10 664 683**	**723 710**	**11 957 730**
030510	Farine de poisson, consommation humaine	6 240	52 022	6 556	52 334	2 784	28 778	183	6 596	577	7 125
030520	Foies, oeufs et laitances	5	411	14	531	5	160	98	993	473	9 164
030530	Filets de poisson (non fumé)	69 718	858 171	80 089	713 761	62 591	636 259	172 002	807 700	70 638	446 677
030541	Saumon (Pacifique, Atlantique et Danube), fumé	305 514	6 599 207	316 593	7 013 672	361 349	8 500 062	329 985	6 806 510	314 850	7 003 773
030542	Hareng, fumé	10 240	68 149	..	..	..	..	..	..	..	..
030549	Poisson nra, fumé	65 725	1 115 366	68 209	1 097 041	71 248	1 225 914	69 844	1 073 115	97 554	1 474 677
030551	Morue, séché, non fumé	106 339	1 172 065	53 181	705 861	83 463	1 106 587	53 624	630 506	164 330	1 398 296
030559	Poisson nra, séché, salé, non fumé	4 854	32 212	6 229	43 190	5 374	39 036	99 558	1 118 159	51 413	1 419 327
030561	Hareng, salé ou en saumure	3 940	19 107	2 253	13 024	4 310	42 285	4 167	43 699	2 983	30 488
030562	Morue, salé ou en saumure	58 277	487 171	34 603	284 954	30 900	303 618	11 537	91 298	6 406	53 383
030563	Anchois, salé ou en saumure	310	3 388	348	5 207	294	4 193	233	2 979	210	2 957
030569	Poisson nra, salé ou en saumure	1 247	27 374	424	8 474	796	9 177	5 831	23 252	6 860	60 645

Tableau 8. Importations par produit (*suite*)

		2009		2010		2011		2012		2013	
		Tonnes	USD	Tonnes	USD	Tonnes	USD	Tonnes	USD	Tonnes	USD
0306	**Crustacés**	**1 250 070**	**14 754 798**	**1 309 842**	**15 434 361**	**1 387 348**	**17 644 472**	**1 434 319**	**17 761 182**	**1 331 803**	**18 196 768**
030611	Langoustes et autres palinuridés, congelé	3 803	97 766	6 529	162 843	2 558	96 660	8 985	262 968	3 373	127 633
030612	Homard nra	7 357	137 579	8 900	146 680	8 145	175 015	22 166	443 833	42 193	641 365
030613	Crevettes, congelé	562 218	5 378 326	578 328	6 073 385	654 149	7 641 200	791 195	8 606 588	674 325	8 316 034
030614	Crabes, congelé	8 891	151 149	11 108	149 263	11 286	186 821	16 062	222 686	50 833	597 990
030619	Crustacés nra, congelé	70 480	777 895	51 007	584 894	65 003	841 654	85 137	1 001 367	103 521	1 190 203
030621	Langoustes et autres palinuridés (non congelé)	7 028	231 660	4 049	150 986	3 514	145 641	3 671	109 260	1 752	57 591
030622	Homard nra (non congelé)	71 141	1 470 435	79 764	1 588 284	93 446	1 897 721	90 905	1 841 269	102 789	1 907 682
030623	Crevettes (non congelé)	334 402	4 799 498	330 300	4 494 387	320 913	4 719 557	238 209	3 579 752	196 615	3 801 475
030624	Crabes (non congelé)	32 292	253 133	30 014	226 423	27 005	189 029	32 638	242 823	35 341	259 827
030629	Crustacés nra (non congelé)	152 458	1 457 358	209 843	1 857 214	201 329	1 751 175	145 351	1 450 637	121 061	1 296 966
0307	**Mollusques**	**1 423 615**	**9 218 648**	**1 527 025**	**9 773 372**	**1 436 270**	**11 300 646**	**1 520 908**	**11 192 916**	**1 520 370**	**11 635 812**
030710	Huîtres	116 542	817 192	129 079	998 209	124 840	1 155 423	122 053	1 185 536	103 442	1 081 470
030721	St-Jacques, vi, fr, ou ré	108 134	1 738 572	114 269	1 811 812	114 943	2 082 421	94 996	1 594 459	95 353	1 635 496
030729	St-Jacques, co, sc, sl, ou sm	137 677	1 404 623	152 024	1 627 788	104 599	1 729 292	174 385	2 443 675	153 525	2 711 085
030731	Moules, vi, fr, ou ré	569 487	1 969 268	625 286	1 866 891	569 739	2 123 183	575 420	2 059 500	579 523	2 356 041
030739	Moules, co, sc, sl, ou sm	12 840	59 805	5 260	31 591	6 823	37 354	9 228	48 623	9 303	55 326
030741	Seiches, encornets et calmars, vi, fr, ou ré	39 129	320 212	34 248	281 884	35 792	350 188	43 185	366 942	49 630	414 451
030749	Seiches, encornets et calmars, co, sc, sl, ou sm	163 842	785 303	178 776	967 084	187 461	1 281 003	186 308	1 114 334	177 197	992 105
030751	Poulpe, vi, fr, ou ré	29 940	217 012	43 385	289 797	47 252	317 150	66 370	295 207	100 033	331 537
030759	Poulpe, co, sc, sl, ou sm	99 033	744 389	101 604	748 083	76 224	780 561	87 056	845 832	87 755	713 791
030760	Escargots (autres que de mer)	13 859	231 357	15 793	228 691	15 413	244 866	14 488	185 754	12 543	206 556
030791	Mollusques nra, vi, fr, ou ré	72 212	560 256	62 505	503 065	59 257	484 788	51 791	379 745	45 846	347 429
030799	Mollusques nra, co, sc, sl, ou sm	60 920	370 660	64 796	418 474	93 927	714 419	95 627	673 310	106 220	790 527
121220	**Algues**	**603 934**	**87 630**	**3 362**	**62 336**	**9 553**	**57 362**	**2 926**	**57 483**	**11 598**	**104 445**
1504	**Graisses, huiles et leurs fractions**	**4 493**	**17 318**	**1 212**	**20 661**	**731**	**10 693**	**3 139**	**119 297**	**3 950**	**160 139**
150410	Huiles de foies de poisson, et fractions	4 100	13 993	781	17 969	513	8 606	704	18 628	555	16 790
150420	Graisses et huiles de poisson, et fractions	188	2 999	421	2 665	218	2 087	2 410	99 804	3 314	141 221
150430	Graisses et huiles de mammifère marin, et fractions	205	326	10	26	..	..	25	865	81	2 128
1604	**Préparations et conserves de poisson; caviars et succédanés**	**2 168 079**	**20 004 605**	**2 327 430**	**19 436 494**	**2 317 293**	**20 106 982**	**2 236 341**	**19 981 338**	**2 220 035**	**21 327 824**
160411	Saumon, non haché	114 568	732 679	71 258	664 142	63 082	634 857	64 177	602 002	55 611	652 368
160412	Hareng, non haché	77 127	631 167	108 760	794 672	163 098	1 047 543	169 348	1 097 081	152 672	1 170 941
160413	Sardines, sardinelles, sprats, esprots, non haché	71 467	638 152	71 293	610 574	62 620	620 457	64 592	639 937	60 390	668 889
160414	Thons, listaos, sardes, non haché	723 611	5 592 585	772 268	5 369 330	729 183	5 398 151	719 287	5 713 453	708 257	6 292 254
160415	Maquereau, non haché	58 216	440 078	82 646	449 553	61 725	448 092	59 018	507 953	72 665	545 570
160416	Anchois, non haché	41 968	438 864	49 951	421 025	41 135	472 133	35 207	419 080	31 539	473 440
160419	Poisson nra, non haché	434 278	3 313 176	448 935	3 010 552	410 619	3 222 288	395 387	2 874 925	388 854	3 075 695
160420	Poisson, haché	639 640	5 568 778	715 207	6 198 174	776 594	6 446 800	717 216	6 271 032	737 600	6 417 903
160430	Caviar et succédanés	7 204	2 649 123	7 112	1 918 471	9 237	1 816 660	12 109	1 855 874	12 447	2 030 764
1605	**Préparations et conserves de crustacés**	**596 159**	**6 662 235**	**600 928**	**6 119 645**	**584 463**	**6 743 789**	**563 383**	**6 104 059**	**531 906**	**6 160 015**
160510	Crabes	40 576	467 957	35 774	467 752	29 773	497 111	40 461	641 676	36 098	659 774
160520	Crevettes	278 382	3 646 566	274 915	3 393 439	286 159	3 864 007	273 904	3 387 127	237 332	3 195 084
160530	Homard	9 767	141 586	8 934	129 643	10 901	197 299	8 296	131 048	15 138	130 466
160540	Crustacés nra	86 472	697 756	86 482	680 771	79 764	675 555	73 567	568 622	68 963	585 544
230120	**Farine de poisson**	**1**	**1 225**	..	..	..	..	**1**	**427**	..	..
	TOTAL	**9 033 624**	**97 102 409**	..	..	..	..	..	..	..	..

.. Non disponible

Note : nra : non répertorié ailleurs. vi : vivant. fr : frais. ré : réfrigéré. co : congelé. sc : séché. sl : salé. sm : en saumure.

Métadonnées détaillées : http://metalinks.oecd.org/fish/20150108/d785

Source : OCDE (2014), « Pêcheries : Commerce par produit », Statistiques agricoles de l'OCDE (base de données). DOI: 10.1787/data-00677-fr

Tableau 9. Exportations par produit

		2009		2010		2011		2012		2013	
		Tonnes	USD	Tonnes	USD	Tonnes	USD	Tonnes	USD	Tonnes	USD
03	**Poisson, crustacés et mollusques**	**..**	**15 159 492**	**..**	**16 359 892**	**..**	**13 722 636**	**..**	**10 830 846**	**..**	**12 761 276**
0302	**Poisson, frais ou réfrigéré, excl. 0304**	**146 625**	**2 125 174**	**188 564**	**2 709 173**	**210 958**	**3 288 421**	**221 754**	**3 114 754**	**253 587**	**3 890 893**
030211	Truite	214	1 923	9 289	83 737	10 866	108 561	9 331	86 343	13 008	116 728
030212	Saumon (Pacifique, Atlantique et Danube)	41 250	416 175	47 795	531 098	61 601	672 262	69 231	643 966	72 112	810 318
030219	Salmonidés nra	..	..	..	..	178	2 101	65	3 791	14 179	189 325
030221	Flétan	461	9 389	703	13 085	763	17 337	2 147	30 402	999	17 914
030222	Plie, carrelet	482	3 476	964	5 855	899	7 486	2 080	23 136	1 406	14 713
030223	Sole	9 067	227 338	11 396	307 465	11 233	364 086	10 705	319 091	8 525	235 197
030229	Poissons plats nra	778	21 915	4 430	46 294	1 326	17 574	15 968	335 340	15 379	335 799
030231	Thon blanc/germon	4 497	70 414	85	913	116	1 093	478	4 721	694	8 197
030232	Albacore (thon jaune)	4 829	42 957	24	228	..	..	6	69	11 607	351 413
030233	Listaos/bonite à ventre rayé	0	0	..	..	..	..	20	204	201	2 513
030239	Thonidés nra	100	13 490	53	622	35	345	..	..	46	762
030240	Hareng	911	11 949	1 031	13 260	1 012	14 746	75	415	70	789
030250	Morue	12 446	149 163	14 156	150 745	19 723	228 164	17 928	197 835	20 185	230 722
030261	Sardines	1 219	4 663	2 210	8 632	1 364	6 708	867	4 103	951	5 317
030262	Églefin	481	3 518	679	5 414	391	3 081	335	2 437	469	3 981
030263	Lieu noir	3	40	..	..	20	170	0	0	323	3 989
030264	Maquereau	1 282	10 131	2 080	16 026	2 137	18 213	2 863	22 647	2 251	20 059
030265	Aiguillat et autres squalidés	13	84	51	466	..	..	..	..	..	..
030266	Anguille	43	844	80	2 488	56	1 501	85	1 854	30	1 286
030269	Poisson nra	73 377	1 180 647	93 533	1 522 796	99 194	1 822 517	89 515	1 436 791	91 034	1 538 709
030270	Foies, oeufs et laitances	1	14	5	49	44	2 476	55	1 606	118	3 160
0303	**Poisson, congelé, excl. 0304**	**11 274**	**135 445**	**9 080**	**148 778**	**9 928**	**156 943**	**9 357**	**156 337**	**12 136**	**214 361**
030319	Saumon, Pacifique	1 295	17 151	..	..	..	..	..	..	..	..
030321	Truite	2 195	39 977	29	221	5	40	50	292	77	814
030322	Saumon (Atlantique et Danube)	123	1 614	..	..	..	..	..	..	..	..
030329	Salmonidés	180	1 182	246	1 665	251	1 619	..	..	..	..
030331	Flétan	..	..	..	..	..	..	..	..	411	5 570
030332	Plie, carrelet	..	..	19	620	..	..	0	0	10	179
030333	Sole	1 633	29 590	2 436	37 075	2 529	41 863	2 491	37 985	2 583	41 001
030339	Poisson plat nra	10	1 020	24	107	0	0	..	..	4	29
030341	Thon blanc/germon	..	..	..	..	..	..	..	..	..	..
030342	Albacore (thon jaune)	..	..	22	212	..	..	..	..	..	..
030343	Listao/bonite à ventre rayé	..	..	..	..	..	..	..	..	..	..
030349	Thonidés nra	180	1 529	162	1 410	275	3 006	18	602	9	110
030350	Hareng	50	509	46	523	11	142	1 202	14 997	1 191	12 709
030360	Morue	4	107	..	..	0	0	2	27	1 198	12 912
030371	Sardines, sardinelles	2 912	9 816	2 924	10 856	2 846	10 327	1 137	4 575	231	3 259
030372	Églefin	5	14	4	29	..	..	45	513	..	..
030373	Lieu noir	..	..	..	..	..	..	27	127	480	5 616
030374	Maquereau	..	..	..	..	..	..	..	..	266	2 439
030375	Aiguillat et autres squalidés	4	75	..	..	..	..	7	53	2	20
030376	Anguille	..	..	..	..	..	..	..	..	..	..
030377	Bar (loup)	..	..	..	..	..	..	165	705	1 129	12 203
030378	Merlu	6	1 352	12	3 421	8	913	854	1 231	275	4 759
030379	Poisson nra	3 520	31 598	1 685	12 042	2 620	14 646	1 557	8 359	2 950	25 568
030380	Foies, oeufs et laitances	..	..	1 249	78 278	1 280	83 291	1 186	77 176	1 149	84 051
0304	**Filets de poisson et autre chair de poisson**	**1 014 846**	**7 742 349**	**1 109 262**	**8 208 766**	**386 593**	**4 555 561**	**117 995**	**1 841 214**	**147 337**	**2 143 422**
030410	Filets et autre chair de poisson, frais ou réfrigéré	986 764	7 419 185	996 504	7 710 640	336 054	3 917 598	90 480	1 490 836	105 337	1 728 850
030420	Filets de poissons, congelé	27 365	314 057	111 656	484 560	30 352	397 900	27 180	339 910	41 444	399 280
030490	Chair de poisson nra, congelé	717	9 107	1 102	13 565	20 187	240 065	335	10 469	556	15 292
0305	**Poisson, séché, salé, fumé, ou en saumure**	**48 453**	**803 439**	**28 009**	**667 860**	**73 613**	**800 813**	**32 644**	**726 148**	**29 781**	**763 203**
030510	Farine de poisson, consommation humaine	104	3 775	43	1 567	..	..	96	135	..	..
030520	Foies, oeufs et laitances	8	576	..	..	5	33	..	..	2	28
030530	Filets de poisson (non fumé)	136	670	179	1 173	103	659	105	811	146	1 353
030541	Saumon (Pacifique, Atlantique et Danube), fumé	18 674	474 158	19 951	505 723	64 443	597 263	23 744	520 353	21 564	568 634
030542	Hareng, fumé	231	2 816	..	..	..	..	..	..	..	..
030549	Poisson nra, fumé	5 600	140 574	5 512	134 588	7 028	178 249	6 750	174 939	6 513	172 832
030551	Morue, séché, non fumé	22 640	165 317	984	11 680	434	5 825	458	6 009	583	8 627
030559	Poisson nra, séché, salé, non fumé	..	..	113	1 740	88	2 554	456	12 747	2	65
030561	Hareng, salé ou en saumure	69	453	75	526	9	77	117	895	125	1 114
030562	Morue, salé ou en saumure	753	12 652	239	2 434	551	6 084	198	2 320	93	1 257
030563	Anchois, salé ou en saumure	210	2 448	250	3 293	199	2 869	209	2 399	256	3 185
030569	Poisson nra, salé ou en saumure	..	..	..	..	..	..	..	..	17	104

Tableau 9. Exportations par produit *(suite)*

		2009		2010		2011		2012		2013	
		Tonnes	USD	Tonnes	USD	Tonnes	USD	Tonnes	USD	Tonnes	USD
0306	**Crustacés**	**211 505**	**3 304 762**	**269 099**	**3 401 352**	**235 503**	**3 412 978**	**185 372**	**2 847 195**	**188 005**	**2 757 747**
030611	Langoustes et autres palinuridés, congelé	225	3 278	900	19 248	60	2 889	56	3 251	108	6 165
030612	Homard nra	775	17 380	751	16 600	889	21 197	1 195	26 013	1 996	49 187
030613	Crevettes, congelé	32 350	487 358	41 105	571 378	43 619	700 368	38 808	638 283	39 760	712 459
030614	Crabes, congelé	1 284	41 907	2 785	45 193	1 415	43 744	950	35 454	43 405	265 469
030619	Crustacés nra, congelé	17 647	211 196	23 717	328 325	22 258	354 125	20 189	290 268	17 448	265 285
030621	Langoustes et autres palinuridés (non congelé)	4 630	192 098	687	29 212	293	18 616	244	9 362	58	2 313
030622	Homard nra (non congelé)	11 858	308 726	13 280	356 926	15 819	449 627	13 091	359 394	12 787	366 221
030623	Crevettes (non congelé)	8 326	168 256	9 201	177 251	9 698	200 675	7 300	169 821	6 920	175 442
030624	Crabes (non congelé)	1 537	95 215	4 524	72 635	3 505	38 929	6 742	165 151	5 816	149 512
030629	Crustacés nra (non congelé)	132 873	1 779 348	172 149	1 784 584	137 947	1 582 808	96 797	1 150 198	59 707	765 694
0307	**Mollusques**	**89 333**	**891 294**	**115 854**	**1 117 767**	**123 602**	**1 427 618**	**114 433**	**1 331 795**	**112 366**	**1 325 562**
030710	Huîtres	9 815	81 220	12 026	97 517	17 137	170 055	16 593	175 448	16 758	183 717
030721	St-Jacques, vi, fr, ou ré	17 080	226 227	27 197	430 469	31 934	505 663	32 995	607 184	30 969	619 171
030729	St-Jacques, co, sc, sl, ou sm	9 915	263 043	8 215	189 208	11 274	297 908	6 972	136 704	4 370	86 076
030731	Moules, vi, fr, ou ré	38 675	169 025	48 267	195 438	41 522	196 440	37 634	167 840	40 726	206 302
030739	Moules, co, sc, sl, ou sm	637	5 761	1 865	8 642	1 366	11 747	1 781	14 520	1 781	17 396
030741	Seiches, encornets et calmars, vi, fr, ou ré	1 610	21 748	2 586	36 395	3 421	55 463	3 763	60 390	3 941	63 011
030749	Seiches, encornets et calmars, co, sc, sl, ou sm	5 058	43 627	8 905	63 094	8 577	70 423	7 658	64 043	7 359	49 111
030751	Poulpe, vi, fr, ou ré	723	7 292	814	7 619	706	10 942	351	6 349	425	7 430
030759	Poulpe, co, sc, sl, ou sm	3 765	33 680	3 380	32 202	3 081	33 893	2 344	34 525	2 102	24 346
030760	Escargots (autres que de mer)	950	25 912	952	23 535	885	22 471	861	21 574	893	24 694
030791	Mollusques nra, vi, fr, ou ré	209	3 329	1 031	22 451	2 692	34 697	2 914	34 771	2 772	34 190
030799	Mollusques nra, co, sc, sl, ou sm	896	10 430	616	11 196	1 007	17 916	567	8 448	270	10 118
121220	**Algues**	**265**	**6 954**	**999**	**17 076**	**452**	**9 494**	**536**	**8 468**	**615**	**9 896**
1504	**Graisses, huiles et leurs fractions**	**..**	**..**	**2**	**2 360**	**135**	**330**	**2 495**	**470 468**	**3 095**	**564 782**
150410	Huiles de foies de poisson, et fractions	..	..	2	2 360	135	330	1	3	..	..
150420	Graisses et huiles de poisson, et fractions	..	..	..	..	..	..	2 494	470 465	3 035	564 211
150430	Graisses et huiles de mammifère marin, et fractions	..	..	..	..	..	..	..	..	60	571
1604	**Préparations et conserves de poisson; caviars et succédanés**	**174 962**	**2 784 626**	**130 809**	**2 128 960**	**263 802**	**2 210 318**	**440 568**	**2 398 695**	**269 475**	**3 312 607**
160411	Saumon, non haché	312	5 273	220	4 576	614	12 489	4 034	20 639	923	13 209
160412	Hareng, non haché	1 755	19 263	1 802	19 533	3 380	34 267	3 854	34 569	4 300	37 448
160413	Sardines, sardinelles, sprats, esprots, non haché	54	790	223	1 545	121	1 171	164	1 496	129	1 225
160414	Thons, listaos, sardes, non haché	17 111	111 702	31 098	161 538	33 049	201 989	27 913	154 734	22 524	196 279
160415	Maquereau, non haché	9	47	89	33	70	573	5 880	55	0	0
160416	Anchois, non haché	70 749	25 140	2 228	30 740	94 073	43 280	2 319	36 848	3 059	46 291
160419	Poisson nra, non haché	9 326	84 700	13 868	104 361	57 587	356 064	26 317	149 788	15 331	90 943
160420	Poisson, haché	71 855	432 332	78 696	432 058	72 659	374 511	366 452	916 592	218 514	774 091
160430	Caviar et succédanés	3 791	2 105 379	2 585	1 374 575	2 249	1 185 976	3 635	1 083 976	4 695	2 153 121
1605	**Préparations et conserves de crustacés**	**24 180**	**291 445**	**27 205**	**314 948**	**24 395**	**312 010**	**13 678**	**215 787**	**29 542**	**409 005**
160510	Crabes	906	5 536	697	7 806	650	7 118	903	8 268	6 667	54 568
160520	Crevettes	2 570	46 986	2 960	48 117	3 256	55 039	2 535	49 495	11 818	164 321
160530	Homard	23	1 217	49	2 669	37	2 522	522	21 178	657	32 605
160540	Crustacés nra	10 717	136 094	10 100	141 054	9 207	131 215	5 824	80 622	6 553	94 304
230120	**Farine de poisson**	..	..	..	..	..	..	..	..	..	..
	TOTAL	**1 130 089**	**16 249 681**	..	..	..	..	..	..	..	..

.. Non disponible

Note : nra : non répertorié ailleurs. vi : vivant. fr : frais. ré : réfrigéré. co : congelé. sc : séché. sl : salé. sm : en saumure.

Métadonnées détaillées : http://metalinks.oecd.org/fish/20150108/d785

Source : OCDE (2014), « Pêcheries : Commerce par produit », Statistiques agricoles de l'OCDE (base de données). DOI: 10.1787/data-00677-fr

MEXIQUE

Tableau 1. Flotte de pêche

	2006	2007	2008	2009	2010	2011	2012	2013
NOMBRE DE NAVIRES								
Total des navires	**3 398**	**3 433**	**3 398**	**3 300**	**3 206**	**3 181**	**3 158**	..
Navires à moteur	3 398	3 433	3 398	3 300	3 206	3 181	3 158	..
0-5,9 mètres	..	..	..	..	0	0	0	..
6-11,9 mètres	537	537	537	152	152	153	152	..
12-17,9 mètres	40	40	40	619	618	618	617	..
18-23,9 mètres	815	815	815	2 065	1 975	1 941	1 931	..
24-29,9 mètres	1 731	1 766	1 731	299	296	298	293	..
30-35,9 mètres	275	275	275	42	42	46	42	..
36-44,9 mètres	38	38	..	42	42	42	42	..
45-59,9 mètres	39	39	..	40	40	42	40	..
60-74,9 mètres	33	33	..	34	34	34	34	..
75 mètres et plus	5	5	..	7	7	7	7	..
Longueur inconnue	..	..	..	..	0	0	0	..
Navires sans moteur	..	..	..	..	0	0	0	..
TONNAGE BRUT								
Total des navires	**224 690**	**222 394**	..	**222 688**	**217 176**	**215 943**	**214 125**	..
Navires à moteur	224 690	222 394	..	..	217 176	215 943	214 125	..
0-5,9 mètres	..	..	..	..	0	0	0	..
6-11,9 mètres	1 810	1 798	..	1 745	1 745	1 753	1 745	..
12-17,9 mètres	15 167	14 918	..	15 356	15 338	15 319	15 294	..
18-23,9 mètres	129 322	127 335	..	122 790	117 496	115 260	114 699	..
24-29,9 mètres	22 580	22 532	..	23 128	22 928	23 120	22 718	..
30-35,9 mètres	4 846	4 846	..	5 272	5 272	5 564	5 272	..
36-44,9 mètres	9 427	9 427	..	10 022	10 022	10 022	10 022	..
45-59,9 mètres	16 453	16 453	..	16 562	16 562	17 091	16 562	..
60-74,9 mètres	20 161	20 161	..	20 599	20 599	20 599	20 599	..
75 mètres et plus	4 924	4 924	..	7 216	7 216	7 216	7 216	..
Longueur inconnue	..	..	..	..	0	0	0	..
Navires sans moteur	..	..	..	..	0	0	0	..

.. Non disponible

Note : Métadonnées détaillées : http://metalinks.oecd.org/fish/20150108/ef59

Source : OCDE (2014), « Pêcheries : Flotte de pêche », Statistiques agricoles de l'OCDE (base de données). DOI: 10.1787/data-00218-fr

MEXIQUE

Tableau 2. Emploi dans les pêcheries

Personnes employées

	2006	2007	2008	2009	2010	2011	2012	2013
Plein-temps	**279 427**	**283 656**	**273 784**	**273 266**	**293 803**	**271 431**	**266 380**	..
Secteur de capture	254 428	253 242	243 452	242 576	250 680	222 744	210 247	..
Pêche en eaux intérieures	6 306	6 306	6 306	11 065	9 002	8 913	10 907	..
Homme	..	..	..	..	..	..	..	..
Femme	..	..	..	..	..	..	..	..
Eaux maritimes (pêche côtière)	209 585	209 585	209 585	205 212	216 037	188 306	175 803	..
Homme	..	..	..	..	..	..	..	..
Femme	..	..	..	..	..	..	..	..
Eaux maritimes (pêche en haute mer)	38 537	37 351	27 561	26 299	25 641	25 525	23 537	..
Homme	..	..	..	..	..	..	..	..
Femme	..	..	..	..	..	..	..	..
Aquaculture	24 999	30 414	30 332	30 690	43 123	48 687	56 133	..
Homme	..	..	..	..	..	..	..	..
Femme	..	..	..	..	..	..	..	..
Transformation	..	..	..	..	..	..	..	..
Homme	..	..	..	..	..	..	..	..
Femme	..	..	..	..	..	..	..	..
Temps partiel	..	..	..	..	..	..	..	..
Secteur de capture	..	..	..	..	..	..	..	..
Pêche en eaux intérieures	..	..	..	..	..	..	..	..
Homme	..	..	..	..	..	..	..	..
Femme	..	..	..	..	..	..	..	..
Eaux maritimes (pêche côtière)	..	..	..	..	..	..	..	..
Homme	..	..	..	..	..	..	..	..
Femme	..	..	..	..	..	..	..	..
Eaux maritimes (pêche en haute mer)	..	..	..	..	..	..	..	..
Homme	..	..	..	..	..	..	..	..
Femme	..	..	..	..	..	..	..	..
Aquaculture	..	..	..	..	..	..	..	..
Homme	..	..	..	..	..	..	..	..
Femme	..	..	..	..	..	..	..	..
Transformation	..	..	..	..	..	..	..	..
Homme	..	..	..	..	..	..	..	..
Femme	..	..	..	..	..	..	..	..
Total	**279 427**	**283 656**	**273 784**	**273 266**	**293 803**	**271 431**	**266 380**	..
Secteur de capture	254 428	253 242	243 452	242 576	250 680	222 744	210 247	..
Pêche en eaux intérieures	6 306	6 306	6 306	11 065	9 002	8 913	10 907	..
Homme	..	..	..	..	..	..	..	..
Femme	..	..	..	..	..	..	..	..
Eaux maritimes (pêche côtière)	209 585	209 585	209 585	205 212	216 037	188 306	175 803	..
Homme	..	..	..	..	..	..	..	..
Femme	..	..	..	..	..	..	..	..
Eaux maritimes (pêche en haute mer)	38 537	37 351	27 561	26 299	25 641	25 525	23 537	..
Homme	..	..	..	..	..	..	..	..
Femme	..	..	..	..	..	..	..	..
Aquaculture	24 999	30 414	30 332	30 690	43 123	48 687	56 133	..
Homme	..	..	..	..	..	..	..	..
Femme	..	..	..	..	..	..	..	..
Transformation	19 402	19 464	..	..	..	..	..	..
Homme	..	..	..	..	..	..	..	..
Femme	..	..	..	..	..	..	..	..

.. Non disponible

Note : Métadonnées détaillées : http://metalinks.oecd.org/fish/20150108/5372

Source : OCDE (2014), « Pêcheries : Emploi dans la pêche », Statistiques agricoles de l'OCDE (base de données). DOI: 10.1787/data-00219-fr

MEXIQUE

Tableau 3. Débarquements nationaux dans les ports nationaux

	2006	2007	2008	2009	2010	2011	2012	2013
VOLUME (TONNES)								
Total poissons	**591 435**	**672 456**	**641 600**	**657 938**	**785 902**	**777 934**	**709 923**	..
Saumon	..	..	..	..	..	..	..	..
Saumon rose	..	..	..	..	..	..	..	..
Saumon keta	..	..	..	..	..	..	..	..
Saumon rouge	..	..	..	..	..	..	..	..
Saumon argenté	..	..	..	..	..	..	..	..
Autres saumons	..	..	..	..	..	..	..	..
Poissons plats	3 320	2 929	2 925	2 947	3 457	2 937	4 228	..
Flétan	..	..	..	..	..	..	..	..
Flétan noir	..	..	..	..	..	..	..	..
Sole	..	..	..	..	..	..	..	..
Plie	..	..	..	..	..	..	..	..
Autres poissons plats	3 320	2 929	2 925	2 947	3 457	2 937	4 228	..
Poissons de fond	18 297	21 837	22 510	23 552	29 487	29 111	31 145	..
Morue (Atlantique et Pacifique)	..	..	..	..	..	..	..	..
Églefin	..	..	..	..	..	..	..	..
Lieu	..	..	..	..	..	..	..	..
Morue du Pacifique occidental	..	..	..	..	..	..	..	..
Merlan	..	..	..	..	..	..	..	..
Merlu (toutes espèces)	1 924	1 059	..	..	..	..	..	..
Sébaste	..	..	..	..	..	..	..	..
Autres poissons de fond	18 297	21 837	22 510	23 552	29 487	29 111	31 145	..
Pélagiques	224 072	249 542	251 001	274 431	332 609	402 289	280 986	..
Chinchard	10 433	12 617	14 070	13 756	17 950	13 259	10 990	..
Maquereau	8 941	5 894	1 449	226	6 239	16 663	16 483	..
Hareng (Atlantique et Pacifique)	..	..	..	..	..	..	..	..
Sardine	180 026	206 513	211 063	231 851	275 187	317 435	223 586	..
Autres pélagiques	24 671	24 518	24 419	28 597	33 232	54 932	29 928	..
Thons	106 492	136 182	125 051	126 657	128 792	129 737	123 113	..
Listao	23 626	33 253	28 446	14 417	9 007	14 155	21 191	..
Thon rouge (nord et sud)	..	..	..	..	..	..	..	..
Germon	..	..	..	..	..	..	..	..
Albacore	78 601	83 669	88 153	103 073	115 437	106 280	96 050	..
Thon obèse	..	..	..	..	..	..	..	..
Autres thons	4 265	19 261	8 452	9 167	4 348	9 302	5 872	..
Espadon	..	..	..	..	..	..	..	..
Autres poissons	239 254	261 966	240 113	230 351	291 557	213 861	270 452	..
Total crustacés	**71 788**	**78 304**	**71 699**	**67 690**	**76 320**	**80 463**	**67 013**	..
Homard et langouste	2 433	2 215	2 587	2 325	3 260	3 228	3 040	..
Langoustine	..	..	..	..	..	..	..	..
Crevette	66 071	72 907	66 089	63 174	70 282	74 308	61 532	..
Autres crustacés	3 284	3 181	3 023	2 191	2 778	2 927	2 441	..
Total coquillages et mollusques	**126 823**	**108 756**	**130 585**	**108 029**	**126 983**	**98 361**	**81 327**	..
Huître	3 266	3 773	2 304	3 276	3 103	3 094	5 823	..
Moule	108	125	..	..	..	..	..	..
Coquille St-Jacques	17 403	14 728	..	..	..	..	..	..
Bivalves	27 913	24 595	28 128	17 420	27 481	27 332	16 124	..
Autres coquillages (incl. buccins	643	1 214	..	..	..	..	..	..
Calmar	65 729	57 694	84 480	57 847	66 490	34 973	23 179	..
Seiche	..	..	..	..	..	..	..	..
Poulpe	27 153	19 733	12 521	25 680	23 167	27 541	30 958	..
Autres mollusques (incl. oursins)	2 762	2 962	3 151	3 805	6 741	5 422	5 243	..
Autres animaux marins	**467**	**501**	..	..	..	..	..	..
Plantes aquatiques	**5 751**	**5 093**	**4 899**	**5 814**	**6 009**	**5 721**	**5 725**	..
Algue brune	121	229	294	662	496	649	842	..
Algue rouge	..	..	..	..	..	..	..	..
Autres algues	5 630	4 864	4 606	5 152	5 513	5 072	4 883	..
Poisson pour transformation	474 697	485 283	613 016	643 543	361 844	435 119	569 475	..
TOTAL GÉNÉRAL	**1 270 494**	**1 349 892**	**1 461 800**	**1 483 013**	**1 357 057**	**1 397 598**	**1 433 462**	..

Tableau 3. Débarquements nationaux dans les ports nationaux (*suite*)

	2006	2007	2008	2009	2010	2011	2012	2013
VALEUR (MXN)								
Total poissons	**5 186 017 213**	**5 751 622 896**	**5 062 487 439**	**5 035 987 470**	**5 846 488 397**	**5 080 556 715**	**6 266 433 041**	..
Saumon	..	..	..	..	..	..	..	..
Saumon rose	..	..	..	..	..	..	..	..
Saumon keta	..	..	..	..	..	..	..	..
Saumon rouge	..	..	..	..	..	..	..	..
Saumon argenté	..	..	..	..	..	..	..	..
Autres saumons	..	..	..	..	..	..	..	..
Poissons plats	47 184 268	49 491 665	46 349 516	41 393 562	44 693 894	45 279 697	79 059 296	..
Flétan	..	..	..	..	..	..	..	..
Flétan noir	..	..	..	..	..	..	..	..
Sole	..	..	..	..	..	..	..	..
Plie	..	..	..	..	..	..	..	..
Autres poissons plats	47 184 268	49 491 665	46 349 516	41 393 562	44 693 894	45 279 697	79 059 296	..
Poissons de fond	232 180 192	243 573 001	192 760 217	220 746 106	311 617 380	312 355 089	367 713 467	..
Morue (Atlantique et Pacifique)	..	..	..	..	..	..	..	..
Églefin	..	..	..	..	..	..	..	..
Lieu	..	..	..	..	..	..	..	..
Morue du Pacifique occidental	..	..	..	..	..	..	..	..
Merlan	..	..	..	..	..	..	..	..
Merlu (toutes espèces)	12 640	8 617	..	..	..	..	..	..
Sébaste	..	..	..	..	..	..	..	..
Autres poissons de fond	232 180 192	243 573 001	192 760 217	220 746 106	311 617 380	312 355 089	367 713 467	..
Pélagiques	467 453 865	664 124 786	579 230 049	674 352 334	983 128 846	786 512 091	735 386 505	..
Chinchard	124 462 232	158 717 873	186 014 138	187 410 360	255 036 805	191 206 747	177 567 493	..
Maquereau	7 435 826	4 590 838	2 871 678	3 881 694	11 188 996	17 510 142	22 933 436	..
Hareng (Atlantique et Pacifique)	..	..	..	..	..	..	..	..
Sardine	117 323 692	273 316 518	147 473 694	225 202 807	429 410 030	268 776 284	246 601 944	..
Autres pélagiques	218 232 115	227 499 558	242 870 539	257 857 472	287 493 015	309 018 918	288 283 632	..
Thons	1 051 944 222	1 014 655 584	1 145 691 889	1 155 818 683	1 107 277 212	1 082 256 969	1 144 297 690	..
Listao	134 042 485	188 691 871	185 407 325	113 273 758	68 686 838	107 571 702	154 167 334	..
Thon rouge (nord et sud)	..	..	..	..	..	..	..	..
Germon	..	..	..	..	..	..	..	..
Albacore	897 310 974	717 299 651	900 415 536	966 882 640	1 007 700 818	898 817 796	945 615 011	..
Thon obèse	..	..	..	..	..	..	..	..
Autres thons	20 590 764	108 664 062	59 869 028	75 662 285	30 889 557	75 867 471	44 515 346	..
Espadon	..	..	..	..	..	..	..	..
Autres poissons	3 387 254 665	3 779 777 861	3 098 455 767	2 943 676 786	3 399 771 065	2 854 152 869	3 939 976 083	..
Total crustacés	**3 235 599 689**	**3 521 327 268**	**3 427 825 374**	**3 066 485 966**	**3 388 959 206**	**3 845 814 706**	**3 442 636 571**	..
Homard et langouste	233 675 137	250 945 502	315 474 528	290 378 797	430 678 219	481 247 580	433 989 433	..
Langoustine	..	..	..	..	..	..	..	..
Crevette	2 847 562 257	3 109 096 056	2 962 952 830	2 658 908 458	2 815 574 210	3 213 511 318	2 877 705 030	..
Autres crustacés	154 362 296	161 285 710	149 398 016	117 198 712	142 706 777	151 055 808	130 942 108	..
Total coquillages et mollusques	**1 217 111 714**	**1 005 142 198**	**930 733 476**	**1 259 322 888**	**1 193 484 862**	**1 503 360 647**	**1 334 828 197**	..
Huître	16 814 010	27 833 741	20 290 767	26 033 959	17 243 593	26 133 704	30 778 729	..
Moule	1 715	760	..	..	..	..	..	..
Coquille St-Jacques	88 828	73 918	..	..	..	..	..	..
Bivalves	204 527 966	176 590 834	220 044 278	219 418 790	229 800 605	231 502 163	166 736 619	..
Autres coquillages (incl. buccins	29 986	89 106	..	..	..	..	..	..
Calmar	92 715 029	86 217 802	128 036 332	198 096 987	161 011 336	168 879 491	97 446 320	..
Seiche	..	..	..	..	..	..	..	..
Poulpe	760 403 957	582 593 120	370 672 939	607 635 321	557 370 071	868 349 580	781 265 415	..
Autres mollusques (incl. oursins)	142 650 752	131 906 701	191 689 162	208 137 831	228 059 257	208 495 708	258 601 114	..
Autres animaux marins	**6 992**	**7 805**	..	..	..	..	..	..
Plantes aquatiques	**7 397 160**	**7 703 350**	**7 157 940**	**9 018 082**	**10 008 261**	**11 607 934**	**9 328 206**	..
Algue brune	334 829	395 291	949 009	1 841 535	2 200 730	2 645 298	1 418 872	..
Algue rouge	..	..	..	..	..	..	..	..
Autres algues	7 062 332	7 308 058	6 208 931	7 176 547	7 807 531	8 962 636	7 909 334	..
Poisson pour transformation	271 618 018	265 507 597	334 775 836	437 946 918	274 357 992	298 631 260	415 109 471	..
TOTAL GÉNÉRAL	**9 917 743 795**	**10 551 303 309**	**9 762 980 065**	**9 808 761 325**	**10 713 298 718**	**10 739 971 262**	**11 468 335 487**	..

.. Non disponible

Note : Métadonnées détaillées : http://metalinks.oecd.org/fish/20150108/24dc

Source : OCDE (2014), « Pêcheries : Débarquements nationaux dans les ports domestiques », Statistiques agricoles de l'OCDE (base de données). DOI: 10.1787/data-00222-fr

MEXIQUE

Tableau 6. Production de l'aquaculture

	2006	2007	2008	2009	2010	2011	2012	2013
VOLUME (TONNES)								
Poissons	**106 155**	**109 403**	**111 074**	**112 697**	**118 039**	**108 881**	**109 704**	..
Saumon de l'Atlantique	..	..	..	..	..	..	..	..
Saumon du Pacifique	..	..	..	..	..	..	..	..
Truite arc-en-ciel	4 232	4 345	4 917	6 065	6 919	8 480	7 026	..
dont : d'eau de mer	..	..	..	..	..	..	..	..
dont : d'eau douce	4 232	4 345	4 917	6 065	6 919	8 480	7 026	..
Truite de mer	..	3	23	9	..	..	..	..
Poisson plat	0	1	56	2	1	0	0	..
Dorade	..	..	..	..	..	..	..	..
Bar	..	..	..	..	..	..	..	..
Loup	2 503	2 801	3 041	3 145	3 390	2 929	3 018	..
Carpe	22 504	21 798	24 157	22 620	24 231	18 528	19 956	..
Tilapia	69 214	73 580	71 018	73 373	77 000	71 140	72 779	..
Anguille	..	..	..	..	..	..	..	..
Autres poissons	7 702	6 874	7 863	7 483	6 498	7 803	6 925	..
Coquillages et crustacés	**154 875**	**158 369**	**172 550**	**172 323**	**144 819**	**153 979**	**144 322**	..
Huître, comestible	43 495	46 491	42 148	38 974	47 612	43 758	43 567	..
Huître, perle	..	..	..	..	0	0	0	..
Moule	156	368	..	..	..	..	..	..
Coquille St.-Jacques	..	..	..	..	..	..	..	..
Bivalves	17	22	148	28	419	349	325	..
Crevette et bouquet	111 306	111 787	130 201	133 282	96 733	109 815	100 321	..
Autres coquillages et crustacés	56	69	53	39	55	58	110	..
Total poissons, coquillages et crustacés	**261 030**	**267 772**	**283 624**	**285 020**	**262 858**	**262 861**	**254 026**	..
Autres animaux marins	23	22	..	..	..	..	..	..
Plantes aquatiques	..	..	..	..	0	0	0	..
Algue brune	..	..	..	..	..	..	..	..
Algue rouge	..	..	..	..	..	..	..	..
Algue verte	..	..	..	..	..	..	..	..
Autres plantes aquatiques	..	..	..	..	0	0	0	..
TOTAL GÉNÉRAL	**261 030**	**267 772**	**283 624**	**285 020**	**262 858**	**262 861**	**254 026**	..
VALEUR (MXN)								
Poissons	**116 019 124**	**110 471 491**	**36 518 720**	**1 800 339 274**	**2 063 050 515**	**2 322 369 320**	**2 600 100 130**	..
Saumon de l'Atlantique	..	..	..	..	..	..	..	..
Saumon du Pacifique	..	..	..	..	..	..	..	..
Truite arc-en-ciel	13 414 606	13 347 280	4 714 204	288 141 939	330 036 505	394 757 014	406 539 596	..
dont : d'eau de mer	..	..	..	..	..	..	..	..
dont : d'eau douce	13 414 606	13 347 280	4 714 204	288 141 939	330 036 505	394 757 014	406 539 596	..
Truite de mer	..	2 501	17 044	157 660	..	..	..	..
Poisson plat	12	8 637	123 601	250 088	24 407	0	0	..
Dorade	..	..	..	..	..	..	..	..
Bar	..	..	..	..	..	..	..	..
Loup	5 112 235	4 153 602	1 582 587	51 930 939	83 907 375	86 044 971	97 153 550	..
Carpe	11 818 378	11 249 589	3 807 492	192 062 960	297 887 154	354 416 914	288 635 579	..
Tilapia	54 278 467	58 407 152	19 928 262	959 762 551	1 066 066 090	1 078 205 173	1 315 002 589	..
Anguille	..	..	..	..	..	..	..	..
Autres poissons	31 395 426	23 302 729	6 345 529	308 033 137	285 128 984	408 945 247	492 768 815	..
Coquillages et crustacés	**324 667 595**	**300 725 989**	**117 845 969**	**5 493 302 679**	**4 128 653 901**	**4 722 886 050**	**4 952 576 667**	..
Huître, comestible	12 172 959	15 251 394	3 060 550	139 946 087	178 292 554	219 104 189	169 825 811	..
Huître, perle	..	..	..	..	1 342 000	884	875 000	..
Moule	2 666	7 667	..	..	..	..	..	..
Coquille St.-Jacques	..	..	..	..	..	..	..	..
Bivalves	20 943	59 958	90 889	699 025	12 649 289	10 686 515	11 762 350	..
Crevette et bouquet	311 901 115	284 880 121	114 485 011	5 346 161 268	3 928 547 149	4 483 302 497	4 752 289 328	..
Autres coquillages et crustacés	572 578	534 516	209 519	6 496 299	7 822 909	9 791 964	17 824 178	..
Total poissons, coquillages et crustacés	**440 686 719**	**411 197 480**	**154 364 689**	**7 293 641 952**	**6 191 704 416**	**7 045 255 369**	**7 552 676 796**	..
Autres animaux marins	5 286	4 690	..	..	..	..	..	..
Plantes aquatiques	..	..	..	..	2 449	9 834	82 790	..
Algue brune	..	..	..	..	..	..	..	..
Algue rouge	..	..	..	..	..	..	..	..
Algue verte	..	..	..	..	..	..	..	..
Autres plantes aquatiques	..	..	..	..	2 449	9 834	82 790	..
TOTAL GÉNÉRAL	**440 686 719**	**411 197 480**	**154 364 689**	**7 293 641 952**	**6 191 706 865**	**7 045 265 203**	**7 552 759 586**	..

.. Non disponible

Note : Métadonnées détaillées : http://metalinks.oecd.org/fish/20150108/d779

Source : OCDE (2014), « Pêcheries : Production de l'aquaculture », Statistiques agricoles de l'OCDE (base de données). DOI: 10.1787/data-00225-fr

MEXIQUE

Tableau 7. Transferts financiers publics (TFP)

Milliers MXN

	2006	2007	2008	2009	2010	2011	2012	2013
Total des TFP								
Pêche maritime	**967 485**	**931 965**	..	..	**418 530**	**369 580**	..	..
Paiements directs	56 347	..	..	..	122 200	42 900	..	..
Désarmement des navires et retrait des licences	..	..	..	..	122 200	42 900	..	..
Indemnisation des catastrophes	..	..	..	..	..	..	..	..
Aides : équipement, modernisation, construction de navire	..	..	..	..	..	..	..	..
Aide au revenu et assurance chômage	56 347	..	..	..	..	..	..	..
Autres paiements directs	..	..	..	..	..	..	..	..
Transferts réduisant les coûts	870 377	931 965	..	..	224 560	239 480	..	..
Prêts subventionnés : équipement, modernisation, construction de navire	..	..	..	..	224 560	239 480	..	..
Bonification d'intérêts	..	..	..	..	..	..	..	..
Exonération de taxe sur carburant	870 377	931 965	..	..	..	..	..	..
Ristourne et subvention à l'assurance	..	..	..	..	..	..	..	..
Allègement d'impôt sur le revenu, contrib. sociales impayées	..	..	..	..	..	..	..	..
Autres transferts réduisant les coûts	..	..	..	..	..	..	..	..
Services généraux	40 761	..	..	..	71 770	87 200	..	..
Gestion des pêcheries	18 715	..	..	..	..	..	..	..
Recherche halieutique	22 046	..	..	..	6 160	13 500	..	..
Police des pêches	..	..	..	..	65 610	73 700	..	..
Infrastructure des pêcheries	..	..	..	..	..	..	..	..
Autres services généraux	..	..	..	..	..	..	..	..
Recouvrement des coûts	..	..	..	..	..	..	..	..
Aquaculture	**3 698**	..	..	..	**9 000**	**13 600**	..	..
Paiements directs	3 698	..	..	..	9 000	13 600	..	..
Aides : développement aquacole	..	..	..	..	9 000	13 600	..	..
Indemnisation des catastrophes	..	..	..	..	..	..	..	..
Autres paiements directs	..	..	..	..	..	..	..	..
Transferts réduisant les coûts	..	..	..	..	..	..	..	..
Prêts subventionnés : développement aquacole	..	..	..	..	..	..	..	..
Autres transferts réduisant les coûts	..	..	..	..	..	..	..	..
Services généraux	..	..	..	..	..	..	..	..
Gestion, recherche et police de l'aquaculture	..	..	..	..	..	..	..	..
Infrastructure aquacole	..	..	..	..	..	..	..	..
Autres services généraux	..	..	..	..	..	..	..	..
Recouvrement des coûts	..	..	..	..	..	..	..	..
Commercialisation et transformation	..	..	..	..	..	..	..	..
Paiements directs	..	..	..	..	..	..	..	..
Aides : commercialisation et transformation	..	..	..	..	..	..	..	..
Autres paiements directs	..	..	..	..	..	..	..	..
Transferts réduisant les coûts	..	..	..	..	..	..	..	..
Prêts subventionnés : commercialisation et transformation	..	..	..	..	..	..	..	..
Autres transferts réduisant les coûts	..	..	..	..	..	..	..	..
Services généraux	..	..	..	..	..	..	..	..
Aquaculture	..	..	..	..	..	..	..	..
Autres services généraux	..	..	..	..	..	..	..	..
Recouvrement des coûts	..	..	..	..	..	..	..	..
Total	**971 183**	**931 965**	..	..	**427 530**	**383 180**	..	..

.. Non disponible

Note : Métadonnées détaillées : http://metalinks.oecd.org/fish/20150108/c5aa

Source : OCDE (2014), « Pêcheries : Transferts financiers publics », Statistiques agricoles de l'OCDE (base de données). DOI: 10.1787/data-00220-fr

MEXIQUE

Tableau 8. Importations par produit

		2009		2010		2011		2012		2013	
		Tonnes	USD	Tonnes	USD	Tonnes	USD	Tonnes	USD	Tonnes	USD
03	**Poisson, crustacés et mollusques**	**..**	**275 751 693**	**..**	**389 488 533**	**..**	**481 633 218**	**..**	**329 697 034**	**..**	**597 208 347**
0302	**Poisson, frais ou réfrigéré, excl. 0304**	**1 639 558**	**3 429 692**	**1 621 700**	**4 723 827**	**1 003 757**	**3 903 706**	**489 301**	**1 963 977**	**1 146 020**	**5 504 143**
030211	Truite	483	3 197	424	3 687	..	..	..	..	2 090	12 693
030212	Saumon (Pacifique, Atlantique et Danube)	154 627	1 251 465	254 553	2 391 789	236 096	2 223 358	176 544	1 132 237	318 060	2 738 842
030219	Salmonidés nra	407	4 507	13	142	..	..	5 170	17 708	123 883	1 173 633
030221	Flétan	3 155	38 078	5 321	67 220	2 395	66 579	23 248	199 767	6 229	126 595
030222	Plie, carrelet	..	..	..	..	..	..	..	..	..	..
030223	Sole	3 617	8 185	3 651	8 210	12	553	3 402	7 700	259	6 947
030229	Poissons plats nra	3 253	48 301	4 800	60 550	4 000	46 036	3 330	42 879	2 461	34 462
030231	Thon blanc/germon	6	86	..	..	70	577	..	..	..	..
030232	Albacore (thon jaune)	705	3 707	411	9 845	..	..	1 328	18 810	3 203	49 620
030233	Listaos/bonite à ventre rayé	..	..	..	..	..	..	..	..	..	..
030239	Thonidés nra	381	6 937	104	1 359	1 856	31 650	1 289	25 887	663	10 285
030240	Hareng	..	..	..	..	..	..	..	..	..	..
030250	Morue	..	..	1 261	11 640	382	4 962	198	2 389	97	1 197
030261	Sardines	7	344	43	238	26	168	..	..	..	..
030262	Églefin	..	..	..	..	..	..	100	1 053	..	..
030263	Lieu noir	..	..	..	..	..	..	..	..	..	..
030264	Maquereau	1	19	..	..	..	..	..	..	..	..
030265	Aiguillat et autres squalidés	145 234	229 962	323 287	470 198	140 154	220 974	66 105	134 618	287 525	511 332
030266	Anguille	36	8 727	157	3 157	291	6 069	14	687	..	..
030269	Poisson nra	1 327 333	1 812 015	1 027 595	1 695 176	618 476	1 302 780	208 573	380 242	401 550	838 537
030270	Foies, oeufs et laitances	313	14 162	80	616	..	..	..	..	..	..
0303	**Poisson, congelé, excl. 0304**	**31 188 899**	**40 350 273**	**56 289 765**	**76 038 940**	**58 455 266**	**101 774 764**	**51 661 545**	**111 533 791**	**46 036 746**	**93 263 872**
030319	Saumon, Pacifique	..	..	..	..	..	..	..	..	..	..
030321	Truite	18 845	105 437	7 846	47 970	626	6 265	209	1 598	5	4
030322	Saumon (Atlantique et Danube)	..	..	..	..	..	..	..	..	..	..
030329	Salmonidés	18 696	22 217	24 000	23 040	..	..	22 088	84 510	87	210
030331	Flétan	7 201	80 272	454	12 899	..	..	..	..	5	4
030332	Plie, carrelet	..	..	..	..	..	..	..	..	..	..
030333	Sole	15 423	195 657	4 490	36 723	10 247	216 661	28 495	277 107	15 560	298 961
030339	Poisson plat nra	1 446	27 098	316	6 383	11 102	34 222	865	9 198	12 025	63 758
030341	Thon blanc/germon	1 995	3 638	4 319	11 742	10	195	24 499	94 195	..	..
030342	Albacore (thon jaune)	2 998 941	4 550 593	5 637 440	9 037 082	3 062 029	5 046 308	6 476 389	16 505 582	3 652 597	9 808 258
030343	Listao/bonite à ventre rayé	8 532 058	8 431 574	24 070 237	29 561 814	32 243 815	54 150 523	34 214 152	76 079 993	18 886 500	38 460 552
030349	Thonidés nra	51 983	182 276	1 305 182	1 878 196	1 770 466	3 056 496	221 354	496 196	664 714	1 720 857
030350	Hareng	218 349	268 396	171 308	259 031	215 826	299 444	730 254	757 431	1 983 933	1 942 068
030360	Morue	45 017	280 427	39 266	228 507	27 118	400 472	6 597	145 031	96 695	462 095
030371	Sardines, sardinelles	108 640	105 754	1 697 595	576 178	637 102	331 643	814 513	669 956	690 147	676 848
030372	Églefin	..	..	..	..	..	..	..	..	..	..
030373	Lieu noir	..	..	..	..	..	..	..	..	..	..
030374	Maquereau	93 849	135 169	72 002	114 406	9 658	57 433	67 815	23 208	181 375	156 858
030375	Aiguillat et autres squalidés	3 400 947	6 126 190	3 397 652	6 997 482	3 081 973	5 654 088	1 723 115	2 837 032	2 263 601	4 778 373
030376	Anguille	1 449	64 452	1 416	48 621	4 118	74 790	1 040	13 612	1 280	19 066
030377	Bar (loup)	220 810	786 841	313 914	1 192 957	201 253	741 592	73 095	357 464	173 719	902 333
030378	Merlu	985	8 189	4 963	35 072	2 937	20 112	1 705	15 922	10 363	44 638
030379	Poisson nra	14 894 828	17 603 442	16 809 915	24 145 508	16 654 533	29 911 954	6 601 214	10 811 876	17 369 747	33 750 043
030380	Foies, oeufs et laitances	390	12 646	3 912	52 297	2 921	54 576	1 771	16 637	384	5 489
0304	**Filets de poisson et autre chair de poisson**	**60 890 311**	**155 036 913**	**71 346 651**	**215 995 173**	**78 378 283**	**276 139 271**	**37 921 613**	**127 244 742**	**95 635 945**	**331 522 766**
030410	Filets et autre chair de poisson, frais ou réfrigéré	477 385	5 008 674	460 634	6 127 225	524 021	6 900 166	472 477	3 811 437	795 173	9 341 643
030420	Filets de poissons, congelé	59 355 977	146 320 766	69 904 633	205 032 227	77 082 553	264 387 441	36 730 868	117 236 097	93 891 211	312 400 281
030490	Chair de poisson nra, congelé	1 056 949	3 707 473	981 384	4 835 721	771 709	4 851 664	718 268	6 197 208	949 561	9 780 842
0305	**Poisson, séché, salé, fumé, ou en saumure**	**1 917 777**	**15 053 346**	**2 451 081**	**19 158 924**	**2 588 227**	**22 605 135**	**2 688 678**	**24 205 552**	**2 428 753**	**20 337 155**
030510	Farine de poisson, consommation humaine	600	13 133	325	7 016	1 606	33 478	952	14 874	770	11 705
030520	Foies, oeufs et laitances	38	3 128	13	947	15	1 169	24	1 435	1 265	42 132
030530	Filets de poisson (non fumé)	110 746	702 195	119 885	552 312	72 709	405 085	27 748	248 527	67 582	502 560
030541	Saumon (Pacifique, Atlantique et Danube), fumé	193 512	2 693 600	210 027	3 584 817	180 692	3 606 345	266 641	4 567 456	213 910	4 278 939
030542	Hareng, fumé	..	..	..	..	..	..	..	..	..	..
030549	Poisson nra, fumé	6 135	108 813	56 170	782 766	26 568	439 221	33 092	687 397	12 614	376 387
030551	Morue, séché, non fumé	1 580 051	11 329 028	2 024 462	14 013 067	2 227 617	17 603 515	2 271 816	18 002 591	1 949 094	13 842 031
030559	Poisson nra, séché, salé, non fumé	26 188	188 325	39 249	205 067	66 770	361 906	57 245	387 957	151 396	905 407
030561	Hareng, salé ou en saumure	..	..	200	1 572	900	8 387	400	3 481	100	924
030562	Morue, salé ou en saumure	5	43	..	..	9 684	134 513	13 620	203 345	26 056	320 097
030563	Anchois, salé ou en saumure	500	15 066	350	5 784	275	4 896	850	20 804	63	921
030569	Poisson nra, salé ou en saumure	2	15	300	4 716	1 189	4 480	16 152	64 905	23	244

Tableau 8. Importations par produit *(suite)*

		2009		2010		2011		2012		2013	
		Tonnes	USD	Tonnes	USD	Tonnes	USD	Tonnes	USD	Tonnes	USD
0306	**Crustacés**	**11 601 836**	**45 060 912**	**13 947 705**	**58 582 418**	**11 182 901**	**50 613 738**	**9 072 439**	**41 284 374**	**20 495 654**	**120 152 603**
030611	Langoustes et autres palinuridés, congelé	60 491	1 700 499	28 491	497 584	8 641	66 733	44 407	1 378 586	52 667	1 580 608
030612	Homard nra	8 137	196 415	10 887	218 125	19 522	643 248	14 581	455 531	8 477	300 866
030613	Crevettes, congelé	4 398 281	21 979 308	5 631 682	30 944 721	4 853 423	30 565 178	1 892 302	11 148 151	8 326 251	70 277 301
030614	Crabes, congelé	39 094	579 219	56 590	1 016 109	95 414	2 469 324	68 787	2 255 016	56 324	1 220 923
030619	Crustacés nra, congelé	59 013	1 432 129	30 903	890 665	45 480	1 842 856	43 450	1 654 640	32 450	1 110 391
030621	Langoustes et autres palinuridés (non congelé)	213	4 432	80	1 514	..	..	..	..	..	..
030622	Homard nra (non congelé)	33 144	678 625	30 369	632 382	29 204	629 019	29 649	642 622	30 889	689 661
030623	Crevettes (non congelé)	7 003 463	18 490 285	8 157 303	24 350 770	6 112 896	14 194 228	6 912 715	22 791 259	11 932 224	44 120 137
030624	Crabes (non congelé)	..	..	..	..	..	..	7 947	432 672	4 472	221 908
030629	Crustacés nra (non congelé)	..	..	1 400	30 548	18 320	203 152	58 601	525 897	51 900	630 808
0307	**Mollusques**	**5 481 552**	**12 218 655**	**4 596 882**	**11 251 238**	**10 803 015**	**21 538 014**	**9 257 804**	**20 851 042**	**10 092 180**	**21 449 017**
030710	Huîtres	1 386	62 096	8 489	120 874	1 407	29 183	1 226	19 896	1 745	31 984
030721	St-Jacques, vi, fr, ou ré	..	..	..	..	..	..	..	..	3 851	85 499
030729	St-Jacques, co, sc, sl, ou sm	135 868	1 259 827	216 158	2 282 978	223 638	2 358 802	277 564	3 022 769	423 850	3 865 194
030731	Moules, vi, fr, ou ré	9	443	..	..	..	..	..	..	..	..
030739	Moules, co, sc, sl, ou sm	210 582	830 476	197 466	758 246	182 148	761 402	140 233	611 798	10 021	46 303
030741	Seiches, encornets et calmars, vi, fr, ou ré	..	..	..	..	..	..	915	1 008	..	..
030749	Seiches, encornets et calmars, co, sc, sl, ou sm	4 256 620	6 345 497	3 927 721	7 127 108	10 165 330	17 253 689	8 350 532	14 474 224	9 033 507	14 647 079
030751	Poulpe, vi, fr, ou ré	..	..	..	..	..	..	..	..	2 003	18 545
030759	Poulpe, co, sc, sl, ou sm	687 361	2 351 616	164 642	505 987	152 264	631 462	420 056	2 170 889	310 470	1 500 489
030760	Escargots (autres que de mer)	5 175	62 646	7 061	77 549	5 896	83 206	5 301	77 527	5 955	108 382
030791	Mollusques nra, vi, fr, ou ré	9 364	66 059	6 172	55 871	5 745	58 952	6 838	113 335	134	3 621
030799	Mollusques nra, co, sc, sl, ou sm	175 187	1 239 995	69 173	322 625	66 587	361 318	55 139	359 596	300 644	1 141 921
121220	**Algues**	**436 788**	**3 262 961**	**548 375**	**3 868 837**	**440 102**	**4 426 145**	**247 046**	**2 930 090**	**305 962**	**3 992 711**
1504	**Graisses, huiles et leurs fractions**	**924 716**	**10 474 435**	**867 380**	**12 364 229**	**1 375 051**	**17 158 806**	**1 416 139**	**17 667 616**	**1 610 419**	**14 954 957**
150410	Huiles de foies de poisson, et fractions	155 830	827 847	85 171	374 334	113 570	579 832	146 534	778 935	74 951	430 273
150420	Graisses et huiles de poisson, et fractions	768 886	9 646 588	782 209	11 989 895	1 261 480	16 578 974	1 269 605	16 888 681	1 535 468	14 524 684
150430	Graisses et huiles de mammifère marin, et fractions	..	..	..	..	..	..	..	..	..	..
1604	**Préparations et conserves de poisson; caviars et succédanés**	**15 209 008**	**52 374 267**	**19 608 194**	**62 672 633**	**16 049 251**	**56 390 995**	**15 894 827**	**68 290 597**	**21 632 570**	**77 470 612**
160411	Saumon, non haché	205 611	1 766 528	203 175	2 048 035	152 948	1 683 580	113 224	1 474 994	277 361	3 283 295
160412	Hareng, non haché	79 069	478 568	65 965	388 834	54 853	386 226	36 234	260 293	45 034	327 490
160413	Sardines, sardinelles, sprats, esprots, non haché	582 416	2 619 795	1 347 981	3 421 749	2 097 963	5 508 416	1 332 027	3 843 423	7 215 133	15 183 053
160414	Thons, listaos, sardes, non haché	5 486 673	21 101 839	7 971 708	26 815 137	3 830 504	15 102 650	4 793 568	30 426 617	3 300 779	21 042 586
160415	Maquereau, non haché	2 690	32 894	2 407	24 654	3 055	31 076	1 979	34 037	3 680	43 284
160416	Anchois, non haché	56 363	986 956	70 633	1 150 885	66 732	1 198 105	89 995	1 425 784	68 579	1 238 878
160419	Poisson nra, non haché	163 168	1 628 665	157 175	1 700 318	146 521	2 433 459	157 639	2 511 926	288 970	3 992 761
160420	Poisson, haché	8 548 829	22 718 849	9 702 981	25 887 092	9 599 837	28 545 706	9 322 298	27 655 650	10 338 549	31 022 172
160430	Caviar et succédanés	84 189	1 040 173	86 169	1 235 929	96 839	1 501 777	47 863	657 873	94 485	1 337 093
1605	**Préparations et conserves de crustacés**	**8 424 387**	**39 537 962**	**10 341 082**	**52 601 174**	**11 868 794**	**67 822 440**	**4 828 473**	**27 601 813**	**14 557 643**	**96 111 016**
160510	Crabes	64 281	800 902	86 070	1 237 598	85 122	1 610 469	42 087	1 116 658	71 948	1 225 484
160520	Crevettes	6 260 005	29 255 676	8 031 811	42 522 871	8 584 589	52 719 873	3 355 821	20 204 167	11 647 779	81 606 938
160530	Homard	..	..	..	..	105	2 208	..	..	308	11 939
160540	Crustacés nra	9 729	140 889	11 914	84 834	2 581	142 094	8 797	125 383	27 112	473 323
230120	**Farine de poisson**	**6 170 514**	**6 550 046**	**9 625 239**	**12 861 000**	**6 289 703**	**9 093 731**	**4 505 274**	**6 616 727**	**5 240 443**	**8 423 444**
	TOTAL	**143 885 346**	**387 951 364**	**191 244 054**	**533 856 406**	**198 434 350**	**636 525 335**	**137 983 128**	**452 803 877**	**..**	**798 161 087**

.. Non disponible

Note : nra : non répertorié ailleurs. vi : vivant. fr : frais. ré : réfrigéré. co : congelé. sc : séché. sl : salé. sm : en saumure.

Métadonnées détaillées : http://metalinks.oecd.org/fish/20150108/8850

Source : OCDE (2014), « Pêcheries : Commerce par produit », Statistiques agricoles de l'OCDE (base de données). DOI: 10.1787/data-00677-fr

MEXIQUE

Tableau 9. Exportations par produit

		2009		2010		2011		2012		2013	
		Tonnes	USD	Tonnes	USD	Tonnes	USD	Tonnes	USD	Tonnes	USD
03	**Poisson, crustacés et mollusques**	..	**673 326 177**	..	**645 091 134**	..	**942 607 074**	..	**627 172 049**	..	**824 257 577**
0302	**Poisson, frais ou réfrigéré, excl. 0304**	**15 671 202**	**76 939 188**	**14 474 438**	**71 923 791**	**17 316 309**	**119 288 310**	**9 520 753**	**61 838 283**	**17 563 694**	**123 786 537**
030211	Truite	67 991	268 963	20 781	71 783	28 227	93 470	21 426	151 074	5 954	23 989
030212	Saumon (Pacifique, Atlantique et Danube)	..	..	..	..	..	..	638	4 785	..	..
030219	Salmonidés nra	3 564	10 134	6 502	22 773	3 430	6 194	15 469	91 958	11 668	35 670
030221	Flétan	3 155	39 729	965	4 263	3 420	6 170	1 850	4 105	..	..
030222	Plie, carrelet	..	..	..	..	..	..	1 665	39	..	..
030223	Sole	531 383	1 401 311	675 677	1 835 034	978 783	2 916 305	934 274	3 181 270	819 120	4 025 671
030229	Poissons plats nra	647 430	1 455 383	278 412	604 308	355 804	923 885	510 876	1 461 075	687 434	2 281 278
030231	Thon blanc/germon	..	..	..	..	..	..	..	..	..	..
030232	Albacore (thon jaune)	922 355	3 980 099	852 603	4 019 191	1 062 255	5 152 897	1 233 260	6 139 840	982 671	5 978 139
030233	Listaos/bonite à ventre rayé	..	..	..	..	..	..	300	540	35	55
030239	Thonidés nra	1 974 871	24 610 192	1 001 385	13 545 620	2 453 733	56 525 620	926 070	17 167 260	2 681 072	38 227 253
030240	Hareng	..	..	..	..	..	..	..	..	..	..
030250	Morue	13 667	38 061	5 917	13 432	39 159	66 394	6 134	8 791	10 289	23 844
030261	Sardines	1 973	3 355	14 357	4 176	2 698	24 634	2 658	3 883	6 544	9 324
030262	Églefin	..	..	..	..	..	..	..	..	..	..
030263	Lieu noir	..	..	..	..	..	..	..	..	..	..
030264	Maquereau	..	..	..	..	..	..	45	50	..	..
030265	Aiguillat et autres squalidés	137 966	161 544	97 974	149 314	70 456	95 605	42 879	82 098	77 826	145 597
030266	Anguille	..	..	..	..	..	..	..	..	..	..
030269	Poisson nra	11 366 847	44 970 417	11 519 845	51 653 836	12 318 344	53 477 136	5 823 209	33 541 515	12 280 498	73 033 403
030270	Foies, oeufs et laitances	..	..	20	61	..	..	..	..	583	2 314
0303	**Poisson, congelé, excl. 0304**	**58 631 223**	**51 769 147**	**66 023 949**	**91 568 814**	**157 804 114**	**155 123 697**	**60 041 598**	**136 117 124**	**42 893 033**	**107 693 439**
030319	Saumon, Pacifique	..	..	..	..	..	..	..	..	..	..
030321	Truite	803	1 734	3 473	9 245	1 442	3 010	..	..	663	3 952
030322	Saumon (Atlantique et Danube)	..	..	..	..	..	..	..	..	..	..
030329	Salmonidés	210 607	133 172	112 159	74 546	50 935	171 360	71 135	152 393	10 788	11 925
030331	Flétan	..	..	..	..	7 016	78 558	..	..	..	..
030332	Plie, carrelet	..	..	..	..	..	..	..	..	..	..
030333	Sole	8 940	20 451	28 260	104 428	22 409	130 313	28 382	131 675	20 797	60 162
030339	Poisson plat nra	151 330	262 747	179 510	407 420	202 586	1 004 435	127 787	277 528	93 450	114 632
030341	Thon blanc/germon	..	..	..	..	..	..	..	..	..	..
030342	Albacore (thon jaune)	4 205 773	8 216 904	21 544 847	45 094 888	26 462 088	65 080 870	27 838 750	86 819 447	9 793 542	30 817 362
030343	Listao/bonite à ventre rayé	..	..	54 000	52 110	..	..	25 510	25 378	35 534	37 548
030349	Thonidés nra	1 878 497	8 977 573	1 088 522	11 000 231	1 315 849	19 521 242	1 659 684	22 398 173	2 416 020	32 429 152
030350	Hareng	..	..	..	..	..	..	..	..	..	..
030360	Morue	..	..	75	495	544	2 400	..	..	..	..
030371	Sardines, sardinelles	47 263 258	26 368 019	30 708 169	17 246 152	89 396 513	26 050 234	24 295 854	15 643 054	14 877 147	13 698 270
030372	Églefin	..	..	..	..	..	..	..	..	..	..
030373	Lieu noir	..	..	..	..	..	..	..	..	..	..
030374	Maquereau	213 485	186 509	579 119	547 116	3 168 228	2 645 016	723 125	672 751	1 207 516	1 261 295
030375	Aiguillat et autres squalidés	184 000	110 400	92 000	55 200	43 837	195 250	..	..	315	307
030376	Anguille	..	..	..	..	..	..	..	..	..	..
030377	Bar (loup)	19 750	31 751	12 730	27 601	13 902	82 488	..	..	..	..
030378	Merlu	..	..	3 090	4 171	892 314	1 181 031	441 285	491 995	2 461 061	3 152 275
030379	Poisson nra	3 904 045	6 888 268	11 427 674	16 639 500	36 078 899	38 166 983	4 830 086	9 504 730	11 914 674	25 186 787
030380	Foies, oeufs et laitances	9 412	94 229	4 215	2 583	20 910	29 770	..	..	61 526	919 772
0304	**Filets de poisson et autre chair de poisson**	**4 300 138**	**31 727 836**	**4 366 681**	**31 716 839**	**3 426 776**	**32 727 048**	**3 642 345**	**29 065 120**	**6 245 430**	**59 919 846**
030410	Filets et autre chair de poisson, frais ou réfrigéré	1 728 994	15 807 870	1 523 843	17 325 161	1 566 956	20 538 050	850 143	11 107 009	3 256 734	36 165 725
030420	Filets de poissons, congelé	2 271 654	15 264 915	2 625 501	13 957 762	1 405 877	9 696 502	2 075 148	12 675 091	2 577 055	21 128 903
030490	Chair de poisson nra, congelé	299 490	655 051	217 337	433 916	453 942	2 492 496	717 054	5 283 020	411 641	2 625 218
0305	**Poisson, séché, salé, fumé, ou en saumure**	**1 839 371**	**9 352 574**	**471 514**	**13 263 017**	**402 698**	**14 861 199**	**447 289**	**22 594 985**	**1 616 322**	**11 058 241**
030510	Farine de poisson, consommation humaine	1 507 770	590 870	133 400	56 000	12	320	2 878	18 018	1 281 815	2 311 472
030520	Foies, oeufs et laitances	..	..	..	..	..	..	..	..	..	..
030530	Filets de poisson (non fumé)	96	45	16	70	..	..	228	1 573	2 748	14 399
030541	Saumon (Pacifique, Atlantique et Danube), fumé	45	45	1 029	14 471	20	90	..	..	200	3 680
030542	Hareng, fumé	..	..	..	..	..	..	..	..	..	..
030549	Poisson nra, fumé	6 523	44 517	29 641	268 958	3 564	35 270	910	12 392	619	8 522
030551	Morue, séché, non fumé	28 686	133 129	13 289	57 876	23 977	101 845	42 476	268 252	13 561	20 325
030559	Poisson nra, séché, salé, non fumé	286 280	7 994 868	287 046	12 406 794	352 312	13 515 055	391 708	21 957 456	316 206	8 660 540
030561	Hareng, salé ou en saumure	..	..	..	..	..	..	..	..	..	..
030562	Morue, salé ou en saumure	..	..	..	..	..	..	..	..	..	..
030563	Anchois, salé ou en saumure	..	..	..	..	..	..	..	..	..	..
030569	Poisson nra, salé ou en saumure	9 971	589 100	7 093	458 848	22 814	1 208 619	9 089	337 294	1 173	39 303

MEXIQUE

Tableau 9. Exportations par produit *(suite)*

		2009		2010		2011		2012		2013	
		Tonnes	USD	Tonnes	USD	Tonnes	USD	Tonnes	USD	Tonnes	USD
0306	**Crustacés**	**49 063 946**	**426 690 110**	**26 472 292**	**295 828 710**	**37 138 759**	**413 242 068**	**20 258 833**	**245 038 836**	**24 131 945**	**392 233 665**
030611	Langoustes et autres palinuridés, congelé	35 792	744 567	193 852	5 814 877	198 517	5 808 885	111 856	2 946 379	90 641	2 780 918
030612	Homard nra	..	..	..	..	..	..	..	..	..	..
030613	Crevettes, congelé	44 660 040	360 941 899	23 953 622	217 633 869	32 500 311	313 380 098	15 896 756	150 917 858	20 288 922	292 895 488
030614	Crabes, congelé	1 873 843	12 060 330	627 406	1 639 937	2 072 891	5 357 203	1 505 455	4 452 154	1 550 740	6 791 541
030619	Crustacés nra, congelé	10 066	26 870	52 310	125 794	93 014	419 657	12 462	87 670	24 806	152 741
030621	Langoustes et autres palinuridés (non congelé)	577 535	16 783 680	431 134	16 646 927	761 812	30 696 660	668 872	25 046 958	361 276	16 362 265
030622	Homard nra (non congelé)	..	..	..	..	..	..	..	..	..	..
030623	Crevettes (non congelé)	600 100	5 332 666	85 660	1 092 141	69 203	869 071	428 477	5 454 781	14 350	67 716
030624	Crabes (non congelé)	190 721	1 488 985	70 868	398 957	81 042	660 660	235 433	4 197 632	336 372	4 795 922
030629	Crustacés nra (non congelé)	1 115 849	29 311 113	1 057 440	52 476 208	1 361 969	56 049 834	1 399 522	51 935 404	1 464 838	68 387 074
0307	**Mollusques**	**22 030 101**	**75 443 616**	**38 919 823**	**139 639 743**	**44 149 809**	**205 719 128**	**25 972 029**	**131 090 024**	**30 953 402**	**128 439 918**
030710	Huîtres	610 553	1 772 654	1 163 185	2 778 879	854 688	2 350 466	515 796	1 693 040	564 311	2 065 526
030721	St-Jacques, vi, fr, ou ré	1 315 311	7 507 972	1 805 189	10 164 035	2 127 237	17 169 384	667 755	5 875 597	75 926	497 742
030729	St-Jacques, co, sc, sl, ou sm	6 120	101 010	130 942	767 717	32 353	418 794	6 574	61 543	6 332	32 148
030731	Moules, vi, fr, ou ré	210 686	586 154	87 189	255 472	2 091 777	15 737 777	2 123 518	15 638 041	2 542 257	19 165 697
030739	Moules, co, sc, sl, ou sm	1 356 555	11 885 215	2 095 643	17 015 238	672 973	5 550 219	64 632	461 850	30 000	173 590
030741	Seiches, encornets et calmars, vi, fr, ou ré	41 981	19 959	68 837	45 287	24 448	23 468	192 752	205 074	114 546	97 627
030749	Seiches, encornets et calmars, co, sc, sl, ou sm	7 123 412	12 226 228	13 138 171	15 167 051	19 905 165	27 066 214	5 378 127	7 067 145	15 329 199	21 898 943
030751	Poulpe, vi, fr, ou ré	4 404	18 422	13 141	67 749	1 588	11 782	59 073	311 183	131 022	1 697 307
030759	Poulpe, co, sc, sl, ou sm	8 332 002	30 505 776	14 240 196	67 935 006	13 266 961	105 228 214	7 753 439	46 397 578	7 564 149	28 895 185
030760	Escargots (autres que de mer)	34 469	81 604	40 869	101 806	14 260	32 752	52 246	123 915	39 843	133 939
030791	Mollusques nra, vi, fr, ou ré	194 801	3 872 587	235 676	4 873 617	242 750	6 508 395	696 465	10 501 741	781 197	11 433 806
030799	Mollusques nra, co, sc, sl, ou sm	2 799 807	6 866 035	5 900 785	20 467 886	4 915 608	25 621 663	8 461 652	42 753 317	3 774 620	42 348 408
121220	**Algues**	**257 984**	**246 287**	**283 440**	**288 079**	**443 420**	**561 652**	**348 172**	**526 272**	**794 506**	**1 022 493**
1504	**Graisses, huiles et leurs fractions**	**29 401 204**	**15 770 936**	**12 135 525**	**8 788 957**	**27 013 897**	**29 197 228**	**36 002 474**	**49 792 069**	**15 563 831**	**29 778 560**
150410	Huiles de foies de poisson, et fractions	1 829	44 400	2 222	32 666	3 420	15 047	1 097	11 795	1 140	10 030
150420	Graisses et huiles de poisson, et fractions	29 399 375	15 726 536	12 133 303	8 756 291	27 010 477	29 182 181	36 001 377	49 780 274	15 562 691	29 768 530
150430	Graisses et huiles de mammifère marin, et fractions	..	..	..	..	..	..	..	..	..	..
1604	**Préparations et conserves de poisson; caviars et succédanés**	**5 547 617**	**12 816 235**	**3 703 450**	**10 904 998**	**3 157 278**	**11 130 265**	**4 563 744**	**17 010 365**	**4 459 211**	**19 204 856**
160411	Saumon, non haché	0	2	7	224	0	1	10	16	..	..
160412	Hareng, non haché	..	..	..	..	..	..	..	..	..	..
160413	Sardines, sardinelles, sprats, esprots, non haché	2 749 236	4 907 027	1 021 499	2 068 641	642 271	1 409 933	435 002	1 050 049	332 146	806 374
160414	Thons, listaos, sardes, non haché	2 577 112	7 212 168	2 367 570	7 755 980	2 091 779	7 696 607	3 546 725	13 679 666	2 991 282	13 607 433
160415	Maquereau, non haché	..	..	..	..	..	..	..	..	..	..
160416	Anchois, non haché	..	..	..	..	..	..	..	..	79	281
160419	Poisson nra, non haché	5 305	42 922	13 127	93 426	138 266	984 122	32 309	274 112	22 370	211 287
160420	Poisson, haché	213 404	624 796	301 247	986 727	284 962	1 039 602	549 698	2 006 522	1 113 334	4 579 481
160430	Caviar et succédanés	2 560	29 320	..	..	..	..	..	..	..	..
1605	**Préparations et conserves de crustacés**	**4 703 101**	**26 279 971**	**5 342 194**	**36 335 577**	**3 187 690**	**56 154 322**	**2 579 879**	**39 969 433**	**4 505 572**	**62 819 992**
160510	Crabes	540 459	6 188 000	920 307	13 353 203	1 567 765	27 666 880	1 529 084	27 577 379	1 290 086	20 865 557
160520	Crevettes	17 366	56 652	5 407	25 618	59 222	538 387	23 834	224 231	27 672	264 493
160530	Homard	..	..	..	..	..	..	..	..	..	..
160540	Crustacés nra	59 407	594 272	84 157	1 308 002	36 184	717 359	2 682	19 301	50 099	805 431
230120	**Farine de poisson**	**94 501 123**	**74 625 576**	**57 896 695**	**71 648 417**	**62 560 874**	**71 606 475**	**112 952 733**	**126 925 400**	**106 693 526**	**149 699 272**
	TOTAL	**..**	**803 065 182**	**..**	**773 057 162**	**..**	**1 111 257 016**	**..**	**861 395 588**	**..**	**1 086 782 750**

.. Non disponible

Note : nra : non répertorié ailleurs. vi : vivant. fr : frais. ré : réfrigéré. co : congelé. sc : séché. sl : salé. sm : en saumure.

Métadonnées détaillées : http://metalinks.oecd.org/fish/20150108/8850

Source : OCDE (2014), « Pêcheries : Commerce par produit », Statistiques agricoles de l'OCDE (base de données). DOI: 10.1787/data-00677-fr

PAYS-BAS

Tableau 1. Flotte de pêche

	2006	2007	2008	2009	2010	2011	2012	2013
NOMBRE DE NAVIRES								
Total des navires	**894**	**903**	**887**	**901**	**910**	**882**	**897**	**904**
Navires à moteur	894	903	..	..	910	882	897	904
0-5,9 mètres	125	124	..	..	117	118	117	111
6-11,9 mètres	177	186	..	..	221	197	207	260
12-17,9 mètres	97	94	..	..	98	92	97	90
18-23,9 mètres	205	203	..	..	207	203	208	199
24-29,9 mètres	56	60	..	..	61	60	60	56
30-35,9 mètres	55	58	..	..	57	59	58	57
36-44,9 mètres	156	156	..	..	133	135	133	116
45-59,9 mètres	12	10	..	..	6	6	6	4
60-74,9 mètres	0	0	..	..	0	0	0	0
75 mètres et plus	11	12	..	..	10	12	11	11
Longueur inconnue	0	0	..	..	0	0	0	0
Navires sans moteur	..	0	..	..	0	0	0	0
TONNAGE BRUT								
Total des navires	**158 920**	**164 289**	**146 925**	**154 369**	**147 980**	**156 741**	**154 825**	**148 934**
Navires à moteur	158 920	164 289	..	..	147 980	156 741	154 825	148 934
0-5,9 mètres	129	128	..	..	121	123	122	115
6-11,9 mètres	635	665	..	..	777	708	742	880
12-17,9 mètres	2 023	2 003	..	..	2 009	1 942	2 016	1 889
18-23,9 mètres	13 527	13 470	..	..	13 736	13 463	13 803	13 157
24-29,9 mètres	5 581	6 142	..	..	6 547	6 267	6 219	6 037
30-35,9 mètres	8 538	9 006	..	..	9 067	9 243	9 051	9 125
36-44,9 mètres	56 742	56 846	..	..	47 769	48 239	47 802	41 125
45-59,9 mètres	7 705	6 821	..	..	4 707	4 707	4 707	2 247
60-74,9 mètres	0	0	..	..	0	0	0	0
75 mètres et plus	64 040	69 208	..	..	63 247	72 049	70 361	74 359
Longueur inconnue	..	..	..	..	0	0	0	0
Navires sans moteur	..	..	..	..	0	0	0	0

.. Non disponible

Note : Métadonnées détaillées : http://metalinks.oecd.org/fish/20150108/ed32

Source : OCDE (2014), « Pêcheries : Flotte de pêche », Statistiques agricoles de l'OCDE (base de données). DOI: 10.1787/data-00218-fr

Tableau 2. Emploi dans les pêcheries

Personnes employées

	2006	2007	2008	2009	2010	2011	2012	2013
Plein-temps	**7 287**	**7 250**	**6 858**	**7 613**	**7 568**	**7 775**	**..**	**7 755**
Secteur de capture	2 187	2 250	2 158	2 073	2 028	1 945	..	1 975
Pêche en eaux intérieures	400	400	400	400	350	300	..	275
Homme	400	400	400	400	350	..	..	..
Femme	..	..	..	..	..	..	..	..
Eaux maritimes (pêche côtière)	1 376	1 379	1 287	1 271	1 278	1 245	..	1 200
Homme	1 376	1 379	1 287	1 271	1 278	..	..	..
Femme	..	..	..	0	0	..	..	..
Eaux maritimes (pêche en haute mer)	411	471	471	402	400	400	..	500
Homme	411	471	471	402	400	..	..	..
Femme	..	..	..	..	..	..	..	..
Aquaculture	..	..	..	..	..	290	..	280
Homme	..	..	..	..	..	..	..	..
Femme	..	..	..	..	..	..	..	..
Transformation	5 100	5 000	4 700	5 540	5 540	5 540	..	5 500
Homme	..	..	..	..	..	..	..	..
Femme	..	..	..	..	..	..	..	..
Temps partiel	**129**	**192**	**192**	**181**	**167**	**165**	**..**	**..**
Secteur de capture	129	192	192	181	167	165	..	..
Pêche en eaux intérieures	..	..	..	..	..	..	..	..
Homme	..	..	..	..	..	..	..	..
Femme	..	..	..	..	..	..	..	..
Eaux maritimes (pêche côtière)	75	75	75	81	67	65	..	..
Homme	73	73	73	79	65	..	..	..
Femme	2	2	2	2	2	..	..	..
Eaux maritimes (pêche en haute mer)	54	117	117	100	100	100	..	..
Homme	54	117	117	100	100	..	..	..
Femme	..	..	..	..	..	..	..	..
Aquaculture	..	..	..	..	..	..	..	..
Homme	..	..	..	..	..	..	..	..
Femme	..	..	..	..	..	..	..	..
Transformation	..	..	..	..	..	..	..	..
Homme	..	..	..	..	..	..	..	..
Femme	..	..	..	..	..	..	..	..
Total	**7 676**	**7 672**	**7 270**	**8 014**	**8 055**	**7 940**	**..**	**7 755**
Secteur de capture	2 316	2 442	2 350	2 254	2 195	2 110	..	1 975
Pêche en eaux intérieures	400	400	400	400	350	300	..	275
Homme	400	400	400	400	350	..	..	..
Femme	..	..	..	..	..	..	..	..
Eaux maritimes (pêche côtière)	1 451	1 454	1 362	1 352	1 345	1 310	..	1 200
Homme	1 449	1 452	1 360	1 350	1 343	..	..	..
Femme	2	2	2	2	2	..	..	..
Eaux maritimes (pêche en haute mer)	465	588	588	502	500	500	..	500
Homme	465	588	588	502	500	..	..	..
Femme	..	..	..	0	0	..	..	..
Aquaculture	260	230	220	220	320	290	..	280
Homme	..	..	..	..	..	..	..	..
Femme	..	..	..	..	..	..	..	..
Transformation	5 100	5 000	4 700	5 540	5 540	5 540	..	5 500
Homme	..	..	..	..	..	..	..	..
Femme	..	..	..	..	..	..	..	..

.. Non disponible

Note : Métadonnées détaillées : http://metalinks.oecd.org/fish/20150108/dcc2

Source : OCDE (2014), « Pêcheries : Emploi dans la pêche », Statistiques agricoles de l'OCDE (base de données). DOI: 10.1787/data-00219-fr

PAYS-BAS

Tableau 3. Débarquements nationaux dans les ports nationaux

	2006	2007	2008	2009	2010	2011	2012	2013
VOLUME (TONNES)								
Total poissons	**341 043**	**351 046**	**279 754**	**241 068**	**149 983**	**153 101**	**278 843**	**275 826**
Saumon	..	..	..	..	..	..	..	..
Saumon rose	..	..	..	..	..	..	0	..
Saumon keta	..	..	..	..	..	..	0	..
Saumon rouge	..	..	..	..	..	..	0	..
Saumon argenté	..	..	..	..	..	..	0	..
Autres saumons	..	..	..	..	..	..	0	..
Poissons plats	42 808	45 209	40 178	41 709	42 823	45 013	48 161	47 033
Flétan	3	5	9	1	1	1	1	1
Flétan noir	..	..	0	0	0	..	0	0
Sole	8 249	10 327	9 438	9 575	7 693	7 256	9 038	9 587
Plie	22 030	21 528	20 144	22 755	25 212	27 833	30 401	30 572
Autres poissons plats	12 526	13 349	10 587	9 378	9 917	9 923	8 721	6 873
Poissons de fond	3 525	3 747	4 464	6 718	4 261	3 448	3 480	48 334
Morue (Atlantique et Pacifique)	1 441	1 456	1 813	2 574	2 153	1 585	1 459	669
Églefin	32	46	27	7	16	29	56	8
Lieu	32	43	3	3	0	5	7	10
Morue du Pacifique occidental	2	1	1	0	1	0	1	..
Merlan	691	608	645	705	506	477	450	384
Merlu (toutes espèces)	31	92	148	180	223	390	202	115
Sébaste	21	20	15	4	0	0	5	..
Autres poissons de fond	1 275	1 481	1 812	3 245	1 362	962	1 300	47 149
Pélagiques	287 178	277 360	223 377	187 387	98 842	97 904	227 202	176 719
Chinchard	63 549	60 006	61 016	61 424	26 292	32 178	75 476	62 141
Maquereau	21 127	22 974	19 434	23 353	12 946	17 784	25 559	21 329
Hareng (Atlantique et Pacifique)	95 915	103 057	56 709	53 906	26 834	33 693	85 089	88 010
Sardine	2 309	1 206	2 399	3 425	4 837	1 083	5 712	2 254
Autres pélagiques	104 278	90 117	83 819	45 279	27 933	13 166	35 366	2 985
Thons	21	..	..	..	..	..	..	..
Listao	21	..	..	..	..	..	..	..
Thon rouge (nord et sud)	..	..	..	..	..	..	..	..
Germon	..	..	..	..	..	..	..	..
Albacore	..	..	..	..	..	..	..	..
Thon obèse	..	..	..	..	..	..	..	..
Autres thons	..	..	..	..	..	..	..	..
Espadon	..	..	..	..	..	..	..	..
Autres poissons	7 511	24 730	11 735	5 254	4 057	6 736	..	3 739
Total crustacés	**12 043**	**10 959**	**12 601**	**17 372**	**16 703**	**15 562**	**14 254**	**16 503**
Homard et langouste	16	19	22	25	24	26	8	47
Langoustine	981	1 130	718	821	475	683	1 000	843
Crevette	..	..	..	0	0	..	..	15 184
Autres crustacés	11 046	9 810	11 861	16 526	16 204	14 853	13 246	430
Total coquillages et mollusques	**587**	**404**	**364**	**238**	**356**	**194**	**..**	**3 721**
Huître	..	..	..	0	0	..	..	..
Moule	..	..	..	0	0	..	..	..
Coquille St-Jacques	1	4	0	1	44	0	..	..
Bivalves	..	..	..	0	0	..	..	6
Autres coquillages (incl. buccins)	..	..	..	0	0	..	..	3 547
Calmar	39	87	136	65	74	55	..	55
Seiche	..	..	..	0	0	..	..	113
Poulpe	..	..	..	0	0	..	..	..
Autres mollusques (incl. oursins)	547	313	228	172	238	139	..	..
Autres animaux marins	..	..	..	..	..	..	..	..
Plantes aquatiques	..	..	..	..	..	..	..	..
Algue brune	..	..	..	..	..	..	..	..
Algue rouge	..	..	..	..	..	..	..	..
Autres algues	..	..	..	..	..	..	..	..
Poisson pour transformation	..	..	..	..	..	..	..	..
TOTAL GÉNÉRAL	**353 673**	**362 409**	**292 719**	**258 678**	**167 042**	**168 857**	**293 097**	**296 050**

Tableau 3. Débarquements nationaux dans les ports nationaux *(suite)*

	2006	2007	2008	2009	2010	2011	2012	2013
VALEUR (EUR)								
Total poissons	**339 175 706**	**363 452 010**	**313 498 870**	**268 016 000**	**218 879 000**	**226 329 880**	**301 433 110**	**288 249 586**
Saumon	..	..	..	..	..	..	..	..
Saumon rose	..	..	..	..	..	..	..	..
Saumon keta	..	..	..	..	..	..	..	..
Saumon rouge	..	..	..	..	..	..	..	..
Saumon argenté	..	..	..	..	..	..	..	..
Autres saumons	..	..	..	..	..	..	..	..
Poissons plats	185 033 507	189 269 620	162 439 790	154 087 000	151 306 000	149 736 760	155 865 310	142 436 076
Flétan	28 347	38 150	64 620	8 000	1 000	9 980	9 980	6 655
Flétan noir	..	..	..	0	0	..	..	533
Sole	104 808 242	104 199 430	92 869 920	96 325 000	88 546 000	80 831 840	87 397 460	78 545 054
Plie	45 418 804	43 917 120	38 273 600	31 402 000	34 793 000	39 522 860	43 777 440	38 292 374
Autres poissons plats	34 778 115	41 114 920	31 231 650	26 352 000	27 966 000	29 372 080	24 680 430	25 591 460
Poissons de fond	7 194 959	8 368 760	10 948 820	16 786 000	10 301 000	8 595 120	9 072 400	13 793 924
Morue (Atlantique et Pacifique)	3 615 853	4 047 680	4 985 750	5 817 000	5 469 000	4 279 500	3 647 500	1 723 526
Églefin	53 892	67 620	34 830	10 000	23 000	45 530	87 920	18 086
Lieu	42 446	57 620	3 300	5 000	0	10 100	18 830	11 431
Morue du Pacifique occidental	..	..	..	0	0	0	1 000	..
Merlan	818 062	863 360	625 650	606 000	511 000	586 710	625 500	501 485
Merlu (toutes espèces)	75 775	149 960	217 560	216 000	294 000	604 500	313 100	78 683
Sébaste	51 745	42 800	26 250	8 000	0	0	10 550	..
Autres poissons de fond	2 537 186	3 139 720	5 055 480	10 124 000	4 004 000	3 068 780	4 368 000	11 460 713
Pélagiques	139 421 330	141 083 630	128 375 260	91 889 000	53 215 000	61 262 000	136 495 400	125 799 069
Chinchard	36 222 930	31 203 120	38 440 080	19 041 000	9 991 000	15 445 440	36 228 480	58 216 464
Maquereau	19 859 380	21 595 560	19 822 680	34 329 000	18 124 000	16 539 120	23 769 870	20 265 527
Hareng (Atlantique et Pacifique)	47 957 500	60 803 630	39 696 300	14 015 000	9 124 000	21 900 450	55 307 850	42 779 605
Sardine	969 780	446 220	1 079 550	959 000	1 451 000	530 670	2 798 880	2 351 350
Autres pélagiques	34 411 740	27 035 100	29 336 650	23 545 000	14 525 000	6 846 320	18 390 320	2 186 123
Thons	14 910	..	..	..	..	..	..	..
Listao	14 910	..	..	..	..	..	..	..
Thon rouge (nord et sud)	..	..	..	..	..	..	..	..
Germon	..	..	..	..	..	..	..	..
Albacore	..	..	..	..	..	..	..	..
Thon obèse	..	..	..	..	..	..	..	..
Autres thons	..	..	..	..	..	..	..	..
Espadon	..	..	..	..	..	..	..	..
Autres poissons	7 511 000	24 730 000	11 735 000	5 254 000	4 057 000	6 736 000	..	6 220 517
Total crustacés	**37 852 867**	**7 413 680**	**15 714 120**	**20 128 000**	**19 154 000**	**35 110 650**	**59 379 080**	**69 244 704**
Homard et langouste	224 000	272 080	263 120	375 000	480 000	410 280	0	661 599
Langoustine	5 975 153	7 141 600	3 590 000	3 227 000	2 470 000	4 548 780	6 660 000	5 023 177
Crevette	31 653 714	..	..	0	0	..	..	63 159 295
Autres crustacés	..	..	11 861 000	16 526 000	16 204 000	30 151 590	52 719 080	400 633
Total coquillages et mollusques	**596 000**	**353 000**	**228 000**	**182 000**	**1 233 000**	**361 200**	**..**	**9 594 473**
Huître	..	..	..	0	0	..	..	..
Moule	..	..	..	0	0	..	..	..
Coquille St-Jacques	10 000	40 000	..	10 000	440 000	0	..	..
Bivalves	..	..	..	0	0	..	..	76 147
Autres coquillages (incl. buccins	..	..	..	0	0	..	..	8 938 705
Calmar	39 000	..	..	0	555 000	222 200	..	333 370
Seiche	..	..	..	0	0	..	..	246 251
Poulpe	..	..	..	0	0	..	..	..
Autres mollusques (incl. oursins)	547 000	313 000	228 000	172 000	238 000	139 000	..	..
Autres animaux marins	..	..	..	..	..	..	..	..
Plantes aquatiques	..	..	..	..	..	..	..	..
Algue brune	..	..	..	..	..	..	..	..
Algue rouge	..	..	..	..	..	..	..	..
Autres algues	..	..	..	..	..	..	..	..
Poisson pour transformation	..	..	..	..	..	..	..	..
TOTAL GÉNÉRAL	**377 624 573**	**371 218 690**	**329 440 990**	**288 326 000**	**239 266 000**	**261 801 730**	**360 812 190**	**367 088 763**

.. Non disponible

Note : Métadonnées détaillées : http://metalinks.oecd.org/fish/20150108/96ae

Source : OCDE (2014), « Pêcheries : Débarquements nationaux dans les ports domestiques », Statistiques agricoles de l'OCDE (base de données). DOI: 10.1787/data-00222-fr

Tableau 4. Débarquements nationaux dans les ports étrangers

	2006	2007	2008	2009	2010	2011	2012	2013
VOLUME (TONNES)								
Total poissons	**109 387**	**93 643**	**103 925**	**117 401**	**95 348**	**90 791**	**40 353**	**41 643**
Saumon	..	..	..	..	..	..	..	..
Saumon rose	..	..	..	..	..	..	..	..
Saumon keta	..	..	..	..	..	..	..	..
Saumon rouge	..	..	..	..	..	..	..	..
Saumon argenté	..	..	..	..	..	..	..	..
Autres saumons	..	..	..	..	..	..	..	..
Poissons plats	2 375	1 947	847	950	1 943	1 218	2 595	2 342
Flétan	..	1	1	1	1	0	0	0
Flétan noir	..	..	..	0	0	..	0	0
Sole	55	40	21	27	37	23	46	22
Plie	1 918	1 571	612	715	1 297	672	1 856	1 614
Autres poissons plats	402	335	213	207	608	523	693	706
Poissons de fond	1 014	1 606	1 336	990	1 436	1 777	2 461	6 416
Morue (Atlantique et Pacifique)	204	148	126	115	267	309	542	541
Églefin	1	8	2	18	22	76	202	161
Lieu	6	2	1	13	2	17	28	132
Morue du Pacifique occidental	4	3	1	4	2	3	2	..
Merlan	168	193	196	149	278	347	594	756
Merlu (toutes espèces)	6	3	9	13	18	6	23	19
Sébaste	..	..	..	0	0	0	0	..
Autres poissons de fond	625	1 249	1 001	678	847	1 019	1 070	4 807
Pélagiques	69 223	61 773	66 520	75 579	79 527	82 935	34 901	31 355
Chinchard	7 368	1 785	3 135	1 851	2 537	2 710	3 818	18 140
Maquereau	35	91	374	64	90	86	137	275
Hareng (Atlantique et Pacifique)	..	63	1	3 028	362	1 751	1	..
Sardine	2 568	8 220	8 091	30 507	22 165	47 224	21 317	2 351
Autres pélagiques	59 252	51 614	54 919	40 129	54 373	31 164	9 628	10 589
Thons	14	4	9	..	1	24	..	..
Listao	14	4	9	0	0	23	..	..
Thon rouge (nord et sud)	..	..	..	0	0	..	..	..
Germon	..	..	..	0	0	..	..	..
Albacore	..	..	..	0	1	0	..	..
Thon obèse	..	..	..	0	0	..	..	..
Autres thons	..	..	..	0	0	1	..	..
Espadon	..	..	..	0	0	..	..	..
Autres poissons	36 761	28 317	35 213	39 882	12 441	4 837	396	1 530
Total crustacés	**4 574**	**6 698**	**3 534**	**2 947**	**2 526**	**3 008**	**3 691**	**2 015**
Homard et langouste	..	..	..	0	0	0	0	..
Langoustine	..	17	19	61	4	14	24	14
Crevette	..	..	..	0	0	..	..	2 001
Autres crustacés	4 574	6 681	3 515	2 886	2 522	2 994	3 667	..
Total coquillages et mollusques	**928**	**994**	**997**	**1 036**	**596**	**294**	**494**	**369**
Huître	..	..	..	0	0	..	..	..
Moule	..	..	..	0	0	..	..	..
Coquille St-Jacques	780	754	781	753	271	0	..	..
Bivalves	..	..	..	0	0	..	..	..
Autres coquillages (incl. buccins	..	..	..	0	0	..	..	..
Calmar	130	195	186	248	246	228	284	311
Seiche	..	..	..	0	0	..	..	58
Poulpe	..	..	..	0	2	1	1	..
Autres mollusques (incl. oursins)	18	45	30	35	77	65	209	..
Autres animaux marins	..	..	..	..	..	..	..	..
Plantes aquatiques	..	..	..	..	..	..	..	..
Algue brune	..	..	..	..	..	..	..	..
Algue rouge	..	..	..	..	..	..	..	..
Autres algues	..	..	..	..	..	..	..	..
Poisson pour transformation	..	..	..	..	..	..	..	..
TOTAL GÉNÉRAL	**114 889**	**101 335**	**108 456**	**121 384**	**98 470**	**94 093**	**44 538**	**44 027**

Tableau 4. Débarquements nationaux dans les ports étrangers *(suite)*

	2006	2007	2008	2009	2010	2011	2012	2013
VALEUR (EUR)								
Total poissons	**69 383 380**	**55 894 090**	**65 790 420**	**75 158 000**	**56 029 000**	**54 331 190**	**29 093 210**	**37 384 546**
Saumon	..	..	..	..	..	..	..	..
Saumon rose	..	..	..	..	..	..	..	..
Saumon keta	..	..	..	..	..	..	..	..
Saumon rouge	..	..	..	..	..	..	..	..
Saumon argenté	..	..	..	..	..	..	..	..
Autres saumons	..	..	..	..	..	..	..	..
Poissons plats	5 769 251	4 647 870	2 004 970	1 849 000	3 941 000	2 758 540	5 078 650	3 269 251
Flétan	..	7 630	7 180	8 000	10 000	0	0	4 256
Flétan noir	..	..	..	0	0	..	0	1 442
Sole	698 806	403 600	206 640	272 000	426 000	256 220	444 820	177 651
Plie	3 954 302	3 204 840	1 162 800	987 000	1 790 000	954 240	2 672 640	2 021 139
Autres poissons plats	1 116 143	1 031 800	628 350	582 000	1 715 000	1 548 080	1 961 190	1 064 763
Poissons de fond	1 978 810	3 352 710	3 346 320	2 563 000	3 510 000	4 677 680	6 205 970	5 024 922
Morue (Atlantique et Pacifique)	511 890	411 440	346 500	260 000	678 000	834 300	1 355 000	1 392 610
Églefin	1 684	11 760	2 580	24 000	32 000	119 320	317 140	375 351
Lieu	7 959	2 680	1 100	21 000	5 000	34 340	75 320	157 771
Morue du Pacifique occidental	..	..	..	0	0	3 000	2 000	..
Merlan	198 892	274 060	190 120	128 000	281 000	426 810	825 660	988 063
Merlu (toutes espèces)	14 666	4 890	13 230	15 000	24 000	9 300	35 650	12 948
Sébaste	..	..	..	0	0	0	0	..
Autres poissons de fond	1 243 719	2 647 880	2 792 790	2 115 000	2 490 000	3 250 610	3 595 200	2 098 179
Pélagiques	24 864 380	19 576 510	25 219 830	30 864 000	36 137 000	41 863 970	17 412 590	23 589 781
Chinchard	4 199 760	928 200	1 975 050	574 000	964 000	1 300 800	1 832 640	16 994 132
Maquereau	32 900	85 540	381 480	94 000	126 000	79 980	127 410	261 635
Hareng (Atlantique et Pacifique)	..	37 170	700	787 000	123 000	1 138 150	650	..
Sardine	1 078 560	3 041 400	3 640 950	8 542 000	6 650 000	23 139 760	10 445 330	2 452 245
Autres pélagiques	19 553 160	15 484 200	19 221 650	20 867 000	28 274 000	16 205 280	5 006 560	3 881 769
Thons	9 940	2 800	6 300	..	..	194 000	..	..
Listao	9 940	2 800	6 300	0	0	184 000	..	..
Thon rouge (nord et sud)	..	..	..	0	0	..	..	..
Germon	..	..	..	0	0	..	..	..
Albacore	..	..	..	0	0	0	..	..
Thon obèse	..	..	..	0	0	..	..	..
Autres thons	..	..	..	0	0	10 000	..	..
Espadon	..	..	..	0	0	..	..	..
Autres poissons	36 761 000	28 317 000	35 213 000	39 882 000	12 441 000	4 837 000	396 000	5 500 592
Total crustacés	**107 440**	**107 440**	**95 000**	**240 000**	**2 543 000**	**6 171 060**	**14 754 500**	**8 406 378**
Homard et langouste	..	..	..	0	0	0	0	..
Langoustine	..	107 440	95 000	240 000	21 000	93 240	159 840	84 173
Crevette	..	..	..	0	0	..	..	8 322 205
Autres crustacés	..	..	..	0	2 522 000	6 077 820	14 594 660	..
Total coquillages et mollusques	**7 948 000**	**7 585 000**	**7 840 000**	**7 565 000**	**4 632 000**	**986 120**	**2 333 320**	**2 003 891**
Huître	..	..	..	0	0	..	..	..
Moule	..	..	..	0	0	..	..	..
Coquille St-Jacques	7 800 000	7 540 000	7 810 000	7 530 000	2 710 000	0	..	..
Bivalves	..	..	..	0	0	..	..	..
Autres coquillages (incl. buccins	..	..	..	0	0	..	..	..
Calmar	130 000	..	..	0	1 845 000	921 120	2 124 320	1 877 225
Seiche	..	..	..	0	0	..	..	126 666
Poulpe	..	..	..	0	0	0	0	..
Autres mollusques (incl. oursins)	18 000	45 000	30 000	35 000	77 000	65 000	209 000	..
Autres animaux marins	..	..	..	..	..	..	..	..
Plantes aquatiques	..	..	..	..	..	..	..	..
Algue brune	..	..	..	..	..	..	..	..
Algue rouge	..	..	..	..	..	..	..	..
Autres algues	..	..	..	..	..	..	..	..
Poisson pour transformation	..	..	..	..	..	..	..	..
TOTAL GÉNÉRAL	**77 331 380**	**63 586 530**	**73 725 420**	**82 963 000**	**63 204 000**	**61 488 370**	**46 181 030**	**47 794 815**

.. Non disponible

Note : Métadonnées détaillées : http://metalinks.oecd.org/fish/20150108/375c

Source : OCDE (2014), « Pêcheries : Débarquements nationaux dans les ports étrangers », Statistiques agricoles de l'OCDE (base de données). DOI: 10.1787/data-00223-fr

Tableau 5. Débarquements étrangers dans les ports nationaux

	2006	2007	2008	2009	2010	2011	2012	2013
VOLUME (TONNES)								
Total poissons	**244 712**	**205 260**	**167 446**	**178 193**	**110 304**	**97 959**	**76 128**	**5 653**
Saumon	..	..	..	..	..	..	..	..
Saumon rose	..	..	..	..	..	..	..	..
Saumon keta	..	..	..	..	..	..	..	..
Saumon rouge	..	..	..	..	..	..	..	..
Saumon argenté	..	..	..	..	..	..	..	..
Autres saumons	..	..	..	..	..	0	..	..
Poissons plats	21 505	19 287	18 004	19 566	21 529	20 352	8 756	2 535
Flétan	2	8	10	2	1	0	0	0
Flétan noir	..	..	..	0	0	..	0	..
Sole	1 629	1 720	1 403	1 543	1 530	994	684	2 041
Plie	15 120	13 586	13 845	15 797	17 708	17 337	6 938	43
Autres poissons plats	4 754	3 973	2 746	2 224	2 290	2 021	1 134	451
Poissons de fond	2 732	2 492	1 121	1 555	1 318	985	375	2 473
Morue (Atlantique et Pacifique)	818	2 005	632	1 020	861	652	259	41
Églefin	56	78	40	39	20	14	6	1
Lieu	46	14	4	16	4	0	0	..
Morue du Pacifique occidental	1	2	1	4	2	1	0	..
Merlan	383	137	113	190	207	111	34	15
Merlu (toutes espèces)	49	49	90	58	59	41	19	1
Sébaste	1 208	3	..	14	0	..	0	..
Autres poissons de fond	171	204	241	214	165	166	57	2 415
Pélagiques	218 029	176 456	144 362	151 457	85 671	74 378	66 339	559
Chinchard	41 466	29 120	29 855	33 336	21 117	13 001	24 599	..
Maquereau	25 129	29 466	28 469	43 884	22 260	28 588	13 314	291
Hareng (Atlantique et Pacifique)	79 098	56 565	46 500	53 445	26 157	30 653	16 536	266
Sardine	2 450	933	1 775	1 473	2 718	126	3 519	2
Autres pélagiques	69 886	60 372	37 763	19 319	13 419	2 010	8 371	..
Thons	14	..	..	..	..	..	..	..
Listao	..	..	..	..	..	..	..	..
Thon rouge (nord et sud)	..	..	..	..	..	..	..	..
Germon	..	..	..	..	..	..	..	..
Albacore	..	..	..	..	..	..	..	..
Thon obèse	..	..	..	..	..	..	..	..
Autres thons	..	..	..	..	..	..	..	..
Espadon	..	..	..	..	..	..	..	..
Autres poissons	2 446	7 025	3 959	5 615	1 786	2 244	658	87
Total crustacés	**1 168**	**1 407**	**1 528**	**2 090**	**1 732**	**1 265**	**1 485**	**708**
Homard et langouste	2	1	1	0	2	0	0	..
Langoustine	625	929	577	767	443	591	664	108
Crevette	..	..	..	0	0	..	..	318
Autres crustacés	541	477	950	1 323	1 287	674	821	282
Total coquillages et mollusques	**284**	**139**	**81**	**91**	**175**	**129**	**47**	**26**
Huître	..	..	..	0	0	..	..	..
Moule	..	..	..	0	0	..	..	..
Coquille St-Jacques	7	10	14	7	19	10	6	8
Bivalves	..	..	..	0	0	..	..	..
Autres coquillages (incl. buccins	..	..	..	0	0	..	..	11
Calmar	12	31	16	14	36	16	6	2
Seiche	..	..	..	0	0	..	..	5
Poulpe	1	1	..	1	1	..	0	..
Autres mollusques (incl. oursins)	264	97	51	69	119	103	35	..
Autres animaux marins	..	..	..	..	..	..	..	..
Plantes aquatiques	..	..	..	..	..	..	..	..
Algue brune	..	..	..	..	..	..	..	..
Algue rouge	..	..	..	..	..	..	..	..
Autres algues	..	..	..	..	..	..	..	..
Poisson pour transformation	..	..	..	..	..	..	..	..
TOTAL GÉNÉRAL	**246 164**	**206 806**	**169 055**	**180 374**	**112 211**	**99 353**	**77 660**	**6 387**

PAYS-BAS

Tableau 5. Débarquements étrangers dans les ports nationaux *(suite)*

	2006	2007	2008	2009	2010	2011	2012	2013
VALEUR (EUR)								
Total poissons	**184 529 435**	**165 484 350**	**149 363 650**	**151 713 000**	**109 173 000**	**100 289 570**	**62 412 540**	**7 367 874**
Saumon	..	..	..	..	..	..	..	..
Saumon rose	..	..	..	..	..	..	..	..
Saumon keta	..	..	..	..	..	..	..	..
Saumon rouge	..	..	..	..	..	..	..	..
Saumon argenté	..	..	..	..	..	..	..	..
Autres saumons	..	..	..	..	..	..	..	..
Poissons plats	65 088 226	57 368 120	48 283 520	43 589 000	48 515 000	41 673 860	19 814 220	2 542 154
Flétan	18 898	61 040	71 800	17 000	10 000	0	0	1 234
Flétan noir	..	..	..	0	0	..	..	..
Sole	20 697 372	17 354 800	13 805 520	15 523 000	17 610 000	11 073 160	6 614 280	992 071
Plie	31 172 597	27 715 440	26 305 500	21 800 000	24 437 000	24 618 540	9 990 720	60 971
Autres poissons plats	13 199 358	12 236 840	8 100 700	6 249 000	6 458 000	5 982 160	3 209 220	1 487 878
Poissons de fond	6 097 950	6 420 630	2 708 300	3 312 000	2 998 000	2 513 000	925 150	3 152 535
Morue (Atlantique et Pacifique)	2 052 580	5 573 900	1 738 000	2 305 000	2 187 000	1 760 400	647 500	106 236
Églefin	94 311	114 660	51 600	53 000	29 000	21 980	9 420	2 361
Lieu	61 016	18 760	4 400	26 000	10 000	0	0	..
Morue du Pacifique occidental	..	..	..	0	0	1 000	0	..
Merlan	453 427	194 540	109 610	163 000	209 000	136 530	47 260	21 340
Merlu (toutes espèces)	119 773	79 870	132 300	70 000	78 000	63 550	29 450	1 116
Sébaste	2 976 561	6 420	..	27 000	0	..	..	..
Autres poissons de fond	340 281	432 480	672 390	668 000	485 000	529 540	191 520	3 021 482
Pélagiques	110 897 260	94 670 600	94 412 830	99 197 000	55 874 000	53 858 710	41 015 170	1 463 046
Chinchard	23 635 620	15 142 400	18 808 650	10 334 000	8 024 000	6 240 480	11 807 520	..
Maquereau	23 621 260	27 698 040	29 038 380	64 509 000	31 164 000	26 586 840	12 382 020	1 217 195
Hareng (Atlantique et Pacifique)	39 549 000	33 373 350	32 550 000	13 896 000	8 893 000	19 924 450	10 748 400	242 235
Sardine	1 029 000	345 210	798 750	412 000	815 000	61 740	1 724 310	3 616
Autres pélagiques	23 062 380	18 111 600	13 217 050	10 046 000	6 978 000	1 045 200	4 352 920	..
Thons	10 000	..	..	..	..	..	..	..
Listao	..	..	..	..	..	..	..	..
Thon rouge (nord et sud)	..	..	..	..	..	..	..	..
Germon	..	..	..	..	..	..	..	..
Albacore	..	..	..	..	..	..	..	..
Thon obèse	..	..	..	..	..	..	..	..
Autres thons	..	..	..	..	..	..	..	..
Espadon	..	..	..	..	..	..	..	..
Autres poissons	2 446 000	7 025 000	3 959 000	5 615 000	1 786 000	2 244 000	658 000	210 139
Total crustacés	**3 834 800**	**5 885 600**	**2 896 960**	**5 104 000**	**3 631 000**	**5 304 280**	**7 689 820**	**3 423 984**
Homard et langouste	28 000	14 320	11 960	0	40 000	0	0	..
Langoustine	3 806 800	5 871 280	2 885 000	3 014 000	2 304 000	3 936 060	4 422 240	648 661
Crevette	..	..	..	0	0	..	..	2 593 428
Autres crustacés	..	..	..	2 090 000	1 287 000	1 368 220	3 267 580	181 895
Total coquillages et mollusques	**346 000**	**197 000**	**191 000**	**139 000**	**579 000**	**267 640**	**79 880**	**56 449**
Huître	..	..	..	0	0	..	..	..
Moule	..	..	..	0	0	..	..	..
Coquille St-Jacques	70 000	100 000	140 000	70 000	190 000	100 000	..	27 079
Bivalves	..	..	..	0	0	..	..	..
Autres coquillages (incl. buccins	..	..	..	0	0	..	..	7 688
Calmar	12 000	..	..	0	270 000	64 640	44 880	9 738
Seiche	..	..	..	0	0	..	..	11 944
Poulpe	..	..	..	0	0	..	..	..
Autres mollusques (incl. oursins)	264 000	97 000	51 000	69 000	119 000	103 000	35 000	..
Autres animaux marins	..	..	..	..	..	..	..	..
Plantes aquatiques	..	..	..	..	..	..	..	..
Algue brune	..	..	..	..	..	..	..	..
Algue rouge	..	..	..	..	..	..	..	..
Autres algues	..	..	..	..	..	..	..	..
Poisson pour transformation	..	..	..	..	..	..	..	..
TOTAL GÉNÉRAL	**188 710 235**	**171 566 950**	**152 451 610**	**156 956 000**	**113 383 000**	**105 861 490**	**70 182 240**	**10 848 307**

.. Non disponible

Note : Métadonnées détaillées : http://metalinks.oecd.org/fish/20150108/43a9

Source : OCDE (2014), « Pêcheries : Débarquements étrangers dans les ports domestiques », Statistiques agricoles de l'OCDE (base de données). DOI: 10.1787/data-00224-fr

PAYS-BAS

Tableau 6. Production de l'aquaculture

	2006	2007	2008	2009	2010	2011	2012	2013
VOLUME (TONNES)								
Poissons	**11 085**	..	**6 650**	**6 650**	**6 410**	**4 625**	..	..
Saumon de l'Atlantique	..	..	..	..	..	..	..	..
Saumon du Pacifique	..	..	..	..	..	..	..	..
Truite arc-en-ciel	..	..	..	..	..	50	..	..
dont : d'eau de mer	..	..	..	..	..	..	..	..
dont : d'eau douce	..	..	..	..	..	50	..	..
Truite de mer	..	..	..	..	..	..	..	..
Poisson plat	..	..	..	..	200	280	..	..
Dorade	..	..	..	..	..	..	..	..
Bar	..	..	..	..	..	..	..	..
Loup	4 500	..	1 000	1 000	3 750	2 100	..	..
Carpe	..	..	..	..	..	..	..	..
Tilapia	1 500	..	..	..	..	5	..	..
Anguille	5 000	..	3 000	3 000	2 100	2 000	..	..
Autres poissons	85	..	2 650	2 650	360	190	..	..
Coquillages et crustacés	**29 808**	**41 283**	**56 975**	**66 751**	**82 570**	**36 109**	**26 800**	..
Huître, comestible	..	..	20 794	20 374	25 887	3 500	..	..
Huître, perle	..	..	..	..	0	..	..	..
Moule	29 808	41 283	36 181	46 377	56 683	32 609	26 800	..
Coquille St.-Jacques	..	..	..	..	..	..	..	..
Bivalves	..	..	..	..	..	..	..	..
Crevette et bouquet	..	..	..	..	..	..	..	..
Autres coquillages et crustacés	..	..	..	..	..	..	..	..
Total poissons, coquillages et crustacés	**40 893**	**41 283**	**56 975**	**73 401**	**88 980**	**40 734**	**26 800**	..
Autres animaux marins	..	..	..	..	..	..	..	..
Plantes aquatiques	..	..	..	..	..	..	..	..
Algue brune	..	..	..	..	..	..	..	..
Algue rouge	..	..	..	..	..	..	..	..
Algue verte	..	..	..	..	..	..	..	..
Autres plantes aquatiques	..	..	..	..	..	..	..	..
TOTAL GÉNÉRAL	**40 893**	**41 283**	**56 975**	**73 401**	**88 980**	**40 734**	**26 800**	..
VALEUR (EUR)								
Poissons	**48 265 000**	..	**35 500 000**	**35 500 000**	**50 264 000**	**26 640 000**	..	..
Saumon de l'Atlantique	..	..	..	..	..	..	..	..
Saumon du Pacifique	..	..	..	..	..	..	..	..
Truite arc-en-ciel	..	..	..	..	..	400 000	..	..
dont : d'eau de mer	..	..	..	..	..	..	..	..
dont : d'eau douce	..	..	..	..	..	400 000	..	..
Truite de mer	..	..	..	..	..	..	..	..
Poisson plat	..	..	..	..	2 114 000	2 100 000	..	..
Dorade	..	..	..	..	..	..	..	..
Bar	..	..	..	..	..	..	..	..
Loup	4 000 000	..	1 000 000	1 000 000	22 500 000	4 200 000	..	..
Carpe	..	..	..	..	..	..	..	..
Tilapia	1 500 000	..	..	..	..	15 000	..	..
Anguille	42 000 000	..	31 500 000	31 500 000	22 050 000	18 500 000	..	..
Autres poissons	765 000	..	3 000 000	3 000 000	3 600 000	1 425 000	..	..
Coquillages et crustacés	**44 988 000**	**66 287 000**	**67 373 000**	**58 497 000**	**72 001 000**	**48 524 330**	**54 300 000**	..
Huître, comestible	..	..	2 174 000	2 305 000	2 848 000	3 850 000	..	..
Huître, perle	..	..	..	..	0	..	..	..
Moule	44 988 000	66 287 000	65 199 000	56 192 000	69 153 000	44 674 330	54 300 000	..
Coquille St.-Jacques	..	..	..	..	..	..	..	..
Bivalves	..	..	..	..	..	..	..	..
Crevette et bouquet	..	..	..	..	..	..	..	..
Autres coquillages et crustacés	..	..	..	..	..	..	..	..
Total poissons, coquillages et crustacés	**93 253 000**	**66 287 000**	**67 373 000**	**93 997 000**	**122 265 000**	**75 164 330**	**54 300 000**	..
Autres animaux marins	..	..	..	..	..	..	..	..
Plantes aquatiques	..	..	..	..	..	..	..	..
Algue brune	..	..	..	..	..	..	..	..
Algue rouge	..	..	..	..	..	..	..	..
Algue verte	..	..	..	..	..	..	..	..
Autres plantes aquatiques	..	..	..	..	..	..	..	..
TOTAL GÉNÉRAL	**93 253 000**	**66 287 000**	**67 373 000**	**93 997 000**	**122 265 000**	**75 164 330**	**54 300 000**	..

.. Non disponible

Note : Métadonnées détaillées : http://metalinks.oecd.org/fish/20150108/72fd

Source : OCDE (2014), « Pêcheries : Production de l'aquaculture », Statistiques agricoles de l'OCDE (base de données). DOI: 10.1787/data-00225-fr

Tableau 7. Transferts financiers publics (TFP)

Milliers EUR

	2006	2007	2008	2009	2010	2011	2012	2013
Contribution nationale aux TFP								
Pêche maritime	**7 505**	**2 126**	**20 743**	**1 724**	**8 393**	..	..	..
Paiements directs	6 704	556	19 743	1 695	3 687	..	..	..
Désarmement des navires et retrait des licences	6 217	6 217	19 326	..	..	..	..	..
Indemnisation des catastrophes	..	..	..	..	..	..	..	..
Aides : équipement, modernisation, construction de navire	487	556	417	1 695	3 687	..	..	..
Aide au revenu et assurance chômage	..	..	..	..	..	..	..	..
Autres paiements directs	..	..	..	..	..	..	..	..
Transferts réduisant les coûts	..	..	..	..	..	..	..	..
Prêts subventionnés : équipement, modernisation, construction de navire	..	..	..	..	..	..	..	..
Bonification d'intérêts	..	..	..	..	..	..	..	..
Exonération de taxe sur carburant	..	..	..	..	..	..	..	..
Ristourne et subvention à l'assurance	..	..	..	..	..	..	..	..
Allègement d'impôt sur le revenu, contrib. sociales impayées	..	..	..	..	..	..	..	..
Autres transferts réduisant les coûts	..	..	..	..	..	..	..	..
Services généraux	801	1 570	1 000	29	4 706	..	..	..
Gestion des pêcheries	88	50	..	29	51	..	..	..
Recherche halieutique	713	1 520	1 000	..	4 655	..	..	..
Police des pêches	..	..	..	..	..	..	..	..
Infrastructure des pêcheries	..	..	..	..	..	..	..	..
Autres services généraux	..	..	..	..	..	..	..	..
Recouvrement des coûts	..	..	..	..	..	..	..	..
Aquaculture	**941**	**512**	**500**	**869**	**1 158**	..	..	..
Paiements directs	..	..	..	869	1 158	..	..	..
Aides : développement aquacole	..	..	..	869	1 158	..	..	..
Indemnisation des catastrophes	..	..	..	..	..	..	..	..
Autres paiements directs	..	..	..	..	..	..	..	..
Transferts réduisant les coûts	..	..	..	..	..	..	..	..
Prêts subventionnés : développement aquacole	..	..	..	..	..	..	..	..
Autres transferts réduisant les coûts	..	..	..	..	..	..	..	..
Services généraux	941	512	500	500	..	..	..	..
Gestion, recherche et police de l'aquaculture	941	512	500	500	..	..	..	..
Infrastructure aquacole	..	..	..	..	..	..	..	..
Autres services généraux	..	..	..	..	..	..	..	..
Recouvrement des coûts	..	..	..	..	..	..	..	..
Commercialisation et transformation	..	**105**	**105**	**869**	**1 323**	..	..	..
Paiements directs	..	..	..	869	1 323	..	..	..
Aides : commercialisation et transformation	..	..	..	869	1 323	..	..	..
Autres paiements directs	..	..	..	..	..	..	..	..
Transferts réduisant les coûts	..	..	..	..	..	..	..	..
Prêts subventionnés : commercialisation et transformation	..	..	..	..	..	..	..	..
Autres transferts réduisant les coûts	..	..	..	..	..	..	..	..
Services généraux	..	105	105	..	..	..	..	..
Aquaculture	..	105	105	..	..	..	..	..
Autres services généraux	..	..	..	..	..	..	..	..
Recouvrement des coûts	..	..	..	..	..	..	..	..
Total	**8 446**	**2 743**	**21 243**	**2 593**	**10 874**	..	..	..

Tableau 7. Transferts financiers publics (TFP) *(suite)*

Milliers EUR

	2006	2007	2008	2009	2010	2011	2012	2013
Contribution européenne aux TFP								
Pêche maritime	**7 235**	**1 990**	**8 481**	**584**	**973**	..	..	..
Paiements directs	6 502	554	8 481	555	922	..	..	..
Désarmement des navires et retrait des licences	6 217	6 217	8 329	..	..	..	..	..
Indemnisation des catastrophes	..	..	..	..	..	..	..	..
Aides : équipement, modernisation, construction de navire	285	554	152	555	922	..	..	..
Aide au revenu et assurance chômage	..	..	..	..	..	..	..	..
Autres paiements directs	..	..	..	..	..	..	..	..
Transferts réduisant les coûts	..	..	..	..	..	..	..	..
Prêts subventionnés : équipement, modernisation, construction de navire	..	..	..	..	..	..	..	..
Bonification d'intérêts	..	..	..	..	..	..	..	..
Exonération de taxe sur carburant	..	..	..	..	..	..	..	..
Ristourne et subvention à l'assurance	..	..	..	..	..	..	..	..
Allègement d'impôt sur le revenu, contrib. sociales impayées	..	..	..	..	..	..	..	..
Autres transferts réduisant les coûts	..	..	..	..	..	..	..	..
Services généraux	733	1 436	1 436	29	51	..	..	..
Gestion des pêcheries	87	50	50	29	51	..	..	..
Recherche halieutique	646	1 386	1 386	..	..	..	..	..
Police des pêches	..	..	..	..	..	..	..	..
Infrastructure des pêcheries	..	..	..	..	..	..	..	..
Autres services généraux	..	..	..	..	..	..	..	..
Recouvrement des coûts	..	..	..	..	..	..	..	..
Aquaculture	**1 328**	**768**	**768**	**525**	**877**	..	..	..
Paiements directs	..	..	..	525	877	..	..	..
Aides : développement aquacole	..	..	..	525	877	..	..	..
Indemnisation des catastrophes	..	..	..	..	..	..	..	..
Autres paiements directs	..	..	..	..	..	..	..	..
Transferts réduisant les coûts	..	..	..	..	..	..	..	..
Prêts subventionnés : développement aquacole	..	..	..	..	..	..	..	..
Autres transferts réduisant les coûts	..	..	..	..	..	..	..	..
Services généraux	1 328	768	768	..	..	..	..	..
Gestion, recherche et police de l'aquaculture	1 328	768	768	..	..	..	..	..
Infrastructure aquacole	..	..	..	..	..	..	..	..
Autres services généraux	..	..	..	..	..	..	..	..
Recouvrement des coûts	..	..	..	..	..	..	..	..
Commercialisation et transformation	**..**	**310**	**310**	**525**	**479**	..	..	..
Paiements directs	..	..	..	525	479	..	..	..
Aides : commercialisation et transformation	..	..	..	525	479	..	..	..
Autres paiements directs	..	..	..	..	..	..	..	..
Transferts réduisant les coûts	..	..	..	..	..	..	..	..
Prêts subventionnés : commercialisation et transformation	..	..	..	..	..	..	..	..
Autres transferts réduisant les coûts	..	..	..	..	..	..	..	..
Services généraux	..	310	310	..	..	..	..	..
Aquaculture	..	310	310	..	..	..	..	..
Autres services généraux	..	..	..	..	..	..	..	..
Recouvrement des coûts	..	..	..	..	..	..	..	..
Total	**8 563**	**3 068**	**8 481**	**1 109**	**2 329**	..	..	..

Tableau 7. Transferts financiers publics (TFP) *(suite)*

Milliers EUR

	2006	2007	2008	2009	2010	2011	2012	2013
Total des TFP								
Pêche maritime	**14 740**	**4 116**	**29 224**	**2 308**	**9 366**	..	..	..
Paiements directs	13 206	1 110	28 224	2 250	4 609	..	..	..
Désarmement des navires et retrait des licences	12 434	12 434	27 655	..	..	..	..	..
Indemnisation des catastrophes	..	..	..	..	..	..	..	..
Aides : équipement, modernisation, construction de navire	772	1 110	569	2 250	4 609	..	..	..
Aide au revenu et assurance chômage	..	..	..	..	..	..	..	..
Autres paiements directs	..	..	..	..	..	..	..	..
Transferts réduisant les coûts	..	..	..	..	..	..	..	..
Prêts subventionnés : équipement, modernisation, construction de navire	..	..	..	..	..	..	..	..
Bonification d'intérêts	..	..	..	..	..	..	..	..
Exonération de taxe sur carburant	..	..	..	..	..	..	..	..
Ristourne et subvention à l'assurance	..	..	..	..	..	..	..	..
Allègement d'impôt sur le revenu, contrib. sociales impayées	..	..	..	..	..	..	..	..
Autres transferts réduisant les coûts	..	..	..	..	..	..	..	..
Services généraux	1 534	3 006	1 000	58	4 757	..	..	..
Gestion des pêcheries	175	100	..	58	102	..	..	..
Recherche halieutique	1 359	2 906	1 000	..	4 655	..	..	..
Police des pêches	..	..	..	..	..	..	..	..
Infrastructure des pêcheries	..	..	..	..	..	..	..	..
Autres services généraux	..	..	..	..	..	..	..	..
Recouvrement des coûts	..	..	..	..	..	..	..	..
Aquaculture	**2 269**	**1 280**	**500**	..	**2 035**	..	..	..
Paiements directs	..	..	..	..	2 035	..	..	..
Aides : développement aquacole	..	..	..	..	2 035	..	..	..
Indemnisation des catastrophes	..	..	..	..	..	..	..	..
Autres paiements directs	..	..	..	..	..	..	..	..
Transferts réduisant les coûts	..	..	..	..	..	..	..	..
Prêts subventionnés : développement aquacole	..	..	..	..	..	..	..	..
Autres transferts réduisant les coûts	..	..	..	..	..	..	..	..
Services généraux	2 269	1 280	500	..	..	..	..	..
Gestion, recherche et police de l'aquaculture	2 269	1 280	500	..	..	..	..	..
Infrastructure aquacole	..	..	..	..	..	..	..	..
Autres services généraux	..	..	..	..	..	..	..	..
Recouvrement des coûts	..	..	..	..	..	..	..	..
Commercialisation et transformation	..	**415**	**415**	**1 394**	**1 802**	..	..	..
Paiements directs	..	..	..	1 394	1 802	..	..	..
Aides : commercialisation et transformation	..	..	..	1 394	1 802	..	..	..
Autres paiements directs	..	..	..	..	..	..	..	..
Transferts réduisant les coûts	..	..	..	..	..	..	..	..
Prêts subventionnés : commercialisation et transformation	..	..	..	..	..	..	..	..
Autres transferts réduisant les coûts	..	..	..	..	..	..	..	..
Services généraux	..	415	415	..	..	..	..	..
Aquaculture	..	415	415	..	..	..	..	..
Autres services généraux	..	..	..	..	..	..	..	..
Recouvrement des coûts	..	..	..	..	..	..	..	..
Total	**17 009**	**5 811**	**29 724**	**3 702**	**13 203**	..	..	..

.. Non disponible

Note : Métadonnées détaillées : http://metalinks.oecd.org/fish/20150108/93ef

Source : OCDE (2014), « Pêcheries : Transferts financiers publics », Statistiques agricoles de l'OCDE (base de données). DOI: 10.1787/data-00220-fr

PAYS-BAS

Tableau 8. Importations par produit

		2009		2010		2011		2012		2013	
		Tonnes	USD	Tonnes	USD	Tonnes	USD	Tonnes	USD	Tonnes	USD
03	**Poisson, crustacés et mollusques**	**..**	**1 738 763 944**	**..**	**1 779 990 610**	**..**	**2 413 449 030**	**..**	**2 240 961 292**	**..**	**2 187 094 647**
0302	**Poisson, frais ou réfrigéré, excl. 0304**	**..**	**248 588 736**	**77 277 373**	**272 365 967**	**85 636 304**	**358 551 423**	**112 544 085**	**339 765 143**	**101 338 062**	**403 771 633**
030211	Truite	467 213	2 325 254	249 527	1 531 263	310 037	2 156 037	559 625	3 057 729	472 964	3 106 137
030212	Saumon (Pacifique, Atlantique et Danube)	6 367 104	39 939 407	8 957 007	49 965 579	8 900 430	58 939 805	10 187 920	55 956 259	15 896 502	107 803 889
030219	Salmonidés nra	1 659 894	14 552 713	720 251	11 573 963	180 408	1 649 785	339 208	1 711 785	41 986	279 170
030221	Flétan	170 638	1 916 556	261 618	2 469 907	266 502	3 038 307	511 368	3 891 315	290 359	2 991 986
030222	Plie, carrelet	9 454 761	38 982 524	22 045 160	40 406 785	25 193 348	52 507 219	30 261 910	54 406 670	32 060 650	52 183 259
030223	Sole	2 386 762	37 996 348	10 499 486	42 453 772	3 380 502	54 027 270	4 259 871	58 394 175	3 297 202	42 456 812
030229	Poissons plats nra	1 152 582	10 450 391	3 684 254	16 499 194	4 849 064	17 507 640	5 792 756	17 813 221	7 710 598	28 141 122
030231	Thon blanc/germon	11 680	83 692	..	..	123	2 009	663	6 998	493	9 000
030232	Albacore (thon jaune)	282 945	3 169 152	191 945	2 764 228	176 286	2 872 046	165 498	2 524 158	173 724	2 523 723
030233	Listaos/bonite à ventre rayé	12 741	41 846	9 833	88 827	10 007	78 172	7 690	52 005	4 647	31 814
030239	Thonidés nra	34 507	613 744	73 180	479 928	28 945	217 883	24 640	244 490	16 257	231 650
030240	Hareng	1 603 166	1 519 017	2 776 898	2 350 588	2 987 753	3 696 109	10 980 952	8 257 351	6 118 403	6 106 174
030250	Morue	3 258 717	19 286 913	6 697 163	20 513 622	8 195 685	31 672 007	18 005 302	31 383 084	9 198 206	33 919 203
030261	Sardines	320 032	594 216	136 981	405 685	198 918	642 728	242 803	725 349	615 168	1 094 485
030262	Églefin	170 172	585 847	378 161	666 862	806 523	1 496 085	885 525	1 650 526	642 607	840 402
030263	Lieu noir	1 425 333	3 728 496	1 584 923	3 855 336	1 783 238	4 959 789	2 916 208	5 635 009	2 156 594	4 069 785
030264	Maquereau	1 649 166	3 070 116	2 055 026	3 498 704	3 118 639	6 528 070	2 476 306	5 401 257	1 994 148	4 453 569
030265	Aiguillat et autres squalidés	259 387	1 375 345	418 171	1 618 764	976 551	1 972 106	528 317	1 701 114	642 405	2 312 195
030266	Anguille	1 893	20 923	5 233	54 357	2 934	37 941	12 079	54 498	5 988	28 285
030269	Poisson nra	9 531 855	68 277 652	16 526 647	71 111 593	24 262 734	114 424 336	17 160 379	81 317 671	19 404 067	109 181 455
030270	Foies, oeufs et laitances	..	58 585	5 909	57 008	7 677	126 078	7 225 065	5 580 480	595 095	2 007 519
0303	**Poisson, congelé, excl. 0304**	**..**	**284 724 324**	**404 815 693**	**377 671 792**	**382 097 978**	**531 198 273**	**435 152 619**	**508 291 813**	**328 760 944**	**352 798 249**
030319	Saumon, Pacifique	..	..	..	..	..	..	..	..	..	..
030321	Truite	135 251	557 949	153 821	654 930	201 737	832 585	188 483	741 513	416 492	2 187 366
030322	Saumon (Atlantique et Danube)	..	..	..	..	..	..	..	..	..	..
030329	Salmonidés	474 768	1 523 202	1 280 795	3 879 200	502 659	5 305 435	183 520	1 100 463	31 958	447 405
030331	Flétan	280 252	1 495 304	324 969	1 907 781	370 350	2 984 418	412 182	2 876 526	372 225	2 900 475
030332	Plie, carrelet	95 262	157 621	15 657	35 796	11 800	18 439	73 340	544 233	13 951	38 930
030333	Sole	97 697	477 047	48 616	430 875	52 904	648 712	28 642	228 435	730 297	523 337
030339	Poisson plat nra	378 088	1 008 493	600 509	3 028 056	1 122 165	4 838 862	781 591	2 336 042	698 774	2 076 516
030341	Thon blanc/germon	23 122	61 374	..	..	..	..	..	..	3 722	24 418
030342	Albacore (thon jaune)	328 535	743 467	152 367	725 196	76 330	344 395	52 264	303 733	213 842	369 872
030343	Listao/bonite à ventre rayé	98 864	159 016	204 526	185 608	185 029	234 269	98 401	73 251	238	2 412
030349	Thonidés nra	48 871	96 246	30 668	39 773	49 682	146 946	186 774	499 895	111 242	200 177
030350	Hareng	53 861 223	41 681 603	76 470 701	50 527 705	91 015 032	81 341 077	119 660 468	97 632 868	93 784 455	57 536 387
030360	Morue	..	36 547 075	19 072 925	62 938 228	24 157 610	92 481 827	16 691 739	55 610 303	19 817 627	55 231 504
030371	Sardines, sardinelles	30 350 837	24 579 062	71 801 366	31 750 840	55 518 519	42 313 667	42 806 472	32 378 781	9 176 124	6 556 830
030372	Églefin	357 665	1 001 519	2 510 256	5 543 040	5 445 706	13 302 842	3 904 650	8 835 446	2 696 446	8 859 791
030373	Lieu noir	3 015 016	4 364 558	5 365 862	9 308 224	6 908 710	14 300 082	4 458 748	9 697 271	2 742 728	5 912 327
030374	Maquereau	31 333 428	47 978 061	71 438 412	60 584 988	99 143 878	125 613 840	89 105 490	114 804 560	71 054 351	72 055 967
030375	Aiguillat et autres squalidés	..	30 687	48 400	129 925	120 202	313 814	80 105	241 632	152 688	482 280
030376	Anguille	102 297	1 096 370	37 629	249 245	9 765	94 412	3 442	100 062	5 487	126 051
030377	Bar (loup)	18 131	191 098	31 723	230 684	9 036	82 474	73 450	325 030	72 027	816 738
030378	Merlu	288 599	571 898	362 853	1 031 448	583 208	1 129 302	494 800	1 105 181	524 411	1 372 318
030379	Poisson nra	58 035 966	109 611 932	152 311 723	130 377 441	94 104 507	129 361 064	154 236 354	170 337 360	123 675 358	122 079 411
030380	Foies, oeufs et laitances	275 726	1 862 156	464 567	2 583 924	893 879	3 513 817	821 290	3 192 308	1 274 122	4 114 887
0304	**Filets de poisson et autre chair de poisson**	**112 045 418**	**632 413 227**	**136 237 728**	**587 607 301**	**148 089 425**	**799 486 828**	**124 126 108**	**654 271 659**	**134 420 503**	**678 972 324**
030410	Filets et autre chair de poisson, frais ou réfrigéré	21 101 073	195 439 880	19 388 829	173 516 636	18 947 270	194 546 732	20 132 536	190 161 081	22 640 506	207 788 411
030420	Filets de poissons, congelé	82 607 413	406 414 463	104 890 402	384 982 082	120 817 541	578 970 083	96 728 312	442 596 689	103 150 349	440 544 127
030490	Chair de poisson nra, congelé	8 336 932	30 558 884	11 958 497	29 108 582	8 324 614	25 970 013	7 265 260	21 513 889	8 629 648	30 639 787
0305	**Poisson, séché, salé, fumé, ou en saumure**	**..**	**158 120 045**	**24 727 357**	**146 480 231**	**26 937 068**	**179 741 758**	**30 402 479**	**174 562 278**	**30 487 506**	**173 558 059**
030510	Farine de poisson, consommation humaine	5 264	72 533	39 315	416 291	11 955	266 867	1 292 357	931 886	413 406	1 528 507
030520	Foies, oeufs et laitances	134 581	1 235 858	159 890	1 325 769	244 598	2 634 042	244 337	2 575 051	161 829	904 719
030530	Filets de poisson (non fumé)	5 547 020	49 259 950	7 812 325	50 800 813	6 927 060	48 952 775	7 515 166	48 353 547	8 006 260	44 871 310
030541	Saumon (Pacifique, Atlantique et Danube), fumé	1 141 655	18 224 019	2 493 102	16 992 380	4 549 004	36 259 222	7 302 490	41 065 897	3 267 230	37 353 700
030542	Hareng, fumé	..	..	..	..	..	..	..	..	..	..
030549	Poisson nra, fumé	1 355 794	15 296 180	3 211 330	15 598 997	3 219 370	16 383 581	953 005	8 490 906	712 230	6 616 583
030551	Morue, séché, non fumé	..	244 103	45 379	332 768	119 839	716 251	266 334	1 666 543	1 138 038	6 229 354
030559	Poisson nra, séché, salé, non fumé	..	1 912 371	353 794	1 946 229	643 930	3 167 858	1 739 136	8 029 907	2 228 382	9 170 131
030561	Hareng, salé ou en saumure	2 471 413	5 824 991	889 856	6 052 135	1 464 796	8 387 775	2 118 970	10 669 598	3 874 917	12 582 758
030562	Morue, salé ou en saumure	7 338 012	61 299 101	7 929 033	47 010 440	8 073 161	56 616 017	7 164 746	46 039 832	9 403 685	49 393 031
030563	Anchois, salé ou en saumure	8 342	25 108	4 723	27 841	6 401	31 391	3 027	15 995	35 844	142 809
030569	Poisson nra, salé ou en saumure	993 525	4 565 420	1 689 819	5 733 951	1 643 854	6 217 622	1 656 844	6 139 799	1 010 522	3 731 247

PAYS-BAS

Tableau 8. Importations par produit (*suite*)

		2009		2010		2011		2012		2013	
		Tonnes	USD	Tonnes	USD	Tonnes	USD	Tonnes	USD	Tonnes	USD
0306	**Crustacés**	**36 300 246**	**289 137 703**	**44 136 416**	**275 087 771**	**49 098 235**	**320 704 107**	**51 785 209**	**372 978 894**	**47 619 011**	**389 911 075**
030611	Langoustes et autres palinuridés, congelé	6 942	156 226	9 635	334 094	9 953	587 098	23 053	769 820	46 266	810 187
030612	Homard nra	152 634	2 870 649	411 493	5 549 669	584 869	8 294 707	459 899	5 771 713	496 203	5 443 603
030613	Crevettes, congelé	29 770 314	214 101 889	27 811 238	179 377 861	31 521 847	217 228 671	29 275 572	218 513 240	30 910 081	267 050 978
030614	Crabes, congelé	507 264	4 474 753	642 989	8 010 296	808 692	9 267 856	776 405	9 400 837	623 021	5 197 436
030619	Crustacés nra, congelé	889 655	10 100 277	1 435 416	17 142 192	1 605 426	23 360 459	1 841 167	17 233 603	1 364 920	12 954 489
030621	Langoustes et autres palinuridés (non congelé)	2 244	62 769	3 917	31 818	34 463	356 327	1 295	38 101	1 021	35 798
030622	Homard nra (non congelé)	144 933	3 343 511	221 648	3 588 856	280 944	4 668 155	258 914	4 225 765	286 906	4 702 189
030623	Crevettes (non congelé)	4 637 949	52 178 025	13 383 620	59 116 036	13 925 297	54 133 293	18 443 768	111 830 776	13 183 193	87 849 498
030624	Crabes (non congelé)	108 879	842 503	77 185	722 544	33 839	267 478	185 851	792 849	154 967	594 578
030629	Crustacés nra (non congelé)	79 432	1 007 099	139 275	1 214 404	292 905	2 540 062	519 285	4 402 190	552 433	5 272 320
0307	**Mollusques**	**16 130 707**	**85 906 061**	**32 980 702**	**89 224 248**	**67 615 869**	**181 558 934**	**63 299 316**	**154 088 035**	**65 988 776**	**159 058 162**
030710	Huîtres	285 359	1 913 766	256 068	983 721	3 583 059	6 662 318	2 380 327	4 755 912	995 423	3 734 792
030721	St-Jacques, vi, fr, ou ré	316 712	4 251 574	347 854	3 147 375	660 399	6 572 828	3 133 197	5 780 277	2 583 537	5 419 645
030729	St-Jacques, co, sc, sl, ou sm	2 413 380	27 730 081	2 786 466	32 932 100	2 121 959	36 276 536	1 652 724	25 587 075	1 952 205	32 726 965
030731	Moules, vi, fr, ou ré	7 138 776	27 829 117	19 347 115	21 960 036	43 889 946	80 252 088	41 827 104	67 684 348	34 045 148	65 104 260
030739	Moules, co, sc, sl, ou sm	384 383	1 583 181	364 524	1 083 153	1 024 961	3 593 465	574 744	2 106 596	627 030	2 875 674
030741	Seiches, encornets et calmars, vi, fr, ou ré	521 023	2 749 295	1 367 413	4 770 117	1 982 004	9 104 659	3 428 994	11 543 488	2 774 559	6 295 463
030749	Seiches, encornets et calmars, co, sc, sl, ou sm	3 468 675	11 587 212	5 216 417	15 173 425	5 922 424	22 203 576	5 728 757	20 630 486	5 546 896	16 369 983
030751	Poulpe, vi, fr, ou ré	18 513	142 277	8 982	91 478	22 622	250 738	19 695	145 674	43 111	132 402
030759	Poulpe, co, sc, sl, ou sm	293 539	1 399 058	379 737	1 763 273	774 099	4 295 468	595 115	3 801 430	557 474	2 744 235
030760	Escargots (autres que de mer)	37 585	227 364	24 623	160 418	13 968	73 690	20 033	212 546	19 142	89 952
030791	Mollusques nra, vi, fr, ou ré	191 038	1 922 135	182 160	1 991 305	254 098	2 706 779	1 232 525	5 451 782	712 274	4 892 569
030799	Mollusques nra, co, sc, sl, ou sm	1 061 723	4 571 000	2 699 343	5 167 847	7 366 330	9 566 789	2 706 101	6 388 420	16 131 977	18 672 221
121220	**Algues**	**..**	**8 991 353**	**2 053 637**	**8 710 302**	**4 329 528**	**10 895 843**	**806 023**	**6 583 612**	**868 890**	**6 047 578**
1504	**Graisses, huiles et leurs fractions**	**..**	**43 455 882**	**32 524 118**	**52 875 642**	**32 747 899**	**92 880 022**	**31 782 339**	**64 311 055**	**20 847 096**	**57 261 141**
150410	Huiles de foies de poisson, et fractions	62 234	535 631	406 927	1 666 492	339 795	2 640 820	179 142	1 479 986	229 036	2 405 659
150420	Graisses et huiles de poisson, et fractions	..	41 530 957	31 083 481	50 172 399	30 666 672	87 820 792	29 510 119	59 351 332	19 704 278	53 101 402
150430	Graisses et huiles de mammifère marin, et fractions	..	1 389 294	1 033 710	1 036 751	1 741 432	2 418 410	2 093 078	3 479 738	913 782	1 754 080
1604	**Préparations et conserves de poisson; caviars et succédanés**	**43 430 236**	**186 772 137**	**75 108 855**	**223 707 596**	**60 953 764**	**279 485 671**	**56 665 949**	**297 952 914**	**68 881 660**	**399 493 498**
160411	Saumon, non haché	1 946 474	14 953 042	2 423 806	15 051 455	2 436 102	14 576 195	2 727 530	17 085 265	2 429 064	17 388 008
160412	Hareng, non haché	1 795 107	6 688 417	1 430 597	5 601 374	1 788 889	7 428 898	2 169 075	10 177 605	3 479 348	15 831 930
160413	Sardines, sardinelles, sprats, esprots, non haché	6 320 185	19 769 539	4 355 722	16 618 513	2 354 380	9 291 596	2 854 236	11 861 084	4 909 491	23 752 134
160414	Thons, listaos, sardes, non haché	15 196 044	67 676 462	50 479 854	108 017 023	36 202 108	150 883 713	31 334 953	164 566 779	37 594 267	224 687 753
160415	Maquereau, non haché	1 802 412	4 967 144	686 611	7 912 189	1 034 077	7 281 855	1 022 143	7 000 277	1 729 641	11 927 900
160416	Anchois, non haché	402 202	3 583 429	314 635	3 216 315	478 133	3 630 121	566 416	5 197 067	927 904	8 509 278
160419	Poisson nra, non haché	7 965 136	37 886 153	6 851 035	34 155 785	8 839 544	46 116 628	8 538 094	42 116 722	8 767 412	44 089 616
160420	Poisson, haché	7 979 980	30 801 592	8 535 463	32 434 937	7 711 044	38 718 051	7 340 990	39 085 437	8 943 244	52 548 810
160430	Caviar et succédanés	22 696	446 359	31 132	700 006	109 488	1 558 615	112 512	862 678	101 289	758 069
1605	**Préparations et conserves de crustacés**	**37 762 638**	**288 822 461**	**36 120 654**	**324 724 559**	**39 740 719**	**385 172 456**	**31 707 408**	**319 894 190**	**31 759 204**	**282 582 842**
160510	Crabes	866 464	8 602 184	1 077 843	9 503 112	1 138 456	10 190 960	1 063 080	8 701 349	748 610	6 972 933
160520	Crevettes	28 886 668	220 938 163	23 706 949	256 093 479	29 162 671	314 614 838	19 548 352	254 752 987	20 768 660	241 189 426
160530	Homard	20 009	316 636	77 031	620 460	108 273	905 180	49 382	291 921	113 292	376 223
160540	Crustacés nra	5 213 154	45 196 684	7 009 890	45 207 394	3 656 830	37 551 053	3 289 784	36 561 570	736 003	8 668 316
230120	**Farine de poisson**	**33 155 167**	**34 829 986**	**22 979 879**	**37 362 820**	**19 703 073**	**33 635 002**	**25 439 317**	**40 613 589**	**21 242 250**	**39 533 762**
	TOTAL	**..**	**2 301 635 763**	**888 962 412**	**2 427 371 529**	**916 949 862**	**3 215 518 024**	**963 710 852**	**2 970 316 652**	**..**	**2 972 013 468**

.. Non disponible

Note : nra : non répertorié ailleurs. vi : vivant. fr : frais. ré : réfrigéré. co : congelé. sc : séché. sl : salé. sm : en saumure.

Métadonnées détaillées : http://metalinks.oecd.org/fish/20150108/3ca6

Source : OCDE (2014), « Pêcheries : Commerce par produit », Statistiques agricoles de l'OCDE (base de données). DOI: 10.1787/data-00677-fr

PAYS-BAS

Tableau 9. Exportations par produit

		2009		2010		2011		2012		2013	
		Tonnes	USD	Tonnes	USD	Tonnes	USD	Tonnes	USD	Tonnes	USD
03	**Poisson, crustacés et mollusques**	..	**2 066 509 583**	..	**2 212 454 989**	..	**2 891 734 737**	..	**2 872 418 919**	..	**2 827 987 551**
0302	**Poisson, frais ou réfrigéré, excl. 0304**	..	**328 763 427**	**37 206 719**	**305 865 264**	**46 573 498**	**378 353 030**	**55 277 850**	**377 971 830**	**47 255 775**	**393 635 965**
030211	Truite	534 141	2 824 052	332 613	3 825 090	50 096	363 093	90 049	673 132	102 265	820 246
030212	Saumon (Pacifique, Atlantique et Danube)	2 664 693	15 903 429	3 753 765	26 837 965	4 790 241	32 069 353	2 690 055	11 745 271	4 338 043	31 029 581
030219	Salmonidés nra	597 359	3 610 991	423 964	2 842 291	745 639	5 217 963	819 743	5 375 154	688 193	4 744 538
030221	Flétan	47 273	570 671	107 781	729 473	125 845	1 288 540	285 704	2 252 560	110 255	1 589 686
030222	Plie, carrelet	2 354 730	8 776 327	2 072 250	10 298 829	4 066 189	21 348 195	5 497 631	25 698 183	3 545 895	19 307 355
030223	Sole	5 994 790	103 903 893	5 730 863	89 950 620	5 804 337	100 853 594	11 750 833	137 483 616	6 941 101	90 113 729
030229	Poissons plats nra	3 901 365	32 042 661	2 999 218	34 415 197	4 207 461	46 964 102	4 551 409	44 172 918	5 828 770	67 019 768
030231	Thon blanc/germon	35 946	178 596	10 263	147 221	8 434	178 987	87 148	1 219 180	3 524	70 100
030232	Albacore (thon jaune)	968 228	5 600 664	137 344	4 327 763	112 549	4 927 250	140 718	8 114 794	141 875	6 109 056
030233	Listaos/bonite à ventre rayé	..	..	143	2 653	1 112 217	5 202 994	1 593	16 410	378	2 918
030239	Thonidés nra	5 953	75 345	6 118	309 031	6 455	242 256	7 793	61 093	6 207	126 192
030240	Hareng	903 848	1 057 624	1 274 363	1 882 040	2 190 510	3 563 344	7 157 811	5 776 936	2 684 828	2 283 526
030250	Morue	1 092 311	6 645 730	1 954 728	6 115 634	2 360 745	10 250 607	1 852 071	5 961 086	1 681 172	6 103 865
030261	Sardines	44 339	54 416	17 391	49 074	19 123	74 972	41 172	104 241	286 490	359 408
030262	Églefin	55 320	154 876	187 371	306 379	652 452	1 176 398	551 567	1 047 791	125 078	343 452
030263	Lieu noir	67 818	174 410	702 368	1 388 651	673 569	1 413 724	754 200	1 547 669	557 487	1 098 842
030264	Maquereau	804 061	1 495 743	1 627 357	2 858 207	1 951 650	4 248 561	2 159 013	4 348 876	1 249 761	3 113 157
030265	Aiguillat et autres squalidés	378 075	2 147 340	437 062	2 527 955	605 164	2 927 254	571 210	2 410 893	744 307	4 464 560
030266	Anguille	117 029	1 301 799	55 275	611 431	138 954	1 147 969	273 514	963 692	246 084	846 525
030269	Poisson nra	25 824 755	142 187 653	15 372 948	116 333 659	16 949 188	134 805 014	15 990 865	118 849 077	17 963 768	153 922 847
030270	Foies, oeufs et laitances	..	57 207	3 534	106 105	2 679	88 861	3 752	149 259	10 294	166 614
0303	**Poisson, congelé, excl. 0304**	..	**454 172 809**	**450 347 894**	**609 611 079**	**385 755 290**	**751 419 007**	**472 569 118**	**820 417 635**	**451 270 049**	**704 891 667**
030319	Saumon, Pacifique	..	..	..	..	..	..	..	..	..	..
030321	Truite	126 386	520 440	91 174	521 241	112 982	744 421	177 296	1 077 957	412 734	2 570 780
030322	Saumon (Atlantique et Danube)	..	..	..	..	..	..	..	..	..	..
030329	Salmonidés	56 698	161 853	382 719	1 490 777	1 072 528	1 590 850	39 087	203 675	86 116	695 064
030331	Flétan	145 983	743 686	68 099	482 778	1 836 000	10 154 267	162 893	1 513 043	203 189	1 826 265
030332	Plie, carrelet	1 817 615	5 101 153	1 257 677	6 976 412	2 496 619	12 401 558	2 176 730	12 931 427	1 853 959	8 486 568
030333	Sole	..	44 003 023	2 877 194	40 249 653	5 515 743	50 630 076	6 490 910	73 972 650	10 774 635	47 250 483
030339	Poisson plat nra	6 793 579	15 825 294	5 444 465	17 650 588	4 596 155	18 145 508	3 604 344	11 184 288	3 911 547	11 643 118
030341	Thon blanc/germon	14 810	32 091	8 971	35 810	25 073	51 468	50 017	411 297	31 001	240 060
030342	Albacore (thon jaune)	1 683 387	3 574 714	152 936	1 676 461	164 791	1 714 354	69 365	635 121	105 581	1 459 267
030343	Listao/bonite à ventre rayé	214 345	311 148	47 272	190 989	167 146	254 597	40 438	122 444	8 978	30 292
030349	Thonidés nra	108 655	399 051	119 527	545 115	145 120	556 753	95 152	675 983	66 795	400 133
030350	Hareng	..	83 747 643	91 900 151	78 704 803	77 121 583	94 970 144	128 035 858	167 524 410	131 495 947	147 970 995
030360	Morue	..	3 955 626	12 900 652	42 040 177	17 977 764	69 658 169	12 528 905	41 387 634	9 487 108	26 103 528
030371	Sardines, sardinelles	15 168 625	14 212 347	47 294 192	30 909 749	26 047 246	21 039 332	31 974 909	29 168 269	11 159 840	10 212 739
030372	Églefin	2 064 914	5 800 189	4 533 512	10 154 260	6 008 815	16 006 076	3 936 820	9 664 393	2 965 297	9 515 801
030373	Lieu noir	2 042 209	3 708 661	5 953 573	11 487 206	7 645 025	17 474 833	5 139 040	16 041 528	3 143 851	6 762 212
030374	Maquereau	52 763 324	74 229 026	84 919 559	124 941 437	76 788 607	145 756 092	87 328 493	162 035 594	90 049 897	141 483 272
030375	Aiguillat et autres squalidés	..	241 384	62 991	204 252	127 869	502 199	57 240	240 066	79 925	425 542
030376	Anguille	62 882	580 437	16 903	153 852	95 998	1 546 988	95 171	2 145 970	148 899	2 893 872
030377	Bar (loup)	333 800	2 314 774	311 226	3 233 554	488 521	3 899 602	536 048	4 920 876	216 749	2 663 158
030378	Merlu	287 502	718 570	320 432	685 704	786 404	1 760 524	2 478 802	3 198 763	582 917	1 141 513
030379	Poisson nra	101 985 317	187 853 853	189 318 821	228 478 818	154 263 518	269 906 823	185 949 570	272 831 162	181 960 441	266 824 707
030380	Foies, oeufs et laitances	323 770	2 253 381	786 413	1 951 008	627 477	1 810 025	814 020	2 094 621	850 785	2 075 167
0304	**Filets de poisson et autre chair de poisson**	**96 649 475**	**574 772 652**	**92 077 620**	**573 885 483**	**123 288 068**	**815 499 340**	**102 055 203**	**669 709 315**	**108 364 249**	**733 323 968**
030410	Filets et autre chair de poisson, frais ou réfrigéré	28 774 518	223 340 071	31 261 299	236 476 492	31 619 658	255 743 924	28 181 432	202 176 036	30 122 183	251 320 881
030420	Filets de poissons, congelé	61 607 526	330 395 908	58 017 400	322 088 738	87 942 223	534 510 393	70 509 929	445 616 740	74 742 218	461 116 504
030490	Chair de poisson nra, congelé	6 267 431	21 036 673	2 798 921	15 320 254	3 726 187	25 245 023	3 363 842	21 916 538	3 499 848	20 886 583
0305	**Poisson, séché, salé, fumé, ou en saumure**	..	**71 748 214**	**8 694 818**	**69 862 267**	**10 576 707**	**105 419 176**	**12 963 389**	**123 360 181**	**12 874 478**	**132 132 786**
030510	Farine de poisson, consommation humaine	..	61 392	3 777	27 853	163 627	514 471	493 098	1 178 722	778 394	2 131 283
030520	Foies, oeufs et laitances	46 139	426 956	50 168	412 484	221 503	1 797 425	402 929	2 778 543	52 343	496 567
030530	Filets de poisson (non fumé)	455 362	3 143 571	354 286	3 329 048	510 094	4 337 171	462 637	3 603 234	176 621	3 177 553
030541	Saumon (Pacifique, Atlantique et Danube), fumé	1 986 777	32 664 957	1 944 920	30 803 644	2 517 395	51 726 045	3 947 259	67 893 751	3 610 665	76 190 933
030542	Hareng, fumé	..	..	..	..	..	..	..	..	..	..
030549	Poisson nra, fumé	2 248 903	20 985 048	2 463 856	20 707 741	2 554 523	25 862 550	2 836 106	25 179 870	2 557 219	24 272 066
030551	Morue, séché, non fumé	18 172	210 688	61 082	428 399	67 680	538 047	66 307	574 501	84 117	800 783
030559	Poisson nra, séché, salé, non fumé	239 755	1 427 374	830 615	5 055 909	1 252 366	7 789 309	1 426 337	8 001 480	1 570 424	7 973 336
030561	Hareng, salé ou en saumure	3 494 673	7 353 139	2 259 625	6 656 770	2 270 532	8 971 693	2 379 811	10 176 800	2 630 580	10 730 100
030562	Morue, salé ou en saumure	282 932	2 251 986	754	11 937	985	8 670	37 090	157 485	497 845	2 274 964
030563	Anchois, salé ou en saumure	882	2 791	241	5 305	273	4 213	2 001	14 389	87	1 316
030569	Poisson nra, salé ou en saumure	87 509	343 239	45 298	290 463	123 685	590 585	118 165	571 740	57 471	474 880

Tableau 9. Exportations par produit (*suite*)

		2009		2010		2011		2012		2013	
		Tonnes	USD	Tonnes	USD	Tonnes	USD	Tonnes	USD	Tonnes	USD
0306	**Crustacés**	**50 486 849**	**408 273 598**	**64 437 096**	**397 565 292**	**69 861 163**	**482 861 546**	**69 483 599**	**595 519 251**	**58 710 249**	**562 525 529**
030611	Langoustes et autres palinuridés, congelé	6 340	189 758	8 019	106 105	22 054	328 278	22 643	314 249	362 643	4 537 544
030612	Homard nra	116 278	2 059 437	634 129	4 829 109	752 379	6 871 594	637 684	5 879 160	799 156	6 780 298
030613	Crevettes, congelé	30 753 051	204 499 572	33 065 469	177 852 084	36 775 680	219 883 210	22 935 699	171 620 747	20 557 029	179 773 423
030614	Crabes, congelé	585 874	5 158 359	760 611	9 938 071	703 572	9 837 974	772 784	7 441 080	942 024	8 279 221
030619	Crustacés nra, congelé	3 649 813	41 374 310	4 273 666	43 777 648	4 121 909	56 985 921	3 828 299	51 624 992	2 854 104	30 488 789
030621	Langoustes et autres palinuridés (non congelé)	18 902	767 405	65 939	511 957	7 768	88 582	46 879	770 105	43 277	638 713
030622	Homard nra (non congelé)	521 317	11 456 664	517 832	14 671 686	1 314 642	25 259 096	1 356 305	24 879 979	980 632	25 097 626
030623	Crevettes (non congelé)	14 086 030	133 303 890	23 717 104	135 227 003	24 408 826	147 399 970	38 703 311	318 663 542	31 570 250	297 715 487
030624	Crabes (non congelé)	148 650	1 005 999	191 911	1 067 683	292 557	1 907 372	225 908	3 108 821	142 469	2 147 537
030629	Crustacés nra (non congelé)	600 594	8 458 202	1 202 416	9 583 945	1 461 776	14 299 549	954 087	11 216 574	458 665	7 066 890
0307	**Mollusques**	**46 942 605**	**201 453 671**	**61 367 553**	**231 712 372**	**68 731 242**	**311 414 413**	**55 638 970**	**238 043 476**	**53 188 932**	**254 598 797**
030710	Huîtres	959 604	6 740 610	2 220 155	10 324 029	5 569 030	18 945 777	5 280 084	17 079 821	3 290 145	17 524 099
030721	St-Jacques, vi, fr, ou ré	1 556 344	12 978 917	1 033 014	15 933 011	1 478 932	26 587 730	1 285 090	22 770 072	1 013 732	17 458 865
030729	St-Jacques, co, sc, sl, ou sm	1 270 326	16 573 165	3 008 860	27 010 386	1 973 332	24 020 340	1 113 695	12 796 287	690 891	9 623 612
030731	Moules, vi, fr, ou ré	34 074 514	123 274 600	44 030 015	129 136 568	45 510 418	167 021 675	33 273 643	115 239 238	34 968 366	138 698 119
030739	Moules, co, sc, sl, ou sm	403 767	1 664 572	331 139	1 616 777	564 631	3 062 304	865 828	4 521 985	744 050	4 573 668
030741	Seiches, encornets et calmars, vi, fr, ou ré	955 502	3 767 263	1 249 788	5 792 014	1 166 667	6 703 536	1 912 881	7 731 824	1 224 914	6 365 427
030749	Seiches, encornets et calmars, co, sc, sl, ou sm	2 572 732	9 412 575	3 712 348	13 134 488	3 902 035	18 981 941	4 114 302	19 663 079	2 614 008	12 754 142
030751	Poulpe, vi, fr, ou ré	4 878	29 301	2 180	31 832	2 354	34 916	5 157	68 021	8 260	188 653
030759	Poulpe, co, sc, sl, ou sm	370 175	1 802 705	169 022	827 620	290 106	1 959 132	317 947	2 230 881	157 699	722 003
030760	Escargots (autres que de mer)	5 951	39 068	28 249	172 421	43 405	388 965	29 305	268 473	21 879	223 498
030791	Mollusques nra, vi, fr, ou ré	1 252 356	10 311 137	2 355 955	13 495 246	3 910 894	20 640 260	4 369 058	22 118 967	5 407 570	29 714 408
030799	Mollusques nra, co, sc, sl, ou sm	3 516 456	14 859 758	3 226 828	14 237 981	4 319 438	23 067 836	3 071 980	13 554 828	3 047 418	16 752 304
121220	**Algues**	..	**6 492 249**	**585 190**	**7 841 169**	**1 116 678**	**10 795 197**	**576 066**	**8 765 588**	**824 781**	**12 511 080**
1504	**Graisses, huiles et leurs fractions**	..	**64 538 790**	**13 540 260**	**64 786 463**	**12 719 131**	**75 103 011**	**17 320 818**	**71 251 847**	**11 187 493**	**47 663 117**
150410	Huiles de foies de poisson, et fractions	1 624 762	13 835 621	1 146 071	13 731 329	313 070	8 536 507	440 467	4 547 284	397 489	2 906 246
150420	Graisses et huiles de poisson, et fractions	..	50 676 659	12 390 144	51 045 849	12 406 045	66 566 320	16 875 048	66 686 931	10 785 409	44 740 421
150430	Graisses et huiles de mammifère marin, et fractions	1 751	26 510	4 045	9 284	16	184	5 303	17 632	4 595	16 451
1604	**Préparations et conserves de poisson; caviars et succédanés**	**53 516 164**	**213 192 182**	**34 087 077**	**165 774 668**	**38 229 902**	**199 912 588**	**39 083 344**	**225 060 728**	**50 073 877**	**305 179 352**
160411	Saumon, non haché	697 869	5 991 343	289 596	2 453 681	287 101	2 869 182	317 457	2 958 583	1 932 621	22 085 472
160412	Hareng, non haché	1 276 072	4 785 819	444 877	3 500 143	650 068	5 676 258	2 404 302	13 866 843	3 927 146	16 627 347
160413	Sardines, sardinelles, sprats, esprots, non haché	6 599 119	16 719 670	3 212 564	15 280 464	2 469 203	11 706 860	986 560	4 628 262	2 052 524	10 080 868
160414	Thons, listaos, sardes, non haché	29 172 643	116 829 790	18 986 145	79 115 960	18 740 521	91 012 247	19 809 927	111 463 989	20 562 891	135 738 785
160415	Maquereau, non haché	309 697	786 939	161 828	574 294	1 133 985	4 527 179	341 298	1 313 440	672 390	4 292 512
160416	Anchois, non haché	10 961	111 623	8 792	124 674	12 193	175 768	69 761	646 435	55 754	456 696
160419	Poisson nra, non haché	12 370 510	55 105 285	8 072 112	50 880 060	12 033 808	63 574 010	12 282 868	68 865 831	17 304 121	90 200 814
160420	Poisson, haché	3 050 099	12 172 444	2 873 921	12 626 510	2 881 511	19 681 544	2 818 414	20 433 884	3 502 814	25 040 395
160430	Caviar et succédanés	29 193	689 270	37 242	1 218 883	21 512	689 539	52 757	883 461	63 616	656 463
1605	**Préparations et conserves de crustacés**	**45 659 964**	**336 924 434**	**32 207 802**	**353 619 202**	**35 856 704**	**398 267 665**	**33 378 531**	**273 434 773**	**32 743 755**	**293 295 643**
160510	Crabes	977 744	9 706 980	1 555 773	9 338 577	1 344 428	9 803 307	1 247 694	9 240 610	570 274	4 649 190
160520	Crevettes	31 953 027	248 068 662	19 067 903	271 897 035	20 850 059	293 062 059	9 413 612	145 452 745	11 592 363	178 728 805
160530	Homard	250 449	4 014 228	282 360	3 362 206	227 040	3 284 263	145 031	2 369 880	13 987	227 625
160540	Crustacés nra	2 882 396	22 645 434	4 526 727	22 404 097	7 061 392	41 386 202	5 250 797	37 187 719	528 253	6 044 753
230120	**Farine de poisson**	**6 951 492**	**6 694 565**	**4 017 148**	**6 711 149**	**2 792 251**	**5 244 279**	**2 686 823**	**4 979 778**	**5 070 104**	**9 017 220**
	TOTAL	..	**2 694 351 803**	**798 569 177**	**2 811 187 640**	**795 500 634**	**3 581 057 477**	**861 033 711**	**3 455 911 633**	..	**3 495 653 963**

.. Non disponible

Note : nra : non répertorié ailleurs. vi : vivant. fr : frais. ré : réfrigéré. co : congelé. sc : séché. sl : salé. sm : en saumure.

Métadonnées détaillées : http://metalinks.oecd.org/fish/20150108/3ca6

Source : OCDE (2014), « Pêcheries : Commerce par produit », Statistiques agricoles de l'OCDE (base de données). DOI: 10.1787/data-00677-fr

NOUVELLE-ZÉLANDE

Tableau 1. Flotte de pêche

	2006	2007	2008	2009	2010	2011	2012	2013
NOMBRE DE NAVIRES								
Total des navires	**1 582**	**1 508**	**1 435**	**1 403**	**1 401**	**1 416**	**1 417**	**1 367**
Navires à moteur	1 573	1 502	1 435	1 403	1 401	1 416	1 417	1 367
0-5,9 mètres	461	467	..	..	..	438	438	417
6-11,9 mètres	494	467	880	860	858	429	436	409
12-17,9 mètres	379	350	345	339	345	349	350	344
18-23,9 mètres	107	102	104	106	106	110	110	110
24-29,9 mètres	36	39	31	26	26	25	20	23
30-35,9 mètres	13	12	13	12	12	11	11	11
36-44,9 mètres	15	12	13	12	11	10	10	10
45-59,9 mètres	25	18	17	18	16	16	16	15
60-74,9 mètres	27	21	19	17	16	18	16	16
75 mètres et plus	16	14	13	13	11	10	10	12
Longueur inconnue	..	..	..	..	..	..	..	..
Navires sans moteur	9	6	..	..	..	..	..	..
TONNAGE BRUT								
Total des navires	**154 095**	**138 475**	**130 785**	**126 821**	**117 919**	**116 871**	**115 169**	**122 111**
Navires à moteur	154 089	138 474	130 785	126 821	117 919	116 871	115 169	122 111
0-5,9 mètres	2 091	2 291	..	..	..	5 126	5 593	4 385
6-11,9 mètres	4 705	8 122	11 309	12 007	14 188	9 953	7 550	7 402
12-17,9 mètres	10 349	9 482	9 414	9 285	9 465	9 500	9 667	9 554
18-23,9 mètres	7 845	7 604	7 895	8 073	8 030	8 235	8 175	8 081
24-29,9 mètres	6 166	6 599	5 179	4 417	4 483	4 302	3 240	3 880
30-35,9 mètres	3 650	3 552	3 650	3 501	3 501	3 428	3 428	3 428
36-44,9 mètres	9 076	6 987	7 465	7 587	7 103	6 304	6 304	6 304
45-59,9 mètres	16 162	10 827	10 582	10 941	9 737	10 393	10 393	10 430
60-74,9 mètres	39 315	33 482	29 715	27 723	26 240	29 687	27 242	27 251
75 mètres et plus	54 731	49 528	45 577	43 286	35 172	29 942	33 577	41 397
Longueur inconnue	..	..	..	..	..	..	..	..
Navires sans moteur	5	1	..	..	..	..	..	..

.. Non disponible

Note : Métadonnées détaillées : http://metalinks.oecd.org/fish/20150108/1003

Source : OCDE (2014), « Pêcheries : Flotte de pêche », Statistiques agricoles de l'OCDE (base de données). DOI: 10.1787/data-00218-fr

NOUVELLE-ZÉLANDE

Tableau 2. Emploi dans les pêcheries

Personnes employées

	2006	2007	2008	2009	2010	2011	2012	2013
Plein-temps	..	..	..	..	..	..	..	..
Secteur de capture	..	..	..	..	..	..	..	..
Pêche en eaux intérieures	..	..	..	..	..	..	..	..
Homme	..	..	..	..	..	..	..	..
Femme	..	..	..	..	..	..	..	..
Eaux maritimes (pêche côtière)	..	..	..	..	..	..	..	..
Homme	..	..	..	..	..	..	..	..
Femme	..	..	..	..	..	..	..	..
Eaux maritimes (pêche en haute mer)	..	..	..	..	..	..	..	..
Homme	..	..	..	..	..	..	..	..
Femme	..	..	..	..	..	..	..	..
Aquaculture	..	..	..	..	..	..	..	..
Homme	..	..	..	..	..	..	..	..
Femme	..	..	..	..	..	..	..	..
Transformation	..	..	..	..	..	..	..	..
Homme	..	..	..	..	..	..	..	..
Femme	..	..	..	..	..	..	..	..
Temps partiel	..	..	..	..	..	..	..	..
Secteur de capture	..	..	..	..	..	..	..	..
Pêche en eaux intérieures	..	..	..	..	..	..	..	..
Homme	..	..	..	..	..	..	..	..
Femme	..	..	..	..	..	..	..	..
Eaux maritimes (pêche côtière)	..	..	..	..	..	..	..	..
Homme	..	..	..	..	..	..	..	..
Femme	..	..	..	..	..	..	..	..
Eaux maritimes (pêche en haute mer)	..	..	..	..	..	..	..	..
Homme	..	..	..	..	..	..	..	..
Femme	..	..	..	..	..	..	..	..
Aquaculture	..	..	..	..	..	..	..	..
Homme	..	..	..	..	..	..	..	..
Femme	..	..	..	..	..	..	..	..
Transformation	..	..	..	..	..	..	..	..
Homme	..	..	..	..	..	..	..	..
Femme	..	..	..	..	..	..	..	..
Total	**8 035**	**8 716**	**8 090**	**8 310**	**8 080**	**7 990**	**8 101**	**7 876**
Secteur de capture	1 495	1 476	1 530	1 820	1 740	1 780	1 646	1 746
Pêche en eaux intérieures	..	..	..	..	..	..	..	..
Homme	..	..	..	..	..	..	..	..
Femme	..	..	..	..	..	..	..	..
Eaux maritimes (pêche côtière)	..	..	..	..	..	..	..	..
Homme	..	..	..	..	..	..	..	..
Femme	..	..	..	..	..	..	..	..
Eaux maritimes (pêche en haute mer)	..	..	..	..	..	..	..	..
Homme	..	..	..	..	..	..	..	..
Femme	..	..	..	..	..	..	..	..
Aquaculture	770	750	660	640	650	670	665	760
Homme	..	..	..	..	..	..	..	..
Femme	..	..	..	..	..	..	..	..
Transformation	5 770	6 490	5 900	5 850	5 690	5 540	5 790	5 370
Homme	..	..	..	..	..	..	..	..
Femme	..	..	..	..	..	..	..	..

.. Non disponible

Note : Métadonnées détaillées : http://metalinks.oecd.org/fish/20150108/2387

Source : OCDE (2014), « Pêcheries : Emploi dans la pêche », Statistiques agricoles de l'OCDE (base de données). DOI: 10.1787/data-00219-fr

NOUVELLE-ZÉLANDE

Tableau 3. Débarquements nationaux dans les ports nationaux

	2006	2007	2008	2009	2010	2011	2012	2013
VOLUME (TONNES)								
Total poissons	..	..	**204 595**	**204 323**	**223 157**	**232 623**	**239 186**	**249 722**
Saumon	..	..	7	0	0	1	0	0
Saumon rose	..	..	..	..	..	..	..	..
Saumon keta	..	..	..	..	..	..	..	..
Saumon rouge	..	..	..	..	..	..	..	..
Saumon argenté	..	..	..	..	..	..	..	..
Autres saumons	..	..	7	0	0	1	0	0
Poissons plats	..	..	3 464	3 331	3 392	2 330	2 936	2 881
Flétan	..	..	..	..	..	..	..	..
Flétan noir	..	..	..	..	..	..	..	..
Sole	..	..	..	..	..	..	..	..
Plie	..	..	..	..	..	..	..	..
Autres poissons plats	..	..	3 464	3 331	3 392	2 330	2 936	2 881
Poissons de fond	..	..	131 580	140 628	153 458	158 833	165 467	170 991
Morue (Atlantique et Pacifique)	..	..	..	..	..	..	..	..
Églefin	..	..	..	..	..	..	..	..
Lieu	..	..	..	..	..	..	..	..
Morue du Pacifique occidental	..	..	..	..	..	..	..	..
Merlan	..	..	29 268	39 413	38 619	35 000	29 875	33 018
Merlu (toutes espèces)	..	..	6 301	9 750	4 870	5 299	7 582	6 978
Sébaste	..	..	..	..	..	..	..	..
Autres poissons de fond	..	..	96 011	91 465	109 969	118 535	128 010	130 995
Pélagiques	..	..	54 834	51 292	49 745	53 272	56 191	57 448
Chinchard	..	..	47 342	40 162	40 988	38 685	42 758	45 025
Maquereau	..	..	6 633	10 087	8 026	14 073	10 107	8 730
Hareng (Atlantique et Pacifique)	..	..	..	..	..	..	..	..
Sardine	..	..	657	780	501	263	332	370
Autres pélagiques	..	..	201	263	230	251	2 995	3 323
Thons	..	..	14 710	9 022	16 091	18 186	14 592	18 402
Listao	..	..	10 033	5 617	12 425	13 127	9 881	13 312
Thon rouge (nord et sud)	..	..	319	419	500	547	776	755
Germon	..	..	3 827	2 206	2 319	3 290	2 992	3 142
Albacore	..	..	12	84	165	264	2	1
Thon obèse	..	..	136	267	133	195	154	110
Autres thons	..	..	35	16	13	27	101	304
Espadon	..	..	348	413	536	737	687	778
Autres poissons	..	..	..	..	..	..	..	..
Total crustacés	..	..	**3 390**	**3 094**	**3 731**	**3 545**	**3 704**	**3 862**
Homard et langouste	..	..	2 781	2 529	2 906	2 779	2 699	2 820
Langoustine	..	..	..	..	..	..	..	..
Crevette	..	..	..	..	..	..	..	..
Autres crustacés	..	..	609	565	825	766	1 005	1 042
Total coquillages et mollusques	..	..	**60 052**	**51 137**	**37 171**	**41 607**	**40 224**	**29 739**
Huître	..	..	824	151	980	1 138	1 293	1 473
Moule	..	..	150	151	153	113	159	201
Coquille St-Jacques	..	..	236	1 378	147	114	141	147
Bivalves	..	..	1 351	1 396	1 405	1 395	1 336	1 358
Autres coquillages (incl. buccins	..	..	931	978	1 115	985	894	824
Calmar	..	..	55 701	46 257	32 557	36 979	35 375	24 704
Seiche	..	..	..	..	..	..	..	..
Poulpe	..	..	97	85	111	103	107	118
Autres mollusques (incl. oursins)	..	..	762	741	703	779	921	914
Autres animaux marins	..	..	..	..	..	..	..	..
Plantes aquatiques	..	..	**196**	**310**	**333**	**411**	**1 164**	**1 185**
Algue brune	..	..	..	..	..	..	..	..
Algue rouge	..	..	..	..	..	..	..	..
Autres algues	..	..	196	310	333	411	1 164	1 185
Poisson pour transformation	..	..	..	..	..	..	..	..
TOTAL GÉNÉRAL	**442 000**	**427 000**	**268 233**	**258 864**	**264 392**	**278 185**	**284 278**	**284 507**

NOUVELLE-ZÉLANDE

Tableau 3. Débarquements nationaux dans les ports nationaux *(suite)*

	2006	2007	2008	2009	2010	2011	2012	2013
VALEUR (NZD)								
Total poissons	..	..	**123 793 967**	**129 070 730**	**140 432 980**	**206 866 459**	**250 713 449**	**209 783 689**
Saumon	..	..	..	..	..	..	..	..
Saumon rose	..	..	..	..	..	..	..	..
Saumon keta	..	..	..	..	..	..	..	..
Saumon rouge	..	..	..	..	..	..	..	..
Saumon argenté	..	..	..	..	..	..	..	..
Autres saumons	..	..	..	..	..	..	..	..
Poissons plats	..	..	10 877 000	11 058 920	11 261 440	7 212 771	8 719 920	8 412 520
Flétan	..	..	..	..	..	..	..	..
Flétan noir	..	..	..	..	..	..	..	..
Sole	..	..	..	..	..	..	..	..
Plie	..	..	..	..	..	..	..	..
Autres poissons plats	..	..	10 877 000	11 058 920	11 261 440	7 212 771	8 719 920	8 412 520
Poissons de fond	..	..	74 151 400	78 423 550	84 368 050	133 039 887	128 927 984	130 761 384
Morue (Atlantique et Pacifique)	..	..	..	..	..	..	..	..
Églefin	..	..	..	..	..	..	..	..
Lieu	..	..	..	..	..	..	..	..
Morue du Pacifique occidental	..	..	..	..	..	..	..	..
Merlan	..	..	10 243 800	13 794 550	13 516 650	27 649 819	15 535 210	17 103 324
Merlu (toutes espèces)	..	..	6 301 000	9 750 000	4 870 000	8 191 741	9 705 034	8 862 060
Sébaste	..	..	..	..	..	..	..	..
Autres poissons de fond	..	..	57 606 600	54 879 000	65 981 400	97 198 327	103 687 740	104 796 000
Pélagiques	..	..	10 529 147	12 026 390	11 218 680	24 527 362	69 749 116	24 235 207
Chinchard	..	..	7 574 720	7 630 780	7 787 720	15 087 207	16 675 530	17 109 500
Maquereau	..	..	2 387 880	3 631 320	2 889 360	8 682 913	49 522 766	3 666 600
Hareng (Atlantique et Pacifique)	..	..	..	..	..	..	..	..
Sardine	..	..	459 900	546 000	350 700	220 920	278 880	307 100
Autres pélagiques	..	..	106 647	218 290	190 900	536 323	3 271 940	3 152 007
Thons	..	..	28 236 420	27 561 870	33 584 810	42 086 440	43 316 429	46 374 578
Listao	..	..	6 822 440	3 819 560	8 449 000	6 694 623	5 236 721	7 188 480
Thon rouge (nord et sud)	..	..	8 316 330	10 923 330	13 035 000	17 188 620	24 475 000	23 639 050
Germon	..	..	8 074 970	4 654 660	4 893 090	7 599 694	7 090 111	8 326 300
Albacore	..	..	83 760	586 320	1 151 700	2 765 158	12 733	3 230
Thon obèse	..	..	2 278 000	4 472 250	2 227 750	2 766 128	2 335 721	1 653 300
Autres thons	..	..	395 440	417 120	338 910	850 880	546 976	1 495 278
Espadon	..	..	2 265 480	2 688 630	3 489 360	4 221 337	3 619 167	4 068 940
Autres poissons	..	..	..	..	..	..	..	..
Total crustacés	..	..	**117 594 570**	**107 985 270**	**127 362 680**	**171 816 180**	**179 078 754**	**197 002 830**
Homard et langouste	..	..	105 068 930	97 442 370	111 968 180	157 326 379	168 086 520	185 820 438
Langoustine	..	..	..	..	..	..	..	..
Crevette	..	..	..	..	..	..	..	..
Autres crustacés	..	..	12 525 640	10 542 900	15 394 500	14 489 800	10 992 234	11 182 392
Total coquillages et mollusques	..	..	**95 921 181**	**92 788 810**	**72 195 290**	**75 030 613**	**76 891 464**	**63 863 909**
Huître	..	..	3 955 030	599 470	3 890 600	6 691 440	7 114 679	8 058 274
Moule	..	..	652 500	108 720	110 160	565 080	836 675	1 049 587
Coquille St-Jacques	..	..	2 980 080	19 870 760	2 119 740	1 986 543	2 215 982	1 583 166
Bivalves	..	..	3 051 787	2 652 400	2 669 500	1 911 628	451 390	1 506 634
Autres coquillages (incl. buccins	..	..	41 327 090	32 420 700	36 962 250	22 377 821	23 825 231	21 823 525
Calmar	..	..	42 889 924	36 080 460	25 394 460	39 937 333	40 681 250	28 085 151
Seiche	..	..	..	..	..	..	..	..
Poulpe	..	..	74 690	130 050	169 830	158 196	122 989	134 520
Autres mollusques (incl. oursins)	..	..	990 080	926 250	878 750	1 402 571	1 643 268	1 623 052
Autres animaux marins	..	..	..	..	..	..	..	..
Plantes aquatiques	..	..	..	..	..	**61 604**	**174 585**	**165 900**
Algue brune	..	..	..	..	..	..	..	..
Algue rouge	..	..	..	..	..	..	..	..
Autres algues	..	..	..	..	..	61 604	174 585	165 900
Poisson pour transformation	..	..	..	..	..	..	..	..
TOTAL GÉNÉRAL	..	..	**219 715 148**	**329 844 810**	**339 990 950**	**453 774 855**	**506 858 252**	**470 816 328**

.. Non disponible

Note : Métadonnées détaillées : http://metalinks.oecd.org/fish/20150108/ccaa

Source : OCDE (2014), « Pêcheries : Débarquements nationaux dans les ports domestiques », Statistiques agricoles de l'OCDE (base de données). DOI: 10.1787/data-00222-fr

NOUVELLE-ZÉLANDE

Tableau 4. Débarquements nationaux dans les ports étrangers

	2006	2007	2008	2009	2010	2011	2012	2013
VOLUME (TONNES)								
Total poissons	..	..	**19 037**	**21 120**	**13 652**	**7 814**	**5 638**	**10 558**
Saumon	..	..	..	..	..	..	..	..
Saumon rose	..	..	..	..	..	..	..	..
Saumon keta	..	..	..	..	..	..	..	..
Saumon rouge	..	..	..	..	..	..	..	..
Saumon argenté	..	..	..	..	..	..	..	..
Autres saumons	..	..	..	..	..	..	..	..
Poissons plats	..	..	..	..	..	..	..	..
Flétan	..	..	..	..	..	..	..	..
Flétan noir	..	..	..	..	..	..	..	..
Sole	..	..	..	..	..	..	..	..
Plie	..	..	..	..	..	..	..	..
Autres poissons plats	..	..	..	..	..	..	..	..
Poissons de fond	..	..	..	..	..	..	..	1 434
Morue (Atlantique et Pacifique)	..	..	..	..	..	..	..	..
Églefin	..	..	..	..	..	..	..	..
Lieu	..	..	..	..	..	..	..	..
Morue du Pacifique occidental	..	..	..	..	..	..	..	..
Merlan	..	..	..	..	..	..	..	..
Merlu (toutes espèces)	..	..	..	..	..	..	..	..
Sébaste	..	..	..	..	..	..	..	..
Autres poissons de fond	..	..	..	..	..	..	..	1 434
Pélagiques	..	..	..	..	..	..	..	..
Chinchard	..	..	..	..	..	..	..	..
Maquereau	..	..	..	..	..	..	..	..
Hareng (Atlantique et Pacifique)	..	..	..	..	..	..	..	..
Sardine	..	..	..	..	..	..	..	..
Autres pélagiques	..	..	..	..	..	..	..	..
Thons	..	..	19 037	21 120	13 652	7 814	5 638	9 124
Listao	..	..	15 405	19 734	12 034	7 283	4 912	8 459
Thon rouge (nord et sud)	..	..	..	..	..	..	..	..
Germon	..	..	..	..	..	..	..	..
Albacore	..	..	2 984	1 194	687	451	669	618
Thon obèse	..	..	648	192	931	80	57	47
Autres thons	..	..	..	..	..	..	..	..
Espadon	..	..	..	..	..	..	..	..
Autres poissons	..	..	..	..	..	..	..	..
Total crustacés	..	..	..	..	..	..	..	..
Homard et langouste	..	..	..	..	..	..	..	..
Langoustine	..	..	..	..	..	..	..	..
Crevette	..	..	..	..	..	..	..	..
Autres crustacés	..	..	..	..	..	..	..	..
Total coquillages et mollusques	..	..	..	..	..	..	..	..
Huître	..	..	..	..	..	..	..	..
Moule	..	..	..	..	..	..	..	..
Coquille St-Jacques	..	..	..	..	..	..	..	..
Bivalves	..	..	..	..	..	..	..	..
Autres coquillages (incl. buccins	..	..	..	..	..	..	..	..
Calmar	..	..	..	..	..	..	..	..
Seiche	..	..	..	..	..	..	..	..
Poulpe	..	..	..	..	..	..	..	..
Autres mollusques (incl. oursins)	..	..	..	..	..	..	..	..
Autres animaux marins	..	..	..	..	..	..	..	..
Plantes aquatiques	..	..	..	..	..	..	..	..
Algue brune	..	..	..	..	..	..	..	..
Algue rouge	..	..	..	..	..	..	..	..
Autres algues	..	..	..	..	..	..	..	..
Poisson pour transformation	..	..	..	..	..	..	..	..
TOTAL GÉNÉRAL	..	..	**19 037**	**21 120**	**13 652**	**7 814**	**5 638**	**10 558**

NOUVELLE-ZÉLANDE

Tableau 4. Débarquements nationaux dans les ports étrangers *(suite)*

	2006	2007	2008	2009	2010	2011	2012	2013
VALEUR (NZD)								
Total poissons	..	..	..	..	..	..	..	..
Saumon	..	..	..	..	..	..	..	..
Saumon rose	..	..	..	..	..	..	..	..
Saumon keta	..	..	..	..	..	..	..	..
Saumon rouge	..	..	..	..	..	..	..	..
Saumon argenté	..	..	..	..	..	..	..	..
Autres saumons	..	..	..	..	..	..	..	..
Poissons plats	..	..	..	..	..	..	..	..
Flétan	..	..	..	..	..	..	..	..
Flétan noir	..	..	..	..	..	..	..	..
Sole	..	..	..	..	..	..	..	..
Plie	..	..	..	..	..	..	..	..
Autres poissons plats	..	..	..	..	..	..	..	..
Poissons de fond	..	..	..	..	..	..	..	..
Morue (Atlantique et Pacifique)	..	..	..	..	..	..	..	..
Églefin	..	..	..	..	..	..	..	..
Lieu	..	..	..	..	..	..	..	..
Morue du Pacifique occidental	..	..	..	..	..	..	..	..
Merlan	..	..	..	..	..	..	..	..
Merlu (toutes espèces)	..	..	..	..	..	..	..	..
Sébaste	..	..	..	..	..	..	..	..
Autres poissons de fond	..	..	..	..	..	..	..	..
Pélagiques	..	..	..	..	..	..	..	..
Chinchard	..	..	..	..	..	..	..	..
Maquereau	..	..	..	..	..	..	..	..
Hareng (Atlantique et Pacifique)	..	..	..	..	..	..	..	..
Sardine	..	..	..	..	..	..	..	..
Autres pélagiques	..	..	..	..	..	..	..	..
Thons	..	..	..	..	..	..	..	..
Listao	..	..	..	..	..	..	..	..
Thon rouge (nord et sud)	..	..	..	..	..	..	..	..
Germon	..	..	..	..	..	..	..	..
Albacore	..	..	..	..	..	..	..	..
Thon obèse	..	..	..	..	..	..	..	..
Autres thons	..	..	..	..	..	..	..	..
Espadon	..	..	..	..	..	..	..	..
Autres poissons	..	..	..	..	..	..	..	..
Total crustacés	..	..	..	..	..	..	..	..
Homard et langouste	..	..	..	..	..	..	..	..
Langoustine	..	..	..	..	..	..	..	..
Crevette	..	..	..	..	..	..	..	..
Autres crustacés	..	..	..	..	..	..	..	..
Total coquillages et mollusques	..	..	..	..	..	..	..	..
Huître	..	..	..	..	..	..	..	..
Moule	..	..	..	..	..	..	..	..
Coquille St-Jacques	..	..	..	..	..	..	..	..
Bivalves	..	..	..	..	..	..	..	..
Autres coquillages (incl. buccins	..	..	..	..	..	..	..	..
Calmar	..	..	..	..	..	..	..	..
Seiche	..	..	..	..	..	..	..	..
Poulpe	..	..	..	..	..	..	..	..
Autres mollusques (incl. oursins)	..	..	..	..	..	..	..	..
Autres animaux marins	..	..	..	..	..	..	..	..
Plantes aquatiques	..	..	..	..	..	..	..	..
Algue brune	..	..	..	..	..	..	..	..
Algue rouge	..	..	..	..	..	..	..	..
Autres algues	..	..	..	..	..	..	..	..
Poisson pour transformation	..	..	..	..	..	..	..	..
TOTAL GÉNÉRAL	..	..	..	..	..	..	..	..

.. Non disponible

Note : Métadonnées détaillées : http://metalinks.oecd.org/fish/20150108/05f0

Source : OCDE (2014), « Pêcheries : Débarquements nationaux dans les ports étrangers », Statistiques agricoles de l'OCDE (base de données). DOI: 10.1787/data-00223-fr

NOUVELLE-ZÉLANDE

Tableau 6. Production de l'aquaculture

	2006	2007	2008	2009	2010	2011	2012	2013
VOLUME (TONNES)								
Poissons	**7 721**	**3 258**	**8 173**	**12 392**	**12 950**	**14 037**	**12 397**	**11 988**
Saumon de l'Atlantique	..	..	..	..	..	..	..	..
Saumon du Pacifique	7 721	3 258	8 173	12 392	12 950	14 037	12 397	11 988
Truite arc-en-ciel	..	..	..	..	..	..	..	..
dont : d'eau de mer	..	..	..	..	..	..	..	..
dont : d'eau douce	..	..	..	..	..	..	..	..
Truite de mer	..	..	..	..	..	..	..	..
Poisson plat	..	..	..	..	..	..	..	..
Dorade	..	..	..	..	..	..	..	..
Bar	..	..	..	..	..	..	..	..
Loup	..	..	..	..	..	..	..	..
Carpe	..	..	..	..	..	..	..	..
Tilapia	..	..	..	..	..	..	..	..
Anguille	..	..	..	..	..	..	..	..
Autres poissons	..	..	..	..	..	..	..	..
Coquillages et crustacés	**99 800**	**38 337**	**92 937**	**92 558**	**97 607**	**103 115**	**87 663**	**85 058**
Huître, comestible	2 800	2 193	2 852	2 708	2 439	1 804	1 216	1 497
Huître, perle	..	..	..	..	..	..	..	..
Moule	97 000	36 144	90 085	89 850	95 168	..	86 447	83 561
Coquille St.-Jacques	..	..	..	..	..	..	..	..
Bivalves	..	..	..	..	..	..	..	..
Crevette et bouquet	..	..	..	..	..	..	..	..
Autres coquillages et crustacés	..	..	..	..	..	..	..	..
Total poissons, coquillages et crustacés	**107 521**	**41 595**	**101 110**	**104 950**	**110 557**	**117 152**	**100 060**	**97 046**
Autres animaux marins	..	..	..	..	..	..	..	..
Plantes aquatiques	..	..	..	..	..	..	..	..
Algue brune	..	..	..	..	..	..	..	..
Algue rouge	..	..	..	..	..	..	..	..
Algue verte	..	..	..	..	..	..	..	..
Autres plantes aquatiques	..	..	..	..	..	..	..	..
TOTAL GÉNÉRAL	**107 521**	**41 595**	**101 110**	**104 950**	**110 557**	**117 152**	**100 060**	**97 046**
VALEUR (NZD)								
Poissons	**95 000 000**	**36 069 252**	**43 900 000**	**60 987 000**	**157 569 000**	**128 400 000**	**104 920 000**	**122 800 000**
Saumon de l'Atlantique	..	..	..	..	..	..	..	..
Saumon du Pacifique	95 000 000	36 069 252	43 900 000	60 987 000	157 569 000	128 400 000	104 920 000	122 800 000
Truite arc-en-ciel	..	..	..	..	..	..	..	..
dont : d'eau de mer	..	..	..	..	..	..	..	..
dont : d'eau douce	..	..	..	..	..	..	..	..
Truite de mer	..	..	..	..	..	..	..	..
Poisson plat	..	..	..	..	..	..	..	..
Dorade	..	..	..	..	..	..	..	..
Bar	..	..	..	..	..	..	..	..
Loup	..	..	..	..	..	..	..	..
Carpe	..	..	..	..	..	..	..	..
Tilapia	..	..	..	..	..	..	..	..
Anguille	..	..	..	..	..	..	..	..
Autres poissons	..	..	..	..	..	..	..	..
Coquillages et crustacés	**252 000 000**	**190 961 782**	**221 200 000**	**218 357 000**	**296 743 000**	**277 700 000**	**217 631 500**	**219 000 000**
Huître, comestible	28 000 000	16 497 271	16 900 000	16 194 000	19 000 000	24 600 000	25 820 000	26 400 000
Huître, perle	..	..	..	..	..	..	..	..
Moule	224 000 000	174 464 511	204 300 000	202 163 000	277 743 000	..	191 811 500	192 600 000
Coquille St.-Jacques	..	..	..	..	..	..	..	..
Bivalves	..	..	..	..	..	..	..	..
Crevette et bouquet	..	..	..	..	..	..	..	..
Autres coquillages et crustacés	..	..	..	..	..	..	..	..
Total poissons, coquillages et crustacés	**347 000 000**	**227 031 034**	**265 100 000**	**279 344 000**	**454 312 000**	**406 100 000**	**322 551 500**	**341 800 000**
Autres animaux marins	..	..	..	..	..	..	..	..
Plantes aquatiques	..	..	..	..	..	..	..	..
Algue brune	..	..	..	..	..	..	..	..
Algue rouge	..	..	..	..	..	..	..	..
Algue verte	..	..	..	..	..	..	..	..
Autres plantes aquatiques	..	..	..	..	..	..	..	..
TOTAL GÉNÉRAL	**347 000 000**	**227 031 034**	**265 100 000**	**279 344 000**	**454 312 000**	**406 100 000**	**322 551 500**	**341 800 000**

.. Non disponible

Note : Métadonnées détaillées : http://metalinks.oecd.org/fish/20150108/6e19

Source : OCDE (2014), « Pêcheries : Production de l'aquaculture », Statistiques agricoles de l'OCDE (base de données). DOI: 10.1787/data-00225-fr

NOUVELLE-ZÉLANDE

Tableau 7. Transferts financiers publics (TFP)

Milliers NZD

	2006	2007	2008	2009	2010	2011	2012	2013
Total des TFP								
Pêche maritime	**58 468**	**55 180**	**59 592**	**62 072**	**60 669**	**55 628**	**46 205**	**54 050**
Paiements directs	..	..	..	..	..	..	..	..
Désarmement des navires et retrait des licences	..	..	..	..	..	..	..	..
Indemnisation des catastrophes	..	..	..	..	..	..	..	..
Aides : équipement, modernisation, construction de navire	..	..	..	..	..	..	..	..
Aide au revenu et assurance chômage	..	..	..	..	..	..	..	..
Autres paiements directs	..	..	..	..	..	..	..	..
Transferts réduisant les coûts	..	..	..	..	..	..	..	..
Prêts subventionnés : équipement, modernisation, construction de navire	..	..	..	..	..	..	..	..
Bonification d'intérêts	..	..	..	..	..	..	..	..
Exonération de taxe sur carburant	..	..	..	..	..	..	..	..
Ristourne et subvention à l'assurance	..	..	..	..	..	..	..	..
Allègement d'impôt sur le revenu, contrib. sociales impayées	..	..	..	..	..	..	..	..
Autres transferts réduisant les coûts	..	..	..	..	..	..	..	..
Services généraux	89 716	86 469	93 052	91 686	86 709	88 327	83 657	83 298
Gestion des pêcheries	59 737	56 732	33 007	28 560	25 238	25 815	19 689	21 458
Recherche halieutique	..	..	28 131	30 735	29 548	30 520	24 973	27 432
Police des pêches	29 979	29 737	31 914	32 391	31 923	31 992	38 994	34 408
Infrastructure des pêcheries	..	..	..	..	..	..	..	..
Autres services généraux	..	..	..	..	..	..	..	..
Recouvrement des coûts	-31 248	-31 289	-33 460	-29 614	-26 040	-32 699	-37 452	-29 248
Aquaculture	**987**	**1 626**	**2 118**	**695**	**2 719**	**3 679**	**2 930**	**2 670**
Paiements directs	..	..	..	..	..	..	..	..
Aides : développement aquacole	..	..	..	..	..	..	..	..
Indemnisation des catastrophes	..	..	..	..	..	..	..	..
Autres paiements directs	..	..	..	..	..	..	..	..
Transferts réduisant les coûts	..	..	..	..	..	..	..	..
Prêts subventionnés : développement aquacole	..	..	..	..	..	..	..	..
Autres transferts réduisant les coûts	..	..	..	..	..	..	..	..
Services généraux	987	1 626	2 118	695	2 719	3 679	2 930	2 670
Gestion, recherche et police de l'aquaculture	987	1 626	2 118	695	2 719	3 679	2 930	2 670
Infrastructure aquacole	..	..	..	..	..	..	..	..
Autres services généraux	..	..	..	..	..	..	..	..
Recouvrement des coûts	..	..	..	..	..	..	..	..
Commercialisation et transformation	**..**	**..**	**..**	**..**	**..**	**..**	**..**	**..**
Paiements directs	..	..	..	..	..	..	..	..
Aides : commercialisation et transformation	..	..	..	..	..	..	..	..
Autres paiements directs	..	..	..	..	..	..	..	..
Transferts réduisant les coûts	..	..	..	..	..	..	..	..
Prêts subventionnés : commercialisation et transformation	..	..	..	..	..	..	..	..
Autres transferts réduisant les coûts	..	..	..	..	..	..	..	..
Services généraux	..	..	..	..	..	..	..	..
Aquaculture	..	..	..	..	..	..	..	..
Autres services généraux	..	..	..	..	..	..	..	..
Recouvrement des coûts	..	..	..	..	..	..	..	..
Total	**59 455**	**56 806**	**61 710**	**62 767**	**63 388**	**59 307**	**49 134**	**56 720**

.. Non disponible

Note : Métadonnées détaillées : http://metalinks.oecd.org/fish/20150108/7616

Source : OCDE (2014), « Pêcheries : Transferts financiers publics », Statistiques agricoles de l'OCDE (base de données). DOI: 10.1787/data-00220-fr

NOUVELLE-ZÉLANDE

Tableau 8. Importations par produit

		2009		2010		2011		2012		2013	
		Tonnes	USD	Tonnes	USD	Tonnes	USD	Tonnes	USD	Tonnes	USD
03	**Poisson, crustacés et mollusques**	..	**51 912 070**	..	**63 478 298**	..	**82 184 887**	..	**72 249 769**	..	**69 437 591**
0302	**Poisson, frais ou réfrigéré, excl. 0304**	**273 954**	**1 028 071**	**196 734**	**944 092**	**248 382**	**1 105 405**	**279 212**	**1 174 974**	**343 095**	**1 388 518**
030211	Truite	..	..	..	..	462	7 698	..	..	..	..
030212	Saumon (Pacifique, Atlantique et Danube)	9 751	69 706	3 641	44 224	148	3 674	21 698	187 999	14 771	124 482
030219	Salmonidés nra	..	..	..	..	..	..	..	..	..	..
030221	Flétan	..	..	..	..	60	1 651	..	..	..	..
030222	Plie, carrelet	..	..	..	..	..	..	..	..	..	..
030223	Sole	..	..	..	..	..	..	..	..	..	..
030229	Poissons plats nra	..	..	..	..	..	..	8	35	..	..
030231	Thon blanc/germon	108	507	2 348	14 802	1 354	7 547	1 086	6 002	5 965	36 116
030232	Albacore (thon jaune)	228 498	868 304	177 372	801 042	186 529	919 060	163 774	720 409	181 855	818 137
030233	Listaos/bonite à ventre rayé	66	324	410	1 928	..	..	8	63	367	765
030239	Thonidés nra	4 369	28 352	5 814	49 600	9 568	70 043	26 729	158 948	25 629	156 570
030240	Hareng	..	..	..	..	..	..	..	..	..	..
030250	Morue	..	..	..	..	..	..	..	..	..	..
030261	Sardines	15 600	15 520	..	..	31 200	35 096	43 680	48 184	52 433	60 440
030262	Églefin	..	..	..	..	..	..	..	..	..	..
030263	Lieu noir	..	..	..	..	..	..	..	..	..	..
030264	Maquereau	..	..	220	847	..	..	..	..	..	..
030265	Aiguillat et autres squalidés	..	..	..	..	..	..	..	..	..	..
030266	Anguille	..	..	..	..	..	..	..	..	..	..
030269	Poisson nra	15 562	45 358	6 800	29 844	19 061	60 636	22 229	53 335	62 075	192 007
030270	Foies, oeufs et laitances	..	..	129	1 806	..	..	..	..	..	..
0303	**Poisson, congelé, excl. 0304**	**2 424 198**	**3 762 884**	**2 860 398**	**3 337 476**	**2 930 789**	**9 156 569**	**2 565 551**	**7 003 766**	**1 606 139**	**3 452 100**
030319	Saumon, Pacifique	..	..	..	..	..	..	..	..	..	..
030321	Truite	..	..	..	..	..	..	..	..	..	..
030322	Saumon (Atlantique et Danube)	..	..	..	..	..	..	..	..	..	..
030329	Salmonidés	10 306	30 192	..	..	..	..	..	..	..	..
030331	Flétan	..	..	..	..	..	..	15	6	..	..
030332	Plie, carrelet	..	..	..	..	..	..	..	..	..	..
030333	Sole	..	..	50	168	..	..	..	..	93	214
030339	Poisson plat nra	8 793	26 206	4 082	10 175	310	1 560	12 418	26 953	353	1 983
030341	Thon blanc/germon	131 835	72 944	346 975	206 578	232 200	74 649	166 980	108 222	106 480	73 891
030342	Albacore (thon jaune)	4 869	57 393	2 107	34 851	8 365	115 557	32 022	388 508	41 528	474 015
030343	Listao/bonite à ventre rayé	133 237	259 306	150 150	195 154	881 631	780 070	67 552	147 124	78 474	246 245
030349	Thonidés nra	..	..	83	1 224	..	..	438	6 718	..	..
030350	Hareng	16 460	22 888	15 990	21 088	20 408	25 566	14 089	21 714	14 478	21 482
030360	Morue	6 965	24 614	6 256	25 192	205	1 760	341	8 669	540	12 066
030371	Sardines, sardinelles	1 580 977	1 126 673	1 683 376	1 516 928	1 020 096	1 173 047	1 255 152	1 607 006	977 786	1 219 896
030372	Églefin	..	..	..	..	..	..	..	..	..	..
030373	Lieu noir	562	856	95	563	..	..	..	..	..	..
030374	Maquereau	84 292	69 853	309 364	332 645	18 065	41 764	27 238	52 532	12 016	23 321
030375	Aiguillat et autres squalidés	165	650	413	2 657	..	..	0	0	324	526
030376	Anguille	185	575	24	228	120	3 000	449	6 545	344	1 339
030377	Bar (loup)	..	..	..	..	..	..	..	..	..	..
030378	Merlu	..	..	15 121	56 141	0	0	0	0	..	..
030379	Poisson nra	421 244	1 948 485	308 694	823 473	744 067	6 858 401	885 823	4 240 853	307 486	950 923
030380	Foies, oeufs et laitances	24 308	122 250	17 618	110 413	5 302	81 177	77 574	238 575	38 175	180 077
0304	**Filets de poisson et autre chair de poisson**	**6 791 347**	**18 411 791**	**7 361 159**	**18 298 006**	**8 549 913**	**23 700 024**	**4 958 237**	**15 239 590**	**3 837 875**	**10 791 818**
030410	Filets et autre chair de poisson, frais ou réfrigéré	109 378	865 536	92 734	1 100 757	60 191	499 653	469 376	2 147 789	345 127	1 088 160
030420	Filets de poissons, congelé	2 092 166	5 574 081	2 098 656	6 039 315	2 568 511	8 424 614	2 806 634	9 321 597	2 182 585	6 716 866
030490	Chair de poisson nra, congelé	4 589 803	11 972 173	5 169 769	11 157 934	5 921 211	14 775 758	1 682 227	3 770 205	1 310 163	2 986 793
0305	**Poisson, séché, salé, fumé, ou en saumure**	**311 133**	**1 158 429**	**230 376**	**1 659 092**	**182 262**	**1 906 573**	**218 568**	**1 533 407**	**192 746**	**1 764 991**
030510	Farine de poisson, consommation humaine	3 261	23 621	1 601	19 079	1 566	13 013	1 115	19 995	640	13 613
030520	Foies, oeufs et laitances	373	3 022	587	11 374	2 885	24 441	1 015	9 519	1 103	31 974
030530	Filets de poisson (non fumé)	4 953	42 648	5 421	47 307	3 534	20 902	8 078	59 046	10 378	72 855
030541	Saumon (Pacifique, Atlantique et Danube), fumé	..	..	20 680	370 346	1 205	21 695	6 252	115 606	49 561	805 632
030542	Hareng, fumé	24 270	106 267	..	..	..	..	..	..	..	..
030549	Poisson nra, fumé	189 396	330 592	134 969	436 141	96 599	478 313	90 848	441 337	68 679	271 652
030551	Morue, séché, non fumé	3 096	1 306	134	1 201	1 563	4 498	586	3 602	511	4 352
030559	Poisson nra, séché, salé, non fumé	50 799	486 561	30 877	603 780	51 460	1 168 342	64 979	602 367	41 975	405 019
030561	Hareng, salé ou en saumure	2 303	1 228	..	..	..	..	..	..	..	..
030562	Morue, salé ou en saumure	..	..	..	..	..	..	..	..	..	..
030563	Anchois, salé ou en saumure	655	3 283	8 678	43 222	4 934	40 533	4 288	29 343	2 940	29 612
030569	Poisson nra, salé ou en saumure	32 027	159 903	27 429	126 642	18 441	134 010	27 067	181 988	9 319	86 582

NOUVELLE-ZÉLANDE

Tableau 8. Importations par produit *(suite)*

		2009		2010		2011		2012		2013	
		Tonnes	USD	Tonnes	USD	Tonnes	USD	Tonnes	USD	Tonnes	USD
0306	**Crustacés**	**3 606 758**	**19 618 542**	**3 990 313**	**26 480 911**	**5 117 102**	**33 752 319**	**6 060 956**	**34 245 392**	**4 850 009**	**38 488 293**
030611	Langoustes et autres palinuridés, congelé	19 129	327 050	6 712	186 633	2 636	67 158	..	..	3 597	81 761
030612	Homard nra	9 593	90 319	4 799	52 319	11 382	163 813	22 458	228 346	30 251	319 271
030613	Crevettes, congelé	3 461 679	18 480 862	3 868 064	25 355 806	4 709 093	32 445 952	4 751 325	32 708 806	4 621 542	36 733 167
030614	Crabes, congelé	93 152	422 640	86 079	543 151	142 074	731 099	90 452	571 959	127 331	955 591
030619	Crustacés nra, congelé	1 447	4 350	1 108	4 551	242 846	210 926	1 184 387	545 586	49 820	132 898
030621	Langoustes et autres palinuridés (non congelé)	..	..	..	..	..	..	..	..	..	..
030622	Homard nra (non congelé)	112	992	..	..	..	..	817	13 825	1 830	28 943
030623	Crevettes (non congelé)	18 956	251 265	22 858	328 488	8 977	132 584	10 843	171 598	15 529	234 942
030624	Crabes (non congelé)	2 623	40 225	..	..	56	343	672	5 127	34	174
030629	Crustacés nra (non congelé)	67	837	693	9 963	38	443	2	145	75	1 546
0307	**Mollusques**	**2 520 590**	**7 571 309**	**2 782 661**	**12 217 152**	**2 269 549**	**12 104 860**	**2 793 968**	**12 570 243**	**2 836 706**	**13 110 925**
030710	Huîtres	52 040	314 932	78 873	489 480	81 051	448 491	116 756	867 097	76 194	506 621
030721	St-Jacques, vi, fr, ou ré	..	..	19	1 604	..	..	..	..	1	10
030729	St-Jacques, co, sc, sl, ou sm	344 961	2 628 477	485 297	5 055 361	500 698	5 537 263	411 128	4 445 492	570 450	6 363 440
030731	Moules, vi, fr, ou ré	25	210	128	1 440	..	..	..	..	..	..
030739	Moules, co, sc, sl, ou sm	100 890	507 436	82 788	346 972	6 639	28 243	317	4 408	47	661
030741	Seiches, encornets et calmars, vi, fr, ou ré	76 000	201 670	15 720	65 334	97 522	444 321	..	..	..	..
030749	Seiches, encornets et calmars, co, sc, sl, ou sm	1 846 854	3 482 641	2 026 743	5 786 171	1 486 859	5 073 439	2 182 112	6 561 372	2 086 162	5 540 436
030751	Poulpe, vi, fr, ou ré	..	..	..	..	..	..	..	..	..	..
030759	Poulpe, co, sc, sl, ou sm	55 054	184 738	44 020	191 508	54 903	259 473	51 179	244 780	55 477	250 890
030760	Escargots (autres que de mer)	1 543	11 571	362	4 225	1 595	33 059	322	1 170	496	800
030791	Mollusques nra, vi, fr, ou ré	1 892	8 478	23	58	..	..	27	237	42	488
030799	Mollusques nra, co, sc, sl, ou sm	41 331	231 156	48 688	274 999	40 282	280 571	32 127	445 687	47 837	447 579
121220	**Algues**	**488 936**	**4 054 093**	**..**	**4 501 010**	**498 840**	**4 544 362**	**1 013 659**	**5 241 976**	**963 456**	**5 307 054**
1504	**Graisses, huiles et leurs fractions**	**297 300**	**2 200 913**	**..**	**3 122 717**	**995 204**	**7 076 156**	**1 334 763**	**11 079 310**	**1 560 274**	**9 279 848**
150410	Huiles de foies de poisson, et fractions	36 777	156 045	124 340	834 541	295 405	3 445 236	298 462	4 104 423	324 429	2 879 337
150420	Graisses et huiles de poisson, et fractions	260 317	2 034 926	236 445	2 288 176	699 799	3 630 920	1 036 301	6 974 888	1 235 845	6 400 510
150430	Graisses et huiles de mammifère marin, et fractions	206	9 942	..	..	..	..	..	..	..	..
1604	**Préparations et conserves de poisson; caviars et succédanés**	**13 327 283**	**41 979 899**	**11 221 670**	**46 511 714**	**13 658 191**	**52 790 992**	**14 145 393**	**57 994 151**	**13 465 130**	**54 912 871**
160411	Saumon, non haché	1 218 481	5 748 081	1 464 974	7 469 475	1 427 809	6 958 295	1 541 434	7 947 730	1 054 439	5 953 332
160412	Hareng, non haché	113 350	504 119	153 481	974 070	218 198	1 210 504	212 345	1 208 359	184 801	1 059 227
160413	Sardines, sardinelles, sprats, esprots, non haché	773 713	3 426 260	616 396	3 289 692	594 343	2 696 891	468 921	2 212 920	525 188	2 659 430
160414	Thons, listaos, sardes, non haché	6 319 524	18 896 471	5 149 018	20 653 105	6 728 582	25 873 591	6 863 027	29 067 734	6 587 273	27 296 635
160415	Maquereau, non haché	1 900 772	3 890 856	1 377 716	3 240 871	1 789 157	3 735 688	1 851 582	4 004 709	1 763 114	3 673 275
160416	Anchois, non haché	102 805	777 716	66 986	834 655	78 754	787 879	78 149	795 662	75 011	871 442
160419	Poisson nra, non haché	385 596	1 547 763	429 359	2 673 410	674 696	3 597 968	639 596	3 083 889	870 859	4 172 869
160420	Poisson, haché	2 512 201	7 155 985	1 962 830	7 336 335	2 146 271	7 894 930	2 487 991	9 569 610	2 399 072	9 087 754
160430	Caviar et succédanés	841	32 647	911	40 100	381	35 246	2 348	103 538	5 373	138 905
1605	**Préparations et conserves de crustacés**	**1 007 328**	**5 319 424**	**956 497**	**6 484 681**	**1 114 557**	**6 958 473**	**1 312 340**	**8 138 563**	**1 410 698**	**9 259 301**
160510	Crabes	27 635	132 027	24 720	131 742	51 473	313 353	43 004	237 098	49 884	336 160
160520	Crevettes	806 331	4 423 744	707 430	5 079 588	813 910	5 403 285	863 723	5 686 606	979 579	6 961 529
160530	Homard	1 019	13 592	196	2 827	1 629	31 601	7 061	83 685	4 871	25 929
160540	Crustacés nra	..	..	168	2 473	332	7 056	12 899	90 649	3 996	41 759
230120	**Farine de poisson**	**469 926**	**578 738**	**270 508**	**526 041**	**415 191**	**630 043**	**343 218**	**581 996**	**343 381**	**582 221**
	TOTAL	**31 435 691**	**105 703 869**	**..**	**124 624 461**	**..**	**154 184 913**	**..**	**155 285 765**	**..**	**148 778 886**

.. Non disponible

Note : nra : non répertorié ailleurs. vi : vivant. fr : frais. ré : réfrigéré. co : congelé. sc : séché. sl : salé. sm : en saumure.

Métadonnées détaillées : http://metalinks.oecd.org/fish/20150108/3d8a

Source : OCDE (2014), « Pêcheries : Commerce par produit », Statistiques agricoles de l'OCDE (base de données). DOI: 10.1787/data-00677-fr

NOUVELLE-ZÉLANDE

Tableau 9. Exportations par produit

		2009		2010		2011		2012		2013	
		Tonnes	USD	Tonnes	USD	Tonnes	USD	Tonnes	USD	Tonnes	USD
03	**Poisson, crustacés et mollusques**	**..**	**792 195 687**	**..**	**928 201 321**	**..**	**1 071 188 109**	**..**	**1 115 499 884**	**..**	**1 082 991 381**
0302	**Poisson, frais ou réfrigéré, excl. 0304**	**13 888 576**	**74 041 077**	**11 566 492**	**91 003 993**	**12 754 973**	**93 457 345**	**13 257 184**	**105 153 319**	**13 193 616**	**104 796 384**
030211	Truite	1 483	10 176	..	..	54	676	961	11 902	1 983	26 604
030212	Saumon (Pacifique, Atlantique et Danube)	2 240 484	17 492 717	3 164 643	27 652 729	2 783 967	23 612 439	2 339 579	19 684 349	2 783 881	25 895 126
030219	Salmonidés nra	..	..	..	..	..	..	..	..	344	12 449
030221	Flétan	..	..	..	..	..	..	..	..	..	..
030222	Plie, carrelet	..	..	..	..	..	..	..	..	..	..
030223	Sole	2 472	10 618	1 026	5 413	1 894	10 638	2 816	18 521	594	4 696
030229	Poissons plats nra	480 818	2 196 853	384 773	2 558 150	331 701	2 269 408	438 874	2 953 648	442 542	2 729 139
030231	Thon blanc/germon	9 278	185 026	736	10 382	334	295	3 992	20 505	28 097	107 424
030232	Albacore (thon jaune)	6 979	23 556	4 700	45 655	3 827	17 281	4 312	22 882	729	4 862
030233	Listaos/bonite à ventre rayé	..	..	3	100	..	..	..	..	..	..
030239	Thonidés nra	641 448	5 854 956	533 851	6 249 876	772 832	9 095 860	926 757	14 882 154	781 705	10 903 619
030240	Hareng	..	..	..	..	..	..	..	..	..	..
030250	Morue	70 149	321 078	48 645	324 510	45 043	285 106	17 270	121 784	24 967	160 918
030261	Sardines	..	..	..	..	..	..	150	87	..	..
030262	Églefin	..	..	..	..	..	..	..	..	..	..
030263	Lieu noir	..	..	..	..	..	..	..	..	..	..
030264	Maquereau	58 299	49 858	41	910	..	..	8 460	7 868	330	1 490
030265	Aiguillat et autres squalidés	655 263	3 175 482	615 248	4 084 519	759 267	4 295 676	758 974	4 922 886	815 344	5 092 146
030266	Anguille	7 567	24 071	6 033	53 425	3 351	21 869	75 760	747 103	3 354	21 569
030269	Poisson nra	9 713 171	44 686 225	6 806 002	50 011 401	8 051 765	53 841 738	8 666 835	61 678 385	8 301 672	59 789 499
030270	Foies, oeufs et laitances	1 165	10 462	791	6 924	938	6 359	12 444	81 245	8 074	46 844
0303	**Poisson, congelé, excl. 0304**	**143 755 845**	**246 852 044**	**148 985 627**	**256 351 148**	**152 869 203**	**301 386 525**	**162 270 977**	**362 074 825**	**158 965 950**	**320 939 809**
030319	Saumon, Pacifique	3 113 515	14 270 612	..	..	..	..	..	..	..	..
030321	Truite	..	..	..	..	412	2 614	..	..	..	..
030322	Saumon (Atlantique et Danube)	..	..	..	..	..	..	..	..	..	..
030329	Salmonidés	..	..	..	..	848	8 442	52 464	443 873	16 901	185 463
030331	Flétan	..	..	..	..	..	..	..	..	..	..
030332	Plie, carrelet	..	..	..	..	..	..	..	..	..	..
030333	Sole	33 498	94 134	53 606	200 206	47 691	142 038	35 789	131 480	71 275	246 306
030339	Poisson plat nra	1 406 968	4 869 740	1 241 751	5 101 620	1 083 484	4 541 754	1 124 956	5 520 426	955 305	4 702 419
030341	Thon blanc/germon	1 988 372	4 971 858	1 959 221	4 536 717	3 215 911	10 023 024	3 307 411	11 475 178	2 854 855	7 712 912
030342	Albacore (thon jaune)	57 452	64 253	..	..	215 502	359 882	555 738	1 335 697	244 262	550 132
030343	Listao/bonite à ventre rayé	5 484 466	5 936 065	10 599 327	10 705 674	14 375 508	19 424 220	10 208 796	18 828 651	15 230 849	29 560 153
030349	Thonidés nra	197 566	4 899 446	180 363	4 813 018	189 237	4 779 382	2 464 937	10 725 909	171 300	3 162 805
030350	Hareng	6 940	8 364	0	0	..	..	2 000	5 611	..	..
030360	Morue	..	..	32 125	161 761	14 546	8 128	145 615	310 077	53 156	571 701
030371	Sardines, sardinelles	45 444	48 131	6 789	13 311	53 983	58 224	69 947	124 494	19 632	28 738
030372	Églefin	..	..	..	..	..	..	..	..	..	..
030373	Lieu noir	..	..	..	..	..	..	..	..	..	..
030374	Maquereau	8 260 481	7 338 215	8 785 806	8 465 739	9 673 404	12 418 420	11 593 429	14 574 007	6 862 982	8 659 354
030375	Aiguillat et autres squalidés	1 439 734	4 745 744	1 990 666	5 927 989	1 825 286	5 246 905	1 369 751	5 630 149	1 318 954	3 466 060
030376	Anguille	277 052	1 660 306	1 189 888	2 366 274	321 380	1 863 871	383 137	3 705 818	340 245	3 329 114
030377	Bar (loup)	79	331	13	156	144	948	..	..	14	23
030378	Merlu	4 912 121	21 039 068	3 769 251	11 771 992	2 736 028	9 865 821	3 251 204	10 136 655	4 355 494	11 352 946
030379	Poisson nra	114 592 771	171 117 738	114 371 692	177 196 325	115 135 331	212 690 025	123 735 355	261 773 260	121 791 307	227 461 325
030380	Foies, oeufs et laitances	1 924 145	5 679 967	1 764 639	5 692 845	2 016 390	6 298 833	2 107 632	6 160 773	2 286 015	6 527 439
0304	**Filets de poisson et autre chair de poisson**	**31 145 848**	**143 828 715**	**37 684 860**	**192 602 857**	**39 407 774**	**195 754 654**	**41 289 404**	**191 402 388**	**43 678 096**	**207 947 977**
030410	Filets et autre chair de poisson, frais ou réfrigéré	1 022 925	6 842 065	1 027 797	11 636 497	1 395 804	12 549 406	2 257 138	11 327 737	1 638 286	13 048 214
030420	Filets de poissons, congelé	21 000 329	103 572 801	22 366 407	132 086 907	27 174 001	147 596 207	34 766 108	169 856 627	37 516 466	184 012 738
030490	Chair de poisson nra, congelé	9 122 594	33 413 849	14 290 656	48 879 453	10 837 969	35 609 041	4 266 158	10 218 024	4 523 344	10 887 025
0305	**Poisson, séché, salé, fumé, ou en saumure**	**297 615**	**5 733 682**	**213 872**	**5 683 338**	**293 760**	**6 904 891**	**964 306**	**9 179 240**	**1 233 933**	**7 724 296**
030510	Farine de poisson, consommation humaine	18 566	293 846	15 738	274 251	50 191	532 345	108 185	1 331 874	104 454	1 447 931
030520	Foies, oeufs et laitances	..	..	10	1 067	4	39	..	..	..	..
030530	Filets de poisson (non fumé)	1 757	33 224	172	4 624	755	38 383	603	1 555	98	5 220
030541	Saumon (Pacifique, Atlantique et Danube), fumé	239 758	4 215 582	164 468	3 865 747	202 143	4 156 893	236 737	5 259 623	188 346	4 249 085
030542	Hareng, fumé	..	..	..	..	..	..	..	..	..	..
030549	Poisson nra, fumé	19 501	227 393	14 481	162 096	21 816	177 005	24 800	226 324	23 221	192 095
030551	Morue, séché, non fumé	..	..	..	..	..	..	..	..	..	..
030559	Poisson nra, séché, salé, non fumé	17 382	961 366	14 596	1 370 656	18 628	1 998 629	593 765	2 327 172	917 698	1 821 400
030561	Hareng, salé ou en saumure	..	..	..	..	..	..	..	..	..	..
030562	Morue, salé ou en saumure	..	..	250	1 227	196	576	..	..	..	..
030563	Anchois, salé ou en saumure	651	2 270	10	110	..	..	..	..	15	70
030569	Poisson nra, salé ou en saumure	..	..	4 147	3 559	27	1 020	202	32 593	75	8 256

NOUVELLE-ZÉLANDE

Tableau 9. Exportations par produit (*suite*)

		2009		2010		2011		2012		2013	
		Tonnes	USD	Tonnes	USD	Tonnes	USD	Tonnes	USD	Tonnes	USD
0306	**Crustacés**	**3 465 336**	**127 200 006**	**3 368 710**	**173 984 140**	**3 923 195**	**191 110 678**	**4 227 999**	**199 966 512**	**4 188 854**	**219 991 019**
030611	Langoustes et autres palinuridés, congelé	116 419	2 864 315	109 557	3 491 402	119 067	3 650 625	90 057	2 862 350	53 406	2 234 490
030612	Homard nra	..	..	..	..	..	..	..	..	..	..
030613	Crevettes, congelé	540 943	11 175 759	512 365	10 811 200	753 010	17 000 648	744 862	14 050 612	672 000	12 929 315
030614	Crabes, congelé	8 656	28 010	8 963	14 767	4 285	36 276	9 060	70 729	7 443	35 677
030619	Crustacés nra, congelé	19 019	51 275	18 956	89 605	3 347	59 852	428 231	5 172 253	364 836	3 454 959
030621	Langoustes et autres palinuridés (non congelé)	2 770 804	112 936 354	2 713 889	159 482 914	3 041 632	170 334 732	2 954 097	177 778 783	3 085 807	201 146 343
030622	Homard nra (non congelé)	..	..	..	..	..	..	..	..	..	..
030623	Crevettes (non congelé)	4 439	36 527	3 023	36 848	1 771	25 048	1 022	14 212	196	2 349
030624	Crabes (non congelé)	2 020	57 698	1 913	56 199	83	3 497	408	7 613	609	12 400
030629	Crustacés nra (non congelé)	3 036	50 068	45	1 202	..	..	262	9 962	4 557	175 486
0307	**Mollusques**	**80 253 852**	**193 139 162**	**65 689 307**	**206 573 547**	**79 113 977**	**278 719 388**	**72 153 509**	**244 665 122**	**54 413 357**	**218 751 528**
030710	Huîtres	1 687 230	10 143 413	1 810 793	12 393 283	1 684 660	15 393 582	1 050 295	12 387 738	1 252 992	14 804 535
030721	St-Jacques, vi, fr, ou ré	1 998	18 550	17 573	68 718	36 146	121 441	11 337	44 671	354	3 129
030729	St-Jacques, co, sc, sl, ou sm	41 504	528 341	27 313	431 966	19 739	305 901	17 379	316 099	32 735	492 571
030731	Moules, vi, fr, ou ré	757 665	910 720	376 785	915 294	340 364	803 082	363 830	917 779	370 166	1 153 876
030739	Moules, co, sc, sl, ou sm	36 263 982	123 533 839	33 263 612	117 739 093	42 797 147	166 258 712	39 000 864	149 089 256	29 570 059	142 101 438
030741	Seiches, encornets et calmars, vi, fr, ou ré	9 953	18 007	38 760	132 752	20 933	77 118	4 014	17 866	4 536	20 058
030749	Seiches, encornets et calmars, co, sc, sl, ou sm	40 148 556	47 349 443	28 920 997	63 413 183	32 620 457	81 545 054	29 851 564	69 172 778	21 873 243	50 620 061
030751	Poulpe, vi, fr, ou ré	1 315	6 150	4 699	28 579	3 670	24 086	1 985	15 221	4 930	27 357
030759	Poulpe, co, sc, sl, ou sm	29 092	122 023	36 881	224 163	32 202	171 754	46 745	243 202	49 374	302 233
030760	Escargots (autres que de mer)	..	..	..	..	0	0	..	..	500	1 930
030791	Mollusques nra, vi, fr, ou ré	932 164	2 869 290	849 364	4 197 033	1 075 185	4 783 811	1 525 801	4 594 658	987 659	5 257 498
030799	Mollusques nra, co, sc, sl, ou sm	380 393	7 639 388	342 530	7 029 481	483 474	9 234 846	279 695	7 865 854	266 809	3 966 841
121220	**Algues**	**9 317**	**454 413**	**..**	**517 567**	**26 757**	**439 936**	**192 915**	**2 305 982**	**209 769**	**2 154 310**
1504	**Graisses, huiles et leurs fractions**	**3 165 739**	**4 582 482**	**..**	**4 795 233**	**3 348 288**	**5 952 309**	**3 393 832**	**9 706 468**	**3 224 197**	**10 070 453**
150410	Huiles de foies de poisson, et fractions	113 673	2 112 027	33 445	1 607 533	131 307	2 009 144	463 130	5 307 051	621 003	5 352 614
150420	Graisses et huiles de poisson, et fractions	3 052 066	2 470 455	..	3 188 640	3 216 981	3 943 164	2 930 702	4 399 418	2 603 194	4 717 839
150430	Graisses et huiles de mammifère marin, et fractions	..	..	..	..	..	..	..	..	..	..
1604	**Préparations et conserves de poisson; caviars et succédanés**	**9 523 231**	**37 055 806**	**8 175 320**	**37 277 855**	**8 256 466**	**39 930 443**	**7 376 584**	**37 488 987**	**6 694 060**	**35 757 001**
160411	Saumon, non haché	2 103	36 489	4 828	88 795	7 409	35 921	15 576	138 220	14 864	138 091
160412	Hareng, non haché	0	0	511	5 868	..	..	..	..	..	..
160413	Sardines, sardinelles, sprats, esprots, non haché	1 454	2 717	557	6 111	1 431	5 835	4 383	18 550	3 378	22 222
160414	Thons, listaos, sardes, non haché	2 433	10 727	274	2 182	4 512	21 682	39 992	180 297	21 738	119 426
160415	Maquereau, non haché	28 470	58 529	16 186	71 713	18 832	56 078	54 903	129 050	12 552	42 236
160416	Anchois, non haché	27	361	22	887	340	1 850	33	477	66	1 554
160419	Poisson nra, non haché	475 038	2 122 544	970 679	5 008 017	666 692	4 293 797	312 160	1 969 086	287 335	1 348 435
160420	Poisson, haché	9 013 706	34 824 439	7 182 203	32 093 561	7 557 250	35 515 279	6 949 485	35 052 624	6 354 125	34 083 746
160430	Caviar et succédanés	0	0	60	724	..	..	52	684	2	1 293
1605	**Préparations et conserves de crustacés**	**3 072 485**	**32 348 430**	**2 653 490**	**48 079 071**	**4 064 576**	**51 918 581**	**2 868 366**	**43 271 029**	**2 799 502**	**37 797 208**
160510	Crabes	13 427	52 766	12 233	55 364	15 569	81 852	26 320	126 267	64 705	300 066
160520	Crevettes	2 715	15 312	2 429	14 690	6 211	42 629	3 003	33 531	4 877	41 918
160530	Homard	..	..	200	448	..	..	1 317	86 017	..	..
160540	Crustacés nra	3 625	8 873	3 675	8 231	5 858	22 337	2 553	17 666	4 030	26 091
230120	**Farine de poisson**	**18 440 085**	**25 161 913**	**17 439 641**	**31 777 409**	**17 330 549**	**29 393 841**	**19 276 296**	**34 649 484**	**17 314 601**	**32 733 589**
	TOTAL	**307 388 955**	**892 539 609**	**..**	**1 050 648 456**	**321 389 518**	**1 198 823 219**	**327 402 327**	**1 239 053 406**	**..**	**1 201 503 942**

.. Non disponible

Note : nra : non répertorié ailleurs. vi : vivant. fr : frais. ré : réfrigéré. co : congelé. sc : séché. sl : salé. sm : en saumure.

Métadonnées détaillées : http://metalinks.oecd.org/fish/20150108/3d8a

Source : OCDE (2014), « Pêcheries : Commerce par produit », Statistiques agricoles de l'OCDE (base de données). DOI: 10.1787/data-00677-fr

NORVÈGE

Tableau 1. Flotte de pêche

	2006	2007	2008	2009	2010	2011	2012	2013
NOMBRE DE NAVIRES								
Total des navires	**7 300**	**7 038**	**6 785**	**6 506**	**6 310**	**6 250**	**6 211**	**6 126**
Navires à moteur	7 300	7 038	6 785	6 506	6 310	6 250	6 211	6 126
0-5,9 mètres	771	675	643	554	502	512	510	489
6-11,9 mètres	5 051	4 904	4 810	4 643	4 521	4 474	4 465	4 423
12-17,9 mètres	886	869	801	781	761	747	741	732
18-23,9 mètres	232	228	193	183	176	164	159	152
24-29,9 mètres	123	134	115	115	105	94	87	82
30-35,9 mètres	25	26	27	28	34	37	42	41
36-44,9 mètres	64	60	59	59	68	77	67	67
45-59,9 mètres	71	65	57	62	65	64	57	53
60-74,9 mètres	70	68	68	69	67	69	70	73
75 mètres et plus	7	9	12	12	11	12	13	14
Longueur inconnue	..	..	..	..	..	..	..	..
Navires sans moteur	..	..	..	..	..	..	..	..
TONNAGE BRUT								
Total des navires	**363 895**	**354 907**	**363 147**	**369 186**	**366 127**	**375 614**	**365 481**	**381 170**
Navires à moteur	363 895	354 907	363 147	369 186	366 127	375 614	365 481	381 170
0-5,9 mètres	..	..	..	..	..	..	..	..
6-11,9 mètres	28 825	27 973	26 985	25 991	25 216	25 389	24 119	25 030
12-17,9 mètres	17 998	17 507	15 807	15 217	14 679	14 170	13 884	13 783
18-23,9 mètres	21 898	21 084	18 709	18 255	17 670	16 329	16 087	15 544
24-29,9 mètres	27 670	30 240	27 849	28 196	25 500	22 267	20 547	19 251
30-35,9 mètres	8 434	8 614	9 293	9 878	11 911	14 154	16 247	15 971
36-44,9 mètres	37 300	34 663	34 872	34 122	38 968	44 581	39 205	39 108
45-59,9 mètres	74 479	66 973	59 507	66 935	71 366	71 044	62 746	55 291
60-74,9 mètres	125 643	121 397	121 558	121 656	118 690	122 027	125 119	143 250
75 mètres et plus	21 648	26 456	48 567	48 936	42 127	45 653	47 527	53 942
Longueur inconnue	..	..	..	..	..	..	..	..
Navires sans moteur	..	..	..	..	..	..	..	..

.. Non disponible

Note : Métadonnées détaillées : http://metalinks.oecd.org/fish/20150108/b555

Source : OCDE (2014), « Pêcheries : Flotte de pêche », Statistiques agricoles de l'OCDE (base de données). DOI: 10.1787/data-00218-fr

NORVÈGE

Tableau 2. Emploi dans les pêcheries

Personnes employées

	2006	2007	2008	2009	2010	2011	2012	2013
Plein-temps	**15 184**	**14 791**	**16 094**	**14 418**	**14 458**	**14 543**	**14 211**	**14 130**
Secteur de capture	11 475	11 018	12 216	10 465	10 325	10 220	9 825	9 546
Pêche en eaux intérieures	..	..	..	..	..	..	..	..
Homme	..	..	..	..	..	..	..	..
Femme	..	..	..	..	..	..	..	..
Eaux maritimes (pêche côtière)	11 475	11 018	12 216	10 465	10 325	10 220	9 825	9 546
Homme	11 201	10 744	10 361	10 194	10 062	9 968	9 570	9 300
Femme	274	274	258	271	263	252	255	246
Eaux maritimes (pêche en haute mer)	..	..	..	..	..	..	..	..
Homme	..	..	..	..	..	..	..	..
Femme	..	..	..	..	..	..	..	..
Aquaculture	3 709	3 773	3 878	3 953	4 133	4 323	4 386	4 584
Homme	3 266	3 243	3 300	3 412	3 574	3 748	3 783	3 973
Femme	443	530	578	541	559	575	603	611
Transformation	..	..	..	..	..	..	..	..
Homme	..	..	..	..	..	..	..	..
Femme	..	..	..	..	..	..	..	..
Temps partiel	**4 097**	**4 021**	**3 908**	**3 875**	**4 061**	**4 103**	**3 724**	**3 421**
Secteur de capture	3 253	3 016	2 918	2 764	2 668	2 548	2 223	2 055
Pêche en eaux intérieures	..	..	..	..	..	..	..	..
Homme	..	..	..	..	..	..	..	..
Femme	..	..	..	..	..	..	..	..
Eaux maritimes (pêche côtière)	3 253	3 016	2 918	2 764	2 668	2 548	2 223	2 055
Homme	3 128	2 897	2 809	2 662	2 577	2 460	2 148	1 985
Femme	125	119	109	102	91	88	75	70
Eaux maritimes (pêche en haute mer)	..	..	..	..	..	..	..	..
Homme	..	..	..	..	..	..	..	..
Femme	..	..	..	..	..	..	..	..
Aquaculture	844	1 005	990	1 111	1 393	1 555	1 501	1 366
Homme	652	758	731	832	1 054	1 179	1 174	1 041
Femme	192	247	259	279	339	376	327	325
Transformation	..	..	..	..	..	..	..	..
Homme	..	..	..	..	..	..	..	..
Femme	..	..	..	..	..	..	..	..
Total	**19 281**	**18 811**	**18 406**	**18 293**	**18 517**	**18 646**	**17 935**	**17 551**
Secteur de capture	14 728	14 034	13 537	13 229	12 993	12 768	12 048	11 601
Pêche en eaux intérieures	..	..	..	..	..	..	..	..
Homme	..	..	..	..	..	..	..	..
Femme	..	..	..	..	..	..	..	..
Eaux maritimes (pêche côtière)	14 728	14 034	13 537	13 229	12 993	12 768	12 048	11 601
Homme	14 329	13 641	13 170	12 856	12 639	12 428	11 718	11 285
Femme	399	393	367	373	354	340	330	316
Eaux maritimes (pêche en haute mer)	..	..	..	..	..	..	..	..
Homme	..	..	..	..	..	..	..	..
Femme	..	..	..	..	..	..	..	..
Aquaculture	4 553	4 777	4 869	5 064	5 524	5 878	5 887	5 950
Homme	3 918	4 001	4 031	4 244	4 627	4 927	4 957	5 014
Femme	635	777	838	820	898	951	930	936
Transformation	..	6 627	6 427	..	..	..	..	..
Homme	..	..	..	..	..	..	..	..
Femme	..	..	..	..	..	..	..	..

.. Non disponible

Note : Métadonnées détaillées : http://metalinks.oecd.org/fish/20150108/a5bf

Source : OCDE (2014), « Pêcheries : Emploi dans la pêche », Statistiques agricoles de l'OCDE (base de données). DOI: 10.1787/data-00219-fr

NORVÈGE

Tableau 3. Débarquements nationaux dans les ports nationaux

	2006	2007	2008	2009	2010	2011	2012	2013
VOLUME (TONNES)								
Total poissons	**1 359 827**	**1 461 246**	**1 648 791**	**1 935 927**	**1 963 484**	**1 707 178**	**1 638 806**	**1 519 780**
Saumon	537	444	394	295	271	319	265	198
Saumon rose	..	..	..	..	..	..	..	..
Saumon keta	..	..	..	..	..	..	..	..
Saumon rouge	..	..	..	..	..	..	..	..
Saumon argenté	..	..	..	..	..	..	..	..
Autres saumons	537	444	394	295	271	319	265	198
Poissons plats	15 426	12 739	11 288	12 447	11 780	12 737	15 149	15 039
Flétan	1 282	1 600	1 751	1 578	1 873	1 970	2 181	1 910
Flétan noir	12 998	10 157	8 646	10 175	9 190	10 228	12 361	12 534
Sole	6	5	5	3	3	3	3	2
Plie	980	841	757	580	601	426	463	462
Autres poissons plats	160	136	130	111	114	109	141	131
Poissons de fond	625 989	587 291	580 438	611 952	701 162	750 695	759 432	777 554
Morue (Atlantique et Pacifique)	220 564	216 634	212 913	241 911	282 046	337 884	356 576	469 295
Églefin	71 300	73 041	73 223	105 938	124 221	158 568	160 469	99 906
Lieu	247 754	220 270	219 563	194 700	220 397	185 599	173 646	143 615
Morue du Pacifique occidental	..	..	..	..	..	..	..	..
Merlan	46	46	78	48	70	73	108	72
Merlu (toutes espèces)	1 027	1 146	1 377	1 363	1 487	2 070	2 531	2 864
Sébaste	17 284	13 690	8 012	8 252	11 046	9 567	10 093	6 790
Autres poissons de fond	68 014	62 464	65 273	59 740	61 895	56 935	56 009	55 012
Pélagiques	715 761	858 588	1 054 411	1 309 225	1 248 089	941 705	862 296	724 873
Chinchard	26 421	4 828	12 124	66 453	11 939	20 291	3 259	5 810
Maquereau	111 434	126 976	115 558	115 305	220 551	197 277	167 565	159 003
Hareng (Atlantique et Pacifique)	572 295	694 559	881 728	945 559	809 898	606 802	562 377	468 432
Sardine	..	..	..	..	..	..	..	..
Autres pélagiques	5 611	32 225	45 001	181 908	205 702	117 335	129 095	91 627
Thons	..	..	..	..	..	..	..	..
Listao	..	..	..	..	..	..	..	..
Thon rouge (nord et sud)	..	..	..	..	..	..	..	..
Germon	..	..	..	..	..	..	..	..
Albacore	..	..	..	..	..	..	..	..
Thon obèse	..	..	..	..	..	..	..	..
Autres thons	..	..	..	..	..	..	..	..
Espadon	..	..	..	..	..	..	..	..
Autres poissons	2 114	2 184	2 260	2 009	2 182	1 723	1 663	2 116
Total crustacés	**43 845**	**43 145**	**37 799**	**36 027**	**29 148**	**31 490**	**25 436**	**20 828**
Homard et langouste	61	57	44	50	59	58	62	58
Langoustine	134	170	214	236	264	194	226	199
Crevette	36 308	33 068	26 959	25 262	21 177	24 010	18 568	13 715
Autres crustacés	7 342	9 850	10 582	10 479	7 648	7 228	6 580	6 857
Total coquillages et mollusques	**863**	**906**	**994**	**822**	**811**	**768**	**740**	**774**
Huître	..	..	..	..	..	..	..	..
Moule	0	0	0	0	..	..	..	..
Coquille St-Jacques	799	866	904	748	750	739	680	682
Bivalves	..	..	..	..	..	..	..	1
Autres coquillages (incl. buccins	58	33	87	72	34	6	35	78
Calmar	..	..	1	1	4	1	0	0
Seiche	..	..	..	..	..	0	0	0
Poulpe	..	..	..	..	..	..	..	..
Autres mollusques (incl. oursins)	6	7	1	2	24	22	25	14
Autres animaux marins	..	..	..	..	..	..	..	..
Plantes aquatiques	**145 429**	**134 671**	**154 215**	**160 361**	**158 516**	**152 382**	**140 998**	**154 150**
Algue brune	145 429	134 671	154 215	160 361	158 516	139 933	100 825	120 455
Algue rouge	..	..	..	..	..	..	..	..
Autres algues	..	..	..	..	..	12 450	40 173	33 695
Poisson pour transformation	622 674	634 171	451 093	354 093	366 193	307 486	201 651	230 713
TOTAL GÉNÉRAL	**2 172 638**	**2 274 139**	**2 292 892**	**2 487 230**	**2 518 152**	**2 199 304**	**2 007 630**	**1 926 244**

NORVÈGE

Tableau 3. Débarquements nationaux dans les ports nationaux *(suite)*

	2006	2007	2008	2009	2010	2011	2012	2013
VALEUR (NOK)								
Total poissons	**9 515 376 000**	**9 668 608 000**	**10 242 795 800**	**9 563 855 557**	**11 214 239 725**	**13 853 278 689**	**12 374 889 218**	**10 917 219 936**
Saumon	..	..	..	..	..	..	..	..
Saumon rose	..	..	..	..	..	..	..	..
Saumon keta	..	..	..	..	..	..	..	..
Saumon rouge	..	..	..	..	..	..	..	..
Saumon argenté	..	..	..	..	..	..	..	..
Autres saumons	..	..	..	..	..	0	0	0
Poissons plats	341 978 000	257 714 000	249 320 000	260 946 672	272 811 788	335 979 953	372 109 537	340 237 408
Flétan	52 726 000	67 253 000	63 677 700	52 010 362	61 050 825	69 982 210	79 352 844	67 934 883
Flétan noir	274 208 000	177 264 000	174 298 200	200 848 986	204 717 825	260 143 584	286 525 884	266 697 572
Sole	407 000	408 000	348 700	217 134	187 547	218 378	203 398	135 643
Plie	11 140 000	9 727 000	8 294 900	5 435 255	4 552 937	3 262 409	3 404 890	3 267 096
Autres poissons plats	3 497 000	3 062 000	2 700 500	2 434 936	2 302 654	2 373 372	2 622 521	2 202 214
Poissons de fond	6 235 358 000	6 512 399 000	6 044 409 600	5 335 596 188	6 204 310 951	7 370 986 314	7 078 446 844	6 498 478 900
Morue (Atlantique et Pacifique)	3 286 289 000	3 662 999 000	3 480 922 000	2 786 087 197	2 941 543 225	3 919 384 079	3 818 773 780	4 018 786 361
Églefin	774 632 000	838 487 000	638 391 900	825 779 293	1 039 854 643	1 330 111 764	1 313 081 959	1 060 966 353
Lieu	1 357 937 000	1 244 337 000	1 223 160 900	1 155 473 367	1 541 452 709	1 450 000 955	1 332 876 362	916 207 735
Morue du Pacifique occidental	..	..	..	..	..	..	..	..
Merlan	251 000	317 000	261 700	234 836	339 296	401 526	592 644	307 273
Merlu (toutes espèces)	25 710 000	22 740 000	22 588 100	15 274 484	15 647 077	17 769 842	21 094 040	20 279 779
Sébaste	165 004 000	100 201 000	66 114 800	61 980 046	104 490 758	109 378 663	102 414 330	59 222 863
Autres poissons de fond	625 535 000	643 318 000	612 970 200	490 766 964	560 983 243	543 939 485	489 613 729	422 708 536
Pélagiques	2 920 958 000	2 883 352 000	3 929 920 200	3 934 123 998	4 691 430 500	6 076 429 484	4 857 588 448	3 927 071 469
Chinchard	113 794 000	18 367 000	101 591 600	258 263 129	69 710 318	166 641 595	22 742 008	41 511 327
Maquereau	903 606 000	949 857 000	1 234 258 400	914 750 376	1 724 809 275	2 433 011 321	1 236 510 326	1 396 173 515
Hareng (Atlantique et Pacifique)	1 893 088 000	1 823 494 000	2 478 433 000	2 404 025 341	2 458 555 700	3 198 604 527	3 337 420 923	2 272 795 061
Sardine	..	..	..	..	..	..	..	..
Autres pélagiques	10 470 000	91 634 000	115 637 200	357 085 152	438 355 207	278 172 041	260 915 191	216 591 566
Thons	..	..	..	..	..	..	..	..
Listao	..	..	..	..	..	..	..	..
Thon rouge (nord et sud)	..	..	..	..	..	..	..	..
Germon	..	..	..	..	..	..	..	..
Albacore	..	..	..	..	..	..	..	..
Thon obèse	..	..	..	..	..	..	..	..
Autres thons	..	..	..	..	..	..	..	..
Espadon	..	..	..	..	..	..	..	..
Autres poissons	17 082 000	15 143 000	19 146 000	33 188 699	45 686 486	69 882 938	66 744 389	151 432 159
Total crustacés	**706 115 000**	**733 751 000**	**713 539 100**	**711 329 683**	**669 992 963**	**817 857 308**	**707 470 718**	**625 110 721**
Homard et langouste	11 740 000	11 915 000	9 772 100	10 674 685	12 378 481	12 004 249	12 064 392	11 536 011
Langoustine	10 411 000	13 743 000	18 020 500	18 721 334	21 531 614	18 130 954	21 813 082	20 798 938
Crevette	582 362 000	579 007 000	507 475 700	514 039 807	500 295 907	587 147 345	508 232 919	456 513 809
Autres crustacés	101 602 000	129 086 000	178 270 800	167 893 857	135 786 961	200 574 760	165 360 325	136 261 963
Total coquillages et mollusques	**16 913 000**	**18 282 000**	**19 768 700**	**16 634 592**	**16 330 511**	**15 614 327**	**14 782 308**	**14 692 843**
Huître	..	..	..	..	..	..	..	..
Moule	5 000	3 000	3 500	1 223	..	..	..	..
Coquille St-Jacques	16 482 000	17 899 000	18 851 000	15 646 541	15 694 551	15 342 619	14 372 145	14 042 719
Bivalves	..	..	..	..	..	..	..	21 862
Autres coquillages (incl. buccins	418 000	326 000	884 400	974 425	585 896	104 886	189 438	385 856
Calmar	4 000	5 000	14 700	5 427	33 827	13 636	7 446	5 391
Seiche	..	..	..	..	..	258	973	874
Poulpe	..	..	..	..	..	..	..	..
Autres mollusques (incl. oursins)	4 000	49 000	15 100	6 975	16 237	152 928	212 306	236 141
Autres animaux marins	**..**	**..**	**..**	**..**	**..**	**..**	**..**	**..**
Plantes aquatiques	**28 507 000**	**26 678 000**	**33 461 000**	**..**	**..**	**28 221 935**	**26 006 108**	**30 171 093**
Algue brune	28 507 000	26 678 000	33 461 000	..	..	25 893 267	18 673 110	23 730 573
Algue rouge	..	..	..	..	..	..	..	..
Autres algues	..	..	..	..	..	2 328 668	7 332 998	6 440 520
Poisson pour transformation	810 859 000	972 259 000	545 938 400	495 821 532	756 139 466	696 570 226	436 046 776	452 537 219
TOTAL GÉNÉRAL	**11 077 770 000**	**11 419 578 000**	**11 555 503 000**	**10 787 641 364**	**12 656 702 665**	**15 411 542 485**	**13 559 195 128**	**12 039 731 812**

.. Non disponible

Note : Métadonnées détaillées : http://metalinks.oecd.org/fish/20150108/10e3

Source : OCDE (2014), « Pêcheries : Débarquements nationaux dans les ports domestiques », Statistiques agricoles de l'OCDE (base de données). DOI: 10.1787/data-00222-fr

NORVÈGE

Tableau 4. Débarquements nationaux dans les ports étrangers

	2006	2007	2008	2009	2010	2011	2012	2013
VOLUME (TONNES)								
Total poissons	**105 082**	**90 534**	**109 364**	**105 354**	**132 927**	**56 408**	**141 888**	**79 055**
Saumon	..	..	..	..	..	..	..	..
Saumon rose	..	..	..	..	..	..	..	..
Saumon keta	..	..	..	..	..	..	..	..
Saumon rouge	..	..	..	..	..	..	..	..
Saumon argenté	..	..	..	..	..	..	..	..
Autres saumons	..	..	..	..	..	..	..	..
Poissons plats	2 367	1 501	1 601	1 266	1 782	1 502	1 569	1 106
Flétan	91	7	12	11	9	3	3	8
Flétan noir	338	0	326	..	597	3	355	60
Sole	40	8	17	2	2	4	6	4
Plie	1 639	1 244	1 061	1 109	1 070	1 379	1 098	921
Autres poissons plats	259	242	185	144	105	112	108	113
Poissons de fond	6 827	4 433	6 846	9 204	11 887	7 952	4 863	10 103
Morue (Atlantique et Pacifique)	709	1 027	1 207	1 700	1 375	2 251	1 322	2 189
Églefin	87	168	167	276	405	944	376	957
Lieu	5 549	2 817	4 918	6 426	7 313	4 146	2 283	3 849
Morue du Pacifique occidental	..	..	..	..	..	..	..	..
Merlan	12	8	11	11	16	8	15	44
Merlu (toutes espèces)	151	147	228	330	208	218	282	372
Sébaste	40	4	1	0	2 273	211	134	2 186
Autres poissons de fond	279	262	314	460	298	174	450	506
Pélagiques	95 400	84 336	100 846	94 827	119 218	46 919	135 276	67 411
Chinchard	24	35	..	5 180	54	842	..	..
Maquereau	9 132	3 847	4 890	5 315	12 074	10 282	6 894	3 757
Hareng (Atlantique et Pacifique)	85 184	77 814	66 657	56 485	28 036	19 143	31 967	28 347
Sardine	..	..	..	..	..	..	..	..
Autres pélagiques	1 060	2 640	29 300	27 846	79 054	16 651	96 415	35 307
Thons	..	..	..	..	..	..	..	..
Listao	..	..	..	..	..	..	..	..
Thon rouge (nord et sud)	..	..	..	..	..	..	..	..
Germon	..	..	..	..	..	..	..	..
Albacore	..	..	..	..	..	..	..	..
Thon obèse	..	..	..	..	..	..	..	..
Autres thons	..	..	..	..	..	..	..	..
Espadon	..	..	..	..	..	..	..	..
Autres poissons	488	264	71	57	40	36	180	436
Total crustacés	**2 412**	**4 387**	**3 907**	**2 227**	**846**	**17 431**	**93**	**107**
Homard et langouste	0	0	0	0	0	0	0	0
Langoustine	72	96	116	79	27	21	16	9
Crevette	2 338	4 290	3 609	1 912	771	381	19	26
Autres crustacés	2	1	181	236	49	17 029	58	72
Total coquillages et mollusques	**7**	**..**	**1**	**1**	**0**	**1**	**1**	**1**
Huître	..	..	..	..	..	..	..	..
Moule	..	..	..	..	..	..	..	..
Coquille St-Jacques	..	..	..	..	..	..	..	..
Bivalves	..	..	..	..	..	..	..	..
Autres coquillages (incl. buccins	..	..	..	..	..	..	..	..
Calmar	..	..	1	1	0	1	1	1
Seiche	..	..	..	0	0	0	..	0
Poulpe	..	..	..	..	..	..	..	..
Autres mollusques (incl. oursins)	7	0	0	..	..	..	..	..
Autres animaux marins	**..**	**..**	**..**	**..**	**..**	**..**	**..**	**..**
Plantes aquatiques	**..**	**..**	**..**	**..**	**..**	**..**	**..**	**..**
Algue brune	..	..	..	..	..	..	..	..
Algue rouge	..	..	..	..	..	..	..	..
Autres algues	..	..	..	..	..	..	..	..
Poisson pour transformation	121 072	159 144	184 796	102 684	185 747	178 141	131 342	233 537
TOTAL GÉNÉRAL	**228 573**	**254 065**	**298 067**	**210 266**	**319 520**	**251 981**	**273 324**	**312 701**

Tableau 4. Débarquements nationaux dans les ports étrangers *(suite)*

	2006	2007	2008	2009	2010	2011	2012	2013
VALEUR (NOK)								
Total poissons	**448 598 000**	**339 435 000**	**410 676 400**	**397 122 258**	**518 533 236**	**424 142 470**	**549 833 528**	**386 482 282**
Saumon	..	..	..	..	..	..	..	..
Saumon rose	..	..	..	..	..	..	..	..
Saumon keta	..	..	..	..	..	..	..	..
Saumon rouge	..	..	..	..	..	..	..	..
Saumon argenté	..	..	..	..	..	..	..	..
Autres saumons	..	..	..	..	..	..	..	..
Poissons plats	47 113 000	25 215 000	27 133 000	16 622 161	30 390 751	18 447 602	22 950 847	14 571 871
Flétan	4 487 000	476 000	767 100	723 725	521 508	254 161	176 278	372 517
Flétan noir	7 988 000	0	7 144 300	..	16 016 431	107 352	8 963 079	1 843 318
Sole	3 430 000	882 000	1 366 000	199 888	191 429	410 868	484 206	359 552
Plie	24 795 000	17 509 000	12 285 900	11 738 032	10 363 158	13 912 955	10 322 555	8 806 014
Autres poissons plats	6 413 000	6 348 000	5 569 700	3 960 516	3 298 225	3 762 266	3 004 729	3 190 470
Poissons de fond	60 606 000	57 458 000	76 426 800	104 055 906	122 201 567	94 319 502	59 957 719	100 754 838
Morue (Atlantique et Pacifique)	18 647 000	29 814 000	31 055 600	36 895 901	29 159 320	39 746 261	23 460 428	30 715 973
Églefin	908 000	1 997 000	1 784 400	2 652 252	3 150 098	5 457 612	3 417 833	8 544 759
Lieu	31 918 000	17 048 000	31 666 600	49 815 490	61 276 644	41 065 978	22 448 342	30 846 342
Morue du Pacifique occidental	..	..	..	..	..	..	..	..
Merlan	72 000	68 000	73 700	62 228	95 961	53 838	102 355	364 423
Merlu (toutes espèces)	2 690 000	2 538 000	3 854 700	4 639 275	1 979 534	2 358 859	3 007 643	3 903 700
Sébaste	204 000	23 000	21 200	4 702	19 838 051	1 971 271	1 415 975	19 013 264
Autres poissons de fond	6 167 000	5 970 000	7 970 600	9 986 058	6 701 959	3 665 683	6 105 143	7 366 377
Pélagiques	315 336 000	245 367 000	306 716 900	275 952 156	365 694 306	309 796 541	456 103 436	243 664 881
Chinchard	6 000	0	..	18 925 777	134 354	6 523 283	..	..
Maquereau	70 163 000	28 547 000	54 275 600	44 461 480	90 007 145	126 832 447	50 671 362	30 774 191
Hareng (Atlantique et Pacifique)	243 409 000	211 684 000	209 160 400	164 137 449	105 950 257	110 158 821	173 965 089	138 489 520
Sardine	..	..	..	..	..	..	..	..
Autres pélagiques	1 758 000	5 136 000	43 280 900	48 427 450	169 602 550	66 281 990	231 466 985	74 401 170
Thons	..	..	..	..	..	..	..	..
Listao	..	..	..	..	..	..	..	..
Thon rouge (nord et sud)	..	..	..	..	..	..	..	..
Germon	..	..	..	..	..	..	..	..
Albacore	..	..	..	..	..	..	..	..
Thon obèse	..	..	..	..	..	..	..	..
Autres thons	..	..	..	..	..	..	..	..
Espadon	..	..	..	..	..	..	..	..
Autres poissons	25 543 000	11 395 000	399 700	492 034	246 612	1 578 825	10 821 526	27 490 692
Total crustacés	**39 950 000**	**92 499 000**	**89 306 900**	**45 554 495**	**20 051 882**	**29 704 167**	**2 797 421**	**2 402 685**
Homard et langouste	40 000	3 000	9 400	8 599	641	25 316	16 131	27 212
Langoustine	6 099 000	8 182 000	8 539 800	5 217 365	2 192 859	2 086 069	1 394 214	1 108 431
Crevette	33 768 000	84 279 000	80 321 700	39 733 501	17 733 861	10 722 774	1 230 776	1 072 813
Autres crustacés	43 000	35 000	436 000	595 030	124 521	16 870 008	156 300	194 229
Total coquillages et mollusques	**38 000**	..	**20 300**	**4 341**	**1 868**	**35 761**	**34 917**	**67 368**
Huître	..	..	..	..	..	..	..	..
Moule	..	..	..	..	..	..	..	..
Coquille St-Jacques	..	..	..	..	..	..	..	..
Bivalves	..	..	..	..	..	..	..	..
Autres coquillages (incl. buccins	..	..	..	..	..	..	..	..
Calmar	..	..	16 800	4 284	1 628	35 761	34 917	58 932
Seiche	..	..	..	57	240	0	..	8 436
Poulpe	..	..	..	..	..	..	..	..
Autres mollusques (incl. oursins)	38 000	0	3 500	..	..	..	..	..
Autres animaux marins	..	..	..	..	..	..	..	..
Plantes aquatiques	..	..	..	..	..	..	..	..
Algue brune	..	..	..	..	..	..	..	..
Algue rouge	..	..	..	..	..	..	..	..
Autres algues	..	..	..	..	..	..	..	..
Poisson pour transformation	143 125 000	225 784 000	136 290 900	80 252 563	152 752 675	196 290 596	115 805 687	267 483 432
TOTAL GÉNÉRAL	**631 711 000**	**657 718 000**	**636 294 500**	**522 933 656**	**691 339 661**	**650 172 994**	**668 471 553**	**656 435 767**

.. Non disponible

Note : Métadonnées détaillées : http://metalinks.oecd.org/fish/20150108/77cc

Source : OCDE (2014), « Pêcheries : Débarquements nationaux dans les ports étrangers », Statistiques agricoles de l'OCDE (base de données). DOI: 10.1787/data-00223-fr

NORVÈGE

Tableau 5. Débarquements étrangers dans les ports nationaux

	2006	2007	2008	2009	2010	2011	2012	2013
VOLUME (TONNES)								
Total poissons	**183 698**	**223 670**	**255 869**	**255 389**	**240 973**	**268 123**	**279 873**	**259 251**
Saumon	..	..	..	..	..	..	..	..
Saumon rose	..	..	..	..	..	..	..	..
Saumon keta	..	..	..	..	..	..	..	..
Saumon rouge	..	..	..	..	..	..	..	..
Saumon argenté	..	..	..	..	..	..	..	..
Autres saumons	..	..	..	..	..	..	..	..
Poissons plats	1 815	1 602	1 302	1 102	1 775	3 303	4 203	3 345
Flétan	13	4	5	8	11	19	8	0
Flétan noir	1 260	966	959	1 047	1 730	3 234	4 154	3 246
Sole	..	..	..	..	..	..	..	0
Plie	152	115	151	16	14	11	8	27
Autres poissons plats	390	517	187	31	21	40	32	72
Poissons de fond	114 200	122 765	115 790	109 469	115 838	135 784	132 019	123 996
Morue (Atlantique et Pacifique)	84 050	86 380	82 809	73 655	76 218	88 810	84 151	93 617
Églefin	19 772	27 855	23 748	23 811	29 775	35 644	35 540	18 498
Lieu	6 592	5 127	6 161	7 740	7 293	7 042	9 089	9 043
Morue du Pacifique occidental	..	..	..	..	..	..	..	..
Merlan	8	..	..	0	0	0	2	..
Merlu (toutes espèces)	14	1	0	1	5	3	..	0
Sébaste	1 061	1 023	1 092	2 050	628	1 312	834	752
Autres poissons de fond	2 703	2 379	1 979	2 213	1 919	2 974	2 403	2 087
Pélagiques	67 528	98 941	138 751	144 736	123 347	129 026	143 650	131 899
Chinchard	189	78	647	1 033	368	2 769	719	1 856
Maquereau	37 904	44 749	49 456	81 567	56 257	85 438	97 653	75 298
Hareng (Atlantique et Pacifique)	28 827	53 304	88 038	61 505	66 248	40 714	45 068	54 373
Sardine	..	..	..	..	..	..	..	..
Autres pélagiques	608	810	610	631	475	105	209	373
Thons	..	..	..	..	..	..	..	..
Listao	..	..	..	..	..	..	..	..
Thon rouge (nord et sud)	..	..	..	..	..	..	..	..
Germon	..	..	..	..	..	..	..	..
Albacore	..	..	..	..	..	..	..	..
Thon obèse	..	..	..	..	..	..	..	..
Autres thons	..	..	..	..	..	..	..	..
Espadon	..	..	..	..	..	..	..	..
Autres poissons	155	362	26	82	13	10	2	10
Total crustacés	**3 169**	**3 984**	**5 267**	**4 286**	**3 804**	**5 296**	**4 946**	**3 553**
Homard et langouste	..	..	..	..	..	..	..	..
Langoustine	0	..	..	0	0	0	..	..
Crevette	2 079	3 420	5 224	3 816	3 804	5 296	4 946	3 553
Autres crustacés	1 090	564	43	470	..	..	..	..
Total coquillages et mollusques	..	..	..	..	..	**2**	**2**	**10**
Huître	..	..	..	..	..	..	..	..
Moule	..	..	..	..	..	..	..	..
Coquille St-Jacques	..	..	..	..	..	..	..	..
Bivalves	..	..	..	..	..	..	..	..
Autres coquillages (incl. buccins)	..	..	..	..	..	..	..	..
Calmar	..	..	..	..	..	..	..	..
Seiche	..	..	..	..	..	..	..	..
Poulpe	..	..	..	..	..	..	..	..
Autres mollusques (incl. oursins)	..	..	..	..	..	2	2	10
Autres animaux marins	..	..	..	..	..	..	..	..
Plantes aquatiques	..	..	..	..	..	..	..	..
Algue brune	..	..	..	..	..	..	..	..
Algue rouge	..	..	..	..	..	..	..	..
Autres algues	..	..	..	..	..	..	..	..
Poisson pour transformation	28 883	56 451	21 303	40 178	49 371	6 342	3 207	341
TOTAL GÉNÉRAL	**215 750**	**284 105**	**282 439**	**299 853**	**294 148**	**279 762**	**288 028**	**263 154**

Tableau 5. Débarquements étrangers dans les ports nationaux *(suite)*

	2006	2007	2008	2009	2010	2011	2012	2013
VALEUR (NOK)								
Total poissons	**1 734 017 000**	**1 923 590 000**	**2 067 253 800**	**1 804 020 816**	**1 601 285 857**	**2 285 954 633**	**2 226 347 030**	**1 804 041 977**
Saumon	..	..	..	..	..	..	..	..
Saumon rose	..	..	..	..	..	..	..	..
Saumon keta	..	..	..	..	..	..	..	..
Saumon rouge	..	..	..	..	..	..	..	..
Saumon argenté	..	..	..	..	..	..	..	..
Autres saumons	..	..	..	..	..	..	..	..
Poissons plats	24 044 000	18 668 000	18 225 100	12 032 494	29 009 592	48 457 255	65 594 949	46 556 027
Flétan	406 000	136 000	173 500	278 489	400 505	518 912	284 919	1 086
Flétan noir	19 684 000	13 481 000	15 012 600	11 434 088	28 404 945	47 633 131	65 081 182	46 128 291
Sole	..	..	..	..	..	..	..	0
Plie	1 351 000	1 120 000	1 831 700	125 963	90 595	79 009	57 200	47 892
Autres poissons plats	2 603 000	3 931 000	1 207 300	193 954	113 547	226 203	171 648	378 758
Poissons de fond	1 231 747 000	1 412 313 000	1 287 917 800	922 141 373	872 193 357	1 080 874 863	1 029 118 145	858 767 538
Morue (Atlantique et Pacifique)	1 042 622 000	1 172 905 000	1 102 229 800	752 626 070	673 437 587	831 026 490	760 006 592	686 744 238
Églefin	140 384 000	200 125 000	145 473 200	121 871 504	156 330 929	187 274 612	199 350 845	112 726 913
Lieu	27 772 000	23 813 000	26 851 600	31 958 930	30 955 468	38 398 680	51 935 976	48 235 484
Morue du Pacifique occidental	..	..	..	..	..	..	..	..
Merlan	38 000	..	100	222	991	692	5 212	..
Merlu (toutes espèces)	154 000	5 000	700	3 486	61 387	0	..	0
Sébaste	7 290 000	5 781 000	5 535 600	6 615 955	2 904 835	6 486 005	3 915 481	3 308 259
Autres poissons de fond	13 487 000	9 684 000	7 826 800	9 065 207	8 502 160	17 688 384	13 904 039	7 752 644
Pélagiques	476 319 000	489 258 000	759 213 300	869 029 709	699 532 036	1 155 661 214	1 130 045 516	897 953 708
Chinchard	796 000	65 000	2 605 600	3 968 180	412 290	16 351 853	4 031 529	13 661 739
Maquereau	382 315 000	348 553 000	502 062 400	692 984 741	479 027 585	929 229 700	870 791 288	661 831 546
Hareng (Atlantique et Pacifique)	92 259 000	140 447 000	254 483 000	172 060 302	219 922 212	210 048 153	255 220 619	221 901 194
Sardine	..	..	..	..	..	..	..	..
Autres pélagiques	949 000	193 000	62 300	16 486	169 949	31 508	2 080	559 229
Thons	..	..	..	..	..	..	..	..
Listao	..	..	..	..	..	..	..	..
Thon rouge (nord et sud)	..	..	..	..	..	..	..	..
Germon	..	..	..	..	..	..	..	..
Albacore	..	..	..	..	..	..	..	..
Thon obèse	..	..	..	..	..	..	..	..
Autres thons	..	..	..	..	..	..	..	..
Espadon	..	..	..	..	..	..	..	..
Autres poissons	1 907 000	3 351 000	1 897 600	817 240	550 872	961 301	1 588 420	764 704
Total crustacés	**87 262 000**	**78 516 000**	**62 868 100**	**72 087 431**	**49 010 604**	**84 325 346**	**82 451 399**	**63 346 550**
Homard et langouste	..	..	..	..	..	..	..	..
Langoustine	7 000	..	2 700	7 561	4 852	585	..	..
Crevette	19 397 000	41 995 000	59 909 600	48 292 327	49 005 752	84 324 761	82 451 399	63 346 550
Autres crustacés	67 858 000	36 521 000	2 955 800	23 787 543	..	..	..	..
Total coquillages et mollusques	..	..	..	..	..	..	..	..
Huître	..	..	..	..	..	..	..	..
Moule	..	..	..	..	..	..	..	..
Coquille St-Jacques	..	..	..	..	..	..	..	..
Bivalves	..	..	..	..	..	..	..	..
Autres coquillages (incl. buccins	..	..	..	..	..	..	..	..
Calmar	..	..	..	..	..	..	..	..
Seiche	..	..	..	..	..	..	..	..
Poulpe	..	..	..	..	..	..	..	..
Autres mollusques (incl. oursins)	..	..	..	..	..	0	0	0
Autres animaux marins	..	..	..	..	..	..	..	..
Plantes aquatiques	..	..	..	..	..	..	..	..
Algue brune	..	..	..	..	..	..	..	..
Algue rouge	..	..	..	..	..	..	..	..
Autres algues	..	..	..	..	..	..	..	..
Poisson pour transformation	44 789 000	88 039 000	35 426 900	59 096 232	92 695 127	12 023 693	6 488 534	225 602
TOTAL GÉNÉRAL	**1 866 068 000**	**2 090 145 000**	**2 165 548 800**	**1 935 204 478**	**1 742 991 588**	**2 382 303 672**	**2 315 286 963**	**1 867 614 129**

.. Non disponible

Note : Métadonnées détaillées : http://metalinks.oecd.org/fish/20150108/15d5

Source : OCDE (2014), « Pêcheries : Débarquements étrangers dans les ports domestiques », Statistiques agricoles de l'OCDE (base de données). DOI: 10.1787/data-00224-fr

NORVÈGE

Tableau 6. Production de l'aquaculture

	2006	2007	2008	2009	2010	2011	2012	2013
VOLUME (TONNES)								
Poissons	**708 293**	**838 962**	**846 205**	**959 732**	**1 017 801**	**1 141 967**	**1 319 119**	**1 244 180**
Saumon de l'Atlantique	629 766	744 125	737 254	862 305	939 536	1 064 868	1 232 095	1 165 954
Saumon du Pacifique	..	..	..	..	..	..	..	..
Truite arc-en-ciel	62 560	77 666	85 558	74 296	54 667	58 545	74 668	72 600
dont : d'eau de mer	62 477	77 581	85 467	74 213	54 579	58 472	74 583	72 497
dont : d'eau douce	83	85	90	83	88	73	85	103
Truite de mer	..	..	..	..	..	..	..	..
Poisson plat	..	..	..	..	..	..	..	..
Dorade	..	..	..	..	..	..	..	..
Bar	..	..	..	..	..	..	..	..
Loup	..	..	..	..	..	..	..	..
Carpe	..	..	..	..	..	..	..	..
Tilapia	..	..	..	..	..	..	..	..
Anguille	..	..	..	..	..	..	..	..
Autres poissons	15 967	17 171	23 393	23 131	23 598	18 554	12 356	5 625
Coquillages et crustacés	**3 749**	**3 204**	**2 053**	**1 728**	**2 001**	**1 926**	**2 001**	**2 363**
Huître, comestible	1	4	3	4	2	2	2	5
Huître, perle	..	..	..	..	..	..	..	..
Moule	3 714	3 165	2 035	1 649	1 930	1 743	1 967	2 328
Coquille St.-Jacques	4	6	4	8	10	13	21	23
Bivalves	..	..	..	..	..	..	..	..
Crevette et bouquet	..	..	..	..	..	..	..	..
Autres coquillages et crustacés	30	30	11	68	59	169	11	7
Total poissons, coquillages et crustacés	**712 043**	**842 166**	**848 258**	**961 461**	**1 019 803**	**1 143 893**	**1 321 119**	**1 246 543**
Autres animaux marins	..	..	..	..	..	..	..	..
Plantes aquatiques	..	..	..	..	..	..	..	..
Algue brune	..	..	..	..	..	..	..	..
Algue rouge	..	..	..	..	..	..	..	..
Algue verte	..	..	..	..	..	..	..	..
Autres plantes aquatiques	..	..	..	..	..	..	..	..
TOTAL GÉNÉRAL	**712 043**	**842 166**	**848 258**	**961 461**	**1 019 803**	**1 143 893**	**1 321 119**	**1 246 543**
VALEUR (NOK)								
Poissons	**17 592 199 440**	**17 509 071 954**	**17 447 610 317**	**22 443 710 472**	**30 750 671 629**	**28 926 523 733**	**30 028 229 600**	**40 119 525 740**
Saumon de l'Atlantique	15 575 589 000	15 496 270 319	15 225 262 385	20 177 900 270	28 511 990 248	26 924 278 316	27 954 650 365	37 536 866 748
Saumon du Pacifique	..	..	..	..	..	..	..	..
Truite arc-en-ciel	1 584 204 440	1 553 311 814	1 639 138 248	1 754 372 648	1 729 303 824	1 530 095 278	1 695 937 874	2 327 315 640
dont : d'eau de mer	1 578 776 000	1 547 722 449	1 632 766 040	1 748 595 528	1 722 895 074	1 524 595 278	1 689 546 174	2 320 315 640
dont : d'eau douce	5 428 440	5 589 365	6 372 208	5 777 120	6 408 750	5 500 000	6 391 700	7 000 000
Truite de mer	..	..	..	..	..	..	..	..
Poisson plat	..	..	..	..	..	..	..	..
Dorade	..	..	..	..	..	..	..	..
Bar	..	..	..	..	..	..	..	..
Loup	..	..	..	..	..	..	..	..
Carpe	..	..	..	..	..	..	..	..
Tilapia	..	..	..	..	..	..	..	..
Anguille	..	..	..	..	..	..	..	..
Autres poissons	432 406 000	459 489 821	583 209 684	511 437 554	509 377 557	472 150 139	377 641 361	255 343 352
Coquillages et crustacés	**21 691 340**	**18 723 730**	**13 819 030**	**12 855 583**	**18 745 702**	**25 364 914**	**10 950 470**	**13 103 670**
Huître, comestible	294 072	453 889	467 132	532 554	298 394	231 669	179 411	481 318
Huître, perle	..	..	..	..	..	..	..	..
Moule	15 292 300	12 633 520	9 905 165	7 468 922	8 238 221	7 972 421	7 727 888	10 343 185
Coquille St.-Jacques	76 000	165 000	180 000	324 160	362 921	632 013	518 898	540 124
Bivalves	..	..	..	..	..	..	..	..
Crevette et bouquet	..	..	..	..	..	..	..	..
Autres coquillages et crustacés	6 028 963	5 472 321	3 266 728	4 529 947	9 846 166	16 528 811	2 524 273	1 739 043
Total poissons, coquillages et crustacés	**17 613 890 780**	**17 527 795 684**	**17 461 429 347**	**22 456 566 055**	**30 769 417 331**	**28 951 888 647**	**30 039 180 070**	**40 132 629 410**
Autres animaux marins	..	..	..	..	..	..	..	..
Plantes aquatiques	..	..	..	..	..	..	..	..
Algue brune	..	..	..	..	..	..	..	..
Algue rouge	..	..	..	..	..	..	..	..
Algue verte	..	..	..	..	..	..	..	..
Autres plantes aquatiques	..	..	..	..	..	..	..	..
TOTAL GÉNÉRAL	**17 613 890 780**	**17 527 795 684**	**17 461 429 347**	**22 456 566 055**	**30 769 417 331**	**28 951 888 643**	**30 039 180 070**	**40 132 629 410**

.. Non disponible

Note : Métadonnées détaillées : http://metalinks.oecd.org/fish/20150108/119a

Source : OCDE (2014), « Pêcheries : Production de l'aquaculture », Statistiques agricoles de l'OCDE (base de données). DOI: 10.1787/data-00225-fr

NORVÈGE

Tableau 7. Transferts financiers publics (TFP)

Milliers NOK

	2006	2007	2008	2009	2010	2011	2012	2013
Total des TFP								
Pêche maritime	**1 209 107**	**1 390 484**	**1 475 459**	**1 747 956**	**1 716 430**	**1 775 625**	**1 805 179**	**1 940 896**
Paiements directs	10 000	7 500	14 650	13 000	50 900	46 300	46 200	48 000
Désarmement des navires et retrait des licences	5 000	5 000	11 250	..	..	..	..	..
Indemnisation des catastrophes	..	..	..	..	..	..	..	..
Aides : équipement, modernisation, construction de navire	..	..	..	..	..	..	..	..
Aide au revenu et assurance chômage	5 000	2 500	3 400	13 000	9 800	2 800	2 700	2 500
Autres paiements directs	..	..	..	..	41 100	43 500	43 500	45 500
Transferts réduisant les coûts	288 820	287 080	381 092	424 836	390 692	356 556	356 916	315 627
Prêts subventionnés : équipement, modernisation, construction de navire	..	..	..	0	..	..	..	..
Bonification d'intérêts	..	..	..	0	..	..	..	..
Exonération de taxe sur carburant	245 620	243 580	341 492	367 236	390 692	356 556	356 916	315 627
Ristourne et subvention à l'assurance	..	..	..	0	..	..	..	..
Allègement d'impôt sur le revenu, contrib. sociales impayées	..	..	..	0	..	..	..	..
Autres transferts réduisant les coûts	43 200	43 500	39 600	57 600	..	..	..	..
Services généraux	956 149	1 156 862	1 131 424	1 367 381	1 317 398	1 422 091	1 443 221	1 611 226
Gestion des pêcheries	248 275	291 297	296 433	324 807	297 495	327 269	313 370	363 492
Recherche halieutique	218 205	335 066	296 433	486 961	528 386	544 123	596 043	687 256
Police des pêches	464 846	507 213	505 537	522 151	472 361	494 888	496 488	500 478
Infrastructure des pêcheries	24 823	23 286	33 021	33 462	19 156	55 811	37 320	60 000
Autres services généraux	..	..	..	..	..	..	..	..
Recouvrement des coûts	-45 862	-60 958	-51 707	-57 261	-42 560	-49 322	-41 158	-33 957
Aquaculture	**83 851**	**120 821**	**124 178**	**230 174**	**187 948**	**169 460**	**240 448**	**253 072**
Paiements directs	..	..	..	..	..	..	..	..
Aides : développement aquacole	..	..	..	..	..	..	..	..
Indemnisation des catastrophes	..	..	..	..	..	..	..	..
Autres paiements directs	..	..	..	..	..	..	..	..
Transferts réduisant les coûts	..	..	..	..	..	..	..	..
Prêts subventionnés : développement aquacole	..	..	..	..	..	..	..	..
Autres transferts réduisant les coûts	..	..	..	..	..	..	..	..
Services généraux	109 546	138 437	141 798	250 253	252 932	259 407	259 439	282 690
Gestion, recherche et police de l'aquaculture	109 546	138 437	141 798	250 253	252 932	259 407	259 439	282 690
Infrastructure aquacole	..	..	..	..	..	..	..	..
Autres services généraux	..	..	..	..	..	..	..	..
Recouvrement des coûts	-25 695	-17 616	-17 620	-20 079	-64 984	-89 947	-18 991	-29 618
Commercialisation et transformation	**127 123**	**110 478**	**114 237**	**170 287**	**124 835**	**126 580**	**104 356**	**..**
Paiements directs	..	..	..	25 500	..	..	..	..
Aides : commercialisation et transformation	..	..	..	25 500	..	..	..	..
Autres paiements directs	..	..	..	..	..	..	..	..
Transferts réduisant les coûts	..	..	..	26 500	..	..	..	..
Prêts subventionnés : commercialisation et transformation	..	..	..	26 500	..	..	..	..
Autres transferts réduisant les coûts	..	..	..	..	..	..	..	..
Services généraux	127 368	110 683	114 467	118 557	125 285	126 580	104 356	..
Aquaculture	127 368	110 683	114 467	118 557	125 285	126 580	104 356	..
Autres services généraux	..	..	..	..	..	..	..	..
Recouvrement des coûts	-245	-205	-230	-270	-450	-295	..	..
Total	**1 420 081**	**1 621 783**	**1 713 874**	**2 148 417**	**2 029 213**	**2 071 665**	**2 045 627**	**2 193 968**

.. Non disponible

Note : Métadonnées détaillées : http://metalinks.oecd.org/fish/20150108/063b

Source : OCDE (2014), « Pêcheries : Transferts financiers publics », Statistiques agricoles de l'OCDE (base de données). DOI: 10.1787/data-00220-fr

NORVÈGE

Tableau 8. Importations par produit

		2009		2010		2011		2012		2013	
		Tonnes	USD	Tonnes	USD	Tonnes	USD	Tonnes	USD	Tonnes	USD
03	**Poisson, crustacés et mollusques**	..	**360 927 014**	..	**340 333 611**	..	**473 866 878**	..	**435 271 397**	..	**352 454 462**
0302	**Poisson, frais ou réfrigéré, excl. 0304**	**133 028 814**	**142 549 918**	**91 924 187**	**98 315 916**	**109 672 435**	**184 969 130**	**120 674 899**	**173 488 780**	**109 313 624**	**137 691 745**
030211	Truite	94 705	682 859	129 772	940 468	118 951	908 669	121 827	869 334	94 642	687 504
030212	Saumon (Pacifique, Atlantique et Danube)	21 145	95 428	51 506	384 178	54 394	326 719	28 842	177 839	47 381	298 716
030219	Salmonidés nra	886	11 980	1 150	10 654	3 061	31 966	..	..	..	..
030221	Flétan	2 371	14 594	1 310	16 285	767	11 468	4 108	9 949	438	1 424
030222	Plie, carrelet	3 654	19 912	3 951	20 310	8 575	60 988	8 886	71 109	3 319	20 670
030223	Sole	769	17 907	672	16 923	1 129	32 783	1 490	38 929	874	21 987
030229	Poissons plats nra	182	3 135	445	4 846	1 935	23 459	8 132	84 831	4 984	79 671
030231	Thon blanc/germon	16	364	..	..	..	..	660	16 675	..	..
030232	Albacore (thon jaune)	668	12 039	1 336	33 556	2 915	66 613	12 993	389 237	19 777	563 906
030233	Listaos/bonite à ventre rayé	..	..	..	..	..	..	..	..	..	..
030239	Thonidés nra	7 028	124 325	3 685	58 468	312	10 978	3 313	130 980	5 640	249 993
030240	Hareng	47 295 452	20 614 458	39 024 930	21 669 486	27 041 459	23 516 953	28 244 708	27 403 191	38 652 857	28 010 618
030250	Morue	2 402 624	4 990 664	6 671	46 583	2 884	16 395	1 587 251	3 554 800	771 734	1 467 775
030261	Sardines	..	..	..	..	..	..	..	..	..	..
030262	Églefin	259 585	239 921	..	..	14 575	31 248	80 888	107 790	91 149	103 347
030263	Lieu noir	82 716	70 512	..	..	58 927	73 865	101 308	184 173	5 356	6 633
030264	Maquereau	81 948 025	113 188 516	52 342 235	74 012 240	81 420 623	157 640 971	89 472 641	137 717 184	67 762 982	102 732 379
030265	Aiguillat et autres squalidés	..	..	..	..	..	..	68	1 376	39	777
030266	Anguille	560	14 038	480	9 405	24	286	..	..	..	..
030269	Poisson nra	905 076	2 382 291	349 036	1 039 782	938 129	2 114 582	996 423	2 613 382	1 850 037	3 270 039
030270	Foies, oeufs et laitances	3 368	67 340	7 008	52 734	3 775	101 188	1 361	117 999	2 415	176 307
0303	**Poisson, congelé, excl. 0304**	**30 507 314**	**81 607 933**	**32 159 801**	**86 784 244**	**34 443 839**	**106 161 529**	**30 908 982**	**83 577 079**	**17 015 349**	**29 165 690**
030319	Saumon, Pacifique	900	7 829	..	..	..	..	..	..	..	..
030321	Truite	158 400	833 901	123 196	672 584	60 565	341 520	72 839	423 090	40 154	220 829
030322	Saumon (Atlantique et Danube)	7 200	53 584	..	..	..	..	..	..	..	..
030329	Salmonidés	..	..	..	..	..	..	..	..	..	..
030331	Flétan	128 360	566 080	43 008	205 109	327 191	1 835 753	451 748	2 652 268	185 739	922 910
030332	Plie, carrelet	1 100	11 624	1 041	4 209	2 321	7 247	3 437	19 052	950	8 826
030333	Sole	730	15 221	1 255	28 876	610	13 649	1 170	25 120	1 027	22 599
030339	Poisson plat nra	1 107	12 190	1 250	12 718	1 575	19 114	1 300	13 623	3 476	19 438
030341	Thon blanc/germon	..	..	..	..	147	2 612	..	..	..	..
030342	Albacore (thon jaune)	240	2 659	1 208	8 558	229	3 737	406	10 590	2 520	45 874
030343	Listao/bonite à ventre rayé	..	..	1 820	8 555	500	1 692	1 150	5 154	..	..
030349	Thonidés nra	7 065	108 259	4 133	106 075	2 924	98 658	..	..	1 916	17 063
030350	Hareng	594	3 582	900 000	750 656	1 590 914	1 307 332	2 332 070	2 203 650	5 497 212	3 622 296
030360	Morue	25 971 481	72 413 654	22 607 214	70 023 868	25 016 173	86 988 348	20 497 839	63 571 715	8 181 237	18 561 173
030371	Sardines, sardinelles	2 250	5 422	1 150	2 918	2 824	6 839	3 600	8 963	3 246	8 919
030372	Églefin	1 986 458	2 846 654	3 162 003	5 114 626	2 618 265	4 122 394	1 909 522	2 760 621	28 778	76 787
030373	Lieu noir	320 398	364 184	406 269	677 526	772 836	1 765 786	2 953 972	5 463 110	1 891 183	3 195 677
030374	Maquereau	1 016 260	1 495 440	4 235 878	7 148 009	2 097 178	5 166 369	782 280	1 828 435	482 594	620 670
030375	Aiguillat et autres squalidés	900	10 958	525	3 803	678	4 783	6 798	33 956	264	1 411
030376	Anguille	3 091	34 696	770	11 556	974	24 620	200	2 611	413	7 413
030377	Bar (loup)	697	16 096	306	6 491	423	6 761	158	5 190	298	5 110
030378	Merlu	13 698	40 967	..	..	..	..	..	..	..	..
030379	Poisson nra	412 383	1 538 402	555 515	1 441 831	1 649 133	3 739 214	1 624 055	4 009 169	596 080	1 240 314
030380	Foies, oeufs et laitances	474 902	1 233 945	102 477	448 939	257 493	441 905	252 546	435 174	11 242	124 104
0304	**Filets de poisson et autre chair de poisson**	**12 274 722**	**61 053 406**	**12 547 157**	**64 186 493**	**13 137 528**	**72 099 938**	**11 531 626**	**65 915 005**	**12 083 199**	**63 856 180**
030410	Filets et autre chair de poisson, frais ou réfrigéré	320 514	3 304 669	305 908	3 653 042	333 104	3 851 732	433 935	5 001 698	358 167	4 639 631
030420	Filets de poissons, congelé	7 316 044	42 657 712	7 731 977	45 755 657	7 650 432	49 972 108	7 007 849	47 210 060	7 126 501	44 444 090
030490	Chair de poisson nra, congelé	4 638 164	15 091 025	4 509 272	14 777 794	5 153 992	18 276 098	4 089 842	13 703 247	4 598 531	14 772 459
0305	**Poisson, séché, salé, fumé, ou en saumure**	**585 277**	**5 226 245**	**888 311**	**7 611 586**	**805 197**	**8 044 488**	**1 153 156**	**9 905 641**	**921 953**	**9 629 173**
030510	Farine de poisson, consommation humaine	30 170	531 021	17 703	242 366	34 215	584 518	22 260	493 801	15 641	401 585
030520	Foies, oeufs et laitances	2 477	60 277	15 619	107 249	14 728	108 419	16 664	116 047	16 163	202 584
030530	Filets de poisson (non fumé)	149 070	1 810 506	276 832	2 759 016	204 131	2 588 930	205 679	3 515 254	169 101	3 220 577
030541	Saumon (Pacifique, Atlantique et Danube), fumé	20 914	338 475	24 600	394 436	34 438	655 144	50 518	649 351	95 143	1 773 279
030542	Hareng, fumé	9 065	79 237	..	..	..	..	..	..	..	..
030549	Poisson nra, fumé	27 001	469 498	34 218	676 668	65 552	1 149 344	70 707	1 022 760	61 983	936 090
030551	Morue, séché, non fumé	47 847	618 116	119 771	1 360 491	99 721	1 405 627	117 837	1 135 821	101 822	898 136
030559	Poisson nra, séché, salé, non fumé	52 289	240 234	202 689	1 103 764	124 593	602 075	421 382	1 813 949	145 025	762 188
030561	Hareng, salé ou en saumure	..	..	16 643	22 392	16 849	28 124	..	..	..	..
030562	Morue, salé ou en saumure	994	3 308	19 360	267 536	460	5 530	6 340	37 067	52 581	275 591
030563	Anchois, salé ou en saumure	3 600	10 202	19 911	79 572	15 630	63 198	1 519	8 107	500	5 604
030569	Poisson nra, salé ou en saumure	241 850	1 064 757	132 526	525 258	186 860	779 403	228 886	1 017 404	252 117	1 049 958

Tableau 8. Importations par produit (suite)

		2009		2010		2011		2012		2013	
		Tonnes	USD	Tonnes	USD	Tonnes	USD	Tonnes	USD	Tonnes	USD
0306	**Crustacés**	**15 208 709**	**59 373 463**	**15 578 296**	**65 653 679**	**15 164 190**	**86 759 635**	**15 775 473**	**86 007 302**	**15 636 745**	**95 529 796**
030611	Langoustes et autres palinuridés, congelé	2 616	36 320	5 315	56 682	8 145	32 913	..	..	..	..
030612	Homard nra	164 216	1 024 596	460 068	3 378 937	436 192	3 322 498	315 495	2 581 693	350 881	2 542 010
030613	Crevettes, congelé	14 631 858	52 793 658	14 762 877	57 097 603	13 731 316	71 810 763	14 163 359	75 630 621	13 940 747	82 462 640
030614	Crabes, congelé	95 256	1 616 707	90 307	1 596 225	170 970	5 350 061	50 099	1 028 242	106 530	2 549 252
030619	Crustacés nra, congelé	110 207	959 213	88 459	628 478	160 663	1 798 389	11 903	158 002	51 661	627 448
030621	Langoustes et autres palinuridés (non congelé)	..	..	..	..	..	..	..	..	52	6 380
030622	Homard nra (non congelé)	154 826	2 669 208	161 663	2 787 075	186 461	3 529 337	233 263	4 385 444	263 555	5 020 118
030623	Crevettes (non congelé)	24 300	118 386	2 954	34 892	4 955	77 468	9 797	182 117	32 322	523 113
030624	Crabes (non congelé)	4 174	62 600	1 114	17 007	6 553	113 963	1 375	9 618	8 842	143 011
030629	Crustacés nra (non congelé)	21 256	92 776	5 539	56 779	458 935	724 242	990 182	2 031 565	882 155	1 655 825
0307	**Mollusques**	**630 174**	**6 309 572**	**672 256**	**7 340 700**	**747 188**	**10 298 939**	**790 839**	**10 566 383**	**835 219**	**10 360 546**
030710	Huîtres	30 867	320 498	37 781	342 522	53 633	559 567	56 776	588 085	71 353	756 155
030721	St-Jacques, vi, fr, ou ré	61 905	1 082 322	118 905	2 195 678	154 001	2 960 348	154 363	3 851 999	76 045	1 596 961
030729	St-Jacques, co, sc, sl, ou sm	237 142	3 582 480	233 300	3 481 260	245 884	4 872 068	242 651	4 401 072	309 318	6 169 903
030731	Moules, vi, fr, ou ré	95 418	281 624	93 425	301 279	96 778	361 822	96 512	334 012	157 761	586 909
030739	Moules, co, sc, sl, ou sm	51 856	231 460	25 322	101 652	14 527	74 778	46 539	222 076	36 530	186 558
030741	Seiches, encornets et calmars, vi, fr, ou ré	1 104	9 031	1 361	9 307	1 922	12 472	2 420	16 935	2 699	22 879
030749	Seiches, encornets et calmars, co, sc, sl, ou sm	66 435	266 411	106 035	437 129	98 477	543 821	116 028	600 280	100 443	447 719
030751	Poulpe, vi, fr, ou ré	173	2 909	252	2 397	750	19 488	30	434	33	580
030759	Poulpe, co, sc, sl, ou sm	61 231	230 952	28 967	159 564	27 319	179 427	44 154	283 146	45 649	304 107
030760	Escargots (autres que de mer)	817	3 636	1 594	8 722	2 567	15 963	3 318	21 968	2 211	8 192
030791	Mollusques nra, vi, fr, ou ré	17 741	183 683	18 055	203 717	21 134	170 153	8 107	67 619	6 998	91 229
030799	Mollusques nra, co, sc, sl, ou sm	5 485	114 567	7 259	97 472	30 196	529 032	19 941	178 757	26 179	189 356
121220	**Algues**	**7 993 378**	**10 653 654**	**7 896 105**	**10 916 363**	**8 107 489**	**11 545 958**	**7 706 708**	**9 423 158**	**6 374 123**	**8 045 050**
1504	**Graisses, huiles et leurs fractions**	**262 650 246**	**255 628 730**	**225 990 783**	**253 416 941**	**190 569 614**	**297 469 157**	**190 482 713**	**338 800 488**	**168 460 049**	**361 454 526**
150410	Huiles de foies de poisson, et fractions	449 695	1 957 314	749 362	2 195 359	365 498	1 131 615	986 817	2 446 544	159 103	661 325
150420	Graisses et huiles de poisson, et fractions	261 821 054	252 974 811	224 881 748	250 627 783	189 317 189	293 969 742	189 208 549	335 399 135	168 300 505	360 791 270
150430	Graisses et huiles de mammifère marin, et fractions	379 497	696 605	359 673	593 799	886 927	2 367 800	287 347	954 809	441	1 931
1604	**Préparations et conserves de poisson; caviars et succédanés**	**19 291 894**	**101 981 513**	**19 543 185**	**101 811 218**	**20 206 087**	**121 269 105**	**18 952 826**	**117 038 633**	**18 823 319**	**112 448 279**
160411	Saumon, non haché	1 218 750	11 444 122	1 048 848	11 132 493	864 188	10 717 229	905 848	9 612 705	153 707	1 689 905
160412	Hareng, non haché	2 451 401	9 630 128	2 443 503	11 143 180	2 207 146	12 659 509	2 119 125	13 019 128	1 977 140	10 289 555
160413	Sardines, sardinelles, sprats, esprots, non haché	441 465	2 983 790	575 929	3 932 568	545 187	4 069 679	452 415	3 183 867	424 740	3 170 937
160414	Thons, listaos, sardes, non haché	2 413 203	8 794 513	2 260 401	7 238 271	2 544 635	10 578 495	2 142 886	10 760 805	2 931 718	16 196 041
160415	Maquereau, non haché	3 290 312	20 659 419	3 448 397	20 268 441	3 946 794	26 964 995	3 515 004	24 649 677	3 964 830	26 079 485
160416	Anchois, non haché	264 628	1 827 152	277 730	1 833 432	255 190	2 004 322	219 633	1 822 969	183 913	1 634 802
160419	Poisson nra, non haché	2 836 594	17 613 122	3 369 555	19 383 892	3 263 205	20 517 956	3 339 299	20 738 818	3 214 677	19 193 099
160420	Poisson, haché	5 940 161	25 844 463	5 974 110	24 855 887	6 478 664	31 380 506	6 133 711	30 533 377	5 692 573	30 565 331
160430	Caviar et succédanés	435 380	3 184 804	144 712	2 023 054	101 078	2 376 415	124 905	2 717 288	280 021	3 629 125
1605	**Préparations et conserves de crustacés**	**5 328 799**	**46 720 083**	**5 885 851**	**53 658 541**	**5 904 254**	**64 455 281**	**5 799 286**	**67 344 616**	**5 687 998**	**65 398 000**
160510	Crabes	17 283	147 956	15 398	155 393	21 159	164 427	36 811	220 260	27 278	262 127
160520	Crevettes	4 686 221	41 555 343	5 033 651	46 964 553	5 139 065	56 945 824	5 064 486	59 480 891	4 897 222	57 315 505
160530	Homard	5 408	56 193	4 480	80 496	1 012	15 670	1 040	20 874	1 034	37 742
160540	Crustacés nra	426 245	3 773 187	561 731	4 892 577	514 891	5 735 083	517 405	6 445 454	524 047	6 504 725
230120	**Farine de poisson**	**328 439 040**	**405 305 571**	**205 484 832**	**345 074 205**	**230 052 219**	**376 976 012**	**249 775 757**	**397 686 270**	**214 353 192**	**386 602 994**
	TOTAL	**818 508 749**	**1 168 271 721**	**..**	**1 105 210 879**	**..**	**1 345 582 391**	**..**	**1 365 564 562**	**..**	**1 286 403 311**

.. Non disponible

Note : nra : non répertorié ailleurs. vi : vivant. fr : frais. ré : réfrigéré. co : congelé. sc : séché. sl : salé. sm : en saumure.

Métadonnées détaillées : http://metalinks.oecd.org/fish/20150108/b829

Source : OCDE (2014), « Pêcheries : Commerce par produit », Statistiques agricoles de l'OCDE (base de données). DOI: 10.1787/data-00677-fr

NORVÈGE

Tableau 9. Exportations par produit

		2009		2010		2011		2012		2013	
		Tonnes	USD	Tonnes	USD	Tonnes	USD	Tonnes	USD	Tonnes	USD
03	**Poisson, crustacés et mollusques**	**..**	**6 798 133 294**	**..**	**8 540 713 991**	**..**	**9 099 837 082**	**..**	**8 575 429 317**	**..**	**10 125 915 320**
0302	**Poisson, frais ou réfrigéré, excl. 0304**	**742 328 525**	**3 241 441 599**	**875 595 433**	**4 349 075 792**	**904 138 038**	**4 443 107 307**	**1 105 055 670**	**4 473 858 493**	**1 079 380 738**	**5 993 250 951**
030211	Truite	40 112 561	197 063 294	26 359 323	178 284 756	27 130 334	169 164 004	41 046 197	209 534 468	37 365 857	264 312 822
030212	Saumon (Pacifique, Atlantique et Danube)	570 429 193	2 800 450 041	618 029 890	3 839 092 979	685 384 761	3 909 244 695	828 938 430	3 941 338 326	796 301 612	5 388 390 301
030219	Salmonidés nra	5 211 934	2 132 837	164 790	1 295 388	12 064	126 682	11 154	79 204	21 041	211 780
030221	Flétan	2 273 468	20 526 217	2 510 108	24 006 056	2 694 593	28 897 716	2 500 666	26 060 691	2 652 017	24 490 799
030222	Plie, carrelet	1 431 538	3 030 749	1 402 435	2 787 748	1 408 886	2 895 649	1 167 927	2 172 652	1 031 510	1 927 362
030223	Sole	4 195	59 243	2 864	48 577	2 779	52 235	1 307	21 351	1 202	16 889
030229	Poissons plats nra	384 862	3 106 805	348 246	3 149 171	315 487	3 293 220	323 652	2 837 504	202 546	2 139 006
030231	Thon blanc/germon	..	..	..	..	..	..	674	6 958	..	..
030232	Albacore (thon jaune)	..	..	..	..	608	14 144	..	..	..	..
030233	Listaos/bonite à ventre rayé	..	..	..	..	..	..	..	..	..	..
030239	Thonidés nra	..	..	..	..	..	..	..	..	..	..
030240	Hareng	63 976 160	31 806 145	39 579 838	26 080 432	20 519 225	21 667 521	30 002 426	27 877 508	26 511 446	21 534 126
030250	Morue	23 163 300	91 522 639	27 889 705	108 920 870	29 381 680	133 619 322	28 393 316	112 129 583	47 901 803	150 170 991
030261	Sardines	708 357	451 848	918 054	540 871	670 769	543 099	522 284	431 883	715 044	629 458
030262	Églefin	9 456 325	20 996 157	17 355 955	35 837 370	21 675 523	46 849 790	20 729 734	43 027 665	19 883 119	42 859 229
030263	Lieu noir	8 160 775	14 203 660	9 712 672	17 712 485	6 524 239	15 334 310	5 535 545	12 346 715	6 593 075	12 054 565
030264	Maquereau	6 409 260	10 832 754	19 717 158	25 876 015	11 330 920	26 686 555	7 841 488	12 155 035	4 538 060	8 146 898
030265	Aiguillat et autres squalidés	497 931	1 037 514	495 464	1 200 553	220 889	578 911	254 857	583 701	220 709	556 262
030266	Anguille	2 391	20 039	..	..	..	..	..	..	..	..
030269	Poisson nra	9 402 410	42 723 019	109 759 686	80 835 177	95 503 608	79 544 334	136 973 396	80 919 449	134 491 212	73 028 234
030270	Foies, oeufs et laitances	703 865	1 478 637	1 349 245	3 407 345	1 361 673	4 595 120	813 291	2 342 758	950 485	2 782 229
0303	**Poisson, congelé, excl. 0304**	**1 120 122 839**	**1 444 810 300**	**1 093 098 158**	**1 661 923 639**	**891 027 361**	**1 923 843 115**	**815 789 218**	**1 574 547 278**	**798 445 091**	**1 658 451 276**
030319	Saumon, Pacifique	..	..	..	..	..	..	..	..	..	..
030321	Truite	18 723 171	95 656 618	12 471 056	79 797 460	11 031 183	74 534 439	13 320 643	69 232 324	15 916 948	102 443 433
030322	Saumon (Atlantique et Danube)	43 541 544	195 532 826	..	..	..	..	..	..	..	..
030329	Salmonidés	11 261 039	9 198 258	105 304	108 193	213 818	255 080	23 216	138 904	19 225	111 835
030331	Flétan	7 893 574	37 097 879	8 636 818	44 761 025	8 579 523	53 277 698	9 196 291	49 874 246	12 059 224	60 990 597
030332	Plie, carrelet	20 543	35 974	16 178	25 965	2 604	2 887	1 703	2 501	1 957	2 525
030333	Sole	..	..	..	..	..	..	..	..	..	..
030339	Poisson plat nra	1 925	17 403	1 072	1 890	2 524	4 327	9 530	19 381	3 678	8 087
030341	Thon blanc/germon	..	..	..	..	..	..	..	..	..	..
030342	Albacore (thon jaune)	..	..	..	..	..	..	154	4 035	809	22 947
030343	Listao/bonite à ventre rayé	..	..	45	575	..	..	..	..	..	..
030349	Thonidés nra	120 009	146 269	..	..	..	..	..	..	..	..
030350	Hareng	500 067 813	353 873 076	448 082 363	339 841 847	280 896 690	344 994 814	205 100 400	279 027 441	202 373 365	250 208 932
030360	Morue	28 525 353	73 140 217	34 797 463	102 549 846	38 308 322	132 990 514	49 340 932	146 419 011	87 697 748	229 701 141
030371	Sardines, sardinelles	2 373 293	3 276 899	2 903 580	4 201 789	2 464 090	4 052 226	350 760	484 300	2 315 308	2 461 967
030372	Églefin	47 258 595	96 087 868	53 853 336	125 810 804	65 466 954	164 133 590	65 205 519	151 534 268	44 076 280	143 089 404
030373	Lieu noir	44 547 019	69 277 842	34 527 649	66 210 071	42 140 457	88 650 128	25 750 471	50 631 609	24 006 584	40 836 737
030374	Maquereau	188 257 780	324 302 904	265 046 940	466 225 451	239 253 668	593 560 504	263 196 026	485 637 309	243 182 693	466 418 269
030375	Aiguillat et autres squalidés	..	..	23 331	251 979	27 853	139 880	2 064	4 553	..	..
030376	Anguille	245	1 099	..	..	..	..	2 640	4 945	..	..
030377	Bar (loup)	..	..	..	..	..	..	..	..	30	648
030378	Merlu	230 240	356 971	232 040	412 201	798 577	1 737 041	626 747	1 386 777	1 620 613	2 868 586
030379	Poisson nra	223 019 029	168 589 495	174 723 212	135 378 802	142 257 957	161 642 112	125 338 821	113 059 480	114 057 406	106 587 924
030380	Foies, oeufs et laitances	3 959 448	16 579 549	7 056 969	23 933 757	8 678 812	26 952 649	7 957 510	19 480 835	6 578 547	15 888 738
0304	**Filets de poisson et autre chair de poisson**	**317 247 622**	**1 242 625 045**	**328 411 691**	**1 539 637 680**	**291 659 451**	**1 603 414 211**	**287 694 758**	**1 502 740 913**	**253 630 835**	**1 527 065 502**
030410	Filets et autre chair de poisson, frais ou réfrigéré	68 670 701	529 052 597	78 281 464	706 551 593	65 332 127	621 902 810	78 109 500	585 120 312	82 052 771	736 122 214
030420	Filets de poissons, congelé	119 481 863	551 544 929	119 051 439	669 921 604	112 690 577	745 044 734	103 822 127	655 580 249	89 352 525	616 741 007
030490	Chair de poisson nra, congelé	129 095 058	162 027 519	131 078 788	163 164 483	113 636 747	236 466 667	105 763 131	262 040 352	82 225 539	174 202 282
0305	**Poisson, séché, salé, fumé, ou en saumure**	**131 018 104**	**788 216 289**	**148 928 286**	**915 110 618**	**149 226 830**	**1 053 781 750**	**145 538 382**	**963 264 215**	**153 934 853**	**860 092 082**
030510	Farine de poisson, consommation humaine	..	..	..	..	..	..	..	..	..	..
030520	Foies, oeufs et laitances	1 073 394	6 367 477	951 305	6 058 988	402 526	3 135 512	1 225 918	4 968 751	2 910 476	9 556 301
030530	Filets de poisson (non fumé)	8 674 322	40 337 349	9 385 020	36 660 309	9 916 629	44 234 768	9 346 669	38 339 926	8 297 792	32 964 526
030541	Saumon (Pacifique, Atlantique et Danube), fumé	1 882 383	28 454 052	2 179 903	36 850 634	2 075 693	37 988 183	1 984 270	30 671 590	1 955 741	32 584 920
030542	Hareng, fumé	67 378	367 300	..	..	..	..	..	..	..	..
030549	Poisson nra, fumé	..	..	..	..	..	..	1 447 213	22 238 391	1 389 733	21 507 551
030551	Morue, séché, non fumé	40 041 452	349 933 251	49 188 586	415 772 364	48 396 834	475 329 106	47 397 103	423 821 934	47 374 053	350 883 102
030559	Poisson nra, séché, salé, non fumé	55 564 565	244 297 303	58 373 939	284 883 648	59 172 266	324 644 821	58 726 163	313 973 549	62 490 488	293 277 879
030561	Hareng, salé ou en saumure	847 950	1 159 087	1 058 522	1 543 406	1 270 979	2 504 812	1 055 170	2 244 837	956 793	1 803 388
030562	Morue, salé ou en saumure	20 687 477	111 064 089	24 790 149	124 919 335	25 618 973	157 787 184	21 635 241	118 322 323	26 863 121	112 316 763
030563	Anchois, salé ou en saumure	..	..	124	940	..	..	..	..	..	..
030569	Poisson nra, salé ou en saumure	2 177 598	6 226 247	2 937 743	8 064 014	2 301 923	7 684 630	2 679 988	8 402 271	1 682 348	5 084 212

Tableau 9. Exportations par produit *(suite)*

		2009		2010		2011		2012		2013	
		Tonnes	USD	Tonnes	USD	Tonnes	USD	Tonnes	USD	Tonnes	USD
0306	**Crustacés**	**10 016 718**	**71 633 033**	**8 124 471**	**61 494 050**	**7 847 609**	**64 643 713**	**4 788 099**	**51 148 902**	**22 964 030**	**67 958 833**
030611	Langoustes et autres palinuridés, congelé	14 082	154 165	7 742	100 388	1 236	40 784	13	435	30	816
030612	Homard nra	4 194	80 830	41 040	373 280	12 604	265 635	18 337	206 429	5 343	159 193
030613	Crevettes, congelé	3 636 897	8 738 617	3 125 718	8 660 200	3 636 955	11 237 531	1 405 717	6 066 554	1 005 987	6 472 397
030614	Crabes, congelé	3 526 708	41 265 537	2 809 645	32 991 476	1 888 214	32 073 639	1 258 254	23 961 043	1 323 310	23 534 847
030619	Crustacés nra, congelé	80 904	326 068	152 221	499 508	51 807	230 638	131 723	355 526	225 003	476 894
030621	Langoustes et autres palinuridés (non congelé)	1 111	44 502	52	1 181	1 982	53 891	4 650	180 810	2 728	98 227
030622	Homard nra (non congelé)	5 494	218 812	12 631	501 507	10 905	489 649	11 282	498 251	7 231	334 359
030623	Crevettes (non congelé)	1 363 979	8 405 024	709 928	6 598 415	588 639	6 030 625	688 471	7 724 681	1 033 345	10 714 000
030624	Crabes (non congelé)	358 933	4 478 884	178 787	3 133 944	175 825	3 745 026	148 848	4 148 472	369 626	9 912 554
030629	Crustacés nra (non congelé)	1 024 416	7 920 594	1 086 707	8 634 151	1 479 442	10 476 295	1 120 804	8 006 700	18 991 427	16 255 547
0307	**Mollusques**	**1 390 751**	**6 866 590**	**1 139 019**	**6 211 251**	**872 884**	**6 444 428**	**1 088 747**	**6 080 296**	**865 990**	**6 191 045**
030710	Huîtres	..	..	5	224	411	15 473	2 375	21 546	577	2 502
030721	St-Jacques, vi, fr, ou ré	615 058	4 439 820	601 715	4 106 905	559 700	4 324 725	518 296	3 828 798	514 525	3 910 389
030729	St-Jacques, co, sc, sl, ou sm	19 532	395 826	26 504	592 606	27 888	736 982	18 119	536 334	17 239	520 973
030731	Moules, vi, fr, ou ré	539 933	1 001 201	454 427	873 530	205 415	721 524	464 461	1 057 508	228 217	1 043 154
030739	Moules, co, sc, sl, ou sm	11 700	47 311	16 464	66 389	26 576	113 991	22 920	94 139	386	3 172
030741	Seiches, encornets et calmars, vi, fr, ou ré	265	1 446	716	3 584	291	1 994	19	291	..	..
030749	Seiches, encornets et calmars, co, sc, sl, ou sm	127 063	260 945	3 306	36 359	32 623	112 473	1 850	43 769	4 424	92 148
030751	Poulpe, vi, fr, ou ré	..	..	..	..	..	..	..	..	..	..
030759	Poulpe, co, sc, sl, ou sm	..	..	..	..	..	..	..	..	..	..
030760	Escargots (autres que de mer)	730	2 726	..	..	..	..	..	..	52 292	70 062
030791	Mollusques nra, vi, fr, ou ré	15 091	232 676	19 730	136 342	10 782	55 285	15 950	63 770	15 534	72 049
030799	Mollusques nra, co, sc, sl, ou sm	61 379	484 638	16 152	395 312	9 198	361 980	44 757	434 142	32 796	476 597
121220	**Algues**	**1 079 806**	**1 607 837**	**756 849**	**2 425 611**	**537 280**	**1 551 207**	**724 080**	**1 539 896**	**639 367**	**1 519 461**
1504	**Graisses, huiles et leurs fractions**	**62 742 922**	**105 583 598**	**69 533 976**	**119 995 299**	**74 068 850**	**146 296 469**	**71 134 096**	**139 696 870**	**68 880 350**	**142 415 999**
150410	Huiles de foies de poisson, et fractions	1 935 578	14 881 756	2 436 112	19 970 832	2 463 832	18 626 487	2 385 639	19 409 145	2 036 539	17 360 843
150420	Graisses et huiles de poisson, et fractions	60 695 556	90 047 284	66 982 159	99 571 243	71 590 626	127 531 968	68 474 883	118 691 323	66 746 851	124 300 290
150430	Graisses et huiles de mammifère marin, et fractions	111 788	654 559	115 705	453 224	14 392	138 015	273 574	1 596 403	96 960	754 866
1604	**Préparations et conserves de poisson; caviars et succédanés**	**19 704 194**	**47 688 357**	**22 715 942**	**58 280 579**	**18 819 421**	**66 698 472**	**18 936 850**	**71 637 416**	**14 143 217**	**47 318 070**
160411	Saumon, non haché	413 417	5 166 153	430 592	6 258 772	382 732	5 900 949	343 196	4 436 069	324 172	4 256 637
160412	Hareng, non haché	16 366 807	29 028 864	18 679 796	35 816 129	14 544 984	43 619 064	16 154 403	55 678 441	12 617 118	37 066 879
160413	Sardines, sardinelles, sprats, esprots, non haché	3 192	43 519	1 600	21 105	29 292	29 793	32 206	78 761	2 039	29 554
160414	Thons, listaos, sardes, non haché	2 035	4 817	31 968	86 479	..	..	12 868	63 663	668	3 105
160415	Maquereau, non haché	12 741	152 853	47 796	391 556	51 524	543 272	45 096	563 268	67 498	587 951
160416	Anchois, non haché	476	10 682	432	9 203	399	13 013	533	14 580	290	6 945
160419	Poisson nra, non haché	292 859	1 817 519	298 763	1 935 671	321 941	2 443 815	286 757	2 112 758	43 061	589 941
160420	Poisson, haché	2 293 150	9 250 771	2 954 070	11 388 414	3 308 490	12 140 971	1 906 020	7 160 359	972 955	3 516 235
160430	Caviar et succédanés	321 552	2 217 996	270 925	2 373 251	180 059	2 007 595	155 771	1 529 517	115 416	1 260 824
1605	**Préparations et conserves de crustacés**	**8 485 004**	**63 599 925**	**8 866 115**	**66 810 243**	**10 088 794**	**90 957 859**	**8 514 257**	**85 249 476**	**787 627**	**8 946 489**
160510	Crabes	164 519	972 660	98 648	490 992	62 578	351 937	276 126	1 678 756	244 703	1 680 594
160520	Crevettes	8 278 228	62 445 852	8 760 382	66 252 233	10 011 348	90 440 989	8 232 763	83 496 427	527 645	6 841 465
160530	Homard	..	..	12	166	736	9 994	51	1 020	97	2 277
160540	Crustacés nra	7 769	78 246	6 836	64 702	14 132	154 940	5 260	72 828	14 340	417 270
230120	**Farine de poisson**	**31 518 796**	**39 886 948**	**30 317 420**	**52 632 373**	**25 284 982**	**46 112 394**	**18 290 535**	**30 935 481**	**21 693 121**	**40 903 010**
	TOTAL	**2 448 484 838**	**7 004 014 789**	**2 587 487 360**	**8 840 858 096**	**..**	**9 451 453 483**	**2 473 737 162**	**8 897 103 357**	**..**	**10 367 018 349**

.. Non disponible

Note : nra : non répertorié ailleurs. vi : vivant. fr : frais. ré : réfrigéré. co : congelé. sc : séché. sl : salé. sm : en saumure.

Métadonnées détaillées : http://metalinks.oecd.org/fish/20150108/b829

Source : OCDE (2014), « Pêcheries : Commerce par produit », Statistiques agricoles de l'OCDE (base de données). DOI: 10.1787/data-00677-fr

POLOGNE

Tableau 1. Flotte de pêche

	2006	2007	2008	2009	2010	2011	2012	2013
NOMBRE DE NAVIRES								
Total des navires	**881**	**870**	**833**	**806**	**792**	**817**	**825**	**899**
Navires à moteur	847	838	..	776	765	790	788	838
0-5,9 mètres	34	36	..	41	43	67	64	104
6-11,9 mètres	539	532	..	519	520	524	529	539
12-17,9 mètres	145	144	..	120	114	110	99	94
18-23,9 mètres	41	41	..	35	35	40	47	51
24-29,9 mètres	81	77	..	54	46	42	42	43
30-35,9 mètres	2	3	..	3	2	3	3	3
36-44,9 mètres	1	1	..	..	1	1	1	1
45-59,9 mètres	..	..	..	..	..	0	0	0
60-74,9 mètres	2	2	..	1	1	1	1	1
75 mètres et plus	2	2	..	3	3	2	2	2
Longueur inconnue	..	..	..	..	..	0	0	0
Navires sans moteur	34	32	..	30	27	27	37	61
TONNAGE BRUT								
Total des navires	**31 593**	**31 212**	**42 666**	**37 523**	**36 542**	**33 403**	**33 424**	**33 949**
Navires à moteur	31 566	31 188	..	37 501	36 522	33 381	33 401	33 916
0-5,9 mètres	54	56	..	57	56	72	69	79
6-11,9 mètres	2 795	2 804	..	2 782	2 870	2 938	2 974	3 015
12-17,9 mètres	4 505	4 448	..	3 696	3 460	3 408	2 990	2 851
18-23,9 mètres	2 502	2 482	..	2 076	2 133	2 463	2 741	3 042
24-29,9 mètres	10 987	10 478	..	7 636	6 435	5 801	5 929	6 394
30-35,9 mètres	501	698	..	698	544	816	816	816
36-44,9 mètres	244	244	..	..	468	468	468	468
45-59,9 mètres	..	..	..	..	..	0	0	0
60-74,9 mètres	3 046	3 046	..	1 085	1 085	1 805	1 805	1 805
75 mètres et plus	6 932	6 932	..	19 471	19 471	15 610	15 610	15 446
Longueur inconnue	..	..	..	..	..	0	0	0
Navires sans moteur	27	24	..	22	20	22	23	33

.. Non disponible

Note : Métadonnées détaillées : http://metalinks.oecd.org/fish/20150108/43c5

Source : OCDE (2014), « Pêcheries : Flotte de pêche », Statistiques agricoles de l'OCDE (base de données). DOI: 10.1787/data-00218-fr

POLOGNE

Tableau 2. Emploi dans les pêcheries

Personnes employées

	2006	2007	2008	2009	2010	2011	2012	2013
Plein-temps	**26 840**	**25 011**	..	**19 504**	**18 571**	**18 447**	..	..
Secteur de capture	4 340	4 309	..	3 004	3 071	2 947	..	..
Pêche en eaux intérieures	1 500	1 500	..	..	..	..	..	..
Homme	..	..	..	..	..	..	..	..
Femme	..	..	..	..	..	..	..	..
Eaux maritimes (pêche côtière)	2 660	2 639	..	3 004	3 071	2 947	..	..
Homme	..	..	..	..	..	..	..	..
Femme	..	..	..	..	..	..	..	..
Eaux maritimes (pêche en haute mer)	180	170	..	..	..	2 299	2 587	2 691
Homme	..	..	..	..	..	..	..	..
Femme	..	..	..	..	..	..	..	..
Aquaculture	5 000	4 202	..	2 000	2 000	4 926	5 550	5 430
Homme	..	..	..	..	..	..	..	..
Femme	..	..	..	..	..	..	..	..
Transformation	17 500	16 500	..	14 500	13 500	17 800	17 600	17 800
Homme	5 250	5 280	..	..	..	..	..	..
Femme	12 250	11 220	..	..	..	..	..	..
Temps partiel	..	..	..	..	..	..	..	..
Secteur de capture	..	..	..	..	..	..	..	..
Pêche en eaux intérieures	..	..	..	..	..	..	..	..
Homme	..	..	..	..	..	..	..	..
Femme	..	..	..	..	..	..	..	..
Eaux maritimes (pêche côtière)	..	..	..	..	..	..	..	..
Homme	..	..	..	..	..	..	..	..
Femme	..	..	..	..	..	..	..	..
Eaux maritimes (pêche en haute mer)	..	..	..	..	..	..	..	..
Homme	..	..	..	..	..	..	..	..
Femme	..	..	..	..	..	..	..	..
Aquaculture	..	..	..	..	..	..	..	..
Homme	..	..	..	..	..	..	..	..
Femme	..	..	..	..	..	..	..	..
Transformation	..	..	..	..	..	..	..	..
Homme	..	..	..	..	..	..	..	..
Femme	..	..	..	..	..	..	..	..
Total	**26 840**	**25 011**	..	**19 504**	**18 571**	**18 447**	..	..
Secteur de capture	4 340	4 309	..	3 004	3 071	2 947	..	..
Pêche en eaux intérieures	1 500	1 500	..	..	..	..	..	..
Homme	..	..	..	..	..	..	..	..
Femme	..	..	..	..	..	..	..	..
Eaux maritimes (pêche côtière)	2 660	2 639	..	3 004	3 071	2 947	..	..
Homme	..	..	..	..	..	..	..	..
Femme	..	..	..	..	..	..	..	..
Eaux maritimes (pêche en haute mer)	180	170	..	..	..	2 299	2 587	2 691
Homme	..	..	..	..	..	..	..	..
Femme	..	..	..	..	..	..	..	..
Aquaculture	5 000	4 202	..	2 000	2 000	4 926	5 550	5 430
Homme	..	..	..	..	..	..	..	..
Femme	..	..	..	..	..	..	..	..
Transformation	17 500	16 500	..	14 500	13 500	17 800	17 600	17 800
Homme	5 250	5 280	..	..	..	..	..	..
Femme	12 250	11 220	..	..	..	..	..	..

.. Non disponible

Note : Métadonnées détaillées : http://metalinks.oecd.org/fish/20150108/c222

Source : OCDE (2014), « Pêcheries : Emploi dans la pêche », Statistiques agricoles de l'OCDE (base de données). DOI: 10.1787/data-00219-fr

POLOGNE

Tableau 3. Débarquements nationaux dans les ports nationaux

	2006	2007	2008	2009	2010	2011	2012	2013
VOLUME (TONNES)								
Total poissons	**80 692**	**79 283**	..	**80 080**	**82 481**	**82 564**	**100 891**	**100 095**
Saumon	633	598	..	49	48	34	32	27
Saumon rose	107	91	..	..	..	..	..	..
Saumon keta	..	..	..	..	..	..	..	..
Saumon rouge	..	..	..	..	..	..	..	..
Saumon argenté	..	..	..	..	..	..	..	..
Autres saumons	526	507	..	49	48	34	32	27
Poissons plats	9 560	10 817	..	9 725	11 308	9 839	10 217	11 990
Flétan	..	..	..	..	..	..	..	..
Flétan noir	..	..	..	..	..	..	..	..
Sole	..	..	..	..	..	..	..	..
Plie	52	53	..	38	37	35	64	50
Autres poissons plats	9 508	10 764	..	9 687	11 271	9 803	10 153	11 940
Poissons de fond	17 877	13 888	..	11 254	12 247	11 867	14 862	12 508
Morue (Atlantique et Pacifique)	14 903	10 806	..	11 113	12 158	11 860	14 841	12 501
Églefin	..	..	..	..	..	..	..	..
Lieu	..	..	..	..	..	..	..	..
Morue du Pacifique occidental	..	..	..	..	..	..	..	..
Merlan	222	35	..	141	89	7	21	7
Merlu (toutes espèces)	..	..	..	..	..	..	..	..
Sébaste	..	..	..	..	..	..	..	..
Autres poissons de fond	2 752	3 047	..	..	..	..	..	..
Pélagiques	52 622	53 980	..	56 005	56 065	58 136	70 658	70 632
Chinchard	..	..	..	..	..	..	..	..
Maquereau	..	..	..	0	2	0	..	..
Hareng (Atlantique et Pacifique)	20 599	21 707	..	21 779	23 425	25 171	26 029	20 611
Sardine	..	..	..	..	..	..	..	..
Autres pélagiques	32 023	32 273	..	34 226	32 638	32 965	44 629	50 021
Thons	..	..	..	..	..	..	..	..
Listao	..	..	..	..	..	..	..	..
Thon rouge (nord et sud)	..	..	..	..	..	..	..	..
Germon	..	..	..	..	..	..	..	..
Albacore	..	..	..	..	..	..	..	..
Thon obèse	..	..	..	..	..	..	..	..
Autres thons	..	..	..	..	..	..	..	..
Espadon	..	..	..	..	..	..	..	..
Autres poissons	..	..	..	3 047	2 812	2 688	5 122	4 938
Total crustacés	..	..	..	..	..	..	..	..
Homard et langouste	..	..	..	..	..	..	..	..
Langoustine	..	..	..	..	..	..	..	..
Crevette	..	..	..	..	..	..	..	..
Autres crustacés	..	..	..	..	..	..	..	..
Total coquillages et mollusques	..	..	..	..	..	..	..	..
Huître	..	..	..	..	..	..	..	..
Moule	..	..	..	..	..	..	..	..
Coquille St-Jacques	..	..	..	..	..	..	..	..
Bivalves	..	..	..	..	..	..	..	..
Autres coquillages (incl. buccins	..	..	..	..	..	..	..	..
Calmar	..	..	..	..	..	..	..	..
Seiche	..	..	..	..	..	..	..	..
Poulpe	..	..	..	..	..	..	..	..
Autres mollusques (incl. oursins)	..	..	..	..	..	..	..	..
Autres animaux marins	..	..	..	..	..	..	..	..
Plantes aquatiques	..	..	..	..	..	..	..	..
Algue brune	..	..	..	..	..	..	..	..
Algue rouge	..	..	..	..	..	..	..	..
Autres algues	..	..	..	..	..	..	..	..
Poisson pour transformation	..	..	..	..	..	..	..	..
TOTAL GÉNÉRAL	**80 692**	**79 283**	..	**80 080**	**82 481**	**82 564**	**100 891**	**100 095**

Tableau 3. Débarquements nationaux dans les ports nationaux *(suite)*

	2006	2007	2008	2009	2010	2011	2012	2013
VALEUR (PLN)								
Total poissons	**156 193 000**	**148 312 001**	..	**99 970 988**	**109 337 965**	**123 526 082**	**171 461 086**	**148 672 712**
Saumon	10 398 000	11 988 000	..	967 938	932 201	598 490	784 869	683 178
Saumon rose	1 905 000	1 805 000	..	..	..	..	..	..
Saumon keta	..	..	..	..	..	..	..	..
Saumon rouge	..	..	..	..	..	..	..	..
Saumon argenté	..	..	..	..	..	..	..	..
Autres saumons	8 493 000	10 183 000	..	967 938	932 201	598 490	784 869	683 178
Poissons plats	15 767 000	19 384 000	..	13 456 774	16 464 580	14 886 744	18 228 448	17 652 079
Flétan	..	..	..	..	..	..	..	..
Flétan noir	..	..	..	..	..	..	..	..
Sole	..	..	..	..	..	..	..	..
Plie	160 000	171 000	..	98 620	126 473	109 468	139 015	107 560
Autres poissons plats	15 607 000	19 213 000	..	13 358 155	16 338 107	14 777 275	18 089 433	17 544 519
Poissons de fond	84 575 000	69 627 000	..	43 300 731	50 258 788	55 593 087	68 548 198	52 176 478
Morue (Atlantique et Pacifique)	71 981 000	54 358 000	..	42 938 233	50 008 055	55 566 151	68 471 548	52 150 084
Églefin	..	..	..	..	..	..	..	..
Lieu	..	..	..	..	..	..	..	..
Morue du Pacifique occidental	..	..	..	..	..	..	..	..
Merlan	594 000	114 000	..	362 499	250 733	26 936	76 650	26 394
Merlu (toutes espèces)	..	..	..	..	..	..	..	..
Sébaste	..	..	..	..	..	..	..	..
Autres poissons de fond	12 000 000	15 155 000	..	..	..	..	..	..
Pélagiques	45 453 000	47 313 001	..	33 435 134	32 169 571	44 645 744	75 312 568	71 232 970
Chinchard	..	..	..	..	..	..	..	..
Maquereau	..	1	..	525	7 350	0	..	..
Hareng (Atlantique et Pacifique)	24 008 000	26 031 000	..	20 694 079	23 410 889	31 205 469	38 581 772	25 654 480
Sardine	..	..	..	..	..	..	..	..
Autres pélagiques	21 445 000	21 282 000	..	12 740 530	8 751 333	13 440 275	36 730 796	45 578 490
Thons	..	..	..	..	..	..	..	..
Listao	..	..	..	..	..	..	..	..
Thon rouge (nord et sud)	..	..	..	..	..	..	..	..
Germon	..	..	..	..	..	..	..	..
Albacore	..	..	..	..	..	..	..	..
Thon obèse	..	..	..	..	..	..	..	..
Autres thons	..	..	..	..	..	..	..	..
Espadon	..	..	..	..	..	..	..	..
Autres poissons	..	..	..	8 810 410	9 512 826	7 802 018	8 587 002	6 928 006
Total crustacés	..	..	..	..	..	..	..	..
Homard et langouste	..	..	..	..	..	..	..	..
Langoustine	..	..	..	..	..	..	..	..
Crevette	..	..	..	..	..	..	..	..
Autres crustacés	..	..	..	..	..	..	..	..
Total coquillages et mollusques	..	..	..	..	..	..	..	..
Huître	..	..	..	..	..	..	..	..
Moule	..	..	..	..	..	..	..	..
Coquille St-Jacques	..	..	..	..	..	..	..	..
Bivalves	..	..	..	..	..	..	..	..
Autres coquillages (incl. buccins)	..	..	..	..	..	..	..	..
Calmar	..	..	..	..	..	..	..	..
Seiche	..	..	..	..	..	..	..	..
Poulpe	..	..	..	..	..	..	..	..
Autres mollusques (incl. oursins)	..	..	..	..	..	..	..	..
Autres animaux marins	..	..	..	..	..	..	..	..
Plantes aquatiques	..	..	..	..	..	..	..	..
Algue brune	..	..	..	..	..	..	..	..
Algue rouge	..	..	..	..	..	..	..	..
Autres algues	..	..	..	..	..	..	..	..
Poisson pour transformation	..	..	..	..	..	..	..	..
TOTAL GÉNÉRAL	**156 193 000**	**148 312 001**	..	**99 970 988**	**109 337 965**	**123 526 082**	**171 461 086**	**148 672 712**

.. Non disponible

Note : Métadonnées détaillées : http://metalinks.oecd.org/fish/20150108/178e

Source : OCDE (2014), « Pêcheries : Débarquements nationaux dans les ports domestiques », Statistiques agricoles de l'OCDE (base de données). DOI: 10.1787/data-00222-fr

Tableau 4. Débarquements nationaux dans les ports étrangers

	2006	2007	2008	2009	2010	2011	2012	2013
VOLUME (TONNES)								
Total poissons	**17 250**	**19 208**	..	**31 573**	**32 425**	**33 494**	**21 765**	**37 914**
Saumon	..	..	..	..	..	..	..	..
Saumon rose	..	..	..	..	..	..	..	..
Saumon keta	..	..	..	..	..	..	..	..
Saumon rouge	..	..	..	..	..	..	..	..
Saumon argenté	..	..	..	..	..	..	..	..
Autres saumons	..	..	..	..	..	..	..	..
Poissons plats	1 320	1 425	..	1 263	995	169	540	20
Flétan	..	..	..	..	..	169	..	..
Flétan noir	1 296	1 401	..	1 192	963	169	540	20
Sole	..	..	..	..	..	..	..	..
Plie	4	7	..	4	1	..	..	..
Autres poissons plats	20	17	..	67	31	..	..	..
Poissons de fond	6 903	4 540	..	3 104	4 344	5 061	1 603	2 378
Morue (Atlantique et Pacifique)	1 055	984	..	1 252	2 703	3 773	1 254	2 176
Églefin	181	31	..	317	705	646	144	143
Lieu	1 173	1 536	..	1 019	933	584	..	1
Morue du Pacifique occidental	..	..	..	..	..	..	..	..
Merlan	..	1	..	0	..	..	..	..
Merlu (toutes espèces)	..	..	..	..	..	..	..	..
Sébaste	4 491	1 981	..	516	4	58	205	58
Autres poissons de fond	3	7	..	..	..	..	..	..
Pélagiques	9 027	13 243	..	27 189	26 922	28 235	19 607	35 511
Chinchard	40	..	..	..	..	..	..	..
Maquereau	1 368	978	..	..	1	..	..	..
Hareng (Atlantique et Pacifique)	1 580	3 534	..	274	1 279	4 711	1 086	2 970
Sardine	..	..	..	..	..	..	..	..
Autres pélagiques	6 039	8 731	..	26 915	25 642	23 524	18 521	32 541
Thons	..	..	..	..	..	..	..	..
Listao	..	..	..	..	..	..	..	..
Thon rouge (nord et sud)	..	..	..	..	..	..	..	..
Germon	..	..	..	..	..	..	..	..
Albacore	..	..	..	..	..	..	..	..
Thon obèse	..	..	..	..	..	..	..	..
Autres thons	..	..	..	..	..	..	..	..
Espadon	..	..	..	..	..	..	..	..
Autres poissons	..	..	..	17	163	28	15	5
Total crustacés	**5 881**	**8 109**	..	..	..	..	..	..
Homard et langouste	..	..	..	..	..	..	..	..
Langoustine	..	..	..	..	..	..	..	..
Crevette	469	247	..	..	..	..	..	..
Autres crustacés	5 412	7 862	..	..	..	..	..	..
Total coquillages et mollusques	..	..	..	..	..	..	..	..
Huître	..	..	..	..	..	..	..	..
Moule	..	..	..	..	..	..	..	..
Coquille St-Jacques	..	..	..	..	..	..	..	..
Bivalves	..	..	..	..	..	..	..	..
Autres coquillages (incl. buccins	..	..	..	..	..	..	..	..
Calmar	..	..	..	..	..	..	..	..
Seiche	..	..	..	..	..	..	..	..
Poulpe	..	..	..	..	..	..	..	..
Autres mollusques (incl. oursins)	..	..	..	..	..	..	..	..
Autres animaux marins	..	..	..	..	..	..	..	..
Plantes aquatiques	..	..	..	..	..	..	..	..
Algue brune	..	..	..	..	..	..	..	..
Algue rouge	..	..	..	..	..	..	..	..
Autres algues	..	..	..	..	..	..	..	..
Poisson pour transformation	21 775	26 772	..	..	..	..	..	..
TOTAL GÉNÉRAL	**44 906**	**54 089**	..	**31 573**	**32 425**	**33 494**	**21 765**	**37 914**

Tableau 4. Débarquements nationaux dans les ports étrangers *(suite)*

	2006	2007	2008	2009	2010	2011	2012	2013
VALEUR (PLN)								
Total poissons	**58 740 000**	**40 329 000**	..	**12 761 470**	**24 043 691**	**58 772 981**	**14 493 105**	**37 194 655**
Saumon	..	..	..	..	..	..	..	..
Saumon rose	..	..	..	..	..	..	..	..
Saumon keta	..	..	..	..	..	..	..	..
Saumon rouge	..	..	..	..	..	..	..	..
Saumon argenté	..	..	..	..	..	..	..	..
Autres saumons	..	..	..	..	..	..	..	..
Poissons plats	13 758 000	12 582 000	..	87 029	4 146 907	2 751 060	..	..
Flétan	..	..	..	..	..	2 751 060	..	..
Flétan noir	13 710 000	12 510 000	..	..	4 100 149	2 751 060	..	..
Sole	..	..	..	..	..	..	..	..
Plie	19 000	29 000	..	11 627	1 650	..	..	..
Autres poissons plats	29 000	43 000	..	75 402	45 108	..	..	..
Poissons de fond	35 056 000	17 376 000	..	229 712	7 370 515	34 759 380	10 218	20 650
Morue (Atlantique et Pacifique)	7 655 000	8 037 000	..	228 880	2 643 464	26 012 955	10 218	20 650
Églefin	1 013 000	249 000	..	..	677 653	5 083 237	..	..
Lieu	3 839 000	4 392 000	..	..	4 045 710	3 326 989	..	..
Morue du Pacifique occidental	..	..	..	..	..	..	..	..
Merlan	..	2 000	..	832	..	..	..	..
Merlu (toutes espèces)	..	..	..	..	..	..	..	..
Sébaste	22 543 000	4 674 000	..	..	3 688	336 199	..	..
Autres poissons de fond	6 000	22 000	..	..	..	..	..	..
Pélagiques	9 926 000	10 371 000	..	12 444 729	12 191 331	21 192 535	14 482 887	37 174 005
Chinchard	22 000	..	..	..	..	..	..	..
Maquereau	5 636 000	3 197 000	..	..	..	..	..	..
Hareng (Atlantique et Pacifique)	1 604 000	1 901 000	..	159 912	475 050	3 101 177	890 481	1 468 611
Sardine	..	..	..	..	..	..	..	..
Autres pélagiques	2 664 000	5 273 000	..	12 284 817	11 716 281	18 091 358	13 592 406	35 705 394
Thons	..	..	..	..	..	..	..	..
Listao	..	..	..	..	..	..	..	..
Thon rouge (nord et sud)	..	..	..	..	..	..	..	..
Germon	..	..	..	..	..	..	..	..
Albacore	..	..	..	..	..	..	..	..
Thon obèse	..	..	..	..	..	..	..	..
Autres thons	..	..	..	..	..	..	..	..
Espadon	..	..	..	..	..	..	..	..
Autres poissons	..	..	..	..	334 938	70 006	..	..
Total crustacés	**10 998 000**	**10 779 000**	..	..	..	..	..	..
Homard et langouste	..	..	..	..	..	..	..	..
Langoustine	..	..	..	..	..	..	..	..
Crevette	2 278 000	1 156 000	..	..	..	..	..	..
Autres crustacés	8 720 000	9 623 000	..	..	..	..	..	..
Total coquillages et mollusques	..	..	..	..	..	..	..	..
Huître	..	..	..	..	..	..	..	..
Moule	..	..	..	..	..	..	..	..
Coquille St-Jacques	..	..	..	..	..	..	..	..
Bivalves	..	..	..	..	..	..	..	..
Autres coquillages (incl. buccins	..	..	..	..	..	..	..	..
Calmar	..	..	..	..	..	..	..	..
Seiche	..	..	..	..	..	..	..	..
Poulpe	..	..	..	..	..	..	..	..
Autres mollusques (incl. oursins)	..	..	..	..	..	..	..	..
Autres animaux marins	..	..	..	..	..	..	..	..
Plantes aquatiques	..	..	..	..	..	..	..	..
Algue brune	..	..	..	..	..	..	..	..
Algue rouge	..	..	..	..	..	..	..	..
Autres algues	..	..	..	..	..	..	..	..
Poisson pour transformation	8 752 000	14 085 000	..	..	..	..	..	..
TOTAL GÉNÉRAL	**78 490 000**	**65 193 000**	..	**12 761 470**	**24 043 691**	**58 772 981**	**14 493 105**	**37 194 655**

.. Non disponible

Note : Métadonnées détaillées : http://metalinks.oecd.org/fish/20150108/a1e0

Source : OCDE (2014), « Pêcheries : Débarquements nationaux dans les ports étrangers », Statistiques agricoles de l'OCDE (base de données). DOI: 10.1787/data-00223-fr

POLOGNE

Tableau 5. Débarquements étrangers dans les ports nationaux

	2006	2007	2008	2009	2010	2011	2012	2013
VOLUME (TONNES)								
Total poissons	**1 053**	**1 611**	..	**4 868**	**9 039**	**8 344**	**7 597**	**6 354**
Saumon	..	..	..	1	12	3	..	15
Saumon rose	..	..	..	..	..	..	..	..
Saumon keta	..	..	..	..	..	..	..	..
Saumon rouge	..	..	..	..	..	..	..	..
Saumon argenté	..	..	..	..	..	..	..	..
Autres saumons	..	..	..	1	12	3	..	15
Poissons plats	811	103	..	45	48	73	84	1 969
Flétan	..	..	..	..	..	..	..	..
Flétan noir	..	..	..	..	..	..	..	..
Sole	..	..	..	..	..	..	..	..
Plie	..	10	..	1	2	4	1	144
Autres poissons plats	811	93	..	44	45	69	83	1 825
Poissons de fond	242	1 508	..	4 822	8 947	8 268	7 513	4 370
Morue (Atlantique et Pacifique)	242	1 393	..	4 822	8 943	8 255	7 502	4 362
Églefin	..	..	..	..	..	..	..	..
Lieu	..	..	..	..	..	..	..	..
Morue du Pacifique occidental	..	..	..	..	..	..	..	..
Merlan	..	115	..	..	5	12	11	8
Merlu (toutes espèces)	..	..	..	..	..	..	..	..
Sébaste	..	..	..	..	..	..	..	..
Autres poissons de fond	..	..	..	..	..	..	..	..
Pélagiques	..	..	..	..	31	..	..	..
Chinchard	..	..	..	..	..	..	..	..
Maquereau	..	..	..	..	..	..	..	..
Hareng (Atlantique et Pacifique)	..	..	..	..	..	..	..	..
Sardine	..	..	..	..	..	..	..	..
Autres pélagiques	..	..	..	..	31	..	..	..
Thons	..	..	..	..	..	..	..	..
Listao	..	..	..	..	..	..	..	..
Thon rouge (nord et sud)	..	..	..	..	..	..	..	..
Germon	..	..	..	..	..	..	..	..
Albacore	..	..	..	..	..	..	..	..
Thon obèse	..	..	..	..	..	..	..	..
Autres thons	..	..	..	..	..	..	..	..
Espadon	..	..	..	..	..	..	..	..
Autres poissons	..	..	..	..	0	..	..	..
Total crustacés	..	..	..	..	..	..	..	..
Homard et langouste	..	..	..	..	..	..	..	..
Langoustine	..	..	..	..	..	..	..	..
Crevette	..	..	..	..	..	..	..	..
Autres crustacés	..	..	..	..	..	..	..	..
Total coquillages et mollusques	..	..	..	..	..	..	..	..
Huître	..	..	..	..	..	..	..	..
Moule	..	..	..	..	..	..	..	..
Coquille St-Jacques	..	..	..	..	..	..	..	..
Bivalves	..	..	..	..	..	..	..	..
Autres coquillages (incl. buccins)	..	..	..	..	..	..	..	..
Calmar	..	..	..	..	..	..	..	..
Seiche	..	..	..	..	..	..	..	..
Poulpe	..	..	..	..	..	..	..	..
Autres mollusques (incl. oursins)	..	..	..	..	..	..	..	..
Autres animaux marins	..	..	..	..	..	..	..	..
Plantes aquatiques	..	..	..	..	..	..	..	..
Algue brune	..	..	..	..	..	..	..	..
Algue rouge	..	..	..	..	..	..	..	..
Autres algues	..	..	..	..	..	..	..	..
Poisson pour transformation	..	..	..	..	..	..	..	..
TOTAL GÉNÉRAL	**1 053**	**1 611**	..	**4 868**	**9 039**	**8 344**	**7 597**	**6 354**

Tableau 5. Débarquements étrangers dans les ports nationaux *(suite)*

	2006	2007	2008	2009	2010	2011	2012	2013
VALEUR (PLN)								
Total poissons	**2 496 000**	**10 056 000**	..	**21 280 823**	**39 117 903**	**39 905 120**	**34 519 277**	**22 982 256**
Saumon	..	..	..	4 694	102 716	420 405	..	384 552
Saumon rose	..	..	..	..	..	..	..	..
Saumon keta	..	..	..	..	..	..	..	..
Saumon rouge	..	..	..	..	..	..	..	..
Saumon argenté	..	..	..	..	..	..	..	..
Autres saumons	..	..	..	4 694	102 716	420 405	..	384 552
Poissons plats	1 286 000	227 000	..	64 774	78 413	110 521	151 180	3 558 220
Flétan	..	..	..	..	..	..	..	..
Flétan noir	..	..	..	..	..	..	..	..
Sole	..	..	..	..	..	..	..	..
Plie	..	47 000	..	1 573	6 555	9 646	1 927	286 157
Autres poissons plats	1 286 000	180 000	..	63 201	71 858	100 875	149 253	3 272 063
Poissons de fond	1 210 000	9 829 000	..	21 211 355	38 917 835	39 374 194	34 368 097	19 039 484
Morue (Atlantique et Pacifique)	1 210 000	9 794 000	..	21 211 355	38 887 410	39 352 572	34 320 118	19 017 551
Églefin	..	..	..	..	..	..	..	..
Lieu	..	..	..	..	..	..	..	..
Morue du Pacifique occidental	..	..	..	..	..	..	..	..
Merlan	..	35 000	..	..	30 425	21 622	47 979	21 933
Merlu (toutes espèces)	..	..	..	..	..	..	..	..
Sébaste	..	..	..	..	..	..	..	..
Autres poissons de fond	..	..	..	..	..	..	..	..
Pélagiques	..	..	..	..	17 814	..	..	..
Chinchard	..	..	..	..	..	..	..	..
Maquereau	..	..	..	..	..	..	..	..
Hareng (Atlantique et Pacifique)	..	..	..	..	..	..	..	..
Sardine	..	..	..	..	..	..	..	..
Autres pélagiques	..	..	..	..	17 814	..	..	..
Thons	..	..	..	..	..	..	..	..
Listao	..	..	..	..	..	..	..	..
Thon rouge (nord et sud)	..	..	..	..	..	..	..	..
Germon	..	..	..	..	..	..	..	..
Albacore	..	..	..	..	..	..	..	..
Thon obèse	..	..	..	..	..	..	..	..
Autres thons	..	..	..	..	..	..	..	..
Espadon	..	..	..	..	..	..	..	..
Autres poissons	..	..	..	..	1 125	..	..	..
Total crustacés	..	..	..	..	..	..	..	..
Homard et langouste	..	..	..	..	..	..	..	..
Langoustine	..	..	..	..	..	..	..	..
Crevette	..	..	..	..	..	..	..	..
Autres crustacés	..	..	..	..	..	..	..	..
Total coquillages et mollusques	..	..	..	..	..	..	..	..
Huître	..	..	..	..	..	..	..	..
Moule	..	..	..	..	..	..	..	..
Coquille St-Jacques	..	..	..	..	..	..	..	..
Bivalves	..	..	..	..	..	..	..	..
Autres coquillages (incl. buccins	..	..	..	..	..	..	..	..
Calmar	..	..	..	..	..	..	..	..
Seiche	..	..	..	..	..	..	..	..
Poulpe	..	..	..	..	..	..	..	..
Autres mollusques (incl. oursins)	..	..	..	..	..	..	..	..
Autres animaux marins	..	..	..	..	..	..	..	..
Plantes aquatiques	..	..	..	..	..	..	..	..
Algue brune	..	..	..	..	..	..	..	..
Algue rouge	..	..	..	..	..	..	..	..
Autres algues	..	..	..	..	..	..	..	..
Poisson pour transformation	..	..	..	..	..	..	..	..
TOTAL GÉNÉRAL	**2 496 000**	**10 056 000**	..	**21 280 823**	**39 117 903**	**39 905 120**	**34 519 277**	**22 982 256**

.. Non disponible

Note : Métadonnées détaillées : http://metalinks.oecd.org/fish/20150108/f832

Source : OCDE (2014), « Pêcheries : Débarquements étrangers dans les ports domestiques », Statistiques agricoles de l'OCDE (base de données). DOI: 10.1787/data-00224-fr

POLOGNE

Tableau 6. Production de l'aquaculture

	2006	2007	2008	2009	2010	2011	2012	2013
VOLUME (TONNES)								
Poissons	**35 484**	**35 532**	**34 200**	**36 200**	**28 486**	**31 350**	**36 150**	**35 100**
Saumon de l'Atlantique	..	..	..	..	..	..	..	..
Saumon du Pacifique	..	..	..	..	..	..	..	..
Truite arc-en-ciel	16 984	17 500	16 000	14 050	10 083	12 890	14 570	13 700
dont : d'eau de mer	..	..	..	..	..	..	..	..
dont : d'eau douce	16 984	17 500	16 000	14 050	10 083	12 890	14 570	13 700
Truite de mer	..	..	..	..	..	..	..	..
Poisson plat	..	..	..	..	..	..	..	..
Dorade	..	..	..	..	..	..	..	..
Bar	..	..	..	..	..	..	..	..
Loup	380	300	..	..	..	..	..	..
Carpe	15 575	15 432	15 200	18 300	15 400	14 430	17 700	18 800
Tilapia	..	..	..	..	..	..	..	..
Anguille	..	..	..	..	..	..	..	..
Autres poissons	2 545	2 300	2 600	3 850	3 003	4 030	3 880	2 600
Coquillages et crustacés	..	..	..	..	..	..	..	..
Huître, comestible	..	..	..	..	..	..	..	..
Huître, perle	..	..	..	..	..	..	..	..
Moule	..	..	..	..	..	..	..	..
Coquille St.-Jacques	..	..	..	..	..	..	..	..
Bivalves	..	..	..	..	..	..	..	..
Crevette et bouquet	..	..	..	..	..	..	..	..
Autres coquillages et crustacés	..	..	..	..	..	..	..	..
Total poissons, coquillages et crustacés	**35 484**	**35 532**	..	**36 200**	**28 486**	**31 350**	**36 150**	**35 100**
Autres animaux marins	..	..	..	..	..	..	..	..
Plantes aquatiques	..	..	..	..	..	..	..	..
Algue brune	..	..	..	..	..	..	..	..
Algue rouge	..	..	..	..	..	..	..	..
Algue verte	..	..	..	..	..	..	..	..
Autres plantes aquatiques	..	..	..	..	..	..	..	..
TOTAL GÉNÉRAL	**35 484**	**35 532**	**34 200**	**36 200**	**28 486**	**31 350**	**36 150**	**35 100**
VALEUR (PLN)								
Poissons	**286 500 000**	**304 852 000**	..	..	..	**133 696 800**	**300 900 000**	**315 500 000**
Saumon de l'Atlantique	..	..	..	..	..	..	..	..
Saumon du Pacifique	..	..	..	..	..	..	..	..
Truite arc-en-ciel	135 872 000	140 000 000	..	..	..	133 540 000	142 700 000	128 300 000
dont : d'eau de mer	..	..	..	..	..	..	..	..
dont : d'eau douce	135 872 000	140 000 000	..	..	..	133 540 000	142 700 000	128 300 000
Truite de mer	..	..	..	..	..	..	..	..
Poisson plat	..	..	..	..	..	..	..	..
Dorade	..	..	..	..	..	..	..	..
Bar	..	..	..	..	..	..	..	..
Loup	3 230 000	2 550 000	..	..	..	..	..	..
Carpe	121 485 000	138 888 000	..	..	..	156 800	128 400 000	147 000 000
Tilapia	..	..	..	..	..	..	..	..
Anguille	..	..	..	..	..	..	..	..
Autres poissons	25 913 000	23 414 000	..	..	..	..	29 800 000	40 200 000
Coquillages et crustacés	..	..	..	..	..	..	..	..
Huître, comestible	..	..	..	..	..	..	..	..
Huître, perle	..	..	..	..	..	..	..	..
Moule	..	..	..	..	..	..	..	..
Coquille St.-Jacques	..	..	..	..	..	..	..	..
Bivalves	..	..	..	..	..	..	..	..
Crevette et bouquet	..	..	..	..	..	..	..	..
Autres coquillages et crustacés	..	..	..	..	..	..	..	..
Total poissons, coquillages et crustacés	**286 500 000**	**304 852 000**	..	..	..	**133 696 800**	**300 900 000**	**315 500 000**
Autres animaux marins	..	..	..	..	..	..	..	..
Plantes aquatiques	..	..	..	..	..	..	..	..
Algue brune	..	..	..	..	..	..	..	..
Algue rouge	..	..	..	..	..	..	..	..
Algue verte	..	..	..	..	..	..	..	..
Autres plantes aquatiques	..	..	..	..	..	..	..	..
TOTAL GÉNÉRAL	**286 500 000**	**304 852 000**	..	..	..	**133 696 800**	**300 900 000**	**315 500 000**

.. Non disponible

Note : Métadonnées détaillées : http://metalinks.oecd.org/fish/20150108/b750

Source : OCDE (2014), « Pêcheries : Production de l'aquaculture », Statistiques agricoles de l'OCDE (base de données). DOI: 10.1787/data-00225-fr

Tableau 7. Transferts financiers publics (TFP)

Milliers PLN

	2006	2007	2008	2009	2010	2011	2012	2013
Contribution nationale aux TFP								
Pêche maritime	..	..	..	**29 698**	**8 199**	**7 990**	..	..
Paiements directs	..	..	..	29 698	8 199	7 990	..	..
Désarmement des navires et retrait des licences	..	..	..	29 440	2 013	2 018	..	..
Indemnisation des catastrophes	..	..	..	..	..	..	..	..
Aides : équipement, modernisation, construction de navire	..	..	..	258	6 185	5 972	..	..
Aide au revenu et assurance chômage	..	..	..	..	..	..	..	..
Autres paiements directs	..	..	..	..	..	..	..	..
Transferts réduisant les coûts	..	..	..	..	..	..	..	..
Prêts subventionnés : équipement, modernisation, construction de navire	..	..	..	..	..	..	..	..
Bonification d'intérêts	..	..	..	..	..	..	..	..
Exonération de taxe sur carburant	..	..	..	..	..	..	..	..
Ristourne et subvention à l'assurance	..	..	..	..	..	..	..	..
Allègement d'impôt sur le revenu, contrib. sociales impayées	..	..	..	..	..	..	..	..
Autres transferts réduisant les coûts	..	..	..	..	..	..	..	..
Services généraux	..	..	..	..	..	..	..	..
Gestion des pêcheries	..	..	..	..	..	..	..	..
Recherche halieutique	..	..	..	..	..	..	..	..
Police des pêches	..	..	..	..	..	..	..	..
Infrastructure des pêcheries	..	..	..	..	..	..	..	..
Autres services généraux	..	..	..	..	..	..	..	..
Recouvrement des coûts	..	..	..	..	..	..	..	..
Aquaculture	..	..	..	..	**39 912**	**9 997**	..	..
Paiements directs	..	..	..	..	39 912	9 997	..	..
Aides : développement aquacole	..	..	..	..	39 912	9 997	..	..
Indemnisation des catastrophes	..	..	..	..	..	..	..	..
Autres paiements directs	..	..	..	..	..	..	..	..
Transferts réduisant les coûts	..	..	..	..	..	..	..	..
Prêts subventionnés : développement aquacole	..	..	..	..	..	..	..	..
Autres transferts réduisant les coûts	..	..	..	..	..	..	..	..
Services généraux	..	..	..	..	..	..	..	..
Gestion, recherche et police de l'aquaculture	..	..	..	..	..	..	..	..
Infrastructure aquacole	..	..	..	..	..	..	..	..
Autres services généraux	..	..	..	..	..	..	..	..
Recouvrement des coûts	..	..	..	..	..	..	..	..
Commercialisation et transformation	..	..	..	**228**	**48 134**	**40 921**	..	..
Paiements directs	..	..	..	228	48 134	40 921	..	..
Aides : commercialisation et transformation	..	..	..	228	48 134	40 921	..	..
Autres paiements directs	..	..	..	..	..	..	..	..
Transferts réduisant les coûts	..	..	..	..	..	..	..	..
Prêts subventionnés : commercialisation et transformation	..	..	..	..	..	..	..	..
Autres transferts réduisant les coûts	..	..	..	..	..	..	..	..
Services généraux	..	..	..	..	..	..	..	..
Aquaculture	..	..	..	..	..	..	..	..
Autres services généraux	..	..	..	..	..	..	..	..
Recouvrement des coûts	..	..	..	..	..	..	..	..
Total	..	..	..	**29 927**	**96 245**	**58 908**	..	..

POLOGNE

Tableau 7. Transferts financiers publics (TFP) *(suite)*

Milliers PLN

	2006	2007	2008	2009	2010	2011	2012	2013
Contribution européenne aux TFP								
Pêche maritime	**..**	**..**	**..**	**89 095**	**8 102**	**23 970**	**..**	**..**
Paiements directs	..	..	..	89 095	8 102	23 970	..	..
Désarmement des navires et retrait des licences	..	..	..	88 320	6 040	6 053	..	..
Indemnisation des catastrophes	..	..	..	..	..	..	..	..
Aides : équipement, modernisation, construction de navire	..	..	..	774	2 062	17 917	..	..
Aide au revenu et assurance chômage	..	..	..	..	..	..	..	..
Autres paiements directs	..	..	..	..	..	..	..	..
Transferts réduisant les coûts	..	..	..	..	..	..	..	..
Prêts subventionnés : équipement, modernisation, construction de navire	..	..	..	..	..	..	..	..
Bonification d'intérêts	..	..	..	..	..	..	..	..
Exonération de taxe sur carburant	..	..	..	..	..	..	..	..
Ristourne et subvention à l'assurance	..	..	..	..	..	..	..	..
Allègement d'impôt sur le revenu, contrib. sociales impayées	..	..	..	..	..	..	..	..
Autres transferts réduisant les coûts	..	..	..	..	..	..	..	..
Services généraux	..	..	..	..	..	..	..	..
Gestion des pêcheries	..	..	..	..	..	..	..	..
Recherche halieutique	..	..	..	..	..	..	..	..
Police des pêches	..	..	..	..	..	..	..	..
Infrastructure des pêcheries	..	..	..	..	..	..	..	..
Autres services généraux	..	..	..	..	..	..	..	..
Recouvrement des coûts	..	..	..	..	..	..	..	..
Aquaculture	**..**	**..**	**..**	**..**	**119 735**	**29 990**	**..**	**..**
Paiements directs	..	..	..	..	119 735	29 990	..	..
Aides : développement aquacole	..	..	..	..	119 735	29 990	..	..
Indemnisation des catastrophes	..	..	..	..	..	..	..	..
Autres paiements directs	..	..	..	..	..	..	..	..
Transferts réduisant les coûts	..	..	..	..	..	..	..	..
Prêts subventionnés : développement aquacole	..	..	..	..	..	..	..	..
Autres transferts réduisant les coûts	..	..	..	..	..	..	..	..
Services généraux	..	..	..	..	..	..	..	..
Gestion, recherche et police de l'aquaculture	..	..	..	..	..	..	..	..
Infrastructure aquacole	..	..	..	..	..	..	..	..
Autres services généraux	..	..	..	..	..	..	..	..
Recouvrement des coûts	..	..	..	..	..	..	..	..
Commercialisation et transformation	**..**	**..**	**..**	**685**	**144 403**	**122 763**	**..**	**..**
Paiements directs	..	..	..	685	144 403	122 763	..	..
Aides : commercialisation et transformation	..	..	..	685	144 403	122 763	..	..
Autres paiements directs	..	..	..	..	..	..	..	..
Transferts réduisant les coûts	..	..	..	..	..	..	..	..
Prêts subventionnés : commercialisation et transformation	..	..	..	..	..	..	..	..
Autres transferts réduisant les coûts	..	..	..	..	..	..	..	..
Services généraux	..	..	..	..	..	..	..	..
Aquaculture	..	..	..	..	..	..	..	..
Autres services généraux	..	..	..	..	..	..	..	..
Recouvrement des coûts	..	..	..	..	..	..	..	..
Total	**..**	**..**	**..**	**89 780**	**272 240**	**176 723**	**..**	**..**

Tableau 7. Transferts financiers publics (TFP) *(suite)*

Milliers PLN

	2006	2007	2008	2009	2010	2011	2012	2013
Total des TFP								
Pêche maritime	**106 338**	**78 329**	..	**118 793**	**16 301**	**31 960**	..	..
Paiements directs	80 414	24 128	..	118 793	16 301	31 960	..	..
Désarmement des navires et retrait des licences	..	..	..	117 761	8 054	8 071	..	..
Indemnisation des catastrophes	..	..	..	..	..	..	..	..
Aides : équipement, modernisation, construction de navire	..	..	..	1 033	8 247	23 890	..	..
Aide au revenu et assurance chômage	..	..	..	..	..	..	..	..
Autres paiements directs	..	..	..	..	..	..	..	..
Transferts réduisant les coûts	780	1 732	..	..	..	..	..	..
Prêts subventionnés : équipement, modernisation, construction de navire	..	..	..	..	..	..	..	..
Bonification d'intérêts	..	..	..	..	..	..	..	..
Exonération de taxe sur carburant	..	..	..	..	..	..	..	..
Ristourne et subvention à l'assurance	..	..	..	..	..	..	..	..
Allègement d'impôt sur le revenu, contrib. sociales impayées	..	..	..	..	..	..	..	..
Autres transferts réduisant les coûts	..	..	..	..	..	..	..	..
Services généraux	25 144	52 469	..	..	..	..	..	..
Gestion des pêcheries	13 650	19 224	..	..	..	..	..	..
Recherche halieutique	9 499	11 638	..	..	..	..	..	..
Police des pêches	..	..	..	..	..	..	..	..
Infrastructure des pêcheries	..	..	..	..	..	..	..	..
Autres services généraux	1 995	21 607	..	..	..	..	..	..
Recouvrement des coûts	..	..	..	..	..	..	..	..
Aquaculture	**5 859**	**18 816**	..	..	**159 646**	**39 987**	..	..
Paiements directs	5 859	18 816	..	..	159 646	39 987	..	..
Aides : développement aquacole	..	..	..	..	159 646	39 987	..	..
Indemnisation des catastrophes	..	..	..	..	..	..	..	..
Autres paiements directs	..	..	..	..	..	..	..	..
Transferts réduisant les coûts	..	..	..	..	..	..	..	..
Prêts subventionnés : développement aquacole	..	..	..	..	..	..	..	..
Autres transferts réduisant les coûts	..	..	..	..	..	..	..	..
Services généraux	..	..	..	..	..	..	..	..
Gestion, recherche et police de l'aquaculture	..	..	..	..	..	..	..	..
Infrastructure aquacole	..	..	..	..	..	..	..	..
Autres services généraux	..	..	..	..	..	..	..	..
Recouvrement des coûts	..	..	..	..	..	..	..	..
Commercialisation et transformation	**11 769**	**47 050**	..	**913**	**192 537**	**163 684**	..	..
Paiements directs	10 991	36 036	..	913	192 537	163 684	..	..
Aides : commercialisation et transformation	..	..	..	913	192 537	163 684	..	..
Autres paiements directs	..	..	..	..	..	..	..	..
Transferts réduisant les coûts	778	11 014	..	..	..	..	..	..
Prêts subventionnés : commercialisation et transformation	..	..	..	..	..	..	..	..
Autres transferts réduisant les coûts	..	..	..	..	..	..	..	..
Services généraux	..	..	..	..	..	..	..	..
Aquaculture	..	..	..	..	..	..	..	..
Autres services généraux	..	..	..	..	..	..	..	..
Recouvrement des coûts	..	..	..	..	..	..	..	..
Total	**123 966**	**144 195**	..	**119 706**	**368 484**	**235 631**	..	..

.. Non disponible

Note : Métadonnées détaillées : http://metalinks.oecd.org/fish/20150108/cc9f

Source : OCDE (2014), « Pêcheries : Transferts financiers publics », Statistiques agricoles de l'OCDE (base de données). DOI: 10.1787/data-00220-fr

POLOGNE

Tableau 8. Importations par produit

		2009		2010		2011		2012		2013	
		Tonnes	USD	Tonnes	USD	Tonnes	USD	Tonnes	USD	Tonnes	USD
03	**Poisson, crustacés et mollusques**	..	**1 052 359 327**	..	**1 340 080 678**	..	**1 419 114 358**	..	**1 366 867 638**	..	**1 748 580 679**
0302	**Poisson, frais ou réfrigéré, excl. 0304**	**90 352 806**	**388 743 456**	**110 873 551**	**606 737 516**	**111 961 921**	**586 423 786**	**132 459 226**	**592 666 423**	**135 545 011**	**863 120 845**
030211	Truite	752 372	2 675 643	1 366 360	6 674 027	2 352 772	13 642 361	2 934 523	12 981 749	5 075 996	30 104 691
030212	Saumon (Pacifique, Atlantique et Danube)	72 929 087	352 802 028	86 667 228	556 514 172	86 896 608	524 515 647	111 556 625	547 802 615	113 188 872	798 230 959
030219	Salmonidés nra	457 447	1 997 597	531 972	2 844 843	168 157	761 856	65 831	219 697	13 938	80 192
030221	Flétan	571 064	3 218 944	83 533	544 005	16 461	136 934	81 743	497 042	39 735	214 806
030222	Plie, carrelet	1 094 321	1 761 135	890 325	1 245 309	567 826	1 086 760	1 827 362	3 154 948	2 653 671	4 405 177
030223	Sole	8 963	116 222	7 235	88 623	5 751	79 352	3 992	47 011	1 276	18 526
030229	Poissons plats nra	175 997	255 851	165 479	324 211	97 255	376 359	234 278	358 182	165 895	305 156
030231	Thon blanc/germon	..	..	11	111	..	..	..	..	..	..
030232	Albacore (thon jaune)	24 694	476 853	27 356	627 352	32 880	817 009	34 181	531 063	32 755	289 443
030233	Listaos/bonite à ventre rayé	276	2 296	20	195	3	53	45	592	5	48
030239	Thonidés nra	30 146	442 911	1 006 862	1 858 161	600 522	2 258 860	57 287	331 189	202	2 904
030240	Hareng	589 636	352 486	473 837	310 122	1 501 568	1 016 529	2 410 934	1 962 278	2 685 410	3 234 701
030250	Morue	11 934 085	20 100 380	17 842 074	31 383 325	17 542 324	35 820 257	11 357 007	20 115 625	9 221 639	18 645 843
030261	Sardines	3 485	10 354	44 845	22 112	3 322	12 614	14 783	69 390	20 438	105 982
030262	Églefin	35 760	74 659	54 229	109 668	86 662	198 628	114 459	284 738	245 758	603 179
030263	Lieu noir	870 724	1 190 174	885 630	1 571 962	1 649 547	3 212 453	803 407	1 382 991	910 910	1 634 225
030264	Maquereau	280 248	346 509	100 014	187 132	8 161	44 077	7 103	30 512	36 802	67 913
030265	Aiguillat et autres squalidés	2 727	26 822	1 212	7 546	823	6 784	1 061	6 756	61	132
030266	Anguille	90 309	871 788	4 467	49 123	7 328	83 821	5 676	88 550	5 125	74 594
030269	Poisson nra	311 133	1 623 200	494 810	1 919 298	392 031	2 261 991	878 697	2 663 083	1 162 690	4 977 051
030270	Foies, oeufs et laitances	190 332	397 604	226 052	456 219	31 920	91 441	70 232	138 412	83 833	125 323
0303	**Poisson, congelé, excl. 0304**	**80 536 786**	**177 566 678**	**84 626 883**	**190 370 802**	**84 773 808**	**214 649 880**	**75 294 318**	**187 500 165**	**94 075 482**	**218 235 162**
030319	Saumon, Pacifique	..	..	..	..	..	..	..	..	..	..
030321	Truite	3 153 894	10 545 617	3 221 978	11 480 892	3 541 219	14 648 162	2 728 284	10 628 693	3 590 768	14 045 827
030322	Saumon (Atlantique et Danube)	..	..	..	..	..	..	..	..	..	..
030329	Salmonidés	323 050	1 261 360	307 065	1 185 819	278 115	1 006 282	412 929	1 243 684	218 323	701 079
030331	Flétan	2 837 632	13 892 698	2 938 967	13 483 069	2 308 567	13 906 974	2 000 028	12 436 498	2 308 255	13 083 383
030332	Plie, carrelet	428 113	1 102 849	705 088	1 594 825	1 390 470	2 641 149	715 671	1 372 936	1 713 765	3 373 198
030333	Sole	23 730	82 387	9 500	16 829	91	1 541	130	175	..	..
030339	Poisson plat nra	217 119	160 546	241 495	375 257	380 460	334 987	133 686	114 846	1 971 907	1 351 584
030341	Thon blanc/germon	76 753	595 575	79 316	568 499	96 880	812 659	96 300	776 151	116 659	1 185 461
030342	Albacore (thon jaune)	45 930	120 245	37 376	156 052	12 751	140 927	3 093	34 781	6 638	60 937
030343	Listao/bonite à ventre rayé	..	..	..	..	..	..	..	..	..	..
030349	Thonidés nra	217 385	181 613	201 907	157 789	369 215	420 773	300 769	355 092	13 062	87 510
030350	Hareng	7 134 464	7 534 357	9 428 418	9 207 428	9 998 280	11 467 191	7 667 199	11 074 847	8 911 976	12 232 187
030360	Morue	10 129 324	28 789 648	8 882 499	25 598 182	9 963 493	35 563 048	10 602 664	31 406 554	17 220 985	46 770 520
030371	Sardines, sardinelles	4 550 269	5 626 691	3 326 967	5 150 367	5 175 661	6 626 001	1 095 558	1 660 415	4 529 448	4 624 474
030372	Églefin	5 787 303	11 900 208	7 301 062	16 858 714	6 303 752	15 856 980	7 921 657	18 116 544	3 899 896	12 128 991
030373	Lieu noir	2 055 293	3 218 945	1 933 100	3 970 286	2 664 474	6 423 760	2 131 656	5 316 377	2 001 994	3 829 975
030374	Maquereau	31 965 842	48 221 117	35 336 258	50 769 110	32 112 173	61 566 206	31 131 317	56 183 300	37 975 978	67 229 533
030375	Aiguillat et autres squalidés	33 296	124 004	23 136	94 870	42 776	142 654	121 554	392 283	63 934	120 434
030376	Anguille	757 649	5 592 698	891 203	8 626 421	306 711	4 625 928	173 646	3 238 063	107 118	2 033 803
030377	Bar (loup)	..	..	634	5 134	..	..	12 386	30 735	71 804	240 374
030378	Merlu	659 002	1 347 313	721 281	1 536 193	721 567	1 829 915	440 856	1 065 007	603 251	1 393 938
030379	Poisson nra	5 038 701	9 735 495	4 364 518	9 735 039	6 059 642	14 736 538	4 398 734	11 840 503	4 511 306	11 175 983
030380	Foies, oeufs et laitances	14 847	45 420	57 729	109 298	881	1 754	76 241	125 153	821 732	540 311
0304	**Filets de poisson et autre chair de poisson**	**179 445 514**	**436 756 392**	**187 652 776**	**489 231 300**	**184 021 074**	**562 916 078**	**173 557 404**	**532 058 008**	**186 791 781**	**600 506 024**
030410	Filets et autre chair de poisson, frais ou réfrigéré	12 104 861	45 697 270	13 253 210	81 535 989	11 084 211	61 666 479	11 856 803	57 318 855	11 803 943	68 852 516
030420	Filets de poissons, congelé	121 572 420	320 356 001	127 636 579	340 069 555	126 818 869	406 644 724	124 362 865	390 548 379	137 552 294	455 490 188
030490	Chair de poisson nra, congelé	45 768 233	70 703 121	46 762 987	67 625 756	46 117 994	94 604 875	37 337 736	84 190 774	37 435 544	76 163 320
0305	**Poisson, séché, salé, fumé, ou en saumure**	**2 475 226**	**16 127 718**	**1 951 787**	**15 086 415**	**1 591 985**	**13 307 675**	**1 342 594**	**13 780 303**	**1 702 502**	**17 993 330**
030510	Farine de poisson, consommation humaine	17 057	269 547	23 861	187 748	7 780	348 941	5 964	172 446	4 959	167 052
030520	Foies, oeufs et laitances	1 117	28 353	1 925	44 936	25 936	424 606	31 230	489 272	21 887	311 518
030530	Filets de poisson (non fumé)	320 325	849 114	157 183	473 870	154 730	557 975	99 495	418 534	121 732	556 657
030541	Saumon (Pacifique, Atlantique et Danube), fumé	918 345	10 342 819	839 326	9 287 454	789 068	9 290 222	837 664	11 238 368	983 724	14 782 417
030542	Hareng, fumé	..	..	..	..	..	..	..	..	..	..
030549	Poisson nra, fumé	412 300	3 002 447	446 838	4 096 063	134 619	1 450 616	30 680	341 171	133 678	1 010 673
030551	Morue, séché, non fumé	587	6 184	238	5 631	1 349	21 139	2 726	111 091	398	21 907
030559	Poisson nra, séché, salé, non fumé	3	45	1	22	46	512	2 627	34 532	86 584	22 077
030561	Hareng, salé ou en saumure	651 272	1 346 288	375 866	790 156	357 050	967 806	237 588	760 420	244 354	754 993
030562	Morue, salé ou en saumure	..	..	..	..	..	..	..	..	..	..
030563	Anchois, salé ou en saumure	24 912	104 851	15 089	59 700	17 893	77 124	18 496	72 103	14 915	61 697
030569	Poisson nra, salé ou en saumure	129 305	178 009	91 460	140 835	102 456	164 629	75 124	139 343	84 271	282 178

Tableau 8. Importations par produit (*suite*)

		2009		2010		2011		2012		2013	
		Tonnes	USD	Tonnes	USD	Tonnes	USD	Tonnes	USD	Tonnes	USD
0306	**Crustacés**	**4 899 716**	**19 009 877**	**5 530 100**	**21 131 496**	**4 811 985**	**20 548 114**	**5 634 743**	**27 268 823**	**5 780 972**	**30 984 458**
030611	Langoustes et autres palinuridés, congelé	29 183	370 068	94 758	917 994	24 229	119 673	231 845	1 136 674	888 176	3 914 696
030612	Homard nra	26 122	445 589	7 558	99 789	24 396	361 379	25 719	301 010	13 935	212 940
030613	Crevettes, congelé	3 046 147	11 443 156	3 625 175	12 845 673	3 071 422	13 864 107	4 759 069	22 716 020	3 929 666	21 699 616
030614	Crabes, congelé	10 822	62 150	18 030	111 649	22 572	158 371	17 282	178 416	11 677	103 629
030619	Crustacés nra, congelé	3 035	37 831	2 338	30 493	8 046	48 263	13 661	83 351	22 068	124 594
030621	Langoustes et autres palinuridés (non congelé)	1 653	25 413	505	8 375	77	1 985	235	7 439	1 049	16 634
030622	Homard nra (non congelé)	5 984	124 621	5 936	106 515	7 976	148 524	9 911	189 573	5 567	124 342
030623	Crevettes (non congelé)	1 754 314	6 264 985	1 760 728	6 847 137	1 642 293	5 718 302	559 026	2 441 816	896 182	4 551 257
030624	Crabes (non congelé)	13 869	128 992	3 414	53 020	3 947	47 903	4 173	43 268	4 152	52 843
030629	Crustacés nra (non congelé)	8 587	107 072	11 658	110 851	7 026	79 607	13 822	171 256	8 500	183 907
0307	**Mollusques**	**940 545**	**3 558 414**	**905 116**	**3 401 155**	**783 648**	**4 125 938**	**793 155**	**4 011 800**	**1 017 394**	**4 818 074**
030710	Huîtres	36 365	177 963	26 350	123 647	39 237	161 171	40 463	155 984	13 259	79 549
030721	St-Jacques, vi, fr, ou ré	8 065	25 503	14 880	69 861	22 418	139 369	20 450	135 056	54 016	283 666
030729	St-Jacques, co, sc, sl, ou sm	9 448	167 211	3 285	44 443	3 818	61 568	5 632	110 829	10 869	238 319
030731	Moules, vi, fr, ou ré	74 190	320 678	71 110	229 128	68 855	302 312	75 666	319 324	118 033	438 500
030739	Moules, co, sc, sl, ou sm	107 084	436 758	118 839	442 625	87 106	448 693	102 714	550 835	91 979	476 789
030741	Seiches, encornets et calmars, vi, fr, ou ré	25 381	112 173	10 612	72 078	8 652	56 890	16 756	103 047	20 970	118 004
030749	Seiches, encornets et calmars, co, sc, sl, ou sm	269 365	913 866	512 394	1 509 322	374 591	1 645 639	379 625	1 572 599	370 180	1 357 915
030751	Poulpe, vi, fr, ou ré	13 248	123 067	7 072	76 398	10 186	115 922	9 128	85 320	8 556	60 826
030759	Poulpe, co, sc, sl, ou sm	41 688	141 754	80 532	274 821	52 987	299 532	54 972	291 414	80 888	495 300
030760	Escargots (autres que de mer)	1 205	18 458	2 070	26 435	1 728	21 388	675	13 305	262	13 937
030791	Mollusques nra, vi, fr, ou ré	15 237	379 324	19 955	363 626	16 353	378 444	25 330	317 591	76 891	664 137
030799	Mollusques nra, co, sc, sl, ou sm	339 269	741 659	38 017	168 771	97 717	495 010	61 744	356 496	171 491	591 132
121220	**Algues**	**423 490**	**6 010 622**	**643 897**	**3 892 058**	**670 908**	**1 472 285**	**1 120 329**	**1 559 135**	**1 278 911**	**2 061 959**
1504	**Graisses, huiles et leurs fractions**	**3 097 909**	**13 975 560**	**3 895 339**	**14 986 822**	**4 715 754**	**18 319 564**	**3 563 859**	**12 718 538**	**4 046 531**	**17 098 160**
150410	Huiles de foies de poisson, et fractions	410 168	7 766 053	469 961	7 775 560	394 304	7 726 663	315 246	4 844 499	328 823	5 523 940
150420	Graisses et huiles de poisson, et fractions	619 883	3 838 196	1 070 138	5 139 184	3 780 993	9 595 917	3 220 136	7 822 412	3 711 978	11 546 833
150430	Graisses et huiles de mammifère marin, et fractions	2 067 858	2 371 311	2 355 240	2 072 078	540 457	996 984	28 477	51 627	5 730	27 387
1604	**Préparations et conserves de poisson; caviars et succédanés**	**35 316 590**	**101 345 003**	**37 450 625**	**103 374 677**	**36 386 928**	**122 963 676**	**34 301 058**	**122 218 830**	**41 903 431**	**150 637 057**
160411	Saumon, non haché	141 265	864 638	173 705	728 872	211 639	997 742	102 218	674 225	133 153	1 009 318
160412	Hareng, non haché	21 176 122	52 177 808	20 041 713	47 373 321	21 060 367	66 769 720	21 257 927	69 195 990	22 996 551	67 279 119
160413	Sardines, sardinelles, sprats, esprots, non haché	1 158 493	3 657 711	1 326 506	3 593 213	918 099	3 197 751	754 995	2 587 971	463 050	2 029 993
160414	Thons, listaos, sardes, non haché	6 180 702	23 212 474	7 686 989	26 916 062	6 929 502	27 740 342	5 240 661	26 003 252	9 487 918	50 233 575
160415	Maquereau, non haché	79 997	256 990	68 428	135 825	197 470	1 100 832	122 774	799 464	155 528	898 767
160416	Anchois, non haché	10 260	141 264	17 084	233 949	19 025	269 086	32 558	422 777	45 328	610 144
160419	Poisson nra, non haché	1 262 518	4 959 986	1 541 704	5 835 887	1 403 824	5 914 957	1 814 525	7 127 266	2 982 301	11 217 429
160420	Poisson, haché	5 206 590	14 481 274	6 503 016	17 085 428	5 566 783	15 622 986	4 904 591	14 311 047	5 553 649	15 852 986
160430	Caviar et succédanés	100 643	1 592 858	91 479	1 472 120	80 219	1 350 260	70 809	1 096 838	85 953	1 505 726
1605	**Préparations et conserves de crustacés**	**1 480 620**	**8 999 075**	**2 149 855**	**12 290 983**	**2 215 631**	**15 070 236**	**1 758 640**	**12 140 249**	**1 710 968**	**15 593 707**
160510	Crabes	55 173	484 205	76 953	719 578	136 153	1 512 325	133 614	1 507 451	41 964	573 040
160520	Crevettes	964 908	6 428 842	1 285 207	8 695 328	1 251 288	9 702 273	890 466	7 322 624	1 090 430	12 609 673
160530	Homard	2 180	10 573	8 115	120 137	1 317	5 825	6 245	61 799	11 359	220 066
160540	Crustacés nra	68 519	319 178	38 674	250 421	66 601	481 200	59 993	468 918	27 675	186 358
230120	**Farine de poisson**	**15 635 133**	**18 825 450**	**15 292 934**	**21 469 406**	**10 723 350**	**17 929 668**	**10 337 451**	**13 376 784**	**12 695 183**	**20 094 602**
	TOTAL	**414 604 335**	**1 201 515 037**	**450 972 863**	**1 496 094 624**	**442 656 992**	**1 594 869 787**	**440 162 777**	**1 528 881 174**	**..**	**1 954 066 164**

.. Non disponible

Note : nra : non répertorié ailleurs. vi : vivant. fr : frais. ré : réfrigéré. co : congelé. sc : séché. sl : salé. sm : en saumure.

Métadonnées détaillées : http://metalinks.oecd.org/fish/20150108/10cf

Source : OCDE (2014), « Pêcheries : Commerce par produit », Statistiques agricoles de l'OCDE (base de données). DOI: 10.1787/data-00677-fr

POLOGNE

Tableau 9. Exportations par produit

		2009		2010		2011		2012		2013	
		Tonnes	USD	Tonnes	USD	Tonnes	USD	Tonnes	USD	Tonnes	USD
03	**Poisson, crustacés et mollusques**	..	**731 504 753**	..	**942 154 290**	..	**1 034 347 404**	..	**940 212 078**	..	**1 194 620 442**
0302	**Poisson, frais ou réfrigéré, excl. 0304**	**49 022 106**	**13 147 731**	**30 316 115**	**12 274 389**	**37 164 870**	**25 284 744**	**9 415 736**	**12 427 483**	**21 141 566**	**25 106 219**
030211	Truite	147 828	513 195	166 105	841 808	169 314	1 285 176	131 174	1 057 930	395 113	2 651 987
030212	Saumon (Pacifique, Atlantique et Danube)	210 497	1 592 000	293 803	2 290 654	874 808	7 559 080	866 001	4 191 610	1 277 637	8 646 694
030219	Salmonidés nra	113 269	1 071 352	93 089	639 156	46 244	495 910	54 669	563 794	55 042	617 172
030221	Flétan	6 054	57 980	1 622	10 495	835	2 570	7 746	43 600	21	300
030222	Plie, carrelet	53 604	41 892	15 348	12 880	4 636	5 811	5 799	9 079	953	1 456
030223	Sole	40	212	90	721	..	..	..	..	..	..
030229	Poissons plats nra	201 232	595 921	72 183	328 183	162 402	477 099	92 936	141 620	294 531	418 784
030231	Thon blanc/germon	..	..	..	..	..	..	..	..	..	..
030232	Albacore (thon jaune)	..	..	..	..	..	..	235	1 135	1	14
030233	Listaos/bonite à ventre rayé	..	..	..	..	..	..	..	..	..	..
030239	Thonidés nra	..	..	..	..	..	..	181 934	63 731	3 247	39 820
030240	Hareng	630 325	189 459	785 669	128 777	6 043 150	2 180 741	316 038	200 202	875 162	377 120
030250	Morue	146 793	316 917	210 477	494 996	159 585	793 461	313 132	855 835	306 864	854 237
030261	Sardines	47 277 191	7 059 518	28 125 678	4 736 574	29 005 006	8 541 238	5 432 141	1 801 471	15 184 978	6 279 709
030262	Églefin	..	..	..	..	..	..	..	..	2 412	15 182
030263	Lieu noir	..	..	140 117	278 228	132 631	624 889	..	..	36 675	76 647
030264	Maquereau	20	379	4 855	21 176	21 756	119 039	6 926	52 680	323	2 555
030265	Aiguillat et autres squalidés	..	..	..	..	..	..	..	..	18	562
030266	Anguille	6 668	85 502	770	9 915	1 072	24 376	903	18 879	1 417	31 986
030269	Poisson nra	207 598	1 588 570	310 034	2 045 719	427 847	2 563 508	1 964 529	3 313 702	2 633 534	4 221 836
030270	Foies, oeufs et laitances	20 987	34 834	96 275	435 107	115 584	611 846	41 573	112 215	73 638	870 158
0303	**Poisson, congelé, excl. 0304**	**14 233 414**	**15 423 017**	**13 870 887**	**18 093 050**	**11 584 569**	**21 628 656**	**14 774 216**	**20 410 652**	**33 970 584**	**40 401 944**
030319	Saumon, Pacifique	..	..	..	..	..	..	..	..	..	..
030321	Truite	110 441	517 794	359 122	1 692 960	361 362	1 898 474	172 936	769 197	142 305	698 545
030322	Saumon (Atlantique et Danube)	..	..	..	..	..	..	..	..	..	..
030329	Salmonidés	13 531	81 852	47 705	461 496	..	..	3 058	20 815	26 366	142 046
030331	Flétan	20 546	147 286	294 582	1 365 262	188 018	1 190 659	34 026	237 313	67 574	689 556
030332	Plie, carrelet	158 918	122 703	240 225	223 463	..	..	..	..	11 538	89 264
030333	Sole	120	604	..	..	600	2 791	620	2 857	..	..
030339	Poisson plat nra	1 028 611	806 258	755 378	660 784	883 272	819 103	936 182	1 000 197	1 024 274	1 075 839
030341	Thon blanc/germon	..	..	360	1 141	170	1 111	..	..	..	..
030342	Albacore (thon jaune)	..	..	1 347	5 361	..	..	7	41	..	..
030343	Listao/bonite à ventre rayé	28 000	39 455	..	..	..	..	..	..	..	..
030349	Thonidés nra	12 924	28 187	20 566	50 682	11 075	41 070	24 160	42 274	29 392	76 939
030350	Hareng	893 630	612 916	1 444 717	986 776	2 022 092	1 752 421	1 814 624	1 627 942	5 557 112	5 100 030
030360	Morue	23 203	69 500	439 526	760 587	59 115	176 451	124 140	330 570	329 456	2 277 346
030371	Sardines, sardinelles	9 006 849	5 405 835	6 163 114	3 228 904	3 833 702	2 478 112	5 549 485	3 772 582	20 040 318	11 754 023
030372	Églefin	3 920	9 587	1 023	2 416	63 001	175 931	11 539	28 801	23 528	136 814
030373	Lieu noir	627 425	2 266 582	203 225	566 181	698 926	3 436 760	203 442	647 545	8 134	20 114
030374	Maquereau	1 184 633	1 613 731	2 434 207	3 857 288	1 960 935	3 852 545	4 111 749	6 831 839	4 221 388	9 119 436
030375	Aiguillat et autres squalidés	523	2 149	1 510	4 884	1 925	12 356	213	1 486	1 017	3 098
030376	Anguille	60 139	578 801	20 835	226 441	51 779	1 026 237	7 866	152 727	5 972	133 881
030377	Bar (loup)	..	..	..	..	..	..	411	1 199	..	..
030378	Merlu	80 091	233 431	108 038	199 659	17 414	54 057	94 617	285 639	55 060	165 360
030379	Poisson nra	463 119	985 058	702 402	1 308 725	619 546	1 592 888	910 806	1 718 152	1 107 945	1 999 623
030380	Foies, oeufs et laitances	418 890	1 447 113	485 786	1 605 255	615 091	2 583 476	417 927	1 562 386	364 372	849 349
0304	**Filets de poisson et autre chair de poisson**	**46 390 299**	**279 496 647**	**52 997 126**	**368 897 527**	**52 158 695**	**380 033 914**	**53 376 836**	**333 072 322**	**55 992 495**	**343 154 441**
030410	Filets et autre chair de poisson, frais ou réfrigéré	5 353 249	43 012 286	7 070 248	58 469 856	5 878 362	39 801 341	7 378 085	44 843 061	7 543 241	50 495 616
030420	Filets de poissons, congelé	36 916 836	225 823 753	41 582 492	294 681 828	40 731 962	309 682 818	39 854 403	260 844 326	41 691 867	264 673 367
030490	Chair de poisson nra, congelé	4 120 214	10 660 608	4 344 386	15 745 843	5 548 371	30 549 755	6 144 348	27 384 935	6 757 387	27 985 458
0305	**Poisson, séché, salé, fumé, ou en saumure**	**31 258 000**	**408 549 975**	**37 542 944**	**532 209 168**	**38 155 638**	**593 789 121**	**45 429 091**	**566 101 378**	**52 080 005**	**774 491 097**
030510	Farine de poisson, consommation humaine	173	2 244	160	769	133 814	685 190	109 851	1 602 509	..	..
030520	Foies, oeufs et laitances	282	3 314	745	11 432	14 600	243 069	30 642	483 579	28 010	77 896
030530	Filets de poisson (non fumé)	28 531	117 989	211 242	1 213 338	369 679	2 144 219	75 902	874 228	38 125	188 661
030541	Saumon (Pacifique, Atlantique et Danube), fumé	26 020 487	355 249 246	32 365 645	478 710 482	32 171 433	527 457 289	39 322 976	502 316 451	45 053 102	700 071 845
030542	Hareng, fumé	..	..	..	..	..	..	..	..	..	..
030549	Poisson nra, fumé	5 087 950	52 812 570	4 797 360	51 663 935	5 306 135	62 639 138	5 453 437	56 391 730	6 637 558	72 238 743
030551	Morue, séché, non fumé	..	..	36	173	..	..	..	..	1 809	6 883
030559	Poisson nra, séché, salé, non fumé	44	244	1 979	24 470	1 255	5 252	271 027	3 461 580	65 478	456 441
030561	Hareng, salé ou en saumure	28 181	61 512	40 060	104 762	61 637	109 700	12 998	55 216	12 473	47 231
030562	Morue, salé ou en saumure	..	..	..	..	..	..	3	19	..	..
030563	Anchois, salé ou en saumure	..	..	..	..	..	..	..	..	..	..
030569	Poisson nra, salé ou en saumure	15 181	12 379	2 327	18 065	3 290	15 728	7 837	22 399	129	428

Tableau 9. Exportations par produit *(suite)*

		2009		2010		2011		2012		2013	
		Tonnes	USD	Tonnes	USD	Tonnes	USD	Tonnes	USD	Tonnes	USD
0306	**Crustacés**	**5 543 424**	**4 935 627**	**5 090 814**	**4 580 019**	**3 254 579**	**4 807 103**	**529 926**	**1 998 704**	**680 159**	**3 766 821**
030611	Langoustes et autres palinuridés, congelé	200	1 725	..	..	12 110	117 492	2 474	46 802	270 564	1 606 369
030612	Homard nra	3	61	3	54	..	..	60	1 024	..	..
030613	Crevettes, congelé	284 030	710 143	169 818	477 683	186 620	606 613	242 220	881 573	184 253	808 847
030614	Crabes, congelé	478	7 411	157	983	251	1 464	2 920	11 845	73	826
030619	Crustacés nra, congelé	4 925 436	3 389 123	4 503 557	3 147 361	2 705 830	3 239 508	4 143	25 302	..	..
030621	Langoustes et autres palinuridés (non congelé)	..	..	..	..	..	..	..	..	..	..
030622	Homard nra (non congelé)	..	..	..	..	..	..	..	..	..	..
030623	Crevettes (non congelé)	333 262	826 161	416 741	940 950	349 762	841 976	278 109	1 032 158	225 230	1 348 917
030624	Crabes (non congelé)	..	..	538	12 988	6	50	..	..	..	..
030629	Crustacés nra (non congelé)	15	1 003	..	..	..	..	..	..	39	1 862
0307	**Mollusques**	**1 078 819**	**5 028 688**	**739 439**	**3 445 493**	**691 060**	**3 038 617**	**601 683**	**2 704 949**	**1 006 276**	**4 180 554**
030710	Huîtres	..	..	..	..	491	3 222	3	35	..	..
030721	St-Jacques, vi, fr, ou ré	..	..	..	..	..	..	..	..	..	..
030729	St-Jacques, co, sc, sl, ou sm	1	68	20	237	0	5	10	152	..	..
030731	Moules, vi, fr, ou ré	..	..	..	..	..	..	..	..	..	..
030739	Moules, co, sc, sl, ou sm	339	3 039	973	8 140	8 676	44 060	9 760	75 903	1 627	8 212
030741	Seiches, encornets et calmars, vi, fr, ou ré	106	732	..	..	..	..	..	..	..	..
030749	Seiches, encornets et calmars, co, sc, sl, ou sm	20 757	70 701	69 025	164 194	31 687	139 491	47 955	193 495	40 428	143 353
030751	Poulpe, vi, fr, ou ré	..	..	..	..	..	..	12	76	..	..
030759	Poulpe, co, sc, sl, ou sm	668	3 075	478	2 128	670	4 348	1 316	9 004	2 391	14 855
030760	Escargots (autres que de mer)	300 938	2 663 965	309 423	1 954 148	282 359	1 481 136	175 058	1 157 420	217 346	1 603 712
030791	Mollusques nra, vi, fr, ou ré	401 254	1 179 484	44 274	350 478	15 819	32 290	18 152	140 746	..	..
030799	Mollusques nra, co, sc, sl, ou sm	354 756	1 107 624	315 246	966 168	351 358	1 334 065	349 417	1 128 118	744 484	2 410 422
121220	**Algues**	**934**	**23 590**	**2 813**	**53 579**	**729**	**55 587**	**2 286**	**59 150**	**1 761**	**18 852**
1504	**Graisses, huiles et leurs fractions**	**246 175**	**626 604**	**361 802**	**870 746**	**291 473**	**1 426 016**	**1 112 965**	**3 184 659**	**1 393 930**	**4 241 972**
150410	Huiles de foies de poisson, et fractions	..	..	3 953	17 056	203	6 471	5 086	180 233	78	4 388
150420	Graisses et huiles de poisson, et fractions	246 175	626 604	334 109	829 593	288 114	1 314 046	1 105 284	2 931 207	1 393 548	4 226 570
150430	Graisses et huiles de mammifère marin, et fractions	..	..	23 740	24 097	3 156	105 499	2 595	73 219	304	11 014
1604	**Préparations et conserves de poisson; caviars et succédanés**	**90 116 824**	**339 694 066**	**94 928 599**	**360 564 181**	**113 136 880**	**430 809 784**	**111 841 715**	**473 735 731**	**113 940 676**	**497 562 841**
160411	Saumon, non haché	2 327 944	34 518 012	2 522 039	43 898 622	2 918 248	51 696 913	3 660 579	51 760 166	4 205 184	69 806 352
160412	Hareng, non haché	44 506 018	127 108 098	43 821 090	123 126 080	59 716 700	166 777 519	52 780 643	206 588 919	52 232 122	201 114 333
160413	Sardines, sardinelles, sprats, esprots, non haché	2 482 305	19 715 481	2 823 517	23 458 981	2 949 706	25 393 739	3 393 743	27 661 170	5 033 938	33 955 964
160414	Thons, listaos, sardes, non haché	215 498	1 027 236	293 737	1 233 126	235 648	1 176 986	168 817	877 270	657 494	3 015 039
160415	Maquereau, non haché	451 485	2 118 926	398 857	1 793 547	700 505	3 927 039	625 909	3 222 943	880 640	4 828 921
160416	Anchois, non haché	..	..	..	..	15 131	146 419	9 613	97 137	18 306	185 730
160419	Poisson nra, non haché	20 835 083	88 229 713	23 021 159	91 271 535	24 326 054	103 419 125	26 799 879	106 764 413	29 640 469	119 800 750
160420	Poisson, haché	18 982 895	66 097 673	22 040 516	75 660 076	22 263 433	78 068 608	24 389 579	76 599 629	21 268 610	64 799 460
160430	Caviar et succédanés	315 596	878 927	7 686	122 214	11 455	203 436	12 953	164 084	3 913	56 292
1605	**Préparations et conserves de crustacés**	**2 097 331**	**20 069 025**	**1 982 329**	**16 775 098**	**1 945 701**	**15 812 825**	**1 862 255**	**16 871 959**	**2 091 851**	**20 555 621**
160510	Crabes	533	16 082	39	215	2 502	14 880	1 270	10 032	1 606	6 745
160520	Crevettes	1 540 257	18 546 915	1 292 191	15 063 424	1 256 707	13 462 199	1 231 709	15 030 363	1 397 649	18 769 540
160530	Homard	5	21	172	4 580	16	674	7 669	31 556	203	4 820
160540	Crustacés nra	6 078	24 943	4 537	52 391	49 460	355 329	18 896	212 616	30	1 206
230120	**Farine de poisson**	**4 288 208**	**2 797 983**	**7 615 227**	**7 696 551**	**8 566 694**	**7 367 128**	**8 723 383**	**6 905 456**	**9 287 198**	**9 732 282**
	TOTAL	**244 275 534**	**1 094 716 021**	**245 448 095**	**1 328 114 445**	**266 950 888**	**1 489 818 744**	**247 670 092**	**1 440 969 033**	**..**	**1 726 732 010**

.. Non disponible

Note : nra : non répertorié ailleurs. vi : vivant. fr : frais. ré : réfrigéré. co : congelé. sc : séché. sl : salé. sm : en saumure.

Métadonnées détaillées : http://metalinks.oecd.org/fish/20150108/10cf

Source : OCDE (2014), « Pêcheries : Commerce par produit », Statistiques agricoles de l'OCDE (base de données). DOI: 10.1787/data-00677-fr

PORTUGAL

Tableau 1. Flotte de pêche

	2006	2007	2008	2009	2010	2011	2012	2013
NOMBRE DE NAVIRES								
Total des navires	**8 715**	**8 630**	**8 585**	**8 562**	**8 492**	**8 380**	**8 276**	**8 232**
Navires à moteur	7 124	7 078	7 019	6 999	6 948	6 825	6 716	6 659
0-5,9 mètres	..	..	..	..	..	..	..	..
6-11,9 mètres	..	..	..	..	..	..	..	..
12-17,9 mètres	..	..	..	..	..	..	..	..
18-23,9 mètres	..	..	..	..	..	..	..	..
24-29,9 mètres	..	..	..	..	..	..	..	..
30-35,9 mètres	..	..	..	..	..	..	..	..
36-44,9 mètres	..	..	..	..	..	..	..	..
45-59,9 mètres	..	..	..	..	..	..	..	..
60-74,9 mètres	..	..	..	..	..	..	..	..
75 mètres et plus	..	..	..	..	..	..	..	..
Longueur inconnue	..	..	..	..	..	..	..	..
Navires sans moteur	1 591	1 552	1 566	1 563	1 544	1 555	1 560	1 573
TONNAGE BRUT								
Total des navires	**106 920**	**106 702**	**106 597**	**104 018**	**101 601**	**101 574**	**99 836**	**99 917**
Navires à moteur	106 074	105 882	105 683	103 073	100 648	100 632	98 876	98 943
0-5,9 mètres	..	..	..	..	..	..	..	..
6-11,9 mètres	..	..	..	..	..	..	..	..
12-17,9 mètres	..	..	..	..	..	..	..	..
18-23,9 mètres	..	..	..	..	..	..	..	..
24-29,9 mètres	..	..	..	..	..	..	..	..
30-35,9 mètres	..	..	..	..	..	..	..	..
36-44,9 mètres	..	..	..	..	..	..	..	..
45-59,9 mètres	..	..	..	..	..	..	..	..
60-74,9 mètres	..	..	..	..	..	..	..	..
75 mètres et plus	..	..	..	..	..	..	..	..
Longueur inconnue	..	..	..	..	..	..	..	..
Navires sans moteur	846	820	914	945	953	942	960	974

.. Non disponible

Note : Métadonnées détaillées : http://metalinks.oecd.org/fish/20150108/d0c8

Source : OCDE (2014), « Pêcheries : Flotte de pêche », Statistiques agricoles de l'OCDE (base de données). DOI: 10.1787/data-00218-fr

PORTUGAL

Tableau 2. Emploi dans les pêcheries

Personnes employées

	2006	2007	2008	2009	2010	2011	2012	2013
Plein-temps	..	..	..	..	..	..	..	..
Secteur de capture	..	..	..	..	..	..	..	..
Pêche en eaux intérieures	..	..	..	..	..	..	..	..
Homme	..	..	..	..	..	..	..	..
Femme	..	..	..	..	..	..	..	..
Eaux maritimes (pêche côtière)	..	..	..	..	..	..	..	..
Homme	..	..	..	..	..	..	..	..
Femme	..	..	..	..	..	..	..	..
Eaux maritimes (pêche en haute mer)	..	..	..	..	..	..	..	..
Homme	..	..	..	..	..	..	..	..
Femme	..	..	..	..	..	..	..	..
Aquaculture	..	..	..	..	..	..	..	..
Homme	..	..	..	..	..	..	..	..
Femme	..	..	..	..	..	..	..	..
Transformation	..	..	..	..	..	..	..	..
Homme	..	..	..	..	..	..	..	..
Femme	..	..	..	..	..	..	..	..
Temps partiel	..	..	..	..	..	..	..	..
Secteur de capture	..	..	..	..	..	..	..	..
Pêche en eaux intérieures	..	..	..	..	..	..	..	..
Homme	..	..	..	..	..	..	..	..
Femme	..	..	..	..	..	..	..	..
Eaux maritimes (pêche côtière)	..	..	..	..	..	..	..	..
Homme	..	..	..	..	..	..	..	..
Femme	..	..	..	..	..	..	..	..
Eaux maritimes (pêche en haute mer)	..	..	..	..	..	..	..	..
Homme	..	..	..	..	..	..	..	..
Femme	..	..	..	..	..	..	..	..
Aquaculture	..	..	..	..	..	..	..	..
Homme	..	..	..	..	..	..	..	..
Femme	..	..	..	..	..	..	..	..
Transformation	..	..	..	..	..	..	..	..
Homme	..	..	..	..	..	..	..	..
Femme	..	..	..	..	..	..	..	..
Total	**17 261**	**17 021**	**16 854**	**17 415**	**16 920**	**16 402**	**16 559**	**16 797**
Secteur de capture	17 261	17 021	16 854	17 415	16 920	16 402	16 559	16 797
Pêche en eaux intérieures	2 318	2 376	2 236	2 066	1 936	1 769	1 626	1 680
Homme	..	..	..	..	..	..	..	..
Femme	..	..	..	..	..	..	..	..
Eaux maritimes (pêche côtière)	14 421	14 158	14 127	14 796	14 522	14 213	14 535	14 580
Homme	..	..	..	..	..	..	..	..
Femme	..	..	..	..	..	..	..	..
Eaux maritimes (pêche en haute mer)	522	487	491	553	462	420	398	537
Homme	..	..	..	..	..	..	..	..
Femme	..	..	..	..	..	..	..	..
Aquaculture	..	..	..	..	..	..	..	..
Homme	..	..	..	..	..	..	..	..
Femme	..	..	..	..	..	..	..	..
Transformation	..	..	..	..	..	..	..	..
Homme	..	..	..	..	..	..	..	..
Femme	..	..	..	..	..	..	..	..

.. Non disponible

Note : Métadonnées détaillées : http://metalinks.oecd.org/fish/20150108/dd7c

Source : OCDE (2014), « Pêcheries : Emploi dans la pêche », Statistiques agricoles de l'OCDE (base de données). DOI: 10.1787/data-00219-fr

Tableau 3. Débarquements nationaux dans les ports nationaux

	2006	2007	2008	2009	2010	2011	2012	2013
VOLUME (TONNES)								
Total poissons	**138 750**	**155 943**	**157 851**	**147 821**	**153 170**	**176 825**	**143 638**	**135 117**
Saumon	0	1	1	4	1	1	1	1
Saumon rose	..	..	..	..	..	..	..	..
Saumon keta	..	..	..	..	..	..	..	..
Saumon rouge	..	..	..	..	..	..	..	..
Saumon argenté	..	..	..	..	..	..	..	..
Autres saumons	0	1	1	4	1	1	1	1
Poissons plats	2 760	1 946	2 303	2 971	2 294	4 754	2 276	2 321
Flétan	..	..	..	..	..	..	..	..
Flétan noir	..	..	..	..	..	..	..	..
Sole	..	..	..	..	..	..	..	..
Plie	338	241	200	272	190	347	150	94
Autres poissons plats	2 422	1 705	2 104	2 699	2 104	4 407	2 126	2 227
Poissons de fond	20 961	19 606	19 244	18 355	15 833	17 648	17 957	18 517
Morue (Atlantique et Pacifique)	2 557	2 050	2 604	979	2 088	1 909	5 097	5 215
Églefin	235	324	322	171	107	8	144	89
Lieu	206	202	234	48	32	4	13	20
Morue du Pacifique occidental	..	..	..	..	..	..	..	..
Merlan	107	107	97	114	112	106	104	86
Merlu (toutes espèces)	2 224	1 987	2 037	2 222	2 361	2 285	2 575	2 753
Sébaste	8 432	5 716	4 095	6 296	4 147	7 162	3 132	4 101
Autres poissons de fond	7 200	9 221	98 574	8 526	6 986	6 174	6 893	6 253
Pélagiques	70 713	78 662	84 494	77 439	77 622	76 429	53 828	48 990
Chinchard	14 366	10 322	9 251	11 786	11 648	10 717	14 893	15 337
Maquereau	2 622	2 606	2 378	2 680	2 362	3 270	766	248
Hareng (Atlantique et Pacifique)	0	0	0	0	..	..	..	0
Sardine	48 184	58 202	65 333	55 140	58 121	55 223	31 344	27 671
Autres pélagiques	5 540	7 532	7 533	7 834	5 491	7 220	6 826	5 734
Thons	24 780	34 576	32 133	23 734	39 944	47 658	49 208	48 571
Listao	7 330	8 774	5 180	1 071	12 269	4 089	3 103	4 033
Thon rouge (nord et sud)	38	20	2	7	1	1	8	1
Germon	26	35	451	156	49	1 049	1 260	565
Albacore	206	506	317	979	300	422	274	299
Thon obèse	2 555	3 526	2 056	5 354	3 723	6 985	6 716	5 330
Autres thons	14 187	21 336	23 793	14 933	23 202	33 498	37 253	37 472
Espadon	437	378	333	1 233	400	1 614	595	871
Autres poissons	19 537	21 152	19 676	25 319	17 476	30 336	20 368	16 717
Total crustacés	**1 097**	**1 193**	**1 595**	**3 407**	**1 865**	**3 102**	**1 626**	**1 231**
Homard et langouste	9	7	8	11	13	10	8	12
Langoustine	250	231	201	163	124	129	218	154
Crevette	139	119	176	721	83	699	75	79
Autres crustacés	699	836	1 209	2 513	1 645	2 264	1 326	986
Total coquillages et mollusques	**16 446**	**14 834**	**20 137**	**16 166**	**18 445**	**14 204**	**15 788**	**19 348**
Huître	1	14	49	38	68	80	109	97
Moule	12	20	53	37	32	132	90	55
Coquille St-Jacques	0	..	0	0	0	0	0	0
Bivalves	1 145	909	714	1 109	1 247	1 417	1 842	1 849
Autres coquillages (incl. buccins	5 755	2 954	3 400	4 655	3 537	2 292	2 216	2 358
Calmar	615	871	1 051	828	868	1 217	685	734
Seiche	1 813	1 534	1 472	1 320	2 010	1 538	1 180	1 317
Poulpe	7 104	8 531	13 400	8 179	10 680	7 526	9 665	12 935
Autres mollusques (incl. oursins)	0	..	0	0	3	2	2	3
Autres animaux marins	..	..	..	..	..	..	..	..
Plantes aquatiques	**255**	**165**	**66**	**117**	**166**	**..**	**..**	**..**
Algue brune	..	..	..	..	..	..	..	..
Algue rouge	255	165	66	117	166	..	..	..
Autres algues	..	..	..	..	..	..	..	..
Poisson pour transformation	..	..	..	..	..	..	..	..
TOTAL GÉNÉRAL	**156 547**	**172 135**	**179 649**	**167 512**	**173 480**	**194 131**	**161 052**	**155 695**

Tableau 3. Débarquements nationaux dans les ports nationaux *(suite)*

	2006	2007	2008	2009	2010	2011	2012	2013
VALEUR (EUR)								
Total poissons	**102 892 290**	**193 360 392**	**190 811 743**	**179 688 405**	**182 906 637**	**213 058 238**	**199 639 457**	**173 706 337**
Saumon	1 180	2 839	2 842	6 966	2 461	2 461	2 961	3 570
Saumon rose	..	..	..	..	..	..	..	..
Saumon keta	..	..	..	..	..	..	..	..
Saumon rouge	..	..	..	..	..	..	..	..
Saumon argenté	..	..	..	..	..	..	..	..
Autres saumons	1 180	2 839	2 842	6 966	2 461	2 461	2 961	3 570
Poissons plats	..	..	..	..	..	12 443 115	9 967 858	..
Flétan	..	..	..	..	..	..	..	..
Flétan noir	..	..	..	..	..	..	..	..
Sole	..	..	..	..	..	..	..	..
Plie	..	..	..	..	..	349 144	223 763	..
Autres poissons plats	..	..	..	..	..	12 093 971	9 744 095	..
Poissons de fond	20 553 707	21 768 051	21 205 417	19 472 673	18 872 012	19 335 684	18 801 933	15 782 986
Morue (Atlantique et Pacifique)	..	..	..	..	..	..	..	..
Églefin	..	..	..	..	..	..	..	..
Lieu	..	..	..	..	..	7 607	12 193	..
Morue du Pacifique occidental	..	..	..	..	..	..	..	..
Merlan	559 041	568 588	457 372	540 313	540 121	485 502	483 749	377 129
Merlu (toutes espèces)	7 930 112	6 882 002	6 320 529	6 255 313	6 255 756	5 980 217	6 566 058	6 413 732
Sébaste	..	..	..	..	..	403 612	436 834	..
Autres poissons de fond	12 064 554	14 317 461	14 427 516	12 677 047	12 076 135	12 458 746	11 752 126	8 992 125
Pélagiques	67 836 731	77 151 853	81 400 224	77 651 466	74 677 279	80 278 432	79 064 675	70 535 837
Chinchard	16 470 148	13 398 587	14 578 466	16 465 278	16 163 480	17 254 478	19 789 403	14 131 755
Maquereau	1 833 537	1 039 809	1 023 000	718 994	1 210 326	969 872	374 126	328 220
Hareng (Atlantique et Pacifique)	25	0	3	4	0	..	..	229
Sardine	26 333 782	37 141 247	41 985 512	38 730 876	37 262 060	42 006 554	40 815 001	39 678 215
Autres pélagiques	23 199 240	25 572 210	23 813 243	21 736 314	20 041 413	20 047 529	18 086 145	16 397 418
Thons	14 500 672	19 027 116	18 868 254	22 825 602	31 866 835	35 182 978	40 015 527	33 389 095
Listao	4 651 734	6 043 854	5 909 215	1 651 918	13 056 981	4 329 118	3 963 323	5 162 512
Thon rouge (nord et sud)	203 920	102 986	11 709	11 541	3 511	3 739	51 332	10 681
Germon	..	112 445	857 297	149 248	173 444	2 343 942	3 274 501	1 295 319
Albacore	..	..	..	4 318 547	1 803 467	1 400 250	1 426 673	..
Thon obèse	4 984 034	6 856 667	6 218 484	10 603 325	10 458 699	13 814 035	16 056 139	12 337 258
Autres thons	4 660 984	5 911 165	5 871 550	3 860 191	6 370 733	10 796 084	12 397 913	10 688 679
Espadon	..	..	..	2 230 833	..	2 495 811	2 845 646	3 894 646
Autres poissons	..	75 410 533	69 335 005	59 731 700	57 488 050	65 815 568	61 754 361	53 994 849
Total crustacés	**12 900 186**	**15 292 446**	**17 264 785**	**18 632 004**	**16 715 748**	**16 376 721**	**14 805 334**	**12 422 644**
Homard et langouste	294 145	259 951	259 698	258 601	315 517	261 068	186 338	266 059
Langoustine	5 860 005	5 341 063	4 796 818	2 785 729	2 738 254	2 274 599	3 185 203	1 984 632
Crevette	..	..	..	423 188	..	829 297	906 612	1 354 192
Autres crustacés	6 746 036	9 691 432	12 208 269	15 164 487	13 661 977	13 011 757	10 527 181	8 817 761
Total coquillages et mollusques	**45 725 250**	**53 885 984**	**73 400 544**	**44 158 708**	**56 945 976**	**55 142 705**	**56 210 474**	**55 016 432**
Huître	699	11 890	32 412	26 750	45 471	68 042	86 864	73 359
Moule	17 124	30 814	61 655	58 768	43 506	65 173	59 380	43 664
Coquille St-Jacques	6	..	..	491	99	6	54	357
Bivalves	..	2 529 354	2 255 718	2 967 367	3 259 869	4 216 568	4 770 822	4 805 992
Autres coquillages (incl. buccins)	6 542 124	3 996 925	4 133 375	4 319 104	3 987 645	2 797 833	3 110 304	3 308 786
Calmar	3 709 509	5 929 799	5 987 323	3 731 134	4 501 646	5 547 298	3 934 878	3 899 046
Seiche	6 582 007	5 899 655	5 555 605	5 235 298	6 633 549	6 324 765	5 553 816	5 272 795
Poulpe	28 872 699	35 487 547	55 374 342	27 819 728	38 472 453	36 120 782	38 690 762	37 608 980
Autres mollusques (incl. oursins)	1 082	..	115	68	1 738	2 238	3 648	3 453
Autres animaux marins	..	..	..	..	..	..	..	..
Plantes aquatiques	**360 000**	**244 500**	**65 000**	**142 000**	**183 000**	..	..	..
Algue brune	..	..	..	..	..	..	..	..
Algue rouge	360 000	244 500	65 000	142 000	183 000	..	..	..
Autres algues	..	..	..	..	..	..	..	..
Poisson pour transformation	..	..	..	..	..	..	..	..
TOTAL GÉNÉRAL	**161 877 726**	**262 783 322**	**281 542 072**	**242 621 116**	**256 568 361**	**284 577 664**	**270 655 265**	**241 145 413**

.. Non disponible

Note : Métadonnées détaillées : http://metalinks.oecd.org/fish/20150108/dc5c

Source : OCDE (2014), « Pêcheries : Débarquements nationaux dans les ports domestiques », Statistiques agricoles de l'OCDE (base de données). DOI: 10.1787/data-00222-fr

Tableau 4. Débarquements nationaux dans les ports étrangers

	2006	2007	2008	2009	2010	2011	2012	2013
VOLUME (TONNES)								
Total poissons	**23 807**	**23 822**	**13 869**	**21 434**	**25 811**	**28 701**	**39 538**	**35 902**
Saumon	1	4	1	2	3	7	..	..
Saumon rose	..	..	..	..	..	..	..	..
Saumon keta	..	..	..	..	..	..	..	..
Saumon rouge	..	..	..	..	..	..	..	..
Saumon argenté	..	..	..	..	..	..	..	..
Autres saumons	1	4	..	2	3	7	..	..
Poissons plats	2 126	1 625	1 199	1 637	1 733	2 973	2 621	2 446
Flétan	..	..	..	..	..	..	..	..
Flétan noir	..	..	..	..	..	..	..	..
Sole	..	..	..	..	..	..	..	..
Plie	186	233	160	171	93	241	427	313
Autres poissons plats	1 941	1 392	1 039	1 466	1 641	2 732	2 193	2 133
Poissons de fond	9 871	5 414	4 577	7 886	10 144	9 320	11 513	12 595
Morue (Atlantique et Pacifique)	515	696	593	979	2 233	1 909	2 583	4 281
Églefin	87	322	79	171	268	8	41	89
Lieu	30	101	5	45	39	..	0	5
Morue du Pacifique occidental	..	..	..	..	..	..	..	..
Merlan	17	3	0	3	2	4	11	6
Merlu (toutes espèces)	719	589	27	85	129	99	176	204
Sébaste	8 124	3 337	3 838	6 232	7 193	7 069	8 032	6 622
Autres poissons de fond	378	364	35	371	280	231	670	1 389
Pélagiques	1 769	2 889	237	2 229	2 772	3 514	6 890	6 706
Chinchard	847	1 346	31	1 066	276	695	2 312	2 784
Maquereau	269	481	0	929	1 758	2 310	4 393	3 453
Hareng (Atlantique et Pacifique)	0	..	0	0	..	..	..	..
Sardine	..	436	92	8	7	0	9	9
Autres pélagiques	652	626	114	227	732	509	176	460
Thons	739	1 572	1 867	1 531	1 702	3 376	4 146	4 892
Listao	57	135	58	50	10	8	30	1
Thon rouge (nord et sud)	52	38	1	6	0	..	..	0
Germon	30	116	41	102	167	46	129	54
Albacore	150	232	129	226	151	150	386	193
Thon obèse	238	642	307	235	265	149	169	169
Autres thons	212	410	743	69	2	1 868	1 238	3 047
Espadon	..	..	589	844	1 108	1 155	2 194	1 427
Autres poissons	9 301	12 318	5 988	8 150	9 457	9 511	14 369	9 264
Total crustacés	**428**	**805**	**1 160**	**1 125**	**1 132**	**1 017**	**842**	**434**
Homard et langouste	5	10	0	0	..	0	..	..
Langoustine	70	107	25	36	38	22	13	39
Crevette	183	411	599	681	807	636	605	230
Autres crustacés	170	278	537	408	288	359	225	165
Total coquillages et mollusques	**441**	**591**	**272**	**500**	**383**	**456**	**704**	**568**
Huître	0	5	..	..	..	..	..	..
Moule	..	..	..	..	..	..	..	..
Coquille St-Jacques	..	..	..	..	..	..	..	..
Bivalves	..	..	5	..	..	..	..	..
Autres coquillages (incl. buccins	4	1	0	20	1	0	1	0
Calmar	33	42	38	83	54	148	262	327
Seiche	14	6	42	93	79	40	29	23
Poulpe	390	537	188	304	250	268	412	218
Autres mollusques (incl. oursins)	..	..	0	..	..	..	..	0
Autres animaux marins	..	..	..	..	..	..	..	..
Plantes aquatiques	..	..	..	..	..	..	..	..
Algue brune	..	..	..	..	..	..	..	..
Algue rouge	..	..	..	..	..	..	..	..
Autres algues	..	..	..	..	..	..	..	..
Poisson pour transformation	..	..	..	..	..	..	..	..
TOTAL GÉNÉRAL	**24 675**	**25 218**	**15 301**	**23 058**	**27 327**	**30 173**	**41 085**	**36 903**

Tableau 4. Débarquements nationaux dans les ports étrangers *(suite)*

	2006	2007	2008	2009	2010	2011	2012	2013
VALEUR (EUR)								
Total poissons	..	..	..	..	..	..	..	..
Saumon	..	..	..	..	..	..	..	..
Saumon rose	..	..	..	..	..	..	..	..
Saumon keta	..	..	..	..	..	..	..	..
Saumon rouge	..	..	..	..	..	..	..	..
Saumon argenté	..	..	..	..	..	..	..	..
Autres saumons	..	..	..	..	..	..	..	..
Poissons plats	..	..	..	..	..	..	..	..
Flétan	..	..	..	..	..	..	..	..
Flétan noir	..	..	..	..	..	..	..	..
Sole	..	..	..	..	..	..	..	..
Plie	..	..	..	..	..	..	..	..
Autres poissons plats	..	..	..	..	..	..	..	..
Poissons de fond	..	..	..	..	..	..	..	..
Morue (Atlantique et Pacifique)	..	..	..	..	..	..	..	..
Églefin	..	..	..	..	..	..	..	..
Lieu	..	..	..	..	..	..	..	..
Morue du Pacifique occidental	..	..	..	..	..	..	..	..
Merlan	..	..	..	..	..	..	..	..
Merlu (toutes espèces)	..	..	..	..	..	..	..	..
Sébaste	..	..	..	..	..	..	..	..
Autres poissons de fond	..	..	..	..	..	..	..	..
Pélagiques	..	..	..	..	..	..	..	..
Chinchard	..	..	..	..	..	..	..	..
Maquereau	..	..	..	..	..	..	..	..
Hareng (Atlantique et Pacifique)	..	..	..	..	..	..	..	..
Sardine	..	..	..	..	..	..	..	..
Autres pélagiques	..	..	..	..	..	..	..	..
Thons	..	..	..	..	..	..	..	..
Listao	..	..	..	..	..	..	..	..
Thon rouge (nord et sud)	..	..	..	..	..	..	..	..
Germon	..	..	..	..	..	..	..	..
Albacore	..	..	..	..	..	..	..	..
Thon obèse	..	..	..	..	..	..	..	..
Autres thons	..	..	..	..	..	..	..	..
Espadon	..	..	..	..	..	..	..	..
Autres poissons	..	..	..	..	..	..	..	..
Total crustacés	..	..	..	..	..	..	..	..
Homard et langouste	..	..	..	..	..	..	..	..
Langoustine	..	..	..	..	..	..	..	..
Crevette	..	..	..	..	..	..	..	..
Autres crustacés	..	..	..	..	..	..	..	..
Total coquillages et mollusques	..	..	..	..	..	..	..	..
Huître	..	..	..	..	..	..	..	..
Moule	..	..	..	..	..	..	..	..
Coquille St-Jacques	..	..	..	..	..	..	..	..
Bivalves	..	..	..	..	..	..	..	..
Autres coquillages (incl. buccins	..	..	..	..	..	..	..	..
Calmar	..	..	..	..	..	..	..	..
Seiche	..	..	..	..	..	..	..	..
Poulpe	..	..	..	..	..	..	..	..
Autres mollusques (incl. oursins)	..	..	..	..	..	..	..	..
Autres animaux marins	..	..	..	..	..	..	..	..
Plantes aquatiques	..	..	..	..	..	..	..	..
Algue brune	..	..	..	..	..	..	..	..
Algue rouge	..	..	..	..	..	..	..	..
Autres algues	..	..	..	..	..	..	..	..
Poisson pour transformation	..	..	..	..	..	..	..	..
TOTAL GÉNÉRAL	..	..	..	..	..	..	..	..

.. Non disponible

Note : Métadonnées détaillées : http://metalinks.oecd.org/fish/20150108/1303

Source : OCDE (2014), « Pêcheries : Débarquements nationaux dans les ports étrangers », Statistiques agricoles de l'OCDE (base de données). DOI: 10.1787/data-00223-fr

Tableau 5. Débarquements étrangers dans les ports nationaux

	2006	2007	2008	2009	2010	2011	2012	2013
VOLUME (TONNES)								
Total poissons	**1 421**	**880**	**1 148**	**1 039**	**528**	**450**	**509**	**421**
Saumon	..	..	..	..	..	..	..	..
Saumon rose	..	..	..	..	..	..	..	..
Saumon keta	..	..	..	..	..	..	..	..
Saumon rouge	..	..	..	..	..	..	..	..
Saumon argenté	..	..	..	..	..	..	..	..
Autres saumons	..	..	..	..	..	0	..	..
Poissons plats	0	1	0	..	..	..	..	..
Flétan	..	..	..	..	..	..	..	..
Flétan noir	..	..	..	..	..	..	..	..
Sole	..	..	..	..	..	..	..	..
Plie	..	..	..	..	..	..	0	..
Autres poissons plats	0	1	0	..	..	..	..	..
Poissons de fond	6	18	1	1	3	2	3	2
Morue (Atlantique et Pacifique)	..	..	..	..	..	..	..	..
Églefin	..	..	..	..	..	..	..	..
Lieu	..	..	..	..	..	..	1	..
Morue du Pacifique occidental	..	..	..	..	..	..	..	..
Merlan	0	..	..	..	..	..	..	..
Merlu (toutes espèces)	0	2	0	..	0	0	0	0
Sébaste	..	0	..	..	..	..	0	0
Autres poissons de fond	5	16	1	1	3	2	2	2
Pélagiques	1 259	730	1 013	961	380	267	352	208
Chinchard	41	97	41	77	57	45	156	48
Maquereau	0	0	0	..	..	5	..	..
Hareng (Atlantique et Pacifique)	..	..	..	..	..	..	..	..
Sardine	1 212	627	969	878	320	215	195	160
Autres pélagiques	5	6	3	6	3	2	1	0
Thons	64	73	114	65	128	123	91	189
Listao	0	..	..	..	0	0	0	0
Thon rouge (nord et sud)	..	..	..	..	..	..	..	..
Germon	..	0	..	..	..	..	..	..
Albacore	..	..	..	..	..	..	..	..
Thon obèse	..	..	..	..	..	..	..	..
Autres thons	64	69	113	62	127	123	91	189
Espadon	..	5	1	3	2	0	0	..
Autres poissons	93	59	20	12	17	58	63	23
Total crustacés	**0**	**2**	**57**	**..**	**..**	**..**	**..**	**..**
Homard et langouste	..	..	..	..	..	..	..	..
Langoustine	..	1	..	..	..	..	..	..
Crevette	0	..	..	..	..	..	..	..
Autres crustacés	..	0	57	..	..	..	..	..
Total coquillages et mollusques	**..**	**..**	**704**	**..**	**..**	**..**	**..**	**..**
Huître	..	..	36	..	..	..	..	..
Moule	..	..	25	..	..	..	..	..
Coquille St-Jacques	..	..	..	..	..	..	..	..
Bivalves	..	..	60	..	..	..	..	..
Autres coquillages (incl. buccins	..	..	584	..	..	..	..	..
Calmar	..	..	..	..	..	..	..	..
Seiche	..	..	0	..	..	..	..	..
Poulpe	..	..	0	..	..	..	..	..
Autres mollusques (incl. oursins)	..	..	0	..	..	..	..	..
Autres animaux marins	**..**	**..**	**..**	**..**	**..**	**..**	**..**	**..**
Plantes aquatiques	**..**	**..**	**..**	**..**	**..**	**..**	**..**	**..**
Algue brune	..	..	..	..	..	..	..	..
Algue rouge	..	..	..	..	..	..	..	..
Autres algues	..	..	..	..	..	..	..	..
Poisson pour transformation	..	..	..	..	..	..	..	..
TOTAL GÉNÉRAL	**1 421**	**882**	**1 909**	**1 039**	**528**	**450**	**509**	**421**

Tableau 5. Débarquements étrangers dans les ports nationaux *(suite)*

	2006	2007	2008	2009	2010	2011	2012	2013
VALEUR (EUR)								
Total poissons	**693 295**	**569 665**	**568 047**	**568 841**	**329 948**	**302 079**	**499 383**	**363 505**
Saumon	..	..	..	..	..	52	..	..
Saumon rose	..	..	..	..	..	..	..	..
Saumon keta	..	..	..	..	..	..	..	..
Saumon rouge	..	..	..	..	..	..	..	..
Saumon argenté	..	..	..	..	..	..	..	..
Autres saumons	..	..	..	..	..	52	..	..
Poissons plats	211	2 315	407	..	..	..	5	..
Flétan	..	..	..	..	..	..	..	..
Flétan noir	..	..	..	..	..	..	..	..
Sole	..	..	..	..	..	..	..	..
Plie	..	..	..	..	..	..	5	..
Autres poissons plats	211	2 315	407	..	..	..	..	..
Poissons de fond	19 112	13 522	1 690	1 925	9 428	5 757	6 964	6 623
Morue (Atlantique et Pacifique)	..	..	..	..	..	..	..	..
Églefin	..	..	..	..	..	..	..	..
Lieu	..	..	..	..	..	..	1 199	..
Morue du Pacifique occidental	..	..	..	..	..	..	..	..
Merlan	463	..	..	..	..	..	..	..
Merlu (toutes espèces)	..	7 304	576	..	2 843	230	86	1 270
Sébaste	..	118	..	..	39	..	878	191
Autres poissons de fond	18 649	6 100	1 113	1 925	6 546	5 527	4 801	5 161
Pélagiques	535 478	446 212	476 461	482 529	209 696	152 531	299 915	216 859
Chinchard	21 782	51 533	21 505	37 454	30 743	29 470	87 630	24 206
Maquereau	449	141	40	..	..	1 667	..	..
Hareng (Atlantique et Pacifique)	..	..	..	..	..	..	..	..
Sardine	500 175	380 321	445 110	431 060	170 370	116 990	208 733	191 687
Autres pélagiques	13 072	14 216	9 806	14 014	8 583	4 404	3 553	966
Thons	8 802	26 122	19 360	20 135	35 683	37 376	26 806	57 579
Listao	62	..	..	..	154	425	360	27
Thon rouge (nord et sud)	..	..	..	..	..	..	..	..
Germon	..	317	..	..	..	..	..	..
Albacore	..	..	..	..	..	..	..	..
Thon obèse	..	..	..	..	..	..	..	..
Autres thons	8 740	10 520	14 396	7 673	25 247	35 835	24 671	57 552
Espadon	..	15 285	4 964	12 462	10 282	1 116	1 776	..
Autres poissons	129 692	81 495	70 129	64 252	75 142	106 362	165 693	82 444
Total crustacés	**1 676**	**40 354**	**825 294**	..	..	..	..	..
Homard et langouste	..	..	..	..	..	..	..	..
Langoustine	..	36 376	..	..	..	..	..	..
Crevette	1 650	530	..	..	..	..	..	..
Autres crustacés	26	3 448	825 294	..	..	..	..	..
Total coquillages et mollusques	..	..	**1 086 587**	..	..	..	..	..
Huître	..	..	23 859	..	..	..	..	..
Moule	..	..	37 874	..	..	..	..	..
Coquille St-Jacques	..	..	..	..	..	..	..	..
Bivalves	..	..	399 288	..	..	..	..	..
Autres coquillages (incl. buccins	..	..	624 069	..	..	..	..	..
Calmar	..	..	..	..	..	..	..	..
Seiche	..	..	674	..	..	..	..	..
Poulpe	..	..	739	..	..	..	..	..
Autres mollusques (incl. oursins)	..	..	85	..	..	..	..	..
Autres animaux marins	..	..	..	..	..	..	..	..
Plantes aquatiques	..	..	..	..	..	..	..	..
Algue brune	..	..	..	..	..	..	..	..
Algue rouge	..	..	..	..	..	..	..	..
Autres algues	..	..	..	..	..	..	..	..
Poisson pour transformation	..	..	..	..	..	..	..	..
TOTAL GÉNÉRAL	**694 971**	**610 019**	**2 479 929**	**568 841**	**329 948**	**302 079**	**499 383**	**363 505**

.. Non disponible

Note : Métadonnées détaillées : http://metalinks.oecd.org/fish/20150108/b63a

Source : OCDE (2014), « Pêcheries : Débarquements étrangers dans les ports domestiques », Statistiques agricoles de l'OCDE (base de données). DOI: 10.1787/data-00224-fr

PORTUGAL

Tableau 6. Production de l'aquaculture

	2006	2007	2008	2009	2010	2011	2012	2013
VOLUME (TONNES)								
Poissons	**4 389**	**4 292**	**4 074**	**4 146**	**4 880**	**5 621**	**6 393**	..
Saumon de l'Atlantique	..	..	..	..	..	..	..	..
Saumon du Pacifique	..	..	..	..	..	..	..	..
Truite arc-en-ciel	942	926	930	936	950	1 115	479	..
dont : d'eau de mer	..	..	..	..	..	..	..	..
dont : d'eau douce	942	926	930	936	950	1 115	479	..
Truite de mer	1	11	11	5	2	2	..	..
Poisson plat	195	175	364	1 291	2 438	3 200	4 451	..
Dorade	1 625	1 930	1 661	1 384	1 053	828	895	..
Bar	1 584	1 205	1 070	444	397	461	557	..
Loup	..	..	..	..	..	..	..	..
Carpe	..	..	..	..	..	..	..	..
Tilapia	..	..	..	..	..	..	..	..
Anguille	1	1	1	1	0	1	1	..
Autres poissons	41	44	38	85	40	16	11	..
Coquillages et crustacés	**3 506**	**3 151**	**3 913**	**3 840**	**3 345**	**3 545**	**3 924**	..
Huître, comestible	680	712	1 037	944	548	863	735	..
Huître, perle	..	..	..	..	..	..	..	..
Moule	373	290	269	304	166	250	338	..
Coquille St.-Jacques	..	..	..	..	0	..	..	..
Bivalves	2 334	2 016	2 299	2 336	2 537	2 339	2 397	..
Crevette et bouquet	1	0	1	1	3	1	0	..
Autres coquillages et crustacés	118	133	308	256	91	92	453	..
Total poissons, coquillages et crustacés	**7 894**	**7 443**	**7 987**	**7 986**	**8 225**	**9 166**	**10 317**	..
Autres animaux marins	..	..	..	..	..	..	..	..
Plantes aquatiques	..	..	..	..	0	0	..	..
Algue brune	..	..	..	..	..	..	..	..
Algue rouge	..	..	..	..	..	..	..	..
Algue verte	..	..	..	..	..	..	..	..
Autres plantes aquatiques	..	..	..	..	0	0	..	..
TOTAL GÉNÉRAL	**7 894**	**7 443**	**7 987**	**7 986**	**8 225**	**9 166**	**10 317**	..
VALEUR (EUR)								
Poissons	**21 036 750**	**20 045 865**	**19 716 724**	**20 575 133**	**27 327 348**	**29 341 821**	**30 813 701**	..
Saumon de l'Atlantique	..	..	..	..	..	..	..	..
Saumon du Pacifique	..	..	..	..	..	..	..	..
Truite arc-en-ciel	2 049 194	2 212 147	2 188 984	2 065 791	2 203 111	2 597 388	1 417 791	..
dont : d'eau de mer	..	..	..	..	..	..	..	..
dont : d'eau douce	2 049 194	2 212 147	2 188 984	2 065 791	2 203 111	2 597 388	1 417 791	..
Truite de mer	5	38 678	38 460	21 949	7 972	12 583	..	..
Poisson plat	1 496 759	1 434 990	2 633 109	8 308 382	17 314 317	19 343 181	20 968 761	..
Dorade	8 651 603	9 165 228	7 838 455	6 374 282	5 307 790	4 565 429	4 754 986	..
Bar	8 316 657	6 631 772	6 436 476	2 871 381	2 327 901	2 734 610	3 590 129	..
Loup	..	..	..	..	..	..	..	..
Carpe	..	..	..	..	..	..	..	..
Tilapia	..	..	..	..	..	..	..	..
Anguille	13 936	6 120	3 859	4 977	1 673	4 041	5 387	..
Autres poissons	508 601	556 929	577 380	928 371	164 584	97 171	76 647	..
Coquillages et crustacés	**22 209 520**	**20 509 862**	**23 489 830**	**23 590 005**	**19 936 760**	**28 937 110**	**22 845 034**	..
Huître, comestible	1 163 229	1 921 105	3 120 395	1 179 916	1 101 374	2 410 655	2 143 602	..
Huître, perle	..	..	..	..	..	..	..	..
Moule	123 475	134 890	140 515	163 155	53 008	117 408	153 808	..
Coquille St.-Jacques	..	..	..	..	160	..	..	..
Bivalves	20 814 713	18 315 724	20 028 964	22 080 864	18 717 321	26 340 469	20 238 223	..
Crevette et bouquet	700	460	4 930	1 444	5 217	1 768	1 558	..
Autres coquillages et crustacés	107 404	137 683	195 026	164 625	59 840	66 810	307 842	..
Total poissons, coquillages et crustacés	**43 246 270**	**40 555 726**	**43 206 553**	**44 165 138**	**47 264 108**	**58 278 930**	**53 658 735**	..
Autres animaux marins	..	..	..	..	..	..	..	..
Plantes aquatiques	..	..	..	..	97 174	89 788	..	..
Algue brune	..	..	..	..	..	..	..	..
Algue rouge	..	..	..	..	..	..	..	..
Algue verte	..	..	..	..	..	..	..	..
Autres plantes aquatiques	..	..	..	..	97 174	89 788	..	..
TOTAL GÉNÉRAL	**43 246 270**	**40 555 726**	**43 206 553**	**44 165 138**	**47 361 282**	**58 278 930**	**53 658 735**	..

.. Non disponible

Note : Métadonnées détaillées : http://metalinks.oecd.org/fish/20150108/c717

Source : OCDE (2014), « Pêcheries : Production de l'aquaculture », Statistiques agricoles de l'OCDE (base de données). DOI: 10.1787/data-00225-fr

Tableau 7. Transferts financiers publics (TFP)

Milliers EUR

	2006	2007	2008	2009	2010	2011	2012	2013
Contribution nationale aux TFP								
Pêche maritime	..	..	**11 896**	**22 574**	**11 532**	**16 520**	**13 468**	**13 412**
Paiements directs	..	..	517	1 099	1 696	6 561	4 639	2 541
Désarmement des navires et retrait des licences	..	..	144	951	916	605	458	158
Indemnisation des catastrophes	..	..	..	..	..	..	..	..
Aides : équipement, modernisation, construction de navire	..	..	372	148	780	5 453	3 271	1 513
Aide au revenu et assurance chômage	..	..	..	..	..	504	910	870
Autres paiements directs	..	..	..	..	..	..	..	..
Transferts réduisant les coûts	..	..	167	133	468	418	505	319
Prêts subventionnés : équipement, modernisation, construction de navire	..	..	..	..	..	..	..	..
Bonification d'intérêts	..	..	167	133	468	418	505	319
Exonération de taxe sur carburant	..	..	..	..	..	..	..	..
Ristourne et subvention à l'assurance	..	..	..	..	..	..	..	..
Allègement d'impôt sur le revenu, contrib. sociales impayées	..	..	..	..	..	..	..	..
Autres transferts réduisant les coûts	..	..	..	..	..	..	..	..
Services généraux	..	..	11 212	21 342	9 367	9 540	8 325	10 552
Gestion des pêcheries	..	..	8 612	9 722	2 417	2 255	1 839	2 183
Recherche halieutique	..	..	2 542	8 090	1 474	1 272	451	764
Police des pêches	..	..	58	3 530	444	1 297	1 674	643
Infrastructure des pêcheries	..	..	..	..	5 033	4 717	4 361	6 962
Autres services généraux	..	..	..	..	..	..	..	..
Recouvrement des coûts	..	..	..	..	..	..	..	..
Aquaculture	..	..	**18 027**	**16 862**	**290**	**712**	**589**	**740**
Paiements directs	..	..	18 027	16 862	290	953	906	..
Aides : développement aquacole	..	..	18 027	16 862	290	953	906	..
Indemnisation des catastrophes	..	..	..	..	..	..	..	..
Autres paiements directs	..	..	..	..	..	..	..	..
Transferts réduisant les coûts	..	..	..	..	..	..	..	..
Prêts subventionnés : développement aquacole	..	..	..	..	..	..	..	..
Autres transferts réduisant les coûts	..	..	..	..	..	..	..	..
Services généraux	..	..	..	..	..	712	589	740
Gestion, recherche et police de l'aquaculture	..	..	..	..	..	712	589	740
Infrastructure aquacole	..	..	..	..	..	..	..	..
Autres services généraux	..	..	..	..	..	..	..	..
Recouvrement des coûts	..	..	..	..	..	..	..	..
Commercialisation et transformation	..	..	**929**	**767**	**3 988**	**4 462**	**3 477**	**2 641**
Paiements directs	..	..	929	767	3 988	4 462	3 477	2 641
Aides : commercialisation et transformation	..	..	929	767	3 988	4 462	3 477	2 641
Autres paiements directs	..	..	..	..	..	..	..	..
Transferts réduisant les coûts	..	..	..	..	..	..	..	..
Prêts subventionnés : commercialisation et transformation	..	..	..	..	..	..	..	..
Autres transferts réduisant les coûts	..	..	..	..	..	..	..	..
Services généraux	..	..	..	..	..	..	..	..
Aquaculture	..	..	..	..	..	..	..	..
Autres services généraux	..	..	..	..	..	..	..	..
Recouvrement des coûts	..	..	..	..	..	..	..	..
Total	..	..	**30 852**	**40 203**	**15 811**	**21 694**	**17 534**	**16 794**

Tableau 7. Transferts financiers publics (TFP) *(suite)*

Milliers EUR

	2006	2007	2008	2009	2010	2011	2012	2013
Contribution européenne aux TFP								
Pêche maritime	**..**	**..**	**433**	**15 794**	**17 620**	**4 978**	**6 056**	**17 181**
Paiements directs	..	..	433	15 794	11 933	2 676	905	1 626
Désarmement des navires et retrait des licences	..	..	433	14 299	9 474	2 676	905	74
Indemnisation des catastrophes	..	..	..	..	..	..	..	..
Aides : équipement, modernisation, construction de navire	..	..	..	1 495	2 459	0	0	1 553
Aide au revenu et assurance chômage	..	..	..	..	..	0	0	0
Autres paiements directs	..	..	..	..	..	..	..	..
Transferts réduisant les coûts	..	..	..	..	..	..	..	..
Prêts subventionnés : équipement, modernisation, construction de navire	..	..	..	..	..	..	..	..
Bonification d'intérêts	..	..	..	..	..	0	0	0
Exonération de taxe sur carburant	..	..	..	..	..	..	..	..
Ristourne et subvention à l'assurance	..	..	..	..	..	..	..	..
Allègement d'impôt sur le revenu, contrib. sociales impayées	..	..	..	..	..	..	..	..
Autres transferts réduisant les coûts	..	..	..	..	..	..	..	..
Services généraux	..	..	..	..	5 687	2 302	5 152	15 555
Gestion des pêcheries	..	..	..	..	0	0	0	515
Recherche halieutique	..	..	..	..	0	0	0	105
Police des pêches	..	..	..	..	0	0	0	0
Infrastructure des pêcheries	..	..	..	..	5 687	2 302	5 152	14 935
Autres services généraux	..	..	..	..	..	..	..	..
Recouvrement des coûts	..	..	..	..	..	..	..	..
Aquaculture	**..**	**..**	**8 832**	**15 886**	**871**	**2 860**	**2 719**	**393**
Paiements directs	..	..	8 832	15 886	871	2 860	2 719	..
Aides : développement aquacole	..	..	8 832	15 886	871	2 860	2 719	..
Indemnisation des catastrophes	..	..	..	..	..	..	..	..
Autres paiements directs	..	..	..	..	..	..	..	..
Transferts réduisant les coûts	..	..	..	..	..	..	..	..
Prêts subventionnés : développement aquacole	..	..	..	..	..	..	..	..
Autres transferts réduisant les coûts	..	..	..	..	..	..	..	..
Services généraux	..	..	..	..	..	..	..	393
Gestion, recherche et police de l'aquaculture	..	..	..	..	..	0	0	393
Infrastructure aquacole	..	..	..	..	..	..	..	..
Autres services généraux	..	..	..	..	..	..	..	..
Recouvrement des coûts	..	..	..	..	..	..	..	..
Commercialisation et transformation	**..**	**..**	**2 265**	**3 824**	**8 969**	**9 297**	**12 530**	**7 616**
Paiements directs	..	..	2 265	3 824	8 969	9 297	12 530	7 616
Aides : commercialisation et transformation	..	..	2 265	3 824	8 969	9 297	12 530	7 616
Autres paiements directs	..	..	..	..	..	..	..	..
Transferts réduisant les coûts	..	..	..	..	..	..	..	..
Prêts subventionnés : commercialisation et transformation	..	..	..	..	..	..	..	..
Autres transferts réduisant les coûts	..	..	..	..	..	..	..	..
Services généraux	..	..	..	..	..	..	..	..
Aquaculture	..	..	..	..	..	..	..	..
Autres services généraux	..	..	..	..	..	..	..	..
Recouvrement des coûts	..	..	..	..	..	..	..	..
Total	**..**	**..**	**11 530**	**35 504**	**27 460**	**14 276**	**18 587**	**25 189**

PORTUGAL

Tableau 7. Transferts financiers publics (TFP) *(suite)*

Milliers EUR

	2006	2007	2008	2009	2010	2011	2012	2013
Total des TFP								
Pêche maritime	**..**	**..**	**12 329**	**38 368**	**29 152**	**21 498**	**19 525**	**30 593**
Paiements directs	..	..	950	16 893	13 629	9 238	5 544	4 167
Désarmement des navires et retrait des licences	..	..	577	15 249	10 390	3 281	1 363	231
Indemnisation des catastrophes	..	..	..	..	..	..	..	..
Aides : équipement, modernisation, construction de navire	..	..	372	1 644	3 239	5 453	3 271	3 065
Aide au revenu et assurance chômage	..	..	..	..	..	504	910	870
Autres paiements directs	..	..	..	..	..	..	..	..
Transferts réduisant les coûts	..	..	167	133	468	418	505	319
Prêts subventionnés : équipement, modernisation, construction de navire	..	..	..	..	..	..	..	..
Bonification d'intérêts	..	..	167	133	468	418	505	319
Exonération de taxe sur carburant	..	..	..	..	..	..	..	..
Ristourne et subvention à l'assurance	..	..	..	..	..	..	..	..
Allègement d'impôt sur le revenu, contrib. sociales impayées	..	..	..	..	..	..	..	..
Autres transferts réduisant les coûts	..	..	..	..	..	..	..	..
Services généraux	..	..	11 212	21 342	15 054	11 843	13 476	26 107
Gestion des pêcheries	..	..	8 612	9 722	2 417	2 255	1 839	2 697
Recherche halieutique	..	..	2 542	8 090	1 474	1 272	451	869
Police des pêches	..	..	58	3 530	444	1 297	1 674	643
Infrastructure des pêcheries	..	..	..	..	10 719	7 019	9 512	21 897
Autres services généraux	..	..	..	..	..	..	..	..
Recouvrement des coûts	..	..	..	..	..	..	..	..
Aquaculture	**..**	**..**	**26 859**	**32 748**	**1 162**	**712**	**589**	**1 133**
Paiements directs	..	..	26 859	32 748	1 162	3 813	3 625	..
Aides : développement aquacole	..	..	26 859	32 748	1 162	3 813	3 625	..
Indemnisation des catastrophes	..	..	..	..	..	..	..	..
Autres paiements directs	..	..	..	..	..	..	..	..
Transferts réduisant les coûts	..	..	..	..	..	..	..	..
Prêts subventionnés : développement aquacole	..	..	..	..	..	..	..	..
Autres transferts réduisant les coûts	..	..	..	..	..	..	..	..
Services généraux	..	..	..	..	..	712	589	1 133
Gestion, recherche et police de l'aquaculture	..	..	..	..	..	712	589	1 133
Infrastructure aquacole	..	..	..	..	..	..	..	..
Autres services généraux	..	..	..	..	..	..	..	..
Recouvrement des coûts	..	..	..	..	..	..	..	..
Commercialisation et transformation	**..**	**..**	**3 194**	**4 591**	**12 957**	**13 759**	**16 007**	**10 257**
Paiements directs	..	..	3 194	4 591	12 957	13 759	16 007	10 257
Aides : commercialisation et transformation	..	..	3 194	4 591	12 957	13 759	16 007	10 257
Autres paiements directs	..	..	..	..	..	..	..	..
Transferts réduisant les coûts	..	..	..	..	..	..	..	..
Prêts subventionnés : commercialisation et transformation	..	..	..	..	..	..	..	..
Autres transferts réduisant les coûts	..	..	..	..	..	..	..	..
Services généraux	..	..	..	..	..	..	..	..
Aquaculture	..	..	..	..	..	..	..	..
Autres services généraux	..	..	..	..	..	..	..	..
Recouvrement des coûts	..	..	..	..	..	..	..	..
Total	**..**	**..**	**42 382**	**75 707**	**43 271**	**35 970**	**36 121**	**41 983**

.. Non disponible

Note : Métadonnées détaillées : http://metalinks.oecd.org/fish/20150108/d43b

Source : OCDE (2014), « Pêcheries : Transferts financiers publics », Statistiques agricoles de l'OCDE (base de données). DOI: 10.1787/data-00220-fr

PORTUGAL

Tableau 8. Importations par produit

		2009		2010		2011		2012		2013	
		Tonnes	USD	Tonnes	USD	Tonnes	USD	Tonnes	USD	Tonnes	USD
03	**Poisson, crustacés et mollusques**	**..**	**1 458 304 131**	**..**	**1 656 031 078**	**..**	**1 863 696 122**	**..**	**1 714 647 214**	**..**	**1 687 149 576**
0302	**Poisson, frais ou réfrigéré, excl. 0304**	**70 599 315**	**241 600 426**	**..**	**279 550 287**	**59 263 857**	**301 714 958**	**73 469 162**	**300 289 487**	**67 805 484**	**313 492 567**
030211	Truite	85 121	303 116	61 294	215 724	43 730	174 131	88 745	426 655	53 868	267 079
030212	Saumon (Pacifique, Atlantique et Danube)	4 242 400	23 427 620	3 917 546	28 039 756	4 251 888	28 299 212	8 839 057	48 541 406	7 036 893	52 954 986
030219	Salmonidés nra	328 283	1 848 847	2 073 917	15 055 354	2 186 649	14 620 292	1 534 638	8 231 101	1 514 831	10 910 307
030221	Flétan	3 505	5 488	4 405	20 875	4 757	23 434	277	2 252	4 758	15 830
030222	Plie, carrelet	382 429	1 243 548	203 873	899 587	79 890	369 371	1 142 249	3 309 887	1 371 256	6 301 645
030223	Sole	171 900	1 143 589	305 015	2 854 858	272 396	3 071 370	195 528	1 506 611	800 962	7 552 580
030229	Poissons plats nra	848 400	4 320 697	666 196	3 875 714	323 204	2 513 349	273 729	1 544 609	493 025	3 279 865
030231	Thon blanc/germon	52 747	495 722	44 739	415 565	14 444	174 006	61 631	288 220	160 200	976 402
030232	Albacore (thon jaune)	63 200	257 215	157 298	677 297	197 903	1 848 986	318 520	1 779 875	551 941	2 903 823
030233	Listaos/bonite à ventre rayé	63 000	163 012	56 159	132 333	40 397	92 055	806 587	2 932 651	396 142	1 533 010
030239	Thonidés nra	111 156	500 651	109 000	844 413	155 687	2 424 329	139 278	1 144 106	44 551	269 740
030240	Hareng	156	148	222	5 847	1 513	34 870	7 656	22 765	6 667	18 771
030250	Morue	1 355 900	8 398 259	2 950 195	13 870 028	4 148 396	21 429 742	2 998 442	16 220 467	3 979 837	16 995 909
030261	Sardines	9 694 300	13 646 867	7 659 396	16 072 273	5 792 132	15 419 064	11 896 573	21 681 168	8 160 518	14 889 380
030262	Églefin	..	..	..	..	..	..	7 386	9 606	2 633	5 244
030263	Lieu noir	100	1 419	369 961	800 401	111 826	385 594	299 787	580 720	418 104	1 003 577
030264	Maquereau	4 391 800	3 870 929	2 274 792	2 456 413	1 620 984	2 497 537	1 523 892	2 263 203	1 666 272	2 332 392
030265	Aiguillat et autres squalidés	35 600	94 020	60 966	80 413	18 752	79 483	46 497	74 716	43 422	76 764
030266	Anguille	67 800	531 405	55 921	330 013	9 586	105 542	7 462	93 514	28 996	95 067
030269	Poisson nra	48 286 417	179 911 822	42 465 386	190 234 256	39 891 135	207 640 665	43 146 334	188 833 439	40 896 758	190 096 491
030270	Foies, oeufs et laitances	415 100	1 436 051	533 252	2 669 165	98 588	511 928	134 893	802 512	173 850	1 013 705
0303	**Poisson, congelé, excl. 0304**	**135 353 930**	**401 743 199**	**126 777 036**	**414 562 250**	**125 821 120**	**454 312 825**	**146 637 108**	**441 548 511**	**158 900 129**	**444 981 009**
030319	Saumon, Pacifique	909 052	3 308 966	..	..	..	..	..	..	..	..
030321	Truite	26 500	91 877	95 887	444 192	279 782	1 040 722	115 119	421 534	63 014	280 614
030322	Saumon (Atlantique et Danube)	443 200	2 446 649	..	..	..	..	..	..	..	..
030329	Salmonidés	175 631	641 400	133 149	477 847	189 372	791 439	223 342	1 010 980	163 144	649 717
030331	Flétan	908 645	4 166 239	743 952	4 545 081	907 945	5 096 971	1 259 078	7 033 351	1 223 377	5 882 184
030332	Plie, carrelet	1 273 500	3 733 382	1 621 589	4 983 616	1 004 032	3 930 700	580 219	2 146 887	398 341	1 307 690
030333	Sole	285 364	1 220 362	293 627	1 199 468	369 889	1 552 411	290 630	1 190 482	240 588	908 869
030339	Poisson plat nra	980 700	2 997 926	642 281	2 929 720	837 880	3 099 715	476 323	1 458 151	328 768	1 155 982
030341	Thon blanc/germon	25 600	113 717	36 430	260 319	33 530	193 196	2 546 133	6 362 755	8 656 053	19 699 324
030342	Albacore (thon jaune)	1 933 000	3 545 813	2 129 619	4 325 532	2 466 647	6 247 786	1 962 239	5 220 366	4 379 329	11 990 064
030343	Listao/bonite à ventre rayé	15 483 100	21 655 990	10 819 099	12 391 335	8 738 669	14 267 457	6 851 465	15 563 513	6 152 829	15 274 568
030349	Thonidés nra	139 161	676 677	160 620	664 741	274 686	1 097 820	574 003	1 888 433	1 178 799	4 079 682
030350	Hareng	..	..	19 763	31 627	30 986	55 772	59 840	103 011	44 665	62 841
030360	Morue	46 831 362	141 005 618	40 633 188	143 615 861	38 266 255	154 474 796	44 379 731	149 891 107	51 107 784	135 946 630
030371	Sardines, sardinelles	4 018 600	4 915 901	4 822 731	5 562 646	7 131 444	9 648 156	21 937 428	29 998 691	18 496 371	26 364 345
030372	Églefin	13 100	24 427	55 634	107 904	143 131	358 147	80 591	180 777	37 661	75 477
030373	Lieu noir	63 400	201 239	17 801	85 778	56 294	188 900	53 479	107 413	88 306	198 218
030374	Maquereau	10 175 536	13 079 761	8 395 446	13 401 749	11 083 798	19 200 924	11 701 197	22 285 752	10 639 243	16 001 770
030375	Aiguillat et autres squalidés	2 629 000	4 319 485	1 298 973	2 496 285	1 924 424	3 991 079	1 773 832	3 281 007	2 972 830	6 991 803
030376	Anguille	59 542	426 604	40 642	344 595	28 437	234 741	43 013	359 562	52 041	469 391
030377	Bar (loup)	237 500	1 666 889	199 109	1 589 547	197 039	1 666 300	95 497	617 003	115 108	738 380
030378	Merlu	21 742 100	85 868 949	23 507 904	85 091 933	23 611 257	90 958 434	22 954 044	77 669 602	22 986 226	79 691 513
030379	Poisson nra	26 515 737	102 402 651	28 913 791	117 234 108	26 510 063	125 305 838	27 074 034	106 102 807	28 357 570	111 662 757
030380	Foies, oeufs et laitances	329 400	2 664 975	615 201	4 651 216	429 565	3 699 485	500 427	3 573 856	195 835	1 802 689
0304	**Filets de poisson et autre chair de poisson**	**25 709 018**	**99 039 031**	**27 246 404**	**104 431 170**	**28 237 740**	**122 504 830**	**27 163 924**	**112 366 633**	**30 069 865**	**117 755 166**
030410	Filets et autre chair de poisson, frais ou réfrigéré	1 102 746	6 284 496	972 653	6 191 217	1 015 915	5 912 122	1 711 713	8 897 637	1 525 304	9 442 683
030420	Filets de poissons, congelé	19 143 547	74 710 762	20 891 794	80 881 767	20 519 056	92 569 062	18 980 017	80 738 237	21 953 594	85 748 602
030490	Chair de poisson nra, congelé	5 462 724	18 043 773	5 381 957	17 358 185	6 702 769	24 023 646	6 472 194	22 730 758	6 590 967	22 563 882
0305	**Poisson, séché, salé, fumé, ou en saumure**	**51 511 840**	**311 672 349**	**58 049 301**	**369 746 261**	**63 517 867**	**448 419 338**	**65 291 441**	**406 286 300**	**70 884 326**	**374 991 832**
030510	Farine de poisson, consommation humaine	9 537	87 829	53 108	106 399	7 276	83 322	1 244	4 592	560	17 402
030520	Foies, oeufs et laitances	1 116	22 012	13 574	245 880	1 074	29 391	1 603	31 847	3 577	50 430
030530	Filets de poisson (non fumé)	1 144 260	5 498 985	1 633 434	9 058 266	2 869 581	15 647 870	1 534 464	9 277 970	1 714 322	9 256 624
030541	Saumon (Pacifique, Atlantique et Danube), fumé	736 100	7 844 106	720 859	9 071 130	493 072	8 204 630	563 866	7 938 632	558 845	9 123 305
030542	Hareng, fumé	7 375	21 197	..	..	..	..	..	..	..	..
030549	Poisson nra, fumé	86 608	858 773	96 539	1 104 409	107 482	1 437 978	119 238	1 362 715	41 033	763 990
030551	Morue, séché, non fumé	18 017 804	132 554 508	23 711 922	184 803 984	24 700 530	212 310 073	30 954 685	215 903 990	29 410 814	179 410 567
030559	Poisson nra, séché, salé, non fumé	4 118 229	19 550 097	3 762 426	16 211 633	5 324 618	21 987 896	4 521 174	18 162 789	4 661 456	18 278 531
030561	Hareng, salé ou en saumure	31 360	64 293	30 377	65 664	36 231	122 228	30 048	88 261	29 991	93 937
030562	Morue, salé ou en saumure	25 457 100	139 039 573	26 525 626	144 098 390	27 857 585	180 649 089	25 226 420	145 387 079	32 076 999	148 190 951
030563	Anchois, salé ou en saumure	..	..	59	1 099	101	1 997	97	1 760	70	1 320
030569	Poisson nra, salé ou en saumure	1 902 351	6 130 955	1 493 647	4 952 217	2 108 025	7 864 962	2 328 363	8 081 476	2 384 016	9 791 942

Tableau 8. Importations par produit *(suite)*

		2009		2010		2011		2012		2013	
		Tonnes	USD	Tonnes	USD	Tonnes	USD	Tonnes	USD	Tonnes	USD
0306	**Crustacés**	**30 890 695**	**203 234 274**	**33 676 740**	**223 789 402**	**28 886 912**	**225 000 073**	**30 932 983**	**207 346 481**	**27 262 631**	**207 974 255**
030611	Langoustes et autres palinuridés, congelé	116 039	1 637 420	172 194	2 578 326	233 422	3 628 960	237 520	3 415 963	307 241	4 190 385
030612	Homard nra	2 300	120 001	23 953	387 332	89 486	828 442	22 240	445 043	14 482	308 564
030613	Crevettes, congelé	24 534 609	166 227 017	27 467 623	183 223 496	23 359 776	186 018 905	25 923 063	170 812 291	22 248 848	171 305 912
030614	Crabes, congelé	1 652 607	7 447 170	1 184 066	6 634 899	981 674	6 265 189	977 029	6 098 546	1 083 326	7 268 979
030619	Crustacés nra, congelé	1 456 306	7 327 309	853 296	4 985 413	1 145 579	6 772 706	1 252 642	5 988 734	1 009 729	4 910 656
030621	Langoustes et autres palinuridés (non congelé)	102 336	3 179 129	93 462	2 907 474	73 516	2 744 953	259 007	7 628 099	154 508	4 200 170
030622	Homard nra (non congelé)	89 664	2 152 348	115 955	2 652 035	100 980	2 504 273	108 723	2 373 960	124 366	2 890 235
030623	Crevettes (non congelé)	944 776	6 413 794	1 354 339	9 547 021	731 252	5 447 881	90 246	813 281	103 327	1 173 417
030624	Crabes (non congelé)	1 899 885	7 625 148	2 234 916	9 287 474	1 885 201	8 145 655	1 819 362	7 849 844	1 896 663	8 495 977
030629	Crustacés nra (non congelé)	92 172	1 104 938	176 935	1 585 933	286 026	2 643 110	243 153	1 920 717	320 141	3 229 961
0307	**Mollusques**	**53 301 254**	**188 754 222**	**55 868 354**	**238 712 489**	**56 997 267**	**287 143 621**	..	**228 556 180**	**58 623 196**	**209 227 391**
030710	Huîtres	84 546	121 838	205 668	1 456 589	95 577	346 170	2 280 583	900 865	70 114	270 941
030721	St-Jacques, vi, fr, ou ré	104 400	669 867	244 223	1 417 443	193 606	1 329 458	202 258	1 300 214	184 697	1 349 835
030729	St-Jacques, co, sc, sl, ou sm	521 272	2 795 411	505 272	2 498 732	302 359	2 171 091	144 682	1 437 663	99 883	1 035 077
030731	Moules, vi, fr, ou ré	700 800	1 269 441	569 557	1 211 846	655 576	1 095 703	752 622	1 112 284	848 105	905 156
030739	Moules, co, sc, sl, ou sm	1 444 926	5 327 508	1 390 355	4 612 994	1 733 085	7 425 972	1 829 248	6 689 719	2 218 373	9 387 949
030741	Seiches, encornets et calmars, vi, fr, ou ré	2 499 453	7 958 600	1 944 129	7 515 997	1 586 726	8 408 847	1 707 145	7 358 931	1 650 931	6 473 868
030749	Seiches, encornets et calmars, co, sc, sl, ou sm	14 725 678	37 782 555	15 624 420	57 097 598	17 782 568	69 778 881	18 877 724	66 281 801	18 587 095	57 497 151
030751	Poulpe, vi, fr, ou ré	3 161 618	17 747 386	1 013 716	5 920 697	870 522	8 464 360	937 398	6 776 881	1 030 425	5 337 121
030759	Poulpe, co, sc, sl, ou sm	13 680 819	74 374 346	15 778 009	105 605 664	13 898 936	124 359 832	10 777 712	81 977 213	14 248 165	76 351 764
030760	Escargots (autres que de mer)	684 400	799 749	310 079	336 035	1 762 810	1 446 285	145 123	1 032 139	1 514 148	1 709 823
030791	Mollusques nra, vi, fr, ou ré	232 550	994 440	181 182	1 042 962	238 651	1 190 920	322 811	1 809 120	605 736	3 670 767
030799	Mollusques nra, co, sc, sl, ou sm	15 460 792	38 913 081	18 101 744	49 995 931	17 876 852	61 126 102	16 897 617	51 879 347	17 565 524	45 237 937
121220	**Algues**	**532 824**	**2 199 399**	**604 977**	**2 073 964**	**450 484**	**1 526 080**	**637 465**	**2 113 318**	**810 180**	**3 671 242**
1504	**Graisses, huiles et leurs fractions**	..	**1 762 361**	**252 210**	**712 393**	**278 846**	**1 099 095**	**650 363**	**2 083 184**	**686 500**	**3 072 658**
150410	Huiles de foies de poisson, et fractions	242 104	523 228	98 235	178 696	64 622	463 767	90 262	938 444	371 870	2 398 785
150420	Graisses et huiles de poisson, et fractions	1 024 015	1 215 265	148 671	502 191	209 514	611 846	557 698	1 134 699	314 530	672 279
150430	Graisses et huiles de mammifère marin, et fractions	2 300	23 868	5 304	31 506	4 710	23 482	2 403	10 042	100	1 594
1604	**Préparations et conserves de poisson; caviars et succédanés**	**23 216 327**	**106 795 205**	**24 767 507**	**104 998 207**	**27 131 467**	**122 916 348**	**27 744 731**	**130 796 548**	**36 479 345**	**189 891 358**
160411	Saumon, non haché	26 304	298 976	112 988	690 895	95 446	1 470 046	87 182	1 341 491	55 531	690 872
160412	Hareng, non haché	273 114	961 203	267 749	891 695	121 756	524 848	88 869	394 362	87 443	354 797
160413	Sardines, sardinelles, sprats, esprots, non haché	1 111 581	4 619 355	1 083 413	4 126 410	735 352	3 015 448	935 849	4 355 039	2 031 191	9 089 485
160414	Thons, listaos, sardes, non haché	12 122 759	63 283 084	12 155 662	59 200 317	12 912 992	69 882 275	12 667 865	80 369 242	17 809 961	123 067 683
160415	Maquereau, non haché	148 547	821 692	142 616	723 968	505 210	1 323 341	582 828	1 356 236	782 665	1 591 777
160416	Anchois, non haché	50 837	778 777	95 332	950 701	450 013	1 736 779	131 077	964 786	73 345	858 160
160419	Poisson nra, non haché	3 704 150	15 873 578	4 283 846	16 437 111	4 803 225	18 560 964	5 737 408	18 414 610	7 630 415	28 727 306
160420	Poisson, haché	5 762 300	19 638 583	6 602 924	21 384 898	7 488 568	25 851 295	7 495 876	22 921 228	7 986 959	24 932 258
160430	Caviar et succédanés	16 735	519 957	22 976	592 213	18 906	551 353	17 778	679 554	21 834	579 020
1605	**Préparations et conserves de crustacés**	**3 745 183**	**17 870 303**	**3 570 697**	**19 310 775**	**4 271 407**	**24 405 122**	**2 966 873**	**16 569 958**	**2 768 208**	**16 879 221**
160510	Crabes	62 500	276 299	51 499	691 746	100 047	1 229 909	82 260	582 312	147 538	594 989
160520	Crevettes	924 801	5 675 917	925 837	6 815 470	1 157 779	9 669 876	1 308 926	9 659 434	820 370	8 706 015
160530	Homard	13 101	277 617	23 760	275 376	15 607	280 781	1 102	18 967	2 023	11 553
160540	Crustacés nra	152 300	1 103 754	216 638	1 410 325	170 030	1 309 120	71 341	325 736	71 687	651 618
230120	**Farine de poisson**	**4 674 800**	**5 678 293**	**4 939 471**	**5 645 801**	**5 291 118**	**6 806 936**	**6 070 199**	**6 668 984**	**5 760 847**	**7 391 715**
	TOTAL	**399 535 185**	**1 578 719 863**	..	**1 788 772 218**	**400 148 085**	**2 020 449 703**	..	**1 872 879 206**	..	**1 908 055 770**

.. Non disponible

Note : nra : non répertorié ailleurs. vi : vivant. fr : frais. ré : réfrigéré. co : congelé. sc : séché. sl : salé. sm : en saumure.

Métadonnées détaillées : http://metalinks.oecd.org/fish/20150108/19ea

Source : OCDE (2014), « Pêcheries : Commerce par produit », Statistiques agricoles de l'OCDE (base de données). DOI: 10.1787/data-00677-fr

PORTUGAL

Tableau 9. Exportations par produit

		2009		2010		2011		2012		2013	
		Tonnes	USD	Tonnes	USD	Tonnes	USD	Tonnes	USD	Tonnes	USD
03	**Poisson, crustacés et mollusques**	..	**449 871 516**	..	**716 748 019**	..	**837 944 478**	..	**752 706 721**	..	**776 367 395**
0302	**Poisson, frais ou réfrigéré, excl. 0304**	**27 453 489**	**94 469 894**	..	**145 869 398**	**39 368 819**	**176 594 980**	**54 043 111**	**168 236 582**	**43 984 482**	**145 649 661**
030211	Truite	82 100	633 872	10	49	1 052	10 395	4 045	26 453	2 783	17 831
030212	Saumon (Pacifique, Atlantique et Danube)	62 211	377 342	49 524	358 637	15 039	137 035	60 777	468 596	65 318	722 390
030219	Salmonidés nra	8 821	153 947	5 272	118 040	8 381	105 576	11 816	138 094	98 980	475 962
030221	Flétan	13 000	69 638	1 791	12 422	..	..	..	..	..	..
030222	Plie, carrelet	28 300	173 061	20 095	165 814	9 169	59 020	5 571	48 726	155 531	591 168
030223	Sole	169 127	3 157 028	208 951	4 982 931	254 575	4 856 374	379 314	4 004 637	582 477	5 277 476
030229	Poissons plats nra	849 800	6 002 108	1 717 729	15 397 855	2 882 244	26 310 659	4 580 229	27 573 145	1 093 840	8 503 607
030231	Thon blanc/germon	104 900	398 412	529 100	2 796 498	1 364 615	4 844 326	1 006 082	4 301 384	673 730	2 497 862
030232	Albacore (thon jaune)	131 585	1 004 347	84 900	638 174	145 609	1 267 259	146 564	1 137 339	113 119	672 588
030233	Listaos/bonite à ventre rayé	71 270	501 949	26 404	237 530	17 955	77 778	329 873	2 938 121	425 423	4 355 389
030239	Thonidés nra	981 800	5 861 969	1 640 291	10 538 987	1 429 186	12 126 600	2 543 561	14 859 569	2 583 825	13 999 298
030240	Hareng	..	..	..	..	..	..	..	..	..	..
030250	Morue	115 872	670 136	171 666	1 160 036	173 773	1 303 980	270 611	1 642 654	196 378	1 240 667
030261	Sardines	12 554 039	16 031 522	15 388 720	20 881 540	11 490 237	18 192 058	6 846 516	12 360 186	5 436 673	10 355 524
030262	Églefin	88 900	276 073	..	..	4 133	18 825	..	..	250	1 321
030263	Lieu noir	618	5 025	167	7 260	170 024	680 206	4 693	27 949	8 471	49 518
030264	Maquereau	3 287 944	1 693 303	8 424 192	6 245 060	6 814 365	11 281 790	16 329 236	14 819 268	12 511 214	10 486 479
030265	Aiguillat et autres squalidés	916 500	2 757 933	1 659 890	6 620 095	1 395 996	6 078 341	1 423 149	3 282 340	742 077	3 326 870
030266	Anguille	91	1 012	..	42 644	314	18 691	350	41 510	1 271	405 956
030269	Poisson nra	7 986 110	54 695 893	8 829 417	75 658 941	13 191 171	89 200 638	20 098 630	80 502 388	19 279 731	82 165 055
030270	Foies, oeufs et laitances	500	5 323	764	6 886	981	25 427	2 093	64 226	13 391	504 701
0303	**Poisson, congelé, excl. 0304**	**31 583 612**	**83 983 712**	**40 388 364**	**127 941 056**	**43 753 906**	**143 273 844**	**51 024 623**	**149 756 999**	**66 895 569**	**197 306 038**
030319	Saumon, Pacifique	54 600	235 368	..	..	..	..	..	..	..	..
030321	Truite	1 000	4 653	138 074	570 244	525 532	1 706 005	173 451	581 799	..	..
030322	Saumon (Atlantique et Danube)	17 900	73 443	..	..	..	..	..	..	..	..
030329	Salmonidés	106 442	483 834	36 093	228 405	31 827	210 625	40 224	278 367	38 243	262 725
030331	Flétan	1 741 700	9 016 257	998 734	5 853 738	810 810	5 857 110	978 353	7 303 718	1 115 882	7 687 163
030332	Plie, carrelet	69 996	239 341	117 569	399 750	182 708	525 922	148 972	469 924	53 550	223 700
030333	Sole	195 180	586 334	233 234	806 459	318 695	1 103 348	196 742	794 008	165 909	458 306
030339	Poisson plat nra	101 537	444 584	70 495	234 573	83 320	455 618	181 846	541 040	105 844	400 302
030341	Thon blanc/germon	109 634	477 711	163 957	806 436	212 226	693 903	233 099	939 078	990 493	3 037 269
030342	Albacore (thon jaune)	701 276	1 513 041	2 291 011	4 935 794	609 544	1 945 447	215 767	855 389	4 056 147	12 347 824
030343	Listao/bonite à ventre rayé	385 332	581 390	165 938	451 119	335 148	1 119 605	78 904	125 085	340 623	651 802
030349	Thonidés nra	149 100	536 191	87 230	336 535	428 621	1 449 614	1 027 648	3 440 112	413 751	1 480 388
030350	Hareng	..	..	..	..	..	..	392	1 454	1 163	4 445
030360	Morue	1 837 943	14 599 809	2 830 217	22 612 583	3 999 751	35 784 528	4 641 887	38 899 897	4 875 099	36 022 151
030371	Sardines, sardinelles	6 345 723	9 085 920	6 763 058	9 948 179	7 003 639	12 390 769	4 954 892	10 373 159	4 145 648	9 772 488
030372	Églefin	99 652	228 912	48 642	102 290	14 768	38 071	77 994	151 377	37 608	93 942
030373	Lieu noir	448 700	1 667 647	525 852	2 303 620	474 752	2 970 822	288 697	1 616 088	451 503	2 270 571
030374	Maquereau	8 940 400	6 032 214	10 305 242	6 377 670	13 794 687	10 481 357	16 298 963	11 544 410	22 150 371	16 212 196
030375	Aiguillat et autres squalidés	968 921	2 318 916	2 045 432	4 845 701	2 343 597	7 078 664	2 397 524	5 113 359	4 774 274	13 053 824
030376	Anguille	18	166	82	12 902	556	325 468	..	..	..	..
030377	Bar (loup)	84 900	484 728	112 709	537 885	111 564	601 452	217 663	1 016 139	117 939	602 050
030378	Merlu	1 080 308	4 836 682	1 409 911	6 592 893	1 445 809	6 126 879	1 903 918	7 173 331	1 841 474	7 655 420
030379	Poisson nra	8 083 253	30 339 180	11 603 237	57 838 427	10 773 312	51 047 581	16 779 803	57 340 820	21 013 546	82 537 307
030380	Foies, oeufs et laitances	55 795	179 927	232 526	1 188 148	203 525	1 058 094	131 641	882 621	57 137	1 689 942
0304	**Filets de poisson et autre chair de poisson**	**11 962 579**	**57 391 837**	**17 438 821**	**86 301 713**	**16 623 870**	**105 439 838**	**15 737 532**	**82 936 622**	**18 232 466**	**92 310 743**
030410	Filets et autre chair de poisson, frais ou réfrigéré	240 636	1 859 819	524 089	3 230 360	593 152	3 441 914	1 978 089	4 815 731	965 797	5 999 671
030420	Filets de poissons, congelé	7 771 971	31 925 354	11 995 043	47 116 360	8 982 142	43 926 123	7 547 255	34 458 680	10 884 521	45 638 540
030490	Chair de poisson nra, congelé	3 949 971	23 606 663	4 919 688	35 954 993	7 048 575	58 071 801	6 212 188	43 662 212	6 382 148	40 672 532
0305	**Poisson, séché, salé, fumé, ou en saumure**	**10 535 806**	**77 146 453**	**12 311 963**	**89 813 409**	**10 424 169**	**87 380 152**	**11 694 897**	**88 127 794**	**14 786 278**	**94 053 447**
030510	Farine de poisson, consommation humaine	38 300	37 728	66 082	62 665	24 145	26 486	9 976	16 308	48 112	60 044
030520	Foies, oeufs et laitances	400	6 546	47 276	736 779	59	328	140	3 216	3 745	94 631
030530	Filets de poisson (non fumé)	348 244	2 637 478	279 483	2 002 536	114 660	1 142 723	101 551	878 925	85 650	573 601
030541	Saumon (Pacifique, Atlantique et Danube), fumé	2 248	19 934	25 250	201 066	5 436	65 766	7 531	100 104	70 276	428 926
030542	Hareng, fumé	48	208	..	..	..	..	..	..	..	..
030549	Poisson nra, fumé	10 905	109 506	17 439	133 508	12 476	148 759	20 547	202 989	11 892	98 456
030551	Morue, séché, non fumé	7 464 730	59 920 119	9 226 285	73 293 559	7 393 483	68 791 723	8 699 769	71 140 834	11 668 713	78 929 083
030559	Poisson nra, séché, salé, non fumé	1 232 730	5 797 280	940 599	4 349 661	953 363	4 682 418	1 531 163	7 880 865	1 565 876	7 208 573
030561	Hareng, salé ou en saumure	..	..	..	..	..	..	..	..	..	..
030562	Morue, salé ou en saumure	1 422 500	8 520 943	1 707 937	9 021 791	1 917 040	12 507 614	1 243 567	7 513 593	1 260 130	6 300 664
030563	Anchois, salé ou en saumure	..	..	..	..	..	..	556	6 134	200	2 278
030569	Poisson nra, salé ou en saumure	15 700	96 711	1 613	11 845	3 507	14 334	80 098	384 826	71 681	357 063

Tableau 9. Exportations par produit *(suite)*

		2009		2010		2011		2012		2013	
		Tonnes	USD	Tonnes	USD	Tonnes	USD	Tonnes	USD	Tonnes	USD
0306	**Crustacés**	**7 564 757**	**67 226 783**	**7 981 584**	**91 894 676**	**11 055 137**	**103 904 766**	**12 364 256**	**87 721 460**	**9 900 315**	**74 894 253**
030611	Langoustes et autres palinuridés, congelé	45 113	1 362 185	34 404	810 553	58 286	1 228 211	105 183	1 634 424	140 752	2 383 273
030612	Homard nra	123 714	113 929	34 464	485 775	596	6 913	2 964	20 871	507	2 431
030613	Crevettes, congelé	5 409 407	37 659 035	6 260 671	64 499 791	9 106 585	76 433 842	10 661 029	65 022 864	8 215 472	50 352 168
030614	Crabes, congelé	266 649	2 758 004	313 918	3 062 769	338 675	3 585 706	277 070	2 107 628	382 354	3 174 396
030619	Crustacés nra, congelé	73 333	1 042 821	99 663	1 309 527	164 606	975 975	184 682	894 669	194 445	1 369 884
030621	Langoustes et autres palinuridés (non congelé)	88 300	3 587 750	68 230	2 838 798	42 464	2 346 875	59 911	2 376 363	53 897	2 922 041
030622	Homard nra (non congelé)	100	11 828	347	10 060	1 239	25 106	3 759	29 617	6 542	64 258
030623	Crevettes (non congelé)	1 287 477	16 417 463	847 484	15 094 590	1 092 967	15 663 809	770 293	12 180 428	497 799	10 815 786
030624	Crabes (non congelé)	103 530	135 556	205 317	218 155	118 415	123 115	94 458	163 272	143 215	158 872
030629	Crustacés nra (non congelé)	167 133	4 138 212	117 086	3 564 658	131 303	3 515 214	204 907	3 291 325	265 332	3 651 146
0307	**Mollusques**	**12 781 762**	**62 349 954**	**25 017 238**	**164 317 218**	**25 815 324**	**211 895 313**	**..**	**165 276 110**	**38 356 040**	**166 022 542**
030710	Huîtres	..	..	213 720	1 059 001	258 351	1 200 773	374 582	1 592 141	770 603	2 870 517
030721	St-Jacques, vi, fr, ou ré	4 500	26 040	3 397	19 131	49 415	192 187	..	103 269	2 820	58 403
030729	St-Jacques, co, sc, sl, ou sm	174 030	1 768 543	332 799	1 963 795	163 241	1 053 185	67 786	371 451	51 862	176 954
030731	Moules, vi, fr, ou ré	6 800	18 579	3 831	26 574	16 469	31 462	1 729	10 239	1 604	8 573
030739	Moules, co, sc, sl, ou sm	216 495	1 072 930	193 387	891 828	229 880	1 127 918	845 671	4 112 719	1 328 597	7 547 387
030741	Seiches, encornets et calmars, vi, fr, ou ré	827 502	6 089 849	1 221 466	9 003 539	840 593	6 912 043	399 749	3 466 391	553 561	2 888 087
030749	Seiches, encornets et calmars, co, sc, sl, ou sm	978 943	3 571 229	3 325 492	19 853 424	5 370 066	28 966 834	5 922 018	21 573 829	5 050 924	18 871 545
030751	Poulpe, vi, fr, ou ré	1 952 100	12 578 499	2 548 996	19 748 489	1 794 005	19 353 978	2 692 860	20 343 118	4 100 599	19 481 954
030759	Poulpe, co, sc, sl, ou sm	3 587 969	19 010 947	10 286 114	82 333 402	8 484 632	112 937 085	9 493 840	80 321 353	15 090 682	76 322 304
030760	Escargots (autres que de mer)	11 202	62 495	17 856	92 758	19 524	92 743	15 428	78 569	20 010	115 646
030791	Mollusques nra, vi, fr, ou ré	1 546 915	3 722 300	1 918 697	4 454 015	1 543 822	6 493 747	3 910 907	10 570 144	4 532 894	14 033 560
030799	Mollusques nra, co, sc, sl, ou sm	3 475 305	14 428 543	4 951 482	24 871 262	7 045 326	33 533 358	5 662 946	22 732 887	6 851 884	23 647 613
121220	**Algues**	**18 017**	**424 633**	**44 760**	**1 405 471**	**29 919**	**941 048**	**404 012**	**1 120 388**	**966 460**	**2 445 191**
1504	**Graisses, huiles et leurs fractions**	**..**	**5 416 674**	**789 986**	**4 689 041**	**1 027 202**	**6 895 357**	**927 264**	**5 107 181**	**1 448 884**	**5 844 851**
150410	Huiles de foies de poisson, et fractions	424 011	5 343 949	417 528	4 445 373	585 219	6 328 953	407 153	4 441 595	589 748	4 838 588
150420	Graisses et huiles de poisson, et fractions	..	72 725	372 458	243 668	441 982	566 404	440 656	477 274	859 136	1 006 263
150430	Graisses et huiles de mammifère marin, et fractions	..	..	..	..	..	..	79 455	188 313	..	..
1604	**Préparations et conserves de poisson; caviars et succédanés**	**24 929 567**	**154 283 241**	**28 572 198**	**163 424 546**	**36 097 059**	**206 992 182**	**43 137 296**	**234 299 304**	**49 222 114**	**274 393 017**
160411	Saumon, non haché	1 017	1 650	474	1 691	29 475	164 752	107 345	776 328	12 475	81 120
160412	Hareng, non haché	19 771	120 110	158	3 050	107	782	2 050	4 091	5 962	26 734
160413	Sardines, sardinelles, sprats, esprots, non haché	12 846 123	72 706 727	15 056 555	79 116 060	15 632 783	87 097 544	16 614 537	93 632 864	17 903 912	112 142 255
160414	Thons, listaos, sardes, non haché	4 465 272	33 721 144	3 885 692	24 122 482	7 102 770	44 085 528	8 477 112	56 996 444	9 741 231	73 077 958
160415	Maquereau, non haché	5 260 003	32 978 128	6 237 855	36 447 332	7 228 313	45 091 574	8 536 814	54 755 557	8 191 546	49 584 018
160416	Anchois, non haché	43 970	538 086	93 124	709 404	632 252	1 559 730	114 219	690 743	71 716	490 019
160419	Poisson nra, non haché	407 382	3 135 366	772 880	7 753 865	1 566 415	8 473 440	3 888 575	10 226 005	6 262 442	14 904 824
160420	Poisson, haché	1 874 706	10 760 841	2 483 349	14 439 700	3 880 000	20 056 109	5 376 632	16 531 497	6 997 732	23 240 924
160430	Caviar et succédanés	11 323	321 189	42 112	830 963	24 944	462 722	20 010	685 775	35 097	845 165
1605	**Préparations et conserves de crustacés**	**1 471 782**	**6 812 693**	**2 327 316**	**11 486 064**	**3 803 551**	**16 902 417**	**2 091 483**	**9 675 829**	**3 468 839**	**15 887 573**
160510	Crabes	49 023	232 742	59 571	234 261	44 487	207 760	38 884	177 497	73 004	293 951
160520	Crevettes	118 942	686 735	232 669	1 461 123	406 380	2 374 437	192 547	1 049 596	429 112	3 084 603
160530	Homard	1 301	77 654	1 181	4 308	..	..	..	..	17	90
160540	Crustacés nra	26 895	162 311	64 942	655 281	56 617	434 886	46 516	248 735	69 233	401 883
230120	**Farine de poisson**	**837 100**	**730 832**	**289 187**	**215 276**	**382 196**	**387 090**	**2 407 330**	**2 475 765**	**4 534 816**	**5 372 103**
	TOTAL	**129 021 187**	**610 000 259**	**173 920 300**	**897 968 417**	**188 381 152**	**1 070 062 572**	**223 219 320**	**1 005 385 188**	**..**	**1 080 310 130**

.. Non disponible

Note : nra : non répertorié ailleurs. vi : vivant. fr : frais. ré : réfrigéré. co : congelé. sc : séché. sl : salé. sm : en saumure.

Métadonnées détaillées : http://metalinks.oecd.org/fish/20150108/19ea

Source : OCDE (2014), « Pêcheries : Commerce par produit », Statistiques agricoles de l'OCDE (base de données). DOI: 10.1787/data-00677-fr

RÉPUBLIQUE SLOVAQUE

Tableau 2. Emploi dans les pêcheries

Personnes employées

	2006	2007	2008	2009	2010	2011	2012	2013
Plein-temps	**237**	**259**	**227**	**237**	..	..	..	..
Secteur de capture	..	..	..	..	..	..	..	..
Pêche en eaux intérieures	..	..	..	..	..	..	..	..
Homme	..	..	..	..	..	..	..	..
Femme	..	..	..	..	..	..	..	..
Eaux maritimes (pêche côtière)	..	..	..	..	..	..	..	..
Homme	..	..	..	..	..	..	..	..
Femme	..	..	..	..	..	..	..	..
Eaux maritimes (pêche en haute mer)	..	..	..	..	..	..	..	..
Homme	..	..	..	..	..	..	..	..
Femme	..	..	..	..	..	..	..	..
Aquaculture	237	259	227	237	222	227	..	..
Homme	197	218	187	201	..	..	..	..
Femme	40	41	40	36	..	..	..	..
Transformation	..	..	1 139	999	..	..	..	..
Homme	..	..	542	432	..	..	..	..
Femme	..	..	597	567	..	..	..	..
Temps partiel	**76**	**820**	**702**	**871**	..	..	..	..
Secteur de capture	..	..	..	..	..	..	..	..
Pêche en eaux intérieures	..	..	..	..	..	..	..	..
Homme	..	..	..	..	..	..	..	..
Femme	..	..	..	..	..	..	..	..
Eaux maritimes (pêche côtière)	..	..	..	..	..	..	..	..
Homme	..	..	..	..	..	..	..	..
Femme	..	..	..	..	..	..	..	..
Eaux maritimes (pêche en haute mer)	..	..	..	..	..	..	..	..
Homme	..	..	..	..	..	..	..	..
Femme	..	..	..	..	..	..	..	..
Aquaculture	76	820	702	871	673	702	..	..
Homme	72	754	687	838	..	..	..	..
Femme	4	66	15	33	..	..	..	..
Transformation	..	..	15	71	..	..	..	..
Homme	..	..	10	70	..	..	..	..
Femme	..	..	5	1	..	..	..	..
Total	**313**	**1 079**	**929**	**1 108**	**895**	**929**	..	..
Secteur de capture	..	..	..	..	..	..	..	..
Pêche en eaux intérieures	..	..	..	..	..	..	..	..
Homme	..	..	..	..	..	..	..	..
Femme	..	..	..	..	..	..	..	..
Eaux maritimes (pêche côtière)	..	..	..	..	..	..	..	..
Homme	..	..	..	..	..	..	..	..
Femme	..	..	..	..	..	..	..	..
Eaux maritimes (pêche en haute mer)	..	..	..	..	..	..	..	..
Homme	..	..	..	..	..	..	..	..
Femme	..	..	..	..	..	..	..	..
Aquaculture	313	1 079	929	1 108	895	929	..	..
Homme	269	972	874	1 039	..	..	..	..
Femme	44	107	55	69	..	..	..	..
Transformation	..	..	1 154	1 070	..	726	..	..
Homme	..	..	552	502	..	292	..	..
Femme	..	..	602	568	..	434	..	..

.. Non disponible

Note : Métadonnées détaillées : http://metalinks.oecd.org/fish/20150108/4e2c

Source : OCDE (2014), « Pêcheries : Emploi dans la pêche », Statistiques agricoles de l'OCDE (base de données). DOI: 10.1787/data-00219-fr

RÉPUBLIQUE SLOVAQUE

Tableau 6. Production de l'aquaculture

	2006	2007	2008	2009	2010	2011	2012	2013
VOLUME (TONNES)								
Poissons	**1 263**	**1 198**	**1 078**	**824**	**688**	**815**	..	..
Saumon de l'Atlantique	..	..	..	..	..	..	..	..
Saumon du Pacifique	..	..	..	..	..	..	..	..
Truite arc-en-ciel	784	879	771	636	545	570	..	..
dont : d'eau de mer	..	..	..	..	..	..	..	..
dont : d'eau douce	784	879	771	636	545	570	..	..
Truite de mer	..	..	..	..	..	..	..	..
Poisson plat	..	..	..	..	..	..	..	..
Dorade	..	..	..	..	..	..	..	..
Bar	..	..	..	..	..	..	..	..
Loup	..	..	..	..	..	..	..	..
Carpe	414	273	252	154	117	188	..	..
Tilapia	..	..	..	..	..	..	..	..
Anguille	..	..	..	..	..	..	..	..
Autres poissons	65	46	55	34	25	57	..	..
Coquillages et crustacés	..	..	..	..	..	..	..	..
Huître, comestible	..	..	..	..	..	..	..	..
Huître, perle	..	..	..	..	..	..	..	..
Moule	..	..	..	..	..	..	..	..
Coquille St.-Jacques	..	..	..	..	..	..	..	..
Bivalves	..	..	..	..	..	..	..	..
Crevette et bouquet	..	..	..	..	..	..	..	..
Autres coquillages et crustacés	..	..	..	..	..	..	..	..
Total poissons, coquillages et crustacés	**1 263**	**1 198**	**1 078**	**824**	**688**	**815**	..	..
Autres animaux marins	..	..	..	..	..	..	..	..
Plantes aquatiques	..	..	..	..	..	..	..	..
Algue brune	..	..	..	..	..	..	..	..
Algue rouge	..	..	..	..	..	..	..	..
Algue verte	..	..	..	..	..	..	..	..
Autres plantes aquatiques	..	..	..	..	..	..	..	..
TOTAL GÉNÉRAL	**1 263**	**1 198**	**1 078**	**824**	**688**	**815**	..	..
VALEUR (EUR)								
Poissons	..	..	**85 944 583**	**1 765 890**	..	..	..	..
Saumon de l'Atlantique	..	..	..	..	..	..	..	..
Saumon du Pacifique	..	..	..	..	..	..	..	..
Truite arc-en-ciel	..	..	66 419 788	1 338 696	..	..	..	..
dont : d'eau de mer	..	..	..	..	..	..	..	..
dont : d'eau douce	..	..	66 419 788	1 338 696	..	..	..	..
Truite de mer	..	..	..	..	..	..	..	..
Poisson plat	..	..	..	..	..	..	..	..
Dorade	..	..	..	..	..	..	..	..
Bar	..	..	..	..	..	..	..	..
Loup	..	..	..	..	..	..	..	..
Carpe	..	..	16 136 256	341 398	..	..	..	..
Tilapia	..	..	..	..	..	..	..	..
Anguille	..	..	..	..	..	..	..	..
Autres poissons	..	..	3 388 539	85 796	..	..	..	..
Coquillages et crustacés	..	..	..	..	..	..	..	..
Huître, comestible	..	..	..	..	..	..	..	..
Huître, perle	..	..	..	..	..	..	..	..
Moule	..	..	..	..	..	..	..	..
Coquille St.-Jacques	..	..	..	..	..	..	..	..
Bivalves	..	..	..	..	..	..	..	..
Crevette et bouquet	..	..	..	..	..	..	..	..
Autres coquillages et crustacés	..	..	..	..	..	..	..	..
Total poissons, coquillages et crustacés	..	..	**85 944 583**	**1 765 890**	..	..	..	..
Autres animaux marins	..	..	..	..	..	..	..	..
Plantes aquatiques	..	..	..	..	..	..	..	..
Algue brune	..	..	..	..	..	..	..	..
Algue rouge	..	..	..	..	..	..	..	..
Algue verte	..	..	..	..	..	..	..	..
Autres plantes aquatiques	..	..	..	..	..	..	..	..
TOTAL GÉNÉRAL	..	..	**85 944 583**	**1 765 890**	..	..	..	..

.. Non disponible

Note : Métadonnées détaillées : http://metalinks.oecd.org/fish/20150108/5e4b

Source : OCDE (2014), « Pêcheries : Production de l'aquaculture », Statistiques agricoles de l'OCDE (base de données). DOI: 10.1787/data-00225-fr

RÉPUBLIQUE SLOVAQUE

Tableau 7. Transferts financiers publics (TFP)

Milliers EUR

	2006	2007	2008	2009	2010	2011	2012	2013
Contribution nationale aux TFP								
Pêche maritime	..	..	..	..	..	..	..	..
Paiements directs	..	..	..	..	..	..	..	..
Désarmement des navires et retrait des licences	..	..	..	..	..	..	..	..
Indemnisation des catastrophes	..	..	..	..	..	..	..	..
Aides : équipement, modernisation, construction de navire	..	..	..	..	..	..	..	..
Aide au revenu et assurance chômage	..	..	..	..	..	..	..	..
Autres paiements directs	..	..	..	..	..	..	..	..
Transferts réduisant les coûts	..	..	..	..	..	..	..	..
Prêts subventionnés : équipement, modernisation, construction de navire	..	..	..	..	..	..	..	..
Bonification d'intérêts	..	..	..	..	..	..	..	..
Exonération de taxe sur carburant	..	..	..	..	..	..	..	..
Ristourne et subvention à l'assurance	..	..	..	..	..	..	..	..
Allègement d'impôt sur le revenu, contrib. sociales impayées	..	..	..	..	..	..	..	..
Autres transferts réduisant les coûts	..	..	..	..	..	..	..	..
Services généraux	..	..	..	..	..	..	..	..
Gestion des pêcheries	..	..	..	..	..	..	..	..
Recherche halieutique	..	..	..	..	..	..	..	..
Police des pêches	..	..	..	..	..	..	..	..
Infrastructure des pêcheries	..	..	..	..	..	..	..	..
Autres services généraux	..	..	..	..	..	..	..	..
Recouvrement des coûts	..	..	..	..	..	..	..	..
Aquaculture	**347**	**675**	**..**	**..**	**..**	**..**	**..**	**..**
Paiements directs	..	..	..	..	..	..	..	..
Aides : développement aquacole	..	..	..	..	..	..	..	..
Indemnisation des catastrophes	..	..	..	..	..	..	..	..
Autres paiements directs	..	..	..	..	..	..	..	..
Transferts réduisant les coûts	347	675	..	..	..	..	..	..
Prêts subventionnés : développement aquacole	..	..	..	..	..	..	..	..
Autres transferts réduisant les coûts	347	675	..	..	..	..	..	..
Services généraux	..	..	..	..	..	..	..	..
Gestion, recherche et police de l'aquaculture	..	..	..	..	..	..	..	..
Infrastructure aquacole	..	..	..	..	..	..	..	..
Autres services généraux	..	..	..	..	..	..	..	..
Recouvrement des coûts	..	..	..	..	..	..	..	..
Commercialisation et transformation	**380**	**249**	**..**	**..**	**..**	**..**	**..**	**..**
Paiements directs	..	..	..	..	..	..	..	..
Aides : commercialisation et transformation	..	..	..	..	..	..	..	..
Autres paiements directs	..	..	..	..	..	..	..	..
Transferts réduisant les coûts	380	249	..	..	..	..	..	..
Prêts subventionnés : commercialisation et transformation	..	..	..	..	..	..	..	..
Autres transferts réduisant les coûts	380	249	..	..	..	..	..	..
Services généraux	..	..	..	..	..	..	..	..
Aquaculture	..	..	..	..	..	..	..	..
Autres services généraux	..	..	..	..	..	..	..	..
Recouvrement des coûts	..	..	..	..	..	..	..	..
Total	**727**	**924**	**..**	**..**	**..**	**..**	**..**	**..**

Tableau 7. Transferts financiers publics (TFP) *(suite)*

Milliers EUR

	2006	2007	2008	2009	2010	2011	2012	2013
Contribution européenne aux TFP								
Pêche maritime	..	..	..	..	..	..	..	..
Paiements directs	..	..	..	..	..	..	..	..
Désarmement des navires et retrait des licences	..	..	..	..	..	..	..	..
Indemnisation des catastrophes	..	..	..	..	..	..	..	..
Aides : équipement, modernisation, construction de navire	..	..	..	..	..	..	..	..
Aide au revenu et assurance chômage	..	..	..	..	..	..	..	..
Autres paiements directs	..	..	..	..	..	..	..	..
Transferts réduisant les coûts	..	..	..	..	..	..	..	..
Prêts subventionnés : équipement, modernisation, construction de navire	..	..	..	..	..	..	..	..
Bonification d'intérêts	..	..	..	..	..	..	..	..
Exonération de taxe sur carburant	..	..	..	..	..	..	..	..
Ristourne et subvention à l'assurance	..	..	..	..	..	..	..	..
Allègement d'impôt sur le revenu, contrib. sociales impayées	..	..	..	..	..	..	..	..
Autres transferts réduisant les coûts	..	..	..	..	..	..	..	..
Services généraux	..	..	..	..	..	..	..	..
Gestion des pêcheries	..	..	..	..	..	..	..	..
Recherche halieutique	..	..	..	..	..	..	..	..
Police des pêches	..	..	..	..	..	..	..	..
Infrastructure des pêcheries	..	..	..	..	..	..	..	..
Autres services généraux	..	..	..	..	..	..	..	..
Recouvrement des coûts	..	..	..	..	..	..	..	..
Aquaculture	..	..	..	..	..	..	..	..
Paiements directs	..	..	..	..	..	..	..	..
Aides : développement aquacole	..	..	..	..	..	..	..	..
Indemnisation des catastrophes	..	..	..	..	..	..	..	..
Autres paiements directs	..	..	..	..	..	..	..	..
Transferts réduisant les coûts	..	..	..	..	..	..	..	..
Prêts subventionnés : développement aquacole	..	..	..	..	..	..	..	..
Autres transferts réduisant les coûts	..	..	..	..	..	..	..	..
Services généraux	..	..	..	..	..	..	..	..
Gestion, recherche et police de l'aquaculture	..	..	..	..	..	..	..	..
Infrastructure aquacole	..	..	..	..	..	..	..	..
Autres services généraux	..	..	..	..	..	..	..	..
Recouvrement des coûts	..	..	..	..	..	..	..	..
Commercialisation et transformation	..	..	..	..	..	..	..	..
Paiements directs	..	..	..	..	..	..	..	..
Aides : commercialisation et transformation	..	..	..	..	..	..	..	..
Autres paiements directs	..	..	..	..	..	..	..	..
Transferts réduisant les coûts	..	..	..	..	..	..	..	..
Prêts subventionnés : commercialisation et transformation	..	..	..	..	..	..	..	..
Autres transferts réduisant les coûts	..	..	..	..	..	..	..	..
Services généraux	..	..	..	..	..	..	..	..
Aquaculture	..	..	..	..	..	..	..	..
Autres services généraux	..	..	..	..	..	..	..	..
Recouvrement des coûts	..	..	..	..	..	..	..	..
Total	..	..	..	..	..	..	..	..

RÉPUBLIQUE SLOVAQUE

Tableau 7. Transferts financiers publics (TFP) *(suite)*

Milliers EUR

	2006	2007	2008	2009	2010	2011	2012	2013
Total des TFP								
Pêche maritime	..	..	..	..	..	..	..	..
Paiements directs	..	..	..	..	..	..	..	..
Désarmement des navires et retrait des licences	..	..	..	..	..	..	..	..
Indemnisation des catastrophes	..	..	..	..	..	..	..	..
Aides : équipement, modernisation, construction de navire	..	..	..	..	..	..	..	..
Aide au revenu et assurance chômage	..	..	..	..	..	..	..	..
Autres paiements directs	..	..	..	..	..	..	..	..
Transferts réduisant les coûts	..	..	..	..	..	..	..	..
Prêts subventionnés : équipement, modernisation, construction de navire	..	..	..	..	..	..	..	..
Bonification d'intérêts	..	..	..	..	..	..	..	..
Exonération de taxe sur carburant	..	..	..	..	..	..	..	..
Ristourne et subvention à l'assurance	..	..	..	..	..	..	..	..
Allègement d'impôt sur le revenu, contrib. sociales impayées	..	..	..	..	..	..	..	..
Autres transferts réduisant les coûts	..	..	..	..	..	..	..	..
Services généraux	..	..	..	..	..	..	..	..
Gestion des pêcheries	..	..	..	..	..	..	..	..
Recherche halieutique	..	..	..	..	..	..	..	..
Police des pêches	..	..	..	..	..	..	..	..
Infrastructure des pêcheries	..	..	..	..	..	..	..	..
Autres services généraux	..	..	..	..	..	..	..	..
Recouvrement des coûts	..	..	..	..	..	..	..	..
Aquaculture	**347**	**675**	..	..	..	..	..	..
Paiements directs	..	..	..	..	..	..	..	..
Aides : développement aquacole	..	..	..	..	..	..	..	..
Indemnisation des catastrophes	..	..	..	..	..	..	..	..
Autres paiements directs	..	..	..	..	..	..	..	..
Transferts réduisant les coûts	347	675	..	..	..	..	..	..
Prêts subventionnés : développement aquacole	..	..	..	..	..	..	..	..
Autres transferts réduisant les coûts	347	675	..	..	..	..	..	..
Services généraux	..	..	..	..	..	..	..	..
Gestion, recherche et police de l'aquaculture	..	..	..	..	..	..	..	..
Infrastructure aquacole	..	..	..	..	..	..	..	..
Autres services généraux	..	..	..	..	..	..	..	..
Recouvrement des coûts	..	..	..	..	..	..	..	..
Commercialisation et transformation	**380**	**249**	..	..	..	..	..	..
Paiements directs	..	..	..	..	..	..	..	..
Aides : commercialisation et transformation	..	..	..	..	..	..	..	..
Autres paiements directs	..	..	..	..	..	..	..	..
Transferts réduisant les coûts	380	249	..	..	..	..	..	..
Prêts subventionnés : commercialisation et transformation	..	..	..	..	..	..	..	..
Autres transferts réduisant les coûts	380	249	..	..	..	..	..	..
Services généraux	..	..	..	..	..	..	..	..
Aquaculture	..	..	..	..	..	..	..	..
Autres services généraux	..	..	..	..	..	..	..	..
Recouvrement des coûts	..	..	..	..	..	..	..	..
Total	**727**	**924**	..	..	..	..	..	..

.. Non disponible

Note : Métadonnées détaillées : http://metalinks.oecd.org/fish/20150108/087d

Source : OCDE (2014), « Pêcheries : Transferts financiers publics », Statistiques agricoles de l'OCDE (base de données). DOI: 10.1787/data-00220-fr

RÉPUBLIQUE SLOVAQUE

Tableau 8. Importations par produit

		2009		2010		2011		2012		2013	
		Tonnes	USD	Tonnes	USD	Tonnes	USD	Tonnes	USD	Tonnes	USD
03	**Poisson, crustacés et mollusques**	..	**39 966 515**	..	**42 465 414**	..	**51 365 407**	..	**48 583 558**	..	**50 411 145**
0302	**Poisson, frais ou réfrigéré, excl. 0304**	..	**1 262 540**	**499 703**	**1 062 156**	..	**1 588 452**	..	**1 863 688**	**748 109**	**1 796 315**
030211	Truite	3 264	15 029	29 114	136 997	23 855	137 576	60 522	250 158	36 212	276 748
030212	Saumon (Pacifique, Atlantique et Danube)	46 065	264 020	8 379	315 351	9 273	303 719	..	257 689	27 385	228 426
030219	Salmonidés nra	138 183	247 351	120 124	91 205	91 597	144 634	171 705	515 260	145 919	430 218
030221	Flétan	287	3 327	305	3 234	54	660	66	458	..	..
030222	Plie, carrelet	9	84	173	1 983	288	1 740	580	4 426	705	4 628
030223	Sole	343	5 481	17	419	174	2 774	..	1 085	2	53
030229	Poissons plats nra	1 224	11 281	107	2 616	19	537	..	1 368	4	53
030231	Thon blanc/germon	36 900	14 282	67 577	29 986	66 954	25 601	79 543	29 243	94 678	38 622
030232	Albacore (thon jaune)	1 097	12 285	92	2 761	803	8 682	..	5 831	305	2 396
030233	Listaos/bonite à ventre rayé	8	222	..	..	..	..	..	..	..	..
030239	Thonidés nra	22 259	36 059	20 984	37 215	25	440	3 260	38 750	1 633	42 650
030240	Hareng	..	..	43 995	46 673	27 468	105 790	76 219	118 231	17 236	50 030
030250	Morue	44 959	76 475	780	6 265	752	10 619	620	7 268	67	873
030261	Sardines	39 228	171 015	2 118	9 887	843	6 252	341	2 242	818	4 348
030262	Églefin	..	..	..	..	..	..	..	283	59	928
030263	Lieu noir	..	..	851	4 575	55 523	110 694	332 392	271 973	352 716	383 520
030264	Maquereau	5 880	9 466	3 167	14 491	205 612	454 982	694	5 365	6 079	24 695
030265	Aiguillat et autres squalidés	..	..	214	968	..	..	505	1 298	1 324	5 349
030266	Anguille	2	25	1	5	..	395	..	..	..	..
030269	Poisson nra	299 138	394 966	200 460	346 694	120 469	257 629	165 660	347 278	62 967	302 778
030270	Foies, oeufs et laitances	..	1 172	1 244	10 830	..	15 726	525	5 484	..	..
0303	**Poisson, congelé, excl. 0304**	..	**7 365 127**	..	**7 609 029**	**2 958 464**	**8 361 229**	..	**10 836 234**	..	**11 521 022**
030319	Saumon, Pacifique	..	..	..	..	..	..	..	..	..	..
030321	Truite	135 782	547 083	182 551	771 557	225 086	1 006 244	194 518	767 824	106 525	419 836
030322	Saumon (Atlantique et Danube)	..	..	..	..	..	..	..	..	..	..
030329	Salmonidés	3 389	74 950	87 594	241 883	46 874	127 478	54 712	531 233	115 536	798 159
030331	Flétan	50	268	..	..	1 641	8 755	936	7 791	1 332	15 826
030332	Plie, carrelet	..	..	..	..	240	415	..	..	8	213
030333	Sole	146	711	5	160	..	..	..	..	..	..
030339	Poisson plat nra	609 261	1 625 054	1 549 548	2 650 256	1 513 389	3 092 826	1 663 662	3 358 377	1 966 516	4 229 389
030341	Thon blanc/germon	1 574	991	..	..	..	..	..	..	431	327
030342	Albacore (thon jaune)	3 839	85 889	3 566	82 497	2 071	46 800	3 963	86 479	5 610	112 816
030343	Listao/bonite à ventre rayé	..	..	..	..	..	..	..	..	..	..
030349	Thonidés nra	33 560	66 423	37 544	82 848	50 205	95 069	62 033	103 899	61 956	134 232
030350	Hareng	532 865	847 483	195 527	212 561	71 546	91 190	189 602	322 889	224 759	359 236
030360	Morue	..	..	..	292	..	..	562	5 924	6 259	68 030
030371	Sardines, sardinelles	..	..	15	12	1 153	6 584	..	..	1 582	7 994
030372	Églefin	..	..	..	..	113	258	43	1 140	461	12 790
030373	Lieu noir	18 109	77 423	3 109	12 367	8 406	34 644	11	69	..	..
030374	Maquereau	280 557	434 665	128 169	247 246	97 978	662 955	..	812 709	380 237	861 198
030375	Aiguillat et autres squalidés	..	95 984	13 839	24 581	13 047	23 721	13 610	15 826	15 067	36 225
030376	Anguille	..	..	..	..	..	..	..	..	..	..
030377	Bar (loup)	..	..	38 951	97 933	1 882	8 781	660	3 734	13	2 454
030378	Merlu	227 301	548 470	131 492	338 880	210 117	603 011	231 910	678 330	172 977	461 323
030379	Poisson nra	1 074 716	2 435 884	487 746	1 398 111	537 212	1 493 896	892 593	3 035 689	963 036	3 119 528
030380	Foies, oeufs et laitances	61 216	167 499	71 783	203 300	61 389	200 726	13 675	37 920	1 530	7 383
0304	**Filets de poisson et autre chair de poisson**	**9 069 381**	**22 904 373**	**9 420 387**	**26 004 531**	**9 015 356**	**29 555 032**	**8 240 553**	**24 999 263**	**8 850 843**	**26 490 520**
030410	Filets et autre chair de poisson, frais ou réfrigéré	923 621	2 426 956	1 975 095	5 489 885	1 924 851	5 765 518	770 286	2 912 702	461 347	2 656 310
030420	Filets de poissons, congelé	6 517 876	17 759 845	6 055 058	18 296 903	6 164 568	21 328 014	6 465 648	19 724 219	6 911 750	20 109 716
030490	Chair de poisson nra, congelé	1 627 884	2 717 572	1 390 234	2 217 743	925 937	2 461 500	1 004 619	2 362 342	1 477 745	3 724 494
0305	**Poisson, séché, salé, fumé, ou en saumure**	**741 581**	**4 723 111**	**644 342**	**3 000 896**	**684 604**	**3 452 922**	..	**4 864 725**	..	**5 099 651**
030510	Farine de poisson, consommation humaine	7 711	161 495	6 885	49 983	6 422	49 332	21 185	76 512	39 702	138 387
030520	Foies, oeufs et laitances	6 307	72 702	18 164	59 041	8 625	64 661	10 863	101 094	6 134	80 970
030530	Filets de poisson (non fumé)	12 808	75 498	4 683	17 813	5 578	66 709	51 455	175 965	15 770	79 102
030541	Saumon (Pacifique, Atlantique et Danube), fumé	135 776	711 403	129 592	688 596	141 420	894 429	280 714	1 462 954	417 853	1 672 549
030542	Hareng, fumé	..	..	..	..	..	..	..	..	..	..
030549	Poisson nra, fumé	375 023	1 782 854	343 216	1 615 782	364 389	1 689 675	453 683	2 252 341	466 286	2 232 376
030551	Morue, séché, non fumé	..	..	14	105	7	469	16	378	14	437
030559	Poisson nra, séché, salé, non fumé	1 840	9 036	2 595	14 261	784	2 905	5 675	50 105	2 840	30 655
030561	Hareng, salé ou en saumure	178 909	1 810 234	118 787	454 065	141 333	631 916	151 384	677 632	190 226	817 030
030562	Morue, salé ou en saumure	5 101	34 731	1 434	20 013	1 175	19 378	1 118	21 094	2 945	16 035
030563	Anchois, salé ou en saumure	212	1 657	552	4 851	1 633	4 015	5 333	7 900	786	6 604
030569	Poisson nra, salé ou en saumure	17 674	62 575	18 239	74 179	12 169	24 308	5 365	37 684	3 255	19 430

RÉPUBLIQUE SLOVAQUE

Tableau 8. Importations par produit (*suite*)

		2009		2010		2011		2012		2013	
		Tonnes	USD	Tonnes	USD	Tonnes	USD	Tonnes	USD	Tonnes	USD
0306	**Crustacés**	**369 824**	**1 170 312**	**299 192**	**562 605**	**266 272**	**649 303**	**..**	**1 083 239**	**115 540**	**1 052 970**
030611	Langoustes et autres palinuridés, congelé	6	136	..	..	388	2 255	6 673	19 550	306	688
030612	Homard nra	4 170	29 108	14	10 259	3 316	33 039	1 001	16 676	1 270	17 623
030613	Crevettes, congelé	276 688	961 686	283 998	417 101	248 831	448 456	98 047	495 039	83 491	659 735
030614	Crabes, congelé	2 098	11 793	966	6 748	38	388	113 885	126 835	3 735	23 600
030619	Crustacés nra, congelé	83 528	123 217	1 761	11 093	640	3 949	292	3 220	719	12 571
030621	Langoustes et autres palinuridés (non congelé)	220	6 165	179	5 971	23	768	..	..	..	..
030622	Homard nra (non congelé)	193	4 779	709	13 665	70	1 673	92	1 603	6	165
030623	Crevettes (non congelé)	2 815	31 779	11 296	92 487	12 690	152 118	123 392	379 253	23 029	283 423
030624	Crabes (non congelé)	49	429	..	..	3	497	1 574	40 701	1 076	29 457
030629	Crustacés nra (non congelé)	57	1 220	269	5 281	274	6 158	34	361	1 909	25 709
0307	**Mollusques**	**282 093**	**260 685**	**109 939**	**336 310**	**695 586**	**2 928 216**	**..**	**448 951**	**54 426**	**263 751**
030710	Huîtres	7 171	47 943	664	64 160	1 309	40 961	..	33 392	8 815	45 254
030721	St-Jacques, vi, fr, ou ré	7	92	44	526	51	594	76	979	123	1 810
030729	St-Jacques, co, sc, sl, ou sm	1 456	16 503	285	8 382	197	7 911	854	9 173	113	4 113
030731	Moules, vi, fr, ou ré	1 113	4 287	312	2 886	861	4 192	2 786	19 839	4 382	22 716
030739	Moules, co, sc, sl, ou sm	1 612	9 129	11 718	26 940	11 502	30 302	13 463	43 971	12 111	34 155
030741	Seiches, encornets et calmars, vi, fr, ou ré	7 622	23 890	6 050	24 451	9 826	31 191	2 319	26 827	2 738	22 813
030749	Seiches, encornets et calmars, co, sc, sl, ou sm	243 589	27 142	23 965	89 818	23 250	100 304	9 735	58 471	14 854	72 612
030751	Poulpe, vi, fr, ou ré	6 720	51 829	69	21 190	108	42 189	..	30 314	56	914
030759	Poulpe, co, sc, sl, ou sm	418	17 567	425	16 829	593 025	2 521 767	59 714	200 060	7 302	43 698
030760	Escargots (autres que de mer)	3 121	16 619	51 263	27 865	27 541	39 114	1 275	7 047	657	4 133
030791	Mollusques nra, vi, fr, ou ré	64	648	253	2 516	..	..	..	782	13	129
030799	Mollusques nra, co, sc, sl, ou sm	9 201	45 035	14 890	50 747	27 916	109 690	3 652	18 096	3 262	11 404
121220	**Algues**	**32 441**	**95 329**	**33 695**	**129 087**	**25 131**	**179 337**	**27 372**	**230 788**	**49 810**	**237 904**
1504	**Graisses, huiles et leurs fractions**	**58 939**	**149 349**	**9 841 790**	**1 624 222**	**19 083 544**	**692 044**	**35 536 037**	**674 798**	**2 077 323**	**580 327**
150410	Huiles de foies de poisson, et fractions	113	971	9 824 051	1 517 999	19 062 900	272 885	35 473 637	452 468	2 049 882	418 286
150420	Graisses et huiles de poisson, et fractions	58 826	148 378	17 739	106 224	20 642	419 082	62 380	222 223	27 416	161 912
150430	Graisses et huiles de mammifère marin, et fractions	..	..	..	..	2	77	20	107	25	129
1604	**Préparations et conserves de poisson; caviars et succédanés**	**8 429 728**	**30 127 820**	**9 353 908**	**32 757 554**	**9 490 536**	**37 574 330**	**..**	**36 547 213**	**9 559 003**	**42 012 392**
160411	Saumon, non haché	38 175	338 151	74 490	521 106	76 140	542 961	46 784	444 768	24 026	274 744
160412	Hareng, non haché	1 403 852	4 575 172	2 052 692	6 872 283	1 982 481	7 056 880	1 559 292	6 079 976	1 681 685	6 810 470
160413	Sardines, sardinelles, sprats, esprots, non haché	1 590 776	4 678 291	1 610 694	4 788 874	1 268 008	3 984 447	1 455 834	4 689 709	1 443 864	4 793 700
160414	Thons, listaos, sardes, non haché	1 185 270	5 789 042	1 362 965	6 455 387	1 760 625	9 478 056	1 633 183	9 281 182	1 962 306	12 254 902
160415	Maquereau, non haché	298 537	1 514 183	308 717	1 566 191	327 766	1 487 910	420 755	1 954 693	480 335	2 353 416
160416	Anchois, non haché	21 242	201 354	25 444	234 935	22 309	220 563	38 280	326 622	105 722	563 215
160419	Poisson nra, non haché	1 061 974	3 639 801	873 456	2 652 804	823 359	2 999 293	671 547	2 351 132	872 754	3 455 811
160420	Poisson, haché	2 739 858	9 165 960	2 870 444	9 387 990	3 217 063	11 539 400	3 138 306	11 083 033	2 885 509	11 237 669
160430	Caviar et succédanés	90 044	225 866	175 006	277 985	12 787	264 821	24 402	336 099	102 803	268 464
1605	**Préparations et conserves de crustacés**	**181 722**	**950 617**	**104 322**	**763 031**	**182 044**	**972 861**	**285 029**	**1 098 838**	**348 884**	**1 141 347**
160510	Crabes	25 266	105 916	26 293	108 014	54 438	58 959	16 329	63 528	52 121	45 862
160520	Crevettes	82 073	416 669	28 982	311 137	32 817	344 083	77 436	531 081	241 860	748 674
160530	Homard	29	453	11	154	40	461	953	7 587	255	793
160540	Crustacés nra	2 493	28 042	4 147	34 140	265	2 676	416	4 910	732	8 073
230120	**Farine de poisson**	**579 133**	**876 853**	**512 800**	**1 504 243**	**419 739**	**781 647**	**186 784**	**548 012**	**315 965**	**889 355**
	TOTAL	**9 281 963**	**72 166 483**	**..**	**79 243 551**	**..**	**91 565 626**	**..**	**89 087 298**	**..**	**95 272 470**

.. Non disponible

Note : nra : non répertorié ailleurs. vi : vivant. fr : frais. ré : réfrigéré. co : congelé. sc : séché. sl : salé. sm : en saumure.
Métadonnées détaillées : http://metalinks.oecd.org/fish/20150108/9cc1

Source : OCDE (2014), « Pêcheries : Commerce par produit », Statistiques agricoles de l'OCDE (base de données). DOI: 10.1787/data-00677-fr

RÉPUBLIQUE SLOVAQUE

Tableau 9. Exportations par produit

		2009		2010		2011		2012		2013	
		Tonnes	USD	Tonnes	USD	Tonnes	USD	Tonnes	USD	Tonnes	USD
03	**Poisson, crustacés et mollusques**	..	**4 945 563**	..	**6 910 421**	..	**16 056 454**	..	**5 339 870**	..	**6 177 182**
0302	**Poisson, frais ou réfrigéré, excl. 0304**	..	**317 146**	**4 980**	**339 925**	..	**7 961 167**	..	**459 721**	**126 376**	**355 217**
030211	Truite	59 038	312 139	1 020	283 973	3 206 132	7 893 111	1 430	430 719	63 053	216 673
030212	Saumon (Pacifique, Atlantique et Danube)	13	119	7	58	..	..	..	2 226	111	683
030219	Salmonidés nra	4	70	..	..	..	..	20	316	625	8 596
030221	Flétan	..	..	..	..	..	..	..	..	..	..
030222	Plie, carrelet	..	..	2	370	..	..	51	296	..	..
030223	Sole	..	..	..	..	..	..	..	..	..	..
030229	Poissons plats nra	24	173	4	68	219	1 518	..	3 051 438	..	..
030231	Thon blanc/germon	..	..	..	..	185	1 248	..	204	..	..
030232	Albacore (thon jaune)	..	..	..	..	71	557	..	1 192	..	..
030233	Listaos/bonite à ventre rayé	4	112	..	..	..	..	..	..	..	..
030239	Thonidés nra	25	242	1 391	7 027	32	302	2	31	..	..
030240	Hareng	..	..	..	..	..	..	..	..	59 373	101 280
030250	Morue	..	..	..	..	..	..	..	..	..	..
030261	Sardines	..	..	..	..	..	..	..	..	192	584
030262	Églefin	..	..	..	..	..	..	..	..	..	..
030263	Lieu noir	..	..	..	..	..	..	..	..	..	..
030264	Maquereau	36	63	79	26 340	1	6	..	..	..	..
030265	Aiguillat et autres squalidés	..	..	..	..	..	..	..	..	..	..
030266	Anguille	..	..	..	..	..	..	..	..	..	..
030269	Poisson nra	684	4 228	2 477	22 089	5 571	64 425	3 876	24 737	3 022	27 402
030270	Foies, oeufs et laitances	..	..	..	..	..	..	..	..	..	..
0303	**Poisson, congelé, excl. 0304**	..	**1 529 479**	..	**348 704**	**16 911**	**991 700**	..	**630 824**	..	**479 309**
030319	Saumon, Pacifique	..	..	..	..	..	..	..	..	..	..
030321	Truite	22 636	90 913	3 613	109 835	4 356	172 186	34 288	155 641	17 848	78 607
030322	Saumon (Atlantique et Danube)	..	..	..	..	..	..	..	..	..	..
030329	Salmonidés	..	..	..	..	..	..	..	..	24	102
030331	Flétan	..	..	..	..	..	..	..	..	..	..
030332	Plie, carrelet	..	..	..	..	..	..	..	..	..	..
030333	Sole	..	..	..	..	..	..	..	..	..	..
030339	Poisson plat nra	..	..	4 465	8 970	..	..	..	50 635	7 336	37 595
030341	Thon blanc/germon	..	..	..	..	..	..	..	..	..	..
030342	Albacore (thon jaune)	..	..	..	..	..	..	..	..	..	..
030343	Listao/bonite à ventre rayé	..	..	..	..	..	..	..	..	..	..
030349	Thonidés nra	1 450	22 081	..	..	7 000	27 470	..	..	..	..
030350	Hareng	47 299	60 871	67	2 603	..	..	..	..	..	..
030360	Morue	..	..	..	..	..	..	..	..	..	..
030371	Sardines, sardinelles	..	..	..	..	..	..	..	..	..	..
030372	Églefin	..	..	..	..	..	..	..	..	..	..
030373	Lieu noir	..	..	3	554	167	643	..	..	..	..
030374	Maquereau	4 238	5 962	9	554	238	17 770	..	..	16 979	28 284
030375	Aiguillat et autres squalidés	..	7 451	6	80	..	..	61	199	..	24
030376	Anguille	..	..	..	..	..	..	..	..	..	..
030377	Bar (loup)	..	..	..	..	..	..	..	..	..	..
030378	Merlu	66 368	212 157	2 432	173 599	4 175	626 300	88 006	303 088	61 918	216 922
030379	Poisson nra	439 975	1 125 819	9 105	39 437	537	55 777	34 259	104 457	29 169	99 938
030380	Foies, oeufs et laitances	471	2 727	67	10 607	..	..	1 123	6 541	1 454	9 664
0304	**Filets de poisson et autre chair de poisson**	**605 454**	**1 857 988**	**132 607**	**3 818 995**	**306 908**	**4 890 140**	**660 948**	**2 005 448**	**779 127**	**2 614 591**
030410	Filets et autre chair de poisson, frais ou réfrigéré	11 671	37 327	33 525	213 887	9 956	38 531	14 031	109 821	6 597	92 199
030420	Filets de poissons, congelé	583 375	1 796 951	99 000	3 593 700	295 251	4 838 305	641 021	1 881 322	740 626	2 451 989
030490	Chair de poisson nra, congelé	10 409	23 710	82	11 408	1 701	13 304	5 896	14 305	31 904	70 402
0305	**Poisson, séché, salé, fumé, ou en saumure**	**10 022**	**104 259**	**994**	**109 925**	**2 162**	**133 038**	..	**93 631**	..	**82 239**
030510	Farine de poisson, consommation humaine	540	39 730	429	28 886	419	33 682	34	2 679	41	3 209
030520	Foies, oeufs et laitances	..	..	..	..	..	..	137	2 794	295	1 053
030530	Filets de poisson (non fumé)	..	..	..	..	..	..	..	15 080	..	5 658
030541	Saumon (Pacifique, Atlantique et Danube), fumé	263	7 639	242	25 302	509	23 505	119	11 489	172	2 125
030542	Hareng, fumé	..	..	..	..	..	..	..	..	..	..
030549	Poisson nra, fumé	4 920	47 760	301	55 603	650	72 878	1 018	42 450	1 707	23 826
030551	Morue, séché, non fumé	4	94	..	..	..	..	..	..	12	434
030559	Poisson nra, séché, salé, non fumé	..	..	17	107	..	..	3 456	17 879	11 783	43 082
030561	Hareng, salé ou en saumure	4 294	9 035	..	..	..	..	..	..	21	117
030562	Morue, salé ou en saumure	..	..	..	..	..	..	..	..	..	..
030563	Anchois, salé ou en saumure	..	..	..	..	..	..	..	..	..	..
030569	Poisson nra, salé ou en saumure	..	..	..	..	..	..	..	..	..	..

Tableau 9. Exportations par produit (suite)

		2009		2010		2011		2012		2013	
		Tonnes	USD	Tonnes	USD	Tonnes	USD	Tonnes	USD	Tonnes	USD
0306	**Crustacés**	**4 666**	**31 494**	**415**	**34 202**	**9 723**	**119 023**	**..**	**125 291**	**30 252**	**137 308**
030611	Langoustes et autres palinuridés, congelé	..	..	..	..	189	4 631	..	2 279	..	..
030612	Homard nra	..	..	..	..	..	..	..	..	..	..
030613	Crevettes, congelé	2 740	11 710	67	20 348	397	57 570	20 563	94 810	28 362	128 372
030614	Crabes, congelé	810	7 136	179	1 427	..	..	..	15 640	1 887	8 881
030619	Crustacés nra, congelé	1 116	12 648	..	..	69	700	..	1 500	..	..
030621	Langoustes et autres palinuridés (non congelé)	..	..	..	..	..	..	..	..	..	..
030622	Homard nra (non congelé)	..	..	..	..	..	..	..	..	..	..
030623	Crevettes (non congelé)	..	..	22	11 563	8 853	55 507	..	10 993	3	54
030624	Crabes (non congelé)	..	..	147	864	216	615	..	69	..	..
030629	Crustacés nra (non congelé)	..	..	..	..	..	..	..	..	..	..
0307	**Mollusques**	**18 540**	**82 226**	**2 114**	**221 958**	**16 410**	**213 925**	**..**	**189 716**	**46 841**	**230 474**
030710	Huîtres	10	70	18	3 632	1 363	7 693	..	5 201	2 272	11 262
030721	St-Jacques, vi, fr, ou ré	..	..	..	..	..	..	..	..	..	..
030729	St-Jacques, co, sc, sl, ou sm	..	..	8	54	..	..	1	22	..	..
030731	Moules, vi, fr, ou ré	802	3 769	11	956	83	3 618	..	..	..	..
030739	Moules, co, sc, sl, ou sm	400	1 832	359	1 331	937	3 390	543	2 307	650	2 796
030741	Seiches, encornets et calmars, vi, fr, ou ré	..	..	58	10 167	5 011	22 030	1 250	6 324	727	5 486
030749	Seiches, encornets et calmars, co, sc, sl, ou sm	15 560	57 830	961	190 627	8 221	156 382	32 385	166 857	40 798	195 804
030751	Poulpe, vi, fr, ou ré	25	1 253	30	1 244	28	263	..	..	..	..
030759	Poulpe, co, sc, sl, ou sm	63	3 774	158	6 473	317	13 710	..	7 462	2 054	12 677
030760	Escargots (autres que de mer)	320	2 508	506	7 424	419	6 653	212	1 542	340	2 450
030791	Mollusques nra, vi, fr, ou ré	1 359	11 189	..	..	..	..	..	..	..	..
030799	Mollusques nra, co, sc, sl, ou sm	..	..	5	50	30	186	..	..	..	..
121220	**Algues**	**..**	**301 799**	**406**	**106 084**	**8 603**	**43 490**	**8 769**	**68 378**	**8 904**	**82 640**
1504	**Graisses, huiles et leurs fractions**	**..**	**..**	**181 334**	**29 374**	**2 762 193**	**35 812**	**361 497**	**7 040**	**303 650**	**16 795**
150410	Huiles de foies de poisson, et fractions	..	..	181 080	21 961	2 762 193	35 812	360 597	5 122	303 650	16 795
150420	Graisses et huiles de poisson, et fractions	..	..	254	7 413	..	..	900	1 918	..	..
150430	Graisses et huiles de mammifère marin, et fractions	..	..	..	..	..	..	..	..	..	..
1604	**Préparations et conserves de poisson; caviars et succédanés**	**560 139**	**2 841 857**	**238 607**	**2 914 788**	**407 861**	**4 767 340**	**..**	**4 264 700**	**637 004**	**3 400 276**
160411	Saumon, non haché	12	305	2 973	16 756	3 681	57 184	..	22 162	..	..
160412	Hareng, non haché	83 566	381 023	41 110	366 635	55 989	304 901	31 022	154 314	17 564	91 689
160413	Sardines, sardinelles, sprats, esprots, non haché	137 336	567 896	19 451	395 528	21 986	277 453	133 544	696 736	181 621	595 649
160414	Thons, listaos, sardes, non haché	138 620	987 403	137 151	1 346 468	274 030	3 155 630	278 575	1 991 433	254 499	1 977 494
160415	Maquereau, non haché	2 675	7 053	2 248	125 558	7 963	47 580	13 115	43 005	8 802	41 573
160416	Anchois, non haché	951	13 227	594	8 296	1 049	15 395	114	647	16	1 100
160419	Poisson nra, non haché	75 858	230 530	14 548	219 920	14 514	162 367	86 337	169 584	51 645	217 751
160420	Poisson, haché	121 111	654 201	20 417	386 750	28 225	618 777	286 980	1 158 903	122 587	470 121
160430	Caviar et succédanés	10	218	116	48 876	424	128 053	..	27 917	269	4 899
1605	**Préparations et conserves de crustacés**	**17 591**	**97 389**	**5 445**	**57 729**	**5 566**	**66 330**	**6 062**	**47 130**	**10 458**	**97 135**
160510	Crabes	..	..	150	671	2 088	9 766	..	..	..	..
160520	Crevettes	10	246	5	66	22	217	572	6 810	2 566	27 562
160530	Homard	..	..	13	190	53	853	..	..	..	..
160540	Crustacés nra	470	3 225	..	..	..	..	..	..	..	..
230120	**Farine de poisson**	**351**	**5 860**	**536**	**23 386**	**5 680**	**17 697**	**25**	**1 068**	**605**	**1 383**
	TOTAL	**..**	**8 192 468**	**..**	**10 041 782**	**..**	**20 987 123**	**..**	**9 728 186**	**..**	**9 775 411**

.. Non disponible

Note : nra : non répertorié ailleurs. vi : vivant. fr : frais. ré : réfrigéré. co : congelé. sc : séché. sl : salé. sm : en saumure.
Métadonnées détaillées : http://metalinks.oecd.org/fish/20150108/9cc1

Source : OCDE (2014), « Pêcheries : Commerce par produit », Statistiques agricoles de l'OCDE (base de données). DOI: 10.1787/data-00677-fr

ESPAGNE

Tableau 1. Flotte de pêche

	2006	2007	2008	2009	2010	2011	2012	2013
NOMBRE DE NAVIRES								
Total des navires	**13 398**	**13 006**	**11 394**	**11 116**	**10 847**	**10 505**	**10 116**	**9 872**
Navires à moteur	11 617	11 281	10 451	10 198	10 041	9 788	9 486	9 332
0-5,9 mètres	3 678	3 545	3 008	2 973	2 944	2 897	2 808	2 774
6-11,9 mètres	4 416	4 328	4 153	4 083	4 105	4 022	3 907	3 846
12-17,9 mètres	1 438	1 388	1 338	1 290	1 259	1 218	1 181	1 169
18-23,9 mètres	993	956	908	851	806	764	738	724
24-29,9 mètres	559	551	540	523	485	465	452	442
30-35,9 mètres	281	265	258	247	225	213	199	188
36-44,9 mètres	144	144	142	131	122	117	111	102
45-59,9 mètres	61	59	59	55	52	50	48	45
60-74,9 mètres	24	21	21	21	19	18	18	18
75 mètres et plus	23	24	24	24	24	24	24	24
Longueur inconnue	..	..	..	..	..	..	..	..
Navires sans moteur	1 781	1 725	943	918	806	717	630	540
TONNAGE BRUT								
Total des navires	**480 762**	**468 040**	**458 180**	**438 997**	**414 267**	**398 900**	**384 795**	**372 617**
Navires à moteur	479 603	466 973	457 545	438 380	413 724	398 419	384 371	372 260
0-5,9 mètres	2 506	2 415	2 091	2 069	2 299	2 306	2 251	2 316
6-11,9 mètres	14 787	14 443	13 870	13 697	13 627	13 277	12 908	12 739
12-17,9 mètres	29 408	27 871	26 534	25 387	24 404	23 332	22 694	22 509
18-23,9 mètres	62 104	59 576	56 598	52 972	49 645	46 776	44 989	44 243
24-29,9 mètres	81 708	79 926	78 499	76 068	69 998	66 719	64 481	63 081
30-35,9 mètres	73 525	69 988	68 099	65 339	59 309	55 901	51 774	48 907
36-44,9 mètres	60 621	60 528	59 629	54 919	51 308	49 602	46 571	42 582
45-59,9 mètres	52 950	51 103	51 103	46 807	44 797	43 318	41 515	38 696
60-74,9 mètres	35 629	31 819	31 819	31 819	29 034	27 718	27 718	27 718
75 mètres et plus	66 366	69 303	69 303	69 303	69 303	69 470	69 470	69 470
Longueur inconnue	..	..	..	..	..	..	..	..
Navires sans moteur	1 159	1 067	635	617	543	481	424	357

.. Non disponible

Note : Métadonnées détaillées : http://metalinks.oecd.org/fish/20150108/c04b

Source : OCDE (2014), « Pêcheries : Flotte de pêche », Statistiques agricoles de l'OCDE (base de données). DOI: 10.1787/data-00218-fr

ESPAGNE

Tableau 2. Emploi dans les pêcheries

Personnes employées

	2006	2007	2008	2009	2010	2011	2012	2013
Plein-temps	**37 181**	**36 235**	**37 674**	**44 901**	**46 986**	**62 599**	**54 013**	..
Secteur de capture	30 595	28 826	31 386	39 056	41 062	37 136	35 635	..
Pêche en eaux intérieures	..	..	..	..	..	..	..	..
Homme	..	..	..	..	..	..	..	..
Femme	..	..	..	..	..	..	..	..
Eaux maritimes (pêche côtière)	16 764	16 436	22 010	12 284	13 720	13 720	13 092	..
Homme	15 914	15 507	21 757	11 918	13 572	12 956	12 081	..
Femme	850	929	253	366	148	764	1 011	..
Eaux maritimes (pêche en haute mer)	13 831	12 390	9 377	26 772	27 342	23 416	22 543	..
Homme	12 712	11 528	9 266	26 499	26 957	23 005	22 120	..
Femme	1 119	862	111	273	385	411	423	..
Aquaculture	6 586	7 409	6 288	5 845	5 924	25 463	18 378	..
Homme	4 979	5 574	4 949	4 640	4 738	18 819	12 506	..
Femme	1 607	1 835	1 340	1 205	1 186	6 644	5 872	..
Transformation	..	..	..	..	..	..	..	..
Homme	..	..	..	..	..	..	..	..
Femme	..	..	..	..	..	..	..	..
Temps partiel	**4 958**	**4 484**	**320**	**325**	**453**	**2 074**	**1 550**	..
Secteur de capture	4 641	4 243	..	..	..	357	36	..
Pêche en eaux intérieures	..	..	..	..	..	..	..	..
Homme	..	..	..	..	..	..	..	..
Femme	..	..	..	..	..	..	..	..
Eaux maritimes (pêche côtière)	1 731	1 652	..	..	..	95	13	..
Homme	1 701	1 623	..	..	..	21	12	..
Femme	30	29	..	..	..	74	1	..
Eaux maritimes (pêche en haute mer)	2 910	2 591	..	..	..	262	23	..
Homme	2 707	2 386	..	..	..	262	22	..
Femme	203	205	..	..	..	..	1	..
Aquaculture	317	241	320	325	453	1 717	1 514	..
Homme	213	131	174	210	258	980	1 164	..
Femme	104	110	146	115	195	737	350	..
Transformation	..	..	..	..	..	..	..	..
Homme	..	..	..	..	..	..	..	..
Femme	..	..	..	..	..	..	..	..
Total	**42 139**	**40 719**	**37 994**	**45 226**	**47 439**	**64 673**	**55 563**	..
Secteur de capture	35 236	33 069	31 386	39 056	41 062	37 493	35 671	..
Pêche en eaux intérieures	..	..	..	..	..	..	..	..
Homme	..	..	..	..	..	..	..	..
Femme	..	..	..	..	..	..	..	..
Eaux maritimes (pêche côtière)	18 495	18 088	22 010	12 284	13 720	13 815	13 105	..
Homme	17 615	17 130	21 757	11 918	13 572	12 977	12 093	..
Femme	880	958	253	366	148	838	1 012	..
Eaux maritimes (pêche en haute mer)	16 741	14 981	9 377	26 772	27 342	23 678	22 566	..
Homme	15 419	13 914	9 266	26 499	26 957	23 267	22 142	..
Femme	1 322	1 067	111	273	385	411	424	..
Aquaculture	6 903	7 650	6 608	6 170	6 377	27 180	19 892	..
Homme	5 192	5 705	5 213	4 850	4 996	19 799	13 670	..
Femme	1 711	1 946	1 485	1 320	1 381	7 381	6 222	..
Transformation	..	..	..	..	..	..	..	..
Homme	..	..	..	..	..	..	..	..
Femme	..	..	..	..	..	..	..	..

.. Non disponible

Note : Métadonnées détaillées : http://metalinks.oecd.org/fish/20150108/1bad

Source : OCDE (2014), « Pêcheries : Emploi dans la pêche », Statistiques agricoles de l'OCDE (base de données). DOI: 10.1787/data-00219-fr

Tableau 3. Débarquements nationaux dans les ports nationaux

	2006	2007	2008	2009	2010	2011	2012	2013
VOLUME (TONNES)								
Total poissons	**603 506**	**662 515**	**722 352**	**532 348**	**598 831**	**733 462**	**697 599**	**913 611**
Saumon	95	27	24	23	9	21	18	4
Saumon rose	..	..	..	..	..	..	..	..
Saumon keta	..	..	..	..	..	..	..	..
Saumon rouge	..	..	..	..	..	..	..	..
Saumon argenté	..	..	..	..	..	..	..	..
Autres saumons	95	27	24	23	9	21	18	4
Poissons plats	21 661	16 908	24 315	22 951	22 995	21 461	15 389	15 098
Flétan	8 904	15	23	55	59	84	84	60
Flétan noir	..	3 606	7 965	4 730	5 125	4 986	5 006	4 320
Sole	..	820	850	..	..	886	698	1 138
Plie	7	16	6	9	12	9	9	5
Autres poissons plats	12 749	12 451	15 471	18 157	17 799	15 496	9 592	9 575
Poissons de fond	144 209	162 554	136 436	115 037	157 832	152 110	151 079	180 244
Morue (Atlantique et Pacifique)	504	4 352	4 084	11 824	14 089	15 423	12 781	17 602
Églefin	273	158	93	75	102	159	209	387
Lieu	23	317	401	7	11	426	321	401
Morue du Pacifique occidental	360	..	..	288	354	421	303	..
Merlan	439	271	145	55	101	5 178	7 580	16 717
Merlu (toutes espèces)	47 660	42 824	19 231	50 533	47 294	47 235	58 635	83 885
Sébaste	3 851	5 423	6 546	..	..	..	..	..
Autres poissons de fond	91 099	109 209	105 936	52 255	95 881	83 689	71 553	61 252
Pélagiques	212 207	212 152	215 273	148 107	151 400	180 239	155 304	179 866
Chinchard	44 389	43 035	44 610	44 213	40 321	50 568	28 128	40 836
Maquereau	89 411	85 238	87 280	32 952	28 420	25 596	27 398	46 819
Hareng (Atlantique et Pacifique)	347	159	146	54	88	54	1	0
Sardine	69 103	60 316	55 569	43 424	46 179	49 625	50 908	43 951
Autres pélagiques	8 957	23 403	27 668	27 464	36 392	54 396	48 869	48 260
Thons	117 648	230 547	309 647	75 809	82 333	205 037	235 342	350 942
Listao	41 372	106 191	174 536	16 915	6 352	76 986	103 220	169 987
Thon rouge (nord et sud)	4 721	5 731	5 635	4 260	2 636	2 426	2 396	2 502
Germon	23 723	14 944	15 515	9 739	13 236	8 523	9 362	10 935
Albacore	15 471	69 155	64 885	6 760	15 961	61 163	71 514	94 652
Thon obèse	11 427	2 525	3 152	7 684	4 061	24 269	18 889	32 851
Autres thons	20 934	19 741	29 201	5 323	25 081	6 431	7 755	9 951
Espadon	..	12 260	16 723	25 128	15 006	25 239	22 206	30 064
Autres poissons	107 686	40 327	36 657	170 421	184 262	174 594	140 467	187 457
Total crustacés	**15 647**	**15 866**	**14 998**	**11 526**	**9 321**	**12 522**	**6 613**	**10 967**
Homard et langouste	14	145	128	139	104	76	60	55
Langoustine	1 604	1 130	1 078	1 154	1 143	1 134	1 191	722
Crevette	5 995	11 178	10 673	6 868	4 626	5 845	3 332	5 946
Autres crustacés	8 034	3 413	3 119	3 365	3 448	5 467	2 030	4 244
Total coquillages et mollusques	**50 198**	**51 475**	**47 751**	**55 416**	**48 567**	**54 786**	**61 334**	**70 637**
Huître	38	8	12	21	72	112	105	39
Moule	399	38	8	252	222	266	226	237
Coquille St-Jacques	390	626	566	495	556	60	95	93
Bivalves	1 248	9 561	10 089	12 580	12 400	10 560	10 015	10 737
Autres coquillages (incl. buccins	86	356	400	452	442	377	164	131
Calmar	16 578	4 479	7 075	25 055	17 951	25 028	37 706	44 450
Seiche	3 320	3 471	4 079	3 147	2 974	3 294	2 448	2 773
Poulpe	20 516	14 959	16 301	13 370	13 906	15 044	10 541	12 042
Autres mollusques (incl. oursins)	7 624	17 977	9 221	44	486	45	34	135
Autres animaux marins	**479**	**540**	**622**	**446**	**690**	**799**	**729**	**590**
Plantes aquatiques	**485**	**109**	**97**	**64**	**123**	**261**	**526**	**1 215**
Algue brune	..	..	..	..	..	..	..	142
Algue rouge	..	47	22	..	73	175	259	274
Autres algues	485	62	75	64	50	86	267	799
Poisson pour transformation	..	..	..	..	..	..	..	..
TOTAL GÉNÉRAL	**670 314**	**730 505**	**785 821**	**599 354**	**656 842**	**801 830**	**766 801**	**997 020**

Tableau 3. Débarquements nationaux dans les ports nationaux *(suite)*

	2006	2007	2008	2009	2010	2011	2012	2013
VALEUR (EUR)								
Total poissons	**1 161 726 000**	**1 158 453 291**	**1 360 968 000**	**1 225 715 318**	**1 269 335 737**	**1 426 413 676**	**1 315 526 255**	**1 756 984 147**
Saumon	596 000	116 000	95 000	167 764	49 661	101 406	29 965	10 275
Saumon rose	..	..	..	..	..	..	..	..
Saumon keta	..	..	..	..	..	..	..	..
Saumon rouge	..	..	..	..	..	..	..	..
Saumon argenté	..	..	..	..	..	..	..	..
Autres saumons	596 000	116 000	95 000	167 764	49 661	101 406	29 965	10 275
Poissons plats	81 835 000	67 852 000	95 198 000	76 471 010	79 892 246	82 152 035	57 285 831	58 023 498
Flétan	28 674 000	60 000	56 000	128 755	152 341	255 679	294 596	206 490
Flétan noir	..	7 392 000	23 653 000	12 035 525	13 687 647	15 547 220	15 017 571	12 042 319
Sole	..	6 305 000	7 908 000	..	..	11 014 575	6 879 803	10 793 483
Plie	40 000	48 000	27 000	83 932	99 243	57 850	46 159	48 836
Autres poissons plats	53 122 000	54 047 000	63 554 000	64 222 797	65 953 015	55 276 711	35 047 702	34 932 370
Poissons de fond	340 377 000	440 862 323	453 679 000	278 051 993	389 023 616	392 128 699	364 759 649	448 665 590
Morue (Atlantique et Pacifique)	605 000	2 561 000	31 065 000	26 692 991	37 123 937	34 358 003	28 700 532	43 960 368
Églefin	336 000	200 000	131 000	79 360	121 138	194 446	275 232	451 179
Lieu	24 000	1 203 000	1 969 000	8 890	15 010	1 816 607	1 552 255	1 828 168
Morue du Pacifique occidental	1 822 000	..	..	1 455 487	1 631 444	1 809 903	1 533 055	..
Merlan	605 000	383 000	268 000	99 170	142 605	9 083 650	9 779 153	15 294 828
Merlu (toutes espèces)	143 603 000	114 112 323	57 036 000	145 779 777	128 686 807	127 250 850	159 860 709	210 631 306
Sébaste	10 445 000	16 906 000	28 980 000	..	..	..	..	..
Autres poissons de fond	182 936 000	305 497 000	334 230 000	103 936 318	221 302 675	219 425 143	164 591 768	176 499 741
Pélagiques	173 993 000	156 979 082	183 115 000	146 274 605	166 713 142	228 587 606	205 191 475	220 851 711
Chinchard	43 395 000	28 257 124	35 008 000	32 798 710	28 701 563	42 493 352	25 791 603	30 811 422
Maquereau	48 368 000	29 194 000	41 737 000	12 768 793	16 447 902	27 412 708	28 458 871	40 774 339
Hareng (Atlantique et Pacifique)	230 000	67 371	49 000	21 666	66 939	21 586	707	61
Sardine	46 152 000	55 146 587	57 391 000	46 353 889	48 021 825	56 456 888	59 790 994	57 070 369
Autres pélagiques	35 847 000	44 314 000	48 930 000	54 331 547	73 474 913	102 203 072	91 149 300	92 195 520
Thons	195 495 000	412 730 886	538 992 000	293 076 327	226 994 017	397 213 137	499 810 458	716 608 293
Listao	31 447 000	95 960 429	190 857 000	55 416 643	6 247 046	78 439 158	107 854 476	195 012 940
Thon rouge (nord et sud)	21 769 000	32 774 832	34 207 000	27 551 776	18 700 767	17 677 042	28 474 121	26 088 442
Germon	54 930 000	46 912 991	49 608 000	41 093 381	51 478 849	34 704 454	32 671 138	39 935 764
Albacore	20 970 000	114 721 397	137 130 000	25 007 191	24 814 070	97 019 409	168 825 099	213 349 364
Thon obèse	20 791 000	2 916 778	6 367 000	16 188 994	9 320 969	50 030 646	41 739 770	89 078 143
Autres thons	45 587 000	35 157 000	42 557 000	12 463 086	29 428 676	14 090 306	14 187 258	21 622 566
Espadon	..	84 287 460	78 266 000	115 355 256	87 003 640	105 252 122	106 058 596	131 521 074
Autres poissons	369 430 000	79 913 000	89 889 000	431 673 620	406 663 055	326 230 793	188 448 877	312 824 780
Total crustacés	**213 073 000**	**208 524 929**	**180 946 000**	**135 886 146**	**129 969 631**	**157 252 748**	**90 844 099**	**139 401 954**
Homard et langouste	359 000	3 551 000	3 582 000	3 294 520	2 971 736	2 639 930	2 031 085	1 834 855
Langoustine	33 337 000	26 023 929	24 753 000	21 948 831	21 630 728	20 369 453	18 338 933	12 885 549
Crevette	44 234 000	148 875 000	127 478 000	86 294 021	79 476 963	95 093 199	53 667 691	107 323 891
Autres crustacés	135 143 000	30 075 000	25 133 000	24 348 774	25 890 204	39 150 166	16 806 390	17 357 659
Total coquillages et mollusques	**167 118 000**	**180 755 591**	**184 338 000**	**207 441 541**	**205 282 881**	**250 308 794**	**259 394 730**	**235 317 760**
Huître	166 000	32 212	47 000	89 199	117 842	180 017	324 991	137 640
Moule	3 616 000	38 000	10 000	426 208	541 341	573 226	546 879	168 363
Coquille St-Jacques	1 189 000	1 525 477	1 241 000	1 097 045	1 302 838	198 954	374 574	330 845
Bivalves	6 737 000	42 978 000	47 039 000	82 741 832	82 556 881	74 471 812	54 544 925	55 660 350
Autres coquillages (incl. buccins	295 000	2 534 000	2 825 000	3 239 478	2 997 399	2 437 870	1 137 048	819 977
Calmar	44 949 000	23 406 000	29 196 000	64 680 472	55 236 262	81 268 142	145 350 708	126 345 202
Seiche	14 346 000	15 593 003	18 302 000	15 877 295	16 778 573	20 434 815	12 680 599	14 413 920
Poulpe	60 853 000	58 094 900	70 728 000	39 092 850	45 540 895	70 535 678	44 274 779	36 784 250
Autres mollusques (incl. oursins)	34 967 000	36 554 000	14 950 000	197 162	3 208 249	208 280	160 227	657 213
Autres animaux marins	**1 376 000**	**1 625 563**	**1 966 000**	**1 535 961**	**2 147 244**	**2 749 788**	**2 190 135**	**1 965 783**
Plantes aquatiques	**122 000**	**56 000**	**47 000**	**37 555**	**46 037**	**71 418**	**242 176**	**380 175**
Algue brune	..	..	..	..	..	..	..	78 547
Algue rouge	..	11 000	5 000	..	15 099	21 000	56 941	78 849
Autres algues	122 000	45 000	42 000	37 555	30 938	50 418	185 235	222 779
Poisson pour transformation	..	..	..	..	..	..	..	..
TOTAL GÉNÉRAL	**1 543 415 000**	**1 549 415 374**	**1 728 265 001**	**1 569 080 561**	**1 604 634 286**	**1 836 796 424**	**1 668 197 395**	**2 134 049 819**

.. Non disponible

Note : Métadonnées détaillées : http://metalinks.oecd.org/fish/20150108/2f19

Source : OCDE (2014), « Pêcheries : Débarquements nationaux dans les ports domestiques », Statistiques agricoles de l'OCDE (base de données). DOI: 10.1787/data-00222-fr

ESPAGNE

Tableau 4. Débarquements nationaux dans les ports étrangers

	2006	2007	2008	2009	2010	2011	2012	2013
VOLUME (TONNES)								
Total poissons	**5 569**	**19 577**	**15 473**	**122 961**	**103 360**	**54 854**	**43 278**	**15 040**
Saumon	..	..	..	1	5	5	..	..
Saumon rose	..	..	..	..	..	..	..	..
Saumon keta	..	..	..	..	..	..	..	..
Saumon rouge	..	..	..	..	..	..	..	..
Saumon argenté	..	..	..	..	..	..	..	..
Autres saumons	..	..	..	1	5	5	..	..
Poissons plats	135	319	1 255	1 729	1 554	1 412	90	107
Flétan	0	..	1	0	0	0	0	..
Flétan noir	..	..	..	3	0	0	..	..
Sole	..	..	3	..	0	90	0	1
Plie	..	..	..	0	1	0	..	..
Autres poissons plats	135	256	1 251	1 726	1 553	1 322	90	106
Poissons de fond	594	4 727	9 836	27 805	36 967	25 985	23 702	5 714
Morue (Atlantique et Pacifique)	..	..	1 751	..	0	1	..	..
Églefin	..	..	58	36	103	90	..	..
Lieu	..	..	21	6	21	44	..	..
Morue du Pacifique occidental	..	..	..	2	5	8	..	..
Merlan	..	..	26	..	9	4	0	..
Merlu (toutes espèces)	105	3 741	2 650	18 830	20 827	16 302	12 027	5 011
Sébaste	11	165	168	..	0	0	..	..
Autres poissons de fond	477	821	5 161	8 931	16 002	9 544	11 675	703
Pélagiques	1 037	1 882	2 369	3 511	3 394	2 389	690	3 273
Chinchard	6	10	48	184	462	194	34	35
Maquereau	42	0	116	289	0	12	7	191
Hareng (Atlantique et Pacifique)	..	..	..	..	0	0	..	..
Sardine	989	..	909	857	333	205	210	190
Autres pélagiques	0	1 872	1 297	2 181	2 599	1 978	439	2 857
Thons	889	5 697	278	57 269	44 764	3 751	3 574	320
Listao	741	17	16	30 582	25 607	723	967	111
Thon rouge (nord et sud)	..	0	..	151	31	7	..	..
Germon	2	51	..	7	13	9	12	39
Albacore	8	14	2	18 208	13 647	1 512	127	45
Thon obèse	26	41	12	4 753	3 456	8	61	43
Autres thons	112	1 214	26	860	633	389	333	63
Espadon	..	..	222	2 708	1 377	1 103	2 074	19
Autres poissons	2 913	6 952	1 735	32 646	16 676	21 312	15 222	5 626
Total crustacés	**85**	**939**	**413**	**631**	**499**	**108**	**45**	**76**
Homard et langouste	..	..	..	..	0	1	..	..
Langoustine	..	..	11	202	31	18	2	0
Crevette	13	624	303	16	155	70	42	74
Autres crustacés	72	315	99	413	313	19	1	2
Total coquillages et mollusques	**623**	**956**	**190**	**4 603**	**7 305**	**3 435**	**3 067**	**272**
Huître	..	..	..	..	..	..	..	..
Moule	..	..	..	..	..	..	..	..
Coquille St-Jacques	..	..	0	..	0	0	..	..
Bivalves	..	..	..	0	0	0	..	..
Autres coquillages (incl. buccins	..	..	..	..	0	0	..	..
Calmar	84	96	22	1 955	4 297	2 010	2 969	235
Seiche	81	166	15	332	448	41	9	1
Poulpe	376	600	39	2 316	2 555	1 378	88	36
Autres mollusques (incl. oursins)	82	94	114	0	5	6	1	..
Autres animaux marins	..	..	..	..	..	..	..	..
Plantes aquatiques	..	..	..	..	..	..	..	..
Algue brune	..	..	..	..	..	..	..	..
Algue rouge	..	..	..	..	..	..	..	..
Autres algues	..	..	..	..	..	..	..	..
Poisson pour transformation	..	..	..	..	..	..	..	..
TOTAL GÉNÉRAL	**6 277**	**21 472**	**16 076**	**128 195**	**111 164**	**58 397**	**46 390**	**15 388**

ESPAGNE

Tableau 4. Débarquements nationaux dans les ports étrangers *(suite)*

	2006	2007	2008	2009	2010	2011	2012	2013
VALEUR (EUR)								
Total poissons	**13 149 512**	**78 342 460**	**52 806 000**	**270 484 095**	**187 263 550**	**114 937 883**	**92 666 842**	**28 975 617**
Saumon	..	..	..	7 126	35 332	11 525	..	..
Saumon rose	..	..	..	..	..	..	..	..
Saumon keta	..	..	..	..	..	..	..	..
Saumon rouge	..	..	..	..	..	..	..	..
Saumon argenté	..	..	..	..	..	..	..	..
Autres saumons	..	..	..	7 126	35 332	11 525	..	..
Poissons plats	1 288 697	2 303 000	5 239 000	9 062 792	9 016 655	6 773 898	218 793	234 760
Flétan	1 089	..	3 000	93	744	53	55	..
Flétan noir	..	..	..	5 136	0	0	..	..
Sole	..	1 074 000	54 000	..	0	1 254 007	6 182	10 281
Plie	..	..	1 000	944	3 668	0	..	..
Autres poissons plats	1 288 697	1 229 000	5 181 000	9 056 619	9 012 243	5 519 838	212 556	224 479
Poissons de fond	1 442 754	10 152 787	37 333 000	59 985 729	84 053 532	66 490 392	61 381 511	18 256 244
Morue (Atlantique et Pacifique)	..	..	13 338 000	..	0	3 226	..	..
Églefin	..	..	86 000	51 774	146 504	125 966	..	..
Lieu	..	..	47 000	9 804	29 336	80 238	..	..
Morue du Pacifique occidental	..	..	..	9 033	19 851	28 231	..	..
Merlan	..	..	54 000	..	14 769	7 255	5	..
Merlu (toutes espèces)	297 043	5 976 787	6 863 000	47 919 517	49 110 671	43 129 361	39 287 378	16 263 909
Sébaste	30 185	1 062 000	641 000	..	0	0	..	..
Autres poissons de fond	1 115 526	3 114 000	16 304 000	11 995 601	34 732 401	23 144 346	22 094 128	1 992 335
Pélagiques	722 231	2 671 185	3 113 000	5 459 017	6 164 454	4 401 059	1 218 548	5 663 722
Chinchard	4 922	7 169	36 000	144 982	394 972	190 915	32 872	26 679
Maquereau	20 716	16	56 000	131 600	14	7 068	2 189	113 938
Hareng (Atlantique et Pacifique)	..	..	..	..	0	0	..	..
Sardine	696 431	..	961 000	949 781	340 713	258 474	366 451	274 964
Autres pélagiques	162	2 664 000	2 060 000	4 232 654	5 428 755	3 944 602	817 036	5 248 141
Thons	814 119	44 902 488	1 515 000	141 859 328	62 976 994	12 267 022	14 045 861	931 944
Listao	570 564	11 438	11 000	49 073 638	20 644 700	756 373	806 761	204 156
Thon rouge (nord et sud)	..	308	..	485 521	81 739	18 184	..	..
Germon	6 040	160 457	..	20 273	43 664	26 169	38 531	162 022
Albacore	8 022	26 323	3 000	53 679 097	25 311 038	3 353 199	326 856	93 532
Thon obèse	43 474	81 057	24 000	20 660 262	5 844 720	10 675	103 076	119 727
Autres thons	186 019	13 445 000	132 000	3 715 006	4 010 235	2 456 498	1 812 143	267 884
Espadon	..	31 178 213	1 345 000	14 225 530	7 040 898	5 645 924	10 958 494	84 623
Autres poissons	8 881 711	18 313 000	5 606 000	54 110 103	25 016 583	24 993 987	15 802 129	3 888 947
Total crustacés	**1 742 676**	**6 691 000**	**8 251 000**	**4 258 238**	**5 610 784**	**1 912 006**	**792 350**	**1 480 365**
Homard et langouste	177	..	..	..	0	23 952	..	..
Langoustine	..	..	222 000	3 270 815	523 955	320 833	18 258	10 052
Crevette	103 728	6 250 000	6 130 000	464 310	4 630 539	1 257 616	768 217	1 464 752
Autres crustacés	1 638 771	441 000	1 899 000	523 114	456 290	309 605	5 875	5 561
Total coquillages et mollusques	**1 646 643**	**4 530 536**	**1 038 000**	**18 171 735**	**22 595 252**	**11 409 321**	**22 773 952**	**856 131**
Huître	..	..	..	..	..	..	..	..
Moule	..	..	..	..	..	..	..	..
Coquille St-Jacques	..	..	1 000	1 642	428	0	..	..
Bivalves	..	..	..	1 358	173	463	..	..
Autres coquillages (incl. buccins)	..	..	..	..	0	373	..	..
Calmar	414 672	1 133 000	217 000	8 159 236	11 870 119	5 337 903	22 360 938	766 373
Seiche	714 958	1 020 811	73 000	2 974 055	3 307 094	306 806	39 485	5 909
Poulpe	324 169	2 056 725	171 000	7 034 537	7 397 788	5 746 268	369 913	83 849
Autres mollusques (incl. oursins)	192 844	320 000	576 000	2 550	19 650	17 508	3 616	..
Autres animaux marins	..	..	..	..	..	..	..	..
Plantes aquatiques	..	..	..	..	..	..	..	..
Algue brune	..	..	..	..	..	..	..	..
Algue rouge	..	..	..	..	..	..	..	..
Autres algues	..	..	..	..	..	..	..	..
Poisson pour transformation	..	..	..	..	..	..	..	..
TOTAL GÉNÉRAL	**16 538 831**	**89 563 996**	**62 095 000**	**292 914 068**	**215 469 586**	**128 259 210**	**116 233 144**	**31 312 113**

.. Non disponible

Note : Métadonnées détaillées : http://metalinks.oecd.org/fish/20150108/5f0d

Source : OCDE (2014), « Pêcheries : Débarquements nationaux dans les ports étrangers », Statistiques agricoles de l'OCDE (base de données). DOI: 10.1787/data-00223-fr

ESPAGNE

Tableau 5. Débarquements étrangers dans les ports nationaux

	2006	2007	2008	2009	2010	2011	2012	2013
VOLUME (TONNES)								
Total poissons	**104 450**	**103 643**	**88 058**	**143 817**	**193 334**	**171 240**	**65 564**	**1 925**
Saumon	16	4	..	..	..	8	..	..
Saumon rose	..	..	..	..	..	..	..	..
Saumon keta	..	..	..	..	..	..	..	..
Saumon rouge	..	..	..	..	..	..	..	..
Saumon argenté	..	..	..	..	..	..	..	..
Autres saumons	16	4	..	..	..	8	..	..
Poissons plats	1 772	3 650	2 227	5 552	6 983	7 722	7 681	276
Flétan	978	72	22	27	35	51	59	..
Flétan noir	..	1 159	862	1 660	2 020	2 597	2 107	..
Sole	..	71	42	..	..	90	108	12
Plie	4	2	2	2	1	2	0	1
Autres poissons plats	790	2 346	1 299	3 863	4 927	4 982	5 407	263
Poissons de fond	23 384	19 906	13 161	16 625	46 588	52 518	42 381	994
Morue (Atlantique et Pacifique)	11 456	1 050	431	3 088	3 908	5 560	4 256	9
Églefin	93	363	63	166	432	115	177	14
Lieu	818	139	34	42	30	108	83	5
Morue du Pacifique occidental	174	..	..	63	55	77	58	..
Merlan	48	67	54	67	40	232	947	15
Merlu (toutes espèces)	4 330	3 427	3 195	11 527	15 955	19 961	20 573	386
Sébaste	3 747	10 260	5 424	..	0	0	..	..
Autres poissons de fond	2 718	4 600	3 961	1 672	26 168	26 542	16 345	565
Pélagiques	21 813	75 279	69 076	97 981	106 563	97 537	9 737	385
Chinchard	5 989	2 514	2 915	3 016	3 200	4 703	2 791	121
Maquereau	2 560	2 093	2 263	1 413	2 288	6 466	5 333	244
Hareng (Atlantique et Pacifique)	..	..	..	..	..	..	..	..
Sardine	13 262	9 944	10 560	33 546	32 599	52 310	376	14
Autres pélagiques	2	60 728	53 338	60 006	68 476	34 058	1 237	6
Thons	970	1 598	1 375	2 396	1 705	2 648	762	36
Listao	26	30	72	46	10	52	11	..
Thon rouge (nord et sud)	248	196	10	4	14	0	..	..
Germon	274	216	73	343	201	149	286	10
Albacore	10	45	110	155	83	42	20	7
Thon obèse	71	84	116	141	61	47	28	..
Autres thons	340	741	609	919	761	1 818	47	0
Espadon	..	286	385	788	575	540	370	19
Autres poissons	56 495	3 207	2 218	21 263	31 495	10 807	5 003	234
Total crustacés	**920**	**765**	**410**	**370**	**390**	**389**	**240**	**4**
Homard et langouste	..	28	5	1	11	10	0	0
Langoustine	258	262	134	130	111	67	93	1
Crevette	5	85	61	102	110	152	120	0
Autres crustacés	658	390	210	137	158	160	27	3
Total coquillages et mollusques	**1 855**	**1 859**	**1 902**	**1 856**	**2 312**	**2 459**	**3 350**	**198**
Huître	..	..	..	..	0	..	..	..
Moule	..	..	..	..	0	..	..	..
Coquille St-Jacques	2	1	0	1	2	6	2	..
Bivalves	..	18	18	0	2	0	1	0
Autres coquillages (incl. buccins	15	..	..	0	3	0	1	0
Calmar	499	175	254	1 508	1 728	1 979	2 458	73
Seiche	76	112	76	62	65	117	250	16
Poulpe	243	430	672	285	509	356	638	109
Autres mollusques (incl. oursins)	1 019	1 122	881	0	6	1	0	..
Autres animaux marins	**..**	**0**	**1**	**..**	**..**	**0**	**0**	**..**
Plantes aquatiques	**..**	**..**	**..**	**..**	**..**	**..**	**..**	**..**
Algue brune	..	..	..	..	..	..	..	..
Algue rouge	..	..	..	..	..	..	..	..
Autres algues	..	..	..	0	..	..	..	..
Poisson pour transformation	..	..	..	..	..	..	..	..
TOTAL GÉNÉRAL	**107 225**	**106 266**	**90 371**	**146 043**	**196 036**	**174 088**	**69 154**	**2 127**

Tableau 5. Débarquements étrangers dans les ports nationaux *(suite)*

	2006	2007	2008	2009	2010	2011	2012	2013
VALEUR (EUR)								
Total poissons	**121 724 912**	**104 686 863**	**117 162 000**	**211 609 531**	**250 683 496**	**264 776 789**	**158 702 801**	**5 293 639**
Saumon	103 031	19 960	..	382	1 891	31 236	..	..
Saumon rose	..	..	..	..	..	..	..	..
Saumon keta	..	..	..	..	..	..	..	..
Saumon rouge	..	..	..	..	..	..	..	..
Saumon argenté	..	..	..	..	..	..	..	..
Autres saumons	103 031	19 960	..	382	1 891	31 236	..	..
Poissons plats	7 478 896	9 839 287	9 175 000	15 565 761	21 625 204	25 527 945	24 259 566	861 513
Flétan	3 141 401	94 000	54 000	63 520	102 618	144 949	209 193	..
Flétan noir	..	2 352 000	2 750 000	3 068 804	4 397 095	6 496 949	5 343 028	..
Sole	..	1 118 000	657 000	..	..	1 033 659	991 667	110 330
Plie	14 750	15 287	7 000	24 033	9 408	11 159	319	9 720
Autres poissons plats	4 322 745	6 260 000	5 707 000	12 409 403	17 116 083	17 841 229	17 715 359	741 463
Poissons de fond	52 421 039	43 267 324	52 969 000	36 225 594	114 038 761	121 639 113	111 676 786	3 431 578
Morue (Atlantique et Pacifique)	13 830 368	835 074	3 393 000	4 608 289	7 991 696	8 862 968	6 758 575	25 253
Églefin	117 954	482 004	85 000	142 903	396 966	140 666	189 981	16 561
Lieu	682 794	160 000	116 000	40 748	30 926	270 979	219 624	11 167
Morue du Pacifique occidental	850 938	..	..	195 934	218 630	239 045	191 084	..
Merlan	76 045	96 856	99 000	102 030	50 209	265 629	665 558	16 533
Merlu (toutes espèces)	14 075 031	10 707 391	10 436 000	29 195 105	38 792 728	47 977 890	53 600 417	1 217 801
Sébaste	10 022 726	10 871 000	20 972 000	..	0	0	..	..
Autres poissons de fond	12 765 183	20 115 000	17 868 000	1 940 585	66 557 606	64 120 981	50 242 631	2 144 263
Pélagiques	15 825 924	39 086 208	44 761 000	105 720 769	94 406 290	99 121 286	11 321 280	280 386
Chinchard	4 117 853	1 745 396	2 311 000	2 794 243	3 643 024	4 651 139	2 963 721	45 177
Maquereau	1 872 283	2 892 717	4 278 000	964 340	1 892 836	6 158 077	5 570 886	196 429
Hareng (Atlantique et Pacifique)	..	..	..	..	..	..	..	..
Sardine	9 821 471	8 419 095	10 873 000	52 718 673	33 821 477	59 801 089	573 432	19 202
Autres pélagiques	14 316	26 029 000	27 299 000	49 243 513	55 048 953	28 510 981	2 213 241	19 578
Thons	2 881 898	6 552 084	6 190 000	8 124 106	5 884 263	6 760 233	3 826 327	192 047
Listao	32 043	26 347	124 000	67 084	8 066	32 012	31 503	..
Thon rouge (nord et sud)	1 334 209	1 042 122	75 000	28 797	82 927	0	..	..
Germon	728 851	648 566	304 000	1 272 681	815 137	687 265	1 026 164	58 084
Albacore	17 934	112 118	576 000	176 860	176 223	101 632	82 220	32 589
Thon obèse	287 159	316 716	672 000	570 292	156 723	175 211	115 761	..
Autres thons	481 703	2 894 000	2 014 000	1 488 409	1 017 498	2 313 455	145 340	1 597
Espadon	..	1 512 216	2 425 000	4 519 983	3 627 689	3 450 658	2 425 339	99 777
Autres poissons	43 014 124	5 922 000	4 067 000	45 972 920	14 727 087	11 696 976	7 618 842	528 115
Total crustacés	**10 218 466**	**7 725 032**	**4 708 000**	**3 379 800**	**3 401 888**	**2 725 098**	**2 035 453**	**22 887**
Homard et langouste	1 569	1 044 000	218 000	26 573	201 219	199 361	7 050	656
Langoustine	3 835 470	4 353 032	2 534 000	2 114 272	1 600 186	907 162	846 834	15 716
Crevette	38 537	1 347 000	743 000	766 963	1 053 354	1 376 145	1 074 969	1 442
Autres crustacés	6 342 890	981 000	1 213 000	471 992	547 129	242 430	106 600	5 073
Total coquillages et mollusques	**4 286 896**	**9 944 061**	**5 175 000**	**7 581 584**	**8 540 324**	**17 155 153**	**13 956 949**	**514 854**
Huître	..	..	..	..	238	..	..	..
Moule	..	..	..	..	3	..	..	..
Coquille St-Jacques	9 038	5 649	1 000	5 281	4 864	19 539	10 439	..
Bivalves	..	15 000	18 000	27	3 088	223	1 415	34
Autres coquillages (incl. buccins)	13 941	..	..	637	24 738	3 603	7 114	103
Calmar	1 411 827	1 229 000	1 462 000	6 777 415	6 825 714	15 491 116	11 282 884	254 358
Seiche	232 471	315 093	204 000	173 787	242 712	456 405	800 671	51 936
Poulpe	317 087	662 319	1 341 000	622 456	1 427 139	1 178 317	1 854 298	208 423
Autres mollusques (incl. oursins)	2 302 533	7 717 000	2 149 000	1 981	36 566	5 950	128	..
Autres animaux marins	**522**	**1 899**	**7 000**	**189**	..	**14 136**	**6 510**	..
Plantes aquatiques	..	..	..	**102**	..	..	..	..
Algue brune	..	..	..	..	..	..	..	..
Algue rouge	..	..	..	..	..	..	..	..
Autres algues	..	..	..	102	..	..	..	..
Poisson pour transformation	..	..	..	..	..	..	..	..
TOTAL GÉNÉRAL	**136 230 797**	**122 357 855**	**127 052 000**	**222 571 017**	**262 625 708**	**284 671 176**	**174 701 713**	**5 831 380**

.. Non disponible

Note : Métadonnées détaillées : http://metalinks.oecd.org/fish/20150108/3fd0

Source : OCDE (2014), « Pêcheries : Débarquements étrangers dans les ports domestiques », Statistiques agricoles de l'OCDE (base de données). DOI: 10.1787/data-00224-fr

ESPAGNE

Tableau 6. Production de l'aquaculture

	2006	2007	2008	2009	2010	2011	2012	2013
VOLUME (TONNES)								
Poissons	**60 274**	**67 060**	**68 002**	**66 176**	**60 838**	**61 544**	**59 755**	..
Saumon de l'Atlantique	2	..	..	..	..	..	4	..
Saumon du Pacifique	..	..	..	..	..	..	..	..
Truite arc-en-ciel	25 339	25 195	22 199	18 459	17 383	16 560	16 305	..
dont : d'eau de mer	..	..	..	29	472	..	..	..
dont : d'eau douce	25 339	25 195	22 199	18 429	16 911	16 560	16 305	..
Truite de mer	203	159	138	2	1	1	5	..
Poisson plat	..	..	22 286	7 253	7 181	7 487	7 863	..
Dorade	16 574	20 354	22 286	23 218	20 358	15 118	16 607	..
Bar	7 764	9 152	9 739	12 657	11 491	17 550	14 455	..
Loup	..	..	159	..	..	..	..	..
Carpe	65	46	159	3	3	47	33	..
Tilapia	..	..	534	..	..	..	..	..
Anguille	403	478	534	488	423	434	374	..
Autres poissons	9 925	11 676	12 946	4 096	3 999	4 348	4 109	..
Coquillages et crustacés	**234 616**	**217 897**	**185 297**	**202 276**	**192 867**	**212 696**	**206 928**	..
Huître, comestible	4 481	4 956	2 199	2 151	1 535	1 758	1 256	..
Huître, perle	..	..	..	..	..	..	..	..
Moule	228 830	209 633	180 264	198 531	189 090	208 583	203 664	..
Coquille St.-Jacques	0	0	1	1	1	1	1	..
Bivalves	1 083	1 573	1 493	1 131	2 125	1 508	1 475	..
Crevette et bouquet	210	122	113	145	103	140	164	..
Autres coquillages et crustacés	13	1 612	1 228	317	13	707	368	..
Total poissons, coquillages et crustacés	**294 890**	**284 957**	**253 299**	**268 452**	**253 705**	**274 240**	**266 683**	..
Autres animaux marins	..	..	..	..	..	..	..	..
Plantes aquatiques	1	25	14	3	1	..	3	..
Algue brune	..	24	12	3	..	0	1	..
Algue rouge	..	..	..	..	..	..	..	..
Algue verte	..	..	..	..	1	..	2	..
Autres plantes aquatiques	1	2	2	..	..	..	..	..
TOTAL GÉNÉRAL	**294 891**	**284 982**	**253 313**	**268 455**	**253 707**	**274 240**	**266 686**	..
VALEUR (EUR)								
Poissons	**272 196 700**	**297 716 220**	**299 076 318**	**282 074 379**	**241 289 171**	**312 472 075**	**316 528 654**	..
Saumon de l'Atlantique	..	..	..	..	..	..	14 863	..
Saumon du Pacifique	..	..	..	..	..	..	..	..
Truite arc-en-ciel	58 430 050	58 077 930	52 059 578	42 302 941	46 502 712	42 256 374	39 619 121	..
dont : d'eau de mer	..	..	..	35 340	1 621 910	..	..	..
dont : d'eau douce	58 430 050	58 077 930	52 059 578	42 267 601	44 880 802	42 256 374	39 619 121	..
Truite de mer	188 710	119 100	119 000	1 683	7 500	6 000	40 000	..
Poisson plat	..	..	80 112 865	49 027 735	440 119	49 759 435	38 345 687	..
Dorade	71 332 040	85 168 130	80 112 865	86 332 164	89 465 085	74 840 274	77 549 045	..
Bar	49 245 210	52 188 450	52 912 020	64 801 818	66 882 659	87 265 665	92 697 692	..
Loup	..	..	966 180	..	..	..	..	..
Carpe	396 700	364 510	966 180	20 160	20 000	422 885	71 400	..
Tilapia	..	..	4 304 530	..	..	..	..	..
Anguille	2 908 290	3 819 750	4 304 530	3 932 083	3 688 729	4 157 675	3 616 873	..
Autres poissons	89 695 700	97 978 350	108 602 146	35 655 795	34 282 368	53 763 766	64 573 973	..
Coquillages et crustacés	**150 041 640**	**145 566 210**	**114 751 093**	**114 267 495**	**120 641 630**	**134 861 431**	**117 289 619**	..
Huître, comestible	13 998 240	15 987 420	6 759 815	6 107 590	5 305 630	5 597 606	4 338 995	..
Huître, perle	..	..	..	..	..	..	..	..
Moule	120 534 250	109 788 560	90 097 564	95 768 145	94 949 102	112 401 953	100 296 610	..
Coquille St.-Jacques	2 000	8 000	15 125	13 914	3 245	11 750	9 397	..
Bivalves	12 949 800	14 239 070	13 011 383	9 644 029	19 042 844	12 194 046	9 752 537	..
Crevette et bouquet	2 491 720	1 286 320	1 232 624	1 464 366	1 276 559	1 198 342	1 252 605	..
Autres coquillages et crustacés	65 630	4 256 840	3 634 582	1 269 451	64 250	3 457 734	1 639 475	..
Total poissons, coquillages et crustacés	**422 238 340**	**443 282 430**	**413 827 411**	**396 341 874**	**361 930 801**	**447 333 506**	**433 818 273**	..
Autres animaux marins	..	..	..	..	..	..	..	..
Plantes aquatiques	540 000	694 010	685 860	2 240	562 609	100	699 956	..
Algue brune	..	19 010	10 860	2 240	..	100	600	..
Algue rouge	..	..	..	..	..	..	..	..
Algue verte	..	..	..	..	562 609	..	699 356	..
Autres plantes aquatiques	540 000	675 000	675 000	..	..	..	..	..
TOTAL GÉNÉRAL	**422 778 340**	**443 976 440**	**414 513 271**	**396 344 114**	**362 493 410**	**447 333 606**	**434 518 229**	..

.. Non disponible

Note : Métadonnées détaillées : http://metalinks.oecd.org/fish/20150108/3086

Source : OCDE (2014), « Pêcheries : Production de l'aquaculture », Statistiques agricoles de l'OCDE (base de données). DOI: 10.1787/data-00225-fr

ESPAGNE

Tableau 7. Transferts financiers publics (TFP)

Milliers EUR

	2006	2007	2008	2009	2010	2011	2012	2013
Contribution nationale aux TFP								
Pêche maritime	**48 430**	**40 795**	**20 819**	**24 896**	**53 427**	**44 642**	**33 214**	**22 495**
Paiements directs	13 354	16 576	5 088	21 903	40 945	24 380	22 737	17 779
Désarmement des navires et retrait des licences	..	..	..	18 227	22 294	13 886	12 952	11 442
Indemnisation des catastrophes	..	..	..	..	..	..	..	..
Aides : équipement, modernisation, construction de navire	..	..	..	3 239	2 513	1 330	1 168	-113
Aide au revenu et assurance chômage	..	..	..	437	16 138	9 162	8 610	6 450
Autres paiements directs	13 354	16 576	5 088	..	..	3	6	..
Transferts réduisant les coûts	17 022	12 841	8 220	..	..	..	..	..
Prêts subventionnés : équipement, modernisation, construction de navire	..	..	..	..	..	..	..	..
Bonification d'intérêts	..	..	..	..	..	..	..	..
Exonération de taxe sur carburant	..	..	..	..	..	..	..	..
Ristourne et subvention à l'assurance	..	..	..	..	..	..	..	..
Allègement d'impôt sur le revenu, contrib. sociales impayées	..	..	..	..	..	..	..	..
Autres transferts réduisant les coûts	17 022	12 841	8 220	..	..	..	..	..
Services généraux	18 054	11 378	7 511	2 993	12 482	20 262	10 477	4 716
Gestion des pêcheries	..	..	..	673	..	1 061	904	362
Recherche halieutique	..	..	..	..	646	4 929	3 169	4 071
Police des pêches	..	..	..	..	..	..	..	..
Infrastructure des pêcheries	..	..	..	2 320	5 870	8 762	2 532	-1 475
Autres services généraux	18 054	11 378	7 511	..	5 966	5 509	3 873	1 757
Recouvrement des coûts	..	..	..	0	..	..	..	..
Aquaculture	**6 148**	**10 807**	**9 044**	**7 266**	**1 675**	**2 260**	**2 314**	**648**
Paiements directs	..	..	..	7 266	1 675	2 260	2 314	648
Aides : développement aquacole	..	..	..	7 266	1 675	2 260	2 314	648
Indemnisation des catastrophes	..	..	..	..	..	..	..	..
Autres paiements directs	..	..	..	..	..	..	..	..
Transferts réduisant les coûts	..	..	..	..	..	..	..	..
Prêts subventionnés : développement aquacole	..	..	..	..	..	..	..	..
Autres transferts réduisant les coûts	..	..	..	..	..	..	..	..
Services généraux	..	..	..	..	..	..	..	..
Gestion, recherche et police de l'aquaculture	..	..	..	..	..	..	..	..
Infrastructure aquacole	..	..	..	..	..	..	..	..
Autres services généraux	..	..	..	..	..	..	..	..
Recouvrement des coûts	..	..	..	..	..	..	..	..
Commercialisation et transformation	**45 463**	**36 463**	**28 800**	**37 012**	**25 366**	**13 998**	**13 843**	**4 384**
Paiements directs	..	..	..	37 012	25 366	13 998	13 843	4 384
Aides : commercialisation et transformation	..	..	..	37 012	21 597	14 153	12 492	4 305
Autres paiements directs	..	..	..	..	3 769	-155	1 350	79
Transferts réduisant les coûts	..	..	..	..	..	..	..	..
Prêts subventionnés : commercialisation et transformation	..	..	..	..	..	..	..	..
Autres transferts réduisant les coûts	..	..	..	..	..	..	..	..
Services généraux	..	..	..	..	..	..	..	..
Aquaculture	..	..	..	..	..	..	..	..
Autres services généraux	..	..	..	..	..	..	..	..
Recouvrement des coûts	..	..	..	..	..	..	..	..
Total	**100 041**	**88 065**	**58 663**	**69 174**	**80 468**	**60 900**	**49 371**	**27 527**

Tableau 7. Transferts financiers publics (TFP) *(suite)*

Milliers EUR

	2006	2007	2008	2009	2010	2011	2012	2013
Contribution européenne aux TFP								
Pêche maritime	**149 541**	**101 698**	**49 425**	**31 953**	**96 080**	**59 618**	**67 237**	**41 316**
Paiements directs	46 845	38 199	8 589	21 734	75 646	35 821	51 599	30 907
Désarmement des navires et retrait des licences	..	..	..	15 801	52 918	23 213	27 938	17 850
Indemnisation des catastrophes	..	..	..	..	..	..	..	..
Aides : équipement, modernisation, construction de navire	..	..	..	5 229	2 705	1 075	1 654	785
Aide au revenu et assurance chômage	..	..	..	704	20 024	11 533	22 001	12 273
Autres paiements directs	46 845	38 199	8 589	..	..	..	6	..
Transferts réduisant les coûts	51 852	31 743	14 759	..	..	..	..	..
Prêts subventionnés : équipement, modernisation, construction de navire	..	..	..	..	..	..	..	..
Bonification d'intérêts	..	..	..	..	..	..	..	..
Exonération de taxe sur carburant	..	..	..	..	..	..	..	..
Ristourne et subvention à l'assurance	..	..	..	..	..	..	..	..
Allègement d'impôt sur le revenu, contrib. sociales impayées	..	..	..	..	..	..	..	..
Autres transferts réduisant les coûts	51 852	31 743	14 759	..	..	..	..	..
Services généraux	50 844	31 756	26 077	10 219	20 434	23 796	15 638	10 409
Gestion des pêcheries	..	..	..	1 856	..	2 494	2 332	947
Recherche halieutique	..	..	..	..	373	1 602	1 045	257
Police des pêches	..	..	..	..	..	..	..	..
Infrastructure des pêcheries	..	..	..	8 363	8 390	8 075	3 858	3 175
Autres services généraux	50 844	31 756	26 077	..	11 671	11 625	8 404	6 029
Recouvrement des coûts	..	..	..	..	..	..	..	..
Aquaculture	**11 917**	**23 929**	**19 186**	**12 947**	**4 676**	**3 746**	**6 477**	**1 873**
Paiements directs	..	..	..	12 947	4 676	3 746	6 477	1 873
Aides : développement aquacole	..	..	..	12 947	4 676	3 746	6 477	1 873
Indemnisation des catastrophes	..	..	..	..	..	..	..	..
Autres paiements directs	..	..	..	..	..	..	..	..
Transferts réduisant les coûts	..	..	..	..	..	..	..	..
Prêts subventionnés : développement aquacole	..	..	..	..	..	..	..	..
Autres transferts réduisant les coûts	..	..	..	..	..	..	..	..
Services généraux	..	..	..	..	..	..	..	..
Gestion, recherche et police de l'aquaculture	..	..	..	..	..	..	..	..
Infrastructure aquacole	..	..	..	..	..	..	..	..
Autres services généraux	..	..	..	..	..	..	..	..
Recouvrement des coûts	..	..	..	..	..	..	..	..
Commercialisation et transformation	**78 963**	**61 202**	**40 811**	**41 543**	**36 878**	**25 197**	**32 224**	**15 517**
Paiements directs	..	..	..	41 543	36 878	25 197	32 224	15 517
Aides : commercialisation et transformation	..	..	..	41 543	28 327	20 589	27 568	15 043
Autres paiements directs	..	..	..	..	8 551	4 608	4 655	474
Transferts réduisant les coûts	..	..	..	..	..	..	..	..
Prêts subventionnés : commercialisation et transformation	..	..	..	..	..	..	..	..
Autres transferts réduisant les coûts	..	..	..	..	..	..	..	..
Services généraux	..	..	..	..	..	..	..	..
Aquaculture	..	..	..	..	..	..	..	..
Autres services généraux	..	..	..	..	..	..	..	..
Recouvrement des coûts	..	..	..	..	..	..	..	..
Total	**240 421**	**186 829**	**109 422**	**86 443**	**137 634**	**88 561**	**105 938**	**58 706**

ESPAGNE

Tableau 7. Transferts financiers publics (TFP) *(suite)*

Milliers EUR

	2006	2007	2008	2009	2010	2011	2012	2013
Total des TFP								
Pêche maritime	**197 971**	**142 493**	**70 244**	**56 849**	**149 507**	**104 260**	**100 451**	**63 811**
Paiements directs	60 199	54 775	13 677	43 637	116 591	60 202	74 336	48 687
Désarmement des navires et retrait des licences	..	..	..	34 028	75 211	37 099	40 890	29 292
Indemnisation des catastrophes	..	..	..	..	..	..	..	..
Aides : équipement, modernisation, construction de navire	..	..	..	8 468	5 218	2 404	2 822	672
Aide au revenu et assurance chômage	..	..	..	1 141	36 162	20 695	30 611	18 723
Autres paiements directs	60 199	54 775	13 677	..	..	3	12	..
Transferts réduisant les coûts	68 874	44 584	22 979	..	..	..	..	..
Prêts subventionnés : équipement, modernisation, construction de navire	..	..	..	..	..	..	..	..
Bonification d'intérêts	..	..	..	..	..	..	..	..
Exonération de taxe sur carburant	..	..	..	..	..	..	..	..
Ristourne et subvention à l'assurance	..	..	..	..	..	..	..	..
Allègement d'impôt sur le revenu, contrib. sociales impayées	..	..	..	..	..	..	..	..
Autres transferts réduisant les coûts	68 874	44 584	22 979	..	..	..	..	..
Services généraux	68 898	43 134	33 588	13 212	32 916	44 058	26 116	15 125
Gestion des pêcheries	..	..	..	2 529	..	3 555	3 236	1 309
Recherche halieutique	..	..	..	..	1 019	6 532	4 214	4 329
Police des pêches	..	..	..	..	..	..	..	..
Infrastructure des pêcheries	..	..	..	10 683	14 260	16 838	6 390	1 701
Autres services généraux	68 898	43 134	33 588	..	17 637	17 134	12 276	7 786
Recouvrement des coûts	..	..	..	..	..	..	..	..
Aquaculture	**18 065**	**34 736**	**28 230**	**20 213**	**6 351**	**6 006**	**8 792**	**2 521**
Paiements directs	..	..	..	20 213	6 351	6 006	8 792	2 521
Aides : développement aquacole	..	..	..	20 213	6 351	6 006	8 792	2 521
Indemnisation des catastrophes	..	..	..	..	..	..	..	..
Autres paiements directs	..	..	..	..	..	..	..	..
Transferts réduisant les coûts	..	..	..	..	..	..	..	..
Prêts subventionnés : développement aquacole	..	..	..	..	..	..	..	..
Autres transferts réduisant les coûts	..	..	..	..	..	..	..	..
Services généraux	..	..	..	..	..	..	..	..
Gestion, recherche et police de l'aquaculture	..	..	..	..	..	..	..	..
Infrastructure aquacole	..	..	..	..	..	..	..	..
Autres services généraux	..	..	..	..	..	..	..	..
Recouvrement des coûts	..	..	..	..	..	..	..	..
Commercialisation et transformation	**124 426**	**97 665**	**69 611**	**78 555**	**62 244**	**39 195**	**46 066**	**19 901**
Paiements directs	..	..	..	78 555	62 244	39 195	46 066	19 901
Aides : commercialisation et transformation	..	..	..	78 555	49 924	34 742	40 061	19 348
Autres paiements directs	..	..	..	..	12 320	4 453	6 006	553
Transferts réduisant les coûts	..	..	..	..	..	..	..	..
Prêts subventionnés : commercialisation et transformation	..	..	..	..	..	..	..	..
Autres transferts réduisant les coûts	..	..	..	..	..	..	..	..
Services généraux	..	..	..	..	..	..	..	..
Aquaculture	..	..	..	..	..	..	..	..
Autres services généraux	..	..	..	..	..	..	..	..
Recouvrement des coûts	..	..	..	..	..	..	..	..
Total	**340 462**	**274 894**	**168 085**	**155 617**	**218 102**	**149 461**	**155 310**	**86 233**

.. Non disponible

Note : Métadonnées détaillées : http://metalinks.oecd.org/fish/20150108/7b10

Source : OCDE (2014), « Pêcheries : Transferts financiers publics », Statistiques agricoles de l'OCDE (base de données). DOI: 10.1787/data-00220-fr

Tableau 8. Importations par produit

		2009		2010		2011		2012		2013	
		Tonnes	USD	Tonnes	USD	Tonnes	USD	Tonnes	USD	Tonnes	USD
03	**Poisson, crustacés et mollusques**	..	**5 175 850 844**	..	**5 679 836 230**	..	**6 273 345 262**	..	**5 287 143 866**	..	**5 336 341 768**
0302	**Poisson, frais ou réfrigéré, excl. 0304**	**224 827 236**	**1 082 767 533**	**233 023 066**	**1 075 156 426**	**228 008 669**	**1 144 198 333**	**216 340 146**	**964 022 487**	**217 791 161**	**1 070 885 138**
030211	Truite	1 316 667	7 907 224	927 409	6 966 510	722 572	5 902 942	2 815 133	14 280 506	2 260 953	15 125 742
030212	Saumon (Pacifique, Atlantique et Danube)	34 994 981	185 103 088	35 778 713	229 141 353	34 915 863	220 907 461	30 353 074	155 929 114	28 805 151	203 011 397
030219	Salmonidés nra	1 358 681	10 516 356	1 145 292	8 976 145	1 299 960	9 799 057	4 173 174	21 198 320	2 735 049	17 458 251
030221	Flétan	4 903	29 134	52 059	240 404	242 771	1 402 522	6 290	53 198	217 186	1 218 001
030222	Plie, carrelet	101 881	626 297	55 015	327 558	109 660	635 711	158 255	703 299	66 925	328 577
030223	Sole	5 402 306	67 338 728	8 061 673	58 210 731	4 278 161	56 689 786	4 623 065	49 968 462	4 669 643	50 390 630
030229	Poissons plats nra	13 043 547	74 011 598	13 495 358	74 447 692	13 442 932	84 559 377	21 075 260	101 119 899	17 230 630	92 530 621
030231	Thon blanc/germon	3 144 073	15 932 438	2 550 475	10 819 972	4 000 590	18 073 972	3 156 950	13 822 092	4 405 372	16 521 246
030232	Albacore (thon jaune)	1 770 020	11 276 655	856 525	5 430 858	1 420 310	9 593 026	1 624 396	10 970 797	1 020 653	8 052 072
030233	Listaos/bonite à ventre rayé	689 536	2 847 563	714 127	3 364 463	1 634 763	8 646 865	1 185 970	4 290 755	1 233 973	4 524 241
030239	Thonidés nra	2 777 630	17 089 118	2 189 380	15 216 341	4 120 330	19 769 828	3 637 234	18 000 381	4 554 545	22 253 774
030240	Hareng	60 960	118 607	139 502	373 999	57 043	147 352	188 189	525 168	680 419	2 108 368
030250	Morue	4 279 604	25 888 134	4 960 948	27 063 495	5 350 663	33 043 936	6 139 185	37 612 631	5 938 133	32 613 242
030261	Sardines	15 763 835	22 267 667	15 862 264	20 016 250	13 087 020	18 424 840	13 186 877	18 195 921	14 229 014	18 653 258
030262	Églefin	33 457	63 193	82 601	146 917	130 243	469 452	132 857	193 496	142 116	204 640
030263	Lieu noir	118 689	386 165	84 524	300 013	85 997	285 671	56 778	183 083	127 423	395 120
030264	Maquereau	5 871 412	3 286 707	12 243 551	8 532 866	14 931 385	15 722 301	12 038 397	10 821 772	11 533 447	12 392 057
030265	Aiguillat et autres squalidés	3 699 305	7 634 928	3 459 887	10 064 386	3 972 406	12 277 409	4 442 540	12 301 083	4 115 968	11 259 006
030266	Anguille	192 496	1 619 460	131 141	1 284 272	166 432	1 976 931	54 328	824 382	56 288	645 597
030269	Poisson nra	129 969 537	627 287 633	128 878 413	592 733 170	123 102 552	624 178 722	106 380 021	490 955 092	112 703 875	560 131 163
030270	Foies, oeufs et laitances	233 715	1 536 842	1 354 209	1 499 031	937 016	1 691 173	912 172	2 073 037	1 064 400	1 068 137
0303	**Poisson, congelé, excl. 0304**	**340 163 274**	**788 021 331**	**337 443 450**	**771 893 130**	**337 002 115**	**842 688 044**	**283 896 083**	**815 137 696**	**281 741 490**	**842 025 501**
030319	Saumon, Pacifique	..	..	..	..	..	..	..	..	..	..
030321	Truite	82 955	236 760	215 691	817 796	4 948	42 278	192 384	603 013	101 947	367 080
030322	Saumon (Atlantique et Danube)	..	..	..	..	..	..	..	..	..	..
030329	Salmonidés	242 892	1 250 077	374 144	1 855 654	108 169	524 613	172 994	1 020 270	134 563	1 101 719
030331	Flétan	4 512 604	18 836 711	1 885 932	9 758 743	2 135 759	12 813 338	2 257 533	13 456 088	1 759 719	8 792 590
030332	Plie, carrelet	375 090	1 539 835	251 745	1 018 201	340 702	1 785 714	166 145	378 824	55 071	134 582
030333	Sole	6 651 778	34 256 095	5 132 431	24 718 448	3 163 971	21 145 207	3 551 890	21 615 783	2 375 948	15 155 160
030339	Poisson plat nra	3 187 853	9 720 810	2 551 270	8 044 207	2 828 522	11 456 899	4 143 033	16 410 275	4 309 314	13 851 613
030341	Thon blanc/germon	22 076 350	57 163 963	16 426 651	40 858 145	23 355 691	85 057 721	15 928 761	55 644 306	19 294 095	57 293 355
030342	Albacore (thon jaune)	82 613 708	156 009 343	84 796 806	186 253 954	91 368 577	229 954 079	90 126 762	268 514 318	87 304 854	276 366 582
030343	Listao/bonite à ventre rayé	29 017 991	35 795 794	33 959 249	39 286 553	35 512 474	52 955 944	38 507 402	82 859 775	35 345 064	74 090 363
030349	Thonidés nra	6 755 752	10 942 280	8 394 411	14 887 359	10 036 486	24 159 211	8 088 613	21 727 295	9 947 274	29 038 638
030350	Hareng	70 872	117 757	163 956	507 120	1 764 031	1 878 152	1 458 943	1 631 971	3 235 794	3 716 653
030360	Morue	9 651 197	25 629 683	6 905 768	23 431 557	5 121 598	19 770 002	5 887 131	19 664 607	12 028 541	31 227 723
030371	Sardines, sardinelles	56 585 337	74 471 904	68 904 905	82 391 974	60 618 360	35 717 418	24 674 208	18 130 556	13 483 523	15 826 373
030372	Églefin	342 391	995 687	218 092	421 482	170 963	410 395	76 106	158 082	8 133	17 435
030373	Lieu noir	578 196	1 108 776	262 683	669 766	430 266	1 074 213	188 725	376 670	11 664	29 843
030374	Maquereau	8 712 477	7 695 987	8 225 780	6 492 403	8 236 768	6 888 552	12 212 867	9 412 573	11 248 639	7 703 748
030375	Aiguillat et autres squalidés	8 201 092	17 570 971	8 036 739	20 653 957	11 416 975	29 865 341	9 211 990	15 653 088	8 082 580	17 248 451
030376	Anguille	19 486	382 026	8 649	348 115	13 966	476 371	20 215	223 429	35 516	838 607
030377	Bar (loup)	58 583	441 799	61 350	455 740	97 133	718 577	55 726	719 354	391 924	2 369 921
030378	Merlu	32 422 462	115 613 124	29 643 737	98 360 582	25 957 678	93 600 751	23 186 015	77 576 313	22 187 130	67 772 745
030379	Poisson nra	61 165 842	188 466 729	53 275 646	172 170 444	47 619 519	176 979 426	37 372 746	155 770 238	40 912 835	164 316 569
030380	Foies, oeufs et laitances	1 682 497	11 492 258	2 287 938	14 225 821	2 587 358	15 523 802	1 907 211	15 579 150	1 486 554	13 199 191
0304	**Filets de poisson et autre chair de poisson**	**188 683 052**	**701 946 648**	**197 162 533**	**733 948 780**	**196 973 223**	**838 590 384**	**180 230 039**	**722 439 757**	**188 217 755**	**726 558 715**
030410	Filets et autre chair de poisson, frais ou réfrigéré	15 612 578	105 290 768	15 331 442	98 736 887	13 861 126	108 213 711	19 467 896	119 573 868	19 499 443	119 061 397
030420	Filets de poissons, congelé	141 513 622	494 656 814	154 816 786	537 908 300	154 345 106	624 853 925	129 992 475	495 500 386	135 960 623	500 212 370
030490	Chair de poisson nra, congelé	31 556 852	101 999 066	27 014 305	97 303 593	28 766 991	105 522 748	30 769 669	107 365 503	32 757 689	107 284 949
0305	**Poisson, séché, salé, fumé, ou en saumure**	**46 701 579**	**275 759 522**	**51 328 745**	**283 498 922**	**47 486 850**	**297 744 378**	**37 063 937**	**214 700 874**	**36 139 838**	**203 192 062**
030510	Farine de poisson, consommation humaine	82 141	879 497	81 696	962 578	83 363	1 253 334	92 225	1 087 057	244 411	1 037 876
030520	Foies, oeufs et laitances	161 477	1 799 187	39 800	414 025	489 891	3 943 065	110 205	1 005 551	61 340	444 611
030530	Filets de poisson (non fumé)	13 633 832	93 899 690	16 031 836	108 166 770	14 967 840	111 468 623	6 828 970	50 946 109	7 559 837	51 351 635
030541	Saumon (Pacifique, Atlantique et Danube), fumé	765 637	8 618 165	865 479	9 780 525	994 919	13 309 738	997 851	12 355 278	1 099 346	16 814 095
030542	Hareng, fumé	..	..	..	..	..	..	..	..	..	..
030549	Poisson nra, fumé	248 878	1 510 489	223 604	1 037 724	207 875	1 167 183	156 235	1 012 572	274 076	1 301 181
030551	Morue, séché, non fumé	1 261 353	7 245 731	1 374 187	7 965 836	1 068 432	7 278 879	1 787 806	11 344 149	1 996 484	12 033 333
030559	Poisson nra, séché, salé, non fumé	888 039	5 068 263	1 199 207	4 687 462	303 827	1 365 535	622 362	3 609 677	462 478	2 035 823
030561	Hareng, salé ou en saumure	15 131	58 472	20 312	88 429	59 553	157 593	7 850	90 497	6 209	85 135
030562	Morue, salé ou en saumure	20 457 526	123 815 498	21 753 764	116 589 738	19 557 294	124 226 451	18 485 605	106 691 367	18 356 835	93 171 099
030563	Anchois, salé ou en saumure	5 867 339	17 987 111	6 144 860	14 939 242	5 994 627	14 837 734	4 776 541	11 607 968	3 600 836	10 086 565
030569	Poisson nra, salé ou en saumure	3 276 915	14 643 464	3 574 993	18 708 384	3 727 048	18 506 694	3 186 727	14 866 950	2 465 531	14 772 434

Tableau 8. Importations par produit *(suite)*

		2009		2010		2011		2012		2013	
		Tonnes	USD	Tonnes	USD	Tonnes	USD	Tonnes	USD	Tonnes	USD
0306	**Crustacés**	**193 669 478**	**1 263 207 033**	**202 397 446**	**1 460 051 549**	**209 272 799**	**1 544 425 544**	**181 298 251**	**1 226 891 869**	**176 392 122**	**1 307 900 498**
030611	Langoustes et autres palinuridés, congelé	1 592 098	25 723 276	2 365 383	36 556 858	2 702 900	48 664 750	2 270 545	35 510 034	1 437 969	25 442 878
030612	Homard nra	1 028 001	11 980 790	1 149 260	15 577 104	1 155 199	17 301 581	899 771	11 394 880	910 408	10 589 854
030613	Crevettes, congelé	159 654 680	960 095 225	166 237 831	1 131 301 758	174 608 716	1 198 937 839	149 650 391	957 359 057	146 828 675	1 059 660 644
030614	Crabes, congelé	5 659 292	34 604 646	6 225 868	42 059 935	5 134 248	36 128 207	4 204 687	27 212 672	3 890 035	26 558 825
030619	Crustacés nra, congelé	6 961 274	64 527 721	8 893 256	71 641 400	8 321 125	79 639 952	9 292 265	71 937 530	9 195 571	66 259 985
030621	Langoustes et autres palinuridés (non congelé)	304 022	8 540 445	285 915	7 976 923	317 195	8 836 936	239 326	4 553 015	202 296	4 489 729
030622	Homard nra (non congelé)	5 070 102	68 744 107	4 897 548	72 361 007	4 773 400	75 214 878	4 082 310	60 815 883	3 813 685	58 999 446
030623	Crevettes (non congelé)	983 616	14 844 761	860 877	10 844 854	837 226	12 791 289	648 787	7 661 684	814 183	8 927 579
030624	Crabes (non congelé)	8 163 811	28 674 382	7 887 061	29 951 252	8 295 136	30 355 988	7 319 904	26 774 730	6 625 853	25 573 142
030629	Crustacés nra (non congelé)	4 252 580	45 471 680	3 594 445	41 780 460	3 127 653	36 554 126	2 690 266	23 672 383	2 673 448	21 398 415
0307	**Mollusques**	**330 980 711**	**1 042 993 232**	**375 016 868**	**1 325 980 187**	**346 902 629**	**1 566 106 822**	**339 147 576**	**1 315 509 896**	**348 758 060**	**1 163 130 937**
030710	Huîtres	6 072 714	20 856 966	4 882 699	25 944 758	3 264 180	19 453 464	1 784 401	11 076 901	1 569 792	9 753 849
030721	St-Jacques, vi, fr, ou ré	9 472 161	35 820 137	7 689 826	38 080 851	5 311 744	28 374 601	3 646 374	16 368 685	5 317 361	20 923 126
030729	St-Jacques, co, sc, sl, ou sm	3 099 412	16 164 876	3 811 493	23 755 990	4 193 826	24 702 878	3 651 606	22 942 116	4 226 420	22 385 872
030731	Moules, vi, fr, ou ré	3 525 142	5 344 195	3 948 732	6 035 619	2 715 436	4 299 317	3 709 258	5 253 987	6 392 189	7 680 557
030739	Moules, co, sc, sl, ou sm	3 218 566	12 341 971	3 158 752	12 554 918	3 389 819	15 867 632	2 536 499	9 770 489	1 625 112	8 603 644
030741	Seiches, encornets et calmars, vi, fr, ou ré	7 412 826	46 416 529	6 901 061	44 311 631	6 088 755	46 591 798	7 801 439	49 303 603	8 036 742	51 070 960
030749	Seiches, encornets et calmars, co, sc, sl, ou sm	134 991 396	396 365 423	167 092 368	545 977 994	145 329 076	630 169 214	148 431 490	555 852 633	124 519 244	429 433 868
030751	Poulpe, vi, fr, ou ré	1 999 271	11 760 708	3 181 979	19 235 110	2 595 468	22 997 050	2 425 754	15 480 952	3 370 369	11 075 904
030759	Poulpe, co, sc, sl, ou sm	43 529 592	239 199 703	36 281 923	221 512 477	35 897 731	336 932 762	31 605 725	255 989 437	41 835 636	222 885 790
030760	Escargots (autres que de mer)	10 943 136	10 350 859	10 748 168	8 201 523	11 821 583	8 409 582	10 790 093	8 927 029	12 726 404	10 750 513
030791	Mollusques nra, vi, fr, ou ré	12 974 112	57 263 517	14 536 749	52 009 991	9 771 863	47 972 787	9 717 372	41 347 972	16 864 878	66 775 724
030799	Mollusques nra, co, sc, sl, ou sm	93 742 383	191 108 349	112 783 118	328 359 326	116 523 149	380 335 736	113 047 564	323 196 091	122 273 913	301 791 132
121220	**Algues**	**5 756 890**	**11 121 392**	**6 308 246**	**14 013 855**	**7 393 692**	**16 259 565**	**6 121 563**	**17 763 582**	**5 911 559**	**19 302 100**
1504	**Graisses, huiles et leurs fractions**	**23 307 571**	**22 253 208**	**17 262 401**	**16 597 211**	**32 308 171**	**37 134 896**	**26 334 425**	**32 040 445**	**16 417 791**	**21 979 309**
150410	Huiles de foies de poisson, et fractions	519 076	2 277 516	247 545	1 085 274	448 720	2 708 196	164 222	940 312	39 042	325 160
150420	Graisses et huiles de poisson, et fractions	22 787 931	19 971 280	16 987 756	15 303 713	31 859 428	34 423 722	26 168 087	31 079 864	16 377 602	21 630 698
150430	Graisses et huiles de mammifère marin, et fractions	564	4 413	27 100	208 224	23	2 979	2 116	20 270	1 147	23 451
1604	**Préparations et conserves de poisson; caviars et succédanés**	**140 646 440**	**594 298 727**	**142 441 548**	**597 674 691**	**141 588 560**	**667 902 387**	**139 498 726**	**771 551 387**	**142 969 083**	**819 715 075**
160411	Saumon, non haché	194 154	1 659 793	121 120	1 839 496	114 604	2 096 958	145 285	1 783 425	167 872	2 274 653
160412	Hareng, non haché	1 128 775	2 688 635	894 354	3 211 879	648 673	3 394 374	905 563	4 142 525	931 922	4 233 630
160413	Sardines, sardinelles, sprats, esprots, non haché	6 958 567	28 044 340	7 658 464	29 154 892	2 502 902	10 849 791	5 075 854	20 509 226	5 387 082	21 734 781
160414	Thons, listaos, sardes, non haché	95 658 438	403 745 469	93 817 688	396 957 881	89 333 683	436 626 405	88 528 990	542 126 165	90 103 844	583 259 023
160415	Maquereau, non haché	5 003 958	23 917 399	3 540 338	15 060 736	5 583 851	29 182 316	6 361 623	34 066 503	7 867 967	32 922 221
160416	Anchois, non haché	1 768 734	10 918 384	2 653 966	15 967 318	2 733 766	18 535 414	5 238 251	44 383 201	6 594 105	57 720 361
160419	Poisson nra, non haché	5 130 134	29 762 668	6 201 604	33 298 779	5 716 218	30 581 998	8 435 946	41 154 808	10 946 649	48 163 670
160420	Poisson, haché	23 881 664	87 782 171	26 471 473	95 716 132	33 646 180	132 351 938	24 238 572	80 339 552	20 175 451	65 510 023
160430	Caviar et succédanés	922 015	5 779 867	1 082 542	6 467 579	1 308 684	4 283 193	568 642	3 045 980	794 191	3 896 713
1605	**Préparations et conserves de crustacés**	**22 771 141**	**125 361 569**	**27 534 100**	**150 873 112**	**35 033 219**	**205 221 735**	**25 425 481**	**137 006 649**	**29 271 586**	**154 767 819**
160510	Crabes	152 072	1 397 033	146 137	1 260 833	113 814	1 028 387	300 493	2 144 791	100 491	1 108 903
160520	Crevettes	2 554 419	13 982 729	3 621 590	20 982 692	3 833 398	31 922 929	2 243 500	17 545 676	2 220 280	18 840 291
160530	Homard	47 316	245 725	15 856	175 309	12 337	134 598	21 974	291 223	3 642	45 520
160540	Crustacés nra	920 885	6 288 145	997 719	7 509 001	533 071	5 410 399	727 993	7 467 039	611 704	6 868 379
230120	**Farine de poisson**	**63 020 489**	**65 710 911**	**52 589 915**	**78 950 665**	**44 081 342**	**62 780 937**	**48 809 663**	**68 972 342**	**37 280 348**	**61 154 745**
	TOTAL	**1 580 527 861**	**5 973 441 106**	**1 642 508 318**	**6 508 638 528**	**..**	**7 262 644 782**	**..**	**6 314 478 271**	**..**	**6 413 260 816**

.. Non disponible

Note : nra : non répertorié ailleurs. vi : vivant. fr : frais. ré : réfrigéré. co : congelé. sc : séché. sl : salé. sm : en saumure.

Métadonnées détaillées : http://metalinks.oecd.org/fish/20150108/ef0d

Source : OCDE (2014), « Pêcheries : Commerce par produit », Statistiques agricoles de l'OCDE (base de données). DOI: 10.1787/data-00677-fr

ESPAGNE

Tableau 9. Exportations par produit

		2009		2010		2011		2012		2013	
		Tonnes	USD	Tonnes	USD	Tonnes	USD	Tonnes	USD	Tonnes	USD
03	**Poisson, crustacés et mollusques**	**..**	**2 429 583 594**	**..**	**2 558 704 159**	**..**	**3 081 174 640**	**..**	**2 879 137 892**	**..**	**2 885 294 538**
0302	**Poisson, frais ou réfrigéré, excl. 0304**	**110 804 480**	**444 899 422**	**91 947 659**	**452 257 932**	**86 979 266**	**509 874 934**	**85 382 601**	**475 856 258**	**85 773 559**	**501 243 250**
030211	Truite	1 443 264	7 363 749	2 116 068	11 576 682	2 249 985	14 565 887	2 538 353	13 527 419	3 160 583	15 936 214
030212	Saumon (Pacifique, Atlantique et Danube)	210 632	1 302 871	289 898	2 216 821	347 833	2 180 173	648 752	4 213 515	267 738	3 414 620
030219	Salmonidés nra	323 923	3 053 852	334 936	2 128 391	334 831	1 379 504	481 477	2 364 665	246 149	2 180 312
030221	Flétan	130 879	1 271 015	114 992	971 657	85 870	816 464	112 943	778 343	88 319	793 035
030222	Plie, carrelet	324 324	3 336 997	333 582	3 905 292	305 522	4 519 101	209 159	2 188 560	132 044	1 680 434
030223	Sole	68 976	1 205 321	525 165	4 521 661	286 962	3 390 370	310 699	3 131 507	739 519	5 532 277
030229	Poissons plats nra	2 999 297	26 647 174	3 210 157	32 856 226	3 154 930	35 613 376	7 179 090	55 730 856	5 191 962	53 029 431
030231	Thon blanc/germon	694 025	3 846 727	574 292	3 224 290	931 454	8 550 035	1 624 146	18 685 474	1 841 446	26 937 027
030232	Albacore (thon jaune)	214 868	1 945 383	262 035	2 235 725	155 946	1 661 486	386 883	3 381 503	547 616	6 169 818
030233	Listaos/bonite à ventre rayé	192 892	1 050 225	229 309	1 308 318	255 750	1 318 234	421 932	1 910 798	431 802	2 176 228
030239	Thonidés nra	3 340 452	46 005 932	3 065 977	56 197 342	3 435 849	78 332 091	2 872 559	62 671 950	2 371 551	47 992 150
030240	Hareng	1 087	12 460	6 563	80 996	524	6 445	23 100	68 954	42 826	108 848
030250	Morue	346 301	1 906 301	260 253	1 436 947	277 148	2 084 688	249 803	1 526 322	525 385	2 784 418
030261	Sardines	9 537 074	17 615 748	8 193 461	16 652 290	9 520 802	21 826 275	11 555 249	22 997 518	8 653 775	19 300 331
030262	Églefin	173 313	285 398	120 238	469 835	71 095	154 415	4 482	16 097	6 139	16 285
030263	Lieu noir	7 367	38 870	7 671	37 093	6 498	25 776	6 659	50 152	9 590	117 935
030264	Maquereau	30 742 947	32 070 586	14 911 104	21 380 916	7 983 667	17 343 503	10 209 484	18 224 058	9 983 837	17 997 020
030265	Aiguillat et autres squalidés	1 171 651	3 020 327	1 086 598	4 585 956	2 249 446	14 211 387	712 032	2 329 658	907 769	3 269 321
030266	Anguille	44 618	1 056 194	6 700	630 620	103 960	1 039 249	216 216	2 664 486	192 255	1 831 073
030269	Poisson nra	58 664 746	290 021 857	56 160 669	284 463 923	55 116 510	299 723 455	45 528 667	258 655 061	50 286 512	288 957 096
030270	Foies, oeufs et laitances	171 847	1 842 437	137 991	1 376 951	104 684	1 133 019	90 918	739 364	146 746	1 019 377
0303	**Poisson, congelé, excl. 0304**	**498 829 625**	**803 336 189**	**500 352 732**	**821 249 491**	**505 811 554**	**1 005 710 042**	**457 209 640**	**1 030 581 562**	**418 424 605**	**1 011 883 889**
030319	Saumon, Pacifique	..	..	..	..	..	..	..	..	..	..
030321	Truite	3 017 583	12 410 706	3 191 945	12 436 876	1 522 474	6 622 170	1 188 843	5 348 927	703 510	3 447 691
030322	Saumon (Atlantique et Danube)	..	..	..	..	..	..	..	..	..	..
030329	Salmonidés	82 569	637 355	122 855	695 254	219 846	863 676	154 728	694 207	117 382	510 821
030331	Flétan	8 879 514	39 028 867	11 473 319	52 536 386	11 285 888	65 380 391	12 432 533	70 177 019	11 193 662	67 856 100
030332	Plie, carrelet	103 166	544 400	59 240	136 110	32 981	115 019	16 224	63 937	34 275	108 655
030333	Sole	566 606	2 837 563	1 004 757	4 159 614	790 888	4 361 440	395 360	3 088 272	334 849	2 269 151
030339	Poisson plat nra	2 442 248	6 831 656	3 049 637	8 974 762	2 392 451	8 512 669	1 746 361	6 771 931	1 903 985	6 303 030
030341	Thon blanc/germon	9 508 284	12 593 926	3 396 773	5 014 203	1 687 682	2 913 407	2 697 787	5 051 296	1 384 042	2 478 430
030342	Albacore (thon jaune)	44 545 985	69 613 913	50 064 723	84 645 526	63 179 373	141 211 193	76 358 663	194 737 824	71 688 376	188 094 585
030343	Listao/bonite à ventre rayé	116 222 790	140 417 080	109 773 171	127 984 288	115 785 318	171 314 316	102 533 243	197 196 164	108 129 430	220 507 714
030349	Thonidés nra	21 869 253	31 006 803	12 659 572	17 548 718	18 014 309	31 000 151	20 100 681	43 657 989	23 691 969	57 162 831
030350	Hareng	254	1 213	185	617	131 445	461 234	52 943	98 221	1 191 506	1 731 388
030360	Morue	8 162 176	25 710 299	6 822 041	25 049 390	5 830 332	24 061 454	5 556 680	18 990 677	10 520 778	28 736 693
030371	Sardines, sardinelles	85 438 257	48 014 689	94 886 964	47 037 358	83 420 316	55 141 267	36 977 375	32 880 048	9 486 069	15 671 296
030372	Églefin	569 998	989 501	333 835	791 079	440 417	985 392	131 539	267 545	72 390	189 087
030373	Lieu noir	73 678	214 377	21 867	58 668	9 151	47 235	36 910	160 902	2 131	10 217
030374	Maquereau	67 299 225	65 605 514	42 647 601	50 393 985	45 497 186	67 219 640	50 813 971	72 269 816	40 362 867	53 860 599
030375	Aiguillat et autres squalidés	12 992 177	28 264 725	13 850 336	29 450 379	15 329 808	35 327 473	18 551 284	46 882 214	13 465 338	41 547 477
030376	Anguille	10 880	70 467	14 789	83 908	16 208	122 908	799	3 247	24 029	124 311
030377	Bar (loup)	138 184	868 512	92 653	416 427	298 720	882 660	294 238	2 437 500	60 225	504 045
030378	Merlu	26 426 110	90 277 836	41 857 551	113 079 905	30 289 977	100 786 792	28 381 735	87 574 715	30 713 380	93 651 433
030379	Poisson nra	88 191 828	218 707 309	103 207 125	230 869 273	108 263 159	278 980 514	96 716 099	230 110 677	91 475 526	215 091 063
030380	Foies, oeufs et laitances	315 614	2 726 293	648 290	4 437 746	421 637	4 194 390	1 128 861	7 438 383	770 696	6 217 453
0304	**Filets de poisson et autre chair de poisson**	**41 232 384**	**236 346 389**	**42 735 762**	**267 537 469**	**44 741 277**	**343 931 191**	**47 731 186**	**316 906 941**	**48 183 806**	**318 311 718**
030410	Filets et autre chair de poisson, frais ou réfrigéré	2 860 032	21 516 292	4 610 844	36 175 907	5 617 506	61 228 915	8 447 352	76 402 240	10 271 706	92 152 645
030420	Filets de poissons, congelé	28 418 401	156 115 590	28 801 410	175 862 664	30 368 066	217 031 123	29 004 759	172 318 222	25 593 983	151 710 327
030490	Chair de poisson nra, congelé	9 953 951	58 714 507	9 323 508	55 498 898	8 755 705	65 671 154	10 279 075	68 186 480	12 318 117	74 448 746
0305	**Poisson, séché, salé, fumé, ou en saumure**	**13 054 315**	**104 517 572**	**14 467 237**	**105 456 200**	**14 846 991**	**104 392 475**	**16 723 777**	**94 857 478**	**12 084 127**	**88 181 150**
030510	Farine de poisson, consommation humaine	151 883	671 517	214 290	874 141	242 409	773 582	58 580	75 895	127 050	55 262
030520	Foies, oeufs et laitances	15 574	386 072	13 592	363 085	19 191	487 501	216 785	1 275 688	634 445	3 247 277
030530	Filets de poisson (non fumé)	1 427 242	15 310 863	1 719 397	15 680 253	1 514 265	16 719 819	1 646 918	15 128 797	1 950 950	16 460 561
030541	Saumon (Pacifique, Atlantique et Danube), fumé	614 789	10 399 087	686 005	10 403 205	565 720	9 134 841	526 394	8 470 944	550 131	9 451 764
030542	Hareng, fumé	..	..	..	..	..	..	..	..	..	..
030549	Poisson nra, fumé	788 378	13 644 388	1 038 742	13 963 632	799 646	13 728 637	3 449 140	12 616 434	685 428	11 268 884
030551	Morue, séché, non fumé	4 688 937	33 792 097	5 089 008	32 977 540	3 712 955	26 480 907	3 781 519	23 826 432	2 597 276	16 762 865
030559	Poisson nra, séché, salé, non fumé	1 075 218	8 339 624	810 119	6 071 043	471 225	4 149 893	380 673	5 457 076	451 898	8 130 092
030561	Hareng, salé ou en saumure	3	59	8 161	11 286	11 519	16 881	17 168	25 219	81 170	72 757
030562	Morue, salé ou en saumure	1 477 492	9 487 472	1 186 587	7 855 644	1 594 054	11 087 991	1 488 545	9 383 210	1 597 756	9 891 290
030563	Anchois, salé ou en saumure	2 515 913	6 839 044	3 485 016	11 183 974	5 514 359	19 404 213	4 491 034	15 945 505	3 024 126	11 131 901
030569	Poisson nra, salé ou en saumure	295 501	5 583 199	212 746	5 993 395	394 984	2 293 641	660 571	2 618 885	379 121	1 678 350

Tableau 9. Exportations par produit (*suite*)

		2009		2010		2011		2012		2013	
		Tonnes	USD	Tonnes	USD	Tonnes	USD	Tonnes	USD	Tonnes	USD
0306	**Crustacés**	**34 204 857**	**287 390 982**	**33 819 664**	**293 727 034**	**41 529 758**	**342 310 996**	**35 734 319**	**296 461 765**	**37 397 095**	**348 690 475**
030611	Langoustes et autres palinuridés, congelé	2 496 747	39 446 953	2 142 211	33 300 775	1 899 669	39 463 355	1 845 581	33 191 305	1 512 541	28 307 346
030612	Homard nra	145 702	1 501 674	119 783	1 521 547	124 747	2 025 732	56 872	665 207	68 287	944 738
030613	Crevettes, congelé	28 056 648	211 730 364	28 678 181	230 044 970	35 839 224	265 909 611	29 889 874	231 195 817	32 010 199	290 575 601
030614	Crabes, congelé	644 178	2 018 763	258 891	1 413 947	423 659	2 627 244	265 567	1 526 148	254 058	1 277 790
030619	Crustacés nra, congelé	699 282	11 988 158	718 488	9 130 650	1 237 808	10 922 022	1 638 962	11 945 300	2 256 120	14 833 451
030621	Langoustes et autres palinuridés (non congelé)	129 662	3 870 982	99 703	3 071 228	91 058	3 785 544	75 498	2 358 689	44 773	1 569 918
030622	Homard nra (non congelé)	98 999	2 111 080	107 585	2 168 719	134 036	2 321 766	130 306	2 538 397	124 868	2 647 515
030623	Crevettes (non congelé)	1 315 640	10 168 586	1 334 157	10 059 703	1 423 822	11 802 577	1 453 732	10 559 711	603 854	4 567 474
030624	Crabes (non congelé)	297 110	1 095 607	171 227	658 452	185 814	790 236	272 298	831 681	253 507	1 175 023
030629	Crustacés nra (non congelé)	320 889	3 458 814	189 439	2 357 043	169 922	2 662 909	105 628	1 649 509	268 889	2 791 619
0307	**Mollusques**	**194 343 739**	**488 797 058**	**172 742 427**	**547 686 872**	**157 053 310**	**670 315 212**	**159 673 339**	**603 970 657**	**164 230 374**	**546 767 497**
030710	Huîtres	835 186	1 648 912	554 390	1 394 336	260 633	1 183 506	221 039	1 042 390	132 553	734 167
030721	St-Jacques, vi, fr, ou ré	117 114	1 159 514	149 491	1 409 832	139 761	1 587 780	56 420	870 712	201 915	1 173 739
030729	St-Jacques, co, sc, sl, ou sm	183 892	1 506 937	205 204	2 310 598	3 322 951	3 109 671	223 992	3 766 237	303 232	2 942 590
030731	Moules, vi, fr, ou ré	40 473 277	34 521 499	37 052 750	33 444 697	31 974 868	34 019 170	35 649 298	31 967 552	35 152 979	32 192 625
030739	Moules, co, sc, sl, ou sm	5 213 578	16 455 819	15 264 645	15 819 778	7 216 782	17 085 158	9 619 505	19 181 834	9 024 602	20 177 420
030741	Seiches, encornets et calmars, vi, fr, ou ré	7 910 966	31 722 029	6 658 732	30 234 465	7 524 885	37 215 619	11 489 853	48 249 560	12 796 488	53 607 599
030749	Seiches, encornets et calmars, co, sc, sl, ou sm	86 172 429	168 326 329	60 263 987	201 586 130	61 532 597	250 899 616	58 726 220	227 426 364	58 897 166	206 981 318
030751	Poulpe, vi, fr, ou ré	2 058 671	10 935 365	3 221 021	15 994 658	2 964 398	15 444 476	2 961 975	15 992 430	3 225 827	15 786 669
030759	Poulpe, co, sc, sl, ou sm	29 419 676	168 436 846	31 276 420	192 311 209	28 262 818	258 178 696	22 693 690	193 238 748	24 489 877	148 289 998
030760	Escargots (autres que de mer)	250 610	224 151	24 260	102 921	17 281	82 327	13 070	73 717	19 285	240 984
030791	Mollusques nra, vi, fr, ou ré	402 338	3 271 366	694 285	3 458 433	627 600	3 160 128	713 241	3 839 852	1 450 620	7 496 189
030799	Mollusques nra, co, sc, sl, ou sm	21 306 003	50 588 292	17 377 242	49 619 814	13 208 736	48 349 066	17 305 036	58 321 260	18 535 832	57 144 197
121220	**Algues**	**212 200**	**2 524 517**	**134 713**	**1 742 348**	**417 108**	**2 357 054**	**700 118**	**2 813 746**	**993 496**	**4 272 768**
1504	**Graisses, huiles et leurs fractions**	**2 683 849**	**11 946 411**	**3 212 097**	**9 727 664**	**5 028 751**	**13 671 566**	**7 468 526**	**13 214 722**	**6 077 147**	**19 111 918**
150410	Huiles de foies de poisson, et fractions	564 677	7 662 230	586 013	6 302 567	586 998	6 287 545	236 675	3 578 378	425 892	6 621 038
150420	Graisses et huiles de poisson, et fractions	2 116 821	4 249 408	2 610 004	3 408 361	4 236 973	7 079 959	7 231 764	9 636 058	5 542 907	12 280 180
150430	Graisses et huiles de mammifère marin, et fractions	2 351	34 773	16 080	16 737	204 780	304 061	87	287	108 347	210 700
1604	**Préparations et conserves de poisson; caviars et succédanés**	**98 242 807**	**565 888 359**	**107 013 043**	**577 285 373**	**116 167 177**	**709 440 305**	**121 507 354**	**764 649 327**	**114 516 719**	**780 761 081**
160411	Saumon, non haché	47 640	419 743	52 648	502 535	57 947	717 594	74 645	872 619	116 165	1 207 018
160412	Hareng, non haché	526 039	1 962 163	111 061	509 208	129 797	589 914	150 794	658 532	94 741	566 131
160413	Sardines, sardinelles, sprats, esprots, non haché	2 110 234	10 560 761	2 816 494	12 996 310	2 236 116	11 745 836	2 404 539	13 010 666	1 920 513	11 542 137
160414	Thons, listaos, sardes, non haché	68 925 242	394 265 289	74 396 243	402 547 373	81 326 860	509 893 629	85 870 519	573 098 240	78 611 617	570 916 886
160415	Maquereau, non haché	1 084 629	6 511 173	1 931 433	10 186 855	1 029 203	7 388 421	1 982 944	14 077 528	3 755 589	13 897 836
160416	Anchois, non haché	2 144 096	31 196 349	2 354 731	31 628 069	2 403 460	35 283 932	2 424 006	32 524 562	2 357 844	37 154 264
160419	Poisson nra, non haché	6 041 169	24 244 851	5 146 112	19 837 062	4 347 123	19 153 593	4 715 045	18 612 973	4 171 193	18 381 408
160420	Poisson, haché	17 203 515	92 337 226	20 061 206	94 509 832	24 394 566	120 492 233	23 746 850	107 905 266	23 357 513	123 205 635
160430	Caviar et succédanés	160 243	4 390 804	143 115	4 568 129	242 106	4 175 153	138 014	3 888 942	131 544	3 889 765
1605	**Préparations et conserves de crustacés**	**27 350 264**	**105 650 903**	**23 194 999**	**100 724 225**	**23 845 841**	**119 372 928**	**26 582 090**	**123 107 370**	**28 557 587**	**127 023 314**
160510	Crabes	45 916	699 332	101 708	949 438	301 923	1 935 830	347 888	1 867 616	228 821	1 486 835
160520	Crevettes	851 897	6 181 646	833 150	5 473 375	973 760	6 481 546	2 987 442	12 908 005	2 608 621	13 859 279
160530	Homard	8 332	35 055	1 509	8 612	1 184	8 483	3 825	35 471	12 417	144 613
160540	Crustacés nra	1 178 072	10 772 689	1 491 181	11 145 835	1 110 367	10 401 550	1 841 918	13 442 737	1 635 253	13 042 149
230120	**Farine de poisson**	**19 796 638**	**20 799 368**	**26 714 053**	**32 553 448**	**26 983 845**	**33 844 923**	**32 912 695**	**39 430 276**	**32 672 600**	**50 078 372**
	TOTAL	**1 038 071 309**	**3 136 393 152**	**1 013 122 289**	**3 280 737 217**	**1 018 376 127**	**3 959 861 416**	**984 157 119**	**3 822 353 333**	**..**	**3 866 541 991**

.. Non disponible

Note : nra : non répertorié ailleurs. vi : vivant. fr : frais. ré : réfrigéré. co : congelé. sc : séché. sl : salé. sm : en saumure.

Métadonnées détaillées : http://metalinks.oecd.org/fish/20150108/ef0d

Source : OCDE (2014), « Pêcheries : Commerce par produit », Statistiques agricoles de l'OCDE (base de données). DOI: 10.1787/data-00677-fr

SUÈDE

Tableau 1. Flotte de pêche

	2006	2007	2008	2009	2010	2011	2012	2013
NOMBRE DE NAVIRES								
Total des navires	**1 551**	**1 504**	**1 469**	**1 409**	**1 360**	**1 369**	**1 378**	**1 362**
Navires à moteur	1 551	1 504	1 469	1 409	1 360	1 369	1 378	..
0-5,9 mètres	203	195	185	179	174	189	211	..
6-11,9 mètres	1 052	1 028	1 009	981	973	987	977	..
12-17,9 mètres	152	141	133	123	107	100	95	..
18-23,9 mètres	63	60	64	58	49	46	47	..
24-29,9 mètres	22	21	25	21	19	15	14	..
30-35,9 mètres	27	28	25	22	17	18	18	..
36-44,9 mètres	28	28	25	22	19	12	14	..
45-59,9 mètres	4	3	3	3	2	2	2	..
60-74,9 mètres	..	..	..	..	..	..	..	..
75 mètres et plus	..	..	..	..	..	..	..	..
Longueur inconnue	..	..	..	..	..	..	..	..
Navires sans moteur	..	..	..	..	..	..	..	..
TONNAGE BRUT								
Total des navires	**43 768**	**42 929**	**42 362**	**38 278**	**33 553**	**29 912**	**30 831**	..
Navires à moteur	43 768	42 929	42 362	38 278	33 553	29 912	30 831	..
0-5,9 mètres	131	126	120	120	116	134	149	..
6-11,9 mètres	5 469	5 369	5 339	5 280	5 227	5 302	5 220	..
12-17,9 mètres	5 240	4 898	4 760	4 327	3 656	3 303	3 187	..
18-23,9 mètres	6 395	6 321	6 900	6 159	5 763	5 566	5 606	..
24-29,9 mètres	3 201	3 296	3 959	3 197	3 018	2 542	2 409	..
30-35,9 mètres	7 107	7 248	6 443	5 775	4 511	4 800	4 800	..
36-44,9 mètres	13 428	13 442	12 475	11 084	9 682	6 656	7 851	..
45-59,9 mètres	2 797	2 229	2 366	2 336	1 580	1 609	1 609	..
60-74,9 mètres	..	..	..	..	..	..	..	..
75 mètres et plus	..	..	..	..	..	..	..	..
Longueur inconnue	..	..	..	..	..	..	..	..
Navires sans moteur	..	..	..	..	..	..	..	..

.. Non disponible
Note : Métadonnées détaillées : http://metalinks.oecd.org/fish/20150108/dc25
Source : OCDE (2014), « Pêcheries : Flotte de pêche », Statistiques agricoles de l'OCDE (base de données). DOI: 10.1787/data-00218-fr

Tableau 2. Emploi dans les pêcheries

Personnes employées

	2006	2007	2008	2009	2010	2011	2012	2013
Plein-temps	..	..	..	..	..	..	..	..
Secteur de capture	..	..	..	..	..	..	..	..
Pêche en eaux intérieures	..	..	..	..	..	..	..	..
Homme	..	..	..	..	..	..	..	..
Femme	..	..	..	..	..	..	..	..
Eaux maritimes (pêche côtière)	..	..	..	..	..	..	..	..
Homme	..	..	..	..	..	..	..	..
Femme	..	..	..	..	..	..	..	..
Eaux maritimes (pêche en haute mer)	..	..	..	..	..	..	..	..
Homme	..	..	..	..	..	..	..	..
Femme	..	..	..	..	..	..	..	..
Aquaculture	..	..	..	..	..	..	..	..
Homme	..	..	..	..	..	..	..	..
Femme	..	..	..	..	..	..	..	..
Transformation	..	..	..	..	..	..	..	..
Homme	..	..	..	..	..	..	..	..
Femme	..	..	..	..	..	..	..	..
Temps partiel	..	..	..	..	..	..	..	..
Secteur de capture	..	..	..	..	..	..	..	..
Pêche en eaux intérieures	..	..	..	..	..	..	..	..
Homme	..	..	..	..	..	..	..	..
Femme	..	..	..	..	..	..	..	..
Eaux maritimes (pêche côtière)	..	..	..	..	..	..	..	..
Homme	..	..	..	..	..	..	..	..
Femme	..	..	..	..	..	..	..	..
Eaux maritimes (pêche en haute mer)	..	..	..	..	..	..	..	..
Homme	..	..	..	..	..	..	..	..
Femme	..	..	..	..	..	..	..	..
Aquaculture	..	..	..	..	..	..	..	..
Homme	..	..	..	..	..	..	..	..
Femme	..	..	..	..	..	..	..	..
Transformation	..	..	..	..	..	..	..	..
Homme	..	..	..	..	..	..	..	..
Femme	..	..	..	..	..	..	..	..
Total	**4 215**	**4 161**	**4 113**	**3 966**	**3 913**	**3 929**	**3 837**	**..**
Secteur de capture	1 880	1 865	1 800	1 686	1 641	1 603	1 572	1 466
Pêche en eaux intérieures	187	192	199	187	184	181	183	181
Homme	180	186	194	185	181	175	177	175
Femme	7	6	5	2	3	6	6	6
Eaux maritimes (pêche côtière)	1 693	1 673	1 601	1 499	1 457	1 422	1 389	1 285
Homme	1 679	1 658	1 588	1 486	1 444	1 409	1 376	1 273
Femme	14	14	13	13	14	13	13	12
Eaux maritimes (pêche en haute mer)	..	..	..	..	..	..	..	..
Homme	..	..	..	..	..	..	..	..
Femme	..	..	..	..	..	..	..	..
Aquaculture	439	378	379	424	399	392	370	..
Homme	376	327	321	367	346	343	317	..
Femme	63	51	58	57	43	49	53	..
Transformation	1 896	1 918	1 934	1 856	1 873	1 934	1 895	..
Homme	..	..	..	..	..	..	..	..
Femme	..	..	..	..	..	..	..	..

.. Non disponible

Note : Métadonnées détaillées : http://metalinks.oecd.org/fish/20150108/229f

Source : OCDE (2014), « Pêcheries : Emploi dans la pêche », Statistiques agricoles de l'OCDE (base de données). DOI: 10.1787/data-00219-fr

Tableau 3. Débarquements nationaux dans les ports nationaux

	2006	2007	2008	2009	2010	2011	2012	2013
VOLUME (TONNES)								
Total poissons	**82 529**	**73 820**	**68 470**	**59 201**	**52 396**	**47 086**	**57 020**	**59 772**
Saumon	110	92	95	141	135	135	154	45
Saumon rose	..	..	..	..	..	..	..	..
Saumon keta	..	..	..	..	..	..	..	..
Saumon rouge	..	..	..	..	..	..	..	..
Saumon argenté	..	..	..	..	..	..	..	..
Autres saumons	110	92	95	141	135	135	154	45
Poissons plats	942	882	865	633	550	473	521	830
Flétan	3	2	3	5	15	5	7	3
Flétan noir	..	..	..	..	..	..	..	..
Sole	26	30	19	25	35	33	22	42
Plie	392	427	408	279	245	178	229	214
Autres poissons plats	521	423	435	324	255	257	263	571
Poissons de fond	12 068	11 720	10 401	11 142	10 460	11 619	10 968	6 681
Morue (Atlantique et Pacifique)	11 020	11 000	9 789	10 440	9 617	10 955	10 300	6 037
Églefin	110	124	171	119	92	98	191	165
Lieu	648	399	258	437	602	429	332	383
Morue du Pacifique occidental	..	..	..	..	..	..	..	..
Merlan	205	126	71	58	63	65	58	38
Merlu (toutes espèces)	39	30	72	37	39	29	23	23
Sébaste	..	..	..	..	..	..	..	..
Autres poissons de fond	46	41	40	51	47	43	64	35
Pélagiques	68 149	60 066	56 197	46 535	40 639	34 277	44 985	51 570
Chinchard	..	..	..	..	..	..	..	..
Maquereau	121	97	117	368	226	229	219	237
Hareng (Atlantique et Pacifique)	44 020	38 818	33 452	29 682	27 708	20 925	29 277	34 280
Sardine	..	..	..	..	..	..	..	..
Autres pélagiques	24 008	21 151	22 628	16 485	12 705	13 123	15 489	17 053
Thons	..	..	..	..	..	..	..	..
Listao	..	..	..	..	..	..	..	..
Thon rouge (nord et sud)	..	..	..	..	..	..	..	..
Germon	..	..	..	..	..	..	..	..
Albacore	..	..	..	..	..	..	..	..
Thon obèse	..	..	..	..	..	..	..	..
Autres thons	..	..	..	..	..	..	..	..
Espadon	..	..	..	..	..	..	..	..
Autres poissons	1 260	1 060	912	750	612	582	392	646
Total crustacés	**3 524**	**3 699**	**3 733**	**3 647**	**2 862**	**2 605**	**2 699**	**2 189**
Homard et langouste	11	13	16	23	19	20	14	13
Langoustine	1 069	1 312	1 314	1 219	1 155	852	1 202	961
Crevette	2 360	2 282	2 314	2 300	1 565	1 606	1 356	1 081
Autres crustacés	84	92	89	105	123	127	127	134
Total coquillages et mollusques	..	..	..	..	..	..	..	..
Huître	..	..	..	..	..	..	..	..
Moule	..	..	..	..	..	..	..	..
Coquille St-Jacques	..	..	..	..	..	..	..	..
Bivalves	..	..	..	..	..	..	..	..
Autres coquillages (incl. buccins)	..	..	..	..	..	..	..	..
Calmar	..	..	..	..	..	..	..	..
Seiche	..	..	..	..	..	..	..	..
Poulpe	..	..	..	..	..	..	..	..
Autres mollusques (incl. oursins)	..	..	..	..	..	..	..	..
Autres animaux marins	..	..	..	..	..	..	..	..
Plantes aquatiques	..	..	..	..	..	..	..	..
Algue brune	..	..	..	..	..	..	..	..
Algue rouge	..	..	..	..	..	..	..	..
Autres algues	..	..	..	..	..	..	..	..
Poisson pour transformation	24 409	37 817	17 974	14 492	13 472	10 023	4 450	10 592
TOTAL GÉNÉRAL	**110 462**	**115 336**	**90 177**	**77 340**	**68 730**	**59 714**	**64 169**	**72 553**

Tableau 3. Débarquements nationaux dans les ports nationaux *(suite)*

	2006	2007	2008	2009	2010	2011	2012	2013
VALEUR (SEK)								
Total poissons	**447 691 000**	**441 185 000**	**396 605 000**	**367 094 000**	**347 855 000**	**352 462 000**	**389 103 000**	**335 540 000**
Saumon	4 072 000	3 417 000	3 247 000	6 022 000	6 121 000	6 606 000	7 192 000	1 573 000
Saumon rose	..	..	..	..	..	..	..	..
Saumon keta	..	..	..	..	..	..	..	..
Saumon rouge	..	..	..	..	..	..	..	..
Saumon argenté	..	..	..	..	..	..	..	..
Autres saumons	4 072 000	3 417 000	3 247 000	6 022 000	6 121 000	6 606 000	7 192 000	1 573 000
Poissons plats	30 584 000	28 582 000	24 615 000	18 265 000	17 949 000	15 335 000	15 189 000	17 121 000
Flétan	290 000	273 000	341 000	643 000	1 464 000	632 000	634 000	357 000
Flétan noir	..	..	..	..	..	..	..	..
Sole	2 729 000	3 870 000	1 993 000	2 191 000	3 632 000	3 586 000	2 156 000	3 654 000
Plie	8 705 000	9 256 000	8 554 000	5 854 000	4 629 000	3 110 000	4 053 000	3 831 000
Autres poissons plats	18 860 000	15 183 000	13 727 000	9 577 000	8 224 000	8 007 000	8 346 000	9 279 000
Poissons de fond	190 972 000	196 326 000	171 300 771	149 961 000	149 833 000	166 522 000	140 375 000	88 751 000
Morue (Atlantique et Pacifique)	178 891 000	185 988 000	162 991 000	138 067 000	135 726 000	155 337 000	128 980 000	78 552 000
Églefin	2 120 000	2 611 000	3 541 000	2 639 000	1 865 000	1 841 000	3 739 000	3 624 000
Lieu	5 394 000	3 834 000	2 462 000	5 708 000	8 673 000	6 283 000	4 931 000	4 504 000
Morue du Pacifique occidental	..	..	..	..	..	..	..	..
Merlan	2 402 000	1 966 000	1 180 000	1 040 000	1 146 000	938 000	712 000	569 000
Merlu (toutes espèces)	1 054 000	867 000	1 771 000	1 107 000	1 144 000	849 000	719 000	591 000
Sébaste	..	..	..	..	..	..	..	..
Autres poissons de fond	1 111 000	1 060 000	1 125 000	1 400 000	1 279 000	1 274 000	1 294 000	911 000
Pélagiques	163 934 000	159 510 000	153 185 000	161 123 000	137 773 000	131 823 000	183 880 000	199 274 000
Chinchard	..	..	..	..	..	..	..	..
Maquereau	3 106 000	2 752 000	3 362 000	8 025 000	6 123 000	6 445 000	6 149 000	6 348 000
Hareng (Atlantique et Pacifique)	123 036 000	114 045 000	106 825 000	119 146 000	103 222 000	89 050 000	136 852 000	141 413 000
Sardine	..	..	..	..	..	..	..	..
Autres pélagiques	37 792 000	42 713 000	42 998 000	33 952 000	28 428 000	36 328 000	40 879 000	51 513 000
Thons	..	..	..	..	..	..	..	..
Listao	..	..	..	..	..	..	..	..
Thon rouge (nord et sud)	..	..	..	..	..	..	..	..
Germon	..	..	..	..	..	..	..	..
Albacore	..	..	..	..	..	..	..	..
Thon obèse	..	..	..	..	..	..	..	..
Autres thons	..	..	..	..	..	..	..	..
Espadon	..	..	..	..	..	..	..	..
Autres poissons	58 129 000	53 350 000	44 257 229	31 723 000	36 179 000	32 176 000	42 467 000	28 821 000
Total crustacés	**212 584 000**	**239 364 000**	**227 471 000**	**240 431 000**	**235 704 000**	**245 484 000**	**234 107 000**	**217 506 000**
Homard et langouste	4 253 000	5 237 000	5 537 000	7 253 000	5 964 000	6 102 000	5 039 000	4 631 000
Langoustine	107 555 000	127 770 000	111 274 000	102 513 000	109 427 000	104 205 000	116 421 000	105 598 000
Crevette	98 005 000	103 688 000	108 174 000	127 573 000	117 122 000	132 991 000	110 481 000	104 595 000
Autres crustacés	2 771 000	2 669 000	2 486 000	3 092 000	3 191 000	2 186 000	2 166 000	2 682 000
Total coquillages et mollusques	..	..	..	..	..	..	..	..
Huître	..	..	..	..	..	..	..	..
Moule	..	..	..	..	..	..	..	..
Coquille St-Jacques	..	..	..	..	..	..	..	..
Bivalves	..	..	..	..	..	..	..	..
Autres coquillages (incl. buccins	..	..	..	..	..	..	..	..
Calmar	..	..	..	..	..	..	..	..
Seiche	..	..	..	..	..	..	..	..
Poulpe	..	..	..	..	..	..	..	..
Autres mollusques (incl. oursins)	..	..	..	..	..	..	..	..
Autres animaux marins	..	..	..	..	..	..	..	..
Plantes aquatiques	..	..	..	..	..	..	..	..
Algue brune	..	..	..	..	..	..	..	..
Algue rouge	..	..	..	..	..	..	..	..
Autres algues	..	..	..	..	..	..	..	..
Poisson pour transformation	22 379 000	24 193 000	17 662 000	13 606 000	16 007 000	15 068 000	7 651 000	19 928 000
TOTAL GÉNÉRAL	**682 654 000**	**704 742 000**	**641 738 000**	**621 131 000**	**599 566 000**	**613 014 000**	**630 861 000**	**572 974 000**

.. Non disponible

Note : Métadonnées détaillées : http://metalinks.oecd.org/fish/20150108/cc84

Source : OCDE (2014), « Pêcheries : Débarquements nationaux dans les ports domestiques », Statistiques agricoles de l'OCDE (base de données). DOI: 10.1787/data-00222-fr

SUÈDE

Tableau 4. Débarquements nationaux dans les ports étrangers

	2006	2007	2008	2009	2010	2011	2012	2013
VOLUME (TONNES)								
Total poissons	**28 289**	**29 916**	**22 104**	**13 248**	**12 279**	**26 312**	**38 674**	**27 316**
Saumon	96	92	..	4	15	43	10	..
Saumon rose	..	..	..	..	..	..	..	..
Saumon keta	..	..	..	..	..	..	..	..
Saumon rouge	..	..	..	..	..	..	..	..
Saumon argenté	..	..	..	..	..	..	..	..
Autres saumons	96	92	0	4	15	43	10	0
Poissons plats	32	82	132	39	43	104	16	70
Flétan	2	3	5	3	1	1	1	1
Flétan noir	..	..	..	..	..	..	..	..
Sole	4	7	7	6	6	5	3	2
Plie	10	38	74	13	24	88	7	45
Autres poissons plats	16	34	46	17	12	10	5	22
Poissons de fond	1 546	1 819	1 642	1 814	1 653	1 699	1 722	1 796
Morue (Atlantique et Pacifique)	478	725	709	842	760	591	643	541
Églefin	189	230	114	154	101	215	107	136
Lieu	831	772	685	731	711	789	869	1 046
Morue du Pacifique occidental	..	..	..	..	..	..	..	..
Merlan	7	8	6	7	4	3	2	1
Merlu (toutes espèces)	13	25	64	30	24	47	31	23
Sébaste	..	..	..	..	..	..	..	..
Autres poissons de fond	28	59	64	50	53	54	70	49
Pélagiques	26 540	27 798	20 197	10 883	10 519	24 321	36 223	25 076
Chinchard	..	..	..	..	..	..	..	..
Maquereau	3 248	3 837	3 141	3 006	2 602	3 297	141	301
Hareng (Atlantique et Pacifique)	23 003	23 724	16 417	7 845	7 917	13 840	16 932	15 824
Sardine	..	..	..	..	..	..	..	..
Autres pélagiques	289	237	639	32	0	7 184	19 150	8 951
Thons	..	..	..	..	..	..	..	..
Listao	..	..	..	..	..	..	..	..
Thon rouge (nord et sud)	..	..	..	..	..	..	..	..
Germon	..	..	..	..	..	..	..	..
Albacore	..	..	..	..	..	..	..	..
Thon obèse	..	..	..	..	..	..	..	..
Autres thons	..	..	..	..	..	..	..	..
Espadon	..	..	..	..	..	..	..	..
Autres poissons	75	125	133	508	49	145	703	374
Total crustacés	**31**	**114**	**129**	**53**	**64**	**35**	**25**	**13**
Homard et langouste	..	0	0	0	0	0	0	0
Langoustine	27	95	114	50	13	6	7	8
Crevette	1	15	14	2	49	27	18	3
Autres crustacés	3	4	1	1	2	2	0	2
Total coquillages et mollusques	..	..	..	..	..	..	..	..
Huître	..	..	..	..	..	..	..	..
Moule	..	..	..	..	..	..	..	..
Coquille St-Jacques	..	..	..	..	..	..	..	..
Bivalves	..	..	..	..	..	..	..	..
Autres coquillages (incl. buccins	..	..	..	..	..	..	..	..
Calmar	..	..	..	..	..	..	..	..
Seiche	..	..	..	..	..	..	..	..
Poulpe	..	..	..	..	..	..	..	..
Autres mollusques (incl. oursins)	..	..	..	..	..	..	..	..
Autres animaux marins	..	..	..	..	..	..	..	..
Plantes aquatiques	..	..	..	..	..	..	..	..
Algue brune	..	..	..	..	..	..	..	..
Algue rouge	..	..	..	..	..	..	..	..
Autres algues	..	..	..	..	..	..	..	..
Poisson pour transformation	123 192	100 841	106 546	106 762	122 661	82 893	71	68 608
TOTAL GÉNÉRAL	**151 512**	**130 871**	**128 779**	**120 063**	**135 004**	**109 240**	**38 770**	**95 937**

Tableau 4. Débarquements nationaux dans les ports étrangers *(suite)*

	2006	2007	2008	2009	2010	2011	2012	2013
VALEUR (SEK)								
Total poissons	**150 541 000**	**176 890 000**	**165 593 000**	**102 256 000**	**102 266 000**	**192 060 000**	**155 357 000**	**153 728 000**
Saumon	2 194 000	3 236 000	11 000	217 000	672 000	1 999 000	598 000	..
Saumon rose	..	..	..	..	..	..	..	..
Saumon keta	..	..	..	..	..	..	..	..
Saumon rouge	..	..	..	..	..	..	..	..
Saumon argenté	..	..	..	..	..	..	..	..
Autres saumons	2 194 000	3 236 000	11 000	217 000	672 000	1 999 000	598 000	0
Poissons plats	1 314 000	3 269 000	4 209 000	1 951 000	1 823 000	2 574 000	704 000	1 238 000
Flétan	137 000	292 000	391 000	290 000	122 000	144 000	98 000	127 000
Flétan noir	..	..	..	..	..	..	..	..
Sole	437 000	1 006 000	961 000	770 000	723 000	720 000	296 000	228 000
Plie	212 000	732 000	1 292 000	233 000	464 000	1 279 000	102 000	512 000
Autres poissons plats	528 000	1 239 000	1 565 000	658 000	514 000	431 000	208 000	371 000
Poissons de fond	27 647 000	38 747 000	29 975 000	30 606 000	31 027 000	31 163 000	32 583 000	30 733 000
Morue (Atlantique et Pacifique)	14 941 000	23 903 000	19 664 000	17 280 000	17 246 000	14 278 000	15 644 000	13 046 000
Églefin	3 080 000	4 336 000	1 638 000	2 442 000	1 720 000	2 998 000	1 582 000	1 898 000
Lieu	8 532 000	8 073 000	6 040 000	9 103 000	10 280 000	11 481 000	13 181 000	14 045 000
Morue du Pacifique occidental	..	..	..	..	..	..	..	..
Merlan	75 000	94 000	55 000	65 000	57 000	45 000	22 000	13 000
Merlu (toutes espèces)	343 000	675 000	1 276 000	531 000	420 000	812 000	585 000	342 000
Sébaste	..	..	..	..	..	..	..	..
Autres poissons de fond	676 000	1 666 000	1 302 000	1 185 000	1 304 000	1 549 000	1 569 000	1 389 000
Pélagiques	117 291 000	128 231 000	125 377 000	69 482 000	66 693 000	153 812 000	119 036 000	119 188 000
Chinchard	..	..	..	..	..	..	..	..
Maquereau	32 639 000	38 219 000	44 599 000	27 649 000	24 562 000	49 649 000	1 181 000	3 169 000
Hareng (Atlantique et Pacifique)	84 172 000	89 598 000	79 857 000	41 787 000	42 131 000	88 614 000	78 543 000	89 408 000
Sardine	..	..	..	..	..	..	..	..
Autres pélagiques	480 000	414 000	921 000	46 000	0	15 549 000	39 312 000	26 611 000
Thons	..	..	..	..	..	..	..	..
Listao	..	..	..	..	..	..	..	..
Thon rouge (nord et sud)	..	..	..	..	..	..	..	..
Germon	..	..	..	..	..	..	..	..
Albacore	..	..	..	..	..	..	..	..
Thon obèse	..	..	..	..	..	..	..	..
Autres thons	..	..	..	..	..	..	..	..
Espadon	..	..	..	..	..	..	..	..
Autres poissons	2 095 000	3 407 000	6 021 000	5 391 000	2 051 000	2 512 000	2 436 000	2 569 000
Total crustacés	**2 541 000**	**9 410 000**	**9 242 000**	**3 799 000**	**4 877 000**	**3 541 000**	**1 798 000**	**954 000**
Homard et langouste	..	9 000	1 000	1 000	1 000	3 000	0	0
Langoustine	2 406 000	8 558 000	8 749 000	3 642 000	903 000	500 000	588 000	608 000
Crevette	48 000	684 000	448 000	114 000	3 902 000	2 974 000	1 199 000	279 000
Autres crustacés	87 000	159 000	44 000	42 000	71 000	64 000	11 000	67 000
Total coquillages et mollusques	..	..	..	..	..	..	..	..
Huître	..	..	..	..	..	..	..	..
Moule	..	..	..	..	..	..	..	..
Coquille St-Jacques	..	..	..	..	..	..	..	..
Bivalves	..	..	..	..	..	..	..	..
Autres coquillages (incl. buccins)	..	..	..	..	..	..	..	..
Calmar	..	..	..	..	..	..	..	..
Seiche	..	..	..	..	..	..	..	..
Poulpe	..	..	..	..	..	..	..	..
Autres mollusques (incl. oursins)	..	..	..	..	..	..	..	..
Autres animaux marins	..	..	..	..	..	..	..	..
Plantes aquatiques	..	..	..	..	..	..	..	..
Algue brune	..	..	..	..	..	..	..	..
Algue rouge	..	..	..	..	..	..	..	..
Autres algues	..	..	..	..	..	..	..	..
Poisson pour transformation	176 784 000	192 251 000	151 869 000	156 768 000	245 139 000	189 647 000	139 000	177 428 000
TOTAL GÉNÉRAL	**329 866 000**	**378 551 000**	**326 704 000**	**262 823 000**	**352 282 000**	**385 248 000**	**157 294 000**	**332 110 000**

.. Non disponible

Note : Métadonnées détaillées : http://metalinks.oecd.org/fish/20150108/5f50

Source : OCDE (2014), « Pêcheries : Débarquements nationaux dans les ports étrangers », Statistiques agricoles de l'OCDE (base de données). DOI: 10.1787/data-00223-fr

SUÈDE

Tableau 5. Débarquements étrangers dans les ports nationaux

	2006	2007	2008	2009	2010	2011	2012	2013
VOLUME (TONNES)								
Total poissons	**3 861**	**5 028**	**5 922**	**10 457**	**5 581**	**6 825**	**5 925**	**10 911**
Saumon	113	80	7	6	2	2	6	3
Saumon rose	..	..	..	..	..	..	..	..
Saumon keta	..	..	..	..	..	..	..	..
Saumon rouge	..	..	..	..	..	..	..	..
Saumon argenté	..	..	..	..	..	..	..	..
Autres saumons	113	80	7	6	2	2	6	3
Poissons plats	36	36	6	8	9	7	14	18
Flétan	..	..	0	..	1	1	1	3
Flétan noir	..	0	..	..	..	..	..	..
Sole	..	0	0	..	0	0	0	0
Plie	7	5	1	3	1	1	4	2
Autres poissons plats	29	31	4	5	7	5	9	13
Poissons de fond	794	583	529	419	499	434	508	236
Morue (Atlantique et Pacifique)	706	547	493	381	452	395	452	131
Églefin	4	3	3	4	1	3	5	8
Lieu	81	29	29	30	44	33	45	91
Morue du Pacifique occidental	..	..	..	..	..	..	..	..
Merlan	2	1	1	1	0	0	1	1
Merlu (toutes espèces)	..	1	2	1	1	1	3	1
Sébaste	..	..	..	..	..	..	..	..
Autres poissons de fond	1	2	1	2	1	2	2	4
Pélagiques	2 908	4 320	5 380	10 020	5 068	6 380	5 395	10 650
Chinchard	..	..	..	..	..	..	..	..
Maquereau	1	0	..	..	0	1	0	0
Hareng (Atlantique et Pacifique)	897	1 219	1 480	2 075	1 278	878	1 993	3 115
Sardine	..	..	..	..	..	..	..	..
Autres pélagiques	2 010	3 101	3 900	7 945	3 790	5 501	3 402	7 535
Thons	..	..	..	..	..	..	..	..
Listao	..	..	..	..	..	..	..	..
Thon rouge (nord et sud)	..	..	..	..	..	..	..	..
Germon	..	..	..	..	..	..	..	..
Albacore	..	..	..	..	..	..	..	..
Thon obèse	..	..	..	..	..	..	..	..
Autres thons	..	..	..	..	..	..	..	..
Espadon	..	..	..	..	..	..	..	..
Autres poissons	10	9	8	4	3	2	2	4
Total crustacés	**870**	**452**	**224**	**217**	**215**	**238**	**203**	**320**
Homard et langouste	0	..	..	..	..	..	..	..
Langoustine	15	22	17	22	14	21	18	13
Crevette	855	430	207	195	201	217	185	307
Autres crustacés	..	..	..	..	..	..	..	..
Total coquillages et mollusques	..	..	..	..	..	..	..	..
Huître	..	..	..	..	..	..	..	..
Moule	..	..	..	..	..	..	..	..
Coquille St-Jacques	..	..	..	..	..	..	..	..
Bivalves	..	..	..	..	..	..	..	..
Autres coquillages (incl. buccins	..	..	..	..	0	0	0	0
Calmar	..	..	..	..	..	..	..	..
Seiche	..	..	..	..	0	0	0	0
Poulpe	..	..	..	..	..	..	..	..
Autres mollusques (incl. oursins)	..	..	..	..	..	..	..	..
Autres animaux marins	..	..	..	..	..	..	..	..
Plantes aquatiques	..	..	..	..	..	..	..	..
Algue brune	..	..	..	..	..	..	..	..
Algue rouge	..	..	..	..	..	..	..	..
Autres algues	..	..	..	..	..	..	..	..
Poisson pour transformation	2 445	5 926	2 096	8 194	11 791	1 777	1 789	3 265
TOTAL GÉNÉRAL	**7 176**	**11 406**	**8 242**	**18 868**	**17 587**	**8 840**	**7 917**	**14 496**

Tableau 5. Débarquements étrangers dans les ports nationaux *(suite)*

	2006	2007	2008	2009	2010	2011	2012	2013
VALEUR (SEK)								
Total poissons	**20 237 000**	**18 524 000**	**20 158 000**	**29 569 000**	**19 320 000**	**21 856 000**	**27 426 000**	**38 679 000**
Saumon	3 777 000	3 391 000	448 000	276 000	176 000	140 000	308 000	105 000
Saumon rose	..	..	..	..	..	..	..	..
Saumon keta	..	..	..	..	..	..	..	..
Saumon rouge	..	..	..	..	..	..	..	..
Saumon argenté	..	..	..	..	..	..	..	..
Autres saumons	3 777 000	3 391 000	448 000	276 000	176 000	140 000	308 000	105 000
Poissons plats	594 000	564 000	270 000	311 000	307 000	246 000	420 000	896 000
Flétan	21 000	..	26 000	59 000	80 000	84 000	96 000	336 000
Flétan noir	..	19 000	..	..	..	..	..	..
Sole	7 000	19 000	42 000	7 000	1 000	0	3 000	0
Plie	208 000	90 000	45 000	42 000	28 000	22 000	59 000	32 000
Autres poissons plats	358 000	436 000	157 000	203 000	198 000	140 000	262 000	528 000
Poissons de fond	10 751 000	8 084 000	6 697 000	5 637 000	6 712 000	5 832 000	7 323 000	4 301 000
Morue (Atlantique et Pacifique)	9 860 000	7 628 000	6 140 000	5 026 000	5 949 000	5 135 000	6 381 000	2 765 000
Églefin	84 000	72 000	56 000	82 000	35 000	81 000	127 000	201 000
Lieu	742 000	315 000	404 000	431 000	671 000	544 000	672 000	1 162 000
Morue du Pacifique occidental	..	..	..	..	..	..	..	..
Merlan	23 000	11 000	14 000	16 000	4 000	4 000	6 000	8 000
Merlu (toutes espèces)	17 000	24 000	55 000	45 000	31 000	23 000	89 000	43 000
Sébaste	..	..	..	..	..	..	..	..
Autres poissons de fond	25 000	34 000	28 000	37 000	22 000	45 000	48 000	122 000
Pélagiques	4 834 000	6 213 000	12 743 000	23 175 000	11 966 000	15 504 000	19 179 000	33 038 000
Chinchard	..	..	..	..	..	..	..	..
Maquereau	6 000	1 000	..	..	1 000	23 000	0	2 000
Hareng (Atlantique et Pacifique)	2 304 000	1 806 000	3 424 000	7 816 000	4 341 000	2 632 000	10 278 000	11 735 000
Sardine	..	..	..	..	..	..	..	..
Autres pélagiques	2 524 000	4 406 000	9 319 000	15 359 000	7 624 000	12 849 000	8 901 000	21 301 000
Thons	..	..	..	..	..	..	..	..
Listao	..	..	..	..	..	..	..	..
Thon rouge (nord et sud)	..	..	..	..	..	..	..	..
Germon	..	..	..	..	..	..	..	..
Albacore	..	..	..	..	..	..	..	..
Thon obèse	..	..	..	..	..	..	..	..
Autres thons	..	..	..	..	..	..	..	..
Espadon	..	..	..	..	..	..	..	..
Autres poissons	281 000	272 000	226 021	170 000	159 000	134 000	196 000	339 000
Total crustacés	**25 740 000**	**19 392 000**	**18 425 000**	**20 695 000**	**24 906 000**	**27 068 000**	**27 012 000**	**40 272 000**
Homard et langouste	28 000	..	..	4 000	..	..	..	..
Langoustine	1 469 000	2 330 000	1 724 000	1 839 000	1 626 000	2 524 000	1 852 000	1 691 000
Crevette	24 243 000	17 062 000	16 701 000	18 852 000	23 280 000	24 544 000	25 160 000	38 581 000
Autres crustacés	..	..	..	..	..	..	..	..
Total coquillages et mollusques	..	..	..	..	**1 000**	**1 000**	..	..
Huître	..	..	..	..	..	..	..	..
Moule	..	..	..	..	..	..	..	..
Coquille St-Jacques	..	..	..	..	..	..	..	..
Bivalves	..	..	..	..	..	..	..	..
Autres coquillages (incl. buccins	..	..	..	..	0	0	0	0
Calmar	..	..	..	..	..	..	..	..
Seiche	..	..	..	..	1 000	1 000	0	0
Poulpe	..	..	..	..	..	..	..	..
Autres mollusques (incl. oursins)	..	..	..	..	..	..	..	..
Autres animaux marins	..	..	..	..	..	..	..	..
Plantes aquatiques	..	..	..	..	..	..	..	..
Algue brune	..	..	..	..	..	..	..	..
Algue rouge	..	..	..	..	..	..	..	..
Autres algues	..	..	..	..	..	..	..	..
Poisson pour transformation	2 085 000	6 699 000	1 947 000	8 209 000	13 790 000	2 864 000	2 988 000	7 065 000
TOTAL GÉNÉRAL	**48 062 000**	**44 615 000**	**40 530 000**	**58 473 000**	**58 017 000**	**51 789 000**	**57 426 000**	**86 016 000**

.. Non disponible

Note : Métadonnées détaillées : http://metalinks.oecd.org/fish/20150108/665e

Source : OCDE (2014), « Pêcheries : Débarquements étrangers dans les ports domestiques », Statistiques agricoles de l'OCDE (base de données). DOI: 10.1787/data-00224-fr

Tableau 6. Production de l'aquaculture

	2006	2007	2008	2009	2010	2011	2012	2013
VOLUME (TONNES)								
Poissons	**6 754**	**4 919**	**6 676**	**8 061**	**10 146**	**13 015**	**13 478**	..
Saumon de l'Atlantique	..	..	..	..	221	296	297	..
Saumon du Pacifique	..	..	..	..	..	..	..	..
Truite arc-en-ciel	6 116	4 366	5 789	7 064	8 476	11 411	11 156	..
dont : d'eau de mer	1 769	1 739	1 981	2 431	8 476	11 411	11 156	..
dont : d'eau douce	4 347	2 627	3 808	4 633	6 193	8 156	..	..
Truite de mer	3	4	23	212	..	..	..	..
Poisson plat	..	..	..	..	..	..	..	..
Dorade	..	..	..	..	..	..	..	..
Bar	..	..	..	..	..	..	..	..
Loup	..	..	..	..	..	..	..	..
Carpe	..	..	..	..	..	..	..	..
Tilapia	..	..	..	..	..	..	..	..
Anguille	191	175	172	..	..	92	95	..
Autres poissons	444	374	692	785	1 449	1 308	2 025	..
Coquillages et crustacés	**1 791**	**1 168**	**1 911**	**2 125**	**1 383**	**1 471**	**1 310**	..
Huître, comestible	..	..	..	..	1	1	1	..
Huître, perle	..	..	..	..	..	..	..	..
Moule	1 791	1 168	1 911	2 125	1 381	1 469	1 307	..
Coquille St.-Jacques	..	..	..	..	..	..	..	..
Bivalves	..	..	..	..	..	..	..	..
Crevette et bouquet	..	..	..	..	..	..	..	..
Autres coquillages et crustacés	..	..	..	..	1	1	2	..
Total poissons, coquillages et crustacés	**8 545**	**6 087**	**8 587**	**10 186**	**11 529**	**14 486**	**14 788**	..
Autres animaux marins	..	..	..	..	..	..	..	..
Plantes aquatiques	..	..	..	..	..	..	..	..
Algue brune	..	..	..	..	..	..	..	..
Algue rouge	..	..	..	..	..	..	..	..
Algue verte	..	..	..	..	..	..	..	..
Autres plantes aquatiques	..	..	..	..	..	..	..	..
TOTAL GÉNÉRAL	**8 545**	**6 087**	**8 587**	**10 186**	**11 529**	**14 486**	**14 788**	..
VALEUR (SEK)								
Poissons	**194 100 000**	**138 600 000**	**210 300 000**	**259 400 000**	**431 636 020**	**427 617 750**	**396 489 255**	..
Saumon de l'Atlantique	..	..	..	..	146 936 020	58 717 750	21 200 000	..
Saumon du Pacifique	..	..	..	..	..	..	..	..
Truite arc-en-ciel	157 500 000	107 100 000	157 300 000	189 200 000	224 900 000	297 500 000	285 100 000	..
dont : d'eau de mer	45 500 000	42 700 000	53 800 000	189 200 000	224 900 000	297 500 000	285 100 000	..
dont : d'eau douce	112 000 000	64 400 000	103 500 000	..	..	..	..	..
Truite de mer	..	..	..	15 700 000	..	..	..	..
Poisson plat	..	..	..	..	..	..	..	..
Dorade	..	..	..	..	..	..	..	..
Bar	..	..	..	..	..	..	..	..
Loup	..	..	..	..	..	..	..	..
Carpe	..	..	..	..	..	..	..	..
Tilapia	..	..	..	..	..	..	..	..
Anguille	16 200 000	14 500 000	13 200 000	..	..	17 300 000	17 500 000	..
Autres poissons	20 400 000	17 000 000	39 800 000	54 500 000	59 800 000	71 400 000	90 189 255	..
Coquillages et crustacés	**11 200 000**	**6 000 000**	**13 200 000**	..	**5 528 000**	**5 880 000**	**9 081 354**	..
Huître, comestible	..	..	..	..	..	..	717 540	..
Huître, perle	..	..	..	..	..	..	..	..
Moule	11 200 000	6 000 000	13 200 000	..	5 528 000	5 880 000	8 363 814	..
Coquille St.-Jacques	..	..	..	..	..	..	..	..
Bivalves	..	..	..	..	..	..	..	..
Crevette et bouquet	..	..	..	..	..	..	..	..
Autres coquillages et crustacés	..	..	..	..	..	..	..	..
Total poissons, coquillages et crustacés	**205 300 000**	**144 600 000**	**223 500 000**	**259 400 000**	**437 164 020**	**433 497 750**	**405 570 609**	..
Autres animaux marins	..	..	..	..	..	..	..	..
Plantes aquatiques	..	..	..	..	..	..	..	..
Algue brune	..	..	..	..	..	..	..	..
Algue rouge	..	..	..	..	..	..	..	..
Algue verte	..	..	..	..	..	..	..	..
Autres plantes aquatiques	..	..	..	..	..	..	..	..
TOTAL GÉNÉRAL	**205 300 000**	**144 600 000**	**223 500 000**	**259 400 000**	**437 164 020**	**433 497 750**	**405 570 609**	..

.. Non disponible

Note : Métadonnées détaillées : http://metalinks.oecd.org/fish/20150108/0764

Source : OCDE (2014), « Pêcheries : Production de l'aquaculture », Statistiques agricoles de l'OCDE (base de données). DOI: 10.1787/data-00225-fr

SUÈDE

Tableau 7. Transferts financiers publics (TFP)

Milliers SEK

	2006	2007	2008	2009	2010	2011	2012	2013
Contribution nationale aux TFP								
Pêche maritime	**355 561**	**578 806**	**594 970**	**768 461**	**797 066**	**729 686**	**692 040**	**517 530**
Paiements directs	5 328	16 455	11 886	18 238	64 856	18 224	10 927	9 645
Désarmement des navires et retrait des licences	908	9 096	2 176	13 505	44 620	1 573	..	..
Indemnisation des catastrophes	..	..	..	..	..	..	..	..
Aides : équipement, modernisation, construction de navire	824	204	1 266	2 175	31	834	2 239	2 865
Aide au revenu et assurance chômage	..	..	..	..	17 900	14 800	8 650	6 780
Autres paiements directs	3 596	7 155	8 444	2 558	2 305	1 017	39	..
Transferts réduisant les coûts	..	183 242	185 591	294 918	256 033	202 045	210 197	..
Prêts subventionnés : équipement, modernisation, construction de navire	..	..	..	..	..	..	..	..
Bonification d'intérêts	..	..	..	..	..	..	..	..
Exonération de taxe sur carburant	..	183 242	185 591	294 918	256 033	202 045	210 197	..
Ristourne et subvention à l'assurance	..	..	..	..	..	..	..	..
Allègement d'impôt sur le revenu, contrib. sociales impayées	..	..	..	..	..	..	..	..
Autres transferts réduisant les coûts	..	..	..	..	..	..	..	..
Services généraux	350 233	379 109	397 493	445 305	476 177	509 416	470 916	507 884
Gestion des pêcheries	56 263	57 854	64 201	67 619	93 144	110 756	133 167	119 008
Recherche halieutique	151 481	164 982	169 145	189 665	170 082	171 821	143 956	115 996
Police des pêches	141 665	155 326	163 807	187 489	204 300	223 316	192 615	271 116
Infrastructure des pêcheries	824	947	340	532	8 652	3 524	1 179	1 764
Autres services généraux	..	..	..	..	..	..	..	..
Recouvrement des coûts	..	..	..	..	..	..	..	..
Aquaculture	**435**	**418**	**179**	**5 171**	**4 086**	**6 649**	**10 481**	**3 824**
Paiements directs	435	418	179	5 171	4 086	6 649	10 481	3 824
Aides : développement aquacole	435	418	179	5 171	4 086	6 649	10 481	3 824
Indemnisation des catastrophes	..	..	..	..	..	..	..	..
Autres paiements directs	..	..	..	..	..	..	..	..
Transferts réduisant les coûts	..	..	..	..	..	..	..	..
Prêts subventionnés : développement aquacole	..	..	..	..	..	..	..	..
Autres transferts réduisant les coûts	..	..	..	..	..	..	..	..
Services généraux	..	..	..	..	..	..	..	..
Gestion, recherche et police de l'aquaculture	..	..	..	..	..	..	..	..
Infrastructure aquacole	..	..	..	..	..	..	..	..
Autres services généraux	..	..	..	..	..	..	..	..
Recouvrement des coûts	..	..	..	..	..	..	..	..
Commercialisation et transformation	**17 131**	**11 468**	**5 500**	**5 102**	**10 680**	**8 527**	**12 585**	**18 196**
Paiements directs	17 131	11 468	5 500	5 102	7 368	6 605	8 304	13 444
Aides : commercialisation et transformation	17 131	11 468	5 500	5 102	7 368	6 605	8 304	13 444
Autres paiements directs	..	..	..	..	..	..	..	..
Transferts réduisant les coûts	..	..	..	..	..	..	..	..
Prêts subventionnés : commercialisation et transformation	..	..	..	..	..	..	..	..
Autres transferts réduisant les coûts	..	..	..	..	..	..	..	..
Services généraux	..	..	..	..	3 312	1 921	4 281	4 752
Aquaculture	..	..	..	..	..	..	..	..
Autres services généraux	..	..	..	..	3 312	1 921	4 281	4 752
Recouvrement des coûts	..	..	..	..	..	..	..	..
Total	**373 127**	**590 692**	**600 649**	**768 734**	**811 832**	**744 862**	**715 106**	**539 549**

Tableau 7. Transferts financiers publics (TFP) *(suite)*

Milliers SEK

	2006	2007	2008	2009	2010	2011	2012	2013
Contribution européenne aux TFP								
Pêche maritime	**13 524**	**24 730**	**17 020**	**47 564**	**76 974**	**20 324**	**45 573**	**36 789**
Paiements directs	9 341	18 674	15 092	47 032	59 097	4 024	2 501	2 770
Désarmement des navires et retrait des licences	908	9 096	2 176	40 516	56 676	2 172	..	..
Indemnisation des catastrophes	..	..	..	..	..	..	..	..
Aides : équipement, modernisation, construction de navire	3 190	538	3 266	2 129	116	834	2 462	2 770
Aide au revenu et assurance chômage	..	..	..	..	..	..	..	..
Autres paiements directs	5 243	9 040	9 650	4 387	2 305	1 017	39	..
Transferts réduisant les coûts	..	..	..	..	..	..	..	..
Prêts subventionnés : équipement, modernisation, construction de navire	..	..	..	..	..	..	..	..
Bonification d'intérêts	..	..	..	..	..	..	..	..
Exonération de taxe sur carburant	..	..	..	..	..	..	..	..
Ristourne et subvention à l'assurance	..	..	..	..	..	..	..	..
Allègement d'impôt sur le revenu, contrib. sociales impayées	..	..	..	..	..	..	..	..
Autres transferts réduisant les coûts	..	..	..	..	..	..	..	..
Services généraux	4 183	6 056	1 928	532	17 877	16 300	43 072	34 019
Gestion des pêcheries	..	..	..	..	4 144	4 956	13 967	5 558
Recherche halieutique	..	..	..	..	5 082	7 821	27 926	26 577
Police des pêches	..	..	..	..	..	..	..	..
Infrastructure des pêcheries	4 183	6 056	1 928	532	8 652	3 524	1 179	1 884
Autres services généraux	..	..	..	..	..	..	..	..
Recouvrement des coûts	..	..	..	..	..	..	..	..
Aquaculture	**1 956**	**2 036**	**766**	**5 085**	**4 086**	**6 649**	**10 481**	**3 824**
Paiements directs	1 956	2 036	766	5 085	4 086	6 649	10 481	3 824
Aides : développement aquacole	1 956	2 036	766	5 085	4 086	6 649	10 481	3 824
Indemnisation des catastrophes	..	..	..	..	..	..	..	..
Autres paiements directs	..	..	..	..	..	..	..	..
Transferts réduisant les coûts	..	..	..	..	..	..	..	..
Prêts subventionnés : développement aquacole	..	..	..	..	..	..	..	..
Autres transferts réduisant les coûts	..	..	..	..	..	..	..	..
Services généraux	..	..	..	..	..	..	..	..
Gestion, recherche et police de l'aquaculture	..	..	..	..	..	..	..	..
Infrastructure aquacole	..	..	..	..	..	..	..	..
Autres services généraux	..	..	..	..	..	..	..	..
Recouvrement des coûts	..	..	..	..	..	..	..	..
Commercialisation et transformation	**30 350**	**33 266**	**20 197**	**9 507**	**10 680**	**8 527**	**12 585**	**18 196**
Paiements directs	30 350	33 266	20 197	9 507	7 368	6 605	8 304	13 444
Aides : commercialisation et transformation	30 350	33 266	20 197	9 507	7 368	6 605	8 304	13 444
Autres paiements directs	..	..	..	..	..	..	..	..
Transferts réduisant les coûts	..	..	..	..	..	..	..	..
Prêts subventionnés : commercialisation et transformation	..	..	..	..	..	..	..	..
Autres transferts réduisant les coûts	..	..	..	..	..	..	..	..
Services généraux	..	..	..	..	3 312	1 921	4 281	4 752
Aquaculture	..	..	..	..	..	..	..	..
Autres services généraux	..	..	..	..	3 312	1 921	4 281	4 752
Recouvrement des coûts	..	..	..	..	..	..	..	..
Total	**45 830**	**60 032**	**37 983**	**62 156**	**91 740**	**35 500**	**68 639**	**58 808**

SUÈDE

Tableau 7. Transferts financiers publics (TFP) *(suite)*

Milliers SEK

	2006	2007	2008	2009	2010	2011	2012	2013
Total des TFP								
Pêche maritime	**369 085**	**603 536**	**611 990**	**806 025**	**874 040**	**750 010**	**737 613**	**554 319**
Paiements directs	14 669	35 129	26 978	65 270	123 952	22 248	13 428	12 415
Désarmement des navires et retrait des licences	1 816	18 192	4 352	54 021	101 295	3 745	..	..
Indemnisation des catastrophes	..	..	..	..	..	..	..	..
Aides : équipement, modernisation, construction de navire	4 014	742	4 532	4 304	147	1 668	4 701	5 635
Aide au revenu et assurance chômage	..	..	..	..	17 900	14 800	8 650	6 780
Autres paiements directs	8 839	16 195	18 094	6 945	4 610	2 035	77	..
Transferts réduisant les coûts	..	183 242	185 591	294 918	256 033	202 045	210 197	..
Prêts subventionnés : équipement, modernisation, construction de navire	..	..	..	..	..	..	..	..
Bonification d'intérêts	..	..	..	..	..	..	..	..
Exonération de taxe sur carburant	..	183 242	185 591	294 918	256 033	202 045	210 197	..
Ristourne et subvention à l'assurance	..	..	..	..	..	..	..	..
Allègement d'impôt sur le revenu, contrib. sociales impayées	..	..	..	..	..	..	..	..
Autres transferts réduisant les coûts	..	..	..	..	..	..	..	..
Services généraux	354 416	385 165	399 421	445 837	494 055	525 717	513 988	541 903
Gestion des pêcheries	56 263	57 854	64 201	67 619	97 287	115 712	147 134	124 566
Recherche halieutique	151 481	164 982	169 145	189 665	175 163	179 641	171 882	142 573
Police des pêches	141 665	155 326	163 807	187 489	204 300	223 316	192 615	271 116
Infrastructure des pêcheries	5 007	7 003	2 268	1 064	17 304	7 048	2 357	3 649
Autres services généraux	..	..	..	..	..	..	..	..
Recouvrement des coûts	..	..	..	..	..	..	..	..
Aquaculture	**2 391**	**2 454**	**945**	**10 256**	**8 171**	**13 299**	**20 963**	**7 647**
Paiements directs	2 391	2 454	945	10 256	8 171	13 299	20 963	7 647
Aides : développement aquacole	2 391	2 454	945	10 256	8 171	13 299	20 963	7 647
Indemnisation des catastrophes	..	..	..	..	..	..	..	..
Autres paiements directs	..	..	..	..	..	..	..	..
Transferts réduisant les coûts	..	..	..	..	..	..	..	..
Prêts subventionnés : développement aquacole	..	..	..	..	..	..	..	..
Autres transferts réduisant les coûts	..	..	..	..	..	..	..	..
Services généraux	..	..	..	..	..	..	..	..
Gestion, recherche et police de l'aquaculture	..	..	..	..	..	..	..	..
Infrastructure aquacole	..	..	..	..	..	..	..	..
Autres services généraux	..	..	..	..	..	..	..	..
Recouvrement des coûts	..	..	..	..	..	..	..	..
Commercialisation et transformation	**47 481**	**44 734**	**25 697**	**14 609**	**21 361**	**17 053**	**25 169**	**36 391**
Paiements directs	47 481	44 734	25 697	14 609	14 736	13 210	16 607	26 888
Aides : commercialisation et transformation	47 481	44 734	25 697	14 609	14 736	13 210	16 607	26 888
Autres paiements directs	..	..	..	..	..	..	..	..
Transferts réduisant les coûts	..	..	..	..	..	..	..	..
Prêts subventionnés : commercialisation et transformation	..	..	..	..	..	..	..	..
Autres transferts réduisant les coûts	..	..	..	..	..	..	..	..
Services généraux	..	..	..	..	6 625	3 843	8 562	9 503
Aquaculture	..	..	..	..	..	..	..	..
Autres services généraux	..	..	..	..	6 625	3 843	8 562	9 503
Recouvrement des coûts	..	..	..	..	..	..	..	..
Total	**418 957**	**650 724**	**638 632**	**830 890**	**903 572**	**780 362**	**783 745**	**598 357**

.. Non disponible

Note : Métadonnées détaillées : http://metalinks.oecd.org/fish/20150108/732c

Source : OCDE (2014), « Pêcheries : Transferts financiers publics », Statistiques agricoles de l'OCDE (base de données). DOI: 10.1787/data-00220-fr

SUÈDE

Tableau 8. Importations par produit

		2009		2010		2011		2012		2013	
		Tonnes	USD	Tonnes	USD	Tonnes	USD	Tonnes	USD	Tonnes	USD
03	**Poisson, crustacés et mollusques**	..	**2 294 591 944**	..	**2 926 870 046**	..	**3 245 203 432**	..	**3 251 527 074**	..	**4 095 508 870**
0302	**Poisson, frais ou réfrigéré, excl. 0304**	**309 263 388**	**1 415 292 783**	**329 375 710**	**1 890 961 970**	..	**1 995 518 127**	**428 225 413**	**2 007 126 213**	**441 603 189**	**2 765 608 587**
030211	Truite	2 072 000	10 369 143	1 649 041	11 139 735	2 647 071	17 325 964	3 241 318	16 541 169	3 038 491	20 908 174
030212	Saumon (Pacifique, Atlantique et Danube)	263 652 000	1 307 102 113	279 736 000	1 751 938 383	315 883 000	1 837 893 879	389 367 472	1 858 215 678	384 588 027	2 587 432 330
030219	Salmonidés nra	261 156	1 767 926	404 228	3 115 542	343 741	2 431 579	818 187	5 292 034	484 053	4 194 501
030221	Flétan	705 722	7 471 863	714 086	8 232 471	854 171	10 790 883	1 177 021	14 122 329	1 095 960	13 144 685
030222	Plie, carrelet	376 534	1 486 443	516 562	1 790 327	479 253	2 042 502	616 491	2 782 825	525 512	2 837 380
030223	Sole	27 000	416 626	22 096	321 252	21 050	385 686	27 036	659 012	33 251	569 318
030229	Poissons plats nra	402 237	4 031 376	345 386	3 738 567	387 609	4 412 883	485 270	4 548 264	368 048	3 895 410
030231	Thon blanc/germon	6 011	72 840	1 187	22 122	5 162	83 396	16 259	241 426	4 082	68 478
030232	Albacore (thon jaune)	11 000	249 607	15 524	309 147	13 353	285 642	17 347	376 093	23 207	551 355
030233	Listaos/bonite à ventre rayé	40	132	..	..	459	1 696	1 658	5 906	388	1 382
030239	Thonidés nra	4 755	97 077	3 319	37 565	3 425	36 842	8 146	141 755	6 379	134 499
030240	Hareng	4 784 000	2 640 429	6 357 275	3 219 472	4 158 504	2 541 951	3 037 271	3 313 225	5 736 000	3 809 735
030250	Morue	8 188 000	33 889 587	11 320 372	50 843 865	11 311 737	59 158 710	9 991 000	45 447 349	20 610 256	74 254 757
030261	Sardines	18 406 392	3 582 743	14 855 736	3 245 628	6 465 000	2 214 997	4 414 323	1 977 628	10 553 784	4 316 717
030262	Églefin	2 322 000	6 713 823	3 928 515	10 608 814	4 226 251	12 999 097	7 640 178	18 975 513	7 865 065	18 539 392
030263	Lieu noir	1 893 000	4 716 707	2 069 000	5 528 754	1 813 000	6 042 568	1 771 243	5 390 229	1 671 177	4 356 484
030264	Maquereau	481 000	1 620 533	429 152	1 568 971	543 804	2 084 277	508 789	1 903 502	259 660	1 087 662
030265	Aiguillat et autres squalidés	269 493	642 128	304 097	810 155	131 927	372 891	139 338	365 757	109 183	275 140
030266	Anguille	2 182	22 129	266	2 365	..	6 937	4 224	75 160	3 077	55 274
030269	Poisson nra	5 266 003	27 890 468	5 869 832	32 265 536	5 114 896	31 385 929	4 398 359	24 849 333	4 232 483	23 751 235
030270	Foies, oeufs et laitances	132 866	509 092	834 038	2 223 300	808 147	3 019 819	544 482	1 902 025	395 107	1 424 678
0303	**Poisson, congelé, excl. 0304**	**9 414 289**	**30 003 233**	**12 587 615**	**39 999 086**	..	**39 663 841**	..	**40 566 699**	**20 035 104**	**63 590 016**
030319	Saumon, Pacifique	460 000	1 269 898	..	..	..	..	..	..	..	..
030321	Truite	387 195	1 569 294	305 449	1 988 587	440 565	2 525 149	833 000	3 002 102	711 000	3 563 921
030322	Saumon (Atlantique et Danube)	1 124 746	4 768 473	..	..	..	..	..	..	..	..
030329	Salmonidés	554 000	3 355 265	395 385	2 501 699	275 195	2 175 380	326 371	2 468 307	240 519	1 993 382
030331	Flétan	209 000	1 349 588	395 147	2 613 977	104 341	754 878	240 175	1 745 061	687 849	3 855 643
030332	Plie, carrelet	59 000	456 141	18 000	117 008	42 051	253 887	58 000	319 096	103 000	638 411
030333	Sole	12 000	67 703	2 000	18 922	2 302	10 482	7 000	45 037	5 459	63 872
030339	Poisson plat nra	32 523	163 726	28 038	103 095	33 865	212 728	16 927	116 357	24 458	184 092
030341	Thon blanc/germon	10 000	174 132	6 000	76 800	294	771	3 385	62 313	3 000	43 758
030342	Albacore (thon jaune)	3 446	54 927	9 009	138 574	11 181	170 799	8 487	136 291	18 861	282 663
030343	Listao/bonite à ventre rayé	1 884	3 030	2 000	4 730	4 103	12 332	9 000	60 836	2 000	17 810
030349	Thonidés nra	3 012	64 410	4 000	106 156	7 714	201 321	3 275	97 899	8 622	211 575
030350	Hareng	1 247 000	1 311 653	1 548 000	1 653 005	1 940 000	2 993 305	2 507 000	3 939 899	3 514 000	6 778 697
030360	Morue	1 970 000	5 809 181	1 114 950	4 007 644	1 705 000	7 127 945	1 522 428	5 247 440	4 169 000	11 938 491
030371	Sardines, sardinelles	45 233	76 792	1 718	1 530	4 000	11 099	2 235	5 611	4 059	10 594
030372	Églefin	201 000	459 829	424 249	1 659 127	270 000	767 981	197 000	503 968	350 000	1 298 777
030373	Lieu noir	1 106 000	2 124 488	3 459 000	7 281 238	2 572 000	6 023 916	1 305 000	3 131 011	1 686 000	3 494 676
030374	Maquereau	633 413	1 299 008	1 397 830	2 125 631	1 072 808	2 579 718	1 607 472	2 785 040	2 778 583	4 851 951
030375	Aiguillat et autres squalidés	..	..	3 000	8 070	..	..	1 106	7 678	..	..
030376	Anguille	7 134	84 036	8 000	98 504	4 000	145 827	13 121	304 478	6 000	202 670
030377	Bar (loup)	1 025	5 400	8 092	17 530	13 057	38 075	..	8 269	27 000	85 828
030378	Merlu	21 832	72 577	24 228	88 765	54 297	169 104	85 099	253 977	94 481	271 301
030379	Poisson nra	857 336	2 518 458	1 097 670	2 888 203	1 158 275	3 431 403	2 070 392	5 626 487	1 980 518	5 723 432
030380	Foies, oeufs et laitances	436 060	2 853 813	274 752	2 764 377	178 114	2 366 373	141 135	2 386 502	379 749	3 032 373
0304	**Filets de poisson et autre chair de poisson**	**78 264 368**	**469 169 012**	**76 682 701**	**527 864 557**	**86 849 845**	**657 459 401**	**102 506 201**	**698 723 768**	**103 396 521**	**807 723 635**
030410	Filets et autre chair de poisson, frais ou réfrigéré	28 456 701	197 873 706	29 621 860	250 674 288	37 111 931	332 199 564	54 044 544	386 089 906	52 045 139	461 488 959
030420	Filets de poissons, congelé	44 214 896	257 438 915	43 471 672	268 820 756	44 576 555	311 365 276	44 084 715	300 090 476	46 018 205	331 207 309
030490	Chair de poisson nra, congelé	5 592 771	13 856 390	3 589 168	8 369 514	5 161 359	13 894 561	4 376 942	12 543 386	5 333 177	15 027 366
0305	**Poisson, séché, salé, fumé, ou en saumure**	**39 246 866**	**264 035 509**	**55 068 256**	**337 810 950**	**55 165 942**	**398 532 465**	**49 781 522**	**331 549 573**	**47 809 223**	**261 313 027**
030510	Farine de poisson, consommation humaine	995 529	1 276 089	1 212 826	2 051 752	1 364 483	2 532 085	1 435 000	2 397 872	1 631 465	3 078 281
030520	Foies, oeufs et laitances	2 136 833	9 522 061	2 763 379	11 118 587	2 946 797	11 854 834	2 314 478	9 285 239	2 880 600	10 009 441
030530	Filets de poisson (non fumé)	4 715 660	22 883 717	5 455 505	22 196 965	6 650 919	29 002 291	4 565 095	21 985 737	2 384 467	13 597 315
030541	Saumon (Pacifique, Atlantique et Danube), fumé	816 342	12 273 529	565 741	9 554 764	814 861	13 720 062	871 048	12 519 760	841 010	13 548 950
030542	Hareng, fumé	20 000	120 127	..	..	..	..	..	..	..	..
030549	Poisson nra, fumé	164 305	2 371 328	215 574	2 150 674	107 162	1 233 054	62 771	888 035	54 126	852 903
030551	Morue, séché, non fumé	18 259 695	152 180 299	23 394 736	176 823 442	24 715 567	221 613 436	25 662 926	200 443 597	19 891 626	131 780 027
030559	Poisson nra, séché, salé, non fumé	521 304	2 593 010	651 218	3 512 341	444 042	2 365 756	321 135	1 565 358	298 523	1 358 657
030561	Hareng, salé ou en saumure	276 000	847 872	252 048	733 077	200 000	758 423	213 338	653 106	137 000	539 686
030562	Morue, salé ou en saumure	10 665 000	58 184 931	19 391 228	106 457 390	17 425 024	113 055 165	13 987 103	80 240 195	19 153 347	84 783 924
030563	Anchois, salé ou en saumure	235 155	398 448	239 000	454 260	68 000	810 064	28 432	310 975	..	..
030569	Poisson nra, salé ou en saumure	441 042	1 384 098	906 000	2 638 047	403 089	1 403 237	303 196	1 144 228	524 420	1 693 983

SUÈDE

Tableau 8. Importations par produit (*suite*)

		2009		2010		2011		2012		2013	
		Tonnes	USD	Tonnes	USD	Tonnes	USD	Tonnes	USD	Tonnes	USD
0306	**Crustacés**	**17 595 766**	**101 038 751**	**18 678 202**	**113 772 297**	**18 429 369**	**134 859 834**	**..**	**152 296 261**	**..**	**175 858 296**
030611	Langoustes et autres palinuridés, congelé	73 086	487 358	73 793	441 182	107 830	1 081 370	127 066	1 217 172	123 078	718 557
030612	Homard nra	310 121	3 374 891	293 731	4 069 975	343 252	4 987 095	411 160	5 818 447	332 845	4 353 720
030613	Crevettes, congelé	13 334 097	60 855 786	14 984 969	70 913 669	14 985 065	86 950 453	15 939 000	99 462 450	17 019 651	119 097 798
030614	Crabes, congelé	945 690	9 506 914	896 267	10 727 353	648 354	8 575 886	706 321	8 688 835	522 402	8 067 187
030619	Crustacés nra, congelé	65 108	580 747	92 709	746 155	111 179	1 290 090	182 537	1 782 715	254 987	2 764 296
030621	Langoustes et autres palinuridés (non congelé)	650	18 177	16	417	19	462	..	..	59	1 535
030622	Homard nra (non congelé)	269 022	4 127 004	314 730	5 162 981	392 964	6 720 216	385 896	6 650 075	402 276	7 114 024
030623	Crevettes (non congelé)	1 946 579	15 754 717	1 419 352	15 168 109	1 183 980	17 326 426	1 689 267	21 935 532	1 983 867	25 522 909
030624	Crabes (non congelé)	455 000	3 698 128	418 333	3 493 002	407 557	3 753 733	395 487	3 479 934	365 317	3 151 826
030629	Crustacés nra (non congelé)	196 414	2 635 028	184 303	3 049 455	249 169	4 174 103	212 485	3 261 100	313 859	5 066 443
0307	**Mollusques**	**1 996 094**	**11 319 755**	**2 034 513**	**11 419 525**	**2 187 580**	**15 572 495**	**2 559 298**	**16 557 264**	**2 328 305**	**17 495 795**
030710	Huîtres	354 242	765 548	242 115	700 659	113 425	1 175 402	147 437	1 442 356	136 863	1 588 964
030721	St-Jacques, vi, fr, ou ré	485 343	3 903 346	463 058	3 599 297	439 052	3 884 145	424 615	3 339 361	415 339	3 625 490
030729	St-Jacques, co, sc, sl, ou sm	162 815	2 316 797	176 617	2 310 256	215 146	3 936 864	205 033	3 868 284	209 636	4 101 764
030731	Moules, vi, fr, ou ré	267 534	726 032	382 313	915 059	367 957	1 066 571	631 024	1 483 701	267 577	996 000
030739	Moules, co, sc, sl, ou sm	231 397	921 766	270 530	993 528	359 561	1 580 357	441 923	2 049 539	454 128	2 180 699
030741	Seiches, encornets et calmars, vi, fr, ou ré	63 702	346 683	54 249	259 895	63 292	347 302	51 434	227 546	46 475	270 380
030749	Seiches, encornets et calmars, co, sc, sl, ou sm	100 711	515 941	194 267	969 876	354 563	1 769 654	207 303	1 229 428	340 524	1 756 473
030751	Poulpe, vi, fr, ou ré	2 377	21 602	2 048	23 513	1 894	27 439	2 179	35 882	4 203	66 635
030759	Poulpe, co, sc, sl, ou sm	150 692	774 241	115 210	685 912	79 042	586 699	31 000	300 638	61 239	378 010
030760	Escargots (autres que de mer)	1 394	8 430	1 152	22 122	5 701	19 115	4 045	52 567	4 000	58 805
030791	Mollusques nra, vi, fr, ou ré	16 259	154 769	24 789	163 895	10 777	81 238	31 390	325 003	51 521	474 432
030799	Mollusques nra, co, sc, sl, ou sm	159 629	864 600	108 163	775 512	177 169	1 097 710	381 915	2 202 959	336 799	1 998 142
121220	**Algues**	**182 959**	**1 225 377**	**159 412**	**1 143 093**	**195 788**	**1 441 621**	**205 303**	**1 346 524**	**222 662**	**1 540 753**
1504	**Graisses, huiles et leurs fractions**	**2 803 605**	**24 745 426**	**2 230 441**	**17 268 835**	**..**	**17 928 694**	**2 760 663**	**13 280 068**	**2 449 450**	**14 724 590**
150410	Huiles de foies de poisson, et fractions	813 058	6 206 575	724 124	5 256 755	698 533	5 690 487	540 217	4 372 252	619 804	5 434 320
150420	Graisses et huiles de poisson, et fractions	1 963 384	18 011 055	1 481 317	11 743 838	2 550 660	12 160 824	2 091 036	8 799 433	1 819 479	9 234 229
150430	Graisses et huiles de mammifère marin, et fractions	27 163	527 796	25 000	268 243	32 489	77 384	129 410	108 383	10 167	56 041
1604	**Préparations et conserves de poisson; caviars et succédanés**	**38 594 669**	**153 494 191**	**38 363 550**	**160 034 884**	**39 052 102**	**179 558 712**	**34 100 328**	**163 593 976**	**33 896 663**	**162 404 846**
160411	Saumon, non haché	964 492	9 558 021	1 597 783	18 444 068	963 748	12 314 512	660 698	7 124 363	430 620	5 011 630
160412	Hareng, non haché	10 584 115	25 345 930	10 318 268	24 912 229	11 496 045	35 527 351	9 350 704	35 747 624	8 485 862	30 701 434
160413	Sardines, sardinelles, sprats, esprots, non haché	1 994 973	4 069 970	1 386 631	2 785 942	935 129	3 361 881	1 209 633	3 171 175	973 185	3 181 765
160414	Thons, listaos, sardes, non haché	5 624 751	21 151 619	4 930 438	17 654 922	5 885 199	24 343 845	5 032 933	26 354 002	6 044 640	33 378 521
160415	Maquereau, non haché	3 460 570	19 993 418	3 494 493	18 726 920	4 106 005	23 932 262	2 862 994	18 722 126	3 730 139	20 572 541
160416	Anchois, non haché	28 457	172 288	13 000	137 461	10 092	101 431	14 741	168 777	37 434	556 268
160419	Poisson nra, non haché	5 694 612	26 748 205	5 777 396	26 842 660	6 461 680	33 294 011	7 116 260	34 717 834	6 675 395	36 705 380
160420	Poisson, haché	8 550 101	30 565 671	8 865 092	30 334 827	7 495 302	27 077 715	6 117 205	21 466 412	6 194 333	21 923 981
160430	Caviar et succédanés	1 692 597	15 889 070	1 980 448	20 195 856	1 698 902	19 605 704	1 735 160	16 121 663	1 325 053	10 373 326
1605	**Préparations et conserves de crustacés**	**17 030 018**	**133 199 664**	**19 262 191**	**152 391 908**	**18 162 459**	**172 861 156**	**16 451 237**	**166 867 776**	**18 159 034**	**194 229 410**
160510	Crabes	232 457	1 742 899	176 911	1 350 397	357 175	3 145 607	241 000	2 150 835	377 088	4 618 266
160520	Crevettes	11 933 272	98 326 272	14 158 882	116 189 405	13 541 889	131 437 064	12 567 143	131 216 722	14 023 604	153 269 956
160530	Homard	28 244	260 276	44 709	516 590	20 263	569 897	17 024	412 270	31 396	317 670
160540	Crustacés nra	4 054 449	28 387 179	3 932 336	29 489 472	3 466 463	33 357 212	3 146 232	30 544 630	3 064 117	32 301 299
230120	**Farine de poisson**	**4 499 000**	**6 331 840**	**6 654 000**	**12 719 140**	**5 800 000**	**11 278 617**	**5 579 000**	**9 642 727**	**5 675 000**	**11 683 158**
	TOTAL	**518 967 449**	**2 609 855 540**	**561 096 591**	**3 270 427 906**	**594 642 581**	**3 628 272 232**	**673 102 532**	**3 600 936 649**	**..**	**4 480 091 627**

.. Non disponible

Note : nra : non répertorié ailleurs. vi : vivant. fr : frais. ré : réfrigéré. co : congelé. sc : séché. sl : salé. sm : en saumure.

Métadonnées détaillées : http://metalinks.oecd.org/fish/20150108/5882

Source : OCDE (2014), « Pêcheries : Commerce par produit », Statistiques agricoles de l'OCDE (base de données). DOI: 10.1787/data-00677-fr

SUÈDE

Tableau 9. Exportations par produit

		2009		2010		2011		2012		2013	
		Tonnes	USD	Tonnes	USD	Tonnes	USD	Tonnes	USD	Tonnes	USD
03	**Poisson, crustacés et mollusques**	..	**1 874 365 725**	..	**2 470 230 852**	..	**2 655 050 197**	..	**2 695 550 577**	..	**3 404 273 137**
0302	**Poisson, frais ou réfrigéré, excl. 0304**	**373 147 729**	**1 333 077 781**	**414 319 640**	**1 781 296 493**	..	**1 856 321 196**	**455 057 021**	**1 908 667 827**	**492 622 174**	**2 608 120 818**
030211	Truite	6 585 564	25 466 443	7 024 190	30 844 138	6 878 071	33 661 857	7 953 315	33 515 178	7 450 259	38 176 180
030212	Saumon (Pacifique, Atlantique et Danube)	245 981 000	1 206 613 483	259 117 022	1 613 159 228	286 215 026	1 670 451 280	363 815 062	1 740 769 718	361 050 052	2 414 124 153
030219	Salmonidés nra	229 747	1 212 694	488 152	3 577 617	463 298	3 597 939	825 055	5 257 960	752 906	4 792 426
030221	Flétan	355 063	2 986 913	330 866	3 406 280	442 913	4 961 600	836 455	9 040 468	804 914	8 393 425
030222	Plie, carrelet	96 189	268 275	67 166	184 420	56 552	189 479	91 000	276 906	84 468	249 218
030223	Sole	41 074	291 409	97 619	549 086	31 458	466 374	23 160	278 086	23 035	304 805
030229	Poissons plats nra	167 467	1 745 564	131 533	1 373 201	84 336	927 660	94 450	855 662	50 176	422 274
030231	Thon blanc/germon	..	..	..	..	..	..	..	..	1 044	5 221
030232	Albacore (thon jaune)	..	..	..	..	..	..	..	..	93	614
030233	Listaos/bonite à ventre rayé	..	..	..	..	..	..	..	..	..	..
030239	Thonidés nra	6 329	48 371	3 000	32 430	561	10 175	11 000	172 254	46	921
030240	Hareng	42 990 531	13 282 457	67 145 247	24 954 099	49 565 103	29 062 564	32 939 183	26 530 986	38 740 032	23 054 010
030250	Morue	8 855 604	29 944 447	10 369 466	40 386 120	11 082 735	48 836 966	10 961 000	37 034 212	18 069 757	58 636 813
030261	Sardines	47 074 000	8 732 817	45 633 542	11 727 467	28 855 000	10 784 720	19 649 377	6 099 600	31 372 000	12 890 566
030262	Églefin	1 915 190	5 289 796	3 049 481	8 025 976	3 272 631	9 600 362	6 678 191	15 507 602	6 976 146	14 702 045
030263	Lieu noir	1 587 319	3 921 868	1 779 494	4 509 322	1 633 408	5 185 151	1 640 255	4 754 629	1 376 053	3 409 671
030264	Maquereau	4 528 302	5 948 457	3 016 277	4 055 439	2 583 823	6 291 344	4 072 216	5 557 892	1 414 988	3 079 990
030265	Aiguillat et autres squalidés	314 587	775 120	282 055	818 966	114 951	372 637	125 593	337 571	88 443	245 380
030266	Anguille	87 000	1 043 658	47 317	685 209	48 768	861 520	44 000	892 120	41 355	858 675
030269	Poisson nra	12 133 510	24 774 527	14 878 428	30 723 326	19 793 249	28 253 617	4 819 935	19 974 993	23 966 491	23 390 140
030270	Foies, oeufs et laitances	199 253	731 481	858 785	2 284 168	812 786	2 805 951	477 775	1 811 990	359 916	1 384 291
0303	**Poisson, congelé, excl. 0304**	**51 943 984**	**38 727 738**	**45 912 855**	**38 878 187**	..	**39 711 457**	..	**44 850 302**	**52 470 244**	**68 001 469**
030319	Saumon, Pacifique	2 644	15 116	..	..	..	..	..	..	..	..
030321	Truite	143 029	655 770	15 719	91 305	37 940	205 359	364 040	1 336 557	303 035	1 315 499
030322	Saumon (Atlantique et Danube)	476 933	1 679 317	..	..	..	..	..	..	..	..
030329	Salmonidés	52 721	52 446	32 985	27 976	1 000	1 542	5 000	24 207	73 066	168 449
030331	Flétan	147 025	779 720	339 298	2 060 776	70 300	483 487	243 968	1 592 060	587 173	3 151 700
030332	Plie, carrelet	..	..	4 055	31 038	..	1 696	2 000	443	2 000	2 610
030333	Sole	..	..	..	..	..	..	..	..	5 000	66 182
030339	Poisson plat nra	1 000	657	..	..	..	..	1 600	1 181	250 303	104 724
030341	Thon blanc/germon	..	..	..	..	..	..	..	..	..	..
030342	Albacore (thon jaune)	928	1 972	..	..	4 135	8 017	276	738	575	1 536
030343	Listao/bonite à ventre rayé	543	789	619	696	1 119	7 246	1 000	3 838	567	1 075
030349	Thonidés nra	1 577	2 629	1 000	52 194	2 000	153 711	..	28 635	3 000	86 144
030350	Hareng	19 125 000	14 373 040	10 347 812	8 081 093	8 377 910	8 514 058	21 255 453	14 585 813	13 761 291	16 123 035
030360	Morue	1 978 044	5 849 218	816 000	3 013 917	1 555 000	6 475 272	1 479 135	4 866 956	3 955 110	11 080 777
030371	Sardines, sardinelles	27 184 000	9 112 687	27 759 731	9 319 007	23 737 098	10 003 525	23 937 328	10 777 475	26 558 000	15 011 150
030372	Églefin	198 000	417 463	377 000	1 463 950	258 000	699 021	190 561	451 522	214 000	645 695
030373	Lieu noir	1 085 000	1 884 631	3 399 517	6 408 087	2 551 296	5 315 119	1 236 000	2 679 608	1 148 000	2 034 593
030374	Maquereau	931 000	1 322 843	1 224 418	1 632 643	959 000	2 108 164	1 400 185	2 234 139	2 610 000	4 268 960
030375	Aiguillat et autres squalidés	..	..	3 000	8 073	..	..	..	..	..	..
030376	Anguille	37 392	451 638	64 476	741 579	32 574	717 059	33 429	828 355	31 006	770 842
030377	Bar (loup)	..	..	..	..	..	..	..	..	..	..
030378	Merlu	..	..	15 218	38 833	47 000	119 330	72 000	174 468	73 000	169 524
030379	Poisson nra	461 139	1 255 282	510 871	1 215 922	375 647	1 206 867	378 920	938 468	300 945	730 918
030380	Foies, oeufs et laitances	115 000	832 035	183 136	1 080 912	154 511	1 375 841	104 635	878 246	292 370	1 522 950
0304	**Filets de poisson et autre chair de poisson**	**36 500 723**	**221 998 589**	**36 263 477**	**286 053 583**	**41 293 112**	**338 575 955**	**54 999 386**	**381 871 782**	**54 884 107**	**463 524 790**
030410	Filets et autre chair de poisson, frais ou réfrigéré	22 276 817	151 602 397	23 650 241	203 394 827	28 499 771	260 795 755	42 956 876	304 118 565	40 671 402	355 004 366
030420	Filets de poissons, congelé	10 697 033	64 704 706	10 494 313	78 899 502	9 264 556	69 140 799	9 042 098	69 695 646	11 090 687	100 651 540
030490	Chair de poisson nra, congelé	3 526 873	5 691 486	2 118 923	3 759 253	3 528 786	8 639 401	3 000 412	8 057 571	3 122 017	7 868 884
0305	**Poisson, séché, salé, fumé, ou en saumure**	**33 429 236**	**254 325 968**	**48 422 728**	**335 749 940**	**48 720 259**	**392 145 574**	**44 573 912**	**335 086 388**	**37 859 587**	**236 626 991**
030510	Farine de poisson, consommation humaine	4 321	46 005	21 127	185 256	2 056	28 214	3 718	64 208	4 316	54 512
030520	Foies, oeufs et laitances	50 642	456 502	43 974	321 100	64 086	458 819	33 051	191 738	23 000	287 453
030530	Filets de poisson (non fumé)	2 907 759	17 616 661	3 359 616	17 359 597	5 248 528	22 249 344	3 151 163	14 543 598	1 014 790	5 495 397
030541	Saumon (Pacifique, Atlantique et Danube), fumé	500 104	8 746 618	548 018	10 841 136	664 099	13 902 564	1 167 734	20 435 224	781 918	14 565 075
030542	Hareng, fumé	25 000	147 611	..	..	..	..	..	..	..	..
030549	Poisson nra, fumé	66 966	970 576	90 353	956 342	40 240	498 596	21 521	351 593	40 839	679 017
030551	Morue, séché, non fumé	18 100 441	161 955 644	23 320 578	191 055 919	24 310 832	235 240 167	25 491 122	215 451 783	19 420 106	140 724 882
030559	Poisson nra, séché, salé, non fumé	516 617	2 561 300	620 647	3 069 730	441 460	2 330 327	297 806	1 407 702	256 632	1 362 333
030561	Hareng, salé ou en saumure	112 387	210 440	56 294	81 980	67 534	117 017	104 371	207 384	54 000	138 199
030562	Morue, salé ou en saumure	10 712 000	60 213 427	19 427 818	109 045 766	17 485 093	115 871 914	13 974 000	81 181 326	15 884 000	71 957 639
030563	Anchois, salé ou en saumure	..	..	289	696	..	..	592	1 624	728	1 996
030569	Poisson nra, salé ou en saumure	433 000	1 401 183	901 985	2 677 088	379 088	1 328 202	316 000	1 150 133	375 000	1 325 019

Tableau 9. Exportations par produit (*suite*)

		2009		2010		2011		2012		2013	
		Tonnes	USD	Tonnes	USD	Tonnes	USD	Tonnes	USD	Tonnes	USD
0306	**Crustacés**	**1 892 930**	**15 203 235**	**2 281 547**	**17 519 382**	**1 744 209**	**17 790 965**	**..**	**13 744 469**	**..**	**15 087 620**
030611	Langoustes et autres palinuridés, congelé	115 222	579 401	132 000	867 541	48 451	529 431	21 386	425 100	19 052	338 280
030612	Homard nra	15 292	130 917	29 837	238 146	29 592	285 220	151 356	346 132	105 211	293 596
030613	Crevettes, congelé	665 345	2 532 251	1 140 007	4 883 452	1 106 600	8 819 475	758 903	5 787 712	959 388	8 661 531
030614	Crabes, congelé	476 015	5 989 205	544 012	6 912 633	268 568	3 945 137	186 634	2 822 194	169 517	3 926 073
030619	Crustacés nra, congelé	27 089	245 141	30 215	293 263	24 142	263 944	79 485	863 337	14 290	166 913
030621	Langoustes et autres palinuridés (non congelé)	..	..	4	139	..	..	..	..	..	..
030622	Homard nra (non congelé)	7 516	178 105	2 064	36 745	1 313	36 847	..	20 369	..	20 116
030623	Crevettes (non congelé)	46 000	645 386	11 477	154 078	7 246	62 748	10 676	164 579	10 457	87 065
030624	Crabes (non congelé)	28 028	265 647	24 409	199 174	5 967	70 611	5 340	161 774	13 247	117 776
030629	Crustacés nra (non congelé)	512 423	4 637 181	367 521	3 934 209	252 328	3 777 551	263 464	3 153 270	133 417	1 476 270
0307	**Mollusques**	**823 063**	**4 575 140**	**864 815**	**4 551 217**	**675 662**	**4 814 673**	**794 074**	**4 449 974**	**728 740**	**4 885 019**
030710	Huîtres	12 290	33 387	13 112	47 601	20 800	88 187	24 345	116 312	16 974	130 828
030721	St-Jacques, vi, fr, ou ré	426 772	3 053 029	403 631	2 760 460	363 680	2 802 251	336 459	2 379 824	359 167	2 646 199
030729	St-Jacques, co, sc, sl, ou sm	46 260	444 409	50 220	539 343	50 997	851 498	28 138	573 590	40 279	776 523
030731	Moules, vi, fr, ou ré	268 420	670 623	309 824	732 532	169 203	641 360	353 837	1 060 537	239 748	885 854
030739	Moules, co, sc, sl, ou sm	38 000	191 775	37 000	181 219	21 512	116 709	10 600	65 241	19 826	128 986
030741	Seiches, encornets et calmars, vi, fr, ou ré	5 204	20 111	6 088	28 811	4 030	20 968	1 250	5 904	3 000	17 659
030749	Seiches, encornets et calmars, co, sc, sl, ou sm	1 832	6 704	2 159	18 929	18 185	117 942	18 227	104 209	22 796	98 889
030751	Poulpe, vi, fr, ou ré	1 000	6 572	2 028	10 021	369	2 158	42	295	..	..
030759	Poulpe, co, sc, sl, ou sm	270	1 314	1 750	6 820	3 296	41 164	2 043	35 130	2 316	27 026
030760	Escargots (autres que de mer)	..	..	1 000	278	2 030	10 330	1 000	4 723	206	921
030791	Mollusques nra, vi, fr, ou ré	13 932	113 961	25 199	176 069	8 000	48 102	4 422	23 321	4 284	18 580
030799	Mollusques nra, co, sc, sl, ou sm	9 082	33 255	12 803	49 132	13 559	74 003	13 711	80 887	20 144	153 554
121220	**Algues**	**18 914**	**349 376**	**17 520**	**654 449**	**19 178**	**588 171**	**32 953**	**258 455**	**29 643**	**417 667**
1504	**Graisses, huiles et leurs fractions**	**2 370 543**	**21 929 572**	**1 747 982**	**14 432 393**	**..**	**16 335 262**	**1 819 788**	**8 597 802**	**581 969**	**10 207 361**
150410	Huiles de foies de poisson, et fractions	234 579	5 228 938	242 560	3 709 007	273 060	2 575 771	211 639	1 688 003	220 124	1 823 456
150420	Graisses et huiles de poisson, et fractions	2 117 957	16 653 972	1 502 143	10 698 054	2 647 645	13 749 624	1 606 852	6 895 630	359 196	8 368 856
150430	Graisses et huiles de mammifère marin, et fractions	18 007	46 662	3 279	25 332	..	9 867	1 297	14 170	2 649	15 048
1604	**Préparations et conserves de poisson; caviars et succédanés**	**23 173 529**	**118 736 758**	**26 429 379**	**140 164 378**	**25 594 284**	**155 286 280**	**23 201 569**	**136 816 483**	**23 263 425**	**136 336 764**
160411	Saumon, non haché	561 830	7 298 115	745 667	13 008 389	901 498	17 011 003	697 311	11 230 472	1 025 878	15 243 170
160412	Hareng, non haché	8 369 675	26 271 401	9 695 391	28 701 939	8 919 449	32 569 232	7 395 427	28 715 824	8 183 472	29 903 141
160413	Sardines, sardinelles, sprats, esprots, non haché	576 715	3 183 420	672 036	3 548 527	519 881	2 848 503	390 416	2 279 158	445 027	2 730 193
160414	Thons, listaos, sardes, non haché	77 285	427 584	73 065	381 785	73 459	419 659	51 025	301 113	62 019	492 295
160415	Maquereau, non haché	3 288 702	20 313 348	3 432 714	20 066 610	3 777 080	24 957 704	3 462 136	23 928 427	3 691 405	23 797 827
160416	Anchois, non haché	42 337	330 317	13 120	106 338	33 834	312 817	38 461	482 076	22 494	156 779
160419	Poisson nra, non haché	2 657 554	14 637 109	3 577 216	20 077 606	4 139 926	25 523 057	4 600 710	26 398 289	3 995 908	23 201 576
160420	Poisson, haché	5 746 593	29 090 461	6 467 980	38 089 146	5 587 715	35 456 741	4 907 696	27 323 325	4 405 566	26 777 546
160430	Caviar et succédanés	1 852 839	17 185 002	1 752 189	16 184 039	1 641 442	16 187 564	1 658 388	16 157 799	1 431 654	14 034 238
1605	**Préparations et conserves de crustacés**	**1 836 586**	**18 577 642**	**2 347 022**	**22 226 069**	**2 399 987**	**25 149 187**	**2 150 072**	**23 801 044**	**2 345 026**	**26 814 399**
160510	Crabes	135 923	1 189 429	193 745	1 432 912	272 074	2 005 639	197 374	1 620 105	154 997	1 408 552
160520	Crevettes	1 360 657	14 998 578	1 801 818	18 207 931	1 821 317	20 489 303	1 497 360	17 370 516	1 622 616	19 877 742
160530	Homard	2 283	48 765	5 054	77 944	2 236	69 995	1 051	36 753	3 155	59 425
160540	Crustacés nra	208 487	1 621 614	185 989	1 597 289	209 132	2 022 135	331 330	4 044 800	382 160	4 654 688
230120	**Farine de poisson**	**322 000**	**349 244**	**217 000**	**364 526**	**..**	**..**	**..**	**..**	**60 000**	**60 961**
	TOTAL	**525 459 238**	**2 027 851 044**	**578 823 965**	**2 648 072 667**	**573 467 271**	**2 852 409 097**	**633 599 645**	**2 859 302 911**	**..**	**3 578 110 289**

.. Non disponible

Note : nra : non répertorié ailleurs. vi : vivant. fr : frais. ré : réfrigéré. co : congelé. sc : séché. sl : salé. sm : en saumure.

Métadonnées détaillées : http://metalinks.oecd.org/fish/20150108/5882

Source : OCDE (2014), « Pêcheries : Commerce par produit », Statistiques agricoles de l'OCDE (base de données). DOI: 10.1787/data-00677-fr

SUISSE

Tableau 8. Importations par produit

		2009		2010		2011		2012		2013	
		Tonnes	USD	Tonnes	USD	Tonnes	USD	Tonnes	USD	Tonnes	USD
03	**Poisson, crustacés et mollusques**	**..**	**422 244 824**	**..**	**467 547 547**	**..**	**537 016 576**	**..**	**513 524 170**	**..**	**578 484 738**
0302	**Poisson, frais ou réfrigéré, excl. 0304**	**9 040 936**	**81 758 796**	**9 190 728**	**89 732 882**	**8 677 880**	**97 309 066**	**9 270 093**	**93 418 709**	**9 292 790**	**100 919 861**
030211	Truite	294 716	2 007 652	383 187	3 018 827	311 827	2 552 992	317 032	2 267 312	273 328	2 090 346
030212	Saumon (Pacifique, Atlantique et Danube)	4 023 862	27 130 048	3 870 131	30 287 488	3 497 515	30 342 534	3 917 326	29 431 046	4 117 570	36 622 717
030219	Salmonidés nra	64 098	649 849	58 943	643 748	54 668	698 802	51 409	627 982	56 966	699 693
030221	Flétan	17 085	274 785	21 841	365 554	22 442	442 388	23 027	448 461	23 015	464 550
030222	Plie, carrelet	1 480	7 282	3 009	18 400	2 503	14 417	2 504	18 538	1 879	12 347
030223	Sole	259 193	5 081 151	247 540	5 555 768	223 750	6 002 158	231 810	5 890 219	238 819	5 698 478
030229	Poissons plats nra	153 080	2 569 985	182 010	3 191 986	152 191	3 230 786	175 138	2 868 743	170 518	3 383 604
030231	Thon blanc/germon	2 614	37 152	1 061	14 362	1 671	22 464	1 033	17 180	1 467	22 442
030232	Albacore (thon jaune)	4 822	104 157	3 096	61 058	3 891	79 108	4 177	89 893	4 616	80 246
030233	Listaos/bonite à ventre rayé	946	10 184	156	1 298	45	460	149	1 369	777	6 691
030239	Thonidés nra	27 314	552 698	19 309	471 452	8 914	218 018	11 921	265 035	14 320	360 831
030240	Hareng	1 382	12 933	605	2 725	676	5 531	4 180	68 300	2 193	25 745
030250	Morue	126 853	1 595 302	117 281	1 490 813	131 522	1 654 487	155 869	1 931 989	124 603	1 435 591
030261	Sardines	11 302	50 160	10 140	39 304	13 111	68 472	40 919	128 781	31 380	126 401
030262	Églefin	..	..	17	278	1 698	23 540	29	382	28	371
030263	Lieu noir	4 428	33 379	5 992	44 249	3 330	30 688	2 986	26 760	4 777	42 135
030264	Maquereau	9 051	60 391	9 561	57 486	14 086	127 968	13 497	92 082	14 057	89 819
030265	Aiguillat et autres squalidés	..	..	323	3 032	..	..	73	1 028	168	1 003
030266	Anguille	115	2 683	307	5 550	135	3 553	1 114	28 327	245	12 590
030269	Poisson nra	4 038 212	41 536 557	4 255 591	44 417 201	4 233 231	51 734 695	4 315 656	49 194 969	4 211 433	49 688 867
030270	Foies, oeufs et laitances	383	42 449	628	42 305	674	56 005	244	20 314	631	55 395
0303	**Poisson, congelé, excl. 0304**	**3 326 699**	**16 711 636**	**3 307 785**	**19 163 121**	**2 887 469**	**17 670 166**	**2 743 159**	**15 695 246**	**3 279 759**	**22 065 041**
030319	Saumon, Pacifique	558 720	3 183 653	..	..	..	..	..	..	..	..
030321	Truite	140 108	923 993	177 320	1 136 161	124 192	843 289	102 545	693 793	141 322	1 007 746
030322	Saumon (Atlantique et Danube)	300 449	2 283 706	..	..	..	..	..	..	..	..
030329	Salmonidés	135	650	320	2 587	3 595	22 556	777	3 999	4 738	37 743
030331	Flétan	898	6 509	1 093	11 522	700	7 502	4 240	40 057	1 104	9 999
030332	Plie, carrelet	1 324	18 813	3 839	19 237	341	1 919	1 798	9 145	2 819	14 734
030333	Sole	24 007	362 408	30 319	391 295	31 467	505 807	45 888	753 197	29 088	503 787
030339	Poisson plat nra	8 642	53 803	62	286	4 815	33 911	889	9 316	2 631	8 225
030341	Thon blanc/germon	395	3 094	300	5 700	1 500	4 012	..	..	362	4 810
030342	Albacore (thon jaune)	2 189	19 566	543	7 742	877	25 427	1 562	31 889	6 216	68 881
030343	Listao/bonite à ventre rayé	200	521	283	4 034	630	1 322	300	824	200	814
030349	Thonidés nra	9 557	73 118	1 995	17 415	1 675	26 246	5 017	53 784	7 802	78 035
030350	Hareng	43 038	71 451	28 938	57 743	26 400	62 916	29 470	65 005	49 845	195 780
030360	Morue	145 377	944 616	59 595	450 672	72 486	644 216	97 597	776 047	159 633	1 322 063
030371	Sardines, sardinelles	270 012	734 018	298 026	759 566	287 557	847 815	232 449	686 615	248 906	841 990
030372	Églefin	..	..	..	..	..	..	..	..	..	..
030373	Lieu noir	360	1 865	312	1 965	..	..	3 061	24 710	823	6 908
030374	Maquereau	101 293	238 779	133 141	323 581	84 697	265 307	130 584	421 426	121 315	382 652
030375	Aiguillat et autres squalidés	1 260	4 395	714	3 154	600	2 692	2 489	13 399	2 365	17 121
030376	Anguille	640	5 641	3 042	25 756	1 259	21 217	1 179	6 370	3 126	42 229
030377	Bar (loup)	25 744	79 733	6 748	54 400	43 145	203 015	23 762	151 633	67 181	380 119
030378	Merlu	130 302	645 532	112 032	523 252	121 644	638 747	146 315	696 489	150 962	707 847
030379	Poisson nra	1 242 576	4 590 971	986 701	3 656 295	1 057 733	4 235 702	1 055 299	4 460 291	1 068 209	4 407 783
030380	Foies, oeufs et laitances	3 298	96 372	3 605	106 459	4 189	144 884	2 744	127 774	3 044	86 954
0304	**Filets de poisson et autre chair de poisson**	**17 350 525**	**175 121 375**	**17 856 666**	**192 925 475**	**17 965 882**	**216 260 104**	**17 123 053**	**201 604 855**	**18 629 730**	**229 897 064**
030410	Filets et autre chair de poisson, frais ou réfrigéré	7 720 334	105 214 171	8 312 085	119 384 349	8 577 361	134 888 757	8 849 854	128 445 869	9 293 935	144 246 829
030420	Filets de poissons, congelé	9 205 311	66 886 852	9 176 542	71 413 133	9 020 970	79 374 729	7 873 450	70 447 777	8 954 493	83 023 828
030490	Chair de poisson nra, congelé	424 880	3 020 351	368 039	2 127 993	367 551	1 996 618	399 749	2 711 210	381 302	2 626 407
0305	**Poisson, séché, salé, fumé, ou en saumure**	**3 204 020**	**49 113 040**	**3 541 134**	**55 160 599**	**3 927 298**	**69 758 261**	**4 439 594**	**71 552 940**	**4 926 982**	**85 593 943**
030510	Farine de poisson, consommation humaine	48 198	851 771	58 526	1 020 417	53 118	1 029 066	40 483	726 465	56 135	1 023 356
030520	Foies, oeufs et laitances	780	20 846	183	8 680	368	24 582	353	22 752	1 509	30 741
030530	Filets de poisson (non fumé)	55 377	452 616	67 200	620 231	33 772	299 265	38 661	363 204	26 681	245 139
030541	Saumon (Pacifique, Atlantique et Danube), fumé	1 722 989	32 599 365	1 930 260	37 009 704	2 193 225	46 328 149	2 673 488	48 910 424	2 914 292	60 116 739
030542	Hareng, fumé	12 852	112 957	..	..	..	..	..	..	..	..
030549	Poisson nra, fumé	447 929	6 899 750	525 908	8 065 524	696 984	12 512 764	739 238	12 660 784	894 296	15 681 757
030551	Morue, séché, non fumé	876 198	7 846 426	890 542	7 924 741	858 817	8 864 722	878 623	8 252 844	958 195	7 820 411
030559	Poisson nra, séché, salé, non fumé	30 761	235 095	55 398	401 895	56 585	497 187	49 354	415 251	54 293	454 850
030561	Hareng, salé ou en saumure	799	9 589	773	5 679	1 689	16 601	4 051	40 831	4 651	43 805
030562	Morue, salé ou en saumure	1 444	7 508	816	8 719	729	4 734	3 872	32 522	5 995	53 841
030563	Anchois, salé ou en saumure	2 035	29 050	2 029	23 203	2 175	24 033	1 982	23 728	2 722	43 165
030569	Poisson nra, salé ou en saumure	4 658	48 067	407	3 390	19 407	63 510	505	10 678	651	5 887

SUISSE

Tableau 8. Importations par produit *(suite)*

		2009		2010		2011		2012		2013	
		Tonnes	USD	Tonnes	USD	Tonnes	USD	Tonnes	USD	Tonnes	USD
0306	**Crustacés**	**5 330 748**	**60 185 049**	**5 892 247**	**70 929 857**	**6 528 257**	**87 647 817**	**6 099 340**	**80 820 004**	**6 082 372**	**87 325 473**
030611	Langoustes et autres palinuridés, congelé	33 116	979 225	40 636	1 105 053	23 290	900 832	57 104	2 276 865	70 409	3 395 998
030612	Homard nra	49 463	1 433 348	57 732	1 823 328	66 933	2 811 078	48 794	1 561 101	55 019	1 770 309
030613	Crevettes, congelé	4 560 792	44 491 922	5 071 676	55 846 540	5 715 306	71 040 490	5 071 964	61 401 611	4 899 895	64 289 603
030614	Crabes, congelé	73 473	1 061 621	64 166	1 349 636	64 314	1 386 369	94 256	1 817 520	96 325	1 705 337
030619	Crustacés nra, congelé	259 403	6 632 909	190 166	3 352 055	174 196	3 256 261	167 059	3 190 376	209 974	3 675 720
030621	Langoustes et autres palinuridés (non congelé)	2 960	125 316	3 125	118 035	3 441	145 917	2 987	113 651	3 162	116 407
030622	Homard nra (non congelé)	171 960	3 588 187	185 654	3 793 201	194 263	4 237 395	193 300	4 078 679	193 353	4 143 842
030623	Crevettes (non congelé)	31 839	456 221	127 543	1 863 546	137 589	2 094 904	281 976	4 371 129	345 491	5 650 947
030624	Crabes (non congelé)	131 425	1 015 940	124 689	1 072 397	125 726	1 261 065	133 656	1 133 634	139 740	1 263 220
030629	Crustacés nra (non congelé)	16 317	400 361	26 860	606 066	23 199	513 506	48 244	875 438	69 004	1 314 091
0307	**Mollusques**	**4 736 822**	**31 868 869**	**4 697 356**	**32 079 852**	**4 898 267**	**41 015 509**	**5 054 967**	**42 891 204**	**5 456 925**	**45 544 191**
030710	Huîtres	387 237	2 819 721	388 368	2 868 832	395 286	3 759 751	428 390	3 895 345	424 963	4 226 085
030721	St-Jacques, vi, fr, ou ré	260 230	4 969 565	256 149	5 242 570	238 188	5 609 324	270 140	6 126 624	301 852	6 958 682
030729	St-Jacques, co, sc, sl, ou sm	211 782	2 484 860	214 870	2 811 490	260 760	4 503 181	254 279	5 640 362	297 793	6 840 774
030731	Moules, vi, fr, ou ré	1 264 777	4 861 712	1 273 360	4 460 880	1 274 339	5 093 928	1 379 713	5 248 681	1 283 750	5 325 256
030739	Moules, co, sc, sl, ou sm	152 950	974 115	148 130	892 913	177 588	1 208 338	172 160	1 329 774	214 117	1 480 571
030741	Seiches, encornets et calmars, vi, fr, ou ré	97 317	656 985	91 447	662 462	83 454	725 765	106 625	828 667	114 478	933 693
030749	Seiches, encornets et calmars, co, sc, sl, ou sm	1 106 651	5 420 378	1 039 459	5 655 518	1 100 806	6 973 456	993 575	6 426 325	1 141 642	6 741 128
030751	Poulpe, vi, fr, ou ré	57 795	575 261	59 095	576 615	47 281	635 931	34 426	458 375	50 301	520 715
030759	Poulpe, co, sc, sl, ou sm	761 650	5 810 070	777 154	5 740 666	816 621	8 310 620	871 315	8 734 683	1 030 076	8 048 265
030760	Escargots (autres que de mer)	13 884	120 323	4 770	33 212	25 314	269 389	20 263	308 560	17 036	248 060
030791	Mollusques nra, vi, fr, ou ré	223 057	1 552 348	284 827	1 989 863	303 434	2 588 634	320 123	2 522 818	359 351	2 560 590
030799	Mollusques nra, co, sc, sl, ou sm	199 492	1 623 530	159 727	1 144 831	175 195	1 337 192	203 959	1 370 990	221 566	1 660 371
121220	**Algues**	**86 972**	**1 844 202**	**101 614**	**1 990 216**	**138 557**	**1 994 002**	**66 607**	**1 991 828**	**82 626**	**2 120 533**
1504	**Graisses, huiles et leurs fractions**	**1 415 934**	**16 937 932**	**1 654 903**	**16 005 970**	**1 932 179**	**20 132 579**	**1 984 835**	**19 908 181**	**1 951 266**	**21 197 705**
150410	Huiles de foies de poisson, et fractions	357 790	905 846	323 341	928 299	291 238	846 444	272 133	892 427	303 850	1 016 911
150420	Graisses et huiles de poisson, et fractions	1 057 719	16 019 104	1 331 547	15 077 278	1 640 899	19 283 752	1 712 434	18 962 115	1 647 387	20 174 160
150430	Graisses et huiles de mammifère marin, et fractions	425	12 983	15	392	43	2 383	268	53 639	29	6 634
1604	**Préparations et conserves de poisson; caviars et succédanés**	**19 442 167**	**130 648 977**	**18 819 008**	**123 134 759**	**19 315 000**	**142 970 912**	**18 609 618**	**141 520 684**	**20 559 477**	**163 906 189**
160411	Saumon, non haché	382 605	5 691 095	402 360	5 977 800	417 389	6 962 132	494 590	7 969 751	555 957	9 770 668
160412	Hareng, non haché	438 223	2 264 748	464 685	2 286 485	489 154	2 636 362	447 099	2 386 609	420 749	2 389 919
160413	Sardines, sardinelles, sprats, esprots, non haché	547 645	4 069 193	498 329	3 743 464	462 865	4 242 128	402 008	3 494 516	422 534	3 713 062
160414	Thons, listaos, sardes, non haché	8 661 610	44 902 421	8 132 606	39 638 470	8 724 615	49 378 026	7 564 883	50 717 778	9 382 155	67 039 060
160415	Maquereau, non haché	157 489	1 070 193	165 730	1 192 116	178 831	1 517 694	223 194	2 014 269	188 735	1 606 896
160416	Anchois, non haché	318 535	7 607 978	332 941	7 790 398	354 310	8 489 600	351 340	8 183 771	352 835	8 509 718
160419	Poisson nra, non haché	6 761 570	45 022 748	6 840 443	42 532 458	6 712 202	46 446 320	6 991 395	44 625 487	6 942 483	46 300 426
160420	Poisson, haché	2 117 930	14 588 892	1 915 179	14 179 195	1 905 305	16 759 933	2 083 962	16 746 167	2 229 415	18 205 871
160430	Caviar et succédanés	56 560	5 431 709	66 735	5 794 373	70 329	6 538 717	51 147	5 382 335	64 614	6 370 569
1605	**Préparations et conserves de crustacés**	**5 081 152**	**51 875 986**	**5 162 230**	**52 740 995**	**5 325 710**	**62 866 478**	**4 625 506**	**53 564 759**	**4 897 299**	**58 207 825**
160510	Crabes	56 536	1 144 612	47 476	981 582	49 353	964 294	63 189	1 531 349	80 541	1 552 465
160520	Crevettes	3 355 320	37 938 480	3 407 931	38 715 464	3 524 941	46 908 922	2 888 226	38 432 043	3 188 848	42 547 299
160530	Homard	2 934	85 828	4 784	141 904	4 710	81 627	9 455	164 399	8 917	140 588
160540	Crustacés nra	83 205	1 188 189	73 925	1 005 533	94 702	1 508 406	83 449	1 109 780	54 525	858 333
230120	**Farine de poisson**	**2 935 901**	**3 769 250**	**2 851 845**	**5 146 699**	**2 536 639**	**4 460 544**	**2 460 381**	**3 754 877**	**2 061 433**	**3 939 005**
	TOTAL	**71 951 877**	**619 835 113**	..	..	..	..	..	..	..	..

.. Non disponible

Note : nra : non répertorié ailleurs. vi : vivant. fr : frais. ré : réfrigéré. co : congelé. sc : séché. sl : salé. sm : en saumure.

Métadonnées détaillées : http://metalinks.oecd.org/fish/20150108/ff4e

Source : OCDE (2014), « Pêcheries : Commerce par produit », Statistiques agricoles de l'OCDE (base de données). DOI: 10.1787/data-00677-fr

SUISSE

Tableau 9. Exportations par produit

		2009		2010		2011		2012		2013	
		Tonnes	USD	Tonnes	USD	Tonnes	USD	Tonnes	USD	Tonnes	USD
03	**Poisson, crustacés et mollusques**	**..**	**4 671 609**	**..**	**3 969 497**	**..**	**6 021 416**	**..**	**5 373 441**	**..**	**7 612 753**
0302	**Poisson, frais ou réfrigéré, excl. 0304**	**17 428**	**126 642**	**29 631**	**182 109**	**20 231**	**144 431**	**19 105**	**144 034**	**26 747**	**210 159**
030211	Truite	..	..	..	..	8 296	50 015	..	..	82	922
030212	Saumon (Pacifique, Atlantique et Danube)	10	124	9 608	31 999	1 162	1 296	15 915	106 695	20 990	162 781
030219	Salmonidés nra	16 852	118 690	19 014	129 364	9 109	66 821	2 265	15 119	338	2 186
030221	Flétan	..	..	..	..	..	..	..	..	..	..
030222	Plie, carrelet	..	..	..	..	..	..	..	..	..	..
030223	Sole	232	4 936	..	..	..	..	..	..	..	..
030229	Poissons plats nra	..	..	..	..	..	..	..	..	..	..
030231	Thon blanc/germon	..	..	..	..	..	..	..	..	..	..
030232	Albacore (thon jaune)	..	..	..	..	..	..	..	..	..	..
030233	Listaos/bonite à ventre rayé	..	..	..	..	..	..	..	..	..	..
030239	Thonidés nra	..	..	..	..	..	..	..	..	..	..
030240	Hareng	..	..	..	..	..	..	284	14 671	..	..
030250	Morue	38	498	93	4 662	..	..	..	..	30	3 458
030261	Sardines	..	..	..	..	..	..	..	..	..	..
030262	Églefin	..	..	..	..	..	..	..	..	..	..
030263	Lieu noir	..	..	..	..	..	..	..	..	..	..
030264	Maquereau	..	..	..	..	..	..	..	..	..	..
030265	Aiguillat et autres squalidés	..	..	..	..	..	..	..	..	..	..
030266	Anguille	..	..	..	..	..	..	..	..	..	..
030269	Poisson nra	19	303	80	539	834	13 305	401	4 338	5 307	40 813
030270	Foies, oeufs et laitances	277	2 091	836	15 544	830	12 994	240	3 211	..	..
0303	**Poisson, congelé, excl. 0304**	**24 385**	**110 583**	**10 039**	**86 710**	**7 445**	**100 862**	**3 784**	**73 035**	**63 927**	**517 549**
030319	Saumon, Pacifique	15	199	..	..	..	..	..	..	..	..
030321	Truite	..	..	..	..	880	5 453	1 760	10 177	..	..
030322	Saumon (Atlantique et Danube)	..	..	..	..	..	..	..	..	..	..
030329	Salmonidés	636	4 987	400	2 639	..	..	200	1 595	..	..
030331	Flétan	..	..	..	..	..	..	..	..	..	..
030332	Plie, carrelet	..	..	3 107	18 682	..	..	..	..	..	..
030333	Sole	..	..	..	..	180	1 218	..	..	..	..
030339	Poisson plat nra	..	..	..	..	..	..	..	..	..	..
030341	Thon blanc/germon	..	..	..	..	..	..	..	..	..	..
030342	Albacore (thon jaune)	..	..	..	..	..	..	..	..	..	..
030343	Listao/bonite à ventre rayé	..	..	..	..	..	..	..	..	..	..
030349	Thonidés nra	..	..	..	..	..	..	..	..	..	..
030350	Hareng	..	..	1 661	2 775	..	..	..	..	..	..
030360	Morue	17 876	32 924	..	..	..	..	..	..	..	..
030371	Sardines, sardinelles	2 940	5 801	..	..	..	..	..	..	..	..
030372	Églefin	..	..	..	..	..	..	..	..	..	..
030373	Lieu noir	..	..	..	..	15	1 150	..	..	..	..
030374	Maquereau	..	..	..	..	..	..	..	..	..	..
030375	Aiguillat et autres squalidés	..	..	..	..	..	..	..	..	..	..
030376	Anguille	..	..	..	..	..	..	..	..	..	..
030377	Bar (loup)	..	..	..	..	..	..	..	..	..	..
030378	Merlu	..	..	2 135	10 958	3 240	17 169	..	..	..	..
030379	Poisson nra	1 814	12 992	216	2 383	240	4 872	..	..	737	5 651
030380	Foies, oeufs et laitances	1 104	53 680	804	33 517	1 200	56 294	804	58 454	1 188	88 933
0304	**Filets de poisson et autre chair de poisson**	**75 851**	**715 359**	**33 819**	**434 828**	**81 107**	**672 111**	**151 216**	**595 922**	**231 918**	**1 626 427**
030410	Filets et autre chair de poisson, frais ou réfrigéré	2 954	37 158	2 890	22 252	2 221	24 657	2 071	29 317	39 919	485 536
030420	Filets de poissons, congelé	72 897	678 201	27 209	383 431	59 176	622 995	48 997	447 003	120 592	948 991
030490	Chair de poisson nra, congelé	..	..	3 720	29 145	19 710	24 459	100 148	119 602	71 407	191 899
0305	**Poisson, séché, salé, fumé, ou en saumure**	**68 943**	**3 056 276**	**49 585**	**3 002 175**	**82 253**	**4 653 144**	**106 249**	**4 320 550**	**96 204**	**4 282 074**
030510	Farine de poisson, consommation humaine	1 333	136 886	722	21 297	1 693	18 573	1 426	23 619	415	4 648
030520	Foies, oeufs et laitances	..	..	..	..	14	3 247	280	2 393	..	..
030530	Filets de poisson (non fumé)	..	..	..	..	..	..	..	..	..	..
030541	Saumon (Pacifique, Atlantique et Danube), fumé	60 147	2 841 508	47 990	2 965 967	68 859	4 504 013	103 689	4 281 175	90 586	4 242 934
030542	Hareng, fumé	..	..	..	..	..	..	..	..	..	..
030549	Poisson nra, fumé	7 463	77 883	73	1 627	1 355	28 782	579	11 230	218	3 886
030551	Morue, séché, non fumé	..	..	100	2 092	42	1 739	..	..	4 985	30 607
030559	Poisson nra, séché, salé, non fumé	..	..	700	11 192	..	..	..	..	..	..
030561	Hareng, salé ou en saumure	..	..	..	..	..	..	..	..	..	..
030562	Morue, salé ou en saumure	..	..	..	..	10 290	96 789	275	2 133	..	..
030563	Anchois, salé ou en saumure	..	..	..	..	..	..	..	..	..	..
030569	Poisson nra, salé ou en saumure	..	..	..	..	..	..	..	..	..	..

Tableau 9. Exportations par produit *(suite)*

		2009		2010		2011		2012		2013	
		Tonnes	USD	Tonnes	USD	Tonnes	USD	Tonnes	USD	Tonnes	USD
0306	**Crustacés**	**59 697**	**612 707**	**14 443**	**218 395**	**30 123**	**383 426**	**5 563**	**108 802**	**48 859**	**814 121**
030611	Langoustes et autres palinuridés, congelé	300	11 559	488	10 363	384	17 813	..	..	73	3 130
030612	Homard nra	..	..	150	8 315	32	902	..	..	..	..
030613	Crevettes, congelé	53 951	504 695	11 845	128 486	24 904	274 092	4 277	67 306	40 929	535 465
030614	Crabes, congelé	3 837	69 232	..	..	..	..	..	..	6 113	246 377
030619	Crustacés nra, congelé	1 175	14 283	944	34 641	3 444	65 721	4	11 764	460	3 027
030621	Langoustes et autres palinuridés (non congelé)	..	..	..	..	..	..	..	..	..	..
030622	Homard nra (non congelé)	..	..	60	3 057	..	..	..	..	..	..
030623	Crevettes (non congelé)	..	..	..	..	99	1 527	..	..	4	60
030624	Crabes (non congelé)	..	..	245	7 249	..	..	..	..	..	..
030629	Crustacés nra (non congelé)	434	12 937	711	26 284	1 260	23 370	1 282	29 732	1 280	26 062
0307	**Mollusques**	**2 387**	**29 593**	**4 154**	**20 585**	**4 817**	**53 039**	**4 825**	**122 922**	**1 940**	**13 521**
030710	Huîtres	..	..	..	..	..	..	..	..	..	..
030721	St-Jacques, vi, fr, ou ré	..	..	..	..	..	..	..	..	4	138
030729	St-Jacques, co, sc, sl, ou sm	15	356	..	..	..	..	..	..	..	..
030731	Moules, vi, fr, ou ré	..	..	..	..	..	..	..	..	..	..
030739	Moules, co, sc, sl, ou sm	1 700	17 990	480	3 553	3 012	25 956	1 988	52 912	..	..
030741	Seiches, encornets et calmars, vi, fr, ou ré	..	..	..	..	..	..	..	..	..	..
030749	Seiches, encornets et calmars, co, sc, sl, ou sm	1	1 473	2 305	10 202	1 391	11 991	..	..	1 264	8 516
030751	Poulpe, vi, fr, ou ré	..	..	..	..	..	..	..	..	..	..
030759	Poulpe, co, sc, sl, ou sm	..	..	1 188	5 245	..	..	..	..	..	..
030760	Escargots (autres que de mer)	..	..	..	..	..	..	..	..	..	..
030791	Mollusques nra, vi, fr, ou ré	..	..	..	..	..	..	..	..	..	..
030799	Mollusques nra, co, sc, sl, ou sm	671	9 774	181	1 585	414	15 092	2 837	70 010	672	4 867
121220	**Algues**	**11 565**	**91 171**	**45 241**	**158 661**	**60 279**	**243 287**	**8 134**	**90 884**	**2 616**	**87 134**
1504	**Graisses, huiles et leurs fractions**	**530 057**	**13 254 195**	**658 777**	**13 017 028**	**660 955**	**14 592 043**	**885 898**	**14 348 184**	**921 179**	**15 796 022**
150410	Huiles de foies de poisson, et fractions	9 235	109 311	37	1 508	74	3 698	4 157	34 107	20 725	55 278
150420	Graisses et huiles de poisson, et fractions	520 822	13 144 884	658 739	13 014 808	660 868	14 587 444	881 680	14 311 581	900 454	15 740 745
150430	Graisses et huiles de mammifère marin, et fractions	..	..	1	711	13	901	62	2 496	..	..
1604	**Préparations et conserves de poisson; caviars et succédanés**	**58 259**	**1 997 541**	**161 251**	**2 489 147**	**70 305**	**2 434 511**	**40 072**	**1 760 825**	**84 043**	**1 813 162**
160411	Saumon, non haché	2 852	45 673	1 546	35 162	7 623	103 824	228	5 554	27 307	124 977
160412	Hareng, non haché	3 542	12 699	269	2 379	..	..	675	2 465	..	..
160413	Sardines, sardinelles, sprats, esprots, non haché	4 800	21 651	..	..	1 260	10 225	659	4 290	10	247
160414	Thons, listaos, sardes, non haché	6 825	108 132	109 352	512 616	12 968	72 843	6 723	35 358	3 236	41 776
160415	Maquereau, non haché	200	1 291	374	3 490	..	..	200	2 832	..	..
160416	Anchois, non haché	568	6 628	663	10 672	..	..	1 468	29 885	..	..
160419	Poisson nra, non haché	8 354	109 242	15 128	298 855	19 301	182 651	5 860	51 002	29 549	298 499
160420	Poisson, haché	29 620	721 875	32 527	954 201	28 389	1 326 180	21 854	959 155	23 046	1 003 972
160430	Caviar et succédanés	1 498	970 350	1 392	671 771	764	738 788	2 405	670 283	895	343 691
1605	**Préparations et conserves de crustacés**	**60 438**	**1 232 442**	**40 394**	**1 102 254**	**37 202**	**882 226**	**59 456**	**972 007**	**26 998**	**721 566**
160510	Crabes	1 533	60 633	825	33 851	251	13 914	120	7 782	..	..
160520	Crevettes	24 920	286 633	13 281	163 165	15 830	171 045	46 615	508 200	18 683	451 707
160530	Homard	25	276	30	804	25	743	..	..	..	..
160540	Crustacés nra	..	..	960	8 374	..	..	36	831	..	..
230120	**Farine de poisson**	**14 480**	**12 978**	**21 700**	**39 152**	**11 508**	**8 743**	**49 440**	**1 899**	..	..
	TOTAL	**923 490**	**21 239 487**	..	..	..	..	..	..	..	..

.. Non disponible

Note : nra : non répertorié ailleurs. vi : vivant. fr : frais. ré : réfrigéré. co : congelé. sc : séché. sl : salé. sm : en saumure.

Métadonnées détaillées : http://metalinks.oecd.org/fish/20150108/ff4e

Source : OCDE (2014), « Pêcheries : Commerce par produit », Statistiques agricoles de l'OCDE (base de données). DOI: 10.1787/data-00677-fr

TURQUIE

Tableau 1. Flotte de pêche

	2006	2007	2008	2009	2010	2011	2012	2013
NOMBRE DE NAVIRES								
Total des navires	**18 790**	**18 433**	**17 816**	**17 584**	**17 440**	**17 165**	..	..
Navires à moteur	18 693	18 343	17 734	17 584	17 440	17 165	..	..
0-5,9 mètres	3 620	3 387	3 085	3 168	3 063	3 015	..	..
6-11,9 mètres	13 112	13 003	12 780	12 520	12 477	12 310	..	..
12-17,9 mètres	985	973	922	918	920	904	..	..
18-23,9 mètres	497	482	451	462	464	444	..	..
24-29,9 mètres	294	292	288	299	297	275	..	..
30-35,9 mètres	94	98	95	103	106	102	..	..
36-44,9 mètres	71	81	86	86	84	86	..	..
45-59,9 mètres	18	25	25	26	27	27	..	..
60-74,9 mètres	2	2	2	2	2	2	..	..
75 mètres et plus	..	0	..	..	..	..	..	..
Longueur inconnue	..	..	..	..	..	..	..	..
Navires sans moteur	97	90	82	..	..	..	..	..
TONNAGE BRUT								
Total des navires	**189 777**	**187 101**	**185 760**	**176 968**	**185 807**	**170 455**	..	..
Navires à moteur	189 596	186 934	185 606	176 968	185 807	170 455	..	..
0-5,9 mètres	4 569	4 020	3 765	3 500	3 138	2 346	..	..
6-11,9 mètres	53 986	49 189	48 901	49 149	44 404	39 997	..	..
12-17,9 mètres	21 756	21 031	20 120	19 840	19 986	23 460	..	..
18-23,9 mètres	31 380	31 020	29 391	29 517	30 078	28 000	..	..
24-29,9 mètres	30 898	29 152	28 765	34 553	34 658	26 857	..	..
30-35,9 mètres	19 152	20 017	19 603	13 679	17 616	15 949	..	..
36-44,9 mètres	18 649	20 823	22 765	16 691	22 075	22 112	..	..
45-59,9 mètres	7 812	10 288	10 902	8 645	12 464	10 832	..	..
60-74,9 mètres	1 394	1 394	1 394	1 394	1 388	902	..	..
75 mètres et plus	..	0	..	..	..	..	..	..
Longueur inconnue	..	..	..	..	..	..	..	..
Navires sans moteur	181	167	154	..	..	..	..	..

.. Non disponible

Note : Métadonnées détaillées : http://metalinks.oecd.org/fish/20150108/6d47

Source : OCDE (2014), « Pêcheries : Flotte de pêche », Statistiques agricoles de l'OCDE (base de données). DOI: 10.1787/data-00218-fr

TURQUIE

Tableau 2. Emploi dans les pêcheries

Personnes employées

	2006	2007	2008	2009	2010	2011	2012	2013
Plein-temps	**123 148**	**149 855**	**68 680**	**55 998**	**57 928**	**52 936**	**..**	**..**
Secteur de capture	110 230	136 782	53 893	46 365	47 946	41 931	..	..
Pêche en eaux intérieures	7 670	8 972	8 021	7 494	7 811	7 400	..	..
Homme	..	..	..	..	..	..	..	..
Femme	..	..	..	..	..	..	..	..
Eaux maritimes (pêche côtière)	102 560	127 810	45 872	38 871	40 135	34 531	..	..
Homme	..	..	..	..	..	..	..	..
Femme	..	..	..	..	..	..	..	..
Eaux maritimes (pêche en haute mer)	..	..	..	..	..	..	..	..
Homme	..	..	..	..	..	..	..	..
Femme	..	..	..	..	..	..	..	..
Aquaculture	6 143	6 400	7 610	6 349	6 600	7 520	..	..
Homme	5 652	5 632	6 811	5 714	5 940	6 770	..	..
Femme	491	768	799	635	660	750	..	..
Transformation	6 775	6 673	7 177	3 284	3 382	3 485	..	..
Homme	2 300	2 712	2 977	2 007	2 067	2 130	..	..
Femme	4 475	3 961	4 200	1 277	1 315	1 355	..	..
Temps partiel	**..**	**3 066**	**4 287**	**10 923**	**8 677**	**5 740**	**..**	**..**
Secteur de capture	..	..	..	8 542	6 226	3 216	..	..
Pêche en eaux intérieures	..	..	..	..	..	..	..	..
Homme	..	..	..	..	..	..	..	..
Femme	..	..	..	..	..	..	..	..
Eaux maritimes (pêche côtière)	..	..	..	8 542	6 226	3 216	..	..
Homme	..	..	..	..	..	..	..	..
Femme	..	..	..	..	..	..	..	..
Eaux maritimes (pêche en haute mer)	..	..	..	..	..	..	..	..
Homme	..	..	..	..	..	..	..	..
Femme	..	..	..	..	..	..	..	..
Aquaculture	..	..	..	..	..	..	..	..
Homme	..	..	..	..	..	..	..	..
Femme	..	..	..	..	..	..	..	..
Transformation	..	3 066	4 287	2 381	2 451	2 524	..	..
Homme	..	1 981	704	648	667	687	..	..
Femme	..	1 085	3 583	1 733	1 784	1 837	..	..
Total	**123 148**	**152 921**	**72 967**	**66 921**	**66 605**	**58 676**	**..**	**..**
Secteur de capture	110 230	136 782	53 893	54 907	54 172	45 147	..	..
Pêche en eaux intérieures	7 670	8 972	8 021	7 494	7 811	7 400	..	..
Homme	..	..	..	..	..	..	..	..
Femme	..	..	..	..	..	..	..	..
Eaux maritimes (pêche côtière)	102 560	127 810	45 872	47 413	46 361	37 747	..	..
Homme	..	..	..	..	..	..	..	..
Femme	..	..	..	..	..	..	..	..
Eaux maritimes (pêche en haute mer)	..	..	..	..	..	..	..	..
Homme	..	..	..	..	..	..	..	..
Femme	..	..	..	..	..	..	..	..
Aquaculture	6 143	6 400	7 610	6 349	6 600	7 520	..	..
Homme	5 652	5 632	6 811	5 714	5 940	6 770	..	..
Femme	491	768	799	635	660	750	..	..
Transformation	6 775	9 739	11 464	5 665	5 833	6 009	..	..
Homme	2 300	4 693	3 681	2 655	2 734	2 817	..	..
Femme	4 475	5 046	7 783	3 010	3 099	3 192	..	..

.. Non disponible

Note : Métadonnées détaillées : http://metalinks.oecd.org/fish/20150108/64e6

Source : OCDE (2014), « Pêcheries : Emploi dans la pêche », Statistiques agricoles de l'OCDE (base de données). DOI: 10.1787/data-00219-fr

TURQUIE

Tableau 3. Débarquements nationaux dans les ports nationaux

	2006	2007	2008	2009	2010	2011	2012	2013
VOLUME (TONNES)								
Total poissons	**409 945**	**518 201**	**385 617**	**380 338**	**399 656**	**432 246**	..	..
Saumon	..	..	..	..	..	..	..	..
Saumon rose	..	..	..	..	..	..	..	..
Saumon keta	..	..	..	..	..	..	..	..
Saumon rouge	..	..	..	..	..	..	..	..
Saumon argenté	..	..	..	..	..	..	..	..
Autres saumons	..	..	..	..	..	..	..	..
Poissons plats	2 608	2 568	1 901	2 128	2 129	1 445	..	..
Flétan	..	..	..	..	104	47	..	..
Flétan noir	..	..	..	..	..	..	..	..
Sole	937	810	748	882	1 062	830	..	..
Plie	..	..	..	..	..	..	..	..
Autres poissons plats	1 671	1 758	1 153	1 246	963	568	..	..
Poissons de fond	21 409	24 084	20 990	25 627	56 297	47 078	..	..
Morue (Atlantique et Pacifique)	..	..	..	..	..	..	..	..
Églefin	..	..	..	..	..	..	..	..
Lieu	..	..	..	..	..	..	..	..
Morue du Pacifique occidental	..	..	..	..	..	..	..	..
Merlan	9 112	12 940	12 231	11 146	13 558	9 455	..	..
Merlu (toutes espèces)	3 460	3 337	1 252	1 557	1 256	921	..	..
Sébaste	..	..	..	..	..	..	..	..
Autres poissons de fond	8 837	7 807	7 507	12 924	41 483	36 702	..	..
Pélagiques	381 269	486 824	359 016	349 173	338 379	379 500	..	..
Chinchard	25 927	32 021	22 134	20 373	14 392	18 073	..	..
Maquereau	3 543	3 339	2 334	505	226	147	..	..
Hareng (Atlantique et Pacifique)	..	..	..	..	..	..	..	..
Sardine	15 586	20 941	17 531	30 091	27 639	34 709	..	..
Autres pélagiques	336 213	430 523	317 017	298 204	296 122	326 571	..	..
Thons	3 550	3 971	3 389	2 924	2 205	3 550	..	..
Listao	..	..	..	..	..	..	..	..
Thon rouge (nord et sud)	806	918	887	683	423	528	..	..
Germon	73	852	208	631	402	1 395	..	..
Albacore	..	..	..	..	..	..	..	..
Thon obèse	..	..	..	..	..	..	..	..
Autres thons	2 261	1 778	1 908	1 309	1 046	1 437	..	..
Espadon	410	423	386	301	334	190	..	..
Autres poissons	1 109	754	321	486	646	673	..	..
Total crustacés	**4 100**	**3 972**	**4 763**	**4 775**	**4 806**	**4 845**	..	..
Homard et langouste	18	22	35	34	7	5	..	..
Langoustine	..	7	35	43	19	25	..	..
Crevette	3 856	3 917	4 668	4 614	4 705	4 770	..	..
Autres crustacés	226	26	25	84	75	45	..	..
Total coquillages et mollusques	**74 921**	**66 956**	**52 690**	**44 410**	**41 218**	**40 568**	..	..
Huître	31	31	13	4 786	1	6	..	..
Moule	58 844	50 115	38 494	30 903	735	1 459	..	..
Coquille St-Jacques	30	..	..	..	4	18	..	..
Bivalves	..	..	..	..	..	..	..	..
Autres coquillages (incl. buccins	12 630	13 791	11 442	6 085	27 233	6 534	..	..
Calmar	972	844	537	576	528	394	..	..
Seiche	1 199	1 288	1 502	1 258	1 597	1 163	..	..
Poulpe	1 114	664	681	649	509	322	..	..
Autres mollusques (incl. oursins)	101	223	21	153	10 611	30 672	..	..
Autres animaux marins	..	..	..	..	..	..	..	..
Plantes aquatiques	..	..	..	..	..	..	..	..
Algue brune	..	..	..	..	..	..	..	..
Algue rouge	..	..	..	..	..	..	..	..
Autres algues	..	..	..	..	..	..	..	..
Poisson pour transformation	..	..	..	..	..	..	..	..
TOTAL GÉNÉRAL	**488 966**	**589 129**	**443 070**	**429 523**	**445 680**	**477 659**	..	..

TURQUIE

Tableau 3. Débarquements nationaux dans les ports nationaux *(suite)*

	2006	2007	2008	2009	2010	2011	2012	2013
VALEUR (TRY)								
Total poissons	**1 385 655 000**	**1 077 682 000**	**820 842 000**	**624 937 000**	**838 416 420**	**933 165 610**	..	..
Saumon	..	..	..	..	..	..	..	..
Saumon rose	..	..	..	..	..	..	..	..
Saumon keta	..	..	..	..	..	..	..	..
Saumon rouge	..	..	..	..	..	..	..	..
Saumon argenté	..	..	..	..	..	..	..	..
Autres saumons	..	..	..	..	..	..	..	..
Poissons plats	33 450 000	31 632 000	24 679 000	23 470 000	28 224 290	20 723 790	..	..
Flétan	..	..	..	..	1 623 440	876 942	..	..
Flétan noir	..	..	..	..	..	..	..	..
Sole	12 650 000	11 340 000	10 098 000	11 484 000	16 843 320	13 451 246	..	..
Plie	..	..	..	..	..	..	..	..
Autres poissons plats	20 800 000	20 292 000	14 581 000	11 986 000	9 757 530	6 395 602	..	..
Poissons de fond	176 085 000	169 521 000	139 856 000	120 324 000	387 102 370	364 790 727	..	..
Morue (Atlantique et Pacifique)	..	..	..	..	..	..	..	..
Églefin	..	..	..	..	..	..	..	..
Lieu	..	..	..	..	..	..	..	..
Morue du Pacifique occidental	..	..	..	..	..	..	..	..
Merlan	45 560 000	51 760 000	44 031 000	26 973 000	59 926 360	51 717 756	..	..
Merlu (toutes espèces)	34 600 000	33 370 000	11 268 000	9 996 000	10 060 560	8 934 670	..	..
Sébaste	..	..	..	..	..	..	..	..
Autres poissons de fond	95 925 000	84 391 000	84 557 000	83 355 000	317 115 450	304 138 301	..	..
Pélagiques	1 148 698 000	846 620 000	635 933 000	463 791 000	408 530 440	522 483 454	..	..
Chinchard	119 040 000	121 103 000	66 402 000	49 914 000	52 242 960	67 772 625	..	..
Maquereau	17 901 000	17 122 000	11 300 000	3 570 000	2 022 700	1 830 939	..	..
Hareng (Atlantique et Pacifique)	..	..	..	..	..	..	..	..
Sardine	62 344 000	62 823 000	52 593 000	57 173 000	48 368 250	69 417 200	..	..
Autres pélagiques	949 413 000	645 572 000	505 638 000	353 134 000	305 896 530	383 462 690	..	..
Thons	22 431 000	25 762 000	18 769 000	15 889 000	11 122 600	20 402 091	..	..
Listao	..	..	..	..	..	..	..	..
Thon rouge (nord et sud)	6 448 000	7 344 000	6 209 000	6 086 000	2 170 000	5 280 000	..	..
Germon	584 000	4 856 000	832 000	2 619 000	1 567 800	6 434 177	..	..
Albacore	..	..	..	..	..	..	..	..
Thon obèse	..	..	..	..	..	..	..	..
Autres thons	9 659 000	7 217 000	7 096 000	3 024 000	2 939 260	5 792 722	..	..
Espadon	5 740 000	6 345 000	4 632 000	4 160 000	4 445 540	2 895 192	..	..
Autres poissons	4 991 000	4 147 000	1 605 000	1 463 000	3 436 720	4 765 548	..	..
Total crustacés	**56 402 000**	**31 936 000**	**42 379 000**	**39 673 000**	**53 708 040**	**53 728 788**	..	..
Homard et langouste	540 000	700 000	1 125 000	1 114 000	294 000	204 403	..	..
Langoustine	..	46 000	297 000	278 000	107 540	217 992	..	..
Crevette	53 984 000	31 000 000	40 797 000	38 193 000	52 066 120	52 137 619	..	..
Autres crustacés	1 878 000	190 000	160 000	88 000	1 240 380	1 168 774	..	..
Total coquillages et mollusques	**136 557 000**	**84 886 000**	**70 138 000**	**31 207 245**	**52 636 701**	**46 069 716**	..	..
Huître	170 000	124 000	52 000	33 245	4 750	23 600	..	..
Moule	102 251 000	53 768 000	43 516 000	12 970 000	521 850	1 590 092	..	..
Coquille St-Jacques	135 000	..	..	..	16 000	71 200	..	..
Bivalves	..	..	..	..	..	..	..	..
Autres coquillages (incl. buccins	11 613 000	13 791 000	11 442 000	4 807 000	8 639 000	6 925 828	..	..
Calmar	8 748 000	7 596 000	5 638 000	5 702 000	6 320 260	5 647 453	..	..
Seiche	5 995 000	4 508 000	5 257 000	3 497 000	6 196 360	5 642 005	..	..
Poulpe	7 241 000	3 984 000	4 086 000	3 913 000	3 598 630	3 340 284	..	..
Autres mollusques (incl. oursins)	404 000	1 115 000	147 000	285 000	27 339 851	22 829 254	..	..
Autres animaux marins	..	..	..	..	..	..	..	..
Plantes aquatiques	..	..	..	..	..	..	..	..
Algue brune	..	..	..	..	..	..	..	..
Algue rouge	..	..	..	..	..	..	..	..
Autres algues	..	..	..	..	..	..	..	..
Poisson pour transformation	..	..	..	..	..	..	..	..
TOTAL GÉNÉRAL	**1 578 614 000**	**1 194 504 000**	**933 359 000**	**695 817 245**	**944 761 161**	**1 032 964 114**	..	..

.. Non disponible

Note : Métadonnées détaillées : http://metalinks.oecd.org/fish/20150108/7021

Source : OCDE (2014), « Pêcheries : Débarquements nationaux dans les ports domestiques », Statistiques agricoles de l'OCDE (base de données). DOI: 10.1787/data-00222-fr

Tableau 6. Production de l'aquaculture

	2006	2007	2008	2009	2010	2011	2012	2013
VOLUME (TONNES)								
Poissons	**127 398**	**138 773**	**151 990**	**158 640**	**166 801**	**188 785**	..	..
Saumon de l'Atlantique	..	..	..	..	..	..	..	..
Saumon du Pacifique	..	..	..	..	..	..	..	..
Truite arc-en-ciel	57 659	61 173	68 649	80 886	85 244	107 936	..	..
dont : d'eau de mer	1 633	2 740	2 721	5 229	7 079	7 697	..	..
dont : d'eau douce	56 026	58 433	65 928	75 657	78 165	100 239	..	..
Truite de mer	..	..	..	..	..	..	..	..
Poisson plat	..	..	..	..	..	..	..	..
Dorade	28 463	33 500	31 670	28 362	28 157	32 187	..	..
Bar	38 408	41 900	49 270	46 554	50 796	47 013	..	..
Loup	..	..	..	..	..	..	..	..
Carpe	668	600	629	591	403	207	..	..
Tilapia	..	..	..	..	..	..	..	..
Anguille	..	..	..	..	..	..	..	..
Autres poissons	2 200	1 600	1 772	2 247	2 201	1 442	..	..
Coquillages et crustacés	**1 545**	**1 100**	**196**	**89**	**340**	**5**	..	..
Huître, comestible	..	..	..	..	..	..	..	..
Huître, perle	..	..	..	..	..	..	..	..
Moule	1 545	1 100	196	89	340	5	..	..
Coquille St.-Jacques	..	..	..	..	..	..	..	..
Bivalves	..	..	..	..	..	..	..	..
Crevette et bouquet	..	..	..	..	..	..	..	..
Autres coquillages et crustacés	..	..	..	..	..	..	..	..
Total poissons, coquillages et crustacés	**128 943**	**139 873**	**152 186**	**158 729**	**167 141**	**188 790**	..	..
Autres animaux marins	..	..	..	..	..	..	..	..
Plantes aquatiques	..	..	..	..	..	..	..	..
Algue brune	..	..	..	..	..	..	..	..
Algue rouge	..	..	..	..	..	..	..	..
Algue verte	..	..	..	..	..	..	..	..
Autres plantes aquatiques	..	..	..	..	..	..	..	..
TOTAL GÉNÉRAL	**128 943**	**139 873**	**152 186**	**158 729**	**167 141**	**188 790**	..	..
VALEUR (TRY)								
Poissons	**763 913 000**	**838 002 000**	**849 450 000**	**952 847 000**	**1 066 778 277**	**1 270 023 140**	..	..
Saumon de l'Atlantique	..	..	..	..	..	..	..	..
Saumon du Pacifique	..	..	..	..	..	..	..	..
Truite arc-en-ciel	247 093 000	278 292 000	277 317 000	348 994 000	373 628 200	519 072 050	..	..
dont : d'eau de mer	8 982 000	15 344 000	13 605 000	27 452 000	37 518 700	49 953 530	..	..
dont : d'eau douce	238 111 000	262 948 000	263 712 000	321 542 000	336 109 500	469 118 520	..	..
Truite de mer	..	..	..	..	..	..	..	..
Poisson plat	..	..	..	..	..	..	..	..
Dorade	220 588 000	237 850 000	174 185 000	198 534 000	244 965 900	301 914 060	..	..
Bar	288 060 000	305 870 000	369 525 000	360 794 000	406 368 000	418 415 700	..	..
Loup	..	..	..	..	..	..	..	..
Carpe	2 672 000	2 550 000	2 843 000	2 955 000	2 095 600	1 161 270	..	..
Tilapia	..	..	..	..	..	..	..	..
Anguille	..	..	..	..	..	..	..	..
Autres poissons	5 500 000	13 440 000	25 580 000	41 570 000	39 720 577	29 460 060	..	..
Coquillages et crustacés	**2 318 000**	**1 760 000**	**196 000**	**89 000**	**323 000**	**5 000**	..	..
Huître, comestible	..	..	..	..	..	..	..	..
Huître, perle	..	..	..	..	..	..	..	..
Moule	2 318 000	1 760 000	196 000	89 000	323 000	5 000	..	..
Coquille St.-Jacques	..	..	..	..	..	..	..	..
Bivalves	..	..	..	..	..	..	..	..
Crevette et bouquet	..	..	..	..	..	..	..	..
Autres coquillages et crustacés	..	..	..	..	..	..	..	..
Total poissons, coquillages et crustacés	**766 231 000**	**839 762 000**	**849 646 000**	**952 936 000**	**1 067 101 277**	**1 270 028 140**	..	..
Autres animaux marins	..	..	..	..	..	..	..	..
Plantes aquatiques	..	..	..	..	..	..	..	..
Algue brune	..	..	..	..	..	..	..	..
Algue rouge	..	..	..	..	..	..	..	..
Algue verte	..	..	..	..	..	..	..	..
Autres plantes aquatiques	..	..	..	..	..	..	..	..
TOTAL GÉNÉRAL	**766 231 000**	**839 762 000**	**849 646 000**	**952 936 000**	**1 067 101 277**	**1 270 028 140**	..	..

.. Non disponible

Note : Métadonnées détaillées : http://metalinks.oecd.org/fish/20150108/88fa

Source : OCDE (2014), « Pêcheries : Production de l'aquaculture », Statistiques agricoles de l'OCDE (base de données). DOI: 10.1787/data-00225-fr

TURQUIE

Tableau 7. Transferts financiers publics (TFP)

Milliers TRY

	2006	2007	2008	2009	2010	2011	2012	2013
Total des TFP								
Pêche maritime	**194 375**	**188 388**	**259 571**	**256 360**	**269 101**	**278 433**	..	..
Paiements directs	..	..	..	..	..	..	..	..
Désarmement des navires et retrait des licences	..	..	..	..	..	..	..	..
Indemnisation des catastrophes	..	..	..	..	..	..	..	..
Aides : équipement, modernisation, construction de navire	..	..	..	..	..	..	..	..
Aide au revenu et assurance chômage	..	..	..	..	..	..	..	..
Autres paiements directs	..	..	..	..	..	..	..	..
Transferts réduisant les coûts	84 422	82 909	87 062	105 368	128 752	137 044	..	..
Prêts subventionnés : équipement, modernisation, construction de navire	..	..	..	..	..	..	..	..
Bonification d'intérêts	..	..	..	..	..	..	..	..
Exonération de taxe sur carburant	84 422	82 909	87 062	105 368	128 752	137 044	..	..
Ristourne et subvention à l'assurance	..	..	..	..	..	..	..	..
Allègement d'impôt sur le revenu, contrib. sociales impayées	..	..	..	..	..	..	..	..
Autres transferts réduisant les coûts	..	..	..	..	..	..	..	..
Services généraux	109 953	105 479	172 509	150 992	140 349	141 389	..	..
Gestion des pêcheries	1 967	2 369	2 804	5 422	5 989	7 689	..	..
Recherche halieutique	1 500	2 550	1 750	1 700	2 000	2 200	..	..
Police des pêches	48 878	59 102	..	106 727	102 360	101 500	..	..
Infrastructure des pêcheries	57 608	41 458	57 212	37 143	30 000	30 000	..	..
Autres services généraux	..	..	..	..	..	..	..	..
Recouvrement des coûts	..	..	..	..	..	..	..	..
Aquaculture	**60 778**	**89 289**	**94 805**	**118 664**	**152 379**	**188 462**	..	..
Paiements directs	58 878	87 289	92 685	116 464	148 079	184 162	..	..
Aides : développement aquacole	58 878	87 289	92 685	116 464	147 527	180 713	..	..
Indemnisation des catastrophes	..	..	..	..	552	3 449	..	..
Autres paiements directs	..	..	..	..	..	..	..	..
Transferts réduisant les coûts	..	..	..	..	..	..	..	..
Prêts subventionnés : développement aquacole	..	..	..	..	0	..	..	..
Autres transferts réduisant les coûts	..	..	..	..	..	..	..	..
Services généraux	1 900	2 000	2 120	2 200	4 300	4 300	..	..
Gestion, recherche et police de l'aquaculture	1 900	2 000	2 120	2 200	4 300	4 300	..	..
Infrastructure aquacole	..	..	..	..	..	..	..	..
Autres services généraux	..	..	..	..	..	..	..	..
Recouvrement des coûts	..	..	..	..	..	..	..	..
Commercialisation et transformation	**484**	**16 837**	**2 640**	**1 307**	**2 743**	**3 482**	..	..
Paiements directs	484	777	482	482	2 743	3 482	..	..
Aides : commercialisation et transformation	..	..	..	0	2 236	2 844	..	..
Autres paiements directs	484	777	482	482	507	638	..	..
Transferts réduisant les coûts	..	..	..	..	..	..	..	..
Prêts subventionnés : commercialisation et transformation	..	..	..	..	..	..	..	..
Autres transferts réduisant les coûts	..	..	..	..	..	..	..	..
Services généraux	..	16 060	..	825	..	..	..	..
Aquaculture	..	..	..	0	..	..	..	..
Autres services généraux	..	16 060	2 158	825	..	..	..	..
Recouvrement des coûts	..	..	..	..	..	..	..	..
Total	**255 637**	**294 514**	**357 016**	**376 331**	**424 222**	**470 377**	..	..

.. Non disponible

Note : Métadonnées détaillées : http://metalinks.oecd.org/fish/20150108/48f8

Source : OCDE (2014), « Pêcheries : Transferts financiers publics », Statistiques agricoles de l'OCDE (base de données). DOI: 10.1787/data-00220-fr

TURQUIE

Tableau 8. Importations par produit

		2009		2010		2011		2012		2013	
		Tonnes	USD	Tonnes	USD	Tonnes	USD	Tonnes	USD	Tonnes	USD
03	**Poisson, crustacés et mollusques**	**..**	**105 759 006**	**..**	**133 829 563**	**..**	**173 886 517**	**..**	**176 496 516**	**..**	**186 157 551**
0302	**Poisson, frais ou réfrigéré, excl. 0304**	**20 340 625**	**20 129 513**	**17 374 716**	**26 721 907**	**11 146 518**	**38 603 569**	**11 222 177**	**46 228 609**	**6 993 869**	**44 059 948**
030211	Truite	221 897	1 310 930	87 654	687 937	150 451	1 178 535	141 353	855 306	99 112	796 590
030212	Saumon (Pacifique, Atlantique et Danube)	2 543 643	13 777 353	3 009 877	20 333 767	4 136 373	31 891 170	5 376 118	39 513 343	5 058 745	38 067 937
030219	Salmonidés nra	..	..	..	..	..	..	..	..	..	..
030221	Flétan	3 279	50 877	2 382	36 587	2 381	24 872	3 502	27 586	3 065	28 642
030222	Plie, carrelet	10	129	..	..	..	..	8 547	24 554	367	2 114
030223	Sole	3 153	18 034	8 938	46 970	13 798	68 598	26 050	119 542	32 955	155 896
030229	Poissons plats nra	54 890	230 520	142 003	934 796	262 908	1 275 178	224 123	1 023 842	187 619	1 189 834
030231	Thon blanc/germon	..	..	..	..	..	..	..	..	..	..
030232	Albacore (thon jaune)	258	4 787	..	..	..	..	..	..	..	..
030233	Listaos/bonite à ventre rayé	..	..	..	..	..	..	..	..	..	..
030239	Thonidés nra	411	7 904	650	2 780	..	..	..	..	..	..
030240	Hareng	200	480	51 000	64 770	..	..	4 993	50 523	..	..
030250	Morue	4 086	24 590	2 598	15 600	2 097	14 742	2 510	16 713	2 643	17 239
030261	Sardines	262 184	140 094	291 540	137 110	17 143	28 497	7 348	13 395	1 882	3 640
030262	Églefin	..	..	170	1 368	..	..	..	..	..	..
030263	Lieu noir	2 943	8 583	600	1 887	408	2 657	2 944	13 816	379	1 742
030264	Maquereau	28 124	73 858	14 477	41 573	18 123	72 174	7 804	31 481	2 663	11 434
030265	Aiguillat et autres squalidés	..	..	24	231	2 594	6 677	..	..	..	..
030266	Anguille	..	..	..	..	..	..	..	..	..	..
030269	Poisson nra	17 215 547	4 481 374	13 762 803	4 416 531	6 540 242	4 040 469	5 416 885	4 538 508	1 604 439	3 784 880
030270	Foies, oeufs et laitances	..	..	..	..	..	..	..	..	..	..
0303	**Poisson, congelé, excl. 0304**	**41 669 359**	**53 248 901**	**48 361 939**	**66 419 132**	**41 372 582**	**73 176 738**	**40 857 788**	**70 696 155**	**46 979 914**	**81 855 663**
030319	Saumon, Pacifique	..	..	..	..	..	..	..	..	..	..
030321	Truite	38 950	212 207	53 232	253 565	24 233	128 398	23 120	78 274	28 830	121 911
030322	Saumon (Atlantique et Danube)	101 509	533 756	..	..	..	..	..	..	..	..
030329	Salmonidés	30 988	34 713	87 604	77 237	..	..	..	..	..	..
030331	Flétan	1 548	10 693	6 848	41 795	900	6 736	2 338	19 293	..	..
030332	Plie, carrelet	..	..	..	..	..	..	..	..	..	..
030333	Sole	5 070	11 661	6 150	15 386	4 140	13 984	..	..	..	..
030339	Poisson plat nra	981	3 345	3 000	8 343	454	615	..	..	..	..
030341	Thon blanc/germon	..	..	..	..	..	..	27 000	108 587	..	..
030342	Albacore (thon jaune)	207 290	388 147	383 950	864 152	765 400	2 283 070	1 609 985	5 072 746	1 728 166	4 499 730
030343	Listao/bonite à ventre rayé	11 510 099	15 744 233	7 262 300	10 400 420	7 994 259	14 772 854	7 817 684	18 468 563	10 179 877	23 758 808
030349	Thonidés nra	..	..	..	..	..	..	98 197	213 398	456 030	996 787
030350	Hareng	5 957 388	3 768 826	437 180	329 299	3 743 700	3 528 008	6 808 040	5 718 079	3 437 403	2 910 990
030360	Morue	..	..	7 535	25 299	5 562	42 563	12 484	73 306	16 270	92 031
030371	Sardines, sardinelles	986 461	600 628	9 339 467	5 713 403	7 625 234	8 000 193	1 778 763	1 696 970	1 873 560	1 673 757
030372	Églefin	..	..	..	..	..	..	..	..	..	..
030373	Lieu noir	136 398	222 804	153 584	357 272	30 991	71 129	140 298	303 758	..	..
030374	Maquereau	21 636 167	27 879 255	28 896 260	42 047 967	20 415 066	40 951 606	21 361 144	34 825 470	28 838 468	46 702 299
030375	Aiguillat et autres squalidés	..	..	25 363	15 253	..	..	..	..	..	..
030376	Anguille	..	..	..	..	..	..	..	..	..	..
030377	Bar (loup)	15 454	84 637	..	..	..	..	7 133	28 723	2 205	11 586
030378	Merlu	25 000	15 907	52 000	43 195	..	..	..	..	..	..
030379	Poisson nra	1 013 111	3 724 113	1 536 854	5 579 823	724 206	3 096 769	1 129 864	3 878 665	396 142	991 486
030380	Foies, oeufs et laitances	2 945	13 976	1 680	2 410	..	..	..	..	360	655
0304	**Filets de poisson et autre chair de poisson**	**5 146 645**	**15 050 831**	**8 783 820**	**26 119 593**	**6 442 060**	**29 362 051**	**6 391 497**	**26 466 903**	**6 739 911**	**26 971 550**
030410	Filets et autre chair de poisson, frais ou réfrigéré	39 641	197 610	403 185	620 625	583 692	2 982 824	276 195	1 179 930	416 039	1 386 727
030420	Filets de poissons, congelé	4 694 869	13 861 576	7 968 613	24 922 750	5 624 493	25 748 122	5 853 455	24 644 533	6 017 532	24 885 675
030490	Chair de poisson nra, congelé	412 135	991 645	412 022	576 218	233 875	631 105	261 847	642 440	306 340	699 148
0305	**Poisson, séché, salé, fumé, ou en saumure**	**65 568**	**958 810**	**83 094**	**1 335 539**	**46 050**	**751 042**	**45 783**	**601 219**	**23 365**	**423 267**
030510	Farine de poisson, consommation humaine	1 273	54 536	2 049	92 261	2 200	90 462	1 373	76 364	906	92 125
030520	Foies, oeufs et laitances	..	..	100	5 351	..	..	..	..	..	..
030530	Filets de poisson (non fumé)	142	2 080	104	973	2 988	25 948	..	..	450	4 776
030541	Saumon (Pacifique, Atlantique et Danube), fumé	17 656	274 223	32 881	566 456	25 411	476 542	9 613	146 067	11 827	195 619
030542	Hareng, fumé	..	..	..	..	..	..	..	..	..	..
030549	Poisson nra, fumé	46 052	618 786	45 088	638 461	3 411	87 212	30 297	349 373	10 000	129 470
030551	Morue, séché, non fumé	238	3 635	..	..	..	..	..	..	..	..
030559	Poisson nra, séché, salé, non fumé	207	5 550	1 225	26 036	40	2 978	4 500	29 415	45	391
030561	Hareng, salé ou en saumure	..	..	..	..	..	..	..	..	..	..
030562	Morue, salé ou en saumure	..	..	..	..	..	..	..	..	..	..
030563	Anchois, salé ou en saumure	..	..	1 647	6 001	12 000	67 900	..	..	..	..
030569	Poisson nra, salé ou en saumure	..	..	..	..	..	..	..	..	..	..

Tableau 8. Importations par produit (*suite*)

		2009		2010		2011		2012		2013	
		Tonnes	USD	Tonnes	USD	Tonnes	USD	Tonnes	USD	Tonnes	USD
0306	**Crustacés**	**866 620**	**2 407 212**	**1 592 204**	**3 564 931**	**1 759 534**	**9 635 976**	**1 395 168**	**6 947 524**	**1 274 273**	**5 633 915**
030611	Langoustes et autres palinuridés, congelé	..	..	..	..	199	8 565	4 479	42 333	11 694	70 536
030612	Homard nra	..	..	160	3 235	12 066	466 507	513	6 470	1 297	14 487
030613	Crevettes, congelé	836 110	2 078 257	1 507 829	3 074 093	1 672 202	8 337 077	1 306 906	6 124 719	1 209 260	5 091 534
030614	Crabes, congelé	5 697	72 600	7 550	119 653	13 430	347 758	18 864	295 127	3 441	37 049
030619	Crustacés nra, congelé	..	..	40 654	26 179	..	..	5 094	16 647	4 849	14 196
030621	Langoustes et autres palinuridés (non congelé)	..	..	100	803	675	4 119	..	..	..	..
030622	Homard nra (non congelé)	22 238	224 967	28 555	307 123	34 449	342 178	32 695	337 073	33 274	342 432
030623	Crevettes (non congelé)	1 114	9 386	6 243	24 287	19 513	74 109	26 617	125 155	8 939	47 974
030624	Crabes (non congelé)	1 441	21 373	113	1 273	..	..	..	..	19	2 949
030629	Crustacés nra (non congelé)	20	629	1 000	8 285	7 000	55 663	..	..	1 500	12 758
0307	**Mollusques**	**2 838 798**	**3 858 266**	**4 013 388**	**5 182 825**	**4 207 666**	**14 414 726**	**4 992 151**	**17 406 018**	**4 422 785**	**15 237 521**
030710	Huîtres	3 721	29 624	2 504	21 871	1 010	18 003	391	1 813	826	9 597
030721	St-Jacques, vi, fr, ou ré	4 185	44 142	6 776	76 808	10 066	121 202	9 484	105 533	4 935	49 357
030729	St-Jacques, co, sc, sl, ou sm	1 307	9 042	1 000	12 572	..	..	17 724	123 525	..	..
030731	Moules, vi, fr, ou ré	20 755	30 578	50 455	45 663	54 384	50 557	78 710	46 392	6 800	9 220
030739	Moules, co, sc, sl, ou sm	22 470	20 790	127 620	99 536	177 290	163 731	211 172	243 918	122 015	115 671
030741	Seiches, encornets et calmars, vi, fr, ou ré	27 082	33 324	1 051	3 273	2 397	10 575	..	..	1 003	4 388
030749	Seiches, encornets et calmars, co, sc, sl, ou sm	1 682 022	2 275 382	2 711 902	3 176 207	2 601 740	9 436 974	3 552 900	13 948 800	2 946 120	11 159 330
030751	Poulpe, vi, fr, ou ré	124	1 464	120	170	41 793	153 865	1 935	7 342	557	1 991
030759	Poulpe, co, sc, sl, ou sm	72 727	118 018	158 993	110 742	488 810	1 552 693	387 302	1 256 540	250 670	806 809
030760	Escargots (autres que de mer)	164 247	314 085	..	..	..	..	437 400	411 702	500 970	790 616
030791	Mollusques nra, vi, fr, ou ré	4 556	30 321	24 535	196 427	33 643	236 205	3 612	31 856	11 027	68 349
030799	Mollusques nra, co, sc, sl, ou sm	835 602	951 496	928 432	1 439 556	796 533	2 670 921	291 521	1 228 597	577 862	2 222 193
121220	**Algues**	**11 724**	**185 449**	**15 003**	**442 271**	**68 195**	**661 235**	**146 010**	**582 251**	**39 000**	**788 572**
1504	**Graisses, huiles et leurs fractions**	**18 112 046**	**20 300 041**	**26 255 025**	**28 034 082**	**22 029 984**	**34 128 961**	**27 981 087**	**45 841 096**	**36 462 379**	**69 589 289**
150410	Huiles de foies de poisson, et fractions	50 741	504 722	19 012	349 682	29 963	472 867	13 775	344 538	22 417	455 442
150420	Graisses et huiles de poisson, et fractions	18 060 363	19 761 494	26 236 013	27 684 400	21 999 868	33 642 139	27 967 312	45 496 558	36 439 962	69 133 847
150430	Graisses et huiles de mammifère marin, et fractions	942	33 825	..	..	153	13 955	..	..	..	..
1604	**Préparations et conserves de poisson; caviars et succédanés**	**454 767**	**2 169 143**	**392 722**	**2 035 696**	**230 828**	**1 362 569**	**211 120**	**1 397 275**	**119 946**	**1 000 316**
160411	Saumon, non haché	..	..	4	635	..	..	..	..	..	..
160412	Hareng, non haché	1 862	11 740	2 848	20 666	2 287	16 683	1 860	10 375	880	5 324
160413	Sardines, sardinelles, sprats, esprots, non haché	143	2 141	620	9 702	2 095	25 990	75	1 100	969	7 564
160414	Thons, listaos, sardes, non haché	139 281	601 201	107 163	435 690	27 866	134 789	36 050	213 525	28 450	195 243
160415	Maquereau, non haché	..	..	..	..	..	..	..	..	..	..
160416	Anchois, non haché	570	11 567	194	3 876	389	7 722	19	953	..	..
160419	Poisson nra, non haché	187 592	912 178	189 167	816 010	109 584	517 137	98 192	572 425	66 561	393 194
160420	Poisson, haché	118 001	512 567	80 144	518 696	74 456	413 368	57 889	369 012	9 412	92 800
160430	Caviar et succédanés	7 318	117 749	12 582	230 421	14 151	246 880	17 035	229 885	13 674	306 191
1605	**Préparations et conserves de crustacés**	**67 082**	**329 696**	**178 071**	**1 169 094**	**88 075**	**316 144**	**123 888**	**650 962**	**163 214**	**910 521**
160510	Crabes	501	6 188	613	7 819	397	4 382	460	4 395	690	7 009
160520	Crevettes	7 072	76 991	26 226	237 259	48 810	98 569	11 970	91 650	4 761	41 987
160530	Homard	36	2 845	324	20 947	..	..	..	..	..	..
160540	Crustacés nra	19 240	179 253	50 130	459 473	..	..	318	2 074	636	3 710
230120	**Farine de poisson**	**52 329 302**	**58 759 236**	**50 919 874**	**76 898 607**	**44 301 186**	**61 208 784**	**65 598 784**	**89 273 985**	**73 422 873**	**115 559 317**
	TOTAL	**141 902 536**	**177 397 098**	**157 969 856**	**242 409 313**	**131 692 678**	**271 564 210**	**158 965 453**	**314 242 085**	**..**	**374 005 566**

.. Non disponible

Note : nra : non répertorié ailleurs. vi : vivant. fr : frais. ré : réfrigéré. co : congelé. sc : séché. sl : salé. sm : en saumure.
Métadonnées détaillées : http://metalinks.oecd.org/fish/20150108/9d61

Source : OCDE (2014), « Pêcheries : Commerce par produit », Statistiques agricoles de l'OCDE (base de données). DOI: 10.1787/data-00677-fr

Tableau 9. Exportations par produit

		2009		2010		2011		2012		2013	
		Tonnes	USD	Tonnes	USD	Tonnes	USD	Tonnes	USD	Tonnes	USD
03	**Poisson, crustacés et mollusques**	**..**	**318 063 028**	**..**	**312 935 016**	**..**	**395 306 914**	**..**	**414 012 490**	**..**	**521 054 729**
0302	**Poisson, frais ou réfrigéré, excl. 0304**	**29 285 066**	**174 640 470**	**25 836 566**	**142 570 950**	**33 391 909**	**172 375 282**	**35 915 726**	**167 513 630**	**51 714 901**	**240 549 026**
030211	Truite	203 540	515 323	341 088	1 121 993	231 686	916 623	1 817 270	6 038 272	3 380 513	11 866 216
030212	Saumon (Pacifique, Atlantique et Danube)	73	311	..	..	4 219	29 273	10 351	71 364	24 373	217 883
030219	Salmonidés nra	134 770	417 175	1 121 650	3 365 135	1 374 003	4 951 347	331 297	1 049 192	120 316	381 491
030221	Flétan	763	2 423	205	670	818	3 657	..	..	..	..
030222	Plie, carrelet	251	3 015	..	..	..	..	12	106	..	..
030223	Sole	57 334	684 016	77 662	891 223	81 797	863 966	54 188	425 832	26 633	234 656
030229	Poissons plats nra	904	5 632	1 511	9 099	378	4 733	522 751	1 669 917	829 371	2 965 677
030231	Thon blanc/germon	246	2 899	..	..	..	..	370	4 917	..	..
030232	Albacore (thon jaune)	..	..	..	..	..	..	..	..	..	..
030233	Listaos/bonite à ventre rayé	..	..	..	..	..	..	..	..	..	..
030239	Thonidés nra	3 780 290	66 498 455	2 296 825	40 835 585	1 950 173	39 922 966	1 777 177	40 679 473	2 034 905	39 074 970
030240	Hareng	..	..	..	..	..	..	4 074	18 813	1 376	17 385
030250	Morue	..	..	..	..	..	..	..	..	..	..
030261	Sardines	36 844	80 170	78 189	139 811	313 712	568 766	484 904	781 428	425 461	746 926
030262	Églefin	..	..	..	..	..	..	..	..	..	..
030263	Lieu noir	..	..	..	..	..	..	600	4 500	..	..
030264	Maquereau	253	495	106	1 036	3 325	16 896	19 402	34 706	942	2 156
030265	Aiguillat et autres squalidés	147 432	827 051	77 789	470 096	36 562	249 290	25 944	145 323	31 694	158 826
030266	Anguille	..	..	54	272	..	..	..	..	..	..
030269	Poisson nra	24 922 366	105 603 505	21 841 487	95 736 030	29 395 236	124 847 765	30 867 256	116 588 665	44 839 317	184 882 840
030270	Foies, oeufs et laitances	..	..	..	..	..	..	130	1 122	..	..
0303	**Poisson, congelé, excl. 0304**	**10 093 635**	**30 122 355**	**12 007 824**	**35 154 678**	**14 475 652**	**49 999 555**	**17 122 639**	**56 492 152**	**22 524 295**	**79 740 272**
030319	Saumon, Pacifique	..	..	..	..	..	..	..	..	..	..
030321	Truite	5 137 347	17 272 210	6 162 221	21 047 204	8 186 405	32 115 680	9 264 875	32 853 211	11 708 690	42 868 950
030322	Saumon (Atlantique et Danube)	..	..	..	..	..	..	..	..	..	..
030329	Salmonidés	53 740	180 820	48 895	156 916	117 800	443 964	87 640	160 702	66 233	269 833
030331	Flétan	..	..	..	..	..	..	..	..	..	..
030332	Plie, carrelet	..	..	..	..	..	..	..	..	..	..
030333	Sole	..	..	..	..	..	..	..	..	22	244
030339	Poisson plat nra	..	..	2 600	16 094	..		185 350	251 323	76 036	110 262
030341	Thon blanc/germon	..	..	..	..	678	3 909	143	1 273	35 412	231 529
030342	Albacore (thon jaune)	..	..	..	..	..	..	..	..	4 500	14 515
030343	Listao/bonite à ventre rayé	..	..	..	..	..	..	..	..	19 246	128 466
030349	Thonidés nra	..	..	..	..	..	..	384	8 981	..	..
030350	Hareng	..	..	950	2 275	..	..	..	..	5 888	17 431
030360	Morue	..	..	..	..	..	..	..	..	..	..
030371	Sardines, sardinelles	160 891	306 795	51 990	98 232	16 569	31 055	86 577	66 790	10 920	18 604
030372	Églefin	..	..	..	..	..	..	..	..	..	..
030373	Lieu noir	..	..	..	..	..	..	..	..	..	..
030374	Maquereau	34 309	92 648	4 889	19 839	4 556	18 504	137 721	238 475	29 988	95 232
030375	Aiguillat et autres squalidés	..	..	..	..	..	..	..	..	..	..
030376	Anguille	7 529	58 274	13 132	87 248	4 500	33 340	40	655	4 500	64 000
030377	Bar (loup)	398 044	2 194 098	198 369	1 152 817	220 985	1 609 271	481 615	3 329 717	1 139 621	6 679 750
030378	Merlu	..	..	34	351	136	852	..	..	..	..
030379	Poisson nra	4 301 775	10 017 510	5 524 584	12 572 756	5 923 723	15 739 525	6 868 823	19 498 232	9 415 289	29 151 749
030380	Foies, oeufs et laitances	..	..	..	..	..	..	..	..	743	12 955
0304	**Filets de poisson et autre chair de poisson**	**6 417 825**	**57 874 774**	**7 882 742**	**73 515 256**	**8 922 470**	**97 394 921**	**10 081 744**	**106 501 809**	**10 638 587**	**116 787 200**
030410	Filets et autre chair de poisson, frais ou réfrigéré	3 799 853	39 548 596	4 144 155	42 830 492	4 477 566	53 296 501	4 721 539	50 069 537	5 301 178	58 289 752
030420	Filets de poissons, congelé	1 946 253	13 156 133	3 570 959	29 713 351	4 351 179	43 718 933	4 673 166	49 852 070	4 865 812	53 906 765
030490	Chair de poisson nra, congelé	671 719	5 170 045	167 628	971 413	93 725	379 487	687 039	6 580 202	471 597	4 590 683
0305	**Poisson, séché, salé, fumé, ou en saumure**	**2 349 127**	**21 290 475**	**3 136 169**	**27 509 005**	**4 255 356**	**40 826 702**	**4 503 602**	**41 370 413**	**4 274 302**	**43 932 557**
030510	Farine de poisson, consommation humaine	29	301	..	..	300	7 150	..	..	..	..
030520	Foies, oeufs et laitances	..	..	..	..	..	..	..	..	..	..
030530	Filets de poisson (non fumé)	..	..	..	..	2 818	19 895	..	..	..	..
030541	Saumon (Pacifique, Atlantique et Danube), fumé	..	..	..	..	400	12 459	50	1 000	2 972	70 595
030542	Hareng, fumé	..	..	..	..	..	..	..	..	..	..
030549	Poisson nra, fumé	2 348 563	21 274 025	3 124 169	27 452 005	4 232 949	40 658 158	4 448 545	41 287 714	4 271 315	43 861 449
030551	Morue, séché, non fumé	..	..	..	..	..	..	..	..	..	..
030559	Poisson nra, séché, salé, non fumé	..	..	..	..	..	..	1 000	8 950	5	110
030561	Hareng, salé ou en saumure	..	..	..	..	400	1 145	..	..	..	..
030562	Morue, salé ou en saumure	..	..	..	..	..	..	..	..	..	..
030563	Anchois, salé ou en saumure	..	..	12 000	57 000	18 489	127 895	2 510	13 788	..	..
030569	Poisson nra, salé ou en saumure	535	16 149	..	..	..	..	51 497	58 961	10	403

Tableau 9. Exportations par produit *(suite)*

		2009		2010		2011		2012		2013	
		Tonnes	USD	Tonnes	USD	Tonnes	USD	Tonnes	USD	Tonnes	USD
0306	**Crustacés**	**758 606**	**7 972 680**	**538 370**	**5 779 933**	**412 624**	**4 978 051**	**279 167**	**2 417 169**	**612 262**	**4 925 407**
030611	Langoustes et autres palinuridés, congelé	..	..	..	..	..	..	..	..	..	..
030612	Homard nra	1 424	7 878	626	3 589	52	319	173	2 592	346	5 173
030613	Crevettes, congelé	640 967	6 895 397	467 504	5 303 820	370 550	4 692 875	220 102	2 201 541	500 310	4 502 342
030614	Crabes, congelé	763	8 168	920	7 287	1 200	7 863	44 070	95 029	91 475	244 958
030619	Crustacés nra, congelé	6 240	15 023	4 842	12 704	280	855	315	3 921	3 080	28 997
030621	Langoustes et autres palinuridés (non congelé)	46	1 527	10	122	..	..	..	..	..	..
030622	Homard nra (non congelé)	2 275	14 089	..	..	..	..	..	..	..	..
030623	Crevettes (non congelé)	77 973	722 980	46 205	326 929	36 319	230 755	8 357	68 299	8 384	79 260
030624	Crabes (non congelé)	10 374	90 300	8 250	63 551	2 723	24 266	6 150	45 787	3 030	28 459
030629	Crustacés nra (non congelé)	18 544	217 318	10 013	61 931	1 500	21 118	..	..	5 637	36 218
0307	**Mollusques**	**5 387 476**	**25 224 867**	**5 655 506**	**27 257 383**	**5 182 708**	**28 416 401**	**4 353 726**	**29 691 031**	**4 790 041**	**31 464 625**
030710	Huîtres	4 130	12 270	2 570	7 207	2 630	7 903	8 820	17 380	..	..
030721	St-Jacques, vi, fr, ou ré	..	..	..	..	..	..	..	..	..	..
030729	St-Jacques, co, sc, sl, ou sm	..	..	..	..	..	..	..	..	..	..
030731	Moules, vi, fr, ou ré	665 300	3 828 166	800 323	4 555 093	458 616	2 971 802	680 128	3 264 617	455 273	2 143 468
030739	Moules, co, sc, sl, ou sm	715 757	2 503 729	344 300	1 198 331	202 370	875 148	8 850	34 967	917	4 026
030741	Seiches, encornets et calmars, vi, fr, ou ré	511 080	1 830 773	266 687	897 441	368 889	1 640 498	392 894	1 852 427	333 280	1 080 181
030749	Seiches, encornets et calmars, co, sc, sl, ou sm	280 525	912 479	403 071	1 513 009	383 475	1 856 110	145 585	720 066	338 724	1 423 754
030751	Poulpe, vi, fr, ou ré	85 186	472 602	18 167	81 443	2 967	15 625	4 899	16 102	3 787	12 453
030759	Poulpe, co, sc, sl, ou sm	49 311	327 065	37 830	219 145	26 084	190 010	17 594	131 514	26 727	231 810
030760	Escargots (autres que de mer)	423 366	3 093 254	317 011	2 198 342	405 966	2 783 529	436 105	2 642 834	931 055	6 879 261
030791	Mollusques nra, vi, fr, ou ré	513 463	2 705 797	444 226	2 256 206	476 823	2 922 914	460 910	3 492 897	514 953	3 659 761
030799	Mollusques nra, co, sc, sl, ou sm	2 139 358	9 538 732	3 021 321	14 331 166	2 854 888	15 152 862	2 197 941	17 518 227	2 185 325	16 029 911
121220	**Algues**	**..**	**..**	**106**	**3 029**	**24 140**	**22 705**	**..**	**..**	**..**	**..**
1504	**Graisses, huiles et leurs fractions**	**61 200**	**2 741 850**	**9 777 927**	**13 234 502**	**6 003 240**	**8 702 152**	**3 639 067**	**5 688 612**	**5 025 363**	**11 459 161**
150410	Huiles de foies de poisson, et fractions	..	..	..	..	1 520	16 911	47	334	..	..
150420	Graisses et huiles de poisson, et fractions	61 200	2 741 850	9 777 666	13 233 830	6 001 720	8 685 241	3 639 020	5 688 278	5 025 363	11 459 161
150430	Graisses et huiles de mammifère marin, et fractions	..	..	261	672	..	..	..	..	..	..
1604	**Préparations et conserves de poisson; caviars et succédanés**	**2 037 639**	**11 144 869**	**1 936 792**	**10 168 135**	**1 710 391**	**10 341 773**	**1 802 008**	**10 990 031**	**3 641 907**	**28 564 082**
160411	Saumon, non haché	..	..	30	386	..	..	..	..	..	..
160412	Hareng, non haché	..	..	..	..	..	..	60	117	3 237	29 167
160413	Sardines, sardinelles, sprats, esprots, non haché	11 283	64 934	15 897	118 609	7 226	117 503	7 874	92 768	10 830	111 806
160414	Thons, listaos, sardes, non haché	29 728	214 891	24 423	192 815	38 929	291 417	54 190	424 533	163 206	1 075 684
160415	Maquereau, non haché	..	..	240	2 500	630	5 434	4 736	39 420	3 391	36 912
160416	Anchois, non haché	617 038	3 467 963	985 339	5 691 524	616 626	3 587 544	424 961	2 340 657	371 614	2 379 220
160419	Poisson nra, non haché	18 285	120 408	2 855	27 225	3 988	39 796	5 385	49 238	659 879	6 656 284
160420	Poisson, haché	1 361 305	7 276 673	908 008	4 135 076	1 038 694	6 189 978	1 277 627	7 367 948	2 335 874	15 926 576
160430	Caviar et succédanés	..	..	..	..	4 298	110 101	27 175	675 350	93 876	2 348 433
1605	**Préparations et conserves de crustacés**	**1 714 276**	**12 890 116**	**2 684 109**	**19 113 711**	**3 151 418**	**20 425 069**	**3 147 900**	**21 092 656**	**2 563 258**	**18 597 320**
160510	Crabes	..	..	..	..	..	..	200	1 066	..	..
160520	Crevettes	3 765	60 497	2 001	29 096	14 618	276 916	9 960	173 703	25 337	127 902
160530	Homard	..	..	..	..	..	..	..	..	..	..
160540	Crustacés nra	1 118 784	10 380 063	1 312 629	12 452 810	1 258 354	11 627 432	990 316	8 393 153	562 710	6 204 457
230120	**Farine de poisson**	**502 580**	**736 138**	**2 499 800**	**3 784 893**	**349 520**	**507 177**	**724 089**	**1 147 933**	**272 500**	**529 500**
	TOTAL	**58 607 430**	**344 638 594**	**..**	**359 239 286**	**..**	**435 305 790**	**..**	**452 931 722**	**..**	**580 204 792**

.. Non disponible

Note : nra : non répertorié ailleurs. vi : vivant. fr : frais. ré : réfrigéré. co : congelé. sc : séché. sl : salé. sm : en saumure.

Métadonnées détaillées : http://metalinks.oecd.org/fish/20150108/9d61

Source : OCDE (2014), « Pêcheries : Commerce par produit », Statistiques agricoles de l'OCDE (base de données). DOI: 10.1787/data-00677-fr

ROYAUME-UNI

Tableau 1. Flotte de pêche

	2006	2007	2008	2009	2010	2011	2012	2013
NOMBRE DE NAVIRES								
Total des navires	**6 768**	**6 775**	**6 577**	**6 505**	**6 477**	**7 885**	**6 505**	**6 481**
Navires à moteur	6 758	6 766	6 577	6 505	6 477	7 885	6 505	6 481
0-5,9 mètres	1 712	1 731	1 666	1 672	1 741	2 768	1 777	1 750
6-11,9 mètres	3 925	3 936	3 828	3 761	3 701	3 746	3 725	3 749
12-17,9 mètres	527	524	521	515	506	544	497	485
18-23,9 mètres	286	284	288	288	274	383	257	250
24-29,9 mètres	148	137	136	138	129	175	127	126
30-35,9 mètres	57	52	48	49	47	98	46	45
36-44,9 mètres	69	67	56	47	44	108	41	41
45-59,9 mètres	10	10	9	9	9	25	9	8
60-74,9 mètres	20	21	22	23	22	34	22	23
75 mètres et plus	4	4	3	3	4	4	4	4
Longueur inconnue	..	..	..	..	..	..	..	..
Navires sans moteur	10	9	..	..	..	..	..	..
TONNAGE BRUT								
Total des navires	**214 596**	**210 167**	**205 116**	**205 891**	**207 425**	**284 783**	**199 584**	**198 560**
Navires à moteur	214 587	210 158	205 116	205 891	207 425	284 783	199 584	198 560
0-5,9 mètres	1 697	2 032	1 973	1 975	1 727	4 025	2 027	2 039
6-11,9 mètres	22 801	21 986	21 342	20 715	21 222	20 577	20 234	20 110
12-17,9 mètres	21 198	19 378	19 284	19 043	20 812	20 351	18 226	18 058
18-23,9 mètres	34 633	34 689	35 533	35 776	35 219	47 371	32 767	31 996
24-29,9 mètres	29 055	27 541	27 724	28 647	27 548	34 404	27 114	26 989
30-35,9 mètres	15 072	13 806	12 559	12 693	12 754	24 248	12 177	11 649
36-44,9 mètres	27 898	27 162	22 717	19 228	18 326	41 335	17 221	17 364
45-59,9 mètres	10 633	10 633	10 080	10 080	10 171	22 217	10 171	8 338
60-74,9 mètres	37 951	39 283	42 287	46 117	44 884	55 492	44 884	47 254
75 mètres et plus	13 648	13 648	11 617	11 617	14 762	14 762	14 762	14 762
Longueur inconnue	..	..	..	..	..	..	..	..
Navires sans moteur	9	9	..	..	..	..	..	..

.. Non disponible

Note : Métadonnées détaillées : http://metalinks.oecd.org/fish/20150108/e512

Source : OCDE (2014), « Pêcheries : Flotte de pêche », Statistiques agricoles de l'OCDE (base de données). DOI: 10.1787/data-00218-fr

ROYAUME-UNI

Tableau 2. Emploi dans les pêcheries

Personnes employées

	2006	2007	2008	2009	2010	2011	2012	2013
Plein-temps	**10 358**	**10 033**	**10 242**	**10 129**	**10 172**	**10 040**	**10 283**	..
Secteur de capture	10 358	10 033	10 242	10 129	10 172	10 040	10 283	..
Pêche en eaux intérieures	..	..	..	..	..	..	..	..
Homme	..	..	..	..	..	..	..	..
Femme	..	..	..	..	..	..	..	..
Eaux maritimes (pêche côtière)	..	..	..	..	..	..	..	..
Homme	..	..	..	..	..	..	..	..
Femme	..	..	..	..	..	..	..	..
Eaux maritimes (pêche en haute mer)	10 358	10 033	10 242	10 129	10 172	..	..	..
Homme	..	..	..	..	..	..	..	..
Femme	..	..	..	..	..	..	..	..
Aquaculture	..	..	2 400	..	..	..	..	2 453
Homme	..	..	..	..	..	..	..	2 272
Femme	..	..	..	..	..	..	..	181
Transformation	..	..	..	..	..	..	..	..
Homme	..	..	..	..	..	..	..	..
Femme	..	..	..	..	..	..	..	..
Temps partiel	**2 430**	**2 475**	**2 519**	**2 083**	**2 531**	**2 365**	**2 162**	..
Secteur de capture	2 430	2 475	2 519	2 083	2 531	2 365	2 162	..
Pêche en eaux intérieures	..	..	..	..	..	..	..	..
Homme	..	..	..	..	..	..	..	..
Femme	..	..	..	..	..	..	..	..
Eaux maritimes (pêche côtière)	..	..	..	..	..	..	..	..
Homme	..	..	..	..	..	..	..	..
Femme	..	..	..	..	..	..	..	..
Eaux maritimes (pêche en haute mer)	2 430	2 475	2 519	2 083	2 531	..	..	..
Homme	..	..	..	..	..	..	..	..
Femme	..	..	..	..	..	..	..	..
Aquaculture	..	..	900	..	..	..	..	876
Homme	..	..	..	..	..	..	..	650
Femme	..	..	..	..	..	..	..	226
Transformation	..	..	..	..	..	..	..	..
Homme	..	..	..	..	..	..	..	..
Femme	..	..	..	..	..	..	..	..
Total	**12 788**	**12 508**	**12 761**	**12 212**	**12 703**	**12 405**	**12 445**	..
Secteur de capture	12 788	12 729	12 761	12 212	12 703	12 405	12 445	..
Pêche en eaux intérieures	..	..	..	..	..	..	..	..
Homme	..	..	..	..	..	..	..	..
Femme	..	..	..	..	..	..	..	..
Eaux maritimes (pêche côtière)	..	..	..	..	..	..	..	..
Homme	..	..	..	..	..	..	..	..
Femme	..	..	..	..	..	..	..	..
Eaux maritimes (pêche en haute mer)	12 788	12 729	12 761	12 212	12 703	..	..	..
Homme	..	..	..	..	..	..	..	..
Femme	..	..	..	..	..	..	..	..
Aquaculture	..	..	3 300	..	..	..	..	3 329
Homme	..	..	..	..	..	..	..	2 922
Femme	..	..	..	..	..	..	..	407
Transformation	..	..	..	..	..	..	..	..
Homme	..	..	..	..	..	..	..	..
Femme	..	..	..	..	..	..	..	..

.. Non disponible

Note : Métadonnées détaillées : http://metalinks.oecd.org/fish/20150108/b680

Source : OCDE (2014), « Pêcheries : Emploi dans la pêche », Statistiques agricoles de l'OCDE (base de données). DOI: 10.1787/data-00219-fr

Tableau 3. Débarquements nationaux dans les ports nationaux

	2006	2007	2008	2009	2010	2011	2012	2013
VOLUME (TONNES)								
Total poissons	**261 759**	**277 644**	**251 481**	**264 053**	**264 249**	**252 264**	**238 773**	**248 976**
Saumon	7	8	5	0	0	8	5	4
Saumon rose	..	..	..	..	..	..	..	0
Saumon keta	..	..	..	..	..	..	..	0
Saumon rouge	..	..	..	..	..	..	..	0
Saumon argenté	..	..	..	..	..	..	..	0
Autres saumons	7	8	5	0	0	8	5	4
Poissons plats	12 867	12 854	12 127	13 039	12 284	11 376	12 637	14 281
Flétan	224	255	306	248	181	102	66	45
Flétan noir	104	342	144	317	418	62	67	344
Sole	1 968	2 115	1 976	1 898	1 685	1 866	1 739	1 761
Plie	3 462	2 799	2 855	2 970	2 936	2 996	3 438	4 137
Autres poissons plats	7 110	7 343	6 935	7 606	7 063	6 349	7 327	7 993
Poissons de fond	106 379	100 193	97 632	105 948	102 805	97 949	100 231	108 224
Morue (Atlantique et Pacifique)	12 854	12 753	9 804	11 643	14 659	12 692	12 703	13 021
Églefin	38 861	32 292	31 915	34 782	31 717	28 261	33 995	38 656
Lieu	12 154	9 966	12 883	14 413	13 601	12 709	11 000	12 900
Morue du Pacifique occidental	..	..	..	..	..	..	..	0
Merlan	12 138	13 133	11 420	10 096	8 928	9 668	10 790	12 027
Merlu (toutes espèces)	2 658	2 752	4 120	6 378	5 625	6 727	6 524	6 449
Sébaste	311	266	174	175	429	119	121	429
Autres poissons de fond	27 404	29 030	27 315	28 460	27 846	27 772	25 099	24 743
Pélagiques	142 503	164 570	141 578	145 046	148 963	142 926	125 900	126 466
Chinchard	5 159	6 352	5 937	6 443	5 777	8 939	8 886	2 461
Maquereau	70 397	100 303	90 724	100 272	99 923	94 422	67 799	78 227
Hareng (Atlantique et Pacifique)	62 086	50 751	38 227	31 618	35 605	31 260	38 195	37 261
Sardine	1 597	2 529	2 858	2 487	2 268	3 481	4 257	3 701
Autres pélagiques	3 264	4 636	3 832	4 227	5 389	4 825	6 763	4 816
Thons	2	18	50	18	197	5	0	0
Listao	..	..	..	0	0	0	0	0
Thon rouge (nord et sud)	..	..	0	..	..	..	..	0
Germon	2	18	50	18	20	5	0	0
Albacore	..	..	..	..	..	..	..	0
Thon obèse	..	..	..	..	..	..	..	0
Autres thons	..	..	..	0	0	0	..	..
Espadon	..	..	..	0	169	..	..	..
Autres poissons	..	..	..	..	..	..	..	..
Total crustacés	**70 010**	**77 131**	**71 419**	**71 045**	**68 813**	**66 387**	**66 171**	**61 059**
Homard et langouste	2 320	2 767	2 672	2 784	2 721	3 179	3 100	3 000
Langoustine	40 985	44 125	42 998	42 451	38 234	34 284	32 574	28 281
Crevette	476	1 403	889	1 095	924	426	958	874
Autres crustacés	26 229	28 835	24 860	24 715	26 934	28 499	29 540	28 904
Total coquillages et mollusques	**63 362**	**63 131**	**70 599**	**59 756**	**73 631**	**84 864**	**89 675**	**87 969**
Huître	662	676	343	276	238	343	199	133
Moule	10 287	4 649	8 600	3 445	5 193	9 239	8 310	1 908
Coquille St-Jacques	19 036	20 801	26 958	34 055	43 131	52 937	53 341	48 730
Bivalves	89	196	785	771	935	758	575	330
Autres coquillages (incl. buccins	12 006	12 990	13 681	12 890	14 443	13 823	16 406	19 982
Calmar	1 269	1 799	1 894	2 530	3 599	2 829	1 792	1 799
Seiche	3 587	4 419	3 562	2 222	3 831	3 258	5 259	3 651
Poulpe	88	160	133	142	181	237	308	327
Autres mollusques (incl. oursins)	16 337	17 442	14 641	3 425	2 080	1 439	3 484	11 109
Autres animaux marins	..	..	..	..	..	..	..	..
Plantes aquatiques	..	..	..	..	..	..	..	..
Algue brune	..	..	..	..	..	..	..	..
Algue rouge	..	..	..	..	..	..	..	..
Autres algues	..	..	..	..	..	..	..	..
Poisson pour transformation	21 396	21 898	15 357	11	4 968	1 353	6 438	8 184
TOTAL GÉNÉRAL	**416 527**	**439 804**	**408 856**	**394 864**	**411 662**	**404 867**	**401 057**	**406 188**

Tableau 3. Débarquements nationaux dans les ports nationaux *(suite)*

	2006	2007	2008	2009	2010	2011	2012	2013
VALEUR (GBP)								
Total poissons	**254 837 000**	**261 878 000**	**261 175 505**	**288 235 768**	**299 266 615**	**338 307 331**	**281 162 015**	**289 447 326**
Saumon	61 000	64 000	41 471	2 959	830	52 238	44 473	28 881
Saumon rose	..	..	..	..	..	..	..	0
Saumon keta	..	..	..	..	..	..	..	0
Saumon rouge	..	..	..	..	..	..	..	0
Saumon argenté	..	..	..	..	..	..	..	0
Autres saumons	61 000	64 000	41 471	2 959	830	52 238	44 473	28 881
Poissons plats	39 972 000	40 956 000	39 143 513	39 639 903	40 828 463	43 075 007	39 012 938	39 435 909
Flétan	1 236 000	1 490 000	1 609 988	1 517 146	1 314 005	915 038	646 603	463 346
Flétan noir	221 000	556 000	232 869	574 249	984 204	202 266	173 636	742 964
Sole	15 107 000	15 940 000	14 265 235	13 886 546	14 058 658	16 299 572	13 849 260	12 724 236
Plie	4 126 000	3 455 000	3 465 622	3 394 842	3 342 675	3 681 296	3 748 010	4 044 127
Autres poissons plats	19 282 000	19 515 000	19 569 798	20 267 120	21 128 922	21 976 835	20 595 430	21 461 236
Poissons de fond	142 756 000	139 420 000	140 638 598	150 509 397	162 248 623	167 362 302	154 341 361	163 507 166
Morue (Atlantique et Pacifique)	20 778 000	21 732 000	20 279 049	20 714 090	28 589 066	27 459 269	24 942 573	25 818 013
Églefin	45 213 000	39 867 000	34 959 606	34 249 598	36 178 553	35 052 065	35 714 638	43 473 261
Lieu	6 143 000	4 927 000	7 403 745	10 072 778	12 377 613	13 387 030	11 300 000	10 900 000
Morue du Pacifique occidental	..	..	..	..	..	..	..	0
Merlan	9 753 000	11 784 134	10 749 917	9 259 531	9 399 918	11 323 067	10 897 005	11 658 325
Merlu (toutes espèces)	7 213 000	4 566 000	7 769 063	11 816 826	10 156 042	12 298 134	13 466 317	16 159 422
Sébaste	341 000	272 000	178 306	209 308	500 027	198 516	176 652	505 841
Autres poissons de fond	53 315 000	56 272 000	59 298 912	64 187 266	65 047 404	67 644 221	57 844 176	54 992 304
Pélagiques	72 042 000	81 352 000	81 171 486	98 026 341	95 713 050	127 793 131	87 763 162	86 474 992
Chinchard	1 361 000	1 779 000	1 616 538	1 768 314	1 772 693	3 067 224	2 812 264	852 966
Maquereau	54 909 000	67 146 000	67 826 626	84 514 393	81 965 071	107 472 325	63 807 405	70 098 041
Hareng (Atlantique et Pacifique)	14 508 000	9 467 000	9 696 699	9 531 923	10 306 388	15 315 558	18 596 108	13 553 819
Sardine	588 000	965 000	1 009 687	749 512	622 736	878 083	1 085 306	976 315
Autres pélagiques	676 000	1 995 000	1 021 936	1 462 200	1 046 162	1 059 941	1 462 079	993 851
Thons	6 000	86 000	180 438	57 168	475 649	24 654	81	378
Listao	..	..	..	18	13	138	81	44
Thon rouge (nord et sud)	..	..	64	..	..	..	..	0
Germon	6 000	36 000	180 374	56 753	78 841	24 500	0	4
Albacore	..	..	..	..	..	..	..	0
Thon obèse	..	..	..	..	112	..	..	0
Autres thons	..	..	..	1	651	16	..	..
Espadon	..	50 000	..	397	396 031	..	..	330
Autres poissons	..	..	..	..	..	..	..	..
Total crustacés	**176 386 000**	**200 469 000**	**181 815 677**	**156 292 459**	**160 387 062**	**183 209 203**	**184 202 727**	**157 644 573**
Homard et langouste	26 565 000	31 266 000	30 575 280	26 688 524	26 838 902	32 463 659	30 900 000	29 800 000
Langoustine	114 162 000	126 495 000	114 883 083	96 018 543	95 316 901	111 173 033	110 444 880	85 942 278
Crevette	833 000	3 620 000	2 784 331	2 187 042	2 042 409	727 649	2 374 562	2 379 805
Autres crustacés	34 826 000	39 088 000	33 572 983	31 398 350	36 188 850	38 844 861	40 483 286	39 522 489
Total coquillages et mollusques	**60 703 000**	**70 704 000**	**72 906 314**	**75 816 372**	**87 691 282**	**98 650 577**	**102 306 221**	**99 542 827**
Huître	856 000	693 000	335 471	414 002	349 795	606 734	443 356	219 110
Moule	941 000	964 000	1 246 601	336 453	233 264	130 334	338 460	167 153
Coquille St-Jacques	33 695 000	38 829 000	41 287 124	47 044 297	54 761 058	64 118 482	67 240 333	62 544 391
Bivalves	267 000	397 000	1 210 527	1 296 699	1 678 595	1 530 631	1 216 977	698 227
Autres coquillages (incl. buccins)	7 124 000	7 769 000	8 617 710	7 381 141	9 356 150	8 950 241	11 121 224	13 699 831
Calmar	3 827 000	5 910 000	6 111 104	6 122 788	10 227 434	11 567 692	6 385 630	6 972 631
Seiche	5 171 000	5 515 000	5 242 829	3 537 486	7 464 308	8 842 792	10 680 198	6 487 528
Poulpe	120 000	140 000	62 277	89 452	87 445	199 636	245 254	214 468
Autres mollusques (incl. oursins)	8 702 000	10 487 000	8 792 671	9 594 056	3 533 234	2 704 034	4 634 789	8 539 488
Autres animaux marins	..	..	..	..	..	..	..	..
Plantes aquatiques	..	..	..	..	..	..	..	..
Algue brune	..	..	..	..	..	..	..	..
Algue rouge	..	..	..	..	..	..	..	..
Autres algues	..	..	..	..	..	..	..	..
Poisson pour transformation	1 826 000	2 709 000	1 473 825	441	991 040	610 272	1 805 805	1 849 805
TOTAL GÉNÉRAL	**493 752 000**	**535 760 000**	**517 371 322**	**520 345 041**	**548 335 999**	**620 777 384**	**569 476 769**	**548 484 530**

.. Non disponible

Note : Métadonnées détaillées : http://metalinks.oecd.org/fish/20150108/f362

Source : OCDE (2014), « Pêcheries : Débarquements nationaux dans les ports domestiques », Statistiques agricoles de l'OCDE (base de données). DOI: 10.1787/data-00222-fr

ROYAUME-UNI

Tableau 4. Débarquements nationaux dans les ports étrangers

	2006	2007	2008	2009	2010	2011	2012	2013
VOLUME (TONNES)								
Total poissons	**131 698**	**128 856**	**141 914**	**172 908**	**178 489**	**182 896**	**214 342**	**204 160**
Saumon	..	..	..	0	0	0	..	..
Saumon rose	..	..	..	..	..	..	..	..
Saumon keta	..	..	..	..	..	..	..	..
Saumon rouge	..	..	..	..	..	..	..	..
Saumon argenté	..	..	..	..	..	..	..	..
Autres saumons	..	..	..	..	..	..	..	..
Poissons plats	14 865	14 717	13 525	15 290	17 374	17 979	18 579	20 697
Flétan	6	14	19	18	8	5	5	5
Flétan noir	10	207	327	461	233	345	23	18
Sole	609	871	436	507	576	361	283	541
Plie	11 058	10 443	10 108	11 830	13 483	14 174	15 309	17 088
Autres poissons plats	3 181	3 182	2 636	2 474	3 074	3 094	2 960	3 045
Poissons de fond	19 596	18 613	22 191	22 664	32 693	27 351	28 777	31 577
Morue (Atlantique et Pacifique)	7 988	6 578	9 539	10 894	11 105	10 494	13 762	16 446
Églefin	934	1 195	1 148	1 554	1 900	1 574	1 176	1 086
Lieu	1 486	1 806	2 857	2 836	2 526	3 106	2 100	1 800
Morue du Pacifique occidental	0	0	0	0	..	..	..	..
Merlan	108	59	70	147	292	324	348	652
Merlu (toutes espèces)	1 219	1 824	1 947	1 557	1 302	1 378	1 816	2 487
Sébaste	1 347	487	129	120	65	74	119	76
Autres poissons de fond	6 514	6 663	6 503	5 556	15 505	10 399	11 555	10 830
Pélagiques	96 093	94 948	104 841	134 048	127 647	136 644	166 163	151 135
Chinchard	7 620	7 559	5 463	11 668	11 648	7 837	7 863	8 900
Maquereau	32 650	33 529	37 534	72 044	60 793	87 827	101 091	85 627
Hareng (Atlantique et Pacifique)	47 491	40 347	28 887	35 502	31 300	30 311	52 225	56 309
Sardine	594	1 144	25 481	3 863	5 960	2 009	3 372	275
Autres pélagiques	7 737	11 469	7 476	10 971	17 945	8 659	1 612	24
Thons	1 145	1 478	1 358	905	774	921	823	751
Listao	35	60	7	35	71	113	31	0
Thon rouge (nord et sud)	..	..	7	1	0	0	..	..
Germon	23	29	23	58	103	57	56	140
Albacore	..	1	12	120	67	63	56	55
Thon obèse	..	..	58	32	4	3	3	0
Autres thons	110	177	233	7	15	23	..	..
Espadon	977	1 211	1 017	651	515	662	677	556
Autres poissons	..	..	..	..	..	..	..	..
Total crustacés	**3 886**	**4 492**	**3 387**	**2 921**	**5 226**	**2 131**	**4 094**	**3 189**
Homard et langouste	30	26	24	25	25	16	..	0
Langoustine	398	394	555	573	463	241	162	199
Crevette	0	0	0	0	2 844	0	1 280	0
Autres crustacés	3 459	4 072	2 807	2 322	1 894	1 874	2 651	2 989
Total coquillages et mollusques	**639**	**5 493**	**4 330**	**3 595**	**5 969**	**4 317**	**10 603**	**2 130**
Huître	..	..	2	4	12	9	13	8
Moule	..	..	..	23	0	0	..	..
Coquille St-Jacques	5	21	58	420	931	2 214	4 434	1 322
Bivalves	..	..	..	12	0	0	..	..
Autres coquillages (incl. buccins)	237	72	197	118	104	80	85	130
Calmar	152	818	3 940	2 886	4 683	1 796	5 765	417
Seiche	6	17	13	22	56	36	97	43
Poulpe	61	73	100	93	155	133	162	168
Autres mollusques (incl. oursins)	178	0	18	17	29	49	47	41
Autres animaux marins	**..**	**..**	**..**	**..**	**..**	**..**	**..**	**..**
Plantes aquatiques	**..**	**..**	**..**	**..**	**..**	**..**	**..**	**..**
Algue brune	..	..	..	..	..	..	..	..
Algue rouge	..	..	..	..	..	..	..	..
Autres algues	..	..	..	..	..	..	..	..
Poisson pour transformation	61 448	36 236	29 082	10 033	6 970	6 140	2 753	7 769
TOTAL GÉNÉRAL	**197 671**	**170 585**	**178 711**	**189 457**	**196 653**	**195 483**	**231 792**	**217 249**

ROYAUME-UNI

Tableau 4. Débarquements nationaux dans les ports étrangers *(suite)*

	2006	2007	2008	2009	2010	2011	2012	2013
VALEUR (GBP)								
Total poissons	**103 216 000**	**96 312 000**	**97 064 977**	**147 517 963**	**152 421 350**	**165 017 000**	**183 772 534**	**157 522 085**
Saumon	..	..	..	..	..	..	..	..
Saumon rose	..	..	..	..	..	..	..	..
Saumon keta	..	..	..	..	..	..	..	..
Saumon rouge	..	..	..	..	..	..	..	..
Saumon argenté	..	..	..	..	..	..	..	..
Autres saumons	..	..	..	..	..	..	..	..
Poissons plats	25 072 000	25 730 000	22 675 590	25 188 283	30 658 046	22 717 000	31 870 731	31 026 439
Flétan	31 000	71 000	87 949	93 225	48 909	17 000	17 013	17 266
Flétan noir	14 000	189 000	433 931	794 834	377 969	..	14 977	22 343
Sole	5 050 000	5 782 000	3 330 453	4 298 901	5 994 241	3 900 000	2 583 662	3 930 999
Plie	13 162 000	12 541 000	13 165 870	14 061 658	15 870 996	18 800 000	20 851 345	18 067 385
Autres poissons plats	6 815 000	7 147 000	5 657 387	5 939 666	8 365 932	..	8 403 734	8 988 446
Poissons de fond	25 814 000	24 053 000	31 343 671	31 776 437	40 896 956	26 300 000	34 651 651	34 363 950
Morue (Atlantique et Pacifique)	8 732 000	8 216 000	13 076 288	11 106 607	16 717 591	18 900 000	9 009 263	9 244 991
Églefin	685 000	923 000	1 272 646	1 326 729	1 900 045	1 900 000	1 156 026	697 941
Lieu	1 073 000	1 407 000	2 210 345	2 425 904	2 432 642	3 000 000	2 200 000	1 800 000
Morue du Pacifique occidental	..	..	..	..	..	..	..	..
Merlan	73 000	49 000	53 684	108 187	238 484	300 000	451 857	585 399
Merlu (toutes espèces)	3 730 000	2 810 000	2 888 264	3 592 292	2 418 179	2 200 000	4 195 438	6 679 345
Sébaste	1 253 000	624 000	76 690	181 939	86 396	..	44 177	44 767
Autres poissons de fond	10 268 000	10 024 000	11 765 754	13 034 779	17 103 619	..	19 794 891	17 111 507
Pélagiques	50 184 000	44 654 000	41 152 505	89 109 378	79 181 059	116 000 000	115 555 081	90 310 293
Chinchard	3 163 000	2 481 000	1 855 616	3 705 706	4 386 713	3 500 000	3 246 806	3 467 377
Maquereau	24 609 000	21 872 000	28 619 118	68 497 040	56 750 620	98 400 000	90 965 803	70 543 471
Hareng (Atlantique et Pacifique)	20 160 000	16 878 000	7 670 007	13 285 962	11 956 894	14 100 000	18 697 030	16 223 585
Sardine	164 000	315 000	917 545	533 490	1 435 179	525 000	881 860	75 715
Autres pélagiques	2 088 000	3 108 000	2 090 219	3 087 180	4 651 652	..	1 763 582	145
Thons	2 146 000	1 875 000	1 893 211	1 443 864	1 685 289	..	1 695 070	1 821 404
Listao	10 000	18 000	2 020	8 930	21 252	..	13 127	0
Thon rouge (nord et sud)	..	..	54 802	1 708	..	..	..	..
Germon	45 556	56 000	45 345	196 986	415 731	..	178 110	523 971
Albacore	..	1 000	..	..	30 566	..	516	3 163
Thon obèse	..	..	51 930	28 533	..	..	0	0
Autres thons	262 287	259 000	344 657	7 436	15 123	..	..	..
Espadon	1 828 000	1 541 000	1 394 457	1 200 271	1 202 618	..	1 503 318	1 294 270
Autres poissons	..	..	..	..	..	..	..	..
Total crustacés	**5 944 000**	**7 430 000**	**5 402 688**	**4 742 390**	**9 440 237**	**4 300 000**	**4 361 817**	**5 523 126**
Homard et langouste	364 000	387 000	366 855	318 095	320 644	300 000	..	0
Langoustine	1 898 000	2 242 000	1 882 650	1 940 285	1 799 930	1 500 000	966 509	1 107 936
Crevette	0	0	1 966	1 844	5 119 274	..	0	713
Autres crustacés	3 682 000	4 801 000	3 151 217	2 482 166	2 200 389	2 500 000	3 395 308	4 414 478
Total coquillages et mollusques	**949 000**	**9 430 000**	**4 330 156**	**5 496 626**	**9 155 624**	**6 400 000**	**11 273 672**	**3 456 443**
Huître	..	..	1 837	24 045	26 511	..	26 149	14 153
Moule	..	..	..	12 550	..	..	..	..
Coquille St-Jacques	6 000	26 000	68 288	162 575	367 081	1 000 000	1 849 991	967 253
Bivalves	..	..	..	5 470	..	..	..	..
Autres coquillages (incl. buccins)	186 000	44 000	115 456	71 176	47 933	..	44 946	92 820
Calmar	576 000	1 813 000	3 956 518	5 030 264	8 286 248	5 300 000	8 850 058	1 707 993
Seiche	7 000	25 000	18 923	44 548	136 865	100 000	254 555	102 377
Poulpe	95 000	92 000	128 697	100 842	208 540	..	187 232	490 185
Autres mollusques (incl. oursins)	79 000	..	40 437	45 155	82 446	..	60 741	81 663
Autres animaux marins	..	..	..	..	..	..	..	..
Plantes aquatiques	..	..	..	..	..	..	..	..
Algue brune	..	..	..	..	..	..	..	..
Algue rouge	..	..	..	..	..	..	..	..
Autres algues	..	..	..	..	..	..	..	..
Poisson pour transformation	6 375 000	4 136 000	4 108 259	1 498 636	1 014 285	..	1 501 187	729 914
TOTAL GÉNÉRAL	**116 484 000**	**109 878 000**	**106 797 821**	**159 255 615**	**172 031 495**	**175 717 000**	**200 909 210**	**167 231 569**

.. Non disponible

Note : Métadonnées détaillées : http://metalinks.oecd.org/fish/20150108/ab8e

Source : OCDE (2014), « Pêcheries : Débarquements nationaux dans les ports étrangers », Statistiques agricoles de l'OCDE (base de données). DOI: 10.1787/data-00223-fr

Tableau 5. Débarquements étrangers dans les ports nationaux

	2006	2007	2008	2009	2010	2011	2012	2013
VOLUME (TONNES)								
Total poissons	**84 282**	**78 553**	**75 069**	**76 544**	**77 976**	**61 387**	**75 230**	**57 069**
Saumon	..	..	..	..	..	..	..	..
Saumon rose	..	..	..	..	..	..	..	..
Saumon keta	..	..	..	..	..	..	..	..
Saumon rouge	..	..	..	..	..	..	..	..
Saumon argenté	..	..	..	..	..	..	..	..
Autres saumons	..	..	..	..	..	..	..	..
Poissons plats	2 841	2 675	2 581	2 971	3 236	3 397	3 173	3 103
Flétan	44	57	44	42	26	24	8	6
Flétan noir	278	164	362	833	628	339	127	303
Sole	962	859	646	638	769	955	976	811
Plie	832	680	536	472	780	1 021	789	730
Autres poissons plats	725	915	992	986	1 033	1 059	1 273	1 253
Poissons de fond	29 572	30 987	30 271	34 197	25 741	23 569	22 973	23 396
Morue (Atlantique et Pacifique)	1 654	2 071	1 512	2 339	1 327	376	475	434
Églefin	1 122	884	377	797	557	412	372	542
Lieu	8 138	8 210	5 408	5 124	2 842	4 909	5 500	6 600
Morue du Pacifique occidental	..	..	..	..	..	..	..	..
Merlan	457	530	340	120	167	269	212	315
Merlu (toutes espèces)	1 896	2 104	4 215	5 117	5 365	6 170	5 519	4 515
Sébaste	715	661	399	729	727	232	262	416
Autres poissons de fond	15 590	16 527	18 021	19 971	14 755	11 200	10 634	10 575
Pélagiques	51 866	44 891	42 217	39 376	48 999	34 421	49 085	30 569
Chinchard	1 624	793	378	7 139	2 438	2 118	710	409
Maquereau	22 978	24 358	21 013	21 912	39 302	23 988	21 402	21 352
Hareng (Atlantique et Pacifique)	26 331	19 571	19 482	10 325	4 929	8 315	24 899	8 455
Sardine	458	..	13	..	..	..	..	0
Autres pélagiques	474	169	1 332	3 926	2 331	0	2 074	353
Thons	2	..	0	..	..	..	..	..
Listao	..	..	..	..	..	..	..	..
Thon rouge (nord et sud)	..	..	..	..	..	..	..	..
Germon	2	..	..	..	..	..	..	..
Albacore	..	..	..	..	..	..	..	..
Thon obèse	..	..	..	..	..	..	..	..
Autres thons	..	..	..	..	..	..	..	..
Espadon	..	..	0	..	..	..	..	..
Autres poissons	..	..	..	..	..	..	..	..
Total crustacés	**904**	**849**	**1 035**	**1 370**	**724**	**507**	**590**	**280**
Homard et langouste	2	1	5	5	3	2	..	..
Langoustine	183	197	174	131	159	191	405	198
Crevette	13	..	..	0	..	..	..	0
Autres crustacés	706	651	857	1 235	562	315	185	82
Total coquillages et mollusques	**1 029**	**1 110**	**1 146**	**1 152**	**879**	**618**	**933**	**908**
Huître	..	..	..	..	..	..	..	..
Moule	..	..	..	..	..	..	..	7
Coquille St-Jacques	614	740	1 007	1 023	658	428	667	659
Bivalves	..	..	0	0	..	..	0	0
Autres coquillages (incl. buccins	261	129	26	36	92	13	32	14
Calmar	40	62	45	58	71	81	62	103
Seiche	30	126	55	12	25	52	114	69
Poulpe	14	22	14	22	32	43	58	57
Autres mollusques (incl. oursins)	70	31	..	..	..	..	..	..
Autres animaux marins	**..**	**..**	**..**	**..**	**..**	**..**	**..**	**..**
Plantes aquatiques	**..**	**..**	**..**	**..**	**..**	**..**	**..**	**..**
Algue brune	..	..	..	..	..	..	..	..
Algue rouge	..	..	..	..	..	..	..	..
Autres algues	..	..	..	..	..	..	..	..
Poisson pour transformation	17 820	19 971	43 949	17 250	26 203	2 873	18 093	1 245
TOTAL GÉNÉRAL	**104 034**	**100 483**	**121 199**	**96 315**	**105 781**	**65 384**	**94 847**	**59 502**

ROYAUME-UNI

Tableau 5. Débarquements étrangers dans les ports nationaux *(suite)*

	2006	2007	2008	2009	2010	2011	2012	2013
VALEUR (GBP)								
Total poissons	**78 371 000**	**68 860 000**	**62 890 777**	**55 537 852**	**89 617 244**	**93 545 625**	**86 677 988**	**68 139 502**
Saumon	..	..	..	..	..	..	..	..
Saumon rose	..	..	..	..	..	..	..	..
Saumon keta	..	..	..	..	..	..	..	..
Saumon rouge	..	..	..	..	..	..	..	..
Saumon argenté	..	..	..	..	..	..	..	..
Autres saumons	..	..	..	..	..	..	..	..
Poissons plats	11 241 000	11 130 000	9 147 417	4 929 296	13 914 157	15 816 785	13 271 754	9 089 792
Flétan	197 000	376 000	200 641	230 768	156 096	161 043	57 084	43 699
Flétan noir	593 000	438 000	557 611	1 575 560	1 714 098	1 077 910	316 179	816 260
Sole	7 527 000	6 901 000	4 937 126	5 362 597	7 632 496	9 502 924	8 919 177	5 310 660
Plie	891 000	816 000	625 342	550 831	1 274 569	1 448 039	926 520	737 213
Autres poissons plats	2 033 000	2 599 000	2 826 697	2 572 137	3 136 899	3 626 869	3 052 794	2 181 959
Poissons de fond	41 397 000	36 889 000	31 690 813	26 130 637	39 609 695	38 428 238	39 960 799	36 069 579
Morue (Atlantique et Pacifique)	2 345 000	3 526 000	2 108 171	3 098 657	1 952 932	813 209	942 008	747 171
Églefin	1 210 000	1 572 000	372 764	917 407	641 266	584 711	416 940	582 544
Lieu	4 183 000	3 936 000	2 299 119	5 124	2 633 952	5 121 056	6 000 000	5 900 000
Morue du Pacifique occidental	..	..	..	..	..	..	..	..
Merlan	452 000	1 968 000	339 730	99 301	145 607	234 038	206 198	220 326
Merlu (toutes espèces)	8 141 000	3 415 000	6 748 916	10 278 068	9 239 009	10 219 070	12 651 979	11 003 587
Sébaste	859 000	946 000	372 276	699 196	948 859	326 548	385 321	713 190
Autres poissons de fond	24 207 000	21 526 000	19 449 837	21 316 076	24 048 069	21 129 605	19 358 354	16 902 762
Pélagiques	25 728 000	20 841 000	22 052 526	24 477 919	36 093 392	39 300 601	33 445 436	22 980 131
Chinchard	433 000	215 000	140 176	2 473 764	1 187 526	1 383 265	556 018	275 464
Maquereau	18 609 000	16 493 000	17 293 866	18 052 574	32 760 332	33 365 733	16 795 968	19 280 888
Hareng (Atlantique et Pacifique)	6 631 994	4 119 000	4 613 836	3 246 593	1 618 441	4 551 603	14 640 527	3 313 697
Sardine	52 000	..	4 648	..	..	..	..	20
Autres pélagiques	2 000	14 000	1 367 661	704 988	527 093	0	1 452 923	110 062
Thons	5 000	..	21	..	..	..	..	..
Listao	..	..	..	..	..	..	..	..
Thon rouge (nord et sud)	..	..	..	..	..	..	..	..
Germon	5 000	..	..	..	..	..	..	..
Albacore	..	..	..	..	..	..	..	..
Thon obèse	..	..	..	..	..	..	..	..
Autres thons	..	..	..	..	..	..	..	..
Espadon	..	..	21	..	..	..	..	..
Autres poissons	..	..	..	..	..	..	..	..
Total crustacés	**2 387 000**	**2 460 000**	**1 358 339**	**2 248 106**	**1 524 520**	**1 458 970**	**1 412 460**	**449 360**
Homard et langouste	26 000	12 000	57 840	51 258	31 566	18 634	..	..
Langoustine	381 000	451 000	369 443	212 975	275 478	451 408	913 702	387 898
Crevette	129 000	..	..	..	..	..	..	0
Autres crustacés	1 851 000	1 997 000	931 056	1 983 872	1 217 476	988 928	498 758	61 462
Total coquillages et mollusques	**1 294 000**	**1 644 000**	**1 612 606**	**1 646 431**	**1 360 607**	**1 171 383**	**1 648 061**	**1 455 234**
Huître	..	..	..	..	..	..	..	..
Moule	..	..	..	..	..	..	..	11 348
Coquille St-Jacques	926 000	1 191 000	1 390 786	1 445 890	968 450	639 815	1 066 337	1 070 470
Bivalves	..	..	7	323	..	..	114	0
Autres coquillages (incl. buccins	151 000	77 000	10 434	15 297	49 358	5 300	13 185	5 314
Calmar	134 000	177 000	121 331	153 163	206 930	349 414	283 275	279 769
Seiche	42 000	165 000	80 706	20 222	126 534	143 763	244 639	65 548
Poulpe	20 000	18 000	9 342	11 536	9 335	33 091	40 510	22 785
Autres mollusques (incl. oursins)	21 000	16 000	..	..	..	..	..	..
Autres animaux marins	..	..	..	..	..	..	..	..
Plantes aquatiques	..	..	..	..	..	..	..	..
Algue brune	..	..	..	..	..	..	..	..
Algue rouge	..	..	..	..	..	..	..	..
Autres algues	..	..	..	..	..	..	..	..
Poisson pour transformation	2 488 448	3 409 000	4 766 097	3 091 832	6 299 558	1 301 181	5 743 388	296 828
TOTAL GÉNÉRAL	**84 540 000**	**76 373 000**	**70 627 819**	**62 524 220**	**98 801 930**	**97 477 159**	**95 481 896**	**70 340 923**

.. Non disponible

Note : Métadonnées détaillées : http://metalinks.oecd.org/fish/20150108/c070

Source : OCDE (2014), « Pêcheries : Débarquements étrangers dans les ports domestiques », Statistiques agricoles de l'OCDE (base de données). DOI: 10.1787/data-00224-fr

ROYAUME-UNI

Tableau 6. Production de l'aquaculture

	2006	2007	2008	2009	2010	2011	2012	2013
VOLUME (TONNES)								
Poissons	**146 333**	**147 379**	**144 314**	**160 987**	**169 846**	**171 911**	**178 235**	**160 161**
Saumon de l'Atlantique	131 973	130 104	128 744	144 663	154 633	158 310	162 547	152 795
Saumon du Pacifique	..	..	..	..	..	..	..	..
Truite arc-en-ciel	12 981	15 128	13 090	14 929	13 594	12 152	14 591	7 269
dont : d'eau de mer	2 341	2 353	2 628	2 620	1 606	1 156	2 076	6 697
dont : d'eau douce	10 640	12 775	10 462	12 309	11 988	10 996	12 515	572
Truite de mer	474	566	382	601	580	527	419	96
Poisson plat	295	209	226	190	139	83	73	..
Dorade	..	..	..	..	..	..	..	..
Bar	0	0	23	322	473	490	190	..
Loup	0	5	0	7	3	0	0	..
Carpe	0	150	0	153	251	140	265	0
Tilapia	13	17	16	112	135	186	102	1
Anguille	0	0	0	0	0	0	1	..
Autres poissons	597	1 200	1 833	10	38	23	46	..
Coquillages et crustacés	**25 514**	**26 821**	**31 388**	**35 615**	**31 520**	**27 058**	**27 359**	**10 399**
Huître, comestible	730	1 124	1 036	1 631	1 267	868	1 317	310
Huître, perle	0	0	0	0	0	0	0	..
Moule	24 710	25 669	28 247	31 929	30 212	26 158	26 021	10 081
Coquille St.-Jacques	70	17	42	10	7	11	7	6
Bivalves	4	11	2 061	2 045	34	21	14	..
Crevette et bouquet	0	0	2	0	0	0	0	..
Autres coquillages et crustacés	0	0	0	0	0	0	0	2
Total poissons, coquillages et crustacés	**171 847**	**174 200**	**175 702**	**196 602**	**201 366**	**198 969**	**205 595**	**170 560**
Autres animaux marins	..	..	..	..	..	..	..	..
Plantes aquatiques	..	..	..	..	..	..	..	..
Algue brune	..	..	..	..	..	..	..	..
Algue rouge	..	..	..	..	..	..	..	..
Algue verte	..	..	..	..	..	..	..	..
Autres plantes aquatiques	..	..	..	..	..	..	..	..
TOTAL GÉNÉRAL	**171 847**	**174 200**	**175 702**	**196 602**	**201 366**	**198 969**	**205 595**	**170 560**
VALEUR (GBP)								
Poissons	**389 449 852**	**444 026 481**	**485 054 133**	**454 995 348**	**484 360 473**	**622 828 259**	**560 999 600**	**4 450 643**
Saumon de l'Atlantique	358 275 021	406 035 346	437 729 597	413 940 799	442 429 993	588 910 085	521 700 800	1 794 693
Saumon du Pacifique	..	..	..	..	..	..	..	..
Truite arc-en-ciel	26 493 391	31 753 376	39 268 500	34 912 600	32 062 300	27 196 801	32 930 600	2 421 408
dont : d'eau de mer	..	..	..	..	..	..	5 397 600	..
dont : d'eau douce	..	..	..	..	..	..	27 533 000	2 421 408
Truite de mer	1 286 425	1 413 162	2 446 560	3 005 000	2 898 000	1 421 100	936 600	227 652
Poisson plat	1 441 177	938 914	0	1 141 200	835 800	498 600	438 000	..
Dorade	..	..	..	..	..	..	..	..
Bar	0	0	0	1 288 000	2 128 500	2 205 000	855 000	..
Loup	0	11 634	0	17 500	6 380	0	0	..
Carpe	2 045	299 741	0	383 500	3 282 100	1 838 000	3 495 000	6 890
Tilapia	35 450	42 429	42 625	246 400	297 000	595 200	326 400	..
Anguille	0	0	0	0	0	0	6 500	..
Autres poissons	1 916 343	3 531 879	5 566 851	60 350	420 401	163 475	310 700	..
Coquillages et crustacés	**27 930 478**	**19 304 547**	**45 356 944**	**26 789 515**	**22 424 235**	**19 129 610**	**33 244 900**	**6 101 962**
Huître, comestible	3 857 228	4 749 320	2 985 993	2 297 600	1 615 110	1 074 800	5 808 800	346 527
Huître, perle	..	..	..	..	..	..	..	..
Moule	23 806 693	14 447 102	42 370 951	21 871 365	20 695 220	17 966 590	27 291 600	5 752 100
Coquille St.-Jacques	161 570	63 644	0	31 000	22 630	34 100	101 100	500
Bivalves	104 986	44 482	0	2 589 550	91 275	54 120	43 400	..
Crevette et bouquet	..	..	..	..	..	..	..	..
Autres coquillages et crustacés	0	0	0	0	0	0	0	2 835
Total poissons, coquillages et crustacés	**417 380 330**	**463 331 028**	**530 411 077**	**481 784 863**	**506 784 708**	**641 957 869**	**594 244 500**	**10 552 605**
Autres animaux marins	..	..	..	..	..	..	..	..
Plantes aquatiques	..	..	..	..	..	..	..	..
Algue brune	..	..	..	..	..	..	..	..
Algue rouge	..	..	..	..	..	..	..	..
Algue verte	..	..	..	..	..	..	..	..
Autres plantes aquatiques	..	..	..	..	..	..	..	..
TOTAL GÉNÉRAL	**417 380 330**	**463 331 028**	**530 411 077**	**481 784 863**	**506 784 708**	**641 957 869**	**594 244 500**	**10 552 605**

.. Non disponible

Note : Métadonnées détaillées : http://metalinks.oecd.org/fish/20150108/cc23

Source : OCDE (2014), « Pêcheries : Production de l'aquaculture », Statistiques agricoles de l'OCDE (base de données). DOI: 10.1787/data-00225-fr

Tableau 7. Transferts financiers publics (TFP)

Milliers GBP

	2006	2007	2008	2009	2010	2011	2012	2013
Contribution nationale aux TFP								
Pêche maritime	**56 157**	..	**7 370**	**4 682**	**3 052**	**8 913**	**4 305**	**3 997**
Paiements directs	..	..	479	3 156	1 592	7 224	462	965
Désarmement des navires et retrait des licences	..	..	..	2 708	224	5 872	..	..
Indemnisation des catastrophes	..	..	..	..	..	..	..	..
Aides : équipement, modernisation, construction de navire	..	..	479	447	1 362	1 346	462	965
Aide au revenu et assurance chômage	..	..	..	..	..	..	..	..
Autres paiements directs	..	..	..	..	6	6	..	..
Transferts réduisant les coûts	869	..	..	..	..	..	..	..
Prêts subventionnés : équipement, modernisation, construction de navire	252	..	..	..	..	..	..	..
Bonification d'intérêts	..	..	..	..	..	..	..	..
Exonération de taxe sur carburant	..	..	..	..	..	..	..	..
Ristourne et subvention à l'assurance	..	..	..	..	..	..	..	..
Allègement d'impôt sur le revenu, contrib. sociales impayées	..	..	..	..	..	..	..	..
Autres transferts réduisant les coûts	617	..	..	..	..	..	..	..
Services généraux	55 288	..	6 892	1 527	1 460	1 689	3 842	3 032
Gestion des pêcheries	..	..	..	..	..	..	..	..
Recherche halieutique	18 922	..	..	..	..	..	..	..
Police des pêches	36 113	..	..	..	..	..	..	..
Infrastructure des pêcheries	..	..	6 892	1 527	1 460	1 689	3 842	3 032
Autres services généraux	253	..	..	..	..	..	..	..
Recouvrement des coûts	..	..	..	..	..	..	..	..
Aquaculture	**4 763**	..	**320**	**351**	**782**	**841**	**844**	**578**
Paiements directs	..	..	320	351	782	841	844	578
Aides : développement aquacole	..	..	320	351	782	841	844	578
Indemnisation des catastrophes	..	..	..	..	..	..	..	..
Autres paiements directs	..	..	..	..	..	0	..	..
Transferts réduisant les coûts	677	..	..	..	..	..	..	..
Prêts subventionnés : développement aquacole	..	..	..	..	..	..	..	..
Autres transferts réduisant les coûts	677	..	..	..	..	..	..	..
Services généraux	4 086	..	..	..	..	..	..	..
Gestion, recherche et police de l'aquaculture	4 086	..	..	..	..	..	..	..
Infrastructure aquacole	..	..	..	..	..	..	..	..
Autres services généraux	..	..	..	..	..	..	..	..
Recouvrement des coûts	..	..	..	..	..	..	..	..
Commercialisation et transformation	**1 385**	..	**3 912**	**1 382**	**6 629**	**4 591**	**2 376**	**3 052**
Paiements directs	..	..	3 912	1 382	6 629	4 591	2 376	3 052
Aides : commercialisation et transformation	..	..	2 735	1 015	5 814	3 787	2 376	3 052
Autres paiements directs	..	..	1 177	367	815	804	..	..
Transferts réduisant les coûts	1 385	..	..	..	..	..	..	..
Prêts subventionnés : commercialisation et transformation	..	..	..	..	..	..	..	..
Autres transferts réduisant les coûts	1 385	..	..	..	..	..	..	..
Services généraux	..	..	..	..	..	..	..	..
Aquaculture	..	..	..	..	..	..	..	..
Autres services généraux	..	..	..	..	..	..	..	..
Recouvrement des coûts	..	..	..	..	..	..	..	..
Total	**62 305**	..	**11 601**	**6 416**	**10 463**	**14 345**	**7 525**	**7 627**

ROYAUME-UNI

Tableau 7. Transferts financiers publics (TFP) *(suite)*

Milliers GBP

	2006	2007	2008	2009	2010	2011	2012	2013
Contribution européenne aux TFP								
Pêche maritime	..	..	**9 051**	**2 616**	**7 713**	**11 309**	**5 087**	**5 810**
Paiements directs	..	..	351	2 418	2 247	9 064	530	1 222
Désarmement des navires et retrait des licences	..	..	..	1 806	439	7 185	..	..
Indemnisation des catastrophes	..	..	..	..	..	..	..	..
Aides : équipement, modernisation, construction de navire	..	..	351	612	1 778	1 873	530	1 222
Aide au revenu et assurance chômage	..	..	..	..	..	..	..	..
Autres paiements directs	..	..	..	..	30	6	..	..
Transferts réduisant les coûts	..	..	..	..	..	..	..	..
Prêts subventionnés : équipement, modernisation, construction de navire	..	..	..	..	..	..	..	..
Bonification d'intérêts	..	..	..	..	..	..	..	..
Exonération de taxe sur carburant	..	..	..	..	..	..	..	..
Ristourne et subvention à l'assurance	..	..	..	..	..	..	..	..
Allègement d'impôt sur le revenu, contrib. sociales impayées	..	..	..	..	..	..	..	..
Autres transferts réduisant les coûts	..	..	..	..	..	..	..	..
Services généraux	..	..	8 700	198	5 466	2 245	4 557	4 587
Gestion des pêcheries	..	..	..	..	..	..	..	..
Recherche halieutique	..	..	..	..	..	..	..	..
Police des pêches	..	..	..	..	..	..	..	..
Infrastructure des pêcheries	..	..	8 700	198	5 466	2 245	4 557	4 587
Autres services généraux	..	..	..	..	..	..	..	..
Recouvrement des coûts	..	..	..	..	..	..	..	..
Aquaculture	..	..	**579**	**1 095**	**2 850**	**1 761**	**8 444**	**929**
Paiements directs	..	..	579	1 095	2 850	1 761	8 444	929
Aides : développement aquacole	..	..	579	1 095	2 720	1 668	8 444	929
Indemnisation des catastrophes	..	..	..	..	..	..	..	..
Autres paiements directs	..	..	..	..	130	93	..	..
Transferts réduisant les coûts	..	..	..	..	..	..	..	..
Prêts subventionnés : développement aquacole	..	..	..	..	..	..	..	..
Autres transferts réduisant les coûts	..	..	..	..	..	..	..	..
Services généraux	..	..	..	..	..	..	..	..
Gestion, recherche et police de l'aquaculture	..	..	..	..	..	..	..	..
Infrastructure aquacole	..	..	..	..	..	..	..	..
Autres services généraux	..	..	..	..	..	..	..	..
Recouvrement des coûts	..	..	..	..	..	..	..	..
Commercialisation et transformation	..	..	**5 070**	**1 950**	**7 718**	**6 511**	**2 887**	**3 952**
Paiements directs	..	..	5 070	1 950	7 718	6 511	2 887	3 952
Aides : commercialisation et transformation	..	..	3 784	1 450	6 296	5 288	2 887	3 952
Autres paiements directs	..	..	1 286	500	1 423	1 223	..	..
Transferts réduisant les coûts	..	..	..	..	..	..	..	..
Prêts subventionnés : commercialisation et transformation	..	..	..	..	..	..	..	..
Autres transferts réduisant les coûts	..	..	..	..	..	..	..	..
Services généraux	..	..	..	..	..	..	..	..
Aquaculture	..	..	..	..	..	..	..	..
Autres services généraux	..	..	..	..	..	..	..	..
Recouvrement des coûts	..	..	..	..	..	..	..	..
Total	..	..	**14 700**	**5 661**	**18 281**	**19 580**	**16 418**	**10 691**

Tableau 7. Transferts financiers publics (TFP) *(suite)*

Milliers GBP

	2006	2007	2008	2009	2010	2011	2012	2013
Total des TFP								
Pêche maritime	**56 157**	..	**16 421**	**7 299**	**10 765**	**20 222**	**9 392**	**9 806**
Paiements directs	..	..	830	5 574	3 839	16 288	993	2 187
Désarmement des navires et retrait des licences	..	..	..	4 515	663	13 057	..	..
Indemnisation des catastrophes	..	..	..	..	..	..	..	..
Aides : équipement, modernisation, construction de navire	..	..	830	1 059	3 140	3 220	993	2 187
Aide au revenu et assurance chômage	..	..	..	..	..	..	..	..
Autres paiements directs	..	..	..	..	36	11	..	..
Transferts réduisant les coûts	869	..	..	..	..	..	..	..
Prêts subventionnés : équipement, modernisation, construction de navire	252	..	..	..	..	..	..	..
Bonification d'intérêts	..	..	..	..	..	..	..	..
Exonération de taxe sur carburant	..	..	..	..	..	..	..	..
Ristourne et subvention à l'assurance	..	..	..	..	..	..	..	..
Allègement d'impôt sur le revenu, contrib. sociales impayées	..	..	..	..	..	..	..	..
Autres transferts réduisant les coûts	617	..	..	..	..	..	..	..
Services généraux	55 288	..	15 591	1 725	6 925	3 934	8 399	7 619
Gestion des pêcheries	..	..	..	..	..	..	..	..
Recherche halieutique	18 922	..	..	..	..	..	..	..
Police des pêches	36 113	..	..	..	..	..	..	..
Infrastructure des pêcheries	..	..	15 591	1 725	6 925	3 934	8 399	7 619
Autres services généraux	253	..	..	..	..	..	..	..
Recouvrement des coûts	..	..	..	..	..	..	..	..
Aquaculture	**4 763**	..	**899**	**1 446**	**3 632**	**2 602**	**9 288**	**1 507**
Paiements directs	..	..	899	1 446	3 632	2 602	9 288	1 507
Aides : développement aquacole	..	..	899	1 446	3 503	2 509	9 288	1 507
Indemnisation des catastrophes	..	..	..	..	..	..	..	..
Autres paiements directs	..	..	..	..	130	93	..	..
Transferts réduisant les coûts	677	..	..	..	..	..	..	..
Prêts subventionnés : développement aquacole	..	..	..	..	..	..	..	..
Autres transferts réduisant les coûts	677	..	..	..	..	..	..	..
Services généraux	4 086	..	..	..	..	..	..	..
Gestion, recherche et police de l'aquaculture	4 086	..	..	..	..	..	..	..
Infrastructure aquacole	..	..	..	..	..	..	..	..
Autres services généraux	..	..	..	..	..	..	..	..
Recouvrement des coûts	..	..	..	..	..	..	..	..
Commercialisation et transformation	**1 385**	..	**8 981**	**3 333**	**14 348**	**11 101**	**5 263**	**7 005**
Paiements directs	..	..	8 981	3 333	14 348	11 101	5 263	7 005
Aides : commercialisation et transformation	..	..	6 519	2 466	12 109	9 075	5 263	7 005
Autres paiements directs	..	..	2 462	867	2 238	2 027	..	..
Transferts réduisant les coûts	1 385	..	..	..	..	..	..	..
Prêts subventionnés : commercialisation et transformation	..	..	..	..	..	..	..	..
Autres transferts réduisant les coûts	1 385	..	..	..	..	..	..	..
Services généraux	..	..	..	..	..	..	..	..
Aquaculture	..	..	..	..	..	..	..	..
Autres services généraux	..	..	..	..	..	..	..	..
Recouvrement des coûts	..	..	..	..	..	..	..	..
Total	**62 305**	..	**26 301**	**12 077**	**28 744**	**33 925**	**23 943**	**18 318**

.. Non disponible

Note : Métadonnées détaillées : http://metalinks.oecd.org/fish/20150108/2a31

Source : OCDE (2014), « Pêcheries : Transferts financiers publics », Statistiques agricoles de l'OCDE (base de données). DOI: 10.1787/data-00220-fr

ROYAUME-UNI

Tableau 8. Importations par produit

		2009		2010		2011		2012		2013	
		Tonnes	USD	Tonnes	USD	Tonnes	USD	Tonnes	USD	Tonnes	USD
03	**Poisson, crustacés et mollusques**	..	**1 158 138 201**	..	**2 259 306 344**	..	**2 664 806 068**	..	**2 489 445 770**	..	**789 557 792**
0302	**Poisson, frais ou réfrigéré, excl. 0304**	**140 879 120**	**496 232 542**	**118 202 142**	**465 284 255**	**130 088 011**	**542 269 341**	**150 778 354**	**505 441 802**	**69 101 969**	**297 297 160**
030211	Truite	460 993	778 519	106 290	352 663	175 873	707 578	234 001	1 252 606	477 577	2 003 799
030212	Saumon (Pacifique, Atlantique et Danube)	28 604 915	154 586 664	27 337 148	179 301 514	35 136 124	226 270 408	39 104 420	216 624 441	19 525 782	128 214 172
030219	Salmonidés nra	243 391	548 441	111 561	572 159	92 558	786 898	191 565	1 051 897	19 924	251 667
030221	Flétan	2 570 494	13 558 849	1 773 348	12 296 119	1 391 149	11 746 972	1 460 503	12 066 708	573 689	7 059 548
030222	Plie, carrelet	3 389 473	13 761 795	2 815 655	9 972 180	2 166 885	7 559 739	2 517 921	8 194 351	369 435	782 685
030223	Sole	175 554	979 178	241 470	1 207 083	545 754	2 701 582	248 027	1 332 740	45 681	238 842
030229	Poissons plats nra	642 079	2 973 201	735 061	3 930 502	619 428	3 761 504	293 038	1 655 848	192 487	1 352 005
030231	Thon blanc/germon	28 654	360 334	13 548	182 162	14 332	216 676	91 347	1 735 336	114 165	1 694 755
030232	Albacore (thon jaune)	209 024	1 943 897	176 431	1 714 236	622 858	7 358 070	317 226	4 306 958	309 487	3 885 507
030233	Listaos/bonite à ventre rayé	376 328	2 278 152	215 812	999 438	16 831	133 641	..	..	23	296
030239	Thonidés nra	44 697	100 961	10 858	126 234	1 930	44 904	44 614	482 124	209 474	749 737
030240	Hareng	3 014 630	1 961 739	2 595 252	1 690 945	6 056 404	5 673 316	12 471 547	15 130 007	972 143	1 692 105
030250	Morue	11 580 302	49 830 792	9 471 269	36 392 912	8 239 093	33 246 431	6 728 459	26 226 786	3 871 109	12 417 867
030261	Sardines	123 001	308 817	144 716	201 941	485 792	397 001	36 182	146 026	33 386	100 899
030262	Églefin	27 154 670	96 622 907	19 838 691	67 593 661	15 366 368	51 526 172	14 477 958	45 140 521	9 308 689	24 832 670
030263	Lieu noir	2 645 813	2 347 453	802 624	966 071	840 441	1 247 271	642 585	1 462 041	205 726	446 992
030264	Maquereau	20 831 485	25 268 613	19 170 377	24 440 655	32 471 939	54 070 549	24 276 196	39 496 197	14 802 081	26 565 782
030265	Aiguillat et autres squalidés	718 372	1 941 900	509 463	1 314 317	333 626	942 838	308 665	978 981	1 292	1 652
030266	Anguille	126 113	1 075 302	1 567	27 920	2 516	18 284	1	2	2 720	31 618
030269	Poisson nra	37 905 976	124 795 074	31 950 584	121 215 274	24 513 324	130 394 631	47 160 651	127 275 707	18 045 390	84 822 389
030270	Foies, oeufs et laitances	33 156	209 955	180 417	786 270	994 786	3 464 876	173 448	882 525	21 709	152 173
0303	**Poisson, congelé, excl. 0304**	**53 921 963**	**151 014 478**	**46 266 476**	**137 429 478**	**54 402 237**	**180 836 452**	**53 338 464**	**156 180 392**	**5 067 155**	**20 885 178**
030319	Saumon, Pacifique	997 412	5 664 691	..	..	..	..	..	..	..	..
030321	Truite	84 811	437 570	64 944	250 885	279 018	1 113 498	139 517	986 521	360 961	2 331 294
030322	Saumon (Atlantique et Danube)	150 842	981 187	..	..	..	..	..	..	..	..
030329	Salmonidés	88 499	476 405	59 925	254 047	239 239	910 401	120 592	710 379	50 365	506 712
030331	Flétan	491 572	2 827 796	283 838	1 518 229	238 396	1 990 165	88 372	789 426	19 737	214 636
030332	Plie, carrelet	131 238	212 571	131 461	482 626	175 283	737 658	68 752	355 789	42 478	217 347
030333	Sole	51 723	537 313	152 468	1 101 878	63 720	603 867	66 119	646 582	77 694	619 969
030339	Poisson plat nra	130 880	409 269	146 955	446 651	100 191	455 577	79 999	444 779	76 712	704 481
030341	Thon blanc/germon	57 601	98 607	36 394	84 233	9 965	61 657	117 688	1 051 518	538 409	1 208 387
030342	Albacore (thon jaune)	25 715	588 513	35 428	259 152	163 406	1 361 058	54 391	642 714	357	2 384
030343	Listao/bonite à ventre rayé	13 063	23 577	10 591	36 499	4 922	23 317	25 992	48 752	..	..
030349	Thonidés nra	270 142	1 541 088	152 040	585 213	185 207	717 700	43 574	254 064	134	646
030350	Hareng	1 576 475	1 730 484	1 736 661	1 622 733	1 896 419	2 369 479	856 971	1 902 872	266 141	813 262
030360	Morue	5 537 741	16 164 589	6 784 232	20 260 685	8 542 336	33 249 005	5 033 367	18 411 978	581 065	3 660 546
030371	Sardines, sardinelles	1 775 157	1 772 211	729 117	1 430 622	599 998	1 093 277	446 572	1 286 943	415 782	1 057 789
030372	Églefin	8 844 708	20 924 034	9 542 638	24 995 975	11 951 552	33 119 968	14 226 971	37 934 410	362 954	888 578
030373	Lieu noir	210 849	300 356	96 656	289 915	17 758	66 138	42 718	106 260	0	0
030374	Maquereau	5 523 767	7 129 108	1 582 854	2 477 794	1 591 217	3 463 925	9 587 492	12 869 369	214 299	440 745
030375	Aiguillat et autres squalidés	1 431 761	3 959 362	2 001 655	5 870 116	1 728 934	5 230 206	600 180	1 679 357	6 150	17 787
030376	Anguille	139 126	1 209 681	121 698	1 312 281	92 897	1 339 402	63 798	1 161 921	33 174	1 174 399
030377	Bar (loup)	230 501	2 002 826	346 201	2 510 912	454 467	3 208 229	192 889	1 609 210	110 375	1 366 075
030378	Merlu	619 367	1 743 577	631 836	1 738 074	647 140	1 973 377	442 795	1 395 223	78 909	319 920
030379	Poisson nra	23 316 999	66 478 250	18 966 778	55 854 967	24 009 023	79 570 131	20 016 958	65 509 882	813 678	3 878 054
030380	Foies, oeufs et laitances	299 550	1 111 647	455 884	1 879 388	398 623	1 642 863	264 355	1 756 356	18 898	199 735
0304	**Filets de poisson et autre chair de poisson**	**62 097**	**283 955**	**193 745 551**	**1 082 478 198**	**205 324 264**	**1 238 729 869**	**203 167 578**	**1 204 691 643**	**47 064 102**	**288 091 404**
030410	Filets et autre chair de poisson, frais ou réfrigéré	1 524	12 047	29 537 430	274 257 987	29 019 621	293 777 741	33 734 717	305 322 057	8 315 256	73 020 155
030420	Filets de poissons, congelé	60 398	271 638	153 429 751	777 750 583	164 223 460	908 040 172	157 766 568	859 976 909	36 384 398	199 302 701
030490	Chair de poisson nra, congelé	175	271	10 778 370	30 469 628	12 081 183	36 911 956	11 666 293	39 392 678	2 364 448	15 768 548
0305	**Poisson, séché, salé, fumé, ou en saumure**	**11 453 578**	**31 935 233**	**12 960 832**	**64 307 295**	**13 039 676**	**62 055 308**	**15 954 715**	**81 523 745**	**9 999 031**	**53 597 771**
030510	Farine de poisson, consommation humaine	55 757	536 738	56 688	605 249	202 234	842 946	238 887	906 543	267 037	618 636
030520	Foies, oeufs et laitances	470 828	1 787 974	417 611	1 838 755	262 346	1 245 303	243 529	1 435 163	272 591	1 687 891
030530	Filets de poisson (non fumé)	6 297 578	4 032 202	556 012	1 931 958	519 359	3 009 882	704 844	4 037 328	129 577	957 507
030541	Saumon (Pacifique, Atlantique et Danube), fumé	387 852	5 748 775	1 002 793	14 161 095	1 218 470	17 940 774	3 029 710	31 129 269	2 083 831	29 561 140
030542	Hareng, fumé	99 506	295 472	..	..	..	..	..	..	..	..
030549	Poisson nra, fumé	1 928 187	10 167 229	7 118 203	27 145 574	8 659 259	29 303 494	8 599 061	27 133 256	4 877 284	12 834 917
030551	Morue, séché, non fumé	148 792	1 616 909	352 889	2 703 374	145 855	1 668 488	156 319	1 744 620	10 764	93 662
030559	Poisson nra, séché, salé, non fumé	865 821	3 739 397	978 986	3 793 810	655 710	3 641 062	973 055	8 432 098	387 203	3 033 449
030561	Hareng, salé ou en saumure	540 645	1 272 863	480 414	1 152 466	462 447	1 199 077	144 830	342 936	40 388	107 914
030562	Morue, salé ou en saumure	101 897	604 476	82 660	221 566	110 064	699 480	19 804	125 825	2 129	36 552
030563	Anchois, salé ou en saumure	43 209	245 924	40 761	366 376	21 386	251 396	16 154	106 988	13 507	106 724
030569	Poisson nra, salé ou en saumure	513 469	1 887 061	1 499 858	9 707 925	421 117	1 795 153	616 810	3 998 535	132 701	1 906 657

Tableau 8. Importations par produit (*suite*)

		2009		2010		2011		2012		2013	
		Tonnes	USD	Tonnes	USD	Tonnes	USD	Tonnes	USD	Tonnes	USD
0306	**Crustacés**	**47 664 320**	**358 642 014**	**48 206 296**	**393 918 444**	**52 106 328**	**499 094 071**	**45 635 676**	**426 950 254**	**8 912 713**	**96 433 582**
030611	Langoustes et autres palinuridés, congelé	706 327	6 467 459	1 198 237	6 466 064	756 112	4 491 291	425 295	1 614 005	407 462	2 079 881
030612	Homard nra	1 114 715	13 515 234	437 213	7 739 355	371 514	9 536 427	263 486	6 444 304	166 857	5 411 379
030613	Crevettes, congelé	39 521 848	297 815 065	40 531 494	341 296 834	43 840 704	431 124 143	38 894 424	366 538 099	5 123 414	52 463 178
030614	Crabes, congelé	727 289	5 948 772	778 512	6 135 197	980 682	9 005 819	965 178	8 136 457	552 236	4 606 468
030619	Crustacés nra, congelé	2 662 284	7 416 938	2 560 621	6 284 141	2 201 893	8 546 686	2 189 056	10 333 957	608 314	5 050 879
030621	Langoustes et autres palinuridés (non congelé)	31 761	472 014	9 952	261 374	11 244	513 826	3 646	133 512	7 839	293 206
030622	Homard nra (non congelé)	800 016	9 679 520	852 399	10 043 158	925 318	11 396 327	1 026 527	12 891 774	48 044	794 541
030623	Crevettes (non congelé)	1 066 221	9 624 374	904 548	8 987 697	1 236 570	13 129 496	803 296	11 796 012	952 245	15 351 386
030624	Crabes (non congelé)	319 604	2 849 081	396 995	3 558 767	515 164	3 198 585	242 229	1 225 885	88 832	262 254
030629	Crustacés nra (non congelé)	714 255	4 853 554	536 325	3 145 857	1 267 127	8 151 471	822 539	7 836 248	957 470	10 120 408
0307	**Mollusques**	**16 885 285**	**87 673 561**	**15 856 610**	**82 820 933**	**18 012 465**	**107 093 467**	**15 229 635**	**83 074 073**	**4 645 421**	**27 959 450**
030710	Huîtres	347 044	2 995 983	282 901	1 700 757	795 113	2 294 033	396 943	2 144 722	299 583	2 714 609
030721	St-Jacques, vi, fr, ou ré	359 536	6 200 489	302 384	5 589 899	441 982	8 770 939	272 212	6 271 688	73 965	1 513 760
030729	St-Jacques, co, sc, sl, ou sm	3 413 130	35 777 365	1 933 084	25 197 883	1 840 200	29 662 679	1 218 584	18 395 201	569 904	9 222 978
030731	Moules, vi, fr, ou ré	189 200	1 055 933	116 583	442 941	268 680	981 503	361 027	1 987 735	506 343	1 989 780
030739	Moules, co, sc, sl, ou sm	3 541 118	14 206 999	3 467 678	12 680 590	3 065 994	13 885 056	1 951 563	8 918 465	1 135 811	4 325 882
030741	Seiches, encornets et calmars, vi, fr, ou ré	124 160	575 287	57 440	294 915	154 189	768 011	127 839	552 332	90 075	447 190
030749	Seiches, encornets et calmars, co, sc, sl, ou sm	5 139 139	14 760 730	6 641 006	24 428 850	8 246 660	36 025 167	7 865 732	31 226 101	726 466	3 824 757
030751	Poulpe, vi, fr, ou ré	8 372	36 141	14 810	51 802	29 487	110 014	3 077	32 346	4 811	41 203
030759	Poulpe, co, sc, sl, ou sm	1 086 830	1 413 700	921 840	1 513 813	1 392 351	2 766 440	999 932	2 813 179	937 819	1 796 387
030760	Escargots (autres que de mer)	89 403	463 624	62 543	358 434	71 745	333 522	80 444	554 384	25 190	258 230
030791	Mollusques nra, vi, fr, ou ré	155 202	1 086 881	115 503	877 512	148 861	1 277 887	598 996	2 089 223	104 942	832 223
030799	Mollusques nra, co, sc, sl, ou sm	2 432 151	9 100 428	1 940 838	9 683 536	1 557 203	10 218 216	1 353 286	8 088 698	170 512	992 452
121220	**Algues**	**9 795 491**	**18 890 340**	**2 557 774**	**11 534 660**	**2 531 522**	**13 270 701**	**1 758 456**	**8 360 910**	**25 434 416**	**6 748 513**
1504	**Graisses, huiles et leurs fractions**	**47 771 648**	**68 654 650**	**33 904 601**	**60 304 985**	**22 015 847**	**51 047 367**	**26 732 357**	**62 155 527**	**10 616 541**	**26 501 794**
150410	Huiles de foies de poisson, et fractions	1 359 728	12 905 156	1 414 648	11 363 764	2 213 593	10 889 485	3 020 215	14 286 305	2 895 037	6 629 374
150420	Graisses et huiles de poisson, et fractions	46 341 356	54 442 823	32 402 834	48 054 924	19 722 198	39 117 491	23 653 143	46 513 587	7 719 440	19 863 765
150430	Graisses et huiles de mammifère marin, et fractions	70 564	1 306 671	87 119	886 297	80 056	1 040 391	58 999	1 355 635	2 064	8 655
1604	**Préparations et conserves de poisson; caviars et succédanés**	**217 103 227**	**933 944 635**	**216 975 492**	**933 425 898**	**224 378 361**	**1 108 019 401**	**206 759 582**	**1 077 741 227**	**84 293 320**	**450 585 821**
160411	Saumon, non haché	16 564 144	117 362 430	19 842 309	138 965 884	16 134 497	135 624 747	12 235 928	112 292 451	797 634	9 088 539
160412	Hareng, non haché	2 507 060	10 771 906	2 847 024	13 296 381	3 501 795	18 343 555	2 964 904	15 589 447	3 098 093	15 609 540
160413	Sardines, sardinelles, sprats, esprots, non haché	14 854 815	52 779 761	14 515 452	53 371 142	12 521 870	59 942 335	14 081 255	56 394 282	4 882 698	29 946 309
160414	Thons, listaos, sardes, non haché	115 517 688	447 150 890	98 652 186	383 238 079	108 781 815	491 853 481	101 360 762	526 294 038	13 189 759	88 693 159
160415	Maquereau, non haché	5 788 710	35 718 449	5 960 246	35 374 067	10 523 909	73 555 683	7 303 685	53 036 533	6 446 790	45 087 677
160416	Anchois, non haché	1 207 198	12 967 111	1 061 893	9 994 952	1 310 897	15 814 130	1 397 719	14 344 680	1 117 530	13 480 539
160419	Poisson nra, non haché	34 233 937	162 592 828	42 773 213	193 149 733	43 084 668	199 892 234	46 598 261	208 909 610	46 060 831	206 520 654
160420	Poisson, haché	26 201 299	90 538 521	30 995 174	101 427 961	28 136 815	106 702 020	20 490 117	84 818 645	8 439 857	37 618 507
160430	Caviar et succédanés	228 376	4 062 738	327 995	4 607 700	382 095	6 291 214	326 951	6 061 542	260 128	4 540 897
1605	**Préparations et conserves de crustacés**	**56 284 098**	**377 435 942**	**55 679 990**	**384 467 723**	**58 834 554**	**497 197 807**	**53 060 600**	**461 001 780**	**10 303 363**	**88 207 779**
160510	Crabes	1 238 513	14 381 165	1 103 098	12 149 553	1 205 737	14 114 764	1 254 537	13 969 368	300 875	5 095 400
160520	Crevettes	49 067 473	332 661 890	47 753 214	338 761 735	49 947 748	441 557 510	45 356 067	413 289 135	7 758 769	67 604 214
160530	Homard	65 976	566 933	79 066	840 779	42 837	700 390	100 381	1 455 219	25 829	777 403
160540	Crustacés nra	2 257 921	14 492 485	1 525 497	11 629 800	1 447 908	15 462 742	946 181	9 515 495	135 792	1 724 103
230120	**Farine de poisson**	**116 746 879**	**121 509 930**	**101 066 615**	**147 463 477**	**84 307 227**	**135 623 162**	**71 597 213**	**110 359 197**	**34 786 130**	**65 621 766**
	TOTAL	**890 278 557**	**3 568 019 578**	**839 967 735**	**3 675 649 647**	**824 345 153**	**4 246 285 137**	**..**	**4 209 064 411**	**..**	**1 427 223 465**

.. Non disponible

Note : nra : non répertorié ailleurs. vi : vivant. fr : frais. ré : réfrigéré. co : congelé. sc : séché. sl : salé. sm : en saumure.

Métadonnées détaillées : http://metalinks.oecd.org/fish/20150108/f63a

Source : OCDE (2014), « Pêcheries : Commerce par produit », Statistiques agricoles de l'OCDE (base de données). DOI: 10.1787/data-00677-fr

Tableau 9. Exportations par produit

		2009		2010		2011		2012		2013	
		Tonnes	USD	Tonnes	USD	Tonnes	USD	Tonnes	USD	Tonnes	USD
03	**Poisson, crustacés et mollusques**	**..**	**1 473 637 917**	**..**	**1 910 527 033**	**..**	**2 189 783 411**	**..**	**1 854 119 825**	**..**	**1 380 487 695**
0302	**Poisson, frais ou réfrigéré, excl. 0304**	**94 726 805**	**487 753 794**	**98 832 772**	**596 825 911**	**109 607 108**	**746 127 361**	**111 210 946**	**624 167 275**	**74 948 967**	**373 507 188**
030211	Truite	970 304	4 847 679	799 686	5 031 177	1 533 846	10 039 081	601 730	3 732 788	42 562	482 010
030212	Saumon (Pacifique, Atlantique et Danube)	50 476 275	306 311 421	60 892 475	423 668 796	70 156 206	559 407 653	71 821 838	472 613 730	31 515 265	238 166 163
030219	Salmonidés nra	35 453	215 218	38 925	329 170	103 444	1 103 902	1 681 962	15 655 620	12 803	86 088
030221	Flétan	1 669 765	7 336 613	1 104 161	6 083 231	649 300	4 308 546	769 932	4 447 111	489 958	2 901 379
030222	Plie, carrelet	502 972	803 871	411 337	638 765	277 147	452 067	225 480	363 009	393 844	647 644
030223	Sole	1 249 823	13 804 586	1 114 146	13 974 132	1 176 724	17 115 297	1 043 032	12 484 077	978 543	11 276 291
030229	Poissons plats nra	5 216 741	28 352 073	4 167 287	23 966 747	3 976 304	26 606 350	4 174 426	22 419 130	5 146 720	26 996 573
030231	Thon blanc/germon	19 978	46 694	27 677	157 989	..	..	7 164	37 573	2 378	71 790
030232	Albacore (thon jaune)	50 688	352 739	27 186	269 713	23 468	310 059	90 225	662 854	33 224	420 898
030233	Listaos/bonite à ventre rayé	2 594	70 262	4 638	64 242	138	7 111	297	6 152	2 493	11 521
030239	Thonidés nra	4 594	35 299	28 307	221 367	21 725	161 200	10 220	66 381	4 111	9 239
030240	Hareng	473 267	587 857	311 783	349 954	1 544 098	1 500 146	6 963 557	6 915 836	9 115 717	11 080 113
030250	Morue	2 636 831	8 705 026	2 897 329	11 218 593	1 983 784	8 529 409	815 151	3 389 181	1 050 263	4 688 527
030261	Sardines	1 125 423	1 372 784	1 158 817	1 158 545	1 230 912	1 430 154	840 675	1 341 032	950 893	1 706 869
030262	Églefin	324 326	888 461	274 393	736 857	457 176	1 098 079	274 215	530 552	167 426	420 831
030263	Lieu noir	7 530 438	11 464 160	5 607 141	11 690 928	4 589 048	11 163 662	2 681 954	6 132 940	3 622 068	7 044 663
030264	Maquereau	1 395 429	2 905 694	758 515	2 006 083	5 157 798	11 810 881	7 131 446	14 921 425	7 742 075	13 533 896
030265	Aiguillat et autres squalidés	529 802	1 722 033	269 419	1 093 508	219 430	905 029	290 546	951 929	202 295	550 259
030266	Anguille	100 031	413 630	107 318	276 335	77 407	220 637	30 704	37 894	31 470	69 317
030269	Poisson nra	20 366 701	97 300 784	18 788 299	93 708 459	16 382 440	89 236 939	11 732 321	57 207 333	13 423 162	53 259 100
030270	Foies, oeufs et laitances	45 370	216 909	43 933	181 318	46 713	721 161	24 071	250 728	21 697	84 016
0303	**Poisson, congelé, excl. 0304**	**216 181 555**	**327 384 355**	**244 978 948**	**347 545 511**	**148 119 125**	**288 529 355**	**177 656 583**	**271 305 728**	**83 086 577**	**121 122 988**
030319	Saumon, Pacifique	339 245	864 909	..	..	..	..	..	..	..	..
030321	Truite	7 990	66 360	26 901	189 778	267 125	1 012 699	321 678	1 576 308	79 863	367 210
030322	Saumon (Atlantique et Danube)	7 504 313	28 092 568	..	..	..	..	..	..	..	..
030329	Salmonidés	207 606	1 317 782	243 939	1 955 621	256 073	2 178 237	287 157	1 505 113	40 733	561 532
030331	Flétan	18 313	79 106	227 309	1 156 178	342 122	2 233 343	47 120	299 391	11 246	94 159
030332	Plie, carrelet	196 307	184 134	147 005	284 277	138 227	228 609	65 080	204 728	51 876	183 163
030333	Sole	104 230	240 995	40 568	159 842	3 244	40 591	16 222	333 026	18 703	100 033
030339	Poisson plat nra	35 685	272 662	35 121	232 383	52 826	337 353	55 214	96 524	23 883	51 818
030341	Thon blanc/germon	3 626	30 630	17 589	68 878	11 954	87 504	10 746	85 182	7 899	54 773
030342	Albacore (thon jaune)	1 065	5 386	2 421	25 790	4 973	17 893	8 677	61 397	27 485	352 874
030343	Listao/bonite à ventre rayé	..	..	..	..	2 021	5 074	1	21	..	..
030349	Thonidés nra	267 838	346 213	124 511	60 483	209 675	286 676	830 643	1 338 502	782 952	1 578 822
030350	Hareng	25 641 521	15 731 894	27 277 992	17 446 546	23 281 621	17 903 593	46 019 965	56 267 299	24 388 182	21 522 577
030360	Morue	20 110 391	54 426 841	17 522 489	55 316 738	19 306 834	65 777 638	6 879 894	18 354 668	827 762	4 340 843
030371	Sardines, sardinelles	11 318 352	4 116 902	22 305 284	9 469 615	7 520 953	4 554 008	8 289 812	6 765 680	4 833 562	5 078 914
030372	Églefin	1 104 602	2 441 639	1 836 204	3 977 313	722 846	1 733 483	515 986	1 163 068	77 833	311 312
030373	Lieu noir	207 892	636 768	212 028	440 147	18 684	21 306	141 523	328 191	..	..
030374	Maquereau	96 441 578	168 922 299	108 573 201	181 807 534	68 679 863	142 312 723	62 961 111	116 881 556	36 187 896	56 485 236
030375	Aiguillat et autres squalidés	1 592	5 922	1 128	10 414	2 568	12 968	41 279	130 667	3 773	36 070
030376	Anguille	2 720	62 283	13 623	196 190	2 207	66 778	1 822	95 022	1 514	84 349
030377	Bar (loup)	51 862	595 488	80 742	849 278	100 790	911 904	71 911	590 833	38 114	523 801
030378	Merlu	31 937	79 640	185 814	280 949	71 771	230 390	147 737	210 422	19 650	32 251
030379	Poisson nra	49 110 281	42 826 167	58 868 486	48 807 932	19 956 912	23 761 059	43 328 937	41 405 725	12 392 700	9 761 580
030380	Foies, oeufs et laitances	3 171 408	4 057 158	968 441	1 251 138	1 252 929	2 513 161	38 870	287 802	42 228	377 211
0304	**Filets de poisson et autre chair de poisson**	**6 272**	**58 762**	**47 515 665**	**240 980 551**	**56 251 394**	**344 664 449**	**47 631 700**	**253 456 941**	**45 189 984**	**236 146 734**
030410	Filets et autre chair de poisson, frais ou réfrigéré	15 306 304	99 621 466	17 581 610	131 276 158	24 176 093	196 608 530	21 191 425	144 483 713	18 441 541	135 701 941
030420	Filets de poissons, congelé	483	2 262	23 741 135	87 532 890	25 703 906	124 892 179	21 102 058	93 288 045	23 943 468	90 485 448
030490	Chair de poisson nra, congelé	5 789	56 500	6 192 920	22 171 503	6 371 395	23 163 740	5 338 217	15 685 183	2 804 975	9 959 345
0305	**Poisson, séché, salé, fumé, ou en saumure**	**9 006 024**	**85 098 501**	**11 385 363**	**111 321 563**	**10 719 751**	**113 155 778**	**11 004 250**	**98 338 469**	**6 472 249**	**71 224 622**
030510	Farine de poisson, consommation humaine	16 326	136 815	7 724	117 935	9 786	106 022	232 575	1 059 941	9 346	33 180
030520	Foies, oeufs et laitances	2 710	17 972	10 165	54 399	27 943	193 112	51 740	414 204	10 345	45 983
030530	Filets de poisson (non fumé)	1 795 405	8 116 377	1 797 811	7 107 105	2 319 246	10 524 079	2 339 992	11 478 973	623 247	3 747 807
030541	Saumon (Pacifique, Atlantique et Danube), fumé	4 885 809	65 272 233	6 244 630	82 052 925	5 524 448	84 900 175	4 918 330	68 571 594	3 841 943	60 553 697
030542	Hareng, fumé	238 377	1 085 783	..	..	..	..	..	..	..	..
030549	Poisson nra, fumé	1 066 377	6 624 158	1 230 593	8 770 187	1 587 328	12 389 694	1 367 259	9 940 234	481 482	3 087 510
030551	Morue, séché, non fumé	13 539	160 035	29 921	301 035	298 099	1 233 725	632 685	2 320 561	7 352	101 859
030559	Poisson nra, séché, salé, non fumé	99 030	738 752	103 809	722 941	213 165	954 379	130 928	1 067 770	76 801	997 072
030561	Hareng, salé ou en saumure	53	202	7 994	45 016	889	4 805	1 258	5 822	26	94
030562	Morue, salé ou en saumure	934	21 959	194	9 511	637	16 318	430	3 957	367	1 757
030563	Anchois, salé ou en saumure	..	..	283	3 837	..	..	168	1 744	..	..
030569	Poisson nra, salé ou en saumure	887 464	2 923 848	1 699 749	10 879 639	537 434	1 800 245	1 137 356	2 409 880	1 262 876	1 738 045

Tableau 9. Exportations par produit *(suite)*

		2009		2010		2011		2012		2013	
		Tonnes	USD	Tonnes	USD	Tonnes	USD	Tonnes	USD	Tonnes	USD
0306	**Crustacés**	**52 394 207**	**381 492 754**	**50 133 976**	**393 909 180**	**47 137 171**	**442 305 818**	**41 525 425**	**377 215 028**	**38 293 305**	**360 791 257**
030611	Langoustes et autres palinuridés, congelé	5 051	68 758	161 793	1 332 871	292 727	1 685 075	610 428	4 688 845	4 559	107 289
030612	Homard nra	128 323	2 760 197	124 494	2 784 178	107 520	2 724 030	182 834	2 612 863	108 108	1 782 806
030613	Crevettes, congelé	11 999 246	79 778 350	10 823 518	84 723 272	9 524 961	88 666 991	8 120 462	73 853 553	9 317 145	92 772 042
030614	Crabes, congelé	1 745 830	9 956 696	2 495 271	13 910 453	2 355 806	14 226 103	3 141 942	17 813 848	2 523 347	17 806 207
030619	Crustacés nra, congelé	15 782 201	119 690 891	15 597 459	121 775 151	13 847 909	140 457 609	11 744 722	117 381 453	8 536 358	85 141 720
030621	Langoustes et autres palinuridés (non congelé)	39 883	1 238 133	28 158	1 068 061	41 861	1 297 634	19 868	753 497	15 501	668 552
030622	Homard nra (non congelé)	1 989 244	40 243 825	1 959 045	38 475 581	2 417 669	53 036 246	2 451 232	44 578 838	1 962 461	40 075 021
030623	Crevettes (non congelé)	3 684 301	22 873 073	2 021 904	16 499 745	1 789 831	15 639 386	1 698 085	12 994 938	1 592 160	13 121 953
030624	Crabes (non congelé)	11 698 848	44 894 473	11 948 709	49 328 467	11 527 044	52 827 169	9 288 890	43 899 793	9 638 542	43 380 840
030629	Crustacés nra (non congelé)	5 321 280	59 988 358	4 973 625	64 011 400	5 231 843	71 745 576	4 266 962	58 637 400	4 595 124	65 934 825
0307	**Mollusques**	**37 005 645**	**177 050 924**	**37 201 694**	**203 356 656**	**43 957 776**	**236 972 011**	**38 960 869**	**217 125 264**	**31 881 382**	**204 182 962**
030710	Huîtres	944 634	4 336 500	1 050 268	4 903 828	1 576 773	8 285 870	1 503 841	9 367 378	921 166	5 685 866
030721	St-Jacques, vi, fr, ou ré	5 249 909	73 831 390	7 372 084	81 328 990	11 990 200	90 711 413	6 294 590	82 221 636	5 841 147	94 922 300
030729	St-Jacques, co, sc, sl, ou sm	7 316 892	52 712 910	7 051 266	56 006 728	7 313 199	69 396 824	6 789 150	55 888 373	5 798 077	50 562 788
030731	Moules, vi, fr, ou ré	14 298 862	11 158 736	8 416 747	7 244 294	9 436 079	7 631 573	10 481 495	11 731 551	7 186 768	10 819 316
030739	Moules, co, sc, sl, ou sm	1 198 428	3 870 705	2 180 121	4 260 413	3 529 069	7 798 855	1 919 561	4 914 817	1 528 544	3 246 327
030741	Seiches, encornets et calmars, vi, fr, ou ré	2 656 579	11 385 820	3 365 290	17 660 891	2 071 016	14 027 670	3 144 563	11 123 032	3 245 301	13 569 666
030749	Seiches, encornets et calmars, co, sc, sl, ou sm	1 580 092	5 006 780	4 197 620	17 555 072	4 578 804	22 966 560	4 187 209	20 123 840	3 173 231	13 156 875
030751	Poulpe, vi, fr, ou ré	82 730	136 403	99 863	130 511	65 275	126 671	86 593	176 744	104 779	172 541
030759	Poulpe, co, sc, sl, ou sm	27 022	45 037	30 801	60 380	10 497	29 740	27 813	67 635	57 096	148 039
030760	Escargots (autres que de mer)	54 746	168 873	32 023	107 238	11 492	55 705	195 074	875 537	254 968	1 164 658
030791	Mollusques nra, vi, fr, ou ré	2 368 298	9 234 862	2 141 613	9 207 235	2 466 898	11 987 626	3 040 395	14 929 407	2 887 899	7 799 612
030799	Mollusques nra, co, sc, sl, ou sm	1 227 453	5 162 907	1 263 998	4 891 075	908 474	3 953 504	1 290 585	5 705 314	882 406	2 934 975
121220	**Algues**	**1 673 017**	**9 059 664**	**1 712 196**	**7 749 197**	**1 479 910**	**8 252 259**	**1 347 162**	**5 554 387**	**772 874**	**3 278 971**
1504	**Graisses, huiles et leurs fractions**	**4 966 762**	**25 870 354**	**7 348 349**	**21 856 140**	**8 202 661**	**25 010 804**	**8 310 867**	**21 595 857**	**7 442 815**	**25 403 340**
150410	Huiles de foies de poisson, et fractions	376 918	4 419 688	1 317 413	4 767 405	2 809 793	8 236 806	2 658 089	10 902 248	3 230 254	15 250 517
150420	Graisses et huiles de poisson, et fractions	4 582 751	21 149 626	6 027 906	17 073 322	5 370 877	16 705 742	5 645 429	10 531 790	4 207 877	10 098 819
150430	Graisses et huiles de mammifère marin, et fractions	7 093	301 040	3 030	15 413	21 991	68 256	7 349	161 819	4 684	54 005
1604	**Préparations et conserves de poisson; caviars et succédanés**	**19 418 283**	**111 812 389**	**16 243 106**	**85 326 034**	**14 931 100**	**97 021 246**	**20 454 256**	**154 719 032**	**14 027 626**	**83 011 809**
160411	Saumon, non haché	1 466 207	13 086 790	1 196 948	9 258 493	1 119 938	11 347 829	7 221 490	73 884 278	813 644	9 413 755
160412	Hareng, non haché	528 799	1 917 623	698 251	2 530 693	1 146 433	3 560 856	249 131	1 294 254	153 844	828 908
160413	Sardines, sardinelles, sprats, esprots, non haché	2 143 597	10 265 085	2 110 220	10 655 195	1 457 531	9 853 033	1 447 794	10 247 228	742 200	3 861 128
160414	Thons, listaos, sardes, non haché	8 131 146	38 974 974	5 684 031	20 873 007	3 922 450	24 740 374	4 212 598	25 597 892	3 789 427	25 395 582
160415	Maquereau, non haché	1 421 710	6 885 273	1 465 361	6 674 860	1 962 191	9 769 010	1 362 837	8 453 244	928 527	5 295 571
160416	Anchois, non haché	163 837	910 356	130 158	700 728	33 501	449 610	107 845	604 271	25 957	426 990
160419	Poisson nra, non haché	4 161 504	26 649 325	3 549 224	22 047 742	3 817 606	24 869 097	4 423 892	25 826 155	4 954 976	27 086 431
160420	Poisson, haché	1 389 733	12 621 057	1 398 983	12 006 976	1 462 223	11 831 748	1 424 848	8 698 853	2 607 041	10 615 581
160430	Caviar et succédanés	11 750	501 905	9 930	578 340	9 227	599 688	3 821	112 856	12 010	87 863
1605	**Préparations et conserves de crustacés**	**7 380 894**	**58 947 501**	**8 893 038**	**71 453 127**	**10 446 519**	**89 215 780**	**10 573 220**	**80 970 045**	**9 967 810**	**59 044 561**
160510	Crabes	579 517	6 511 878	860 212	8 117 981	1 261 605	10 102 160	1 115 754	9 388 560	706 351	6 569 407
160520	Crevettes	1 856 227	15 098 739	3 087 839	22 857 044	3 920 763	29 465 009	3 343 667	24 146 940	4 841 235	24 241 614
160530	Homard	50 274	523 480	104 617	1 681 312	245 954	1 972 416	122 336	1 986 964	165 684	2 719 505
160540	Crustacés nra	196 446	1 553 174	48 559	420 318	91 981	1 040 966	221 750	2 260 066	1 819 620	4 388 842
230120	**Farine de poisson**	**11 442 095**	**17 416 761**	**10 576 666**	**13 171 655**	**24 446 746**	**43 138 983**	**15 692 082**	**28 573 842**	**12 370 611**	**24 136 287**
	TOTAL	**495 162 907**	**1 854 917 805**	**..**	**2 110 083 186**	**..**	**2 452 422 483**	**..**	**2 145 532 988**	**..**	**1 575 362 663**

.. Non disponible

Note : nra : non répertorié ailleurs. vi : vivant. fr : frais. ré : réfrigéré. co : congelé. sc : séché. sl : salé. sm : en saumure.

Métadonnées détaillées : http://metalinks.oecd.org/fish/20150108/f63a

Source : OCDE (2014), « Pêcheries : Commerce par produit », Statistiques agricoles de l'OCDE (base de données). DOI: 10.1787/data-00677-fr

ÉTATS-UNIS

Tableau 2. Emploi dans les pêcheries

Personnes employées

	2006	2007	2008	2009	2010	2011	2012	2013
Plein-temps	**40 823**	**39 361**	**37 397**	**..**	**..**	**..**	**..**	**..**
Secteur de capture	..	..	..	..	..	..	..	..
Pêche en eaux intérieures	..	..	..	..	..	..	..	..
Homme	..	..	..	..	..	..	..	..
Femme	..	..	..	..	..	..	..	..
Eaux maritimes (pêche côtière)	..	..	..	..	..	..	..	..
Homme	..	..	..	..	..	..	..	..
Femme	..	..	..	..	..	..	..	..
Eaux maritimes (pêche en haute mer)	..	..	..	..	..	..	..	..
Homme	..	..	..	..	..	..	..	..
Femme	..	..	..	..	..	..	..	..
Aquaculture	..	..	..	..	..	..	..	..
Homme	..	..	..	..	..	..	..	..
Femme	..	..	..	..	..	..	..	..
Transformation	40 823	39 361	37 397	..	..	..	..	..
Homme	..	..	..	..	..	..	..	..
Femme	..	..	..	..	..	..	..	..
Temps partiel	**..**	**..**	**..**	**..**	**..**	**..**	**..**	**..**
Secteur de capture	..	..	..	..	..	..	..	..
Pêche en eaux intérieures	..	..	..	..	..	..	..	..
Homme	..	..	..	..	..	..	..	..
Femme	..	..	..	..	..	..	..	..
Eaux maritimes (pêche côtière)	..	..	..	..	..	..	..	..
Homme	..	..	..	..	..	..	..	..
Femme	..	..	..	..	..	..	..	..
Eaux maritimes (pêche en haute mer)	..	..	..	..	..	..	..	..
Homme	..	..	..	..	..	..	..	..
Femme	..	..	..	..	..	..	..	..
Aquaculture	..	..	..	..	..	..	..	..
Homme	..	..	..	..	..	..	..	..
Femme	..	..	..	..	..	..	..	..
Transformation	..	..	..	..	..	..	..	..
Homme	..	..	..	..	..	..	..	..
Femme	..	..	..	..	..	..	..	..
Total	**40 823**	**39 361**	**37 397**	**..**	**..**	**..**	**37 436**	**..**
Secteur de capture	..	..	..	..	..	..	..	..
Pêche en eaux intérieures	..	..	..	..	..	..	..	..
Homme	..	..	..	..	..	..	..	..
Femme	..	..	..	..	..	..	..	..
Eaux maritimes (pêche côtière)	..	..	..	..	..	..	..	..
Homme	..	..	..	..	..	..	..	..
Femme	..	..	..	..	..	..	..	..
Eaux maritimes (pêche en haute mer)	..	..	..	..	..	..	..	..
Homme	..	..	..	..	..	..	..	..
Femme	..	..	..	..	..	..	..	..
Aquaculture	..	..	..	..	..	..	..	..
Homme	..	..	..	..	..	..	..	..
Femme	..	..	..	..	..	..	..	..
Transformation	40 823	39 361	37 397	..	..	..	37 436	..
Homme	..	..	..	..	..	..	..	..
Femme	..	..	..	..	..	..	..	..

.. Non disponible

Note : Métadonnées détaillées : http://metalinks.oecd.org/fish/20150108/0a76

Source : OCDE (2014), « Pêcheries : Emploi dans la pêche », Statistiques agricoles de l'OCDE (base de données). DOI: 10.1787/data-00219-fr

Tableau 3. Débarquements nationaux dans les ports nationaux

	2006	2007	2008	2009	2010	2011	2012	2013
VOLUME (TONNES)								
Total poissons	**3 166 337**	**3 050 822**	**2 683 778**	..	..	**2 990 001**	**2 858 613**	..
Saumon	301 031	401 443	298 622	..	..	353 847	288 399	..
Saumon rose	100 590	207 504	118 173	..	..	176 173	106 734	..
Saumon keta	68 634	49 516	57 062	..	..	46 501	68 016	..
Saumon rouge	108 245	125 458	101 971	..	..	113 189	96 544	..
Saumon argenté	15 894	12 336	16 969	..	..	11 290	10 584	..
Autres saumons	7 668	6 629	4 447	..	..	6 694	6 521	..
Poissons plats	234 665	250 738	331 144	..	..	340 288	334 259	..
Flétan	32 400	31 701	30 356	..	..	19 643	15 423	..
Flétan noir	..	..	..	..	..	3 553	..	..
Sole	..	..	..	..	..	233 035	235 687	..
Plie	..	..	..	..	..	1 387	1 529	..
Autres poissons plats	202 265	219 037	300 788	..	..	82 670	81 620	..
Poissons de fond	2 096 808	1 890 122	1 576 865	..	..	1 884 758	1 767 421	..
Morue (Atlantique et Pacifique)	241 019	228 855	232 707	..	..	309 305	230 504	..
Églefin	3 266	3 634	6 350	..	..	5 709	1 970	..
Lieu	6 059	8 376	9 965	..	..	7 210	6 734	..
Morue du Pacifique occidental	1 542 598	1 391 002	1 032 452	..	..	1 274 969	1 302 815	..
Merlan	5 602	6 370	6 280	..	..	7 771	7 390	..
Merlu (toutes espèces)	260 933	208 519	243 004	..	..	225 153	157 479	..
Sébaste	37 266	43 278	46 053	..	..	54 601	60 489	..
Autres poissons de fond	65	88	54	..	..	40	40	..
Pélagiques	301 954	280 284	251 506	..	..	180 014	237 476	..
Chinchard	1 175	642	283	..	..	519	5 319	..
Maquereau	68 481	35 952	30 221	..	..	6 666	9 371	..
Hareng (Atlantique et Pacifique)	131 709	106 031	118 744	..	..	125 347	122 429	..
Sardine	87 629	127 111	87 580	..	..	47 482	100 357	..
Autres pélagiques	12 960	10 548	14 678	..	..	..	..	..
Thons	25 437	26 799	25 391	..	..	25 936	31 058	..
Listao	443	337	416	..	..	289	247	..
Thon rouge (nord et sud)	254	290	329	..	..	677	607	..
Germon	13 150	11 995	11 535	..	..	11 942	15 014	..
Albacore	3 405	3 879	2 720	..	..	2 873	3 827	..
Thon obèse	5 092	6 202	6 459	..	..	6 288	6 909	..
Autres thons	317	349	270	..	..	..	392	..
Espadon	2 776	3 747	3 662	..	..	3 867	4 061	..
Autres poissons	206 442	201 436	200 250	..	..	205 158	200 000	..
Total crustacés	**344 726**	**306 867**	**309 949**	..	..	**373 833**	**376 964**	..
Homard et langouste	44 579	38 887	39 023	..	..	60 180	70 016	..
Langoustine	..	..	..	..	..	..	..	..
Crevette	145 231	127 398	116 392	..	..	141 821	137 257	..
Autres crustacés	154 916	140 582	154 534	..	..	171 832	169 690	..
Total coquillages et mollusques	**190 234**	**177 900**	**162 427**	..	..	**240 362**	**219 912**	..
Huître	15 608	17 126	13 681	..	..	12 929	15 008	..
Moule	1 784	1 561	1 712	..	..	1 888	1 539	..
Coquille St-Jacques	26 806	26 645	24 339	..	..	26 888	26 069	..
Bivalves	50 309	52 548	48 885	..	..	39 213	41 079	..
Autres coquillages (incl. buccins	992	903	985	..	..	8 713	7 145	..
Calmar	81 222	72 159	66 112	..	..	150 296	122 072	..
Seiche	..	..	..	..	..	..	..	..
Poulpe	..	..	..	..	..	435	..	..
Autres mollusques (incl. oursins)	13 513	6 958	6 713	..	..	..	..	..
Autres animaux marins	**1 057**	**7 446**	**4 998**	..	..	**7 877**	**7 796**	..
Plantes aquatiques	**6 362**	**6 590**	**6 951**	..	..	**9 614**	**9 383**	..
Algue brune	6 362	2 272	..	..	..	..	..	..
Algue rouge	..	..	..	..	..	..	..	..
Autres algues	6 362	6 590	6 951	..	..	9 614	9 383	..
Poisson pour transformation	592 743	673 002	608 461	..	..	850 510	..	..
TOTAL GÉNÉRAL	**4 301 459**	**4 222 627**	**3 776 564**	**3 643 000**	**3 734 000**	**5 030 195**	**3 472 668**	..

ÉTATS-UNIS

Tableau 3. Débarquements nationaux dans les ports nationaux *(suite)*

	2006	2007	2008	2009	2010	2011	2012	2013
VALEUR (USD)								
Total poissons	**1 865 128 000**	**1 955 078 000**	**2 144 575 000**	..	..	**2 423 610 000**	**2 214 378 325**	..
Saumon	310 900 000	381 274 000	394 595 000	..	..	618 316 000	489 125 000	..
Saumon rose	27 751 000	70 307 000	74 432 000	..	..	167 489 000	101 164 000	..
Saumon keta	45 136 000	36 803 000	66 979 000	..	..	80 163 000	101 260 000	..
Saumon rouge	159 475 000	205 363 000	175 923 000	..	..	298 562 000	209 934 000	..
Saumon argenté	34 766 000	25 390 000	45 285 000	..	..	27 848 000	28 186 000	..
Autres saumons	43 772 000	43 411 000	31 976 000	..	..	44 254 000	48 581 000	..
Poissons plats	353 688 000	381 612 000	401 946 000	..	..	372 865 000	328 612 000	..
Flétan	202 099 000	227 379 000	217 735 000	..	..	215 653 000	152 036 000	..
Flétan noir	..	..	..	..	..	3 724 000	..	..
Sole	..	..	..	..	..	84 162 000	88 933 000	..
Plie	..	..	..	..	..	4 274 000	5 158 000	..
Autres poissons plats	151 589 000	154 233 000	184 211 000	..	..	65 052 000	82 485 000	..
Poissons de fond	638 813 000	644 924 000	757 046 000	..	..	726 908 000	662 438 325	..
Morue (Atlantique et Pacifique)	217 727 000	251 374 000	304 795 000	..	..	236 186 000	208 788 000	..
Églefin	11 428 000	12 295 000	16 406 000	..	..	16 315 000	7 838 000	..
Lieu	7 547 000	8 519 000	11 265 000	..	..	12 319 000	13 154 000	..
Morue du Pacifique occidental	329 879 000	297 461 000	323 212 000	..	..	362 594 000	343 311 000	..
Merlan	6 762 000	7 894 000	7 547 000	..	..	10 984 000	10 325	..
Merlu (toutes espèces)	39 909 000	36 925 000	62 547 000	..	..	52 633 000	47 058 000	..
Sébaste	25 452 000	30 335 000	31 163 000	..	..	35 806 000	42 212 000	..
Autres poissons de fond	109 000	121 000	111 000	..	..	71 000	67 000	..
Pélagiques	72 739 000	71 415 000	84 858 000	..	..	65 046 000	93 456 000	..
Chinchard	203 000	145 000	58 000	..	..	397 000	4 104 000	..
Maquereau	31 289 000	21 511 000	22 555 000	..	..	16 814 000	18 870 000	..
Hareng (Atlantique et Pacifique)	30 046 000	35 125 000	45 541 000	..	..	37 716 000	48 900 000	..
Sardine	9 866 000	13 492 000	15 031 000	..	..	10 119 000	21 582 000	..
Autres pélagiques	1 335 000	1 142 000	1 673 000	..	..	..	..	..
Thons	100 790 000	114 536 000	125 560 000	..	..	159 539 000	190 747 000	..
Listao	1 239 000	806 000	1 194 000	..	..	1 015 000	935 000	..
Thon rouge (nord et sud)	3 227 000	3 583 000	4 757 000	..	..	10 481 000	10 864 000	..
Germon	25 116 000	22 921 000	30 272 000	..	..	46 266 000	50 452 000	..
Albacore	19 374 000	21 586 000	17 504 000	..	..	19 042 000	30 292 000	..
Thon obèse	37 744 000	44 913 000	53 024 000	..	..	57 512 000	70 682 000	..
Autres thons	296 000	296 000	262 000	..	..	..	660 000	..
Espadon	13 794 000	20 431 000	18 547 000	..	..	25 223 000	26 862 000	..
Autres poissons	388 198 000	361 317 000	380 570 000	..	..	480 936 000	450 000 000	..
Total crustacés	**1 286 486 000**	**1 323 319 000**	**1 350 460 000**	..	..	**1 651 487 000**	**1 645 020 000**	..
Homard et langouste	430 642 000	409 520 000	336 902 000	..	..	473 528 000	465 823 000	..
Langoustine	..	..	..	..	..	..	..	..
Crevette	440 651 000	432 740 000	441 818 000	..	..	517 697 000	490 067 000	..
Autres crustacés	415 193 000	481 059 000	571 740 000	..	..	660 262 000	689 130 000	..
Total coquillages et mollusques	**799 466 000**	**799 536 000**	**774 828 000**	..	..	**1 048 249 000**	**1 056 051 000**	..
Huître	121 493 000	139 245 000	131 590 000	..	..	131 655 000	155 112 000	..
Moule	9 465 000	6 101 000	7 281 000	..	..	3 243 000	9 127 000	..
Coquille St-Jacques	386 044 000	387 490 000	371 641 000	..	..	587 042 000	561 315 000	..
Bivalves	188 601 000	194 154 000	186 718 000	..	..	186 645 000	193 071 000	..
Autres coquillages (incl. buccins	7 227 000	5 096 000	6 142 000	..	..	28 710 000	31 876 000	..
Calmar	62 858 000	56 447 000	57 559 000	..	..	110 467 000	105 550 000	..
Seiche	..	..	..	..	..	..	..	..
Poulpe	..	..	..	..	..	487 000	..	..
Autres mollusques (incl. oursins)	23 778 000	11 003 000	13 897 000	..	..	..	..	..
Autres animaux marins	**7 479 000**	**21 410 000**	**22 924 000**	..	..	**21 754 000**	**21 886 000**	..
Plantes aquatiques	**289 000**	**158 000**	**308 000**	..	..	**695 000**	**561 000**	..
Algue brune	289 000	108 000	..	..	..	..	..	..
Algue rouge	..	..	..	..	..	..	..	..
Autres algues	289 000	158 000	308 000	..	..	695 000	561 000	..
Poisson pour transformation	65 597 000	92 718 000	90 725 000	..	..	143 651 000	..	..
TOTAL GÉNÉRAL	**4 024 445 000**	**4 192 219 000**	**4 383 820 000**	**3 891 000 000**	**4 520 000 000**	**5 271 461 000**	**4 937 896 325**	..

.. Non disponible

Note : Métadonnées détaillées : http://metalinks.oecd.org/fish/20150108/4bec

Source : OCDE (2014), « Pêcheries : Débarquements nationaux dans les ports domestiques », Statistiques agricoles de l'OCDE (base de données). DOI: 10.1787/data-00222-fr

ÉTATS-UNIS

Tableau 4. Débarquements nationaux dans les ports étrangers

	2006	2007	2008	2009	2010	2011	2012	2013
VOLUME (TONNES)								
Total poissons	**69 763**	**71 835**	**113 886**	..	..	**204 498**	..	..
Saumon	..	..	..	..	..	..	..	..
Saumon rose	..	..	..	..	..	..	..	..
Saumon keta	..	..	..	..	..	..	..	..
Saumon rouge	..	..	..	..	..	..	..	..
Saumon argenté	..	..	..	..	..	..	..	..
Autres saumons	..	..	..	..	..	..	..	..
Poissons plats	..	..	..	..	..	..	..	..
Flétan	..	..	..	..	..	..	..	..
Flétan noir	..	..	..	..	..	..	..	..
Sole	..	..	..	..	..	..	..	..
Plie	..	..	..	..	..	..	..	..
Autres poissons plats	..	..	..	..	..	..	..	..
Poissons de fond	..	..	..	..	..	..	..	..
Morue (Atlantique et Pacifique)	..	..	..	..	..	..	..	..
Églefin	..	..	..	..	..	..	..	..
Lieu	..	..	..	..	..	..	..	..
Morue du Pacifique occidental	..	..	..	..	..	..	..	..
Merlan	..	..	..	..	..	..	..	..
Merlu (toutes espèces)	..	..	..	..	..	..	..	..
Sébaste	..	..	..	..	..	..	..	..
Autres poissons de fond	..	..	..	..	..	..	..	..
Pélagiques	..	42	..	..	..	..	..	..
Chinchard	..	..	..	..	..	..	..	..
Maquereau	..	..	..	..	..	..	..	..
Hareng (Atlantique et Pacifique)	..	42	..	..	..	..	..	..
Sardine	..	..	..	..	..	..	..	..
Autres pélagiques	..	..	..	..	..	..	..	..
Thons	69 739	71 764	113 873	..	..	204 498	..	..
Listao	55 326	58 568	95 364	..	..	178 310	..	..
Thon rouge (nord et sud)	..	..	..	..	..	..	..	..
Germon	1	240	..	..	..	611	..	..
Albacore	8 714	7 876	14 355	..	..	22 687	..	..
Thon obèse	5 344	4 856	4 067	..	..	2 890	..	..
Autres thons	..	..	..	..	..	..	..	..
Espadon	354	224	87	..	..	..	..	..
Autres poissons	24	29	13	..	..	..	..	..
Total crustacés	..	..	..	..	..	..	..	..
Homard et langouste	..	..	..	..	..	..	..	..
Langoustine	..	..	..	..	..	..	..	..
Crevette	..	..	..	..	..	..	..	..
Autres crustacés	..	..	..	..	..	..	..	..
Total coquillages et mollusques	..	..	..	..	..	..	..	..
Huître	..	..	..	..	..	..	..	..
Moule	..	..	..	..	..	..	..	..
Coquille St-Jacques	..	..	..	..	..	..	..	..
Bivalves	..	..	..	..	..	..	..	..
Autres coquillages (incl. buccins	..	..	..	..	..	..	..	..
Calmar	..	..	..	..	..	..	..	..
Seiche	..	..	..	..	..	..	..	..
Poulpe	..	..	..	..	..	..	..	..
Autres mollusques (incl. oursins)	..	..	..	..	..	..	..	..
Autres animaux marins	..	..	..	..	..	..	..	..
Plantes aquatiques	..	..	..	..	..	..	..	..
Algue brune	..	..	..	..	..	..	..	..
Algue rouge	..	..	..	..	..	..	..	..
Autres algues	..	..	..	..	..	..	..	..
Poisson pour transformation	..	..	..	..	..	..	..	..
TOTAL GÉNÉRAL	**69 763**	**71 835**	**113 886**	..	..	**204 498**	**254 500**	..

Tableau 4. Débarquements nationaux dans les ports étrangers *(suite)*

	2006	2007	2008	2009	2010	2011	2012	2013
VALEUR (USD)								
Total poissons	**61 150 000**	**62 476 000**	**89 928 000**	..	..	**325 639 000**	..	..
Saumon	..	..	..	..	..	..	..	..
Saumon rose	..	..	..	..	..	..	..	..
Saumon keta	..	..	..	..	..	..	..	..
Saumon rouge	..	..	..	..	..	..	..	..
Saumon argenté	..	..	..	..	..	..	..	..
Autres saumons	..	..	..	..	..	..	..	..
Poissons plats	..	..	..	..	..	..	..	..
Flétan	..	..	..	..	..	..	..	..
Flétan noir	..	..	..	..	..	..	..	..
Sole	..	..	..	..	..	..	..	..
Plie	..	..	..	..	..	..	..	..
Autres poissons plats	..	..	..	..	..	..	..	..
Poissons de fond	..	..	..	..	..	..	..	..
Morue (Atlantique et Pacifique)	..	..	..	..	..	..	..	..
Églefin	..	..	..	..	..	..	..	..
Lieu	..	..	..	..	..	..	..	..
Morue du Pacifique occidental	..	..	..	..	..	..	..	..
Merlan	..	..	..	..	..	..	..	..
Merlu (toutes espèces)	..	..	..	..	..	..	..	..
Sébaste	..	..	..	..	..	..	..	..
Autres poissons de fond	..	..	..	..	..	..	..	..
Pélagiques	..	12 000	..	..	..	..	..	..
Chinchard	..	..	..	..	..	..	..	..
Maquereau	..	..	..	..	..	..	..	..
Hareng (Atlantique et Pacifique)	..	12 000	..	..	..	..	..	..
Sardine	..	..	..	..	..	..	..	..
Autres pélagiques	..	..	..	..	..	..	..	..
Thons	61 095 000	62 405 000	89 910 000	..	..	325 639 000	..	..
Listao	45 723 000	49 264 000	72 285 000	..	..	282 520 000	..	..
Thon rouge (nord et sud)	..	..	..	..	..	..	..	..
Germon	1 000	582 000	..	..	..	2 277 000	..	..
Albacore	8 575 000	7 955 000	13 699 000	..	..	36 108 000	..	..
Thon obèse	4 922 000	3 278 000	3 440 000	..	..	4 734 000	..	..
Autres thons	..	..	..	..	..	..	..	..
Espadon	1 874 000	1 326 000	486 000	..	..	..	..	..
Autres poissons	55 000	59 000	18 000	..	..	..	..	..
Total crustacés	..	..	..	..	..	..	..	..
Homard et langouste	..	..	..	..	..	..	..	..
Langoustine	..	..	..	..	..	..	..	..
Crevette	..	..	..	..	..	..	..	..
Autres crustacés	..	..	..	..	..	..	..	..
Total coquillages et mollusques	..	..	..	..	..	..	..	..
Huître	..	..	..	..	..	..	..	..
Moule	..	..	..	..	..	..	..	..
Coquille St-Jacques	..	..	..	..	..	..	..	..
Bivalves	..	..	..	..	..	..	..	..
Autres coquillages (incl. buccins)	..	..	..	..	..	..	..	..
Calmar	..	..	..	..	..	..	..	..
Seiche	..	..	..	..	..	..	..	..
Poulpe	..	..	..	..	..	..	..	..
Autres mollusques (incl. oursins)	..	..	..	..	..	..	..	..
Autres animaux marins	..	..	..	..	..	..	..	..
Plantes aquatiques	..	..	..	..	..	..	..	..
Algue brune	..	..	..	..	..	..	..	..
Algue rouge	..	..	..	..	..	..	..	..
Autres algues	..	..	..	..	..	..	..	..
Poisson pour transformation	..	..	..	..	..	..	..	..
TOTAL GÉNÉRAL	**61 150 000**	**62 476 000**	**89 928 000**	..	..	**325 639 000**	**530 000 000**	..

.. Non disponible

Note : Métadonnées détaillées : http://metalinks.oecd.org/fish/20150108/4d2e

Source : OCDE (2014), « Pêcheries : Débarquements nationaux dans les ports étrangers », Statistiques agricoles de l'OCDE (base de données). DOI: 10.1787/data-00223-fr

ÉTATS-UNIS

Tableau 5. Débarquements étrangers dans les ports nationaux

	2006	2007	2008	2009	2010	2011	2012	2013
VOLUME (TONNES)								
Total poissons	**414**	**357**	**1 362**	..	..	..	..	..
Saumon	..	..	..	..	..	..	..	..
Saumon rose	..	..	..	..	..	..	..	..
Saumon keta	..	..	..	..	..	..	..	..
Saumon rouge	..	..	..	..	..	..	..	..
Saumon argenté	..	..	..	..	..	..	..	..
Autres saumons	..	..	..	..	..	..	..	..
Poissons plats	..	..	..	..	..	..	..	..
Flétan	..	..	..	..	..	..	..	..
Flétan noir	..	..	..	..	..	..	..	..
Sole	..	..	..	..	..	..	..	..
Plie	..	..	..	..	..	..	..	..
Autres poissons plats	..	..	..	..	..	..	..	..
Poissons de fond	..	..	..	..	..	..	..	..
Morue (Atlantique et Pacifique)	..	..	..	..	..	..	..	..
Églefin	..	..	..	..	..	..	..	..
Lieu	..	..	..	..	..	..	..	..
Morue du Pacifique occidental	..	..	..	..	..	..	..	..
Merlan	..	..	..	..	..	..	..	..
Merlu (toutes espèces)	..	..	..	..	..	..	..	..
Sébaste	..	..	..	..	..	..	..	..
Autres poissons de fond	..	..	..	..	..	..	..	..
Pélagiques	..	..	..	..	..	..	..	..
Chinchard	..	..	..	..	..	..	..	..
Maquereau	..	..	..	..	..	..	..	..
Hareng (Atlantique et Pacifique)	..	..	..	..	..	..	..	..
Sardine	..	..	..	..	..	..	..	..
Autres pélagiques	..	..	..	..	..	..	..	..
Thons	414	357	1 362	..	..	..	..	..
Listao	..	..	..	..	..	..	..	..
Thon rouge (nord et sud)	..	..	..	..	..	..	..	..
Germon	414	357	1 362	..	..	..	..	..
Albacore	..	..	..	..	..	..	..	..
Thon obèse	..	..	..	..	..	..	..	..
Autres thons	..	..	..	..	..	..	..	..
Espadon	..	..	..	..	..	..	..	..
Autres poissons	..	..	..	..	..	..	..	..
Total crustacés	..	..	..	..	..	..	..	..
Homard et langouste	..	..	..	..	..	..	..	..
Langoustine	..	..	..	..	..	..	..	..
Crevette	..	..	..	..	..	..	..	..
Autres crustacés	..	..	..	..	..	..	..	..
Total coquillages et mollusques	..	..	..	..	..	..	..	..
Huître	..	..	..	..	..	..	..	..
Moule	..	..	..	..	..	..	..	..
Coquille St-Jacques	..	..	..	..	..	..	..	..
Bivalves	..	..	..	..	..	..	..	..
Autres coquillages (incl. buccins)	..	..	..	..	..	..	..	..
Calmar	..	..	..	..	..	..	..	..
Seiche	..	..	..	..	..	..	..	..
Poulpe	..	..	..	..	..	..	..	..
Autres mollusques (incl. oursins)	..	..	..	..	..	..	..	..
Autres animaux marins	..	..	..	..	..	..	..	..
Plantes aquatiques	..	..	..	..	..	..	..	..
Algue brune	..	..	..	..	..	..	..	..
Algue rouge	..	..	..	..	..	..	..	..
Autres algues	..	..	..	..	..	..	..	..
Poisson pour transformation	..	..	..	..	..	..	..	..
TOTAL GÉNÉRAL	**414**	**357**	**1 362**	..	..	..	..	..

Tableau 5. Débarquements étrangers dans les ports nationaux *(suite)*

	2006	2007	2008	2009	2010	2011	2012	2013
VALEUR (USD)								
Total poissons	**936 000**	**825 000**	**4 005 000**	..	..	..	..	..
Saumon	..	..	..	..	..	..	..	..
Saumon rose	..	..	..	..	..	..	..	..
Saumon keta	..	..	..	..	..	..	..	..
Saumon rouge	..	..	..	..	..	..	..	..
Saumon argenté	..	..	..	..	..	..	..	..
Autres saumons	..	..	..	..	..	..	..	..
Poissons plats	..	..	..	..	..	..	..	..
Flétan	..	..	..	..	..	..	..	..
Flétan noir	..	..	..	..	..	..	..	..
Sole	..	..	..	..	..	..	..	..
Plie	..	..	..	..	..	..	..	..
Autres poissons plats	..	..	..	..	..	..	..	..
Poissons de fond	..	..	..	..	..	..	..	..
Morue (Atlantique et Pacifique)	..	..	..	..	..	..	..	..
Églefin	..	..	..	..	..	..	..	..
Lieu	..	..	..	..	..	..	..	..
Morue du Pacifique occidental	..	..	..	..	..	..	..	..
Merlan	..	..	..	..	..	..	..	..
Merlu (toutes espèces)	..	..	..	..	..	..	..	..
Sébaste	..	..	..	..	..	..	..	..
Autres poissons de fond	..	..	..	..	..	..	..	..
Pélagiques	..	..	..	..	..	..	..	..
Chinchard	..	..	..	..	..	..	..	..
Maquereau	..	..	..	..	..	..	..	..
Hareng (Atlantique et Pacifique)	..	..	..	..	..	..	..	..
Sardine	..	..	..	..	..	..	..	..
Autres pélagiques	..	..	..	..	..	..	..	..
Thons	936 000	825 000	4 005 000	..	..	..	..	..
Listao	..	..	..	..	..	..	..	..
Thon rouge (nord et sud)	..	..	..	..	..	..	..	..
Germon	936 000	825 000	4 005 000	..	..	..	..	..
Albacore	..	..	..	..	..	..	..	..
Thon obèse	..	..	..	..	..	..	..	..
Autres thons	..	..	..	..	..	..	..	..
Espadon	..	..	..	..	..	..	..	..
Autres poissons	..	..	..	..	..	..	..	..
Total crustacés	..	..	..	..	..	..	..	..
Homard et langouste	..	..	..	..	..	..	..	..
Langoustine	..	..	..	..	..	..	..	..
Crevette	..	..	..	..	..	..	..	..
Autres crustacés	..	..	..	..	..	..	..	..
Total coquillages et mollusques	..	..	..	..	..	..	..	..
Huître	..	..	..	..	..	..	..	..
Moule	..	..	..	..	..	..	..	..
Coquille St-Jacques	..	..	..	..	..	..	..	..
Bivalves	..	..	..	..	..	..	..	..
Autres coquillages (incl. buccins	..	..	..	..	..	..	..	..
Calmar	..	..	..	..	..	..	..	..
Seiche	..	..	..	..	..	..	..	..
Poulpe	..	..	..	..	..	..	..	..
Autres mollusques (incl. oursins)	..	..	..	..	..	..	..	..
Autres animaux marins	..	..	..	..	..	..	..	..
Plantes aquatiques	..	..	..	..	..	..	..	..
Algue brune	..	..	..	..	..	..	..	..
Algue rouge	..	..	..	..	..	..	..	..
Autres algues	..	..	..	..	..	..	..	..
Poisson pour transformation	..	..	..	..	..	..	..	..
TOTAL GÉNÉRAL	**936 000**	**825 000**	**4 005 000**	..	..	..	..	..

.. Non disponible

Note : Métadonnées détaillées : http://metalinks.oecd.org/fish/20150108/0ee2

Source : OCDE (2014), « Pêcheries : Débarquements étrangers dans les ports domestiques », Statistiques agricoles de l'OCDE (base de données). DOI: 10.1787/data-00224-fr

ÉTATS-UNIS

Tableau 6. Production de l'aquaculture

	2006	2007	2008	2009	2010	2011	2012	2013
VOLUME (TONNES)								
Poissons	**305 540**	**303 201**	**280 997**	**260 452**	**265 990**	**205 144**	..	..
Saumon de l'Atlantique	10 485	11 001	16 714	14 074	19 535	18 595	..	..
Saumon du Pacifique	..	..	..	..	..	..	..	..
Truite arc-en-ciel	22 525	22 249	16 213	16 640	15 401	15 112	..	..
dont : d'eau de mer	..	..	..	..	..	..	..	..
dont : d'eau douce	22 525	22 249	16 213	16 640	15 401	15 112	..	..
Truite de mer	..	..	..	..	..	..	..	..
Poisson plat	..	..	..	..	..	..	..	..
Dorade	..	..	..	..	..	..	..	..
Bar	..	..	..	..	..	..	..	..
Loup	258 049	255 781	233 564	215 888	217 205	157 942	..	..
Carpe	..	..	..	..	..	..	..	..
Tilapia	9 072	9 072	9 072	9 979	9 979	9 979	..	..
Anguille	..	..	..	..	..	..	..	..
Autres poissons	5 409	5 098	5 434	3 871	3 870	3 516	..	..
Coquillages et crustacés	**57 096**	**69 474**	**74 432**	**67 938**	**75 579**	**72 191**	..	..
Huître, comestible	10 000	9 500	14 748	14 536	16 721	12 062	..	..
Huître, perle	..	..	..	..	..	..	..	..
Moule	457	387	327	333	402	399	..	..
Coquille St.-Jacques	..	..	..	..	..	..	..	..
Bivalves	5 129	4 873	4 140	4 628	4 165	4 683	..	..
Crevette et bouquet	3 538	2 722	1 932	1 724	1 349	1 612	..	..
Autres coquillages et crustacés	37 972	51 992	53 285	46 717	52 942	53 435	..	..
Total poissons, coquillages et crustacés	**362 636**	**372 675**	**355 429**	**328 390**	**341 569**	**277 335**	..	..
Autres animaux marins	..	..	..	..	..	..	..	..
Plantes aquatiques	..	..	..	..	..	..	..	..
Algue brune	..	..	..	..	..	..	..	..
Algue rouge	..	..	..	..	..	..	..	..
Algue verte	..	..	..	..	..	..	..	..
Autres plantes aquatiques	..	..	..	..	..	..	..	..
TOTAL GÉNÉRAL	**362 636**	**372 675**	**355 429**	**328 390**	**341 569**	**277 335**	..	..
VALEUR (USD)								
Poissons	**605 943 000**	**590 208 000**	**572 083 400**	**544 405 000**	**603 634 000**	**629 703 000**	..	..
Saumon de l'Atlantique	42 569 000	40 814 000	68 206 000	61 219 000	98 986 000	104 038 000	..	..
Saumon du Pacifique	..	..	..	..	..	..	..	..
Truite arc-en-ciel	57 664 000	58 960 000	49 774 000	51 562 000	47 745 000	51 532 000	..	..
dont : d'eau de mer	..	..	..	..	..	..	..	..
dont : d'eau douce	57 664 000	58 960 000	49 774 000	51 562 000	47 745 000	51 532 000	..	..
Truite de mer	..	..	..	..	..	..	..	..
Poisson plat	..	..	..	..	..	..	..	..
Dorade	..	..	..	..	..	..	..	..
Bar	..	..	..	..	..	..	..	..
Loup	441 264 000	424 596 000	389 290 000	352 013 000	375 078 000	390 977 000	..	..
Carpe	..	..	..	..	..	..	..	..
Tilapia	34 383 000	34 383 000	34 383 000	52 988 000	52 988 000	53 900 000	..	..
Anguille	..	..	..	..	..	..	..	..
Autres poissons	30 063 000	31 455 000	30 430 400	26 623 000	28 837 000	29 256 000	..	..
Coquillages et crustacés	**287 113 000**	**252 674 000**	**318 053 000**	**311 456 000**	**397 224 000**	**421 905 000**	..	..
Huître, comestible	87 658 000	81 536 000	88 716 000	88 434 000	111 778 000	98 444 000	..	..
Huître, perle	..	..	..	..	..	..	..	..
Moule	7 126 000	4 474 000	6 879 000	6 730 000	6 633 000	7 254 000	..	..
Coquille St.-Jacques	..	..	..	..	..	..	..	..
Bivalves	75 357 000	65 754 000	86 587 000	87 043 000	95 458 000	104 337 000	..	..
Crevette et bouquet	16 346 000	12 004 000	8 520 000	7 603 000	5 949 000	6 145 000	..	..
Autres coquillages et crustacés	100 626 000	88 906 000	127 351 000	121 646 000	177 406 000	205 725 000	..	..
Total poissons, coquillages et crustacés	**893 056 000**	**842 882 000**	**890 136 400**	**855 861 000**	**1 000 858 000**	**1 051 608 000**	..	..
Autres animaux marins	..	..	..	..	..	..	..	..
Plantes aquatiques	..	..	..	..	..	..	..	..
Algue brune	..	..	..	..	..	..	..	..
Algue rouge	..	..	..	..	..	..	..	..
Algue verte	..	..	..	..	..	..	..	..
Autres plantes aquatiques	..	..	..	..	..	..	..	..
TOTAL GÉNÉRAL	**893 056 000**	**842 882 000**	**890 136 400**	**855 861 000**	**1 000 858 000**	**1 051 608 000**	..	..

.. Non disponible

Note : Métadonnées détaillées : http://metalinks.oecd.org/fish/20150108/28ba

Source : OCDE (2014), « Pêcheries : Production de l'aquaculture », Statistiques agricoles de l'OCDE (base de données). DOI: 10.1787/data-00225-fr

ÉTATS-UNIS

Tableau 7. Transferts financiers publics (TFP)

Milliers USD

	2006	2007	2008	2009	2010	2011	2012	2013
Total des TFP								
Pêche maritime	**1 793 833**	**1 985 497**	**2 084 409**	**1 579 743**	**1 878 461**	**2 429 860**	**2 356 426**	**765 435**
Paiements directs	135 305	145 455	263 600	415	59 956	14 000	..	..
Désarmement des navires et retrait des licences	..	..	..	..	..	..	..	..
Indemnisation des catastrophes	132 905	145 255	258 400	240	43 956	..	..	..
Aides : équipement, modernisation, construction de navire	..	..	..	..	..	..	..	..
Aide au revenu et assurance chômage	..	..	..	..	..	..	..	..
Autres paiements directs	2 400	200	5 200	175	16 000	14 000	..	..
Transferts réduisant les coûts	2 200	2 200	2 200	17 793	28 068	2 200	2 200	2 200
Prêts subventionnés : équipement, modernisation, construction de navire	2 200	2 200	2 200	2 200	2 200	2 200	2 200	2 200
Bonification d'intérêts	..	..	..	..	..	..	..	..
Exonération de taxe sur carburant	..	..	..	..	..	..	..	..
Ristourne et subvention à l'assurance	..	..	..	..	..	..	..	..
Allègement d'impôt sur le revenu, contrib. sociales impayées	..	..	..	..	..	..	..	..
Autres transferts réduisant les coûts	..	..	..	15 593	25 868	..	..	..
Services généraux	1 656 328	1 837 842	1 818 609	1 561 535	1 790 437	2 413 660	2 354 226	763 235
Gestion des pêcheries	667 227	683 461	667 151	642 875	825 661	729 332	671 302	683 141
Recherche halieutique	43 901	26 781	40 558	11 516	11 516	48 472	65 203	21 217
Police des pêches	927 200	1 109 600	1 092 900	900 660	946 776	1 090 591	983 790	960 531
Infrastructure des pêcheries	..	..	..	..	..	..	..	..
Autres services généraux	18 000	18 000	18 000	18 000	18 000	18 000	18 000	18 000
Recouvrement des coûts	..	..	..	..	..	..	..	..
Aquaculture	**65 623**	**56 635**	**60 303**	**15 210**	**19 798**	**13 079**	**..**	**..**
Paiements directs	26 518	18 950	22 227	8 764	11 400	4 693	..	..
Aides : développement aquacole	26 518	18 950	22 227	8 764	11 400	4 693	..	..
Indemnisation des catastrophes	..	..	..	..	..	..	..	..
Autres paiements directs	..	..	..	..	..	..	..	..
Transferts réduisant les coûts	..	..	..	..	..	..	..	..
Prêts subventionnés : développement aquacole	..	..	..	..	..	..	..	..
Autres transferts réduisant les coûts	..	..	..	..	..	..	..	..
Services généraux	39 105	37 685	38 076	6 446	8 398	8 386	..	..
Gestion, recherche et police de l'aquaculture	39 105	37 685	38 076	6 446	8 398	8 386	..	..
Infrastructure aquacole	..	..	..	..	..	..	..	..
Autres services généraux	..	..	..	..	..	..	..	..
Recouvrement des coûts	..	..	..	..	..	..	..	..
Commercialisation et transformation	**6 451**	**6 724**	**5 160**	**38 452**	**26 372**	**7 600**	**..**	**..**
Paiements directs	6 451	6 724	5 160	29 830	8 790	..	..	..
Aides : commercialisation et transformation	6 451	6 724	5 160	29 830	8 790	..	..	..
Autres paiements directs	..	..	..	..	..	..	..	..
Transferts réduisant les coûts	..	..	..	..	..	..	..	..
Prêts subventionnés : commercialisation et transformation	..	..	..	..	..	..	..	..
Autres transferts réduisant les coûts	..	..	..	..	..	..	..	..
Services généraux	..	..	..	8 622	17 582	7 600	..	..
Aquaculture	..	..	..	6 022	11 082	..	..	..
Autres services généraux	..	..	..	2 600	6 500	7 600	..	..
Recouvrement des coûts	..	..	..	..	..	..	..	..
Total	**1 865 907**	**2 048 856**	**2 149 872**	**1 677 251**	**1 947 437**	**2 502 211**	**..**	**..**

.. Non disponible

Note : Métadonnées détaillées : http://metalinks.oecd.org/fish/20150108/755c

Source : OCDE (2014), « Pêcheries : Transferts financiers publics », Statistiques agricoles de l'OCDE (base de données). DOI: 10.1787/data-00220-fr

ÉTATS-UNIS

Tableau 8. Importations par produit

		2009		2010		2011		2012		2013	
		Tonnes	USD	Tonnes	USD	Tonnes	USD	Tonnes	USD	Tonnes	USD
03	**Poisson, crustacés et mollusques**	**..**	**10 639 903 370**	**..**	**11 824 594 990**	**..**	**13 351 930 430**	**..**	**13 347 118 620**	**..**	**14 714 605 050**
0302	**Poisson, frais ou réfrigéré, excl. 0304**	**188 261 818**	**1 182 513 839**	**202 289 154**	**1 327 524 309**	**183 208 944**	**1 330 268 074**	**195 332 779**	**1 360 063 710**	**186 480 850**	**1 505 992 009**
030211	Truite	1 968 660	13 243 401	2 216 875	15 396 724	2 113 405	15 631 151	1 920 870	15 095 055	2 028 143	17 470 452
030212	Saumon (Pacifique, Atlantique et Danube)	93 467 579	589 868 177	98 908 771	667 861 973	92 920 704	644 093 309	105 062 021	632 866 580	94 503 239	732 988 187
030219	Salmonidés nra	60 681	597 482	28 170	311 907	18 483	209 418	173 172	1 256 469	116 180	1 215 200
030221	Flétan	3 815 116	43 017 219	3 968 730	51 900 408	4 106 928	60 638 478	4 421 353	63 950 244	4 434 863	64 207 919
030222	Plie, carrelet	2 767	5 560	..	..	55 989	408 727	1 275	25 322	3 654	52 459
030223	Sole	292 917	5 775 976	250 396	6 024 699	242 822	5 748 722	247 215	6 118 259	474 643	6 756 365
030229	Poissons plats nra	928 214	3 328 782	1 647 887	5 698 086	1 202 104	4 980 705	1 107 776	5 986 436	932 230	6 425 023
030231	Thon blanc/germon	718 393	4 772 480	519 775	3 674 544	668 684	5 104 824	747 669	5 830 211	856 640	6 125 947
030232	Albacore (thon jaune)	14 198 674	145 852 899	15 984 873	162 710 634	15 635 232	178 867 607	15 798 675	188 844 287	16 047 445	196 045 997
030233	Listaos/bonite à ventre rayé	20 278	45 724	35 702	96 434	1 668	59 873	23 413	65 208	38 035	150 987
030239	Thonidés nra	5 989 962	67 436 855	4 802 237	58 150 935	3 894 031	52 374 117	4 614 790	64 441 812	4 959 328	69 045 812
030240	Hareng	2 107 209	957 224	4 665 006	1 527 262	531 022	363 622	623 115	746 575	329 062	335 533
030250	Morue	925 247	3 117 277	1 272 755	4 348 490	843 834	3 528 554	1 152 065	6 002 837	1 950 404	10 777 936
030261	Sardines	886 877	701 319	1 469 761	859 633	2 053 193	1 045 146	601 484	435 072	97 573	337 816
030262	Églefin	10 453 583	25 100 312	9 091 945	21 768 096	6 381 941	17 498 611	3 277 024	9 878 755	2 257 115	7 059 475
030263	Lieu noir	441 475	820 390	517 359	1 163 524	78 443	152 550	19 203	24 680	88 050	24 411
030264	Maquereau	384 171	1 671 214	579 444	2 706 488	264 549	1 773 091	84 889	483 276	171 381	580 469
030265	Aiguillat et autres squalidés	299 475	557 175	131 060	436 701	89 466	352 405	102 826	430 082	435 849	686 875
030266	Anguille	16 153	189 597	18 157	135 503	5 400	106 441	40 314	697 358	1 250	21 398
030269	Poisson nra	51 226 523	274 763 174	56 122 730	322 380 724	52 000 171	336 551 211	55 160 721	355 417 178	56 655 548	385 069 200
030270	Foies, oeufs et laitances	57 864	691 602	57 521	371 544	100 875	779 512	152 909	1 468 014	100 218	614 548
0303	**Poisson, congelé, excl. 0304**	**154 641 999**	**506 518 315**	**146 702 290**	**520 877 252**	**149 324 332**	**579 034 687**	**140 553 475**	**562 308 599**	**158 286 465**	**600 503 270**
030319	Saumon, Pacifique	1 511 423	7 901 194	..	..	..	..	..	..	..	..
030321	Truite	615 282	2 709 829	641 026	3 249 533	377 796	1 849 337	477 835	2 608 648	412 718	2 477 041
030322	Saumon (Atlantique et Danube)	3 564 028	20 679 664	..	..	..	..	..	..	..	..
030329	Salmonidés	109 746	710 241	220 334	1 389 225	87 609	774 851	454 634	2 382 229	100 738	417 041
030331	Flétan	1 284 903	9 348 732	1 823 414	11 372 978	1 422 927	12 645 393	841 763	11 247 178	734 927	7 401 181
030332	Plie, carrelet	525	6 998	2 182	7 921	89 044	323 795	63 059	323 667	238 332	701 128
030333	Sole	889 264	6 214 626	1 112 572	8 441 217	737 489	7 542 727	798 914	9 969 120	591 331	8 865 379
030339	Poisson plat nra	813 113	2 773 769	983 877	2 623 617	1 569 422	3 773 723	1 122 175	3 115 720	3 873 753	11 672 302
030341	Thon blanc/germon	1 492 683	3 605 710	1 860 276	5 368 772	3 793 488	7 244 198	1 178 270	2 661 960	2 198 876	4 310 272
030342	Albacore (thon jaune)	2 868 079	25 592 668	2 159 642	17 757 217	2 451 087	18 193 653	2 076 144	26 422 133	2 654 736	25 500 104
030343	Listao/bonite à ventre rayé	498 272	653 075	542 945	857 816	593 557	983 496	866 733	1 180 224	272 458	544 596
030349	Thonidés nra	1 666 021	6 205 821	540 719	4 824 000	831 845	5 759 194	1 083 376	4 674 505	1 022 456	4 145 341
030350	Hareng	1 614 332	2 526 495	2 216 325	3 147 348	2 587 787	4 098 907	2 432 000	4 027 450	2 295 394	3 425 421
030360	Morue	519 750	1 212 798	600 551	1 674 989	121 705	479 572	420 024	2 173 478	465 486	1 662 846
030371	Sardines, sardinelles	3 628 824	2 690 481	3 428 439	3 901 277	2 867 827	2 920 646	1 999 648	2 433 814	1 415 240	2 478 544
030372	Églefin	4 706 405	12 426 516	4 956 427	15 780 702	8 134 464	27 021 462	10 073 266	32 125 456	7 053 234	25 694 241
030373	Lieu noir	166 913	560 912	80 066	227 865	..	..	38 669	72 611	37 687	94 452
030374	Maquereau	6 769 095	21 169 424	9 790 898	32 284 596	8 890 657	27 303 430	6 369 997	19 966 723	6 475 728	19 757 785
030375	Aiguillat et autres squalidés	131 358	1 586 307	33 964	1 233 466	86 383	1 381 860	53 472	142 612	2 928	54 169
030376	Anguille	755 117	6 584 223	554 554	5 289 366	480 874	5 123 986	240 753	2 133 784	259 629	2 087 874
030377	Bar (loup)	779 788	4 440 961	90 681	920 137	70 572	538 841	401 396	2 163 623	2 981 151	11 362 042
030378	Merlu	1 209 945	2 699 542	700 464	1 986 387	845 162	2 550 075	1 264 535	3 487 895	1 033 729	2 634 755
030379	Poisson nra	117 281 841	353 290 774	108 801 343	357 250 873	107 655 848	406 895 706	102 937 468	391 651 655	115 762 908	405 615 529
030380	Foies, oeufs et laitances	1 657 537	10 121 700	1 348 343	10 511 020	1 723 712	11 881 589	1 261 965	9 759 463	1 177 027	7 403 606
0304	**Filets de poisson et autre chair de poisson**	**634 580 757**	**3 646 195 008**	**666 942 954**	**4 015 879 532**	**685 518 207**	**4 527 855 159**	**752 333 725**	**4 984 175 996**	**765 498 404**	**5 158 674 077**
030410	Filets et autre chair de poisson, frais ou réfrigéré	123 015 509	1 166 042 890	110 757 249	1 175 669 801	120 417 186	1 282 980 234	156 062 462	1 400 888 315	170 489 437	1 796 820 316
030420	Filets de poissons, congelé	498 473 772	2 441 220 028	540 324 782	2 786 603 960	552 626 818	3 176 307 302	576 106 653	3 441 448 381	580 641 749	3 264 763 296
030490	Chair de poisson nra, congelé	13 091 476	38 932 090	15 860 923	53 605 771	12 474 203	68 567 623	20 164 610	141 839 300	14 367 218	97 090 465
0305	**Poisson, séché, salé, fumé, ou en saumure**	**35 371 932**	**249 895 110**	**35 075 933**	**246 434 266**	**33 976 662**	**267 018 724**	**35 100 923**	**287 224 298**	**34 947 860**	**281 179 081**
030510	Farine de poisson, consommation humaine	37 337	502 118	50 669	544 299	106 773	1 505 957	113 331	1 525 934	61 830	845 189
030520	Foies, oeufs et laitances	395 520	4 183 049	391 702	4 733 920	355 612	5 317 244	367 164	5 372 086	347 255	4 746 770
030530	Filets de poisson (non fumé)	15 324 243	79 161 918	14 643 601	69 659 481	14 456 505	71 445 304	12 286 828	61 153 896	14 558 696	68 852 139
030541	Saumon (Pacifique, Atlantique et Danube), fumé	4 275 799	60 165 938	4 493 119	67 037 937	4 822 713	84 913 915	5 198 176	88 983 838	5 254 708	105 674 894
030542	Hareng, fumé	762 722	3 578 987	..	..	..	..	..	..	..	..
030549	Poisson nra, fumé	5 726 266	49 928 089	4 977 471	41 579 791	4 324 980	39 941 532	5 428 323	53 874 772	2 297 692	23 398 512
030551	Morue, séché, non fumé	1 048 737	10 445 174	1 524 560	12 461 194	1 622 181	13 390 727	2 014 722	17 586 743	2 484 301	20 127 872
030559	Poisson nra, séché, salé, non fumé	2 927 009	20 684 631	2 814 306	22 836 357	2 918 790	25 596 914	2 507 031	20 956 457	2 028 791	17 396 151
030561	Hareng, salé ou en saumure	386 725	1 012 910	569 970	1 715 319	680 905	2 412 953	287 984	1 208 163	111 982	363 855
030562	Morue, salé ou en saumure	674 121	4 878 798	668 049	5 089 108	538 403	4 464 358	591 183	5 991 976	609 885	5 995 107
030563	Anchois, salé ou en saumure	792 858	2 178 281	630 130	1 821 619	452 810	1 732 151	994 326	4 137 949	1 051 883	4 354 096
030569	Poisson nra, salé ou en saumure	2 921 119	13 175 217	3 459 868	15 399 016	2 820 617	12 577 422	4 318 348	21 747 024	5 280 855	24 605 897

Tableau 8. Importations par produit *(suite)*

		2009		2010		2011		2012		2013	
		Tonnes	USD	Tonnes	USD	Tonnes	USD	Tonnes	USD	Tonnes	USD
0306	**Crustacés**	**529 646 610**	**4 362 846 873**	**530 324 371**	**4 957 189 288**	**540 044 260**	**5 717 275 497**	**533 147 874**	**5 240 009 845**	**527 387 709**	**6 137 150 169**
030611	Langoustes et autres palinuridés, congelé	9 562 828	207 177 368	11 590 982	277 682 167	9 911 213	259 000 783	8 856 680	222 818 364	9 184 442	230 896 454
030612	Homard nra	9 201 049	232 178 824	12 460 926	352 175 371	13 355 046	374 423 413	15 681 618	396 337 881	15 669 403	387 440 069
030613	Crevettes, congelé	406 727 814	2 896 343 841	415 212 558	3 378 839 496	430 169 378	3 994 686 268	419 702 785	3 607 677 924	395 731 586	4 284 360 517
030614	Crabes, congelé	75 391 277	697 708 253	60 428 255	616 945 027	56 998 099	743 562 877	57 469 056	650 361 693	73 531 791	848 861 758
030619	Crustacés nra, congelé	2 062 720	22 033 388	3 974 151	27 787 432	2 466 433	22 775 735	4 517 165	32 983 853	5 128 023	36 082 401
030621	Langoustes et autres palinuridés (non congelé)	16 781	466 087	25 995	764 546	11 915	356 881	89 376	2 329 290	71 025	1 508 031
030622	Homard nra (non congelé)	21 297 033	251 000 950	21 327 090	246 387 302	22 787 036	272 784 941	23 142 635	278 619 159	25 327 840	314 004 933
030623	Crevettes (non congelé)	1 912 489	25 373 851	1 751 605	22 547 152	2 388 605	30 789 141	1 925 366	29 903 978	1 453 489	16 021 706
030624	Crabes (non congelé)	3 288 195	29 151 450	3 414 245	32 810 553	1 625 269	17 097 098	1 715 331	18 225 327	1 181 452	16 807 015
030629	Crustacés nra (non congelé)	186 424	1 412 861	138 564	1 250 242	331 266	1 798 360	47 862	752 376	108 658	1 167 285
0307	**Mollusques**	**133 359 142**	**623 848 571**	**141 028 850**	**692 175 256**	**150 348 096**	**866 654 099**	**148 442 319**	**840 699 538**	**153 807 198**	**960 462 608**
030710	Huîtres	4 047 410	20 590 375	5 329 214	26 019 912	5 364 943	31 053 188	4 400 885	24 380 994	4 955 987	34 684 351
030721	St-Jacques, vi, fr, ou ré	1 548 046	19 607 779	2 434 574	28 544 660	3 176 709	49 174 065	1 855 066	37 609 920	2 668 531	61 152 082
030729	St-Jacques, co, sc, sl, ou sm	22 863 199	210 589 003	20 437 128	208 926 349	21 990 372	249 962 331	13 371 124	185 796 710	24 480 730	311 080 538
030731	Moules, vi, fr, ou ré	12 647 608	33 129 722	13 429 263	34 637 415	14 644 874	38 872 735	15 309 588	40 719 642	14 895 091	41 283 688
030739	Moules, co, sc, sl, ou sm	13 235 407	45 307 475	12 398 482	41 943 849	14 300 250	59 253 376	15 493 589	63 937 397	13 272 922	58 118 982
030741	Seiches, encornets et calmars, vi, fr, ou ré	694 010	2 498 609	905 213	3 404 549	662 750	2 904 134	716 800	3 212 597	532 396	1 754 382
030749	Seiches, encornets et calmars, co, sc, sl, ou sm	51 036 311	162 566 087	60 344 537	221 084 561	61 348 140	271 725 099	67 501 191	298 294 277	65 886 631	268 517 245
030751	Poulpe, vi, fr, ou ré	92 098	467 971	34 717	240 284	24 732	177 601	104 770	571 348	1 635	43 808
030759	Poulpe, co, sc, sl, ou sm	14 059 109	52 732 113	12 075 582	45 232 322	15 248 477	79 767 073	14 463 589	86 498 472	11 988 890	59 060 789
030760	Escargots (autres que de mer)	136 927	725 538	127 891	577 076	143 942	557 892	86 462	448 212	174 629	959 240
030791	Mollusques nra, vi, fr, ou ré	6 940 867	29 290 633	8 019 651	32 305 034	7 917 955	32 536 390	8 835 381	33 904 163	8 577 590	40 155 959
030799	Mollusques nra, co, sc, sl, ou sm	6 058 150	46 343 266	5 492 598	49 259 245	5 524 952	50 670 215	6 303 874	65 325 806	6 372 166	83 651 544
121220	**Algues**	**26 394 202**	**74 341 544**	**28 933 387**	**77 478 621**	**31 355 686**	**89 334 328**	**27 250 481**	**96 562 393**	**30 091 306**	**114 639 761**
1504	**Graisses, huiles et leurs fractions**	**15 582 035**	**92 366 785**	**20 530 896**	**97 973 093**	**22 115 976**	**107 364 719**	**23 618 439**	**116 672 583**	**24 058 750**	**132 485 811**
150410	Huiles de foies de poisson, et fractions	1 883 498	17 148 208	1 893 315	16 713 499	1 687 915	15 978 459	2 279 844	19 081 243	2 318 300	18 882 797
150420	Graisses et huiles de poisson, et fractions	13 698 515	75 211 425	18 637 581	81 259 594	20 428 061	91 386 260	21 336 747	97 399 738	21 739 769	113 593 170
150430	Graisses et huiles de mammifère marin, et fractions	22	7 152	..	..	..	..	1 848	191 602	681	9 844
1604	**Préparations et conserves de poisson; caviars et succédanés**	**341 880 206**	**1 259 433 812**	**379 423 067**	**1 442 386 009**	**364 386 430**	**1 585 381 608**	**350 984 218**	**1 832 028 807**	**341 364 914**	**1 765 955 246**
160411	Saumon, non haché	10 337 921	60 754 116	7 733 508	48 989 497	6 474 667	52 980 279	7 278 777	59 620 629	11 603 103	78 013 454
160412	Hareng, non haché	8 727 628	27 698 460	9 483 362	31 048 669	10 401 906	34 567 088	11 104 704	38 824 720	12 438 401	39 501 247
160413	Sardines, sardinelles, sprats, esprots, non haché	28 048 388	87 697 565	28 305 619	94 902 687	29 579 315	103 288 767	30 200 494	121 070 869	27 420 014	120 280 499
160414	Thons, listaos, sardes, non haché	230 801 757	798 293 834	266 653 198	950 600 398	247 845 021	1 037 957 902	234 259 838	1 233 514 708	225 570 843	1 179 298 202
160415	Maquereau, non haché	10 264 141	26 013 147	8 828 692	23 723 322	12 470 563	34 320 382	12 383 291	40 784 415	9 804 777	28 200 558
160416	Anchois, non haché	3 251 480	25 551 064	3 557 319	28 904 510	3 098 535	29 248 470	3 311 742	32 098 327	2 452 825	26 692 961
160419	Poisson nra, non haché	15 486 731	92 803 402	14 572 779	97 692 115	13 064 774	103 591 999	13 088 808	121 144 789	11 459 937	103 870 878
160420	Poisson, haché	34 222 855	128 191 133	39 622 065	151 343 474	40 687 834	173 532 183	38 537 962	167 647 836	39 573 034	169 615 759
160430	Caviar et succédanés	739 305	12 431 091	666 525	15 181 337	763 815	15 894 538	818 602	17 322 514	1 041 980	20 481 688
1605	**Préparations et conserves de crustacés**	**232 147 122**	**1 838 413 332**	**246 426 055**	**2 072 580 703**	**238 474 012**	**2 371 018 001**	**213 837 239**	**2 206 011 285**	**212 804 007**	**2 292 886 346**
160510	Crabes	34 132 825	462 837 879	37 049 571	553 359 673	34 642 497	619 230 474	37 096 282	699 601 915	33 347 733	588 795 993
160520	Crevettes	143 931 097	1 026 526 318	144 362 922	1 073 758 824	144 431 237	1 316 470 161	113 124 987	985 433 845	111 716 415	1 178 587 012
160530	Homard	4 971 148	102 070 497	7 006 964	159 619 112	7 136 658	177 160 582	8 597 504	214 323 126	8 203 557	199 492 991
160540	Crustacés nra	10 996 089	87 029 846	15 242 244	108 909 011	4 984 948	38 372 955	12 400 752	111 401 359	15 617 109	129 096 972
230120	**Farine de poisson**	**34 805 000**	**31 182 588**	**39 123 000**	**59 447 100**	**34 409 000**	**51 180 658**	**43 333 000**	**59 574 527**	**47 465 000**	**77 008 422**
	TOTAL	**1 907 460 464**	**13 867 555 777**	**2 436 799 957**	**15 574 460 519**	**2 433 161 605**	**17 556 209 742**	**2 463 934 472**	**17 657 968 216**	**..**	**19 097 580 636**

.. Non disponible

Note : nra : non répertorié ailleurs. vi : vivant. fr : frais. ré : réfrigéré. co : congelé. sc : séché. sl : salé. sm : en saumure.

Métadonnées détaillées : http://metalinks.oecd.org/fish/20150108/7550

Source : OCDE (2014), « Pêcheries : Commerce par produit », Statistiques agricoles de l'OCDE (base de données). DOI: 10.1787/data-00677-fr

ÉTATS-UNIS

Tableau 9. Exportations par produit

		2009		2010		2011		2012		2013	
		Tonnes	USD	Tonnes	USD	Tonnes	USD	Tonnes	USD	Tonnes	USD
03	**Poisson, crustacés et mollusques**	..	**3 305 948 489**	..	**3 794 793 948**	..	**4 792 815 892**	..	**4 706 685 707**	..	**4 775 449 669**
0302	**Poisson, frais ou réfrigéré, excl. 0304**	**83 449 326**	**284 308 596**	**88 445 200**	**343 885 484**	**69 472 977**	**266 112 354**	**83 855 507**	**269 992 704**	**54 273 874**	**227 219 366**
030211	Truite	353 146	1 672 007	246 400	1 247 987	213 443	1 171 475	381 359	2 293 552	361 632	1 968 732
030212	Saumon (Pacifique, Atlantique et Danube)	11 239 901	56 063 324	17 136 938	86 587 646	12 508 558	56 886 743	15 821 431	78 202 766	15 618 390	82 087 151
030219	Salmonidés nra	338 315	1 472 736	293 742	1 494 483	220 063	1 114 728	599 842	2 644 203	823 925	4 400 255
030221	Flétan	5 604 967	44 906 113	4 980 325	53 498 171	2 892 433	36 431 729	2 297 270	26 270 291	2 157 718	24 566 118
030222	Plie, carrelet	281 513	539 939	28 033	356 839	7 212	92 875	6 772	79 224	1 091	20 789
030223	Sole	107 957	634 645	125 723	975 450	59 290	455 500	70 731	594 441	111 773	953 558
030229	Poissons plats nra	9 287 521	15 993 976	14 146 237	24 169 330	7 158 761	12 412 158	4 717 142	7 654 494	125 306	496 715
030231	Thon blanc/germon	416 856	1 016 882	1 269 656	3 250 706	566 447	1 561 506	1 256 220	4 455 371	1 481 127	4 882 472
030232	Albacore (thon jaune)	220 779	2 510 297	211 385	2 309 518	274 553	2 985 177	308 503	3 295 296	221 533	2 500 629
030233	Listaos/bonite à ventre rayé	206 873	542 289	194 015	565 256	184 518	559 612	46 465	170 968	10 014	37 469
030239	Thonidés nra	925 406	7 440 090	1 214 546	9 728 266	1 055 044	8 327 810	1 269 327	7 122 293	616 646	4 192 542
030240	Hareng	9 087 470	9 560 817	10 812 230	26 878 662	6 255 178	6 702 735	2 943 015	3 196 471	3 267 084	3 517 854
030250	Morue	20 326 194	60 426 973	17 437 424	47 503 565	16 695 449	47 019 651	8 400 254	25 478 210	2 109 953	7 401 662
030261	Sardines	6 941 787	7 226 188	3 646 927	4 756 533	5 405 618	6 059 570	30 433 258	26 566 341	13 827 684	12 746 473
030262	Églefin	412 628	2 359 309	630 376	2 904 681	223 783	499 912	182 756	426 949	99 431	218 174
030263	Lieu noir	528 102	874 444	273 118	476 565	1 056 249	1 937 988	795 039	1 488 568	182 919	309 953
030264	Maquereau	4 561 115	6 085 396	3 613 129	4 837 546	1 116 307	2 241 487	1 331 802	2 428 309	1 336 544	2 219 142
030265	Aiguillat et autres squalidés	1 289 454	5 274 576	996 807	4 171 626	1 112 008	5 083 748	1 586 754	6 638 060	1 050 155	5 188 527
030266	Anguille	498	7 066	29 783	150 156	7 954	96 319	200 134	521 965	93 824	221 839
030269	Poisson nra	9 981 350	52 278 985	9 894 513	60 110 272	11 042 582	64 860 778	9 593 354	61 149 327	9 326 485	59 152 394
030270	Foies, oeufs et laitances	1 337 494	7 422 544	1 263 893	7 912 226	1 417 527	9 610 853	1 614 079	9 315 605	1 450 640	10 136 918
0303	**Poisson, congelé, excl. 0304**	**518 599 533**	**1 336 461 629**	**556 265 473**	**1 525 899 379**	**661 949 418**	**1 983 794 968**	**684 114 513**	**1 958 275 894**	**745 511 375**	**2 083 171 014**
030319	Saumon, Pacifique	80 029 613	218 245 026	..	..	..	..	..	..	..	..
030321	Truite	85 315	368 887	51 879	198 412	9 166	49 506	29 291	129 083	12 504	49 243
030322	Saumon (Atlantique et Danube)	186 530	1 201 365	..	..	..	..	..	..	..	..
030329	Salmonidés	4 045 574	7 490 255	5 806 656	12 041 982	2 044 786	4 203 347	1 264 595	2 947 863	1 328 272	2 940 821
030331	Flétan	3 725 883	21 482 715	4 762 033	27 407 114	5 639 729	29 860 443	4 650 160	20 410 429	2 059 810	11 427 301
030332	Plie, carrelet	3 383 548	5 220 117	3 116 637	4 548 950	4 241 375	6 193 972	2 833 471	3 952 633	4 699 130	5 484 377
030333	Sole	6 267 811	10 621 835	15 109 993	24 324 559	2 524 193	5 751 722	3 936 281	7 881 553	6 647 267	13 181 049
030339	Poisson plat nra	79 174 689	90 870 012	79 438 322	101 886 400	67 377 136	87 926 175	66 593 661	92 089 262	108 141 309	164 666 199
030341	Thon blanc/germon	9 093 303	22 579 183	8 528 728	23 306 711	9 638 752	23 492 809	9 766 796	26 429 728	13 739 702	34 667 363
030342	Albacore (thon jaune)	274 498	661 763	69 669	333 085	56 197	231 475	534 604	1 903 777	538 189	1 717 051
030343	Listao/bonite à ventre rayé	529 979	710 064	125 672	166 370	13 926	50 288	292 741	1 167 081	575 250	3 395 854
030349	Thonidés nra	6 003 591	18 707 399	4 215 461	13 827 325	4 257 448	13 653 358	1 578 307	7 234 009	440 752	2 304 220
030350	Hareng	44 227 109	57 073 941	30 742 345	39 460 678	41 115 127	51 475 935	30 608 298	38 340 157	43 141 266	60 963 800
030360	Morue	42 164 225	114 660 390	60 167 717	185 360 631	81 903 687	275 011 290	89 317 935	291 385 440	91 864 156	274 008 287
030371	Sardines, sardinelles	40 338 705	30 971 622	35 938 529	24 285 394	31 688 894	25 188 639	63 962 930	51 242 573	38 058 880	32 013 097
030372	Églefin	46 638	107 302	58 960	139 961	181 362	392 520	145 276	369 769	58 094	149 760
030373	Lieu noir	455 086	1 084 095	453 257	862 221	182 802	449 015	51 530	107 198	304 586	517 266
030374	Maquereau	12 158 275	12 458 280	6 726 855	6 721 111	1 379 771	1 526 092	3 672 574	3 644 528	6 004 216	6 406 073
030375	Aiguillat et autres squalidés	1 430 371	4 894 347	2 271 785	8 515 841	3 243 345	11 686 895	2 942 151	11 357 644	3 529 030	14 141 531
030376	Anguille	2 029 822	3 807 917	1 912 075	3 482 118	1 256 315	2 060 603	1 031 919	2 108 010	442 728	3 552 773
030377	Bar (loup)	151 269	604 064	137 518	582 145	439 438	1 608 908	295 888	1 109 843	364 933	1 476 927
030378	Merlu	35 713 557	69 265 769	40 736 316	83 272 029	63 816 046	125 670 753	31 218 696	64 178 825	53 435 261	93 546 680
030379	Poisson nra	81 693 869	219 003 780	90 792 537	223 998 922	145 343 593	384 866 215	236 498 114	657 206 525	172 325 558	494 963 302
030380	Foies, oeufs et laitances	29 812 914	268 566 093	27 339 806	254 206 484	44 343 740	377 962 041	36 418 013	326 718 160	38 394 451	391 970 392
0304	**Filets de poisson et autre chair de poisson**	**228 001 787**	**705 642 877**	**247 664 494**	**779 628 820**	**380 696 582**	**1 092 995 424**	**310 811 566**	**956 986 213**	**345 300 734**	**964 530 819**
030410	Filets et autre chair de poisson, frais ou réfrigéré	3 453 636	25 557 669	4 499 738	32 975 171	6 533 115	50 653 811	8 612 757	67 713 224	9 759 971	73 615 307
030420	Filets de poissons, congelé	125 318 359	431 178 423	118 680 616	406 069 567	209 444 055	650 870 791	115 676 480	401 290 301	137 526 259	445 335 106
030490	Chair de poisson nra, congelé	99 229 792	248 906 785	124 484 140	340 584 082	164 719 412	391 470 822	186 522 329	487 982 688	198 014 504	445 580 406
0305	**Poisson, séché, salé, fumé, ou en saumure**	**18 733 680**	**49 822 890**	**14 287 479**	**43 038 827**	**18 878 563**	**51 368 494**	**21 975 782**	**59 286 764**	**8 056 661**	**31 562 636**
030510	Farine de poisson, consommation humaine	15 033 783	20 975 752	11 167 549	18 587 690	14 900 240	23 012 999	16 419 229	27 045 222	1 133 764	1 177 359
030520	Foies, oeufs et laitances	1 829 065	18 081 562	1 447 777	13 903 634	1 256 333	14 414 466	845 728	13 615 946	759 965	10 371 967
030530	Filets de poisson (non fumé)	154 999	713 640	110 052	642 619	185 255	846 295	444 320	1 249 552	209 704	589 727
030541	Saumon (Pacifique, Atlantique et Danube), fumé	78 477	1 135 321	99 715	1 673 428	282 336	3 409 792	284 109	3 804 172	244 935	3 744 586
030542	Hareng, fumé	22 515	132 330	..	..	..	..	..	..	..	..
030549	Poisson nra, fumé	324 176	2 043 750	305 195	2 018 944	220 742	1 798 947	95 950	1 228 916	100 608	1 183 352
030551	Morue, séché, non fumé	251 242	696 185	264 911	677 743	499 669	1 459 827	2 742 880	7 563 280	3 202 584	8 128 285
030559	Poisson nra, séché, salé, non fumé	257 066	3 794 071	104 982	3 384 570	395 547	3 728 336	765 397	3 602 645	703 160	2 975 656
030561	Hareng, salé ou en saumure	13 544	90 361	10 076	55 524	0	0	27 843	133 111	16 827	52 308
030562	Morue, salé ou en saumure	224 968	741 005	118 552	431 518	314 752	702 352	194 065	497 464	403 776	905 368
030563	Anchois, salé ou en saumure	31 914	140 892	12 171	46 026	36 433	224 540	31 165	217 832	74 179	453 855
030569	Poisson nra, salé ou en saumure	521 015	1 333 212	638 679	1 582 265	772 218	1 738 497	124 253	323 179	1 191 529	1 881 947

Tableau 9. Exportations par produit (*suite*)

		2009		2010		2011		2012		2013	
		Tonnes	USD	Tonnes	USD	Tonnes	USD	Tonnes	USD	Tonnes	USD
0306	**Crustacés**	**44 354 589**	**508 761 267**	**55 684 445**	**626 276 646**	**72 313 406**	**796 599 776**	**89 591 781**	**846 787 866**	**83 954 005**	**881 588 363**
030611	Langoustes et autres palinuridés, congelé	297 433	6 505 773	1 542 349	34 179 909	763 434	17 897 801	509 020	10 438 500	1 256 731	31 927 986
030612	Homard nra	918 732	15 729 777	1 111 615	19 512 852	2 356 792	48 459 308	1 622 464	34 324 090	2 615 051	56 017 847
030613	Crevettes, congelé	3 556 682	32 229 158	2 746 825	26 535 161	4 486 175	39 620 304	7 056 135	58 909 932	7 358 935	64 858 187
030614	Crabes, congelé	10 284 513	122 663 683	10 160 211	135 208 221	13 430 352	177 573 480	17 360 662	202 105 732	12 583 860	159 251 398
030619	Crustacés nra, congelé	96 033	822 999	47 582	1 017 482	70 761	979 250	162 928	1 790 493	299 894	3 485 990
030621	Langoustes et autres palinuridés (non congelé)	153 940	1 989 957	454 766	6 063 559	777 332	9 926 095	628 118	9 507 068	810 520	14 625 908
030622	Homard nra (non congelé)	22 183 920	289 423 001	30 337 771	344 160 505	36 703 519	417 810 121	45 092 372	438 514 368	43 046 877	445 096 200
030623	Crevettes (non congelé)	927 217	13 384 106	1 533 121	20 003 401	1 603 895	24 045 678	1 367 840	23 529 782	1 580 264	30 660 023
030624	Crabes (non congelé)	5 929 250	25 964 901	7 747 641	39 573 270	12 119 769	60 269 889	15 692 440	66 301 332	14 324 422	74 618 674
030629	Crustacés nra (non congelé)	6 869	47 912	2 564	22 286	1 377	17 850	99 802	1 366 569	77 451	1 046 150
0307	**Mollusques**	**116 246 336**	**382 924 524**	**156 938 509**	**440 625 894**	**175 186 115**	**553 005 397**	**142 730 156**	**550 250 674**	**122 387 385**	**507 783 397**
030710	Huîtres	2 904 899	19 558 055	3 469 157	22 199 298	4 713 777	27 042 851	3 442 420	23 359 208	3 292 180	22 072 087
030721	St-Jacques, vi, fr, ou ré	3 824 254	58 784 631	3 869 129	60 782 069	5 875 146	86 890 176	3 739 373	53 296 754	2 812 593	36 717 685
030729	St-Jacques, co, sc, sl, ou sm	5 531 584	70 138 922	5 847 108	82 302 213	6 433 952	101 356 291	8 784 781	134 140 502	6 561 016	111 138 358
030731	Moules, vi, fr, ou ré	469 909	1 908 055	305 772	1 182 150	387 852	1 413 336	248 924	990 452	291 571	989 278
030739	Moules, co, sc, sl, ou sm	207 404	723 316	176 822	611 695	129 511	576 054	166 962	731 352	168 512	672 774
030741	Seiches, encornets et calmars, vi, fr, ou ré	458 317	1 153 792	248 566	821 047	486 784	1 269 226	818 763	1 973 663	184 279	676 880
030749	Seiches, encornets et calmars, co, sc, sl, ou sm	95 324 490	129 056 874	135 384 597	170 360 252	147 689 846	206 963 474	113 895 229	173 260 241	95 899 839	146 465 086
030751	Poulpe, vi, fr, ou ré	6 892	32 627	3 823	10 563	6 731	51 411	9 709	75 463	0	0
030759	Poulpe, co, sc, sl, ou sm	389 359	1 311 190	287 708	902 476	451 175	1 744 656	429 676	1 783 761	152 559	737 427
030760	Escargots (autres que de mer)	39 154	194 316	13 676	67 340	54 742	237 117	1 315	12 963	76 477	440 892
030791	Mollusques nra, vi, fr, ou ré	5 677 858	88 354 463	5 436 099	84 543 702	6 259 330	99 403 132	6 728 413	114 163 971	8 206 901	127 498 238
030799	Mollusques nra, co, sc, sl, ou sm	1 412 216	11 708 283	1 896 052	16 843 089	2 697 269	26 057 673	4 464 591	46 462 344	4 741 458	60 374 692
121220	**Algues**	**1 264 691**	**15 728 260**	**1 291 772**	**15 393 602**	**1 376 541**	**16 914 108**	**1 233 465**	**14 306 900**	**1 388 758**	**16 088 764**
1504	**Graisses, huiles et leurs fractions**	**48 925 577**	**52 399 436**	**76 983 356**	**89 140 316**	**65 281 115**	**96 362 253**	**38 281 691**	**84 303 513**	**65 849 262**	**131 823 793**
150410	Huiles de foies de poisson, et fractions	665 974	6 376 562	781 503	6 670 391	1 530 885	8 467 517	840 233	13 928 738	907 924	11 113 230
150420	Graisses et huiles de poisson, et fractions	48 232 746	45 872 246	76 198 465	82 445 965	63 750 230	87 894 736	37 441 458	70 374 775	64 941 338	120 710 563
150430	Graisses et huiles de mammifère marin, et fractions	26 857	150 628	3 388	23 960	..	..	..	..	..	..
1604	**Préparations et conserves de poisson; caviars et succédanés**	**88 461 480**	**312 288 413**	**87 449 835**	**307 402 699**	**78 668 660**	**336 134 915**	**72 113 903**	**348 710 358**	**75 945 531**	**358 643 787**
160411	Saumon, non haché	43 901 198	192 935 880	41 038 327	179 010 519	50 606 316	223 645 730	41 137 062	221 731 365	45 465 932	228 678 720
160412	Hareng, non haché	314 756	522 301	40 127	114 801	42 822	147 940	231 300	733 238	43 292	126 888
160413	Sardines, sardinelles, sprats, esprots, non haché	14 751 884	11 780 890	20 091 751	16 607 689	4 333 176	4 710 667	2 682 092	2 696 609	2 344 179	2 533 688
160414	Thons, listaos, sardes, non haché	1 971 253	7 857 851	1 374 332	7 361 045	1 374 359	7 391 511	1 725 832	8 327 819	1 691 939	9 338 673
160415	Maquereau, non haché	430 540	711 471	228 701	473 832	82 819	175 772	154 288	236 447	61 021	134 821
160416	Anchois, non haché	620 585	501 656	33 621	163 272	128 740	275 842	332 954	1 341 978	213 127	231 244
160419	Poisson nra, non haché	11 152 393	36 594 921	7 411 973	30 134 823	4 880 480	27 892 133	6 958 398	34 293 461	7 291 746	38 417 990
160420	Poisson, haché	14 837 496	51 223 015	16 302 708	56 786 493	16 472 536	59 274 710	18 237 320	63 134 798	18 077 827	61 736 390
160430	Caviar et succédanés	481 375	10 160 428	928 295	16 750 225	747 412	12 620 610	654 657	16 214 643	756 468	17 445 373
1605	**Préparations et conserves de crustacés**	**15 250 006**	**143 745 011**	**13 401 284**	**112 104 335**	**16 485 744**	**139 319 596**	**12 450 052**	**103 510 022**	**11 809 996**	**110 658 182**
160510	Crabes	2 893 286	26 196 478	2 301 936	20 532 266	3 459 294	33 105 064	2 684 698	23 057 374	2 027 497	20 783 692
160520	Crevettes	4 939 779	40 185 534	3 587 359	26 224 741	5 848 439	46 946 463	2 913 863	27 968 844	2 118 149	16 858 005
160530	Homard	1 441 572	22 182 758	2 101 075	31 805 926	1 261 414	18 032 030	1 250 259	18 261 752	3 055 124	44 283 312
160540	Crustacés nra	64 074	468 366	42 584	317 321	83 073	407 114	143 949	896 422	57 554	480 712
230120	**Farine de poisson**	**72 919 000**	**71 527 975**	**76 512 000**	**95 529 616**	**85 837 000**	**102 509 702**	**141 982 000**	**142 120 049**	**148 555 000**	**184 460 916**
	TOTAL	**619 928 764**	**4 120 105 777**	**..**	**4 414 364 516**	**..**	**5 484 056 466**	**..**	**5 399 636 549**	**..**	**5 577 125 111**

.. Non disponible

Note : nra : non répertorié ailleurs. vi : vivant. fr : frais. ré : réfrigéré. co : congelé. sc : séché. sl : salé. sm : en saumure.

Métadonnées détaillées : http://metalinks.oecd.org/fish/20150108/7550

Source : OCDE (2014), « Pêcheries : Commerce par produit », Statistiques agricoles de l'OCDE (base de données). DOI: 10.1787/data-00677-fr

ARGENTINE

Tableau 1. Flotte de pêche

	2006	2007	2008	2009	2010	2011	2012	2013
NOMBRE DE NAVIRES								
Total des navires	**1 095**	**1 098**	**1 106**	**1 149**	**1 090**	**896**	**1 017**	**902**
Navires à moteur	662	655	634	625	1 090	896	1 017	902
0-5,9 mètres	..	..	..	..	33	38	44	18
6-11,9 mètres	33	29	32	23	204	183	217	156
12-17,9 mètres	175	176	162	162	287	175	181	179
18-23,9 mètres	73	70	71	71	106	81	76	76
24-29,9 mètres	81	81	76	76	111	85	85	85
30-35,9 mètres	51	52	52	52	58	47	50	50
36-44,9 mètres	68	67	68	68	77	73	71	71
45-59,9 mètres	106	102	98	98	95	91	92	91
60-74,9 mètres	61	63	62	62	57	60	56	56
75 mètres et plus	14	15	13	13	13	10	10	10
Longueur inconnue	433	443	472	524	49	53	135	110
Navires sans moteur	..	..	..	..	..	..	..	..
TONNAGE BRUT								
Total des navires	**195 349**	**198 672**	**193 537**	**189 652**	**180 381**	**179 790**	**180 189**	**179 806**
Navires à moteur	195 349	198 672	193 537	18 965	180 381	179 790	180 189	179 806
0-5,9 mètres	..	..	..	..	..	..	..	9
6-11,9 mètres	..	297	260	247	227	134	634	573
12-17,9 mètres	4 287	4 419	4 310	4 151	4 222	3 825	4 421	4 469
18-23,9 mètres	5 318	5 210	5 215	5 418	5 396	5 448	5 744	5 761
24-29,9 mètres	9 482	9 482	9 038	8 826	9 050	9 523	10 067	10 066
30-35,9 mètres	12 834	13 115	13 209	13 023	12 664	11 493	12 711	12 711
36-44,9 mètres	22 480	22 585	22 294	23 463	23 366	24 991	25 161	25 161
45-59,9 mètres	54 144	53 194	51 080	51 601	49 442	48 037	48 964	48 586
60-74,9 mètres	56 668	58 985	58 096	58 728	52 793	54 887	51 018	51 018
75 mètres et plus	30 136	31 385	30 035	24 195	23 221	21 452	21 452	21 452
Longueur inconnue	..	..	..	..	..	..	..	0
Navires sans moteur	..	..	..	..	..	..	..	..

.. Non disponible

Note : Métadonnées détaillées : http://metalinks.oecd.org/fish/20150108/0f0a

Source : OCDE (2014), « Pêcheries : Flotte de pêche », Statistiques agricoles de l'OCDE (base de données). DOI: 10.1787/data-00218-fr

ARGENTINE

Tableau 2. Emploi dans les pêcheries

Personnes employées

	2006	2007	2008	2009	2010	2011	2012	2013
Plein-temps	**16 917**	..	..	..	..	..	..	..
Secteur de capture	16 917	..	..	..	..	..	..	..
Pêche en eaux intérieures	..	..	..	..	..	..	..	..
Homme	..	..	..	..	..	..	..	..
Femme	..	..	..	..	..	..	..	..
Eaux maritimes (pêche côtière)	..	..	..	..	..	..	..	..
Homme	..	..	..	..	..	..	..	..
Femme	..	..	..	..	..	..	..	..
Eaux maritimes (pêche en haute mer)	..	..	..	..	..	..	..	..
Homme	..	..	..	..	..	..	..	..
Femme	..	..	..	..	..	..	..	..
Aquaculture	..	..	..	..	..	..	..	..
Homme	..	..	..	..	..	..	..	..
Femme	..	..	..	..	..	..	..	..
Transformation	..	..	..	..	..	..	..	..
Homme	..	..	..	..	..	..	..	..
Femme	..	..	..	..	..	..	..	..
Temps partiel	..	..	..	..	..	..	..	..
Secteur de capture	..	..	..	..	..	..	..	..
Pêche en eaux intérieures	..	..	..	..	..	..	..	..
Homme	..	..	..	..	..	..	..	..
Femme	..	..	..	..	..	..	..	..
Eaux maritimes (pêche côtière)	..	..	..	..	..	..	..	..
Homme	..	..	..	..	..	..	..	..
Femme	..	..	..	..	..	..	..	..
Eaux maritimes (pêche en haute mer)	..	..	..	..	..	..	..	..
Homme	..	..	..	..	..	..	..	..
Femme	..	..	..	..	..	..	..	..
Aquaculture	..	..	..	..	..	..	..	..
Homme	..	..	..	..	..	..	..	..
Femme	..	..	..	..	..	..	..	..
Transformation	..	..	..	..	..	..	..	..
Homme	..	..	..	..	..	..	..	..
Femme	..	..	..	..	..	..	..	..
Total	**26 156**	**25 965**	**25 508**	**24 876**	**24 608**	**26 279**	**23 475**	**22 697**
Secteur de capture	18 065	17 917	16 894	15 673	14 756	15 269	14 220	13 884
Pêche en eaux intérieures	..	..	..	..	..	10 000	7 000	7 000
Homme	..	..	..	..	..	..	..	..
Femme	..	..	..	..	..	..	..	..
Eaux maritimes (pêche côtière)	..	..	..	..	..	..	..	..
Homme	..	..	..	..	..	..	..	..
Femme	..	..	..	..	..	..	..	..
Eaux maritimes (pêche en haute mer)	18 065	17 917	16 894	15 673	14 756	15 269	14 220	13 884
Homme	..	..	..	..	..	..	..	..
Femme	..	..	..	..	..	..	..	..
Aquaculture	86	101	490	955	1 000	2 005	1 240	1 238
Homme	..	..	..	..	..	..	..	..
Femme	..	..	..	..	..	..	..	..
Transformation	8 005	7 947	8 124	8 248	8 852	9 005	8 016	7 575
Homme	..	..	..	..	..	..	..	..
Femme	..	..	..	..	..	..	..	..

.. Non disponible

Note : Métadonnées détaillées : http://metalinks.oecd.org/fish/20150108/0a32

Source : OCDE (2014), « Pêcheries : Emploi dans la pêche », Statistiques agricoles de l'OCDE (base de données). DOI: 10.1787/data-00219-fr

ARGENTINE

Tableau 3. Débarquements nationaux dans les ports nationaux

	2006	2007	2008	2009	2010	2011	2012	2013
VOLUME (TONNES)								
Total poissons	**723 808**	**629 777**	**619 679**	**637 608**	**597 150**	**562 544**	**506 887**	**519 397**
Saumon	..	..	..	..	..	..	..	..
Saumon rose	..	..	..	..	..	..	..	..
Saumon keta	..	..	..	..	..	..	..	..
Saumon rouge	..	..	..	..	..	..	..	..
Saumon argenté	..	..	..	..	..	..	..	..
Autres saumons	..	..	..	..	..	..	..	..
Poissons plats	8 009	7 559	8 054	7 210	7 273	7 616	6 747	5 158
Flétan	..	..	..	..	..	..	..	..
Flétan noir	..	..	..	..	..	..	..	..
Sole	..	..	..	..	..	..	..	..
Plie	8 009	7 559	8 054	7 210	7 273	7 616	6 747	5 158
Autres poissons plats	..	..	..	..	..	..	..	..
Poissons de fond	671 020	577 623	568 365	581 314	529 057	500 685	459 932	471 810
Morue (Atlantique et Pacifique)	..	..	..	..	..	..	..	..
Églefin	..	..	..	..	..	..	..	..
Lieu	..	..	..	..	..	..	..	..
Morue du Pacifique occidental	..	..	..	..	..	..	..	..
Merlan	31 292	18 979	19 841	21 676	11 636	3 518	8 379	7 887
Merlu (toutes espèces)	359 036	304 561	266 494	283 948	284 507	290 160	261 126	277 614
Sébaste	1 523	1 070	1 007	2 231	1 686	1 444	325	949
Autres poissons de fond	279 169	253 013	281 023	273 459	231 228	205 563	190 102	185 360
Pélagiques	40 445	42 496	39 822	46 020	59 242	53 943	40 015	41 756
Chinchard	243	293	265	276	159	309	82	210
Maquereau	6 081	10 631	13 354	12 792	27 437	28 253	20 794	18 161
Hareng (Atlantique et Pacifique)	..	..	..	..	..	..	..	..
Sardine	..	..	..	..	..	..	..	..
Autres pélagiques	34 121	31 572	26 203	32 952	31 646	25 380	19 139	23 385
Thons	180	35	10	229	342	7	13	82
Listao	..	..	..	3	12	0	..	..
Thon rouge (nord et sud)	..	..	..	..	19	..	..	..
Germon	..	..	..	..	130	..	..	..
Albacore	..	..	..	5	..	..	..	..
Thon obèse	..	..	..	..	..	..	..	..
Autres thons	180	35	7	221	180	7	9	78
Espadon	..	..	3	0	1	0	4	4
Autres poissons	4 154	2 064	3 428	2 834	1 236	294	180	591
Total crustacés	**45 803**	**48 348**	**48 622**	**54 214**	**73 890**	**86 362**	**84 530**	**104 807**
Homard et langouste	..	..	..	..	..	..	..	..
Langoustine	..	..	..	..	..	..	..	..
Crevette	44 529	47 723	47 774	53 835	73 042	83 113	79 984	100 715
Autres crustacés	1 274	625	848	379	848	3 250	4 546	4 092
Total coquillages et mollusques	**303 974**	**241 964**	**264 904**	**152 594**	**94 205**	**125 243**	**100 655**	**197 863**
Huître	..	..	..	..	..	..	..	..
Moule	0	1	110	0	35	59	..	..
Coquille St-Jacques	11 211	8 363	8 082	80 810	7 125	47 845	5 157	5 911
Bivalves	..	..	620	0	346	322	..	..
Autres coquillages (incl. buccins)	401	292	304	104	264	190	114	114
Calmar	292 351	233 301	255 765	71 678	86 362	76 852	95 384	191 838
Seiche	..	..	..	..	..	..	..	..
Poulpe	3	7	3	0	0	1	0	0
Autres mollusques (incl. oursins)	1	..	21	0	73	33	0	..
Autres animaux marins	..	..	..	..	..	..	..	..
Plantes aquatiques	..	..	..	..	..	..	..	..
Algue brune	..	..	..	..	..	..	..	..
Algue rouge	..	..	..	..	..	..	..	..
Autres algues	..	..	..	..	..	..	..	..
Poisson pour transformation	..	..	..	..	..	..	..	..
TOTAL GÉNÉRAL	**1 073 585**	**920 089**	**933 205**	**844 416**	**765 245**	**774 149**	**692 072**	**822 067**

Tableau 3. Débarquements nationaux dans les ports nationaux *(suite)*

	2006	2007	2008	2009	2010	2011	2012	2013
VALEUR (ARS)								
Total poissons	**1 397 221 515**	**1 512 502 537**	**1 619 263 665**	**1 697 261 014**	..	**3 861 505 904**	**4 243 761 599**	**3 624 186 982**
Saumon	..	..	..	..	..	..	..	..
Saumon rose	..	..	..	..	..	..	..	..
Saumon keta	..	..	..	..	..	..	..	..
Saumon rouge	..	..	..	..	..	..	..	..
Saumon argenté	..	..	..	..	..	..	..	..
Autres saumons	..	..	..	..	..	..	..	..
Poissons plats	41 253 329	35 609 295	58 317 052	52 564 181	..	36 481 940	47 744 523	24 459 600
Flétan	..	..	..	..	..	..	..	..
Flétan noir	..	..	..	..	..	..	..	..
Sole	..	..	..	..	..	..	..	..
Plie	41 253 329	35 609 295	58 317 052	52 564 181	..	36 481 940	47 744 523	24 459 600
Autres poissons plats	..	..	..	..	..	..	..	..
Poissons de fond	1 276 600 111	1 394 321 358	1 464 044 874	1 524 883 926	..	3 555 482 219	3 989 430 488	3 315 496 366
Morue (Atlantique et Pacifique)	..	..	..	..	..	..	..	..
Églefin	..	..	..	..	..	..	..	..
Lieu	..	..	..	..	..	..	..	..
Morue du Pacifique occidental	..	..	..	..	..	..	..	..
Merlan	55 574 947	39 173 385	49 602 665	54 190 143	..	25 569 948	65 944 595	62 536 060
Merlu (toutes espèces)	694 388 717	789 983 887	715 139 868	732 973 585	..	1 905 264 584	2 147 574 599	1 389 433 209
Sébaste	1 515 286	1 260 620	1 394 909	2 856 032	..	4 353 611	2 008 703	5 716 221
Autres poissons de fond	525 121 162	563 903 466	697 907 432	734 864 166	..	1 620 294 076	1 773 902 591	1 857 810 876
Pélagiques	72 480 421	79 166 788	88 941 306	111 805 552	..	268 898 293	206 106 029	282 074 634
Chinchard	169 192	323 656	289 600	306 479	..	1 670 574	425 404	1 442 006
Maquereau	9 096 428	18 401 653	27 054 989	25 584 170	..	152 848 974	107 876 128	124 706 018
Hareng (Atlantique et Pacifique)	..	..	..	..	..	..	..	..
Sardine	..	..	..	..	..	..	..	..
Autres pélagiques	63 214 831	60 441 478	61 596 717	85 914 903	..	114 378 745	97 804 497	155 926 611
Thons	710 210	150 665	..	778 083	..	36 502	70 992	538 822
Listao	..	..	..	..	..	320	..	..
Thon rouge (nord et sud)	..	..	..	..	..	..	..	..
Germon	..	..	..	..	..	..	..	..
Albacore	..	..	..	..	..	..	..	..
Thon obèse	..	..	..	..	..	..	..	..
Autres thons	710 210	150 665	..	778 083	..	33 704	49 148	512 538
Espadon	..	..	..	..	..	2 478	21 844	26 284
Autres poissons	6 177 444	3 254 431	7 960 433	7 229 272	..	606 950	409 567	1 617 561
Total crustacés	**400 545 228**	**469 261 721**	**465 677 335**	**500 012 430**	..	**2 331 413 519**	**2 332 475 435**	**3 867 749 120**
Homard et langouste	..	..	..	..	..	..	..	..
Langoustine	..	..	..	..	..	..	..	..
Crevette	400 256 684	465 825 439	463 802 472	499 169 373	..	2 237 878 896	2 175 548 818	3 686 766 937
Autres crustacés	288 544	3 436 282	1 874 863	843 057	..	93 534 623	156 926 617	180 982 183
Total coquillages et mollusques	**336 124 228**	**216 445 565**	**255 141 622**	**118 363 267**	..	**2 958 410 193**	**394 293 171**	**1 724 857 133**
Huître	..	..	..	..	..	..	..	..
Moule	..	..	..	..	..	..	..	..
Coquille St-Jacques	78 357 900	46 247 390	41 226 282	53 523 794	..	2 351 282 781	224 617 134	263 440 246
Bivalves	..	..	1 090 183	..	..	5 614 461	..	..
Autres coquillages (incl. buccins)	1 880 221	1 165 600	1 101 293	557 874	..	4 409 722	1 815 747	2 309 706
Calmar	255 860 854	168 970 236	211 693 194	64 276 681	..	596 672 943	167 860 290	1 459 106 524
Seiche	..	..	..	..	..	..	..	..
Poulpe	25 253	62 339	30 669	4 918	..	19 671	..	657
Autres mollusques (incl. oursins)	..	..	0	..	..	410 615	..	..
Autres animaux marins	..	..	..	..	..	..	..	..
Plantes aquatiques	..	..	..	..	..	..	..	..
Algue brune	..	..	..	..	..	..	..	..
Algue rouge	..	..	..	..	..	..	..	..
Autres algues	..	..	..	..	..	..	..	..
Poisson pour transformation	..	..	..	..	..	..	..	..
TOTAL GÉNÉRAL	**2 133 890 971**	**2 198 209 823**	**2 340 082 622**	**2 315 636 711**	..	**9 151 329 616**	**6 970 530 205**	**9 216 793 235**

.. Non disponible

Source : OCDE (2014), « Pêcheries : Débarquements nationaux dans les ports domestiques », Statistiques agricoles de l'OCDE (base de données). DOI: 10.1787/data-00222-fr

ARGENTINE

Tableau 6. Production de l'aquaculture

	2006	2007	2008	2009	2010	2011	2012	2013
VOLUME (TONNES)								
Poissons	**2 368**	**2 809**	**2 446**	**2 342**	**2 418**	**2 806**	**2 868**	**3 771**
Saumon de l'Atlantique	..	..	..	..	..	..	..	..
Saumon du Pacifique	..	..	..	..	..	..	..	..
Truite arc-en-ciel	1 760	1 863	1 600	1 602	1 651	1 365	1 260	1 255
dont : d'eau de mer	..	..	..	..	..	..	5	1
dont : d'eau douce	1 760	1 863	1 600	1 602	1 651	1 365	1 255	1 254
Truite de mer	..	..	..	..	..	..	..	..
Poisson plat	..	..	..	..	..	..	..	..
Dorade	..	..	..	..	..	..	..	..
Bar	..	..	..	..	..	..	..	..
Loup	..	..	..	..	..	..	..	..
Carpe	101	251	108	103	90	160	122	142
Tilapia	7	15	13	12	19	40	45	35
Anguille	..	..	..	..	..	..	..	..
Autres poissons	500	680	725	625	658	1 241	1 441	2 340
Coquillages et crustacés	**146**	**161**	**241**	**231**	**223**	**368**	**90**	**41**
Huître, comestible	110	120	73	105	20	120	25	..
Huître, perle	..	..	..	..	..	..	..	27
Moule	32	34	162	126	203	120	65	14
Coquille St.-Jacques	..	..	..	..	..	..	..	..
Bivalves	..	..	..	..	..	248	..	..
Crevette et bouquet	..	..	..	..	..	..	..	..
Autres coquillages et crustacés	4	7	6	..	0	0	..	..
Total poissons, coquillages et crustacés	**2 514**	**2 970**	**2 687**	**2 573**	**2 641**	**3 174**	**2 958**	**3 812**
Autres animaux marins	71	53	58	51	62	63	68	..
Plantes aquatiques	..	..	..	..	..	..	..	..
Algue brune	..	..	..	..	..	..	..	..
Algue rouge	..	..	..	..	..	..	..	..
Algue verte	..	..	..	..	..	..	..	..
Autres plantes aquatiques	..	..	..	..	..	..	..	..
TOTAL GÉNÉRAL	**2 585**	**3 023**	**2 745**	**2 624**	**2 703**	**3 174**	**2 958**	**3 812**
VALEUR (ARS)								
Poissons	**42 624 536**	**40 822 428**	**28 182 151**	**26 987 454**	**57 592 885**	**60 298 451**	**77 891 226**	**151 757 845**
Saumon de l'Atlantique	..	..	..	..	..	..	..	..
Saumon du Pacifique	..	..	..	..	..	..	..	..
Truite arc-en-ciel	38 412 600	33 082 479	22 616 889	21 148 875	37 140 795	32 751 514	40 332 160	62 728 900
dont : d'eau de mer	38 412 600	33 082 479	22 616 889	21 148 875	36 659 968	29 699 783	160 000	50 000
dont : d'eau douce	..	..	..	..	37 140 795	32 751 514	40 172 160	62 678 900
Truite de mer	..	..	..	..	..	..	..	..
Poisson plat	..	..	..	..	..	..	..	..
Dorade	..	..	..	..	..	..	..	..
Bar	..	..	..	..	..	..	..	..
Loup	..	..	..	..	..	..	..	..
Carpe	496 757	2 760 316	1 063 155	1 190 750	1 614 240	2 326 960	1 830 000	4 551 040
Tilapia	215 179	219 634	152 107	210 330	333 468	561 680	675 000	1 036 500
Anguille	..	..	..	..	..	..	..	..
Autres poissons	3 500 000	4 760 000	4 350 000	4 437 500	18 504 382	24 658 297	35 054 066	83 441 405
Coquillages et crustacés	**1 047 616**	**1 344 596**	**1 334 814**	**747 901**	**3 246 500**	**5 424 000**	**1 370 000**	**529 260**
Huître, comestible	676 278	747 690	462 963	348 498	100 000	960 000	200 000	..
Huître, perle	..	..	..	..	..	..	..	240 660
Moule	88 531	95 330	435 451	339 403	3 146 500	960 000	1 170 000	288 600
Coquille St.-Jacques	..	..	..	..	..	..	..	..
Bivalves	..	..	..	..	..	4 464 000	..	..
Crevette et bouquet	..	..	..	..	..	..	..	..
Autres coquillages et crustacés	282 807	501 575	436 400	..	0	0	..	..
Total poissons, coquillages et crustacés	**43 672 153**	**42 167 024**	**29 516 965**	**27 735 355**	**60 839 385**	**65 722 451**	**79 261 226**	**152 287 105**
Autres animaux marins	1 976 577	1 517 188	1 540 048	1 712 695	2 003 800	2 633 500	2 282 780	..
Plantes aquatiques	..	..	..	..	..	..	..	..
Algue brune	..	..	..	..	..	..	..	..
Algue rouge	..	..	..	..	..	..	..	..
Algue verte	..	..	..	..	..	..	..	..
Autres plantes aquatiques	..	..	..	..	..	..	..	..
TOTAL GÉNÉRAL	**45 648 729**	**43 684 212**	**31 057 013**	**29 448 051**	**62 843 185**	**65 722 451**	**79 261 226**	**152 287 105**

.. Non disponible

Note : Métadonnées détaillées : http://metalinks.oecd.org/fish/20150108/96df

Source : OCDE (2014), « Pêcheries : Production de l'aquaculture », Statistiques agricoles de l'OCDE (base de données). DOI: 10.1787/data-00225-fr

Tableau 8. Importations par produit

		2009		2010		2011		2012		2013	
		Tonnes	USD	Tonnes	USD	Tonnes	USD	Tonnes	USD	Tonnes	USD
03	**Poisson, crustacés et mollusques**	..	**27 407 503**	..	**38 142 134**	..	**43 884 104**	..	**40 290 508**	..	**56 556 325**
0302	**Poisson, frais ou réfrigéré, excl. 0304**	**2 574 252**	**14 593 173**	**3 271 501**	**23 466 783**	**3 865 370**	**25 239 941**	**4 103 580**	**20 021 976**	**4 948 999**	**32 300 907**
030211	Truite	124 281	628 483	383 777	2 322 738	147 710	998 062	..	..	..	..
030212	Saumon (Pacifique, Atlantique et Danube)	2 449 614	13 956 407	2 880 212	21 101 424	3 717 645	24 229 657	4 103 573	20 016 320	4 948 986	32 290 403
030219	Salmonidés nra	..	..	..	..	..	..	..	..	..	..
030221	Flétan	..	..	..	..	..	..	..	..	..	..
030222	Plie, carrelet	..	..	..	..	..	..	..	..	..	..
030223	Sole	..	..	..	..	..	..	..	..	..	..
030229	Poissons plats nra	350	2 532	500	4 545	..	..	..	..	..	..
030231	Thon blanc/germon	..	..	1 131	3 929	..	..	..	..	..	..
030232	Albacore (thon jaune)	..	..	5 875	29 989	..	..	..	..	..	..
030233	Listaos/bonite à ventre rayé	..	..	..	..	..	..	..	..	..	..
030239	Thonidés nra	..	..	..	..	..	..	..	..	..	..
030240	Hareng	..	..	..	..	..	..	..	..	..	..
030250	Morue	..	..	..	..	..	..	..	..	..	..
030261	Sardines	..	..	..	..	..	..	..	..	..	..
030262	Églefin	..	..	..	..	..	..	..	..	..	..
030263	Lieu noir	..	..	..	..	..	..	..	..	..	..
030264	Maquereau	..	..	..	..	..	..	..	..	..	..
030265	Aiguillat et autres squalidés	..	..	..	..	..	..	..	..	..	..
030266	Anguille	..	..	..	..	..	..	..	..	..	..
030269	Poisson nra	..	..	1	61	..	..	..	..	..	..
030270	Foies, oeufs et laitances	7	5 751	5	4 097	15	12 222	7	5 656	13	10 504
0303	**Poisson, congelé, excl. 0304**	**1 265 092**	**3 237 722**	**1 013 591**	**2 988 786**	**1 276 077**	**4 149 408**	**1 086 641**	**3 091 918**	**780 010**	**2 755 886**
030319	Saumon, Pacifique	..	..	..	..	..	..	..	..	..	..
030321	Truite	35 975	117 397	137 895	561 331	217 647	1 067 629	19 000	53 025	41 000	206 478
030322	Saumon (Atlantique et Danube)	..	..	..	..	..	..	..	..	..	..
030329	Salmonidés	..	..	..	..	..	..	..	..	..	..
030331	Flétan	..	..	..	..	..	..	..	..	..	..
030332	Plie, carrelet	..	..	..	..	..	..	..	..	..	..
030333	Sole	..	..	..	..	..	..	..	..	..	..
030339	Poisson plat nra	..	..	..	..	341	4 572	..	..	80	896
030341	Thon blanc/germon	13 739	31 707	..	..	380	1 469	3 660	14 270	5 960	23 549
030342	Albacore (thon jaune)	31 225	56 112	9 683	31 593	13 513	58 799	31 058	335 151	40 315	541 431
030343	Listao/bonite à ventre rayé	730 345	1 179 536	514 500	940 152	661 500	1 311 715	710 500	1 497 607	490 000	1 163 819
030349	Thonidés nra	4 117	10 204	..	..	2 200	8 731	3 680	14 858	..	..
030350	Hareng	..	..	..	..	..	..	..	..	..	..
030360	Morue	397	4 804	2 525	17 007	635	4 134	220	1 405	5 188	31 911
030371	Sardines, sardinelles	38 365	58 307	96 143	131 798	62 769	102 212	18 945	32 409	48 677	106 477
030372	Églefin	..	..	..	..	..	..	..	..	..	..
030373	Lieu noir	..	..	..	..	..	..	..	..	..	..
030374	Maquereau	..	..	..	..	..	..	..	..	..	..
030375	Aiguillat et autres squalidés	..	..	..	..	..	..	1 904	8 402	1 600	3 951
030376	Anguille	..	..	..	..	..	..	..	..	..	..
030377	Bar (loup)	..	..	101	740	203	1 569	..	..	78	821
030378	Merlu	..	..	0	0	44 452	227 033	27 562	52 459	0	0
030379	Poisson nra	43 888	130 041	16 792	85 100	55 511	235 795	8 459	46 235	11 583	52 596
030380	Foies, oeufs et laitances	..	..	..	..	..	..	..	..	..	..
0304	**Filets de poisson et autre chair de poisson**	**739 292**	**3 737 252**	**519 151**	**3 857 260**	**633 207**	**5 172 015**	**1 117 668**	**7 371 810**	**1 626 601**	**12 981 929**
030410	Filets et autre chair de poisson, frais ou réfrigéré	38 994	264 262	5 655	53 641	232 494	1 800 994	753 461	5 079 850	1 021 653	8 537 829
030420	Filets de poissons, congelé	696 084	3 457 638	513 496	3 803 619	364 350	3 179 167	319 745	2 077 235	569 109	4 325 525
030490	Chair de poisson nra, congelé	4 214	15 352	0	0	36 363	191 854	44 462	214 725	35 839	118 575
0305	**Poisson, séché, salé, fumé, ou en saumure**	**114 852**	**1 002 689**	**161 912**	**1 472 378**	**172 806**	**1 669 392**	**146 823**	**1 449 990**	**147 250**	**1 352 910**
030510	Farine de poisson, consommation humaine	1 507	21 059	2 500	48 071	2 500	59 560	2 000	55 246	2 501	66 785
030520	Foies, oeufs et laitances	..	..	..	..	2	20	..	..	..	..
030530	Filets de poisson (non fumé)	..	..	678	7 872	120	5 657	3 000	34 113	1 000	10 306
030541	Saumon (Pacifique, Atlantique et Danube), fumé	41 845	506 537	40 483	621 510	40 078	685 013	38 253	617 463	35 506	560 022
030542	Hareng, fumé	..	..	..	..	..	..	..	..	..	..
030549	Poisson nra, fumé	..	..	1	17	1 006	17 172	2 970	35 017	2 393	30 045
030551	Morue, séché, non fumé	41 000	303 211	62 750	477 293	28 850	254 602	17 600	183 542	10 350	100 836
030559	Poisson nra, séché, salé, non fumé	30 500	171 882	55 500	317 615	100 250	647 368	83 000	524 609	95 500	584 916
030561	Hareng, salé ou en saumure	..	..	..	..	..	..	..	..	..	..
030562	Morue, salé ou en saumure	..	..	..	..	..	..	..	..	..	..
030563	Anchois, salé ou en saumure	..	..	..	..	..	..	..	..	0	0
030569	Poisson nra, salé ou en saumure	..	..	..	..	..	..	..	..	..	..

Tableau 8. Importations par produit *(suite)*

		2009		2010		2011		2012		2013	
		Tonnes	USD	Tonnes	USD	Tonnes	USD	Tonnes	USD	Tonnes	USD
0306	**Crustacés**	**338 435**	**1 890 257**	**395 776**	**2 140 924**	**361 203**	**2 208 354**	**..**	**1 674 964**	**220 803**	**1 851 788**
030611	Langoustes et autres palinuridés, congelé	2 630	49 555	5 000	81 303	6 130	132 788	3 800	80 445	4 460	110 309
030612	Homard nra	..	..	..	..	..	..	..	..	..	..
030613	Crevettes, congelé	335 738	1 834 870	390 725	2 055 308	354 854	2 066 097	217 351	1 586 038	215 753	1 722 436
030614	Crabes, congelé	..	..	..	..	..	..	..	..	120	824
030619	Crustacés nra, congelé	..	..	..	..	100	1 757	..	..	247	4 771
030621	Langoustes et autres palinuridés (non congelé)	..	..	..	..	..	..	..	..	..	..
030622	Homard nra (non congelé)	..	..	..	..	..	..	..	..	..	..
030623	Crevettes (non congelé)	47	4 830	39	3 563	54	5 519	12	6 649	5	6 528
030624	Crabes (non congelé)	19	990	12	750	64	2 193	..	1 455	6	1 272
030629	Crustacés nra (non congelé)	1	12	..	..	..	..	13	377	211	5 648
0307	**Mollusques**	**1 069 095**	**2 758 636**	**1 681 717**	**3 936 158**	**1 495 545**	**5 156 088**	**1 520 033**	**6 417 436**	**1 385 646**	**4 940 377**
030710	Huîtres	7	2 274	..	..	..	..	..	..	..	..
030721	St-Jacques, vi, fr, ou ré	..	..	..	..	25	261	..	..	..	..
030729	St-Jacques, co, sc, sl, ou sm	2 036	18 066	1 820	13 316	1 209	10 520	1 444	8 285	6 504	55 487
030731	Moules, vi, fr, ou ré	..	..	..	..	576	1 375	..	..	..	..
030739	Moules, co, sc, sl, ou sm	1	4	..	..	..	..	..	..	..	..
030741	Seiches, encornets et calmars, vi, fr, ou ré	..	..	..	..	..	..	..	..	..	..
030749	Seiches, encornets et calmars, co, sc, sl, ou sm	600 682	869 677	819 174	1 256 416	457 294	916 720	561 040	1 256 247	527 098	1 011 751
030751	Poulpe, vi, fr, ou ré	..	..	..	..	..	..	..	..	..	..
030759	Poulpe, co, sc, sl, ou sm	446 256	1 803 916	519 433	2 285 188	512 294	3 378 978	579 664	4 472 139	453 804	3 239 899
030760	Escargots (autres que de mer)	..	..	4 000	6 104	..	..	..	..	..	..
030791	Mollusques nra, vi, fr, ou ré	185	13 102	103	8 810	268	15 047	17	1 694	3	115
030799	Mollusques nra, co, sc, sl, ou sm	19 928	51 597	337 187	366 324	523 880	833 187	377 868	679 071	398 237	633 125
121220	**Algues**	**866 839**	**1 092 175**	**927 820**	**1 374 986**	**947 414**	**1 840 352**	**1 111 311**	**1 671 143**	**827 487**	**1 226 263**
1504	**Graisses, huiles et leurs fractions**	**22 122**	**169 566**	**15 720**	**146 238**	**22 927**	**183 629**	**288 901**	**784 940**	**150 570**	**1 095 588**
150410	Huiles de foies de poisson, et fractions	16 321	75 291	10 272	64 881	18 702	117 280	14 361	77 928	11 166	67 125
150420	Graisses et huiles de poisson, et fractions	5 801	94 275	5 447	81 357	4 225	66 349	274 540	707 012	139 404	1 028 463
150430	Graisses et huiles de mammifère marin, et fractions	..	..	..	..	..	..	..	..	..	..
1604	**Préparations et conserves de poisson; caviars et succédanés**	**22 611 325**	**63 070 262**	**29 192 419**	**74 931 155**	**32 399 293**	**101 239 476**	**30 331 487**	**120 578 647**	**26 845 443**	**118 210 128**
160411	Saumon, non haché	23 306	141 995	18 699	142 679	13 562	138 903	19 261	204 301	21 218	247 323
160412	Hareng, non haché	11 852	75 671	..	..	11 733	63 823	14 188	78 389	11 782	75 104
160413	Sardines, sardinelles, sprats, esprots, non haché	893 004	2 653 239	1 176 486	3 415 563	1 190 617	3 915 958	810 338	2 782 789	712 448	2 357 349
160414	Thons, listaos, sardes, non haché	8 652 131	32 705 005	11 012 948	40 151 373	13 946 302	59 706 288	14 064 491	76 803 281	13 043 227	77 146 968
160415	Maquereau, non haché	1 581 750	3 238 024	411 093	808 894	125 256	369 995	113 322	296 173	51 804	133 680
160416	Anchois, non haché	1	10	0	0	..	..	..	..	..	..
160419	Poisson nra, non haché	2 327 170	4 668 788	1 293 219	2 701 750	2 936 062	7 687 497	1 879 212	5 140 476	1 290 559	3 517 312
160420	Poisson, haché	9 117 676	19 452 297	15 274 266	27 545 115	14 171 883	29 198 637	13 427 481	35 141 257	11 710 689	34 570 952
160430	Caviar et succédanés	4 435	135 233	5 708	165 781	3 878	158 375	3 194	131 981	3 716	161 440
1605	**Préparations et conserves de crustacés**	**1 544 392**	**4 635 940**	**2 353 865**	**7 791 898**	**2 631 034**	**9 200 727**	**2 795 174**	**10 480 022**	**3 009 139**	**12 923 525**
160510	Crabes	1 463	19 104	1 361	25 776	..	..	432	24 450	475	27 022
160520	Crevettes	176 868	918 470	512 230	3 027 910	497 156	3 366 797	389 792	2 848 314	490 987	4 112 964
160530	Homard	..	..	..	..	..	..	..	..	..	..
160540	Crustacés nra	240	7 687	440	6 380	..	..	..	..	..	..
230120	**Farine de poisson**	**1 476 582**	**1 577 545**	**1 576 612**	**2 580 233**	**1 701 426**	**2 538 359**	**1 575 502**	**2 283 880**	**1 600 001**	**2 933 715**
	TOTAL	**32 622 278**	**97 765 217**	**41 110 084**	**124 686 799**	**..**	**158 886 647**	**..**	**176 089 140**	**..**	**192 945 544**

.. Non disponible

Note : nra : non répertorié ailleurs. vi : vivant. fr : frais. ré : réfrigéré. co : congelé. sc : séché. sl : salé. sm : en saumure.

Métadonnées détaillées : http://metalinks.oecd.org/fish/20150108/c927

Source : OCDE (2014), « Pêcheries : Commerce par produit », Statistiques agricoles de l'OCDE (base de données). DOI: 10.1787/data-00677-fr

ARGENTINE

Tableau 9. Exportations par produit

		2009		2010		2011		2012		2013	
		Tonnes	USD	Tonnes	USD	Tonnes	USD	Tonnes	USD	Tonnes	USD
03	**Poisson, crustacés et mollusques**	..	**1 086 072 799**	..	**1 306 600 156**	..	**1 437 817 261**	..	**1 305 755 273**	..	**1 480 596 748**
0302	**Poisson, frais ou réfrigéré, excl. 0304**	**7 409 187**	**15 069 970**	**9 531 841**	**18 047 109**	**7 796 901**	**13 844 170**	**5 821 458**	**10 741 422**	**5 269 042**	**10 140 179**
030211	Truite	..	..	38 654	209 383	..	..	..	..	..	..
030212	Saumon (Pacifique, Atlantique et Danube)	154	703	5 190	27 578	..	..	..	..	..	..
030219	Salmonidés nra	111	588	1 113	5 022	..	..	..	..	..	..
030221	Flétan	..	..	..	..	..	..	..	..	..	..
030222	Plie, carrelet	..	..	..	..	..	..	..	..	..	..
030223	Sole	687	2 496	500	2 600	85	213	..	..	50	175
030229	Poissons plats nra	3 329	13 809	6 961	34 600	..	..	..	..	..	..
030231	Thon blanc/germon	..	..	..	..	..	..	..	..	..	..
030232	Albacore (thon jaune)	..	..	..	..	..	..	..	..	..	..
030233	Listaos/bonite à ventre rayé	..	..	..	..	..	..	..	..	..	..
030239	Thonidés nra	..	..	..	..	..	..	..	..	..	..
030240	Hareng	..	..	..	..	..	..	..	..	..	..
030250	Morue	..	..	..	..	..	..	..	..	..	..
030261	Sardines	..	..	..	..	..	..	..	..	..	..
030262	Églefin	..	..	..	..	..	..	..	..	..	..
030263	Lieu noir	..	..	..	..	..	..	..	..	..	..
030264	Maquereau	..	..	10 000	11 000	..	..	..	..	..	..
030265	Aiguillat et autres squalidés	1 020	2 755	1 710	7 492	15	87	..	..	..	..
030266	Anguille	..	..	..	..	..	..	..	..	..	..
030269	Poisson nra	7 403 886	15 049 619	9 467 713	17 749 434	7 796 801	13 843 870	5 821 458	10 741 422	5 268 992	10 140 004
030270	Foies, oeufs et laitances	..	..	..	..	..	..	..	..	..	..
0303	**Poisson, congelé, excl. 0304**	**167 061 401**	**235 468 942**	**151 857 903**	**223 595 974**	**158 064 574**	**288 810 735**	**149 912 422**	**275 323 289**	**149 193 304**	**253 037 318**
030319	Saumon, Pacifique	..	..	..	..	..	..	..	..	..	..
030321	Truite	36 812	115 216	17 835	51 446	..	..	..	..	20	24
030322	Saumon (Atlantique et Danube)	..	..	..	..	..	..	..	..	..	..
030329	Salmonidés	..	..	..	..	..	..	..	..	..	..
030331	Flétan	..	..	..	..	..	..	..	..	..	..
030332	Plie, carrelet	..	..	..	..	..	..	..	..	..	..
030333	Sole	4 225	5 070	1 625	1 950	40	96	..	..	2 020	648
030339	Poisson plat nra	20 475	24 447	29 267	33 003	62 300	220 459	14 236	14 236	..	..
030341	Thon blanc/germon	442	1 768	..	..	..	..	..	..	..	..
030342	Albacore (thon jaune)	..	..	..	..	..	..	..	..	..	..
030343	Listao/bonite à ventre rayé	..	..	..	..	..	..	..	..	..	..
030349	Thonidés nra	..	..	..	..	..	..	..	..	50	60
030350	Hareng	..	..	..	..	..	..	..	..	..	..
030360	Morue	..	..	..	..	..	..	..	..	..	..
030371	Sardines, sardinelles	500	1 325	..	..	..	..	..	..	..	..
030372	Églefin	..	..	..	..	..	..	..	..	..	..
030373	Lieu noir	..	..	..	..	..	..	..	..	..	..
030374	Maquereau	1 254 194	1 116 269	7 666 870	8 353 437	6 198 061	8 059 200	5 037 003	5 745 337	2 964 198	3 713 317
030375	Aiguillat et autres squalidés	307 647	665 300	350 581	976 958	287 921	948 909	245 253	586 082	91 527	210 292
030376	Anguille	..	..	..	..	..	..	..	..	..	..
030377	Bar (loup)	264	264	..	..	..	..	..	..	..	..
030378	Merlu	45 596 536	72 368 116	43 396 942	65 157 294	44 804 662	90 438 009	44 590 356	84 416 848	44 506 165	69 655 160
030379	Poisson nra	119 673 586	160 825 669	100 314 557	148 867 968	106 651 320	189 041 445	100 010 463	184 546 149	101 587 721	179 361 959
030380	Foies, oeufs et laitances	166 720	345 498	80 226	153 918	60 270	102 617	15 111	14 637	41 603	95 858
0304	**Filets de poisson et autre chair de poisson**	**143 753 747**	**382 243 241**	**128 569 021**	**375 698 853**	**108 952 949**	**377 353 662**	**88 323 157**	**292 203 386**	**91 576 692**	**283 119 193**
030410	Filets et autre chair de poisson, frais ou réfrigéré	664 818	4 012 822	630 289	4 427 314	271 895	2 036 682	33 253	267 845	550 571	1 984 389
030420	Filets de poissons, congelé	120 541 517	314 489 473	112 182 118	322 915 088	96 758 369	335 979 748	76 625 585	257 324 761	82 238 040	259 679 457
030490	Chair de poisson nra, congelé	22 547 412	63 740 946	15 756 614	48 356 451	11 922 685	39 337 232	11 664 319	34 610 780	8 788 081	21 455 347
0305	**Poisson, séché, salé, fumé, ou en saumure**	**9 751 413**	**23 261 581**	**15 430 372**	**31 324 109**	**11 415 093**	**27 438 571**	**8 899 057**	**23 051 721**	**6 929 760**	**15 016 952**
030510	Farine de poisson, consommation humaine	42 736	470 751	33 440	573 898	41 715	1 118 438	16 161	546 892	2 880	21 700
030520	Foies, oeufs et laitances	..	..	..	..	..	..	..	..	..	..
030530	Filets de poisson (non fumé)	80 490	675 892	89 543	757 907	107 271	1 250 374	39 345	527 951	130 712	1 013 612
030541	Saumon (Pacifique, Atlantique et Danube), fumé	..	..	..	..	..	..	..	..	..	..
030542	Hareng, fumé	..	..	..	..	..	..	..	..	..	..
030549	Poisson nra, fumé	28 635	96 632	19 045	74 752	..	..	..	..	..	..
030551	Morue, séché, non fumé	..	..	..	..	..	..	..	..	..	..
030559	Poisson nra, séché, salé, non fumé	163 664	4 658 493	142 813	4 415 006	136 271	3 962 696	93 339	2 445 939	63 898	563 956
030561	Hareng, salé ou en saumure	..	..	..	..	..	..	..	..	..	..
030562	Morue, salé ou en saumure	..	..	..	..	..	..	..	..	..	..
030563	Anchois, salé ou en saumure	9 435 888	17 359 813	15 145 531	25 502 546	11 129 836	21 107 063	8 750 212	19 530 939	6 732 270	13 417 684
030569	Poisson nra, salé ou en saumure	..	..	..	..	..	..	..	..	..	..

Tableau 9. Exportations par produit (*suite*)

		2009		2010		2011		2012		2013	
		Tonnes	USD	Tonnes	USD	Tonnes	USD	Tonnes	USD	Tonnes	USD
0306	**Crustacés**	**52 114 172**	**323 604 132**	**64 860 975**	**474 323 313**	**79 633 525**	**528 620 419**	..	**495 872 159**	**93 702 063**	**635 731 331**
030611	Langoustes et autres palinuridés, congelé	..	..	..	..	..	..	..	..	..	..
030612	Homard nra	..	..	..	..	..	..	..	..	..	..
030613	Crevettes, congelé	51 832 364	321 885 381	64 474 097	471 930 351	77 755 889	515 537 434	78 220 538	477 274 638	91 288 687	616 232 054
030614	Crabes, congelé	281 804	1 718 741	386 878	2 392 962	1 877 636	13 082 985	2 451 715	18 597 521	2 413 376	19 499 277
030619	Crustacés nra, congelé	4	10	..	..	..	..	..	..	..	..
030621	Langoustes et autres palinuridés (non congelé)	..	..	..	..	..	..	..	..	..	..
030622	Homard nra (non congelé)	..	..	..	..	..	..	..	..	..	..
030623	Crevettes (non congelé)	..	..	..	..	..	..	..	..	..	..
030624	Crabes (non congelé)	..	..	..	..	..	..	..	..	..	..
030629	Crustacés nra (non congelé)	..	..	..	..	..	..	..	..	..	..
0307	**Mollusques**	**62 212 357**	**106 368 973**	**62 972 344**	**183 558 667**	**58 683 777**	**201 710 822**	**75 025 843**	**208 475 797**	**139 017 267**	**283 486 354**
030710	Huîtres	385	2 021	..	..	..	..	1 622	4 731	..	..
030721	St-Jacques, vi, fr, ou ré	2 782	13 926	..	..	..	..	..	..	..	..
030729	St-Jacques, co, sc, sl, ou sm	7 352 911	40 256 507	7 677 236	60 683 072	6 518 457	78 578 477	5 404 020	51 491 714	5 704 890	47 585 736
030731	Moules, vi, fr, ou ré	..	..	..	..	..	..	..	..	..	..
030739	Moules, co, sc, sl, ou sm	..	..	..	..	..	..	93	112	770	924
030741	Seiches, encornets et calmars, vi, fr, ou ré	..	..	..	..	..	..	..	..	..	..
030749	Seiches, encornets et calmars, co, sc, sl, ou sm	86 515	146 250	33 416	67 672	55 753	146 278	62 471	99 191	6 227	12 089
030751	Poulpe, vi, fr, ou ré	..	..	..	..	..	..	..	..	..	..
030759	Poulpe, co, sc, sl, ou sm	..	..	..	..	639	5 851	..	..	60	72
030760	Escargots (autres que de mer)	660	2 556	..	..	..	..	..	..	..	..
030791	Mollusques nra, vi, fr, ou ré	8 344	26 351	81 185	285 996	110 497	325 477	17 575	83 796	10 596	39 071
030799	Mollusques nra, co, sc, sl, ou sm	54 760 760	65 921 362	55 180 507	122 521 927	51 998 431	122 654 739	69 540 062	156 796 253	133 294 724	235 848 462
121220	**Algues**	**126 443**	**201 446**	**124 608**	**495 565**	**118 818**	**268 269**	**80 615**	**521 241**	**100 698**	**725 699**
1504	**Graisses, huiles et leurs fractions**	**1 015 063**	**1 325 623**	**1 243 091**	**1 811 917**	**1 224 078**	**1 972 240**	**246 902**	**478 978**	**1 203 296**	**2 606 584**
150410	Huiles de foies de poisson, et fractions	..	..	9	193	..	..	..	..	..	..
150420	Graisses et huiles de poisson, et fractions	1 015 063	1 325 623	1 243 082	1 811 724	1 224 078	1 972 240	246 902	478 978	1 203 296	2 606 584
150430	Graisses et huiles de mammifère marin, et fractions	..	..	..	..	..	..	..	..	..	..
1604	**Préparations et conserves de poisson; caviars et succédanés**	**3 119 298**	**10 262 651**	**3 624 332**	**12 260 930**	**3 279 555**	**13 113 300**	**2 774 317**	**10 897 528**	**2 464 039**	**9 572 124**
160411	Saumon, non haché	2	2	..	..	..	..	..	..	..	..
160412	Hareng, non haché	..	..	..	..	..	..	..	..	..	..
160413	Sardines, sardinelles, sprats, esprots, non haché	..	..	..	..	..	..	..	..	..	..
160414	Thons, listaos, sardes, non haché	16	48	..	..	..	..	63 370	256 771	..	..
160415	Maquereau, non haché	12 960	43 850	27 982	80 417	33 894	106 823	..	..	23 460	75 348
160416	Anchois, non haché	408 070	2 999 753	716 833	4 497 211	689 780	4 724 436	568 388	4 204 029	544 684	3 673 034
160419	Poisson nra, non haché	222 763	1 405 681	204 210	1 344 597	515 037	2 836 908	184 524	680 166	741 939	2 657 007
160420	Poisson, haché	2 475 487	5 813 317	2 673 912	6 331 617	2 040 844	5 445 133	1 957 297	5 751 846	1 153 956	3 166 735
160430	Caviar et succédanés	..	..	1 395	7 088	..	..	738	4 716	..	..
1605	**Préparations et conserves de crustacés**	**305 892**	**1 716 736**	**146 637**	**940 876**	**53 401**	**460 404**	**60 109**	**396 400**	**58 448**	**619 612**
160510	Crabes	44 040	154 140	..	..	..	..	..	..	..	..
160520	Crevettes	959	10 760	609	8 416	280	4 088	..	..	10	66
160530	Homard	..	..	..	..	..	..	..	..	..	..
160540	Crustacés nra	2 547	39 990	1 375	28 188	..	..	..	..	10 311	426 332
230120	**Farine de poisson**	**38 562 817**	**31 456 910**	**21 892 889**	**24 210 147**	**29 166 332**	**29 333 364**	**23 059 944**	**23 025 045**	**18 823 474**	**22 966 979**
	TOTAL	..	**1 131 036 165**	..	**1 346 319 591**	..	**1 482 964 838**	..	**1 341 074 465**	..	**1 517 087 746**

.. Non disponible

Note : nra : non répertorié ailleurs. vi : vivant. fr : frais. ré : réfrigéré. co : congelé. sc : séché. sl : salé. sm : en saumure.

Métadonnées détaillées : http://metalinks.oecd.org/fish/20150108/c927

Source : OCDE (2014), « Pêcheries : Commerce par produit », Statistiques agricoles de l'OCDE (base de données). DOI: 10.1787/data-00677-fr

COLOMBIE

Tableau 1. Flotte de pêche

	2006	2007	2008	2009	2010	2011	2012	2013
NOMBRE DE NAVIRES								
Total des navires	..	..	..	..	..	**75**	**66**	**69**
Navires à moteur	..	..	..	..	..	75	66	69
0-5,9 mètres	..	..	..	..	..	..	..	..
6-11,9 mètres	..	..	..	..	..	..	..	..
12-17,9 mètres	..	..	..	..	..	12	6	10
18-23,9 mètres	..	..	..	..	..	45	43	43
24-29,9 mètres	..	..	..	..	..	4	3	2
30-35,9 mètres	..	..	..	..	..	..	..	..
36-44,9 mètres	..	..	..	..	..	3	3	3
45-59,9 mètres	..	..	..	..	..	4	4	4
60-74,9 mètres	..	..	..	..	..	6	6	6
75 mètres et plus	..	..	..	..	..	1	1	1
Longueur inconnue	..	..	..	..	..	..	..	..
Navires sans moteur	..	..	..	..	..	..	..	..
TONNAGE BRUT								
Total des navires	..	..	..	..	..	**20 006**	**19 645**	**19 534**
Navires à moteur	..	..	..	..	..	20 006	19 645	19 534
0-5,9 mètres	..	..	..	..	..	..	..	..
6-11,9 mètres	..	..	..	..	..	..	..	..
12-17,9 mètres	..	..	..	..	..	379	281	289
18-23,9 mètres	..	..	..	..	..	4 208	4 086	4 095
24-29,9 mètres	..	..	..	..	..	559	419	291
30-35,9 mètres	..	..	..	..	..	..	..	..
36-44,9 mètres	..	..	..	..	..	1 081	1 081	1 081
45-59,9 mètres	..	..	..	..	..	4 775	4 775	4 775
60-74,9 mètres	..	..	..	..	..	7 401	7 401	7 401
75 mètres et plus	..	..	..	..	..	1 603	1 603	1 603
Longueur inconnue	..	..	..	..	..	..	..	..
Navires sans moteur	..	..	..	..	..	..	..	..

.. Non disponible

Note : Métadonnées détaillées : http://metalinks.oecd.org/fish/20150108/e0b0

Source : OCDE (2014), « Pêcheries : Flotte de pêche », Statistiques agricoles de l'OCDE (base de données). DOI: 10.1787/data-00218-fr

COLOMBIE

Tableau 2. Emploi dans les pêcheries

Personnes employées

	2006	2007	2008	2009	2010	2011	2012	2013
Plein-temps	..	..	..	..	..	**170 997**	**170 667**	**170 667**
Secteur de capture	..	..	..	..	..	152 997	152 667	152 667
Pêche en eaux intérieures	..	..	..	..	..	150 000	150 000	150 000
Homme	..	..	..	..	..	..	..	..
Femme	..	..	..	..	..	..	..	..
Eaux maritimes (pêche côtière)	..	..	..	..	..	2 955	2 625	2 625
Homme	..	..	..	..	..	..	..	..
Femme	..	..	..	..	..	..	..	..
Eaux maritimes (pêche en haute mer)	..	..	..	..	..	42	42	42
Homme	..	..	..	..	..	..	..	..
Femme	..	..	..	..	..	..	..	..
Aquaculture	..	..	..	..	..	0	0	0
Homme	..	..	..	..	..	..	..	..
Femme	..	..	..	..	..	..	..	..
Transformation	..	..	..	..	..	18 000	18 000	18 000
Homme	..	..	..	..	..	3 600	3 600	3 600
Femme	..	..	..	..	..	14 400	14 400	14 400
Temps partiel	..	..	..	..	..	**261 450**	**260 710**	**260 710**
Secteur de capture	..	..	..	..	..	207 450	206 710	206 710
Pêche en eaux intérieures	..	..	..	..	..	200 000	200 000	200 000
Homme	..	..	..	..	..	..	..	..
Femme	..	..	..	..	..	..	..	..
Eaux maritimes (pêche côtière)	..	..	..	..	..	7 450	6 710	6 710
Homme	..	..	..	..	..	..	..	..
Femme	..	..	..	..	..	..	..	..
Eaux maritimes (pêche en haute mer)	..	..	..	..	..	0	0	0
Homme	..	..	..	..	..	..	..	..
Femme	..	..	..	..	..	..	..	..
Aquaculture	..	..	..	..	..	0	0	0
Homme	..	..	..	..	..	..	..	..
Femme	..	..	..	..	..	..	..	..
Transformation	..	..	..	..	..	54 000	54 000	54 000
Homme	..	..	..	..	..	10 800	10 800	10 800
Femme	..	..	..	..	..	43 200	43 200	43 200
Total	..	..	..	..	..	**531 593**	**538 254**	**536 611**
Secteur de capture	..	..	..	..	..	360 447	359 377	359 377
Pêche en eaux intérieures	..	..	..	..	..	350 000	350 000	350 000
Homme	..	..	..	..	..	..	..	..
Femme	..	..	..	..	..	..	..	..
Eaux maritimes (pêche côtière)	..	..	..	..	..	10 405	9 335	9 335
Homme	..	..	..	..	..	..	..	..
Femme	..	..	..	..	..	..	..	..
Eaux maritimes (pêche en haute mer)	..	..	..	..	..	42	42	42
Homme	..	..	..	..	..	..	..	..
Femme	..	..	..	..	..	..	..	..
Aquaculture	..	..	..	..	..	99 146	106 877	105 234
Homme	..	..	..	..	..	..	..	..
Femme	..	..	..	..	..	..	..	..
Transformation	..	..	..	..	..	72 000	72 000	72 000
Homme	..	..	..	..	..	14 400	14 400	14 400
Femme	..	..	..	..	..	57 600	57 600	57 600

.. Non disponible

Note : Métadonnées détaillées : http://metalinks.oecd.org/fish/20150108/6eb6

Source : OCDE (2014), « Pêcheries : Emploi dans la pêche », Statistiques agricoles de l'OCDE (base de données). DOI: 10.1787/data-00219-fr

COLOMBIE

Tableau 3. Débarquements nationaux dans les ports nationaux

	2006	2007	2008	2009	2010	2011	2012	2013
VOLUME (TONNES)								
Total poissons	..	..	..	..	..	**52 444**	**41 307**	**34 832**
Saumon	..	..	..	..	..	..	..	..
Saumon rose	..	..	..	..	..	..	..	..
Saumon keta	..	..	..	..	..	..	..	..
Saumon rouge	..	..	..	..	..	..	..	..
Saumon argenté	..	..	..	..	..	..	..	..
Autres saumons	..	..	..	..	..	..	..	..
Poissons plats	..	..	..	..	..	..	..	..
Flétan	..	..	..	..	..	..	..	..
Flétan noir	..	..	..	..	..	..	..	..
Sole	..	..	..	..	..	..	..	..
Plie	..	..	..	..	..	..	..	..
Autres poissons plats	..	..	..	..	..	..	..	..
Poissons de fond	..	..	..	..	..	..	..	..
Morue (Atlantique et Pacifique)	..	..	..	..	..	..	..	..
Églefin	..	..	..	..	..	..	..	..
Lieu	..	..	..	..	..	..	..	..
Morue du Pacifique occidental	..	..	..	..	..	..	..	..
Merlan	..	..	..	..	..	..	..	..
Merlu (toutes espèces)	..	..	..	..	..	..	..	..
Sébaste	..	..	..	..	..	..	..	..
Autres poissons de fond	..	..	..	..	..	..	..	..
Pélagiques	..	..	..	..	..	9 193	3 930	1 365
Chinchard	..	..	..	..	..	..	..	..
Maquereau	..	..	..	..	..	..	..	..
Hareng (Atlantique et Pacifique)	..	..	..	..	..	7 788	3 563	2
Sardine	..	..	..	..	..	..	..	..
Autres pélagiques	..	..	..	..	..	1 405	367	1 363
Thons	..	..	..	..	..	21 192	33 217	25 139
Listao	..	..	..	..	..	19 098	15 134	14 763
Thon rouge (nord et sud)	..	..	..	..	..	..	..	..
Germon	..	..	..	..	..	311	8	51
Albacore	..	..	..	..	..	267	18 013	9 265
Thon obèse	..	..	..	..	..	1 258	12	89
Autres thons	..	..	..	..	..	207	46	929
Espadon	..	..	..	..	..	51	5	41
Autres poissons	..	..	..	..	..	22 059	4 160	8 328
Total crustacés	..	..	..	..	..	**2 210**	**1 436**	**2 095**
Homard et langouste	..	..	..	..	..	175	150	150
Langoustine	..	..	..	..	..	..	..	..
Crevette	..	..	..	..	..	1 938	1 273	1 776
Autres crustacés	..	..	..	..	..	97	13	169
Total coquillages et mollusques	..	..	..	..	..	**21**	**1**	**112**
Huître	..	..	..	..	..	3	0	85
Moule	..	..	..	..	..	..	..	..
Coquille St-Jacques	..	..	..	..	..	0	0	0
Bivalves	..	..	..	..	..	..	..	..
Autres coquillages (incl. buccins	..	..	..	..	..	6	1	24
Calmar	..	..	..	..	..	10	0	0
Seiche	..	..	..	..	..	..	..	..
Poulpe	..	..	..	..	..	1	0	2
Autres mollusques (incl. oursins)	..	..	..	..	..	1	0	1
Autres animaux marins	..	..	..	..	..	**0**	**0**	**0**
Plantes aquatiques	..	..	..	..	..	..	..	..
Algue brune	..	..	..	..	..	..	..	..
Algue rouge	..	..	..	..	..	..	..	..
Autres algues	..	..	..	..	..	..	..	..
Poisson pour transformation	..	..	..	..	..	..	..	..
TOTAL GÉNÉRAL	..	..	..	..	..	**54 675**	**42 744**	**37 039**

Tableau 3. Débarquements nationaux dans les ports nationaux *(suite)*

	2006	2007	2008	2009	2010	2011	2012	2013
VALEUR (COP)								
Total poissons	..	..	..	..	..	**156 865 706 000**	**146 472 611 600**	**126 677 982 200**
Saumon	..	..	..	..	..	..	..	..
Saumon rose	..	..	..	..	..	..	..	..
Saumon keta	..	..	..	..	..	..	..	..
Saumon rouge	..	..	..	..	..	..	..	..
Saumon argenté	..	..	..	..	..	..	..	..
Autres saumons	..	..	..	..	..	..	..	..
Poissons plats	..	..	..	..	..	..	..	..
Flétan	..	..	..	..	..	..	..	..
Flétan noir	..	..	..	..	..	..	..	..
Sole	..	..	..	..	..	..	..	..
Plie	..	..	..	..	..	..	..	..
Autres poissons plats	..	..	..	..	..	..	..	..
Poissons de fond	..	..	..	..	..	..	..	..
Morue (Atlantique et Pacifique)	..	..	..	..	..	..	..	..
Églefin	..	..	..	..	..	..	..	..
Lieu	..	..	..	..	..	..	..	..
Morue du Pacifique occidental	..	..	..	..	..	..	..	..
Merlan	..	..	..	..	..	..	..	..
Merlu (toutes espèces)	..	..	..	..	..	..	..	..
Sébaste	..	..	..	..	..	..	..	..
Autres poissons de fond	..	..	..	..	..	..	..	..
Pélagiques	..	..	..	..	..	18 424 484 000	6 645 217 600	8 810 416 200
Chinchard	..	..	..	..	..	..	..	..
Maquereau	..	..	..	..	..	..	..	..
Hareng (Atlantique et Pacifique)	..	..	..	..	..	9 345 600 000	4 275 948 000	2 400 000
Sardine	..	..	..	..	..	..	..	..
Autres pélagiques	..	..	..	..	..	9 078 884 000	2 369 269 600	8 808 016 200
Thons	..	..	..	..	..	72 265 527 000	127 346 464 000	92 883 356 000
Listao	..	..	..	..	..	64 933 880 000	51 456 042 000	50 193 112 000
Thon rouge (nord et sud)	..	..	..	..	..	..	..	..
Germon	..	..	..	..	..	1 057 400 000	25 568 000	174 454 000
Albacore	..	..	..	..	..	1 121 547 000	75 652 626 000	38 912 538 000
Thon obèse	..	..	..	..	..	4 278 220 000	40 698 000	303 926 000
Autres thons	..	..	..	..	..	702 440 000	156 128 000	3 159 348 000
Espadon	..	..	..	..	..	172 040 000	15 402 000	139 978 000
Autres poissons	..	..	..	..	..	66 175 695 000	12 480 930 000	24 984 210 000
Total crustacés	..	..	..	..	..	**33 050 000 000**	**22 036 040 000**	**30 455 240 000**
Homard et langouste	..	..	..	..	..	2 625 000 000	2 250 000 000	2 250 000 000
Langoustine	..	..	..	..	..	..	..	..
Crevette	..	..	..	..	..	30 039 000 000	19 734 600 000	27 528 000 000
Autres crustacés	..	..	..	..	..	386 000 000	51 440 000	677 240 000
Total coquillages et mollusques	..	..	..	..	..	..	..	..
Huître	..	..	..	..	..	..	..	..
Moule	..	..	..	..	..	..	..	..
Coquille St-Jacques	..	..	..	..	..	..	..	..
Bivalves	..	..	..	..	..	..	..	..
Autres coquillages (incl. buccins	..	..	..	..	..	..	..	..
Calmar	..	..	..	..	..	..	..	..
Seiche	..	..	..	..	..	..	..	..
Poulpe	..	..	..	..	..	..	..	..
Autres mollusques (incl. oursins)	..	..	..	..	..	..	..	..
Autres animaux marins	..	..	..	..	..	**0**	**0**	**0**
Plantes aquatiques	..	..	..	..	..	..	..	..
Algue brune	..	..	..	..	..	..	..	..
Algue rouge	..	..	..	..	..	..	..	..
Autres algues	..	..	..	..	..	..	..	..
Poisson pour transformation	..	..	..	..	..	..	..	..
TOTAL GÉNÉRAL	..	..	..	..	..	**189 915 706 000**	**168 508 651 600**	**157 133 222 200**

.. Non disponible

Note : Métadonnées détaillées : http://metalinks.oecd.org/fish/20150108/609f

Source : OCDE (2014), « Pêcheries : Débarquements nationaux dans les ports domestiques », Statistiques agricoles de l'OCDE (base de données). DOI: 10.1787/data-00222-fr

COLOMBIE

Tableau 4. Débarquements nationaux dans les ports étrangers

	2006	2007	2008	2009	2010	2011	2012	2013
VOLUME (TONNES)								
Total poissons	..	..	..	..	..	**16 100**	**9 306**	**15 211**
Saumon	..	..	..	..	..	..	..	..
Saumon rose	..	..	..	..	..	..	..	..
Saumon keta	..	..	..	..	..	..	..	..
Saumon rouge	..	..	..	..	..	..	..	..
Saumon argenté	..	..	..	..	..	..	..	..
Autres saumons	..	..	..	..	..	..	..	..
Poissons plats	..	..	..	..	..	..	..	..
Flétan	..	..	..	..	..	..	..	..
Flétan noir	..	..	..	..	..	..	..	..
Sole	..	..	..	..	..	..	..	..
Plie	..	..	..	..	..	..	..	..
Autres poissons plats	..	..	..	..	..	..	..	..
Poissons de fond	..	..	..	..	..	..	..	..
Morue (Atlantique et Pacifique)	..	..	..	..	..	..	..	..
Églefin	..	..	..	..	..	..	..	..
Lieu	..	..	..	..	..	..	..	..
Morue du Pacifique occidental	..	..	..	..	..	..	..	..
Merlan	..	..	..	..	..	..	..	..
Merlu (toutes espèces)	..	..	..	..	..	..	..	..
Sébaste	..	..	..	..	..	..	..	..
Autres poissons de fond	..	..	..	..	..	..	..	..
Pélagiques	..	..	..	..	..	..	..	..
Chinchard	..	..	..	..	..	..	..	..
Maquereau	..	..	..	..	..	..	..	..
Hareng (Atlantique et Pacifique)	..	..	..	..	..	..	..	..
Sardine	..	..	..	..	..	..	..	..
Autres pélagiques	..	..	..	..	..	..	..	..
Thons	..	..	..	..	..	16 100	9 306	15 211
Listao	..	..	..	..	..	7 373	3 432	7 359
Thon rouge (nord et sud)	..	..	..	..	..	..	..	..
Germon	..	..	..	..	..	..	..	..
Albacore	..	..	..	..	..	8 422	5 020	7 261
Thon obèse	..	..	..	..	..	248	130	84
Autres thons	..	..	..	..	..	57	724	507
Espadon	..	..	..	..	..	..	..	..
Autres poissons	..	..	..	..	..	..	..	..
Total crustacés	..	..	..	..	..	..	..	..
Homard et langouste	..	..	..	..	..	..	..	..
Langoustine	..	..	..	..	..	..	..	..
Crevette	..	..	..	..	..	..	..	..
Autres crustacés	..	..	..	..	..	..	..	..
Total coquillages et mollusques	..	..	..	..	..	..	..	..
Huître	..	..	..	..	..	..	..	..
Moule	..	..	..	..	..	..	..	..
Coquille St-Jacques	..	..	..	..	..	..	..	..
Bivalves	..	..	..	..	..	..	..	..
Autres coquillages (incl. buccins)	..	..	..	..	..	..	..	..
Calmar	..	..	..	..	..	..	..	..
Seiche	..	..	..	..	..	..	..	..
Poulpe	..	..	..	..	..	..	..	..
Autres mollusques (incl. oursins)	..	..	..	..	..	..	..	..
Autres animaux marins	..	..	..	..	..	..	..	..
Plantes aquatiques	..	..	..	..	..	..	..	..
Algue brune	..	..	..	..	..	..	..	..
Algue rouge	..	..	..	..	..	..	..	..
Autres algues	..	..	..	..	..	..	..	..
Poisson pour transformation	..	..	..	..	..	..	..	..
TOTAL GÉNÉRAL	..	..	..	..	..	**16 100**	**9 306**	**15 211**

Tableau 4. Débarquements nationaux dans les ports étrangers *(suite)*

	2006	2007	2008	2009	2010	2011	2012	2013
VALEUR (COP)								
Total poissons	..	..	..	..	..	**80 500 000 000**	**46 530 000 000**	**76 055 000 000**
Saumon	..	..	..	..	..	..	..	..
Saumon rose	..	..	..	..	..	..	..	..
Saumon keta	..	..	..	..	..	..	..	..
Saumon rouge	..	..	..	..	..	..	..	..
Saumon argenté	..	..	..	..	..	..	..	..
Autres saumons	..	..	..	..	..	..	..	..
Poissons plats	..	..	..	..	..	..	..	..
Flétan	..	..	..	..	..	..	..	..
Flétan noir	..	..	..	..	..	..	..	..
Sole	..	..	..	..	..	..	..	..
Plie	..	..	..	..	..	..	..	..
Autres poissons plats	..	..	..	..	..	..	..	..
Poissons de fond	..	..	..	..	..	..	..	..
Morue (Atlantique et Pacifique)	..	..	..	..	..	..	..	..
Églefin	..	..	..	..	..	..	..	..
Lieu	..	..	..	..	..	..	..	..
Morue du Pacifique occidental	..	..	..	..	..	..	..	..
Merlan	..	..	..	..	..	..	..	..
Merlu (toutes espèces)	..	..	..	..	..	..	..	..
Sébaste	..	..	..	..	..	..	..	..
Autres poissons de fond	..	..	..	..	..	..	..	..
Pélagiques	..	..	..	..	..	..	..	..
Chinchard	..	..	..	..	..	..	..	..
Maquereau	..	..	..	..	..	..	..	..
Hareng (Atlantique et Pacifique)	..	..	..	..	..	..	..	..
Sardine	..	..	..	..	..	..	..	..
Autres pélagiques	..	..	..	..	..	..	..	..
Thons	..	..	..	..	..	80 500 000 000	46 530 000 000	76 055 000 000
Listao	..	..	..	..	..	36 865 000 000	17 160 000 000	36 795 000 000
Thon rouge (nord et sud)	..	..	..	..	..	..	..	..
Germon	..	..	..	..	..	..	..	..
Albacore	..	..	..	..	..	42 110 000 000	25 100 000 000	36 305 000 000
Thon obèse	..	..	..	..	..	1 240 000 000	650 000 000	420 000 000
Autres thons	..	..	..	..	..	285 000 000	3 620 000 000	2 535 000 000
Espadon	..	..	..	..	..	..	..	..
Autres poissons	..	..	..	..	..	..	..	..
Total crustacés	..	..	..	..	..	..	..	..
Homard et langouste	..	..	..	..	..	..	..	..
Langoustine	..	..	..	..	..	..	..	..
Crevette	..	..	..	..	..	..	..	..
Autres crustacés	..	..	..	..	..	..	..	..
Total coquillages et mollusques	..	..	..	..	..	..	..	..
Huître	..	..	..	..	..	..	..	..
Moule	..	..	..	..	..	..	..	..
Coquille St-Jacques	..	..	..	..	..	..	..	..
Bivalves	..	..	..	..	..	..	..	..
Autres coquillages (incl. buccins)	..	..	..	..	..	..	..	..
Calmar	..	..	..	..	..	..	..	..
Seiche	..	..	..	..	..	..	..	..
Poulpe	..	..	..	..	..	..	..	..
Autres mollusques (incl. oursins)	..	..	..	..	..	..	..	..
Autres animaux marins	..	..	..	..	..	..	..	..
Plantes aquatiques	..	..	..	..	..	..	..	..
Algue brune	..	..	..	..	..	..	..	..
Algue rouge	..	..	..	..	..	..	..	..
Autres algues	..	..	..	..	..	..	..	..
Poisson pour transformation	..	..	..	..	..	..	..	..
TOTAL GÉNÉRAL	..	..	..	..	..	**80 500 000 000**	**46 530 000 000**	**76 055 000 000**

.. Non disponible

Note : Métadonnées détaillées : http://metalinks.oecd.org/fish/20150108/bc96

Source : OCDE (2014), « Pêcheries : Débarquements nationaux dans les ports étrangers », Statistiques agricoles de l'OCDE (base de données). DOI: 10.1787/data-00223-fr

COLOMBIE

Tableau 5. Débarquements étrangers dans les ports nationaux

	2006	2007	2008	2009	2010	2011	2012	2013
VOLUME (TONNES)								
Total poissons	..	..	..	..	..	**27 113**	**28 394**	**33 360**
Saumon	..	..	..	..	..	..	..	..
Saumon rose	..	..	..	..	..	..	..	..
Saumon keta	..	..	..	..	..	..	..	..
Saumon rouge	..	..	..	..	..	..	..	..
Saumon argenté	..	..	..	..	..	..	..	..
Autres saumons	..	..	..	..	..	..	..	..
Poissons plats	..	..	..	..	..	..	..	..
Flétan	..	..	..	..	..	..	..	..
Flétan noir	..	..	..	..	..	..	..	..
Sole	..	..	..	..	..	..	..	..
Plie	..	..	..	..	..	..	..	..
Autres poissons plats	..	..	..	..	..	..	..	..
Poissons de fond	..	..	..	..	..	..	..	..
Morue (Atlantique et Pacifique)	..	..	..	..	..	..	..	..
Églefin	..	..	..	..	..	..	..	..
Lieu	..	..	..	..	..	..	..	..
Morue du Pacifique occidental	..	..	..	..	..	..	..	..
Merlan	..	..	..	..	..	..	..	..
Merlu (toutes espèces)	..	..	..	..	..	..	..	..
Sébaste	..	..	..	..	..	..	..	..
Autres poissons de fond	..	..	..	..	..	..	..	..
Pélagiques	..	..	..	..	..	..	..	..
Chinchard	..	..	..	..	..	..	..	..
Maquereau	..	..	..	..	..	..	..	..
Hareng (Atlantique et Pacifique)	..	..	..	..	..	..	..	..
Sardine	..	..	..	..	..	..	..	..
Autres pélagiques	..	..	..	..	..	..	..	..
Thons	..	..	..	..	..	27 113	28 394	33 360
Listao	..	..	..	..	..	18 979	19 876	23 352
Thon rouge (nord et sud)	..	..	..	..	..	..	..	..
Germon	..	..	..	..	..	..	..	..
Albacore	..	..	..	..	..	6 778	7 099	8 340
Thon obèse	..	..	..	..	..	1 356	1 419	1 668
Autres thons	..	..	..	..	..	..	..	..
Espadon	..	..	..	..	..	..	..	..
Autres poissons	..	..	..	..	..	..	..	..
Total crustacés	..	..	..	..	..	..	..	..
Homard et langouste	..	..	..	..	..	..	..	..
Langoustine	..	..	..	..	..	..	..	..
Crevette	..	..	..	..	..	..	..	..
Autres crustacés	..	..	..	..	..	..	..	..
Total coquillages et mollusques	..	..	..	..	..	..	..	..
Huître	..	..	..	..	..	..	..	..
Moule	..	..	..	..	..	..	..	..
Coquille St-Jacques	..	..	..	..	..	..	..	..
Bivalves	..	..	..	..	..	..	..	..
Autres coquillages (incl. buccins)	..	..	..	..	..	..	..	..
Calmar	..	..	..	..	..	..	..	..
Seiche	..	..	..	..	..	..	..	..
Poulpe	..	..	..	..	..	..	..	..
Autres mollusques (incl. oursins)	..	..	..	..	..	..	..	..
Autres animaux marins	..	..	..	..	..	..	..	..
Plantes aquatiques	..	..	..	..	..	..	..	..
Algue brune	..	..	..	..	..	..	..	..
Algue rouge	..	..	..	..	..	..	..	..
Autres algues	..	..	..	..	..	..	..	..
Poisson pour transformation	..	..	..	..	..	..	..	..
TOTAL GÉNÉRAL	..	..	..	..	..	**27 113**	**28 394**	**33 360**

Tableau 5. Débarquements étrangers dans les ports nationaux *(suite)*

	2006	2007	2008	2009	2010	2011	2012	2013
VALEUR (COP)								
Total poissons	..	..	..	..	..	**135 565 000 000**	**141 970 000 000**	**166 800 000 000**
Saumon	..	..	..	..	..	..	..	..
Saumon rose	..	..	..	..	..	..	..	..
Saumon keta	..	..	..	..	..	..	..	..
Saumon rouge	..	..	..	..	..	..	..	..
Saumon argenté	..	..	..	..	..	..	..	..
Autres saumons	..	..	..	..	..	..	..	..
Poissons plats	..	..	..	..	..	..	..	..
Flétan	..	..	..	..	..	..	..	..
Flétan noir	..	..	..	..	..	..	..	..
Sole	..	..	..	..	..	..	..	..
Plie	..	..	..	..	..	..	..	..
Autres poissons plats	..	..	..	..	..	..	..	..
Poissons de fond	..	..	..	..	..	..	..	..
Morue (Atlantique et Pacifique)	..	..	..	..	..	..	..	..
Églefin	..	..	..	..	..	..	..	..
Lieu	..	..	..	..	..	..	..	..
Morue du Pacifique occidental	..	..	..	..	..	..	..	..
Merlan	..	..	..	..	..	..	..	..
Merlu (toutes espèces)	..	..	..	..	..	..	..	..
Sébaste	..	..	..	..	..	..	..	..
Autres poissons de fond	..	..	..	..	..	..	..	..
Pélagiques	..	..	..	..	..	..	..	..
Chinchard	..	..	..	..	..	..	..	..
Maquereau	..	..	..	..	..	..	..	..
Hareng (Atlantique et Pacifique)	..	..	..	..	..	..	..	..
Sardine	..	..	..	..	..	..	..	..
Autres pélagiques	..	..	..	..	..	..	..	..
Thons	..	..	..	..	..	135 565 000 000	141 970 000 000	166 800 000 000
Listao	..	..	..	..	..	94 895 000 000	99 380 000 000	116 760 000 000
Thon rouge (nord et sud)	..	..	..	..	..	..	..	..
Germon	..	..	..	..	..	..	..	..
Albacore	..	..	..	..	..	33 890 000 000	35 495 000 000	41 700 000 000
Thon obèse	..	..	..	..	..	6 780 000 000	7 095 000 000	8 340 000 000
Autres thons	..	..	..	..	..	..	..	..
Espadon	..	..	..	..	..	..	..	..
Autres poissons	..	..	..	..	..	..	..	..
Total crustacés	..	..	..	..	..	..	..	..
Homard et langouste	..	..	..	..	..	..	..	..
Langoustine	..	..	..	..	..	..	..	..
Crevette	..	..	..	..	..	..	..	..
Autres crustacés	..	..	..	..	..	..	..	..
Total coquillages et mollusques	..	..	..	..	..	..	..	..
Huître	..	..	..	..	..	..	..	..
Moule	..	..	..	..	..	..	..	..
Coquille St-Jacques	..	..	..	..	..	..	..	..
Bivalves	..	..	..	..	..	..	..	..
Autres coquillages (incl. buccins	..	..	..	..	..	..	..	..
Calmar	..	..	..	..	..	..	..	..
Seiche	..	..	..	..	..	..	..	..
Poulpe	..	..	..	..	..	..	..	..
Autres mollusques (incl. oursins)	..	..	..	..	..	..	..	..
Autres animaux marins	..	..	..	..	..	..	..	..
Plantes aquatiques	..	..	..	..	..	..	..	..
Algue brune	..	..	..	..	..	..	..	..
Algue rouge	..	..	..	..	..	..	..	..
Autres algues	..	..	..	..	..	..	..	..
Poisson pour transformation	..	..	..	..	..	..	..	..
TOTAL GÉNÉRAL	..	..	..	..	..	**135 565 000 000**	**141 970 000 000**	**166 800 000 000**

.. Non disponible

Note : Métadonnées détaillées : http://metalinks.oecd.org/fish/20150108/650c

Source : OCDE (2014), « Pêcheries : Débarquements étrangers dans les ports domestiques », Statistiques agricoles de l'OCDE (base de données). DOI: 10.1787/data-00224-fr

Tableau 6. Production de l'aquaculture

	2006	2007	2008	2009	2010	2011	2012	2013
VOLUME (TONNES)								
Poissons	..	..	..	..	..	**54 565**	**59 342**	**84 426**
Saumon de l'Atlantique	..	..	..	..	..	..	..	..
Saumon du Pacifique	..	..	..	..	..	..	..	..
Truite arc-en-ciel	..	..	..	..	..	5 631	6 111	..
dont : d'eau de mer	..	..	..	..	..	774	843	..
dont : d'eau douce	..	..	..	..	..	4 857	5 268	..
Truite de mer	..	..	..	..	..	..	..	..
Poisson plat	..	..	..	..	..	..	..	..
Dorade	..	..	..	..	..	..	..	..
Bar	..	..	..	..	..	..	..	..
Loup	..	..	..	..	..	..	..	..
Carpe	..	..	..	..	..	501	543	..
Tilapia	..	..	..	..	..	48 433	52 688	..
Anguille	..	..	..	..	..	..	..	..
Autres poissons	..	..	..	..	..	..	..	84 426
Coquillages et crustacés	..	..	..	..	..	**8 463**	**8 900**	**3 269**
Huître, comestible	..	..	..	..	..	..	..	..
Huître, perle	..	..	..	..	..	..	..	..
Moule	..	..	..	..	..	..	..	..
Coquille St.-Jacques	..	..	..	..	..	..	..	..
Bivalves	..	..	..	..	..	..	..	..
Crevette et bouquet	..	..	..	..	..	8 463	8 900	3 269
Autres coquillages et crustacés	..	..	..	..	..	..	..	..
Total poissons, coquillages et crustacés	..	..	..	..	..	**63 028**	**68 242**	**87 695**
Autres animaux marins	..	..	..	..	..	..	..	..
Plantes aquatiques	..	..	..	..	..	..	..	..
Algue brune	..	..	..	..	..	..	..	..
Algue rouge	..	..	..	..	..	..	..	..
Algue verte	..	..	..	..	..	..	..	..
Autres plantes aquatiques	..	..	..	..	..	..	..	..
TOTAL GÉNÉRAL	..	..	..	..	..	**63 028**	**68 242**	**87 695**
VALEUR (COP)								
Poissons	..	..	..	..	..	**251 909 400 000**	**299 264 300 000**	**438 395 864**
Saumon de l'Atlantique	..	..	..	..	..	..	..	..
Saumon du Pacifique	..	..	..	..	..	..	..	..
Truite arc-en-ciel	..	..	..	..	..	46 737 300 000	54 999 000 000	..
dont : d'eau de mer	..	..	..	..	..	6 424 200 000	7 587 000 000	..
dont : d'eau douce	..	..	..	..	..	40 313 100 000	47 412 000 000	..
Truite de mer	..	..	..	..	..	..	..	..
Poisson plat	..	..	..	..	..	..	..	..
Dorade	..	..	..	..	..	..	..	..
Bar	..	..	..	..	..	..	..	..
Loup	..	..	..	..	..	..	..	..
Carpe	..	..	..	..	..	1 753 500 000	1 900 500 000	..
Tilapia	..	..	..	..	..	203 418 600 000	242 364 800 000	..
Anguille	..	..	..	..	..	..	..	..
Autres poissons	..	..	..	..	..	..	..	438 395 864
Coquillages et crustacés	..	..	..	..	..	**15 901 525 640**	**94 583 852 583**	**5 874 491 070**
Huître, comestible	..	..	..	..	..	..	..	..
Huître, perle	..	..	..	..	..	..	..	..
Moule	..	..	..	..	..	..	..	..
Coquille St.-Jacques	..	..	..	..	..	..	..	..
Bivalves	..	..	..	..	..	..	..	..
Crevette et bouquet	..	..	..	..	..	15 901 525 640	94 583 852 583	5 874 491 070
Autres coquillages et crustacés	..	..	..	..	..	..	..	..
Total poissons, coquillages et crustacés	..	..	..	..	..	**267 810 925 640**	**393 848 152 583**	**6 312 886 934**
Autres animaux marins	..	..	..	..	..	..	..	..
Plantes aquatiques	..	..	..	..	..	..	..	..
Algue brune	..	..	..	..	..	..	..	..
Algue rouge	..	..	..	..	..	..	..	..
Algue verte	..	..	..	..	..	..	..	..
Autres plantes aquatiques	..	..	..	..	..	..	..	..
TOTAL GÉNÉRAL	..	..	..	..	..	**267 810 925 640**	**393 848 152 583**	**6 312 886 934**

.. Non disponible

Note : Métadonnées détaillées : http://metalinks.oecd.org/fish/20150108/b565

Source : OCDE (2014), « Pêcheries : Production de l'aquaculture », Statistiques agricoles de l'OCDE (base de données). DOI: 10.1787/data-00225-fr

Tableau 7. Transferts financiers publics (TFP)

Milliers COP

	2006	2007	2008	2009	2010	2011	2012	2013
Total des TFP								
Pêche maritime	..	..	..	..	..	**7 181 840**	**9 030 964**	**11 377 768**
Paiements directs	..	..	..	..	..	500 000	7 777 964	6 791 192
Désarmement des navires et retrait des licences	..	..	..	..	..	..	..	..
Indemnisation des catastrophes	..	..	..	..	..	..	..	..
Aides : équipement, modernisation, construction de navire	..	..	..	..	..	..	..	..
Aide au revenu et assurance chômage	..	..	..	..	..	..	..	..
Autres paiements directs	..	..	..	..	..	500 000	7 777 964	6 791 192
Transferts réduisant les coûts	..	..	..	..	..	..	..	..
Prêts subventionnés : équipement, modernisation, construction de navire	..	..	..	..	..	..	..	..
Bonification d'intérêts	..	..	..	..	..	..	..	..
Exonération de taxe sur carburant	..	..	..	..	..	..	..	..
Ristourne et subvention à l'assurance	..	..	..	..	..	..	..	..
Allègement d'impôt sur le revenu, contrib. sociales impayées	..	..	..	..	..	..	..	..
Autres transferts réduisant les coûts	..	..	..	..	..	..	..	..
Services généraux	..	..	..	..	..	6 681 840	1 253 000	4 586 576
Gestion des pêcheries	..	..	..	..	..	181 500	798 000	2 432 006
Recherche halieutique	..	..	..	..	..	6 500 340	455 000	2 154 570
Police des pêches	..	..	..	..	..	..	..	..
Infrastructure des pêcheries	..	..	..	..	..	..	..	..
Autres services généraux	..	..	..	..	..	..	..	..
Recouvrement des coûts	..	..	..	..	..	..	..	..
Aquaculture	..	..	..	..	..	**954 336**	**4 154 563**	**4 107 205**
Paiements directs	..	..	..	..	..	553 486	2 227 602	2 570 581
Aides : développement aquacole	..	..	..	..	..	..	..	..
Indemnisation des catastrophes	..	..	..	..	..	..	..	..
Autres paiements directs	..	..	..	..	..	553 486	2 227 602	2 570 581
Transferts réduisant les coûts	..	..	..	..	..	..	..	..
Prêts subventionnés : développement aquacole	..	..	..	..	..	..	..	..
Autres transferts réduisant les coûts	..	..	..	..	..	..	..	..
Services généraux	..	..	..	..	..	400 850	1 926 961	1 536 624
Gestion, recherche et police de l'aquaculture	..	..	..	..	..	400 850	1 618 961	1 536 624
Infrastructure aquacole	..	..	..	..	..	..	308 000	..
Autres services généraux	..	..	..	..	..	..	..	..
Recouvrement des coûts	..	..	..	..	..	..	..	..
Commercialisation et transformation	..	..	..	..	..	**1 796 420**	**991 978**	**1 223 433**
Paiements directs	..	..	..	..	..	859 320	79 595	490 100
Aides : commercialisation et transformation	..	..	..	..	..	..	..	..
Autres paiements directs	..	..	..	..	..	859 320	79 595	490 100
Transferts réduisant les coûts	..	..	..	..	..	437 100	79 050	..
Prêts subventionnés : commercialisation et transformation	..	..	..	..	..	..	79 000	..
Autres transferts réduisant les coûts	..	..	..	..	..	437 100	50	..
Services généraux	..	..	..	..	..	500 000	833 333	733 333
Aquaculture	..	..	..	..	..	..	..	..
Autres services généraux	..	..	..	..	..	500 000	833 333	733 333
Recouvrement des coûts	..	..	..	..	..	..	..	..
Total	..	..	..	..	..	**9 932 596**	**14 177 506**	**16 708 407**

.. Non disponible

Note : Métadonnées détaillées : http://metalinks.oecd.org/fish/20150108/10dd

Source : OCDE (2014), « Pêcheries : Transferts financiers publics », Statistiques agricoles de l'OCDE (base de données). DOI: 10.1787/data-00220-fr

COLOMBIE

Tableau 8. Importations par produit

		2009		2010		2011		2012		2013	
		Tonnes	USD	Tonnes	USD	Tonnes	USD	Tonnes	USD	Tonnes	USD
03	**Poisson, crustacés et mollusques**	**..**	**77 571**	**..**	**91 386**	**..**	**121 140**	**..**	**156 758**	**..**	**224 910**
0302	**Poisson, frais ou réfrigéré, excl. 0304**	**259 775**	**1 362**	**140 344**	**1 238**	**173 814**	**1 215**	**161 992**	**890**	**128 534**	**1 043**
030211	Truite	330	2	7 960	71	600	5	..	..	..	..
030212	Saumon (Pacifique, Atlantique et Danube)	165 823	1 252	126 198	1 126	149 164	1 089	155 600	879	117 028	1 008
030219	Salmonidés nra	3 645	21	2 295	12	1 500	9	..	..	..	..
030221	Flétan	..	..	..	..	..	..	..	..	..	..
030222	Plie, carrelet	..	..	..	..	..	..	..	..	..	..
030223	Sole	..	..	..	..	..	..	..	..	83	0
030229	Poissons plats nra	..	..	..	..	..	..	..	..	..	..
030231	Thon blanc/germon	..	..	..	..	100	1	..	..	..	..
030232	Albacore (thon jaune)	2 581	22	3 891	29	750	6	402	5	..	..
030233	Listaos/bonite à ventre rayé	..	..	..	..	..	..	..	..	..	..
030239	Thonidés nra	..	..	..	..	600	12	..	..	6 500	5
030240	Hareng	..	..	..	..	..	..	..	..	..	..
030250	Morue	..	..	..	..	..	..	..	..	..	..
030261	Sardines	..	..	..	..	..	..	..	..	..	..
030262	Églefin	..	..	..	..	..	..	..	..	..	..
030263	Lieu noir	..	..	..	..	..	..	..	..	..	..
030264	Maquereau	..	..	..	..	..	..	..	..	..	..
030265	Aiguillat et autres squalidés	54 125	44	..	..	..	..	..	..	..	..
030266	Anguille	..	..	..	..	..	..	..	..	..	..
030269	Poisson nra	33 270	21	..	..	21 100	92	5 990	6	4 923	30
030270	Foies, oeufs et laitances	..	..	..	..	..	..	..	..	..	..
0303	**Poisson, congelé, excl. 0304**	**28 498 305**	**39 347**	**27 888 860**	**39 529**	**25 736 440**	**44 954**	**30 203 406**	**66 259**	**53 226 002**	**108 164**
030319	Saumon, Pacifique	..	..	..	..	..	..	..	..	..	..
030321	Truite	..	..	16 000	96	5 000	38	9 610	55	63 799	231
030322	Saumon (Atlantique et Danube)	..	..	..	..	..	..	..	..	..	..
030329	Salmonidés	126 835	88	59 641	31	5 211	34	..	..	11 575	35
030331	Flétan	..	..	..	..	..	..	..	..	..	..
030332	Plie, carrelet	..	..	..	..	..	..	..	..	..	..
030333	Sole	500	2	3 240	2	91	1	1 920	2	3 000	4
030339	Poisson plat nra	..	..	..	..	25 000	60	..	..	9	0
030341	Thon blanc/germon	5 900 170	15 580	5 426 268	13 538	5 148 045	15 959	7 883 538	27 827	5 383 856	15 297
030342	Albacore (thon jaune)	98	0	209 440	201	371 831	914	1 803 781	5 333	4 780 076	13 743
030343	Listao/bonite à ventre rayé	..	..	142 784	162	907	6	884 684	1 929	13 382 777	27 476
030349	Thonidés nra	5 367	20	..	..	885	21	136 836	300	970 231	2 224
030350	Hareng	..	..	..	..	..	..	..	..	1 061	8
030360	Morue	..	..	..	..	..	..	..	..	..	..
030371	Sardines, sardinelles	35 000	28	65 060	39	141 140	78	190 550	121	92 470	56
030372	Églefin	..	..	..	..	..	..	..	..	..	..
030373	Lieu noir	..	..	..	..	..	..	..	..	..	..
030374	Maquereau	41 650	34	4 110	3	4 915	6	4 080	6	17 350	33
030375	Aiguillat et autres squalidés	456 697	559	387 012	285	71 767	71	241 203	270	117 877	135
030376	Anguille	..	..	..	..	..	..	5 080	5	..	..
030377	Bar (loup)	17 509	11	612	1	38 972	136	210	0	7 653	33
030378	Merlu	184 136	238	103 367	136	90 214	129	106 831	144	46 088	92
030379	Poisson nra	21 602 650	22 348	21 333 744	24 439	19 712 530	26 818	18 711 781	29 608	27 580 826	45 402
030380	Foies, oeufs et laitances	54 886	71	45 270	82	33 905	134	63 489	106	66 296	114
0304	**Filets de poisson et autre chair de poisson**	**10 942 269**	**27 001**	**15 897 181**	**36 347**	**21 095 607**	**54 884**	**23 366 771**	**65 066**	**23 313 316**	**72 794**
030410	Filets et autre chair de poisson, frais ou réfrigéré	503 919	3 862	468 564	4 656	443 310	4 907	7 789 744	24 059	4 907 414	18 179
030420	Filets de poissons, congelé	9 556 464	22 109	14 253 960	30 535	19 100 540	47 621	12 527 853	36 710	17 145 090	52 667
030490	Chair de poisson nra, congelé	881 885	1 030	1 174 657	1 155	1 551 756	2 356	3 049 174	4 298	1 260 812	1 948
0305	**Poisson, séché, salé, fumé, ou en saumure**	**172 401**	**1 279**	**193 327**	**1 448**	**163 377**	**1 818**	**1 256 981**	**2 330**	**1 609 018**	**5 550**
030510	Farine de poisson, consommation humaine	..	..	..	..	1 700	27	1 061	17	48	1
030520	Foies, oeufs et laitances	..	..	..	..	..	..	..	..	..	..
030530	Filets de poisson (non fumé)	..	..	2 800	26	856	10	1 091	12	1 018	12
030541	Saumon (Pacifique, Atlantique et Danube), fumé	67 977	959	56 803	1 046	69 071	1 414	86 515	1 565	188 778	3 812
030542	Hareng, fumé	..	..	..	..	..	..	..	..	..	..
030549	Poisson nra, fumé	1 298	12	6 324	110	2 500	27	759	23	19 904	349
030551	Morue, séché, non fumé	..	..	..	..	7 000	52	25 000	146	4 000	53
030559	Poisson nra, séché, salé, non fumé	102 600	301	31 000	28	..	..	1 086 555	264	1 219 401	409
030561	Hareng, salé ou en saumure	..	..	..	..	..	..	..	..	..	..
030562	Morue, salé ou en saumure	..	..	..	..	..	..	..	..	..	..
030563	Anchois, salé ou en saumure	67	1	..	..	..	..	..	..	204	6
030569	Poisson nra, salé ou en saumure	459	6	96 400	239	82 250	289	56 000	303	175 650	907

Tableau 8. Importations par produit (*suite*)

		2009		2010		2011		2012		2013	
		Tonnes	USD	Tonnes	USD	Tonnes	USD	Tonnes	USD	Tonnes	USD
0306	**Crustacés**	**2 269 111**	**5 825**	**2 787 570**	**8 619**	**3 518 282**	**12 130**	**4 008 761**	**15 228**	**5 781 177**	**30 988**
030611	Langoustes et autres palinuridés, congelé	154	4	..	..	1 033	13	460	9	6 551	134
030612	Homard nra	..	..	136	3	..	..	..	..	10	0
030613	Crevettes, congelé	2 217 541	5 511	2 744 921	7 925	3 411 783	11 514	3 962 067	14 648	5 732 137	30 488
030614	Crabes, congelé	17 722	161	25 859	319	50 764	419	40 880	449	36 893	264
030619	Crustacés nra, congelé	7 117	44	9 206	93	50 468	89	619	30	460	19
030621	Langoustes et autres palinuridés (non congelé)	..	..	..	..	..	..	..	..	..	..
030622	Homard nra (non congelé)	3 443	70	4 001	87	4 234	96	3 734	91	2 926	80
030623	Crevettes (non congelé)	..	..	3 447	193	..	..	1 000	2	..	..
030624	Crabes (non congelé)	23 134	34	..	..	..	..	..	..	..	..
030629	Crustacés nra (non congelé)	..	..	..	..	..	..	..	..	2 200	3
0307	**Mollusques**	**2 990 413**	**2 716**	**3 975 079**	**4 205**	**4 203 507**	**6 140**	**4 650 325**	**6 964**	**3 893 002**	**6 371**
030710	Huîtres	18 681	63	7 789	71	7 049	73	6 596	72	7 662	80
030721	St-Jacques, vi, fr, ou ré	159 294	93	201 173	118	107 931	127	22 269	18	861	6
030729	St-Jacques, co, sc, sl, ou sm	8 832	26	5 627	49	32 539	148	7 654	115	9 155	116
030731	Moules, vi, fr, ou ré	1 226	6	1 336	9	400	3	737	5	585	4
030739	Moules, co, sc, sl, ou sm	31 918	120	92 470	286	107 997	463	119 374	346	118 108	580
030741	Seiches, encornets et calmars, vi, fr, ou ré	..	..	..	..	..	..	30 020	18	40 534	115
030749	Seiches, encornets et calmars, co, sc, sl, ou sm	2 657 322	2 039	3 296 556	2 895	3 630 579	4 081	4 134 670	4 932	3 406 310	3 856
030751	Poulpe, vi, fr, ou ré	1 854	17	1 247	17	2 373	35	1 492	28	2 043	22
030759	Poulpe, co, sc, sl, ou sm	63 054	216	145 867	507	214 001	1 056	210 291	1 239	251 381	1 485
030760	Escargots (autres que de mer)	500	7	..	..	..	..	..	..	..	..
030791	Mollusques nra, vi, fr, ou ré	2 970	85	2 640	79	3 197	91	..	..	..	..
030799	Mollusques nra, co, sc, sl, ou sm	44 762	46	220 372	173	97 441	64	117 223	192	56 364	108
121220	**Algues**	**24 959**	**264**	**29 465**	**324**	**33 422**	**329**	**31 667**	**401**	**25 509**	**407**
1504	**Graisses, huiles et leurs fractions**	**1 601 572**	**3 780**	**2 458 863**	**4 973**	**2 296 565**	**5 328**	**2 661 061**	**6 974**	**3 509 071**	**9 339**
150410	Huiles de foies de poisson, et fractions	200 399	1 258	185 180	991	115 270	604	145 539	815	112 214	707
150420	Graisses et huiles de poisson, et fractions	1 401 173	2 523	2 273 683	3 982	2 181 295	4 724	2 515 522	6 159	3 396 857	8 633
150430	Graisses et huiles de mammifère marin, et fractions	..	..	..	..	..	..	..	..	..	..
1604	**Préparations et conserves de poisson; caviars et succédanés**	**51 266 651**	**125 891**	**50 957 500**	**136 556**	**55 602 689**	**163 822**	**55 870 801**	**183 690**	**57 442 011**	**204 619**
160411	Saumon, non haché	14 706	151	24 630	196	21 166	240	12 671	142	43 218	383
160412	Hareng, non haché	6 034	34	4 556	30	5 461	39	9 903	72	12 726	94
160413	Sardines, sardinelles, sprats, esprots, non haché	25 494 696	39 497	20 870 485	31 456	21 237 544	35 825	20 310 851	35 203	20 855 085	38 805
160414	Thons, listaos, sardes, non haché	20 027 992	75 225	22 248 484	89 465	23 713 740	105 396	25 485 259	126 098	26 575 924	142 584
160415	Maquereau, non haché	328 650	1 069	73 886	206	385 432	1 603	191 651	816	68 046	311
160416	Anchois, non haché	1 453 372	2 962	804 211	1 941	891 829	2 217	1 248 768	3 121	700 751	1 522
160419	Poisson nra, non haché	1 610 725	2 315	3 225 160	5 825	6 208 411	11 814	5 153 704	9 639	4 736 131	9 102
160420	Poisson, haché	2 328 810	4 587	3 704 664	7 386	3 137 740	6 650	3 454 047	8 498	4 447 195	11 757
160430	Caviar et succédanés	1 667	52	1 424	51	1 366	38	3 947	102	2 934	62
1605	**Préparations et conserves de crustacés**	**88 324**	**515**	**339 439**	**2 384**	**2 534 124**	**2 637**	**407 180**	**2 502**	**385 450**	**2 981**
160510	Crabes	1 638	6	866	22	2 297	44	53 130	435	63 381	485
160520	Crevettes	3 689	15	228 825	1 706	221 417	1 275	189 789	1 095	112 234	1 196
160530	Homard	..	..	..	..	..	..	..	..	..	..
160540	Crustacés nra	0	0	0	0	0	0	559	7	1 073	13
230120	**Farine de poisson**	**22 578 618**	**20 315**	**17 706 147**	**21 516**	**15 842 128**	**17 831**	**16 587 285**	**17 085**	**17 530 961**	**22 117**
	TOTAL	..	..	..	..	..	..	..	..	..	..

.. Non disponible

Note : nra : non répertorié ailleurs. vi : vivant. fr : frais. ré : réfrigéré. co : congelé. sc : séché. sl : salé. sm : en saumure.
Métadonnées détaillées : http://metalinks.oecd.org/fish/20150108/cfaf

Source : OCDE (2014), « Pêcheries : Commerce par produit », Statistiques agricoles de l'OCDE (base de données). DOI: 10.1787/data-00677-fr

Tableau 9. Exportations par produit

		2009		2010		2011		2012		2013	
		Tonnes	USD	Tonnes	USD	Tonnes	USD	Tonnes	USD	Tonnes	USD
03	**Poisson, crustacés et mollusques**	**..**	**181 731**	**..**	**154 445**	**..**	**160 439**	**..**	**156 271**	**..**	**149 396**
0302	**Poisson, frais ou réfrigéré, excl. 0304**	**208 225**	**1 344**	**331 730**	**2 188**	**295 264**	**2 114**	**458 870**	**3 568**	**525 780**	**4 283**
030211	Truite	205 637	1 327	262 575	1 706	293 754	2 107	384 920	3 061	444 684	3 660
030212	Saumon (Pacifique, Atlantique et Danube)	..	..	..	..	..	..	..	..	..	..
030219	Salmonidés nra	542	2	872	3	..	..	..	..	..	..
030221	Flétan	..	..	..	..	..	..	..	..	..	..
030222	Plie, carrelet	..	..	..	..	..	..	..	..	..	..
030223	Sole	..	..	..	..	..	..	..	..	..	..
030229	Poissons plats nra	..	..	60	0	..	..	..	..	..	..
030231	Thon blanc/germon	..	..	..	..	..	..	..	..	..	..
030232	Albacore (thon jaune)	..	..	..	..	..	..	..	..	..	..
030233	Listaos/bonite à ventre rayé	..	..	..	..	..	..	..	..	..	..
030239	Thonidés nra	1 531	12	..	..	1	0	..	..	400	1
030240	Hareng	..	..	..	..	..	..	..	..	..	..
030250	Morue	..	..	..	..	..	..	..	..	..	..
030261	Sardines	..	..	..	..	..	..	..	..	..	..
030262	Églefin	..	..	..	..	..	..	..	..	..	..
030263	Lieu noir	..	..	..	..	..	..	..	..	..	..
030264	Maquereau	..	..	..	..	..	..	..	..	..	..
030265	Aiguillat et autres squalidés	..	..	..	..	..	..	..	..	..	..
030266	Anguille	..	..	..	..	..	..	..	..	..	..
030269	Poisson nra	515	3	68 224	479	1 509	7	73 950	508	80 696	621
030270	Foies, oeufs et laitances	..	..	..	..	..	..	..	..	..	..
0303	**Poisson, congelé, excl. 0304**	**54 886 765**	**87 502**	**38 747 008**	**64 074**	**49 222 448**	**83 839**	**41 069 475**	**79 094**	**41 777 355**	**79 409**
030319	Saumon, Pacifique	..	..	..	..	..	..	..	..	..	..
030321	Truite	321 904	1 089	346 249	1 183	211 421	922	152 265	586	157 374	650
030322	Saumon (Atlantique et Danube)	..	..	..	..	..	..	..	..	..	..
030329	Salmonidés	..	..	..	..	..	..	1 755	6	15 159	66
030331	Flétan	..	..	..	..	..	..	..	..	..	..
030332	Plie, carrelet	..	..	..	..	..	..	..	..	..	..
030333	Sole	..	..	..	..	..	..	..	..	..	..
030339	Poisson plat nra	..	..	..	..	45	0	..	..	..	..
030341	Thon blanc/germon	..	..	996	2	14 900	18	22 294	29	..	..
030342	Albacore (thon jaune)	34 222 270	56 569	23 070 223	41 011	22 506 092	42 935	20 304 892	40 496	16 288 335	35 758
030343	Listao/bonite à ventre rayé	17 190 133	26 403	13 393 234	18 910	21 319 872	33 454	14 949 470	26 478	15 938 955	33 479
030349	Thonidés nra	3 068 967	3 214	1 841 557	2 734	5 067 771	5 877	4 864 313	5 518	9 345 500	9 305
030350	Hareng	..	..	..	..	..	..	..	..	..	..
030360	Morue	..	..	..	..	..	..	..	..	..	..
030371	Sardines, sardinelles	..	..	..	..	..	..	..	..	..	..
030372	Églefin	..	..	..	..	..	..	..	..	..	..
030373	Lieu noir	..	..	..	..	..	..	..	..	..	..
030374	Maquereau	..	..	..	..	..	..	..	..	..	..
030375	Aiguillat et autres squalidés	85	0	..	..	18 030	22	..	..	..	..
030376	Anguille	..	..	..	..	..	..	..	..	..	..
030377	Bar (loup)	..	..	..	..	..	..	..	..	..	..
030378	Merlu	..	..	..	..	..	..	..	..	..	..
030379	Poisson nra	83 057	225	94 749	234	84 127	610	774 487	5 979	31 664	145
030380	Foies, oeufs et laitances	..	..	0	0	190	0	..	..	..	..
0304	**Filets de poisson et autre chair de poisson**	**1 998 165**	**15 759**	**3 040 724**	**22 954**	**3 075 221**	**23 675**	**3 047 778**	**24 171**	**4 054 289**	**33 258**
030410	Filets et autre chair de poisson, frais ou réfrigéré	1 962 398	15 560	2 932 014	22 387	2 804 442	21 874	2 779 470	22 351	3 806 619	31 560
030420	Filets de poissons, congelé	35 767	199	107 344	561	269 129	1 793	267 016	1 810	247 533	1 697
030490	Chair de poisson nra, congelé	..	..	1 367	5	1 651	8	1 293	10	137	1
0305	**Poisson, séché, salé, fumé, ou en saumure**	**32 895**	**829**	**45 264**	**818**	**33 645**	**970**	**45 738**	**1 041**	**60 601**	**1 242**
030510	Farine de poisson, consommation humaine	12 850	138	34 745	309	23 850	234	25 502	253	38 426	378
030520	Foies, oeufs et laitances	..	..	..	..	50	1	..	..	..	..
030530	Filets de poisson (non fumé)	..	..	..	..	..	..	..	..	162	4
030541	Saumon (Pacifique, Atlantique et Danube), fumé	..	..	..	..	..	..	..	..	..	..
030542	Hareng, fumé	..	..	..	..	..	..	..	..	..	..
030549	Poisson nra, fumé	..	..	..	..	..	..	..	..	..	..
030551	Morue, séché, non fumé	..	..	..	..	..	..	..	..	..	..
030559	Poisson nra, séché, salé, non fumé	20 045	692	10 519	509	9 745	735	20 237	789	22 013	859
030561	Hareng, salé ou en saumure	..	..	..	..	..	..	..	..	..	..
030562	Morue, salé ou en saumure	..	..	..	..	..	..	..	..	..	..
030563	Anchois, salé ou en saumure	..	..	..	..	..	..	..	..	..	..
030569	Poisson nra, salé ou en saumure	..	..	..	..	..	..	..	..	..	..

COLOMBIE

Tableau 9. Exportations par produit *(suite)*

		2009		2010		2011		2012		2013	
		Tonnes	USD	Tonnes	USD	Tonnes	USD	Tonnes	USD	Tonnes	USD
0306	**Crustacés**	**17 300 253**	**66 591**	**12 769 120**	**54 981**	**7 901 741**	**40 948**	**8 712 503**	**40 714**	**2 952 162**	**22 745**
030611	Langoustes et autres palinuridés, congelé	137 944	3 040	109 941	3 250	141 344	4 178	149 574	4 536	127 619	3 961
030612	Homard nra	..	..	..	..	..	..	..	..	..	..
030613	Crevettes, congelé	17 054 178	62 465	12 556 612	50 906	7 652 596	35 977	7 151 821	31 121	2 723 981	17 925
030614	Crabes, congelé	..	..	..	..	..	..	1 311 160	4 277	..	..
030619	Crustacés nra, congelé	40 231	659	19 957	326	..	..	1 282	25	1 756	55
030621	Langoustes et autres palinuridés (non congelé)	..	..	109	1	..	..	..	..	..	..
030622	Homard nra (non congelé)	..	..	..	..	..	..	..	..	..	..
030623	Crevettes (non congelé)	..	..	..	..	1	0	1 238	0	..	..
030624	Crabes (non congelé)	163	3	..	..	..	..	..	..	..	..
030629	Crustacés nra (non congelé)	67 737	424	82 500	499	107 800	794	97 428	755	98 805	803
0307	**Mollusques**	**80 614**	**1 204**	**69 159**	**850**	**7 280**	**100**	**5**	**0**	**..**	**..**
030710	Huîtres	..	..	..	..	..	..	..	..	..	..
030721	St-Jacques, vi, fr, ou ré	..	..	..	..	..	..	..	..	..	..
030729	St-Jacques, co, sc, sl, ou sm	..	..	..	..	..	..	..	..	..	..
030731	Moules, vi, fr, ou ré	..	..	..	..	..	..	..	..	..	..
030739	Moules, co, sc, sl, ou sm	..	..	..	..	..	..	..	..	..	..
030741	Seiches, encornets et calmars, vi, fr, ou ré	..	..	..	..	..	..	..	..	..	..
030749	Seiches, encornets et calmars, co, sc, sl, ou sm	..	..	..	..	..	..	..	..	..	..
030751	Poulpe, vi, fr, ou ré	..	..	117	1	..	..	..	..	..	..
030759	Poulpe, co, sc, sl, ou sm	..	..	..	..	..	..	..	..	..	..
030760	Escargots (autres que de mer)	..	..	..	..	..	..	5	0	..	..
030791	Mollusques nra, vi, fr, ou ré	..	..	..	..	..	..	..	..	..	..
030799	Mollusques nra, co, sc, sl, ou sm	80 614	1 204	69 042	849	7 280	100	..	..	..	..
121220	**Algues**	**250**	**3**	**175**	**2**	**..**	**..**	**..**	**..**	**375**	**5**
1504	**Graisses, huiles et leurs fractions**	**128 764**	**1 455**	**190 057**	**291**	**2 860**	**23**	**130 039**	**282**	**65 288**	**96**
150410	Huiles de foies de poisson, et fractions	21	0	2 433	14	1 699	9	..	..	57	1
150420	Graisses et huiles de poisson, et fractions	128 744	1 455	187 624	277	1 161	13	130 039	282	65 231	94
150430	Graisses et huiles de mammifère marin, et fractions	..	..	..	..	..	..	..	..	..	..
1604	**Préparations et conserves de poisson; caviars et succédanés**	**4 580 853**	**23 172**	**4 321 289**	**21 461**	**4 043 201**	**23 286**	**5 527 886**	**37 516**	**5 851 099**	**37 985**
160411	Saumon, non haché	..	..	..	..	853	7	..	..	..	..
160412	Hareng, non haché	..	..	..	..	..	..	..	..	..	..
160413	Sardines, sardinelles, sprats, esprots, non haché	389	3	14	0	144	0	..	..	762	2
160414	Thons, listaos, sardes, non haché	4 577 296	23 156	4 321 276	21 461	4 028 277	23 215	5 513 506	37 444	5 838 276	37 892
160415	Maquereau, non haché	..	..	..	..	..	..	..	..	245	2
160416	Anchois, non haché	..	..	..	..	..	..	..	..	3	0
160419	Poisson nra, non haché	..	..	..	..	7	0	..	..	11 812	88
160420	Poisson, haché	3 168	14	..	..	13 920	64	14 380	72	1	0
160430	Caviar et succédanés	..	..	..	..	..	..	..	..	..	..
1605	**Préparations et conserves de crustacés**	**159 662**	**2 316**	**185 757**	**3 011**	**254 199**	**4 325**	**369 958**	**6 682**	**221 557**	**4 170**
160510	Crabes	278	6	..	..	..	..	..	..	..	..
160520	Crevettes	..	..	..	..	..	..	..	..	8	0
160530	Homard	..	..	..	..	..	..	..	..	..	..
160540	Crustacés nra	159 384	2 310	185 757	3 011	249 589	4 293	369 958	6 682	221 548	4 170
230120	**Farine de poisson**	**13 560**	**54**	**230 507**	**336**	**7 925**	**36**	**8 000**	**37**	**2 000**	**11**
	TOTAL	**..**	**..**	**..**	**..**	**..**	**..**	**..**	**..**	**..**	**..**

.. Non disponible

Note : nra : non répertorié ailleurs. vi : vivant. fr : frais. ré : réfrigéré. co : congelé. sc : séché. sl : salé. sm : en saumure.

Métadonnées détaillées : http://metalinks.oecd.org/fish/20150108/cfaf

Source : OCDE (2014), « Pêcheries : Commerce par produit », Statistiques agricoles de l'OCDE (base de données). DOI: 10.1787/data-00677-fr

LETTONIE

Tableau 1. Flotte de pêche

	2006	2007	2008	2009	2010	2011	2012	2013
NOMBRE DE NAVIRES								
Total des navires	..	..	..	..	..	**731**	**715**	**703**
Navires à moteur	..	..	..	..	..	362	347	337
0-5,9 mètres	..	..	..	..	..	483	481	477
6-11,9 mètres	..	..	..	..	..	164	153	150
12-17,9 mètres	..	..	..	..	..	14	12	12
18-23,9 mètres	..	..	..	..	..	3	3	3
24-29,9 mètres	..	..	..	..	..	52	52	49
30-35,9 mètres	..	..	..	..	..	5	5	4
36-44,9 mètres	..	..	..	..	..	1	1	1
45-59,9 mètres	..	..	..	..	..	2	1	1
60-74,9 mètres	..	..	..	..	..	2	2	2
75 mètres et plus	..	..	..	..	..	5	5	4
Longueur inconnue	..	..	..	..	..	0	0	0
Navires sans moteur	..	..	..	..	..	369	368	366
TONNAGE BRUT								
Total des navires	..	..	..	..	..	**34 725**	**33 789**	**29 945**
Navires à moteur	..	..	..	..	..	34 501	33 567	29 728
0-5,9 mètres	..	..	..	..	..	293	292	289
6-11,9 mètres	..	..	..	..	..	518	488	473
12-17,9 mètres	..	..	..	..	..	378	324	324
18-23,9 mètres	..	..	..	..	..	373	373	373
24-29,9 mètres	..	..	..	..	..	5 487	5 554	5 305
30-35,9 mètres	..	..	..	..	..	1 307	1 257	1 104
36-44,9 mètres	..	..	..	..	..	554	554	554
45-59,9 mètres	..	..	..	..	..	1 696	828	828
60-74,9 mètres	..	..	..	..	..	3 154	3 154	3 154
75 mètres et plus	..	..	..	..	..	20 965	20 965	17 541
Longueur inconnue	..	..	..	..	..	0	0	0
Navires sans moteur	..	..	..	..	..	224	222	217

.. Non disponible

Note : Métadonnées détaillées : http://metalinks.oecd.org/fish/20150108/2a13

Source : OCDE (2014), « Pêcheries : Flotte de pêche », Statistiques agricoles de l'OCDE (base de données). DOI: 10.1787/data-00218-fr

LETTONIE

Tableau 2. Emploi dans les pêcheries

Personnes employées

	2006	2007	2008	2009	2010	2011	2012	2013
Plein-temps	..	..	..	..	..	**306**	**363**	**286**
Secteur de capture	..	..	..	..	..	171	206	140
Pêche en eaux intérieures	..	..	..	..	..	9	13	6
Homme	..	..	..	..	..	8	13	5
Femme	..	..	..	..	..	1	..	1
Eaux maritimes (pêche côtière)	..	..	..	..	..	26	31	4
Homme	..	..	..	..	..	13	31	4
Femme	..	..	..	..	..	13	..	..
Eaux maritimes (pêche en haute mer)	..	..	..	..	..	136	162	130
Homme	..	..	..	..	..	135	155	112
Femme	..	..	..	..	..	1	7	18
Aquaculture	..	..	..	..	..	135	157	146
Homme	..	..	..	..	..	85	82	80
Femme	..	..	..	..	..	50	75	66
Transformation	..	..	..	..	..	..	..	..
Homme	..	..	..	..	..	..	..	..
Femme	..	..	..	..	..	..	..	..
Temps partiel	..	..	..	..	..	**712**	**636**	**770**
Secteur de capture	..	..	..	..	..	506	439	561
Pêche en eaux intérieures	..	..	..	..	..	64	82	98
Homme	..	..	..	..	..	59	75	92
Femme	..	..	..	..	..	5	7	6
Eaux maritimes (pêche côtière)	..	..	..	..	..	94	77	123
Homme	..	..	..	..	..	92	74	121
Femme	..	..	..	..	..	2	3	2
Eaux maritimes (pêche en haute mer)	..	..	..	..	..	348	280	340
Homme	..	..	..	..	..	347	277	331
Femme	..	..	..	..	..	1	3	9
Aquaculture	..	..	..	..	..	206	197	209
Homme	..	..	..	..	..	142	157	151
Femme	..	..	..	..	..	64	40	58
Transformation	..	..	..	..	..	..	..	..
Homme	..	..	..	..	..	..	..	..
Femme	..	..	..	..	..	..	..	..
Total	..	..	..	..	..	**1 008**	**999**	**1 056**
Secteur de capture	..	..	..	..	..	667	645	701
Pêche en eaux intérieures	..	..	..	..	..	73	95	104
Homme	..	..	..	..	..	67	88	97
Femme	..	..	..	..	..	6	7	7
Eaux maritimes (pêche côtière)	..	..	..	..	..	110	108	127
Homme	..	..	..	..	..	105	105	125
Femme	..	..	..	..	..	5	3	2
Eaux maritimes (pêche en haute mer)	..	..	..	..	..	484	442	470
Homme	..	..	..	..	..	482	432	443
Femme	..	..	..	..	..	2	10	27
Aquaculture	..	..	..	..	..	341	354	355
Homme	..	..	..	..	..	227	239	231
Femme	..	..	..	..	..	114	115	124
Transformation	..	..	..	..	..	..	..	..
Homme	..	..	..	..	..	..	..	..
Femme	..	..	..	..	..	..	..	..

.. Non disponible

Note : Métadonnées détaillées : http://metalinks.oecd.org/fish/20150108/eb88

Source : OCDE (2014), « Pêcheries : Emploi dans la pêche », Statistiques agricoles de l'OCDE (base de données). DOI: 10.1787/data-00219-fr

LETTONIE

Tableau 3. Débarquements nationaux dans les ports nationaux

	2006	2007	2008	2009	2010	2011	2012	2013
VOLUME (TONNES)								
Total poissons	..	..	..	..	..	**56 978**	**55 368**	**59 528**
Saumon	..	..	..	..	..	4	5	4
Saumon rose	..	..	..	..	..	..	..	..
Saumon keta	..	..	..	..	..	..	..	..
Saumon rouge	..	..	..	..	..	..	..	..
Saumon argenté	..	..	..	..	..	..	..	..
Autres saumons	..	..	..	..	..	4	5	4
Poissons plats	..	..	..	..	..	304	618	1 489
Flétan	..	..	..	..	..	..	..	..
Flétan noir	..	..	..	..	..	..	..	..
Sole	..	..	..	..	..	..	..	..
Plie	..	..	..	..	..	296	608	1 479
Autres poissons plats	..	..	..	..	..	8	10	10
Poissons de fond	..	..	..	..	..	2 261	2 234	1 294
Morue (Atlantique et Pacifique)	..	..	..	..	..	2 261	2 234	1 294
Églefin	..	..	..	..	..	..	..	..
Lieu	..	..	..	..	..	..	..	..
Morue du Pacifique occidental	..	..	..	..	..	..	..	..
Merlan	..	..	..	..	..	..	..	..
Merlu (toutes espèces)	..	..	..	..	..	..	..	..
Sébaste	..	..	..	..	..	..	..	..
Autres poissons de fond	..	..	..	..	..	..	..	..
Pélagiques	..	..	..	..	..	54 409	52 511	56 741
Chinchard	..	..	..	..	..	..	..	..
Maquereau	..	..	..	..	..	..	..	..
Hareng (Atlantique et Pacifique)	..	..	..	..	..	22 574	20 075	20 708
Sardine	..	..	..	..	..	..	..	..
Autres pélagiques	..	..	..	..	..	31 835	32 436	36 033
Thons	..	..	..	..	..	..	..	..
Listao	..	..	..	..	..	..	..	..
Thon rouge (nord et sud)	..	..	..	..	..	..	..	..
Germon	..	..	..	..	..	..	..	..
Albacore	..	..	..	..	..	..	..	..
Thon obèse	..	..	..	..	..	..	..	..
Autres thons	..	..	..	..	..	..	..	..
Espadon	..	..	..	..	..	..	..	..
Autres poissons	..	..	..	..	..	..	..	..
Total crustacés	..	..	..	..	..	..	..	..
Homard et langouste	..	..	..	..	..	..	..	..
Langoustine	..	..	..	..	..	..	..	..
Crevette	..	..	..	..	..	..	..	..
Autres crustacés	..	..	..	..	..	..	..	..
Total coquillages et mollusques	..	..	..	..	..	..	..	..
Huître	..	..	..	..	..	..	..	..
Moule	..	..	..	..	..	..	..	..
Coquille St-Jacques	..	..	..	..	..	..	..	..
Bivalves	..	..	..	..	..	..	..	..
Autres coquillages (incl. buccins	..	..	..	..	..	..	..	..
Calmar	..	..	..	..	..	..	..	..
Seiche	..	..	..	..	..	..	..	..
Poulpe	..	..	..	..	..	..	..	..
Autres mollusques (incl. oursins)	..	..	..	..	..	..	..	..
Autres animaux marins	..	..	..	..	..	..	..	..
Plantes aquatiques	..	..	..	..	..	..	..	..
Algue brune	..	..	..	..	..	..	..	..
Algue rouge	..	..	..	..	..	..	..	..
Autres algues	..	..	..	..	..	..	..	..
Poisson pour transformation	..	..	..	..	..	..	..	..
TOTAL GÉNÉRAL	**142 000**	**158 000**	**160 000**	**165 000**	**167 000**	**56 978**	**55 368**	**59 528**

Tableau 3. Débarquements nationaux dans les ports nationaux *(suite)*

	2006	2007	2008	2009	2010	2011	2012	2013
VALEUR (LVL)								
Total poissons	..	..	..	..	..	**15 868 026**	**17 265 547**	**19 582 933**
Saumon	..	..	..	..	..	13 306	14 937	16 553
Saumon rose	..	..	..	..	..	..	..	..
Saumon keta	..	..	..	..	..	..	..	..
Saumon rouge	..	..	..	..	..	..	..	..
Saumon argenté	..	..	..	..	..	..	..	..
Autres saumons	..	..	..	..	..	13 306	14 937	16 553
Poissons plats	..	..	..	..	..	116 686	219 556	448 542
Flétan	..	..	..	..	..	..	..	..
Flétan noir	..	..	..	..	..	..	..	..
Sole	..	..	..	..	..	..	..	..
Plie	..	..	..	..	..	105 382	207 784	441 863
Autres poissons plats	..	..	..	..	..	11 304	11 772	6 679
Poissons de fond	..	..	..	..	..	2 863 880	2 479 741	1 436 696
Morue (Atlantique et Pacifique)	..	..	..	..	..	2 863 880	2 479 741	1 436 696
Églefin	..	..	..	..	..	..	..	..
Lieu	..	..	..	..	..	..	..	..
Morue du Pacifique occidental	..	..	..	..	..	..	..	..
Merlan	..	..	..	..	..	..	..	..
Merlu (toutes espèces)	..	..	..	..	..	..	..	..
Sébaste	..	..	..	..	..	..	..	..
Autres poissons de fond	..	..	..	..	..	..	..	..
Pélagiques	..	..	..	..	..	12 874 154	14 551 313	17 681 142
Chinchard	..	..	..	..	..	..	..	..
Maquereau	..	..	..	..	..	..	..	..
Hareng (Atlantique et Pacifique)	..	..	..	..	..	5 139 240	4 855 999	5 598 336
Sardine	..	..	..	..	..	..	..	..
Autres pélagiques	..	..	..	..	..	7 734 914	9 695 314	12 082 806
Thons	..	..	..	..	..	..	..	..
Listao	..	..	..	..	..	..	..	..
Thon rouge (nord et sud)	..	..	..	..	..	..	..	..
Germon	..	..	..	..	..	..	..	..
Albacore	..	..	..	..	..	..	..	..
Thon obèse	..	..	..	..	..	..	..	..
Autres thons	..	..	..	..	..	..	..	..
Espadon	..	..	..	..	..	..	..	..
Autres poissons	..	..	..	..	..	..	..	..
Total crustacés	..	..	..	..	..	..	..	..
Homard et langouste	..	..	..	..	..	..	..	..
Langoustine	..	..	..	..	..	..	..	..
Crevette	..	..	..	..	..	..	..	..
Autres crustacés	..	..	..	..	..	..	..	..
Total coquillages et mollusques	..	..	..	..	..	..	..	..
Huître	..	..	..	..	..	..	..	..
Moule	..	..	..	..	..	..	..	..
Coquille St-Jacques	..	..	..	..	..	..	..	..
Bivalves	..	..	..	..	..	..	..	..
Autres coquillages (incl. buccins	..	..	..	..	..	..	..	..
Calmar	..	..	..	..	..	..	..	..
Seiche	..	..	..	..	..	..	..	..
Poulpe	..	..	..	..	..	..	..	..
Autres mollusques (incl. oursins)	..	..	..	..	..	..	..	..
Autres animaux marins	..	..	..	..	..	..	..	..
Plantes aquatiques	..	..	..	..	..	..	..	..
Algue brune	..	..	..	..	..	..	..	..
Algue rouge	..	..	..	..	..	..	..	..
Autres algues	..	..	..	..	..	..	..	..
Poisson pour transformation	..	..	..	..	..	..	..	..
TOTAL GÉNÉRAL	..	..	..	..	..	**15 868 026**	**17 265 547**	**19 582 933**

.. Non disponible

Note : Métadonnées détaillées : http://metalinks.oecd.org/fish/20150108/4610

Source : OCDE (2014), « Pêcheries : Débarquements nationaux dans les ports domestiques », Statistiques agricoles de l'OCDE (base de données). DOI: 10.1787/data-00222-fr

LETTONIE

Tableau 4. Débarquements nationaux dans les ports étrangers

	2006	2007	2008	2009	2010	2011	2012	2013
VOLUME (TONNES)								
Total poissons	..	..	..	..	..	**111 364**	**31 424**	**82 838**
Saumon	..	..	..	..	..	..	..	0
Saumon rose	..	..	..	..	..	..	..	..
Saumon keta	..	..	..	..	..	..	..	..
Saumon rouge	..	..	..	..	..	..	..	..
Saumon argenté	..	..	..	..	..	..	..	..
Autres saumons	..	..	..	..	..	..	..	0
Poissons plats	..	..	..	..	..	38	22	..
Flétan	..	..	..	..	..	..	..	..
Flétan noir	..	..	..	..	..	14	..	..
Sole	..	..	..	..	..	..	..	..
Plie	..	..	..	..	..	24	22	..
Autres poissons plats	..	..	..	..	..	..	..	..
Poissons de fond	..	..	..	..	..	4 338	3 228	2 768
Morue (Atlantique et Pacifique)	..	..	..	..	..	2 687	2 049	1 275
Églefin	..	..	..	..	..	..	..	..
Lieu	..	..	..	..	..	..	..	..
Morue du Pacifique occidental	..	..	..	..	..	..	..	..
Merlan	..	..	..	..	..	..	..	..
Merlu (toutes espèces)	..	..	..	..	..	22	8	13
Sébaste	..	..	..	..	..	1 629	1 171	1 480
Autres poissons de fond	..	..	..	..	..	..	..	..
Pélagiques	..	..	..	..	..	106 845	28 159	80 070
Chinchard	..	..	..	..	..	26 941	7 377	27 065
Maquereau	..	..	..	..	..	11 738	5 417	12 111
Hareng (Atlantique et Pacifique)	..	..	..	..	..	268	1	12
Sardine	..	..	..	..	..	13 802	7 535	2 048
Autres pélagiques	..	..	..	..	..	54 096	7 829	38 834
Thons	..	..	..	..	..	143	15	..
Listao	..	..	..	..	..	..	..	..
Thon rouge (nord et sud)	..	..	..	..	..	..	..	..
Germon	..	..	..	..	..	..	..	..
Albacore	..	..	..	..	..	..	..	..
Thon obèse	..	..	..	..	..	..	..	..
Autres thons	..	..	..	..	..	143	15	..
Espadon	..	..	..	..	..	..	..	..
Autres poissons	..	..	..	..	..	..	..	..
Total crustacés	..	..	..	..	..	**437**	**532**	**459**
Homard et langouste	..	..	..	..	..	..	..	..
Langoustine	..	..	..	..	..	..	..	..
Crevette	..	..	..	..	..	437	532	459
Autres crustacés	..	..	..	..	..	..	..	..
Total coquillages et mollusques	..	..	..	..	..	..	..	..
Huître	..	..	..	..	..	..	..	..
Moule	..	..	..	..	..	..	..	..
Coquille St-Jacques	..	..	..	..	..	..	..	..
Bivalves	..	..	..	..	..	..	..	..
Autres coquillages (incl. buccins	..	..	..	..	..	..	..	..
Calmar	..	..	..	..	..	..	..	..
Seiche	..	..	..	..	..	..	..	..
Poulpe	..	..	..	..	..	..	..	..
Autres mollusques (incl. oursins)	..	..	..	..	..	..	..	..
Autres animaux marins	..	..	..	..	..	..	..	..
Plantes aquatiques	..	..	..	..	..	..	..	..
Algue brune	..	..	..	..	..	..	..	..
Algue rouge	..	..	..	..	..	..	..	..
Autres algues	..	..	..	..	..	..	..	..
Poisson pour transformation	..	..	..	..	..	..	..	..
TOTAL GÉNÉRAL	..	..	..	..	..	**111 801**	**31 956**	**83 297**

Tableau 4. Débarquements nationaux dans les ports étrangers *(suite)*

	2006	2007	2008	2009	2010	2011	2012	2013
VALEUR (LVL)								
Total poissons	..	..	..	..	..	**34 374 855**	**10 738 089**	**37 291 490**
Saumon	..	..	..	..	..	..	..	196
Saumon rose	..	..	..	..	..	..	..	..
Saumon keta	..	..	..	..	..	..	..	..
Saumon rouge	..	..	..	..	..	..	..	..
Saumon argenté	..	..	..	..	..	..	..	..
Autres saumons	..	..	..	..	..	..	..	196
Poissons plats	..	..	..	..	..	13 853	7 547	..
Flétan	..	..	..	..	..	..	..	..
Flétan noir	..	..	..	..	..	5 458	..	..
Sole	..	..	..	..	..	..	..	..
Plie	..	..	..	..	..	8 395	7 547	..
Autres poissons plats	..	..	..	..	..	..	..	..
Poissons de fond	..	..	..	..	..	6 093 275	4 324 381	3 732 029
Morue (Atlantique et Pacifique)	..	..	..	..	..	3 403 224	2 274 425	1 415 387
Églefin	..	..	..	..	..	..	..	..
Lieu	..	..	..	..	..	..	..	..
Morue du Pacifique occidental	..	..	..	..	..	..	..	..
Merlan	..	..	..	..	..	..	..	..
Merlu (toutes espèces)	..	..	..	..	..	1 256	699	721
Sébaste	..	..	..	..	..	2 688 795	2 049 257	2 315 921
Autres poissons de fond	..	..	..	..	..	..	..	..
Pélagiques	..	..	..	..	..	28 255 510	6 404 640	33 559 265
Chinchard	..	..	..	..	..	10 733 667	1 994 494	11 938 403
Maquereau	..	..	..	..	..	2 839 314	1 387 380	6 720 944
Hareng (Atlantique et Pacifique)	..	..	..	..	..	60 922	242	3 244
Sardine	..	..	..	..	..	2 945 877	1 608 247	466 213
Autres pélagiques	..	..	..	..	..	11 675 730	1 414 277	14 430 461
Thons	..	..	..	..	..	12 217	1 521	..
Listao	..	..	..	..	..	..	..	..
Thon rouge (nord et sud)	..	..	..	..	..	..	..	..
Germon	..	..	..	..	..	..	..	..
Albacore	..	..	..	..	..	..	..	..
Thon obèse	..	..	..	..	..	..	..	..
Autres thons	..	..	..	..	..	12 217	1 521	..
Espadon	..	..	..	..	..	..	..	..
Autres poissons	..	..	..	..	..	..	..	..
Total crustacés	..	..	..	..	..	**652 724**	**825 563**	**1 005 229**
Homard et langouste	..	..	..	..	..	..	..	..
Langoustine	..	..	..	..	..	..	..	..
Crevette	..	..	..	..	..	652 724	825 563	1 005 229
Autres crustacés	..	..	..	..	..	..	..	..
Total coquillages et mollusques	..	..	..	..	..	..	..	..
Huître	..	..	..	..	..	..	..	..
Moule	..	..	..	..	..	..	..	..
Coquille St-Jacques	..	..	..	..	..	..	..	..
Bivalves	..	..	..	..	..	..	..	..
Autres coquillages (incl. buccins	..	..	..	..	..	..	..	..
Calmar	..	..	..	..	..	..	..	..
Seiche	..	..	..	..	..	..	..	..
Poulpe	..	..	..	..	..	..	..	..
Autres mollusques (incl. oursins)	..	..	..	..	..	..	..	..
Autres animaux marins	..	..	..	..	..	..	..	..
Plantes aquatiques	..	..	..	..	..	..	..	..
Algue brune	..	..	..	..	..	..	..	..
Algue rouge	..	..	..	..	..	..	..	..
Autres algues	..	..	..	..	..	..	..	..
Poisson pour transformation	..	..	..	..	..	..	..	..
TOTAL GÉNÉRAL	..	..	..	..	..	**35 027 579**	**11 563 652**	**38 296 719**

.. Non disponible

Note : Métadonnées détaillées : http://metalinks.oecd.org/fish/20150108/eef0

Source : OCDE (2014), « Pêcheries : Débarquements nationaux dans les ports étrangers », Statistiques agricoles de l'OCDE (base de données). DOI: 10.1787/data-00223-fr

LETTONIE

Tableau 5. Débarquements étrangers dans les ports nationaux

	2006	2007	2008	2009	2010	2011	2012	2013
VOLUME (TONNES)								
Total poissons	..	..	..	..	..	**2 337**	**4 475**	**5 830**
Saumon	..	..	..	..	..	..	..	..
Saumon rose	..	..	..	..	..	..	..	..
Saumon keta	..	..	..	..	..	..	..	..
Saumon rouge	..	..	..	..	..	..	..	..
Saumon argenté	..	..	..	..	..	..	..	..
Autres saumons	..	..	..	..	..	..	..	..
Poissons plats	..	..	..	..	..	78	130	374
Flétan	..	..	..	..	..	..	..	..
Flétan noir	..	..	..	..	..	..	..	..
Sole	..	..	..	..	..	..	..	..
Plie	..	..	..	..	..	78	130	374
Autres poissons plats	..	..	..	..	..	..	..	..
Poissons de fond	..	..	..	..	..	361	174	223
Morue (Atlantique et Pacifique)	..	..	..	..	..	361	174	223
Églefin	..	..	..	..	..	..	..	..
Lieu	..	..	..	..	..	..	..	..
Morue du Pacifique occidental	..	..	..	..	..	..	..	..
Merlan	..	..	..	..	..	..	..	..
Merlu (toutes espèces)	..	..	..	..	..	..	..	..
Sébaste	..	..	..	..	..	..	..	..
Autres poissons de fond	..	..	..	..	..	..	..	..
Pélagiques	..	..	..	..	..	1 898	4 171	5 233
Chinchard	..	..	..	..	..	..	..	..
Maquereau	..	..	..	..	..	..	..	..
Hareng (Atlantique et Pacifique)	..	..	..	..	..	747	659	1 772
Sardine	..	..	..	..	..	..	..	..
Autres pélagiques	..	..	..	..	..	1 151	3 512	3 461
Thons	..	..	..	..	..	..	..	..
Listao	..	..	..	..	..	..	..	..
Thon rouge (nord et sud)	..	..	..	..	..	..	..	..
Germon	..	..	..	..	..	..	..	..
Albacore	..	..	..	..	..	..	..	..
Thon obèse	..	..	..	..	..	..	..	..
Autres thons	..	..	..	..	..	..	..	..
Espadon	..	..	..	..	..	..	..	..
Autres poissons	..	..	..	..	..	..	..	..
Total crustacés	..	..	..	..	..	..	..	..
Homard et langouste	..	..	..	..	..	..	..	..
Langoustine	..	..	..	..	..	..	..	..
Crevette	..	..	..	..	..	..	..	..
Autres crustacés	..	..	..	..	..	..	..	..
Total coquillages et mollusques	..	..	..	..	..	..	..	..
Huître	..	..	..	..	..	..	..	..
Moule	..	..	..	..	..	..	..	..
Coquille St-Jacques	..	..	..	..	..	..	..	..
Bivalves	..	..	..	..	..	..	..	..
Autres coquillages (incl. buccins)	..	..	..	..	..	..	..	..
Calmar	..	..	..	..	..	..	..	..
Seiche	..	..	..	..	..	..	..	..
Poulpe	..	..	..	..	..	..	..	..
Autres mollusques (incl. oursins)	..	..	..	..	..	..	..	..
Autres animaux marins	..	..	..	..	..	..	..	..
Plantes aquatiques	..	..	..	..	..	..	..	..
Algue brune	..	..	..	..	..	..	..	..
Algue rouge	..	..	..	..	..	..	..	..
Autres algues	..	..	..	..	..	..	..	..
Poisson pour transformation	..	..	..	..	..	..	..	..
TOTAL GÉNÉRAL	..	..	..	..	..	**2 337**	**4 475**	**5 830**

Tableau 5. Débarquements étrangers dans les ports nationaux *(suite)*

	2006	2007	2008	2009	2010	2011	2012	2013
VALEUR (LVL)								
Total poissons	..	..	..	..	..	**780 351**	**1 447 036**	**2 021 458**
Saumon	..	..	..	..	..	..	..	..
Saumon rose	..	..	..	..	..	..	..	..
Saumon keta	..	..	..	..	..	..	..	..
Saumon rouge	..	..	..	..	..	..	..	..
Saumon argenté	..	..	..	..	..	..	..	..
Autres saumons	..	..	..	..	..	..	..	..
Poissons plats	..	..	..	..	..	27 745	44 330	111 826
Flétan	..	..	..	..	..	..	..	..
Flétan noir	..	..	..	..	..	..	..	..
Sole	..	..	..	..	..	..	..	..
Plie	..	..	..	..	..	27 745	44 330	111 826
Autres poissons plats	..	..	..	..	..	..	..	..
Poissons de fond	..	..	..	..	..	457 170	193 140	247 530
Morue (Atlantique et Pacifique)	..	..	..	..	..	457 170	193 140	247 530
Églefin	..	..	..	..	..	..	..	..
Lieu	..	..	..	..	..	..	..	..
Morue du Pacifique occidental	..	..	..	..	..	..	..	..
Merlan	..	..	..	..	..	..	..	..
Merlu (toutes espèces)	..	..	..	..	..	..	..	..
Sébaste	..	..	..	..	..	..	..	..
Autres poissons de fond	..	..	..	..	..	..	..	..
Pélagiques	..	..	..	..	..	295 436	1 209 566	1 662 102
Chinchard	..	..	..	..	..	..	..	..
Maquereau	..	..	..	..	..	..	..	..
Hareng (Atlantique et Pacifique)	..	..	..	..	..	17 009	159 478	478 440
Sardine	..	..	..	..	..	..	..	..
Autres pélagiques	..	..	..	..	..	278 427	1 050 088	1 183 662
Thons	..	..	..	..	..	..	..	..
Listao	..	..	..	..	..	..	..	..
Thon rouge (nord et sud)	..	..	..	..	..	..	..	..
Germon	..	..	..	..	..	..	..	..
Albacore	..	..	..	..	..	..	..	..
Thon obèse	..	..	..	..	..	..	..	..
Autres thons	..	..	..	..	..	..	..	..
Espadon	..	..	..	..	..	..	..	..
Autres poissons	..	..	..	..	..	..	..	..
Total crustacés	..	..	..	..	..	..	..	..
Homard et langouste	..	..	..	..	..	..	..	..
Langoustine	..	..	..	..	..	..	..	..
Crevette	..	..	..	..	..	..	..	..
Autres crustacés	..	..	..	..	..	..	..	..
Total coquillages et mollusques	..	..	..	..	..	..	..	..
Huître	..	..	..	..	..	..	..	..
Moule	..	..	..	..	..	..	..	..
Coquille St-Jacques	..	..	..	..	..	..	..	..
Bivalves	..	..	..	..	..	..	..	..
Autres coquillages (incl. buccins)	..	..	..	..	..	..	..	..
Calmar	..	..	..	..	..	..	..	..
Seiche	..	..	..	..	..	..	..	..
Poulpe	..	..	..	..	..	..	..	..
Autres mollusques (incl. oursins)	..	..	..	..	..	..	..	..
Autres animaux marins	..	..	..	..	..	..	..	..
Plantes aquatiques	..	..	..	..	..	..	..	..
Algue brune	..	..	..	..	..	..	..	..
Algue rouge	..	..	..	..	..	..	..	..
Autres algues	..	..	..	..	..	..	..	..
Poisson pour transformation	..	..	..	..	..	..	..	..
TOTAL GÉNÉRAL	..	..	..	..	..	**780 351**	**1 447 036**	**2 021 458**

.. Non disponible

Note : Métadonnées détaillées : http://metalinks.oecd.org/fish/20150108/bf2a

Source : OCDE (2014), « Pêcheries : Débarquements étrangers dans les ports domestiques », Statistiques agricoles de l'OCDE (base de données). DOI: 10.1787/data-00224-fr

LETTONIE

Tableau 6. Production de l'aquaculture

	2006	2007	2008	2009	2010	2011	2012	2013
VOLUME (TONNES)								
Poissons	..	..	..	..	..	**546**	**575**	**643**
Saumon de l'Atlantique	..	..	..	..	..	..	..	..
Saumon du Pacifique	..	..	..	..	..	..	..	..
Truite arc-en-ciel	..	..	..	..	..	11	23	29
dont : d'eau de mer	..	..	..	..	..	..	..	..
dont : d'eau douce	..	..	..	..	..	11	23	29
Truite de mer	..	..	..	..	..	..	..	..
Poisson plat	..	..	..	..	..	..	..	..
Dorade	..	..	..	..	..	..	..	..
Bar	..	..	..	..	..	..	..	..
Loup	..	..	..	..	..	..	..	..
Carpe	..	..	..	..	..	450	475	524
Tilapia	..	..	..	..	..	1	1	1
Anguille	..	..	..	..	..	..	..	..
Autres poissons	..	..	..	..	..	84	76	89
Coquillages et crustacés	..	..	..	..	..	..	..	..
Huître, comestible	..	..	..	..	..	..	..	..
Huître, perle	..	..	..	..	..	..	..	..
Moule	..	..	..	..	..	..	..	..
Coquille St.-Jacques	..	..	..	..	..	..	..	..
Bivalves	..	..	..	..	..	..	..	..
Crevette et bouquet	..	..	..	..	..	..	..	..
Autres coquillages et crustacés	..	..	..	..	..	..	..	..
Total poissons, coquillages et crustacés	..	..	..	..	..	**546**	**575**	**643**
Autres animaux marins	..	..	..	..	..	..	..	..
Plantes aquatiques	..	..	..	..	..	..	..	..
Algue brune	..	..	..	..	..	..	..	..
Algue rouge	..	..	..	..	..	..	..	..
Algue verte	..	..	..	..	..	..	..	..
Autres plantes aquatiques	..	..	..	..	..	..	..	..
TOTAL GÉNÉRAL	..	..	..	..	..	**546**	**575**	**643**
VALEUR (LVL)								
Poissons	..	..	..	..	..	**1 260 848**	**1 389 185**	**1 607 034**
Saumon de l'Atlantique	..	..	..	..	..	..	..	..
Saumon du Pacifique	..	..	..	..	..	..	..	..
Truite arc-en-ciel	..	..	..	..	..	53 889	116 024	149 503
dont : d'eau de mer	..	..	..	..	..	..	..	..
dont : d'eau douce	..	..	..	..	..	53 889	116 024	149 503
Truite de mer	..	..	..	..	..	..	..	..
Poisson plat	..	..	..	..	..	..	..	..
Dorade	..	..	..	..	..	..	..	..
Bar	..	..	..	..	..	..	..	..
Loup	..	..	..	..	..	..	..	..
Carpe	..	..	..	..	..	924 630	968 228	1 056 447
Tilapia	..	..	..	..	..	3 462	4 680	5 360
Anguille	..	..	..	..	..	..	..	..
Autres poissons	..	..	..	..	..	278 867	300 253	395 724
Coquillages et crustacés	..	..	..	..	..	..	..	..
Huître, comestible	..	..	..	..	..	..	..	..
Huître, perle	..	..	..	..	..	..	..	..
Moule	..	..	..	..	..	..	..	..
Coquille St.-Jacques	..	..	..	..	..	..	..	..
Bivalves	..	..	..	..	..	..	..	..
Crevette et bouquet	..	..	..	..	..	..	..	..
Autres coquillages et crustacés	..	..	..	..	..	..	..	..
Total poissons, coquillages et crustacés	..	..	..	..	..	**1 260 848**	**1 389 185**	**1 607 034**
Autres animaux marins	..	..	..	..	..	..	..	..
Plantes aquatiques	..	..	..	..	..	..	..	..
Algue brune	..	..	..	..	..	..	..	..
Algue rouge	..	..	..	..	..	..	..	..
Algue verte	..	..	..	..	..	..	..	..
Autres plantes aquatiques	..	..	..	..	..	..	..	..
TOTAL GÉNÉRAL	..	..	..	..	..	**1 260 848**	**1 389 185**	**1 607 034**

.. Non disponible

Note : Métadonnées détaillées : http://metalinks.oecd.org/fish/20150108/c522

Source : OCDE (2014), « Pêcheries : Production de l'aquaculture », Statistiques agricoles de l'OCDE (base de données). DOI: 10.1787/data-00225-fr

LETTONIE

Tableau 7. Transferts financiers publics (TFP)

Milliers LVL

	2006	2007	2008	2009	2010	2011	2012	2013
Contribution nationale aux TFP								
Pêche maritime	..	..	..	..	..	..	**655**	**388**
Paiements directs	..	..	..	..	..	..	655	388
Désarmement des navires et retrait des licences	..	..	..	..	..	..	624	372
Indemnisation des catastrophes	..	..	..	..	..	..	..	..
Aides : équipement, modernisation, construction de navire	..	..	..	..	..	..	31	16
Aide au revenu et assurance chômage	..	..	..	..	..	..	..	..
Autres paiements directs	..	..	..	..	..	..	..	..
Transferts réduisant les coûts	..	..	..	..	..	..	..	..
Prêts subventionnés : équipement, modernisation, construction de navire	..	..	..	..	..	..	..	..
Bonification d'intérêts	..	..	..	..	..	..	..	..
Exonération de taxe sur carburant	..	..	..	..	..	..	..	..
Ristourne et subvention à l'assurance	..	..	..	..	..	..	..	..
Allègement d'impôt sur le revenu, contrib. sociales impayées	..	..	..	..	..	..	..	..
Autres transferts réduisant les coûts	..	..	..	..	..	..	..	..
Services généraux	..	..	..	..	..	..	..	..
Gestion des pêcheries	..	..	..	..	..	..	..	..
Recherche halieutique	..	..	..	..	..	..	..	..
Police des pêches	..	..	..	..	..	..	..	..
Infrastructure des pêcheries	..	..	..	..	..	..	..	..
Autres services généraux	..	..	..	..	..	..	..	..
Recouvrement des coûts	..	..	..	..	..	..	..	..
Aquaculture	..	..	..	..	..	..	**1 639**	**1 670**
Paiements directs	..	..	..	..	..	..	1 639	1 670
Aides : développement aquacole	..	..	..	..	..	..	1 639	1 670
Indemnisation des catastrophes	..	..	..	..	..	..	..	..
Autres paiements directs	..	..	..	..	..	..	..	..
Transferts réduisant les coûts	..	..	..	..	..	..	..	..
Prêts subventionnés : développement aquacole	..	..	..	..	..	..	..	..
Autres transferts réduisant les coûts	..	..	..	..	..	..	..	..
Services généraux	..	..	..	..	..	..	..	..
Gestion, recherche et police de l'aquaculture	..	..	..	..	..	..	..	..
Infrastructure aquacole	..	..	..	..	..	..	..	..
Autres services généraux	..	..	..	..	..	..	..	..
Recouvrement des coûts	..	..	..	..	..	..	..	..
Commercialisation et transformation	..	..	..	..	..	..	**2 202**	**1 185**
Paiements directs	..	..	..	..	..	..	2 202	1 185
Aides : commercialisation et transformation	..	..	..	..	..	..	2 202	1 185
Autres paiements directs	..	..	..	..	..	..	..	..
Transferts réduisant les coûts	..	..	..	..	..	..	..	..
Prêts subventionnés : commercialisation et transformation	..	..	..	..	..	..	..	..
Autres transferts réduisant les coûts	..	..	..	..	..	..	..	..
Services généraux	..	..	..	..	..	..	..	..
Aquaculture	..	..	..	..	..	..	..	..
Autres services généraux	..	..	..	..	..	..	..	..
Recouvrement des coûts	..	..	..	..	..	..	..	..
Total	..	..	..	..	..	..	**4 496**	**3 243**

LETTONIE

Tableau 7. Transferts financiers publics (TFP) *(suite)*

Milliers LVL

	2006	2007	2008	2009	2010	2011	2012	2013
Contribution européenne aux TFP								
Pêche maritime	..	..	..	..	..	..	**1 966**	**1 163**
Paiements directs	..	..	..	..	..	..	1 966	1 163
Désarmement des navires et retrait des licences	..	..	..	..	..	..	1 873	1 116
Indemnisation des catastrophes	..	..	..	..	..	..	..	..
Aides : équipement, modernisation, construction de navire	..	..	..	..	..	..	93	47
Aide au revenu et assurance chômage	..	..	..	..	..	..	..	..
Autres paiements directs	..	..	..	..	..	..	..	..
Transferts réduisant les coûts	..	..	..	..	..	..	..	..
Prêts subventionnés : équipement, modernisation, construction de navire	..	..	..	..	..	..	..	..
Bonification d'intérêts	..	..	..	..	..	..	..	..
Exonération de taxe sur carburant	..	..	..	..	..	..	..	..
Ristourne et subvention à l'assurance	..	..	..	..	..	..	..	..
Allègement d'impôt sur le revenu, contrib. sociales impayées	..	..	..	..	..	..	..	..
Autres transferts réduisant les coûts	..	..	..	..	..	..	..	..
Services généraux	..	..	..	..	..	..	..	..
Gestion des pêcheries	..	..	..	..	..	..	..	..
Recherche halieutique	..	..	..	..	..	..	..	..
Police des pêches	..	..	..	..	..	..	..	..
Infrastructure des pêcheries	..	..	..	..	..	..	..	..
Autres services généraux	..	..	..	..	..	..	..	..
Recouvrement des coûts	..	..	..	..	..	..	..	..
Aquaculture	..	..	..	..	..	..	**4 916**	**5 010**
Paiements directs	..	..	..	..	..	..	4 916	5 010
Aides : développement aquacole	..	..	..	..	..	..	4 916	5 010
Indemnisation des catastrophes	..	..	..	..	..	..	..	..
Autres paiements directs	..	..	..	..	..	..	..	..
Transferts réduisant les coûts	..	..	..	..	..	..	..	..
Prêts subventionnés : développement aquacole	..	..	..	..	..	..	..	..
Autres transferts réduisant les coûts	..	..	..	..	..	..	..	..
Services généraux	..	..	..	..	..	..	..	..
Gestion, recherche et police de l'aquaculture	..	..	..	..	..	..	..	..
Infrastructure aquacole	..	..	..	..	..	..	..	..
Autres services généraux	..	..	..	..	..	..	..	..
Recouvrement des coûts	..	..	..	..	..	..	..	..
Commercialisation et transformation	..	..	..	..	..	..	**6 607**	**3 556**
Paiements directs	..	..	..	..	..	..	6 607	3 556
Aides : commercialisation et transformation	..	..	..	..	..	..	6 607	3 556
Autres paiements directs	..	..	..	..	..	..	..	..
Transferts réduisant les coûts	..	..	..	..	..	..	..	..
Prêts subventionnés : commercialisation et transformation	..	..	..	..	..	..	..	..
Autres transferts réduisant les coûts	..	..	..	..	..	..	..	..
Services généraux	..	..	..	..	..	..	..	..
Aquaculture	..	..	..	..	..	..	..	..
Autres services généraux	..	..	..	..	..	..	..	..
Recouvrement des coûts	..	..	..	..	..	..	..	..
Total	..	..	..	..	..	..	**13 489**	**9 729**

LETTONIE

Tableau 7. Transferts financiers publics (TFP) *(suite)*

Milliers LVL

	2006	2007	2008	2009	2010	2011	2012	2013
Total des TFP								
Pêche maritime	..	..	..	..	..	..	**2 621**	**1 550**
Paiements directs	..	..	..	..	..	..	2 621	1 550
Désarmement des navires et retrait des licences	..	..	..	..	..	..	2 497	1 488
Indemnisation des catastrophes	..	..	..	..	..	..	..	..
Aides : équipement, modernisation, construction de navire	..	..	..	..	..	..	124	62
Aide au revenu et assurance chômage	..	..	..	..	..	..	..	..
Autres paiements directs	..	..	..	..	..	..	..	..
Transferts réduisant les coûts	..	..	..	..	..	..	..	..
Prêts subventionnés : équipement, modernisation, construction de navire	..	..	..	..	..	..	..	..
Bonification d'intérêts	..	..	..	..	..	..	..	..
Exonération de taxe sur carburant	..	..	..	..	..	..	..	..
Ristourne et subvention à l'assurance	..	..	..	..	..	..	..	..
Allègement d'impôt sur le revenu, contrib. sociales impayées	..	..	..	..	..	..	..	..
Autres transferts réduisant les coûts	..	..	..	..	..	..	..	..
Services généraux	..	..	..	..	..	..	..	..
Gestion des pêcheries	..	..	..	..	..	..	..	..
Recherche halieutique	..	..	..	..	..	..	..	..
Police des pêches	..	..	..	..	..	..	..	..
Infrastructure des pêcheries	..	..	..	..	..	..	..	..
Autres services généraux	..	..	..	..	..	..	..	..
Recouvrement des coûts	..	..	..	..	..	..	..	..
Aquaculture	..	..	..	..	..	..	**6 555**	**6 680**
Paiements directs	..	..	..	..	..	..	6 555	6 680
Aides : développement aquacole	..	..	..	..	..	..	6 555	6 680
Indemnisation des catastrophes	..	..	..	..	..	..	..	..
Autres paiements directs	..	..	..	..	..	..	..	..
Transferts réduisant les coûts	..	..	..	..	..	..	..	..
Prêts subventionnés : développement aquacole	..	..	..	..	..	..	..	..
Autres transferts réduisant les coûts	..	..	..	..	..	..	..	..
Services généraux	..	..	..	..	..	..	..	..
Gestion, recherche et police de l'aquaculture	..	..	..	..	..	..	..	..
Infrastructure aquacole	..	..	..	..	..	..	..	..
Autres services généraux	..	..	..	..	..	..	..	..
Recouvrement des coûts	..	..	..	..	..	..	..	..
Commercialisation et transformation	..	..	..	..	..	..	**8 810**	**4 742**
Paiements directs	..	..	..	..	..	..	8 810	4 742
Aides : commercialisation et transformation	..	..	..	..	..	..	8 810	4 742
Autres paiements directs	..	..	..	..	..	..	..	..
Transferts réduisant les coûts	..	..	..	..	..	..	..	..
Prêts subventionnés : commercialisation et transformation	..	..	..	..	..	..	..	..
Autres transferts réduisant les coûts	..	..	..	..	..	..	..	..
Services généraux	..	..	..	..	..	..	..	..
Aquaculture	..	..	..	..	..	..	..	..
Autres services généraux	..	..	..	..	..	..	..	..
Recouvrement des coûts	..	..	..	..	..	..	..	..
Total	..	..	..	..	..	..	**17 985**	**12 972**

.. Non disponible

Note : Métadonnées détaillées : http://metalinks.oecd.org/fish/20150108/316c

Source : OCDE (2014), « Pêcheries : Transferts financiers publics », Statistiques agricoles de l'OCDE (base de données). DOI: 10.1787/data-00220-fr

LETTONIE

Tableau 8. Importations par produit

		2009		2010		2011		2012		2013	
		Tonnes	USD	Tonnes	USD	Tonnes	USD	Tonnes	USD	Tonnes	USD
03	**Poisson, crustacés et mollusques**	**..**	**91 904 347**	**..**	**110 072 970**	**..**	**143 185 350**	**..**	**159 274 267**	**..**	**193 006 798**
0302	**Poisson, frais ou réfrigéré, excl. 0304**	**10 364 503**	**42 158 516**	**13 979 612**	**46 908 083**	**18 852 755**	**60 638 610**	**23 899 206**	**66 415 326**	**27 283 857**	**82 270 673**
030211	Truite	2 254 747	9 196 246	1 782 373	8 769 001	1 045 903	5 405 481	1 975 009	7 277 886	1 441 182	7 293 157
030212	Saumon (Pacifique, Atlantique et Danube)	6 602 704	30 685 788	5 610 261	32 970 068	8 180 718	47 866 604	5 668 177	25 580 601	10 066 235	64 836 807
030219	Salmonidés nra	90	2 088	58	1 056	1 895	10 079	5 626 842	25 617 251	10 374	40 009
030221	Flétan	4 365	61 227	43 417	56 835	629	12 762	700	11 328	28 637	195 673
030222	Plie, carrelet	1 827	9 810	10 452	55 476	6 668	28 535	14 319	28 534	39 752	81 623
030223	Sole	790	18 333	868	18 347	1 192	30 232	1 392	34 950	1 732	48 162
030229	Poissons plats nra	36 042	100 992	42 695	88 946	106 820	147 314	170 743	157 825	415 488	262 702
030231	Thon blanc/germon	..	..	61	1 981	361	10 389	315	6 792	153	3 541
030232	Albacore (thon jaune)	..	..	51	958	299	6 097	2	75	19	263
030233	Listaos/bonite à ventre rayé	..	..	..	..	..	..	100 366	164 537	..	..
030239	Thonidés nra	56	1 469	4	47	531	2 427	2 284	11 595	21 591	61 223
030240	Hareng	747 819	151 595	525 243	148 912	264 941	84 751	486 800	405 630	582 508	464 277
030250	Morue	47 180	98 720	336 008	685 544	331 746	728 130	132 664	257 290	279 242	535 021
030261	Sardines	18 196	7 492	1 134 948	215 070	2 340 121	765 769	4 586 818	1 892 885	3 736 910	1 721 497
030262	Églefin	14 260	56 223	6 918	25 346	4 840	17 516	11 003	42 695	7 035	23 043
030263	Lieu noir	233 338	525 046	340 263	770 360	7 833	28 357	115 693	245 845	12 027	42 819
030264	Maquereau	1 272	5 456	1 804	6 643	5 597	13 288	19 614	51 353	134 784	323 863
030265	Aiguillat et autres squalidés	6 188	23 980	2 355	9 461	628	2 387	886	3 075	19 583	93 497
030266	Anguille	4 203	24 905	12 889	141 332	7 721	95 286	280	1 837	1 626	29 178
030269	Poisson nra	164 707	585 358	3 525 267	1 404 792	5 390 688	1 568 241	4 298 385	2 284 552	9 873 771	4 482 945
030270	Foies, oeufs et laitances	226 719	603 790	603 677	1 537 910	1 153 624	3 814 965	686 914	2 338 789	611 208	1 731 376
0303	**Poisson, congelé, excl. 0304**	**18 509 491**	**31 053 736**	**20 592 747**	**29 676 052**	**26 390 349**	**45 268 881**	**21 624 322**	**34 822 220**	**25 693 116**	**42 305 050**
030319	Saumon, Pacifique	..	..	..	..	..	..	..	..	..	..
030321	Truite	403 437	1 556 847	208 730	866 241	262 015	1 335 782	142 255	502 587	155 538	588 072
030322	Saumon (Atlantique et Danube)	..	..	..	..	..	..	..	..	..	..
030329	Salmonidés	36 307	62 103	65 979	88 079	198 750	248 543	344 507	1 336 994	152 849	756 818
030331	Flétan	44 021	323 855	45 471	289 224	40 853	328 790	26 102	204 275	45 531	347 831
030332	Plie, carrelet	150	167	1 252	3 787	550	1 741	84 549	90 891	65 537	69 946
030333	Sole	160	2 883	4	90	20	360	6	280	50	527
030339	Poisson plat nra	23 206	2 873	47 567	93 187	63 033	82 990	2 222	11 710	72 763	181 929
030341	Thon blanc/germon	452	7 179	..	..	..	..	..	..	..	..
030342	Albacore (thon jaune)	..	..	2 505	5 299	24 000	11 525	14 398	110 086	4 324	30 719
030343	Listao/bonite à ventre rayé	..	..	..	..	..	..	..	..	..	..
030349	Thonidés nra	438	2 556	39 986	80 288	3 610	19 105	30 528	51 162	918	3 490
030350	Hareng	4 868 562	3 647 971	6 242 616	5 167 897	3 941 304	4 267 250	3 944 635	4 277 617	3 246 035	3 340 404
030360	Morue	124 605	327 248	268 968	728 287	99 649	363 692	702 859	2 286 176	1 474 397	4 002 823
030371	Sardines, sardinelles	3 389 648	3 020 986	5 024 314	3 779 814	9 743 829	8 476 495	8 295 339	6 450 778	10 269 683	8 695 222
030372	Églefin	11 581	22 255	9 635	22 575	25 782	70 649	26 042	60 266	1 962	5 982
030373	Lieu noir	4 647 991	7 756 085	2 235 235	5 067 687	3 780 259	10 294 055	1 538 198	4 279 250	1 679 448	3 719 467
030374	Maquereau	2 274 027	4 040 487	2 745 479	4 797 852	2 990 000	5 531 075	2 553 155	4 899 602	3 007 971	6 446 967
030375	Aiguillat et autres squalidés	..	..	3 440	3 970	6 232	18 284	2 365	4 609	20	83
030376	Anguille	10 562	109 146	10 311	102 829	2 468	30 022	4 755	99 164	25 521	294 135
030377	Bar (loup)	102	771	568	4 111	2 180	21 554	3 030	25 154	2 042	17 894
030378	Merlu	529 503	1 270 066	1 560 271	3 077 631	2 259 566	5 965 235	1 278 282	3 251 176	1 488 569	3 588 422
030379	Poisson nra	1 801 812	3 129 313	1 746 541	3 378 526	2 570 352	5 839 091	1 982 657	4 185 840	2 592 611	4 762 230
030380	Foies, oeufs et laitances	233 475	5 406 480	64 522	910 408	95 330	1 055 497	116 180	1 481 671	155 022	1 240 176
0304	**Filets de poisson et autre chair de poisson**	**6 884 251**	**13 460 253**	**9 003 368**	**25 986 063**	**8 754 086**	**24 582 980**	**5 638 173**	**19 845 874**	**7 180 459**	**35 911 608**
030410	Filets et autre chair de poisson, frais ou réfrigéré	239 355	1 070 345	1 016 364	2 686 258	692 608	1 463 541	433 878	1 423 578	1 016 713	9 766 472
030420	Filets de poissons, congelé	3 363 818	8 006 941	4 851 309	19 242 637	4 061 065	14 618 025	2 659 375	12 728 991	4 002 807	21 495 467
030490	Chair de poisson nra, congelé	3 281 078	4 382 967	3 135 695	4 057 168	4 000 413	8 501 414	2 544 920	5 693 305	2 160 939	4 649 668
0305	**Poisson, séché, salé, fumé, ou en saumure**	**358 782**	**1 578 993**	**549 771**	**2 630 051**	**683 382**	**3 419 605**	**2 275 570**	**26 443 942**	**3 348 431**	**16 974 181**
030510	Farine de poisson, consommation humaine	95 950	134 507	50 000	71 496	62 043	12 444	267 534	141 485	1 536 329	2 652 048
030520	Foies, oeufs et laitances	1 750	44 793	4 360	61 811	28 181	36 289	2 190	4 207	5	323
030530	Filets de poisson (non fumé)	8 144	24 985	10 283	60 377	16 954	134 146	7 642	61 872	15 353	96 052
030541	Saumon (Pacifique, Atlantique et Danube), fumé	91 480	600 337	248 708	1 353 731	230 554	1 347 697	1 042 592	23 442 867	559 004	11 454 410
030542	Hareng, fumé	..	..	..	..	..	..	..	..	..	..
030549	Poisson nra, fumé	116 069	505 323	173 790	685 757	189 104	967 466	109 385	535 780	127 282	661 159
030551	Morue, séché, non fumé	274	6 049	2 356	12 656	5 692	66 995	109	1 285	..	..
030559	Poisson nra, séché, salé, non fumé	12 348	111 904	11 599	90 965	15 933	134 044	690 238	1 338 299	939 463	1 085 317
030561	Hareng, salé ou en saumure	16 363	30 748	10 679	35 012	18 666	41 197	21 691	41 119	15 279	32 822
030562	Morue, salé ou en saumure	..	..	..	..	5 347	2 133	7	152	..	..
030563	Anchois, salé ou en saumure	..	..	..	..	72	1 133	631	6 620	138	2 016
030569	Poisson nra, salé ou en saumure	9 980	104 967	35 529	252 142	106 279	658 870	130 024	859 933	151 507	972 705

LETTONIE

Tableau 8. Importations par produit *(suite)*

		2009		2010		2011		2012		2013	
		Tonnes	USD	Tonnes	USD	Tonnes	USD	Tonnes	USD	Tonnes	USD
0306	**Crustacés**	**449 394**	**2 247 501**	**648 305**	**3 189 313**	**959 294**	**6 943 302**	**1 514 492**	**9 291 686**	**2 012 958**	**11 941 290**
030611	Langoustes et autres palinuridés, congelé	320	2 742	391	3 291	910	10 875	10 890	30 450	14 668	49 940
030612	Homard nra	477	10 807	688	12 038	1 142	22 534	996	16 689	980	49 381
030613	Crevettes, congelé	433 532	2 086 970	583 804	2 639 350	711 150	4 974 820	730 357	5 641 759	1 440 125	8 692 592
030614	Crabes, congelé	10 589	41 167	1 238	27 691	215 893	1 553 116	528 535	2 131 998	4 595	52 207
030619	Crustacés nra, congelé	10	121	878	8 844	1 381	13 850	179 087	811 430	460 729	2 016 962
030621	Langoustes et autres palinuridés (non congelé)	158	2 801	192	2 886	106	2 041	174	2 777	589	13 755
030622	Homard nra (non congelé)	835	25 599	605	15 091	1 054	28 317	1 832	42 890	2 116	47 266
030623	Crevettes (non congelé)	1 256	12 693	27 506	277 286	24 084	275 355	53 176	518 402	78 747	884 551
030624	Crabes (non congelé)	155	1 953	30 020	139 852	1 451	10 969	4 432	33 805	2 435	25 370
030629	Crustacés nra (non congelé)	2 062	62 648	2 983	62 984	2 123	51 426	5 013	61 484	7 974	109 266
0307	**Mollusques**	**317 324**	**888 589**	**355 176**	**1 221 031**	**459 369**	**1 971 965**	**427 391**	**1 864 456**	**877 724**	**3 014 811**
030710	Huîtres	18 515	142 055	20 022	178 061	26 533	261 577	31 169	295 145	39 386	458 543
030721	St-Jacques, vi, fr, ou ré	518	12 609	1 713	18 030	4 434	65 088	9 589	63 056	4 972	55 814
030729	St-Jacques, co, sc, sl, ou sm	8 944	85 042	13 967	123 945	18 556	208 830	17 701	230 994	13 559	266 590
030731	Moules, vi, fr, ou ré	14 928	60 356	18 592	71 805	27 012	110 679	62 324	223 911	50 707	198 696
030739	Moules, co, sc, sl, ou sm	8 458	41 093	17 020	64 976	33 083	137 655	39 804	141 990	55 389	327 413
030741	Seiches, encornets et calmars, vi, fr, ou ré	5 236	26 811	9 468	57 053	60 093	214 459	109 857	309 852	113 045	367 498
030749	Seiches, encornets et calmars, co, sc, sl, ou sm	207 429	396 861	172 850	535 517	136 712	549 603	102 194	324 782	264 999	636 064
030751	Poulpe, vi, fr, ou ré	1 195	14 566	2 800	21 602	2 044	22 801	890	14 339	984	14 388
030759	Poulpe, co, sc, sl, ou sm	3 838	20 948	7 504	34 305	23 720	92 971	32 177	164 425	17 872	140 779
030760	Escargots (autres que de mer)	41 458	67 250	53 241	35 310	..	..	10	282	1	38
030791	Mollusques nra, vi, fr, ou ré	..	..	1 123	6 773	2 309	12 698	664	4 997	2 561	12 169
030799	Mollusques nra, co, sc, sl, ou sm	6 805	20 998	36 876	73 653	124 873	295 604	21 012	90 682	314 249	536 819
121220	**Algues**	**80 806**	**438 652**	**89 390**	**426 978**	**95 862**	**412 892**	**65 424**	**364 681**	**67 406**	**398 187**
1504	**Graisses, huiles et leurs fractions**	**96 871**	**723 024**	**12 013**	**191 347**	**12 673**	**234 360**	**9 837**	**140 734**	**9 092**	**134 334**
150410	Huiles de foies de poisson, et fractions	28 528	250 805	10 599	155 008	9 096	177 158	6 598	96 377	6 433	109 757
150420	Graisses et huiles de poisson, et fractions	65 952	338 737	1 411	36 307	2 603	45 207	3 239	44 357	2 659	24 577
150430	Graisses et huiles de mammifère marin, et fractions	2 391	133 482	3	32	974	11 994	..	..	..	..
1604	**Préparations et conserves de poisson; caviars et succédanés**	**5 582 254**	**15 841 610**	**5 101 736**	**15 200 171**	**5 258 560**	**19 614 299**	**6 795 423**	**25 283 064**	**6 480 319**	**26 870 654**
160411	Saumon, non haché	57 853	323 491	61 044	288 902	68 029	347 226	192 922	1 228 964	98 327	466 030
160412	Hareng, non haché	1 543 754	4 373 734	1 615 605	3 870 837	1 482 167	4 729 899	1 764 784	5 317 436	1 705 557	5 524 379
160413	Sardines, sardinelles, sprats, esprots, non haché	949 821	999 192	258 480	520 712	371 702	805 509	724 335	1 256 314	495 067	1 184 634
160414	Thons, listaos, sardes, non haché	235 203	761 831	417 346	1 505 623	555 803	2 518 153	574 825	2 823 226	679 152	4 064 610
160415	Maquereau, non haché	102 291	213 332	80 607	166 489	156 678	415 259	465 613	1 169 296	235 566	852 482
160416	Anchois, non haché	11 765	35 027	3 043	25 736	4 585	40 161	4 122	34 734	5 152	42 407
160419	Poisson nra, non haché	258 937	934 890	274 828	971 503	323 904	1 455 381	441 284	2 146 665	917 109	3 822 462
160420	Poisson, haché	2 357 814	6 651 020	2 305 602	6 111 687	2 226 994	7 409 359	2 556 213	9 492 838	2 248 646	8 441 583
160430	Caviar et succédanés	64 816	1 549 093	85 181	1 738 681	68 698	1 893 353	71 325	1 813 591	95 743	2 472 066
1605	**Préparations et conserves de crustacés**	**289 805**	**2 301 753**	**347 223**	**2 479 539**	**378 442**	**3 176 475**	**351 751**	**2 706 015**	**433 994**	**3 918 646**
160510	Crabes	4 045	85 172	4 979	86 542	9 592	93 007	15 715	267 803	10 684	214 685
160520	Crevettes	136 946	1 290 995	201 780	1 610 844	229 140	2 086 862	175 210	1 537 402	254 811	2 348 728
160530	Homard	375	2 102	61	1 225	6	90	381	1 744	13	117
160540	Crustacés nra	13 804	155 721	37 610	215 810	16 697	166 185	9 437	72 832	7 021	67 120
230120	**Farine de poisson**	**8 204 452**	**6 649 035**	**6 860 865**	**6 022 613**	**1 712 642**	**1 637 039**	**2 373 981**	**2 633 260**	**2 172 250**	**2 815 442**
	TOTAL	**..**	**117 858 421**	**..**	**134 393 618**	**..**	**168 260 415**	**..**	**190 402 021**	**..**	**227 144 061**

.. Non disponible

Note : nra : non répertorié ailleurs. vi : vivant. fr : frais. ré : réfrigéré. co : congelé. sc : séché. sl : salé. sm : en saumure.
Métadonnées détaillées : http://metalinks.oecd.org/fish/20150108/0cee

Source : OCDE (2014), « Pêcheries : Commerce par produit », Statistiques agricoles de l'OCDE (base de données). DOI: 10.1787/data-00677-fr

LETTONIE

Tableau 9. Exportations par produit

		2009		2010		2011		2012		2013	
		Tonnes	USD	Tonnes	USD	Tonnes	USD	Tonnes	USD	Tonnes	USD
03	**Poisson, crustacés et mollusques**	..	**87 544 150**	..	**88 016 844**	..	**105 037 987**	..	**125 606 304**	..	**153 517 343**
0302	**Poisson, frais ou réfrigéré, excl. 0304**	**15 732 116**	**34 077 253**	**19 562 075**	**33 733 075**	**16 783 196**	**47 451 720**	**15 039 737**	**48 500 239**	**11 742 191**	**54 027 947**
030211	Truite	1 323 601	5 609 357	1 030 954	4 843 999	616 763	2 979 302	1 196 525	4 068 524	916 376	4 779 977
030212	Saumon (Pacifique, Atlantique et Danube)	4 203 788	20 787 684	2 992 976	17 402 887	5 433 619	33 743 910	7 915 692	36 883 621	6 821 597	44 557 302
030219	Salmonidés nra	3 930	2 001	160 181	929 055	1 300	923	..	..	27	96
030221	Flétan	2 560	37 239	3 624	39 117	279	1 837	607	7 133	2 296	21 133
030222	Plie, carrelet	..	..	12 072	58 591	8 072	17 977	12 855	18 937	5 345	23 981
030223	Sole	313	7 830	85	2 274	118	3 018	60	1 576	36	860
030229	Poissons plats nra	32 940	32 650	18 520	38 998	19 105	58 096	122 465	146 100	115 921	127 903
030231	Thon blanc/germon	..	..	..	..	..	..	..	..	..	..
030232	Albacore (thon jaune)	..	..	..	..	..	..	..	..	22	257
030233	Listaos/bonite à ventre rayé	..	..	..	..	..	..	80 366	129 560	..	..
030239	Thonidés nra	..	..	..	..	..	..	..	..	..	..
030240	Hareng	146 113	31 039	83 328	43 534	111 422	55 730	402 505	359 987	681 540	467 102
030250	Morue	3 544 283	5 831 163	4 449 814	7 343 575	3 815 449	7 647 822	2 688 863	4 916 273	1 010 790	1 859 000
030261	Sardines	6 172 635	1 104 084	10 369 317	1 967 250	6 565 118	1 940 654	2 205 844	871 974	1 670 396	785 653
030262	Églefin	8 638	35 941	11 438	41 477	2 708	9 105	8 394	31 264	7 814	29 073
030263	Lieu noir	17 605	46 940	28 686	86 856	7 492	25 442	12 666	43 359	15 444	47 389
030264	Maquereau	1 211	5 981	4 097	18 969	3 299	12 211	9 010	32 230	17 637	62 859
030265	Aiguillat et autres squalidés	2 127	8 845	869	4 396	145	552	733	3 155	680	3 498
030266	Anguille	2 287	11 762	2 394	12 392	2 528	23 109	39	307	186	1 666
030269	Poisson nra	195 934	340 607	252 992	600 616	91 713	564 549	315 240	760 229	355 743	797 340
030270	Foies, oeufs et laitances	74 151	184 132	140 728	299 090	104 066	367 484	67 873	226 009	120 341	462 857
0303	**Poisson, congelé, excl. 0304**	**34 601 663**	**20 815 464**	**35 143 796**	**17 767 870**	**28 215 181**	**21 179 608**	**27 657 652**	**22 958 149**	**31 603 166**	**28 335 735**
030319	Saumon, Pacifique	..	..	..	..	..	..	..	..	..	..
030321	Truite	47 724	169 688	46 644	255 650	129 688	638 184	244 742	953 087	125 878	588 856
030322	Saumon (Atlantique et Danube)	..	..	..	..	..	..	..	..	..	..
030329	Salmonidés	9 251	63 817	19 515	17 765	135 154	172 957	319 745	941 138	99 999	488 456
030331	Flétan	3 179	24 034	6 041	39 407	4 413	33 706	13 240	90 795	19 315	163 126
030332	Plie, carrelet	7 587	5 308	18 630	13 968	413	1 293	..	..	..	..
030333	Sole	178	3 984	30	485	10	228	2	73	..	..
030339	Poisson plat nra	136 888	138 398	41 733	58 344	47 343	57 542	36 463	36 526	367 281	377 907
030341	Thon blanc/germon	..	..	..	..	..	..	..	..	..	..
030342	Albacore (thon jaune)	6	195	45	209	..	..	4 712	34 743	2 290	25 104
030343	Listao/bonite à ventre rayé	5	60	..	..	..	..	..	..	..	..
030349	Thonidés nra	13 119	2 403	4 370	5 750	..	..	272	2 649	490	4 941
030350	Hareng	6 097 213	3 621 750	11 184 173	5 713 039	9 493 689	6 130 763	7 141 348	5 125 518	7 258 468	5 971 988
030360	Morue	199 979	306 860	71 996	153 051	12 049	34 239	15 511	39 697	162 358	446 074
030371	Sardines, sardinelles	24 965 144	10 296 512	21 533 997	7 896 091	15 393 462	7 120 056	16 376 005	9 236 630	17 771 450	10 996 106
030372	Églefin	..	..	..	..	7 740	21 359	2 554	5 636	548	1 717
030373	Lieu noir	38 860	71 209	5 559	10 508	22 666	48 705	1 000	2 375	14 805	52 210
030374	Maquereau	446 222	1 186 043	544 130	1 258 243	707 283	1 749 031	1 035 850	1 702 684	395 181	976 536
030375	Aiguillat et autres squalidés	..	..	1 040	1 092	..	..	164 832	320 968	1 320	2 142
030376	Anguille	600	5 648	1 379	12 923	3 752	49 218	1 455	29 537	1 474	35 371
030377	Bar (loup)	..	..	552	4 758	639	6 102	369	3 618	781	6 920
030378	Merlu	182 708	516 323	359 259	797 532	654 566	1 636 740	425 919	1 127 227	384 860	1 037 985
030379	Poisson nra	2 242 729	1 444 348	1 172 596	931 781	957 905	1 602 531	637 959	1 128 998	633 383	1 266 858
030380	Foies, oeufs et laitances	105 261	2 349 038	23 999	234 838	33 238	263 595	23 446	436 983	152 955	428 412
0304	**Filets de poisson et autre chair de poisson**	**5 661 549**	**22 645 035**	**5 447 170**	**26 531 863**	**5 784 939**	**28 008 854**	**4 513 960**	**23 157 791**	**4 991 507**	**32 239 747**
030410	Filets et autre chair de poisson, frais ou réfrigéré	896 595	4 948 673	277 951	1 384 776	345 681	2 547 227	501 942	1 458 514	282 933	2 629 627
030420	Filets de poissons, congelé	2 837 734	12 492 957	4 069 776	22 751 576	4 024 256	21 615 078	2 951 103	19 616 777	3 723 788	27 281 396
030490	Chair de poisson nra, congelé	1 927 220	5 203 405	1 099 443	2 395 512	1 415 002	3 846 550	1 060 915	2 082 500	984 786	2 328 724
0305	**Poisson, séché, salé, fumé, ou en saumure**	**3 351 754**	**8 910 413**	**2 619 052**	**8 464 128**	**1 655 015**	**6 370 024**	**3 624 966**	**28 412 736**	**8 923 865**	**35 686 968**
030510	Farine de poisson, consommation humaine	..	..	20 928	28 714	250 553	275 664	1 766 537	2 225 824	6 209 722	6 700 040
030520	Foies, oeufs et laitances	774	32 009	28	339	..	..	40 641	302 954	17 701	72 400
030530	Filets de poisson (non fumé)	39 664	415 861	76 850	928 024	51 158	666 071	56 073	533 518	197 785	4 225 494
030541	Saumon (Pacifique, Atlantique et Danube), fumé	483 507	5 806 871	452 080	5 589 702	531 239	4 386 974	1 520 140	24 786 511	1 755 796	23 622 453
030542	Hareng, fumé	..	..	..	..	..	..	..	..	..	..
030549	Poisson nra, fumé	219 662	476 872	252 232	587 485	46 835	300 249	37 926	274 189	80 355	519 974
030551	Morue, séché, non fumé	16	1 334	321	3 885	813	7 225	2	84	2	136
030559	Poisson nra, séché, salé, non fumé	43 332	221 118	17 270	82 077	11 700	70 205	41 163	84 431	412 707	302 565
030561	Hareng, salé ou en saumure	62 957	134 110	48 474	105 356	17 003	30 666	9 716	36 030	9 151	35 553
030562	Morue, salé ou en saumure	..	..	..	..	..	..	..	..	..	..
030563	Anchois, salé ou en saumure	23 687	63 659	9 309	38 101	3 619	18 962	7 516	17 632	3 008	16 524
030569	Poisson nra, salé ou en saumure	2 477 184	1 754 924	1 736 989	1 085 184	729 690	568 110	143 970	146 530	234 152	176 201

LETTONIE

Tableau 9. Exportations par produit *(suite)*

		2009		2010		2011		2012		2013	
		Tonnes	USD	Tonnes	USD	Tonnes	USD	Tonnes	USD	Tonnes	USD
0306	**Crustacés**	**41 485**	**276 487**	**140 400**	**739 946**	**146 806**	**1 171 531**	**175 276**	**1 530 068**	**175 063**	**1 805 211**
030611	Langoustes et autres palinuridés, congelé	160	1 435	13 951	16 549	..	..	368	1 353	444	2 006
030612	Homard nra	142	4 352	319	7 818	354	8 478	2 481	14 778	362	7 482
030613	Crevettes, congelé	40 156	251 375	109 925	520 554	126 715	887 621	132 462	1 062 044	152 517	1 455 280
030614	Crabes, congelé	251	5 779	672	15 972	1 608	53 441	663	7 579	458	9 936
030619	Crustacés nra, congelé	3	64	281	1 748	215	1 341	..	..	400	2 827
030621	Langoustes et autres palinuridés (non congelé)	114	2 327	97	1 710	78	1 411	10	225	437	6 336
030622	Homard nra (non congelé)	122	4 768	80	2 251	329	9 835	330	8 627	360	10 208
030623	Crevettes (non congelé)	..	..	13 760	151 361	16 641	190 756	37 551	418 589	19 137	295 627
030624	Crabes (non congelé)	49	398	46	1 218	234	1 997	1 206	13 897	793	12 742
030629	Crustacés nra (non congelé)	488	5 988	1 269	20 766	632	16 652	205	2 976	155	2 766
0307	**Mollusques**	**230 959**	**818 430**	**194 430**	**779 500**	**145 273**	**846 317**	**200 871**	**881 941**	**202 632**	**1 364 998**
030710	Huîtres	6 161	67 816	8 766	75 747	9 826	104 175	10 776	110 043	15 143	172 646
030721	St-Jacques, vi, fr, ou ré	5	40	713	4 402	474	4 415	5 463	26 352	2 225	12 273
030729	St-Jacques, co, sc, sl, ou sm	4 298	45 093	5 493	52 794	9 227	96 170	3 935	74 940	4 536	109 091
030731	Moules, vi, fr, ou ré	9 176	40 406	13 634	60 052	12 481	57 646	33 162	128 108	36 240	162 323
030739	Moules, co, sc, sl, ou sm	3 147	16 851	11 422	46 441	16 251	73 093	13 651	68 229	18 438	99 019
030741	Seiches, encornets et calmars, vi, fr, ou ré	1 568	8 413	5 506	30 567	17 505	59 813	10 510	60 377	28 851	168 551
030749	Seiches, encornets et calmars, co, sc, sl, ou sm	27 646	290 578	37 955	300 960	61 831	375 172	38 696	203 340	49 391	468 455
030751	Poulpe, vi, fr, ou ré	344	2 849	1 929	13 010	1 291	10 874	255	5 007	62	753
030759	Poulpe, co, sc, sl, ou sm	2 934	40 343	3 552	25 948	3 693	41 106	4 012	48 145	9 288	78 840
030760	Escargots (autres que de mer)	174 659	300 425	97 116	131 057	10 792	13 276	50 754	75 150	4	422
030791	Mollusques nra, vi, fr, ou ré	100	358	1 057	5 986	1 728	9 447	579	3 453	607	4 801
030799	Mollusques nra, co, sc, sl, ou sm	921	5 258	7 287	32 535	174	1 129	29 078	78 797	37 847	87 824
121220	**Algues**	**6 974**	**116 278**	**41 952**	**229 039**	**58 406**	**363 023**	**53 595**	**286 815**	**56 836**	**305 556**
1504	**Graisses, huiles et leurs fractions**	**280 723**	**259 951**	**284 557**	**281 955**	**788 981**	**880 604**	**1 478 713**	**1 660 937**	**2 692 452**	**3 657 254**
150410	Huiles de foies de poisson, et fractions	23 275	30 108	714	53 120	418	15 307	912	39 926	1 462	49 902
150420	Graisses et huiles de poisson, et fractions	257 448	229 844	283 843	228 835	773 563	856 302	1 477 801	1 621 011	2 690 689	3 587 420
150430	Graisses et huiles de mammifère marin, et fractions	..	..	..	..	15 000	8 995	..	..	301	19 933
1604	**Préparations et conserves de poisson; caviars et succédanés**	**39 298 738**	**73 436 817**	**44 024 406**	**73 329 155**	**51 671 289**	**92 496 731**	**62 672 668**	**107 329 469**	**64 192 581**	**112 555 143**
160411	Saumon, non haché	129 675	1 498 594	90 454	1 039 345	102 489	1 066 531	451 489	8 244 175	223 789	2 053 701
160412	Hareng, non haché	2 932 752	6 382 818	2 849 095	5 798 440	2 924 609	6 286 746	2 748 558	5 892 129	2 488 532	5 726 856
160413	Sardines, sardinelles, sprats, esprots, non haché	28 704 713	49 590 320	33 493 911	50 804 169	39 717 479	64 872 037	50 264 655	74 211 472	51 416 037	77 308 149
160414	Thons, listaos, sardes, non haché	14 663	42 982	67 916	322 474	178 982	927 490	194 772	954 760	318 330	1 752 302
160415	Maquereau, non haché	2 394 821	5 091 461	2 553 597	4 591 581	2 784 383	5 406 292	3 429 897	5 766 553	4 181 158	12 616 384
160416	Anchois, non haché	127 427	1 056 898	150 938	1 077 834	147 730	1 091 172	152 140	929 047	160 743	977 760
160419	Poisson nra, non haché	944 473	2 225 802	1 230 577	2 995 715	1 403 391	3 047 678	1 326 291	2 906 760	1 416 532	2 946 295
160420	Poisson, haché	4 041 410	7 300 184	3 580 307	6 305 714	4 384 635	8 654 023	4 073 248	7 392 345	3 942 648	7 466 780
160430	Caviar et succédanés	8 804	247 757	7 610	393 883	27 591	1 144 763	31 618	1 032 227	44 812	1 706 916
1605	**Préparations et conserves de crustacés**	**123 520**	**701 759**	**136 428**	**808 264**	**320 873**	**3 056 800**	**486 174**	**4 108 654**	**432 291**	**5 246 996**
160510	Crabes	1 802	26 817	547	6 894	638	13 640	3 335	81 747	1 102	35 150
160520	Crevettes	34 750	359 356	83 227	579 260	248 662	2 687 919	412 878	3 740 695	355 009	4 755 085
160530	Homard	2	30	..	..	600	6 235	197	1 887	..	..
160540	Crustacés nra	1 098	9 558	2 029	14 982	2 933	25 711	4 293	34 833	3 524	28 744
230120	**Farine de poisson**	**11 460 946**	**9 043 822**	**12 510 295**	**11 402 481**	**5 864 885**	**6 165 929**	**5 812 657**	**5 365 642**	**6 806 294**	**8 180 925**
	TOTAL	**..**	**171 102 777**	**..**	**174 067 738**	**..**	**208 001 074**	**..**	**244 357 821**	**..**	**283 463 217**

.. Non disponible

Note : nra : non répertorié ailleurs. vi : vivant. fr : frais. ré : réfrigéré. co : congelé. sc : séché. sl : salé. sm : en saumure.

Métadonnées détaillées : http://metalinks.oecd.org/fish/20150108/0cee

Source : OCDE (2014), « Pêcheries : Commerce par produit », Statistiques agricoles de l'OCDE (base de données). DOI: 10.1787/data-00677-fr

TAIPEI CHINOIS

Tableau 1. Flotte de pêche

	2006	2007	2008	2009	2010	2011	2012	2013
NOMBRE DE NAVIRES								
Total des navires	**26 216**	**25 622**	**24 889**	**24 127**	**23 782**	**23 557**	**23 446**	..
Navires à moteur	25 218	24 682	24 047	23 359	23 039	22 863	22 789	..
0-5,9 mètres	2 539	2 524	4 279	3 568	3 820	3 328	3 212	..
6-11,9 mètres	4 680	4 983	12 213	4 494	11 938	4 747	4 850	..
12-17,9 mètres	2 649	2 609	4 755	2 227	4 605	2 194	2 193	..
18-23,9 mètres	1 184	1 212	1 766	1 174	1 689	1 177	1 197	..
24-29,9 mètres	212	244	227	200	235	213	213	..
30-35,9 mètres	116	104	73	64	65	71	78	..
36-44,9 mètres	244	199	169	145	141	131	118	..
45-59,9 mètres	475	385	371	360	355	336	318	..
60-74,9 mètres	29	33	35	40	44	51	64	..
75 mètres et plus	19	22	19	17	16	13	15	..
Longueur inconnue	13 071	12 367	140	11 070	131	10 602	10 531	..
Navires sans moteur	998	940	842	768	743	694	657	..
TONNAGE BRUT								
Total des navires	**766 385**	**687 884**	**639 676**	**622 899**	**613 187**	**685 130**	**604 634**	..
Navires à moteur	766 213	687 733	639 540	622 771	613 061	685 011	604 517	..
0-5,9 mètres	2 706	2 564	13 734	12 691	11 690	10 412	9 610	..
6-11,9 mètres	22 260	22 371	16 705	17 088	17 498	18 367	18 717	..
12-17,9 mètres	97 200	95 279	81 659	80 934	79 562	77 847	76 723	..
18-23,9 mètres	87 718	89 255	81 595	82 938	82 598	164 911	84 465	..
24-29,9 mètres	28 912	31 742	25 013	24 951	26 269	27 055	27 202	..
30-35,9 mètres	25 895	23 008	16 436	14 187	14 327	15 611	17 226	..
36-44,9 mètres	93 284	75 126	63 618	55 747	54 165	50 835	46 303	..
45-59,9 mètres	330 105	268 395	257 059	249 751	246 198	232 983	219 257	..
60-74,9 mètres	32 416	35 974	36 936	43 659	46 577	55 497	70 410	..
75 mètres et plus	41 145	41 252	41 161	35 827	29 319	26 701	30 419	..
Longueur inconnue	4 573	2 765	5 624	4 998	4 860	4 791	4 184	..
Navires sans moteur	172	151	136	128	126	119	117	..

.. Non disponible

Note : Métadonnées détaillées : http://metalinks.oecd.org/fish/20150108/1cbd

Source : OCDE (2014), « Pêcheries : Flotte de pêche », Statistiques agricoles de l'OCDE (base de données). DOI: 10.1787/data-00218-fr

TAIPEI CHINOIS

Tableau 2. Emploi dans les pêcheries

Personnes employées

	2006	2007	2008	2009	2010	2011	2012	2013
Plein-temps	**232 690**	**247 712**	**263 461**	**246 026**	**248 918**	**247 816**	**240 742**	..
Secteur de capture	176 639	188 316	202 877	193 209	194 046	191 284	182 170	..
Pêche en eaux intérieures	1 340	1 259	1 525	1 576	1 487	1 429	1 404	..
Homme	..	..	..	..	..	..	..	..
Femme	..	..	..	..	..	..	..	..
Eaux maritimes (pêche côtière)	159 002	170 675	184 569	175 766	177 067	174 905	166 003	..
Homme	..	..	..	..	..	..	..	..
Femme	..	..	..	..	..	..	..	..
Eaux maritimes (pêche en haute mer)	16 297	16 382	16 783	15 867	15 492	14 950	14 763	..
Homme	..	..	..	..	..	..	..	..
Femme	..	..	..	..	..	..	..	..
Aquaculture	56 051	59 396	60 584	52 817	54 872	56 532	58 572	..
Homme	..	..	..	..	..	..	..	..
Femme	..	..	..	..	..	..	..	..
Transformation	..	..	..	..	..	..	..	..
Homme	..	..	..	..	..	..	..	..
Femme	..	..	..	..	..	..	..	..
Temps partiel	**121 405**	**88 470**	**87 999**	**82 041**	**81 263**	**85 579**	**85 769**	..
Secteur de capture	68 474	49 389	55 014	51 348	52 613	57 554	58 372	..
Pêche en eaux intérieures	5 844	6 178	5 242	5 609	6 262	9 230	8 698	..
Homme	..	..	..	..	..	..	..	..
Femme	..	..	..	..	..	..	..	..
Eaux maritimes (pêche côtière)	61 640	42 187	49 159	45 313	45 920	47 921	48 597	..
Homme	..	..	..	..	..	..	..	..
Femme	..	..	..	..	..	..	..	..
Eaux maritimes (pêche en haute mer)	990	1 024	613	426	431	403	1 077	..
Homme	..	..	..	..	..	..	..	..
Femme	..	..	..	..	..	..	..	..
Aquaculture	52 931	39 081	32 985	30 693	28 650	28 025	27 397	..
Homme	..	..	..	..	..	..	..	..
Femme	..	..	..	..	..	..	..	..
Transformation	..	..	..	..	..	..	..	..
Homme	..	..	..	..	..	..	..	..
Femme	..	..	..	..	..	..	..	..
Total	**354 095**	**336 182**	**351 460**	**328 067**	**330 181**	**333 395**	**326 511**	..
Secteur de capture	245 113	237 705	257 891	244 557	246 659	248 838	240 542	..
Pêche en eaux intérieures	7 184	7 437	6 767	7 185	7 749	10 659	10 102	..
Homme	..	..	..	..	..	..	..	..
Femme	..	..	..	..	..	..	..	..
Eaux maritimes (pêche côtière)	220 642	212 862	233 728	221 079	222 987	222 826	214 600	..
Homme	..	..	..	..	..	..	..	..
Femme	..	..	..	..	..	..	..	..
Eaux maritimes (pêche en haute mer)	17 287	17 406	17 396	16 293	15 923	15 353	15 840	..
Homme	..	..	..	..	..	..	..	..
Femme	..	..	..	..	..	..	..	..
Aquaculture	108 982	98 477	93 569	83 510	83 522	84 557	85 969	..
Homme	..	..	..	..	..	..	..	..
Femme	..	..	..	..	..	..	..	..
Transformation	..	..	..	..	..	..	..	..
Homme	..	..	..	..	..	..	..	..
Femme	..	..	..	..	..	..	..	..

.. Non disponible

Note : Métadonnées détaillées : http://metalinks.oecd.org/fish/20150108/d5b7

Source : OCDE (2014), « Pêcheries : Emploi dans la pêche », Statistiques agricoles de l'OCDE (base de données). DOI: 10.1787/data-00219-fr

TAIPEI CHINOIS

Tableau 3. Débarquements nationaux dans les ports nationaux

	2006	2007	2008	2009	2010	2011	2012	2013
VOLUME (TONNES)								
Total poissons	**328 823**	**376 539**	**137 842**	**333 132**	**332 061**	**339 750**	**348 511**	..
Saumon	..	..	..	..	..	..	..	..
Saumon rose	..	..	..	..	..	..	..	..
Saumon keta	..	..	..	..	..	..	..	..
Saumon rouge	..	..	..	..	..	..	..	..
Saumon argenté	..	..	..	..	..	..	..	..
Autres saumons	..	..	..	..	..	..	..	..
Poissons plats	370	395	381	449	277	..	..	..
Flétan	..	..	..	..	..	..	..	..
Flétan noir	..	..	..	..	..	..	..	..
Sole	..	..	..	..	..	..	..	..
Plie	..	..	..	..	..	..	..	..
Autres poissons plats	370	395	381	449	277	..	..	..
Poissons de fond	..	..	..	..	..	..	..	..
Morue (Atlantique et Pacifique)	..	..	..	..	..	..	..	..
Églefin	..	..	..	..	..	..	..	..
Lieu	..	..	..	..	..	..	..	..
Morue du Pacifique occidental	..	..	..	..	..	..	..	..
Merlan	..	..	..	..	..	..	..	..
Merlu (toutes espèces)	..	..	..	..	..	..	..	..
Sébaste	..	..	..	..	..	..	..	..
Autres poissons de fond	..	..	..	..	..	..	..	..
Pélagiques	84 931	87 363	69 600	92 637	86 655	115 565	92 089	..
Chinchard	2 779	4 289	6 163	3 862	5 654	8 813	8 333	..
Maquereau	77 193	77 739	56 015	77 022	68 887	96 578	77 790	..
Hareng (Atlantique et Pacifique)	1 047	1 293	869	583	290	470	385	..
Sardine	1 964	3 191	1 025	633	673	1 112	1 129	..
Autres pélagiques	1 948	850	5 528	10 537	11 151	8 593	4 453	..
Thons	34 522	33 321	25 120	26 767	25 788	27 354	33 292	..
Listao	6 613	6 291	4 073	6 531	5 402	7 917	9 032	..
Thon rouge (nord et sud)	1 259	1 510	1 046	875	545	428	315	..
Germon	2 220	4 244	2 003	1 290	1 625	1 803	2 392	..
Albacore	11 543	10 536	11 088	10 920	12 230	9 995	12 930	..
Thon obèse	1 146	1 507	1 091	1 210	682	977	2 591	..
Autres thons	5 678	2 337	1 233	2 131	2 053	2 055	1 036	..
Espadon	6 063	6 895	4 586	3 810	3 251	4 178	4 996	..
Autres poissons	209 000	255 461	42 741	213 728	219 618	196 831	223 130	..
Total crustacés	**20 818**	**20 458**	**22 513**	**20 929**	**28 794**	**30 465**	**27 895**	..
Homard et langouste	17	7	8	11	10	11	31	..
Langoustine	..	..	..	..	..	..	..	..
Crevette	14 048	14 004	16 256	..	..	..	..	..
Autres crustacés	6 753	6 447	6 249	20 917	28 784	30 453	27 864	..
Total coquillages et mollusques	**159 284**	**253 261**	**211 769**	**64 406**	**61 758**	**110 343**	**102 366**	..
Huître	..	..	..	..	..	..	..	..
Moule	..	..	..	..	..	..	..	..
Coquille St-Jacques	..	..	..	..	..	..	..	..
Bivalves	..	..	..	..	..	..	..	..
Autres coquillages (incl. buccins	1 365	1 205	1 497	1 833	647	707	602	..
Calmar	157 531	251 202	209 611	61 747	60 538	108 904	100 113	..
Seiche	298	759	576	597	488	617	551	..
Poulpe	83	87	77	210	71	93	53	..
Autres mollusques (incl. oursins)	7	8	8	19	14	22	1 047	..
Autres animaux marins	**63**	**60**	**15**	**40**	**20**	**17**	**23**	..
Plantes aquatiques	**59**	**51**	**126**	**213**	**107**	**61**	**232**	..
Algue brune	..	..	..	..	..	..	..	..
Algue rouge	40	33	32	5	26	28	47	..
Autres algues	19	17	94	208	81	33	184	..
Poisson pour transformation	..	..	..	..	..	..	..	..
TOTAL GÉNÉRAL	**509 047**	**650 369**	**372 265**	**418 719**	**422 740**	**480 635**	**479 026**	..

TAIPEI CHINOIS

Tableau 3. Débarquements nationaux dans les ports nationaux *(suite)*

	2006	2007	2008	2009	2010	2011	2012	2013
VALEUR (TWD)								
Total poissons	**19 087 793 000**	**18 843 963 000**	**9 692 588 000**	**19 379 453 000**	**16 590 408 500**	**20 024 806 489**	**23 552 102 601**	..
Saumon	..	..	..	..	..	..	..	..
Saumon rose	..	..	..	..	..	..	..	..
Saumon keta	..	..	..	..	..	..	..	..
Saumon rouge	..	..	..	..	..	..	..	..
Saumon argenté	..	..	..	..	..	..	..	..
Autres saumons	..	..	..	..	..	..	..	..
Poissons plats	21 667 000	22 896 000	26 176 000	27 843 439	16 790 000	..	..	..
Flétan	..	..	..	..	..	..	..	..
Flétan noir	..	..	..	..	..	..	..	..
Sole	..	..	..	..	..	..	..	..
Plie	..	..	..	..	..	..	..	..
Autres poissons plats	21 667 000	22 896 000	26 176 000	27 843 439	16 790 000	..	..	..
Poissons de fond	..	..	..	..	..	..	..	..
Morue (Atlantique et Pacifique)	..	..	..	..	..	..	..	..
Églefin	..	..	..	..	..	..	..	..
Lieu	..	..	..	..	..	..	..	..
Morue du Pacifique occidental	..	..	..	..	..	..	..	..
Merlan	..	..	..	..	..	..	..	..
Merlu (toutes espèces)	..	..	..	..	..	..	..	..
Sébaste	..	..	..	..	..	..	..	..
Autres poissons de fond	..	..	..	..	..	..	..	..
Pélagiques	2 860 939 000	3 227 743 000	2 458 497 000	4 835 802 316	3 634 781 396	6 140 186 607	8 281 937 003	..
Chinchard	64 721 000	87 489 000	183 678 000	831 778 275	134 991 786	232 311 720	2 549 217 962	..
Maquereau	2 395 011 000	2 830 956 000	1 499 429 000	2 548 258 803	2 290 024 414	5 313 684 005	5 238 800 240	..
Hareng (Atlantique et Pacifique)	89 265 000	107 361 000	133 936 000	40 235 107	13 671 142	21 655 107	13 288 074	..
Sardine	41 321 000	96 901 000	37 977 000	23 890 838	34 678 399	87 874 459	63 733 888	..
Autres pélagiques	270 621 000	105 036 000	603 477 000	1 391 639 293	1 161 415 655	484 661 316	416 896 839	..
Thons	3 059 701 000	3 199 220 000	2 676 456 000	2 694 202 000	2 664 670 385	2 846 885 861	2 712 757 253	..
Listao	409 397 000	236 818 000	106 458 000	247 212 000	151 303 968	291 930 522	270 371 888	..
Thon rouge (nord et sud)	627 348 000	714 406 000	555 988 000	480 699 000	310 405 140	247 344 167	222 152 149	..
Germon	104 360 000	206 363 000	101 274 000	66 947 000	105 807 208	129 901 852	162 755 753	..
Albacore	1 141 493 000	1 177 296 000	1 343 388 000	1 345 909 000	1 630 501 046	1 582 566 340	1 295 516 487	..
Thon obèse	109 216 000	148 173 000	133 550 000	119 101 000	54 473 605	72 342 188	236 880 806	..
Autres thons	171 258 000	209 306 000	72 654 000	114 013 000	115 781 833	103 365 212	70 104 027	..
Espadon	496 629 000	506 858 000	363 144 000	320 321 000	296 397 585	419 435 580	454 976 144	..
Autres poissons	13 145 486 000	12 394 104 000	4 531 459 000	11 849 448 684	10 290 956 719	11 037 734 021	12 557 408 345	..
Total crustacés	**3 063 064 000**	**3 146 681 000**	**4 885 333 715**	**3 121 753 721**	**4 555 695 900**	**5 074 350 276**	**4 410 028 566**	..
Homard et langouste	9 016 000	4 084 000	4 526 000	6 256 530	6 126 109	8 850 978	11 776 741	..
Langoustine	..	..	..	..	..	..	..	..
Crevette	2 210 689 000	2 282 484 000	4 879 813 000	..	..	..	..	..
Autres crustacés	843 359 000	860 113 000	994 715	3 115 497 191	4 549 569 791	5 065 499 298	4 398 251 825	..
Total coquillages et mollusques	**3 711 985 000**	**4 707 903 000**	**3 067 264 000**	**2 033 762 337**	**1 493 968 333**	**3 004 231 346**	**3 457 808 714**	..
Huître	..	..	..	..	..	..	..	..
Moule	..	..	..	..	..	..	..	..
Coquille St-Jacques	..	..	..	..	..	..	..	..
Bivalves	..	..	..	..	..	..	..	..
Autres coquillages (incl. buccins)	110 104 000	113 362 000	85 229 000	111 054 243	56 473 771	85 600 746	63 746 429	..
Calmar	3 546 138 000	4 488 643 000	2 895 920 000	1 827 931 280	1 365 362 137	2 818 788 861	3 177 940 932	..
Seiche	50 598 000	99 761 000	75 679 000	82 357 000	64 711 962	88 469 251	84 960 829	..
Poulpe	3 805 000	4 770 000	7 533 000	8 559 895	4 780 265	6 108 352	4 828 853	..
Autres mollusques (incl. oursins)	1 340 000	1 367 000	2 903 000	3 859 919	2 640 198	5 264 136	126 331 671	..
Autres animaux marins	**24 428 000**	**22 045 000**	**2 706 000**	**98 196 615**	**111 801 756**	**166 630 912**	**285 229 567**	..
Plantes aquatiques	**15 270 000**	**13 447 000**	**18 838 000**	**49 195 805**	**16 883 286**	**15 841 711**	**47 064 947**	..
Algue brune	..	..	..	..	..	..	..	..
Algue rouge	10 669 000	9 305 000	8 900 000	167 905	6 870 750	9 829 000	17 437 200	..
Autres algues	4 601 000	4 142 000	9 938 000	49 027 900	10 012 536	6 012 711	29 627 747	..
Poisson pour transformation	..	..	..	..	..	..	..	..
TOTAL GÉNÉRAL	**25 902 540 000**	**26 734 039 000**	**17 666 729 715**	**24 682 361 478**	**22 768 757 775**	**28 285 860 734**	**31 752 234 395**	..

.. Non disponible

Note : Métadonnées détaillées : http://metalinks.oecd.org/fish/20150108/82b5

Source : OCDE (2014), « Pêcheries : Débarquements nationaux dans les ports domestiques », Statistiques agricoles de l'OCDE (base de données). DOI: 10.1787/data-00222-fr

TAIPEI CHINOIS

Tableau 4. Débarquements nationaux dans les ports étrangers

	2006	2007	2008	2009	2010	2011	2012	2013
VOLUME (TONNES)								
Total poissons	**432 890**	**467 971**	**401 830**	**372 191**	**426 374**	**412 375**	**420 183**	..
Saumon	..	..	..	..	..	..	..	..
Saumon rose	..	..	..	..	..	..	..	..
Saumon keta	..	..	..	..	..	..	..	..
Saumon rouge	..	..	..	..	..	..	..	..
Saumon argenté	..	..	..	..	..	..	..	..
Autres saumons	..	..	..	..	..	..	..	..
Poissons plats	..	..	..	..	..	..	..	..
Flétan	..	..	..	..	..	..	..	..
Flétan noir	..	..	..	..	..	..	..	..
Sole	..	..	..	..	..	..	..	..
Plie	..	..	..	..	..	..	..	..
Autres poissons plats	..	..	..	..	..	..	..	..
Poissons de fond	..	..	..	..	..	..	..	..
Morue (Atlantique et Pacifique)	..	..	..	..	..	..	..	..
Églefin	..	..	..	..	..	..	..	..
Lieu	..	..	..	..	..	..	..	..
Morue du Pacifique occidental	..	..	..	..	..	..	..	..
Merlan	..	..	..	..	..	..	..	..
Merlu (toutes espèces)	..	..	..	..	..	..	..	..
Sébaste	..	..	..	..	..	..	..	..
Autres poissons de fond	..	..	..	..	..	..	..	..
Pélagiques	..	..	..	..	..	..	..	..
Chinchard	..	..	..	..	..	..	..	..
Maquereau	..	..	..	..	..	..	..	..
Hareng (Atlantique et Pacifique)	..	..	..	..	..	..	..	..
Sardine	..	..	..	..	..	..	..	..
Autres pélagiques	..	..	..	..	..	..	..	..
Thons	362 414	387 813	322 617	318 909	328 811	302 183	338 373	..
Listao	187 760	207 690	164 778	172 460	165 675	154 404	172 044	..
Thon rouge (nord et sud)	826	721	712	729	1 073	443	372	..
Germon	37 864	43 302	35 565	35 967	48 910	45 406	46 360	..
Albacore	66 137	57 125	60 164	39 775	55 134	45 207	47 757	..
Thon obèse	57 938	68 419	52 709	59 535	49 031	49 673	61 854	..
Autres thons	1 485	1 126	1 110	1 276	1 517	201	583	..
Espadon	10 404	9 431	7 580	9 166	7 471	6 849	9 404	..
Autres poissons	70 476	80 158	79 212	53 282	97 563	110 192	81 810	..
Total crustacés	**..**	**..**	**..**	**..**	**..**	**..**	**..**	**..**
Homard et langouste	..	..	..	..	..	..	..	..
Langoustine	..	..	..	..	..	..	..	..
Crevette	..	..	..	..	..	..	..	..
Autres crustacés	..	..	..	..	..	..	..	..
Total coquillages et mollusques	**25 368**	**56 124**	**30 704**	**11 621**	**4 974**	**819**	**5 462**	..
Huître	..	..	..	..	..	..	..	..
Moule	..	..	..	..	..	..	..	..
Coquille St-Jacques	..	..	..	..	..	..	..	..
Bivalves	..	..	..	..	..	..	..	..
Autres coquillages (incl. buccins	..	..	..	..	..	..	..	..
Calmar	25 368	56 124	30 704	11 621	4 974	819	5 462	..
Seiche	..	..	..	..	..	..	..	..
Poulpe	..	..	..	..	..	..	..	..
Autres mollusques (incl. oursins)	..	..	..	..	..	..	..	..
Autres animaux marins	**..**	**..**	**..**	**..**	**..**	**..**	**..**	**..**
Plantes aquatiques	**..**	**..**	**..**	**..**	**..**	**..**	**..**	**..**
Algue brune	..	..	..	..	..	..	..	..
Algue rouge	..	..	..	..	..	..	..	..
Autres algues	..	..	..	..	..	..	..	..
Poisson pour transformation	..	..	..	..	..	..	..	..
TOTAL GÉNÉRAL	**458 258**	**524 095**	**432 534**	**383 812**	**431 348**	**413 194**	**425 645**	..

Tableau 4. Débarquements nationaux dans les ports étrangers *(suite)*

	2006	2007	2008	2009	2010	2011	2012	2013
VALEUR (TWD)								
Total poissons	**30 884 713 000**	**37 277 335 000**	**30 279 390 432**	**29 787 367 000**	**32 918 971 069**	**35 493 399 685**	**38 021 983 282**	..
Saumon	..	..	..	..	..	..	..	..
Saumon rose	..	..	..	..	..	..	..	..
Saumon keta	..	..	..	..	..	..	..	..
Saumon rouge	..	..	..	..	..	..	..	..
Saumon argenté	..	..	..	..	..	..	..	..
Autres saumons	..	..	..	..	..	..	..	..
Poissons plats	..	..	..	..	..	..	..	..
Flétan	..	..	..	..	..	..	..	..
Flétan noir	..	..	..	..	..	..	..	..
Sole	..	..	..	..	..	..	..	..
Plie	..	..	..	..	..	..	..	..
Autres poissons plats	..	..	..	..	..	..	..	..
Poissons de fond	..	..	..	..	..	..	..	..
Morue (Atlantique et Pacifique)	..	..	..	..	..	..	..	..
Églefin	..	..	..	..	..	..	..	..
Lieu	..	..	..	..	..	..	..	..
Morue du Pacifique occidental	..	..	..	..	..	..	..	..
Merlan	..	..	..	..	..	..	..	..
Merlu (toutes espèces)	..	..	..	..	..	..	..	..
Sébaste	..	..	..	..	..	..	..	..
Autres poissons de fond	..	..	..	..	..	..	..	..
Pélagiques	..	..	..	..	..	..	..	..
Chinchard	..	..	..	..	..	..	..	..
Maquereau	..	..	..	..	..	..	..	..
Hareng (Atlantique et Pacifique)	..	..	..	..	..	..	..	..
Sardine	..	..	..	..	..	..	..	..
Autres pélagiques	..	..	..	..	..	..	..	..
Thons	28 679 179 000	34 385 539 000	27 939 124 231	27 098 776 000	28 307 772 637	30 233 544 701	34 387 940 068	..
Listao	3 907 741 000	6 426 007 000	6 664 902 449	4 625 667 000	6 772 364 525	5 102 587 600	7 913 817 179	..
Thon rouge (nord et sud)	204 157 000	222 358 000	174 471 354	184 060 000	358 010 754	232 385 073	154 606 618	..
Germon	3 686 290 000	5 468 176 000	2 430 410 973	2 648 206 000	3 505 070 942	3 549 608 949	3 908 182 752	..
Albacore	7 868 147 000	7 933 226 000	6 599 760 922	4 895 044 000	4 431 503 613	6 263 237 182	5 490 198 114	..
Thon obèse	11 198 034 000	12 892 220 000	10 890 057 475	13 412 979 000	12 128 876 002	13 900 076 523	15 404 467 110	..
Autres thons	245 028 000	49 539 000	61 355 328	70 766 000	89 967 409	13 115 709	26 691 010	..
Espadon	1 569 782 000	1 394 013 000	1 118 165 730	1 262 054 000	1 021 979 392	1 172 533 664	1 489 977 285	..
Autres poissons	2 205 534 000	2 891 796 000	2 340 266 201	2 688 591 000	4 611 198 432	5 259 854 984	3 634 043 214	..
Total crustacés	..	..	..	..	..	..	..	..
Homard et langouste	..	..	..	..	..	..	..	..
Langoustine	..	..	..	..	..	..	..	..
Crevette	..	..	..	..	..	..	..	..
Autres crustacés	..	..	..	..	..	..	..	..
Total coquillages et mollusques	**423 711 000**	**869 790 000**	**793 031 715**	**464 499 000**	**232 806 892**	**69 592 656**	**445 067 891**	..
Huître	..	..	..	..	..	..	..	..
Moule	..	..	..	..	..	..	..	..
Coquille St-Jacques	..	..	..	..	..	..	..	..
Bivalves	..	..	..	..	..	..	..	..
Autres coquillages (incl. buccins	..	..	..	..	..	..	..	..
Calmar	423 711 000	869 790 000	793 031 715	464 499 000	232 806 892	69 592 656	445 067 891	..
Seiche	..	..	..	..	..	..	..	..
Poulpe	..	..	..	..	..	..	..	..
Autres mollusques (incl. oursins)	..	..	..	..	..	..	..	..
Autres animaux marins	..	..	..	..	..	..	..	..
Plantes aquatiques	..	..	..	..	..	..	..	..
Algue brune	..	..	..	..	..	..	..	..
Algue rouge	..	..	..	..	..	..	..	..
Autres algues	..	..	..	..	..	..	..	..
Poisson pour transformation	..	..	..	..	..	..	..	..
TOTAL GÉNÉRAL	**31 308 424 000**	**38 147 125 000**	**31 072 422 147**	**30 251 866 000**	**33 151 777 961**	**35 562 992 341**	**38 467 051 173**	..

.. Non disponible

Note : Métadonnées détaillées : http://metalinks.oecd.org/fish/20150108/be32

Source : OCDE (2014), « Pêcheries : Débarquements nationaux dans les ports étrangers », Statistiques agricoles de l'OCDE (base de données). DOI: 10.1787/data-00223-fr

Tableau 6. Production de l'aquaculture

	2006	2007	2008	2009	2010	2011	2012	2013
VOLUME (TONNES)								
Poissons	**192 890**	**208 900**	**200 037**	**173 117**	**184 752**	**183 810**	**216 084**	..
Saumon de l'Atlantique	..	..	..	..	..	..	..	..
Saumon du Pacifique	..	..	..	..	..	..	..	..
Truite arc-en-ciel	..	1 034	1 419	1 567	289	389	801	..
dont : d'eau de mer	..	..	..	..	..	..	..	..
dont : d'eau douce	465	1 034	1 419	1 567	289	389	801	..
Truite de mer	..	..	..	..	..	..	..	..
Poisson plat	..	..	..	..	..	..	..	..
Dorade	3 020	3 178	2 564	1 905	903	1 371	1 579	..
Bar	6 664	9 285	10 286	9 257	22 671	24 066	26 146	..
Loup	344	220	1 649	1 053	1 404	716	924	..
Carpe	7 301	7 270	6 406	5 629	5 470	4 345	3 620	..
Tilapia	72 574	76 090	81 009	67 308	74 870	67 216	73 359	..
Anguille	23 838	24 822	21 038	19 044	19 361	10 535	2 244	..
Autres poissons	78 684	87 001	75 665	67 354	59 785	75 172	107 411	..
Coquillages et crustacés	**115 045**	**99 428**	**123 213**	**107 019**	**123 253**	**126 267**	**126 700**	..
Huître, comestible	..	28 199	34 514	27 392	36 056	34 643	26 923	..
Huître, perle	..	..	..	..	..	..	..	..
Moule	..	..	..	..	..	..	..	..
Coquille St.-Jacques	..	..	..	..	..	..	..	..
Bivalves	61 753	50 490	64 320	51 820	60 380	59 764	62 969	..
Crevette et bouquet	22 716	20 368	22 080	16 620	15 743	16 819	21 453	..
Autres coquillages et crustacés	2 029	371	2 300	11 186	11 074	15 041	15 355	..
Total poissons, coquillages et crustacés	**307 935**	**308 328**	**323 251**	**280 136**	**308 005**	**310 077**	**342 784**	..
Autres animaux marins	2 399	2 671	844	3 036	2 767	4 317	1 756	..
Plantes aquatiques	5 948	9 381	6 878	4 383	4 888	4 883	3 497	..
Algue brune	..	..	..	..	..	..	..	..
Algue rouge	5 948	9 381	6 878	4 383	..	18	18	..
Algue verte	..	..	..	..	..	..	..	..
Autres plantes aquatiques	..	..	..	..	4 888	4 865	3 478	..
TOTAL GÉNÉRAL	**316 282**	**320 379**	**330 973**	**287 555**	**315 660**	**319 277**	**348 036**	..
VALEUR (TWD)								
Poissons	**16 546 611 000**	**20 957 750 000**	**20 703 817 991**	**19 402 229 000**	**22 212 535 640**	**27 694 743 847**	**23 521 185 690**	..
Saumon de l'Atlantique	..	..	..	..	..	..	..	..
Saumon du Pacifique	..	..	..	..	..	..	..	..
Truite arc-en-ciel	..	39 524 000	267 035 897	268 636 634	49 937 455	76 916 921	135 270 556	..
dont : d'eau de mer	..	..	..	..	..	..	..	..
dont : d'eau douce	88 764 000	39 524 000	267 035 897	268 636 634	49 937 455	76 916 921	135 270 556	..
Truite de mer	..	..	..	..	..	..	..	..
Poisson plat	..	..	..	..	..	..	..	..
Dorade	583 836 000	619 644 000	466 877 843	366 406 520	152 679 440	300 741 718	268 471 202	..
Bar	508 516 000	881 941 000	864 282 276	800 292 670	2 387 805 915	2 603 050 576	2 605 622 089	..
Loup	15 195 000	148 591 000	46 214 401	32 767 667	52 901 203	25 014 839	30 157 163	..
Carpe	364 542 000	357 406 000	338 839 875	277 346 523	354 914 168	274 346 100	219 754 678	..
Tilapia	2 426 076 000	2 656 213 000	4 012 661 190	3 169 483 946	3 461 861 370	3 225 871 152	3 377 636 319	..
Anguille	7 319 301 000	7 613 169 000	5 354 842 704	6 182 775 595	8 027 175 941	8 982 115 812	2 542 452 592	..
Autres poissons	5 240 381 000	8 641 262 000	9 353 063 806	8 304 519 445	7 725 260 148	12 206 686 729	14 341 821 091	..
Coquillages et crustacés	**11 606 441 000**	**10 966 125 000**	**12 928 456 541**	**10 567 871 033**	**12 743 421 244**	**13 246 223 881**	**12 862 260 218**	..
Huître, comestible	..	3 215 098 000	3 608 911 382	2 773 865 096	4 989 398 695	5 291 746 330	3 540 063 479	..
Huître, perle	..	..	..	..	..	..	..	..
Moule	..	..	..	..	..	..	..	..
Coquille St.-Jacques	..	..	..	..	..	..	..	..
Bivalves	2 218 737 000	2 223 805 000	3 089 641 112	2 562 602 597	3 130 112 801	3 104 295 317	3 612 621 575	..
Crevette et bouquet	5 913 142 000	5 331 795 000	5 762 987 761	4 595 333 879	4 020 866 764	4 054 097 601	4 958 402 123	..
Autres coquillages et crustacés	435 267 000	195 427 000	466 916 286	636 069 461	603 042 984	796 084 633	751 173 041	..
Total poissons, coquillages et crustacés	**28 153 052 000**	**31 923 875 000**	**33 632 274 532**	**29 970 100 033**	**34 955 956 884**	**40 940 967 728**	**36 383 445 908**	..
Autres animaux marins	500 980 000	703 649 000	49 915 000	506 044 758	406 456 010	733 112 066	293 573 791	..
Plantes aquatiques	14 551 000	268 155 000	37 998 327	170 557 210	99 924 460	51 997 262	25 616 213	..
Algue brune	..	..	..	..	..	..	..	..
Algue rouge	14 551 000	268 155 000	37 998 327	170 557 210	..	6 650 000	7 176 000	..
Algue verte	..	..	..	..	..	..	..	..
Autres plantes aquatiques	..	..	..	..	99 924 460	45 347 262	18 440 213	..
TOTAL GÉNÉRAL	**28 668 583 000**	**32 895 679 000**	**33 720 187 859**	**30 646 702 000**	**35 462 337 354**	**41 726 077 056**	**36 702 635 912**	..

.. Non disponible

Note : Métadonnées détaillées : http://metalinks.oecd.org/fish/20150108/448d

Source : OCDE (2014), « Pêcheries : Production de l'aquaculture », Statistiques agricoles de l'OCDE (base de données). DOI: 10.1787/data-00225-fr

TAIPEI CHINOIS

Tableau 7. Transferts financiers publics (TFP)

Milliers TWD

	2006	2007	2008	2009	2010	2011	2012	2013
Total des TFP								
Pêche maritime	**2 766 678**	**1 708 680**	**856 176**	**766 047**	**502 233**	**706 100**	**736 658**	..
Paiements directs	2 236 360	1 081 436	249 905	186 290	165 695	95 188	86 750	..
Désarmement des navires et retrait des licences	2 236 360	963 886	742 153	..	..	95 188	86 750	..
Indemnisation des catastrophes	..	..	355	..	..	..	..	..
Aides : équipement, modernisation, construction de navire	..	..	..	..	..	..	..	..
Aide au revenu et assurance chômage	..	117 550	249 905	186 290	165 695	198 964	..	..
Autres paiements directs	..	..	249 905	186 290	..	..	..	..
Transferts réduisant les coûts	84 153	78 142	100 713	87 413	103 655	137 847	45 419	..
Prêts subventionnés : équipement, modernisation, construction de navire	..	..	..	..	..	..	..	..
Bonification d'intérêts	..	..	..	..	..	..	..	..
Exonération de taxe sur carburant	..	..	..	..	..	..	..	..
Ristourne et subvention à l'assurance	84 153	78 142	100 713	87 413	103 655	137 847	45 419	..
Allègement d'impôt sur le revenu, contrib. sociales impayées	..	..	..	..	..	..	..	..
Autres transferts réduisant les coûts	..	..	..	..	..	..	..	..
Services généraux	446 165	549 101	505 558	492 343	267 407	473 065	604 489	..
Gestion des pêcheries	243 808	356 391	333 972	320 160	36 779	315 444	318 420	..
Recherche halieutique	133 316	79 326	62 182	66 717	80 896	24 745	144 545	..
Police des pêches	..	..	..	..	..	..	..	..
Infrastructure des pêcheries	..	..	..	..	..	..	..	..
Autres services généraux	69 041	113 384	109 405	105 466	149 732	132 877	141 525	..
Recouvrement des coûts	..	..	..	..	..	..	..	..
Aquaculture	**49 207**	**38 060**	**30 340**	**46 621**	**51 289**	**51 449**	**74 880**	..
Paiements directs	4 500	2 000	2 900	1 000	..	..	..	..
Aides : développement aquacole	4 500	..	2 900	1 000	..	0	..	..
Indemnisation des catastrophes	..	..	..	..	..	..	..	..
Autres paiements directs	..	2 000	2 900	1 000	..	..	..	..
Transferts réduisant les coûts	..	..	..	..	..	..	..	..
Prêts subventionnés : développement aquacole	..	..	..	..	..	..	..	..
Autres transferts réduisant les coûts	..	..	..	..	..	..	..	..
Services généraux	44 707	36 060	27 440	45 621	51 289	51 449	74 880	..
Gestion, recherche et police de l'aquaculture	..	36 060	27 440	45 621	51 289	51 449	74 880	..
Infrastructure aquacole	44 707	..	..	..	..	..	..	..
Autres services généraux	..	..	..	..	..	..	..	..
Recouvrement des coûts	..	..	..	..	..	..	..	..
Commercialisation et transformation	**32 378**	**36 486**	**28 319**	**17 423**	**12 544**	**25 630**	**21 527**	..
Paiements directs	..	..	..	..	..	..	..	..
Aides : commercialisation et transformation	..	..	..	..	..	..	..	..
Autres paiements directs	..	..	..	..	..	..	..	..
Transferts réduisant les coûts	..	..	..	..	..	..	..	..
Prêts subventionnés : commercialisation et transformation	..	..	..	..	..	..	..	..
Autres transferts réduisant les coûts	..	..	..	..	..	..	..	..
Services généraux	31 505	36 486	28 319	17 423	12 544	25 630	21 527	..
Aquaculture	..	..	..	7 485	..	..	..	..
Autres services généraux	31 505	36 486	28 319	9 937	12 544	25 630	21 527	..
Recouvrement des coûts	873	..	..	..	..	..	..	..
Total	**2 848 263**	**1 783 226**	**914 835**	**830 090**	**580 840**	**783 179**	**833 065**	..

.. Non disponible

Note : Métadonnées détaillées : http://metalinks.oecd.org/fish/20150108/7eaa

Source : OCDE (2014), « Pêcheries : Transferts financiers publics », Statistiques agricoles de l'OCDE (base de données). DOI: 10.1787/data-00220-fr

THAÏLANDE

Tableau 1. Flotte de pêche

	2006	2007	2008	2009	2010	2011	2012	2013
NOMBRE DE NAVIRES								
Total des navires	**12 552**	**13 056**	**12 920**	**16 891**	**15 381**	**17 203**	..	..
Navires à moteur	12 552	13 056	12 920	16 891	15 381	17 203	..	..
0-5,9 mètres	45	190	278	879	530	726	..	..
6-11,9 mètres	3 047	4 217	4 094	7 158	5 404	7 636	..	..
12-17,9 mètres	4 997	4 449	4 549	4 811	4 976	4 767	..	..
18-23,9 mètres	4 274	4 003	3 831	3 871	4 254	3 907	..	..
24-29,9 mètres	156	158	142	146	176	142	..	..
30-35,9 mètres	19	21	18	13	30	20	..	..
36-44,9 mètres	6	7	5	4	5	3	..	..
45-59,9 mètres	..	2	2	2	2	2	..	..
60-74,9 mètres	3	5	1	4	1	..	..	..
75 mètres et plus	5	4	..	3	3	..	..	..
Longueur inconnue	..	..	..	..	..	..	..	..
Navires sans moteur	..	..	..	..	..	..	..	..
TONNAGE BRUT								
Total des navires	**407 589**	**388 123**	**359 038**	**361 280**	**414 930**	**378 598**	..	..
Navires à moteur	407 589	388 123	359 038	361 280	414 930	378 598	..	..
0-5,9 mètres	76	251	393	1 225	773	1 324	..	..
6-11,9 mètres	17 373	18 930	15 989	31 926	23 257	27 253	..	..
12-17,9 mètres	106 169	94 105	95 406	76 536	103 630	96 342	..	..
18-23,9 mètres	246 167	231 103	223 937	223 307	250 324	231 115	..	..
24-29,9 mètres	18 386	18 486	16 918	16 900	21 370	17 313	..	..
30-35,9 mètres	3 638	4 232	3 131	2 483	6 449	3 685	..	..
36-44,9 mètres	1 692	1 994	1 045	560	1 264	760	..	..
45-59,9 mètres	..	1 274	806	806	806	806	..	..
60-74,9 mètres	2 687	8 907	1 413	3 571	1 413	..	..	..
75 mètres et plus	11 401	8 841	..	3 966	5 644	..	..	..
Longueur inconnue	..	..	..	..	..	..	..	..
Navires sans moteur	..	..	..	..	..	..	..	..

.. Non disponible

Note : Métadonnées détaillées : http://metalinks.oecd.org/fish/20150108/1959

Source : OCDE (2014), « Pêcheries : Flotte de pêche », Statistiques agricoles de l'OCDE (base de données). DOI: 10.1787/data-00218-fr

THAÏLANDE

Tableau 3. Débarquements nationaux dans les ports nationaux

	2006	2007	2008	2009	2010	2011	2012	2013
VOLUME (TONNES)								
Total poissons	**1 373 586**	**1 239 408**	**834 305**	**857 472**	**905 769**	**917 861**	..	..
Saumon	..	..	..	..	..	..	..	..
Saumon rose	..	..	..	..	..	..	..	..
Saumon keta	..	..	..	..	..	..	..	..
Saumon rouge	..	..	..	..	..	..	..	..
Saumon argenté	..	..	..	..	..	..	..	..
Autres saumons	..	..	..	..	..	..	..	..
Poissons plats	11 811	9 335	6 566	6 581	7 285	6 424	..	..
Flétan	4 563	3 346	2 220	2 259	1 460	1 473	..	..
Flétan noir	..	..	..	..	..	..	..	..
Sole	7 248	5 989	4 346	4 322	5 825	4 951	..	..
Plie	..	..	..	..	..	..	..	..
Autres poissons plats	..	..	..	..	..	..	..	..
Poissons de fond	383 173	352 529	159 290	160 562	169 900	166 415	..	..
Morue (Atlantique et Pacifique)	..	..	..	..	..	..	..	..
Églefin	..	..	..	..	..	..	..	..
Lieu	..	..	..	..	..	..	..	..
Morue du Pacifique occidental	..	..	..	..	..	..	..	..
Merlan	..	..	..	..	..	..	..	..
Merlu (toutes espèces)	..	..	..	..	..	..	..	..
Sébaste	..	..	..	..	..	..	..	..
Autres poissons de fond	383 173	352 529	159 290	160 562	169 900	166 415	..	..
Pélagiques	697 603	624 485	522 743	531 866	566 623	571 455	..	..
Chinchard	..	..	..	..	..	..	..	..
Maquereau	199 452	169 243	144 670	144 804	165 710	202 037	..	..
Hareng (Atlantique et Pacifique)	..	..	..	..	..	..	..	..
Sardine	109 508	97 448	96 455	100 027	92 588	62 580	..	..
Autres pélagiques	388 643	357 794	281 618	287 035	308 325	306 838	..	..
Thons	146 581	124 495	45 981	49 505	39 208	38 694	..	..
Listao	16 513	8 428	6 138	7 532	2 369	..	..	..
Thon rouge (nord et sud)	..	82	27	..	..	..	..	..
Germon	20	115	23	24	263	12	..	..
Albacore	2 237	1 361	1 082	1 189	1 352	92	..	..
Thon obèse	4 084	1 863	2 368	2 462	172	249	..	..
Autres thons	123 727	112 646	36 343	38 298	35 052	38 341	..	..
Espadon	..	..	..	..	..	..	..	..
Autres poissons	134 418	128 564	99 725	108 958	122 753	134 873	..	..
Total crustacés	**123 146**	**98 338**	**84 504**	**86 313**	**86 241**	**84 617**	..	..
Homard et langouste	2 777	2 683	..	..	..	..	..	..
Langoustine	..	..	..	..	..	..	..	..
Crevette	64 910	53 804	44 863	44 082	45 308	42 234	..	..
Autres crustacés	58 236	44 534	39 641	42 231	40 933	42 383	..	..
Total coquillages et mollusques	**175 525**	**150 175**	**133 390**	**133 012**	**152 993**	**146 636**	..	..
Huître	..	..	..	..	..	..	..	..
Moule	..	..	..	..	..	..	..	..
Coquille St-Jacques	272	237	171	132	268	282	..	..
Bivalves	22 097	13 205	15 934	17 763	20 817	12 594	..	..
Autres coquillages (incl. buccins	5 640	4 967	4 316	4 643	4 913	5 378	..	..
Calmar	81 957	72 996	79 763	76 580	94 857	97 695	..	..
Seiche	49 452	45 063	22 427	24 045	23 731	22 997	..	..
Poulpe	16 107	13 707	10 779	9 849	8 407	7 690	..	..
Autres mollusques (incl. oursins)	..	..	..	..	..	..	..	..
Autres animaux marins	**139 860**	**8 354**	**149 985**	**118 242**	**37 327**	**105 491**	..	..
Plantes aquatiques	..	..	..	..	..	..	..	..
Algue brune	..	..	..	..	..	..	..	..
Algue rouge	..	..	..	..	..	..	..	..
Autres algues	..	..	..	..	..	..	..	..
Poisson pour transformation	672 686	583 076	442 648	468 807	418 990	355 813	..	..
TOTAL GÉNÉRAL	**2 484 803**	**2 079 351**	**1 644 832**	**1 663 846**	**1 601 320**	**1 610 418**	..	..

Tableau 3. Débarquements nationaux dans les ports nationaux *(suite)*

	2006	2007	2008	2009	2010	2011	2012	2013
VALEUR (THB)								
Total poissons	**36 001 750 000**	**31 768 184 000**	**21 000 974 000**	**22 599 556 000**	**24 481 956 000**	**27 155 916 000**	..	..
Saumon	..	..	..	..	..	..	..	..
Saumon rose	..	..	..	..	..	..	..	..
Saumon keta	..	..	..	..	..	..	..	..
Saumon rouge	..	..	..	..	..	..	..	..
Saumon argenté	..	..	..	..	..	..	..	..
Autres saumons	..	..	..	..	..	..	..	..
Poissons plats	458 635 000	341 231 000	249 421 000	260 527 000	300 797 000	274 365 000	..	..
Flétan	205 335 000	143 878 000	94 970 000	101 224 000	66 794 000	81 472 000	..	..
Flétan noir	..	..	..	..	..	..	..	..
Sole	253 300 000	197 353 000	154 451 000	159 303 000	234 003 000	192 893 000	..	..
Plie	..	..	..	..	..	..	..	..
Autres poissons plats	..	..	..	..	..	..	..	..
Poissons de fond	11 272 454 000	9 544 350 000	4 872 801 000	4 946 020 000	5 610 117 000	6 190 280 000	..	..
Morue (Atlantique et Pacifique)	..	..	..	..	..	..	..	..
Églefin	..	..	..	..	..	..	..	..
Lieu	..	..	..	..	..	..	..	..
Morue du Pacifique occidental	..	..	..	..	..	..	..	..
Merlan	..	..	..	..	..	..	..	..
Merlu (toutes espèces)	..	..	..	..	..	..	..	..
Sébaste	..	..	..	..	..	..	..	..
Autres poissons de fond	11 272 454 000	9 544 350 000	4 872 801 000	4 946 020 000	5 610 117 000	6 190 280 000	..	..
Pélagiques	17 228 533 000	14 565 114 000	11 925 218 000	13 073 481 000	14 619 636 000	16 137 075 000	..	..
Chinchard	..	..	..	..	..	..	..	..
Maquereau	6 046 310 000	4 982 660 000	4 240 272 000	4 602 489 000	5 433 659 000	7 118 520 000	..	..
Hareng (Atlantique et Pacifique)	..	..	..	..	..	..	..	..
Sardine	1 095 635 000	1 128 336 000	1 197 975 000	1 478 479 000	1 381 697 000	959 592 000	..	..
Autres pélagiques	10 086 588 000	8 454 118 000	6 486 971 000	6 992 513 000	7 804 280 000	8 058 963 000	..	..
Thons	4 122 565 000	3 825 135 000	1 591 241 000	1 711 102 000	1 333 661 000	1 299 506 000	..	..
Listao	513 900 000	359 454 000	343 429 000	291 112 000	93 883 000	..	..	..
Thon rouge (nord et sud)	..	5 217 000	1 937 000	..	..	..	..	..
Germon	4 350 000	7 258 000	1 938 000	2 143 000	22 366 000	1 102 000	..	..
Albacore	74 860 000	75 165 000	76 580 000	65 050 000	66 262 000	6 111 000	..	..
Thon obèse	162 330 000	81 806 000	124 661 000	89 592 000	6 212 000	14 255 000	..	..
Autres thons	3 367 125 000	3 296 235 000	1 042 696 000	1 263 205 000	1 144 938 000	1 278 038 000	..	..
Espadon	..	..	..	..	..	..	..	..
Autres poissons	2 919 563 000	3 492 354 000	2 362 293 000	2 608 426 000	2 617 745 000	3 254 690 000	..	..
Total crustacés	**14 116 676 000**	**11 503 952 000**	**10 329 626 000**	**9 605 575 000**	**8 592 570 000**	**9 056 019 000**	..	..
Homard et langouste	487 169 000	480 740 000	..	..	..	..	..	..
Langoustine	..	..	..	..	..	..	..	..
Crevette	9 619 879 000	7 820 796 000	7 091 240 000	6 225 611 000	5 076 187 000	4 980 480 000	..	..
Autres crustacés	4 496 797 000	3 683 156 000	3 238 386 000	3 379 964 000	3 516 383 000	4 075 539 000	..	..
Total coquillages et mollusques	**9 451 214 000**	**9 079 986 000**	**7 708 968 000**	**7 775 601 000**	**9 620 006 000**	**10 811 543 000**	..	..
Huître	..	..	..	..	..	..	..	..
Moule	..	..	..	..	..	..	..	..
Coquille St-Jacques	24 519 000	21 330 000	16 752 000	11 922 000	10 083 000	12 021 000	..	..
Bivalves	138 790 000	190 038 000	154 485 000	207 947 000	398 861 000	263 575 000	..	..
Autres coquillages (incl. buccins	75 353 000	72 102 000	52 941 000	67 132 000	137 716 000	125 944 000	..	..
Calmar	5 415 283 000	5 138 677 000	5 523 293 000	5 340 231 000	6 961 629 000	8 243 523 000	..	..
Seiche	3 196 924 000	3 098 755 000	1 542 476 000	1 719 970 000	1 696 333 000	1 729 738 000	..	..
Poulpe	600 345 000	559 084 000	419 021 000	428 399 000	415 384 000	436 742 000	..	..
Autres mollusques (incl. oursins)	..	..	..	..	..	..	..	..
Autres animaux marins	**266 156 000**	**40 882 000**	**112 044 000**	**73 144 000**	**65 828 000**	**123 478 000**	..	..
Plantes aquatiques	..	..	..	..	..	..	..	..
Algue brune	..	..	..	..	..	..	..	..
Algue rouge	..	..	..	..	..	..	..	..
Autres algues	..	..	..	..	..	..	..	..
Poisson pour transformation	3 208 113 000	2 934 185 000	2 995 399 000	2 704 199 000	2 745 199 000	2 483 609 000	..	..
TOTAL GÉNÉRAL	**63 043 909 000**	**55 327 189 000**	**42 147 011 000**	**42 758 075 000**	**45 505 559 000**	**49 630 565 000**	..	..

.. Non disponible

Note : Métadonnées détaillées : http://metalinks.oecd.org/fish/20150108/2773

Source : OCDE (2014), « Pêcheries : Débarquements nationaux dans les ports domestiques », Statistiques agricoles de l'OCDE (base de données). DOI: 10.1787/data-00222-fr

Tableau 5. Débarquements étrangers dans les ports nationaux

	2006	2007	2008	2009	2010	2011	2012	2013
VOLUME (TONNES)								
Total poissons	**8 708**	**9 417**	**11 707**	..	..	..	..	..
Saumon	..	..	..	..	..	..	..	..
Saumon rose	..	..	..	..	..	..	..	..
Saumon keta	..	..	..	..	..	..	..	..
Saumon rouge	..	..	..	..	..	..	..	..
Saumon argenté	..	..	..	..	..	..	..	..
Autres saumons	..	..	..	..	..	..	..	..
Poissons plats	..	..	..	..	..	..	..	..
Flétan	..	..	..	..	..	..	..	..
Flétan noir	..	..	..	..	..	..	..	..
Sole	..	..	..	..	..	..	..	..
Plie	..	..	..	..	..	..	..	..
Autres poissons plats	..	..	..	..	..	..	..	..
Poissons de fond	..	..	..	..	..	..	..	..
Morue (Atlantique et Pacifique)	..	..	..	..	..	..	..	..
Églefin	..	..	..	..	..	..	..	..
Lieu	..	..	..	..	..	..	..	..
Morue du Pacifique occidental	..	..	..	..	..	..	..	..
Merlan	..	..	..	..	..	..	..	..
Merlu (toutes espèces)	..	..	..	..	..	..	..	..
Sébaste	..	..	..	..	..	..	..	..
Autres poissons de fond	..	..	..	..	..	..	..	..
Pélagiques	..	..	..	..	..	..	..	..
Chinchard	..	..	..	..	..	..	..	..
Maquereau	..	..	..	..	..	..	..	..
Hareng (Atlantique et Pacifique)	..	..	..	..	..	..	..	..
Sardine	..	..	..	..	..	..	..	..
Autres pélagiques	..	..	..	..	..	..	..	..
Thons	8 708	9 417	11 707	..	..	..	..	..
Listao	925	..	..	..	..	..	..	..
Thon rouge (nord et sud)	..	..	..	..	..	..	..	..
Germon	..	..	..	..	..	..	..	..
Albacore	7 350	8 250	7 793	..	..	..	..	..
Thon obèse	943	594	1 281	..	..	..	..	..
Autres thons	415	573	2 633	..	..	..	..	..
Espadon	141	..	..	..	..	..	..	..
Autres poissons	..	..	..	..	..	..	..	..
Total crustacés	..	..	..	..	..	..	..	..
Homard et langouste	..	..	..	..	..	..	..	..
Langoustine	..	..	..	..	..	..	..	..
Crevette	..	..	..	..	..	..	..	..
Autres crustacés	..	..	..	..	..	..	..	..
Total coquillages et mollusques	..	..	..	..	..	..	..	..
Huître	..	..	..	..	..	..	..	..
Moule	..	..	..	..	..	..	..	..
Coquille St-Jacques	..	..	..	..	..	..	..	..
Bivalves	..	..	..	..	..	..	..	..
Autres coquillages (incl. buccins	..	..	..	..	..	..	..	..
Calmar	..	..	..	..	..	..	..	..
Seiche	..	..	..	..	..	..	..	..
Poulpe	..	..	..	..	..	..	..	..
Autres mollusques (incl. oursins)	..	..	..	..	..	..	..	..
Autres animaux marins	..	..	..	..	..	..	..	..
Plantes aquatiques	..	..	..	..	..	..	..	..
Algue brune	..	..	..	..	..	..	..	..
Algue rouge	..	..	..	..	..	..	..	..
Autres algues	..	..	..	..	..	..	..	..
Poisson pour transformation	..	..	..	..	..	..	..	..
TOTAL GÉNÉRAL	**8 708**	**9 417**	**11 707**	..	..	..	..	..

Tableau 5. Débarquements étrangers dans les ports nationaux *(suite)*

	2006	2007	2008	2009	2010	2011	2012	2013
VALEUR (THB)								
Total poissons	..	..	..	..	..	..	..	..
Saumon	..	..	..	..	..	..	..	..
Saumon rose	..	..	..	..	..	..	..	..
Saumon keta	..	..	..	..	..	..	..	..
Saumon rouge	..	..	..	..	..	..	..	..
Saumon argenté	..	..	..	..	..	..	..	..
Autres saumons	..	..	..	..	..	..	..	..
Poissons plats	..	..	..	..	..	..	..	..
Flétan	..	..	..	..	..	..	..	..
Flétan noir	..	..	..	..	..	..	..	..
Sole	..	..	..	..	..	..	..	..
Plie	..	..	..	..	..	..	..	..
Autres poissons plats	..	..	..	..	..	..	..	..
Poissons de fond	..	..	..	..	..	..	..	..
Morue (Atlantique et Pacifique)	..	..	..	..	..	..	..	..
Églefin	..	..	..	..	..	..	..	..
Lieu	..	..	..	..	..	..	..	..
Morue du Pacifique occidental	..	..	..	..	..	..	..	..
Merlan	..	..	..	..	..	..	..	..
Merlu (toutes espèces)	..	..	..	..	..	..	..	..
Sébaste	..	..	..	..	..	..	..	..
Autres poissons de fond	..	..	..	..	..	..	..	..
Pélagiques	..	..	..	..	..	..	..	..
Chinchard	..	..	..	..	..	..	..	..
Maquereau	..	..	..	..	..	..	..	..
Hareng (Atlantique et Pacifique)	..	..	..	..	..	..	..	..
Sardine	..	..	..	..	..	..	..	..
Autres pélagiques	..	..	..	..	..	..	..	..
Thons	..	..	..	..	..	..	..	..
Listao	..	..	..	..	..	..	..	..
Thon rouge (nord et sud)	..	..	..	..	..	..	..	..
Germon	..	..	..	..	..	..	..	..
Albacore	..	..	..	..	..	..	..	..
Thon obèse	..	..	..	..	..	..	..	..
Autres thons	..	..	..	..	..	..	..	..
Espadon	..	..	..	..	..	..	..	..
Autres poissons	..	..	..	..	..	..	..	..
Total crustacés	..	..	..	..	..	..	..	..
Homard et langouste	..	..	..	..	..	..	..	..
Langoustine	..	..	..	..	..	..	..	..
Crevette	..	..	..	..	..	..	..	..
Autres crustacés	..	..	..	..	..	..	..	..
Total coquillages et mollusques	..	..	..	..	..	..	..	..
Huître	..	..	..	..	..	..	..	..
Moule	..	..	..	..	..	..	..	..
Coquille St-Jacques	..	..	..	..	..	..	..	..
Bivalves	..	..	..	..	..	..	..	..
Autres coquillages (incl. buccins)	..	..	..	..	..	..	..	..
Calmar	..	..	..	..	..	..	..	..
Seiche	..	..	..	..	..	..	..	..
Poulpe	..	..	..	..	..	..	..	..
Autres mollusques (incl. oursins)	..	..	..	..	..	..	..	..
Autres animaux marins	..	..	..	..	..	..	..	..
Plantes aquatiques	..	..	..	..	..	..	..	..
Algue brune	..	..	..	..	..	..	..	..
Algue rouge	..	..	..	..	..	..	..	..
Autres algues	..	..	..	..	..	..	..	..
Poisson pour transformation	..	..	..	..	..	..	..	..
TOTAL GÉNÉRAL	..	..	..	..	..	..	..	..

.. Non disponible

Note : Métadonnées détaillées : http://metalinks.oecd.org/fish/20150108/b6cf

Source : OCDE (2014), « Pêcheries : Débarquements étrangers dans les ports domestiques », Statistiques agricoles de l'OCDE (base de données). DOI: 10.1787/data-00224-fr

THAÏLANDE

Tableau 6. Production de l'aquaculture

	2006	2007	2008	2009	2010	2011	2012	2013
VOLUME (TONNES)								
Poissons	**545 760**	**540 485**	**538 456**	**539 694**	**516 804**	**403 236**	..	..
Saumon de l'Atlantique	..	..	..	..	..	..	..	..
Saumon du Pacifique	..	..	..	..	..	..	..	..
Truite arc-en-ciel	..	..	..	..	..	..	..	..
dont : d'eau de mer	..	..	..	..	..	..	..	..
dont : d'eau douce	..	..	..	..	..	..	..	..
Truite de mer	..	..	..	..	..	..	..	..
Poisson plat	..	..	..	..	..	..	..	..
Dorade	..	..	..	..	..	..	..	..
Bar	15 524	12 366	12 814	14 818	17 415	16 157	..	..
Loup	168 952	157 584	157 988	160 264	167 790	121 607	..	..
Carpe	..	60 696	58 632	50 617	44 820	32 888	..	..
Tilapia	205 326	213 812	217 246	221 042	204 680	155 544	..	..
Anguille	..	19	3	3	..	..	..	..
Autres poissons	155 958	96 008	91 773	92 950	82 099	77 040	..	..
Coquillages et crustacés	**808 517**	**829 797**	**792 341**	**876 887**	**735 259**	**797 924**	..	..
Huître, comestible	18 704	22 650	16 674	26 204	10 757	8 378	..	..
Huître, perle	..	..	..	..	..	..	..	..
Moule	229 746	228 250	203 213	193 626	123 879	126 618	..	..
Coquille St.-Jacques	..	..	..	..	..	..	..	..
Bivalves	65 666	55 671	65 852	81 959	40 979	51 734	..	..
Crevette et bouquet	494 401	523 226	506 602	575 098	559 644	611 194	..	..
Autres coquillages et crustacés	490 000	..	..	..	..	..	..	..
Total poissons, coquillages et crustacés	**1 354 277**	**1 370 282**	**1 330 797**	**1 416 581**	**1 252 063**	**1 201 160**	..	..
Autres animaux marins	..	..	..	..	..	..	..	..
Plantes aquatiques	..	..	..	..	..	..	..	..
Algue brune	..	..	..	..	..	..	..	..
Algue rouge	..	..	..	..	..	..	..	..
Algue verte	..	..	..	..	..	..	..	..
Autres plantes aquatiques	..	..	..	..	..	..	..	..
TOTAL GÉNÉRAL	**1 354 277**	**1 370 282**	**1 330 797**	**1 416 581**	**1 252 063**	**1 201 160**	..	..
VALEUR (THB)								
Poissons	**22 543 685 000**	**23 119 420 000**	**25 065 320 000**	**25 641 185 000**	**26 265 078 000**	**23 607 240 000**	..	..
Saumon de l'Atlantique	..	..	..	..	..	..	..	..
Saumon du Pacifique	..	..	..	..	..	..	..	..
Truite arc-en-ciel	..	..	..	..	..	..	..	..
dont : d'eau de mer	..	..	..	..	..	..	..	..
dont : d'eau douce	..	..	..	..	..	..	..	..
Truite de mer	..	..	..	..	..	..	..	..
Poisson plat	..	..	..	..	..	..	..	..
Dorade	..	..	..	..	..	..	..	..
Bar	1 781 896 000	1 328 135 000	1 487 120 000	1 700 065 000	2 021 749 000	1 879 087 000	..	..
Loup	5 208 590 000	5 155 033 000	5 681 328 000	6 016 810 000	6 831 552 000	5 170 173 000	..	..
Carpe	..	1 799 527 000	1 924 303 000	1 800 102 000	1 619 074 000	1 278 243 000	..	..
Tilapia	6 511 894 000	6 903 872 000	7 871 923 000	8 391 066 000	8 317 119 000	7 016 563 000	..	..
Anguille	..	1 255 000	209 000	209 000	..	..	..	..
Autres poissons	9 041 305 000	7 931 598 000	8 100 437 000	7 732 933 000	7 475 584 000	8 263 174 000	..	..
Coquillages et crustacés	**52 937 289 000**	**50 640 177 000**	**52 952 679 000**	**64 219 654 000**	**61 900 274 000**	**78 853 599 000**	..	..
Huître, comestible	193 572 000	323 858 000	366 764 000	614 847 000	148 452 000	198 438 000	..	..
Huître, perle	..	..	..	..	..	..	..	..
Moule	780 617 000	773 711 000	591 561 000	619 919 000	685 054 000	591 572 000	..	..
Coquille St.-Jacques	..	..	..	..	..	..	..	..
Bivalves	1 288 244 000	1 038 132 000	1 237 736 000	1 725 494 000	1 156 452 000	1 712 502 000	..	..
Crevette et bouquet	50 674 856 000	48 504 476 000	50 756 618 000	61 259 394 000	59 910 316 000	76 351 087 000	..	..
Autres coquillages et crustacés	56 350 000 000	..	..	..	..	..	..	..
Total poissons, coquillages et crustacés	**75 480 974 000**	**73 759 597 000**	**78 017 999 000**	**89 860 839 000**	**88 165 352 000**	**102 460 839 000**	..	..
Autres animaux marins	..	..	..	..	..	..	..	..
Plantes aquatiques	..	..	..	..	..	..	..	..
Algue brune	..	..	..	..	..	..	..	..
Algue rouge	..	..	..	..	..	..	..	..
Algue verte	..	..	..	..	..	..	..	..
Autres plantes aquatiques	..	..	..	..	..	..	..	..
TOTAL GÉNÉRAL	**75 480 974 000**	**73 759 597 000**	**78 017 999 000**	**89 860 839 000**	**88 165 352 000**	**102 460 839 000**	..	..

.. Non disponible

Note : Métadonnées détaillées : http://metalinks.oecd.org/fish/20150108/77c1

Source : OCDE (2014), « Pêcheries : Production de l'aquaculture », Statistiques agricoles de l'OCDE (base de données). DOI: 10.1787/data-00225-fr

THAÏLANDE

Tableau 7. Transferts financiers publics (TFP)

Milliers THB

	2006	2007	2008	2009	2010	2011	2012	2013
Total des TFP								
Pêche maritime	**389 320**	**142 013**	**153 579**	**158 368**	**142 002**	**210 833**	**216 345**	..
Paiements directs	..	..	..	3 365	3 112	32 961	3 102	..
Désarmement des navires et retrait des licences	..	..	..	..	..	..	..	..
Indemnisation des catastrophes	..	..	..	3 365	3 112	32 961	3 102	..
Aides : équipement, modernisation, construction de navire	..	..	..	..	..	..	..	..
Aide au revenu et assurance chômage	..	..	..	..	..	..	..	..
Autres paiements directs	..	..	..	..	..	..	..	..
Transferts réduisant les coûts	..	..	..	..	..	..	..	..
Prêts subventionnés : équipement, modernisation, construction de navire	..	..	..	..	..	..	..	..
Bonification d'intérêts	..	..	..	..	..	..	..	..
Exonération de taxe sur carburant	..	..	..	..	..	..	..	..
Ristourne et subvention à l'assurance	..	..	..	..	..	..	..	..
Allègement d'impôt sur le revenu, contrib. sociales impayées	..	..	..	..	..	..	..	..
Autres transferts réduisant les coûts	..	..	..	..	..	..	..	..
Services généraux	389 320	142 013	153 579	155 003	138 890	177 872	213 242	..
Gestion des pêcheries	337 120	23 600	23 600	23 600	19 929	56 808	96 206	..
Recherche halieutique	52 200	18 045	22 329	17 476	19 876	15 199	17 918	..
Police des pêches	..	100 369	107 650	113 928	99 085	105 864	99 118	..
Infrastructure des pêcheries	..	..	..	..	..	..	..	..
Autres services généraux	..	..	..	..	..	..	..	..
Recouvrement des coûts	..	..	..	..	..	..	..	..
Aquaculture	..	**1 190 786**	**446 121**	**773 116**	**489 675**	**1 305 667**	**1 980 000**	..
Paiements directs	..	838 411	97 629	414 843	162 897	965 153	1 683 301	..
Aides : développement aquacole	..	..	..	..	..	..	..	..
Indemnisation des catastrophes	..	838 411	97 629	414 843	162 897	965 153	1 683 301	..
Autres paiements directs	..	..	..	..	..	..	..	..
Transferts réduisant les coûts	..	..	..	..	..	..	..	..
Prêts subventionnés : développement aquacole	..	..	..	..	..	..	..	..
Autres transferts réduisant les coûts	..	..	..	..	..	..	..	..
Services généraux	..	352 375	348 492	358 273	326 778	340 514	296 699	..
Gestion, recherche et police de l'aquaculture	..	352 375	348 492	358 273	326 778	340 514	296 699	..
Infrastructure aquacole	..	..	..	..	..	..	..	..
Autres services généraux	..	..	..	..	..	..	..	..
Recouvrement des coûts	..	..	..	..	..	..	..	..
Commercialisation et transformation	..	..	..	..	..	..	..	..
Paiements directs	..	..	..	..	..	..	..	..
Aides : commercialisation et transformation	..	..	..	..	..	..	..	..
Autres paiements directs	..	..	..	..	..	..	..	..
Transferts réduisant les coûts	..	..	..	..	..	..	..	..
Prêts subventionnés : commercialisation et transformation	..	..	..	..	..	..	..	..
Autres transferts réduisant les coûts	..	..	..	..	..	..	..	..
Services généraux	..	..	..	..	..	..	..	..
Aquaculture	..	..	..	..	..	..	..	..
Autres services généraux	..	..	..	..	..	..	..	..
Recouvrement des coûts	..	..	..	..	..	..	..	..
Total	**389 320**	**1 332 799**	**599 700**	**931 485**	**631 677**	**1 516 500**	**2 196 344**	..

.. Non disponible

Note : Métadonnées détaillées : http://metalinks.oecd.org/fish/20150108/a9cb

Source : OCDE (2014), « Pêcheries : Transferts financiers publics », Statistiques agricoles de l'OCDE (base de données). DOI: 10.1787/data-00220-fr

THAÏLANDE

Tableau 8. Importations par produit

		2009		2010		2011		2012		2013	
		Tonnes	USD	Tonnes	USD	Tonnes	USD	Tonnes	USD	Tonnes	USD
03	**Poisson, crustacés et mollusques**	**..**	**1 834 408 432**	**..**	**2 008 408 646**	**..**	**2 542 280 425**	**..**	**2 866 840 824**	**..**	**2 940 004 412**
0302	**Poisson, frais ou réfrigéré, excl. 0304**	**166 259 027**	**91 887 791**	**135 234 832**	**94 939 614**	**102 720 404**	**91 954 618**	**75 637 325**	**77 454 844**	**..**	**69 975 618**
030211	Truite	159 803	1 047 419	76 419	720 657	222 240	1 717 979	487 398	3 856 937	596 696	5 755 420
030212	Saumon (Pacifique, Atlantique et Danube)	1 126 732	7 860 408	1 663 078	13 364 926	2 280 310	17 907 050	1 405 684	10 969 349	2 135 951	19 115 279
030219	Salmonidés nra	75 442	687 707	444 118	869 742	59 438	613 184	60 644	945 734	132 494	1 318 704
030221	Flétan	40	393	142	1 072	..	..	142	1 635	6 324 065	5 819 656
030222	Plie, carrelet	..	..	..	..	..	..	..	..	67	755
030223	Sole	..	..	1 064	34 833	5 635	159 725	9 118	177 891	13 814	162 590
030229	Poissons plats nra	15 202	187 576	15 174	39 101	137 792	328 491	206 070	391 353	36 158	90 371
030231	Thon blanc/germon	372 050	751 449	..	..	..	..	152	1 536	38	2 127
030232	Albacore (thon jaune)	5 023 714	12 559 851	7 756 033	19 357 633	4 513 237	12 721 811	3 562 042	11 748 803	2 175 331	7 443 207
030233	Listaos/bonite à ventre rayé	432 189	424 864	..	..	163 063	366 442	64 966	148 455	804 183	350 459
030239	Thonidés nra	1 984 709	3 491 365	656 934	1 706 680	964 711	3 453 806	2 151 966	6 117 914	4 753 284	6 326 202
030240	Hareng	..	..	..	..	1 176	7 874	15 219	18 911	3 107	15 091
030250	Morue	589	10 270	1 807	31 149	8 447	127 781	12 072	136 999	7 830	114 641
030261	Sardines	517	3 426	6 087	38 228	34 914	52 497	2 210 067	1 139 703	1 405 590	721 991
030262	Églefin	..	..	113	1 029	387	4 133	474	6 391	373	8 181
030263	Lieu noir	..	..	..	..	..	..	..	..	5	142
030264	Maquereau	1 369 799	1 622 091	650 343	924 440	543 408	503 175	329 755	724 132	421 135	766 226
030265	Aiguillat et autres squalidés	..	..	..	..	..	..	..	..	..	..
030266	Anguille	336 727	686 910	221	4 851	691	10 171	298	12 716	1 272	22 463
030269	Poisson nra	155 351 493	62 409 256	123 944 043	57 769 787	93 762 461	53 843 154	65 120 301	41 020 129	29 573 961	21 722 341
030270	Foies, oeufs et laitances	10 021	144 806	19 256	75 486	22 493	137 345	957	36 256	47 043	219 772
0303	**Poisson, congelé, excl. 0304**	**1 232 024 738**	**1 492 597 859**	**1 263 939 404**	**1 625 750 520**	**1 341 072 047**	**2 091 150 579**	**..**	**2 370 946 386**	**1 328 749 724**	**2 286 695 606**
030319	Saumon, Pacifique	..	..	..	..	..	..	..	..	..	..
030321	Truite	11 316 664	60 071 013	9 748 900	59 241 243	13 018 549	92 168 683	13 567 139	77 672 159	13 476 614	78 213 573
030322	Saumon (Atlantique et Danube)	..	..	..	..	..	..	..	..	..	..
030329	Salmonidés	4 019 147	11 911 461	3 658 003	14 087 453	3 685 461	14 347 264	2 822 884	9 128 884	473 351	4 492 199
030331	Flétan	571 823	2 448 464	506 197	2 862 298	500 458	3 763 562	343 799	2 702 711	315 052	2 144 561
030332	Plie, carrelet	..	..	..	..	..	..	..	..	..	..
030333	Sole	756	3 244	557	4 570	450	2 310	165 810	338 084	80 010	157 462
030339	Poisson plat nra	572 547	903 665	363 587	613 992	100 468	346 005	1 448 903	2 943 169	2 299 404	4 630 132
030341	Thon blanc/germon	39 271 385	103 680 263	48 501 141	128 640 666	42 842 932	129 150 775	53 515 575	188 035 000	48 481 683	122 181 519
030342	Albacore (thon jaune)	89 073 238	122 260 029	101 194 429	154 792 151	89 392 477	191 156 387	120 461 056	289 943 990	105 487 585	244 247 098
030343	Listao/bonite à ventre rayé	661 820 461	763 364 534	646 329 309	798 803 133	631 880 846	1 053 401 124	534 572 098	1 124 221 411	577 073 053	1 196 977 621
030349	Thonidés nra	21 091 168	19 757 360	19 716 430	21 327 254	17 268 907	26 102 128	14 026 015	26 363 511	22 076 223	43 076 109
030350	Hareng	407 894	501 599	531 106	609 665	639 283	905 531	833 583	1 162 729	1 021 508	1 638 247
030360	Morue	2 058 174	6 923 698	2 322 454	7 169 548	2 667 698	11 424 948	4 352 490	16 595 088	4 260 264	12 350 440
030371	Sardines, sardinelles	85 716 652	64 786 502	63 136 067	42 759 421	112 114 185	86 420 932	181 505 675	159 690 334	134 016 891	113 324 507
030372	Églefin	362	2 764	..	..	7 992	22 374	251 435	722 644	50 681	172 076
030373	Lieu noir	..	..	..	..	160 703	395 341	333 071	840 490	..	..
030374	Maquereau	93 349 143	109 319 220	93 459 486	106 335 510	119 484 461	141 302 684	77 196 118	88 118 131	53 637 943	61 352 196
030375	Aiguillat et autres squalidés	216 840	901 632	614 493	949 718	889 420	1 761 329	390 330	1 338 055	716 159	2 154 168
030376	Anguille	1 294	35 647	28 612	46 136	9 914	44 438	3 497	24 204	29 512	79 032
030377	Bar (loup)	166 127	540 058	1 596 182	3 086 720	207 458	805 735	139 369	508 697	43 900	73 591
030378	Merlu	23 047	30 741	..	..	23 414	81 374	685	7 794	50 105	167 902
030379	Poisson nra	201 920 163	150 377 629	249 108 264	177 975 264	278 843 256	217 218 687	313 873 837	261 815 030	327 234 496	264 790 544
030380	Foies, oeufs et laitances	806 474	5 600 107	752 878	5 908 452	765 860	4 420 967	..	6 455 916	646 325	4 679 114
0304	**Filets de poisson et autre chair de poisson**	**16 386 421**	**58 440 244**	**20 354 938**	**69 391 776**	**27 331 535**	**89 732 968**	**30 266 503**	**90 146 058**	**43 882 086**	**114 619 809**
030410	Filets et autre chair de poisson, frais ou réfrigéré	766 831	3 302 466	1 279 920	4 571 940	1 179 069	4 551 294	3 130 841	8 060 706	1 110 408	9 688 877
030420	Filets de poissons, congelé	6 848 731	30 440 457	8 524 850	39 363 275	11 461 319	50 438 332	12 644 484	47 108 629	18 830 349	57 836 575
030490	Chair de poisson nra, congelé	8 770 859	24 697 321	10 550 168	25 456 561	14 691 147	34 743 342	14 491 178	34 976 723	23 941 328	47 094 357
0305	**Poisson, séché, salé, fumé, ou en saumure**	**2 458 005**	**4 083 069**	**3 320 921**	**4 746 405**	**3 178 054**	**4 958 399**	**4 596 568**	**11 507 913**	**4 428 125**	**12 950 072**
030510	Farine de poisson, consommation humaine	27 949	34 193	3 841	44 332	4 816	88 516	6 502	136 021	5 937	135 502
030520	Foies, oeufs et laitances	39 603	1 006 900	57 003	708 357	18 737	316 256	78 963	804 423	62 249	1 126 282
030530	Filets de poisson (non fumé)	4 100	11 622	2 826	3 148	2 940	24 758	3 996	21 464	26 540	122 681
030541	Saumon (Pacifique, Atlantique et Danube), fumé	55 570	727 129	83 261	1 394 615	59 744	1 044 385	64 398	1 041 380	87 495	1 488 028
030542	Hareng, fumé	..	..	..	..	..	..	..	..	..	..
030549	Poisson nra, fumé	100 711	606 189	56 064	491 698	68 585	611 992	109 413	950 330	62 969	601 553
030551	Morue, séché, non fumé	..	..	25 109	51 475	132 200	271 844	85 257	178 821	105 254	375 563
030559	Poisson nra, séché, salé, non fumé	82 209	757 384	95 405	846 850	322 975	1 220 377	959 912	6 378 144	849 426	6 393 741
030561	Hareng, salé ou en saumure	2	34	..	..	..	..	246	5 435	..	..
030562	Morue, salé ou en saumure	..	..	..	..	..	..	..	..	233	880
030563	Anchois, salé ou en saumure	1 265	21 487	2 228	38 070	2 829	50 070	2 356	48 117	4 576	104 226
030569	Poisson nra, salé ou en saumure	2 146 596	918 131	2 995 185	1 167 860	2 565 225	1 330 147	3 285 473	1 942 590	3 223 401	2 600 609

Tableau 8. Importations par produit *(suite)*

		2009		2010		2011		2012		2013	
		Tonnes	USD	Tonnes	USD	Tonnes	USD	Tonnes	USD	Tonnes	USD
0306	**Crustacés**	**20 190 130**	**61 179 471**	**19 872 792**	**53 220 473**	**24 107 110**	**58 598 821**	**22 459 608**	**83 784 524**	**25 025 004**	**120 604 510**
030611	Langoustes et autres palinuridés, congelé	920	12 264	16 597	110 778	55 692	321 371	43 429	382 837	42 939	485 171
030612	Homard nra	188 677	1 355 042	10 632	104 329	40 262	261 292	23 263	975 952	13 523	331 869
030613	Crevettes, congelé	7 203 968	38 908 737	7 514 884	36 045 405	6 286 262	38 477 508	8 842 650	58 917 199	12 524 955	95 791 670
030614	Crabes, congelé	1 261 121	10 747 735	1 088 716	7 846 640	881 249	7 731 919	1 259 137	10 168 386	1 303 909	9 001 246
030619	Crustacés nra, congelé	21 017	365 914	73 131	458 078	116 982	1 106 091	346 484	1 898 958	52 240	357 740
030621	Langoustes et autres palinuridés (non congelé)	8 890	47 787	8 765	144 672	28 591	496 670	35 755	562 522	32 950	618 504
030622	Homard nra (non congelé)	119 109	1 412 307	78 867	1 648 073	100 705	2 016 975	199 444	3 296 337	273 216	4 691 878
030623	Crevettes (non congelé)	7 679 662	2 739 930	8 489 139	2 854 448	13 964 978	3 612 385	9 316 025	3 448 383	8 516 492	5 021 943
030624	Crabes (non congelé)	3 591 901	5 351 897	2 424 904	3 710 662	2 395 078	4 212 782	2 138 149	3 492 460	2 030 510	3 801 251
030629	Crustacés nra (non congelé)	114 865	237 858	167 157	297 388	237 311	361 828	255 272	641 490	234 270	503 238
0307	**Mollusques**	**73 228 479**	**124 713 115**	**83 810 922**	**157 972 945**	**115 011 456**	**202 563 716**	**96 535 542**	**229 423 232**	**149 142 345**	**330 662 902**
030710	Huîtres	371 131	1 493 805	275 283	1 895 807	311 248	2 403 294	458 583	2 632 795	517 167	3 913 853
030721	St-Jacques, vi, fr, ou ré	100 503	589 123	130 703	990 501	86 439	893 656	100 710	638 836	177 278	402 170
030729	St-Jacques, co, sc, sl, ou sm	976 418	6 570 217	726 081	6 025 172	736 063	7 673 785	712 770	5 941 020	837 095	6 783 652
030731	Moules, vi, fr, ou ré	142 111	392 288	126 064	487 952	53 180	287 986	57 904	340 456	94 362	599 972
030739	Moules, co, sc, sl, ou sm	554 234	1 860 457	750 546	2 641 780	1 875 026	7 231 730	2 295 579	9 729 278	1 033 256	3 519 359
030741	Seiches, encornets et calmars, vi, fr, ou ré	8 572 809	6 916 305	9 775 574	7 053 676	5 916 241	4 644 741	2 977 195	2 332 523	996 876	900 619
030749	Seiches, encornets et calmars, co, sc, sl, ou sm	44 953 633	92 132 287	50 831 606	119 655 830	80 245 154	147 949 952	73 989 290	185 592 710	133 109 880	281 093 786
030751	Poulpe, vi, fr, ou ré	12 813	87 913	13 260	128 918	138 374	403 170	1 901 129	1 584 563	287 670	519 999
030759	Poulpe, co, sc, sl, ou sm	5 598 018	8 977 899	7 890 022	12 442 700	12 485 381	23 065 830	4 864 530	10 617 619	3 237 814	15 058 212
030760	Escargots (autres que de mer)	1 364	10 389	4 986	20 555	34 548	18 046	371 102	476 087	265 078	1 090 652
030791	Mollusques nra, vi, fr, ou ré	11 251 030	2 505 971	12 696 326	4 176 132	12 367 673	5 426 128	7 269 479	3 135 692	6 013 770	2 653 175
030799	Mollusques nra, co, sc, sl, ou sm	694 415	3 176 461	590 471	2 453 922	762 129	2 565 398	1 537 271	6 401 653	2 572 100	14 127 453
121220	**Algues**	**2 393 566**	**18 270 966**	**2 371 595**	**20 876 129**	**3 201 482**	**30 968 298**	**3 341 225**	**32 340 879**	**3 567 984**	**38 553 765**
1504	**Graisses, huiles et leurs fractions**	**12 973 596**	**11 208 711**	**7 133 449**	**8 429 827**	**8 385 461**	**12 337 128**	**..**	**16 151 616**	**4 571 966**	**9 262 364**
150410	Huiles de foies de poisson, et fractions	78 902	383 412	42 382	177 594	80 021	512 875	72 648	582 264	58 013	389 252
150420	Graisses et huiles de poisson, et fractions	12 894 014	10 805 717	7 089 912	8 213 410	8 233 336	11 721 118	10 129 426	15 272 265	4 513 348	8 736 865
150430	Graisses et huiles de mammifère marin, et fractions	680	19 582	1 155	38 823	72 104	103 135	204 800	297 093	604	136 247
1604	**Préparations et conserves de poisson; caviars et succédanés**	**18 369 815**	**44 247 828**	**14 419 994**	**46 650 372**	**27 483 012**	**108 464 738**	**33 594 167**	**157 201 761**	**31 740 139**	**151 685 657**
160411	Saumon, non haché	3 141	30 505	1 104	10 825	72 776	381 063	14 244	351 366	25 268	1 020 925
160412	Hareng, non haché	12 546	88 737	12 701	90 267	22 350	179 527	21 014	188 370	24 522	197 704
160413	Sardines, sardinelles, sprats, esprots, non haché	145 774	454 181	96 072	366 711	89 983	361 615	415 622	1 079 652	255 812	729 416
160414	Thons, listaos, sardes, non haché	9 741 784	27 773 294	12 134 617	37 966 846	20 623 432	88 169 062	24 854 690	132 280 185	21 493 884	113 871 308
160415	Maquereau, non haché	7 819 404	12 029 493	1 739 759	4 344 325	6 075 099	11 215 627	7 131 611	13 876 120	5 984 890	11 973 735
160416	Anchois, non haché	7 300	142 118	16 060	285 261	19 987	324 568	19 108	279 618	19 823	254 632
160419	Poisson nra, non haché	258 919	1 745 947	162 665	2 027 776	212 970	4 959 449	374 536	4 876 607	2 894 619	18 384 497
160420	Poisson, haché	316 888	1 373 497	208 500	897 130	288 973	1 507 021	681 401	1 663 614	957 816	2 091 046
160430	Caviar et succédanés	64 059	610 056	48 516	661 231	77 443	1 366 806	81 942	2 606 229	83 505	3 162 394
1605	**Préparations et conserves de crustacés**	**5 516 448**	**10 538 595**	**6 965 212**	**11 979 662**	**11 831 644**	**14 979 504**	**9 475 772**	**18 935 193**	**9 496 376**	**28 121 750**
160510	Crabes	977 356	5 234 503	735 571	4 307 650	498 294	3 167 033	843 239	5 690 304	798 394	4 777 095
160520	Crevettes	3 294 706	1 207 790	4 690 941	1 576 771	9 747 744	4 063 132	6 985 874	2 918 690	3 129 759	1 347 144
160530	Homard	46	1 701	528	6 503	..	..	454	3 332	62	863
160540	Crustacés nra	12 150	104 248	24 248	200 278	12 059	100 490	15 512	133 142	29	363
230120	**Farine de poisson**	**16 737 208**	**11 668 659**	**13 124 960**	**11 165 600**	**15 484 730**	**14 229 722**	**17 746 888**	**17 640 538**	**7 801 905**	**8 239 981**
	TOTAL	**..**	**1 930 343 191**	**..**	**2 107 510 236**	**..**	**2 723 259 815**	**..**	**3 109 110 811**	**..**	**3 175 867 929**

.. Non disponible

Note : nra : non répertorié ailleurs. vi : vivant. fr : frais. ré : réfrigéré. co : congelé. sc : séché. sl : salé. sm : en saumure.

Métadonnées détaillées : http://metalinks.oecd.org/fish/20150108/8616

Source : OCDE (2014), « Pêcheries : Commerce par produit », Statistiques agricoles de l'OCDE (base de données). DOI: 10.1787/data-00677-fr

THAÏLANDE

Tableau 9. Exportations par produit

		2009		2010		2011		2012		2013	
		Tonnes	USD	Tonnes	USD	Tonnes	USD	Tonnes	USD	Tonnes	USD
03	**Poisson, crustacés et mollusques**	**..**	**2 473 664 367**	**..**	**2 867 151 957**	**..**	**3 053 024 822**	**..**	**2 844 115 090**	**..**	**2 116 265 182**
0302	**Poisson, frais ou réfrigéré, excl. 0304**	**91 827 914**	**47 491 413**	**84 516 208**	**48 463 825**	**76 322 893**	**41 899 150**	**74 236 337**	**34 477 087**	**..**	**43 666 390**
030211	Truite	..	..	504	7 430	..	..	2 719	29 077	1 094	6 973
030212	Saumon (Pacifique, Atlantique et Danube)	21 371	41 457	2 388	24 215	370	7 995	121 040	1 197 944	60 437	530 510
030219	Salmonidés nra	3 337 356	9 533 906	2 136 185	8 223 383	913 568	5 788 403	28 101	58 467	56 418	97 838
030221	Flétan	74 924	852 215	142 265	1 588 291	151 978	1 857 328	73 937	683 653	56 046	378 998
030222	Plie, carrelet	..	..	..	..	..	..	..	..	..	..
030223	Sole	..	..	..	..	..	..	..	..	6 120	29 122
030229	Poissons plats nra	266 354	1 588 788	744 178	3 395 485	971 513	4 503 725	287 620	1 419 678	7 380	51 564
030231	Thon blanc/germon	307 302	694 832	1 097	4 936	..	..	..	..	54 113	316 903
030232	Albacore (thon jaune)	2 894 171	9 871 297	2 835 188	12 084 538	1 963 374	8 933 355	1 435 256	7 233 860	4 846 023	19 460 218
030233	Listaos/bonite à ventre rayé	134	586	8	4	142	237	90 308	192 615	27	45
030239	Thonidés nra	3 792	10 290	40 274	136 526	619	1 790	128 295	627 405	115 382	637 473
030240	Hareng	38 580	36 352	17 400	18 262	..	..	10 560	82 655	17 280	128 148
030250	Morue	..	..	..	..	1 350	16 966	51	259	..	..
030261	Sardines	253 241	324 481	104 119	159 774	98 649	126 584	2 400 617	955 328	1 351 348	527 226
030262	Églefin	..	..	..	..	..	..	..	..	..	..
030263	Lieu noir	..	..	..	..	..	..	..	..	..	..
030264	Maquereau	1 856 599	2 540 327	1 162 621	1 677 585	349 388	568 564	107 775	313 506	35 813	269 415
030265	Aiguillat et autres squalidés	81 186	217 020	118 939	90 090	17	8	..	..	..	..
030266	Anguille	229 052	1 091 606	3 890	15 424	15 113	58 730	5 630	26 189	..	..
030269	Poisson nra	82 463 598	20 673 598	77 206 691	21 024 637	71 855 806	20 022 553	69 532 337	21 645 408	63 722 847	21 231 781
030270	Foies, oeufs et laitances	254	14 658	460	13 245	1 006	12 912	12 091	11 043	..	176
0303	**Poisson, congelé, excl. 0304**	**147 025 645**	**168 575 745**	**144 516 485**	**166 065 113**	**134 506 750**	**194 929 421**	**..**	**208 237 324**	**97 753 138**	**146 827 303**
030319	Saumon, Pacifique	..	..	..	..	..	..	..	..	..	..
030321	Truite	212 747	974 136	256 355	1 352 189	174 357	1 105 141	12 618	123 121	36 316	211 794
030322	Saumon (Atlantique et Danube)	..	..	..	..	..	..	..	..	..	..
030329	Salmonidés	3 039 316	4 844 948	3 990 481	5 169 463	3 396 073	4 982 896	4 418 015	6 410 072	2 056 273	2 649 359
030331	Flétan	24 404	159 223	9 579	4 474	2 887	9 770	821 583	642 803	16 014	8 139
030332	Plie, carrelet	42 293	21 445	67 043	30 069	147 569	62 906	..	2	3	5
030333	Sole	..	..	6 310	16 435	..	..	194 623	162 752	272 714	207 120
030339	Poisson plat nra	119 356	255 079	174 216	239 421	1 137 583	2 040 354	1 074 037	1 331 382	1 568 692	1 864 934
030341	Thon blanc/germon	1 152 152	1 438 732	710 320	1 119 427	1 061 023	2 302 867	278 801	984 681	28 737	74 313
030342	Albacore (thon jaune)	24 504 923	36 050 768	12 248 037	18 829 512	13 235 474	32 770 891	13 517 600	44 012 328	5 747 383	15 229 222
030343	Listao/bonite à ventre rayé	3 402 478	4 105 421	584 894	1 176 907	1 543 359	2 719 067	1 614 893	3 496 087	217 392	385 618
030349	Thonidés nra	1 131 829	543 416	1 440 920	603 697	1 129 402	930 080	779 478	710 891	855 261	1 055 465
030350	Hareng	..	..	..	..	..	..	..	..	20 570	7 316
030360	Morue	2 756	3 483	..	..	36 728	142 921	..	..	375	4 550
030371	Sardines, sardinelles	407 073	560 577	1 519 254	1 472 282	1 286 798	1 861 447	1 608 726	1 897 090	1 283 906	1 734 130
030372	Églefin	..	..	..	..	..	..	..	..	..	..
030373	Lieu noir	..	..	..	..	..	..	..	..	..	..
030374	Maquereau	2 062 718	1 959 842	3 931 019	3 848 779	3 559 332	4 098 531	1 661 526	2 296 732	226 802	499 981
030375	Aiguillat et autres squalidés	1 014 270	1 471 853	895 528	1 381 578	596 732	1 084 910	487 698	1 011 427	399 477	729 437
030376	Anguille	998 392	687 933	527 205	340 744	142 525	164 810	838 940	740 790	165 212	134 878
030377	Bar (loup)	274 995	773 628	267 615	561 517	253 307	621 824	6 054	30 494	9 631	32 571
030378	Merlu	..	..	..	..	..	..	..	..	..	..
030379	Poisson nra	106 085 824	110 749 834	115 533 748	126 331 104	105 609 623	136 357 047	106 379 673	135 368 148	84 221 278	117 271 443
030380	Foies, oeufs et laitances	199 054	684 352	277 342	760 034	157 750	352 119	..	1 989 636	131 633	1 834 793
0304	**Filets de poisson et autre chair de poisson**	**104 906 538**	**373 064 358**	**96 443 908**	**396 009 359**	**93 435 704**	**410 975 674**	**84 184 182**	**416 710 876**	**65 417 038**	**288 231 301**
030410	Filets et autre chair de poisson, frais ou réfrigéré	13 206 886	49 463 240	11 334 041	47 488 462	10 978 235	48 647 157	2 989 026	18 276 597	1 101 783	4 663 358
030420	Filets de poissons, congelé	25 935 242	149 004 608	21 843 586	149 001 397	23 910 946	174 996 283	26 123 656	218 498 186	23 351 498	169 451 167
030490	Chair de poisson nra, congelé	65 764 410	174 596 510	63 266 281	199 519 500	58 546 522	187 332 234	55 071 500	179 936 093	40 963 757	114 116 776
0305	**Poisson, séché, salé, fumé, ou en saumure**	**65 562 068**	**66 854 672**	**71 680 592**	**80 223 747**	**72 663 083**	**95 592 741**	**78 872 985**	**125 240 814**	**79 363 659**	**150 780 216**
030510	Farine de poisson, consommation humaine	4 804 371	5 649 913	8 398 046	9 946 782	4 223 752	4 250 520	3 504 634	5 350 299	3 170 571	3 358 128
030520	Foies, oeufs et laitances	256 623	1 868 955	236 412	1 317 079	207 673	1 305 103	101 980	359 215	271 560	535 647
030530	Filets de poisson (non fumé)	35 334	173 679	166 977	833 519	249 957	1 808 117	31 369	278 465	11 737	117 871
030541	Saumon (Pacifique, Atlantique et Danube), fumé	400 232	1 051 087	288 661	832 270	151 854	386 852	487 250	2 442 901	399 026	7 361 412
030542	Hareng, fumé	..	..	..	..	..	..	..	..	..	..
030549	Poisson nra, fumé	26 611 763	16 150 692	24 100 939	16 850 549	26 149 226	22 831 199	14 931 099	19 617 194	3 170 713	16 017 692
030551	Morue, séché, non fumé	1 260	8 985	841	6 282	..	..	1 020	4 620	..	..
030559	Poisson nra, séché, salé, non fumé	27 513 531	36 925 279	28 892 278	43 685 760	35 936 766	60 531 431	58 368 374	93 489 593	71 154 920	120 789 961
030561	Hareng, salé ou en saumure	..	..	..	..	..	..	..	..	..	..
030562	Morue, salé ou en saumure	..	..	..	..	..	..	19 728	273 917	21 427	183 153
030563	Anchois, salé ou en saumure	5 475 988	2 840 566	9 054 810	4 071 410	4 594 915	2 362 019	922 859	1 083 668	888 778	1 097 346
030569	Poisson nra, salé ou en saumure	462 705	2 184 078	541 627	2 680 096	1 148 940	2 117 500	504 672	2 340 942	274 927	1 319 006

Tableau 9. Exportations par produit *(suite)*

		2009		2010		2011		2012		2013	
		Tonnes	USD	Tonnes	USD	Tonnes	USD	Tonnes	USD	Tonnes	USD
0306	**Crustacés**	**225 549 952**	**1 400 477 221**	**248 799 057**	**1 725 135 929**	**209 737 877**	**1 785 875 875**	**191 608 237**	**1 534 668 753**	**103 470 617**	**1 020 193 205**
030611	Langoustes et autres palinuridés, congelé	124 395	683 945	2 714	48 254	940	33 938	14 445	89 214	..	..
030612	Homard nra	2 160	15 695	56 529	122 435	266 317	650 095	93 228	996 345	8 976	47 122
030613	Crevettes, congelé	214 314 663	1 336 693 489	237 438 235	1 656 503 603	191 267 304	1 664 509 192	170 157 164	1 433 499 502	89 187 512	930 435 928
030614	Crabes, congelé	2 252 679	18 044 567	2 882 120	16 775 419	3 064 673	15 334 211	2 391 680	15 514 073	2 073 913	16 386 873
030619	Crustacés nra, congelé	1 852 945	14 782 791	1 696 864	14 537 944	1 382 344	11 514 880	706 985	5 649 590	403 047	3 881 692
030621	Langoustes et autres palinuridés (non congelé)	219 009	692 350	31 886	51 987	56 510	319 646	57 450	535 879	26 703	199 901
030622	Homard nra (non congelé)	38 664	495 262	98 431	1 880 010	256 896	1 491 771	353 867	1 900 152	257 621	1 275 321
030623	Crevettes (non congelé)	5 754 815	25 075 189	5 337 798	31 073 805	12 238 650	85 954 298	16 246 951	66 895 414	10 023 934	58 749 869
030624	Crabes (non congelé)	876 914	3 194 000	1 102 257	3 151 153	961 926	5 142 825	1 097 491	7 592 880	1 048 489	6 408 059
030629	Crustacés nra (non congelé)	113 708	799 933	152 222	991 319	242 316	925 019	488 976	1 995 704	440 422	2 808 440
0307	**Mollusques**	**95 221 145**	**389 486 144**	**91 081 918**	**420 016 719**	**85 951 173**	**487 362 147**	**83 659 325**	**483 903 429**	**78 677 543**	**432 297 159**
030710	Huîtres	4 230	12 542	98 958	289 561	105 952	412 821	283 767	1 032 404	414 080	1 767 527
030721	St-Jacques, vi, fr, ou ré	5 345 511	8 557 284	4 020 647	6 507 477	492 084	1 656 772	172 154	233 230	60 497	238 064
030729	St-Jacques, co, sc, sl, ou sm	449 838	5 082 817	761 299	4 899 397	774 325	4 163 669	391 387	801 685	313 356	3 800 421
030731	Moules, vi, fr, ou ré	..	..	2 043	10 391	1 093	2 472	21 480	63 940	5 089	30 739
030739	Moules, co, sc, sl, ou sm	162 261	504 833	219 715	1 362 375	305 936	2 999 317	261 082	2 029 610	146 263	1 060 202
030741	Seiches, encornets et calmars, vi, fr, ou ré	646 886	2 041 008	435 528	1 190 997	325 001	1 004 542	397 024	1 786 372	388 360	1 699 984
030749	Seiches, encornets et calmars, co, sc, sl, ou sm	67 161 724	309 463 955	62 303 138	340 587 448	55 297 021	383 051 781	54 412 838	387 701 671	50 357 307	318 816 028
030751	Poulpe, vi, fr, ou ré	4 697	14 553	36 579	151 676	235 772	1 273 240	796 058	4 344 155	630 981	3 317 362
030759	Poulpe, co, sc, sl, ou sm	7 859 562	22 506 461	6 232 845	19 050 439	7 087 728	30 030 015	6 653 805	31 376 080	6 515 752	27 989 111
030760	Escargots (autres que de mer)	814 735	2 353 704	1 839 003	5 472 711	2 028 283	6 686 603	1 077 521	2 620 657	427 995	1 850 842
030791	Mollusques nra, vi, fr, ou ré	455 165	1 030 454	2 377 344	3 655 193	6 072 019	8 041 923	5 582 626	7 018 297	6 892 834	8 920 556
030799	Mollusques nra, co, sc, sl, ou sm	12 316 536	37 918 533	12 754 820	36 839 054	13 225 958	48 038 992	13 609 583	44 895 328	12 525 029	62 806 323
121220	**Algues**	**290 392**	**2 241 063**	**268 771**	**2 333 725**	**401 613**	**4 528 849**	**329 931**	**3 613 483**	**631 999**	**5 577 450**
1504	**Graisses, huiles et leurs fractions**	**2 761 653**	**4 166 603**	**3 821 042**	**8 043 415**	**4 188 401**	**13 628 930**	..	**13 946 636**	**3 497 264**	**13 910 514**
150410	Huiles de foies de poisson, et fractions	687	5 943	3 825	11 274	1 941	12 200	17 338	79 208	4 295	45 093
150420	Graisses et huiles de poisson, et fractions	2 760 966	4 160 660	3 817 212	8 032 134	4 186 445	13 616 696	3 457 824	13 865 645	3 491 199	13 859 128
150430	Graisses et huiles de mammifère marin, et fractions	..	..	5	7	15	34	567	1 783	1 769	6 293
1604	**Préparations et conserves de poisson; caviars et succédanés**	**717 459 481**	**2 176 740 823**	**779 407 862**	**2 410 577 503**	**781 277 380**	**2 937 919 213**	**800 957 625**	**3 440 774 399**	**781 162 422**	**3 390 366 847**
160411	Saumon, non haché	14 622 250	93 290 801	14 032 597	101 758 224	13 412 436	120 367 271	14 304 303	124 629 679	20 211 382	137 864 439
160412	Hareng, non haché	577 383	877 708	310 077	625 673	229 777	416 083	215 435	375 173	239 200	508 376
160413	Sardines, sardinelles, sprats, esprots, non haché	78 183 755	161 866 385	70 871 872	148 175 039	72 524 320	165 653 731	112 571 091	279 527 485	97 393 263	238 056 844
160414	Thons, listaos, sardes, non haché	534 700 420	1 684 363 048	588 726 996	1 879 316 306	576 241 031	2 297 696 408	559 492 763	2 673 478 350	550 883 860	2 650 581 933
160415	Maquereau, non haché	24 808 359	49 061 767	28 865 750	57 235 001	35 492 519	83 478 159	33 787 485	90 375 175	28 960 164	74 870 915
160416	Anchois, non haché	1 160 146	3 045 406	1 486 545	3 070 329	288 994	1 158 024	266 169	958 631	544 239	2 263 664
160419	Poisson nra, non haché	8 213 154	18 617 002	14 425 429	32 766 885	15 906 509	40 266 800	17 294 907	56 228 217	13 704 652	53 482 733
160420	Poisson, haché	54 954 740	164 603 378	60 586 986	187 018 929	67 044 358	228 202 964	62 766 257	213 475 094	68 929 446	230 650 261
160430	Caviar et succédanés	239 274	1 015 328	101 610	611 117	137 435	679 773	259 215	1 726 595	296 215	2 087 682
1605	**Préparations et conserves de crustacés**	**204 347 202**	**1 542 079 484**	**213 101 090**	**1 708 777 777**	**215 491 244**	**2 104 059 530**	**184 098 912**	**1 763 748 782**	**130 178 894**	**1 419 185 082**
160510	Crabes	5 218 801	61 244 286	5 946 195	74 387 505	4 458 159	67 677 292	4 141 886	56 953 610	3 760 423	45 890 372
160520	Crevettes	178 916 165	1 387 053 146	184 946 305	1 517 444 455	190 788 247	1 917 565 382	165 589 553	1 623 852 977	113 512 685	1 296 850 438
160530	Homard	29 609	331 771	13 248	172 449	5 054	62 776	11 257	159 002	5 563	62 196
160540	Crustacés nra	1 061 876	4 422 483	1 443 823	6 412 793	827 614	4 607 806	47 073	216 972	79 869	390 747
230120	**Farine de poisson**	**26 825 863**	**22 796 541**	**110 805 697**	**137 763 165**	**73 558 916**	**86 843 298**	**63 183 509**	**69 336 775**	**125 966 776**	**158 457 670**
	TOTAL	..	**6 221 688 881**	..	**7 134 647 542**	..	**8 200 004 642**	..	**8 135 535 165**	..	**7 103 762 745**

.. Non disponible

Note : nra : non répertorié ailleurs. vi : vivant. fr : frais. ré : réfrigéré. co : congelé. sc : séché. sl : salé. sm : en saumure.

Métadonnées détaillées : http://metalinks.oecd.org/fish/20150108/8616

Source : OCDE (2014), « Pêcheries : Commerce par produit », Statistiques agricoles de l'OCDE (base de données). DOI: 10.1787/data-00677-fr

ORGANISATION DE COOPÉRATION ET DE DÉVELOPPEMENT ÉCONOMIQUES

L'OCDE est un forum unique en son genre où les gouvernements œuvrent ensemble pour relever les défis économiques, sociaux et environnementaux liés à la mondialisation. À l'avant-garde des efforts engagés pour comprendre les évolutions du monde actuel et les préoccupations qu'elles suscitent, l'OCDE aide les gouvernements à y faire face en menant une réflexion sur des thèmes tels que le gouvernement d'entreprise, l'économie de l'information et la problématique du vieillissement démographique. L'Organisation offre aux gouvernements un cadre leur permettant de confronter leurs expériences en matière d'action publique, de chercher des réponses à des problèmes communs, de recenser les bonnes pratiques et de travailler à la coordination des politiques nationales et internationales.

Les pays membres de l'OCDE sont : l'Allemagne, l'Australie, l'Autriche, la Belgique, le Canada, le Chili, la Corée, le Danemark, l'Espagne, l'Estonie, les États-Unis, la Finlande, la France, la Grèce, la Hongrie, l'Irlande, l'Islande, Israël, l'Italie, le Japon, le Luxembourg, le Mexique, la Norvège, la Nouvelle-Zélande, les Pays-Bas, la Pologne, le Portugal, la République slovaque, la République tchèque, le Royaume-Uni, la Slovénie, la Suède, la Suisse et la Turquie. L'Union européenne participe aux travaux de l'OCDE.

Les Éditions OCDE assurent une large diffusion aux travaux de l'Organisation. Ces derniers comprennent les résultats de l'activité de collecte de statistiques, les travaux de recherche menés sur des questions économiques, sociales et environnementales, ainsi que les conventions, les principes directeurs et les modèles développés par les pays membres.

ÉDITIONS OCDE, 2, rue André-Pascal, 75775 PARIS CEDEX 16
(53 2014 01 2 P) ISBN 978-92-64-22560-2 – 2015-01

www.ingramcontent.com/pod-product-compliance
Lightning Source LLC
LaVergne TN
LVHW080118011026
849160LV00013B/1128
* 9 7 8 9 2 6 4 2 2 5 5 9 6 *